中国轻工职业培训教程

JEWELRY APPRAISER

珠宝首饰鉴定师

中国轻工珠宝首饰中心　组织编写

中国轻工业出版社

图书在版编目（CIP）数据

珠宝首饰鉴定师 / 中国轻工珠宝首饰中心组织编写
. —北京：中国轻工业出版社，2023.5
ISBN 978-7-5184-4200-3

Ⅰ.①珠… Ⅱ.①中… Ⅲ.①宝石—鉴定②首饰—鉴定
Ⅳ.①TS933.21②TS934.3

中国版本图书馆CIP数据核字（2022）第223146号

责任编辑：杜宇芳
文字编辑：王晓慧　　责任终审：劳国强　　整体设计：锋尚设计
策划编辑：杜宇芳　　责任校对：吴大朋　　责任监印：张　可

出版发行：中国轻工业出版社（北京东长安街6号，邮编：100740）
印　　刷：北京博海升彩色印刷有限公司
经　　销：各地新华书店
版　　次：2023年5月第1版第1次印刷
开　　本：889×1194　1/16　印张：32.75
字　　数：1050千字
书　　号：ISBN 978-7-5184-4200-3　定价：328.00元
邮购电话：010-65241695
发行电话：010-85119835　传真：85113293
网　　址：http://www.chlip.com.cn
Email：club@chlip.com.cn
如发现图书残缺请与我社邮购联系调换
210224K6X101ZBW

审定委员会

编写委员会

前言

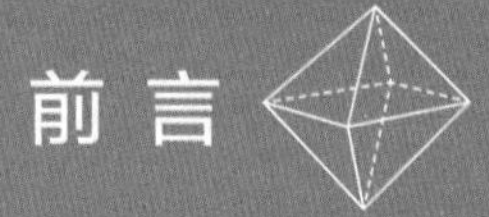

改革开放以来，我国珠宝首饰行业得到了前所未有的迅猛发展，珠宝首饰设计、加工、鉴定、评估、营销和管理等各个岗位皆需不同程度地掌握珠宝鉴定专业技能。为了提升珠宝首饰行业从业人员的技能水平，做好中国轻工珠宝首饰鉴定师的培训与评价工作，中国轻工珠宝首饰中心组织专家编写了《中国轻工职业培训教程 · 珠宝首饰鉴定师》（以下简称《教程》）。

《教程》内容突出“以职业活动为导向，以职业能力为核心”的指导思想，编写本着科学、系统、规范、实用的原则，注重确保知识的广度和深度，语言简练易懂，使学员所学技能在实际运用中具有针对性、实用性和可操作性。《教程》不仅可用作珠宝首饰鉴定师的培训教材，还可以作为珠宝首饰从业人员的自学用书。

《教程》编写过程得到了庄和珠宝科技有限公司卢仲春、卢仲明大力支持；中国轻工珠宝首饰中心林旭东、昆明市官渡区航标职业培训学校汤俊担任主编；青岛幼儿师范高等专科学校陈秀英、河南开放大学赵庆华、安徽工业经济职业技术学院史磊、北京市工艺美术大师于春霞担任副主编；青岛信德臻宝教育科技有限公司李约瀚、河南地矿职业学院张涛、福州大学工艺美术研究院王玉锋参与编写。在此，向上述支持、关心和参加编写工作的单位和个人一并表示感谢。

由于时间仓促，作者水平有限，本书难免存在疏漏及错误之处，我们衷心地希望使用本教材的教师、同学以及广大读者提出宝贵意见，以便进一步修改补充。

中国轻工珠宝首饰中心
2022年12月

目 录

4 第四篇 宝石学 217

5 第五篇 玉石学 357

第一篇

职业道德

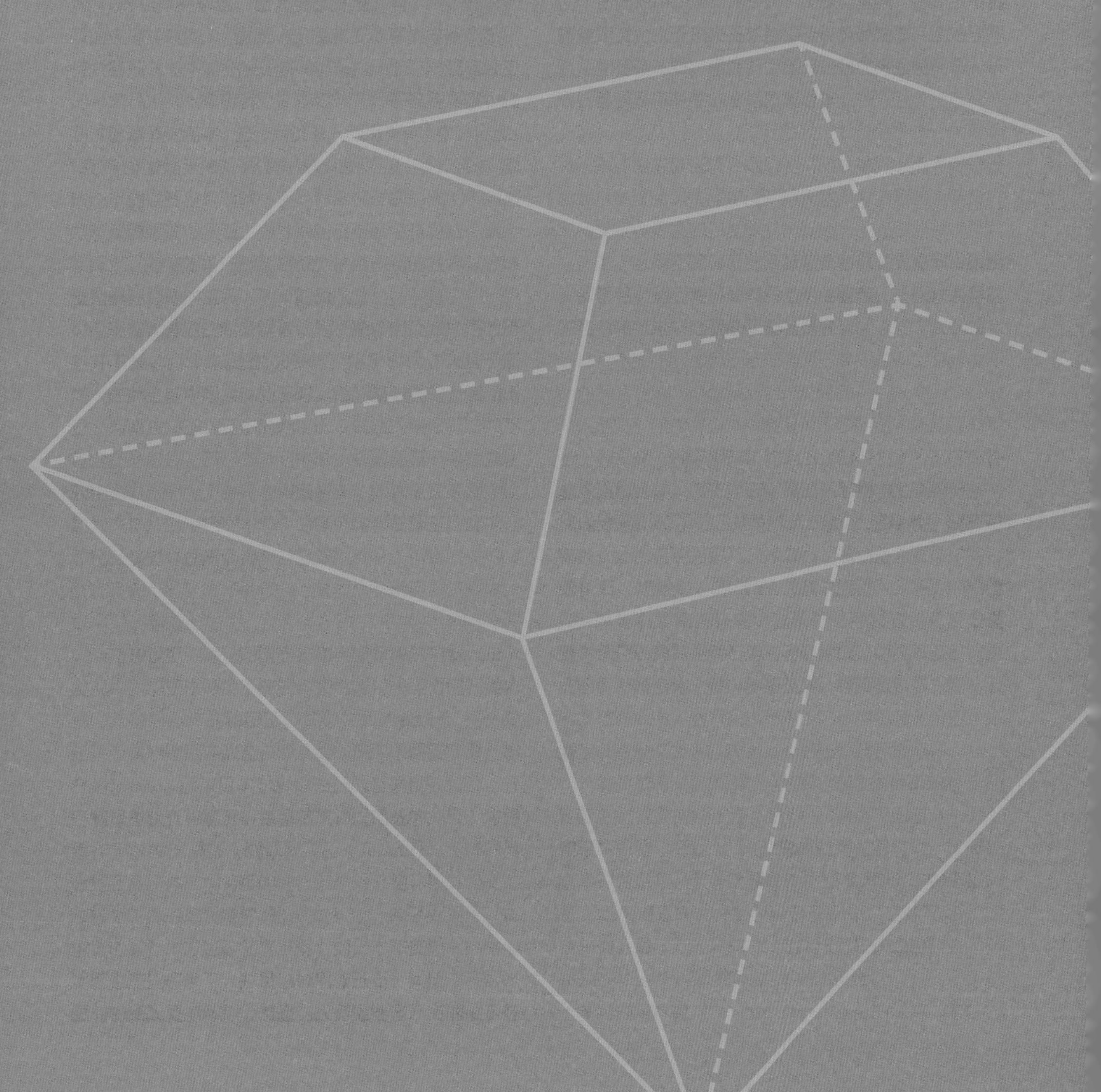

道也者，不可须臾离也，可离非道也。是故君子戒慎乎其所不睹，恐惧乎其所不闻。莫见乎隐，莫显乎微，故君子慎其独也。 ——《礼记·中庸》

人的职业道德品质是人格的一面镜子，反映着人的整体道德素质，提高职业道德水平是人格升华最重要的途径，没有职业道德的人做不好任何工作，而良好的职业道德则非常利于树立良好企业形象，创造企业著名品牌。

一、职业道德的概念

职业道德的概念有广义和狭义之分。广义的职业道德是指从业人员在职业活动中应该遵循的行为准则，是在特定的工作和劳动中以其内心信念和特殊社会手段来维系的，以善恶进行评价的心理意识、行为原则和行为规范的总和，它是人们在从事职业的过程中形成的一种内在的、非强制性的约束机制，涵盖了从业人员与服务对象、职业与职工、职业与职业之间的关系。狭义的职业道德是指在一定职业活动中应遵循的、体现一定职业特征的、调整一定职业关系的职业行为准则和规范。不同的职业人员在特定的职业活动中形成了特殊的职业关系，包括了职业主体与职业服务对象之间的关系，职业团体之间的关系，同一职业团体内部人与人之间的关系，以及职业劳动者、职业团体与国家之间的关系。

二、职业道德的涵义

（1）职业道德是一种职业规范，受社会普遍的认可。

（2）职业道德是长期以来自然形成的。

（3）职业道德没有确定形式，通常体现为观念、习惯、信念等。

（4）职业道德依靠文化、内心信念和习惯，通过员工的自律实现。

（5）职业道德大多没有实质的约束力和强制力。

（6）职业道德的主要内容是对员工义务的要求。

（7）职业道德标准多元化，代表了不同企业可能具有不同的价值观。

（8）职业道德承载着企业文化和凝聚力，影响深远。

三、珠宝从业人员应该具备的职业道德

（一）珠宝玉石从业人员应牢记的职业守则

（1）遵纪守法，诚实守信。

（2）爱岗敬业，忠于职守。

（3）认真负责，严于律己。

（4）刻苦学习，钻研业务。

（5）谦虚谨慎，团结协作。

（6）精益求精，质量至上。

（7）安全环保，奉献社会。

（二）珠宝玉石从业人员应具备的素质

1. 专业知识

（1）珠宝玉石学基础知识。

（2）化学基础知识。

（3）物理学基础知识。

（4）贵金属首饰分类及外观造型基础知识。

（5）贵金属材料相关知识。

2. 安全生产知识

（1）安全防火知识。

（2）安全用电知识。

3. 质量管理知识

（1）质量管理基本知识。

（2）质量控制基本知识。

（3）法定计量单位相关知识。

（4）数据处理基本知识。

（5）检验报告基本知识。

4. 相关法律、法规

（1）《中华人民共和国产品质量法》。

（2）《中华人民共和国计量法》。

（3）《中华人民共和国标准化法》。

5. 贵金属首饰、珠宝玉石产品的国家标准、行业标准相关知识

第二篇 珠宝玉石基础课程

第一章

珠宝玉石基本概念、分类和定名

第一节　珠宝玉石的概念

珠宝玉石是大自然赋予人类的礼物，是地球经过几十亿年的不断演化才孕育出的璀璨结晶，是人类社会带有情感传承的财富象征，是千百年来人类追求的世间瑰宝。无论是中华民族对玉石的崇尚，还是西方文明对宝石的喜爱，都成为人类对大自然母亲这一最慷慨馈赠的礼赞。自古以来，珠宝玉石不管在哪个国家都是权力、财富和地位的象征。珠宝玉石一直伴随着人类社会的发展而存在，被人们赋予了情感因素和文化因素，并发展出了独特的文化形式，即珠宝玉石文化。

一、珠宝玉石的基础知识

宝石的英文名为“Gem”和“Gemstone”。“Gem”来自拉丁文“Gemma”，有“宝”或“宝石”的意思。在Gary（1972）编的《地质学词汇》一书中，“Gem”一词主要指经过琢磨加工好的宝石成品；“Gemstone”则指未经加工的宝石材料，包括矿物、岩石或其他自然材料，只要经琢磨抛光后具备美观、耐久和稀少等特征，能满足制作饰品的条件即可。但到近代，“Gem”和“Gemstone”的含义区别则越来越模糊。

根据《辞海》所述，宝石为“硬度较大、色泽美丽、受大气和化学药品的作用不起变化、产量稀少而极为贵重的矿物”，如金刚石、刚玉等。此外，在古代中国的历史长河中，对宝石的记述也不在少数，如宋裴松之注引晋孙盛《魏氏春秋》：“金山玄川溢涌，宝石负图，状象灵龟。”金元好问《云岩》诗：“会稽禹穴深无底，宝石偷来定山鬼。”明李时珍《本草纲目・金石一・宝石》：“宝石出西番、回鹘地方诸坑井内，云南、辽东亦有之。有红、绿、碧、紫数色。”

从现代宝石学的观点来看，珠宝玉石的概念有广义和狭义之分。珠宝玉石从广义的角度来说泛指一切经过琢磨、雕刻后可以成为首饰或工艺品的材料，是对天然珠宝玉石和人工宝石的统称；从狭义的角度来说是指自然界产出的，具有美、久、少及可琢磨、雕刻成首饰和工艺品特点的矿物单晶体或矿物集合体（岩石），部分为有机宝石，不包含人工宝石。

珠宝玉石的概念有宝石和玉石之分。宝石指的是色彩瑰丽、晶莹剔透、坚硬耐久、稀少，并可琢磨成宝石首饰的单矿物晶体，仅包括天然宝石品种，如钻石、蓝宝石等；而玉石是指色彩瑰丽、坚硬耐久、稀少，并可琢磨、雕刻成首饰和工艺品的矿物集合体或岩石，同样仅包括天然玉石品种，如翡翠、软玉、岫玉等。

传统观念上，珠宝玉石仅指上述概念中的天然珠宝玉石，而且在现今社会中，天然珠宝玉石也是目前珠宝行业的主流产品。而人工宝石主要用于时尚首饰、工艺品、装饰品以及其他场合，如钟表、皮具和灯具等。不过这种应用范围也不是一成不变的，例如，天然珠宝玉石也越来越多地应用到服装、钟表、皮具等高档、时尚奢侈品的行列中。

在国标GB/T 16552—2017《珠宝玉石　名称》中珠宝玉石是指一切经过琢磨、雕刻后可以成为首饰或工艺品的材料，是对天然珠宝玉石（图2-1-1）和人工宝石（图2-1-2）的统称。

图2-1-1　天然珠宝玉石（碧玺）

图2-1-2　人工宝石（合成立方氧化锆）

二、天然珠宝玉石应该具备的基本条件

自然界中发现的矿物已经超过3000种，但是可以作为宝石原料的仅有230余种，而国际珠宝市场中常见的中高档珠宝玉石只不过20余种，尚不及总数的10%。由此可见，珠宝玉石是众多矿物岩石的精华所在，矿物岩石必须具备一些特定的条件才能称为珠宝玉石，也就是说，珠宝玉石应具备一些必要的属性。

（一）美丽

漂亮、美丽（beauty）是珠宝玉石首先应该具备的条件。珠宝玉石的美由颜色、透明度、光泽、纯净度以及特殊光学效应等众多因素构成。

1. 颜色

珠宝玉石的颜色（color）有彩色和无色之分。彩色宝石要求其颜色鲜艳、纯正、均匀。如一粒高档红宝石具有纯正而艳丽的紫红色（即“鸽血红”），给人以热情似火的感觉，这样就能满足人们视觉上的审美要求。而对于无色的宝石，颜色往往不是评价的主要因素。如无色的水晶和无色托帕石，颜色不是影响其质量的主要因素。但是，对于无色至浅黄色系列的钻石来说，因为在国际上统一的4C分级标准中颜色是其主要的分级要素，所以它在无色宝石中是一例外。

2. 透明度和纯净度

珠宝玉石应具备良好的透明度和纯净度（transparency and clarity）。彩色宝石虽然不能达到清澈透明，但是较高的透明度和纯净度将会提高其总体质量和价值。而无色宝石的透明度和纯净度则是构成其美感的重要因素，比如无色水晶，它的高透明度和高纯净度使光线能充分透过，给人以晶莹剔透的感觉，同样，对于翡翠来说，高透明度意味着“水头足”，高纯净度意味着杂质少，这也是高档翡翠的重要判定条件。

但是对于一些珠宝玉石来说，并非是透明度和纯净度越高越好，如对某些具有特殊光学效应的宝石（如星光效应、猫眼效应、砂金效应等），则要求相关的包裹体较为丰富，透明度不能太高，这样才能使其特殊光学效应表现得更为明显，从而使具有特殊光学效应的珠宝玉石神秘之美显现出来。

3. 光泽

光泽（luster）是珠宝玉石表面对光的反射能力，珠宝玉石的光泽取决于自身的折射率和抛光程度，折射率越高光泽越强，抛光越精细光泽越强。无色的钻石之所以能成为宝石之王，其中很重要的一个原因就是它具有极强的光泽，在阳光的照射下，会给人以光彩夺目、灿烂辉煌的感觉。钻石折射率达到2.417，是宝石材料中折射率非常高的一种宝石。而对于玉石材料来说，光泽还取决于玉石的结构，其结构越细腻光泽越强。

4. 特殊光学效应

有些珠宝玉石不以颜色、透明度等为主要价值体现，但其具有特殊光学效应（phenomena），如星光效应、猫眼效应、变色效应、砂金效应等，这些特殊的光学效应为珠宝宝石平添几分神秘的美感，并使其身价倍增。如具有星光效应的红、蓝宝石，具有猫眼效应的金绿宝石猫眼，具有砂金效应的日光石等。

（1）猫眼效应（chatoyancy）　在平行光线照射下，以弧面形切磨的某些珠宝玉石表面呈现出一条明亮光带，随珠宝玉石或光线的转动而移动的现象。图2-1-3为具猫眼效应的金绿宝石。

（2）星光效应（asterism）　在平行光线照射下，以弧面形切磨的某些珠宝玉石表面呈现出两条或两条以上交叉亮线的现象，常呈四射或六射星线，分别称为四射星光或六射星光。图2-1-4为具星光效应的红宝石。

（3）变色效应（color changing）　在不同的可见光光源照射下，珠宝玉石呈现明显的颜色变化现象。观察变色效应常用光源为日光灯（或自然光）和白炽灯两种光源。图2-1-5为具变色效应的金绿宝石。

图2-1-3　具猫眼效应的金绿宝石

图2-1-4　具星光效应的红宝石

图2-1-5　具变色效应的金绿宝石

（二）耐久

质地坚硬，经久耐用，这是珠宝玉石的特色。绝大多数珠宝玉石能够抵抗摩擦和化学侵蚀，使其永葆美丽。珠宝玉石的耐久性（durability）取决于其自身的物理性质和化学性质的稳定性。通常珠宝玉石的化学稳定性极好，可长时间保存，世代相传。珠宝玉石的硬度也往往较大，一般大于摩氏硬度6，这样的硬度使得珠宝玉石在佩戴的过程中不易磨损，瑰丽常在。而塑料等仿制品则因为硬度太低，不能抵抗外在的磨蚀，所以会很快失去光彩。

（三）稀少

珠宝玉石以产出稀少（rarity）而名贵，物以稀为贵这句古语在珠宝行业得到了最好的诠释。越是稀有的珠宝玉石越名贵，价值也越高。例如，17世纪前欧洲首次发现紫水晶，个头虽小，但色彩艳丽新颖，颇受人们喜爱，因其数量稀少，当时被视为珍贵之物。但在18世纪，当巴西发现优质大型紫水晶矿后，紫水晶价格猛跌，从此不再享有珍贵之名。

稀少导致着供求关系的变化，钻石是昂贵的，因为它稀少，而一颗具有精美色彩的无瑕祖母绿更是极度稀少的，因此它可能比一颗大小和品质相当的钻石价格更高。人工合成的宝石虽然在性质上与天然宝石相同，并且具有比天然宝石更美丽的属性，但合成宝石可以大量生产，因而在价值上与天然宝石天差地别。

珠宝玉石的稀有性包括两个方面的含义：品种上的稀有性和质量上的稀有性。珠宝玉石品种上的稀有性是在珠宝玉石中横向比较的结果，比如钻石和水晶比较，钻石比水晶稀有；翡翠和岫玉比较，翡翠比岫玉稀有。珠宝玉石质量上的稀有性是在珠宝玉石中纵向比较的结果，比如同为绿柱石宝石家族一员的祖母绿和海蓝宝石相比较，祖母绿就比海蓝宝石稀有很多；绿色翡翠比无色翡翠更稀有。

第二节 珠宝玉石分类

早在1916年，日本宝石学家就提出将珠宝玉石进行分类。多年来，国内外宝石学家以珠宝玉石应用领域、商品价值、宝石等级、矿物、岩石特征为依据，提出了不少分类方案。国际上有些地区习惯将珠宝玉石分为两大类，即彩色宝石和钻石；在两大类中再分为天然和合成宝石等。彩色宝石是指除钻石以外的所有其他宝石和玉石。除此之外，也有人又把珍珠单独划为一类，由此可见，目前国际上也还没有一个统一的珠宝玉石分类方案。

在我国，习惯将天然宝石（广义）分为宝石（狭义）、玉石和彩石三类。这里宝石（狭义）专指单矿物晶体和碎块；玉石专指矿物的集合体，并要求硬度大于5；彩石指装饰石材、雕刻石材和观赏石等。宝石的档次无严格的划分界限，如一些质量非常好的中低档宝石可能价值比质量不太高的高档宝石要高得多。

在最新的国家标准GB/T 16552—2017《珠宝玉石　名称》中，将珠宝玉石分为两大类七小类：天然珠宝玉石（天然宝石、天然玉石、天然有机宝石）和人工宝石（合成宝石、人造宝石、拼合宝石、再造宝石）。仿宝石不是珠宝玉石的具体分类。表2-1-1为珠宝玉石分类表。

表 2-1-1　珠宝玉石分类表

珠宝玉石	天然珠宝玉石	天然宝石（如金刚石）
		天然玉石（如翡翠）
		天然有机宝石（如珍珠、珊瑚）
	人工宝石	合成宝石（如合成红宝石）
		人造宝石（如人造钆镓榴石）
		拼合宝石（如拼合欧泊）
		再造宝石（如再造琥珀）
仿宝石		仿宝石（如仿钻石、仿水晶）

一、天然珠宝玉石

天然珠宝玉石（natural gems）的定义：由自然界产出，具有美观、耐久、稀少性，具有工艺价值，可加工成饰品的矿物或有机物质等。分为天然宝石、天然玉石和天然有机宝石。

（一）天然宝石

天然宝石（natural gemstones，图2-1-6）是指由自然界产出，具有美观、耐久、稀少性，可加工成饰品的矿物单晶体（可含双晶）。

天然宝石一般根据矿物学和商业惯例来进行分类。

1. 按矿物学分类

天然宝石种类繁多，为了对众多的宝石品种进行分类命名和深入研究，往往用矿物学的分类方法将其细分

图2-1-6　天然宝石（坦桑石）

为族、种、亚种。

（1）族　指化学组成类似，晶体结构相同的一组类质同象系列的宝石。如石榴子石族、电气石族、长石族、绿柱石族和辉石族等。

（2）种　指化学成分和晶体结构都相同的宝石。宝石种是分类的基本单位，每一个宝石种都有相对固定的化学成分和确定的晶体结构。如石榴子石族矿物种包括了铁铝榴石和镁铝榴石等品种。

（3）亚种　是种的进一步细分，指同一种的宝石因化学组成中的微量成分不同，在晶形、物理性质等外部特征上有较明显变化，从而细分出如石榴子石族中的铁铝榴石、镁铝榴石、钙铝榴石；水晶中的紫晶、烟晶、黄晶等。

需要注意的是：宝石种和亚种的划分有其特殊性，即要考虑到社会属性和价值规律。如刚玉宝石中的红宝石和蓝宝石，绿柱石宝石中的祖母绿和海蓝宝石等，在矿物学上应是亚种，但在宝石学中都被作为重要的单一宝石种。

2. 按商业惯例分类

天然宝石按照市场价值和稀少程度常被划分为中低档宝石、高档珠宝玉石和收藏级宝石（稀有宝石）等。但珠宝玉石国家标准是禁止此种分类方法的，在此仅作一简要概述，目的是对商业界的一些惯例有个了解。

（1）中、低档宝石（常见宝石）　一般指与高档宝石相比价值相对较低的宝石，这类宝石的品种繁多，比如电气石（碧玺）、绿柱石、石榴石、尖晶石、水晶等。

（2）高档宝石　如钻石、祖母绿、红宝石、蓝宝石、金绿宝石（变石、猫眼）以及具有高色级、高净度、高透明度、做工优良的翡翠等，这些都是历来被人们所珍视的、价值高、优质品产出少的高档宝石。

（3）收藏级宝石　有些宝石品种往往由于产量低，不足以在市面上进行流通，通常只有在陈列室或藏家手中才能出现。比如塔菲石，产自斯里兰卡，有米黄、淡紫、淡红等色，产量很少，市场知名度不高。

（二）天然玉石

天然玉石（natural jades，图2-1-7）是指由自然界产出的，具有美观、耐久、稀少性和工艺价值的矿物集合体，少数为非晶质体。珠宝界习惯于按照材料的使用历史、市场价值以及工艺特点将其分为高档玉石、中低档玉石和雕刻石等。

图2-1-7　天然玉石（翡翠）

1. 高档玉石

翡翠、软玉等是国际上公认的高档玉石品种。翡翠和软玉以其适中的硬度（摩氏硬度在6～7）、韧度和美丽的色泽成为玉石之王。

2. 中低档玉石

与翡翠和软玉相比，这类玉石品种繁多，硬度略低（摩氏硬度在4～6），价格也相对低廉。如玛瑙、玉髓、青金岩、蛇纹石。

3. 雕刻石

硬度小，可以用钢刀雕刻的玉石，摩氏硬度一般小于4，主要品种有图章石（如寿山石、鸡血石等）、砚石、装饰石等。其中少数品种价值很高，如田黄石、名贵鸡血石等。

（三）天然有机宝石

天然有机宝石（natural organic materials，图2-1-8）是指与自然界生物有直接生成关系，部分或全部由有机物质组成，可用于首饰及装饰品的材料。养殖珍珠（简

图2-1-8 天然有机宝石（琥珀）

称珍珠）也归于此类。

有机宝石是自然界中与生物生命活动有关的或者说是生物成因的材料，它们部分或全部由有机物质组成，其中的一些品种本身就是生物体的一部分，如象牙、玳瑁。人工养殖珍珠，由于其养殖过程的仿自然性及产品的仿真性，也被划分在天然有机宝石中。需要注意的是，在GB/T 16552—2017《珠宝玉石 名称》国家标准中，把硅化木（树化玉）及硅化珊瑚划入石英质玉的范畴，而不再属于有机宝石范畴。

二、人工宝石

人工宝石（manufactured products）的定义：完全或部分由人工生产或制造的用作首饰及装饰品的材料（单纯的金属材料除外）统称为人工宝石。包括合成宝石、人造宝石、拼合宝石和再造宝石。

（一）合成宝石

合成宝石（synthetic stones，图2-1-9）是指完全或部分由人工制造且自然界有已知对应物的晶质体、非晶质体或集合体，其物理性质、化学成分和晶体结构与所对应的天然珠宝玉石基本相同。在珠宝玉石表面人工再生长与原材料成分、结构基本相同的薄层，此类宝石也属于合成宝石，又称再生宝石。如合成祖母绿与天然祖母绿的化学成分均为$Be_3Al_2(Si_2O_6)_3$，它们具有相同的晶体结构、相似的折射率和硬度等物化性质。

图2-1-9 合成宝石（合成红宝石）

（二）人造宝石

人造宝石（artificial stones，图2-1-10）是指由人工制造且自然界无已知对应物的晶质体、非晶质体或集合体。如人造钇铝榴石和人造硼铝酸锶，迄今为止自然界中尚未发现与这两种人造宝石相对应的品种。

图2-1-10 人造宝石（人造玻璃）

（三）拼合宝石

拼合宝石（composite stones，图2-1-11）是指由两块或两块以上材料经人工拼接而成，且给人以整体印象的珠宝玉石，简称拼合石。如市场中常见的欧泊二层拼合石，常常下部分为合成宝石，上部分为天然欧泊。

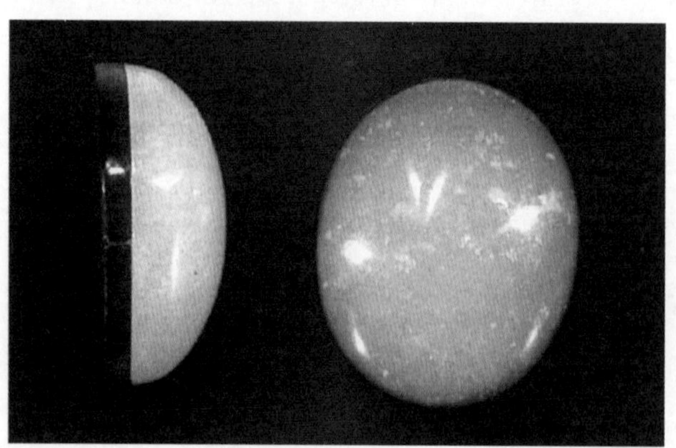

图2-1-11 拼合宝石（拼合欧泊）

（四）再造宝石

再造宝石（reconstructed stones，图2-1-12）是指通过人工手段将天然珠宝玉石的碎块或碎屑熔接或压结成具整体外观的珠宝玉石，可辅加胶结物质。常见的再造宝石有再造绿松石、再造琥珀等。

图2-1-12 再造宝石（再造绿松石）

三、仿宝石

仿宝石（imitation stones）指用于模仿某一种天然珠宝玉石的颜色、特殊光学效应等外观的珠宝玉石或其他材料。仿宝石不代表珠宝玉石的具体类别，不属于珠宝玉石的具体分类。如红色尖晶石仿红宝石、绿色玻璃仿绿碧玺等。

第三节 珠宝玉石优化处理

珠宝玉石的人工改善已有几千年的历史。据国外资料报道，在古埃及国王的墓中就曾出土过公元前1300年的肉红色玉髓，印度也曾出土过公元前2000年前的经加热处理的红玛瑙和玉髓。

我国珠宝玉石的改善也有悠久的历史。据考古发现，陕西西周时期古墓中出土的15件玉器玉质细密，颜色有深叶绿、深黑、乳白等，间或缀以藓苔斑纹，应属染色品。南北朝时期，出现象牙染色工艺。据《邺中记》载："亦用象牙桃枝扇，其上竹或绿沉色，或木兰色，或作紫绀色，或作郁金色。"唐宋时期的玉器处理又有进一步发展，据陈性《玉纪》云："……有受石灰沁者，其色红（色如碧桃），名曰孩儿面……有受血沁者，其色赤（有浓淡之别，如南枣北枣），名曰枣皮红……此外杂色甚多，有朱砂红、鸡血红……受沁之源，难以深考，总名之曰十三彩。"明清两代的珠宝玉石改善更加普遍，仍以染色为主。

有一些改善珠宝玉石的处理方法尽管在古代就已经被人们认识了，但当时更多的是在偶然的机遇中发明的。只有在今天，当人们弄清了无机质矿物（如金刚石、刚玉、黄玉、绿柱石、水晶等）、有机质宝石（如珍珠、琥珀等）的固体物理性质，研究了珠宝玉石的致色机理之后，才使这个古老的领域发生了巨大的变化，并产生各式各样新的完善的珠宝玉石处理技术。

最早对珠宝玉石人工改善进行系统总结的是C. Pliny（生于公元23年，逝于公元79年）。在他编写的37本书中介绍了珠宝玉石改善的技术方法，包括贴箔（foil）、油浸（oiling）、染色（dyeing）和宝石组合（composite stones）。部分技术方法在2000年后的今天仍在应用。1880年，W. B. Dick在《狄克实用配方和工艺过程大全》一书中，共收集有6422个配方，其中有对象牙、雪花石膏、大理石等的染色配方，有对琥珀的胶结、染色及衬箔等方法，是一本关于19世纪以前珠宝玉石人工处理的总结性专著。

19世纪是珠宝玉石业的大发展时期，从1895年伦琴发现X射线到γ射线和镭放射被发现之后的十几年中，形成了一股研究射线或粒子束对珠宝玉石影响的热潮，至今方兴未艾。1909年，W. Crookes在他关于钻石的书中指出，无色钻石被镭辐照后可产生如梦幻般美丽的绿色，但是经镭辐照的钻石有放射性，且在加热后仍不会消失。随着辐射源越来越多，有关珠宝玉石人工改善的范围越来越大，对其改色机理的研究也日益深入，珠宝玉石改善品在珠宝市场中的地位也日渐重要。1973年，Pough等人研究一些石英样品在辐照后加热情况下的变化时，偶然发现一颗混入的托帕石变成了蓝色，这一情况也解释了珠宝市场大量蓝色托帕石的来源问题。当今更多的经辐照和热处理的蓝色托帕石涌入市场，使其价值大大下降。进入20世纪后，特别是近些年来，自然科学的重大突破和新技术的不断出现，给优化处理珠宝玉石的工作提供了一个又一个新手段、新方法。随着宝石学的成熟，优化处理天然珠宝玉石以增加珠宝玉石价值的研究成为一门学科。人们的认识从宏观领域进入了微观领域，以前偶然发现的优化处理宝石的方法成为有目的的自觉行为，人们可以有意识地改变珠宝玉石的物理性质。当前，世界上许多技术手段齐全的实验室都开展了天然珠宝玉石优化处理的研究。

目前，人们已经能将绿色的绿柱石改善成为天然色的海蓝宝石；无色的托帕石改善成为蓝色的托帕石；无色的金刚石改善为黄色、绿色、蓝色、粉红色等。甚至有人提出，如果你手中有金刚石（无色钻石），它可以被改善成任何你需要的颜色。近十几年来，通过热处理使品质较低的刚玉变成蓝色或橙色刚玉的技术更是风靡一时。据报道，在国际市场上出售的彩色宝石中，有80%是经过优化处理的，刚玉类红、蓝宝石的优化处理品更是超过90%。一些改善后的宝石颜色稳定，经久不变，已被公认为价值与天然产出品相当。

总之，世界发达国家对珠宝玉石人工改善时，往往以理论研究为基础，采用高新技术进行科学试验，使珠宝玉石人工改善技术和工艺紧跟现代高科技的发展，珠宝玉石改善品的生产水平越来越高，鉴别也越来越困难。

在国家标准GB/T 16552—2017《珠宝玉石　名称》中，这些人工改善珠宝玉石的方法被统称为珠宝玉石的优化处理。优化处理是国家标准中的重要概念，是对改善珠宝玉石外观、耐久性等属性的所有方法的统称。关于珠宝玉石的优化处理，特别是对色泽和透明度较差的天然珠宝玉石颜色的改变的研究，目前在国际上已成为一门专门的学科。

一、优化处理的概念

优化处理是指除切磨和抛光以外，用于改善珠宝玉石外观的颜色、净度、透明度、光泽或特殊光学效应等外观及耐久性或可用性的所有方法。

二、优化处理的分类

优化处理方法根据传统上是否被人们广泛接受可以分为优化和处理两类。

（一）优化

优化（enhancement）是指传统的、被人们广泛接受的，能使珠宝玉石潜在的美显现出来的优化处理方法。常见优化方法有热处理、浸无色油、浸蜡（翡翠除外）、漂白（翡翠除外）、染色（玉髓、玛瑙）等。

（二）处理

处理（treatment）是指非传统的、尚不被人们广泛接受的优化处理方法。常见处理方法有浸有色油、充填（翡翠、碧玺）、染色（翡翠）。处理的珠宝玉石如经染色处理的翡翠、经表面扩散处理的蓝宝石、经玻璃充填的红宝石等。属于处理的珠宝玉石在市场出售时，必须声明其经过人工处理，证书或标签需特别标识，如红宝石（处理）、红宝石（玻璃充填）等。

三、珠宝玉石常见优化处理方法及鉴别特征

（一）热处理

热处理是指通过人工控制温度和氧化还原环境等条件，对珠宝玉石进行加热，以改善或改变珠宝玉石颜色、净度和透明度或特殊光学效应的处理方法。热处理是通过高温条件改变色素离子的含量和化合价价态，调整晶体内部结构，消除部分内含物等内部缺陷，来改变珠宝玉石的颜色、透明度及净度等外观特征并且得到长期稳定的改善，从而提高珠宝玉石美学价值和商品价值的技术。在加热过程中没有外来物质（除氧和氢元素外）的加入，也没有珠宝玉石本身物质的流失。

这是一种把珠宝玉石潜在美显现出来的方法，也是一种容易操作且优化处理后的珠宝玉石能被人们广泛接受的方法。根据我国实施的国家标准GB/T 16552—2017《珠宝玉石　名称》的规定，这一方法属于“优化”的范围。

1. 热处理技术的原理

根据珠宝玉石在热处理过程中内部变化的机理，将热处理的原理分成以下几类详加说明。

（1）使珠宝玉石中致色元素改变而产生颜色的变化　这些化学成分可以是珠宝玉石的主要成分，也可以是珠宝玉石的微量致色元素。例如，对于宝石，加热处理往往将其中的低价态阳离子氧化成高价态，从而使颜色产生变化。最典型的例子就是绿柱石族的宝石，在绿柱石中铁离子致色种类较多，有黄色、绿色、黄绿色、蓝色等。铁有两种价态，且常以两种形式存在于绿柱石的内部。若Fe^{3+}取代Al^{3+}，则宝石出现黄色。随Fe^{3+}含量的减少，绿柱石可以从金黄降至无色。若Fe^{2+}取代Al^{3+}，则宝石不呈现颜色。所以在还原气氛中加热含有Fe^{3+}的黄色绿柱石，可以使Fe^{3+}转变成Fe^{2+}，使宝石的颜色从黄色转变为无色。

（2）使珠宝玉石原有的色心被破坏而引起颜色的变化　热处理破坏色心，消除产生色心的辐射结构损伤，这可使棕色黄玉、蓝色黄玉、红色碧玺、烟水晶等在加热时脱色或减色，此外，热处理可以诱发石英产生一种颜色的变化，一些紫晶常被加热至高温而产生石英变种——黄水晶。

（3）使珠宝玉石中的杂质扩散或改变存在状态而改变颜色　有些珠宝玉石中存在着致色离子，但由于存在状态不好，使珠宝玉石颜色不好或不能致色，加热可以使致色离子在珠宝玉石内均匀扩散，进入晶格质点位置或晶格缺陷，从而改变珠宝玉石的颜色，如褐色红宝石加热变成红色红宝石，白色蓝宝石加热变成蓝色蓝宝石；有些珠宝玉石中的致色离子呈聚合态而使颜色不漂亮，经加热扩散后可形成漂亮的颜色。

（4）使一些含水的珠宝玉石发生脱水作用而引起颜色的变化　有些珠宝玉石中不仅存在吸附水，还含有结构水。在热处理优化过程中，若温度不破坏结构水，则能完成改色任务；若加热温度过高会将结构水驱赶出来，使珠宝玉石发生脱水作用，从而破坏珠宝玉石的结构稳定。当然，有些珠宝玉石在此时也会变色，但这种变色往往是人们不希望的。如漂亮的欧泊若加热到300℃左右就会失水，从而破坏其变彩效应。所以，在采用热处理优化珠宝玉石颜色时必须掌握好加热温度。粉红色玉髓变为橙红或褐色、虎睛石加热产生深褐至红褐色均与脱水作用有关。

（5）使某些珠宝玉石发生结晶构型的变化　有些珠宝玉石随着温度的升高，晶格结构类型会发生变化，从而发生颜色变化。例如，加热可使低型锆石转化成高型锆石，颜色由褐—褐红色变成无色，人们常用此法获得折射率高的无色锆石作为钻石仿制品；若在还原环境下加热，还可以得到迷人的浅蓝色—蓝色锆石。

（6）使某些珠宝玉石发生重组、再生和净化而达到优化的目的　对于有机宝石如琥珀，在较低的温度下热处理就可以使它软化或熔融，冷却后成透明度高、质地较纯的琥珀，若在软化时加压，还会出现美丽的爆裂花形图案，通常称之为“太阳光芒”。

2. 热处理珠宝玉石的主要鉴别特征

（1）中低温的热处理往往没有明显的鉴别特征，热处理的琥珀常有被称为“太阳光芒”的圆盘状裂隙。

（2）高温、超高温处理的鉴别特征如下：

①气液包裹体破裂　指纹状包裹体经加热处理后原来孤立的气液包裹体破裂，形成连通的、弯曲的、同心状的包裹体，像很长的卷曲地散布在地上的水管，称为水管状愈合裂隙。

②固体包裹体的熔蚀　固体包裹体被熔蚀，低熔点的形成圆形或者椭圆形的由玻璃与气泡组成的二相包裹体；高熔点的固体包裹体则形成浑圆毛玻璃状或表面麻坑状的形态。

③热处理应力裂隙　当晶体包裹体因加热发生熔融或分解作用时，还可能诱发应力裂隙或者改造原生已存在的应力裂隙，常见现象有：a. 晶体包裹体完全熔化形成白色的球体或者圆盘，并在周围形成应力裂隙；b. 晶体包裹体完全或部分熔化后，熔体溢入裂隙，形成环绕晶体分布的熔滴环，或者充填到裂隙的其他位置，熔体的溢出还可能在熔化的晶体周围形成强对比度的空穴；c. 晶体包裹体没有熔化，但形成了带有环礁状边沿的应力裂隙，也是热处理红、蓝宝石中可见的现象，这种裂隙也称为“环边裂隙”。

（二）漂白

漂白（bleaching）是采用化学溶液对珠宝玉石进行浸泡，使珠宝玉石的颜色变浅或去除杂质。GB/T 16552—2017《珠宝玉石　名称》中规定，漂白处理属于优化，不需要作出标识。可采取漂白处理的宝石主要有珍珠、珊瑚、象牙、玉髓、翡翠等。

漂白珠宝玉石的鉴别特征：经过漂白的珠宝玉石，尤其是经过度漂白的珠宝玉石，会出现表面结构被破坏的痕迹。经过漂白的珍珠，珍珠层间的一些有机介壳质被去除了，结构会因此变得疏松，珍珠层与层间的间隙加大，珍珠原有的光泽可能受到破坏。一般来说，适度的漂白很少留下可供鉴别的特征，其鉴定就会变得十分困难。

（三）激光钻孔

激光钻孔（laser drilling）是指用激光束和化学品去除钻石内部深色包裹体，留下管状、漏斗状或其他形状的激光痕。管状或漏斗状的激光痕又称激光孔。激光具有优异的特性，它具有高度方向性、高亮度、时间和空间上高相干性，可获得超短光脉冲，因而在高科技领域及其他学科中得到了广泛的应用。它与微电子学技术相结合而形成的新兴的光电子学科已成为当今开拓科学技术的主流。

激光在宝石学中也有着广泛的用途。自1970年以来，人们就采用激光对钻石进行优化处理（激光打孔）。目前，激光打孔虽然已被钻石业界广泛认可，但按国标规定仍属于处理的范围。激光钻孔主要初衷是淡化钻石中的深色包裹体，减弱其可见程度，以明显改善钻石的外观。

1. 激光对钻石的优化处理

钻石常用激光钻孔的方式来减少深色包裹体的明显影响。用激光束烧出直径小于0.02mm的非常细的孔穿过钻石到达包裹体，包裹体可用激光束烧掉或用酸去除，随后可用玻璃或环氧树脂将孔充填以防止尘埃进入。新近已开始采用一种称为"KM激光处理"的新方法。这种新的处理方法是用激光加热包裹体，使应力裂隙延伸到钻石的表面，这时可用酸处理这些裂隙以去除深色包裹体。这种处理方法主要用于深色包裹体靠近钻石表面的情况，处理后通常留下一个"之"字形横向管道，达到表面的裂隙。

2. 激光钻孔钻石的鉴别特征

激光钻孔钻石，在放大镜或显微镜下还可见钻石中具白色激光孔道，通常激光孔的外观像一个直径基本均匀的微白色细小针状管道。在触及钻石表面的地方，窄小的管道显得较宽，截面较圆，在反射光下，沿激光孔开口会有一小凹缘，用10倍放大镜从钻石侧面仔细观察，可看出这些孔道。但钻石镶在首饰中后将会掩盖孔口，使经激光处理的钻石检测难度增大。

激光钻孔钻石的方法和主要过程如下：①选取需处理的钻石样品，确定暗色包裹体方位；②确定离暗色包裹体最近的刻面；③垂直于刻面发射脉冲激光，激光烧蚀孔到达包裹体后停止；④加热沿激光孔扩充裂隙，使裂隙到达表面；⑤将钻石放入HF、H_2SO_4或HCl中煮沸，包裹体被熔蚀；⑥将激光孔或裂隙用高折射率玻璃填充。

（四）充填

充填（filling or impregnation）是指用无色油、蜡、玻璃或树脂等材料充填珠宝玉石的缝隙、（开放）裂隙、空洞，或灌注多孔隙、多裂隙的珠宝玉石，以改善或改变珠宝玉石的净度、外观和耐久性的方法。近年来，随着中低档珠宝玉石材料的价格出现较大幅度上涨，为了充分利用中低档宝石材料和提高其利用价值，有些珠宝加工企业在其加工流程中使用了新的"充胶"技术，以改进传统的加工工艺，提高裂隙较发育的中低档珠宝玉石的美观度及其产品出成率。这种技术已成为该类中低档珠宝玉石材料必不可少的加工环节之一，在一定程度上修复与填补了其裂隙，或多或少地改善了净度与透明度。目前，珠宝市场上经充填处理的珠宝玉石品种广泛，几乎涵盖了大部分中低档珠宝玉石，其内部充填物可能为有机物，不同于玻璃充填高档珠宝玉石（钻石、红宝石等）。随着科技的发展和高分子新材料的推陈出新，充填材料越来越丰富，充填技术也越来越完善。根据GB/T 16552—2017《珠宝玉石　名称》，充填可以根据充填物质、充填珠宝玉石品种等因素划分为优化、优化（应附注说明）、处理三种优化处理类别。充填的具体分类和说明见表2-1-2。

表 2-1-2　充填方法及优化处理类别

充填	优化	用无色油、蜡充填珠宝玉石
		用少量树脂充填珠宝玉石缝隙，轻微改善其外观。祖母绿的此种方法为净度优化，归为优化（应附注说明）
	优化（应附注说明）	用玻璃、人工树脂充填珠宝玉石少量裂隙及空洞，改善其耐久性和外观
	处理	用含Pb、Bi等玻璃、人工树脂等固化材料灌注多孔隙及多裂隙珠宝玉石，改变其耐久性和外观

1. 充填的原理

（1）改善珠宝玉石的颜色状态　如果向珠宝玉石的裂隙中注入某种无色油，可以大大提高珠宝玉石的色度和颜色鲜艳程度。常见的有裂隙丰富的祖母绿、红宝石等有色单晶质宝石经注油处理后，颜色状态改善，色彩更加浓艳。

（2）提高珠宝玉石的透明度　大量珠宝玉石发育有各种微裂隙或孔隙，这些裂隙和孔隙中充填的主要是空气和少量的水，由于珠宝玉石的折射率与空气的折射率相差较大，当光线射入珠宝玉石时，会在裂隙和孔隙中发生散射和漫反射，从而使珠宝玉石的透明度降低。如果用某些折射率与珠宝玉石相差不大的无色透明或有色透明的物质注入或充填珠宝玉石的裂隙和孔隙代替空气，就会使珠宝玉石透射光强度增大，珠宝玉石的透明度就会明显改善。典型例子是B货翡翠。

（3）增强多孔珠宝玉石的稳定性　有些珠宝玉石由于是大量矿物微晶集合体，呈现从粒状、斑状到纤维状的结构。当这些矿物微晶堆积不紧密时，珠宝玉石中就会出现大量的孔隙，结构比较松散，稳定性较差。不稳定结构还会使珠宝玉石在加工时破裂，还会受到其他物质的污染，使珠宝玉石改变颜色；注入部分固态物质会增加其稳定性。例如，松散质地的绿松石经填充后，其质地变得坚硬，耐久使用。

（4）给珠宝玉石加色　这与通常意义的染色类似，但它通常与纯染色处理有所不同。染色处理是使染料直接侵入孔隙和裂隙处，但不用充填孔隙和裂隙。而充填处理要把染料和充填物混合一起注入孔隙和裂隙处，加色只是充填处理的目的之一。充填处理的加色可以使珠宝玉石的颜色加深，也可以使无色宝石变成彩色宝石。比如祖母绿注绿色油处理，一方面加深颜色，另一方面可充填裂隙，提高透明度。

（5）掩盖珠宝玉石的各种缺陷　无论什么珠宝玉石，裂隙、孔隙都是令人无法忍受的，裂隙不仅留下了破裂的隐患，还降低了珠宝玉石的价值。大多数珠宝玉石的充填处理都不是单一目的，例如，祖母绿的注油处理不仅是为了隐去裂隙，也是为了“增水增色”。

2. 充填处理的鉴别特征

（1）热针测试　经过注油和充蜡的珠宝玉石会出现“出汗”现象，如果是经充填树脂的则会有异味产生。但是热针测试具有一定的破坏性，需要谨慎使用。

（2）裂隙中的异常闪光　各种通过裂隙充填处理的珠宝玉石常常具有异常闪光的效应。如经过玻璃充填的红、蓝宝石常具有异常闪光的现象。

（3）光泽差异　玻璃充填红宝石的表面常常能看到光泽较低的玻璃充填区域，与红宝石本身所具有的光泽有一定差异。

（4）内含物　由于处理过程中充填了外来物质，在珠宝玉石内部会出现与原有包裹体差异较大的充填物，如在珠宝玉石内部的细波纹状、弯曲肠状、放射状流动构造以及不规则凝固态或云雾状、栅栏状、网状、碎渣状等充填物组合特征，这些都是鉴别充填处理中低档珠宝玉石的重要依据，而充填区中的残余扁平状气泡是鉴定充填处理中低档珠宝玉石最明显、最直接的证据。

（5）外来成分　红宝石中的硅酸盐成分、祖母绿中的有机成分和钻石中的铅元素等外来成分都可表明经过了充填处理。

（五）漂白、充填处理

漂白、充填处理（bleaching and filling or impregnation）是珠宝玉石的常见处理方法，常用于对玉石的处理，市场上常说的“B货”就是指经过漂白、充填处理的翡翠，其处理方法是漂白处理和充填处理两个步骤的结合，其鉴定方法参照漂白处理和充填处理的鉴定方法。

（六）覆膜

覆膜（coating）指用涂、镀等方法在珠宝玉石表面覆着薄膜，以改变珠宝玉石的光泽、颜色，产生特殊效应或对珠宝玉石起到保护作用。珠宝玉石覆膜处理类型主要有三大类：覆膜法、镀膜法和贴箔法。

1. 覆膜法（涂层、涂色法）

（1）涂层法　珠宝玉石的表面涂层是将一些有机或无机物质涂在珠宝玉石的表面，以增强珠宝玉石的表面光泽和光洁度或改变珠宝玉石的颜色，分为无色涂层和有色涂层两种。

珠宝玉石的无色涂层可用来改善珠宝玉石表面的抛光效果，可将珠宝玉石表面的小擦痕、细粒结构或其他表面缺陷用无色油掩盖起来，还可起固色作用，如着色青金石的表面蜡等。

珠宝玉石的有色涂层可用来改变宝石的颜色。表面有色涂层一般仅限于亭部小面或腰部，或弧形宝石的底部，如白色硬玉的表面常涂上一绿色塑胶薄层，俗称“穿衣翡翠”。过去采用的涂层材料主要是塑料，因为塑料的耐久性不好，改善的效果也不持久。如涂层翡翠和钻石表面常常布满划痕，涂层易剥落。随着科学技术的发展，目前已经采用了一些新的材料，如金属及其氧化物等，涂层的耐久性较强。

涂层处理中还可见一种称为“水色气息”（aqua aura）的表面涂层处理法，它是于1988年出现的一种在水晶、无色托帕石及其他无色透明材料表面使用的涂层处理法。该法利用真空喷涂技术在晶体或宝石表面涂一层非常薄而透明的纯金膜（有时为铂膜或银膜），使其表面呈蓝到蓝绿色，并伴有似铜的表面晕彩。这种效果在天然珠宝玉石中见不到。这种涂层耐久性好，且不影响珠宝玉石的其他性质。

涂层珠宝玉石的鉴别特征：

①在涂层珠宝玉石亭部用表面反射照明在20×～40×放大倍数下观察，可以发现划痕、涂层剥落的斑痕及含气泡的表面晕彩斑；②涂层珠宝玉石的折射率在折射仪上很难得到读数或测出的是涂层材料的折射率，如塑料膜的RI=1.55；③用钢针刻画在膜上会留下痕迹；④用热针测试，塑料膜会有异味反应；⑤透镜涂层的钻石会带有明显的灰色调，在与比色石比较时，很难定其色级。

（2）涂色法　涂色是在珠宝玉石的亭部涂上颜色，如带黄色调的钻石，在其亭部或腰棱处用油基笔涂上一层蓝色，因为蓝色与黄色互补，使得钻石的黄色调得以抵消，看起来更白，这种方法主要适用于无色、颜色很浅或颜色不佳的珠宝玉石成品。不过，因为这种改色效果不持久，现在已经很少采用。

涂色珠宝玉石的鉴别方法：观察珠宝玉石的光谱、在查尔斯滤色镜下颜色的变化、颜色分布、使用化学试剂擦拭等都是鉴定涂色有效的手段。

2. 镀膜法

镀膜法是现代技术在珠宝玉石表面处理中的应用。简单地说，镀膜法就是在分子或原子层次上运用沉淀技术或喷镀技术、晶体生长技术等高新技术在珠宝玉石表面铺设多层分子或原子膜，膜的厚度可以从几纳米至几百纳米，根据需要来定。镀膜处理一般都会明显影响珠宝玉石的透明度。镀膜处理可以掩盖珠宝玉石表面的凹点、擦痕，使珠宝玉石极光洁、平整、光泽度提高，且可以提高珠宝玉石的颜色浓度或加色。

镀膜珠宝玉石的鉴别特征：镀膜珠宝玉石的光泽与未经镀膜珠宝玉石的光泽不一样，折射率不一样，还可以用荧光鉴别，如果镀的是金属膜，珠宝玉石表面还会显现很强的虹彩效应，如同钻石的火彩。

3. 贴箔法

贴箔也称背衬或底衬（backing），是一种传统方法。在珠宝玉石底面或亭部刻面上贴一有色或强反射的箔片（金属片可以提高珠宝玉石底面的反射光强度，而有机薄膜则可以改变珠宝玉石的颜色和光泽，就像照相机镜头上所贴的一层光学有机薄膜一样，呈现一种特殊的色彩和强光泽），以改善珠宝玉石的颜色或外观。贴有色箔的处理也称为色衬（color backing）。许多英国维多利亚女王时期首饰上的祖母绿、红宝石、蓝宝石、黄玉、紫晶、透明贵欧泊等都经过贴箔处理。现在这种方法已较少使用。经贴箔处理的珠宝玉石常常被封闭式镶嵌于首饰上，加以掩盖。

贴箔珠宝玉石的鉴别特征：通过放大观察可发现贴得不平而褶皱的箔片及箔片表面的划痕，有时还可以见到脱落的箔。注意观察珠宝玉石的颜色和亮度分布特征也可以揭示贴箔处理。例如，为加深祖母绿的颜色，在祖母绿界面底部，衬上一层绿色的薄膜或绿色的锡箔，用包镶的形式镶嵌。检测时不易觉察，放大检查其底部近表面处可有接合缝，接合缝处可有气泡残留，有时会有薄膜脱落、起皱等现象。二色性不明显或根本就没有二色性，不像天然祖母绿有明显的二色性，而且天然的祖母绿具有明显的Cr吸收光谱，经该种处理的祖母绿Cr吸收光谱模糊或无Cr吸收光谱。

（七）高温高压处理

高温高压处理［high-pressure high-temperature（HPHT）treatment］是近年受到关注的新的优化处理方法。它是将由于塑性变形产生的结构缺陷致色的褐色钻石放在高温高压炉中进行处理来改善或改变钻石颜色的方法。也就是说这些褐色钻石经受非常高的压力和温度，塑性形变得以修复或改变，钻石的褐色可褪成无色，也可改变为黄绿色。

1. GE-POL钻石

1999年3月1日，美国通用电气公司（GE）宣布可以利用高温高压的方法改变钻石的颜色。1999年5月，经这种方法处理的钻石正式由以色列LKI的子公司POL（Pegasus Overseas Limited）在比利时安特卫普进行销售。目前对该方法的处理细节仍不清楚，而且经过这种方法处理的钻石无法鉴别。因此，该处理钻石需要用激光在处理钻石的腰棱上刻上“GE-POL”字样，以便于其在市场中流通时和天然钻石加以区分。目前市场上将经该种方法处理的钻石称为“GE-POL钻石”。

2. 高温高压处理钻石（HPHT处理钻石）

HPHT处理目前主要有两种类型，一种为处理Ⅱa型，一种为处理Ⅰa型，但都选择褐色钻为处理对象。处理设备类似合成金刚石的设备。

主要步骤如下：

（1）挑选金刚石样品，有些为裸石，有些为原石，选裂隙和包裹体较少及特定钻石类型，如褐色Ⅱa型，褐色Ⅰa型等。

（2）确定升温、升压曲线，避免压力升高太快而使钻石发生脆性破裂。

（3）达到设定温度压力值，稳定一定时间，不同处理对象设定值不同。如Ⅰa型处理压力为60kPa，温度高达2100℃，稳定时间30min。Ⅱa型褐钻处理可能温度略低一些，但稳定时间较长，可能达数小时。

（4）降温降压时先降压力，再缓慢降温，让空位有足够时间调整、稳定。

（5）取出样品后，对裸石进行再次抛磨。

（6）销售前在腰棱处用激光打上“GE-POL”字样。

3. 高温高压处理钻石的鉴别特征

HPHT处理的钻石，因为其处理过程与钻石在地幔中的生长过程相近，鉴别时相当困难，主要的鉴别依据如下：

（1）成批的白色Ⅱa型钻石应引起注意，因为天然的Ⅱa型钻石仅占1%，而且处理的仅为其中的褐色部分，因而数量很少，一般不会成批出现。

（2）钻石呈雾状的外观以及褐或灰色调而不是黄色调。

（3）高倍放大镜下可观察到部分钻石内部有明显平行应变纹理或愈合的裂隙。

（4）部分钻石内部有不常见的包裹体，或包裹体周围有应力破裂纹。

（5）在拉曼光谱下，处理的无色钻石有3760cm^{-1}峰，而天然无色钻石没有。

（6）吸收光谱Ⅰa型褐色钻石（含氮钻石）经HPHT处理成的自然界中不多见的强黄到黄绿色钻石，在480～500nm处有强吸收带，在503nm处有强吸收线，用棱镜分光镜即可观察到。在经HPHT热处理的钻石中，多数在575，535nm有吸收峰，有些在637nm处有吸收峰。

（7）处理Ⅰa型钻石有绿色强荧光。

（8）腰棱上有“GE-POL”字样。

①在一些GE-POL样品中见局部“愈合裂隙”，一些呈现指纹状包裹体外观，另一些呈现不常见的网状外观。在某些局部裂隙中可见一些似石墨的暗色区域。

②在某些GE-POL钻石中见到一些白色、棕色的花纹，有些花纹呈平行条带状，白色花纹很多时，钻石略显烟雾状外观。

③在某些GE-POL钻石中见小固体包裹体四周有应力纹。

④在正交偏光镜下，大多数GE-POL钻石表现出条带状或交叉状应力图形，大多数显示出中至高强度干涉色，通常比未处理钻石中见到的要强得多。

（八）染色处理

染色（dyeing）是一种历史悠久的珠宝玉石人工处理技术，这种技术用于多孔、多裂纹或多裂隙的珠宝玉石。染色处理是指将致色物质（如有色油、染料等）渗入珠宝玉石以改善或改变珠宝玉石的颜色的处理方法。

1. 染色处理技术的原理

要使珠宝玉石有较好的染色效果，一般借助物理方法，使染料或着色剂渗透到珠宝玉石中去。该方法一般用于那些颜色浅、价值低的单晶宝石。常利用一些触及表面的裂隙而使染料进入到宝石内部，这些裂隙可以是已经存在的，也可以是通过淬火得到的裂隙。若是多晶质玉石，染料可以通过一系列很细小的颗粒边界、表面裂隙渗透到玉石中，或在多孔玉石中借助晶体粒间的间隙更深地进入玉石内部。其着色剂的稳定性很大程度上取决于所用染料的种类，一般用天然有机染料着色的珠宝玉石稳定性较差，随着时间的推移会褪色或变色，而那些用人工合成染料或金属盐沉淀物着色的珠宝玉石相对比较稳定。

2. 染色处理的方法

染色处理的方法很多，酸处理一般用于多晶质玉石，如玛瑙、玉髓等；糖-酸处理可使多孔玉髓变成深黄、棕色或黑色及将浅色玛瑙改善成缟玛瑙；硝酸银着色处理多用于珍珠，颜色较差的珍珠有时可用硝酸银溶液处理，然后在阳光或紫外光下照射，金属银微粒即沉淀在珍珠的表面，使珍珠呈现黑珍珠的外貌；浸色处理一般是将待处理的珠宝玉石浸没于染色溶液中，以使染料渗入珠宝玉石裂隙中，从而达到染色目的，必要时用淬火法诱发或加深珠宝玉石的裂隙，这种方法常用于染色石英岩、染色翡翠、染色大理岩等，具有极大的欺骗性。

3. 染色处理的鉴别方法

对染色处理的珠宝玉石进行检测时，需要注意其颜色分布与裂隙和孔隙有关；在吸收光谱和紫外荧光下可能显示染色剂的存在；查尔斯滤色镜和化学试剂的擦拭也可能发现染色的疑点。

以翡翠的染色处理鉴别为例来进一步详细说明。

（1）颜色分布特征　染色翡翠的颜色常浓集在小裂纹中，并沿着裂纹充填在裂纹附近的晶粒间隙中，呈网脉状分布。而天然翡翠的裂纹和孔隙都是没有颜色的。这些特征用10倍放大镜观察最好，用显微镜观察时也只能用低倍，以不超过20倍为宜。

（2）可见光吸收光谱　尽管染色翡翠的颜色与天然的可以非常相似，但是它们的呈色机理却是完全不同的。天然翡翠的绿色是含铬硬玉所致，其有特征的吸收线，与绿色染料对可见光的吸收特征截然不同。在分光镜下观察，染绿色翡翠在红光区内有一强的吸收窄带（以红区650nm处为中心），而天然绿色的翡翠则是从红光区的末端开始有三条间隔排列的吸收线（690，660，630nm向短波方向强度递减的吸收窄带）。尤其是绿色特别鲜艳的翡翠，如果用分光镜观察不到铬吸收线，无论其他的吸收线是否存在，都有可能不是天然的绿色。

（3）查尔斯滤色镜　早期的染绿色翡翠在查尔斯滤色镜下观察时常常会变成橙红色调，但是，后期的染绿翡翠因采用不同种类的染料多不变色，故不可因为滤色镜下不变色而认为是天然的绿色。

（4）紫外荧光　大多数的染绿色翡翠的紫外荧光与天然翡翠相似，没有明显的荧光，但可有弱的黄白色荧光，这种荧光也可能是蜡引起的，有少量染绿色翡翠具有很强的紫外荧光。如果发现翡翠的绿色部分发出异常的强荧光，则可以判定为染色的标志。

（九）辐照处理

辐照处理（irradiation）是指用高能射线照射珠宝玉石使其颜色发生改变的处理方法。辐照处理常附加热处理，适用于由色心致色的珠宝玉石，主要是使珠宝玉石产生或部分消除结构缺陷，得到不同的色心，从而呈现出所需要的颜色。珠宝玉石的放射线辐照处理技术是指用带一定能量的射线或粒子照射珠宝玉石，使珠宝玉石的离子电荷或晶体结构发生变化，产生各种类型的色心，再进行加热处理，从而使珠宝玉石致色或颜色变得更加艳丽的技术。这是种尚未被人们广泛接受的方法，根据GB/T 16552—2017《珠宝玉石　名称》的规定，这一方法在优化处理中属于处理的范畴。根据珠宝玉石优化处理的工艺要求，经放射线辐照处理的珠宝玉石应当是颜色相当稳定的不带放射性或放射性比活度在国家规定的安全标准豁免值以下的。

自1904年发现了γ射线后，在随后的1923年至1926年间，科学家开始用辐照法改变矿物的颜色，进行矿物颜色的一般辐照实验。到1947年，美国宝石研究所的鲍尔先生才系统地进行了矿物的辐照改色工作。我国在珠宝玉石改色方面的研究工作起步较晚，以20世纪70年代初的水晶辐照致色研究为开端，随着科技的进步，辐照改色珠宝玉石的研究在全国开展起来。

1. 辐照处理的原理

从基本原理讲，辐照即粒子或电磁波的能量发射。辐射的类型之一，即电离辐射，具有足够的能量使珠宝玉石产生色心或相似的变化。这些辐射形式可能包括粒子（缺失电子的高速氦原子或高速电子）、γ射线（与X射线相近但具有更高能量的高能光子）或中子（具有同一个氢原子相近质量的中性氙原子粒子）。辐照使珠宝玉石产生色心，致色的原理涉及晶体的缺陷、空位、色心、能带等理论。水晶辐照变茶色、烟色是色心致色的典型实例。水晶是一种含少量铝杂质的晶体，Al^{3+}离子取代了晶格中的Si^{4+}离子。由于Al^{3+}的正电荷较少，晶体场理论认为它对晶格中与其相连的氧离子的价电子的静电引力也比其他与Si^{4+}离子相连的氧离子的价电子要弱。受到辐照后，与Al^{3+}相连的某一个氧原子上的价电子就会失去一个，从而产生空位色心。于是留下的那个未成对的电子吸收有关的色光，使水晶显示出烟色或茶色来。

（1）γ射线辐照源　放射性元素在衰变过程中一般产生α射线、β射线和γ射线。由于α射线和β射线带电，故尽管其能量大，但射程不远，通常要将改色样品与辐照源捆在一起才能奏效。γ射线不带电，其射程远，是辐照处理珠宝玉石的常用辐照源之一。目前，大都采用钴（60）作为γ射线源进行珠宝玉石的辐照处理，因为钴（60）的γ射线只有1.17MeV和1.33MeV两种能量，所以经其辐照处理的样品不带放射性，辐照后即可放心佩戴。

（2）高能粒子辐照源　通常用加速器将粒子在电磁场中加速后获得的高能量粒子作为辐照源。一般认为粒子能量在10MeV下时对珠宝玉石辐照不产生核反应，故没有放射性；粒子能量在10MeV以上时，对珠宝玉石辐照产生核反应，辐照后的样品有人工放射性，需要放置一段时间，让放射性衰变达到国家规定的辐射防护安全标准后方可使用。

（3）中子辐照源　中子辐照源常指原子反应堆中产生的中子。当用中子辐照珠宝玉石时会产生核反应，辐照后的样品带有人工放射性，需要放置较长的时间让放射性衰减，达到国家规定的辐射防护安全标准后方可使用。

2. 珠宝玉石经辐照后的致色机理

（1）射线与珠宝玉石相互间的作用　射线是带有一定能量的粒子，对珠宝玉石进行辐照处理，实质上是用射线轰击珠宝玉石中的原子或离子。众所周知，原子由原子核和外层电子组成，原子核带正电，电子带负电，电场力的相互作用使它们处于一定的轨道上运动，射线如果恰巧打上电子就能把电子打掉（指离开原来位置处于游离状态）使那里出现空缺，这就是所谓的“形成缺陷”或者说“形成色心”，同样射线也可能打在原子核上，把一个原子打掉（离开晶体结构点阵位置）形成晶格缺陷。

（2）色心形成与分类　电子在原子核外层运动有一定的轨道，每个轨道上运动的电子都具有一定的能级，低能级的电子如果吸收了一定的能量就可以跃迁到较高能级的轨道上去，此时称该电子处于“激发态”。如果电子吸收的能量恰好是可见光范围中某一波长的能量，我们就能见到颜色。创造这样的条件是珠宝玉石优化处理使颜色变得更艳丽的关键。射线与珠宝玉石相互作用的结果是使珠宝玉石产生缺陷，打掉电子的位置出现一个能级的“空穴陷阱”，它能俘获电子，这些电子可以是从“激发态”跳回“基态”（原电子能级）的电子，也可以是游离的电子。这些被俘获在“空穴陷阱”中的电子吸收可见光中某一波长的能量后也可以向上跃迁，如果跳出“陷阱”，则颜色消除，如果跳不出“陷阱”，这个电子又会跳回“陷阱”底再吸收可见光中的能量跃迁到较高能级后又跳回来，如此往返不断，就能看到珠宝玉石某种颜色。所以，珠宝玉石在辐照处理过程中产生的“缺陷”或“空穴陷阱”或“陷阱”就是所谓的“色心”。

色心可分电荷缺陷色心和离子缺陷色心两类。

①电荷缺陷色心是指晶体结构中离子外层电子被打掉后形成的色心。因为晶体绝大多数是由阳离子和阴离子组成的，阳离子外层电子被打掉形成的色心称为“空穴色心”，也叫“V心”；阴离子外层电子被打掉形成的色心称为“电子色心”，也叫“F心”。

②离子缺陷色心是指晶体正常晶格位置上的离子被

打掉后形成的色心，又分正离子空位、负离子空位、空位聚集和填隙离子等。

3. 色心的消除

不同种类的珠宝玉石或不同产地的同一种珠宝玉石，在辐照处理前就存在各种不同的缺陷，在辐照过程中又形成不同的缺陷，这些不同的缺陷主要反映在“陷阱”深度不一样，即“陷阱势能”大小不一样。这些色心使吸收可见光的能量不一样，因为可见光的不同能量代表不同的颜色，所以众多不同的“陷阱势能”色心形成不同颜色的混合体，颜色肯定会不够艳丽，这不是进行辐照处理的目的。为此，要消除一些不需要的色心，留下需要的色心，这就需要进行后面的处理，也就是加热处理。加热就是给辐照处理后的珠宝玉石提供一些能量，帮助那些被俘获在较低“陷阱势能”中的电子跳出“陷阱”，从而消除色心。留下那些“陷阱势能”比较高的。“陷阱”中被俘获的电子在吸收可见光能量后，虽能被激发到较高能级，但跳不出来一些色心又只能跳回去，这些色心形成的颜色比较单一，这样就能达到使珠宝玉石颜色漂亮的目的。

以钻石的颜色改变方法为例来进一步详细说明。

钻石的改色方法有多种，其中最为常见的就是辐射热处理。辐射热处理是通过高能粒子轰击钻石使其产生结构损伤或色心，由此改变钻石颜色的方法。此方法主要用于处理颜色不好、不理想或较浅的彩色钻石，使其产生鲜艳的颜色或提高颜色饱和度，从而提高其价值。处理的方法有：回旋加速器处理、中子处理、γ射线处理、镭处理、电子处理。

（1）回旋加速器处理　用亚原子如质子、氘核等带正电荷的粒子轰击钻石。结果：表层浅部呈暗绿色，放射性几小时后消失。

（2）中子处理　在核反应堆中，用中子轰击钻石，产生绿色、蓝绿色，长时间变黑色，整体改色，无放射性。

（3）γ射线处理　Co60产生γ射线，辐射钻石，整体改色。产生蓝色、蓝绿色。此方法速度慢，时间长，较少使用。

（4）镭处理　镭盐中的放射性粒子辐射钻石，产生绿色，放射性长久，不用于首饰。

（5）电子处理　用加速器加速电子轰击钻石，深度约1mm，无放射性。

经这几种处理方法得到绿色和蓝色。带电离子处理过的可表层改色，不带电离子处理后整体改色。经常用的改色方法是中子处理和电子处理。

4. 辐照处理的鉴别方法

辐照处理改色通常很难鉴定，需要用到针对性的研究型仪器，此处通过介绍钻石的辐照处理鉴别特征来具体说明。

（1）对于钻石的辐射处理，分光光度计测量光谱为主要的鉴定方法：

①绿色辐照处理钻石　GR1-辐射损伤线741nm，与天然辐射的类似，但谱线较强。

②蓝色辐照处理钻石　GR1-辐射损伤线741nm，无导电性，而Ⅱb型天然钻石导电。

③橙黄褐色辐照处理钻石　496，503，595nm为特征吸收线，加热后，595nm处特征吸收消失，出现1936，2024nm的红外区吸收线。

④粉红色，紫红色辐照处理钻石　出现637，595，575，503nm吸收线，以637nm为特征吸收线。

回旋加速器处理的钻石常呈伞状效应，如从亭部辐射钻石，当从台面观察时，可以见到环绕底尖形如张开伞状的暗色标志；如从冠部辐照时，环绕腰棱可见暗色的带。

（2）对于用人工辐照配合热处理得到的绿、蓝、黄、橙、粉红、棕色钻石，可以考虑从以下几个方面予以鉴别：

①光谱特征　1956年，GIA的研究人员发现经辐照和加热处理的钻石在595nm处有吸收峰，而天然钻石没有。虽然后来的研究发现这一吸收峰在高温（大于1000℃）处理中可以消失，但又会出现1963nm和2024nm两处新的吸收峰。因此595nm、1936nm和2024nm处的任一吸收峰是人工辐照的诊断谱线。

人工辐照成因的黄色钻石颜色是由H_3中心（引起503nm吸收峰）和H_4中心（引起496nm吸收峰）导致，而且一般以H_4中心为主，显示496nm强峰。天然的黄色钻石往往以H_3中心为主，显示503nm强峰。人工辐照致色的粉红色钻石可显示595nm和637nm吸收线，而且在570nm处可见荧光线。天然致色的粉红色钻石主要显示563nm宽带吸收。

在Ⅰa型钻石上镀膜的蓝钻石常显示出N_3中心和415nm吸收带，而天然蓝钻是由硼致色，不会显示415nm吸收峰。

②颜色分布特征　人工辐照致色的彩钻常显示与其结构无关的色带，如环绕亭部的伞状阴影，环绕冠部的深色带及一侧深一侧浅的现象，这些分布特征在浸油中观察更为清晰。CVD镀膜的蓝钻在显微镜下可于其腰、棱附近见到白色不规则体。

③放射性检测　用使底片感光的方法或计数器可以检测出明显的残余放射性。用高纯锗γ射线光谱仪、碘化钠γ射线探测仪、闪烁探测仪可以检测出微量的残余放射性。

④导电性检测　天然蓝钻是半导体，在电导仪上的读数一般是20～70V，很少高于130V，而CVD镀膜的蓝钻常显示高于130V的读数。

（十）扩散处理

扩散处理（diffusion）是指在一定温度条件下使外来元素进入珠宝玉石，以改变珠宝玉石颜色或产生特殊光学效应的处理方法。扩散处理是20世纪80年代中期出现的另一种高温改善珠宝玉石的方法，一般用于刚玉宝石，其目的是将着色剂扩散到已经加工或琢磨好的宝石表面和缝隙中。目前，表面扩散处理法主要应用于刚玉族宝石，未见扩散法处理的其他宝石品种。在国际市场上出现的经扩散法处理的刚玉多为蓝色刚玉，与纯正的蓝宝石的颜色相当，透明度好，按标准规格磨制成型。

1. 扩散处理的类型

现在常见的扩散处理主要有以下两种类型：表面扩散处理和体扩散处理。

（1）表面扩散热处理　该处理法的本质就是将珠宝玉石的微量元素调整为产生预期颜色或星光所需要的比例。在一定的高温下长时间加热由含适量掺和物（如氧化钛）的氧化铝所包裹的成型宝石，可使宝石的颜色减弱、增强或产生星光。使用不同的氧化物能产生不同的颜色，若是使用铁或钛氧化物，则产生蓝色；若是使用氧化铬则产生红色或粉红色；若是使用氧化镍则产生黄色；若将过量氧化钛扩散到宝石的表层，则使氧化钛在宝石的表层富集，从而产生星光。

（2）体扩散热处理（铍扩散处理）　如果扩散的化学成分能够深入到宝石的内部，形成的扩散层很厚，甚至充满整个宝石，就称为体扩散。典型的宝石的体扩散处理是使用Be^{2+}为扩散剂，处理后的渗色层厚度较大。如红宝石进行铍扩散处理后，宝石呈橙红色。

2. 扩散处理法原理（刚玉宝石）

扩散处理法原理的核心就是在晶体中引入必要含量的铁和钛离子，以代替刚玉（Al_2O_3）分子中的铝。这种扩散处理需伴随高温热处理，热处理通常采用刚好低于宝石熔点的温度，在这个温度可以使晶格扩大，便于半径较大的着色离子的迁移。作为致色离子的铁和钛，在高温热处理下，部分进入到刚玉宝石的表层，使宝石呈现出蓝色。理论上讲，扩散处理刚玉还可以呈现出其他颜色，只是需要加入不同致色离子而已。

3. 刚玉宝石扩散热处理的工艺

将琢好的蓝宝石包在掺有Ti、Fe、Cr和Be的氧化物的氧化铝粉末中，高温加热，使刚玉晶体和包裹的粉体发生固相的扩散作用，粉体中Ti、Fe、Cr和Be粒子进入到宝石的晶格，产生颜色和星光。各种化学元素导致的处理效果为：适量Ti产生星光，Ti和Fe一同作用致蓝色，Cr致红色，Be致黄色。以星光蓝宝石的扩散处理为例：把35%（质量分数，后同）TiO_2和65% Al_2O_3粉末在1300℃左右的温度下处理4小时，然后研成粉末，把需要处理的宝石埋在粉末中，在1800℃左右的温度下加热24小时，然后缓慢降温，使扩散到刚玉晶格的Ti形成金红石针出熔，形成星光。Ti的扩散深度可以达到0.01～0.25mm。

4. 扩散处理的鉴别特征

（1）显微镜下观察　通过漫反射法在显微镜下观察，可观察到经扩散处理的蓝宝石表面的颜色沿着宝石刻面棱角以及裂纹或在周围的孔隙中富集。在宝石中的包裹体周围常有高压碎片，部分包裹体熔融，金红石的“丝”部分熔融成点状或被吸收。

（2）油浸观察　扩散热处理的宝石最实用的鉴定方法是油浸法观察。这种方法是将样品浸入到二碘甲烷或其他浸液中，通过肉眼观察或放大观察宝石外观，能发现其具有扩散处理宝石的典型特征。由于颜色的浓缩，刻面接合处和腰围明显地出现较深颜色的颜色线或者高凸起部分。通过热处理扩散的成品蓝宝石常出现部分刻面颜色深浅不一致的现象，使整个宝石看起来颜色不均匀，即有的刻面颜色深，有的刻面颜色浅，甚至近于无色，这是扩散处理不均匀、扩散层的厚度不同及扩散后抛光不均匀等综合作用引起的。对于扩散处理的宝石，在腰围处常常完全无色，整个腰围清晰可见，这种现象称为腰围边效应。不论是在哪种介质的浸油中，扩散处理宝石的边缘都很清楚，常出现一个深蓝色的轮廓。这显示了这类宝石边缘有渗色层的特征。

5. 扩散星光刚玉宝石

刚玉宝石经表面扩散处理可产生星光蓝宝石和星光红宝石，其折射率、密度等物性常数及气液包裹体等特征与天然蓝宝石相同，与天然星光蓝宝石的鉴别可以从以下几方面入手：

（1）“星光”特点　“星光”完美，星线均匀，颇似合成星光蓝宝石，其过于完美，过于整齐的星光特点与天然星光特点不符。

（2）放大检查　显微镜下检查可发现“星光”仅局

限于样品表面。弧面型宝石表面有一层极薄的絮状物，它们由细小的白点聚集而成，即使在电子显微镜放大3000倍的条件下也未发现天然星光蓝宝石中存在的三组定向排列的金红石细针。

珠宝玉石常见优化处理方法及类别见表2-1-3，常见珠宝玉石优化处理方法及类别见表2-1-4。

表 2-1-3　常见优化处理方法及类别

优化处理方法	优化处理类别	备注
热处理	优化	—
漂白	优化	—
激光钻孔	处理	—
漂白、充填	处理	—
充填	优化	①用无色油、蜡充填珠宝玉石 ②用少量树脂充填珠宝玉石缝隙，轻微改善其外观。祖母绿的此种方法为净度优化，归为优化（应附注说明）
	优化（应附注说明）	用玻璃、人工树脂充填珠宝玉石少量裂隙及空洞，改善其耐久性和外观
	处理	用含Pb、Bi等的玻璃、人工树脂等固化材料灌注多孔隙及多裂隙珠宝玉石，改变其耐久性和外观
覆膜	优化（应附注说明）	在天然有机宝石表面覆无色膜，改变光泽或起保护作用
	处理	在天然宝石和天然玉石表面覆无色膜，或在珠宝玉石表面覆有色膜，改变其颜色或产生特殊效应
高温高压处理	处理	—
染色处理	处理	玉髓的此种方法归为优化
辐照处理	处理	水晶的此种方法归为优化
扩散处理	处理	—

表 2-1-4　常见珠宝玉石优化处理方法及类别

珠宝玉石基本名称	优化处理方法	效果	优化处理类别
钻石	激光钻孔	改善净度	处理
	覆膜	改变颜色等外观	处理
	充填	改善或改变耐久性及外观	处理
	辐照处理（常附热处理）	改变颜色	处理
	高温高压处理	改善或改变颜色	处理
红宝石	热处理	改善外观	优化
	染色处理	改善或改变颜色	处理
	充填	改善或改变耐久性及外观	表2-1-3
	扩散处理	改善颜色或产生星光效应	处理
蓝宝石	热处理	改善外观	优化
	染色处理	改善或改变颜色	处理
	充填	改善或改变耐久性及外观	表2-1-3
	扩散处理	改善颜色或产生星光效应	处理
	辐照处理	改变颜色	处理
猫眼	辐照处理	改善眼线和颜色等外观	处理
祖母绿	充填	改善或改变耐久性及外观	表2-1-3
	染色处理	改善或改变颜色	处理
	覆膜	改善或改变光泽、颜色等外观	处理

续表

珠宝玉石基本名称	优化处理方法	效果	优化处理类别
海蓝宝石	热处理	改善颜色	优化
	充填	改善或改变耐久性及外观	表2-1-3
	辐照处理	改变颜色	处理
绿柱石	热处理	改善颜色	优化
	充填	改善或改变耐久性及外观	表2-1-3
	辐照处理	改变颜色	处理
	覆膜	改善或改变光泽、颜色等外观	处理
碧玺	热处理	改善颜色	优化
	充填	改善或改变耐久性及外观	表2-1-3
	染色处理	改善或改变颜色	处理
	辐照处理	改变颜色	处理
	覆膜	改善或改变光泽、颜色等外观	处理
锆石	热处理	改善或改变颜色	优化
	辐照处理	改变颜色	处理
尖晶石	充填	改善或改变耐久性及外观	表2-1-3
	染色处理	改善或改变颜色	处理
	扩散处理	改善或改变颜色	处理
托帕石	热处理	改善或改变颜色	优化
	辐照处理	改变颜色	处理
	扩散处理	改变颜色等外观	处理
	覆膜	改善或改变光泽、颜色等外观	处理
石榴石	热处理	改善颜色	优化
	充填	改善或改变耐久性及外观	表2-1-3
水晶	热处理	改善或改变颜色	优化
	辐照处理	改变颜色	优化
	充填	改善或改变耐久性及外观	表2-1-3
	染色处理	改善或改变颜色	处理
	覆膜	改善或改变光泽、颜色等外观	处理
长石	充填	改善或改变耐久性及外观	表2-1-3
	覆膜	改善或改变光泽、颜色等外观	处理
	扩散处理	改善或改变颜色	处理
	辐照处理	改变颜色	处理
方柱石	辐照处理	改变颜色	处理
黝帘石（坦桑石）	热处理	改善颜色	优化
	覆膜	改善或改变光泽、颜色等外观	处理
锂辉石	辐照处理	改变颜色	处理
红柱石	热处理	改善颜色	优化
蓝晶石	染色处理	改善或改变颜色	处理
	充填	改善或改变耐久性及外观	表2-1-3
方解石	染色处理	改善或改变颜色	处理
	充填	改善或改变耐久性及外观	表2-1-3
	辐照处理	改变颜色	处理

续表

珠宝玉石基本名称	优化处理方法	效果	优化处理类别
蓝柱石	辐照处理	改变颜色	处理
翡翠	热处理	改善或改变颜色	优化
	充填	改善或改变耐久性及外观	表2-1-3
	漂白、充填	改变外观	处理
	染色处理	改善或改变颜色	处理
	覆膜	改善或改变光泽、颜色等外观	处理
软玉	充填	改善或改变耐久性及外观	表2-1-3
	染色处理	改善或改变颜色	处理
欧泊	充填	改善或改变耐久性及外观	表2-1-3
	染色处理	改善外观	处理
	覆膜	改善或改变光泽、颜色等外观	处理
玉髓（玛瑙/碧石）	热处理	改善或改变颜色	优化
	充填	改善或改变耐久性及外观	表2-1-3
	染色处理	改善或改变颜色	优化
硅化玉（木变石/硅化木/硅化珊瑚）	染色处理	改善或改变颜色	处理
	充填	改善或改变耐久性及外观	表2-1-3
石英岩玉	染色处理	改善或改变颜色	处理
	漂白、充填	改变外观	处理
蛇纹石	充填	改善或改变耐久性及外观	表2-1-3
	染色处理	改善或改变颜色	处理
查罗石	充填	改善或改变耐久性及外观	表2-1-3
绿松石	充填	改善或改变耐久性及外观	表2-1-3
	致密度优化	改善耐久性及外观	优化（应附注说明）
	染色处理	改善或改变颜色	处理
青金石	充填	改善或改变耐久性及外观	表2-1-3
	染色处理	改善或改变颜色	处理
孔雀石	充填	改善或改变耐久性及外观	表2-1-3
大理石	染色处理	改变颜色	处理
	充填	改善或改变耐久性及外观	表2-1-3
	覆膜	改善或改变光泽、颜色等外观	处理
菱锰矿	充填	改善或改变耐久性及外观	表2-1-3
萤石	热处理	改善颜色	优化
	充填	改善或改变耐久性及外观	表2-1-3
	覆膜	改善或改变光泽、颜色等外观	处理
	辐照处理	改变颜色	处理
滑石	染色处理	改变颜色	处理
	覆膜	改善或改变光泽、颜色等外观	处理
羟硅硼钙石	染色处理	改变颜色	处理
鸡血石	充填	改善或改变耐久性及外观	表2-1-3
	染色处理	改变颜色	处理
	覆膜	改善或改变光泽、颜色等外观	处理

续表

珠宝玉石基本名称	优化处理方法	效果	优化处理类别
寿山石	热处理	改善或改变颜色	优化
	充填	改善或改变耐久性及外观	表2-1-3
	染色处理	改善或改变颜色	处理
	覆膜	改善或改变光泽、颜色等外观	处理
青田石	充填	改善或改变耐久性及外观	表2-1-3
	染色处理	改善或改变颜色	处理
	覆膜	改善或改变光泽、颜色等外观	处理
巴林石	充填	改善或改变耐久性及外观	表2-1-3
	染色处理	改善或改变颜色	处理
	覆膜	改善或改变光泽、颜色等外观	处理
昌化石	充填	改善或改变耐久性及外观	表2-1-3
	染色处理	改善或改变颜色	处理
	覆膜	改善或改变光泽、颜色等外观	处理
苏纪石	充填	改善或改变耐久性及外观	表2-1-3
	染色处理	改善或改变颜色	处理
云母质玉	充填	改善或改变耐久性及外观	表2-1-3
	覆膜	改善或改变光泽、颜色等外观	处理
绿泥石	染色处理	改变颜色	处理
天然珍珠	漂白	改善颜色等外观	优化
	染色处理	改善或改变颜色	处理
养殖珍珠（珍珠）	漂白	改善颜色等外观	优化
	染色处理	改善或改变颜色	处理
	辐照处理	改变颜色	处理
珊瑚	漂白	改善外观	优化
	充填	改善或改变耐久性及外观	表2-1-3
	覆膜	改善或改变光泽、颜色等外观	表2-1-3
	染色处理	改善或改变颜色	处理
琥珀	热处理	改善颜色等外观	优化
	充填	改善或改变耐久性及外观	表2-1-3
	覆膜	改善或改变光泽、颜色等外观	表2-1-3
	辐照处理	改变颜色	处理
	加温加压改色	改变颜色	处理
	染色处理	改善或改变颜色	处理
象牙	漂白	改善外观	优化
	充填	改善或改变耐久性及外观	表2-1-3
	染色处理	改变颜色	处理
猛犸象牙	漂白	改善外观	优化
	充填	改善或改变耐久性及外观	表2-1-3
	覆膜	改善或改变光泽、颜色等外观	表2-1-3
	染色处理	改变颜色	处理
贝壳	覆膜	改善或改变光泽、颜色等外观	表2-1-3
	染色处理	改善或改变颜色	处理

第四节　珠宝玉石定名

一、概述

由于历史文化和地域差异等多种原因，目前国际珠宝界对于有关珠宝玉石的定名没有一个统一的原则和标准，概述起来大致有以下几种情况。

（一）根据颜色直接命名珠宝玉石

如红宝石、蓝宝石、祖母绿、羊脂白玉等。早期宝石名称比较混乱，把同一种颜色的宝石都称为同一类宝石。例如，把黄水晶、黄色碧玺、黄色托帕石、黄色蓝宝石等统称为黄宝石。绿色绿柱石、绿色蓝宝石、绿色碧玺等称为绿宝石。这直接造成了同一名称包含多个品种的混乱局面。

（二）根据光学效应（并结合颜色）直接命名珠宝玉石

如用猫眼效应和星光效应直接命名的猫眼、星光宝石等，但由于具备同一猫眼效应的宝石之间价格差异巨大，如金绿宝石猫眼和海蓝宝石猫眼，仅用特殊光学效应直接命名宝石也存在着明显的不合理性。

（三）根据产地和产状

如澳玉（产于澳大利亚的绿色玉髓）、非洲翡翠（石榴石）、坦桑石（产于坦桑尼亚的蓝色黝帘石）、开普红石（镁铝榴石）、台湾翡翠（产于中国台湾的霞石）、贵翠（中国贵州出产的石英岩）、独山玉（产于中国河南南阳独山的蚀变斜长石）、岫玉（产于中国辽宁岫岩县的蛇纹石玉）和田玉（产于中国新疆的优质软玉）等。

（四）以矿物、岩石名称直接命名

这一原则简捷、科学，被国际珠宝界普遍接受，如钙铝榴石、透辉石、橄榄石等。考虑到玉石材料的商品属性，在所有主要组成矿物名称或岩石名称后附加“玉”字，如蛇纹石玉、阳起石玉等。

（五）以古代的传统名称命名

很多珠宝玉石从古代就一直沿用下来，并得到人们的广泛认可，如翡翠。

（六）根据人物名称命名珠宝玉石

如亚历山大石（Alexandrite，金绿宝石变石），这种命名带有一定的纪念意义。据传说，1830年，在俄国沙皇亚历山大二世生日那天发现了变石，故将这块宝石命名为亚历山大石。

（七）根据译音名称命名珠宝玉石

很多珠宝玉石的名称是根据各种译音直接翻译成中文而来，如欧泊（Opal）、托帕石（Topaz）等。

（八）以生产厂家、生产方法直接命名

有部分人工宝石以生产厂家和生产方法命名，比如“林德祖母绿”。国际上对珠宝玉石命名方法原则和标准不统一，造成了宝石名称的不准确性和含糊性，也给珠宝贸易带来许多困难。针对这些问题，我国制定的国家标准GB/T 16552—2017《珠宝玉石　名称》规定了相应的珠宝玉石定名原则。

二、与国家标准中珠宝玉石的定名有关的概念

（一）珠宝玉石饰品

以珠宝玉石为原料，经过切磨、雕刻、镶嵌等加工制作，用于装饰的产品。

（二）珠宝玉石基本名称

珠宝玉石品种的矿物学、岩石学、材料学及传统宝石学名称。

（三）珠宝玉石商贸名称

珠宝玉石流通领域中，被广泛使用和普遍认可的珠宝玉石基本名称以外的其他名称（如地方标准等涉及的珠宝玉石别称）。

三、国家标准中珠宝玉石的定名规则和表示方法

根据国家标准GB/T 16552—2017《珠宝玉石　名称》规定，以矿物、岩石名称作为天然宝石材料的基本名称。部分传统名称源于矿物又不完全等同于矿物名称，但已普遍被国际珠宝界认同和接受并成为某些珠宝玉石的特指名称。对于这些名称，国家标准仍给予采纳并准予其作为天然珠宝玉石材料的基本名称继续使用，如翡翠、软玉、玛瑙、钻石、祖母绿、红宝石等。考虑到我国传统珠宝业习惯，一些从古代沿用至今并被广泛接受，且有确切对应的天然矿物岩石的名称，部分由产

地命名的珠宝玉石名称在国家标准中也被保留下来，如和田玉和岫玉，它们分别指软玉和蛇纹石玉，但这些由产地变化而来的玉石名称已不再具有产地的含义。

（一）珠宝玉石的定名总则

根据国家标准GB/T 16552—2017《珠宝玉石　名称》规定，珠宝玉石的定名应遵守以下规则:

（1）应按国标GB/T 16552—2017《珠宝玉石　名称》附录A（表2-1-5至表2-1-9）中的基本名称和国标GB/T 16552—2017《珠宝玉石　名称》中规定的各类定名规则及《珠宝玉石　名称》附录B（表2-1-4）的要求进行确定，并在相关质量文件中的显著位置予以标注。

表 2-1-5　天然宝石名称

天然宝石基本名称	英文名称	矿物名称
钻石	Diamond	金刚石
刚玉 　红宝石 　蓝宝石	Corundum 　Ruby 　Sapphire	刚玉
金绿宝石 　猫眼 　变石 　变石猫眼	Chrysoberyl 　Cat's-eye 　Alexandrite 　Alexandrite Cat's-eye	金绿宝石
绿柱石 　祖母绿 　海蓝宝石	Beryl 　Emerald 　Aquamarine	绿柱石
碧玺	Tourmaline	电气石
尖晶石	Spinel	尖晶石
锆石	Zircon	锆石
托帕石	Topaz	黄玉
橄榄石	Peridot	橄榄石
石榴石 　镁铝榴石 　铁铝榴石 　锰铝榴石 　钙铝榴石 　钙铁榴石 　翠榴石 　黑榴石 　钙铬榴石	Garnet 　Pyrope 　Almandite 　Spessartite 　Grossularite 　Andradite 　Demantoid 　Melanite 　Uvarovite	石榴石 镁铝榴石 铁铝榴石 锰铝榴石 钙铝榴石 钙铁榴石 翠榴石 黑榴石 钙铬榴石

续表

天然宝石基本名称	英文名称	矿物名称
水晶 　紫晶 　黄晶 　烟晶 　绿水晶 　芙蓉石 　发晶	Rock Crystal 　Amethyst 　Citrine 　Smoky Quartz 　Green Quartz 　Rose Quartz 　Rutilated Quartz	石英
长石 　月光石 　天河石 　日光石 　拉长石	Feldspar 　Moonstone 　Amazonite 　Sunstone 　Labradorite	长石 正长石 微斜长石 奥长石 拉长石
方柱石	Scapolite	方柱石
柱晶石	Kornerupine	柱晶石
黝帘石 　坦桑石	Zoisite 　Tanzanite	黝帘石
绿帘石	Epidote	绿帘石
堇青石	Iolite	堇青石
榍石	Sphene	榍石
磷灰石	Apatite	磷灰石
辉石 　透辉石 　顽火辉石 　普通辉石 　锂辉石	Pyroxene 　Diopside 　Enstatite 　Augite 　Spodumene	辉石 透辉石 顽火辉石 普通辉石 锂辉石
红柱石 　空晶石	Andalusite 　Chiastolite	红柱石
矽线石	Sillimanite	矽线石
蓝晶石	Kyanite	蓝晶石
鱼眼石	Apophyllite	鱼眼石
天蓝石	Lazulite	天蓝石
符山石	Idocrase	符山石
硼铝镁石	Sinhalite	硼铝镁石
塔菲石	Taaffeite	塔菲石
蓝锥矿	Benitoite	蓝锥矿
重晶石	Barite	重晶石
天青石	Celestite	天青石
方解石 　冰洲石	Calcite 　Iceland Spar	方解石
斧石	Axinite	斧石

续表

天然宝石基本名称	英文名称	矿物名称
锡石	Cassiterite	锡石
磷铝锂石	Amblygonite	磷铝锂石
透视石	Dioptase	透视石
蓝柱石	Euclase	蓝柱石
磷铝钠石	Brazilianite	磷铝钠石
赛黄晶	Danburite	赛黄晶
硅铍石	Phenakite	硅铍石
蓝方石	Hauyne	蓝方石
闪锌矿	Sphalerite	闪锌矿

表 2-1-6　天然玉石名称

天然玉石基本名称	英文名称	主要组成矿物
翡翠	Feicui，Jadeite	硬玉、绿辉石、钠铬辉石
软玉 和田玉 白玉 青白玉 青玉 碧玉 墨玉 糖玉 黄玉（和田玉）	Nephrite Hetian Yu，Nephrite	透闪石、阳起石
欧泊 白欧泊 黑欧泊 火欧泊	Opal White Opal Black Opal Fire Opal	蛋白石
石英质玉 石英岩玉 玉髓（玛瑙/碧石） 硅化玉（木变石/硅化木/硅化珊瑚）	Quartzose jade Quartzite jade Chalcedony（Agate/Jasper） Silicified Jade（Silicified Asbestos/Silicified Wood/Silicified Coral）	石英
蛇纹石 岫玉	Serpentine Xiu Yu，Serpentine	蛇纹石
独山玉	Dushan Yu，Dushan Jade	斜长石、黝帘石
查罗石	Charoite	紫硅碱钙石
钠长石玉	Albite Jade	钠长石
蔷薇辉石	Rhodonite	蔷薇辉石
阳起石	Actinolite	阳起石

续表

天然玉石基本名称	英文名称	主要组成矿物
绿松石	Turquoise	绿松石
青金石	Lapis lazuli	青金石
孔雀石	Malachite	孔雀石
硅孔雀石	Chrysocolla	硅孔雀石
葡萄石	Prehnite	葡萄石
大理石 汉白玉 蓝田玉	Marble Marble Lantian Yu，Lantian Jade	方解石、白云石 蛇纹石化大理石
菱锌矿	Smithsonite	菱锌矿
菱锰矿	Rhodochrosite	菱锰矿
白云石	Dolomite	白云石
萤石	Fluorite	萤石
水钙铝榴石	Hydrogrossular	水钙铝榴石
滑石	Talc	滑石
硅硼钙石	Datolite	硅硼钙石
羟硅硼钙石	Howlite	羟硅硼钙石
方钠石	Sodalite	方钠石
赤铁矿	Hematite	赤铁矿
天然玻璃 黑曜岩 玻璃陨石	Natural Glass Obsidian Moldavite	天然玻璃
鸡血石	Chicken-blood Stone	血：辰砂； 地：迪开石、高岭石、叶蜡石、明矾石
黏土矿物质玉 寿山石 青田石 巴林石 昌化石	Clay minerals Jade Shoushan Stone，Larderite Qingtian Stone Balin stone Changhua Stone	迪开石、高岭石、叶蜡石、伊利石、珍珠陶土等
水镁石	Brucite	水镁石
苏纪石	Sugilite	硅铁锂钠石
异极矿	Hemimorphite	异极矿
云母质玉 白云母 锂云母	Mica Jade Muscovite Lepidolite	云母 白云母 锂云母
针钠钙石	Pectolite	针钠钙石
绿泥石	Chlorite	绿泥石

表 2-1-7 天然有机宝石名称

天然有机宝石基本名称	英文名称	材料名称
天然珍珠 天然海水珍珠 天然淡水珍珠	Natural Pearl Saltwater Natural Pearl Freshwater Natural Pearl	天然珍珠
养殖珍珠（珍珠） 海水养殖珍珠（海水珍珠） 淡水养殖珍珠（淡水珍珠）	Cultured Pearl（Pearl） Saltwater Cultured Pearl Freshwater Cultured Pearl	养殖珍珠
海螺珠	Conch Pearl，Melo Pearl	海螺珠
珊瑚	Coral	珊瑚
琥珀 蜜蜡 血珀 金珀 绿珀 蓝珀 虫珀 植物珀	Amber	琥珀
煤精	Jet	褐煤
象牙	Ivory	象牙
猛犸象牙	Mammoth Ivory	猛犸象牙
龟甲 玳瑁	Tortoise shell	龟甲
贝壳 砗磲	Shell	贝壳

表 2-1-8 合成宝石名称

合成宝石基本名称	英文名称	材料名称
合成钻石	Synthetic Diamond	合成金刚石
合成刚玉 合成红宝石 合成蓝宝石	Synthetic Corundum Synthetic Ruby Synthetic Sapphire	合成刚玉
合成绿柱石 合成祖母绿	Synthetic Beryl Synthetic Emerald	合成绿柱石
合成金绿宝石 合成变石	Synthetic Chrysoberyl Synthetic Alexandrite	合成金绿宝石
合成尖晶石	Synthetic Spinel	合成尖晶石
合成欧泊	Synthetic Opal	合成蛋白石
合成水晶 合成紫晶 合成黄晶 合成烟晶 合成绿水晶	Synthetic Quartz Synthetic Amethyst Synthetic Citrine Synthetic Smoky Quartz Synthetic Green Quartz	合成水晶

续表

合成宝石基本名称	英文名称	材料名称
合成金红石	Synthetic Rutile	合成金红石
合成立方氧化锆	Synthetic Cubic Zirconia	合成立方氧化锆
合成碳硅石	Synthetic Moissanite	合成碳硅石
合成翡翠	Synthetic Jadeite	合成硬玉

表 2-1-9 人造宝石名称

人造宝石基本名称	英文名称	材料名称
人造钇铝榴石	Yttrium Aluminium Garnet（YAG）	人造钇铝榴石
人造钆镓榴石	Gadolinium Gallium Garnet（GGG）	人造钆镓榴石
人造钛酸锶	Strontium Titanate	人造钛酸锶
人造硼铝酸锶	Strontium Aluminate Borate	人造硼铝酸锶
塑料	Plastic	塑料
玻璃	Glass	玻璃

（2）表2-1-5至表2-1-9中未列入的其他矿物（岩石）、材料学名称可直接作为珠宝玉石名称。

（3）珠宝玉石的商贸名称不应单独使用，可在相关质量文件中附注说明“商贸名称：×××”。如山东地方标准中的泰山玉，应定名为蛇纹石，可在相关质量文件中附注说明“商贸名称：泰山玉”。

（4）“珠宝玉石”“宝石”“玉”“玉石”不应作为具体名称定名。

（二）各类珠宝玉石具体定名原则

1. 天然宝石

天然宝石的定名应遵守以下规则：

（1）直接使用天然宝石基本名称或其矿物名称，不必加“天然”二字，如：“金绿宝石”“红宝石”等。

（2）产地不应参与定名，如：“南非钻石”“缅甸蓝宝石”等。

（3）不应使用由两种和两种以上天然宝石名称组合定名某一种宝石，如：“红宝石尖晶石”“变石蓝宝石”等。“变石猫眼”除外。

（4）不应使用易混淆或含混不清的名称定名，如：“蓝晶”“绿宝石”“半宝石”等。

2. 天然玉石

天然玉石的定名应遵守以下规则：

（1）直接使用天然玉石基本名称或其矿物（岩石）

名称，在天然矿物或岩石名称后可附加“玉”字；不必加“天然”二字，“天然玻璃”除外。

（2）不应使用雕琢形状定名天然玉石。

（3）表2-1-6中列出的带有地名的天然玉石基本名称，不具有产地含义。

3. 天然有机宝石

天然有机宝石的定名应遵守以下规则：

（1）直接使用天然有机宝石基本名称，不必加“天然”二字，“天然珍珠”“天然海水珍珠”“天然淡水珍珠”除外。

（2）养殖珍珠可简称为“珍珠”，海水养殖珍珠可简称为“海水珍珠”，淡水养殖珍珠可简称为“淡水珍珠”。

（3）产地不应参与天然有机宝石定名，如：“波罗的海琥珀”。

4. 合成宝石

合成宝石的定名应遵守以下规则：

（1）应在对应天然珠宝玉石基本名称前加“合成”二字，如：“合成红宝石”“合成祖母绿”等。

（2）不应使用生产厂、制造商的名称直接定名，如：“查塔姆（Chatham）祖母绿”“林德（Linde）祖母绿”等。

（3）不应使用易混淆或含混不清的名称定名，如：“鲁宾石”“红刚玉”“合成品”等。

（4）不应使用合成方法直接定名。如“CVD钻石”“HPHT钻石”。

（5）再生宝石应在对应的天然珠宝玉石基本名称前加“合成”或“再生”二字。如无色天然水晶表面再生长绿色合成水晶薄层，就定名为“合成水晶”或“再生水晶”。

5. 人造宝石

人造宝石的定名应遵守以下规则：

（1）应在材料名称前加“人造”二字，如：“人造钇铝榴石”。“玻璃”“塑料”除外。

（2）不应使用生产厂、制造商的名称直接定名。

（3）不应使用易混淆或含混不清的名称定名，如：“奥地利钻石”等。

（4）不应使用生产方法直接定名。

6. 拼合宝石

拼合宝石的定名应遵守以下规则：

（1）应在组成材料名称之后加“拼合石”三字或在其前加“拼合”二字。

（2）可逐层写出组成材料名称，在组成材料名称之后加“拼合石”三字，如：“蓝宝石、合成蓝宝石拼合石”。

（3）可只写出主要材料名称，如：“蓝宝石拼合石”或“拼合蓝宝石”。

7. 再造宝石

再造宝石的定名应遵守以下规则：

应在所组成天然珠宝玉石基本名称前加“再造”二字，如：“再造琥珀”“再造绿松石”。

8. 仿宝石

仿宝石的定名应遵守以下规则：

（1）应在所仿的天然珠宝玉石基本名称前加“仿”字，如：“仿祖母绿”“仿珍珠”等。

（2）尽量确定具体珠宝玉石名称，且采用下列表示方式，如：“仿水晶（玻璃）”。

（3）确定具体珠宝玉石名称时，应遵循国家标准GB/T 16552—2017《珠宝玉石　名称》所规定的所有定名规则。

（4）“仿宝石”一词不应单独作为珠宝玉石名称，使用国家标准GB/T 16552—2017《珠宝玉石　名称》时应注意：仿宝石不代表珠宝玉石的具体类别。

（5）当使用“仿某种珠宝玉石”（如“仿钻石”）这种表示方式作为珠宝玉石名称时，意味着该珠宝玉石不是所仿的珠宝玉石（如“仿钻石”不是钻石）或所用的材料有多种可能性（如“仿钻石”可能是玻璃、合成立方氧化锆或水晶等）。

（三）具特殊光学效应珠宝玉石定名规则

1. 具猫眼效应的珠宝玉石

定名规则：在珠宝玉石基本名称后加“猫眼”二字，如：“磷灰石猫眼”“玻璃猫眼”等。只有“金绿宝石猫眼”可直接称为“猫眼”。

2. 具星光效应的珠宝玉石

定名规则：在珠宝玉石基本名称前加“星光”二字，如：“星光红宝石”“星光透辉石”。具有星光效应的合成宝石，在所对应天然珠宝玉石基本名称前加“合成星光”四字，如：“合成星光红宝石”。

3. 具变色效应的珠宝玉石

定名规则：在珠宝玉石基本名称前加“变色”二字，如：“变色石榴石”。只有“变色金绿宝石”可直接称为“变石”，“变色金绿宝石猫眼”可直接称为“变石猫眼”。具有变色效应的合成宝石，在所对应天然珠宝玉石基本名称前加“合成变色”四字，如“合成变色蓝宝石”。“合成变石”“合成变石猫眼”除外。

4. 具其他特殊光学效应的珠宝玉石

其他特殊光学效应定义：除星光效应、猫眼效应和变色效应外，在珠宝玉石中出现的所有其他特殊光学效应。如：砂金效应、晕彩效应、变彩效应等。

定名规则：除星光效应、猫眼效应和变色效应外，其他特殊光学效应不应参与定名，可在相关质量文件中附注说明。

（四）优化处理表示方法

1. 优化

优化（enhancement）的表示方法应符合下述要求：

（1）直接使用珠宝玉石名称，可在相关质量文件中附注说明具体优化方法。

（2）表2-1-3及表2-1-4中标注为“优化（应附注说明）”的方法，应在相关质量文件中附注说明具体优化方法，可描述优化程度，如：“经充填”或“经轻微/中度充填”。

2. 处理

处理的表示方法应符合下述要求：

（1）在珠宝玉石基本名称处注明：

①名称前加具体处理方法，如：扩散蓝宝石，漂白、充填翡翠。

②名称后加括号注明处理方法，如：蓝宝石（扩散），翡翠（漂白、充填）。

③名称后加括号注明“处理”二字，如：蓝宝石（处理），翡翠（处理）；应尽量在相关质量文件中附注说明具体处理方法，如扩散处理，漂白、充填处理。

（2）不能确定是否经过处理的珠宝玉石，在名称中可不予表示。但应在相关质量文件中附注说明“可能经××处理”或“未能确定是否经过××处理”或“××成因未定”。如：“托帕石，附注说明：未能确定是否经过辐照处理”或“托帕石，附注说明：可能经过辐照处理”。

（3）经多种方法处理或不能确定具体处理方法的珠宝玉石按（1）或（2）进行定名。也可在相关质量文件中附注说明“××经人工处理”，如：钻石（处理），附注说明“钻石颜色经人工处理”。

（4）经处理的人工宝石可直接使用人工宝石基本名称定名。

（五）珠宝玉石饰品定名规则

珠宝玉石饰品按“珠宝玉石名称＋饰品名称”定名，珠宝玉石名称按国家标准GB/T 16552—2017《珠宝玉石　名称》中各类相对应的定名规则进行定名；饰品名称依据QB/T 1689—2021《贵金属饰品术语》的规定进行定名。如：

1. 非镶嵌珠宝玉石饰品

可直接以珠宝玉石名称定名，或按照珠宝玉石名称＋饰品名称定名。如：“翡翠”或“翡翠手镯”。

2. 由多种珠宝玉石组成的饰品

①可以逐一命名各种材料，如：“碧玺、水晶、石榴石手链”。

②以其主要的珠宝玉石名称来定名，在其后加“等”字，可在相关质量文件中附注说明其他珠宝玉石名称，如：“含有少量水晶和石榴石的碧玺手链”定名为“碧玺等手链”，相关质量文件中附注说明：“含水晶、石榴石”。

3. 天然产出的多组分珠宝玉石材料，特别是天然玉石

应以其主要组成部分的矿物（岩石）名称，由各自所占比例，按少前多后的原则进行定名，如：“角闪石-硬玉”或“含角闪石硬玉”。

4. 贵金属镶嵌的珠宝玉石饰品

按照“贵金属名称＋珠宝玉石名称+饰品名称”进行定名。其中贵金属名称依据GB 11887—2012《首饰　贵金属纯度的规定及命名方法》的规定进行材料名称和纯度的定名。如：“铂Pt950红宝石戒指”或“铂950红宝石戒指”。

5. 贵金属覆盖层材料镶嵌的珠宝玉石饰品

可按照“贵金属覆盖层材料名称＋珠宝玉石名称＋饰品名称”进行定名。其中贵金属覆盖层材料名称按照QB/T 2997—2008《贵金属覆盖层饰品》的规定进行命名。如：“薄层镀金合成立方氧化锆戒指”“铜镀金翡翠挂坠”。

6. 其他金属材料镶嵌的珠宝玉石饰品

可按照“金属材料名称＋珠宝玉石名称＋饰品名称”进行定名。如：“铜合金合成红宝石吊坠”。

第二章
结晶学基础

第一节 晶体与非晶体

一、晶体

（一）晶体的基本概念

晶体（crystal）是指具有格子构造的固体，其内部质点在空间作有规律的周期性重复排列。格子构造是指晶体的内部质点（原子、离子）作规律排列，而且这种排列可在三维空间作周期性重复（图2-2-1）。晶体结构中的任何点都是以格子状图形重复排列的，不同的点所形成的格子状图形相互穿套在一起，就形成了晶体结构的格子构造。空间格子是从实际晶体构造中抽象出来的一种几何图形，由于相当点在三维空间作规则的格子状排列，所以由相当点排列而成的几何图形叫作空间格子。

图2-2-1 晶体的格子构造

一切晶体不论其外形如何，它的内部质点（原子、离子或分子）都在三维空间内作有规律的周期性重复排列，从而形成了“格子构造”，图2-2-2为氯化钠晶体的格子构造三维模型。

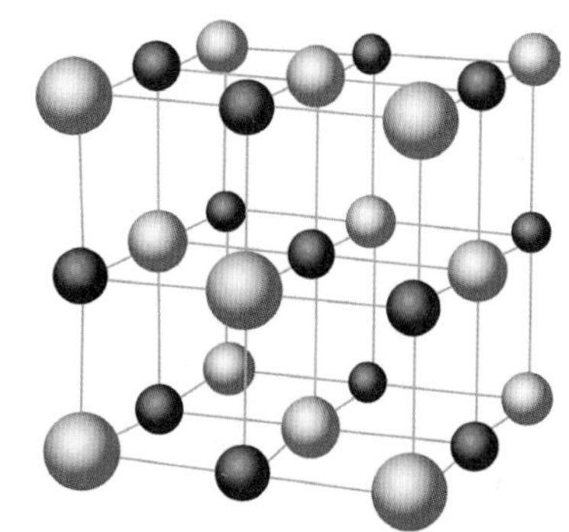
图2-2-2 氯化钠晶体的格子构造

“格子构造”于内表现为内部质点长程有序，于外则表现为能够自发生长成规则几何多面体（晶形）。例如，尖晶石的八面体晶体（图2-2-3），石榴石的菱形十二面体晶体（图2-2-4）。

图2-2-3 尖晶石的八面体晶体

由于晶体结构都具有空间格子规律，因此，所有晶体都有以下共同性质。

（1）内能最小 在相同的热力学条件下，晶体与其同种物质的气体、液体和非晶质体相比较，内能最小。所谓内能主要是指晶体内部的质点在平衡点周围作无规则振动的动能和质点间相对位置所决定的势能之总和。晶体的内能最小，是组成它的质点作规则的格子状排列后，它们相互间的吸引和排斥完全达到平衡状态时赋予其的一种必然性质。

（2）稳定性 化学成分相同的物质以不同的物理状态存在时，以结晶状态最为稳定。晶体的这一性质与晶体的内能最小是密切相关的。在没有外加能量的情况下，晶体是不会自发地向其他物理状态转变的，这种性质即称为晶体的稳定性。

图2-2-4 石榴石的菱形十二面体晶体

（3）对称性　晶体内质点排列的周期重复本身就是一种对称，这种对称无疑是由晶体内能最小所促成的一种属于微观范畴的对称，即微观对称。因此，从这个意义上来说，一切晶体都是具有对称性的。另外，晶体内质点排列的周期重复性是因方向而异的，但并不排斥质点在某些特定方向上出现相同的排列情况。晶体中这种相同情况的有规律出现，以及由此而导致的晶体在形态（即晶面、晶棱和隅角）及各项物理性质上相同部分的规律重复，即构成了晶体的对称性（晶体的宏观对称性）。

（4）各向异性（异向性）　晶体结构中不同方向上质点的种类和排列间距是互不相同的，反映在晶体的各种性质（化学的和物理的）上，也会因方向而异，这就是晶体的异向性。例如，蓝晶石的硬度在不同的方向上有不同的大小（图2-2-5），这是晶体异向性的典型表现。

（5）均一性　由于晶体结构中质点排列的周期重复性，使得晶体的任何一个部分在结构上都是相同的。因而，由结构所决定的一切物理性质，如密度、比重、导热系数和膨胀系数等，也都无一例外地保持着它们各自的一致性，这就是晶体的均一性。在此，应当指出的是非晶质体也具有均一性。例如，玻璃不同部分的导热系数、膨胀系数和折射率等都是相同的。这是因为组成玻璃的质点在空间呈无序分布，所以它的均一性是宏观统计的一种平均结果，特称为统计均一性以与晶体的均一性相区别。

（6）自限性　自限性也称自范性。任何晶体在其生长过程中，只要有适宜的空间条件，它们都有自发地长成规则几何多面体形态的一种能力，这就是晶体的自限性。晶体因自限性而导致的规则形态，是由组成它们的质点按空间格子的周期重复性规律产生的一种必然结果，绝非是人们加工雕琢的产物。

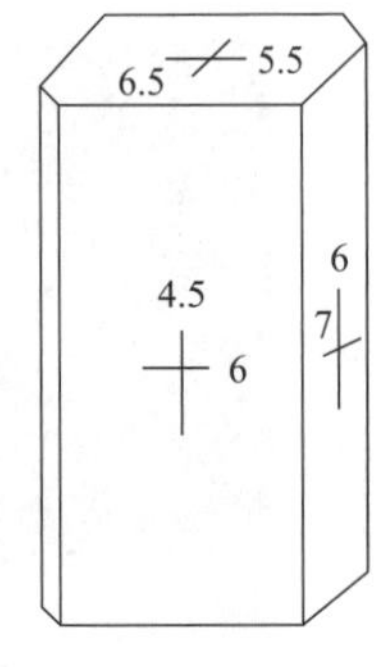

图2-2-5　蓝晶石晶体及其异向性

（7）定熔性　定熔性是指晶体具有固定熔点的性质。

（二）与晶体有关的其他概念

（1）晶质体（crystalline）　结晶质的固体（晶体）。晶体可分为单晶体和多晶体。绝大部分珠宝玉石矿物是单晶体，即宝石；也有部分珠宝玉石是多晶体，即玉石。它们是由许多细小同种或不同种晶体构成的集合体。

（2）晶质集合体（crystalline aggregate）　由无数个结晶个体组成的块体称为晶质集合体。晶质集合体包括显晶质集合体和隐晶质集合体。

①显晶质集合体　显晶质集合体是指直接用肉眼或借助普通10倍放大镜就可辨认出其中的单个矿物晶体颗粒的集合体，如结构比较粗松的翡翠和石英岩等。

②隐晶质集合体　隐晶质集合体是指用肉眼或借助普通10倍放大镜不能观察和分辨出单个矿物颗粒的集合体。对于隐晶质，如果在光学显微镜下可以观察到其颗粒，可称其为显微显晶质（或微晶质），例如部分软玉和结构比较细腻的翡翠；如果在光学显微镜下也不能观察到其颗粒或只有微弱的光性显示，则称其为显微隐晶质，如玉髓和软玉等。虽然其内部质点作有序排列，但不具规则的几何外形，这是因为它们是由无数微晶所组成。

二、非晶体

非晶体（non-crystalline，非晶质体）指组成物质的内部质点在空间上呈不规则排列，不具有格子构造的固体物质。非晶质体与晶体在性质上是截然不同的两类物体。非晶质体纵然也呈“固态”存在，但组成它的内部质点不作规则排列，不具有格子构造（图2-2-6）。因此，其不具有像组成晶体的质点那样受空间格子规律支配而形成外形规则的几何多面体和晶体所固有的那些基本性质，这类宝石材料包括天然玻璃、欧泊和琥珀（图2-2-7）等。

非晶质体不具有晶体所具有的自限性、各向异性、对称性、最小内能和稳定性等基本性质。非晶质体和晶体在一定条件下是可以相互转化的。由玻璃质转变为结晶质的作用，称为晶化作用或脱玻化作用。与上一作用相反，受放射性元素发生蜕变时释放出来的能量的影响，一些含放射性元素的晶体的格子构造遭到破坏变为非晶质体。这种作用称为变生非晶质化或玻璃化作用，也称蜕晶质作用。

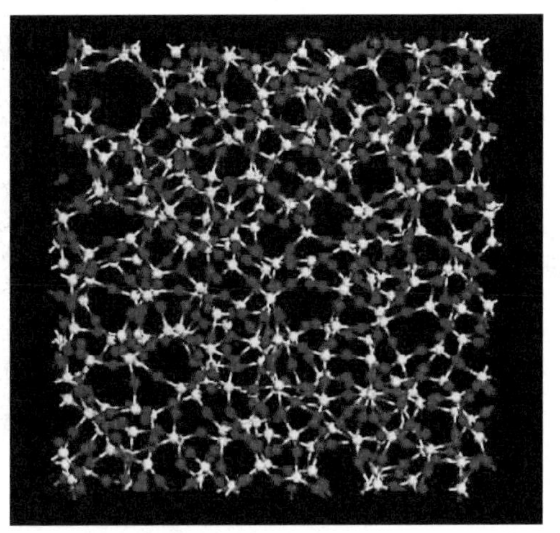
图2-2-6 非晶体不具有格子构造

图2-2-7 非晶质体——琥珀

第二节 晶体的对称和分类

一、晶体的对称

对称是指物体相同部分作有规律的重复（图2-2-8和图2-2-9）。晶体的对称从宏观上来看，就是构成其外部几何形态的晶面与晶面、晶棱与晶棱、角顶与角顶的有规律重复。从微观角度来看，晶体都具有格子构造，这就决定了其内部质点不同方向上具有相同规律的排列，从而导致了晶体的对称。因此，晶体都是对称的。

图2-2-8 冰晶的对称

图2-2-9 蝴蝶的对称

晶体的对称特点取决于其内在的格子构造。不同的宝石矿物格子构造不同，因而具有不同的对称性。有的晶体对称性很高（如钻石和石榴石等），有的则对称性较低（如金绿宝石、托帕石）。只有符合格子构造规律的对称才能在晶体上体现出来，因此晶体的对称是有限的。另外，晶体的对称不仅体现在外形上，还体现在物理性质（如光学、热学和电学性质等）上，即晶体的对称不仅仅是几何意义上的对称，也包括物理意义上的对称。

综上所述，晶体有以下对称特点：①所有晶体都具有对称性；②晶体的对称是有限的，它遵循晶体的对称定律；③晶体的对称不仅包含几何意义，还包含物理意义。

对称要素：在晶体的对称研究中，为使晶体上的相同部分（晶面，晶棱和角顶）作有规律的重复（重合），必须凭借一定的几何要素（点、线、面）进行一定的操作（如反伸、旋转和反映等）才能实现。这些操作称为对称操作。在操作中所凭借的几何要素，称为对称要素，包括对称中心（C）、对称轴（L^n）和对称面（P），图2-2-10为对称中心（C）、对称轴（L^n）和对称面（P）示意图。

（一）点——对称中心

对称中心（C，见图2-2-11）是一个假想的点，与之相应的对称操作为对此点的反伸。晶体中，对称中心只能有一个或者没有。当晶体具有对称中心时，通过中心点的任一直线，在其距中心点等距离的两端必定出现两个相同部分（面、棱、角）。晶体具有对称中心的标志是：晶体上所有的晶面都两两平行，大小相等，形状相同，方向相反。

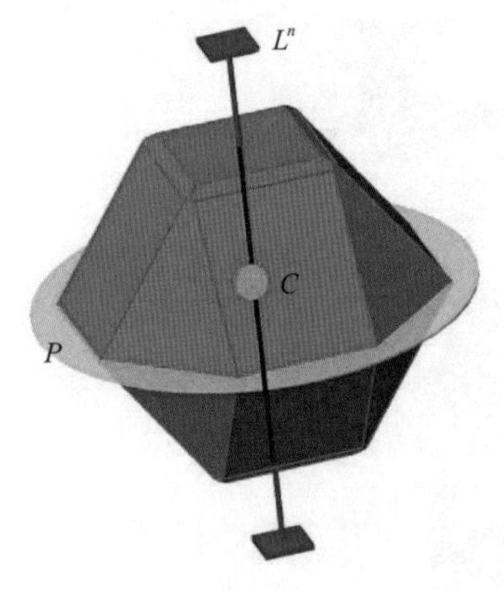

图2-2-10 对称中心（C）、对称轴（L^n）和对称面（P）

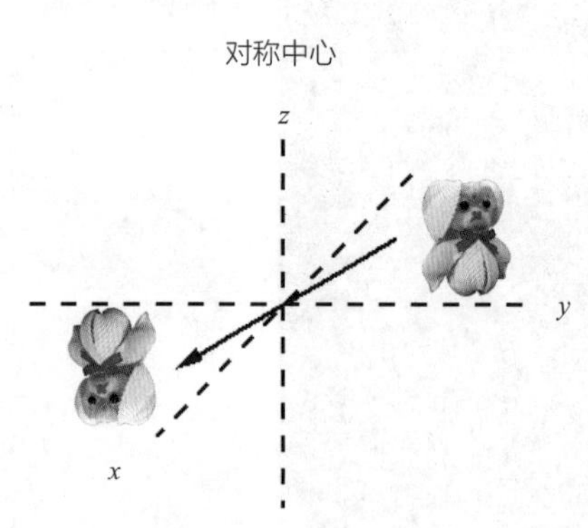

图2-2-11 对称中心

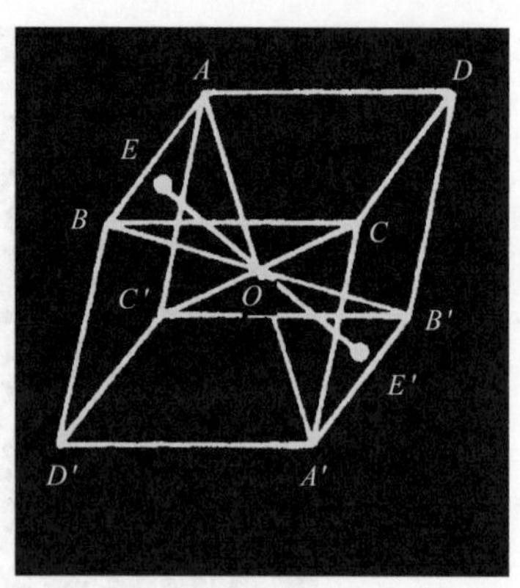

（二）线——对称轴

对称轴（L^n，见图2-2-12）是一根假想的通过晶体中心的直线，与之相应的对称操作是围绕此直线的旋转。旋转一周，晶体中相同部分重复的次数叫轴次。晶体外形上可能出现的有意义的对称轴有二次对称轴（L^2）、三次对称轴（L^3）、四次对称轴（L^4）（图2-2-13为四次旋转轴示意图）和六次对称轴（L^6），其中，轴次为二次的对称轴，即L^2称为低次轴，轴次高于二次的对称轴，即L^3、L^4、L^6称为高次轴。

对称轴在晶体上出露的位置（图2-2-14）只能是：

①两个相对晶面中心的连线；②两个相对晶棱中点的连线；③相对的两个角顶的连线；④一个角顶和与之相对的一个晶面中心的连线。

晶体对称定律：在晶体中，可能出现的对称轴只能是一次轴、二次轴、三次轴、四次轴和六次轴，不可能存在五次轴及高于六次的对称轴。在晶体结构中，垂直对称轴一定有面网存在，在垂直对称轴的面网上，结点分布所形成的网孔一定要符合对称轴的对称规律。围绕L^2、L^3、L^4、L^6所形成的多边形网孔，可以毫无间隙地布满整个平面，从能量上看是稳定的，且这些多边形网孔也符合于面网上结点所围成的网孔（即形成平行四边形）。但围绕L^5所形成的正五边形网孔，以及围绕高于六次轴所形成的正多边形网孔，如正七边形、正八边形等，都不能毫无间隙地布满整个平面，从能量上看是不稳定的，且这些多边形网孔大多数不符合于面网上结点所围成的网孔。所以，在晶体中不可能存在五次及高于六次的对称轴。

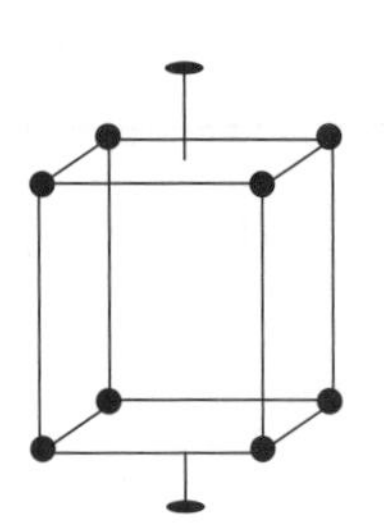
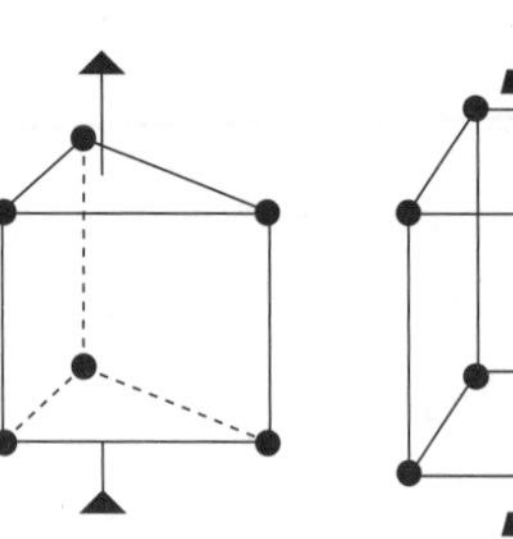
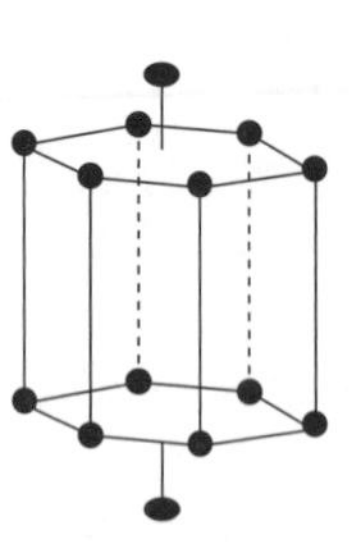
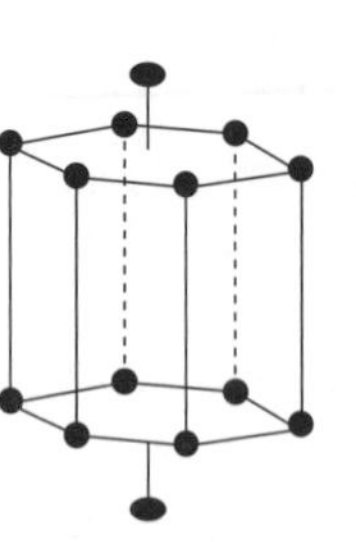

图2-2-12 对称轴

4次旋转轴

图2-2-13 四次旋转轴示意图

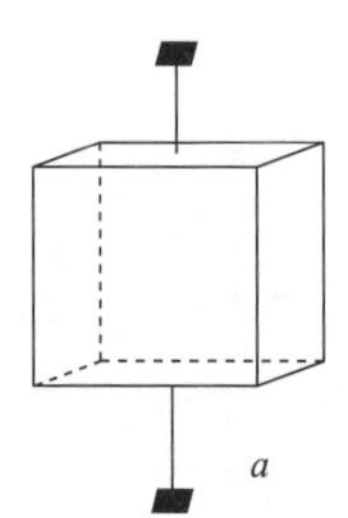

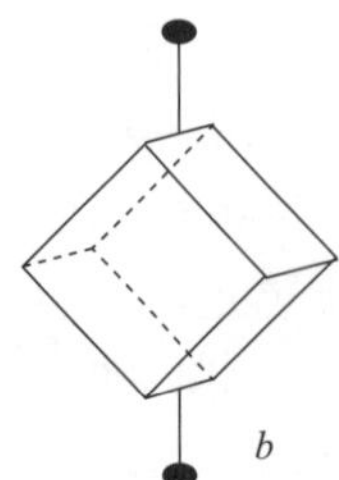

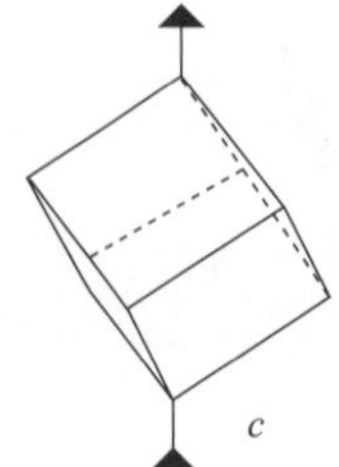

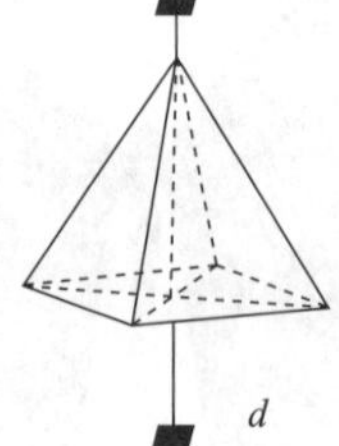

图2-2-14 对称轴

（三）面——对称面

对称面（P，见图2-2-15）是一个假想的通过晶体中心的平面，与之相应的对称操作为对此平面的反映。对称面将晶体平分为互为镜像的两个相等部分。两相等部分上对应点的连线与对称面垂直等距。晶体上如有对称面存在时，它们必通过晶体的几何中心，并与晶面、晶棱等成下列关系：

①对称面垂直并平分晶体上的晶面或晶棱；②垂直晶面并平分它的两个晶棱的夹角；③包含晶棱。

在一个晶体上可以不存在对称面，在晶体中如果有对称面存在的话，可以有一个或几个对称面同时存在，但最多不超过9个（图2-2-16）。在描述中，一般把对称面的个数写在符号P的前面，如立方体有9个对称面，记作$9P$。

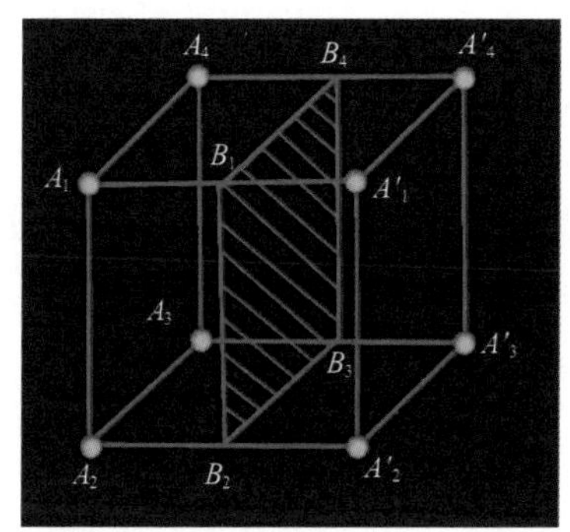

图2-2-15　对称面

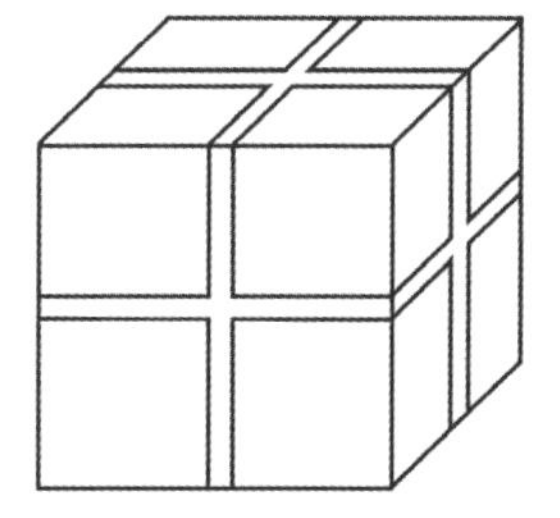

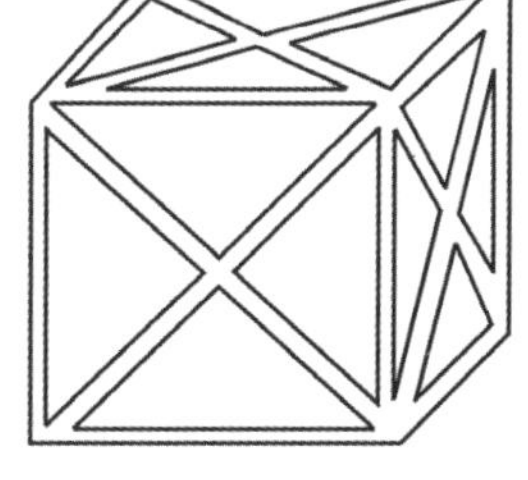

图2-2-16　立方体的九个对称面

二、晶体的分类

根据晶体对称要素的组合特点，可以把晶体划分成七大晶系（图2-2-17）。再根据晶体具有高次轴的数量，把七大晶系归纳为低、中、高级3个晶族（表2-2-1）。低级晶族没有高次轴，它包括三斜晶系（无对称轴和对称面）、单斜晶系（二次轴或对称面不多于1个）和斜方晶系（二次轴或对称面多于1个，无高次轴）；中级晶族只有1个高次轴，包括四方晶系（有1个四次轴）、三方晶系（有1个三次轴）和六方晶系（有1个六次轴）；高级晶族只有等轴晶系，它有一个以上的高次轴（如都具有4个三次轴）。

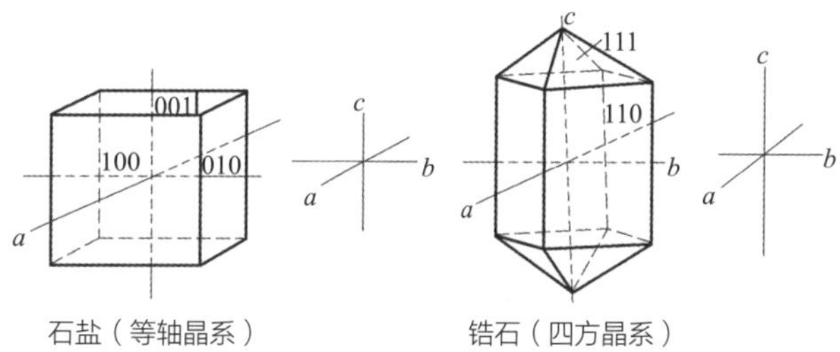

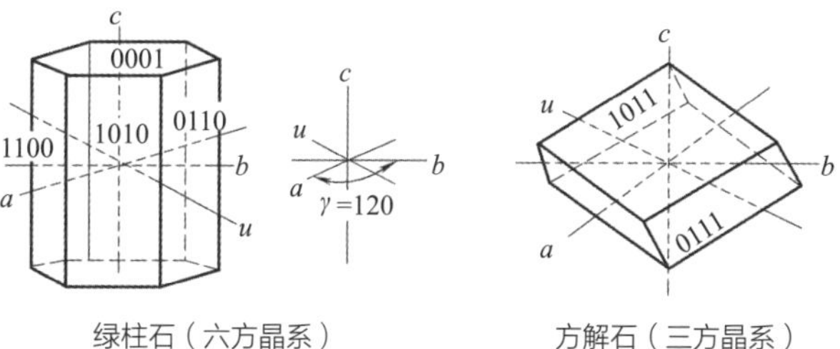

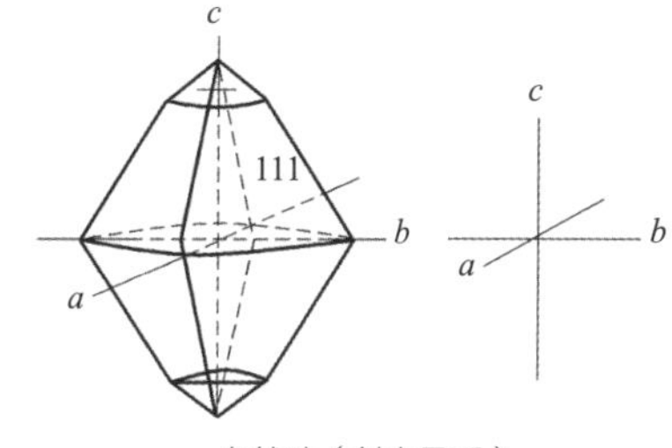

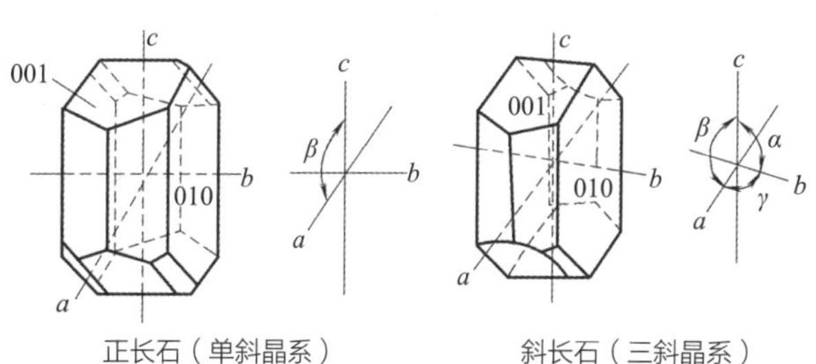

图2-2-17　晶体的对称分类

表 2-2-1 晶体的对称分类及参数

晶族		晶系		空间格子	晶胞及晶体参数	对称型
名称	特征	名称	特征			
低级晶族	无高次轴	三斜晶系	仅1个C或L^1	三斜格子	$a_0\neq b_0\neq c_0$ $\alpha\neq\beta\neq\gamma\neq 90°$	C L^1
		单斜晶系	L^2和P不多于1个	单斜格子	$a_0\neq b_0\neq c_0$ $\alpha=\gamma=90°$ $\beta\neq 90°$	P L^2 L^2PC
		斜方晶系	L^2和P总数不少于3个	斜方格子	$a_0\neq b_0\neq c_0$ $\alpha=\beta=\gamma=90°$	$3L^2$ L^22P $3L^23PC$
中级晶族	必有唯一的高次轴，此外，如有其他对称要素时，它们必与高次轴平行或垂直	三方晶系	唯一的高次轴L^3	三方格子	$a_0=b_0\neq c_0$ $\alpha=\beta=90°$ $\gamma=120°$	L^3 L^3C L^33L^2 L^33P L^33L^23PC
		四方晶系	唯一的高次轴L^4或L_i^4	四方格子	$a_0=b_0\neq c_0$ $\alpha=\beta=\gamma=90°$	L^4 L_i^4 L^4PC L^44L^2 L^44P $L_i^44L^22P$ L^44L^25PC
		六方晶系	唯一的高次轴L^6或L_i^6	六方格子	$a_0=b_0\neq c_0$ $\alpha=\beta=90°$ $\gamma=120°$	L^6 L_i^6 L^6PC L^66L^2 L^66P $L_i^63L^23P$ L^66L^27PC
高级晶族	有多个高次轴	等轴晶系	必有4个L^3；必有3个互相垂直的L^2或L^4，且与L^3均以等角度相交	立方格子	$a_0=b_0=c_0$ $\alpha=\beta=\gamma=90°$	$3L^24L^3$ $3L^24L^33PC$ $3L^44L^36L^2$ $3L_i^4 4L^36PC$ $3L^44L^36L^29PC$

第三节 晶体定向和晶系特点

一、晶体定向

所谓晶体定向，就是在晶体中设置符合晶体对称特征或与格子参数相一致的坐标系。具体说，晶体定向就是在晶体中选择坐标轴和确定各轴上轴长的比值。这些坐标轴是无限长的假想的线，沿着与晶体对称有关的某些限定方向穿过理想晶体，其相交在晶体内部的一个称为原点的点上，这些假想的线称为晶轴。

在多数情况下，需要设置的晶轴为3个，分别以X轴、Y轴、Z轴标记之。3个晶轴在空间的分布方向，如图2-2-18所示。图中每两个晶轴正端之间的夹角称为轴角。晶轴的单位长度称为轴长。3个晶轴上的轴长，按X轴、Y轴、Z轴的顺序，依次标记为a、b、c，它们代表的是实际长度。实际上，一般都采用晶体的投影方法来求出它们的比率$a:b:c$，这个比率称为轴率（或称轴单位比）。轴率和轴角统称为晶体常数。

晶轴的选择不是任意的，即必须以晶体所属的对称型为基础，这样才能使所选出的坐标系充分体现该晶体所属晶系的对称特征。

选择时应遵守的原则如下：①选对称轴作晶轴；

②若对称轴的个数不足，由对称面的法线来充任晶轴；③若没有对称轴和对称面，则选3个晶棱充当晶轴。

在7个晶系中，需要选择3个晶轴作为晶体定向的有：等轴、四方、正交、单斜和三斜晶系。对于三方和六方晶系，由于它们在对称上的特殊性，需要选择由4个晶轴组成的坐标系对晶体定向（图2-2-19）。4个晶轴的名称和顺序为X轴、Y轴、U轴和Z轴，其中前三个晶轴位于同一水平面内，各晶轴正端间的夹角为γ，γ=120°。Z轴过前述三晶轴的交点并垂直于它们所在的平面，即α（Y^Z），β（Z^X）均等于90°。

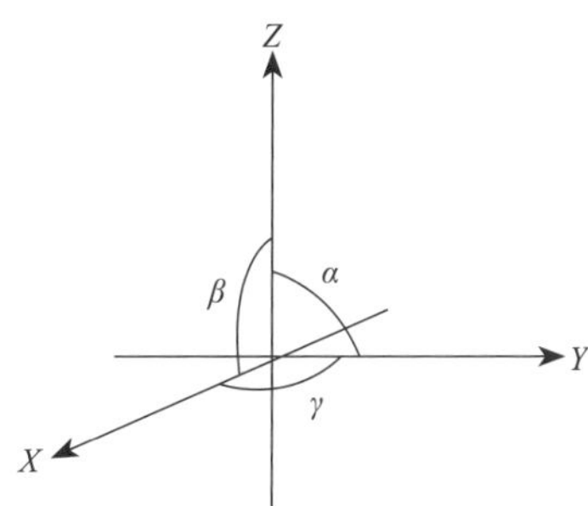

图2-2-18　晶轴与相对应的轴角（α（Y^Z）、β（Z^X）、γ（X^Y））

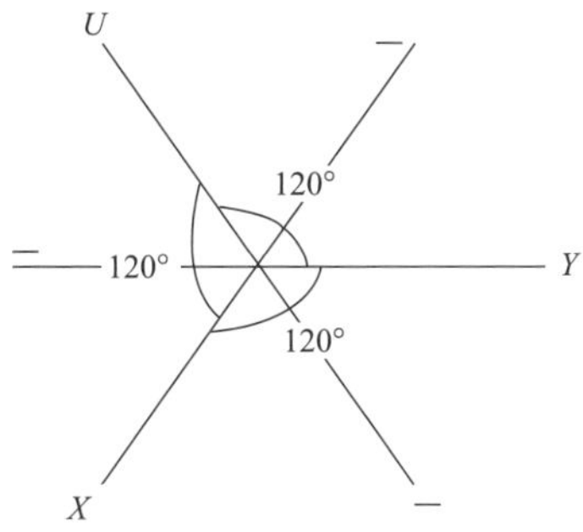

图2-2-19　三方和六方晶系的坐标系（Z轴垂直图面）

二、晶系特点

（一）等轴晶系

等轴晶系的3个轴长度一样，且相互垂直，对称性最高（图2-2-20）。这个晶系的晶体通俗地说就是方块状、几何球状，从不同的角度看高低宽窄差不多。它们的相对晶面和相邻晶面都相似，这种晶体的横截面和竖截面一样。

等轴晶系的特点：①等轴晶系有3个等长且相互垂直的晶轴；②晶体常数特点：a=b=c，α（Y^Z）=β（Z^X）=γ（X^Y）=90°；③最高对称型：$3L^44L^36L^29PC$；④等轴晶系常见单形：立方体（图2-2-21）、八面体（图2-2-22）、五角十二面体（图2-2-23）、菱形十二面体（图2-2-24）、四角三八面体和四面体（图2-2-25）等。

等轴晶系常见的宝石有钻石（图2-2-26）、石榴石（图2-2-27）、尖晶石、萤石和黄铁矿（图2-2-28、图2-2-29）等。

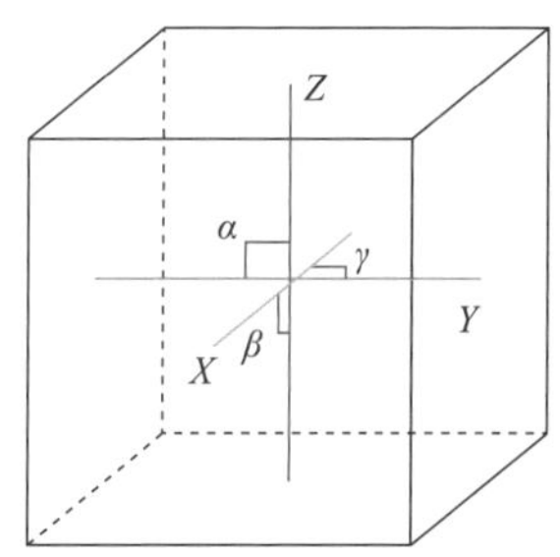

图2-2-20　等轴晶系的3个晶轴（X轴、Y轴、Z轴）

图2-2-21　立方体

图2-2-22　八面体

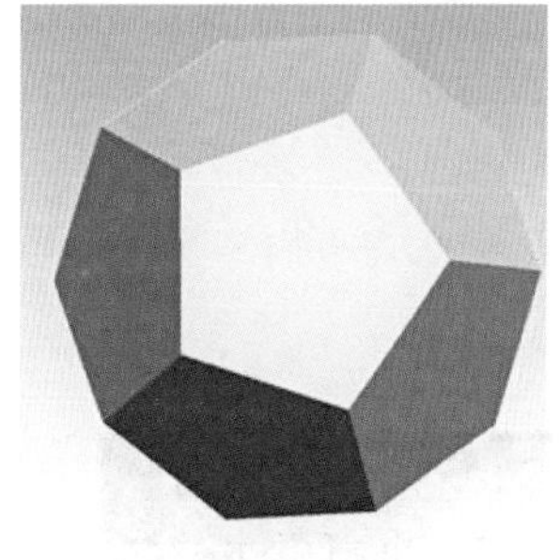

图2-2-23　五角十二面体

图2-2-24　菱形十二面体

图2-2-25　四面体

图2-2-26　钻石八面体晶体

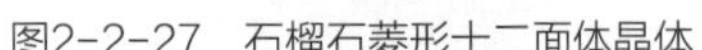

图2-2-27　石榴石菱形十二面体晶体　　图2-2-28　黄铁矿立方体晶体　　图2-2-29　黄铁矿五角十二面体晶体

（二）六方晶系

六方晶系的晶轴有4根（图2-2-30），即1根竖直轴（Z轴）和3根水平横轴（X轴、Y轴、U轴）。如果围绕Z轴旋转一周，六方晶系晶体的横轴则重合6次，对称度较高，Z轴是高次轴，也就是主轴。

六方晶系的特点：①六方晶系有4个晶轴，其纵轴为六次对称轴；②晶体常数特点：$a=b\neq c$，$\alpha（Y\hat{}Z）=\beta（Z\hat{}X）=90°$，$\gamma=120°$；③最高对称型：$L^6 6L^2 7PC$；④常见单形：六方柱和六方双锥（图2-2-31）；

六方晶系常见的宝石有磷灰石、绿柱石（图2-2-32）和蓝锥矿等。

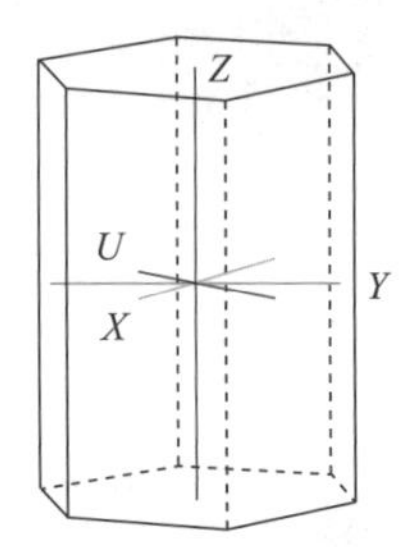

图2-2-30　六方晶系的4根晶轴

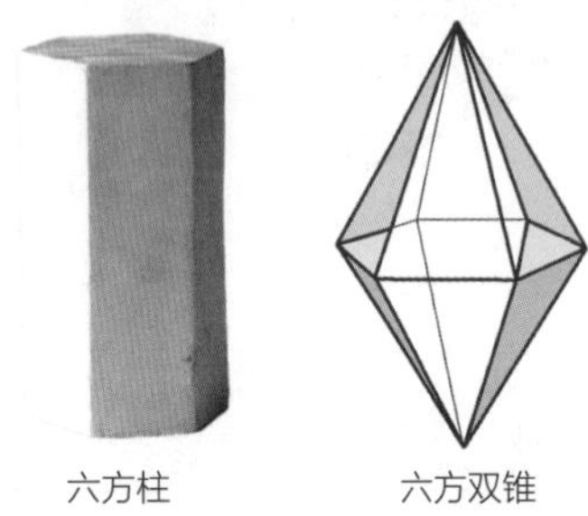

图2-2-31　六方柱和六方双锥

图2-2-32　六方晶系祖母绿晶体

（三）四方晶系

四方晶系的3个晶轴相互垂直，其中2个水平轴（X轴、Y轴）长度一样，但Z轴的长度可长可短（图2-2-33）。通俗地说，四方晶系的晶体大都是四棱的柱状体，有的是长柱体，有的是短柱体晶体，横截面为正方形。四方晶系4个柱面是对称的，即相邻和相对的柱面都一样，但和顶端不同形。所有主晶面交角都是90°。四方晶系的晶体如果Z轴发育，它就是长柱状甚至针状；如果两个水平轴（X轴、Y轴）发育大于竖轴Z轴，那么该晶体就是四方板状。

四方晶系的特点：①四方晶系有3个相互垂直的晶轴，其纵轴为四次对称轴；②晶体常数特点：$a=b\neq c$，$\alpha（Y\hat{}Z）=\beta（Z\hat{}X）=\gamma（X\hat{}Y）=90°$；③最高对称型：$L^4 4L^2 5PC$；④常见单形：四方柱和四方双锥（图2-2-34）。

四方晶系常见的宝石有锆石、金红石、锡石、方柱石（图2-2-35）和符山石等。

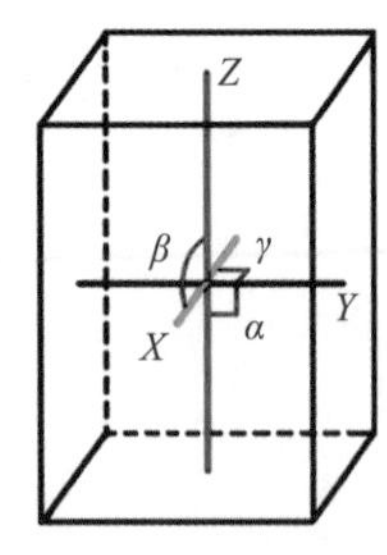

图2-2-33　四方晶系的3个晶轴

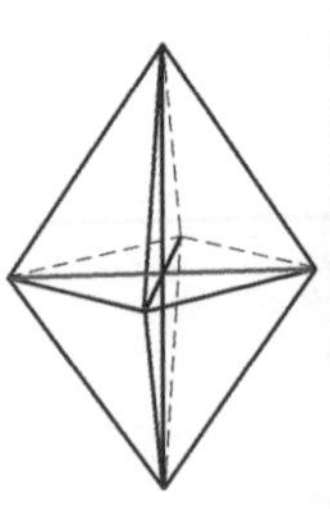

图2-2-34　四方双锥

图2-2-35　四方晶系——方柱石晶体

（四）三方晶系

三方晶系的晶轴有4根（图2-2-36），即1根竖直轴（Z轴）和3根水平横轴（X轴、Y轴、U轴）。如果围绕Z轴旋转一周，三方晶系晶体的横轴则重合3次，对称度较高，Z轴是高次轴，也就是主轴。

三方晶系的特点：①三方晶系有4个结晶轴，其纵轴为三次对称轴；②晶体常数特点：$a=b\neq c$，$\alpha(Y\wedge Z)=\beta(Z\wedge X)=90°$，$\gamma=120°$；③最高对称型：$L^3 3L^2 3PC$；④常见单形：三方柱（图2-2-37）、三方双锥（图2-2-38）、菱面体（图2-2-39）等。

三方晶系常见的宝石有蓝宝石、红宝石、电气石（图2-2-40）、石英（水晶、紫晶、黄晶、烟晶、芙蓉石）和方解石等。

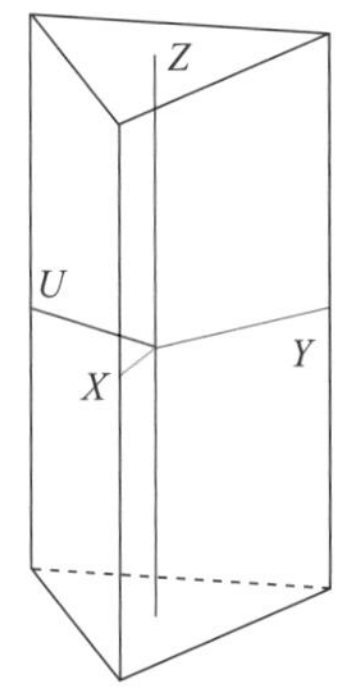

图2-2-36 三方晶系的四根晶轴

图2-2-37 三方柱

图2-2-38 三方双锥

图2-2-39 菱面体

图2-2-40 三方晶系——电气石晶体

（五）斜方晶系

斜方晶系的晶体中3个轴的长度完全不相等，它们的交角仍然是互为90°垂直（图2-2-41）。与四方晶系直观相比，区别就是：X轴、Y轴长短不同。斜方晶系围绕Z轴旋转需180°才可使X轴、Y轴重合，旋转一周只重合2次，属低次轴。也就是说，斜方晶系的对称性比四方晶系要低。其实，斜方晶系的晶体如果围绕X轴或Y轴旋转，情况与围绕Z轴旋转相同。

斜方晶系的特点：①斜方晶系有3个相互垂直但互不相等的晶轴；②晶体常数特点：$a\neq b\neq c$，$\alpha(Y\wedge Z)=\beta(Z\wedge X)=\gamma(X\wedge Y)=90°$；③最高对称型：$3L^2 3PC$；④常见单形：斜方柱（图2-2-42）、斜方单锥（图2-2-43）和斜方双锥（图2-2-44）等。

斜方晶系常见的宝石有托帕石（黄玉）（图2-2-45）、橄榄石（图2-2-46）、黝帘石、堇青石、金绿宝石、红柱石、柱晶石、赛黄晶和顽火辉石等。

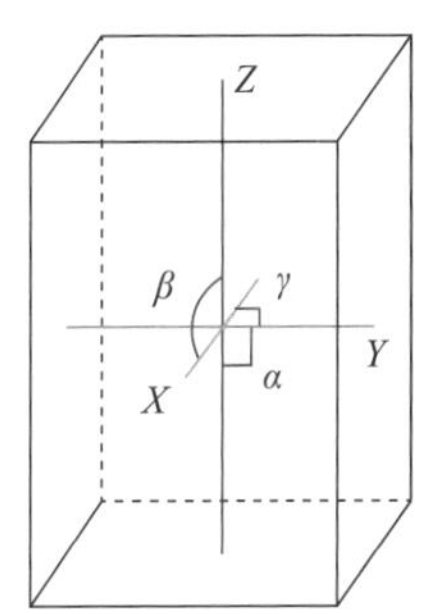

图2-2-41 斜方晶系的晶轴

图2-2-42 斜方柱

图2-2-43 斜方单锥

图2-2-44 斜方双锥

图2-2-45 斜方晶系——托帕石（黄玉）晶体

图2-2-46 斜方晶系——橄榄石晶体

（六）单斜晶系

单斜晶系晶体的3个晶轴长短都不一样，Z轴和Y轴相互垂直，X轴与Y轴垂直但与Z轴不垂直（X轴与Z轴的夹角是β，$\beta>90°$）（图2-2-47）。把斜方晶系模型顺着Z轴方向推压一下，使前后的晶面上下错位，这就是单斜晶系。如果围绕Z轴旋转180°，可以使Y轴指向的晶面对称；而围绕X轴旋转，则不能产生任何晶面的重合对称（除非旋转一周，但无意义）。通俗地说，斜方晶系晶体（模型）的两个晶面可以通过Y轴旋转180°达到重合，而左右晶面和前后晶面却不能通过旋转达到重合，它们只能顺Y轴和X轴平移才能达到重合。所谓"单斜"，就是晶体有一个轴所顶的面是斜的。单斜晶系只有一个对称轴和对称面，和斜方晶系相比，它的对称程度又低了一级。

单斜晶系的特点：①单斜晶系有3个互不相等的晶轴。唯一的一个二次轴（L^2）或对称面（P）的法线相当于Y轴；②晶体常数特点：$a\neq b\neq c$，$\alpha(Y\wedge Z)=\gamma(X\wedge Y)=90°$，$\beta(Z\wedge X)>90°$；③最高对称型：$L^2PC$；④常见单形：斜方柱和平行双面（图2-2-48）。

单斜晶系常见的珠宝玉石有翡翠（硬玉）、透辉石、软玉（透闪石）、孔雀石、正长石（图2-2-49）及锂辉石（图2-2-50）等。其中翡翠、软玉、孔雀石呈多晶集合体形式产出。

（七）三斜晶系

三斜晶系的"三斜"，指的是3根晶轴的交角都不是直角，它们所指向的3对晶面全是由钝角和锐角构成的平行四边形（菱形），相互间没有垂直交角（图2-2-51）。做个形象比喻：把一个砖头形的长方块朝着一个角的方向斜推压，形成一个全是菱形面的立方体，这就是三斜晶系的模型。三斜晶系的晶轴长短不一，斜角相交，没有晶轴能作重合对称的旋转，前后、左右、上下的3组晶面只能顺晶轴作平移重合（平面对称）。在七大晶系中，三斜晶系的对称性最低。

三斜晶系的特点：①三斜晶系具3个互不相等且互相斜交的晶轴。以不在同一平面内的3个主要晶棱的方向为X轴、Y轴、Z轴；②晶体常数特点：$a\neq b\neq c$，$\alpha(Y\wedge Z)\neq\beta(Z\wedge X)\neq\gamma(X\wedge Y)\neq 90°$；③常见单形：平行双面。

三斜晶系常见的宝石有斜长石、天河石、绿松石、蔷薇辉石和斧石等。绿松石常以多晶集合体形式产出（图2-2-52）。

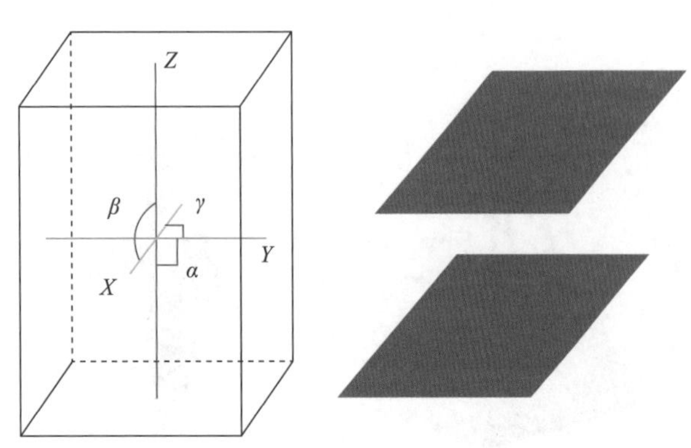

图2-2-47 单斜晶系的晶轴 图2-2-48 平行双面

图2-2-49 单斜晶系正长石

图2-2-50 单斜晶系——紫锂辉石

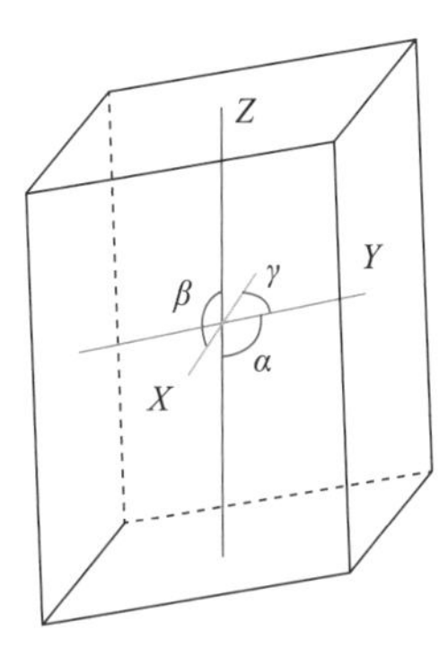

图2-2-51　三斜晶系的晶轴

图2-2-52　三斜晶系——天河石晶体

表2-2-2为各晶系选择晶轴的原则及晶体常数特点表。

表 2-2-2　各晶系选择晶轴的原则及晶体常数特点

晶系	选择晶轴的原则	晶体常数特点
等轴晶系	以相互垂直的L^4或相互垂直的L_i^4或L^2为晶轴	$a=b=c$ $\alpha=\beta=\gamma=90°$
四方晶系	以L^4或L^4_i为Z轴；以垂直于Z轴并相互垂直的L^2或P的法线为X轴、Y轴，当无L^4、L^2、L^2或P时，X轴、Y轴平行晶棱选取	$a=b\neq c$ $\alpha=\beta=\gamma=90°$
三方晶系 六方晶系	以L^3，L^6，L^6_i为Z轴；以垂直于Z轴并彼此以120°相交（正端间）的L^2或P的法线为X轴、Y轴、U轴，无L^2及P时X轴、Y轴、U轴平行晶棱选取	$a=b\neq c$ $\alpha=\beta=90°$ $\gamma=120°$
斜方晶系	以相互垂直的三个L^2为X轴、Y轴、U轴：在$L^2 2P$对称型中以L^2为Z轴，两个P的法线为X轴、Y轴	$a\neq b\neq c$ $\alpha=\beta=\gamma=90°$
单斜晶系	以L^2或P的法线为Y轴，以垂直Y轴的主要晶棱方向为X轴、Z轴	$a\neq b\neq c$ $\alpha=\gamma=90°$　$\beta>90°$
三斜晶系	以不在同一平面内的三个主要晶棱的方向为X轴、Y轴、Z轴	$a\neq b\neq c$ $\alpha\neq\beta\neq\gamma\neq 90°$

第四节　晶体形态

晶体形态可以分成两种类型，即单形和聚形。

单形是由对称要素联系起来的一组晶面的总和。理想状态下，同一单形的所有晶面都同形等大，图2-2-53为晶体的理想形态——单形立方体黄铁矿。若仅考虑几何外形，不考虑对称性，这样的单形称为几何单形，根据拓扑学推导，晶体的几何形态共有47种（图2-2-54）。若同时考虑几何外形和对称性，这样的单形称为结晶单形，共有146种。

图2-2-53　晶体的理想形态——单形立方体黄铁矿

单形可分为开形和闭形两种。闭形是指其晶面可以包围成一个封闭的空间的单形，如双锥类、面体类单形；开形是指其晶面不能包围成一个封闭空间的单形，如柱类、单锥类单形和平行双面等。高级晶族中不会出现开形。单形的聚合称为聚形。即聚形是由两个或两个以上单形组成的。但单形的聚合不是任意的，必须是属于同一对称型的单形才能相聚。图2-2-55为四方柱单形和四方双锥单形组成的聚形，图2-2-56为立方体单形和菱形十二面体单形组成的聚形。这里的单形指的是结晶单形。其中平行双面例外，它可以在中级晶族中出现，但不能出现在高级晶族中。

图2-2-57为萤石的单形晶体与水晶的聚形晶体，图2-2-58为石榴石（芬达石）单形晶体与水晶的聚形晶体。

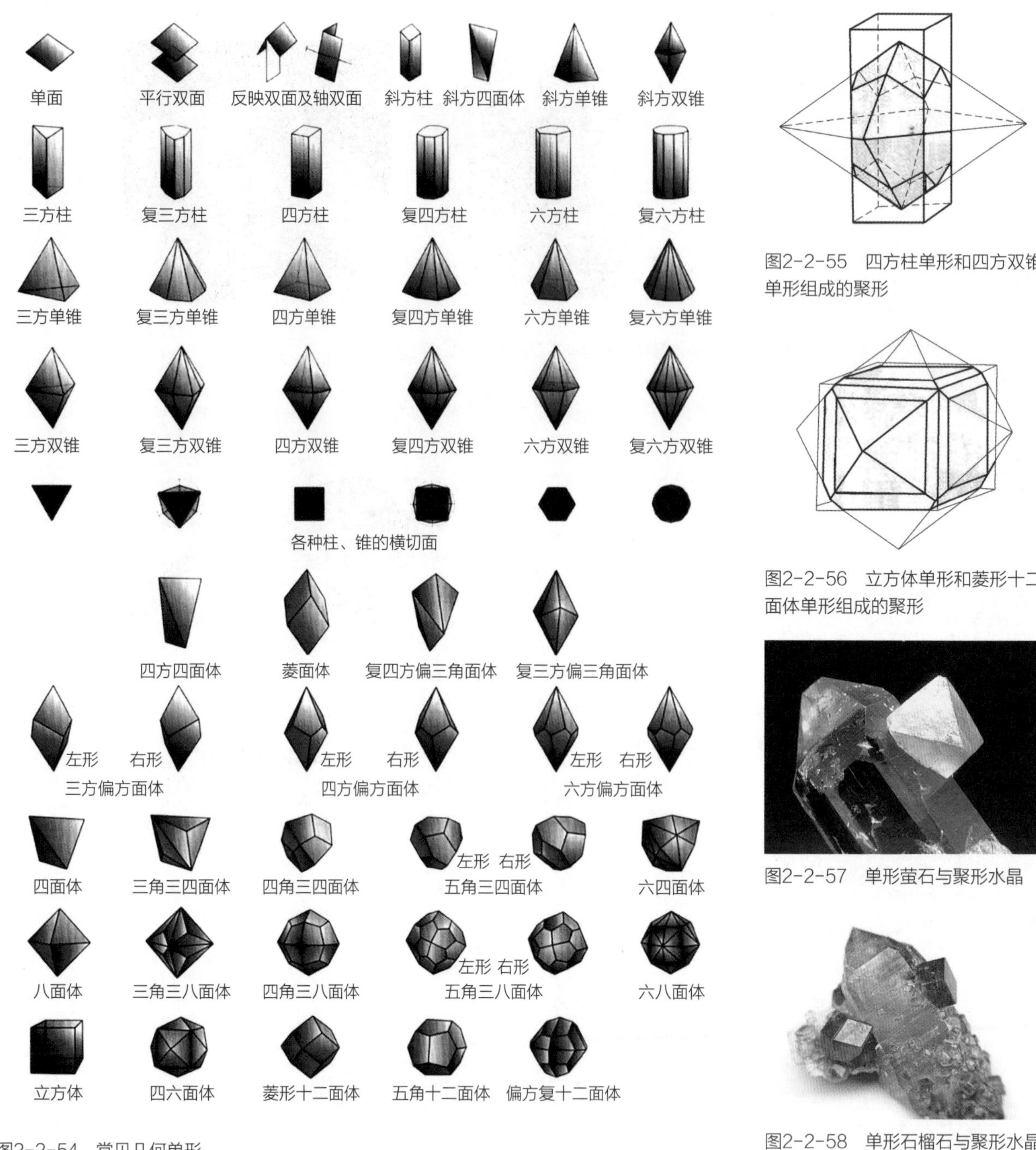

图2-2-54 常见几何单形

图2-2-55 四方柱单形和四方双锥单形组成的聚形

图2-2-56 立方体单形和菱形十二面体单形组成的聚形

图2-2-57 单形萤石与聚形水晶

图2-2-58 单形石榴石与聚形水晶

第五节 宝石矿物的晶体形态

宝石矿物的晶体形态，包括宝石矿物单体、连生体及集合体的形态。

一、宝石矿物单体的形态

对宝石矿物单体的形态除按单形和聚形描述外，还应考虑矿物单体的结晶习性和晶面特征。

（一）晶体的结晶习性

不同的宝石矿物晶体结构不同，在一定的外界条件下，晶体有总是趋向于形成某一种形态的特征，这种性质称为结晶习性。可以理解为结晶习性是矿物通常呈现的晶体形态。结晶习性包括两方面：

一是同种晶体所常见的单形。一种晶体常具有自己的晶体习性，即晶体常呈现某种或某几种单形。例如，钻石常见的单形为八面体（图2-2-59），石榴子石常呈菱形十二面体、四角三八面体。萤石在岩浆岩和伟晶岩中常呈八面体（图2-2-60），在高温热液中形成的萤石晶体常呈菱形十二面体（图2-2-61），在低温热液中形成的萤石晶体常呈立方体（图2-2-62）。

二是晶体在三维空间延伸的比例。根据晶体在三维空间延伸的情况，可大致分为三种类型：

（1）一向延长　晶体沿一个方向特别发育，而呈现柱状、长柱状、针状或纤维状等。如柱状石英，电气石，针状水锰矿，以包裹体形式出现的针状金红石，绿柱石（图2-2-63）等。

（2）二向延展　晶体沿两个方向特别发育，一个方向上发育较差，而呈现板状、片状等。如重晶石晶体呈现板状（图2-2-64），云母（图2-2-65）、石墨呈现片状。

（3）三向等长　晶体沿三个方向大致相等发育，而呈现等轴状或粒状。如石榴石、黄铁矿尖晶石（图2-2-66）以及石英岩中的石英晶体等。矿物晶体所表现的晶体习性是其内部和外部两方面因素共同作用的结果。内部因素是指其自身的内部结构（格子构造），外部因素是指晶体生长时有关组成部分的浓度、杂质、温度、压力及空间条件等。

图2-2-59　钻石的八面体晶体

图2-2-60　萤石的八面体晶体

图2-2-61　萤石的菱形十二面体晶体

图2-2-62　萤石的立方体晶体

图2-2-63　一向延长的绿柱石晶体

图2-2-64　二向延展的重晶石板状晶体

图2-2-65　二向延展的云母片状晶体

图2-2-66　三向等长的尖晶石晶体

（二）实际晶体的形态

实际晶体是相对理想晶体而言的。所谓理想晶体，是指晶体在理想条件下，晶体围绕一个生长中心，严格地按照其空间格子，在三维空间均匀地生长出的晶体。它在外形上应表现为规则的几何多面体，具有面平棱直的特性；同时，在一个晶体上属于同一单形的各个晶面均匀同等程度地发育，即具有相同的形状和大小。但是实际上晶体的生长是在自然界复杂的环境下进行的，任何一个晶体在其生长过程中总会不同程度地受到外界因素的干扰。从微观角度来看，晶体并非是严格地按照空间格子规律所形成的均匀整体，以致晶体不能按理想状态发育。一个真实的单晶体，实际上是由许多理想的均匀块段组成的，而这些块段并非严格地相互平行，从而形成了所谓的“镶嵌构造”“空位”和“位错”等构造缺陷。另外，构造中部分质点的替换及包裹体的存在也会导致晶体的构造变形，加之晶体在形成之后，还会继续受到应力和后期热液等各种外界因素的影响，更会增加晶体的非理想程度。一切实际晶体内部结构都是非理想的，从外形上也偏离了其理想的晶体形态，所不同的只是它们偏离理想状况的程度不同而已。了解和掌握晶体的理想和实际形态以及它们之间的差异，对宝石原料的鉴定至关重要。

1. 歪晶

歪晶指外形偏离理想晶形的晶体。晶体发育理想时，凡属于同一单形的各晶面都应具有相同的形状和大小，符合晶体本身所固有的对称性。在歪晶中，同一单形的各晶面形状、大小都可不同，从而偏离理想形状，但物理、化学等方面的性质仍保持相同。此外，歪晶在几何外形上的偏离并不改变晶面间的夹角关系，这就是晶体的“面角守恒定律”。因此，可以通过测角、投影等手段以及对晶面性质的研究，模拟出歪晶的理想晶形，并确定其真实对称情况。实际晶体在不同程度上都是歪晶。

例如，α-石英晶体，它在理想生长情况下应形成图2-2-67所示的晶形。但实际上它经常呈现图2-2-68所示的几种歪晶形态。可以看出，歪晶中同一单形的晶面的形态及大小虽不相同，但各晶面的交角关系与理想晶体的相同。

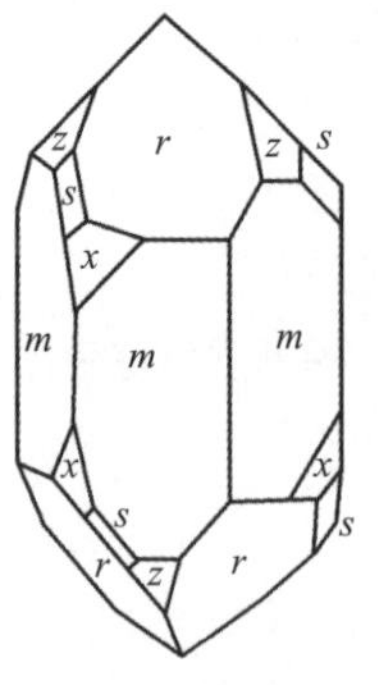

图2-2-67 α-石英晶体理想晶形

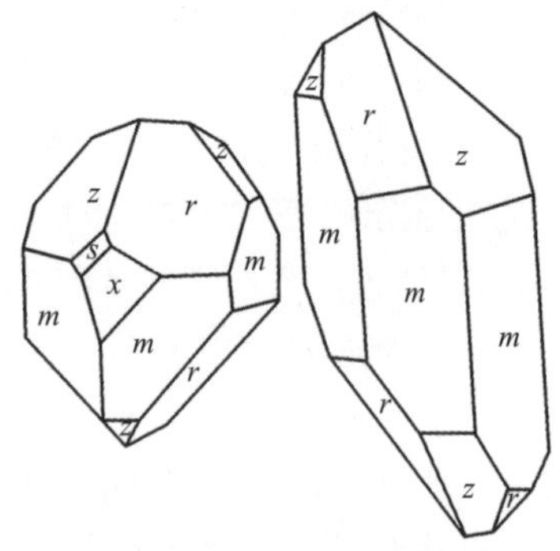

图2-2-68 α-石英晶体实际歪晶形态

2. 凸晶

各晶面中心均相对凸起而呈曲面、晶棱弯曲而呈弧线的晶体称为凸晶。所有凸晶都是由几何多面体趋向于球面体的过渡形态。图2-2-69为钻石的八面体凸晶。

图2-2-69 钻石的八面体凸晶

凸晶是晶体形成后又遭溶解而形成的。因为位于角顶和晶棱上的质点的自由能较位于晶面上的质点的自由能大，角顶及晶棱部位与溶剂的接触概率也大，因而，它们的溶解速度也较晶面中心更快，从而产生凸晶。

3. 弯晶

弯晶指整体呈弯曲形态的晶体。弯晶与凸晶的差别在于：凸晶的所有晶面都是向外凸出的，而当弯晶一侧晶面向外凸出时，相反一侧的晶面就向内凹进，如白云石的马鞍状弯曲晶体。

（三）晶体的晶面特征

实际矿物晶体的晶面都不是理想的平面，常常出现这样或那样的花纹，即晶面花纹。晶面花纹对不同的矿物来说都有着各自的特色。因此，它可作为矿物的鉴定标志。

1. 晶面条纹

指晶面上由一系列所谓的邻接面构成的直线状条纹。它是在晶体生长过程中，由相互邻接的两个单形的狭长晶面交替发育而形成的。例如水晶柱面上的横纹（图2-2-70）就是六方柱与菱面体晶面交替发育的结果；黄铁矿的晶面条纹（图2-2-71）则是由立方体与五角

图2-2-70 水晶柱面上的横纹

图2-2-71 黄铁矿的晶面条纹

十二面体两种单形的晶面交替发育形成的。所以，晶面条纹也称生长条纹或聚形条纹。

2. 蚀象

蚀象是晶面因受溶蚀而遗留下来的一种具一定形状的凹斑。蚀象的形状和分布主要受晶面内质点排列方式的控制。所以，不仅不同种类的晶体蚀象的形状和位向一般不同，同一晶体在不同单形的晶面上，蚀象的形状和位向一般也是不相同的；反之，晶体上性质相同的晶面上的蚀象相同，而且同一晶体上属于一种单形的晶面其蚀象也必然相同。因此，蚀象也可用来鉴定矿物、分析单形和对称。如钻石表面的等边三角形蚀象（图2-2-72）。

图2-2-72 钻石的等边三角形蚀象

二、宝石晶体连生

宝石晶体的连生分为规则连生和不规则连生两类。根据晶体连生种类不同又可以把宝石晶体的连生分为同种晶体的连生和不同种晶体的连生。

天然形成的同一种晶体，彼此一个连接一个地生长在一起，称之为晶体的规则连生。晶体的规则连生可分为平行连生、双晶、浮生和交生。不规则连生为多晶质集合体，玉石品种就属于不规则连生。

（一）平行连生

平行连生指同种晶体的个体彼此以相同的结晶学方向连生在一起，每个晶体对应的晶面和晶棱及对称要素都相互平行。平行连生从外形来看是多晶体的连生，但它们的内部格子构造都是平行而连续的，且晶体间有凹角出现。但是各晶体间的格子构造是连续的，本质上与单个晶体没有什么区别。平行连晶可以理解为结晶取向完全一致且相邻的同种晶核或雏晶，在进一步长大的过程中其晶体边缘逐渐外延、靠拢并拼接在一起。萤石及水晶常见平行连生晶体。图2-2-73为明矾八面体晶体的平行连生示意图，图2-2-74为萤石立方体晶体的平行连生示意图，图2-2-75为水晶晶体的平行连生。某

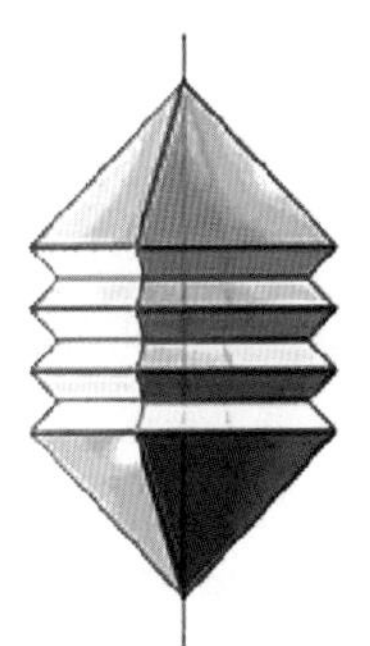
图2-2-73 明矾八面体晶体的平行连生

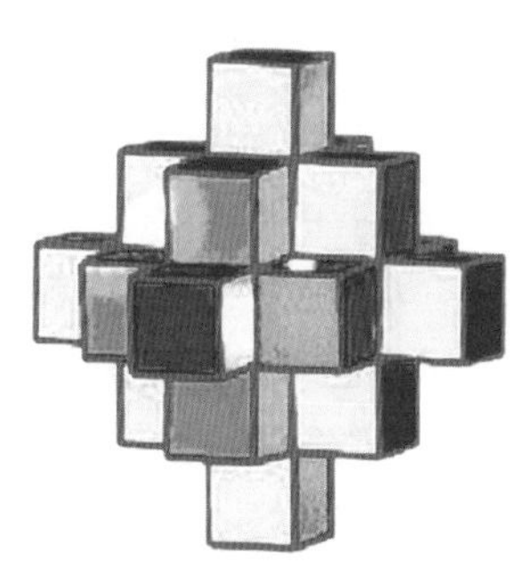
图2-2-74 萤石立方体晶体的平行连生

图2-2-75 水晶的平行连生

些树枝状晶体，也是一种平行连生的晶体。它有很多小的立方体晶体沿着角顶或晶棱方向平行连生，从而形成树枝状晶体。这就说明了这种晶体的生长习性是沿着棱角方向迅速生长。

（二）双晶

双晶又称孪晶，是两个或两个以上的同种晶体按一定的对称规律形成的规则连生，相邻的两个个体相对应的面、棱和角并非完全平行，但它们可以借助对称操作（反映、旋转或反伸）使两个个体彼此重合、平行或连成一个完整的单晶体。进行对称操作时所借助的辅助几何要素称为双晶要素，包括双晶面、双晶轴和双晶中心。双晶与平行连晶的根本区别主要在于构成双晶的两个单体的格子构造是互不平行连续的，外形上双晶也会出现凹角，但不是所有双晶都会出现凹角，有些双晶是没有凹角的。

1. 双晶要素

双晶中相邻单体之间存在的对称要素，对称要素是假想的点、线、面等几何要素，凭借其进行反伸、旋转、反映等对称操作可使双晶的一个单体的方位发生变换而与另一个单体实现重合、平行或拼接成一个完整的晶体。注意双晶要素和对称要素的区别，双晶要素是存在于两个单体之间的，而对称要素是存在于一个单体内部的。

（1）双晶面　双晶面是个假想的平面，通过它的反映可使双晶的两个个体重合或平行。

在实际双晶中，双晶面总是平行于单晶体中具简单指数的晶面，或是垂直于重要的晶带轴（常为晶轴）。因此，双晶面的方向均采用平行于某晶面或垂直于某晶棱的方式来表示。双晶面不可能平行于单晶体中的对称面，否则就会使两个单体的取向平行一致，成为平行连生。图2-2-76为尖晶石双晶中的双晶面示意图。

（2）双晶轴　双晶轴是一根假想的直线，双晶中一个单体围绕此直线旋转一定角度（一般都为180°）后可与另一个单体平行、重合或连成一个完整的晶体（一般来说双晶轴都是二次轴）。因为双晶轴一般都是二次轴，所以双晶轴不可能平行于单晶体中的偶次对称轴，否则就会使两个晶体的取向平行一致，形成平行连晶。图2-2-77为双晶中的双晶轴示意图。

（3）双晶中心　双晶中心是一个假想的点，双晶的一个单体通过它的反伸可与另一个单体重合。双晶中心在实际分析双晶时很少用到。

另外晶体的凹角（内角大于180°）是确定双晶存在的可靠标志之一。对于一个双晶来说，可有多个双晶面或双晶轴，只需要描述其中一个双晶面或双晶轴就可以确定两个单体间的取向关系了，其他双晶要素往往可以省略。双晶要素绝不可能平行于单体中的相类似的对称要素，即双晶面不可能平行于对称面，双晶轴不可能平行于偶次轴。

2. 双晶接合面

双晶接合面是双晶中相邻单体间彼此接合的实际界面，属于两个单体之间的共同面网。双晶接合面可以是平面，也可能是不规则曲面，并形成缝合线。图2-2-76尖晶石双晶中的双晶接合面为平直的接合面，图2-2-77的双晶接合面是不规则的接合面，图2-2-78石英道芬双晶接合面为不规则曲线状。双晶接合面不是双晶要素，只说明双晶中两个单体间的接合方式。任何一种双晶的双晶要素总是固定不变的，但双晶接合面却可以不同。一般用双晶要素和双晶接合面组合的方式来描述双晶的特征。

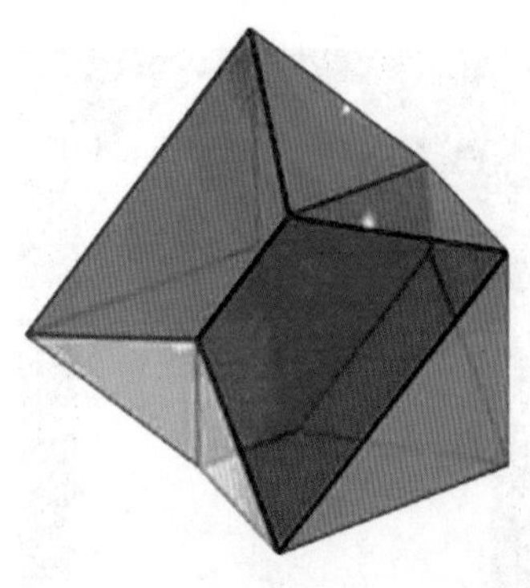

图2-2-76　尖晶石双晶中的双晶面

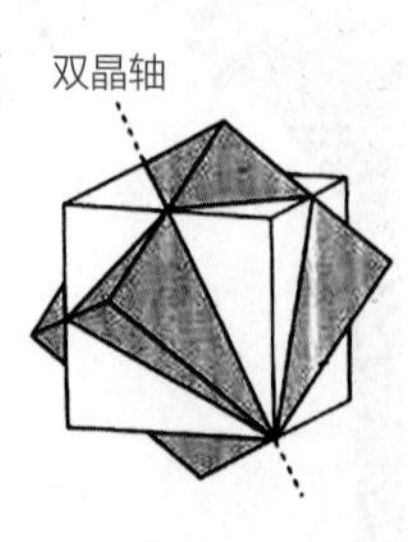

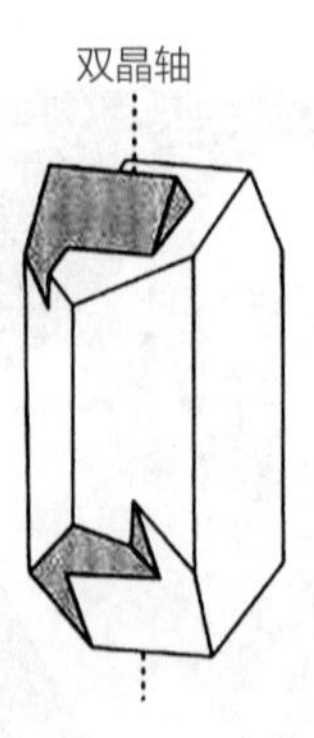

图2-2-77　双晶中的双晶轴示意图

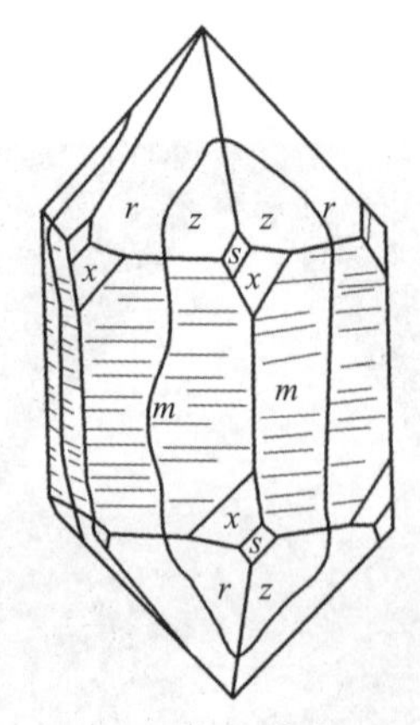

图2-2-78　石英道芬双晶接合面

3. 双晶律

描述单体构成双晶的具体规律称为双晶律，一般用双晶要素（不含双晶中心）及结合面来描述双晶律，可用特征矿物的名称来命名，如尖晶石律双晶律；用发现地点命名，如正长石卡斯巴律双晶双晶轴平行c轴（图2-2-79），卡斯巴（现名卡罗维发利）为捷克共和国地名；用矿物形态命名（如十字石十字双晶、石膏燕尾双晶、金红石膝状双晶等）。

4. 双晶类型

根据双晶个体连生的方式，可将双晶分为接触双晶和穿插双晶两个类型。而接触双晶又可分为简单接触双晶、聚片双晶、环状双晶和复合双晶。

（1）接触双晶

①简单接触双晶　由两个单体以一个明显而规则的接合面相接触形成的双晶。图2-2-80为简单接触双晶示意图。常见简单接触双晶有尖晶石双晶、锡石双晶及水晶双晶（图2-2-81）。

②聚片双晶　由多个单晶体以双晶接合面彼此平行的关系生长在一起形成的双晶（图2-2-82）。由若干单体按同一种双晶律所组成，表现为一系列简单接触双晶的聚合，所有接合面均相互平行。每一薄层晶体与相邻的晶体呈相反方向排列，故间隔的晶体具有相同的结构，如钠长石的聚片双晶。

③环状双晶　多个单个晶体以相同的双晶律、不平行的接合面形成的双晶（图2-2-83）。

④复合双晶　多个单个晶体以不同的双晶律形成的双晶。复合双晶的双晶律通常有两种或两种以上，不同的双晶律（或双晶要素）会发生复合，就像对称要素发生组合一样。如卡-钠复合双晶见于斜长石晶体中（图2-2-84），由两个以上的单晶体分别按卡斯巴律、钠长石律及钠长石-卡斯巴律三种不同的双晶律结合在一起共同组成。

（2）穿插双晶　由两个或两个以上单个晶体相互穿插而形成的双晶（图2-2-85），如萤石的立方体穿插双晶和长石卡氏双晶。

（3）轮式双晶　由两个以上的单体按同一种双晶律组成，表现为若干组接触双晶或贯穿双晶的组合，各接合面互不平行而依次呈等角度相交，双晶总体呈环状或辐射状，按其单体的个数可分别称为三连晶、四连晶等。如金绿宝石的三连晶（图2-2-86）。

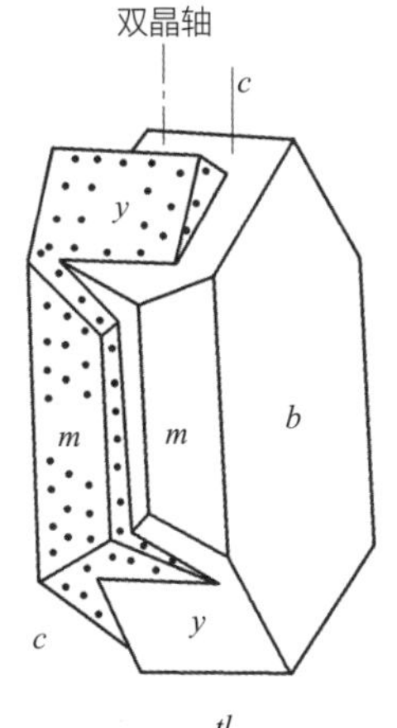

图2-2-79　卡斯巴律双晶

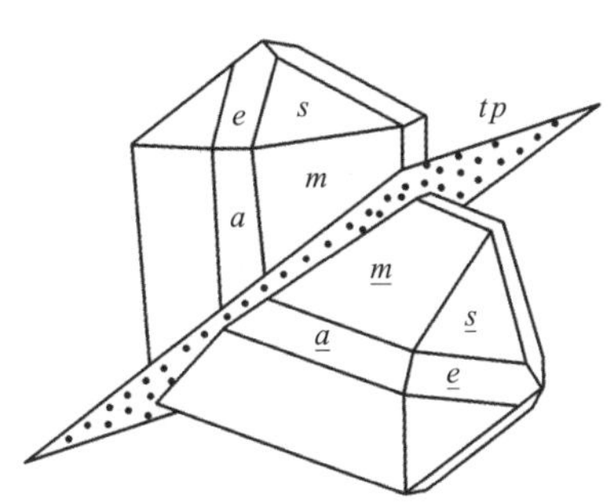

图2-2-80　简单接触双晶示意图

图2-2-81　水晶形成的简单接触双晶

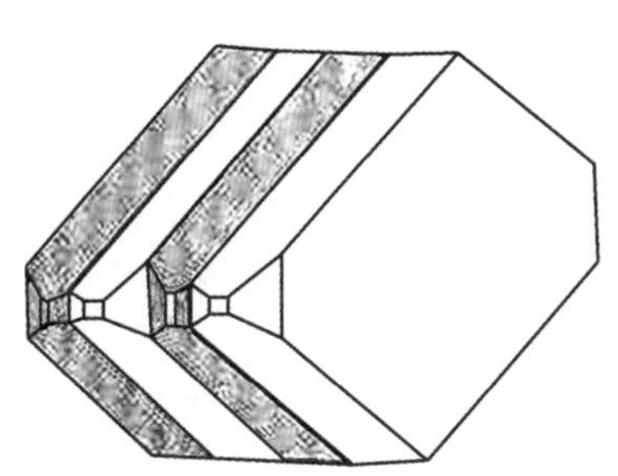
图2-2-82　聚片双晶示意图

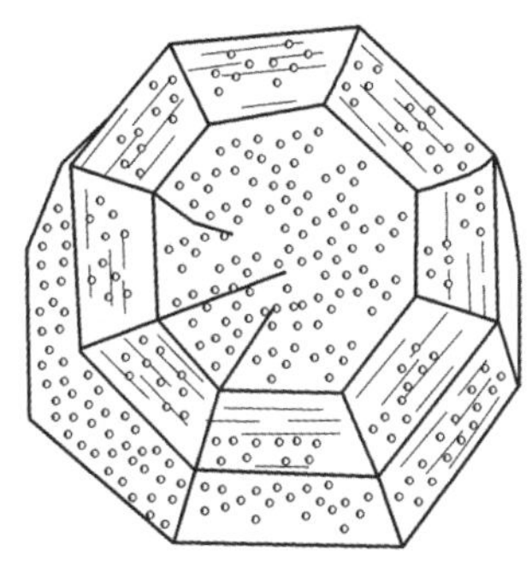
图2-2-83　环状双晶示意图

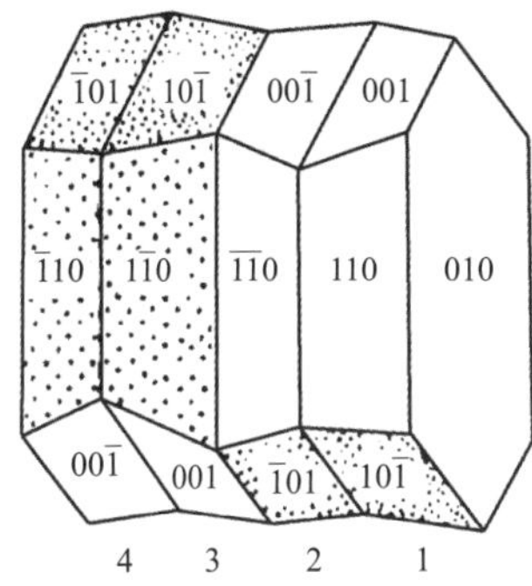

图2-2-84　斜长石的卡-钠复合双晶示意图

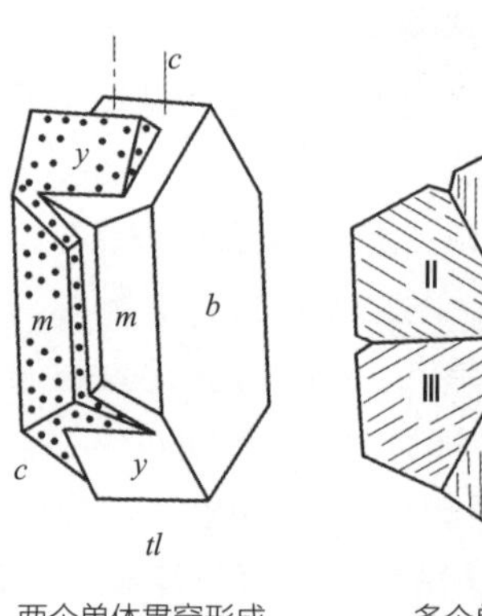

两个单体贯穿形成

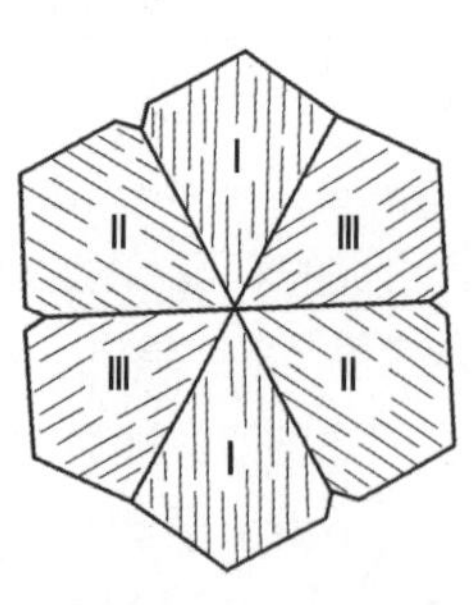

多个单体以相同的双晶律贯穿形成

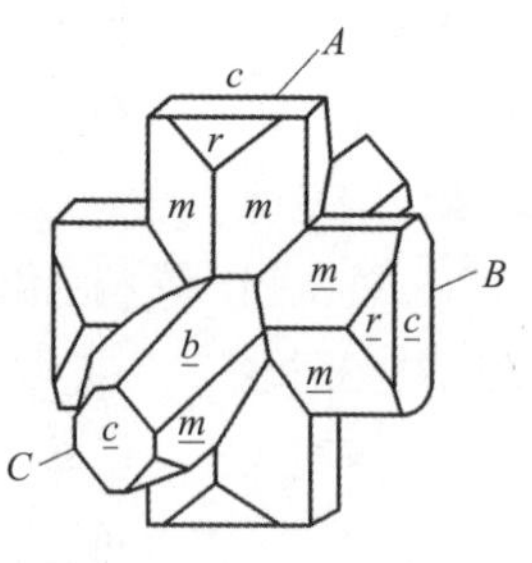

多个单体以不同的双晶律贯穿形成（十字石）

图2-2-85　穿插双晶示意图

图2-2-86　轮式双晶-金绿宝石的三连晶

5. 双晶的识别

（1）凹角　识别双晶的重要因素。一般单晶多为凸多面体，而大多数双晶都有凹角。

（2）双晶缝合线　两个单体之间的接合缝两边的反光不同或者花纹不连贯。

（3）蚀象　蚀象是鉴别双晶的一种非常有效的方法，因为双晶缝合线两端的结晶方位不同，所形成的蚀坑方位则完全不同。

单晶与双晶的对称性不同。有些贯穿双晶形似一个单晶体，但所表现出来的对称要比该晶体的单晶体对称程度高。例如图2-2-87中的文石和石英，本是三方对称，两个单体贯穿在一起形成双晶，就表现为六方对称。

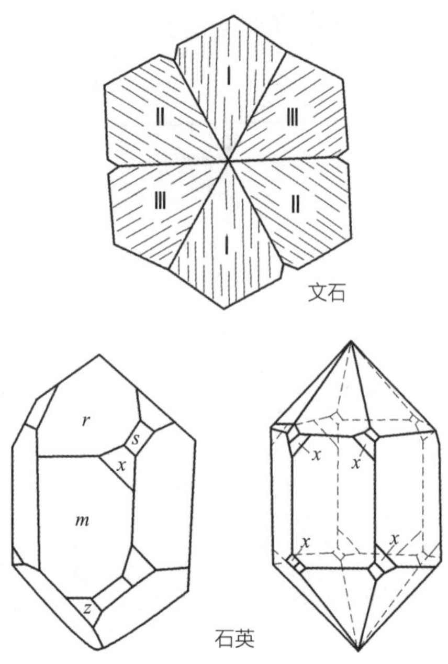

图2-2-87　双晶识别示意图

（三）浮生和交生

1. 浮生（外延生长）

一种晶体以一定结晶学方向浮生于另外一种晶体表面或者同种物质的晶体以不同的面网相结合而形成的规则连生称为浮生，其形成主要取决于相互结合的晶体是否具有结构相似的面网。如十字石以{010}面浮生于蓝晶石的{100}晶面。

2. 交生（互生）

两种不同的晶体彼此以一定的结晶学取向交互连生，或一种晶体嵌生于另一种晶体中的现象。条纹长石即为钠长石嵌生于钾长石晶体中的交生关系。

（四）矿物集合体的形态

大多数宝石都是单个晶体，也称单晶体。有些宝石由多个同种矿物单体或不同矿物聚集在一起，称为多晶质宝石，也就是国家标准中定义的玉石。对于玉石品种，可以用肉眼或放大镜分辨出各个矿物颗粒界限的集合体称为显晶质集合体，如大多数翡翠（图2-2-88）。只能在显微镜的高倍镜下才能分辨出它的单体的集合称为隐晶质集合体，如玉髓（黄龙玉）（图2-2-89）。

单体呈粒状、片状和柱状矿物的集合体分别称为粒状集合体、片状集合体和柱状集合体。除此之外，还有一些呈特殊形态的集合体。珠宝玉石中常见的集合体有如下几种：

（1）放射状集合体　指呈长柱状或针状的矿物单体，它们以一点为中心，向外呈放射状排列而形成的集合体，例如红柱石的放射状集合体，又称为菊花石（图2-2-90）。

（2）纤维状集合体　指纤维状的矿物单体，其延长方向相互平行密集排列所形成的集合体，如纤维状石膏、阳起石猫眼、木变石（图2-2-91）等。

（3）晶簇　指以洞壁或裂隙壁作为共同基地而生长的单晶体群所组成的集合体，如石英晶簇（图2-2-92）和方解石晶簇。

（4）晶腺　指具有同心层状构造，且外形近似球状的矿物集合体，如胶体成因的条带状玛瑙（图2-2-93）。

（5）葡萄状、肾状集合体　指胶体成因的逐层堆积形成的外形呈钟乳状或肾状的集合体，如孔雀石葡萄状集合体、葡萄石葡萄状集合体（图2-2-94）。其横断面常具层状和放射状构造，也称其具皮壳状构造和赤铁矿肾状集合体等。

图2-2-88　显晶质集合体（豆种翡翠）

图2-2-89　隐晶质集合体（黄龙玉）

图2-2-90　放射状集合体——菊花石

图2-2-91　纤维状集合体——木变石

图2-2-92　石英晶簇

图2-2-93　晶腺——条带状玛瑙

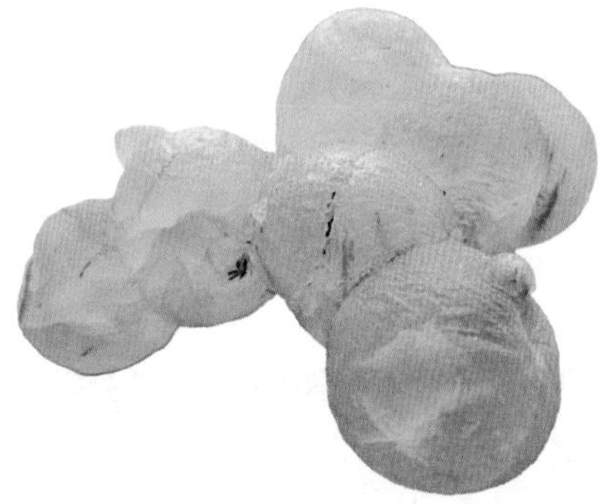

图2-2-94　葡萄状集合体——葡萄石

第三章

晶体光学基础

第一节 与珠宝玉石有关的光学知识

一、光的本质

从17世纪到20世纪，经过300多年的争论及研究，物理学家基本认同光可以用粒子的能量、动量形式描述，也可以用波动的频率或波长描述。因此，光的本质是既有粒子性也有波动性，即波粒二象性。德布罗意提出了两个关系式：

$$E=h\nu$$

$$p=h/\lambda$$

这两个关系式将光的粒子性与波动性联系起来，公式中E、p是将光视为粒子组成时的单个光子的能量和动量，ν、λ是将光视为波动时的振动频率和波长，$h=6.63\times10^{-34}$ J·s是普朗克常数。无论光是粒子还是波，在真空中均具有速度$c=2.9979\times10^{8}$m/s，且$c=\lambda\nu$，波长λ的国际单位是米（m），在光学中常用纳米（nm），频率ν的单位为赫兹（Hz）。

光的粒子学说建立在量子理论的基础上。牛顿提出的光的粒子学说，经过普朗克、爱因斯坦等人的发展完善而被认同。各种频率的光从宏观上看是连续的，但是从微观上看，频率为ν的光是由具有能量$h\nu$的光量子或粒子构成的，光的能量是由$h\nu$的整数倍构成的，光在传播发射、与物质相互作用发生反射、折射和吸收时能量是不连续的。

光的粒子说被爱因斯坦成功用来解释了光电效应，后又被康普顿散射实验证实。利用光的粒子说可以较好地解释光的直线传播、反射、折射等特性，也能说明珠宝玉石的荧光、磷光等发光特性，据此建立的一些理论还可用于解释某些宝石颜色的形成原因。

光的波动性建立在电磁理论的基础上。经过惠更斯、托马斯·杨、菲涅尔，特别是麦克斯韦和赫兹的发展，人们认识到光是一种电磁波，它可以从一种物体传播到另一种物体而无须任何媒介。

光通常指可见光，即能够使人眼产生视觉的电磁波，可见光只是整个电磁波谱中很小的一部分。电磁波可以用波长来划分，如图2-3-1所示。电磁波谱可以按波长或频率排序，大致分为下列波段：无线电波，波长范围大于1mm的电磁波；微波，波长范围为$10^{9}\sim10^{6}$nm；红外线，波长范围为$10^{6}\sim780$nm；可见光，波长范围为780～380nm；紫外线，波长范围为380～10nm；X射线，波长范围为10～0.01nm；γ射线，波长范围为0.01～0.0001nm。

光其实是电磁波谱中的很小一部分，一般意义上就是我们肉眼能看到的电磁波的波段（也称可见光），科学上定义在380～780nm，但是人眼能看到的范围在312～1050nm甚至更广。在这个范围内，人们依次能看到紫、蓝、绿、黄、橙、红等颜色。这些颜色的分布是不均匀的：红、绿、蓝所占有的波段范围比较大；黄、橙、紫所占有的波段范围比较小，但是黄色所占有的波

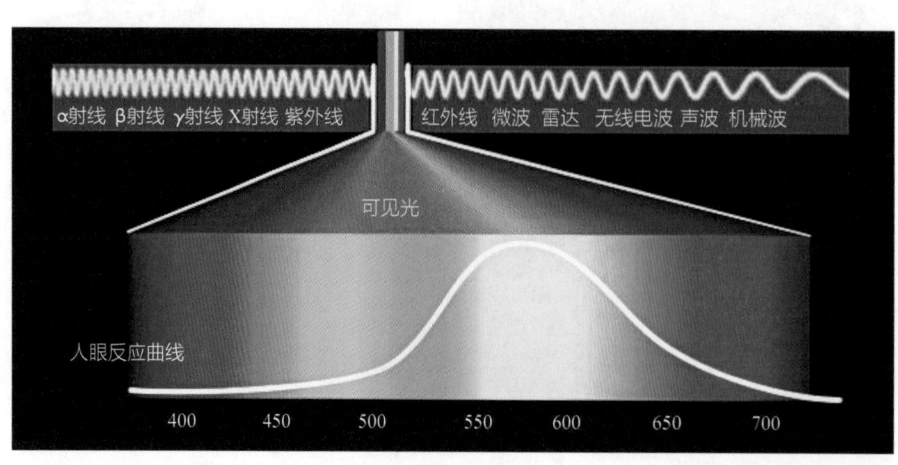

图2-3-1 电磁波谱图

段范围又比紫色所占有的波段范围略大。不仅如此，人眼对各个颜色的敏感程度也不一样，其中以对绿色的光最为敏感，这也是绿色被作为信号灯标准色的原因，当人在千米之外已经看不到红灯和蓝灯时依然能辨别出绿灯。图2-3-1比较直观地概括了这些现象。

根据电磁波谱的不同波段与珠宝玉石相互作用产生的信息可以获知珠宝玉石的特性，从而进行珠宝玉石的处理与鉴定，例如：

（1）红外辐射用于反射仪，作为珠宝玉石鉴定的辅助手段。红外分光光度计被用在实验室中测定一些珠宝玉石材料和经过处理的珠宝玉石材料对红外光谱的吸收。

（2）可见光辐射展示了珠宝玉石的颜色和瑰丽，为测试和鉴定大多数珠宝玉石提供了最方便的手段。

（3）紫外辐射用于检测某些珠宝玉石产生的荧光、磷光等光学效应。分光光度计被用在实验室中测定一些珠宝玉石材料的紫外吸收。

（4）X射线能用于区别各种类型的珍珠。它能引起材料中的荧光，还能用于某些珠宝玉石材料的人工改色及鉴定。

（5）γ射线则可用于改变某些宝石的颜色。

在光的波动理论中，描述波动特性的要素除了波长或频率以外，还有振幅、速度、相位及相位差等，这些要素可以用物理量电场强度/磁感应强度来表征，根据电场强度/磁感应强度在空间和时间上的变化情况，可以较好地解释干涉、衍射、偏振、散射等宝石学中常见的光学现象，为区分和鉴别各类珠宝玉石提供依据。

二、自然光和偏振光

根据光波的振动特点不同，可以将光线分为自然光和偏振光。

（一）自然光

自然光是由无数方向振动合成的复杂混合光波（图2-3-2）。其振动特点是，在垂直光波传播方向的平面内，各个方向上都有等振幅的光振动。从一切实际光源直接发出的光波一般都是自然光，如太阳光、灯光等。

光是由光源中的原子或分子发出的，在一切实际的光源中，各原子或分子发出的光波不仅相位彼此无关，振动方向也是杂乱无章的，因此平均来说振动方向形成轴对称分布。对于光的传播方向来说，在自然光场中的每一点同时存在大量的有各种方向取向的振动，在波面内取向分布的概率相同，且彼此之间没有固定的相位关联。

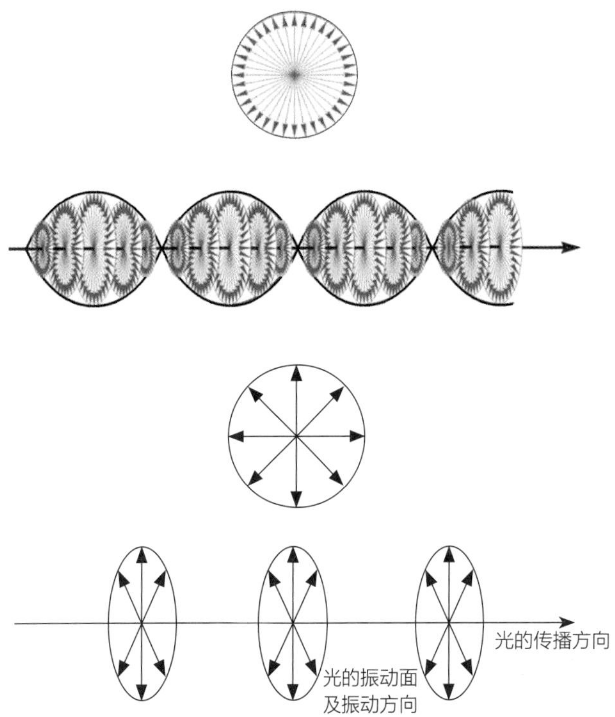

图2-3-2　自然光传播方向与振动方向示意图

（二）偏振光

仅在垂直光波传播方向的某一固定方向振动的光波称为平面偏振光（图2-3-3），简称偏振光或偏光。偏振光的振动方向与传播方向构成的平面称为偏振面。

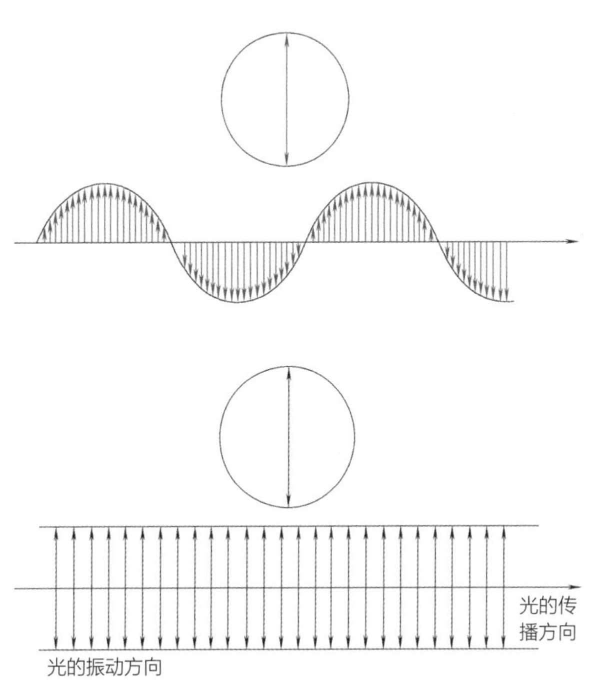

图2-3-3　偏振光传播方向与振动方向示意图

光的偏振现象是1809年玛吉斯在实验中发现的。偏振现象有力地证明了光是横向振动的波，即传播方向与电磁振动方向是垂直的（图2-3-2）。研究发现光的偏振态可分为五种，即自然光、线偏振光（平面偏振光）、圆偏振光、椭圆偏振光和部分偏振光。平面偏振光在宝石学中应用较多。

（三）偏振光的产生

自然光可以通过反射、折射、双折射及选择性吸收等作用转变成偏振光。使自然光转变偏振光的作用称为偏振化作用。光学试验中将自然光转变为偏振光的装置称为偏光片。偏光片通常根据光的选择性吸收作用（图2-3-4）或双折射作用（图2-3-5）产生偏光的原理制作而成。通常的偏振片是在拉伸了的硝化纤维塑料（旧称赛璐珞）基片上蒸镀一层硫酸奎宁的晶粒，基片的应力可以使晶粒的光轴定向排列起来，这样可得到面积很大的偏振片。这种微晶按一定方向排列，能吸收某些方向的光振动，而只让与这个方向垂直的光振动通过。

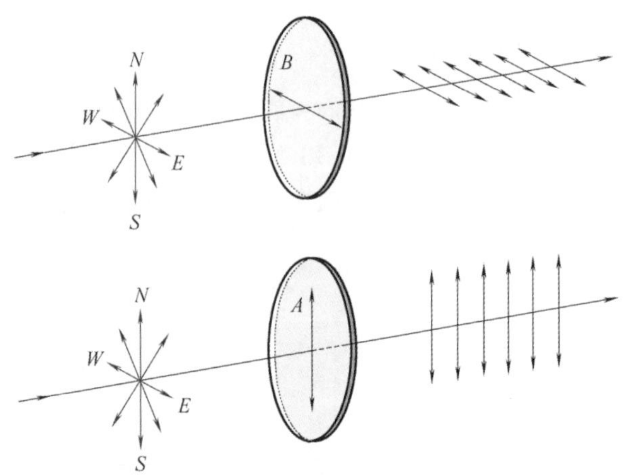

图2-3-4 选择性吸收作用产生偏振光

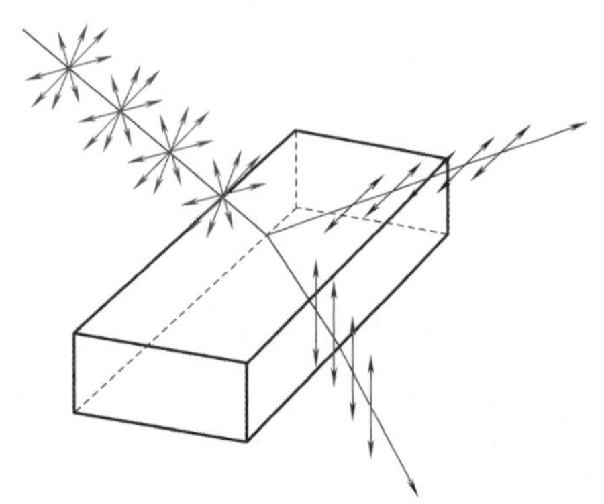

图2-3-5 双折射作用产生偏振光

（四）偏振片的起偏和检偏

自然光通过偏振片可以转变为偏振光（图2-3-6）。自然光通过偏光片A转变为偏光。此时如果在偏光的传播方向上再设置偏光片B（检偏器）时，将发生如下变化：当B的偏振方向与A的偏振化方向平行时，该偏振光可继续透过B射出；当把偏振片B转动90°，即令B的偏振方向与A的偏振方向垂直时，则该偏振光就不能透过偏振片B射出。

因此，当以光的传播方向为轴再转动偏振片B时，就会发现通过B的光由明变暗，又由暗变明的过程。在B偏振片转动360°时，可以出现两次全明两次全暗的现象。因此，A偏振片起到起偏作用，B偏振片起到检偏作用和确定偏振光振动方向的作用。宝石用偏光镜就是按照此原理制成的。

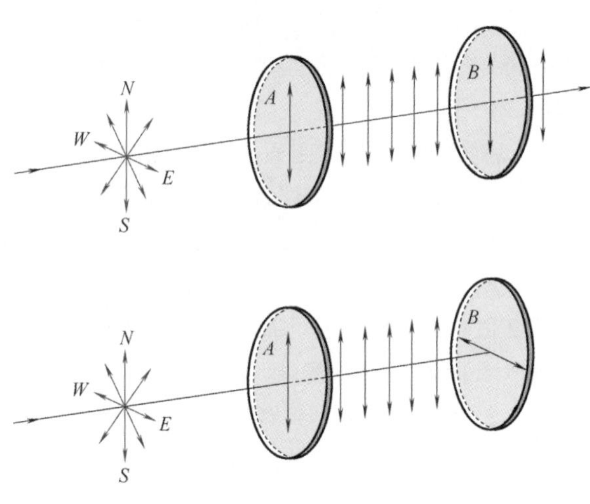

图2-3-6 偏振片的起偏与检偏

三、光的反射与折射

当光线从一种介质进入另一种介质时，在两种介质的分界面上将发生反射及折射等现象，反射光按反射定律返回介质，折射光按折射定律进入另一介质中。

光的反射是指光在传播到不同物质时，在分界面上改变传播方向又返回原来物质中的现象。光遇到水面、玻璃以及其他许多物体的表面都会发生反射。光的反射分为镜面反射和漫反射。

光的折射是指光从一种介质斜射入另一种介质时，传播方向发生改变，从而使光线在不同介质的交界处发生偏折的现象（图2-3-7）。

光的折射与光的反射一样，都是发生在两种介质的交界处，只是反射光返回原介质中，而折射光线进入到另一种介质中。因为光在两种不同的物质里传播速度不同，所以在两种介质的交界处，传播方向会发生变化，这就是光的折射。在折射现象中，光路可逆。

光的反射现象遵从反射定律，光的折射现象遵从折射定律。图2-3-8为反射定律和折射定律示意图。

图2-3-7 光的折射现象

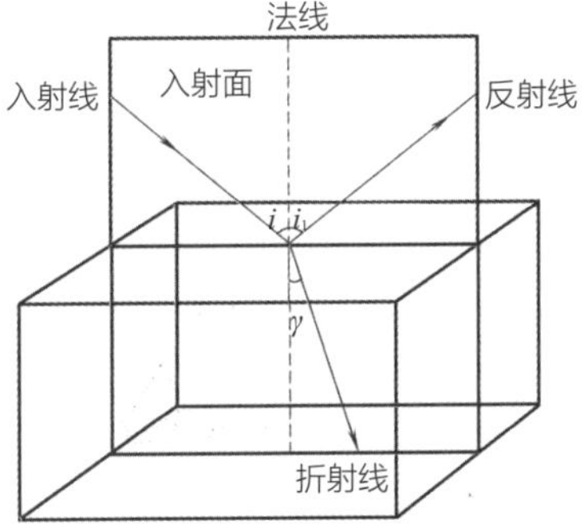

图2-3-8 光的反射定律和折射定律

（一）反射定律

（1）反射光线、入射光线、法线*N*都在同一平面内（同一平面内）。

（2）反射光线、入射光线分居法线两侧（居两侧）。

（3）反射角*i*等于入射角*γ*（角相等）（$\angle i=\angle \gamma$）。

（4）垂直入射时，入射角、反射角都是0°，法线、入射光线、反射光线合为一线。

（二）折射定律

（1）折射光线、入射光线和法线在同一平面内（三线共面）。

（2）折射光线与入射光线分居法线两侧（两线分居）。

（3）当光从光疏介质斜射入光密介质中时，折射角小于入射角。

（4）当光从光密介质斜射入光疏介质中时，折射角大于入射角。

（5）折射角随着入射角的增大而增大。

（6）当光线垂直射向介质表面时，传播方向不改变，这时入射角与折射角均为0°。

（三）折射率

1. 折射率的概念

光在真空中的速度（因为在空气中与在真空中的传播速度差不多，所以一般用在空气的传播速度）与光在宝石材料中的速度之比率称为折射率，又称为折光率，常用*RI*表示。宝石材料的折射率越高，使入射光发生折射的能力越强。折射率实质上是光在两种介质中传播速度的比率，例如钻石的折射率为2.417，说明光在空气中的传播速度是在钻石中的2.417倍。

由于光在真空中传播的速度最大，故其他媒质的折射率都大于1。同一媒质对不同波长的光具有不同的折射率；在对可见光为透明的媒质内，折射率常随波长的减小而增大，即红光的折射率最小，紫光的折射率最大。通常所说某物体的折射率数值多少是指对钠黄光（波长5893×10^{-10}m）而言。

一般来说，光束从空气（介质1）入射到均质体宝石（介质2）界面时会分解为反射光束和折射光束，两束光的能量分配比例与入射角有关。假设介质1的折射率为n_1，介质2的折射率为n_2，光束从介质1以角度*i*入射到介质2，则根据惠更斯原理或麦克斯韦电磁理论可以推导出：

反射定律：$i=i_1$

折射定律：$n_1\sin i=n_2\sin\gamma$；或$n_1v_1=n_2v_2$

式中，*i*为入射角，i_1为反射角，*γ*为折射角，v_1是光在介质1中的传播速度（空气中接近真空中的光速），v_2是介质2中的光的传播速度。

从反射定律可知，反射角等于入射角；从折射定律可知，若$n_2>n_1$，则折射角小于入射角，光在介质2中的传播速度小于介质1中的传播速度，若$n_1>n_2$，则结果相反。

根据两种介质的性质不同可以把折射率分为绝对折射率和相对折射率，绝对折射率是光从真空进入介质时所反映出来的折射率，相对折射率是光在除真空外的其他两种介质中传播时所反映出来的折射率。

光从介质1射入介质2发生折射时，入射角*i*与折射角*γ*的正弦之比n_{21}叫作介质2相对介质1的折射率，即“相对折射率”。因此，“绝对折射率”可以看作介质相对真空的折射率。一般我们所指物质的折射率都是相对于真空（或空气）而言的，即其绝对折射率，它是表示光速在两种介质中比值的物理量。

宝石的化学成分和晶体结构决定了宝石的折射率，宝石折射率是反映宝石成分、晶体结构的非常重要的常数之一，同时也是宝石最稳定的性质之一，是宝石种属鉴别的可靠依据。在宝石学中利用折射仪可以测定宝石的折射率值、双折射率值。绝大部分已知宝石的折射率都已确定，部分常见宝石的折射率如表2-3-1所示。

表 2-3-1 部分宝石的折射率

宝石名称	钻石	红宝石	祖母绿	碧玺	橄榄石	托帕石
折射率	2.417	1.762～1.770	1.577～1.583	1.624～1.644	1.654～1.690	1.619～1.627
双折射率	—	0.008	0.006	0.020	0.036	0.008

表2-3-1中有双折射率的宝石属于非均质体。当光从空气中入射到非均质体宝石界面后，也发生反射现象和折射现象，反射现象与均质体相同，但折射光束一般分解为两束，一束与均质体的折射类似，而另一束被称为非正常折射，因此有了双折射率。在下面的部分中还将对这一点做更详细的讲解。

2. 宝石的双折射率

宝石的双折射率，又称双折率。非均质体（各向异性）宝石具有两至三个主要折射率，常用*RI*表示，用各向异性宝石的最大折射率值减去最小折射率值来表示非均质体（各向异性）宝石的双折射率，即用下式来计算宝石的双折射率：

DR（双折射率）=*RI*（大）-*RI*（小）

如水晶的折射率为1.553～1.544，则双折射率为1.553-1.544=0.009。

值得注意的是：光波沿非均质体的某些特殊方向（如沿中级晶族晶体的*Z*轴方向）传播时，不发生双折射。在非均质体中，这种不发生双折射的特殊方向称为光轴。中级晶族晶体只有一个光轴，称为一轴晶，一轴晶宝石有两个主折射率。低级晶族晶体有两个光轴方向，称为二轴晶，二轴晶宝石有三个主折射率。

另外均质体宝石，即各向同性的宝石不会产生双折射，因而无双折射率。

3. 异常双折射

均质体宝石（等轴晶系宝石和非晶质体宝石）在正交偏光下出现波状消光，旋转宝石360°出现明暗相间条纹或斑点、黑十字、黑色弯曲带，这种现象称为异常双折射。异常双折射是由于宝石内部结构（应力变化）发生变化而形成的。异常双折射产生的消光称为异常消光。

4. 光的全内反射现象及折射率的测量

全反射是指光由光密（即光在此介质中的折射率大的）媒质射到光疏（即光在此介质中折射率小的）媒质的界面时，全部被反射回原媒质内的现象。光由光密媒质进入光疏媒质时，要离开法线折射，即折射角大于入射角，当入射角增加到某种情形时，折射线沿表面进行，即折射角为90°，该入射角称为临界角。若入射角大于临界角，则无折射，全部光线均返回光密媒质，此现象称为全反射。

根据折射定律，当光波由折射率较小的介质（光疏介质）射入折射率较大的介质（光密介质）时，其折射光线偏向法线，即$v_\gamma < v_i$，相对折射率$n>1$，$\sin i/\sin\gamma>1$，$i>\gamma$。反之，当光波由折射率较大的介质射入折射率较小的介质时，其折射光线偏离法线，即$v_\gamma > v_i$相对折射率$n<1$，$\sin i/\sin\gamma<1$，$i<\gamma$（图2-3-9）。

在图2-3-9中，*S*面为光密介质与光疏介质的分界面，*O*为总光源。从光源*O*发出*OA*、*OB*、*OC*、*OD*、*OE*一系列光波，向*S*面入射。其中*OA*光垂直于界面，i=0°，故γ= 0°，不发生折射，*AA'*光沿*OA*原方向射入光疏介质中。

随着光波入射角的加大，折射角势必不断增大，折射光线越来越偏离法线。当光线的入射角加大到一定程度时（如图中的*OD*光线），γ=90°，相应的折射线*DD'*将沿界面进行传播。

如果光波的入射角继续增大（如图中的*OE*光线），γ>90°，入射光不再发生折射，而是全部反射回入射介

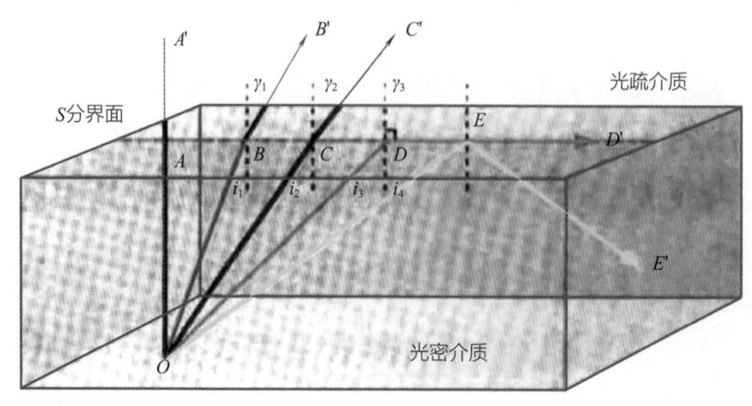

图2-3-9 光的全内反射

质中，且遵循反射定律，反射角=入射角（$i=\gamma$），这一现象称为光的全反射，与$\gamma=90°$相应的入射角称为全反射临界角。

设图2-3-9中光疏介质的折射率为n_1，光密介质的折射率为n_2（$n_2>n_1$），全反射临界角为Φ，将得出下式：

$$\sin\Phi/\sin90°=n_1/n_2 \quad n_1=n_2\sin\Phi$$

根据上式，如果光密介质的折射率值n_2已知，便可根据全反射临界角计算出光疏介质的折射率值n_1值。宝石用折射率仪就是根据全反射原理设计制成的。反之，当n_2和n_1值已知时，根据上式可以计算出全反射临界角的值。在宝石加工中，为了使刻面达到对光的全反射效果，可根据加工宝石的折射率值，通过上述关系式计算出最佳的刻面角度。

当一束平行光线照到理想抛光平面或镜面时，入射光的绝大部分依反射定律沿同一方向被反射，且入射角等于反射角，这种反射称为镜面反射。当一束光线照到物体凹凸不平的表面时，光线沿着不同的方向发生反射，称为光的漫反射。这时每一个凹面或凸面都相对入射光构成了局部范围内的反射界面。无排列规律的众多反射界面使原本沿同一方向入射的光分解成无数个细小光束以不同反射角反射。一般情况下，大多数物体在对入射光进行反射时既有镜面反射又有漫反射，且漫反射光的强度要小于镜面反射光的强度。

四、光的干涉、衍射与色散

光的干涉、衍射以及散射、色散等现象需要光的波动理论，即麦克斯韦电磁理论才能得到较完整的说明。但在该理论建立以前，人们根据波的独立传播特性和波的叠加原理较好地解释了光波的干涉现象，利用惠更斯-菲涅尔原理完整地解释了衍射现象。

（一）光的干涉

独立传播的两束或两束以上的光波在同一个介质中相遇时产生叠加增强和相消的现象称为光的干涉作用。产生干涉作用的光波称为相干波。光的干涉现象是波动独有的特征，如果光真的是一种波，就必然会观察到光的干涉现象。理论和实验均表明，能够发生干涉作用的光束必须满足三个条件：①频率要相同；②振动方向要相同；③相位差要恒定。两点光源发生的干涉场可以用水波盘来演示（图2-3-10）。从图中可以清楚地看出，出现了振动增强（凸起部分）和减弱（凹陷部分）的情况。1801年托马斯·杨进行了杨氏实验，从图2-3-11中可看到单色点光源发出的光波经过相距较近的两个狭缝后，在距狭缝较远的屏上得到了系列明暗相间的条纹。

只有两列光波的频率相同、相位差恒定、振动方向一致的相干光源才能产生光的干涉。由两个普通独立光源发出的光不可能具有相同的频率，更不可能存在固定的相差。因此，不能产生干涉现象。

1. 薄膜干涉

在日常生活中，常见白色的塑料薄膜上的彩色条纹以及马路上积水的水坑表面上因为附着了一层薄的油污而出现的彩色的条纹，这些现象都是光的薄膜干涉引起的。如图2-3-12所示，在薄膜干涉中，从低层反射的光与薄层顶部反射的光相叠加、干涉而成色。对于干涉起决定作用的是这两束光的光程差。当光程差是光波半波长的偶数倍时，两束光相加增强；当光程差是半波长的奇数倍时，两束光相消减弱。当两束光为单色光时，干涉作用仅仅出现明暗相间的条带；当两束光为复合光时将出现彩色。干涉的颜色取决于薄膜的厚度、薄膜的折射率和入射光的性质。薄膜干涉往往是薄膜呈弧形表

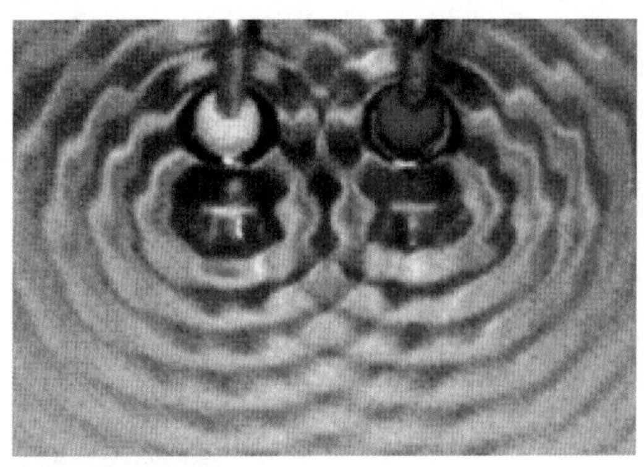

图2-3-10　两点波源干涉场的水波盘演示

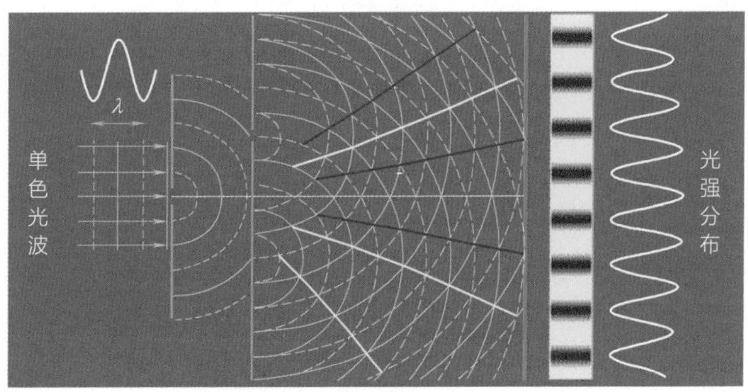

图2-3-11　杨氏实验得到的明暗相间的条纹

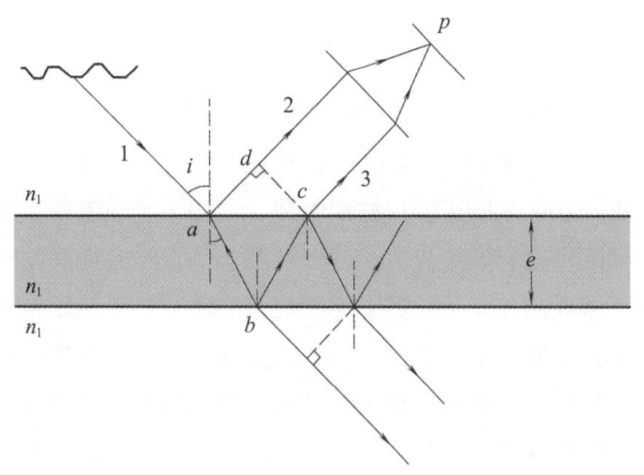

1—入射光；2—反射光；3—薄膜底层的反射光；2、3两束光相叠加发生干涉。

图2-3-12 光的薄膜干涉

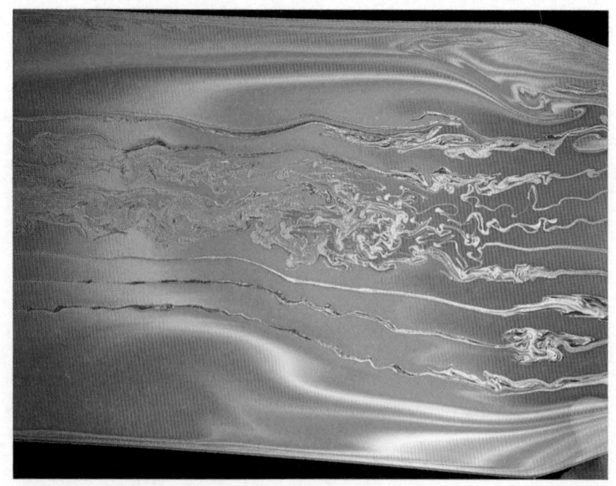

图2-3-13 薄膜干涉产生的干涉色

面，使平行入射的光线产生不同的入射角，造成不同的波程差，从而来满足不同波长的光产生干涉。

2. 劈尖干涉

实际中，薄膜并不一定表现为均一平面，当薄膜不均匀时，即薄膜的厚度发生变化时，将出现劈尖干涉或楔模干涉。劈尖往往具有一个平面，平行光线以相同的入射角入射，劈尖的作用造成不同的波程差，从而满足不同波长的光产生干涉。

晕彩是宝石中最常见的干涉现象，可以由于解理或裂隙的存在而产生，如晕彩石英。当光通过石英裂隙中的空气薄层时发生干涉，从薄层底部发射的光与薄层顶部反射的光相叠加，使本来无色的石英呈现五颜六色的干涉色。

3. 干涉色

当两单色光源相干波发生干涉时，将产生一系列明暗条纹，称为干涉条纹；而复色光（即白光）发生干涉时，则产生由紫到红一系列的彩色条纹。由干涉作用形成的颜色称为干涉色，图2-3-13为薄膜干涉产生的干涉色。干涉色的具体颜色受两束相干光的光程差制约，如果以白光作光源，当光程差为0～550nm时，将依次出现暗灰、灰白、黄橙、紫红诸多干涉色，称为第一级序干涉色，其干涉色的特点是只有暗灰、灰白色而无蓝、绿色；当光程差为550～1100nm时，将依次出现蓝、绿、黄橙、紫红色干涉色，称为第二级序干涉色，其特点是颜色鲜艳，干涉色条带间界线较清楚；当光程差为1100～1650nm时，将出现第三级序干涉色，其干涉顺序与第二级序一致，但其干涉色色调比第二级序浅，干涉色条带间的界线已不十分清楚；当光程差大于1650nm后将出现第四级序至更高级序的干涉色。干涉色级序越高，其颜色越浅，干涉条带之间的界线也越模糊不清。

（二）光的衍射

1. 衍射的概念

光在传播过程中遇到障碍物或小孔时偏离直线传播的路径而绕到障碍物后面传播的现象叫光的衍射，也称为光的绕射。

光的衍射（图2-3-14）是光波遇到障碍物以后会或多或少地偏离几何光学中直线传播定律的现象。几何光学表明，光在均匀媒质中按直线定律传播，光在两种媒质的分界面按反射定律和折射定律传播。但是，光是一种电磁波，当一束光通过有孔的屏障以后，其强度可以波及到按直线传播定律所划定的几何阴影区内，也使得几何照明区内出现某些暗斑或暗纹。总之，衍射效应使得障碍物后空间的光强分布既区别于几何光学给出的光强分布，又区别于光波自由传播时的光强分布，衍射光强有了一种重新分布。

通常光的衍射现象不易为人们所觉察，这是因为光的波长很短（380～780nm），且普通光源是不相干的面光源，加之光的直线传播行为给人们的印象很深，所以

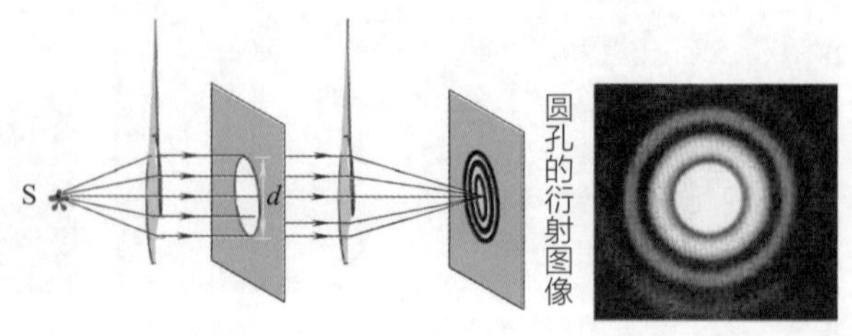

图2-3-14 光的衍射

在通常条件下光的衍射现象很不显著。当光射向一个针孔、一条狭缝、一根细丝时，可以看到光的衍射。用单色光照射时效果好一些，如果用复色光，则看到的衍射图案是彩色的。

2. 衍射的种类

（1）狭缝衍射　光经过狭缝时，调节狭缝的宽度，当狭缝很宽时，缝的宽度远远大于光的波长，衍射现象极不明显，光沿直线传播，在屏上产生一条跟缝宽度相当的亮线；但当缝的宽度调到很窄，可以跟光波相比拟时，光通过缝后就明显偏离了直线传播方向，照射到屏上相当宽的地方，并且出现了明暗相间的衍射条纹，狭缝越小，衍射范围越大，衍射条纹越宽，但亮度越来越暗。

（2）小孔衍射　光经过小孔时，当小孔半径较大，光沿直线传播，在屏上得到一个按直线传播计算出来一样大小的亮光圆斑；减小孔的半径，屏上将出现按直线传播计算出来的倒立的光源的像，即小孔成像；继续减小孔的半径，屏上将出现明暗相间的圆形衍射光环（图2-3-14）。

衍射是有条件的，只有当障碍物的大小与光波波长十分相近，或者略大于光波波长时，衍射才能发生。单色光发生衍射时，产生明暗相间的条纹；当复色光发生衍射时，产生的将是五颜六色的彩色条纹，衍射效应产生的是纯正的光谱色。

光的衍射在宝石学中主要应用于两个方面。首先，利用光的衍射原理设计的衍射光栅是宝石用分光镜的主要构件之一。这里提到的衍射光栅就是具有周期性的空间结构或光学性能的衍射屏，利用衍射光栅制作宝石用分光镜可以将复色光（即白光）分解成线性的衍射光谱，然后根据不同宝石在分光镜中观察到的不同光谱图来鉴定和区分宝石种属。其次，利用光的衍射原理，可解释在宝石中可以观察到的一些特殊光学效应，比如变彩效应。

光栅的类型有很多种，如反射光栅、平面光栅、透视光栅、一维光栅、二维光栅、三维光栅等。这里的三维光栅则解释了欧泊变彩的由来。

（三）光的散射

光的散射是指光通过不均匀介质时一部分光偏离原方向传播的现象。偏离原方向的光称为散射光。

当光穿过天空的云层入射到地面时（图2-3-15），可以看见一道道光柱。仔细观察，可以看到在光路中存在无数做不规则运动的尘埃微粒，尘埃越密，光柱则越明显。这种由介质的不均匀性引起的光线向四面八方射去的现象通常称为散射。

当光线通过均匀、透明的物质（如清水或玻璃）时，在侧面是难以看见光线的。但是，当介质不均匀时，如清水中有了悬浮微粒时，便可以在侧面看到光的轨迹，即看到侧光。此时介质的不均匀性是一种微观尺度上的不均匀，是以波长为单位来度量的。当介质均匀性遭到破坏，且不均匀的尺度到达波长数量级时，这些不均匀介质小块之间在光学性质上（如折射率）将有较大差别。在光波的作用下，它们将成为强度差别较大的次波源，这时除了按几何光学规律直线传播的光外，在其他方向或多或少也有光线存在，这就是散射光。由此可见，尺度与波长可比拟的不均匀性引起的散射也可以看作是一种衍射作用。如果介质中不均匀团块的尺度大于波长的数量级时，散射又可以看作是在这些团块上的反射和折射。

图2-3-15　光的散射

散射的强度和颜色多与不均匀微粒的大小和光的波长有关，就可见光（400～700nm）而言：

第一，比可见光的波长小的微粒引起的散射：当微粒的大小在300～1nm时，其对可见光的散射强度与波长成反比，这类散射统称为瑞利散射。即波长短的蓝光比波长长的红光的散射要强得多，一般来说可以产生很好的蓝色—紫色的散射，其他波长的光被部分吸收而削弱。月光石的蓝色以及玻璃种翡翠的“起莹光”现象多属于此类散射。

第二，接近或大于可见光波长的微粒引起的散射：其散射强度与波长的关系不大，大多数情况下呈现白色散光，这类散射统称为米氏散射。如不透明的白色石英只有当散射微粒大小在λ～2λ之间时，散射光才可能呈现各种颜色，主要是红色和绿色。这种情况在宝石中比较少见，只有极少数的具有黄色、米黄色乳光的月光石可能具有此结构。有时把散射微粒大于700nm的散射也称为白色米氏散射，这种散射可使宝石产生明亮的乳光，如透明的石英岩玉、月光石、刚玉、尖晶石和蛋白石等。宝石中的猫眼效应和星光效应实际上都是米氏散射的结果，只是散射粒子不像月光石中那样呈现均匀分布，而是按一定方向有规律地分布，且散射粒子多为较大的针状包裹体。

（四）光的色散

当白色复合光通过具有棱镜性质的材料时，棱镜将复合光分解而形成不同波长光谱的现象称为色散，它是光在同一介质中的传播速度随波长而异造成的。白光是一种复色光，它由红、橙、黄、绿、青、蓝、紫等不同的单色光复合而成。当白光通过具有棱镜性质的材料时，由于不同的波长的光在其中的传播速度不同，其折射率也会不同。因此，当光线通过射入和射出棱镜材料时的两次折射后，原来的白色光就会分解形成不同波长的彩色光谱，如图2-3-16所示。其中红色光的波长最长，偏离入射光方向最小；而紫色光波长最短，偏离入射光方向最大。色散形成的光谱，按各色光偏离入射光的程度，由红色到紫色依次排列。

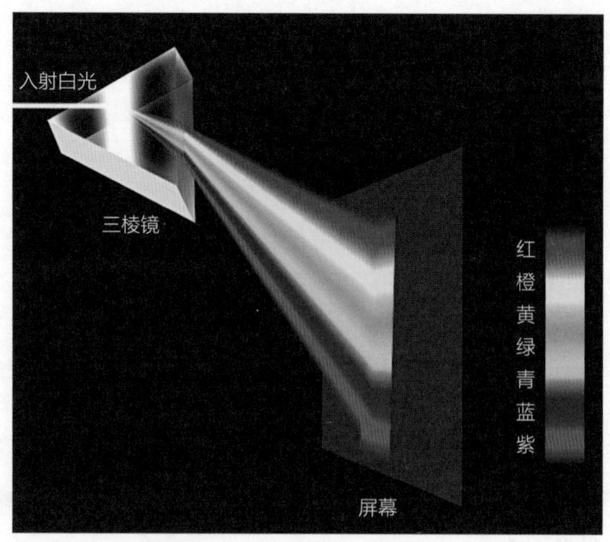

图2-3-16 光的色散

色散的强弱可以用色散值来表示。通常把材料对红光686.7nm和紫光430.8nm两束单色光的折射率差值规定为材料的色散值。色散值越大色散越强，反之越弱，这两种波长的光分别为太阳光光谱中的G线和B线。根据色散值的大小，可将色散划分为不同的等级：极低（色散值0.010以下）、低（色散值0.010～0.019）、中高（色散值0.020～0.029）、高（色散值0.030～0.059）、极高（色散值0.060以上）。

色散在宝石中有两种意义。其一，可以作为肉眼鉴定的特征之一，特别是在对无色或颜色较浅的宝石鉴定中起着较重要的作用。如在无色透明的宝石鉴定过程中，有经验的工作者可以根据钻石的高色散值（0.044）将钻石挑选出来。其二，高色散值使得宝石增添了无穷的魅力。高色散值的宝石会发出强烈的火彩，在有合适比例切工的情况下，当自然光照射到角度合适的钻石刻面时，钻石的高色散值使其分解出光谱色，在表面显示出一种五颜六色的火彩。

具有高色散的宝石及其色散值分别为：锰铝榴石0.027，人造钇铝榴石0.028，锆石0.039，钻石0.044，榍石0.051，翠榴石0.057，合成立方氧化锆0.065，人造钛酸锶0.19，合成金红石0.28。影响宝石火彩的因素还有体色、净度和切工比例等。

第二节 晶体光学

一、光性均质体和光性非均质体

宝石矿物根据其光学性质特征可划分为光性均质体和光性非均质体两类，光波在这两类物质中的传播特征各不相同。

（一）光性均质体

光性均质体，又简称均质体，包括一切非晶质的物质（如火山玻璃、塑料、琥珀等）和等轴晶系的矿物（如萤石、石榴子石、钻石等）。均质体是各向同性的介质，其光学性质在各个方向上是相同的，光波在均质体中无论沿哪个方向振动，其传播速度和相应的折射率都是固定不变的，因而在三维空间任何方向折射率都相同，例如萤石只有一个固定的折射率1.434。光波进入均质体中不发生双折射，也不改变入射光波的振动特点和振动方向。入射光若为各个方向振动的自然光，折射后仍为自然光；入射光若为固定方向振动的偏光，折射后仍为偏光，而且其振动方向也不改变。图2-3-17中，光波在均质体玻璃下不发生双折射，因而绳子在玻璃下只有一个影像。

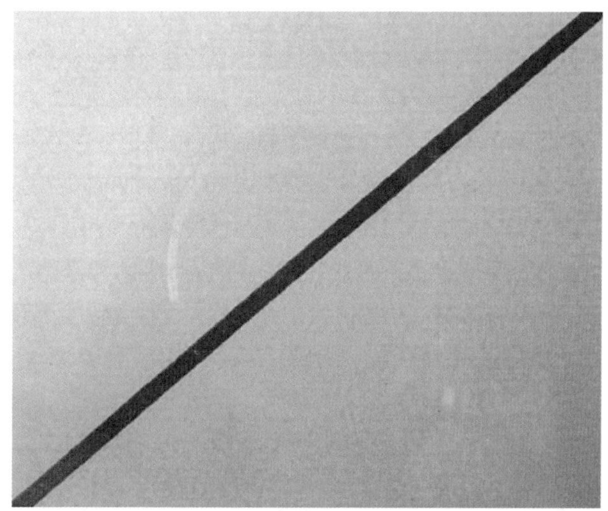

图2-3-17 均质体玻璃下的绳子只有一个影像

（二）光性非均质体

光性非均质体，又简称非均质体，包括除等轴晶系以外的其余六个晶系的所有矿物，如水晶、方解石、锆石、刚玉、绿柱石等。

光性非均质体都是各向异性的介质，其光学性质随方向不同而异。光波在光性非均质体中传播具有以下几个特征。

（1）光波在非均质体中传播，其传播速度一般都随光波振动方向不同而发生变化，因而其相应的折射率也随振动方向不同而改变，即非均质体具有多个折射率。每一种具体的介质其各个方向的折射率有一个固定的变化范围，例如水晶的折射率范围是1.544～1.553。

（2）光波进入非均质体时，除特殊方向以外，都要发生双折射和偏光化，分解为两束偏光。这两束偏光的振动方向互相垂直，传播方向不同，传播速度也不相同，其相应的折射率也不相等。传播速度较快的偏光，其折射率较小；传播速度较慢的偏光，其折射率较大。这两种偏光的折射率的差值称为双折射率，简称双折率。这两束偏光中，一束偏光的振动方向垂直于光轴，称为常光（o），另一偏光的振动方向垂直于常光的振动方向称为非常光（e）。

（3）非均质体中都有一个或两个特殊方向，当光波沿这个特殊方向传播时不发生双折射，也不改变入射光波的振动特点和振动方向，这种特殊方向称为光轴，以符号“*OA*”表示。中级晶族（六方晶系、四方晶系、三方晶系）的晶体中只有一个这种特殊方向，且与结晶轴*C*轴方向一致，故称为一轴晶；低级晶族（斜方晶系、单斜晶系、三斜晶系）的晶体中有两个这种特殊方向，故称为二轴晶。通常所说的宝石矿物的轴性，就是指该矿物属于一轴晶或二轴晶。

光波在非均质体冰洲石下发生双折射，而且冰洲石双折射率很高（0.1720），因而在冰洲石下面的文字呈现出明显的两个影像（图2-3-18）。

图2-3-18 非均质体冰洲石下文字出现两个影像

二、自然光和偏振光在宝石中的传播特点

（一）光波在均质体宝石中的传播特点

光波进入均质体宝石时，基本不改变入射光波的振动特点和振动方向。如图2-3-19所示，一束自然光射入均质体宝石后仍然为自然光，一平面偏振光射入均质体宝石后仍为偏振光，并基本保持其原来的振动方向。即光波的传播速度及相应的折射率值不因光波在均质体宝石晶体中的振动方向而发生改变。

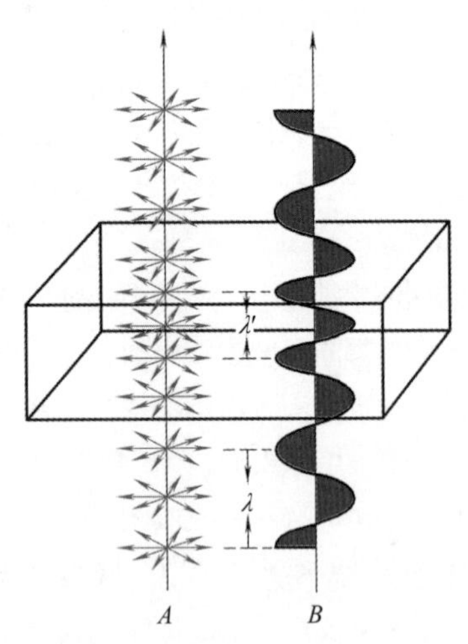

图2-3-19 光在均质体中的传播特点

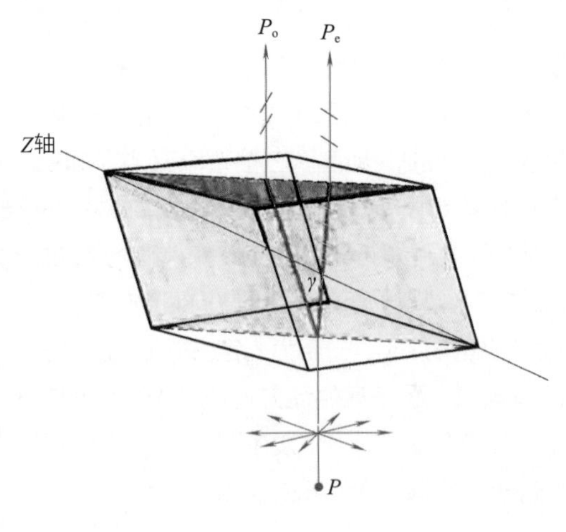

图2-3-20 光在非均质体中的双折射现象

（二）光波在非均质体宝石中的传播特点

当光波进入非均质体宝石时，除特殊方向之外，一般都要发生分解，分解成振动方向互相垂直、传播速度不同的两束偏光，这一现象称为光的双折射。当自然光进入非均质体宝石时，一般将改变入射光波的振动特点，被分解为互相垂直的两束偏光。如图2-3-20所示，由P点入射的一束自然光进入方解石晶体后被偏振化，在出射界面分解成由P_o、P_e出射的两束偏振光。当一平面偏振光入射到非均质体宝石时，该宝石会将此偏光再次分解成两束偏振光，原振动方向发生改变。

当光波在非均质体宝石中传播时，其传播速度及相应的折射率值随光波在晶体中的振动方向不同而发生改变。非均质体可以有两个或两个以上的折射率值。

当光波沿非均质体宝石的某个特殊方向入射时，不发生双折射，基本不改变入射光波的振动特点和振动方向，这一不发生双折射的特殊方向称为光轴。中级晶族宝石晶体（如红宝石、祖母绿、锆石等）只有一个光轴方向，称为一轴晶；低级晶族宝石晶体（如透辉石、长石、橄榄石、黄玉等）具有两个光轴方向，称为二轴晶。

图2-3-21为均质体、非均质体与晶系的关系及光在均质体和非均质体中的传播特点的总结图。

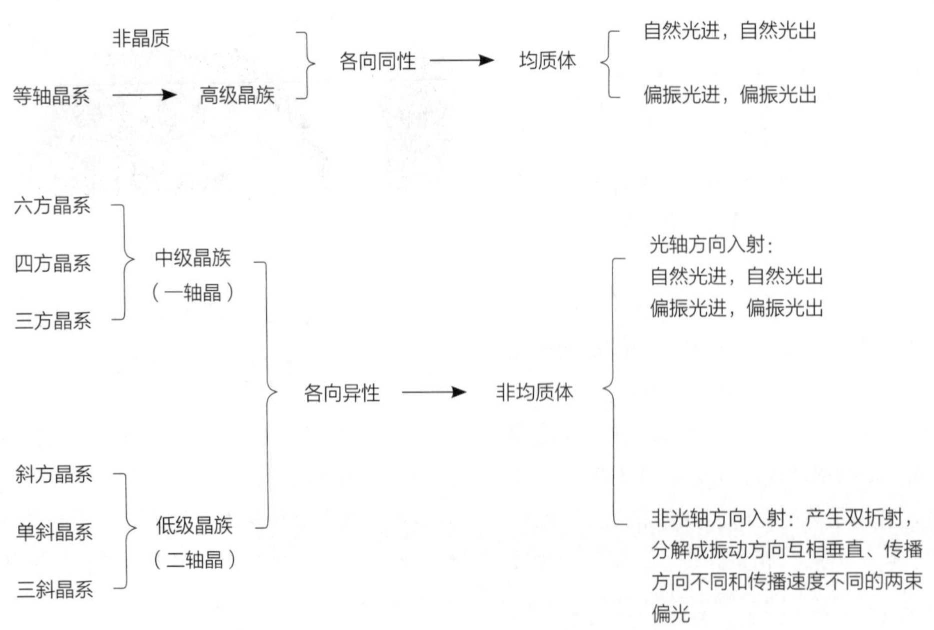

图2-3-21 均质体、非均质体与晶系的关系及光在均质体和非均质体中的传播特点

第三节 光率体

光率体又称为光性指示体，是表示在晶体中传播的光波的振动方向与晶体对该光波的折射率和双折率之间变化规律的光学立体几何图形。晶体的任何切面都必然通过光率体的中心。光率体的构成方法是：以晶体中心为起点，平行于在晶体中传播的光波的振动方向作一条直线，直线的长度按该振动方向光波的折射率值截取，每一振动方向的光波都可作出一条与其折射率值大小相对应的线段，把无数条这样既代表光波振动方向又代表相应折射率值的线段的端点连接起来便构成该晶体的光率体。

光率体总的形态是球状体，由于各类矿物的光学性质存在差异，构成的光率体的具体形态也有所不同。光波在非均质体中传播时，决定传播速度及相应折射率大小的是光波在晶体中的振动方向而不是传播方向。

光率体的制作：设想自晶体的中心起，沿光波各个振动方向，以线段的方向表示光波的振动方向，以线段的长短比例表示折射率值的大小，然后将各线段的端点连接起来构成一立体形态，称为光率体。

光率体反映了晶体光学性质中最本质的特点，其形状简单、应用方便。研究光率体的意义在于：光率体在每一种透明矿物中的位置（即光性方位）是鉴定透明矿物的主要依据之一，由光率体可导出一系列光学常数和一些光学现象（如折射率、双折率、多色性、吸收性、干涉色级序、光性符号、光轴角、光性方位等）。不同矿物有不同的光学性质和光学常数。在利用偏光显微镜观察造岩矿物时，就是以光率体在每种矿物中的方位为依据来鉴定造岩矿物的。

与光率体有关的几个重要概念：

（1）光学主轴　在宝石晶体光率体中一般会有两个或者三个主要折射率，这两个或者三个主要折射率代表了主要的光学振动方向，这几个主要光学振动方向互相垂直，称为光学主轴。

（2）光轴面　包含两个光学主轴的切面称为光轴面。

（3）光学法线　通过光率体中心且垂直于光轴面的方向为光学法线方向，在二轴晶中这个光学法线方向为*N*m方向。

（4）光轴角　二轴晶宝石的光率体有两个光轴方向，这两个光轴之间所夹的锐角称为光轴角，用符号2*V*表示，2*V*的角平分线称为锐角等分线，符号为*Bxa*；两个光轴之间所夹的钝角平分线称钝角等分线，符号为*Bxo*。*Bxa*垂直于*Bxo*，且二者都包含在光轴面内。

一、均质体宝石光率体

均质体包括高级晶族等轴晶系的宝石（$a=b=c$，$\alpha=\beta=\gamma=90°$）及非均质宝石。光波在均质体宝石中传播时，其速度不因振动方向的不同而改变，各个方向折射率值都只有一个相同的折射率，都是*N*，所以均质体宝石的光率体为圆球形，通过球体中心任何方向的切面都是圆切面，其半径为折射率值*N*。均质体光率体（图2-3-22）特征有以下三点：

（1）均质体光率体的形状为圆球体。

（2）均质体光率体各个方向折射率值相同，只有一个唯一的折射率值*N*，无双折率。

（3）均质体光率体任何方向切面（光率体的切面指通过光率体中心的切面）都是圆切面，其半径为折射率值*N*。

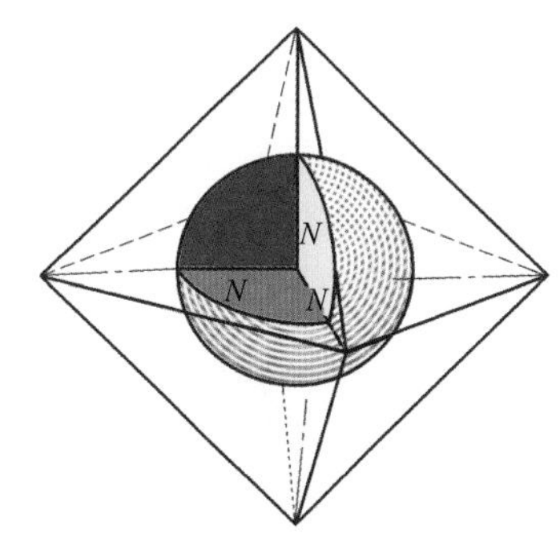

图2-3-22　均质体光率体

二、一轴晶宝石光率体

一轴晶宝石指中级晶族（三方晶系、四方晶系、六方晶系）的宝石，光波在一轴晶宝石中传播时，只有沿某一个特殊的方向才不会发生双折射，这个方向称为光轴。

（一）一轴晶宝石光率体形态

一轴晶光率体为以*N*e轴（平行于*C*轴）为旋转轴，*N*o（垂直于*C*轴）为半径组成的旋转椭球体（图2-3-23）。

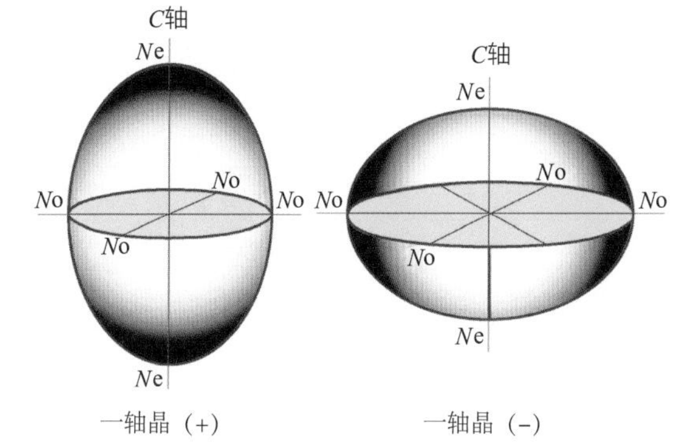

图2-3-23　一轴晶宝石光率体

（二）一轴晶宝石光率体构成要素

1. 两个光学主轴

*N*e轴和*N*o轴相互垂直，即*N*e⊥*N*o。*N*e轴和*N*o轴代表一轴晶两个主要光学方向，又称光学主轴；轴的长短就是*N*的大小。

2. 两个主折射率

一轴晶宝石的常光折射率值为*N*o，*N*o⊥*C*，非常光折射率值为*N*e，介于*N*o与*N*e之间有一系列的折射率值，均用*N*e′来表示，其光波的性质也属于非常光，是任意非常光。*N*e平行于*C*轴面。*N*e与*N*o在不同的一轴晶中大小是不一样的。

3. 光性正负的划分

当*N*e>*N*o时，一轴晶宝石为正光性，称为一轴正晶，旋转轴为长轴*N*e，可以看作是均质体光率体沿*C*轴拉长的光率体。光波平行于*C*轴振动时的折射率总是大于垂直于*C*轴振动时的折射率，即*N*e>*N*o，这种光率体称为一轴晶正光性光率体，相应的矿物称为一轴晶正光性矿物，或一轴正晶。标记为：一轴晶（+），如石英（图2-3-24a）。

当*N*e<*N*o时，一轴晶宝石为负光性，称为一轴负晶，旋转轴为短轴*N*e，其光率体可以看作是将均质体光率体沿*C*轴压扁后得到的。光波平行于*C*轴振动时的折射率总是小于垂直于*C*轴振动时的折射率，即*N*e<*N*o，这种光率体称为一轴晶负光性光率体，相应的矿物称为一轴晶负光性矿物，或一轴负晶。标记为：一轴晶（-），如方解石（图2-3-24b）。

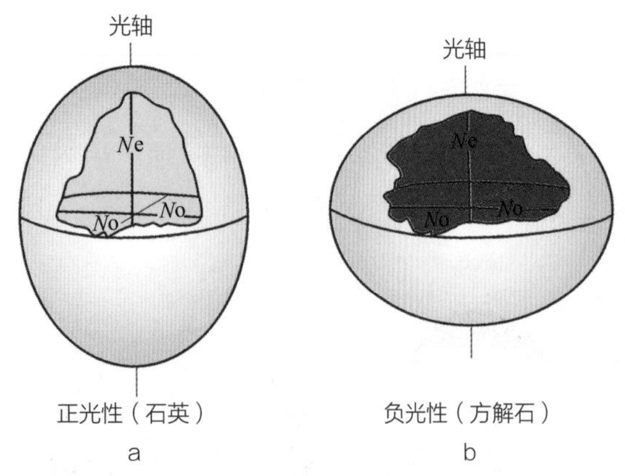

图2-3-24 一轴正晶石英及一轴负晶方解石光率体

（三）一轴晶宝石光率体的三种切面

以光轴为参照物，光波从三个方向入射（图2-3-25），可切得三种切面（图2-3-26）。

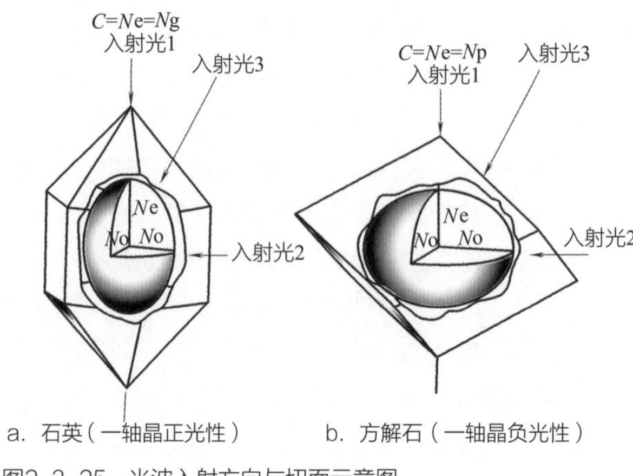

图2-3-25 光波入射方向与切面示意图

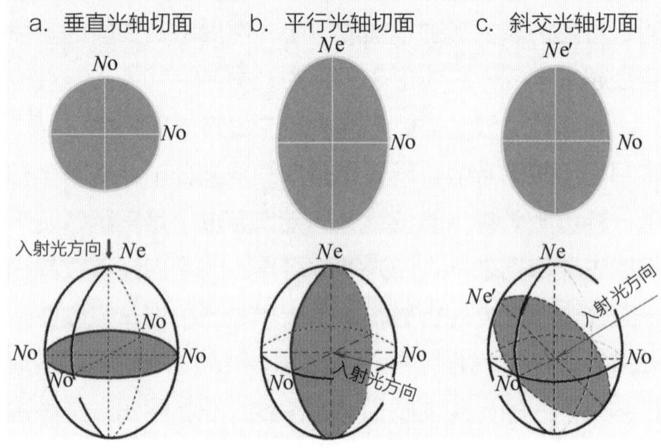

图2-3-26 一轴晶正光性宝石光率体主要切面示意图

1. 一轴晶宝石光率体垂直光轴的切面

一轴晶宝石光率体垂直光轴的切面为圆形，其半径等于*N*o。光波垂直这种切面入射（平行光轴入射）时，不发生双折射，其折射率等于*N*o，双折射率为0。一轴晶只有一个这样的圆切面。图2-3-27为一轴晶宝石光率体垂直光轴的切面。

2. 平行光轴的切面

一轴晶宝石光率体平行光轴的切面为椭圆形。光波垂直此切面入射时，发生双折射，分解成两种偏光，其振动方向必然平行椭圆切面的长短半径，相应地，折射率为两个主折射率*N*e和*N*o，双折射率为|*N*e-*N*o|。此时的双折射率是最大双折射率，图2-3-28为一轴晶宝石光率体平行光轴的切面。

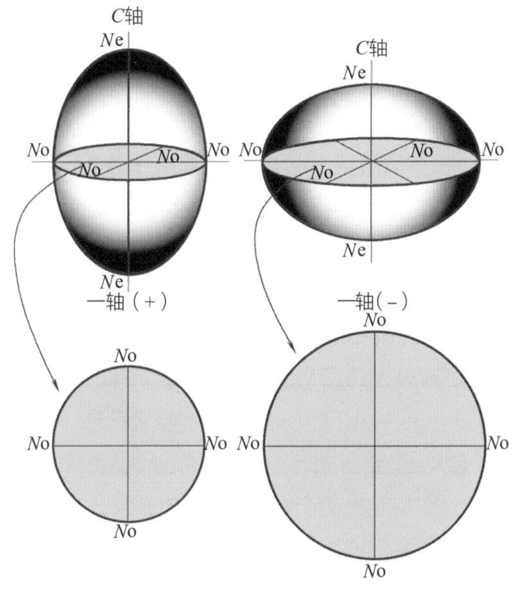

图2-3-27　一轴晶光率体垂直光轴的切面

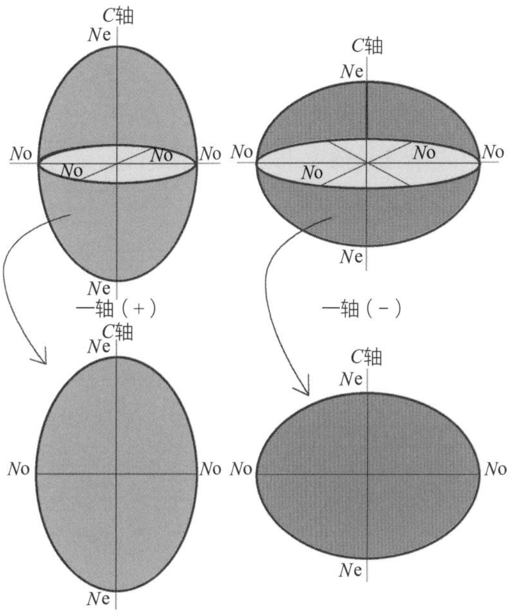

图2-3-28　一轴晶光率体平行光轴的切面

3. 斜交光轴的切面

一轴晶宝石光率体斜交光轴的切面为椭圆形。光波垂直于此切面入射，即斜交光轴入射，发生双折射，分解成两种偏光，其振动方向分别平行椭圆切面的长短半径，相应地，折射率分别为*No*和*Ne*，双折射率为|*Ne*-*No*|。正光性时，长半径为*Ne′*，短半径为*No*；负光性时，长半径为*No*，短半径为*Ne′*。图2-3-29为一轴晶宝石光率体斜交光轴的切面。图2-3-30为一轴晶光率体三种切面全图，其三种切面的折射率分布情况如表2-3-2所列。

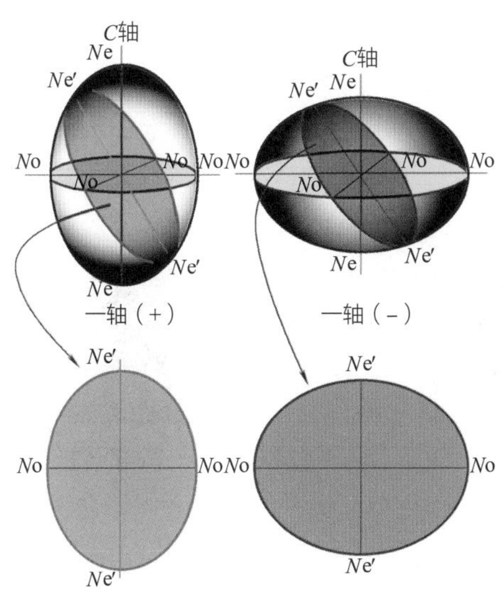

图2-3-29　一轴晶光率体斜交光轴的切面

表 2-3-2　一轴晶光率体三种切面的折射率分布

光率体类型	光性符号	光率体形态	垂直光轴切面	平行光轴切面	斜交光轴切面	最大折射率
一轴晶	正光性（+）	长旋转椭球体	*No*	*Ne*，*No*	*Ne′*，*No′*	*Ne*-*No*
	负光性（-）	短旋转椭球体	*No*	*Ne*，*No*	*Ne′*，*No′*	*Ne*-*No*

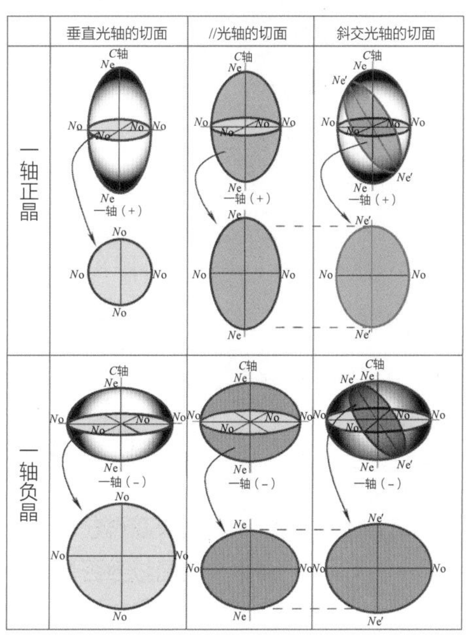

图2-3-30　一轴晶光率体三种切面全图

注：无论何种切面，总有一个是*No*。切面均过中心，因此一轴晶*No*非常重要。

三、二轴晶宝石光率体

二轴晶宝石包括低级晶族（斜方、单斜、三斜晶系）的矿物，均具有两个光轴，故称二轴晶，三个结晶轴单位各不相等（$a \neq b \neq c$，$a \neq c$），表示它们三度空间方向的不均一性。

（一）二轴晶宝石光率体形态

二轴晶宝石光率体形态为三轴不等椭球体，类似橄榄球，如图2-3-31所示。

（二）二轴晶宝石光率体构成要素

1. 三个光学主轴

*N*g轴、*N*m轴和*N*p轴，三个主轴相互垂直。

2. 三个主折射率

*N*g>*N*m>*N*p。当*N*g-*N*m>*N*m-*N*p时，*Bxa*=*N*g、*Bxo*=*N*p时为正光性；当*N*g-*N*m<*N*m-*N*p时，*Bxa*=*N*p、*Bxo*=*N*g时为负光性。如图2-3-32所示。

3. 两个光轴（*OA*）及两个圆切面

二轴晶中有两个光轴，因此得名。沿光轴方向入射不发生双折射。垂直于光轴的光率体切面为半径为*N*m的圆。通过*N*m轴在光率体的一侧（*N*g轴与*N*p轴之间）可以连续作一系列椭圆切面，这些切面半径之一始终是*N*m轴，另一半径则递变于*N*g和*N*p之间，在它们中间总可以找到一个半径为*N*m的圆切面，另一侧还有一个圆切面，共计两个圆切面。光波垂直这两个圆切面入射，无双折射，这两个方向就是光轴，即两个*OA*，如图2-3-33所示。

4. 二轴晶宝石有三个主轴面（主切面）

包含任意两个主轴的切面称为主轴面或主切面。二轴晶光率体有三个互相垂直的主轴面，如图2-3-34所示。

① *N*g-*N*p主轴面（如图中蓝色切面）；

② *N*m-*N*p切面（如图中黄色切面）；

③ *N*g-*N*m切面（如图中绿色切面）。

二轴晶宝石光率体因为有*N*g>*N*m>*N*p，所以在*N*g-*N*p面中由*N*g到*N*p的曲线必然有一个点*M*，使得*M*到光率体中心的距离在数值上等于*N*m，所以通过*M*点与*N*m的轴所作的切面是一个圆切面。光线垂直此面入射时不发生双折射，只有一个折射率*N*m。所以垂直此圆的方向为光轴方向。另外在对称的位置也有另一个光轴，所以在二轴晶宝石中有两个光轴方向。

5. 二轴晶宝石光轴角

两个光轴之间所夹的锐角称为光轴角，以符号“2*V*”表示，2*V*的平分线称为锐角等分线，以*Bxa*表示；两个光轴之间的钝角平分线称为钝角等分线，以*Bxo*表示。*Bxa*与*Bxo*一定在*N*g和*N*p组成的光轴面中，如图2-3-35所示。

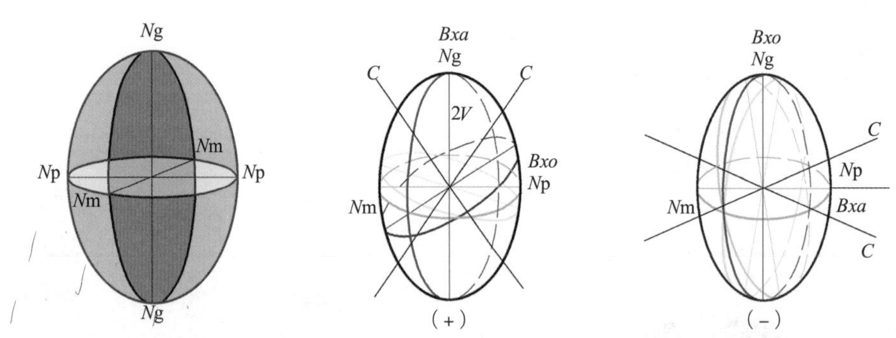

图2-3-31 二轴晶宝石光率体　图2-3-32 二轴晶宝石光率体正负光性示意图

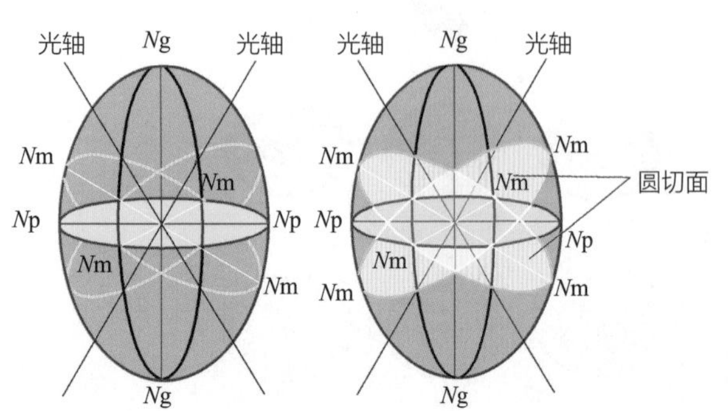

图2-3-33 二轴晶两个光轴和两个圆切面示意图

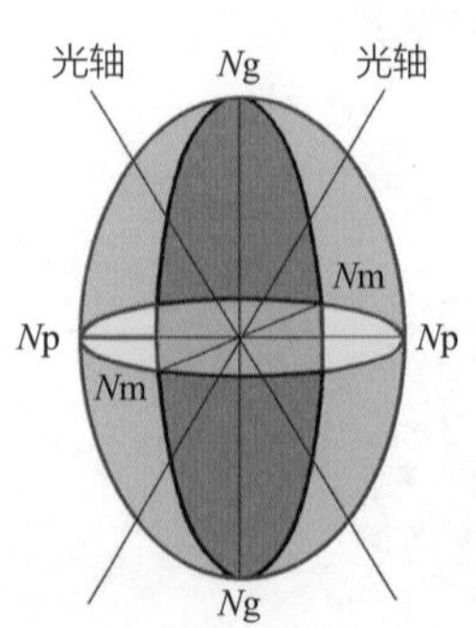

图2-3-34 二轴晶三个主轴面示意图

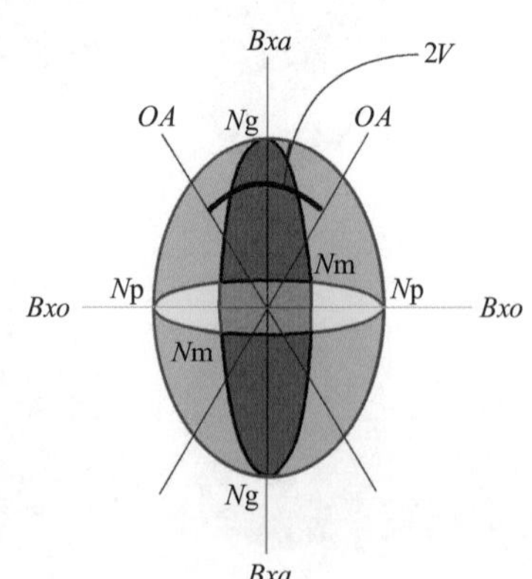

图2-3-35 光轴角和*Bxa*、*Bxo*关系图

另外，当$2V=0$时，正光性圆切面与Np-Nm面重合，变为长椭球旋转体，负光性圆切面与Ng-Nm面重合，变为扁椭球旋转体，此时便成为一轴晶正、负光性的光率体。因此一轴晶是二轴晶$2V=0$时的特殊情况，均质体是一轴晶当Ng=Np时的特殊情况。二轴晶的$2V$角（光轴角）可用下列式求得：

$$\operatorname{tg}V=\sqrt{\frac{N\mathrm{m}-N\mathrm{p}}{N\mathrm{g}-N\mathrm{m}}}\quad(+)$$

$$\operatorname{tg}V=\sqrt{\frac{N\mathrm{g}-N\mathrm{m}}{N\mathrm{m}-N\mathrm{p}}}\quad(-)$$

（三）二轴晶的四种切面

由于二轴晶光率体为三轴不等的椭球体，其切面类型比较复杂，一共有四种典型切面。

1. 垂直于光轴（⊥*OA*）的切面

二轴晶垂直光轴的切面为圆切面，只有一个半径Nm（图2-3-36）。垂直于此切面入射的光不发生双折射。此种圆切面内任何振动方向上的折射率均等于Nm，双折射率为0。这种切面在二轴晶光率体中有两个。

2. 主轴面（包含两个主轴）的切面

主轴面（包含两个主轴）的切面包含平行于光轴面（//*AP*）的切面、垂直于*Bxa*的切面（⊥*Bxa*）和垂直于*Bxo*的切面（⊥*Bxo*），这三种切面都是二轴晶光率体的主轴面，属于垂直于一个光率体主轴的切面。

（1）平行于光轴面（//*AP*）的切面　平行于光轴面的切面是包含两个光轴的切面（光轴面），此切面垂直于Nm主轴，为椭圆形切面，其长、短半径分别为Ng、Np，即Ng-Np主轴面（图2-3-37）。光波垂直于此切面入射，产生的两条偏光的振动方向分别为Ng和Np方向，发生双折射，双折射率为Ng-Np，为最大双折射率。此时非均质性最为明显，这种切面在二轴晶光率体中有一个。

（2）垂直于*Bxa*的切面　垂直于*Bxa*的切面包含Nm-Np和Ng-Nm主轴面（图2-3-38）。

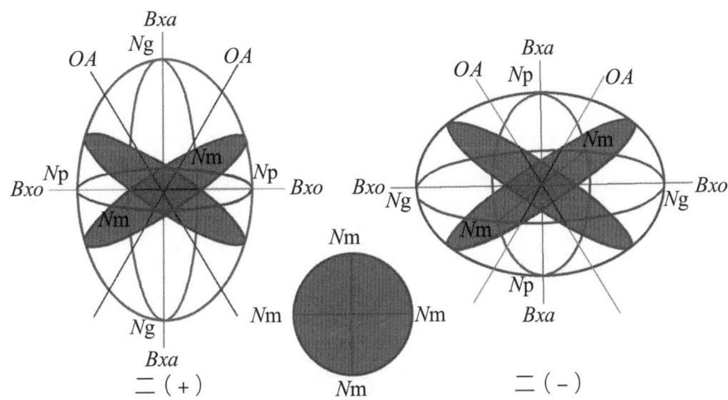

图2-3-36　二轴晶垂直于光轴的切面

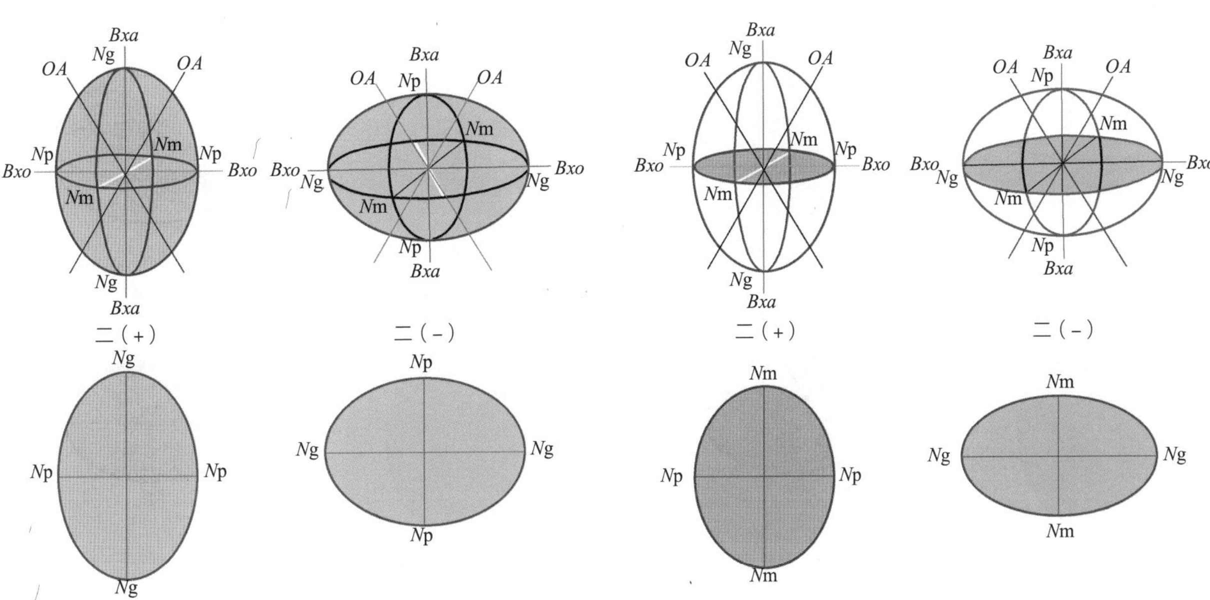

图2-3-37　二轴晶平行于*AP*的切面

图2-3-38　二轴晶垂直于*Bxa*的切面

*N*m-*N*p主轴面为椭圆形，光波垂直于此切面入射（即沿*Bxa*方向入射）时发生双折射，分解成两种偏光，分别平行于椭圆切面长短半径*N*m和*N*p，双折射率为*N*m–*N*p，此时呈正光性。

*N*g-*N*m主轴面为椭圆形，光波垂直于此切面入射（即沿*Bxa*方向入射）时发生双折射，分解成两种偏光，分别平行于椭圆切面长短半径*N*g和*N*m，双折射率为*N*g–*N*m，此时为负光性。

（3）垂直于*Bxo*的切面　垂直于*Bxo*的切面包含*N*g-*N*m和*N*m-*N*p主轴面（图2-3-39）。

*N*g-*N*m主轴面为椭圆形，光波垂直于此切面入射（即沿*Bxo*方向入射）时发生双折射，分解成两种偏光，分别平行于椭圆切面长短半径*N*g和*N*m，双折射率为*N*g–*N*m，此时呈正光性。

*N*m-*N*p主轴面为椭圆形，光波垂直于此切面入射（即沿*Bxo*方向入射）时发生双折射，分解成两种偏光，分别平行于椭圆切面长短半径*N*m和*N*p，双折射率为*N*m–*N*p，此时呈负光性。

需要注意的是，无论是正光性或负光性，垂直于*Bxa*切面的双折射率总是小于垂直于*Bxo*切面的双折射率，这是因为：

二轴晶正光性晶体*Bxa*=*N*g时，*N*g、*N*m、*N*p的相对大小是：

*N*g–*N*m（等于⊥*Bxo*切面的双折射率）>*N*m–*N*p（等于⊥*Bxa*切面的双折射率）

二轴晶负光性晶体*Bxa*=*N*p时，*N*g、*N*m、*N*p相对大小是：

*N*g–*N*m（等于⊥*Bxa*切面的双折射率）<*N*m–*N*p（等于⊥*Bxo*切面的双折射率）

3. 二轴晶垂直于主轴的斜交切面

二轴晶垂直于主轴的斜交切面是包含一个主轴的斜交切面，即垂直于*N*g-*N*p面、*N*g-*N*m面及*N*m-*N*p面的斜交切面，称为半任意切面，如图2-3-40所示。这类切面的椭圆长短半径中，总有一个半径是主轴（*N*g轴或*N*m轴或*N*p轴），另一个半径是*N*g′或*N*p′，*N*g>*N*g′>*N*m>*N*p′>*N*p。在半任意切面中，比较重要的是垂直于*N*g-*N*p面（光轴面）的斜交切面。这种切面的椭圆长短半径中，必有一个半径是*N*m轴，另一个半径是*N*g′或*N*p′。这种切面在某些情况下可以代替垂直于光轴的切面。垂直于光轴的圆切面实际上是这类切面的特殊类型。

4. 任意斜交切面

不垂直光轴，也不垂直主轴的切面属于斜交切面（图2-3-41）。这种切面有无数个，它们都是椭圆切面，但非主轴面。椭圆切面的长短半径分别为*N*g′和*N*p′。Ng>*N*g′>*N*m>*N*p′>Np。光波垂直于这类切面入射（即从除光轴和主轴方向以外的任意方向入射）时，发生双折射，分别形成两种偏光。其振动方向平行于椭圆长短半径方向，相应地，折射率值分别等于长、短半径*N*g、*N*p′。双折射率等于*N*g′–*N*p′，其大小变化于零与最大双折射率之间。

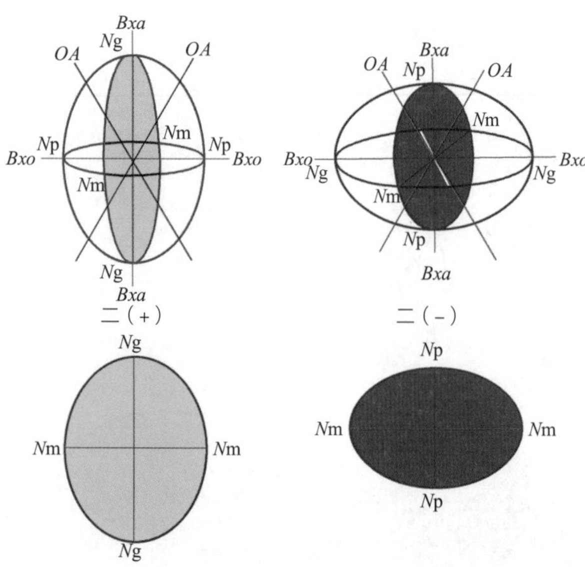

图2-3-39　二轴晶垂直于*Bxo*的切面

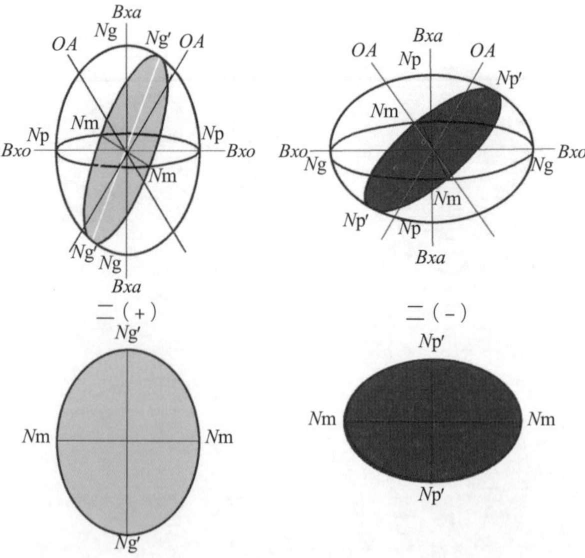

图2-3-40　二轴晶垂直于主轴的斜交切面

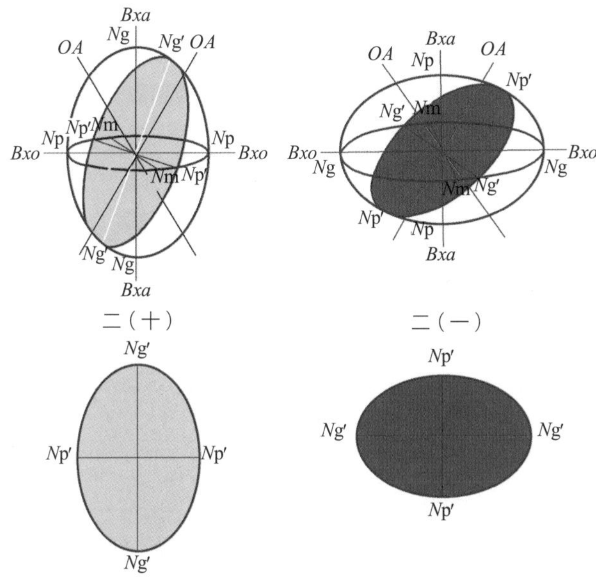

图2-3-41　二轴晶任意斜交切面

二轴晶光率体的五种切面的折射率分布见表2-3-3。

表 2-3-3　二轴晶光率体的五种切面的折射率分布

光率体类型	光性符号	光率体形态	平行于AP切面	垂直于OA切面	垂直于Bxa切面	垂直于Bxo切面	斜交切面	最大折射率
二轴晶	正光性（+）	三轴不等椭球体	*Ng*, *Np*	*Nm*	*Nm*, *Np*	*Ng*, *Nm*	*Ng′*, *Np′*	*Ng*–*Np*
	负光性（−）		*Ng*, *Np*	*Nm*	*Ng*, *Nm*	*Nm*, *Np*	*Ng′*, *Np′*	*Ng*–*Np*

四、光性方位

光率体主轴与晶体结晶轴之间的关系就是光性方位。光性方位用来表示光率体的主轴*N*，*N*e和*N*o，或者*Ng*、*Nm*、*Np*与晶体的结晶轴*a*、*b*、*c*之间的关系。不同晶族矿物的光性方位不同。

（一）高级晶族晶体的光性方位

高级晶族晶体为等轴晶系，均质体矿物（$a=b=c$，$\alpha=\beta=\gamma=90°$），*a*、*b*、*c*轴方向物理性质完全相同，光率体为圆球体，各向同性，只有一个折射率*N*，通过圆球体中心的任何3个互相垂直的直径都可与等轴晶系的3个结晶轴相当。因此，高级晶族晶体的光性方位与其3个结晶轴重合（图2-3-42）。

（二）中级晶族晶体的光性方位

中级晶族包括三方、四方、六方晶系，有高次对称轴（*C*轴、L^3、L^4、L^6），$a=b\neq c$，$\alpha=\beta=\gamma=90°$。属一轴晶光率体，光率体为旋转椭球体，光率体的旋转轴（光轴、*N*e轴）与晶体中的高次对称轴（*Z*轴、L^3、L^4、L^6）一致。显然，方解石（一轴晶负光性）晶体中的光率体位置和石英晶体（一轴晶正光性）的光性方位相同（图2-3-43）。中级晶族光性方位对应关系，如表2-3-4所示。

表 2-3-4　中级晶族光性方位对应关系

光率体	晶体
旋状轴*N*e	高次对称轴
正光性　短轴*N*o	*a*, *b*
负光性　长轴*N*o	*a*, *b*

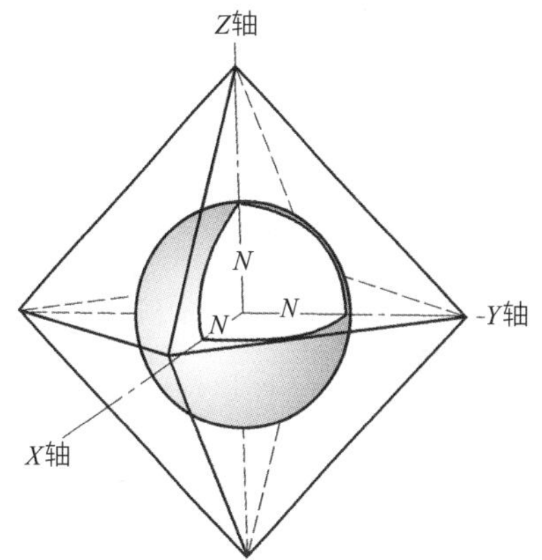

图2-3-42　高级晶族晶体的光性方位

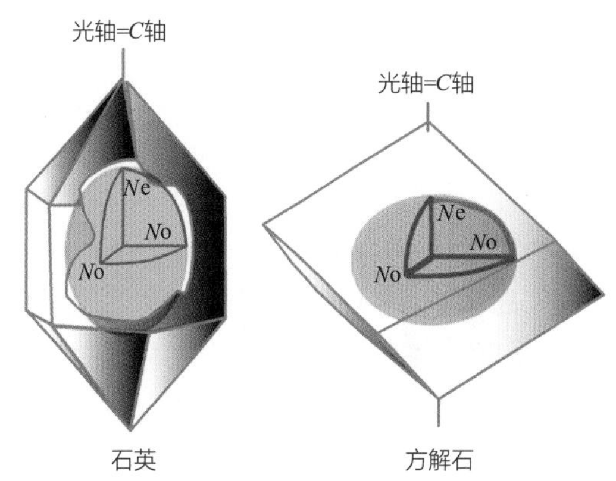

图2-3-43　中级晶族晶体（石英、方解石）的光性方位

（三）低级晶族晶体的光性方位

低级晶族包括斜方、单斜、三斜晶系，属二轴晶光率体，光率体为一个三轴不等长的椭球体。

1. 斜方晶系

斜方晶系的宝石晶体中，$a \neq b \neq c$，$a \perp b \perp c$，$\alpha=\beta=\gamma=90°$，光率体的三个主轴与晶体的三个结晶轴一致，但究竟哪一个主轴与哪一个晶轴一致，要视具体宝石晶体而定。如在斜方晶系的黄玉晶体中，代表最大折射率方向的*N*g轴与黄玉的*Z*轴一致，即*N*g=*Z*，Nm=*Y*，*N*p=*X*（图2-3-44）。图2-3-45为斜方晶系宝石光性方位示意图。斜方晶系光性方位对应关系如表2-3-5所列。

表 2-3-5　斜方晶系光性方位对应关系

光率体	晶体
三个主轴互相垂直	三个结晶轴
具体对应关系因矿物而异	

2. 单斜晶系

单斜晶系宝石晶体的对称程度降低，$a \neq b \neq c$，$b \perp a$、c，$\alpha=\gamma=90°<\beta$。单斜晶系晶体只有一个二次对称轴*Y*晶轴，其光性方位表现为：二次对称轴*Y*与光率体的三主轴之一重合，其余两个结晶轴与光率体中另外两主轴斜交，至于二主轴与二结晶轴斜交的角度，因宝石矿物种类而异。如图2-3-46中的透闪石。图2-3-47为单斜晶系宝石光性方位示意图。单斜晶系光性方位对应关系如表2-3-6所列。

表 2-3-6　单斜晶系光性方位对应关系

光率体	晶体结晶轴
三个主轴之一	与b轴重合
其余两个主轴	与另外两个轴*a*、*c*斜交
具体对应关系因矿物而异	

3. 三斜晶系

三斜晶系晶体的对称程度最低，$a \neq b \neq c$，*a*，*b*，*c*互不垂直，$\alpha \neq \beta \neq \gamma \neq 90°$。三斜晶系晶体仅有一个对称中心，与光率体的中心相当，光率体轴与晶体的三个结晶轴斜交，斜交的角度因宝石矿物而异。如图2-3-48中的斜长石即为三斜晶系晶体。三斜晶系宝石光性方位示意图如图2-3-49所示，其对应关系如表2-3-7所列。

表 2-3-7　三斜晶系光性方位对应关系

光率体	晶体结晶轴
三个主轴	与三个结晶轴均斜交
具体斜交角度和对应关系因矿物而异	

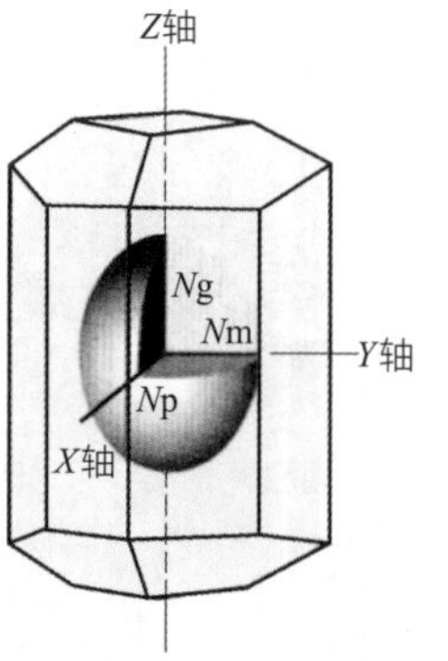

图2-3-44　斜方晶系（黄玉）光性方位

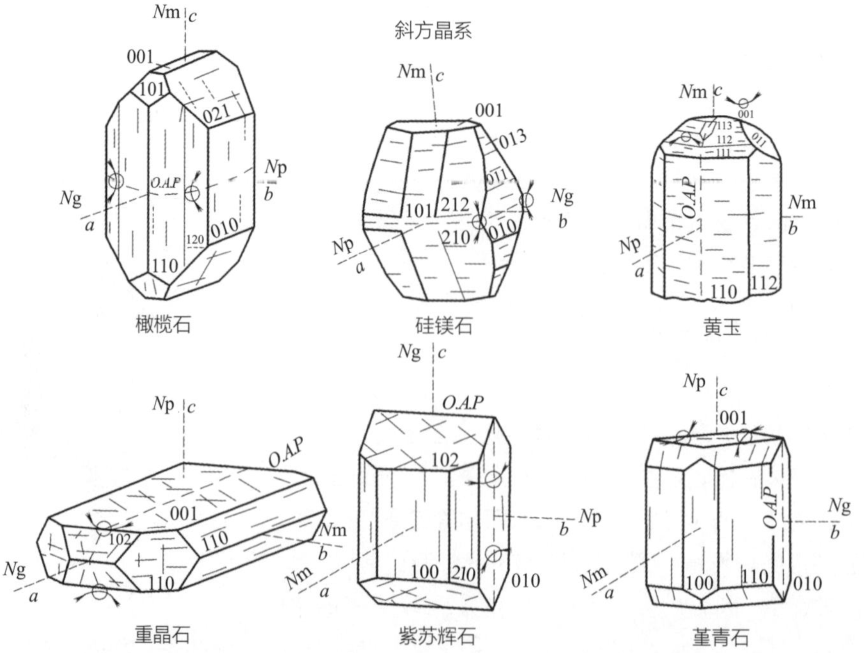

图2-3-45　斜方晶系宝石光性方位示意图

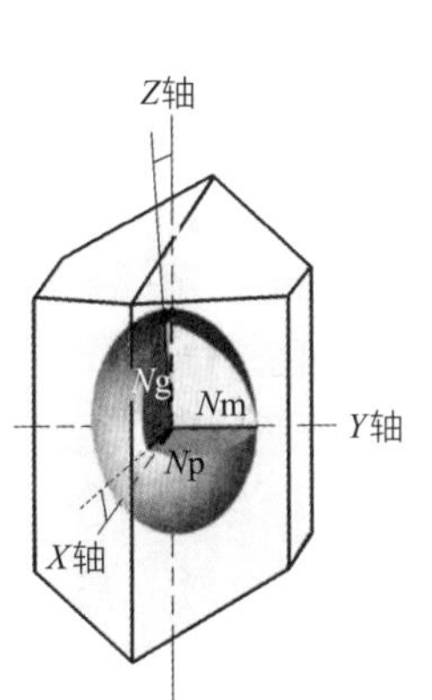

图2-3-46　单斜晶系（透闪石）光性方位

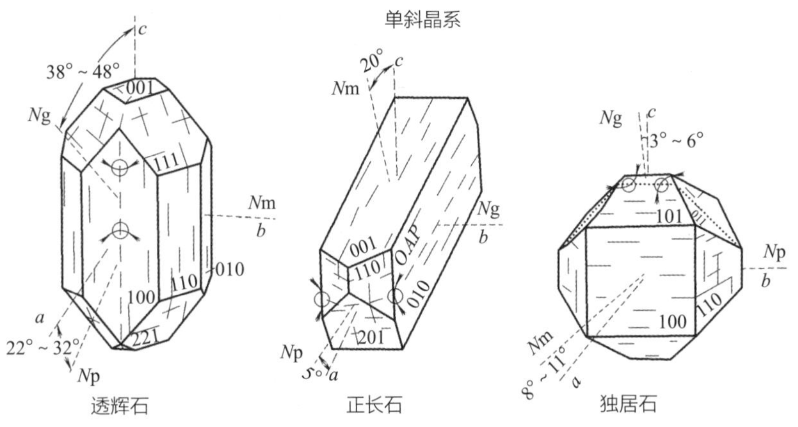

图2-3-47　单斜晶系宝石光性方位示意图

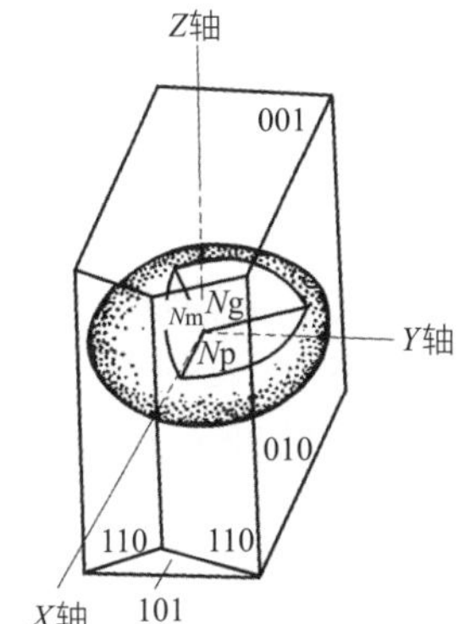

图2-3-48　三斜晶系（斜长石）光性方位

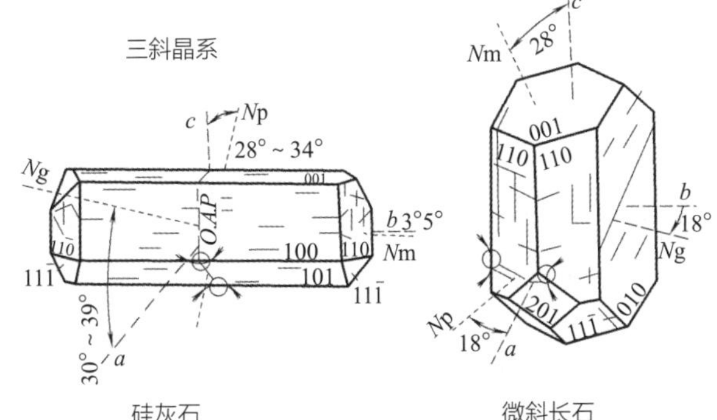

图2-3-49　三斜晶系宝石光性方位示意图

第四章 珠宝玉石的性质

第一节 珠宝玉石的光学性质

一、珠宝玉石的颜色

珠宝玉石正是因为颜色的丰富多彩和艳丽美妙而被人们所喜爱，同时颜色也是体现珠宝玉石的价值及稀有性的重要因素。珠宝玉石的颜色是多种多样的，几乎涵盖了自然界中所有的颜色种类。图2-4-1展示了自然界中珠宝玉石丰富的颜色种类。珍贵的珠宝玉石都有代表其特征的颜色，如祖母绿的祖母绿色（图2-4-2）、红宝石的鸽血红（图2-4-3）、矢车菊蓝宝石的矢车菊蓝等，它们是决定宝石档次、品级的重要特征及标准。珠宝玉石颜色的纯正均匀与否是划分宝石价值高低的重要因素。在珠宝玉石的鉴定中，颜色及色调有时也是区别各类珠宝玉石品种、天然与合成、天然与优化处理的重要标志之一。大多数珠宝玉石的颜色都是组成珠宝玉石的化学成分中致色元素对光的选择性吸收造成的，也有部分珠宝玉石是由物理性质呈色。

（一）颜色的概念

1. 颜色的本质

颜色是眼睛和神经系统对光源的感觉，是光在视网膜上形成的信号刺激大脑产生的反应。可见光经物体选择性吸收后，其剩余光波混合而产生的颜色即为该物体的颜色。颜色是客观存在的。但是，颜色同时又受到人眼和大脑对物体辐射的接收和判断的影响。因此，颜色的形成需要具备三个条件（图2-4-4）：①（白）光源；②反射或者折射时改变这种光的物体；③接受光的人眼和解释它的大脑。

2. 光辐射的特征

太阳的光辐射包括了从红外光到宇宙射线的各种电磁辐射，由图2-4-5可知，人的眼睛能够感觉到的光线即可见光（自然光）仅占全部电磁波谱中波长为400～800nm的一小段。当这个波段的电磁辐射（或者说光线）的强度大致一样时，我们看到的是白光。

与宝石体色对应的是宝石的辉光和晕彩，例如黑欧

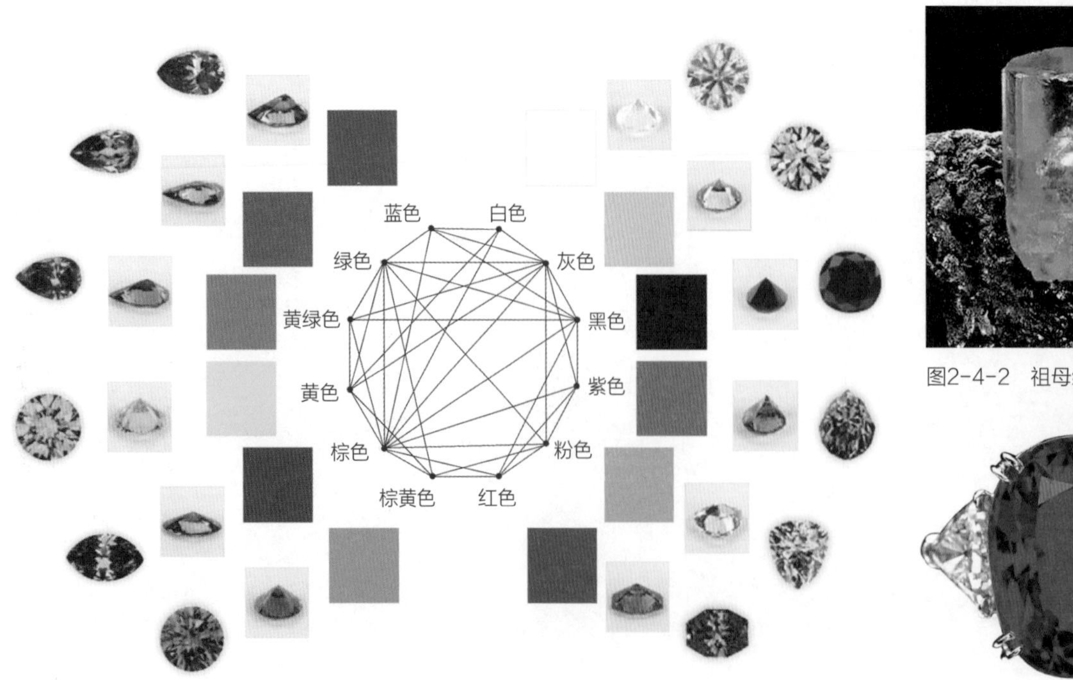

图2-4-1 珠宝玉石的颜色种类

图2-4-2 祖母绿色祖母绿

图2-4-3 鸽血红红宝石

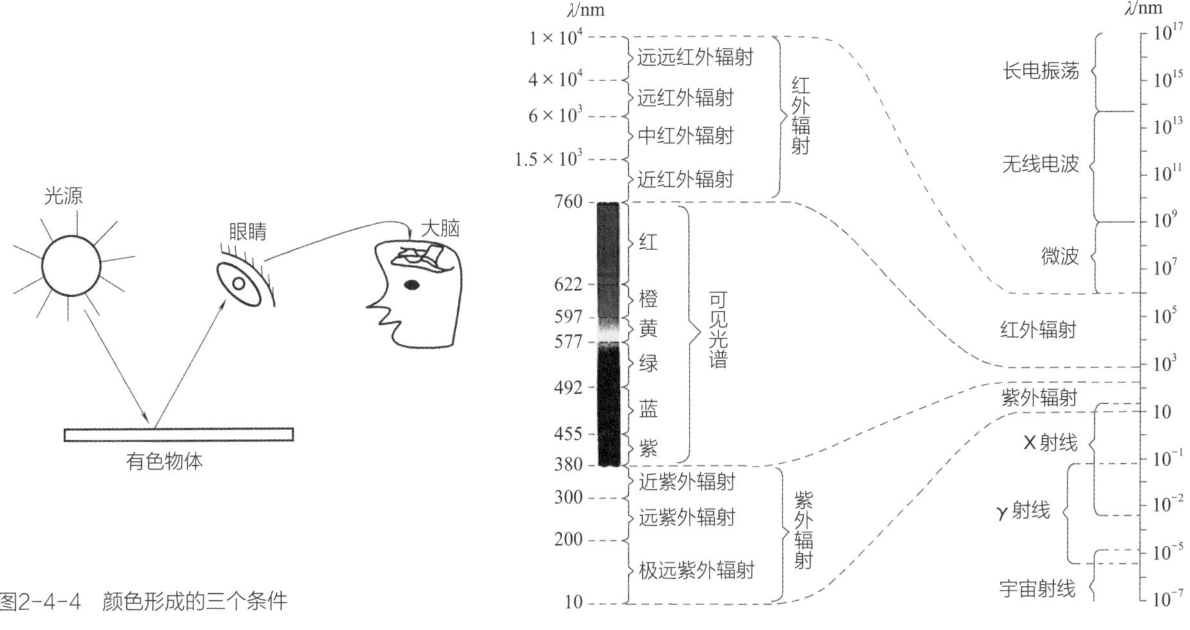

图2-4-4　颜色形成的三个条件

图2-4-5　可见光谱范围

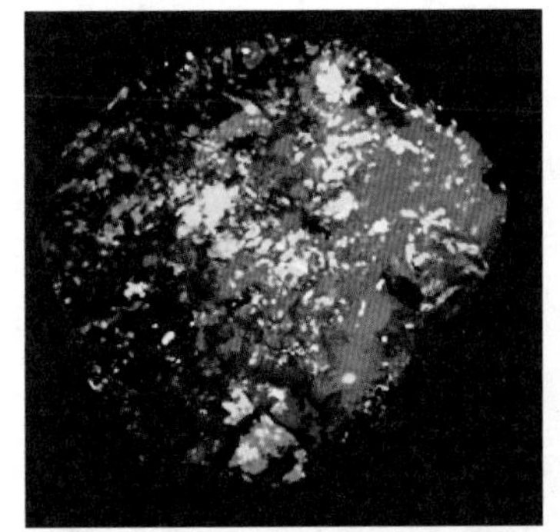

图2-4-6　欧泊的变彩

太阳光总辐射								
		不可见光（红外区域）			可见光	不可见光（紫外区域）		
无线电波	微波	远红外线	中红外线	近红外线	红 橙 黄 绿 青 蓝 紫 0.76 0.626 0.595 0.575 0.49 0.43 0.38	紫外线	X射线	γ射线
波长>1mm		波长：1mm～5.6μm	波长：5.6～0.76μm		波长：0.76～0.38μm	波长：0.38～0.2μm	波长<0.2μm	

图2-4-7　自然光的组成及波长示意图

泊的体色是深蓝色，它的变彩有红、黄、绿等多种颜色（图2-4-6）。

3. 自然光的分解

通常所见白光是由七种不同颜色的单色光组成的。这七种光谱色的大致波长范围划分见图2-4-7。根据光的折射原理，可以通过棱镜将光线分解成连续的单色光（图2-4-8），按照波长长短（红、橙、黄、绿、青、蓝、紫）连续排列，称为可见光（自然光）光谱图。

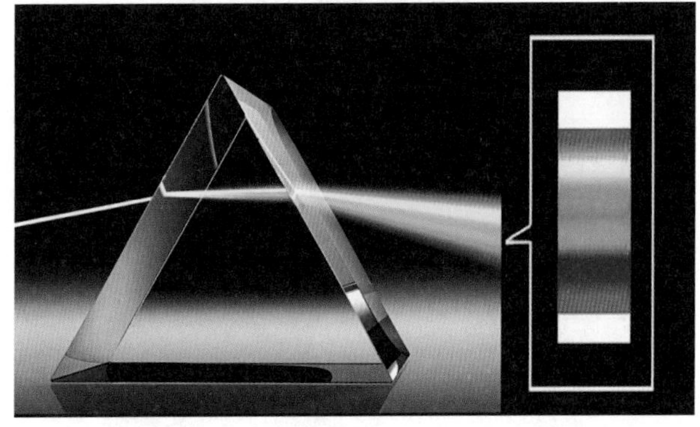

图2-4-8　自然光的分解示意图

（二）珠宝玉石颜色的概念

1. 珠宝玉石的颜色

珠宝玉石的颜色是对不同波长的可见光相互作用的结果，是珠宝玉石自身的致色因子对光源中不同波长的光波进行选择性吸收和透射或者反射所导致的。当光照射到珠宝玉石上，会同时发生反射现象、吸收现象以及透过现象，珠宝玉石的透明度不同，其颜色的决定因素也不同。例如，对于透明度好的珠宝玉石，其颜色主要由透过的光谱组成决定，而对于不透明珠宝玉石，其颜色则以反射光谱为主。

2. 珠宝玉石颜色的分类

珠宝玉石的颜色可分为彩色系列和非彩色系列两种。

（1）彩色系列（图2-4-9） 彩色指太阳光谱中各单色光及其复合色光，其颜色由明度、色相、彩度三者决定。绝大多数珠宝玉石属于彩色系列。

（2）非彩色系列（图2-4-10） 又称为黑白系列或无色系列，非彩色指白色、黑色及其过渡的灰色系列。例如，无色钻石、无色长石、黑玛瑙、黑曜岩等即属于非彩色系列。

3. 珠宝玉石颜色的表现形式

（1）颜色三要素 根据中国颜色体系国家标准，表征颜色的三个重要的物理量分别为色相、明度、彩度。

①色相（色彩） 又称为色调，是颜色的主要标志量，是区别不同颜色的重要参数。彩色珠宝玉石的色相取决于光源的光谱组成和珠宝玉石对光的选择性吸收，如红色、绿色和蓝色。不同颜色的珠宝玉石色调不同，相同颜色的珠宝玉石在色调上也会有差异。

②明度（亮度） 指光对珠宝玉石的折射、反射程度，是人眼对珠宝玉石颜色明暗度的感觉。彩色珠宝玉石的明度的高低取决于珠宝玉石对光的反射或透射能力，即珠宝玉石本身颜色的深浅和加工的光学效果。

③彩度（饱和度） 指颜色的纯净度和鲜艳度。彩色珠宝玉石的饱和度取决于珠宝玉石对可见光光谱选择性吸收的程度。彩度越高，颜色就越深越纯。可见光光谱中各种单色光的饱和度最高，饱和度值为1，白光的饱和度最小，饱和度值为0。

（2）颜色形成的机理

①对光无吸收 呈白色（物体表面反射比大于80%）。

②对光均匀部分吸收 呈灰色。

③对光全部吸收 呈黑色（物体表面反射比小于4%）。

④对光选择性吸收 呈彩色。

图2-4-11中，苹果由于吸收了从紫色到黄色波段的可见光，反射了红色波段的可见光，因而呈现出红色。图2-4-12中，柠檬吸收了蓝、紫光，反射了绿、黄、橙、红色光，它们共同作用呈现黄色。

图2-4-9 彩色宝石系列

图2-4-10 非彩色宝石系列

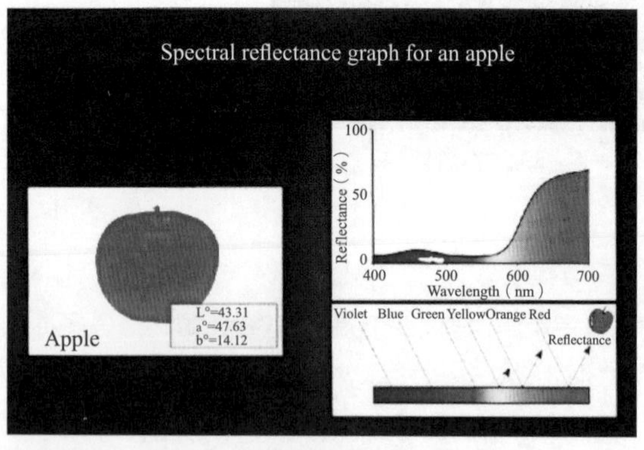

图2-4-11 红色的形成机理示意图

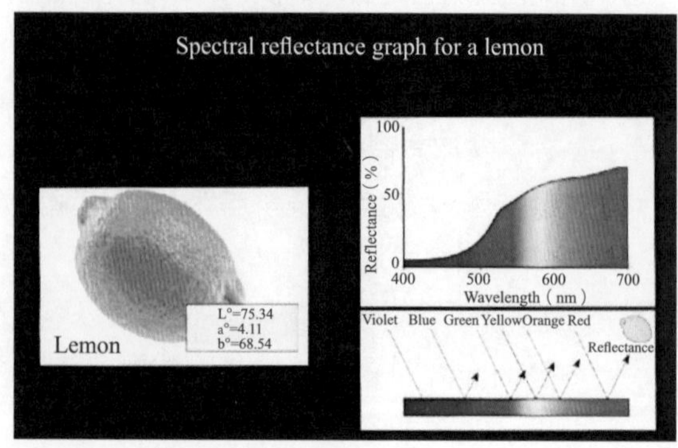

图2-4-12 黄色的形成机理示意图

（3）颜色的定性描述　通常对颜色命名的方法是将主色调放在后面，用颜色修饰词描述次要的色调，如黄绿色（图2-4-13）、紫红色（图2-4-14）、蓝紫色（图2-4-15）等，把颜色浓度的修饰词放在最前面，如浅黄绿色、淡蓝紫色等。

（4）颜色的测量　珠宝玉石颜色的定量十分复杂，它涉及观察者内在的视觉生理和心理、外界观察条件等问题。定量表征颜色的体系称为表色系。颜色定量常用的系统有CIE标准色度学系统和孟赛尔颜色系统。

图2-4-13　黄绿色

图2-4-14　紫红色

图2-4-15　蓝紫色

（三）珠宝玉石颜色的成因

1. 致色元素

致色元素是珠宝玉石中含有的能引起对光选择性吸收的元素。它们为珠宝玉石中常见的8种过渡性元素（钛Ti、钒V、铬Cr、锰Mn、铁Fe、钴Co、镍Ni、铜Cu）及稀土元素。表2-4-1为主要致色元素及其颜色对应表。

表2-4-1　主要致色元素及其颜色对应表

致色元素	元素符号	颜色	实例
钛和铁	Ti、Fe	蓝	蓝锥矿、蓝色蓝宝石
钒	V	绿	南非祖母绿、铬钒钙铝榴石、水钙铝榴石
		蓝	坦桑石
		紫	合成变色刚玉
铬	Cr	绿	祖母绿、变石、绿玉髓、铬透辉石、含铬绿碧玺、翡翠、翠榴石、翠铬锂辉石
		红	红宝石、红尖晶石、粉黄玉
锰	Mn	粉	芙蓉石、粉碧玺、菱锰矿、蔷薇辉石
		橙	锰铝榴石、紫锂辉石
铁	Fe	蓝	蓝色蓝宝石、蓝尖晶石、蓝碧玺、海蓝宝石
		绿	绿色蓝宝石、绿尖晶石、绿碧玺、橄榄石、硼铝镁石、软玉
		黄	黄晶、金绿柱石、金绿宝石、黄色蓝宝石
		红	铁铝榴石、镁铝榴石
钴	Co	蓝	合成蓝色材料如尖晶石、玻璃、石英
		粉	粉色方解石、粉色菱镁矿（与Mg一起致色）
镍	Ni	绿	合成黄绿色蓝宝石、绿玉髓
		黄	合成黄色蓝宝石
		橙	合成橙色蓝宝石
稀土元素		黄	赛黄晶、榍石、重晶石、磷灰石
		绿	磷灰石、某些绿色萤石
铜	Cu	蓝和绿	蓝铜矿、孔雀石、硅孔雀石、绿松石、透视石

2. 珠宝玉石颜色分类

传统宝石学主要基于宝石的化学成分和外部构造特点，根据致色元素是否是宝石的主要化学成分以及宝石外部构造特征，将珠宝玉石颜色划分为自色、他色、假色三类。

（1）自色宝石　宝石矿物基本化学成分中的元素导致的颜色。因为自色宝石是由宝石本身内在的原因致色的，所以其颜色相对稳定，很少发生变化。例如，橄榄石（图2-4-16）、铁铝榴石、孔雀石（图2-4-17）和绿松石等。橄榄石的化学分子式为（Mg，Fe）$_2SiO_4$，绿色是组成其化学成分的Fe元素造成的，孔雀石的化学分子式为$Cu_2(OH)_2CO_3$，绿色是组成其化学成分的Cu元素造成的。

（2）他色宝石　宝玉石矿物中杂质元素导致的颜色。他色宝石在纯净时为无色，当其含有微量杂质元素时可产生颜色，所含致色元素种类不同，则颜色也不同。例如，刚玉化学成分为Al_2O_3，纯净时无色（图2-4-18），当含有微量Cr元素时，呈现红色（图2-4-19）；当含有微量Fe元素和Ti元素时，呈现蓝色（图2-4-20）。

（3）假色宝石　假色宝石的致色与其内部结构和化学成分没有直接关系，与光的物理作用相关。宝石中的包裹体、解理、出溶片晶等会由于光的折射、反射作用而产生颜色，即为假色。假色并非宝石本身所固有的。例如，东陵石内部含有大量绿色片状铬云母，使其表现为绿色（图2-4-21）；日光石因晶体中含有赤铁矿、针铁矿和云母等矿物包裹体，对光反射而出现金黄色耀眼的闪光（在宝石学中称为砂金效应），使日光石呈现出金黄色（图2-4-22）；月光石是正长石（$KAlSi_3O_8$）和钠长石（$NaAlSi_3O_8$）两种成分层状交互的宝石矿物，钠长石在正长石晶体内定向分布，两种长石的层状晶体相互平行交生，折射率略有差异而出现干涉色，从而呈现出类似月光的蓝色晕彩（图2-4-23）。

图2-4-16　Fe致色的自色宝石橄榄石

图2-4-17　Cu致色的自色宝石孔雀石

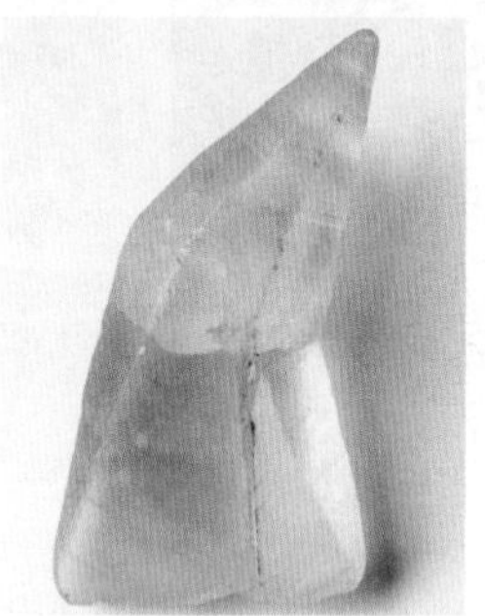

图2-4-18　无色的纯净刚玉

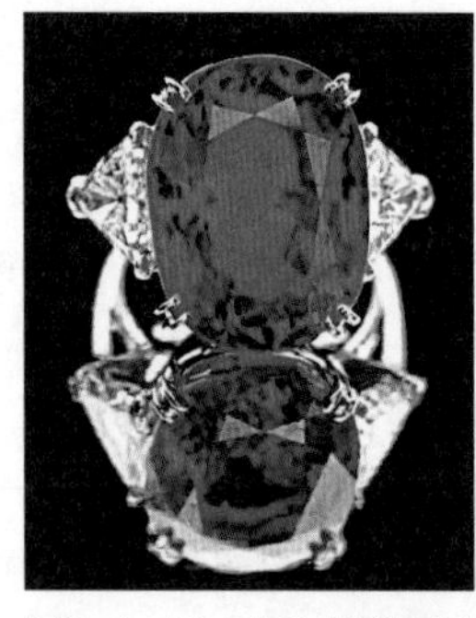

图2-4-19　含Cr的刚玉呈现红色

图2-4-20　含Fe、Ti的刚玉呈现蓝色

图2-4-21　假色宝石东陵石

图2-4-22　假色宝石日光石

图2-4-23　假色宝石月光石

二、珠宝玉石的透明度

1. 珠宝玉石的透明度概念

珠宝玉石的透明度指珠宝玉石透过可见光的能力。珠宝玉石的透明度除与本身性质（矿物组成的复杂程度、颗粒大小及矿物晶体的排列方式）有关外，还与珠宝玉石颜色的深浅、珠宝玉石厚度、包裹体和杂质的含量、种类、颜色等因素有关。同一品种同一颜色系列的珠宝玉石，颜色越深，透明度越低；珠宝玉石内部所含有的杂质越多，透明度越低；同种珠宝玉石厚度越大，透明度也越低，所以在研究珠宝玉石的透明度时，应以同一厚度为标准。

2. 珠宝玉石的透明度分类

在珠宝玉石的肉眼鉴定中，一般将珠宝玉石的透明度分为5个级别，分别为透明、亚透明、半透明、微透明和不透明。

（1）透明珠宝玉石（图2-4-24） 允许绝大部分光透过，透过珠宝玉石可看到后面物体清晰轮廓和细节。例如，碧玺、托帕石、钻石、水晶。

（2）亚透明珠宝玉石（图2-4-25） 允许大部分光透过，透过珠宝玉石可看后面物体轮廓。例如，某些品种的祖母绿、琥珀、月光石、白玉髓、透明度好的翡翠。

图2-4-24　透明宝石碧玺和水晶

图2-4-25　亚透明宝石（祖母绿和透明度好的翡翠）

（3）半透明珠宝玉石（图2-4-26） 允许部分光透过，透过珠宝玉石仅能看后面物体阴影。例如，玛瑙、一些质量较差的电气石以及部分玉石品种。

（4）微透明珠宝玉石（图2-4-27） 允许少部分光透过，仅能在珠宝玉石边缘棱角处有少量光透过。例如，黑曜岩、软玉、独山玉等大多数玉石及部分宝石品种。

（5）不透明珠宝玉石（图2-4-28） 光线被物体全部吸收或反射，自然光基本不能透过珠宝玉石。例如，孔雀石、绿松石等部分玉石品种及少量宝石品种。

图2-4-26　半透明宝石（黄龙玉和玛瑙）

图2-4-27　微透明宝石（羊脂白玉、独山玉和南红玛瑙）

图2-4-28 不透明宝石（孔雀石和绿松石）

三、珠宝玉石的光泽

1. 光泽的概念

光泽指珠宝玉石表面的反光能力，反映了表面的明亮程度，取决于材料的折射率和抛光程度。对玉石品种而言，光泽还取决于玉石材料的结构。通常珠宝玉石的折射率越高，抛光程度越好，表面越光洁，其光泽也越强。

2. 光泽的分类（表2-4-2）

表 2-4-2 宝石常见光泽分类

种类	特点	实例
金属光泽（图2-4-29）	非常强而明亮的光泽	黄铁矿
金刚光泽（图2-4-30）	表面金刚石般的光亮	钻石
玻璃光泽（图2-4-31）	表面玻璃般的光亮	红宝石
珍珠光泽（图2-4-32）	表面可见到的一种柔和多彩的光泽	珍珠、贝壳
丝绢光泽（图2-4-33）	表面可见到的一种像蚕丝和丝织品那样的光泽	虎睛石、纤维状木变石
蜡状光泽（图2-4-34）	表面可见到像蜡烛表面的光泽	蛇纹石、叶蜡石
油脂光泽（图2-4-35）	类似油脂表面的反光	软玉
树脂光泽（图2-4-36）	类似于松香等树脂所呈现的光泽	琥珀
沥青光泽（图2-4-37）	类似沥青表面的反光	煤晶
土状光泽（图2-4-38）	表面光泽黯淡如土	劣质绿松石

图2-4-29 金属光泽

图2-4-30 金刚光泽

图2-4-31 玻璃光泽

图2-4-32 珍珠光泽

图2-4-33 丝绢光泽

图2-4-34 蜡状光泽

图2-4-35 油脂光泽

图2-4-36 树脂光泽

图2-4-37 沥青光泽

图2-4-38 土状光泽

3. 光泽在珠宝玉石鉴定中的作用

光泽是珠宝玉石的重要性质之一。在珠宝玉石的肉眼鉴定中，光泽可以提供一些重要的信息。经验丰富的鉴定人员可以凭借光泽的特征将部分仿制品剔除或对不同的珠宝玉石品种进行初步的鉴定。例如水晶和托帕石，有经验的鉴定人员凭借光泽可以很容易地将它们区分开，托帕石光泽明显比水晶强得多。但是光泽不是绝对的鉴定依据，鉴定人员需要将其与其他手段相配合，才能对珠宝玉石作出准确的鉴定。因为光泽除受自身因素影响之外，还会受到抛光程度等其他因素的影响。

另外，非均质宝石矿物晶体的光泽具有各向异性，相同单形的晶面表现相同的光泽，不同单形的晶面光泽略有差异。

四、珠宝玉石的色散与火彩

1. 色散

色散是指白光在通过有两个斜面的透明介质（棱镜）时，将分解成不同波长的光谱色，从而出现光谱。白光是一种复色光，它由红、橙、黄、绿、青、蓝、紫等不同的单色光复合而成。当白光通过具有棱镜性质的材料时，由于不同波长的光在其中的传播速度不同，其折射率也会不同。因此，当光线经过射入和射出棱镜材料两次折射后，就会分解原来的白色光，形成不同波长的彩色光谱，如图2-4-39所示。其中红色光的波长最长，偏离入射光方向最小；而紫色光波长最短，其偏离入射光方向最大。色散形成的光谱按各色光偏离入射光的程度，由红色到紫色依次排列。

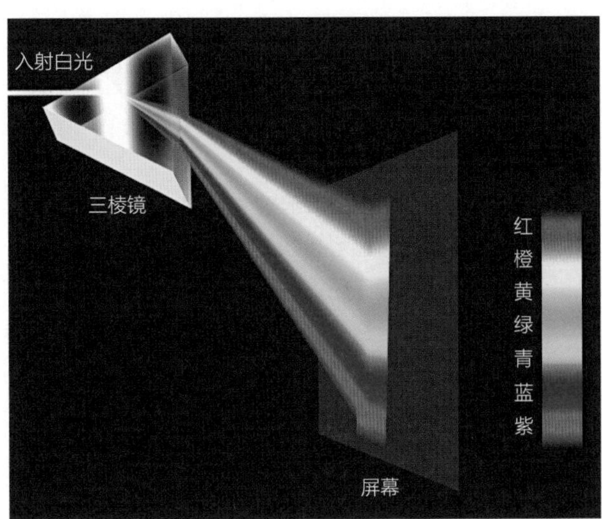

图2-4-39 光的色散示意图

2. 色散值

色散值是用来描述珠宝玉石色散程度的物理量，通常用珠宝玉石材料测量太阳光谱中B线（红光中的686.7nm）和G线（紫光中的430.8nm）的光的折射率的差值来表示，如钻石的色散值为0.044。色散值越高，色散越强烈。而对于有色宝石，这种现象常被体色所掩盖。

根据色散值的大小，可将色散划分成不同的等级：极低（0.010以下）、低（0.010~0.019）、中高（0.020~0.029）、高（0.030~0.059）、极高（0.060以上）。

色散在珠宝玉石中有两种意义。其一，色散可以作为珠宝玉石肉眼鉴定的特征之一，特别是在对无色或颜色较浅的珠宝玉石鉴定中起着较重要的作用。在一堆无色透明的珠宝玉石，如水晶、黄玉、绿柱石、玻璃、钻石中，有经验的宝石工作者可以根据钻石的高色散值（0.044）将钻石挑选出来，还可以根据不同的色散值将钻石与锆石区分开来。其二，高色散值使宝石增添了无穷的魅力。无色的钻石之所以能成为宝石之王，很重要的原因之一便在于它的高色散值。当自然光照射到角度合适的钻石刻面时，会分解出光谱色，在钻石表面显示出一种五颜六色的火彩。

彩色珠宝玉石的色散往往被自身颜色所覆盖，而表现得不十分明显，但是高色散值同样为彩色宝石增添光彩，如绿色的翠榴石，由于具有很高的色散值（0.057），看上去比绿色玻璃还艳丽得多。

具有高色散的珠宝玉石有：锰铝榴石0.027，人造钇铝榴石0.028，锆石0.039，钻石0.044，榍石0.051，翠榴石0.057，合成立方氧化锆0.065，人造钛酸锶0.19，合成金红石0.28。

3. 火彩

（1）概念 当白光透射到透明刻面宝石时，因色散而使宝石呈现光谱色闪烁的现象称为火彩。如钻石（图2-4-40）、榍石（图2-4-41）因其色散值比较大而呈现出强烈的火彩。

（2）影响火彩的因素 ①色散值越大，火彩越强；②正确的切工能最大限度地展示宝石的色散作用形成的火彩；③只有无色或者浅色的高色散值宝石才具有好的火彩。

图2-4-40 钻石强烈的火彩

图2-4-41 榍石强烈的火彩

五、珠宝玉石的亮度

1. 珠宝玉石亮度的概念

珠宝玉石的亮度指透过冠部刻面所见到的，因光被宝石反射而导致的明亮程度。

2. 影响珠宝玉石亮度的因素

珠宝玉石的亮度取决于宝石的透明度和宝石的折射率（或者全内反射的临界角）。

（1）当透明宝石被切磨成刻面型时，如果宝石的亭部刻面的角度合适，使入射的光线在亭部刻面上产生全内反射，并从冠部反射出来，宝石看上去就会非常明亮。反之如果切磨的角度不当，光线逸失，则会导致宝石的亮度降低。

（2）高折射率的珠宝玉石具有较小的临界角，能够产生更多的全内反射，珠宝玉石的亮度就高，如钻石折射率值高达2.417。正确的加工比例可以使钻石不漏光，从而格外明亮。而低折射率的珠宝玉石临界角较大，即使切磨得当，也很难做到不漏光，其亮度就不如钻石等高折射率的宝石。因此，珠宝玉石的亮度与珠宝玉石本身的折射率高低有关，也与珠宝玉石琢型是否具有正确的切工参数有关。

六、珠宝玉石的多色性

1. 珠宝玉石多色性的概念

非均质体彩色宝石的光学性质因方向而异，对光波的选择性吸收及吸收总强度随光波在晶体中的振动方向不同而发生改变。这种由于光波在晶体中振动方向不同而使彩色宝石呈现不同颜色的现象称为多色性（图2-4-42）。多色性可分为二色性和三色性。通常肉眼看到的颜色是多种颜色的混合色，因此在宝石学中可以通过二色镜或者单偏光镜来观察珠宝玉石的多色性。

图2-4-42　宝石的多色性

2. 珠宝玉石的多色性的类型

（1）二色性　是一轴晶彩色透明宝石在两个主振动方向上呈现两种不同颜色的现象。

（2）三色性　是二轴晶彩色透明宝石在三个主振动方向上呈现三种不同颜色的现象。对于一些多色性很强的宝石，用肉眼在不同方向也可以看到不同的颜色。一轴晶宝石可能存在二色性；二轴晶宝石可能存在三色性，也可能存在二色性。不存在多色性不一定是单折射宝石。

3. 珠宝玉石多色性的研究意义

（1）辅助区分均质体与非均质体　具有多色性的宝石必定具有双折射，一定是非均质体宝石。不存在多色性的宝石不一定是单折射宝石。

（2）辅助区分一轴晶与二轴晶宝石　如果测定宝石具有三色性，则可以确定该宝石属于二轴晶。具有二色性的宝石不一定是一轴晶宝石。

（3）辅助鉴定具有典型多色性的宝石　例如，红宝石：强，玫瑰红/橙红；堇青石：强，蓝/稻草黄/紫蓝。

（4）辅助加工定向（图2-4-43）　在宝石加工中，具有多色性的宝石必须正确取向，如红、蓝宝石加工中，顶刻面必须垂直*C*轴方向，方可显示最好的颜色，需要通过观察多色性决定台面的方向。

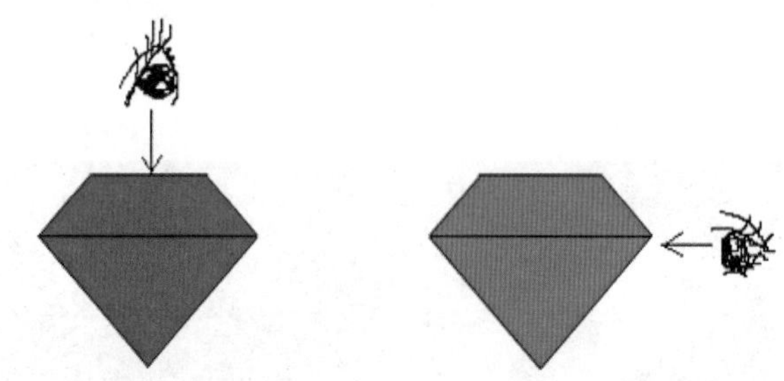

图2-4-43　多色性辅助加工定向

值得注意的是，多色性的强弱与双折率无关，并非双折率越大多色性越强。珠宝玉石的多色性与珠宝玉石对分解后的偏振光的选择性吸收有关。在珠宝玉石鉴定中，多色性只是作为一种辅助证据，必须要有其他测试方法的支持。

七、珠宝玉石的特殊光学效应

珠宝玉石的特殊光学效应是指由于光的反射和折射作用，在珠宝玉石中产生的一系列特殊的光学效应的总称。特殊光学效应会增添珠宝玉石的神秘感，使其具有特殊的美感。

（一）猫眼效应

1. 猫眼效应的定义

在宝石学中，猫眼效应指在平行光线的照射下，以弧面形切磨的某些珠宝玉石呈现出的一条明亮光带随样品或光线的转动而移动的现象（图2-4-44）。

2. 猫眼效应产生的原理和条件

产生猫眼效应必须具备以下条件：①宝石内含有丰富的呈平行排列的管状或纤维状内含物；②琢磨宝石时底面平行于内含物的方向；③宝石应琢磨成弧面型。

猫眼效应产生的原理是宝石内部一组密集的定向排列的包裹体或结构对进入宝石的光产生反射和折射，把光聚焦到宝石表面而在宝石表面形成一条亮线。

一般来讲，宝石折射率越高，包裹体反射光的焦点平面越低。因此对于具有猫眼效应的宝石，折射率越高，其弧面高度可以相对较低，而折射率较低的宝石其弧面高度要相对增高，才能使猫眼效应表现得更明显。所以在加工具猫眼效应的弧面型宝石时，其高度与反射光焦点平面高度要一致，并要注意使亮线平行于宝石的长轴。如图2-4-45所示，当弧面型宝石的高度与内反射线焦点一致时，“眼线”出露窄而亮；当弧面型宝石的高度低于内反射线焦点平面时，“眼线”变得宽而疏。

图2-4-44　具有猫眼效应的金绿宝石

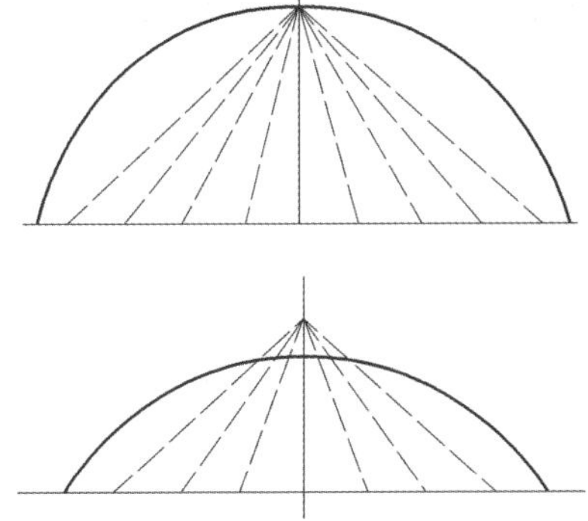

图2-4-45　弧面型宝石的高度与“猫眼线”宽度的关系

常见的具有猫眼效应的宝石如下：金绿宝石、红宝石、蓝宝石、磷灰石、海蓝宝石、石英、矽线石、阳起石、月光石、欧泊、虎睛石、鹰眼石、方柱石、木变石、辉石、橄榄石、碧玺、玻璃等。

（二）星光效应

1. 星光效应的定义

在平行光线照射下，以弧面型切磨的某些珠宝玉石表面呈现出两条或两条以上交叉亮线的现象在宝石学中称为星光效应。每条亮带称为星线，通常多见二条、三条和六条星线。可分别称其为四射（或十字）（图2-4-46）、六射星光（图2-4-47）或十二射星光。星光效应多是内部含有密集平行定向排列的两组、三组或六组包裹体所致。

图2-4-46　四射（十字）星光透辉石

图2-4-47　六射星光蓝宝石

2. 星光效应产生的原理和条件

产生星光效应必须具备以下条件：①宝石内含有两组或两组以上的管状或纤维状包裹体；②琢磨宝石时底面平行于内含物的方向；③宝石应琢磨成弧面型。

能产生星光的珠宝玉石须含有二组或二组以上定向排列的包裹体或定向排列的内部结构，且弧面型宝石的底面与这些包裹体或结构所在平面平行。星光效应的形成机理与猫眼效应形成的机理一样，是宝石及宝石内部定向包裹体或结构对可见光的折射和反射作用。所不同的是，在星光效应中包裹体或结构已不局限在一个方向上，这些包裹体按一定的角度分布，星光效应是几组包裹体与光作用的综合结果。例如，图2-4-48中星光红宝石产生六射星光的原因是红宝石内部含有三组平行排列的金红石包裹体（图2-4-49）。图2-4-50所示为星线和包裹体方向关系位置示意图，从图中可以看出每条星线垂直于一组包裹体。

另外，在某些宝石中还会出现猫眼和星光同时存在的极为少见的特殊情况，例如，图2-4-51中方柱石中存

图2-4-48　星光红宝石

图2-4-49　星光红宝石中平行排列的三组包裹体

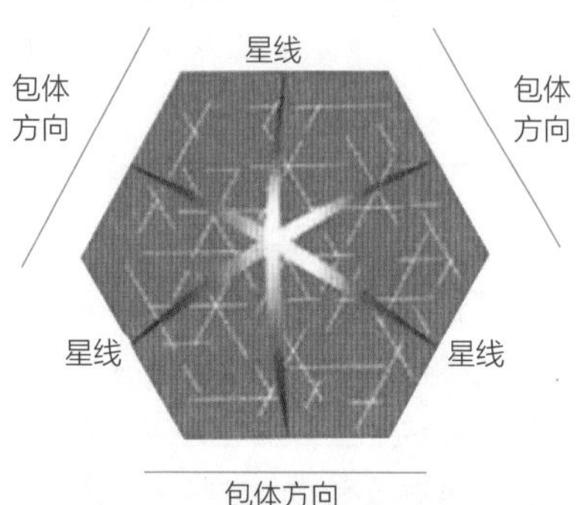

图2-4-50　星线与包裹体关系示意图

图2-4-51　方柱石中同时出现猫眼和星光

在一条强的猫眼线，还有六条较弱的但清晰的星光线。

常见的具有星光效应的宝石如下：红宝石、蓝宝石、石榴石、尖晶石、祖母绿、透辉石、芙蓉石、石英、长石、方柱石、合成红宝石、蓝宝石等。

（三）变色效应

变色效应是指因入射光的波长改变（即在不同的光源下），珠宝玉石呈现不同颜色的光学效应，如变石。图2-4-52中，同一粒变石在自然光下呈现蓝绿色，而在白炽光下呈现紫红色。变石的化学式为$BeAl_2O_4$，致色杂质离子为Cr^{3+}离子，Cr^{3+}离子的外层d电子跃迁吸收的能量为2.17eV，介于红宝石（2.25eV）和祖母绿（2.04eV）之间，在可见光区域内，变石中红光和蓝绿光透过的概率近于相等。若利用日光灯去照射变石，日光中短波占优势，绿光大量透过，而使宝石呈蓝绿色；用白炽灯照射变石，白炽光中长波占优势，红光大量被透过而使宝石呈现紫红色。

在某些宝石中可能同时出现变色效应和猫眼效应，比如同时具有变色效应和猫眼效应的金绿宝石（图2-4-53）。

除变石外，蓝宝石和石榴石也可具变色效应。

图2-4-52　具变色效应的金绿宝石（变石）

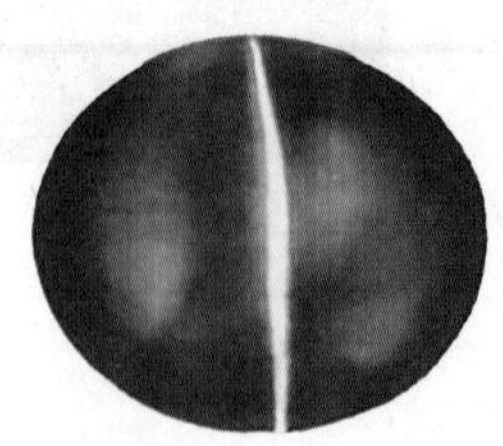
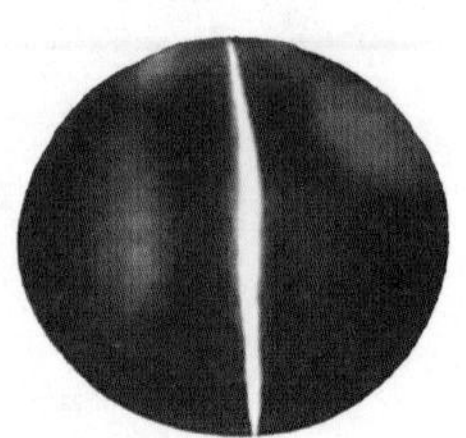

图2-4-53　同时具有变色效应和猫眼效应的金绿宝石

（四）晕彩效应（变彩效应）

晕彩效应（变彩效应）是指珠宝玉石内部的特殊结构对光的干涉或衍射作用使某些光减弱或消失，某些光波加强而产生的颜色现象。

变彩是光的干涉、衍射作用引起的。例如，欧泊的变彩效应（图2-4-54）是由于组成欧泊的SiO_2球体形成三维光栅而引起的衍射形成的变彩效应；拉长石的晕彩效应（图2-4-55）是由于聚片双晶面或平行方向薄层析离体或微细的定向排列的空隙与包裹体对光的不同吸收和干涉作用而形成的，从而呈现出蓝、绿、黄等的晕彩效应；珍珠（晕彩）是珍珠表面或表层下形成的可漂移的彩虹色，是由珍珠的结构所导致的光的折射、反射、漫反射、衍射等光学现象的综合反映，也称之为光彩。

月光效应也是晕彩的一种。它指在一个弧面型的长石戒面上转动时，宝石可呈现的一种波形的银白色或淡蓝色浮光，形似柔和的月光，以长石类宝石最为常见。月光效应是变彩效应中的一种特殊效应，是由于内部的微细结构对光的散射作用和K、Na互层的干涉作用形成的一种浮于宝石体色之上的乳白色或蓝色的辉光，互层薄时为蓝色。如月光石（图2-4-56）。

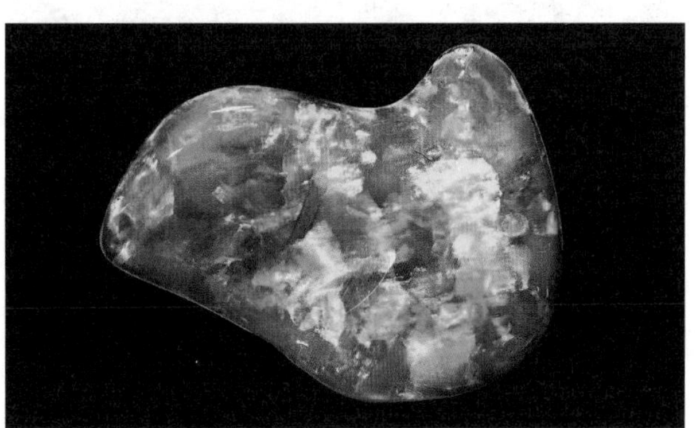

图2-4-54 欧泊的变彩效应

图2-4-55 拉长石的晕彩效应

图2-4-56 具月光效应的月光石

（五）砂金效应

砂金效应指透明宝石、玉石中光泽较强的包裹体或共存矿物界面反射光或折射光（并引起干涉）而呈现的耀眼闪光。具有这种闪光的石英称为耀石英或砂金石英；具有这种闪光的长石称为日长石或日光石。有的文献将石英中有绿色包裹体因而在白色背景上呈现的鲜艳闪光或绿色石英岩表面呈现的云母片的闪光（如东陵石）也归为砂金效应。有的文献甚至将沸石、玻璃中的类似闪光均归入砂金效应。这类广义的砂金效应可以是均匀的，也可以是条片状、点状的闪光，有或没有特定的颜色。

日光石（图2-4-57）是最典型的具有砂金效应的宝石，其内部含有大量的薄片状赤铁矿或针铁矿包裹体。这些包裹体呈现出火红色或褐红色，在光的照射下反射能力强，而显出一种金黄色到褐色色调的火花闪光。现在市场上出现大量人造的、具有砂金效应的人造砂金石（图2-4-58）。

产生砂金效应必须具备以下条件：①片状定向排列的包裹体；②片状包裹体要有平滑的表面，最好还具有金属光泽。

图2-4-57 具砂金效应的日光石

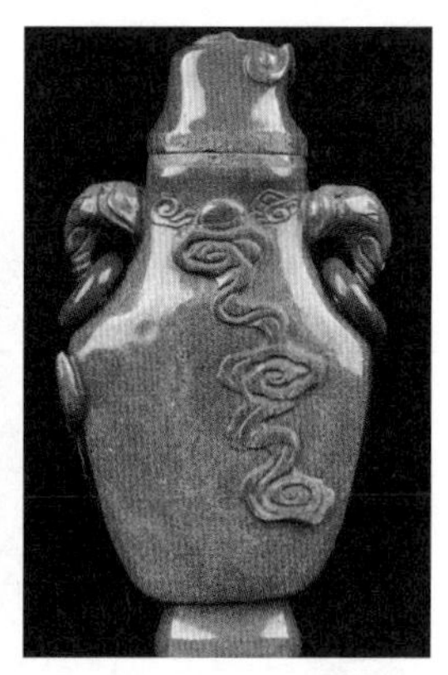

图2-4-58 具有砂金效应的人造砂金石

（六）乳光效应

当光进入某些宝石内部后，因光的散射现象，在宝石内部显示的一种乳白色或像珍珠光泽那样柔和的辉光称为乳光效应（图2-4-59）。这是胶态集合体或超显微

图2-4-59 具乳光效应的蛋白石

晶质的光色，如蛋白石、珍珠质或玉髓等。其起因类似丁达尔效应，即胶体分散相或超显微粒子的漫反射效应。

八、珠宝玉石的发光性

（一）概念和类型

发光性指宝石在各种外来激发源（高温加热除外）的激发下发出可见光的现象。发光性的实质是宝石晶体结构吸收了较高的外加能量，然后以较低的能量（可见光）再发射出来。

发光性的机制很复杂（表2-4-3），总体上可以认为是被激发到高能级的价电子再回到基态时以可见光的形式释放出能量。能激发矿物发光的因素很多，如摩擦、加热、阴极射线、紫外线、X射线都可使某些矿物发光。在宝石学中经常遇到的是紫外线激发下的荧光和磷光。

表 2-4-3 宝石发光机制

辐射源	可见光	紫外光	X射线	热辐射	摩擦研磨	电子	高压放电	化学反应	生物过程
发光性	荧光磷光	荧光磷光	X荧光	热发光	摩擦发光	阴极荧光	电子发光	化学发光	生物发光

（二）发光过程

（1）电子吸收光子能量进入激发能级（高能级）；

（2）电子以热能和发射光子的形式放出能量回落到基态能级（低能级）。

（三）荧光和磷光

1. 荧光

指宝石受到外界能量激发而发出可见光波的现象。它与光源同步存在，激发源撤除后发光立即停止。按发光强度分为：强、中、弱、无。例如，钻石在受到紫外线照射时会发出荧光（图2-4-60）。

荧光发生过程：①电子以热的形式放出能量；②电子以光子的形式回落到基态能级，同时发出可见光。若宝石为惰性，是由于它发出的光不在可见光范围内。

2. 磷光

指宝石受到外界能量激发而发出可见光波，激发源撤除后仍能继续发光的现象。如无色钻石在受长波紫外光激发后常见黄色磷光。具有磷光效应的宝石常被称为夜明珠，常见的具有磷光效应的宝石主要有萤石。

磷光发生过程：①电子以热的形式放出能量，落入陷阱能级；②电子吸收热能克服能垒；③电子以光子的形式回落到基态能级，延迟发出可见光。若变色，则是落入陷阱能级中，不能克服能垒。

市场上常见一种具有磷光效应的人造硼铝酸锶假冒夜明珠出售（图2-4-61）。

图2-4-60 钻石在紫外光照射下的荧光反应

图2-4-61 人造硼铝酸锶

（四）发光性研究意义

（1）发光性特征较稳定，有时可作为鉴定依据；

（2）发光性特征变化很大，不能作为可靠的鉴定依据。

（五）检测方法

在珠宝鉴定实践中，常使用紫外灯、交叉滤色镜、X荧光、阴极发光等对宝石的发光性进行检测分析。与宝石鉴定有关的发光类型主要为光致发光和阴极射线致发光。在实验室中，宝石的荧光特点可作为宝石鉴定的依据之一。

第二节　珠宝玉石的力学性质

珠宝玉石的力学性质是指珠宝玉石在外力（如刻画、敲打、挤压和拉伸等）作用下所呈现出的性质。

一、硬度

1. 概念

硬度指珠宝玉石材料抵抗外来刻画、压入或研磨等机械作用的能力。它是鉴定矿物的重要特征之一。珠宝玉石的硬度主要取决于宝石的化学组成、化学键以及晶体结构等因素。同时晶体内部结构的缺陷、机械混入物等也会影响矿物的硬度。另外，风化、裂隙、杂质以及集合体方式等因素也会影响矿物的硬度。某些矿物硬度的细微变化还与形成条件有关。

硬度产生的基础在于原子之间的键合的性质和强度，而不在于某些元素的单个原子较其他元素更强、更韧、更耐磨。例如，石墨、钻石均由碳元素组成，其硬度却有极大差距。矿物或宝石的硬度取决于其成分和结构。具原子晶格的矿物硬度最高，具分子晶格的矿物硬度最低。

2. 硬度的分类

宝石的硬度可以分为绝对硬度和相对硬度（摩氏硬度）。

绝对硬度是通过硬度仪在标准条件下测定的。宝石的相对硬度（或比较硬度）是与规定的标准矿物比对得出的相对刻画硬度，在鉴定宝石中最有意义。绝对硬度的精密测量常用显微硬度计。因为绝对硬度的测试和设备较复杂，故在宝石鉴定中多用摩氏硬度来表示宝石的硬度。图2-4-62为宝石的绝对硬度与摩氏硬度的关系图。

3. 摩氏硬度计

摩氏硬度计是1822年由德国矿物学家摩斯提出的刻画硬度计（图2-4-63）。它是以10种矿物为基础的非线性硬度计，其硬度由低到高规定为1至10。在摩氏硬度中，金刚石最硬，滑石最软。如果一个未知矿物能够刻画正长石，但又能被石英所刻动，这个未知矿物的摩氏硬度就介于6和7之间，近似定为6.5。

摩氏硬度计按硬度增大的顺序编号从1到10，每种矿物都能刻画编号比它低的矿物，它本身也能被编号高于它的矿物所刻划。表2-4-4为摩氏硬度计表。

表 2-4-4　摩氏硬度计表

滑石	石膏	方解石	萤石	磷灰石	长石	石英	黄玉	刚玉	金刚石
1	2	3	4	5	6	7	8	9	10

在使用摩氏硬度计时，人们还以下面一些常见物质的相对硬度加以补充。

指甲：2.5；铜针：3；窗玻璃：5～5.5；刀片：5.5～6；钢锉：6.5～7。

需要注意的是，从图2-4-62可以看出，摩氏硬度计中各个硬度级别的硬度差异是不相等的，例如硬度为10的钻石和硬度为9的刚玉之间的硬度差异，实际上远远大于刚玉与硬度为1的滑石之间的硬度差异的总和。

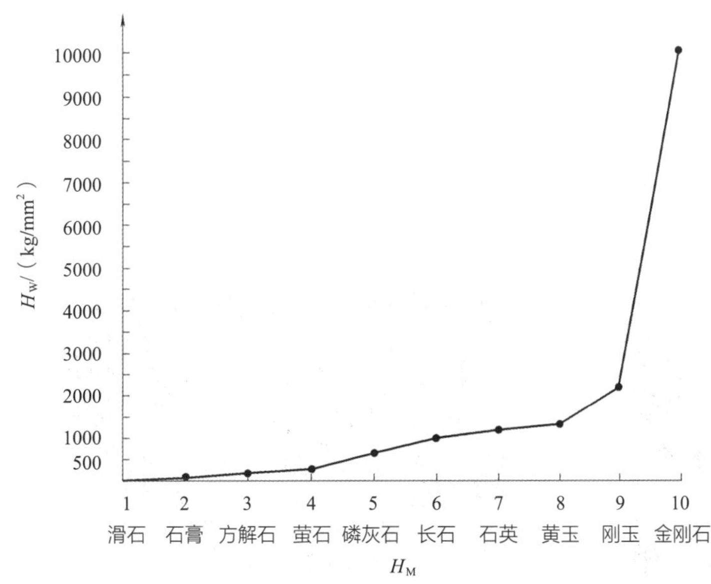

图2-4-62　宝石的绝对硬度与摩氏硬度的关系图

图2-4-63　珠宝玉石摩氏硬度计

另外，集合体宝石的硬度还与参与组成宝石的矿物颗粒的结合方式有关。

4. 宝石硬度的异向性（差异硬度）

宝石硬度的异向性指某些宝石的硬度具有一定的方向性差异，受宝石结构影响，硬度随方向不同而变化，且在不同结晶方向上其硬度有不同程度的变化。宝石硬度的异向性又称为差异硬度。这种差异硬度是宝石晶体结构中原子键合面和键合方向的规则排列所致。差异硬度只存在于晶质材料中。如金刚石，其平行立方体面对角线方向的硬度最大，平行菱形十二面体面短对角线的方向硬度最低。金刚石粉末的方向是随机的，可能含有大量硬度较高方向的尖粒。因此，金刚石抛光粉可以抛磨钻石戒面。又如蓝晶石（图2-4-64）在（100）晶面上，沿b轴方向的硬度为6.5，沿c轴方向的硬度为4.5。但是，硬度作为宝石矿物的固有性质，其各个方向尽管存在着硬度差异，但这种差异是服从晶体本身的对称性的，如钻石所有八面体方向的硬度特征都是相同的，立方体方向的硬度特征也是相同的。

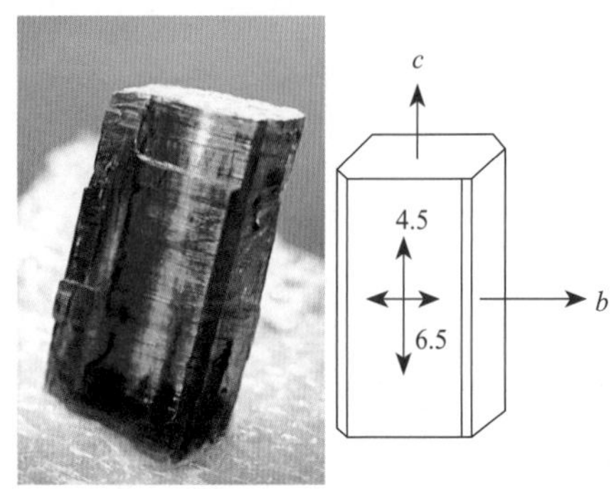

图2-4-64　蓝晶石晶体及差异硬度示意图

5. 硬度的作用

（1）鉴定　根据刻画棱尖锐程度可大致知其硬度高低。越尖锐，光泽越强，说明硬度高，反之越低。硬度测试属于破坏性测试，在宝石中一般不使用。图2-4-65中，钻石的刻面棱是尖锐而锋利的，而CZ钻（立方氧化锆）的刻面棱是圆滑的，据此可以作为钻石和CZ钻的鉴定依据之一。

（2）加工

①对具体宝石材料选择应采用哪种研磨剂或抛光剂时，硬度是非常重要的因素。如用钻石粉抛光翡翠会出现均匀的玻璃光泽；若用软材料抛磨，则橘皮效应明显。

②对硬度低的宝石，可以加盖一种较硬的材料制成拼合石，以对硬度较差的珍贵宝石进行保护。如二层石欧泊，在欧泊上面拼一层水晶。

（3）维护　选择适当的方法对珠宝玉石进行存放，不要将硬度低的宝石和硬度高的宝石放在一起。同时在佩戴珠宝玉石时也要注意不要把硬度不同的珠宝玉石佩戴在一起。如把碧玺手链和翡翠手镯佩戴在一只手上，会造成翡翠手镯被碧玺划伤。

二、韧性和脆性

1. 概念

韧性和脆性也称打击硬度，是材料抵抗破碎的能力，取决于晶体的结构和颗粒间的接触关系。很难破碎的性质称为韧性，例如软玉韧性高。易于破碎的性质则称为脆性，例如锆石脆性高，有“纸蚀”现象。韧性和脆性近似对应。韧性与矿物的晶体结构构造有关，纤维交织结构的玉石具有较高的韧性；微晶（连晶）集合体的黑金刚石的韧性比无色单晶金刚石晶体的韧性大。

2. 常见的珠宝玉石韧性

常见的珠宝玉石的韧性由高到低依次是：黑色金刚石—软玉—硬玉—刚玉—钻石—水晶—海蓝宝石—橄榄石—祖母绿—托帕石—月光石—金绿宝石—萤石。

需要注意的是：硬度高的宝石韧性不一定好。例如锆石，硬度为7.5，但其脆性也很强，将一包锆石松散地放入纸内，其刻面边缘也会被纸磨蚀而受损，在宝石学中称为纸蚀现象（图2-4-66）。所以锆石应分别叠在绵纸内保存。

图2-4-65　钻石的尖锐刻面棱（左）CZ钻圆滑的刻面棱（右）

图2-4-66　锆石的纸蚀现象

三、解理

1. 概念

解理是晶体在外力作用下沿一定的结晶学方向裂开呈光滑平面的性质，形成的光滑平面称为解理面。解理是由矿物的晶体结构决定的，它的存在服从于晶体的对称性，是晶体固有的性质。由于晶体中的化学键力在不同的结晶方向存在差异，面网间化学键力最弱的方向易产生破裂，即沿着晶体结构的薄弱面裂开形成解理。

解理的方向具体为：

①解理面一般平行于面网密度最大的方向。因为面网的密度大，面网的间距相应也大，面网间的引力就小，所以解理易沿此方向产生，例如金刚石的{111}完全解理。

②当相邻面网为同号离子的面网时，其间易产生解理。同号离子的斥力使其相邻面网间的连接力减弱，如萤石沿{111}方向是由F-1组成的两个相邻面网，故沿{111}方向易产生完全解理现象。

③平行于化学键力最强的方向，如石墨为层状结构，层内C—C离子间距为0.142nm时具共价键，而层间距离为0.335nm时具分子键，显然层内键力大于层间键力，故沿{0001}层方向产生极完全解理。

2. 解理的分类

（1）根据解理形成的难易程度和解理面发育的特点将解理分为五级（见表2-4-5）。

表 2-4-5　宝石解理的分类

解理级别	难易程度	解理面特点	实例
极完全解理（图2-4-67）	极易分裂成薄片	平整光滑	云母、石墨
完全解理（图2-4-68）	易裂成平面或小块	较平整光滑	堇青石、坦桑石、翡翠、托帕石
中等解理（图2-4-69）	较易裂成平面或断口	断续出现、呈阶梯状	钻石、橄榄石、阳起石、葡萄石
不完全解理（图2-4-70）	不易裂成平面	不平整、不连续	金绿宝石、祖母绿、磷灰石、锡石
无	不会形成平面	无	红宝石、蓝宝石、碧玺、锆石

（2）根据解理产生的方向可将解理分为底面解理（图2-4-71）、柱面解理、菱面体解理和八面体解理等。

3. 解理在宝石学中的作用

解理可作为鉴定宝石矿物的依据，在宝石加工等方面也具有重要的指导意义。解理在某种程度上影响宝石的抛光效果，例如黄玉底面解理发育，在加工时应该尽

图2-4-67　极完全解理（云母）

图2-4-68　完全解理（方解石）

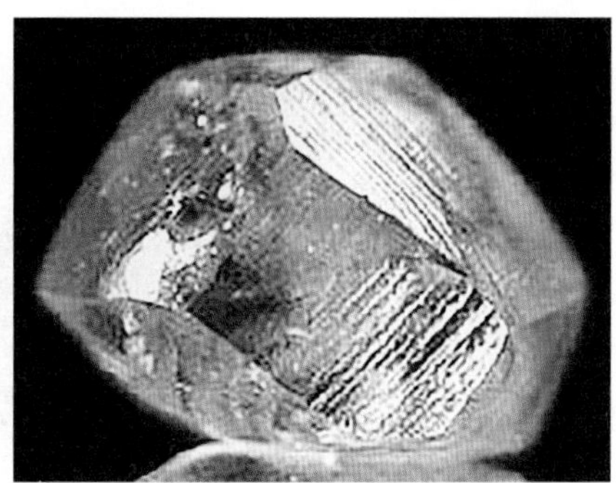
图2-4-69　中等解理（钻石）

图2-4-70　不完全解理（祖母绿）

图2-4-71　底面解理（黄玉）

量避免刻面与解理面方向平行，否则会出现粗糙不平的抛光面。金刚石的八面体解理有助于工匠沿解理方向劈开金刚石。

四、裂开（裂理）

1. 概念

裂开也叫裂理，是指晶体在外力条件下，沿一定的结晶方向裂开的性质。裂理的存在可以不服从宝石本身的对称性。一般情况下解理发育的宝石不发育裂理。相反，裂理发育的宝石解理就不发育。

2. 成因

裂开和解理在现象上很相似，但产生的原因不一样。解理是由内因决定的，是晶体固有的特性。裂开是由外因引起的，存在于晶体材料中，但不是固有性质，一般沿双晶结合面或在晶体结构中沿一定方向分布的其他物质的夹层产生。另外，裂理的存在可以不服从宝石本身的对称性。裂开的裂面平整光滑程度不如解理面。如红宝石的菱面体裂开、底面裂开（图2-4-72）。

裂开有两种成因：

①双晶结合面，特别是聚片双晶的结合面造成裂开；②当细微包裹体或固溶体离溶物分布在某一种面网上，并成为这一方向面网间的夹层重复有地分布时，也可造成裂开。

图2-4-72 红宝石沿菱面体方向的裂理

五、断口

1. 概念

断口是指由于强烈碰撞而在大多数宝石矿物中出现的一种随机的无方向性的破裂。任何晶体和非晶体宝石矿物都可以产生断口，但对于容易产生断口的宝石矿物而言，由于其断口常具有一定的形态，可用来作为鉴定矿物的一种辅助特征。

2. 类型

珠宝玉石中常见的断口类型有贝壳状断口、锯齿状断口、参差状断口等（见表2-4-6）。

表 2-4-6 断口的分类及特征

断口名称	特征	实例
贝壳状断口（图2-4-73）	常呈半圆形曲面，面上常有不规则的同心条纹，形如贝壳	钻石，水晶
锯齿状断口	断面尖锐，凹凸不平，形如锯齿	硅孔雀石
参差状断口（图2-4-74）	断面粗糙不规则，参差不齐	蔷薇辉石
颗粒状断口	断面毛糙，呈砂粒状	翡翠
平坦状断口	断面整体较平整，通常为曲面	煤玉
不规则状断口	断面形态无规律，多变	珍珠

图2-4-73 贝壳状断口（黑曜石）

图2-4-74 软玉参差状断口

六、密度和相对密度

1. 概念

密度：宝石单位体积的质量称为密度，用符号ρ表示，通常以物质的质量m与其体积V的比值来度量，定义式为：$\rho=m/V$。密度的计量单位为g/cm^3。

相对密度：相对密度是在4℃的温度下，1个标准大气压下，宝石的质量与同体积水的质量比值，无量纲，符号为d。每个宝石物质的相对密度值是相对固定的，可以作为宝石鉴定的一个特征，如红宝石的相对密度为4.0，钻石的相对密度为3.52，水晶的相对密度为2.65，钻石的仿制品合成碳硅石的相对密度为3.20。所以，相对密度也是常规鉴定的重要项目，尤其是对大块的宝石原料，其他参数难以获得时，相对密度值的测试显得尤其重要。

2. 相对密度在宝石学中的意义

相对密度对宝石的鉴定和分选具有重要的意义，特别是一些塑料仿制品，由于“较轻”，可以很容易与所仿的天然宝石相区分。合成立方氧化锆（CZ钻）、托帕石相对密度大，掂重可以给予指导性意见。必须指出的是，即便是同一种宝石，其化学成分的变化、类质同象的替代和包裹体、裂隙的存在等也会影响宝石的相对密度。

第三节　宝石矿物化学成分及其分类

从化学成分的角度，可以将宝石矿物分为含氧盐类、氧化物类和自然元素类等。

一、宝石矿物分类

（一）含氧盐类

含氧盐类矿物是由络阴离子团与一系列金属和非金属阳离子结合形成的各种盐类矿物。绝大部分宝石矿物属于含氧盐类。其中，硅酸盐类宝石矿物约占含氧盐类矿物的一半，此外，还有部分的磷酸盐类宝石矿物。

1. 硅酸盐类

在硅酸盐类矿物的晶体结构中，硅氧络阴离子配位的四面体$[SiO_4]^{4-}$是它们的基本构造单元。硅氧四面体在结构中可以孤立地存在，也可以以其角顶相互连接而形成多种复杂的络阴离子。硅酸盐矿物的形态主要取决于硅氧四面体骨干的形成以及其在晶体结构中的连接形式。因此，可以分为以下几种。

（1）岛状硅酸盐　表现为单个硅氧四面体或双四面体（以公共角顶相连的两个四面体）在结构中独立存在。它们之间并不相连，呈独立的岛状，仅靠其他金属阳离子来连接。属于此类的宝石矿物有锆石（$ZrSiO_4$）、橄榄石（Mg，Fe）SiO_4、黄玉［$Al_2SiO_4(F, OH)_2$］等。

（2）环状硅酸盐　表现为封闭的环，该环由三个、四个或者六个硅氧四面体组成，每个四面体以两个角顶与相邻的两个四面体连接，而环与环之间则靠其他金属阳离子连接。属于此类的宝石矿物有绿柱石（$Be_3Al_2Si_6O_{18}$六方环）、电气石（六方环）等。

（3）链状硅酸盐　表现为每一个硅氧四面体以两个角顶分别与相邻的两个硅氧四面体连成一条无限延伸的链，链与链之间通过其他金属阳离子来连接。属于此类的宝石矿物有翡翠、软玉、蔷薇辉石等。

（4）架状硅酸盐　表现为每个硅氧四面体均以其全部的四个角顶与相邻的四面体连接，形成无限扩展的骨架。属于此类的宝石矿物有部分长石族的宝石（月光石、日光石、拉长石、天河石）和方柱石等。

2. 磷酸盐类

磷酸盐类的宝石矿物均含有磷酸根$[PO_4]^{3-}$阴离子，其阳离子通常半径较大，所形成的矿物成分复杂，往往有附加阴离子。属于此类的宝石矿物有磷灰石［$Ca_5(PO_4)_3$］（F，Cl，OH）和绿松石［$CuAl_6(PO_4)_4(OH)_8 \cdot 5H_2O$］等。

（二）氧化物类

氧化物是一系列金属和非金属元素与氧阴离子O^{2-}化合而成的化合物，其中包括含水氧化物。这些金属和非金属元素主要有Si、Al、Fe、Mn、Ti、Cr等。根据其复杂程度，可以分为简单氧化物与复杂氧化物。属于简单氧化物的宝石有刚玉族矿物的红蓝宝石（Al_2O_3），SiO_2类矿物的各色水晶、玉髓、欧泊等。属于复杂氧化物的宝石矿物有尖晶石（Mg，Fe）Al_2O_4和金绿宝石（$BeAl_2O_4$）等。

（三）自然元素类

有一些金属和元素可以以单质形式独立出现。属于此类的宝石矿物有自然金（Au）和钻石（C）等。

二、宝石矿物中的水

多数宝石矿物均含有水，其存在形式一般为H_2O（OH）$^-$、H^+和（H_3O）$^+$，根据水的存在形式以及它们在晶体结构中的作用，可以分为吸附水、结晶水和结构水三种类型。

1. 吸附水

吸附水是被机械地吸附于矿物颗粒的表面和裂隙中，或者渗入矿物集合体中的中性水分子（H_2O）。它不参加晶格，不属于矿物的化学组成，也不写入化学式。吸附水的含量随外界温度和湿度变化而发生变化。常压下温度达到100～110℃时，宝石矿物中的吸附水即全部失去而不破坏晶格。吸附水中有一种特殊的类型——胶体水，它是胶体矿物本身固有的特征，通常计入矿物化学组成，但其含量变化很大。如蛋白石，其分子式为$SiO_2 \cdot nH_2O$（n为H_2O分子数，不固定）。

2. 结晶水

结晶水是以H_2O的形式存在于矿物晶格中一定位置上的水，是矿物固有的成分之一，起着构造单位的作用。水的含量与其他组分的含量成简单的比例关系。结晶水从矿物中的逸出温度常为100～200℃，一般不超过600℃。当结晶水失去时，晶体的结构将被破坏并形成新的结构。如绿松石，其分子式为$CuAl_6(PO_4)(OH)_8 \cdot 5H_2O$，其中$H_2O$的含量达到19.47%。

3. 结构水

结构水是以OH^-、H^+和$(H_3O)^+$离子形式存在于矿物晶格中一定位置上并有确定含量比的"水"，尤以OH^-形式最为常见。结构水的逸出温度通常较高，在600～1000℃。当其逸出后，矿物晶体结构完全破坏。很多宝石矿物都含有这种结构水，如碧玺、黄玉等。

三、类质同象

1. 类质同象的概念

矿物化学成分在一定范围内是可以变化的。这主要是出自两方面的原因：一是类质同象替代；二是外来物质机械混入，即含有不进入晶格的包裹体。所谓类质同象，是指在晶体结构中部分质点被其他性质类似的质点所替代，仅使晶格常数和物理化学性质发生不大的变化，而晶体结构保持不变的现象。如果相互替代的质点可以任意比例替代，即替代是无限的，则称为完全类质同象。此时它们可以形成一个成分连续变化的类质同象系列。例如，橄榄石$(Mg,Fe)_2SiO_4$中的Mg^{2+}和Fe^{2+}之间的替代，当二者都存在时，可统称为橄榄石；当Mg全部被Fe替代时，便成为铁橄榄石Fe_2SiO_4；Fe全部被Mg替代时，就成为镁橄榄石Mg_2SiO_4。

如果质点替代只局限于一个有限的范围内，则称为不完全类质同象。例如，闪锌矿（ZnS）中的Zn^{2+}可部分地（最多26%）被Fe^{2+}所替代，在这种情况下，Fe^{2+}被称为类质同象混入物。此外，当相互替代的质点电价相同时（如Na^+和K^+，Fe^{2+}和Mg^{2+}相互替代），称为等价类质同象，如果相互替代的质点电价不同（如Al^{3+}替代Si^{4+}）时，则称为异价类质同象。当然，后者必须有电价的补偿以维持电价平衡。

2. 类质同象的条件

类质同象的形成，一方面取决于质点本身的性质，如原子或离子半径大小、电价、离子类型、化学键性等；另一方面也取决于外部条件，如温度、压力和介质条件等。

（1）质点大小相近　相互替代的原子或离子必须有近似的半径。一般而言，如果相互替代的质点半径相差越小，相互替代的能力越强，替换量也越大；反之则相互替代的能力越弱，替换量越小。

（2）电价的总和平衡　在离子化合物中，类质同象替代前后，离子电价总和应保持平衡，因为电价不平衡将引起晶体结构的破坏。

（3）相同的化学键性　类质同象替代一般是在同种离子类型之间发生的，如果离子类型不同则很难发生类质同象。离子类型不同，极化力强弱各异。惰性气体型离子易形成离子键，而同型离子则趋向于共价键结合。

（4）热力学条件　介质的温度、压力和组分浓度等外部条件对类质同象的发生也起重要作用。一般来说，温度升高时类质同象替代的程度提高，温度下降则类质同象替代的程度降低。

3. 类质同象作用对宝石性质的影响

（1）对宝石矿物颜色的影响　类质同象对于宝石矿物具有非常重要的意义，因为大部分宝石矿物是由于少量类质同象混入物而呈现各种美丽颜色的。例如，纯净的刚玉矿物是无色的，其化学成分为Al_2O_3，当其中的Al^{3+}被微量Cr^{3+}替代（即$Cr^{3+} \rightarrow Al^{3+}$）时则呈现玫瑰红—红色色调，称红宝石；当其中的$Al^{3+}$被微量$Ti^{4+}$和$Fe^{2+}$等替代（即$Ti^{4+}+Fe^{2+} \rightarrow 2Al^{3+}$）时则呈现漂亮的蓝色，称蓝宝石。$Fe^{2+}$和$Ti^{4+}$含量越高，则蓝宝石的蓝色越深，反之越浅。我国山东蓝宝石的深蓝色就是其中含有过多的Fe导致。再例如，翡翠主要由硬玉矿物组成，硬玉的化学组成为$NaAlSi_2O_6$。纯净的硬玉岩是白色的，但当硬玉化学组成中的Al被不同元素替代时，则显示不同的颜色：

①当硬玉化学组成中的Al被Cr、V替代时，翡翠呈诱人的绿色，绿色的深浅与替代程度有关：当Cr的质量分数在1%～2%时，翡翠的颜色最美丽，呈浓艳的绿色，且为半透明；但当Cr含量很高时，翡翠则呈不透明的黑绿色，即所谓的干青种翡翠。

②当硬玉化学组成中的Al^{3+}被Fe^{3+}替代时，翡翠呈发暗的绿色（不像含Cr翡翠那么鲜艳、明快，而是呆板、缺乏灵气的绿色）。若Fe^{3+}只是少量替代Al^{3+}，翡翠呈浅绿色；若Fe^{3+}大量替代Al^{3+}，则翡翠呈暗绿色，甚至墨绿色。

③当硬玉化学组成中的Al^{3+}同时被Fe^{3+}和Cr^{3+}替代时，翡翠的颜色则视Fe^{3+}和Cr^{3+}相对比例而定。Cr^{3+}较多时绿色鲜艳一些，Fe^{3+}较多时绿色偏暗一些。

④当硬玉化学组成中的Al^{3+}同时被Fe^{2+}和Fe^{3+}替代时，则翡翠呈紫色，也有人认为翡翠的紫色是Mn或K

造成的。

（2）对宝石矿物折射率、相对密度和硬度的影响 类质同象不但使宝石矿物的化学成分发生一定程度的改变，而且也在一定程度上影响它的折射率和相对密度等物理性质。例如，在橄榄石（Mg，Fe）$_2$ SiO_4组成中，Fe和Mg可以呈完全类质同象（Mg^{2+}～Fe^{2+}）。随着其中Fe含量增加，不但橄榄石的颜色加深，而且它的相对密度（3.32～3.37）和折射率（1.65～1.69）也逐渐增大，摩氏硬度（H_M=6.5～7）也略有增加。

第四节 珠宝玉石的其他性质

一、导电性

导电性是宝石矿物对电流的传导能力，一般来说，金属矿物是电的良导体，非金属矿物是电的不良导体，而有的矿物是电的半导体。矿物的导电性主要用于工业中，例如石墨和金属是电的良导体，可作为电极材料；云母和石棉是电的不良导体，可作为绝缘材料；而半导体则被广泛地用于无线电工业中。在宝石学中，也可用导电性来帮助鉴定宝石。如天然蓝色钻石由于其中含有微量的B而成为半导体，而用辐射处理或染色形成的蓝色钻石则没有这种性质，据此可将它们区分开来。如赤铁矿、针铁矿、人造金红石、天然蓝色钻石。

二、热电效应

热电性是指宝石矿物在外界温度变化时，在晶体的某些方向上产生电荷的性质。如电气石加热到一定温度时，其Z轴的一端带正电，另一端带负电；若将已加热的晶体冷却，则两端的电荷变号。热电效应是温度升高或降低使得宝石晶体产生电压或形成表面电荷的效应，如水晶、电气石等。可能是晶体受到差异温度作用时，晶体产生膨胀或收缩，晶格中被热激发出电荷并发生运移所致。

三、压电效应

压电效应是指某些矿物晶体在机械作用的压力或张力影响下，因变形效应而呈现的电荷性质。在压缩时产生正电荷的部位，在拉伸时产生负电荷。在机械地一压一张的相互作用下，就可以产生一个交变电场，这种效应就称为“压电效应”。具有这种压电性的矿物晶体，如果把它放在一个交变电场中，它就会产生一伸一缩的机械振动。矿物的压电效应发生在具有极性轴的各类晶体矿物中（如石英），压电性在现代科学技术中被广泛应用，如无线电工业中用作各种换能器、超声波发生器等，但在宝石中的应用还有待开发。净度较高的石英单晶受到压力作用时会产生电荷，当受到电压作用时又会产生频率很高的振动。天然单晶水晶和合成单晶水晶均具有良好的压电性能。具有压电性的晶体不能有对称中心。

四、静电效应

静电是物体表面过剩的或者不足的静止电荷。静电是一种电能，它留存于物体表面，是正电荷和负电荷在局部范围内失去平衡的结果。静电是通过电子或者离子转移形成的，如琥珀、塑料制品等具有静电效应。

五、导热性

导热性是物质传导热量的性能。不同宝石传导热量的性能差异较大，所以导热性可作为宝石的鉴定特征之一。

宝石学一般以相对热导率表示宝石的相对热导性能，常以银或尖晶石的热导率为基数（表2-4-7）。钻石的热导率比其他宝石高数十倍至数千倍，因此使用热导仪能迅速鉴别钻石。

表 2-4-7 常见宝石和某些材料的相对热导率
（以尖晶石热导率为基数 1）

宝石及材料	相对热导率	宝石及材料	相对热导率
钻石	56.9～170.8	电气石	0.45
银	44	橄榄石	0.41
金	31	锆石	0.39
刚玉	2.96	绿柱石	0.34～0.47
黄玉	1.59	铁铝榴石	0.28
尖晶石	1	镁铝榴石	0.27
赤铁矿	0.96	钙铁榴石	0.26
红柱石	0.64	坦桑石	0.18
金红石	0.63	翡翠	0.4～0.56
石英	0.5～0.94	钙铝榴石	0.48
玻璃	0.08		

六、放射性

宝石矿物所含的放射性元素能自发地从原子核内放出粒子或射线，同时释放能量，因此它可使宝石致色，这对人体可能产生伤害，故会影响宝石价值。另外，经过辐射处理的宝石也可能存在放射性问题。

七、磁学性质

宝石矿物的磁学性质主要由矿物成分中含有铁、钴、镍、钛和钒等元素所致。磁学性质的强弱取决于宝石矿物所含金属元素的多少。大多数宝石应具有磁性，一些磁性比较强的宝石完全可以用磁性鉴定（如磁铁矿、赤铁矿），磁性较弱的则尚无鉴定意义。

第五章

珠宝玉石鉴定仪器及使用方法

第一节　镊子、放大镜和显微镜

一、宝石镊子和宝石爪

在观察和鉴定宝石时，人们常用手直接拿宝石，这对于粒度较大的宝石原料是可以的，而对于颗粒很小或已磨好的宝石成品，用手直接拿就很不方便。另外，保持宝石的清洁很重要，人的手指上有汗液、油垢，极易在宝石的光洁面上留下指纹污迹，妨碍观察，这时就需要使用宝石镊子和宝石爪来夹取宝石。

（一）宝石镊子

宝石镊子（图2-5-1）一般为不锈钢制成，头部为尖锐状或半圆形，内侧有槽齿（图2-5-2）用以夹紧和固定宝石，避免宝石被夹住后滑脱。使用镊子的时候应用拇指和食指控制好镊子的开合，且需要用力均匀，如若过松则会使宝石掉落，但太过用力则宝石易绷出弹飞。镊子可分为带锁和不带锁两种，图2-5-1为带锁的宝石镊子，夹好宝石后可以用锁锁住宝石而无须用手控制镊子的开合。图2-5-3为不带锁的宝石镊子，使用时需要用拇指和食指控制好镊子的开合。

（二）宝石爪

宝石爪的功能与镊子相似（图2-5-4），其外形像一支金属的活动铅笔，按压其顶端，前端会伸出3～4根有钩的钢丝。使钢丝钩抓住宝石后，放松顶端，宝石即被牢牢抓住绝不会滑落，在长时间仔细观察一粒宝石时，使用宝石爪比使用镊子更方便。

（三）弹簧宝石夹

弹簧宝石夹（图2-5-5）是另外一种类型的宝石镊子，常用于各种宝石检测设备上，如宝石显微镜、台式分光镜等，使用起来方便、简单。

（四）特殊种类宝石镊子

另外，还有一些有特殊用途的宝石镊子。图2-5-6为珍珠专用的宝石镊子；图2-5-7为带铲的宝石镊子，常用于钻石检验和钻石商贸。

图2-5-1　带锁的宝石镊子

图2-5-2　宝石镊子内侧槽齿

图2-5-3　不带锁的宝石镊子

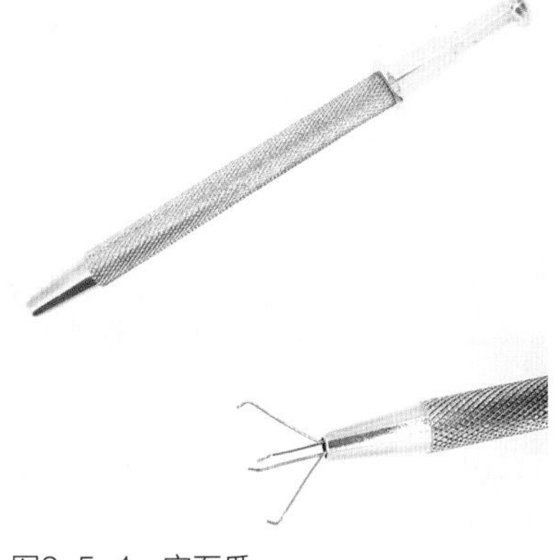

图2-5-4　宝石爪

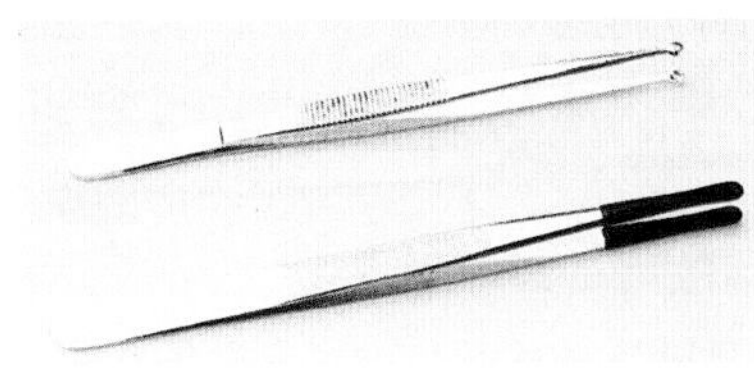

图2-5-6　珍珠专用宝石镊子

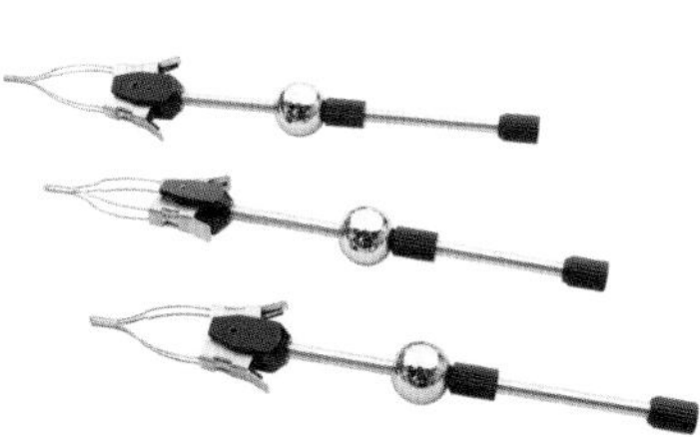

图2-5-5　弹簧宝石夹

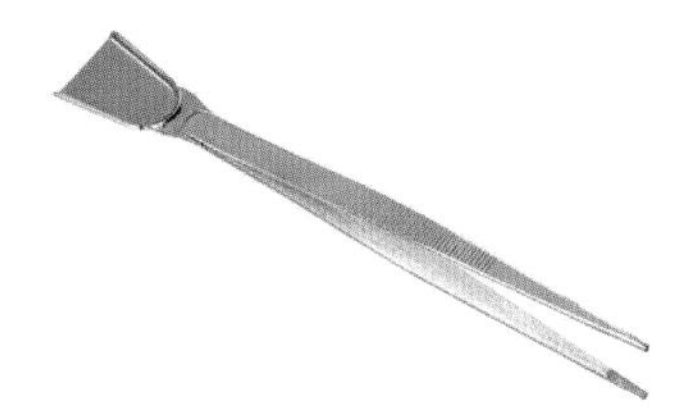

图2-5-7　带铲宝石镊子

二、放大镜

放大镜（图2-5-8）和显微镜都是通过放大观察宝石的内含物和表面特征来区分天然宝石、合成宝石、优化处理宝石及仿制宝石的重要仪器。正确地使用放大镜和显微镜也是宝石检测工作者所需要掌握的基本技能。

图2-5-8　宝石专业放大镜

放大镜是用于观察宝石内、外部现象最简易而有效的工具，既是珠宝鉴定和商贸中最便于携带和使用最多的小型仪器之一，也是珠宝检测人员和从事珠宝商贸必备的鉴定仪器。需要注意的是放大镜的倍数不是越大越好，由于受到放大镜自身结构的影响，随着放大倍数增大，放大镜清晰度会减小，同时明视距离（能长时间清晰观看而不易感到疲劳的最短观察距离称为明视距离）也会越短。放大镜的放大倍数与明视距离和放大镜的焦距有关，即：放大倍数=清晰影像的最小距离（明视距离）/放大镜的焦距。

放大镜的放大倍数经常用“×”来表示，珠宝行业最常用的放大镜是10倍（10×）放大镜，另外还有14倍（14×）、15倍（15×）和20倍（20×）放大镜。在钻石商贸行业也常用14倍（14×）和15倍（15×）放大镜来观察钻石内部的包体特征。10倍（10×）放大镜是钻石4C分级全球统一的标准检测仪器。

（一）与放大镜有关概念

1. 曲率

曲率指凸透镜凸面的弯曲程度，凸面越弯曲，凸透镜曲率越大，导致放大倍数越大，同时像差也会同步增大，反之亦然。

2. 像差

像差又叫球差（图2-5-9），是指放大视域范围边缘部分图像的畸变。一般以畸变程度衡量放大镜的好坏。

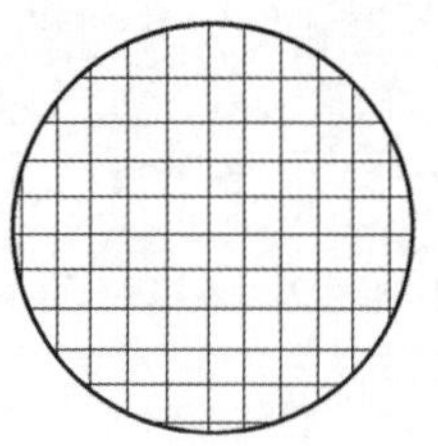

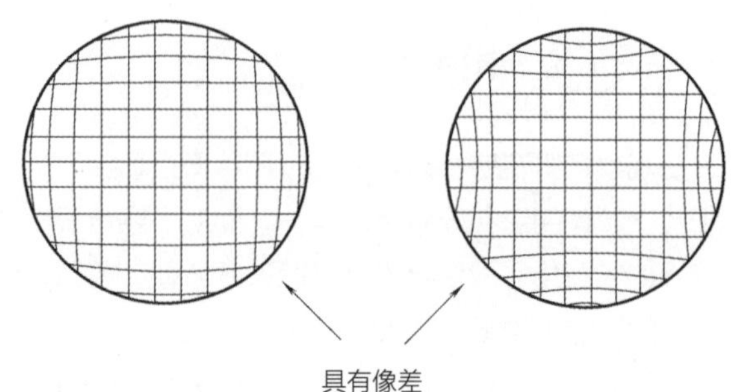

图2-5-9　像差示意图

3. 色差

色差是指放大镜视域边缘部分出现彩色干涉色的现象。

（二）放大镜的结构

常见的放大镜的结构主要有单片凸透镜、双组合镜和三组合镜。三组合镜不但视域较宽，而且消除了图像畸变和彩色边缘现象。

优质的宝石放大镜，一般要求能很好地消除色差和像（球）差，而双凸透镜、双组合镜均无法达到很好地消除色差和像（球）差的目的。所以，珠宝专业检测使用的放大镜均为三组合镜。

1. 双凸透镜放大镜

单片双凸透镜放大镜（图2-5-10）由单个的双凸透镜构成，放大倍数常小于3倍，这种放大镜优点是价格便宜，缺点是具有像差和色差。

2. 双组合镜放大镜

双组合镜放大镜（图2-5-11）又称二合镜，由两片平凸透镜组成（图2-5-12）。这种放大镜优点是价格便宜，并且能够消除像差；缺点是具有色差。

3. 三组合镜放大镜

三组合镜放大镜（图2-5-13）又称三合镜，由一个由冕牌玻璃做成的双凸透镜和两个由燧石玻璃制成的凹凸透镜黏合而成（图2-5-14）。这种放大镜最为常见，不但视域较宽，而且消除了图像畸变（球面像差）和彩色边缘现象（色差）。

图2-5-10　单个双凸透镜

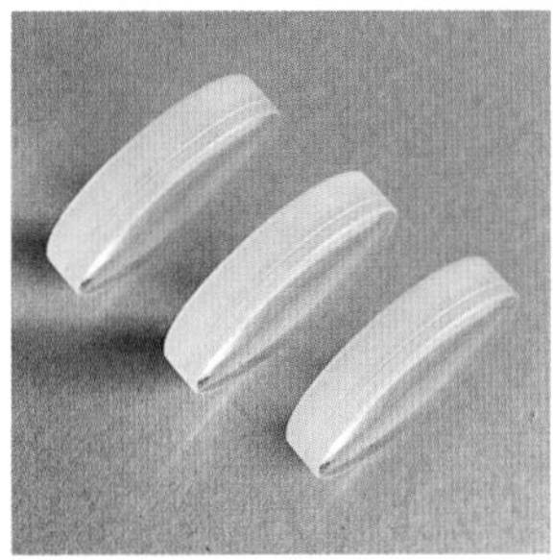
图2-5-11　双组合镜

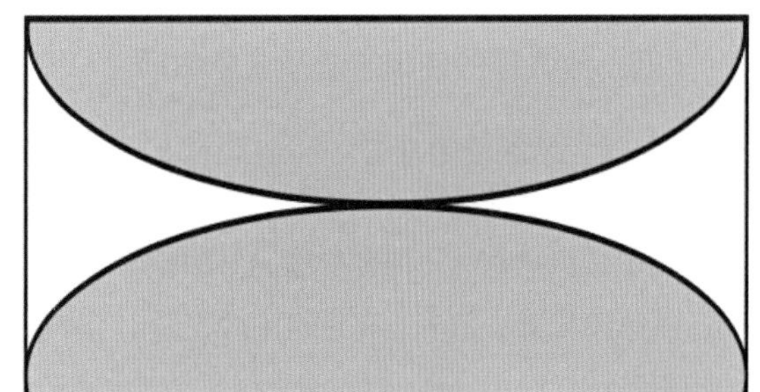
图2-5-12　双组合镜放大镜示意图

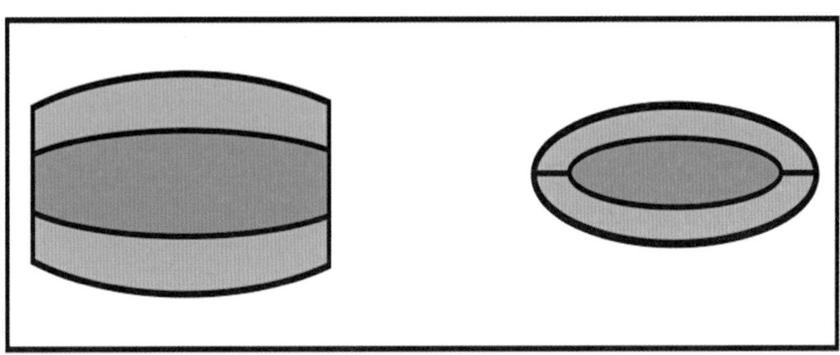
图2-5-13　三组合镜放大镜示意图

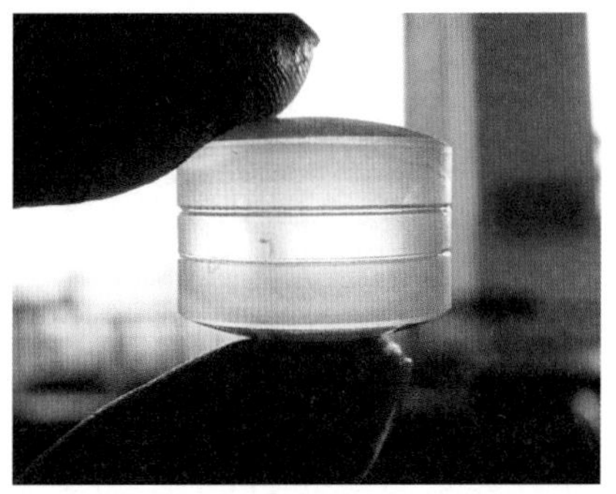
图2-5-14　三组合镜放大镜实物图

（三）宝石放大镜的特点

（1）宝石鉴定用的放大镜放大倍数为10×～40×，最常用的为10×放大镜。

（2）放大镜的结构常选择三合镜，可很好地消掉像差和色差。

（3）宝石放大镜价廉、便携，是珠宝从业人员基本配备的宝石小仪器。

（4）10×放大镜是钻石4C分级全球统一的标准检测仪器。

放大倍数越大的凸透镜，其视域边缘像差也越明显。因此，在购买或实验室配置宝石用观察检测仪器时，挑选球差和色差都较小的放大镜为最佳。

挑选宝石用三合镜的最佳方法就是将其放于坐标纸上观察。判断标准如图2-5-15所示。观察时视域中所有线条应该要平直、清晰，而且不能带有色边，视域中所有线条还应该同时保持准焦的状态。放大镜的球差如图2-5-16所示。

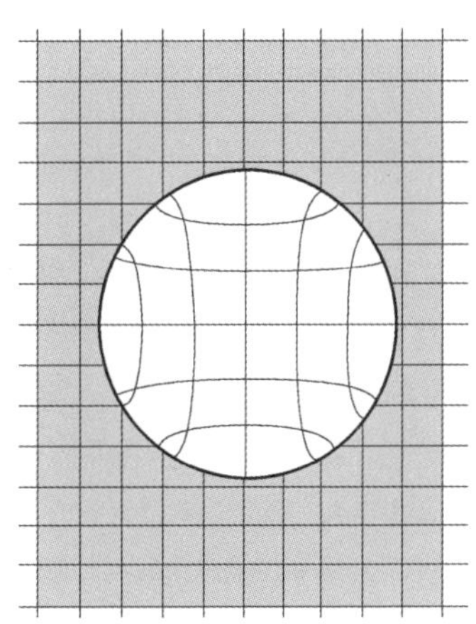

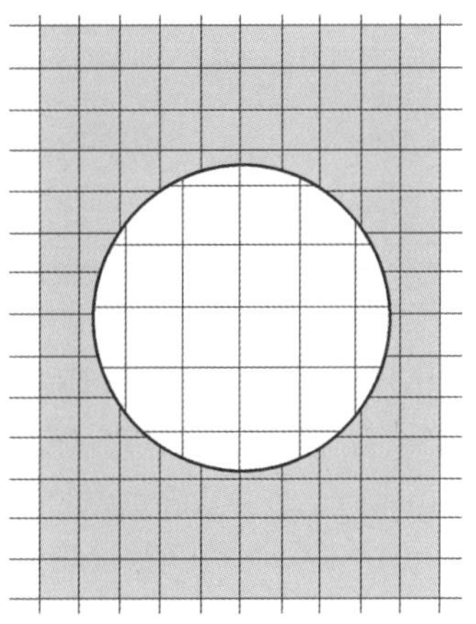
图2-5-15　判断放大镜球差示意图

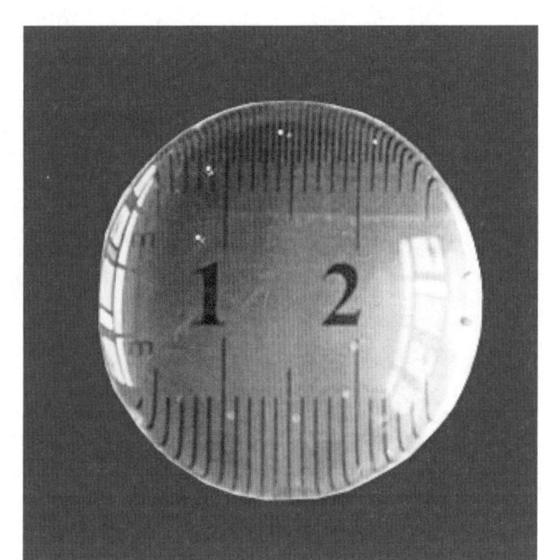

图2-5-16　放大镜球差

（四）放大镜的使用方法及注意事项

1. 放大镜的使用方法

（1）清洁放大镜和待测宝石。

（2）使用适合放大镜观察的光源照明。

①常用光源：日光、光纤灯（冷光源）、笔电筒等；②照明方法：使用侧视（图2-5-17）和透视（图2-5-18）方法进行照明。

（3）一手持拿放大镜，另一手持拿宝石，10×放大镜的工作距离为2.5cm±，放大倍数越大，工作距离越小，观察视域越小；工作距离=清晰影像的最小距离（一般为2.5cm）/放大倍数。

（4）正确的持镜姿势（图2-5-19）："三靠"（为保证长时间稳定观察）。具体如下：

①双肘靠于桌面或桌缘；②两手相靠；③持镜一手与脸相靠；④观察时双目睁开（为减轻长时间观察造成的视觉疲劳），戴眼镜的观察者可将放大镜贴近眼镜。

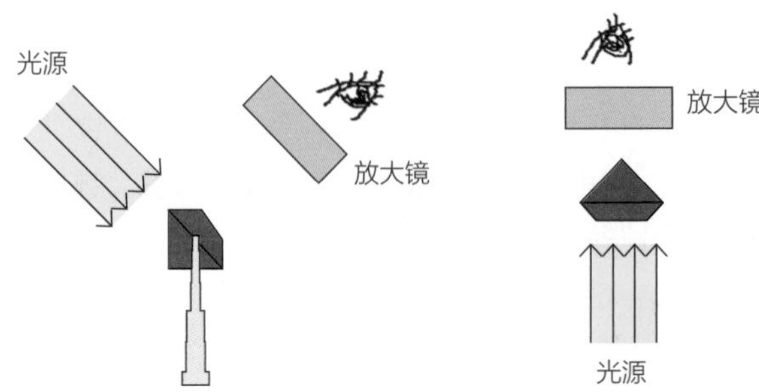

图2-5-17 放大镜观察的侧视照明方法

图2-5-18 放大镜观察的透视照明方法

图2-5-19 放大镜的正确的持镜姿势

（5）观察时先聚焦于宝石表面，后聚焦于宝石内部观察内部特征，且注意多方向观察，随时调节工作距离，保证清晰聚焦。

（6）选择无反射暗色背景下观察，内部特征将更加清晰可辨。

（7）记录观察结果，关闭光源，收好待测宝石与放大镜。

2. 使用放大镜的注意事项

使用放大镜要掌握正确的姿势和方法，保持放大镜和宝石样品的稳定，使被观察的样品始终处于准焦的状态；同时需要充分、合适的照明，才能做到在最佳状态下观察宝石。

正确的方法是使放大镜尽量贴近眼睛，从近距离观察。错误的做法是将放大镜贴近宝石，从远处观察。为了避免放大镜晃动，应将握住放大镜的手靠在脸上，拿宝石的手与其接触，两肘或前臂放松地靠在桌子上。

观察宝石时，需要充分、合适的照明，使光线只照射到样品上，不照射到放大镜上，尤其是不能照射到眼睛。观察时，宝石置于灯罩的边缘位置，灯罩下缘不高于双眼，避免光线直接射到眼睛，同时通过调整宝石和光源的位置及角度，在反射光下观察宝石的外部特征。而使光线从背面入射时，则有利于观察宝石的内部特征。在使用放大镜时，要求双眼同时睁开，以避免眼睛疲劳。

（五）宝石放大镜的局限性

宝石放大镜放大倍数和清晰度有限，不能很清晰地看到观察对象的具体状况。

（六）宝石放大镜的用途

（1）检查宝石表面损伤：划痕、缺口、表面缺陷和破损等。

（2）检查宝石表面的切磨质量（琢型）：对称性、准确性等。

（3）检查宝石表面的抛光质量：抛光痕、灼烧痕。

（4）检查宝石的表面特征：通过放大镜可以确定宝石的光泽、刻面棱线的尖锐程度、表面平滑程度、原始晶面、解理、断口、拼合特征、裂隙、残留原晶面、蚀象及晶面表面的生长特征（如三角凹痕）等。

（5）检查宝石内部特征：各种内含物的形态、数量及相态，双晶面、生长纹、色带、拼合面、裂隙、愈合裂隙、刻面棱双影等。

（6）检查宝石的颜色分布。

（7）鉴定宝石是否为拼合石：拼合缝、拼合面、压扁气泡等。

（8）钻石鉴定和分级，10×放大镜主要用于钻石的简易鉴定和钻石4C分级。

三、宝石显微镜

宝石显微镜（图2-5-20）是珠宝鉴定中最重要的仪器之一，是珠宝检测实验室中必备仪器。其放大倍数更高，分辨能力更强，能获得比放大镜更大的放大倍数和更好的清晰度（能够检测10倍放大镜不能清晰确认或观测的宝石外部和内部特征），是鉴别天然宝石、合成宝石、仿制宝石以及优化处理宝石的重要仪器。

用宝石显微镜观察宝石要比用放大镜方便、清楚得多。首先，可以避免由于手持宝石而产生的抖动；其次，使用双目进行观察，可见到宝石立体的影像；最后，它的放大倍数范围很广，可放大2倍至200倍，使操作人员能轻易地观察到各种宝石的内外部特征。宝石显微镜各部分组成如图2-5-21所示。

（一）宝石显微镜的结构

宝石显微镜一般为双目立体显微镜，具有较深的景深，以便于观察宝石内部特征，其结构主要由光学系统（透镜系统）、照明系统和机械系统三大系统组成，图2-5-22为宝石显微镜结构示意图。

1．光学系统

宝石显微镜光学系统（透镜系统）主要由目镜、物镜及变焦系统组成。显微镜的放大倍数等于目镜放大倍数乘以物镜放大倍数，如目镜为10×，物镜为5×，则总放大倍数为50倍。通常显微镜可以更换目镜和物镜。常见目镜的放大倍数有10×、20×。物镜放大倍数有1×、1.5×、2×和3×。

（1）目镜　双筒，放大倍数一般有10×和20×两种。

（2）物镜　放大倍数一般为0~4×，可连续变倍调整。

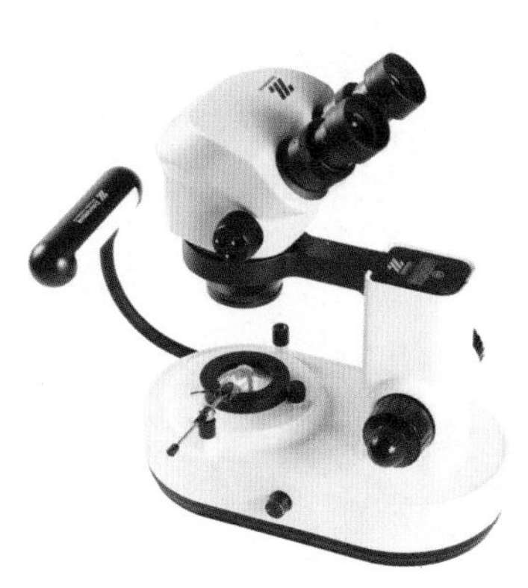

图2-5-20　宝石显微镜

图2-5-21　宝石显微镜结构图

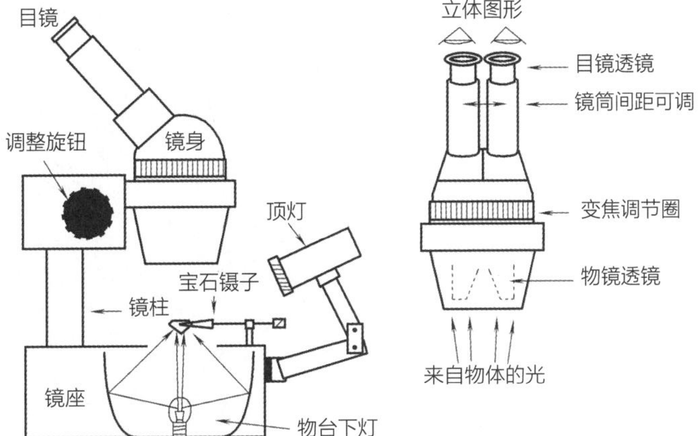

图2-5-22　宝石显微镜结构示意图

2. 照明系统

照明系统主要由底光源、顶光源、电源开关和光量强度调节旋钮等组成。

（1）顶光源（顶灯） 表面垂直照射光源，一般为日光灯，方向可调。

（2）底光源（底灯） 底部照射透射光源，一般为白炽灯，内置，方向不可调，可通过旋钮调节光量强度。

（3）侧光源 有些质量较好的宝石显微镜在侧面用光纤引出一个侧光源，可通过旋钮调节光量强度以方便观察宝石侧面内、外部特征。

3. 机械系统

机械系统主要包括镜身支架及底座、焦距调节旋钮、挡板、锁光圈、弹簧宝石夹等。

（1）镜身支架及底座 整个宝石显微镜的支撑系统。

（2）焦距调节旋钮 调节物镜与被测宝石之间的工作距离，使被测局部清晰对焦。

（3）锁光圈 控制底光源照射的光量大小。

（4）弹簧宝石夹 夹持宝石用，可上下、左右、前后移动及自身旋转。

（5）底光源挡板 改变底光源的照明方式（亮域/暗域）。

（6）变焦调节圈（旋钮） 连续调节物镜的放大倍数。

（二）宝石显微镜的类型与照明方式

显微镜有许多种类型，如单筒立体显微镜、双筒显微镜、双筒变焦显微镜、双筒立体显微镜、双筒立体变焦显微镜等。宝石显微镜多采用立式双筒立体连续变焦显微镜，镜下呈现三维立体物像，并可连续放大，通常为10～60倍。

使用宝石显微镜观察宝石的效果，经常与人们观察时使用的照明方式有关。常用照明方式有如下九种：暗域、亮域、垂直、散射、点光源、水平、偏光、斜照和屏蔽照明法。而在观察宝石的时候一般使用前五种方法。

1. 暗域照明法（透明度高的宝石）

暗域照明法（图2-5-23）是来自底光源的光不直接射向宝石，而是经半球状反射器的反射后再射向宝石，直射的光线被挡光板遮蔽，此时大多数光线不直接进入物镜，只有宝石中的包裹体产生的漫反射光进入物镜。于是宝石的内、外部特征在暗色背景上十分清晰，这是一种最为常用的照明方法，而且有利于长时间观察。图2-5-24为暗域照明法下长石中较粗糙的钠长石晶体与其侧裂缝形成的特殊的“蜈蚣状”包体，图2-5-25为暗域照明法下尖晶石中独具特征的微细八面体平行“串珠”的聚集，填有白色和黑色物质。

这种照明方法主要用于：①观察宝石内部特征和色带；②定位和观察晶体包体和针点状包体；③观察合成宝石中的气泡；④观察愈合裂隙，适合透明度高的宝石。

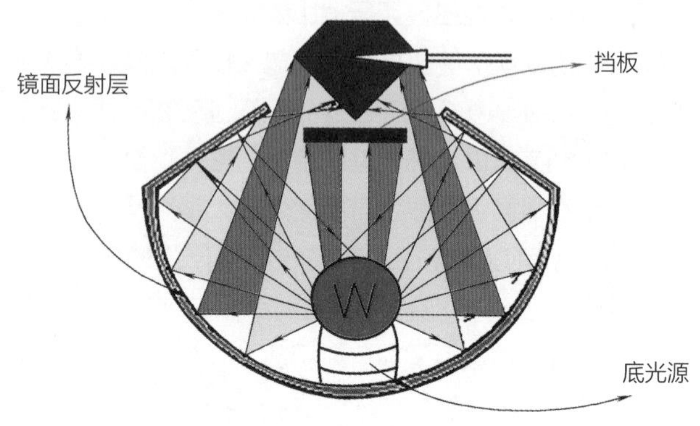

图2-5-23 暗域照明法

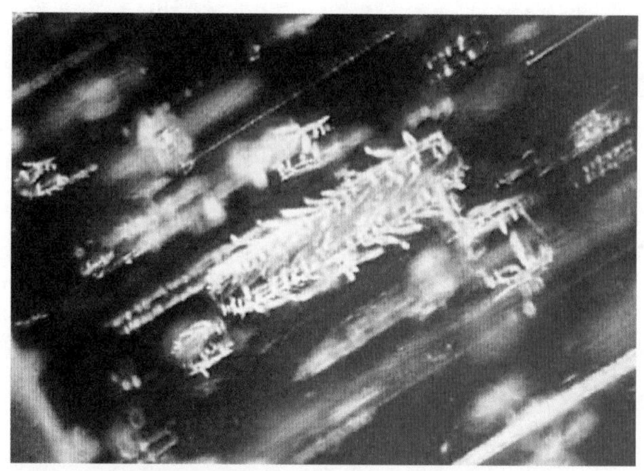
图2-5-24 暗域照明法实例（1）

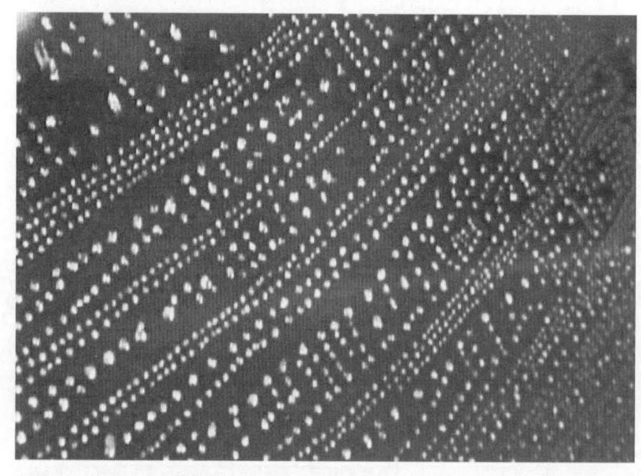
图2-5-25 暗域照明法实例（2）

2. 亮域照明法（透明度低的宝石）

亮域照明法（图2-5-26）是指来自底光源的光自宝石的底部直接照射的方法。为避免过强的光线炫目，要把光圈锁得较小，不让宝石以外的光线进入显微镜，或者把光源调暗。在明亮的环境下有利于观察内含物的细部特征，也是观察弯曲生长纹等反差小的内部特征的有效方法。图2-5-27为亮域照明法下黄玉中两相不相混溶的液态包体，图2-5-28为亮域照明法下焰熔法合成蓝宝石的弧线生长纹。

这种照明方法主要用于：①定位和观察气态包裹体（两相或三相包体）；②观察合成宝石弯曲的生长纹和低突起宝石；③观察热处理宝石中固态包体周围的颜色扩散或透明度低的宝石。

3. 垂直（顶光源）照明法

顶光源照明法（图2-5-29）是使用的光源在宝石的上方，宝石表面或者内部反射出的光线进入物镜的照明方法。这种照明方式适于观察宝石表面及近表面特征，如划痕、点状物、触及表面的裂隙，以及某些合成宝石（欧泊、绿松石）的结构特征。这种方法主要针对不透明或微透明宝石。标准的顶光源是白色的漫反射光，亮度不大，需要时也可以采用光纤灯等强光源来照明。图2-5-30为底光源照明法与顶光源照明法下充填处理红宝石充填裂隙的对比图。

4. 散射照明法

散射照明法（图2-5-31）是用底光源从宝石下方直接照射，并在底光源上方放置一张面巾纸或其他半材料，使光线发生散射后成为柔和的光线，并形成一个近白色的背景。这种照明方式主要用以辅助观察宝石的色带、色环及一些特殊的颜色分布，例如观察表面扩散处理蓝宝石表面的蛛网状颜色分布。图2-5-32为散射照

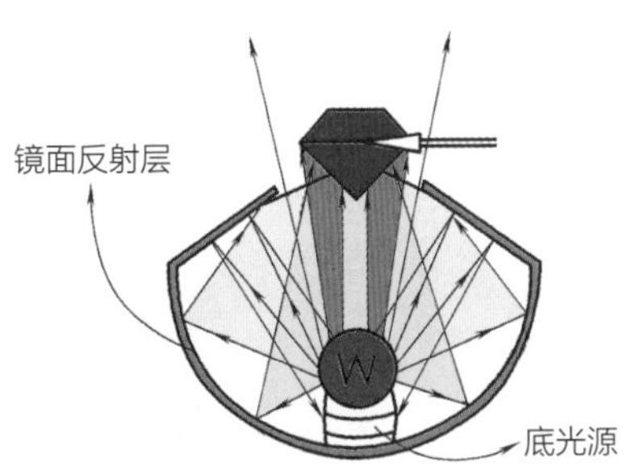

图2-5-26　亮域照明法

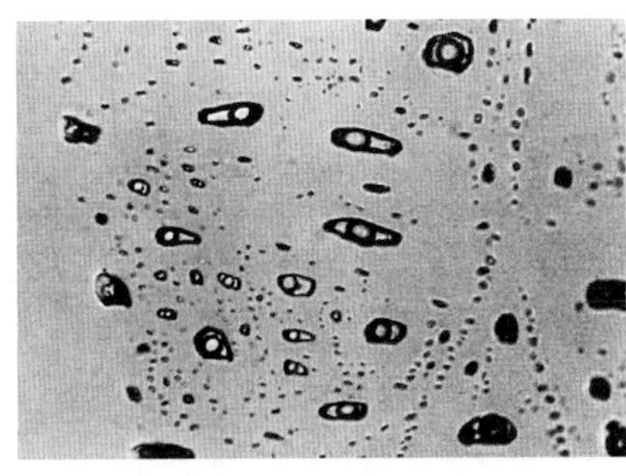
图2-5-27　亮域照明法实例（1）

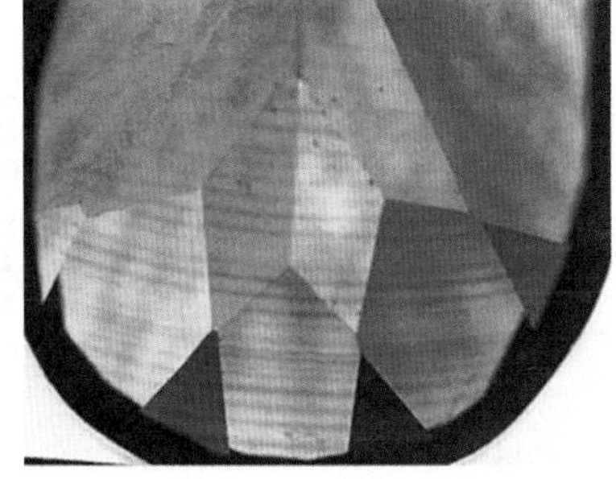
图2-5-28　亮域照明法实例（2）

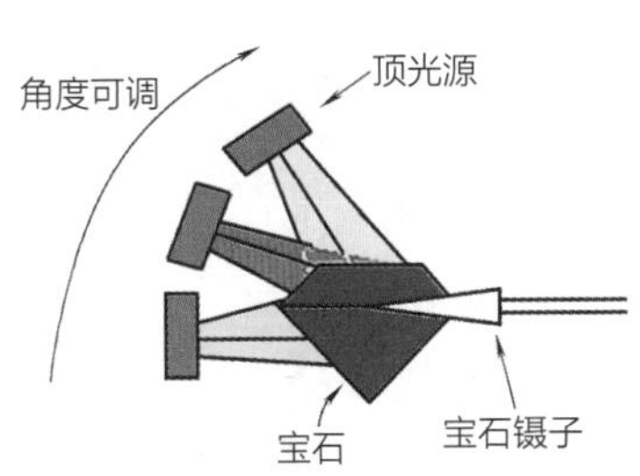

图2-5-29　顶光源照明法

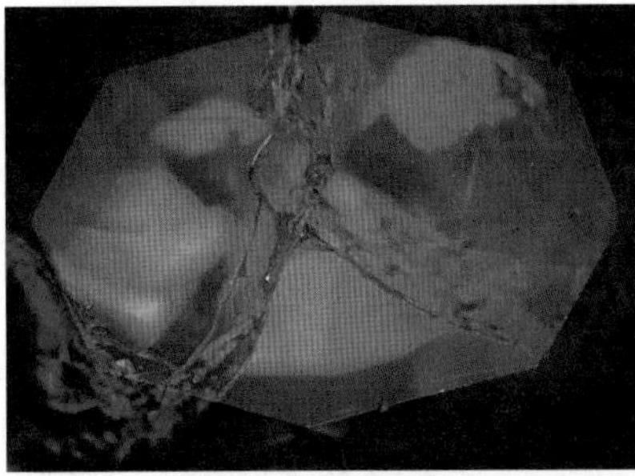
图2-5-30　底光源照明法（左图）与顶光源照明法（右图）对比图

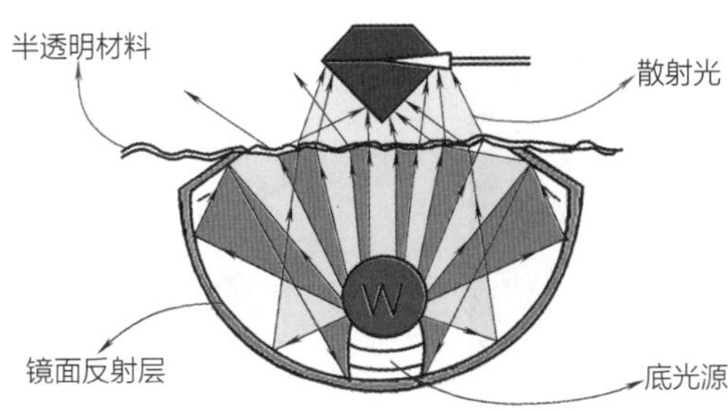

图2-5-31　散射照明法

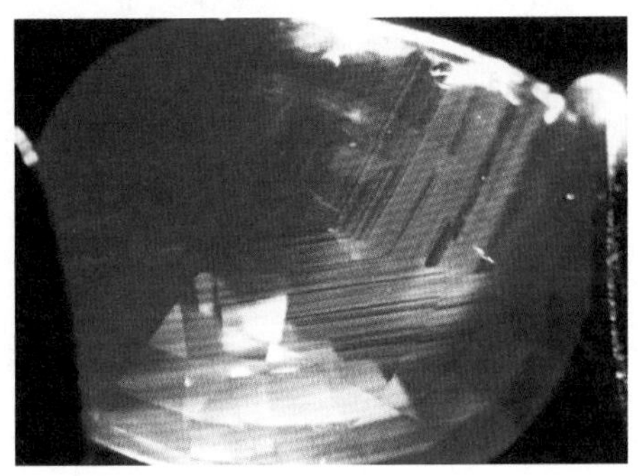
图2-5-32　散射照明法实例

明法下观察到的蓝宝石六边形生长色带。

5. 点光源照明法

点光源照明法（图2-5-33）是将底光源通过锁光圈调节缩小成点状，并直接从宝石下方垂直照射。主要用以观察宝石内部的局部特征及一些特殊结构。图2-5-34为点光源照明法下观察到的宝石内部局部特征（内部包裹体特征）。

6. 其他照明方法

其他照明方法（图2-5-35）主要有斜向照明法（固液态包体、解理面薄膜效应）、水平照明法（点状包体、气泡）、偏光照明法（光性特征、干涉图、多色性）、遮掩照明法（弯曲生长纹、双晶纹）、浸油照明法（内部包体、生长纹、色带）等。图2-5-36为使用暗域斜向照明法在30×时观察到的泰国热处理红宝石中的小流体内含物膨胀并使此愈合裂隙呈现“指纹状”图案；图2-5-37为使用暗域水平照明法在32×时观察到的“林德”祖母绿中极多的硅铍石微晶沉淀，在侧向照明下明亮地闪耀；图2-5-38为使用遮掩照明法在70×下观察到的吉尔森法合成蛋白石的“蜂窝”状结构，从较不清晰的背景中被明显突出出来；图2-5-39为浸油照明法，将经扩散法处理的蓝宝石放入浸油中，观察到颜色集中在棱线和宝石表面。

不同的照明方法能提供不同角度的检测信息，检测人员需要不断摸索，不断学习，熟悉掌握所有照明方法的使用方法。

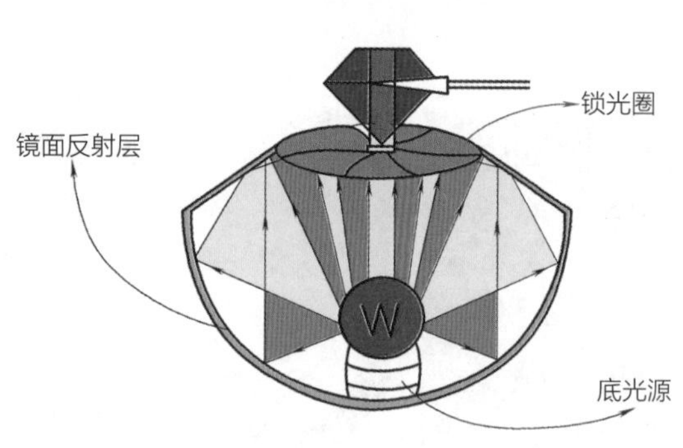

图2-5-33 点光源照明法

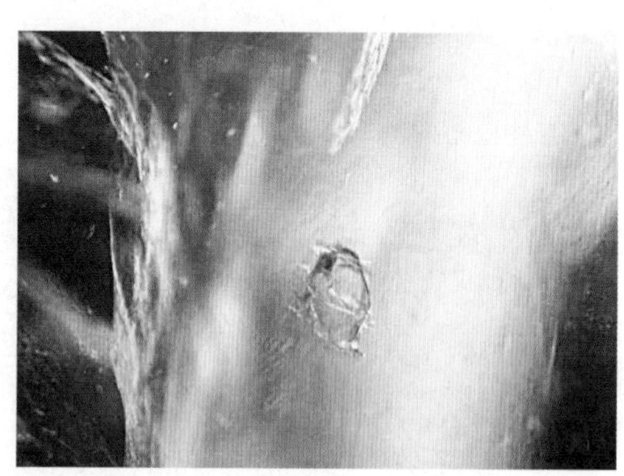
图2-5-34 点光源照明法实例

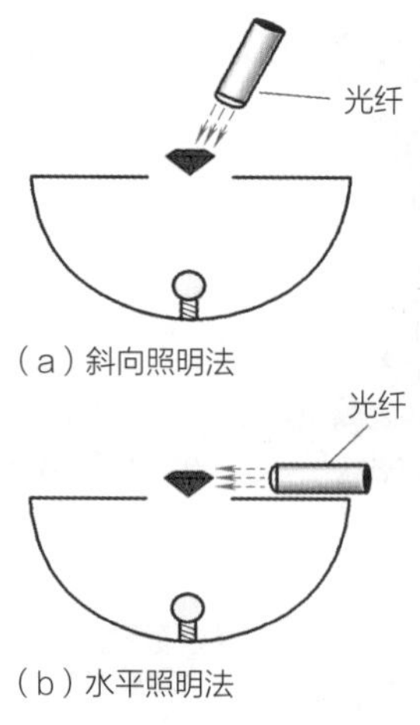

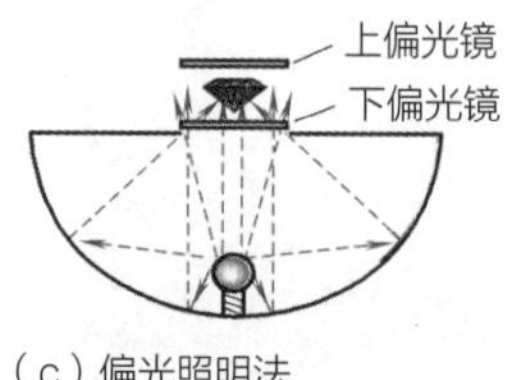

图2-5-35 其他照明方法

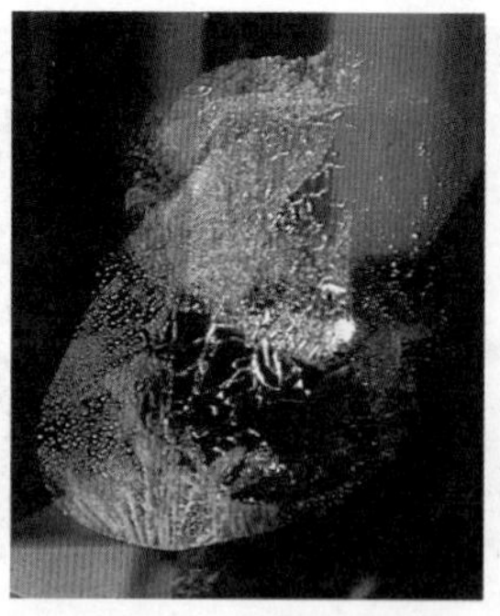
图2-5-36 暗域斜向照明

图2-5-37 暗域水平照明

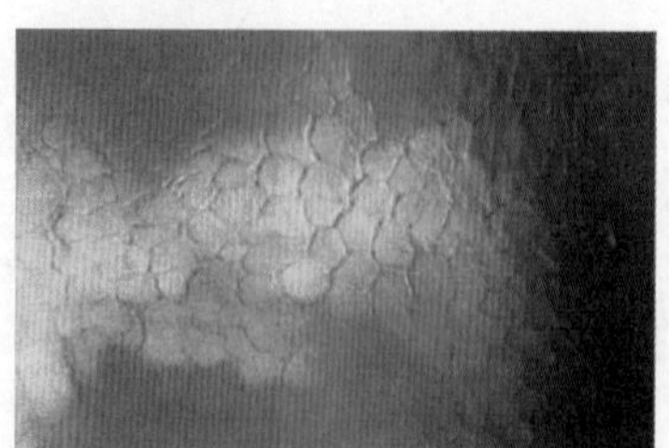
图2-5-38 遮掩照明法

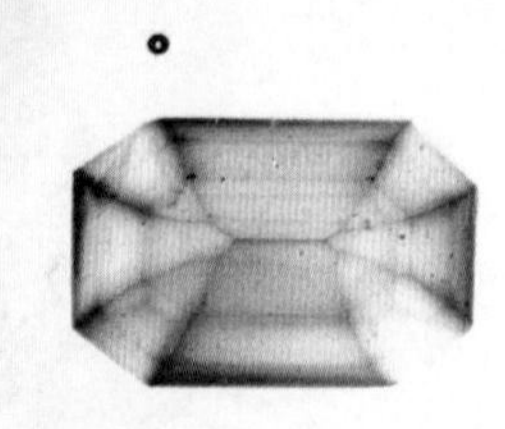
图2-5-39 浸油照明法

（三）宝石显微镜的操作步骤及注意事项

1. 宝石显微镜的操作步骤

（1）擦净目镜与待测宝石，并将宝石夹于宝石镊上（宝石体积大时可手持进行观察）。

（2）插上电源，打开底光源，选择暗域照明，调节目距（方法：双手分别握住一只目镜移动，直至双眼清晰地看到一个完整的圆形视域，如图2-5-40所示）。

（3）调节焦距，使宝石清晰成像。先准焦于宝石表面，用顶灯照明法观察外部特征，换暗域或亮域照明法后聚焦于宝石内部观察内部特征。

（4）调节变焦调节圈（旋钮），从低倍物镜开始观察，找到目标观察对象时，进行局部高倍放大观察。

（5）观察完毕，记录结果，取下宝石放好，降下或升高镜筒，调平显微镜（图2-5-41），关闭显微镜电源。

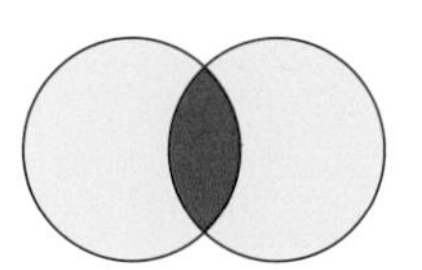 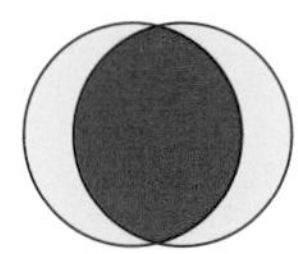 

图2-5-40 目距的调节示意图

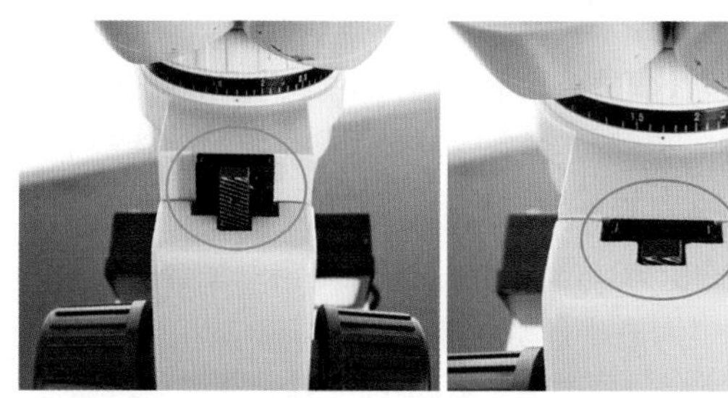

图2-5-41 调平显微镜

2. 注意事项

操作步骤（3）和（4）在实验操作中是交替反复进行的；调节变焦或调节圈（旋钮）时用双手进行调节；显微镜是精密仪器，操作过程中要注意保护显微镜，在调焦时要缓慢调节，切忌用力过猛、快速调节；在观察过程中宝石一定要夹稳，以免观察过程中宝石掉落。

（四）宝石显微镜的用途

1. 放大观察宝石的内部和外部特征（主要用途）

外部特征

表面是否有凹坑、蚀象、生长圻、划痕、抛光痕、缺口、断口、解理及一些特殊结构等。内部特征：各种相态的包裹体（固相、液相、气相、固-液两相、气-液两相、气-固两相、气-液-固三相）、愈合裂隙、生长纹、色带、后刻棱线重影等。

2. 显微照相

目镜上方可安装照相机，对典型的特征（如宝石内部的典型包裹体、色带等）进行放大拍照。

3. 观察吸收光谱

把目镜换成分光镜，选择底光源透射光进行观察可观察到宝石的吸收光谱。

4. 测定宝石的多色性和光性特征

加偏光片后，根据宝石在不同振动方向光波下呈现的颜色不同，可观察宝石的多色性和光性特征（轴性）。当宝石显微镜配上正交的上下偏光片之后，即可变为一个带偏光功能的显微镜，加上干涉球即可成为一个偏光显微镜，此时在显微镜下就可观察宝石的干涉图及光性特征。

5. 测定宝石的近似折射率

（1）贝克线法　将宝石放入浸油中，在显微镜下观察：由于宝石和浸油折射率有差异，在宝石和浸油交界处会产生一条亮线，这条亮线称为贝克线。当提升物镜时，贝克线向折射率大的一方移动；下降物镜时，贝克线向折射率小的一方移动。利用这个原理可以近似测定宝石的折射率。测试方法：通过与已知折射率的浸油比较，可以得出宝石折射率（RI）的范围。

①若提升物镜时，贝克线向宝石方移动，则宝石折射率大于浸油折射率；②若提升物镜时，贝克线向浸液方移动，则宝石折射率小于浸油折射率；③若下降物镜时，贝克线向宝石方移动，则宝石折射率小于浸油折射率；④若下降物镜时，贝克线向浸液方移动，则宝石折射率大于浸油折射率；⑤若贝克线消失，则宝石折射率等于浸油折射率。

利用这个原理，准备一组已知折射率的浸油，通过将宝石放入不同浸油进行比较，可以得出宝石的折射率。

（2）柏拉图法　将宝石与已知折射率的浸油直接进行比较可以得出宝石的近似折射率。测试方法是直接将宝石放入浸油并在显微镜下观察，根据表2-5-1来测定宝石近似折射率。表2-5-2为常用浸油的折射率表。

表 2-5-1　柏拉图法测定宝石近似折射率

操作	宝石边棱颜色		宝石“消失”
准焦于宝石上方浸液	白	黑	
准焦于宝石内部	变黑	变白	
结论	$RI_{宝}>RI_{液}$	$RI_{宝}<RI_{液}$	$RI_{宝}=RI_{液}$

表 2-5-2 常用浸油折射率表

浸油	水	苯	一溴化苯	一碘化苯	二碘甲烷	橄榄油	丁香油	三溴甲烷	一溴化萘
折射率	1.34 ±	1.50 ±	1.56 ±	1.62 ±	1.74 ±	1.47 ±	1.53 ±	1.59 ±	1.66 ±

（3）直接测量法 在显微镜镜体上装上游标卡尺或能精确测量镜筒移动距离的标尺，就可以测定近似折射率。

①原理 图2-5-42为直接测量法原理图。图中*CO*为入射光线，*OB*为折射光线，*BD*为射出光线，*AB*为*BD*延长线。图中*ON*和*OB*为下底面上*O*点发出的两条光线，其中*ON*垂直于表面，与经折射后射出的光线的延长线汇聚于*A*点，因此*A*点为*O*点的像，所以*NA*为宝石的视厚度，*NO*为宝石的实际厚度。根据几何学可推导出∠*NAB*=∠*i*。根据折射定律，*n*=sin*i*/sin*γ*；根据成像原理的傍轴条件，*NB*很小，此时*i*和*γ*都很小，有sin*i*≈tan*i*，sin*γ*≈tan*γ*；则*n*=sin*i*/sin*γ*≈tan*i*/tan*γ*=（*NB*/*NA*）/（*NB*/*NO*）=*NO*/*NA*，即：宝石的近似折射率=实际厚度/视厚度。

②测试方法（图2-5-43）

a. 将宝石清洗后固定在载玻片上（要求宝石顶刻面水平），然后置于物台上，调节至合适放大倍数观察（高倍观察，读数精确）；b. 准焦于顶刻面，读数A；

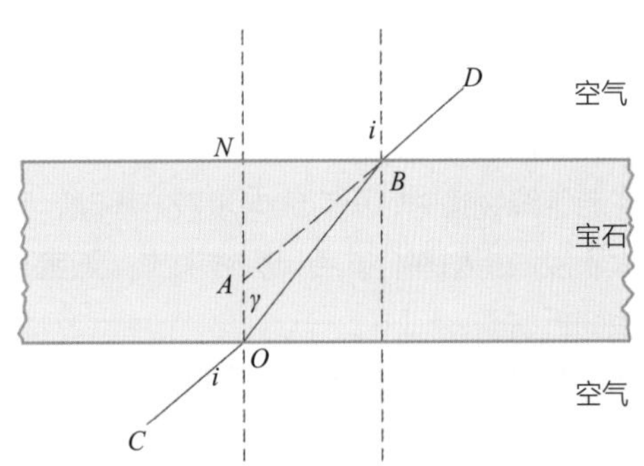

图2-5-42 直接测量法原理图

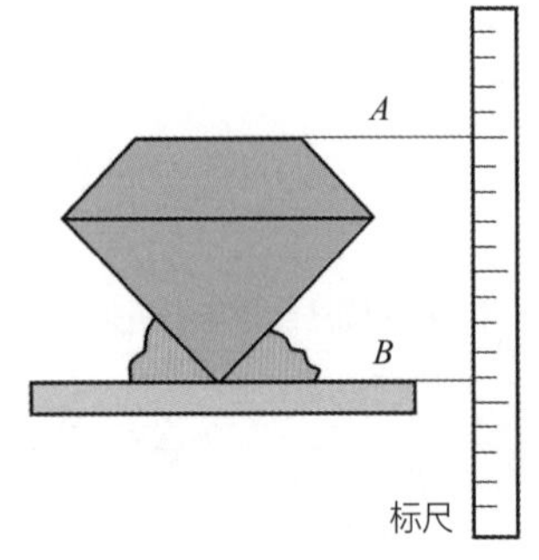

图2-5-43 直接测量法测试方法

c. 准焦于底尖或底小面，读数*B*；d. 移开宝石，准焦于载玻片，读数*C*；e. 计算宝石近似折射率：宝石的近似折射率=实际厚度/视厚度=（*C*−*A*）/（*B*−*A*）。

这种方法测试折射率的精度与放大倍数有关，倍数越大，精度越高；另外，还与宝石的折射率有关，折射率越接近于1，测试的精度越高。

（五）使用宝石显微镜的注意事项

宝石显微镜是十分精密的光学仪器，使用时要注意以下事项：①不可对显微镜的机械部位用力过猛。②显微镜要保持清洁无灰尘、防震，不用时应置于箱中或套上镜罩。③不能用手触摸任何镜头，若需清洁镜头，则用镜头纸或特制镜头布擦拭。④不用时应将显微镜灯光亮度调至最低并关掉显微镜灯。打开显微镜光源时应保证显微镜灯光亮度调节旋钮处于最低挡；更换显微镜灯泡时，不可直接用手接触灯泡，以延长照明灯泡的使用寿命。⑤使用完毕，将物镜调至最低点，以延长调焦旋钮的使用寿命。

第二节 折射仪

宝石的化学成分和晶体结构决定了宝石的折射率。折射率是宝石最稳定的光学性质之一，是能够确定宝石属性的最重要的参数。折射仪（图2-5-44）是测量宝石折射率的仪器，是宝石测试仪器中最为重要的仪器之一，可以较为准确地测试出宝石的折射率值、双折率值。通过测试过程中折射率变化的特点，还可以进一步确定出宝石的光性，如光轴性质、光性符号等。折射仪不仅可以测量抛光的平面，还可以用点测法（远视法）测试抛光的弧面。因此，宝石的折射率几乎可以提供宝石全部的晶体光学性质，为宝石的鉴定提供关键性的证据。

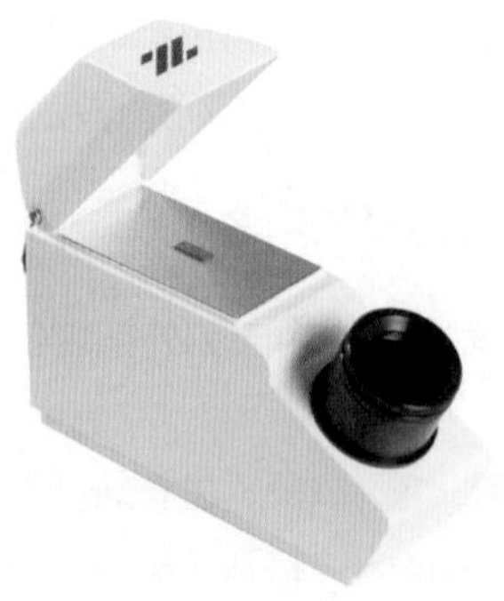

图2-5-44 折射仪

一、折射仪的工作原理及结构

（一）工作原理

折射仪的基本原理是光波经由光密介质进入光疏介质，当入射角度达到一定程度时将会发生全内反射现象，而发生全反射的临界角大小与介质的折射率有关。固定一方介质，则另一方介质（样品）的折射率可由临界角的测定与换算获得。

当光由光密介质斜照入光疏介质时会发生三种现象：当入射角i小于临界角γ时，光线发生折射现象；入射角i等于临界角γ时，不发生折射现象；入射角i大于临界角γ时，发生全内反射现象。如图2-5-45所示，当光线从光密介质射入光疏介质时，入射角i<折射角γ，i越大，γ也随之越大；当γ=90°时，对应的i称为临界角（Φ）；当$i>\Phi$时，光线将全部反射回光密介质。这种现象称为全内反射。

根据折射定律：$n_2/n_1=\sin i/\sin\gamma$，其中$n_2$为光疏介质的折射率，$n_1$为光密介质的折射率（在折射仪中为已知量）。

临界角是折射角为90°时的入射角，即当γ=90°时所对应的入射角i。

全反射原理：当入射角大于临界角时，入射光不发生折射，全部返回光密介质中。当γ=90°时，$n_2=n_1\times\sin i$。

在折射仪中（图2-5-46），折射仪的棱镜和接触液为光密介质，而宝石则为光疏介质。因此，当入射角小于临界角时，光线折射进入宝石，逸出折射仪的光路（当入射角大于临界角时，光线发生全反射，光线返回棱镜并通过折射仪标尺，再经反射镜的反射，改变光线的传播方向，通过目镜射出，进入人眼，形成亮区）。折射进入宝石的光线不能被人眼观察到，形成暗区。所以，在临界角的位置，可看到明暗界线，并以此测定临界角的大小，从而求出被测宝石的折射率。折射仪标尺上的刻度所表示的数值是临界角换算出的折射率值，可以直接读数。

折射仪的棱镜的折射率（$n_{棱镜}$）为一固定不变的值，因而，可以用公式计算宝石的折射率：

$$n_{宝石}=n_{棱镜}\sin\alpha$$

其中，α为临界角。

在折射仪中人们观察的方向，当入射角小于临界角时，因光线折射而在折射仪中出现暗区；当入射角大于临界角时，因光线发生全内反射而在折射仪中出现亮区。因此，临界角大小可以用明暗区域交线指示。

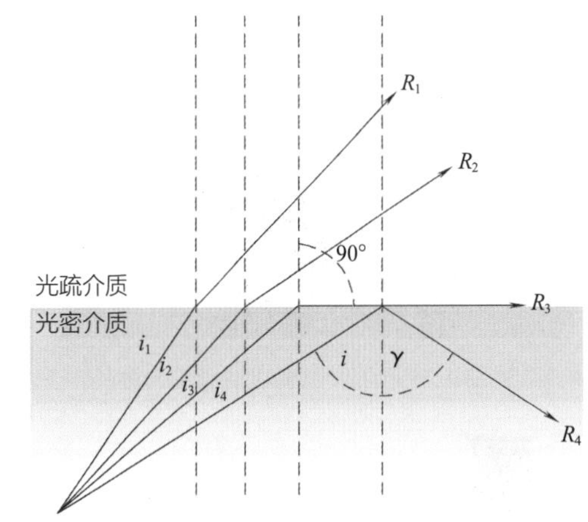

图2-5-45 光的全内反射原理

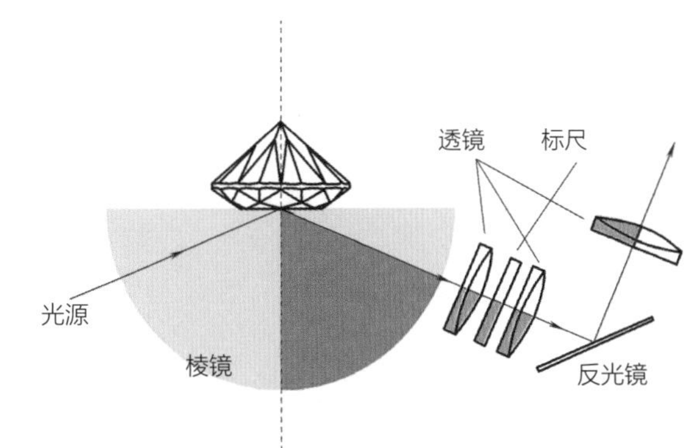

图2-5-46 折射仪的工作原理

（二）折射仪的种类

根据折射率的读取方式不同，可以将折射仪分为内标尺折射仪（图2-5-47）和外标尺折射仪（图2-5-48）。

内标尺折射仪可直接从折射仪内置标尺上读取宝石的折射率，读取方式直接简单，是现在使用的主流折射仪。国产折射仪大多为内标尺折射仪。外标尺折射仪通过旋转外置的旋钮控制内置的可移动黑带与阴影边界对齐，从外置旋钮刻度盘上读取宝石折射率值。

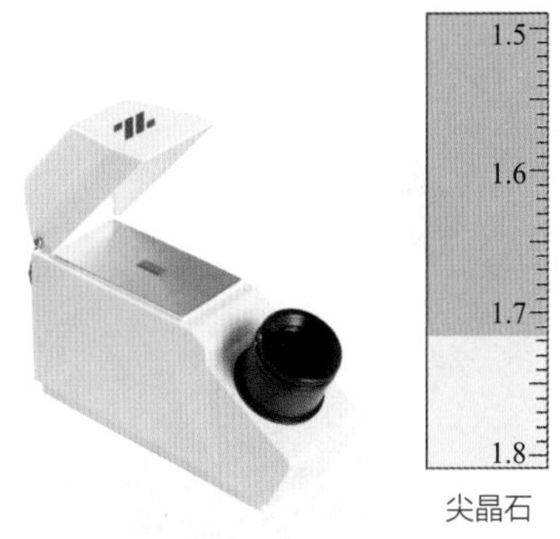

图2-5-47 内标尺折射仪及读取方式

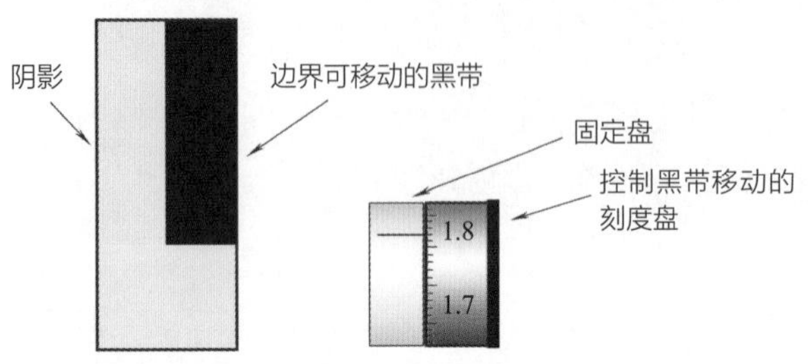

图2-5-48 外标尺折射仪及读取方式

（三）折射仪的结构

折射仪的结构如图2-5-49所示。

（1）a为待测宝石放置的位置。

（2）b为高折射率棱镜，在测量折射率时，高折射率棱镜为光密介质。能够制作棱镜的材料要具备高的折射率和单折射。早期的折射仪常使用铅玻璃（折射率常为1.86~1.96），但铅玻璃棱镜非常软，容易受损。有的折射仪采用尖晶石作为棱镜，其优点是色散低、硬度大，但缺点是测试范围很小，只能测折射率小于1.71的宝石。此外还有用钻石、合成立方氧化锆、闪锌矿等作为棱镜的折射仪。合成立方氧化锆是一种理想的棱镜材料，其折射率为2.16，硬度为8.5，不易磨损和腐蚀，现在生产的折射仪基本都采用合成立方氧化锆作为棱镜材料。

（3）c为光源。折射仪的光源可分为内置光源和外置光源，内置光源位于折射仪内部，外置光源从折射仪的外部入射窗口进入折射仪（图2-5-50）。由于宝石具有色散，其折射率都是在入射光波长为589.5nm条件下测试的结果，所以折射仪使用的光源可以通过钠光灯、发黄光二极管（LED），或者在光源或目镜加黄色滤色片获得。现在生产的折射仪使用波长为589.5nm、颜色为橙黄色的钠光源，具有低色散的特点。若入射光为白光，由于宝石的色散，阴影边界为彩色谱带，读数时看准黄绿交界部位即可。用白光作光源，在测试单折射率宝石时尚可，但在测试具双折射的宝石时，两彩色阴影互相叠加，不易读数。棱镜和宝石的色散差别越大，阴影边界彩色性越强。

（4）d为透镜组，一般在折射仪中有多个透镜，具有聚焦和放大的作用。

（5）e为标尺，折射仪中的标尺已经标明了折射率值，可以直接读出宝石的折射率。

（6）f为反射镜，一般为三角棱镜，反射镜可以改变光路，以便于观察读数。

（7）g为目镜，为人眼读取折射率的窗口。目镜一般可调整焦距，以得到清晰的标尺图像。目镜上方有一个可旋转的偏光镜片，偏光镜片可提高观察的清晰度。观察时在目镜上方转动，选取最清楚位置读数，可卸下。一般远视法需要卸下偏光镜片。

（8）折射油（接触液） 折射油是折射仪使用过程中必不可少的辅件。在测量折射率时，需要在宝石和棱镜之间滴上一滴接触液，它的作用是使待测宝石与高折射率棱镜产生良好的光学接触。折射油在测量折射率时，也属于光密介质。所以，折射仪测量折射率的范围受折射油折射率的限制，只能测量折射率小于折射油折射率的宝石。折射油可配制，在折射率为1.742的二碘

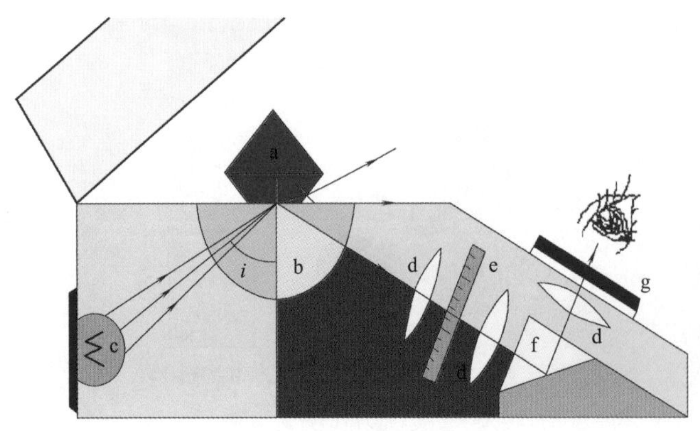

图2-5-49 折射仪结构图

图2-5-50 外置光源折射仪

甲烷中加入饱和溶解硫，当折射率升到1.78时，再加入18%的四碘乙烯，折射率可升至1.81。这种接触液可以满足绝大部分宝石品种的测试，并且在正常情况下使用是安全的。折射率大于1.81的接触液都有极强的腐蚀性和剧毒，对测试者和棱镜都十分不利。

另外，由于玻璃台及接触液折射率值的限制，某些宝石的折射率值大于它们也是很正常的。这时由于无法满足全反射发生的条件，折射仪不能测定此类宝石的折射率，此上限值为1.81。实际上，由于标尺的范围有限，若宝石折射率小于1.35，折射仪也是无法测定的。

二、折射仪的使用方法和操作步骤

使用折射仪可以对具抛光刻面或弧面的宝石的折射率进行测试，测试范围因所用折射仪棱镜和接触液而异，通常情况下为1.35～1.81。

（一）近视法（精确测量法）

近视法可测出宝石的精确折射率值（*RI*），读数可精确到小数点后两位，估读到小数点后三位，一般要求精确度为0.002。如在折射仪上读取尖晶石的折射率值为*RI*=1.718。

（1）适用对象　具有大于2mm^{2}的光滑平整刻面的宝石。

（2）接触液　又称折射油。

①作用　使待测宝石与折射仪棱镜测台形成紧密的光学接触。

②注意　勿与口、鼻、眼接触，如不慎接触，须用大量清水清洗。

（3）操作步骤　使用仪器前需用合成尖晶石或水晶校正仪器误差。

①用酒精擦净测台、棱镜和宝石，选取最大、最平整光滑的刻面置于测台一侧的金属台上。

②打开电源，与折射仪相接，在棱镜测台中央点一滴接触液，直径1～2mm即可。

③用手轻推待测宝石至棱镜中央。

④眼睛靠近目镜观察阴影边界，调整目镜焦距直至观察到清晰的标尺图像（图2-5-51），观察阴影边界位置并读数记录。若阴影边界不清晰，可加偏光片观察，转动其到阴影边界清晰时读数记录。

⑤转动宝石180°（图2-5-52），记录宝石的最大折射率值（RI_{max}）和最小折射率值（RI_{min}），相减后获取双折射率（*DR*），注意折射率的移动规律，判断宝石的轴性和光性符号。

（4）记录观察结果的方法

如图2-5-53所示，观察结果如表2-5-3所列（以转动45°为例）。

表2-5-3　折射率观察结果

转动角度	0°	45°	90°	135°	180°
RI 低值	1.540	1.540	1.540	1.540	1.540
RI 高值		1.545	1.550	1.545	

（5）测量结束后取下宝石，擦净宝石与测台，关闭电源，洗净双手。

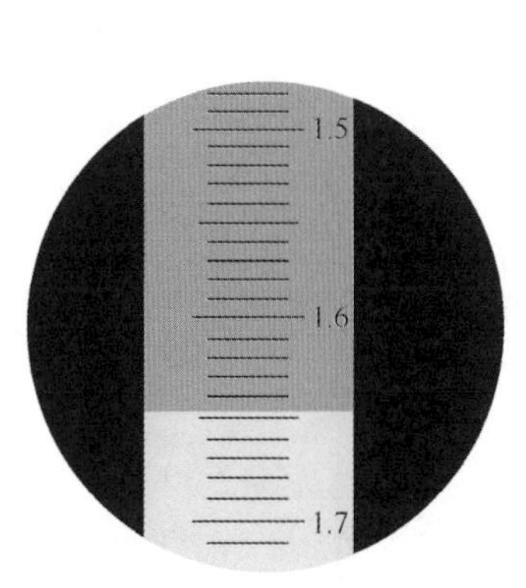

图2-5-51　折射仪中观察到的标尺和阴影边界

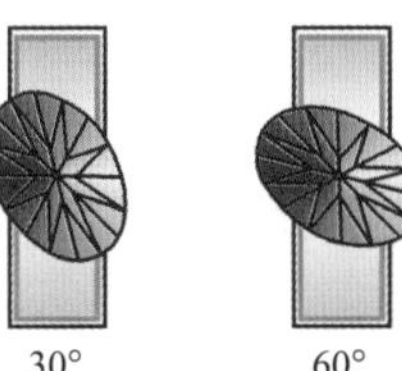

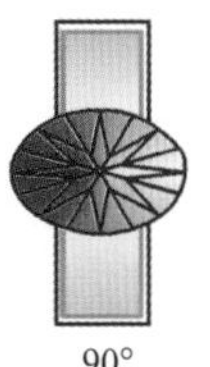

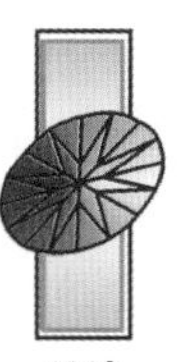

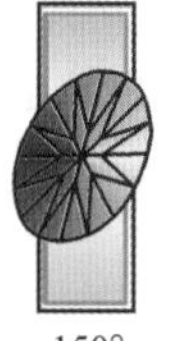

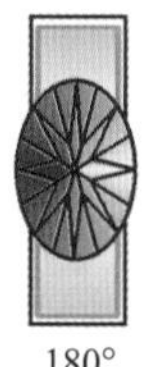

图2-5-52　转动宝石180°示意图

图2-5-53　折射率的记录方法

（二）远视法（点测法）

又叫点测法，只可得到宝石的近似折射率（RI），无法测得双折射率（DR）、判断轴性和光性符号。读数时，估读到小数点后两位，并以“±”符号标注或在记录的读数后加上“（点测）”字样，如RI=1.67±或RI=1.67（点测）。

1. 适用对象

弧面形、珠形、随形或抛光不好、无平整光滑刻面的珠宝玉石。

2. 操作步骤

（1）擦净待测宝石和棱镜测台，连接好电源与折射仪，打开电源。

（2）将接触液滴在金属台上（棱镜测台旁），手持待测宝石沾一点接触液，将带有合适液滴的宝石轻轻放置于棱镜中央，使宝石通过液滴与棱镜形成良好的光学接触。注意宝石长径方向最好与棱镜长边一致（图2-5-54）。

（3）去掉偏光片，眼睛远离折射仪目镜窗口30～35cm处观察，头部略微上下移动，在折射仪内部的标尺上寻找宝石轮廓的影像点（常为圆形或椭圆形），分析影像并读数记录。

（4）远视法的读数方法

①半明半暗法（五五法） 观察液滴呈半明半暗时明暗交界处的读数并记录，所测数值为最精确的点测法读数，通常可用于表面抛光良好的宝石。读数可精确到小数点后两位（图2-5-55）。

②明暗法（均值法） 观察液滴亮度在标尺某一区间逐渐变化，取最后一个全暗的影像位置读数A与第一个全亮的影像位置读数B，这两个读数的平均值（中间值）即为宝石的近似RI：$RI=(B-A)/2$。

注意：$RI>1.81$的珠宝玉石，影像点在折射仪内部的标尺范围内始终为全暗。

明暗法（均值法）通常用于抛光不好或稍有凹凸不平的测试表面或接触油过多的情况。所测数值为精确度最差的点测法读数。读数精确到小数点后两位（图2-5-56）。

③闪烁法 对于具有高双折射率且抛光不良的宝石或一些弧面宝石，常用闪烁法来估测宝石的双折射率。其方法如下：a. 清洗棱镜和宝石；b. 取下折射仪的偏光片和放大镜；c. 按点测法放置宝石，观察其在折射仪上的液滴影像。

将偏光片在目镜上方来回90°转动（但勿将偏光片直接放在镜片上），同时按点测法的观察方法上下移动视线，注意液滴影像明暗或颜色的变化。双折射率大的宝石，如菱锰矿、孔雀石等，在此观察过程中，液滴影像会由亮变暗，或由浅绿变成浅红、粉红闪动。

如液滴影像无闪动，转动宝石90°，再度观察。若仍无闪动，可推断宝石无高双折射率。如液滴影像闪动，则记录液滴影像在标尺上部开始闪烁的位置和标尺下部停止闪烁的位置的两个数值，两者之差即为双折射率的估计值（图2-5-57）（注意：此差值并非宝石的双折射率的准确数值）。

图2-5-58为采用闪烁法估测孔雀石的双折射率，从图中可看到在标尺上部闪烁的位置在1.66±，标尺下部停止闪烁的位置在1.79±，所以估测孔雀石的双折射率约为0.13，孔雀石的双折射率的实际值为0.254。误差是因为孔雀石折射率的高值已经超出了折射仪的测量范围。

（5）测量结束后取下宝石，清洁宝石、棱镜测台和金属台，关闭电源。

图2-5-59为远视法读数实例：

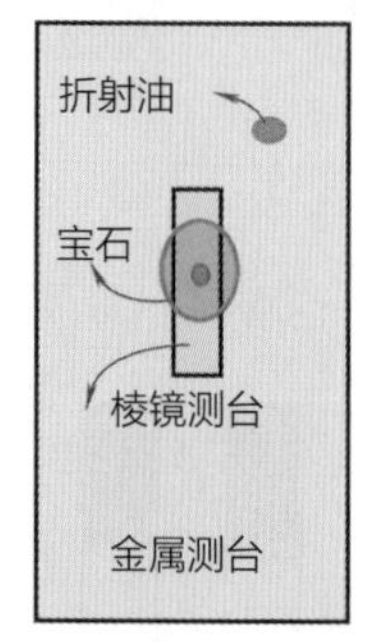

图2-5-54 远视法操作示意图

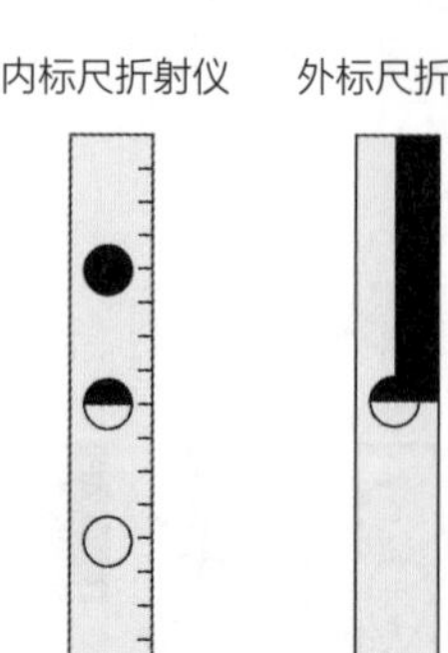

图2-5-55 远视法观察到的影像

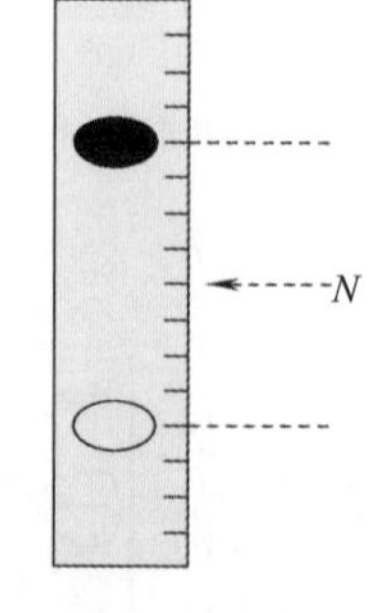

图2-5-56 明暗法

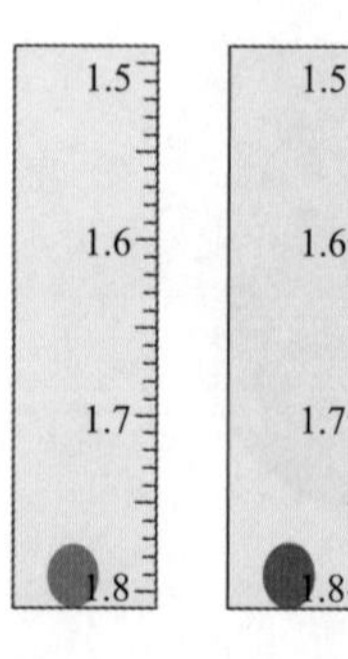

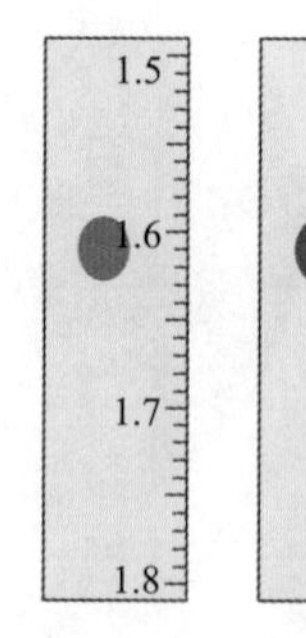

图2-5-57 闪烁法

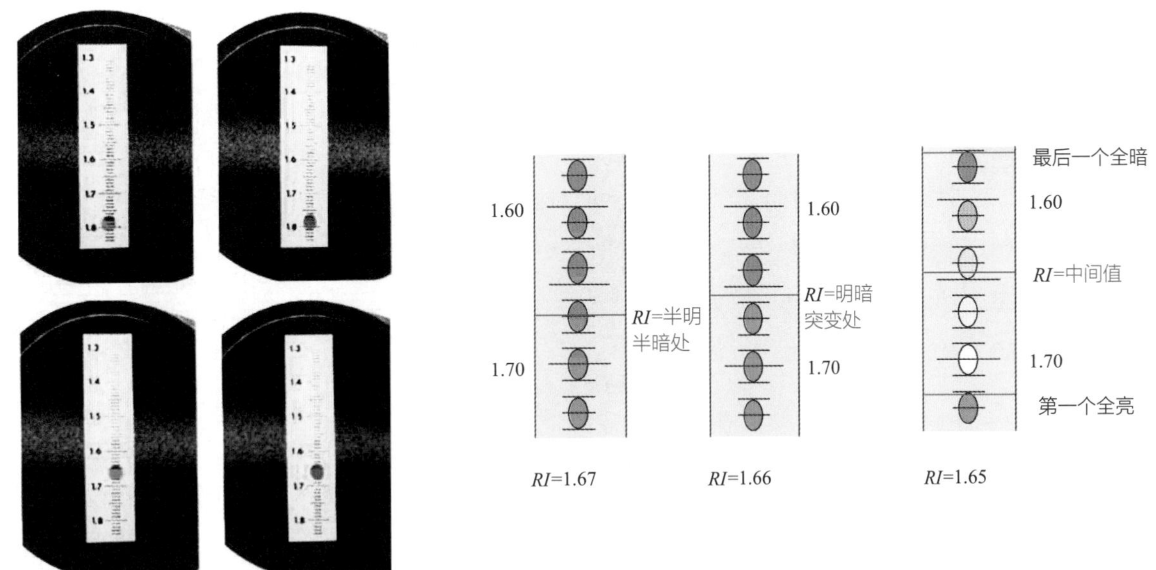

图2-5-58 闪烁法估测孔雀石的双折射率

图2-5-59 远视法读数实例

三、观察现象及结论

（一）近视法（精确测量法）

1. 单折射（均质体）宝石

待测宝石在折射仪上转动180°，视域内始终只有一条阴影边界，快速转动偏光片，阴影边界无上下跳动现象，表明宝石为均质体（等轴晶系及非晶质宝石）或多晶质集合体宝石（图2-5-60）。

2. 一轴晶宝石

待测宝石在折射仪上转动180°，出现两条阴影边界，一条阴影边界固定不变，另一条发生移动（图2-5-61），说明该宝石为一轴晶宝石。如果变化的折射率值为大值，则为一轴晶正光性宝石；如果变化的折射率值为小值，则为一轴晶负光性宝石（图2-5-62）。

3. 二轴晶宝石

待测宝石在折射仪上转动180°，视域内出现两条阴影边界，两条阴影边界随宝石转动而上下移动（图2-5-63）。转动宝石过程中，若大折射率阴影边界上下移动幅度比小折射率边界上下移动幅度大，则宝石为二轴晶正光性（$Ng–Nm>Nm–Np$），反之为负光性（$Ng–Nm<Nm–Np$）（图2-5-64）。

另外，二轴晶宝石平行光轴切面会出现此现象：随着宝石的转动，Ng、Np值会逐渐汇聚成Nm值（图2-5-65）。

4. 折射率$RI>1.81$的宝石

影像点在折射仪内部的标尺范围内始终为全暗（图2-5-66）。此时转动宝石360°，整个视域较暗，仅能观察到折射油形成的位于1.81±的阴影边界，用“$RI>1.81$”表示，如翠榴石（1.888）、锆石（1.810～1.984）。

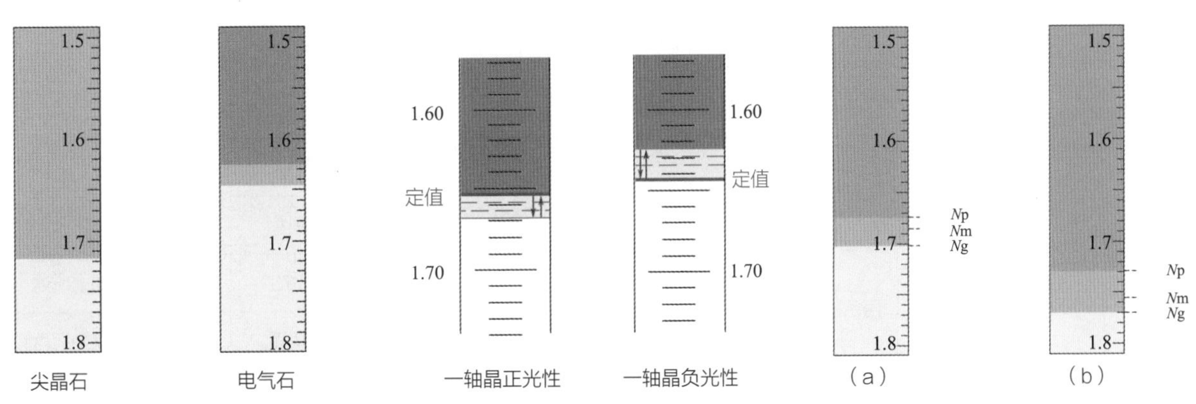

图2-5-60 单折射宝石

图2-5-61 一轴晶宝石

图2-5-62 一轴晶光性判断图

图2-5-63 二轴晶宝石

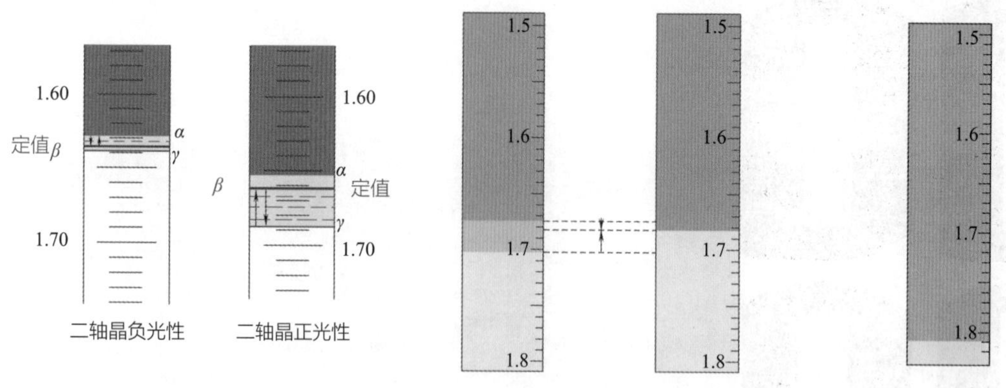

图2-5-64　二轴晶光性判断图　　图2-5-65　二轴晶宝石平行光轴切面　　图2-5-66　*RI*>1.81的宝石

5. 几种特殊情况

（1）假均质体现象　转动宝石360°，好像只有一条阴影边界，但快速转动偏光片，阴影边界上下跳动。这反映了待测宝石是非均质体，其双折射率很小，两条阴影边界距离很小，肉眼难以分辨。加上偏光目镜后，随着宝石转动，可一次将两条阴影边界分离呈现。例如：磷灰石（1.634～1.638，0.003），符山石（*N*e=1.703，*N*o=1.705）。

（2）假一轴晶现象　某些二轴晶的*N*g与*N*m或*N*m与*N*p差值很小，当转动宝石360°时，好像其中一条阴影边界不动。例如：金绿宝石（*N*m接近*N*p），黄玉（*N*m接近*N*p，*N*m=1.609，*N*g=1.616，*N*p=1.606）。

（3）特殊光性方位　当一轴晶宝石*N*e方向平行于折射仪棱镜长轴方向时，两条阴影边界重合，但随着宝石转动，现象消失。当一轴晶宝石*N*e方向垂直于折射仪棱镜平面时，两条阴影边界保持不变，在任何位置上都显示出最大双折率。二轴晶宝石测试刻面与某个振动方向垂直时，必有一条阴影边界不动，换一个测试刻面，现象消失。

具特别双折率的宝石：菱锰矿，*N*o=1.84，*N*e=1.58。

使用精确测量法时折射仪中的现象及结论总结见表2-5-4。

表2-5-4　折射仪观察现象及结论总结

<table>
<tr><td rowspan="13">旋转宝石180°</td><td rowspan="3">一条阴影边界</td><td>值变</td><td colspan="4">DR很大，高值超出折射仪测量范围，如菱锰矿（1.58～1.84，0.220）</td></tr>
<tr><td rowspan="2">值不变</td><td>边界清晰</td><td colspan="3">均质体</td></tr>
<tr><td>边界模糊</td><td colspan="3">DR很小或为多晶质集合体</td></tr>
<tr><td rowspan="8">两条阴影边界</td><td rowspan="8">非均质体</td><td rowspan="4">一条动
一条不动</td><td rowspan="2">一轴晶（U）</td><td>高值动</td><td>U（+）</td></tr>
<tr><td>低值动</td><td>U（−）</td></tr>
<tr><td>假一轴晶</td><td colspan="2">Nm与Np或Ng很接近</td></tr>
<tr><td>二轴晶（B）</td><td colspan="2">为垂直于Nm、Np、Ng的切面</td></tr>
<tr><td rowspan="2">两条都动</td><td rowspan="2">二轴晶（B）</td><td>高值移动的范围大</td><td>B（+）</td></tr>
<tr><td>低值移动的范围大</td><td>B（−）</td></tr>
<tr><td rowspan="2">两条都不动</td><td>换刻面再测</td><td>一条动一条不动</td><td>如上所述</td></tr>
<tr><td>一轴晶（U）</td><td>平行于光轴的切面</td><td>换刻面再测</td></tr>
<tr><td rowspan="2">无影像</td><td colspan="5">宝石的折射率超过测量范围（RI>1.81或<1.35）</td></tr>
<tr><td colspan="5">宝石刻面抛光不好、接触液过多或过少等</td></tr>
</table>

6. 近视法（精确测量法）观察现象及结论举例

例1：一例紫色宝石，折射仪所测数据如下：

RI 低值	1.544	1.544	1.544	1.544	1.544	1.544	1.544	1.544
RI 高值	1.547	1.549	1.551	1.553	1.550	1.546	1.544	1.547

该紫色宝石最小折射率为1.544（取*RI*低值的最小值），而且低值没变化；最大折射率为1.553（取*RI*高值的最大值），记录为：*RI*=1.544～1.553，*DR*=0.009。因为是折射率的高值在变化，而低值无变化，所以该紫色宝石为一轴晶正光性。

例2：一例紫色宝石，折射仪所测数据如下：

RI 低值	1.542	1.544	1.546	1.544	1.542	1.540	1.542	1.543
RI 高值	1.548	1.547	1.546	1.547	1.548	1.549	1.548	1.548

该紫色宝石最小折射率为1.540（取*RI*低值的最小值），最大折射率为1.549（取*RI*高值的最大值），记录为：*RI*=1.540～1.549，*DR*=0.009。则该紫色宝石高值和低值都在变化，高值变化范围=1.549−1.546=0.003，低值变化范围=1.546−1.540=0.006，低值变化范围大于高值变化范围，所以该紫色宝石为二轴晶负光性。

（二）远视法（点测法）

只可得到宝石的近似*RI*，无法测得*DR*、判断轴性和光性符号；读数估读到小数点后两位，并以“±”符号标之或者用“（点测）”字样标记。如图2-5-59中，记录为*RI*=1.66±或者*RI*=1.66（点测）。

四、折射仪操作注意事项

折射仪在进行读数时，需要注意一些操作细节，不然会导致读数出现较大偏差而影响鉴定结果。同时，在使用折射仪进行测试的过程中，也必须要注意如何正确操作才能避免损坏折射仪和宝石。

折射仪操作的注意事项归纳如下：

（1）测台棱镜硬度小，易划伤，操作时应轻拿轻放，避免宝石底尖接触测台。

（2）宝石和测台棱镜使用前后须擦干净。

（3）折射油不宜滴多，滴多会使宝石浮于其上，导致读数不准确。

（4）如果折射油挥发并结晶出硫化物晶体（淡黄色），应使用稍多的折射油使之溶解，然后擦去。

（5）旋转宝石测试时，要注意始终保持宝石与棱镜紧密的光学接触。

（6）读数时，姿势要正确，视线要垂直于标尺读数（图2-5-67）。

（7）长期不使用折射仪时，金属台面应涂上一层凡士林，以防生锈。

（8）测试前应先将折射仪校正，明确误差。可用合成尖晶石或水晶来进行校正。

（9）多孔、结构疏松的宝石，如绿松石、有机宝石，不要放在折射油上测试，以免污染宝石。

（10）任何类似钻石的宝石，切忌放于测台上测试。

（11）双折射率太大，只能读到一条阴影边界时，注意用其他方法辅助鉴定，是否为各向同性或各向异性。

（12）对于宝石不同部分测出不同值时，注意观察其是否为拼合处理的。

（13）注意某些样品不同部位所测的*RI*值可能不同，这是由于样品为多矿物集合体，如独山玉样品中，斜长石1.56±，黝帘石1.70±。

（14）所测宝石必须为抛光，无严重擦痕。

（15）对于*RI*＞1.81（取决于折射油的*RI*）的宝石，无法测出具体的值。

（16）双折射率太小，可能被误认为是单折射宝石，如磷灰石（*DR*=0.003）；双折射率太大，有一值超出测量范围，也可能被误认为是单折射宝石，如菱锰矿（1.58～1.84）。

（17）二轴晶的宝石中，*N*m与*N*p或*N*g很接近时，可能被误认为是一轴晶的宝石，如黄玉被误认为是假一轴晶。

（18）在特殊的光性方向，无法测到*DR*具体值或误判双折射为单折射宝石，需换刻面测试或用偏光仪验证。

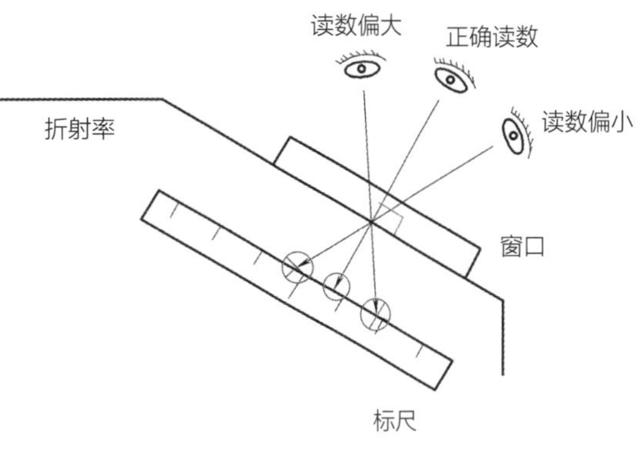

图2-5-67 正确读数姿势示意图

（19）折射仪无法区分大部分优化处理和合成宝石，如红宝石与合成红宝石。

五、折射仪的用途与优点

（1）折射仪测试是最好的无损检测方法之一。

（2）可区分各向同性和各向异性的宝石。

（3）可精确测量珠宝玉石的折射率（*RI*）。

（4）可测出宝石的最大折射率（RI_{max}）和最小折射率（RI_{min}），从而得出宝石双折率（*DR*）。

（5）可确定宝石的轴性。

（6）可确定宝石的光性符号。

（7）可确定宝石是否为多晶质。

（8）可确定宝石的折射率（*RI*）是否小于1.35或大于1.81。

（9）可确定特殊的光性方位，如光轴方向。

（10）可区分某些天然宝石与其合成品，如：天然尖晶石折射率常见为1.718（1.712～1.740），而合成尖晶石折射率为1.727。天然祖母绿折射率为1.566～1.600（0.006～1.009），而合成祖母绿折射率为1.560～1.567（0.003～0.004）。

六、折射仪的局限性

（1）所测宝石必须为抛光，无严重擦痕。

（2）对刻面宝石精确测值，应选刻面面积大于2mm^{2}的，否则测值不准确。

（3）多孔、结构疏松的宝石不宜测，因为油会被吸收，污染宝石及其颜色，如绿松石。

（4）对于*RI*<1.35或>1.81的宝石，无法测出具体的值。

（5）双折率（*DR*）太小，可能被误认为是单折射宝石，如磷灰石（0.003）；*DR*太大，有一值超出测量范围，也可能被误认为是单折射宝石，如菱锰矿（1.58～1.84）、蓝铜矿（1.62～1.85）。

（6）在特殊的光性方向，无法测到*DR*具体值或误判双折射为单折射宝石，此时需要配合二色镜和偏光仪来确定宝石的光学性质。

（7）表面涂层的材料，易发生读不出*RI*或读出的*RI*为涂层材料的情况。

（8）深色碧玺，常光（*No*）被吸收，折射仪只能测到*Ne*值，很难确定*DR*、光性。

（9）折射仪无法区分一些优化处理和合成宝石。

第三节 二色镜和偏光仪

一、二色镜

非均质体彩色宝石的光学性质随方向而异，对光波的选择性吸收及吸收总强度随光波在晶体中的振动方向不同而发生改变。这种由于光波在晶体中振动方向不同而使彩色宝石呈现不同颜色的现象称为多色性。多色性能够被观察到的条件是宝石必须是透明的非均质体彩色宝石。宝石的多色性在某些情况下是辅助判定宝石品种的依据，二色镜就是用来观察宝石多色性的一种常规仪器（图2-5-68）。

图2-5-68 二色镜

（一）工作原理及结构

1. 工作原理

二色镜的原理是通过特定的光学元件观察样品是否将入射光分解成相互垂直的两个不同振动方向的光，并且这两束光的颜色是否有差异，以及差异的大小。具有这种性能的光学元件可以是并排放置的两块振动方向垂直的偏光片，但是更常用的是具有强双折射的晶体，如冰洲石。

2. 结构

常用的二色镜是冰洲石二色镜，它由玻璃棱镜、冰洲石菱面体、透镜、通光窗口和目镜等部分组成。冰洲石具有极强的双折射，能把透过非均质宝石的两束偏振化色光再次分解。它的菱面体被设计成正好可使小孔的两个图像在目镜里并排成像的长度，使分解的偏振光的颜色并排出现在窗口的两个影像中。如图2-5-69所

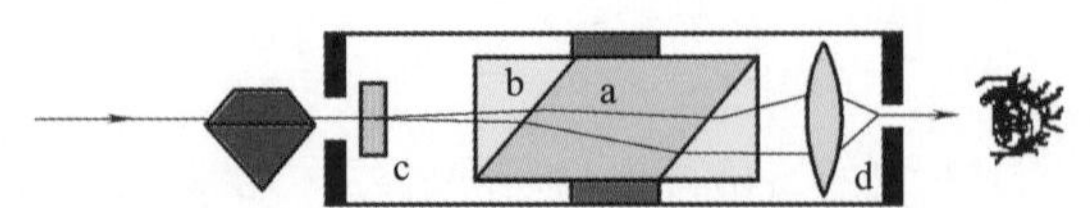

a—冰洲石；b—玻璃棱镜；c—窗口；d—凸透镜。

图2-5-69 二色镜的结构示意图

示，当白光通过透明的非均质体彩色宝石（非光轴方向）时被分解成光程差较小的两束偏振光，产生不同的选择性吸收后可能呈现两种不同颜色的光，再进入高双折射率的冰洲石棱镜（a），而后再分解成两束光程差较大的偏光，通过透镜（d）的聚焦和放大作用，两种颜色的光并排在窗口（c）中。

（二）使用方法

（1）用自然光（或白光）透射宝石样品，以透射方式对准光源。

（2）将二色镜紧靠宝石，保证进入二色镜的光为透射光。

（3）眼睛靠近二色镜，边转动二色镜边观察二色镜两个窗口的颜色差异。在观察时还需注意，要转动宝石与二色镜，至少观察三个方向。

（4）观察后旋转二色镜180°验证，如果是宝石的多色性，旋转后窗口中的两种颜色会发生对调，若颜色未发生对调，则为宝石本身颜色分布不是多色性（图2-5-70）。若宝石具有三色性，则转动宝石180°时，窗口中会出现第三种不同的颜色（图2-5-71）。

（5）记录并分析结果。首先记录多色性的强弱，分为强、中、弱、无四级，然后记录颜色变化。例如，红宝石：中，玫瑰红/橙红；堇青石：强，蓝/稻草黄/紫蓝。

宝石具多色性

宝石的颜色分布

图2-5-70　多色性的确认示意图

换方向测试

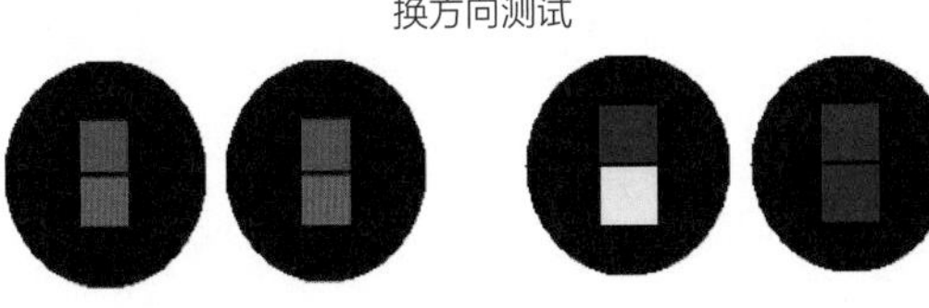

宝石具二色性　　宝石具三色性

图2-5-71　宝石的二色性和三色性

（三）观察现象及结论

只有彩色透明的非均质宝石具有多色性，无色和均质体宝石不存在多色性，观察到的两个窗口颜色相同。根据多色性的强弱，通常可将多色性分为四级：

①强：肉眼即可观察到不同方向的颜色差异。如红柱石、堇青石、坦桑石（图2-5-72）等。

②中：肉眼难以观察到多色性，但二色镜下观察明显，如红宝石（图2-5-73）等。

③弱：二色镜下能观察到多色性，但多色性不明显，如紫晶、橄榄石等。

④无：二色镜下不能观察到多色性，如尖晶石、石榴石等均质体宝石和无色或白色的非均质体宝石。

多色性的强弱程度不仅取决于宝石本身的光性特征，同时还受到宝石的大小、颜色的深浅不同等因素的影响。通常单晶宝石的颗粒越大、颜色越深，多色性越明显。

多色性观察现象及结论总结见表2-5-5。

表2-5-5　多色性观察现象及结论

<table>
<tr><td rowspan="4">现象</td><td rowspan="2">一种颜色</td><td rowspan="4">换方向观察</td><td>仍然是一种颜色</td><td>结论：均质体</td></tr>
<tr><td>出现两种颜色</td><td>继续换方向观察，而后得出结论</td></tr>
<tr><td rowspan="2">两种颜色</td><td>与前两种颜色相同</td><td>结论：一轴晶或二轴晶</td></tr>
<tr><td>出现第三种颜色</td><td>结论：二轴晶</td></tr>
</table>

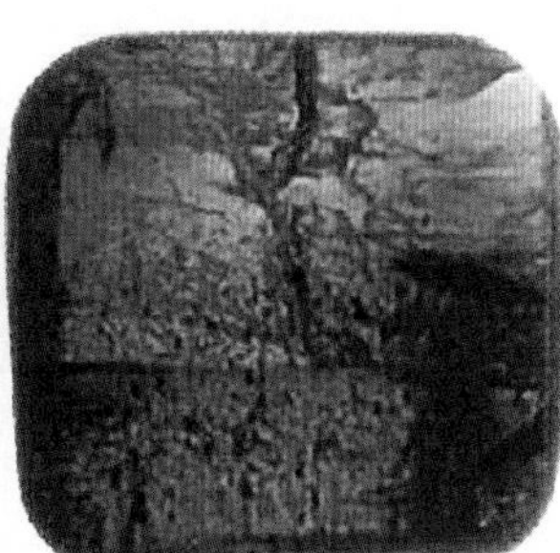

图2-5-72　坦桑石的多色性（强）

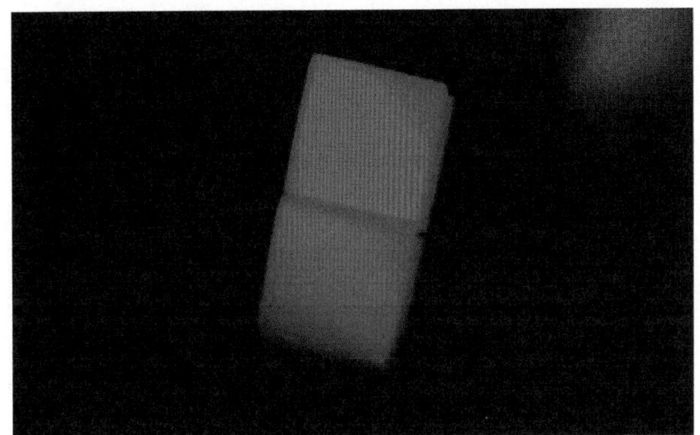

图2-5-73　红宝石的多色性（中）

（四）二色镜在宝石鉴定中的应用

（1）辅助区分均质体与非均质体宝石，如红宝石与红色尖晶石。

（2）辅助区分一轴晶与二轴晶宝石，如堇青石三色性显著（蓝色、紫蓝色、浅黄色），为二轴晶宝石。

（3）辅助鉴定具有典型多色性的宝石，例如，红宝石：强，玫瑰红/橙红。

（4）辅助加工定向（图2-5-74） ①确定光轴方向；②具多色性的宝石台面应呈现最好的颜色。

图2-5-74 红宝石加工定向

（五）注意事项

（1）光源应为白光，不能用单色光、偏振光，观察时采用透射光。

（2）宝石一定为有色透明单晶宝石，颜色越深，透明度越好，则越易观察。

（3）宝石应尽量靠近二色镜的一端，眼睛靠近另一端，保证有较多的透射光进入二色镜，并减少刻面的反射光进入二色镜。

（4）多转动宝石或二色镜，从不同的方向观察宝石。

（5）不要将多色性的混合色当作第三种颜色。

（6）宝石颜色的不均匀会影响多色性的观察。

（7）多色性强弱与双折率无关。

（8）宝石受热后多色性可能会发生变化。

二、偏光仪

偏光仪（图2-5-75）是一种比较简单的仪器，可以方便快捷地测定宝石的光性，主要用于区别均质体宝石、非均质体宝石和多晶集合体玉石，还可以进一步测定宝石的干涉图（光轴图），确定一轴晶或者二轴晶。

（一）基本概念

（1）自然光 从一切实际光源直接发出的光波。自然光的特点是在垂直光波传播方向的平面内，沿各个方向都有等振幅的光振动。

（2）偏振光（偏光） 仅在垂直光波传播方向的某一固定方向振动的光波。偏振光振动方向与传播方向构成的平面称为偏振面。

（3）偏振光的产生 自然光可以通过反射、折射、双折射及选择性吸收转变为偏振光。使自然光转变为偏振光的作用称为偏振化作用。将自然光转变为偏振光的装置称为偏光片。偏振片上标出允许通过光的振动方向，称为偏振化方向。

（4）平行偏光和正交偏光 平行偏光（图2-5-76）是指上、下偏光镜允许的光通过的方向是平行的。由于上、下偏光镜允许光通过的方向是平行的，所以从下偏光镜通过的光进入上偏光镜时能够通过上偏光镜，而在上偏光镜观察看到亮域。正交偏光（图2-5-77）是指上、下偏光镜允许通过的光是相互垂直的。由于上、下偏光镜允许通过的光是相互垂直的，所以从下偏光镜通过的光进入上偏光镜时不能通过上偏光镜，而在上偏光镜观察看到暗域。

图2-5-75 偏光仪

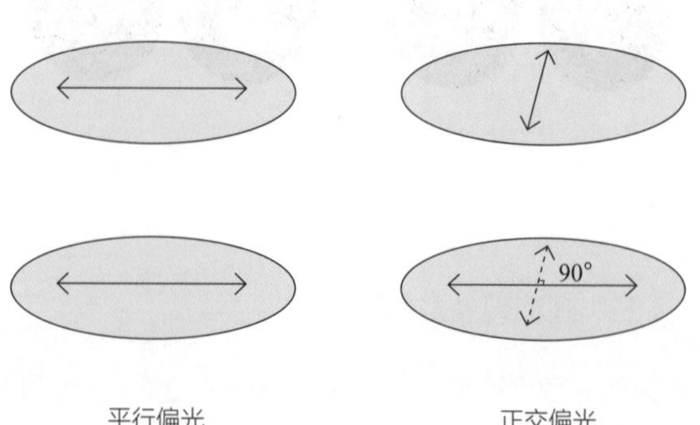

图2-5-76 平行偏光示意图 图2-5-77 正交偏光示意图

（二）结构及工作原理

1. 偏光仪的结构

偏光仪由一个装灯的铸件和两个偏振片（即上、下偏光镜）构成（图2-5-78）。光源为普通白炽灯，下偏光片固定不动，上偏光片可以转动，以便调整上偏光的方向。为了保护下偏光片，其上有一可旋转的玻璃载物台。为便于观察干涉图（光轴图）多配有干涉透镜或干涉球（又称锥光镜）。

2. 偏光仪的工作原理

当自然光通过下偏光片时，即产生平面偏光，若上偏光与下偏光方向平行，来自下偏光片的偏振光全部通过，则视域亮度最大；若上偏光与下偏光方向垂直，来自下偏光片的偏振全部被阻挡，此时视域最暗，即产生了所谓的消光。如果在上、下偏光镜之间存在双折射的透明宝石，当偏光镜发出的线性偏振光通过宝石时，如果振动方向与宝石双折射的振动方向不平行，线性偏振光的振动方向就会发生偏转，使得部分光线可以通过仪器的检偏镜，这样，样品转动就会产生明暗变化的现象，即所谓的消光现象（图2-5-79至图2-5-81）。

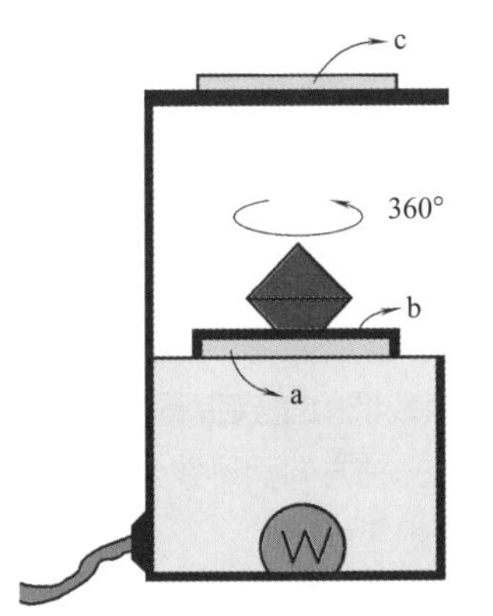

图2-5-78 偏光仪的结构示意图

3. 宝石在偏光仪测试中的现象

（1）均质体 出现全暗（全消光）现象。若待测宝石为均质体，当自然光经过下偏光片透过宝石时，光的振动方向不发生任何变化，其仍为偏振光。通过上偏光片后，光全部被阻挡不能通过。因此旋转宝石360°，宝石在视域中呈全暗（消光）现象（图2-5-82）。例如，尖晶石、石榴石、玻璃等。

（2）非均质体 出现四明四暗现象。非均质体宝石放置在偏光镜上旋转360°之后会出现四次规律的明暗交替变化（四明四暗）的现象。例如，红宝石、水晶、托帕石等。

①当通过下偏光片的平面偏光进入待测宝石时，若下偏光振动方向与宝石的光率体两个椭圆半径之一平行，下偏振光透过宝石，振动方向不发生变化，仍与上偏光片振动方向垂直，从而被阻挡，视域全暗。旋转宝石360°，全暗现象出现四次（图2-5-83）。

图2-5-79 平行偏光

图2-5-80 斜交45°

图2-5-81 正交偏光

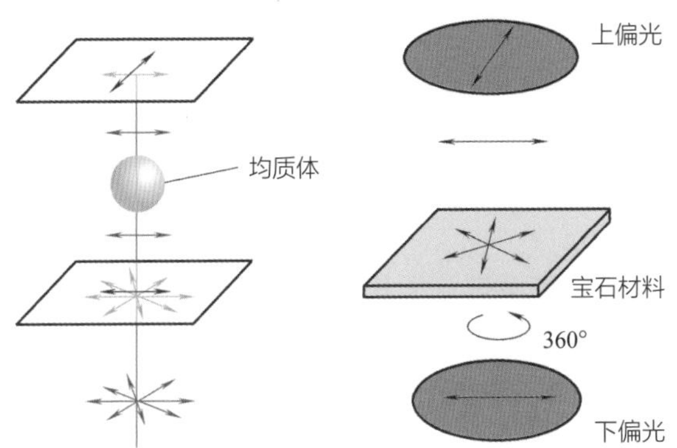

图2-5-82 均质体宝石消光示意图

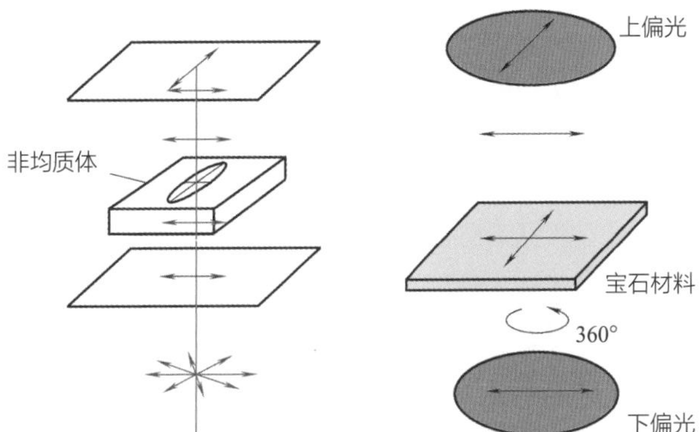

图2-5-83 下偏光振动方向与宝石光率体的两个椭圆半径之一平行

②若下偏光振动方向与宝石的光率体两个椭圆半径斜交，下偏振光被宝石分解成振动方向相互垂直的两束偏光。有一部分光线可透过上偏光片，视域逐渐变亮，当下偏光振动方向与宝石的光率体两个椭圆半径呈45°斜交时，视域最亮。旋转宝石360°，全亮现象出现四次（图2-5-84）。

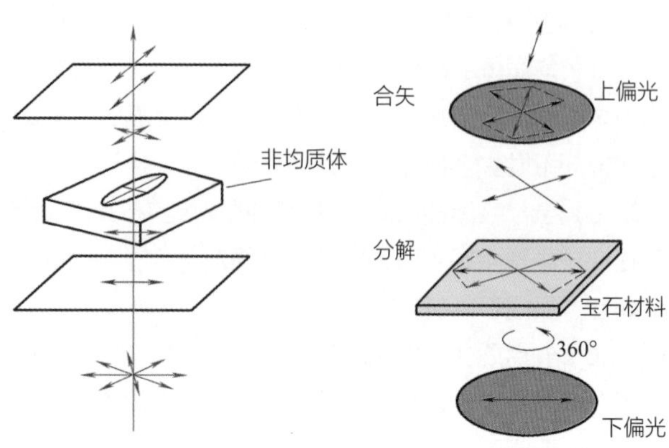

图2-5-84 下偏光振动方向与宝石光率体的两个椭圆半径呈45°斜交

③其他位置时，总有部分光透过，宝石呈现全暗-全亮的过渡状态。

④如果非均质体的光轴方向平行于观察方向，则在正交偏光镜下转动宝石360°，宝石并不出现四明四暗现象，该方向与均质体相似，现象为全暗。因此宝石在偏光仪下表现为全暗时，则需要换个方向再测一次。

（3）多晶集合体 多晶集合体属于玉石品种范畴，包括非均质集合体和均质集合体时，即判断为多晶质体宝石。

①非均质集合体 非均质集合体玉石在任何位置上总有部分组成玉石的小晶粒处于全亮或由全亮向全暗过渡状态。所以，当非均质集合体玉石在偏光镜上旋转360°时，始终表现为全亮的现象。例如，翡翠、软玉、玛瑙等。

②均质集合体 均质集合体玉石组成玉石的小晶体均无法通过上、下偏光镜透过的光。所以，当均质集合体玉石在偏光镜上旋转360°时，始终表现为全暗的现象。例如，水钙铝榴石玉。

（三）偏光仪的操作

（1）清洁宝石和载物台，观察宝石是否透明（不透明宝石不能使用偏光仪确定宝石的光学性质）。

（2）打开电源，调节上偏光片与下偏光片成正交位置（视域全暗）。

（3）将宝石放于载物台上，旋转物台360°，观察宝石的明暗变化，换方向再测，综合分析记录现象，得出结论。

（4）如果是双折射宝石，用锥光镜旋转宝石各方位寻找光轴图，确定宝石轴性。

（5）取下宝石放好，关闭电源。

（四）偏光仪的测试现象及结论分析

正交偏光下旋转宝石360°，宝石内将呈现出以下几种现象：

1. 全消光（全暗）现象

（1）正交偏光下旋转宝石360°，宝石为全暗（全消光）。

（2）换方向再测，会出现以下两种情况：

①仍然全暗，可以确定宝石为均质体，宝石为单折射宝石（等轴晶系或非晶体），例如，钻石、尖晶石、石榴石、玻璃等。

②出现四明四暗现象，确定宝石为非均质体宝石，宝石为双折射宝石（中级晶族或低级晶族宝石），由于全内反射作用或第一次测试为光轴方向而导致全暗，例如，水晶、碧玺、托帕石、金绿宝石等。

（3）另外需要注意，非均质体宝石颜色过深可能会被误观察为全暗而被认定为均质体；部分折射率较高、加工良好的非均质体宝石由于发生全内反射现象，也会被误观察为全暗而被认定为均质体，而这些呈现全暗的均为假象。要排除这种并非由宝石本身的光性造成的全暗假象，可以变换宝石放置的方位，如将亭部刻面直接放在载物台上再次进行观察即可。此时，还可将宝石放入与其折射率相近的浸液中，以减少散射光所造成的影响，增加透过高折射率宝石的光量。

2. 四明四暗现象

正交偏光下旋转宝石360°，出现四明四暗现象，确定宝石为非均质体宝石，宝石为双折射宝石（中级晶族或低级晶族宝石）。例如，红宝石、蓝宝石、坦桑石等。

3. 全亮现象

正交偏光下旋转宝石360°，宝石为全亮，可能有以下两种情况：

（1）宝石为非均质集合体（隐晶或者显晶质集合体），任何位置上总有部分组成玉石的小晶粒处于全亮或由全亮向全暗过渡状态。例如，翡翠、软玉、玛瑙等大多数玉石品种。

（2）宝石为非均质体宝石，因为宝石存在聚片双晶、拼合现象以及裂隙发育和存在大量包裹体等情况使得非均质体宝石在偏光镜下呈现出全亮现象。这些裂隙和包裹体都会影响光在宝石中的传播，从而难以准确判断其光学性质。此外，周围其他光线在宝石上若发生反射，造成反射光偏振化，也会影响判断的正确性。例如，月光石、拼合石以及裂隙发育的祖母绿。

4．异常消光现象

正交偏光下旋转宝石360°，宝石呈现明暗变化无规律的现象，常呈弯曲黑带、格子状、波状、斑纹状消光。这种现象是均质体宝石中的异常双折射和内部结构应力发生畸变导致的。例如，玻璃在生产过程中，由于快速冷却致使内部应力聚集，形成异常双折射，造成常见的“蛇形带状”异常消光；焰熔法合成尖晶石时，由于生产过程中加入了过量的铝，晶格有一定程度的扭曲，形成异常双折射，出现“栅格状”或“斑纹状”异常消光；对于石榴石，由于类质同象替换，致使晶格产生了某些不均匀性，出现异常消光。

（1）异常消光的类型

①“黑十字”异常消光（图2-5-85）　无光轴干涉图，呈现黑暗十字形消光区域，宝石旋转时会发生分离。这种异常消光在玻璃、塑料上较常见。

②斑纹状消光　黑暗消光区域为斑纹状。这种异常消光在合成尖晶石中较常见。

③格子状消光　黑暗消光区域为格子状，较少见。

（2）异常消光的判断

①正交偏光下旋转宝石360°，在旋转过程中观察宝石明暗变化的次数，一般异常消光不会出现四次明亮和四次暗的现象，而是无规律的明暗变化。

②出现与四明四暗的异常消光（假四明四暗）相似的现象的判断方法：a．使用正交偏光测试，将宝石旋转至最亮的位置；b．选宝石一最亮的局部区域观察，迅速将上偏光片旋转至与下偏光片方向一致的位置（平行偏光）。若宝石变得更明亮则宝石为异常消光，宝石为均质体；若宝石亮度保持不变或变暗则为四明四暗，宝石为非均质体。注意：测试时用黑色挡板或手遮去下偏光片的大部分照明光线，有利于观察。

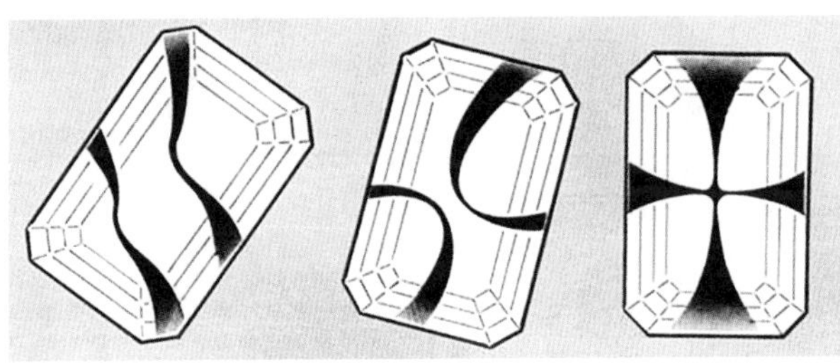

图2-5-85　“黑十字”异常消光

（五）宝石干涉图及观察方法

1．干涉图的概念

干涉图（图2-5-86）又称为光轴图，是指双折射宝石在上下偏光和锥形偏光共同作用下，由消光与干涉效应综合作用而在宝石光轴方向出现的特殊图案。其在偏光镜下所呈现的是由各色条带组成的图案。在偏光镜的上下偏光片之间加上一无应变干涉球或凸透镜即可将通过下偏光片的平面偏光变成锥形偏光。

（1）干涉图产生的条件　宝石要为透明度好的非均质体单晶宝石。

（2）干涉图相关概念

①锥光镜（干涉球）　锥光镜为一个凸透镜，可以使平面偏振光变成锥形偏振光，同时具有放大作用。

②干涉色　光轴方向出现的彩色色圈。

2．干涉图的观察方法

（1）选择正交偏光观察。

（2）一手持拿宝石转动寻找干涉色（即光轴出露方向），在干涉色最浓最密集的位置上方放置干涉球。

（3）另一手持拿干涉球于上下偏光片之间，放于宝石上方观察。

3．干涉图的图样及结论

（1）一轴晶干涉图　一轴晶干涉图为一个黑十字加上围绕十字的多圈干涉色色圈，黑十字由两个相互垂

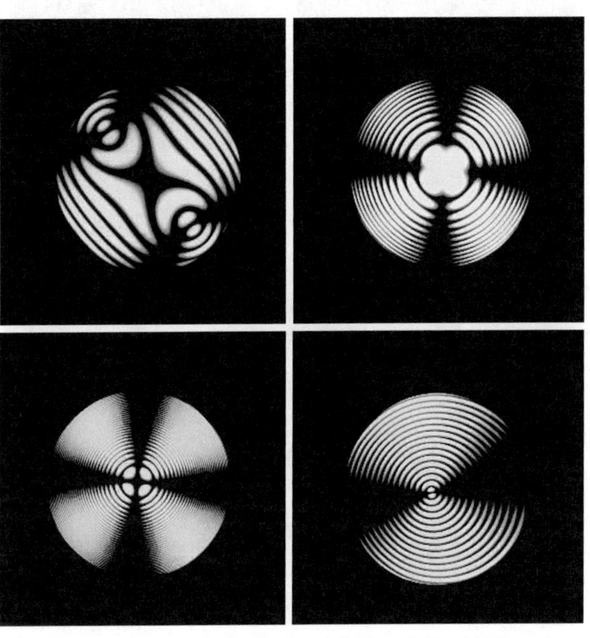

图2-5-86　偏振光下云母、石英、方解石、黄玉干涉图

直的黑带组成，两黑带中心部分往往较窄，边缘部分较宽。干涉色色圈以黑十字交点为中心，呈同心环状，色圈越往外越密，转动宝石，图形不变（图2-5-87）。水晶由于内部结构使偏振光发生规律旋转（即旋光性），干涉图呈中空黑十字，称为“牛眼干涉图”（图2-5-88）。紫晶的双晶结构常导致黑十字发生扭曲，其干涉图称为螺旋桨干涉图，也称扭曲黑十字（图2-5-89）。

（2）二轴晶干涉图　根据观察方向的不同，二轴晶干涉图分为两种，即单光轴干涉图和双光轴干涉图。单光轴干涉图（图2-5-90）由一个直的黑带及卵形干涉色圈组成，转动宝石，黑带弯曲，继续转动，黑带又变直。双光轴干涉图（图2-5-91）由一个黑十字及“∞”字形干涉色圈组成，黑十字的两个黑带粗细不等，“∞”字形干涉色圈的中心为两个光轴出露点，越往外色圈越密。转动宝石，黑十字从中心分裂成两个弯曲黑带，继续转动，弯曲黑带又合成黑十字。

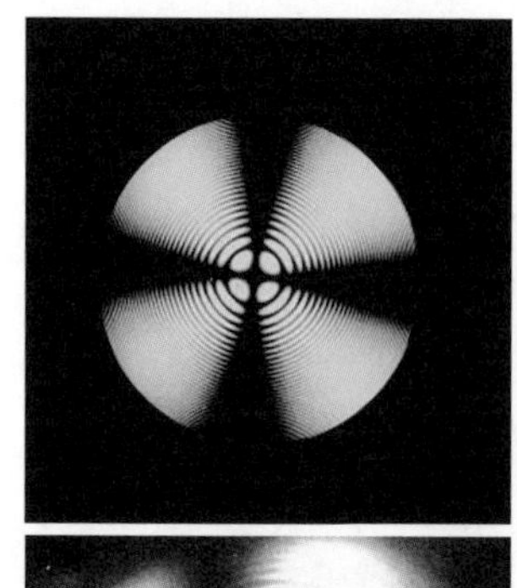
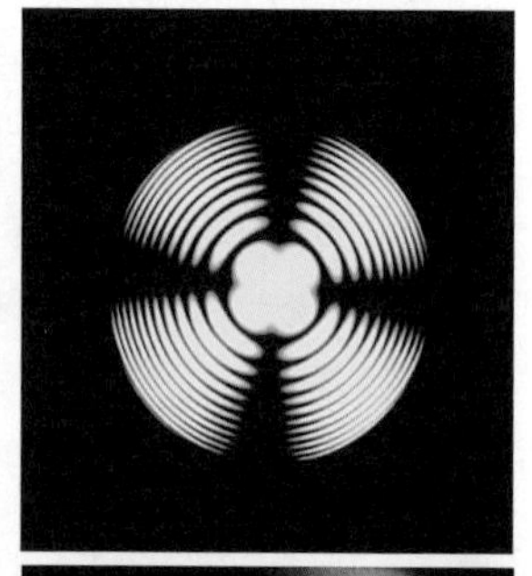
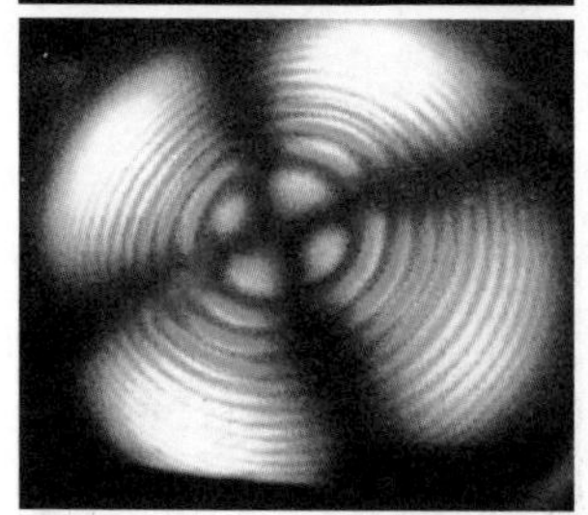
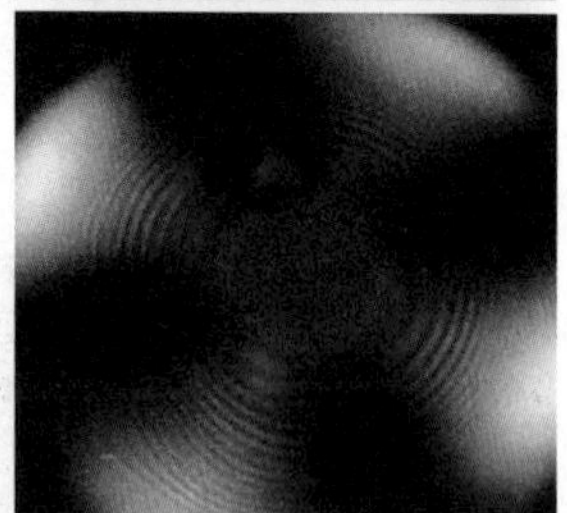

图2-5-87　一轴晶干涉图

图2-5-88　水晶“牛眼干涉图”

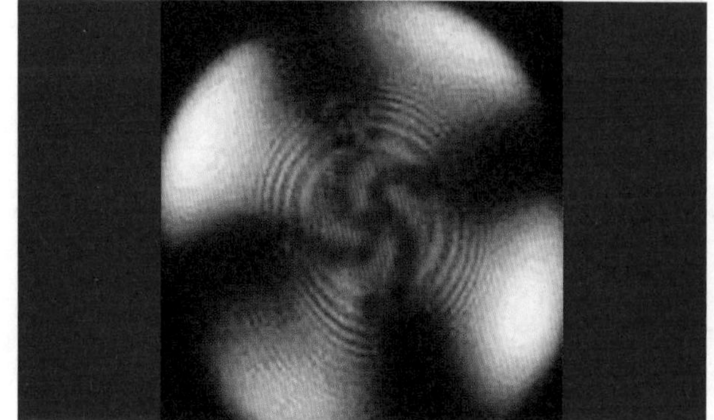

图2-5-89　螺旋桨干涉图

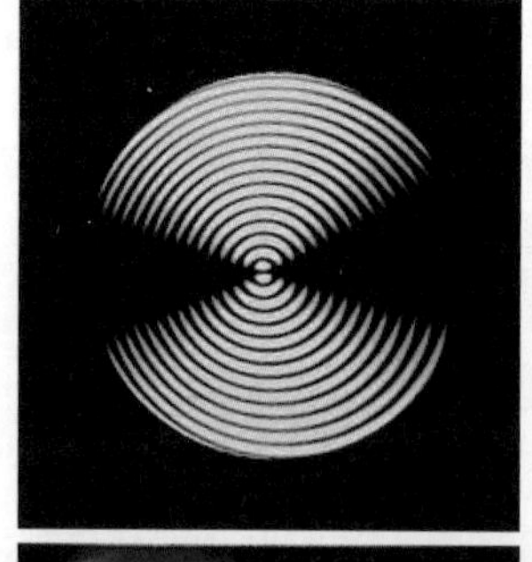

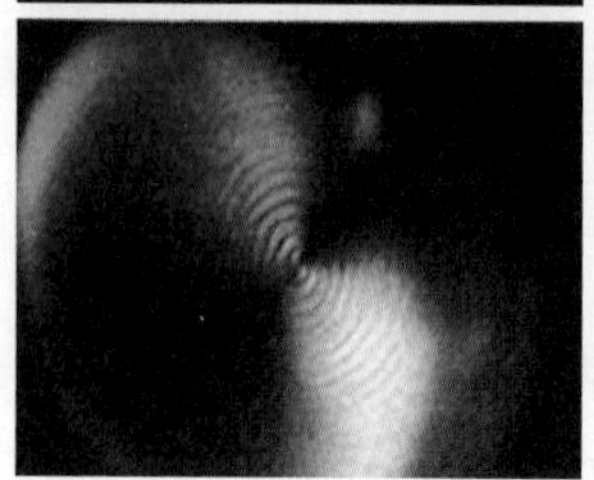
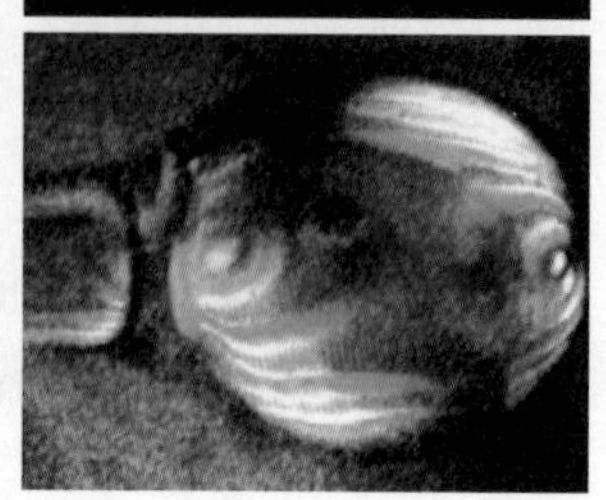
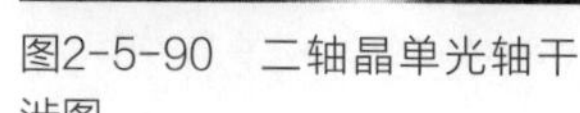

图2-5-90　二轴晶单光轴干涉图

图2-5-91　二轴晶双光轴干涉图

（六）注意事项与局限性

在使用偏光镜对宝石观察的过程中要注意其适用范围及影响测试的各项因素。

（1）透明度差的珠宝玉石不宜采用该测试。

（2）瑕疵、裂隙多的宝石要多方向测试、细心观察后得出结论。某些裂隙多的非均质体宝石，如祖母绿，由于裂隙透光，出现全亮的现象。

（3）从多个方向测试，避免某些特殊光学方位影响结论。

（4）聚片双晶与多裂隙宝石在偏光测试中的现象为全亮，但注意其并非为多晶质，通过其他观察后在结论中要注明。例如，月光石在偏光镜下的现象为全亮，但其结论却判断为非均质体（由于聚片双晶导致现象为全亮）。

（5）注意异常消光与四明四暗现象的区分。

（6）具有高*RI*、切工好的宝石样品测试时，以亭部刻面与物台接触摆放（图2-5-92）。若台面向下摆放，

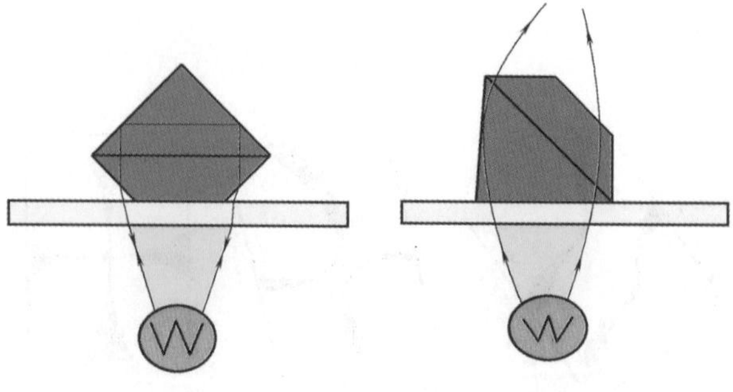

图2-5-92　高*RI*、切工好的宝石样品位置摆放示意图

可能因全内反射而使视域呈现全暗的假象。如钻石、合成立方氧化锆。

（7）色深、颗粒太小的宝石不宜测试。

（七）偏光仪的用途

（1）区分均质体与非均质体及多晶质体。

（2）确定宝石的轴性（通过观察光轴图）。

（3）确定宝石光轴方向。

（4）鉴定宝石品种，例如，水晶的“牛眼干涉图”。

（5）观察多色性 ①转动上偏光片与下偏光片振动方向一致，即出现亮域；②将宝石放于载物台上转动，如果是具有多色性的宝石则在转动相隔90°时会出现不同的颜色。观察过程中要记住样品在不同位置上的颜色特征，并在脑海中加以对比来判断。

第四节 紫外荧光仪、滤色镜和分光镜

一、紫外荧光仪

紫外荧光仪（图2-5-93）是一种重要的辅助性鉴定仪器，主要用来观察宝石的发光性（荧光）。紫外荧光仪是一个能够提供紫外线的光源。其灯管能辐射出一定波长范围的紫外光波，经过特制滤光片后，仅射出主要波长为365nm的长波和253.7nm的短波的紫外光。

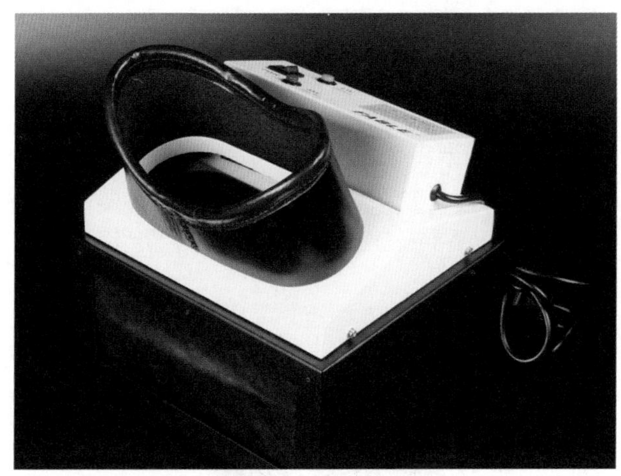

图2-5-93 紫外荧光仪

（一）工作原理和结构

1. 工作原理

有些宝石在紫外线的刺激下会发出可见光，这种现象称为荧光。若关闭紫外灯后，具荧光的物质继续发光，这种现象称为磷光。紫外荧光仪是利用宝石在受到紫外线辐射后会发出可见光的现象而设计的。紫外荧光仪是用来测试宝石是否具荧光和磷光的仪器。

2. 结构

（1）紫外灯管（LW：365nm，SW：253.7nm），开关控制盒；

（2）暗仓；

（3）挡板（布）；

（4）观察窗口。

（二）操作方法

（1）清洁待测宝石，放入暗仓，宝石尽量靠近灯源，盖上挡板（布）。

（2）打开电源，先选择长波紫外光LW（红色按钮）照射观察，再换短波紫外光SW（绿色按钮）照射观察。

（3）记录所用紫外光源类型和相对的宝石发光现象，记录格式：LW 发光强度（强、中、弱）+颜色/无，SW 发光强度（强、中、弱）+颜色/无。例如，合成红宝石 LW 强 亮红色；SW 中 亮红色。宝石在长波下的荧光强度常大于短波下的荧光强度。

（4）关闭电源，注意观察宝石是否继续发光（磷光），如果具有磷光，须记录。

（5）取出宝石放好。

（三）注意事项

（1）紫外光对人体有伤害，测试时应避免眼睛直视灯管，放取宝石时应关闭电源，避免紫外线对手部皮肤造成伤害。

（2）注意区分宝石表面的反射光（紫色），易被误认为宝石的发光。

（3）待测宝石局部发光，有可能是多矿物集合体中某一矿物具发光性，也可能是优化处理后的宝石因染剂或充填物具发光性。

（4）待测宝石必须放在黑暗的背景中进行观察。

（5）待测宝石应干净无油污，否则油污会发光，影响观察。

（6）宝石含铁会抑止荧光。

（7）宝石发光性的特点：

①同种宝石可发不同荧光；

②合成宝石荧光一般强于天然对应物，欧泊、橙色蓝宝石、青金石、钻石例外；

③天然宝石LW发光一般强于SW发光。

（四）用途

（1）作为具有强荧光的宝石品种的辅助鉴定特征。例如，红宝石有红色荧光。

（2）辅助鉴定天然宝石与其合成品。例如，大多数天然蓝宝石无荧光，维尔纳叶法合成蓝宝石在短波紫外光下常有弱荧光，气相沉淀法合成的钻石可具有橙色的紫外荧光。

（3）辅助鉴定某些优化处理的珠宝玉石。例如，具有强蓝白色荧光的翡翠是经过了酸洗注胶（图2-5-94）或者充蜡处理，具有较弱荧光的翡翠可能是经过充胶处理或者是抛光上蜡，而天然翡翠一般没有荧光。有些拼合石的胶层会发出荧光。充油和玻璃充填处理的宝石中的油和玻璃有荧光。硝酸银处理的黑珍珠无荧光，天然黑珍珠具有荧光。

（4）辅助鉴别钻石及仿制品。钻石荧光的颜色和强度变化较大（图2-5-95），荧光颜色丰富、可有可无、可强可弱，而同一种仿钻材料的荧光较为一致。

（5）帮助判别某些宝石的产地，如斯里兰卡黄色蓝宝石具有黄色荧光，而澳大利亚黄色蓝宝石无荧光。

部分珠宝玉石常见荧光特性见表2-5-6。

图2-5-94 酸洗注胶翡翠

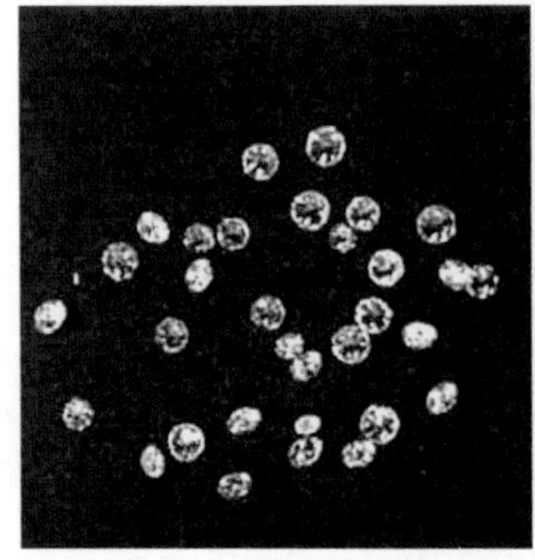

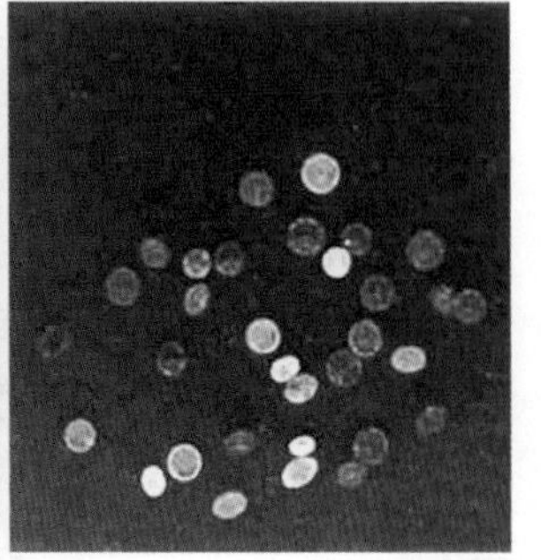

图2-5-95 钻石在长波紫外光下的荧光

表 2-5-6 珠宝玉石常见荧光特性

宝石种类	LW 紫外荧光色	SW 紫外荧光色
钻石	橙、黄、蓝、紫、绿	橙、黄、蓝、紫、绿
红宝石	红	红
斯里兰卡蓝宝石	红、橙	红、橙
斯里兰卡黄色蓝宝石	橙	橙
合成橙色蓝宝石	红、橙	红、橙
合成绿色蓝宝石	红、橙	橙
无色蓝宝石	橙	橙
磷灰石	黄、绿、紫	—
月光石	蓝	—
红尖晶石	红、橙	红、橙
祖母绿	红、绿	红
紫锂辉石	橙	—
黄玉	橙、黄	—
变石	红	红
锆石	黄	黄
赛黄晶	蓝	蓝
萤石	蓝、紫	蓝、紫
方柱石	橙、紫	橙、紫、蓝
透辉石	紫	—
紫锂辉石	橙	—
方钠石	橙色斑点	—
青金石	橙色斑点	橙、紫
彩色玻璃	黄、绿、蓝	黄、绿、蓝

二、滤色镜

滤色镜主要由一些彩色滤光片组成，这些组合的滤光片仅允许部分波长的光波通过。查尔斯滤色镜（图2-5-96）是宝石鉴定中最常见的一种滤色镜。

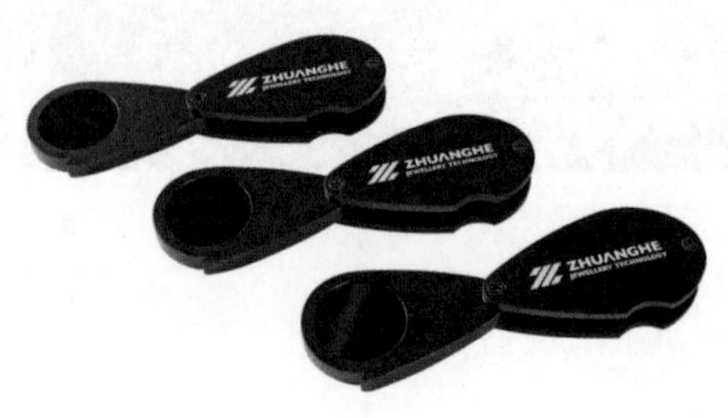

图2-5-96 查尔斯滤色镜

（一）工作原理和结构

1. 工作原理

滤色镜用于检测样品某些特殊的选择性吸收。常用的查尔斯滤色镜由两块黄绿色的明胶滤色片组成。滤色片的功能是通过吸收，只允许某些波长的光通过（图2-5-97）。由前文可知，有色宝石多为对光选择性吸收的结果。因此，用滤色镜检测宝石相当于通过一种滤色镜（检测用的滤色镜）来观察另一种滤色镜（宝石）。通过两次的选择性吸收，可以把样品限定在一个很小的范围，从而达到鉴定宝石的目的。

查尔斯滤色镜是宝石鉴定中最常用的一种滤色镜，它最初的设计目的是快速区分祖母绿与其仿制品，因而又被称为“祖母绿镜”。

2. 结构

查尔斯滤色镜由仅允许深红色光和黄绿色光通过的滤色片组成。通过滤色镜直接观察物体，所有物体只会出现两种颜色，即黄绿色或红色。

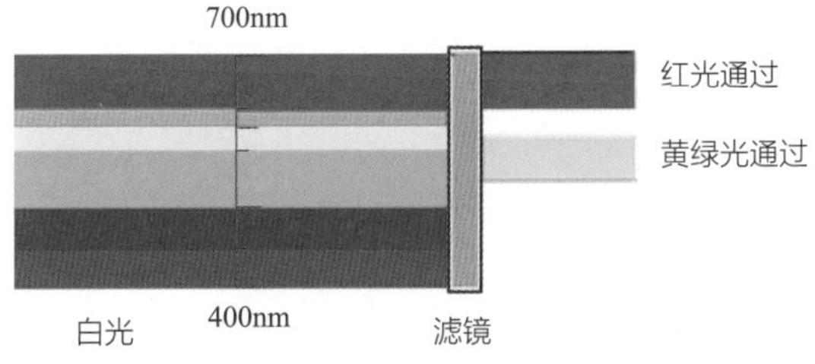

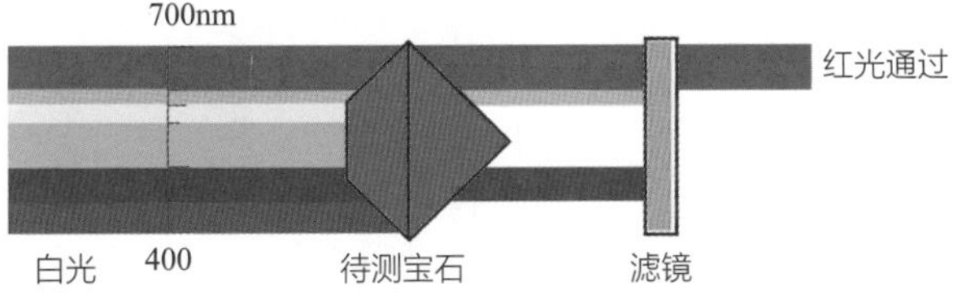

图2-5-97　查尔斯滤色镜工作原理

（二）使用方法

使用滤色镜时，应在白色无反光背景条件下，采用强白光照射宝石，将查尔斯滤色镜紧靠眼睛，并与宝石保持30～40cm的距离，观察宝石颜色的变化（图2-5-98）。

因为查尔斯滤色镜本身颜色相当深暗，所以在使用它检测宝石时，必须采用比较强的光源照明，一般情况是使用光纤灯或者强白光电筒。将查尔斯滤色镜贴近眼睛，让宝石尽量靠近光源，这时观察宝石的颜色才能准确。用阳光、日光灯或小手电照明几乎看不清现象。

（三）操作步骤

（1）清洁待测宝石，将其放在不透明的底板上。

（2）打开冷光源，一手持拿贴近待测宝石。

（3）距待测宝石斜上方30～40cm处，另一手持拿查尔斯滤色镜贴近眼睛观察。

（4）记录观察结果，收好宝石，关闭电源。

（四）观察现象与结论

（1）宝石颜色（基本）不变：绿色、灰绿色、黄绿色等（图2-5-99）。

（2）宝石颜色变红：亮红、红、粉红、橙红、暗红等（图2-5-100）。

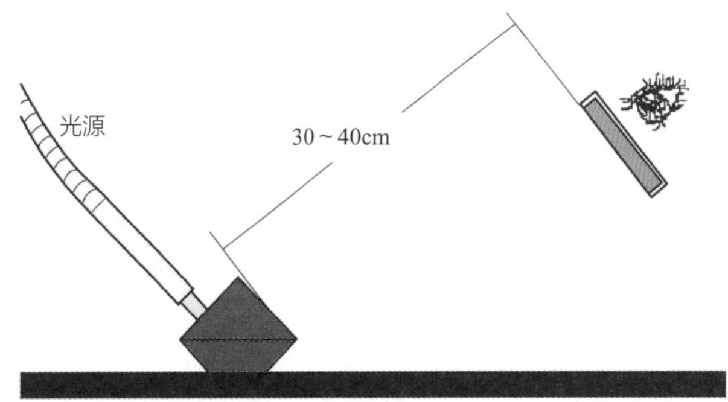

图2-5-98　查尔斯滤色镜观察方法

图2-5-99　宝石颜色不变

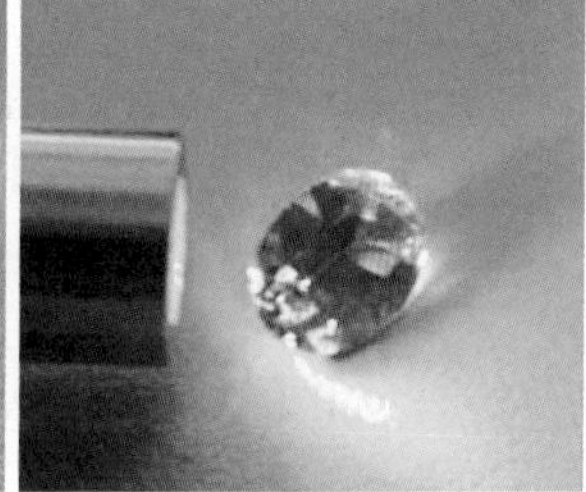

图2-5-100　宝石颜色变红

（五）用途

滤色镜的优势是可以成批检测，而且便于携带；其不足是结论的唯一性稍差。查尔斯滤色镜所选择的滤色片只允许深红和黄绿光通过，主要用于区分祖母绿与其仿制品。因为祖母绿几乎是唯一能让深红色光大部分透过并同时吸收黄绿区大部分光的宝石。因此，只有绿色的祖母绿在查尔斯镜下发红。

后来研究表明，查尔斯镜的使用只针对祖母绿是不全面的，只要具备同样的吸收特征，其在查尔斯镜下呈现的现象就应该相同，而相同的吸收特征常常由相同的致色离子所致。祖母绿由Cr^{3+}致色，大量使用含Cr^{3+}染色剂的改善品，在查尔斯镜下便会发红。与此同时，某些产地的祖母绿受其他致色离子的干扰，反而在查尔斯镜下不发红。

如今，查尔斯镜已不仅仅限于对绿色宝石的检测。对于有荧光的红色宝石，查尔斯镜下呈亮红色，反之呈暗红色；对于由钴致色的蓝色宝石，查尔斯镜下呈红色；蓝色的海蓝宝石和托帕石，在查尔斯镜下，前者呈蓝绿色，后者呈浅肉色。

查尔斯滤色镜的用途：

（1）快速区分大量颜色相近的宝石，主要针对蓝色、绿色宝石，例如，东陵石和翡翠。

（2）帮助鉴定某些染色处理的宝石，例如，翡翠。

（3）帮助鉴定某些合成宝石，例如，蓝色尖晶石与合成蓝色尖晶石（图2-5-101）。

（4）帮助鉴定某些仿制品，例如，蓝色Co玻璃仿蓝宝石。

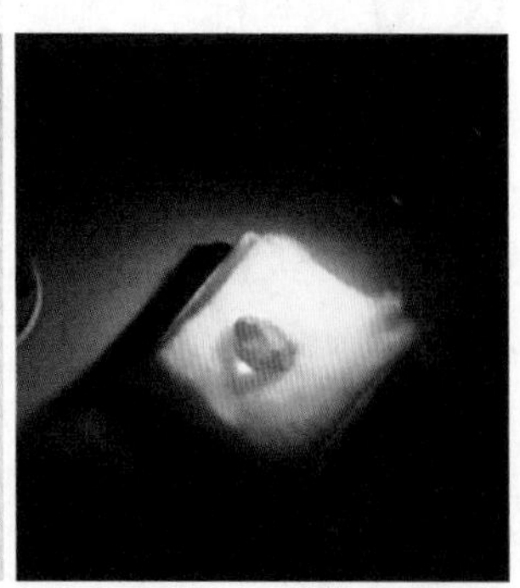

图2-5-101 合成蓝色尖晶石在查尔斯滤色镜下变红

（六）常用查尔斯滤色镜辅助鉴定的珠宝玉石

常用查尔斯滤色镜辅助鉴定的珠宝玉石见表2-5-7。

表 2-5-7 常用查尔斯滤色镜辅助鉴定的珠宝玉石

序号	珠宝玉石种类	查尔斯滤色镜下现象
1	祖母绿：哥伦比亚、西伯利亚产	变红或粉红
	祖母绿：其他产地产	不变（绿色）
	合成祖母绿	变亮红
2	绿色翡翠	不变（绿色）
	染色翡翠（无机染料染色）	变红或粉红
	染色翡翠（有机染料染色）	不变（绿色）
3	染色石英岩（大部分）、染色绿、蓝玉髓	变粉红
	绿玉髓	不变（绿色）
4	绿色钙铁榴石（翠榴石）	变粉红
	绿色钇铝榴石（YAG）	变亮红
5	蓝色尖晶石	不变（灰绿色）
	合成蓝色尖晶石	变亮红
	蓝色钴玻璃	变亮红
6	红宝石	不变（红色）
	合成红宝石	变亮红

常见珠宝玉石的滤色镜观察现象见表2-5-8。

表 2-5-8 常见珠宝玉石的滤色镜观察现象

宝石种类	灯光下变色反应	日光下变色反应
祖母绿（部分）	浅红—红	橙灰
合成祖母绿（绝大部分）	红	橙
翡翠	黄绿—暗绿	暗绿
染色翡翠（部分）	橙红—红	褐橙
钙铝榴石玉	橙红—红	暗橙
东陵石（含铬云母石英岩）	橙红—红	褐橙
合成蓝色尖晶石	鲜红	暗红
蓝色钴玻璃	鲜红	黑红
海蓝宝石	浅蓝	浅蓝
天蓝色托帕石（改色）	黄绿色	黄灰绿
红宝石（大部分）	浅红—鲜红	红—火红
合成红宝石	鲜红—大红	火红
染色红宝石	红—深红	暗红
红色尖晶石	深红	暗红
红色石榴石	暗红	暗红

（七）注意事项

（1）待测宝石颜色深时，光源要强一些。

（2）待测宝石若含铁量高，铁会抑制红色的出现，判断要谨慎。

（3）光源的类型、强弱、宝石的大小、颜色深浅和透明度不同，在镜下反映的颜色深浅程度也有所不同。

（4）镜下出现亮红色是一个警告，这颗宝石可能是合成或经过优化处理的。

（5）查尔斯滤色镜测试是一种辅助鉴定手段，一般不能下定性结论。

现在，很多合成祖母绿在滤色镜下变红，很多染绿色的翡翠不再变红色。利用滤色镜观察宝石仅可作为补充的测试手段，不能以此作为宝石鉴定的主要依据。

三、分光镜

分光镜是重要的宝石测试仪器，其体积小，便于携带，使用十分方便。分光镜用于观察宝石的选择性吸收形成的特征光谱，确定宝石的品种，推断宝石的致色原因，研究宝石的颜色组成。分光镜主要有手持分光镜（图2-5-102）和台式分光镜（图2-5-103）两种类型。

图2-5-102 手持分光镜

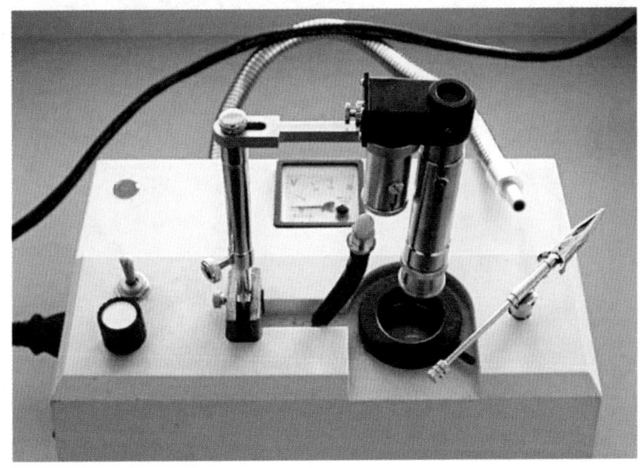
图2-5-103 台式分光镜

（一）分光镜的工作原理及结构

1. 工作原理

宝石的颜色是宝石对不同波长的可见光选择性吸收造成的。未被吸收的光混合形成宝石的体色。宝石中的致色元素常有特定的吸收光谱。宝石中的致色元素主要为钛（Ti）、钒（V）、铬（Cr）、锰（Mn）、铁（Fe）、钴（Co）、镍（Ni）、铜（Cu）等过渡金属元素。除过渡金属元素外，某些稀土元素（如铷、镨）以及某些放射性元素（如铀、钍）也会使宝石致色。表2-5-9列举了主要致色元素及所呈现出的颜色和宝石实例。

表2-5-9 主要致色元素及所呈现出的颜色和宝石实例

致色元素	符号	颜色	实例
钛和铁	Ti，Fe	蓝	蓝锥矿、蓝宝石
钒	V	绿	南非祖母绿、钒钙铝榴石、水钙铝榴石
		蓝	坦桑石
		紫	合成变色刚玉
铬	Cr	绿	祖母绿、变石、绿玉髓、铬透辉石、翡翠
		红	红宝石、红尖晶石、粉色黄玉
锰	Mn	粉	芙蓉石、粉色碧玺、菱锰矿、蔷薇辉石
		橙	锰铝榴石、紫锂辉石
镍	Ni	绿	合成黄绿色蓝宝石、绿玉髓
		黄	合成黄色蓝宝石
		橙	合成橙色蓝宝石
铁	Fe	蓝	蓝色蓝宝石、蓝尖晶石、蓝碧玺、海蓝宝石
		绿	绿色蓝宝石、绿碧玺、橄榄石、软玉、绿尖晶石、硼镁铝石
		黄	黄晶、金绿柱石、金绿宝石、黄色蓝宝石
		红	铁铝/镁铝榴石
钴	Co	蓝	合成蓝色材料如尖晶石、玻璃、石英
		粉	粉色方解石、粉色菱镁矿（与Mg一同致色）
稀土元素		黄	赛黄晶、榍石、磷灰石、重晶石
		绿	磷灰石、某些绿色萤石
铜	Cu	蓝或绿	蓝铜矿、孔雀石、绿松石、硅孔雀石

2. 结构

分光镜能将白光按波长依次分开排列，我们可以分析出哪些波段被吸收，根据吸收特征可以判断出宝石的致色元素和种类。分光镜根据色散元件及结构不同，可制作成两种类型。

（1）棱镜式分光镜

①结构　棱镜式分光镜主要由狭缝、准直透镜、纠偏的色散棱镜组和出射窗口等部分组成（图2-5-104）。白光通过狭缝后，经准直透镜成为平行光束照射到棱镜组上，被棱镜色散后经出射窗口进入人的眼睛。

②棱镜式分光镜的特点　棱镜式分光镜产生的光谱为非线性光谱，各色区分布不均，紫区分辨率高；各个色区不同时聚焦，光谱比较明亮。

（2）光栅式分光镜

①结构　与棱镜式分光镜略有不同，光栅式分光镜采用光栅做色散元件，代替棱镜组（图2-5-105）。平行的白光透过光栅后，产生衍射，形成多级光谱，一般只采用亮度最大的一级光谱。在光栅的前面或者后面放置一个纠偏棱镜，使得光谱能够直射出窗口。

②光栅式分光镜的特点　光栅式分光镜产生的光谱为线性光谱，各色区分布均匀，红区相对棱镜式分光镜分辨率高；各个色区同时聚焦，但是透光性差，需强光源，光谱较暗。

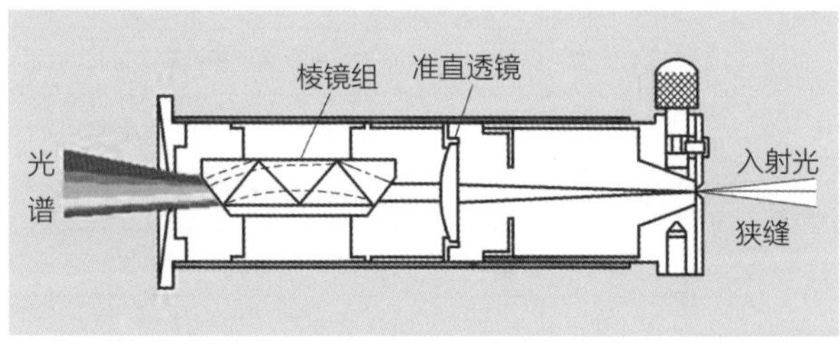

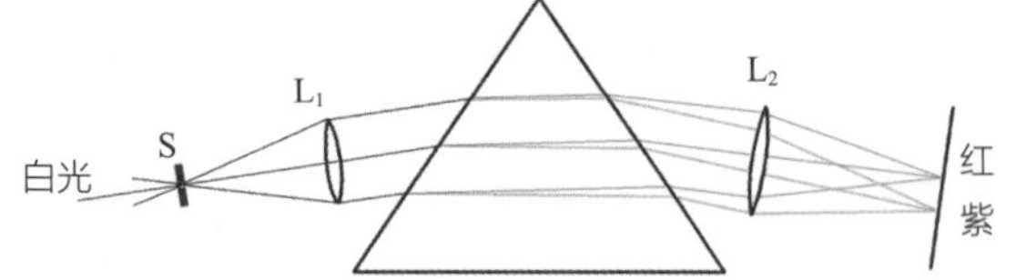

图2-5-104　棱镜式分光镜结构图和工作原理

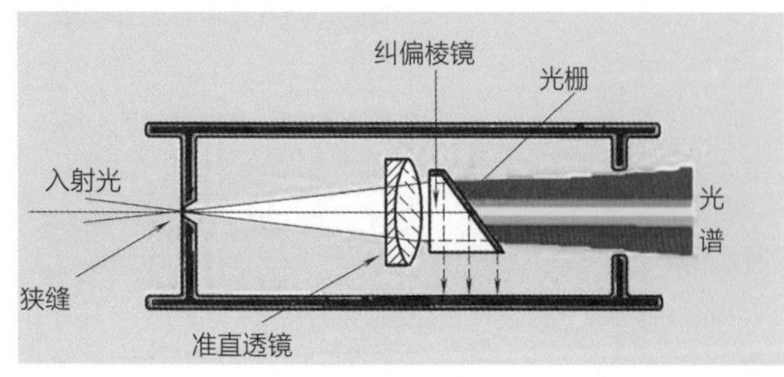

图2-5-105　光栅式分光镜结构图

（二）使用方法

1. 光源选择

须选择无特征吸收的光源，需具备纯净、强度够大的特点，一般使用光纤灯，又称冷光源（图2-5-106）。

2. 确定照明方式

（1）透射照明法（图2-5-107）适用于彩色、透明度较好、颗粒较大的珠宝玉石。观察时要保证足够的光亮透过宝石并保证进入分光镜的光都来自宝石，从而得到清晰的光谱。

（2）内反射照明法（图2-5-108）适用于色浅、透明度好、颗粒较小的透明刻面型宝石。观察时宝石台面向下置于黑色背景上，调节入射光方向与分光镜的夹角，使尽可能多的白光通过宝石的内部反射后进入分光镜。

（3）表面反射法（图2-5-109）适用于透明度差的珠宝玉石，特别是玉石类的。观察时要调节入射光方向与分光镜的夹角，使尽可能多的白光在宝石表面反射后进入分光镜。

3. 观察记录

以第二步确定的照明方式进行观察，一手持分光镜，另一手持拿光源（和待测宝石），并记录所观察到的吸收光谱，记录要有绘图和文字描述。

记录结束后，收好待测宝石，关闭电源。

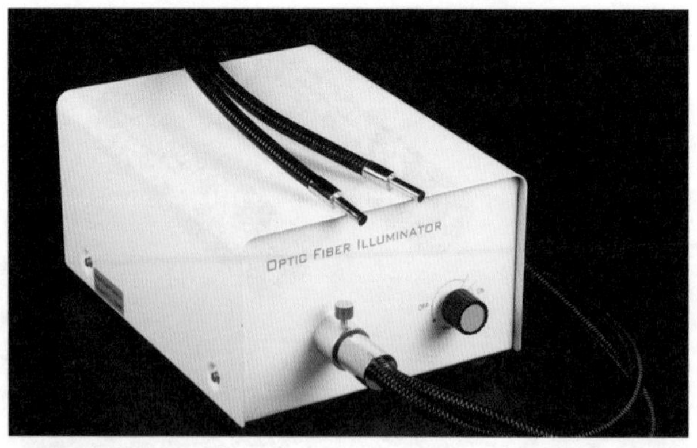

图2-5-106　光纤灯

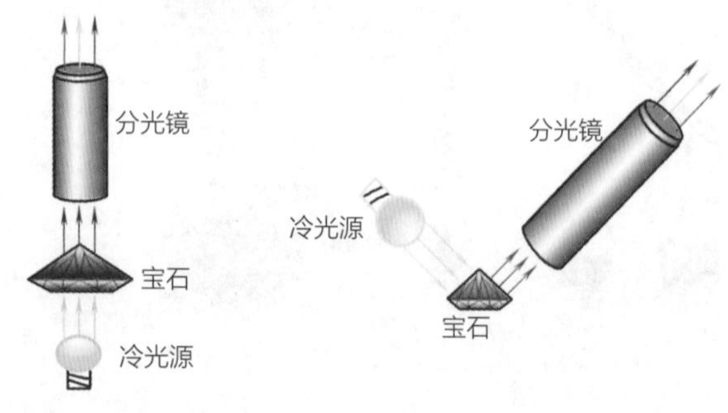

图2-5-107　透射照明法　图2-5-108　内反射照明法

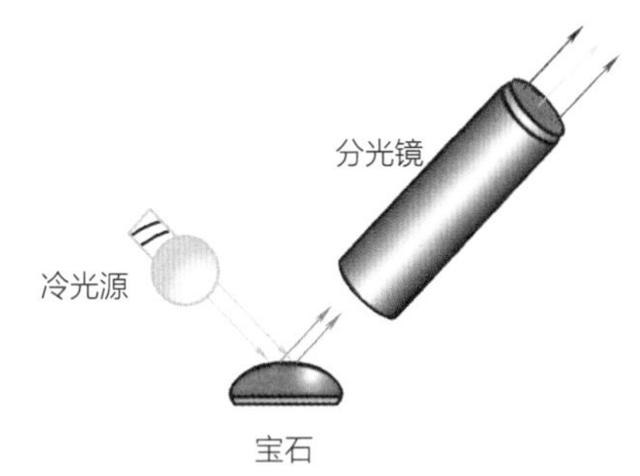

图2-5-109 表面反射法

（三）用途

（1）鉴定具有特征吸收光谱的宝石种类，例如，红宝石。

（2）帮助确定致色元素，例如，祖母绿与绿色绿柱石致色元素Cr。

（3）帮助鉴别某些天然与合成宝石，例如，合成蓝色尖晶石和天然蓝色尖晶石（图2-5-110）。

（4）帮助鉴别某些优化处理过的珠宝玉石，例如，天然翡翠与Cr染色翡翠（图2-5-111）。

（5）帮助鉴别某些天然宝石与其仿制品，例如，红宝石和红色硒玻璃（图2-5-112）。

（四）注意事项

（1）正确选择照明光源及照明方式，选择纯净的光，检查是否具有选择性吸收，若出现亮线，为荧光线。

（2）宝石的大小、颜色深浅和透明度对观察都有影响。

（3）保持仪器清洁，特别是分光镜狭缝应保持清洁，若有灰尘则会在光谱上产生黑色水平“吸收线”。

（4）光照时间不宜过长，因为宝石长久受光源热辐射，光谱会逐渐模糊甚至完全消失。

（5）某些宝石的光谱具有方向性，常光—非常光，不同方向的吸收有所差异，例如：巴西绿柱石。

（6）应与其他鉴定仪器配合使用。

（7）应在暗环境下使用分光镜。

（8）观察时佩戴镀膜眼镜会对观察结果产生影响。

（9）观察时，不应用手持拿小型宝石，手指中的血液具有吸收线（592nm），会影响观察结果。

（10）太小的宝石，不宜用分光镜观察；颜色太浅的宝石，应尽量让光通过宝石的路径长一些。

（11）拼合石的光谱可能为混合谱线，应先拿放大镜或宝石显微镜检查其是否为拼合石，再进行分光镜测试。

（12）并非所有宝石都显示吸收光谱。一般有色宝石常见吸收光谱，无色宝石中只有锆石、钻石、CZ钻、顽火辉石才有吸收光谱，其他无色宝石可不做分光镜测试。

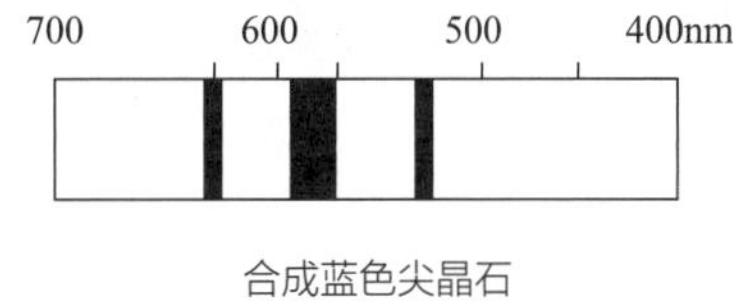

700 600 500 400nm

天然蓝色尖晶石

图2-5-110 合成和天然蓝色尖晶石特征光谱对比图

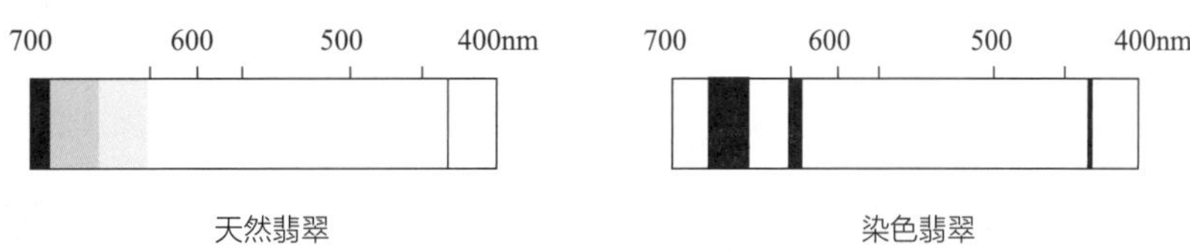

图2-5-111 天然翡翠与Cr盐染色翡翠特征光谱对比图

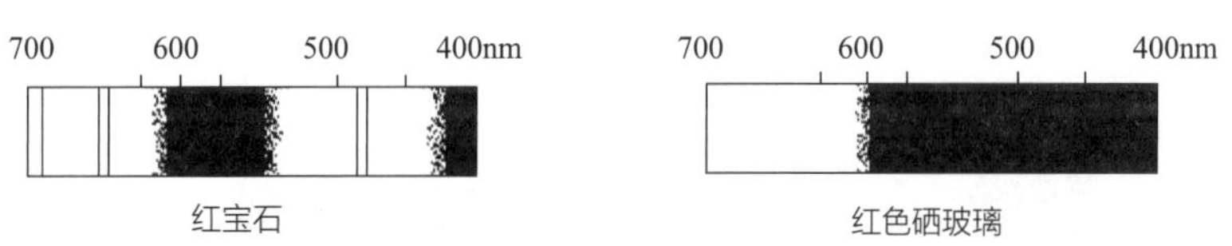

图2-5-112 红宝石和红色硒玻璃特征吸收光谱对比图

（五）主要致色离子光谱特征

1. Cr^{3+}光谱特征

Cr^{3+}离子具有很强的致色作用，主要形成绿色和红色。其吸收光谱总体上是透过红光，吸收黄绿光；透过蓝光，吸收紫光。其特征是红端有许多窄线，最强的两条位于深红区，另有两条位于橙区。在黄或绿区有一宽吸收带，此带的宽度、位置、强度与宝石的颜色密切相关。蓝区可有数条窄线，紫区吸收。铬产生的颜色色彩鲜艳，吸收谱清晰。图2-5-113为铬致色的红宝石吸收光谱；图2-5-114为铬致色的祖母绿的吸收光谱。

2. Fe^{2+}光谱特征

Fe^{2+}具有很强的致色作用，主要形成红、绿、黄等色，吸收光谱的清晰程度远远小于铬。其主要吸收带位于绿区和蓝区，但是吸收的波段变化较大，既有导致宝石呈绿色的红光区吸收，又有导致宝石呈红色的蓝光区吸收。如铁铝榴石（图2-5-115）、橄榄石（图2-5-116）等。

3. Fe^{3+}光谱特征

Fe^{3+}的致色作用不强，通常形成黄色，在蓝紫光区有窄吸收带，如黄色蓝宝石（图2-5-117）、金绿宝石（图2-5-118）等。

4. Co^{2+}光谱特征

Co^{2+}具有很强的致色作用，可产生鲜艳的蓝色和粉色，通常在橙光区、黄绿区、绿区有三条强而宽的吸收带（图2-5-119）。由于地壳中Co的丰度很低，很少有Co^{2+}致色的天然宝石，所以，Co^{2+}的特征光谱又有指示合成或者人造宝石的作用。

5. Mn^{3+}光谱特征

Mn^{3+}的致色作用比较弱，最强的吸收带位于紫区，并可延伸到紫区外。例如，锰铝榴石的吸收带位于紫区的432nm（图2-5-120）。部分蓝区有吸收带（图2-5-121），致色宝石主要呈现粉红或橙红，如菱锰矿、蔷薇辉石。

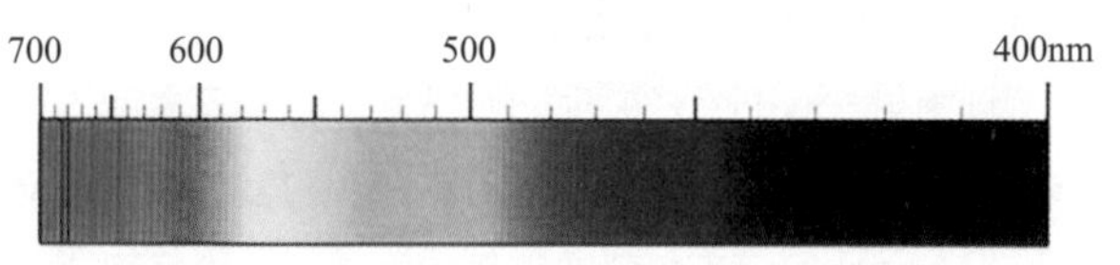

图2-5-113 红宝石吸收光谱（棱镜式）

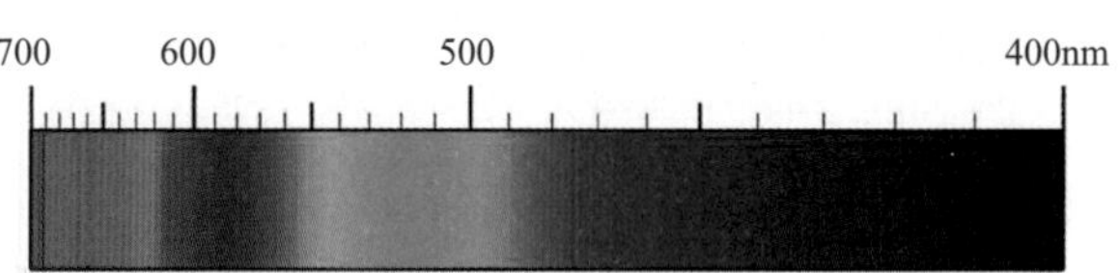

图2-5-114 祖母绿吸收光谱（棱镜式）

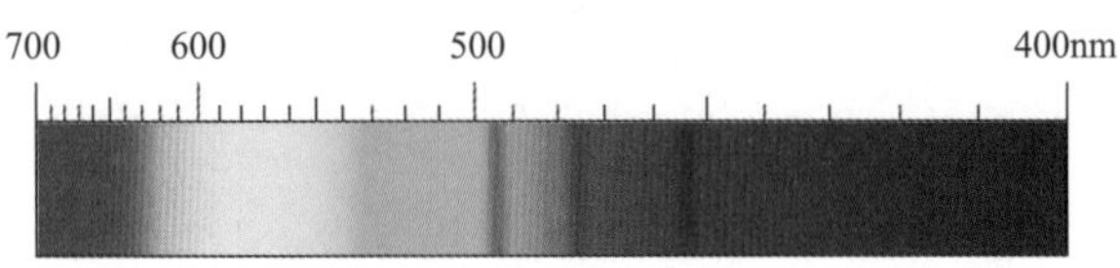

图2-5-115 红色铁铝榴石吸收光谱（棱镜式）

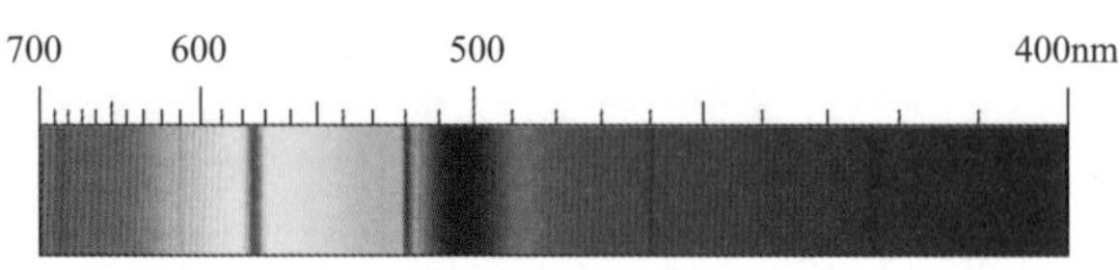

图2-5-116 橄榄石吸收光谱（棱镜式）

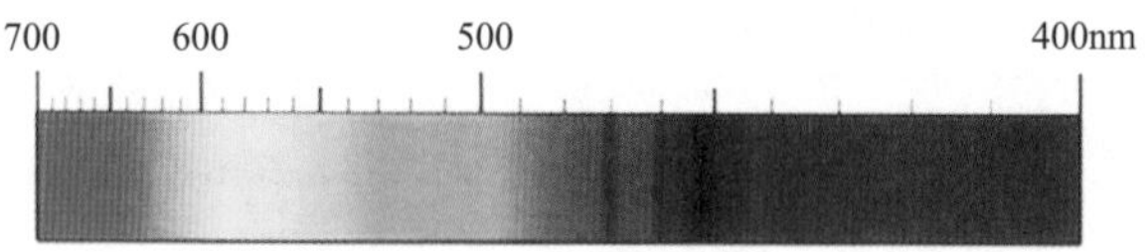

图2-5-117 黄色蓝宝石吸收光谱（棱镜式）

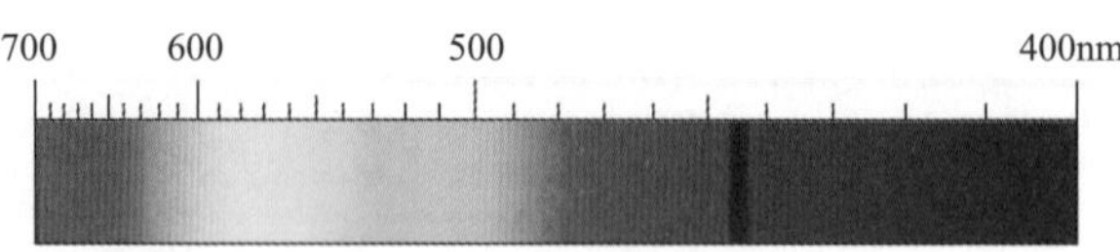

图2-5-118 金绿宝石吸收光谱（棱镜式）

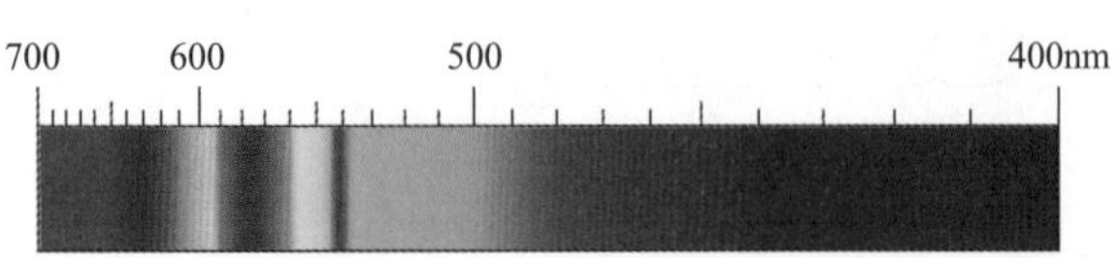

图2-5-119 合成蓝色尖晶石吸收光谱（棱镜式）

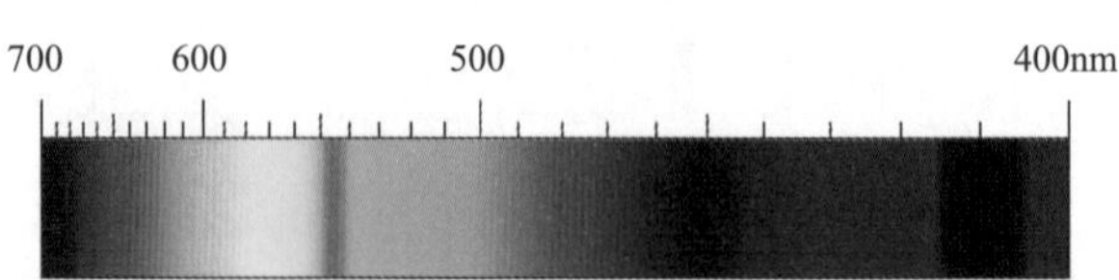

图2-5-120 Mn^{3+}的特征光谱（棱镜式）

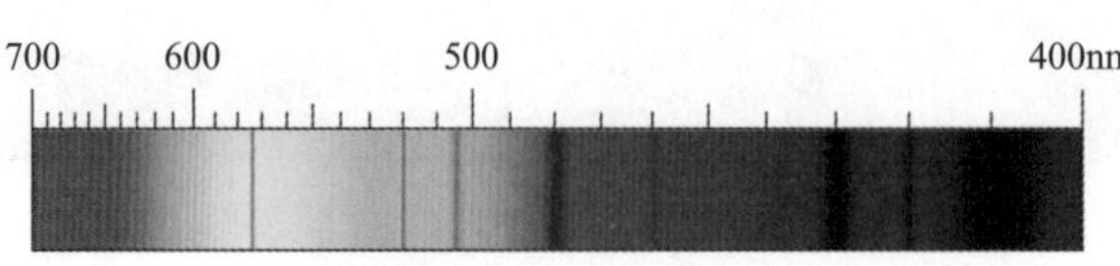

图2-5-121 黄色锰铝榴石吸收光谱（棱镜式）

6. 稀土元素光谱特征

（1）钕（Nd）、镨（Pr） 钕和镨常共生在一起，在黄、绿区形成特有的细线。例如，磷灰石、稀土玻璃等。黄色的磷灰石常有位于黄光区的细线（图2-5-122）。

（2）铀（U） 铀虽不能导致鲜明的颜色，却能产生明显的吸收谱，最稳定的吸收谱线位于中红区，其他各色区都可伴有谱线。例如，绿色锆石可以出现10多条吸收线，并均匀地分布在各个色区（图2-5-123）。

（3）硒谱 绿区具宽吸收带，除红区和部分橙区外全部吸收。例如，硒玻璃（图2-5-124）。

（4）钒谱 蓝区具吸收线。例如，合成变色蓝宝石（图2-5-125）。

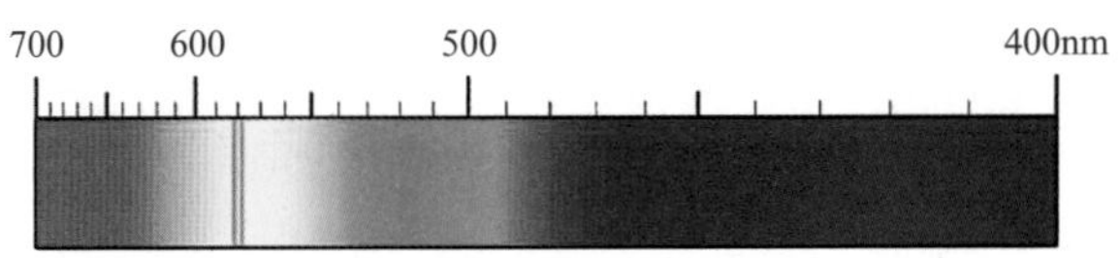

图2-5-122 磷灰石吸收光谱（棱镜式）

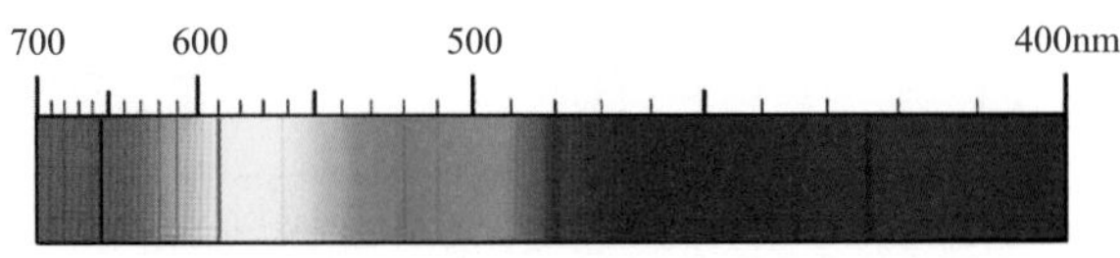

图2-5-123 绿色锆石吸收光谱（棱镜式）

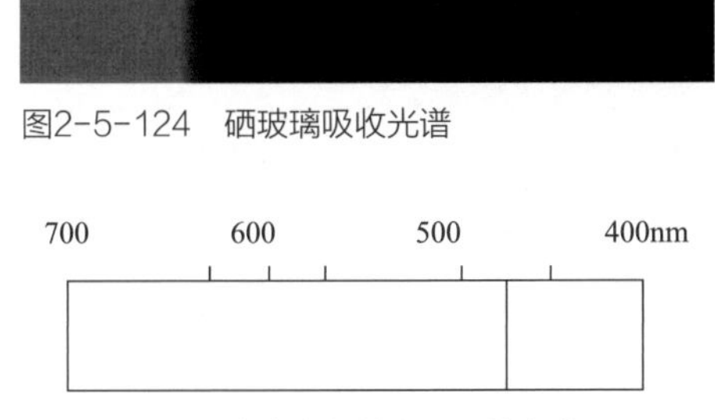

图2-5-124 硒玻璃吸收光谱

图2-5-125 合成变色蓝宝石吸收光谱

第五节 电子天平、数据修约及珠宝玉石密度、相对密度的测定

一、天平及密度、相对密度的测定

（一）天平的基本知识

天平，一种衡器。早期的天平（图2-5-126）由支点（轴）在梁的中心支着天平梁而形成两个臂，每个臂上挂着一个盘，其中一个盘里放着已知质量的物体，另一个盘里放待测物体，固定在梁上的指针在不摆动且指向正中刻度时的偏转就指示出待测物体的质量。现代的天平是一种等臂杠杆，是衡量物体质量的仪器。它依据杠杆原理制成，在杠杆的两端各有一小盘，一端放砝码，另一端放要称重的物体，杠杆中央装有指针，两端平衡时，两端的质量（重量）相等。现代的天平，越来越精密，越来越灵敏，种类也越来越多。主要有普通天平、分析天平，有常量分析天平、微量分析天平、半微量分析天平等。

现在，人们使用的天平大多为电子天平（图2-5-127）。人们把用电磁力平衡被称物体重力的天平称为电子天平。电子天平有精度高，方便易用，操作性好等特点，并且具有自动检测系统、简便的自动校准装置，以及超载保护等装置。

天平主要用来称量物体的质量（重量）。宝石的质量（重量）与密度是鉴定和评价宝石的一个重要依据。相对密度对宝石的鉴定和分选具有重要的意义，特别是一些塑料仿制品，由于“较轻”，可以很容易地与所仿的天然宝石相区分。合成立方氧化锆（CZ钻）、托帕石相对密度大，掂重可以给予指导性意见。必须指出的是，即便是同一种宝石，其化学成分的变化、类质同象的替代和包裹体、裂隙的存在等也均会影响宝石的相对密度。因此，正确使用天平是珠宝从业人员一项重要的技能。尤其是大块的宝石原料，其他参数难以获得，相对密度值

图2-5-126 普通天平

图2-5-127 电子天平

的测试就显得尤其重要。

现在，比较常用的测定宝石相对密度值的方法有静水力学称重法和重液法。

（二）静水力学称重法测量宝石的密度和相对密度

分析天平是用于测定样品密度和相对密度的仪器。使用分析天平测定样品密度和相对密度的方法称为静水力学称重法。

1. 静水力学称重法测量宝石密度的原理

珠宝玉石的密度指单位体积珠宝玉石的质量。珠宝玉石密度的常用单位是g/cm^3，表示体积为1cm^{3}的宝石的质量。珠宝玉石的密度由组成珠宝玉石的化学元素的原子量和晶体结构中原子之间排列的紧密程度决定。因此，不同的珠宝玉石具有不同的密度或者密度范围。同种珠宝玉石的密度因化学组成的差异或含杂质及混入物的情况不同，会存在一定差异。珠宝玉石的密度在珠宝玉石检测中具有重要的鉴定意义。

依据阿基米德定律：物体在液体中受到的浮力等于它所排开液体的重量，采用静水力学称重法可以测定珠宝玉石的密度。样品的密度（ρ）可用样品在空气中的质量（m）和样品在液体介质密度（ρ_0）中的质量（m_1），根据下式计算得出：

$$\rho=(m/m-m_1)\times\rho_0$$

式中：ρ为样品在室温时的密度，单位为克/立方厘米（g/cm^3）；

m为样品在空气中的质量，单位为克（g）；

m_1为样品在液体介质中的质量，单位为克（g）；

ρ_0为液体介质在不同温度下的密度，单位为克/立方厘米（g/cm^3）。

常用液体介质为纯水。纯水在不同温度下的介质密度ρ_0可参考表2-5-10，表2-5-10为1990年国际温度纯水密度。

表 2-5-10　1990 年国际温度纯水密度（kg/m^3）

T_{90}/℃	0.0	0.1	0.2	0.3	0.4	0.5	0.6	0.7	0.8	0.9
0	0.999840	0.999846	0.999853	0.999859	0.999865	0.999871	0.999877	0.999883	0.999888	0.999893
1	0.999898	0.999904	0.999908	0.999913	0.999917	0.999921	0.999925	0.999929	0.999933	0.999937
2	0.999940	0.999943	0.999946	0.999949	0.999952	0.999954	0.999956	0.999959	0.999961	0.999962
3	0.999964	0.999966	0.999967	0.999968	0.999969	0.999970	0.999971	0.999971	0.999972	0.999972
4	0.999972	0.999972	0.999972	0.999971	0.999971	0.999970	0.999969	0.999968	0.999967	0.999965
5	0.999964	0.999962	0.999960	0.999958	0.999956	0.999954	0.999951	0.999949	0.999946	0.999943
6	0.999940	0.999937	0.999934	0.999930	0.999926	0.999923	0.999919	0.999915	0.999910	0.999906
7	0.999901	0.999807	0.999802	0.999887	0.999882	0.999877	0.999871	0.999866	0.999860	0.999854
8	0.999848	0.999842	0.999836	0.999829	0.999823	0.999816	0.999809	0.999802	0.999795	0.999788
9	0.999781	0.999773	0.999765	0.999758	0.999750	0.999742	0.999734	0.999725	0.999717	0.999708
10	0.999699	0.999691	0.999682	0.999672	0.999663	0.999654	0.999644	0.999634	0.999625	0.999615
11	0.999605	0.999595	0.999584	0.999574	0.999563	0.999553	0.999542	0.999531	0.999520	0.999508
12	0.999497	0.999486	0.999474	0.999462	0.999450	0.999439	0.999426	0.999414	0.999402	0.999389
13	0.999377	0.999364	0.999351	0.999338	0.999325	0.999312	0.999299	0.999285	0.999271	0.999258
14	0.999244	0.999230	0.999216	0.999202	0.999187	0.999173	0.999158	0.999144	0.999129	0.999114
15	0.999099	0.999084	0.999069	0.999053	0.999038	0.999022	0.999006	0.998991	0.998975	0.998959
16	0.998943	0.998926	0.998910	0.998893	0.998876	0.998860	0.998843	0.998826	0.9988809	0.998792
17	0.998774	0.998757	0.998739	0.998722	0.998704	0.998686	0.998668	0.998650	0.998632	0.998613
18	0.998595	0.998576	0.998557	0.998539	0.998520	0.998501	0.998482	0.998463	0.998443	0.998424

续表

T_{90}/℃	0.0	0.1	0.2	0.3	0.4	0.5	0.6	0.7	0.8	0.9
19	0.998404	0.998385	0.998365	0.998345	0.998325	0.998305	0.998285	0.998265	0.998244	0.998224
20	0.998203	0.998182	0.998162	0.998141	0.998120	0.998099	0.998077	0.998056	0.998035	0.998013
21	0.997991	0.997970	0.997948	0.997926	0.997904	0.997882	0.997859	0.997837	0.997815	0.997792
22	0.997769	0.997747	0.997724	0.997701	0.997678	0.997655	0.997631	0.997608	0.997584	0.997561
23	0.997537	0.997513	0.997490	0.997466	0.997442	0.997417	0.997393	0.997369	0.997344	0.997320
24	0.997295	0.997270	0.997246	0.997221	0.997195	0.997170	0.997145	0.997120	0.997094	0.997069
25	0.997043	0.997018	0.996992	0.996966	0.996940	0.996914	0.996888	0.996861	0.996835	0.996809
26	0.996782	0.996755	0.996729	0.996702	0.996675	0.996648	0.996621	0.996594	0.996566	0.996539
27	0.996511	0.996484	0.996456	0.996428	0.996401	0.996373	0.996344	0.996316	0.996288	0.996260
28	0.996231	0.996203	0.996174	0.996146	0.996117	0.996088	0.996059	0.996030	0.996001	0.995972
29	0.995943	0.995913	0.995884	0.995854	0.995825	0.995795	0.995765	0.995735	0.995705	0.995675
30	0.995645	0.995615	0.995584	0.995554	0.995523	0.995493	0.995462	0.995431	0.995401	0.995370
31	0.995339	0.995307	0.995276	0.995245	0.995214	0.995182	0.995151	0.995119	0.995087	0.995055
32	0.995024	0.994992	0.994960	0.994927	0.994895	0.994863	0.994831	0.994798	0.994766	0.994733
33	0.994700	0.994667	0.994635	0.994602	0.994569	0.994535	0.994502	0.994469	0.994436	0.994402
34	0.994369	0.994335	0.994301	0.994267	0.994234	0.994200	0.994166	0.994132	0.994098	0.994063
35	0.994029	0.993994	0.993960	0.993925	0.993891	0.993856	0.993821	0.993786	0.993751	0.993716
36	0.993681	0.993646	0.993610	0.993575	0.993540	0.993504	0.993469	0.993433	0.993397	0.993361
37	0.993325	0.993289	0.993253	0.993217	0.993181	0.993144	0.993108	0.993072	0.993035	0.992999
38	0.992962	0.992925	0.992888	0.992851	0.992814	0.992777	0.992740	0.992703	0.992665	0.992628
39	0.992591	0.992553	0.992516	0.992478	0.992440	0.992402	0.992364	0.992326	0.992288	0.992250
40	0.992212									

2. 静水力学称重法测量珠宝玉石的相对密度的原理

珠宝玉石的相对密度是指在4℃及1个标准大气压（1atm=101325Pa）的条件下，单位体积的珠宝玉石质量与同体积水的质量的比值。相对密度没有单位。

相对密度的测定方法即静水力学称重法的原理，也是阿基米德定律：物体在液体中受到的浮力等于它所排开液体的重量。因此，样品的相对密度测定原理如下：

若液体为纯水，水温对单位体积的纯水的质量影响忽略不计。根据阿基米德定律就可以推导出珠宝玉石的相对密度（*SG*）的计算公式：

相对密度（*SG*）=珠宝玉石的质量/珠宝玉石所排开水的质量=珠宝玉石的质量/（珠宝玉石的质量–珠宝玉石在水中的质量）≈

珠宝玉石在空气中的重量（W_1）/［珠宝玉石在空气中的重量（W_1）–珠宝玉石在水中的重量（W_2）］

3. 测量珠宝玉石的密度和相对密度的方法

宝石的重量可直接在空气中称量得出。而宝石在液体（水）中的重量可用天平测出，天平的类型有多种，如单盘、双盘、电子天平及弹簧秤等。下面重点介绍其中三种的使用方法。

（1）用弹簧秤称量宝石的相对密度　对于重量大于10g的宝石，可以使用精度较小，但便于携带的弹簧秤，如玉石雕件及各类原石。操作方法如图2-5-128所示。

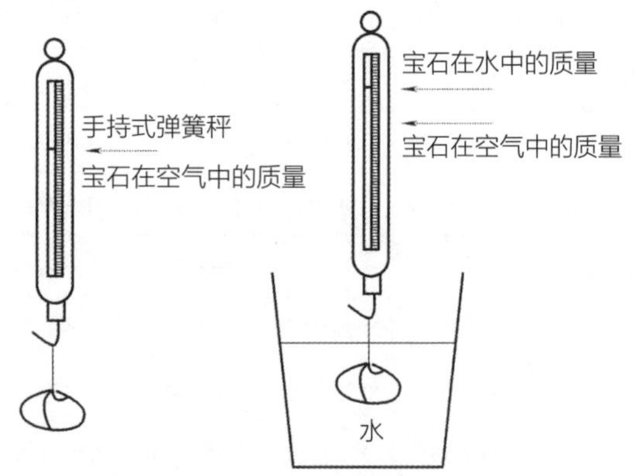

图2-5-128 弹簧秤静水力学称重法操作示意图

首先将要称重的样品挂于弹簧秤上，记录下此时的读数W_1（即宝石在空气中的重量），然后将样品放入水中进行称重读数，记录下此时的读数W_2（即宝石在水中的重量），最后根据公式：$SG=W_1/(W_1-W_2)$，就可求出宝石的相对密度值。

（2）用托盘天平（双盘）称量宝石的相对密度　对于小粒的各种样品，可选用精度较高的天平，如托盘天平（图2-5-129）或电子天平等。托盘天平的操作步骤如下：

①校正天平至水平零度位置，按常规方法使用；②清洁待测宝石，在空气中称出宝石的重量$W_{空}$；③在左盘上放一支架（阿基米德架），支架上放一杯蒸馏水或有机液体，在吊钩上吊一小铁丝兜，在右盘天平上放置同样重量的小铁丝兜，再次校正天平，以达到精确平衡为止；④将待测宝石小心地放进样品兜内，完全浸没于水中，将所有气泡排除，称重$W_{水}$；⑤将所测数值代入公式，得出宝石相对密度$SG=W_{空}/(W_{空}-W_{水})$；⑥放好宝石，收好天平。

（3）用电子天平（图2-5-130）称量宝石的相对密度，静水力学称重法操作步骤如下：

①打开克拉秤，调节归零；②清洁待测宝石，放于克拉秤上，称出宝石的重量$W_{空}$；③放上支架，将蒸馏水或有机液体倒入烧杯内，放在支架上，金属丝兜浸没入液体中，调节克拉秤归零；④将宝石放入金属兜中，排除气泡，称出宝石在水中的重量$W_{水}$；⑤将所测数值代入公式，得出宝石$SG=W_{空}/(W_{空}-W_{水})$；⑥放好宝石，收好装置，关闭克拉秤。

4. 影响测定精度的因素

（1）天平的精确度会影响测定结果的精确性，一般测定用的电子秤的灵敏度应达到0.01ct。

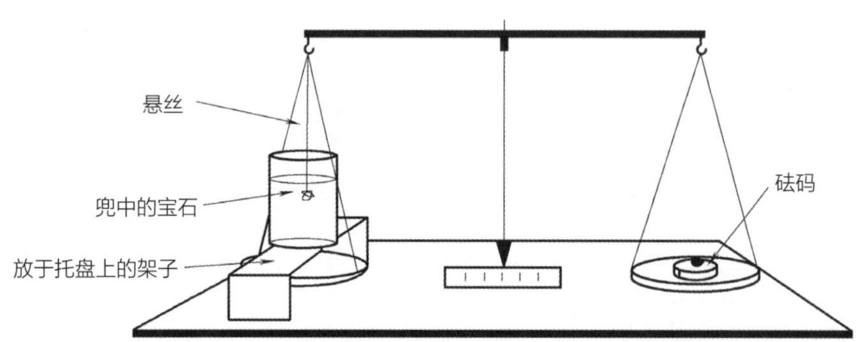

图2-5-129 双盘托盘天平弹簧秤静水力学称重法操作示意图

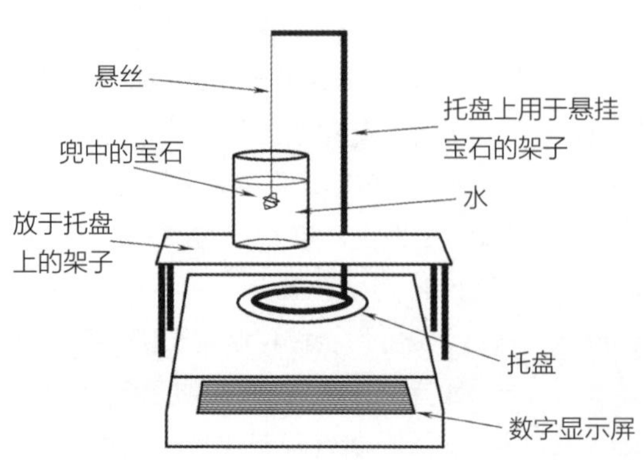

图2-5-130 电子天平静水力学称重法操作示意图和实物图

（2）珠宝玉石的大小会影响测定结果的精确性，太小时测量值误差会过大，不易准确测定珠宝玉石的密度和相对密度，一般用于测定密度和相对密度的珠宝玉石应不小于0.5g；如珠宝玉石太大超出衡器的测量范围，则无法测定珠宝玉石的密度和相对密度。

（3）珠宝玉石表面附着的气泡会影响测定结果的精确性。将水烧开，可减少附着于铜丝或珠宝玉石上的气泡。

（4）珠宝玉石为多孔质或会吸附介质、或介质对珠宝玉石有损时，不能测定珠宝玉石的密度和相对密度。

（5）珠宝玉石与其他物品串连、镶嵌、拼合等非独立情况时，不能测定珠宝玉石的密度和相对密度。

（6）水的表面张力：加入少许清洁剂可减少表面张力，也可以用四氯化碳液体代替水。但四氯化碳的密度值与水不一样，计算公式为：

相对密度（d）=［宝石在空气的质量/（宝石在空气的质量–宝石在液体中的质量）］×四氯化碳相对密度

注：四氯化碳的密度值随温度而有所改变，具体密度可由四氯化碳密度与温度变化曲线获得。在室温下，取相对密度值1.58即可。

二、重液（浸油）法估测珠宝玉石的相对密度

珠宝玉石鉴定中常根据宝石在重液（浸油）中的运动状态来估测宝石的相对密度范围，这种测定方法快速简单。当已知重液密度时，根据宝石在其中的运动状态（下沉、悬浮或上浮）即可判断出宝石的密度值范围。这种方法的优点是可以测试很小的宝石。重液还可以用来测定宝石的近似折射率。

1. 原理

重液（浸油）是油质液体，利用其密度来测定宝石的相对密度时常称为重液；利用其折射率比较观察宝石时，常称为浸油和浸液。理想的重液（浸油），要求挥发性尽可能小，透明度好，化学性质稳定。黏度适宜，尽可能无毒无臭。因此，宝石学中常用的重液种类并不多。

宝石鉴定常用相对密度为2.65、2.89、3.05、3.32的一组重液，由二碘甲烷、三溴甲烷和α-溴代萘配制而成，表2–5–11为宝石学中常用重液性质表。

表2–5–11 宝石中常用重液的性质

重液	折射率	相对密度	密度指示物
α-溴代萘+三溴甲烷	—	2.65	水晶
三溴甲烷	1.59	2.89	绿柱石
三溴甲烷+二碘甲烷	—	3.05	粉红色碧玺
二碘甲烷	1.74	3.32	—

2. 宝石在重液中的现象

用镊子夹住宝石并浸入重液（浸油）中部，轻轻松开镊子，观察宝石在重液中呈漂浮、悬浮还是下沉等状态，以判断宝石的相对密度（图2–5–131）：①在重液中漂浮：宝石的相对密度SG<重液的相对密度SG；②在重液中悬浮：宝石的相对密度SG=重液的相对密度SG；③在重液中下沉：宝石的相对密度SG>重液的相对密度SG。

注：如果上浮或下沉的速度缓慢，则表示宝石与重液（浸油）两者密度值相差不大；若下沉速度快，则表明宝石与重液（浸油）两者密度值相差大。

3. 注意事项

（1）多孔宝石不宜使用重液。

（2）在重液中测试过的宝石及使用的镊子要及时用酒精清洗，以免污染重液（浸油），影响测试结果。

（3）实验室通风条件要好。

（4）重液要在阴暗阴凉处保存，并放入一些铜丝。

（5）当宝石的折射率和重液的折射率相近时，宝石会“消失”，要仔细观察才能看到。

（6）每次测试时，只打开重液（浸油）瓶，并只测定一个样品，将重液（浸油）瓶的瓶盖朝上放置，以免

图2–5–131 宝石在重液中的现象

污染。测试完毕后，迅速盖紧重液（浸油）瓶的瓶塞。

（7）重液（浸油）应用棕色瓶盛装，避免阳光照射，以免重液（浸油）遇光发生分解。

（8）由于重液（浸油）有很强的腐蚀性，因此在使用时，注意不能溅出重液（浸油），以免黏在皮肤、衣物上。

（9）环境温度可影响重液（浸油）的密度，即温度越高，重液（浸油）的相对密度越小。且由于重液（浸油）的组成溶液的挥发性不同，重液（浸油）的相对密度会随时间产生变化，再次使用时必须重新校准。

4. 利用重液（浸油）测定宝石近似折射率

重液（浸油）测定宝石的折射率只能是粗略地估计，不能确定具体的数值。当宝石浸入重液（浸油）时，宝石的折射率与重液（浸油）越接近，宝石的轮廓越不明显；相反，宝石的折射率与重液（浸油）折射率相差越大，宝石的轮廓越清晰。

三、饰品质量数据修约

（一）贵金属质量数据修约

1. 四舍五入规则

在需要保留有效数字的位次后一位，逢五就进，逢四就舍。

例如，将数字2.1875精确保留到千分位（小数点后三位），因小数点后第四位数字为5，按照此规则应向前一位进一，所以结果为2.188。

有效数字：从一个数的左边第一个非0数字起，到末位数字止，所有的数字都是这个数的有效数字。

将下列数字全部修约为四位有效数字，结果为：

0.53664—0.5366

0.58346—0.5835

10.275—10.28

按照四舍五入规则进行数字修约时，应一次修约到指定的位数，不可以进行数次修约，否则将有可能得到错误的结果。例如，将数字15.4565修约为两位有效数字时，应一步到位：15.4565—15（正确）。如果分步修约，将得到错误的结果：15.4565—15.457—15.46—15.5—16（错误）。

2. 四舍六入五留双规则

四舍五入修约规则，逢五就进，必然会造成结果的数据偏高，系统误差偏大，为了避免这样的现象出现，尽量减小因修约而产生的误差，在某些时候需要使用四舍六入五留双的修约规则。具体描述为：四舍六入逢五无后则留双。

（1）当尾数小于或等于4时，直接将尾数舍去。

例如，将下列数字全部修约为四位有效数字，结果为：

0.53664—0.5366

18.5049—18.50

27.1829—27.18

（2）当尾数大于或等于6时，将尾数舍去并向前一位进位。例如，将下列数字全部修约为四位有效数字，结果为：

0.53666—0.5367

0.58387—0.5839

8.3176—8.318

（3）当尾数为5，而尾数后面的数字均为0时，应看尾数“5”的前一位。若前一位数字此时为奇数，就应向前进一位；若前一位数字此时为偶数，则应将尾数舍去。数字“0”在此时应被视为偶数。

例如，将下列数字全部修约为四位有效数字，结果为：

0.153050—0.1530

0.153750—0.1538

12.6450—12.64

（4）当尾数为5，而尾数“5”的后面还有任何不是0的数字时，无论前一位在此时为奇数还是偶数，也无论“5”后面不为0的数字在哪一位上，都应向前进一位。

例如，将下列数字全部修约为四位有效数字，结果为：

0.326552—0.3266

12.64501—12.65

21.84502—21.85

按照四舍六入五留双规则进行数字修约时，也应像四舍五入规则那样，一次性修约到指定的位数，不可以进行数次修约，否则得到的结果也有可能是错误的。

例如，将数字10.2749945001修约为四位有效数字时，应一步到位：

10.2749945001—10.27（正确）

如果按照四舍六入五留双规则分步修约将得到错误结果：

10.2749945001—10.274995—10.275—10.28（错误）

3. 贵金属饰品质量测量允差

测量允差：指每一次测量值所允许的误差极限值。

金、铂、钯饰品及材料的测量允差：称量值不大于500g，允差为±0.01g。称量值大于500g且不大于

2000g，允差为±0.1g。银饰品及材料的称量值不大于2000g，允差为±0.1g。金、银、铂、钯材料称量值大于2000g，且不大于20000g，允差为±0.2g。

（二）钻石质量数据修约

钻石质量采用的修约规则为逢九进一。例如，一粒钻石质量为0.368ct，经过修约后为0.36ct，一粒钻石质量为0.369ct，经过修约后为0.37ct。

四、电子天平使用注意事项

（1）电子天平的选择：按照所称物品的重量及精确值而定。

（2）电子天平初次连接到交流电源后，或者在断电相当长时间以后，必须使天平最少预热30min。只有经过充分预热，天平才能达到所需的工作温度。

（3）按照被称物体选择适当的称量介质。

（4）不得称量热的物体。不要手压天平秤盘和剧烈振动秤盘，不要超重。

（5）移动天平要校准，校准之前先调水平。

（6）环境温度变化需要校准。环境温度的变化会导致电路中磁通量和流经线圈的电流的变化，影响电子天平的称量结果。

第六节　热导仪和莫桑笔

一、热导仪

不同珠宝玉石传导热的性能不同。每秒钟通过一定厚度物体的热量是一个常数，这个常数用热导率来表示。通过测定珠宝玉石的热导率或利用热导率的相对大小，可辅助鉴定珠宝玉石。由于钻石是所有宝石中具有极高导热性能的一种，热导仪（图2-5-132）主要用于鉴别钻石及其仿制品。但热导仪不能区分钻石及合成碳化硅。此外，各种宝石的热导率也有差别，在某些特定的情况下，热导仪也能发挥重要的作用。

（一）基本原理

1. 导热性

导热性是指物质传递热量的能力。

2. 热导率

热导率是以穿过给定厚度的材料，使材料升高一定温度所需的能量来度量的，单位为W/（m·℃）。例如，钻石的热导率为100～2600W/（m·℃）。

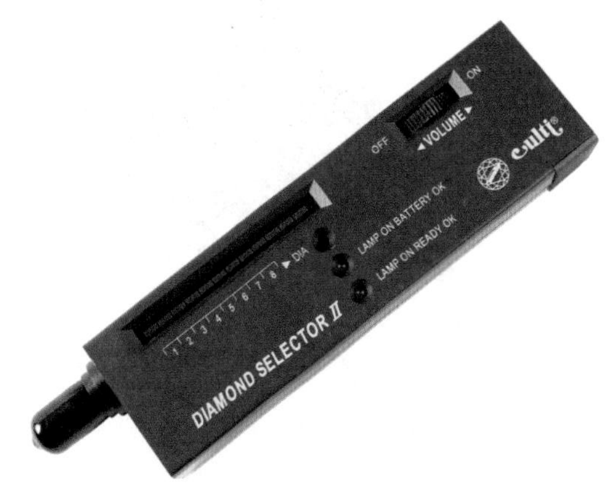

图2-5-132　热导仪

热导仪是专门为鉴定钻石及其仿制品而设计的一种仪器，其原理是在所有的透明宝石中钻石的热导率最高，其次为蓝宝石。在室温下，钻石的热导率从Ⅰ型的100W/（m·℃）变化到Ⅱa型的2600W/（m·℃），而蓝宝石的热导率只有40W/（m·℃），要比钻石低2.5倍以上。所以，热导仪一直被用来鉴定钻石和仿钻石。热导仪是鉴定钻石和合成立方氧化锆最有效的鉴定仪器。但需要注意的是，2000年新问世的合成碳硅石的热导率接近钻石，用热导仪无法区分钻石与合成碳硅石。此外，各种宝石的热导率也有差别。在某些特定的情况下，热导仪也能发挥重要的辅助鉴定作用。

（二）结构与工作原理

热导仪包括热探针、电源、放大器和读数表四部分。读数表可由信号灯或鸣叫器代替，显示测试结果。打开电源加热探头，将探头放于宝石上，宝石受热向周围散热到钻石的导热温度范围，指示灯亮，蜂鸣器鸣叫（或表式表盘中指示针偏转至“钻石”区域）。

（三）测试方法

（1）清洁待测宝石表面，手握金属托或放于金属垫板上（裸钻）。

（2）打开仪器电源，预热。按照宝石大小、室温情况调节热导仪（一般指示灯亮3～4小格），手握探测器，以直角对准待测宝石（注意不要接触到金属托架），用力适中（图2-5-133）。

（3）仪器显示出光和声信号，得到测试结果。

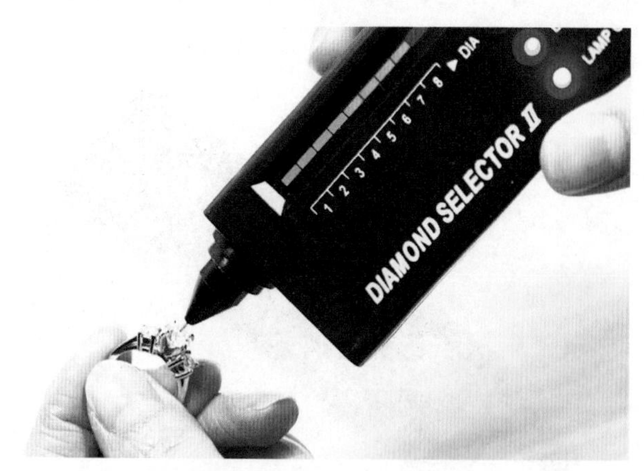

图2-5-133 热导仪的使用方法

（四）注意事项

（1）测试前需要先预热热导仪，不要用手直接接触宝石。

（2）用金属探针头对已镶钻石测试时，注意不要触及金属架部分。

（3）金属探针头注意和台面保持垂直，用力适中。

（4）小于0.5ct的未镶钻石，应放在金属垫板上散热测试。

（5）注意钻石是否经过涂层处理，结果可能不准确。

（6）待测宝石的湿度和环境温度会影响测试结果。

（7）合成碳化硅导热性也很好，能使热导仪产生与钻石相同的反应。

（8）探针尖端十分灵敏，操作时要小心，用力适中；仪器不用时，要盖上盖子以保护探针。

（9）当仪器长时间不使用时，应将电池取出来，避免电池报废后腐蚀和损坏仪器。

二、莫桑笔

在用热导仪测试钻石和合成碳硅石（商业上称为莫桑石）时，两种材料均会显示为钻石，导致无法通过热导仪测试来区分钻石和合成碳硅石。为此，人们根据钻石和合成碳硅石导电性的不同发明了莫桑笔（图2-5-134），用于区分钻石和合成碳硅石。莫桑笔常用于热导仪测试之后进一步区分钻石和合成碳硅石。

（一）基本原理

天然的钻石多为Ⅰa、Ⅰb和Ⅱa型的钻石。从物理性质上来说，除了少量的Ⅱb型钻石为半导体外，其余均为绝缘体，不会导电。而合成碳硅石（俗称莫桑石）大多数都会导电。莫桑笔就是利用这个原理制成的一种鉴别合成碳硅石和钻石的简单仪器。因此，通过莫桑笔的测试可以将钻石和合成碳硅石区分开来。

图2-5-134 莫桑笔

（二）操作步骤

首先在测试前需要清洁待测宝石，然后打开仪器电源的开关，用拇指与食指捏住莫桑笔两侧的金属感应片，将探头垂直于待测宝石上，观察现象并记录结论。使莫桑笔鸣叫的为合成碳硅石，不鸣叫的则为钻石（Ⅱb型钻石除外）。

（三）注意事项与局限性

（1）该仪器对彩钻或其他类型的合成钻石的测试无意义。

（2）当测试的是已镶宝石，暴露直径＜1.2mm时，要小心不要让探头触及首饰的金属部分，否则会使仪器鸣叫得出错误结论。

（3）探针尖端十分灵敏，操作时要小心，用力适中；当仪器不用时，要盖上盖子以保护探针。

（4）当低电指示灯在窗口亮起时，为防止读数不准确，必须停止使用，更换电池。

（5）当仪器长时间不使用时，应将电池取出，避免电池报废后腐蚀和损坏仪器。

第七节 大型仪器在珠宝玉石鉴定中的应用

现代高新科技的发展，促进了新的合成及人造宝石和优化处理宝石品种的相继面市。一些合成宝石与天然宝石之间的差别日趋缩小，一些优化处理宝石的表面及内部特征与天然宝石相差无几，这使得珠宝玉石鉴定中的一些疑难、热点问题应运而生。一些传统的宝石鉴定仪器及鉴定方法已难以满足人们对珠宝鉴定的需求。

近年来，国外一些大型分析测试仪器的引进及应用，使我国珠宝鉴定与研究机构初步摆脱了过去那种单一的鉴定对比模式。迄今，珠宝鉴定工作者主要用它们来解决传统的检测仪器所无法解决的某些疑难问题。毋庸置疑，先进的分析测试技术在宝石学鉴定与研究领域中将发挥出越来越重要的作用。

一、傅立叶变换红外光谱仪

（一）概述

红外光谱仪是鉴别物质和分析物质结构的有效手段。其中，傅立叶变换红外光谱仪（FT-IR）（图2-5-135、图2-5-136）是20世纪70年代发展起来的第三代红外光谱仪的典型代表。它是根据光的相干性原理设计的，是一种干涉型光谱仪，具有优良的特性，完善的功能，并且应用范围极其广泛，同样也有着广泛的发展前景。近年来，各国厂家对其光源、干涉仪、检测器及数据处理等各系统进行了大量的研究和改进，红外测定技术得到不断发展和完善。

基于红外光会引起宝石晶格（分子）、络阴离子团和配位基的振动能级发生跃迁，并吸收相应的红外光而产生红外光谱，加上红外光谱仪具有宽测量范围、高测量精度、极高的分辨率、极快的测量速度以及可进行无损检测的条件，红外光谱法在宝石鉴定与研究领域得到了更广泛的应用。

（二）基本原理

红外线和可见光都是电磁波（图2-5-137），而红外线是波长介于可见光和微波之间的一段电磁波。红外光又可依据波长范围分成近红外、中红外和远红外三个波区。其中，中红外区（2.5～25μm；4000～400cm^{-1}）能很好地反映分子内部所进行的各种物理过程以及分子结构方面的特征，对解决分子结构和化学组成中的各种问题最为有效。因而，中红外区是红外光谱中应用最广的区域，一般所说的红外光谱大都是指这一范围。

1. 红外光区的划分

红外光谱位于可见光和微波区之间，即波长为0.78～1000μm的电磁波，通常将整个红外光区分为以下三个部分：

（1）近红外光区　波长范围为0.78～2.5μm，波数范围为12820～4000cm^{-1}，该区吸收谱带主要是由低能

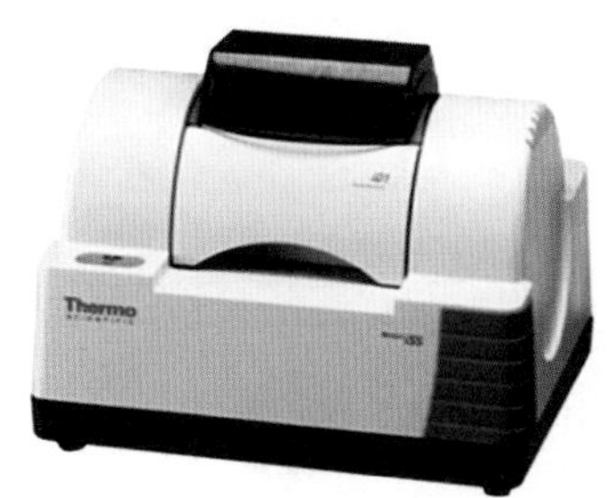

图2-5-135　Nicolet iS5珠宝检测光谱仪

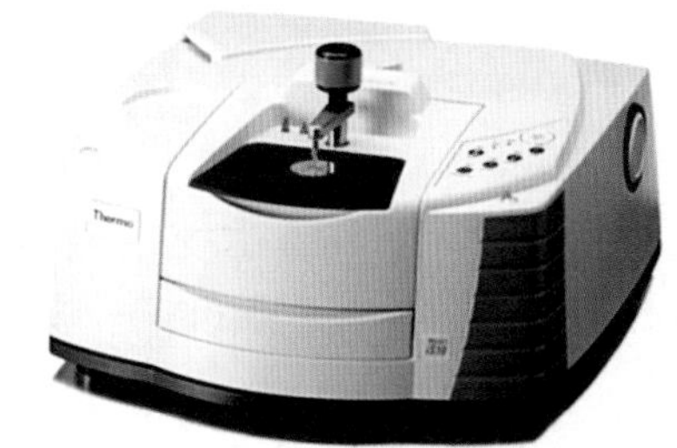

图2-5-136　Nicolet iS10珠宝检测光谱仪

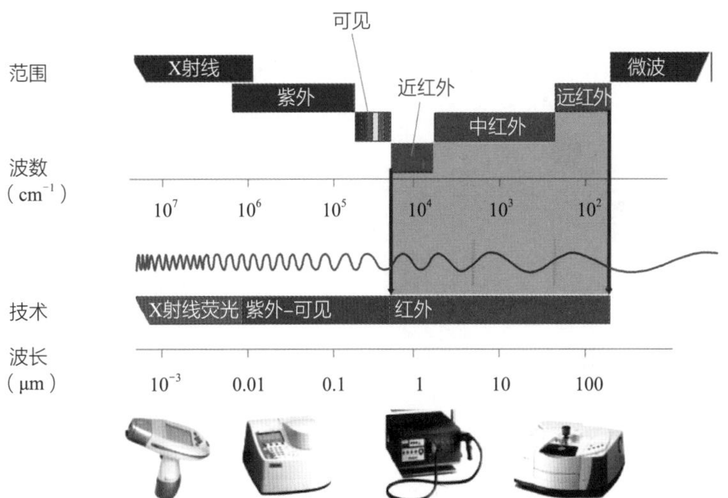

图2-5-137　电磁波谱及对应的检测仪器

电子跃迁、含氢原子团（如O—H、N—H、C—H）伸缩振动的倍频吸收导致。

如绿柱石中OH的基频伸缩振动在3650cm^{-1}处，伸缩/弯曲振动合频在5250cm^{-1}处，一级倍频在7210cm^{-1}处。

（2）中红外光区（图2-5-138） 波长范围为2.5～25μm，波数范围为4000～400cm^{-1}，即振动光谱区。它涉及分子的基频振动，绝大多数宝石的基频吸收带出现在该区。基频振动是红外光谱中吸收最强的振动类型，在宝石学中应用极为广泛。通常将这个区间分为两个区域，即基团频率区和指纹区。

基频振动区（又称官能团区），在4000～1500cm^{-1}区域出现的基团特征频率比较稳定，区内红外吸收谱带主要由伸缩振动产生。可利用这一区域特征的红外吸收谱带，去鉴别宝石中可能存在的官能团。指纹区分布在1500～400cm^{-1}区域，除单键的伸缩振动外，还有因变形振动产生的红外吸收谱带。该区的振动与整个分子的结构有关，结构不同的分子显示不同的红外吸收谱带。所以，这个区域称为指纹区。可以通过该区域的图谱来识别特定的分子结构。

（3）远红外光区 波长范围为25～1000μm，波数范围为400～10cm^{-1}。该区的红外吸收谱带主要是由气体分子中的纯转动跃迁、振动-转动跃迁、液体和固体中重原子的伸缩振动、某些变角振动、骨架振动以及晶体中的晶格振动引起的。在宝石学中应用极少。

2. 多原子分子的振动

红外光谱属于吸收光谱，是化合物分子振动时（图2-5-139，图2-5-140）吸收特定波长的红外光产生的。化学键振动所吸收的红外光的波长取决于化学键动力常数和连接在两端的原子折合质量，也就是取决于结构特征。这就是红外光谱测定化合物结构的理论依据。

红外光谱（图2-5-141）作为“分子的指纹”被广泛地用于分子结构和物质化学组成的研究。根据分子对红外光吸收后得到谱带频率的位置、强度、形状以及吸收谱带和温度、聚集状态等关系，可以确定分子的空间构型，求出化学键的力常数、键长和键角。

从光谱分析的角度看，主要是利用特征吸收谱带的频率推断分子中存在某一基团或键，由特征吸收谱带频率的变化推测临近的基团或键，进而确定分子的化学结构。当然，也可由特征吸收谱带强度的改变对混合物及化合物进行定量分析。而鉴于红外光谱的应用广泛性，绘出红外光谱的红外光谱仪也成了科学家们的重点研究对象。

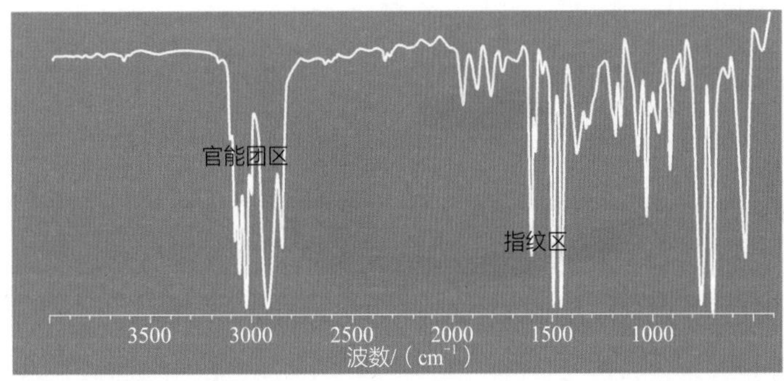

图2-5-138 中红外光区

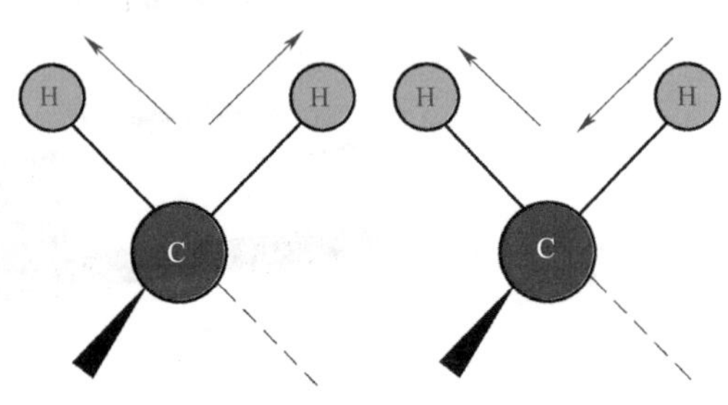

图2-5-139 伸缩振动（亚甲基）

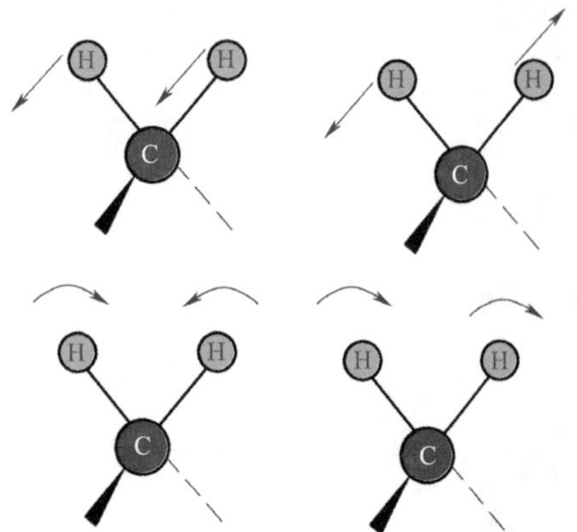

图2-5-140 变形振动（亚甲基）

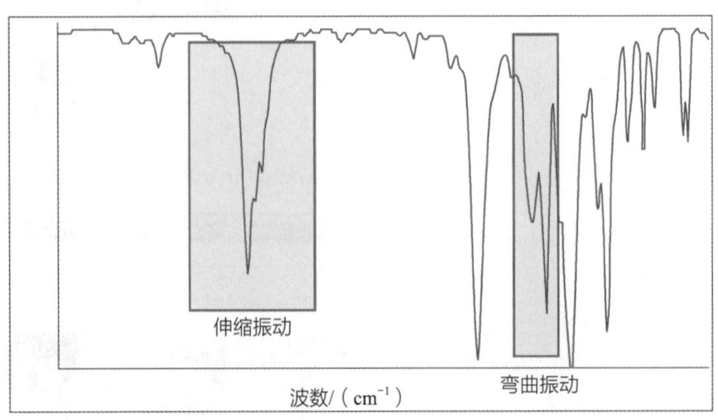

图2-5-141 不同分子振动产生的红外光谱

（三）仪器类型和测试方法

1. 仪器类型

傅立叶变换红外（FT-IR）光谱仪（图2-5-142）是基于光相干性原理而设计的干涉型红外光谱仪，它不同于依据光的折射和衍射而设计的色散型红外光谱仪。与棱镜和光栅的红外光谱仪比较，称为第三代红外光谱仪。但由于干涉仪不能得到人们业已习惯并熟知的光源的光谱图，而是光源的干涉图，所以大多数傅立叶变换红外光谱仪使用迈克尔逊（Michelson）干涉仪。通过计算机对干涉图进行快速傅立叶变换计算，得到以波长或波数为函数的光谱图。光谱图称为傅立叶变换红外光谱，仪器称为傅立叶变换红外光谱仪。

FT-IR主要由光源（硅碳棒、高压汞灯），干涉仪，检测器，计算机和记录系统组成（图2-5-143）。

2. 操作方法及步骤

（1）开机前准备　开机前检查实验室电源、温度和湿度等环境条件。当电压稳定，室温为（21±5）℃，湿度≤65%时才能开机。

（2）开机　开机时，首先打开仪器电源，稳定半小时，使得仪器能量达到最佳状态。开启电脑，并打开仪器操作平台OMNIC软件，运行Diagnostic菜单，检查仪器稳定性。

（3）测试样品　根据样品特性以及状态，制定相应的制样方法并制样。

①漫反射法鉴定　红外珠宝检测光谱仪+UPIR反射附件/ATR全反射附件，主要用于无损鉴定宝石矿物种属（图2-5-144、图2-5-145）。

②透射法鉴定。

（4）扫描和输出红外光谱图　测试红外光谱图时，先放置背景板扫描空光路背景信号，再扫描样品信号，经傅立叶变换得到样品红外光谱图。根据需要，打印或者保存红外光谱图。

（5）关机　①关机时，先关闭OMNIC软件，再关闭仪器电源，盖上仪器防尘罩；②在记录本记录使用情况。

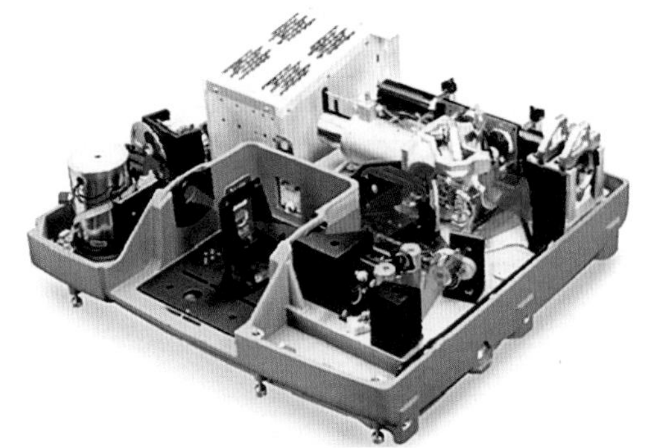

图2-5-142　NicoletTM FT-IR

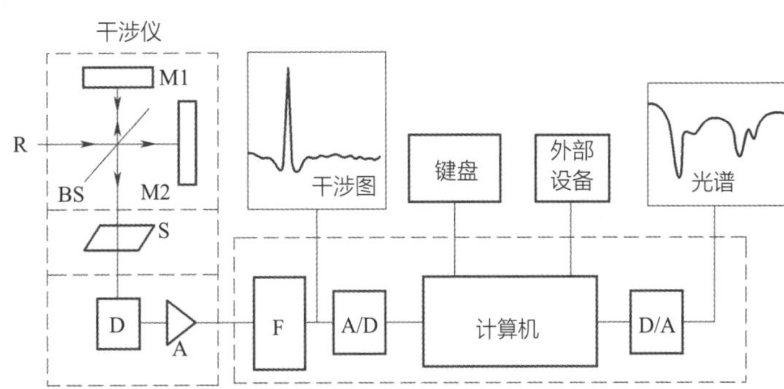

R—红外光源；M1—定镜；M2—动镜；BS—光束分裂器；S—试样；D—探测器；A—放大器；F—滤光镜；A/D—模数转换器；D/A—数模转换器。

图2-5-143　FT-IR工作原理

+

+

图2-5-144　无损种属鉴定所用仪器

图2-5-145　内部成分鉴定所用仪器

（四）宝石学中的应用

红外吸收光谱是宝石分子结构的具体反映。通常，宝石内分子或官能团在红外吸收光谱中分别具有自己特定的红外吸收区域。依据特征的红外吸收谱带的数目、波数位及位移、谱形及谱带强度、谱带分裂状态等内容，有助于对宝石的红外吸收光谱进行定性表征，以期获得与宝石鉴定相关的重要信息。

1. 宝石种属的鉴定

不同种属的宝石，其内部分子结构及化学成分会有所差异，应根据各类宝石特征的红外吸收光谱对其进行鉴定。采用红外反射法，配上漫反射支架，直接测试样品光滑表面，很快就可以得出该样品的特征红外吸收光谱。特别对于一些不透明、表面抛光较差的翡翠，或者其他相似玉石，通过对谱图的分析极易将其区分开。如图2-5-146所示，不同种属的宝石对应的红外图谱是完全不同的，因此，在实际的检测中可以通过红外光谱快速、准确、无损地将不同种属的珠宝玉石区分开。

2. 天然与合成宝石的鉴定

天然珍贵的珠宝玉石因为资源缺乏，所以产量较少，而这也催生出了合成宝石这种行业。从物理化学性质来看，天然宝石与合成宝石的区别微乎其微，如果是利用一般常规的检测方法，很难准确辨别天然宝石与合成宝石。因此，需要依靠红外光谱技术进行鉴定。例如，天然祖母绿与合成祖母绿从折射率、密度等物理特征来看，二者极为相似，利用常规检测方法无法准确辨别祖母绿是天然的还是合成的。而依靠红外光谱技术，从水分子伸缩振动、强度等方面对祖母绿进行检测，并分析检测结果，就可以准确、高效地鉴别祖母绿是属于天然还是合成，并且检测过程也不会对祖母绿造成损坏。

一般检测合成祖母绿的方法有两种，分别是助熔剂法和水热法。利用红外光谱技术检测祖母绿的结晶水吸收峰，可以准确辨别天然祖母绿与合成祖母绿，因为天然祖母绿的结晶水吸收峰为3400～3800cm^{-1}，但不包括3490，2995，2830，2745cm^{-1}等几个点。合成祖母绿的结晶水吸收峰却不同，其中以水热法合成的祖母绿在几个特定点有结晶水吸收峰，如4357，3490，2995，2745，2830cm^{-1}等，而以助熔剂法合成的祖母绿没有结晶水吸收峰。通过对祖母绿结晶水吸收峰的检测，可以准确鉴定出天然祖母绿与合成祖母绿（图2-5-147）。

此外，红外光谱技术也可用于鉴定以水热法合成的红宝石、以查塔姆助熔剂法合成的红宝石等。另外，利用红外光谱技术也能够鉴定珠宝玉石是天然还是经过优化处理。

3. 宝石及其仿制品的鉴定

在珠宝玉石鉴定中，红外光谱技术也常被用于鉴定珠宝玉石及其仿制品。宝石及其仿制品在外观、特殊性质等方面都极为相似，利用常规检测方法很难准确辨别宝石是正品还是仿制品。但利用红外光谱技术则可以准确鉴定珠宝玉石及其仿制品。例如和田玉与玻璃，玻璃

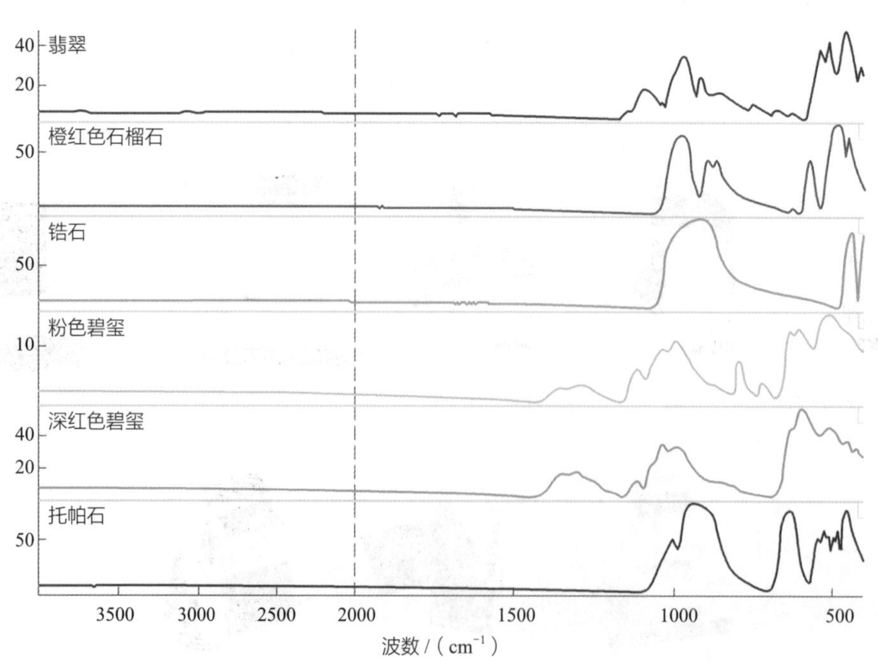

图2-5-146 不同种属宝石的无损反射谱图

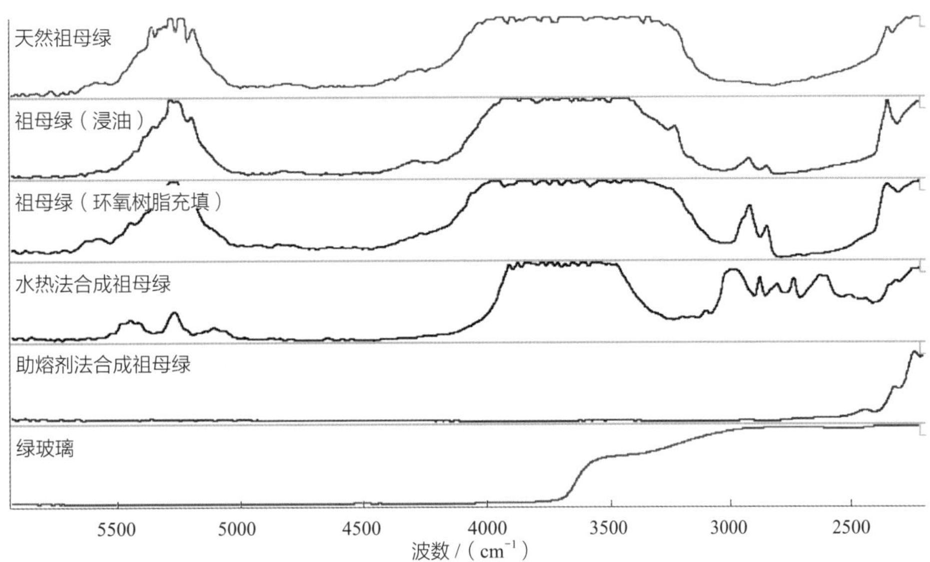

图2-5-147 不同类型祖母绿的鉴别

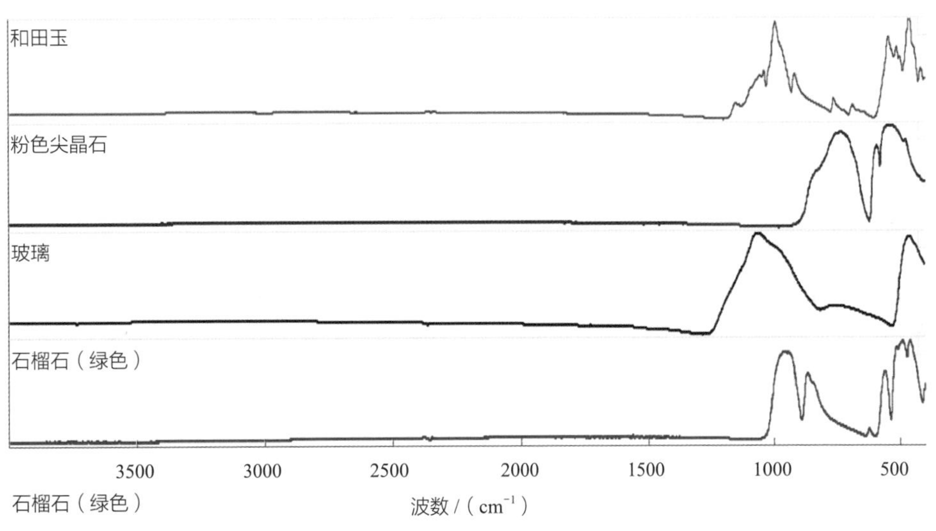

图2-5-148 宝石及其仿制品的鉴定

是对和田玉的仿制，其外观如用肉眼观察没有太大的区别。而利用红外光谱技术对两种物质进行检测，通过分析两种物质的红外反射测试结果，则可以准确、快速地对玻璃与和田玉进行鉴定（图2-5-148）。

4. 优化处理宝石的鉴定

对于用塑料和树脂等高分子材料浸染或充填的珠宝玉石材料，如翡翠、欧泊、绿松石、水晶等，用红外光谱可以进行准确、快捷、无损的检测。

B货翡翠的鉴别是红外光谱仪目前在宝石学领域中较常应用的一项鉴定内容。天然A货翡翠在2600～3200cm^{-1}透过率好。B货充填的环氧树脂属芳烃类有机物，因而在2800～3100cm^{-1}有一组特征吸收峰。通过检测这组吸收峰，可将其与未经处理的A货翡翠区分开（图2-5-149）。通过红外光谱仪分析，采用直接透射法，得出其特征吸收图谱，样品在2808，2675，4500～3800，4585，4667cm^{-1}处有明显吸收峰。而传统翡翠B货具有3028cm^{-1}环氧树脂峰，部分伴有2854，2920cm^{-1}蜡峰。通过利用红外光谱技术对翡翠进行检测，并分析红外光谱图中羟基吸收峰，可以准确鉴定出翡翠是否经过漂白充填处理，有利于鉴别经过优化处理的翡翠与天然翡翠。

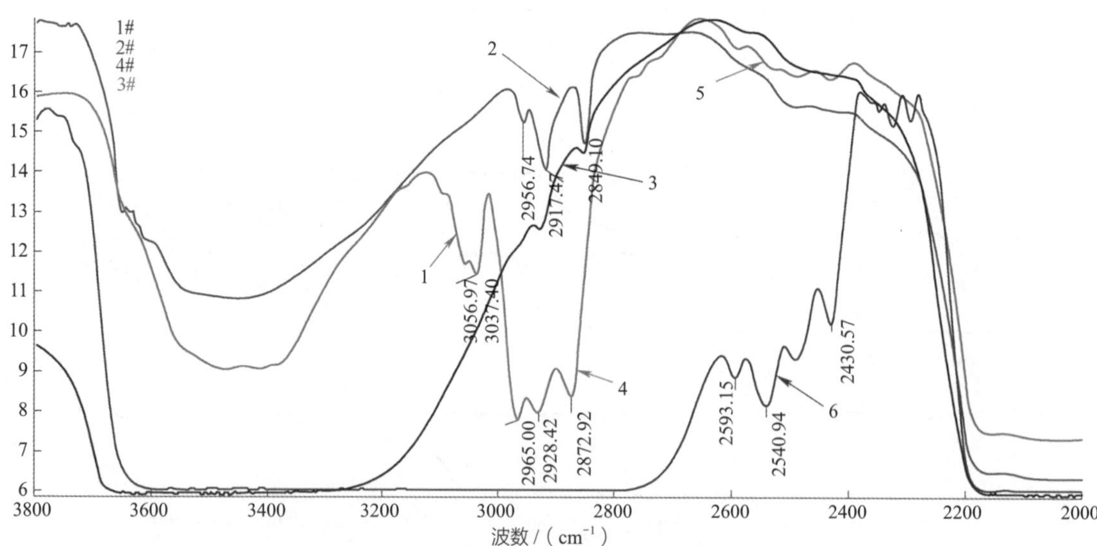

（a）箭头1，4，5及箭头6指明翡翠中添加了环氧树脂类的有机物并且大量使用了抛光蜡；
（b）箭头2处指明翡翠中抛光蜡的使用量比3箭头处指明的翡翠多；
（c）箭头3处指明翡翠中有少量抛光蜡。

图2-5-149 翡翠透射图谱

二、X射线荧光光谱仪

（一）概述

X射线荧光光谱技术在珠宝玉石鉴定中的应用，很大程度上丰富了珠宝玉石的检测方法，也提高了我国珠宝玉石鉴定的技术水平。X射线荧光光谱技术目前广泛应用于对样品的主要成分进行无损定量和定性分析的场合，多用于贵金属饰品含量的检测。随着X射线荧光技术的不断发展，其在珠宝玉石检测领域作为辅助手段，发挥着越来越重要的作用（图2-5-150）。

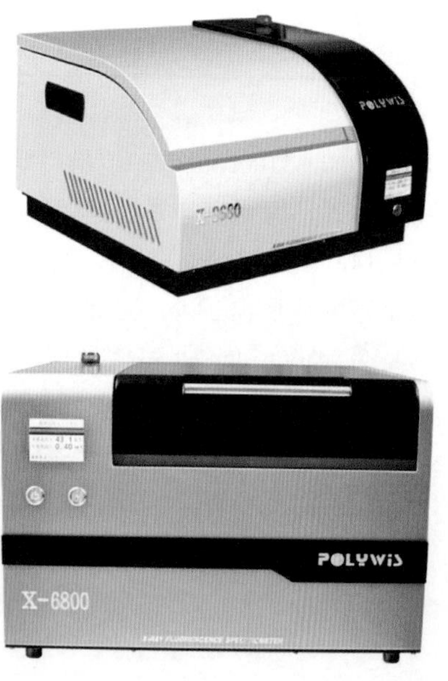

图2-5-150 X-3680及X-6800能量色散X射线荧光光谱仪

（二）基本原理

X射线荧光是一种原子内部结构变化导致的现象。当照射原子核的X射线能量与原子核的内层电子能量在同一数量级时，核的内层电子共振吸收射线的辐射能量会发生跃迁，在内层电子轨道上留下一个空穴，处于高能态的外层电子跳回低能态的空穴，将过剩的能量以X射线的形式放出，所产生的X射线即为代表各元素特征的X射线荧光谱线（图2-5-151）。只要测出一系列X射线荧光谱线的波长，即能确定元素的种类；测得各元素荧光辐射强度，即可确定该元素的含量。

入射X射线轰击原子的内层电子，如果能量大于它的吸收边，该内层电子被驱逐出整个原子（整个原子处于高能态，即激发态）。较高能级的电子跃迁、补充空穴，整个原子回到低能态，即基态。由高能态转化为低

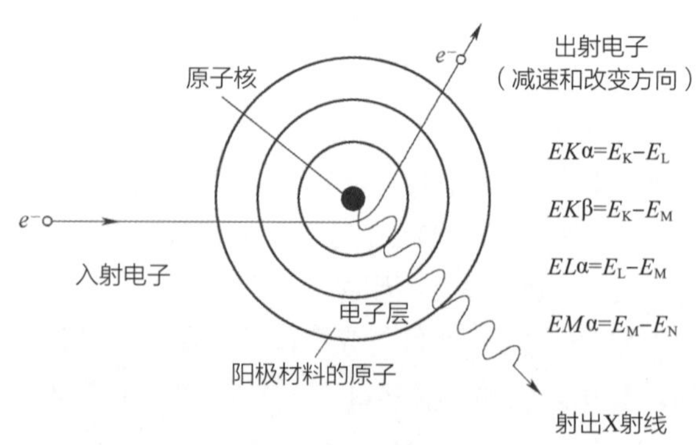

图2-5-151 X射线的产生：连续谱线（韧致辐射）

能态，释放能量。释放的能量为$\Delta E=E_h-E_l$，将以X射线的形式释放，产生X射线荧光（图2-5-152、图2-5-153）。

特征谱线：每一个轨道上的电子的能量是一定的。因此，电子跃迁产生的能量差也是一定的，释放的X射线的能量也是一定的。这个特定的能量与元素有关，即每个元素都有其特征谱线（图2-5-154、图2-5-155）。

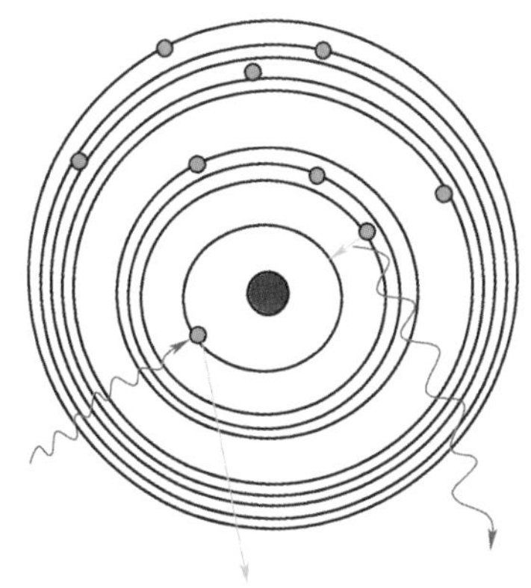

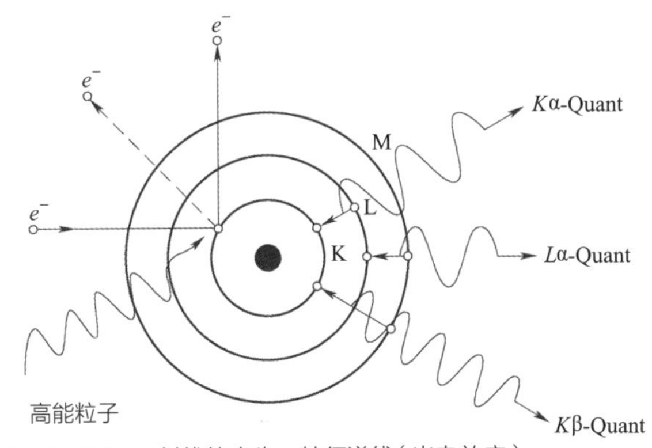

图2-5-152　X射线的产生：特征谱线（光电效应）

内层电子被激发 ⟶ 原子不稳定（激发态）

⟶ 外层电子跃迁到内层空位 ⟶ 跃迁过程产生能量差

⟶ 能量差以X射线的形式释放 ⟶ X射线荧光光谱仪

　 能量差以俄歇电子的形式释放 ⟶ 俄歇谱仪

图2-5-153　X射线的产生：特征谱线（光电效应）

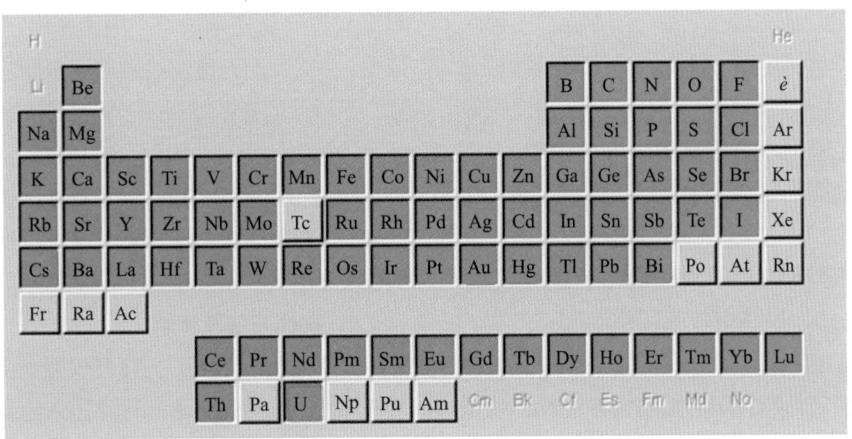

图2-5-154　会产生特征谱线的元素

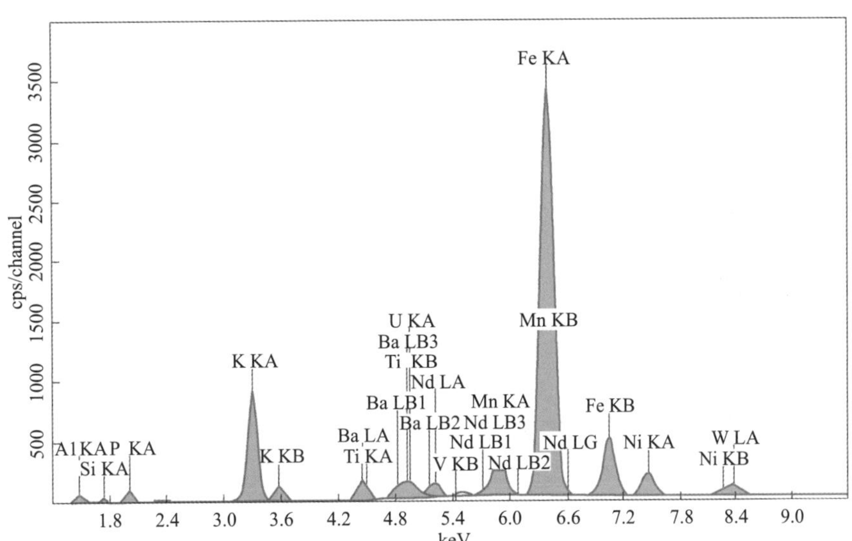

图2-5-155　不同元素产生的谱线

（三）仪器类型和测试方法

X射线荧光光谱仪分为波长色散、能量色散、非色散X荧光、全反射X荧光。

1. 波长色散X射线荧光光谱

采用晶体或人工拟晶体根据布拉格定律将不同能量的谱线分开，然后进行测量。波长色散X射线荧光光谱一般采用X射线管作激发源，可分为顺序式（或称单道式或扫描式）谱仪、同时式（或称多道式）谱仪、顺序式与同时式相结合的谱仪三种类型。顺序式通过扫描方法逐个测量元素，因此测量速度通常比同时式慢，适用于科研及多用途的工作。同时式则适用于组成相对固定的样品，对测量速度要求高和批量试样分析。顺序式与同时式相结合的谱仪结合了两者的优点。

2. 能量色散X射线荧光光谱

能量色散X射线荧光光谱采用脉冲高度分析器将不同能量的脉冲分开并测量。能量色散X射线荧光光谱仪可分为具有高分辨率的光谱仪、分辨率较低的便携式光谱仪、介于两者之间的台式光谱仪。高分辨率光谱仪通常采用液氮冷却的半导体探测器，如Si（Li）和高纯锗探测器等。低分辨便携式光谱仪常常采用正比计数器或闪烁计数器为探测器，它们不需要液氮冷却。近年来，采用电制冷的半导体探测器，高分辨率光谱仪已不用液氮冷却。同步辐射光激发X射线荧光光谱、质子激发X射线荧光光谱、放射性同位素激发X射线荧光光谱、全反射X射线荧光光谱、微区X射线荧光光谱等较多采用能量色散方式。

自然界中产出的宝石通常由一种元素或多种元素组成，利用X射线照射宝石时，可激发出各种波长的荧光X射线。为了将混合在一起的X射线按波长（或能量）分开，并分别测量不同波长（或能量）的X射线的强度以进行定性和定量分析，常采用两种分光技术。

（1）非色散X射线谱仪　非色散谱仪不是将不同能量的谱线分辨开来，而是利用选择激发、选择滤波和选择探测等方法测量分析线，从而排除其他能量谱线的干扰。因此，一般只适用于测量一些简单和组成基本固定的样品。

（2）全反射X射线荧光　如果$n_1>n_2$，则介质1相对于介质2为光密介质，介质2相对于介质1为光疏介质。对于X射线，一般固体与空气相比都是光密介质。所以，如果介质1是空气，那么$\alpha_1>\alpha_2$，即折射线会偏向界面。如果α_1足够小，并使$\alpha_2=0$，此时的入射角α_1称为临界角$\alpha_{临界}$。当$\alpha_1<\alpha_{临界}$时，界面就像镜子一样将入射线全部反射回介质1中，这就是全反射现象。

3. X射线荧光光谱法的特点

①X荧光光谱仪检测，分析元素范围广，从^{4}Be到^{92}U均可测定。②荧光X射线谱线简单，相互干扰少，样品不必分离，分析方法比较简便；分析浓度范围较宽，从常量到微量都可分析。③X荧光光谱仪检测准确率高，且检测费用较低，极大拓宽了珠宝玉石检测的范围。④X荧光光谱仪检测应用主要的优势还有无损检测。无损检测有效地保障了物品的完整性，并且有效降低了持有者的损失，确保了持有者的实际利益。

当前，此类技术在珠宝玉石检测过程中，具备检测效率高、检测周期短等优势，极大地保障和促进了珠宝玉石市场的发展。

4. 操作方法及步骤

（1）开机和预热　先打开仪器电源开关；双击桌面的快捷方式，启动程序；程序进入自动升压界面，仪器开始升压；升压完成后，软件界面打开（图2-5-156）；将银铜片放入测量窗中部，点击校正按钮，仪器自动进

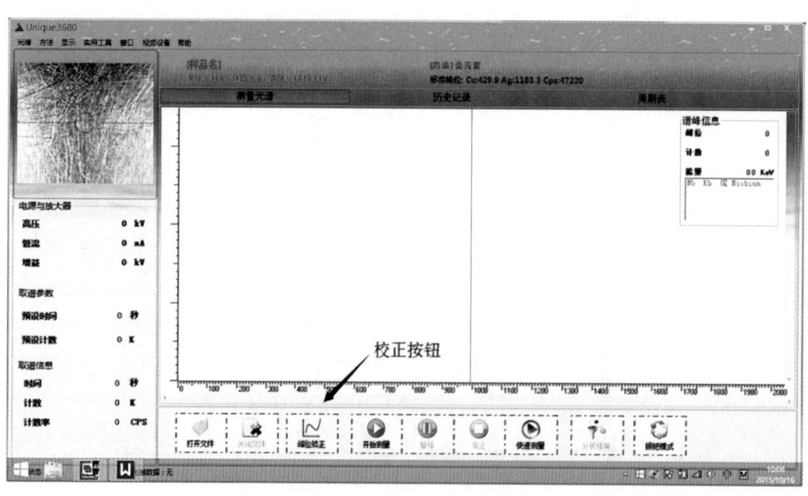

图2-5-156　测试界面

行校正；待弹出“峰位校正结束”对话框即可进行测量。

（2）测量　将被测样品放入测量窗中部（具体位置可参照摄像头指示），点击“开始取谱”按钮，输入相应的样品信息后，鼠标左键点击“开始测量”，即可开始检测。

选取一黄金首饰，使用仪器对其进行测试。如图2-5-157为仪器测试点，可将样品需测试点移动到十字光标中心进行测试。

大约进行30秒测量，测量结束后会弹出“分析报告”显示测量结果（图2-5-158）。

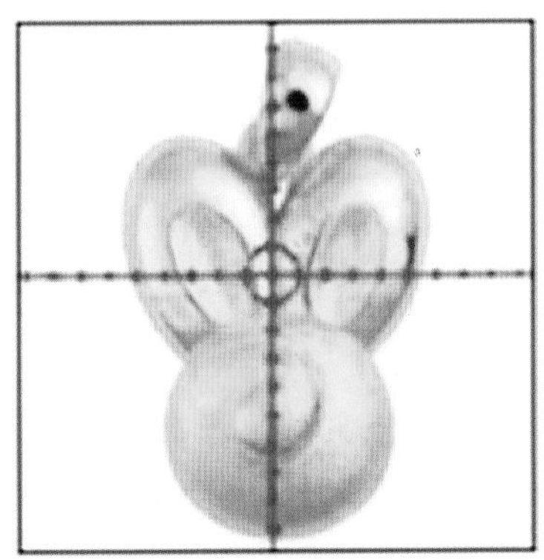

图2-5-157　仪器测试点

样品名称：d9999.1
工作曲线：金大于97%(AuH97)
样品密度：19.318克每立方厘米
测量耗时：31.0秒(s)
计数率：30086.940计数/秒(Cps)
测量电压：0.355毫安(mA)
测量电流：41.600千伏(kV)
测试结果：
金Au　99.99%
银Ag　0.01%

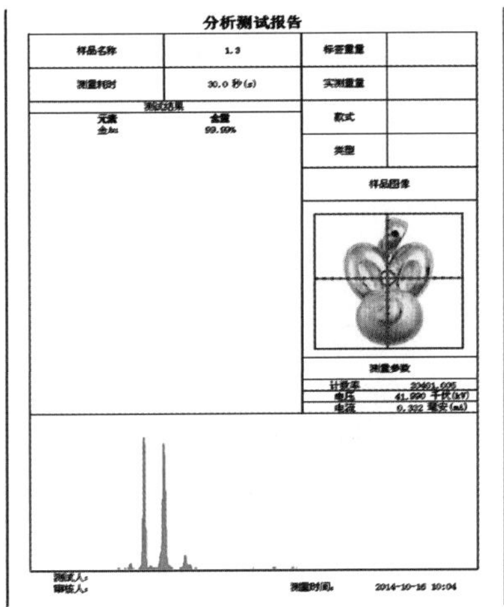

图2-5-158　测试结果

（3）输出报告　测量结束后，点击对话框“分析报告”中的“输出报告”，即可输出本次结果报告。

（4）关机　①关机时，先关闭软件，再关闭仪器电源，盖上仪器防尘罩；②在记录本记录使用情况。

（四）宝石学中的应用

XRF全称为X射线荧光光谱分析（XRay Fluorescence），是一种元素分析仪器，理论上可以测量化学元素周期表中11号元素Na到92号元素U，具体的测量范围与仪器型号有关。与激光剥蚀电感耦合质谱仪（LA-ICP-MS）、电子探针（EPMA）等仪器相比，XRF分析速度相对较快，无损，重复测试便捷，且对制样要求低，可基本满足珠宝首饰日常检测的需求。

1. 相似珠宝玉石的鉴别

自然界中的宝石种类现已达到两百多种，其中存在很多性质相似的种类，应用传统的检测方法进行区分存在一定的困难。如区分无色水晶和无色长石时，两个品种都是无色透明的，并且存在相似的折射率值和密度。若使用X射线荧光技术进行分析可以发现，水晶的主要成分为二氧化硅，在X射线荧光光谱中表现为硅元素；长石的主要成分为钠、钙、钾和铝硅酸盐等，在X射线荧光光谱中表现为钙、钾、硅元素。因此，根据X射线荧光光谱图，能实现对二者的轻松区分。同样，采用该技术可以鉴别紫晶和紫色方柱石、矽线石猫眼和辉石猫眼等一些类型相似的宝石。

2. 优化处理珠宝玉石的鉴别

X射线荧光光谱技术也能分析优化处理后的宝石，检测分析天然宝石和人工合成品、仿制品。如红宝石铅玻璃充填是通过铅元素的加入量来改变玻璃的折射率，使其折射率提高，从而达到与红宝石相似的折射率。一般通过放大观察红宝石的表面很难观察到裂隙的存在。通过X射线荧光光谱仪则可以发现，红宝石只含有铁、铬等元素的峰，经过优化处理的红宝石却有很明显的铅元素峰出现。铅玻璃处理红宝石的表面开放裂隙处，使用XRF能够测到含量为几千甚至几万μg/g的铅，这在天然红宝石中不可能出现。以此可快速鉴别出是天然的还是优化处理过的红宝石（图2-5-159）。

3. 珠宝玉石品种检测

珠宝玉石在X荧光光谱仪检测中，可对其成分含量进行快速检测，主要通过元素成分检测峰值进行判断。通过检测回馈系统显示界面图波段数据，判断相对应元素的峰值。一般情况下，峰值越高元素含量越大。珠宝玉石在销售时，其品种类型对于物品最终的定价影响重大。为了准确快速地判定物品的品种，通过X荧光光谱仪进行物品品种检测是常用的手段之一。例如，石榴石族宝石和矿物存在着广泛的类质同象替代，因此每一种石榴石的化学成分亦有较大变化。其成分通式为$A_3B_2(SiO_4)_3$，通式中的A字母代表二价阳离子Ca^{2+}、Mg^{2+}、Fe^{2+}等，B字母代表三价阳离子Al^{3+}、Fe^{3+}、Cr^{3+}等。其中价值比较高的如锰铝榴石（俗称芬达石）、沙弗莱石（铬钒钙铝榴石）、翠榴石（钙铁榴石）等种类可使用X射线荧光光谱技术进行检测，通过对光谱成像的分析确定属于何种石榴石。

翠榴石（钙铁榴石）和沙弗莱石（铬钒钙铝榴石）同属绿色系的石榴石。翠榴石含Cr，具有鲜嫩的绿色调和超强的火彩（色散值0.057，高于钻石），沙弗莱石由于含Cr、V而呈现鲜艳的绿色，净度通常也很高。因此，这两种绿色宝石都非常受欢迎（图2-5-160、图2-5-161）。

但是翠榴石的产量稀少，且难有大晶体产出，1克拉以上的优质翠榴石已经非常难得。因此，翠榴石和沙弗莱石在市场上的价值也存在差异。二者颜色相近，由于同属石榴石族，存在一些共性，肉眼区分会有不确定性。虽然通过折射率、包裹体等特征能将二者区分，但是成分分析无疑是最准确的证据。利用XRF可以分析石榴石是钙铝榴石还是钙铁榴石，再加上颜色和其他致色元素的共同判定（表2-5-12），就能准确地将两种石榴石区分开。

表 2-5-12　实验室测试沙弗莱石和翠榴石部分元素对比（单位：mg/kg）

编号	品种	Al	Si	Ca	V	Cr	Fe
1	沙弗莱石	146100	243100	119900	850	151	852
2	沙弗莱石	114400	192500	119500	2379	316	756
3	翠榴石	6740	298000	95470	178	247	181400
4	翠榴石	8400	280200	100900	200	257	185700

帕拉伊巴碧玺是碧玺中的名贵品种，因最早产出于巴西的帕拉伊巴州而得名，后来泛指富含Cu（铜）、Mn（锰）的蓝色、绿色、蓝紫色碧玺。

在通常情况下，一颗颜色为*N*eon Blue（霓虹蓝）的帕拉伊巴碧玺（图2-5-162）的Cu（铜）、Mn（锰）

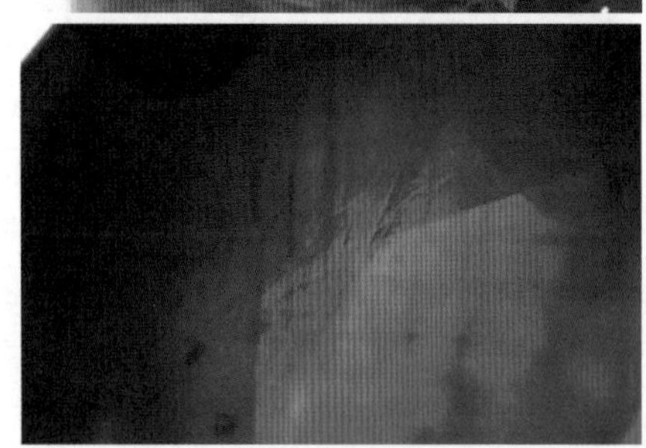

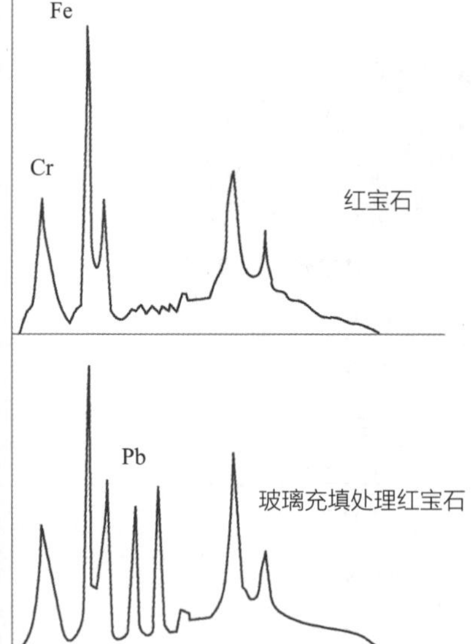

图2-5-159　天然红宝石与玻璃充填处理红宝石

图2-5-160　翠榴石

图2-5-161　沙弗莱石

图2-5-162　帕拉伊巴碧玺

元素的含量约在几千μg/g，以此与Fe（铁）致色的蓝色碧玺区分（表2-5-13）。

表 2-5-13　实验室测试部分帕拉伊巴碧玺的 Mn、Cu 元素含量（单位：mg/kg）

编号	1	2	3	4	5	6	7	8	9	10	11	12
Mn	5849	7731	4536	6205	1803	7741	4194	4537	3901	4308	16820	20000
Cu	1884	1743	2064	1965	2115	2255	1971	1987	1905	1978	3135	3646

4. 人工合成宝石与仿制宝石鉴别

合成的氧化锆、无色锆石、无色蓝宝石、合成尖晶石、合成金红石、钛酸锶、钆镓榴石、钇铝榴石等是目前被大量用于模仿钻石的仿制品宝石。若通过肉眼或者常规检测仪器进行判断，这些宝石在外观与质地上均与天然钻石无显著差异，若是利用X射线荧光光谱技术进行检测，就可以通过组成宝石元素的差异，轻易地将这些仿钻石的宝石与天然钻石区分开。

5. 探究彩色宝石产地

因为历史原因以及一些矿区出产宝石的品质差异，宝石的产地对于宝石的市场价格有很重要的意义和影响，尤其是红宝石、蓝宝石、祖母绿这些名贵彩色宝石。目前检测中，常用的有显微镜下观察生长结构和包裹体等特征，红外光谱（FTIR）、紫外-可见吸收光谱（UV-VIS）、拉曼光谱（RAMAN）等光谱学测试，以及微量元素和主量元素分析三种手段。

随着越来越多新矿区的发现，不同矿区产出宝石的包裹体特征的共性越来越多。因此，元素分析变得越来越重要。

（1）祖母绿主要产地的判定　祖母绿的三相包体曾经作为哥伦比亚的典型包体，具有产地指示意义。但随着赞比亚、阿富汗等产地陆续发现了三相甚至多相包体，加上埃塞俄比亚、澳大利亚等众多矿区的发现，包裹体的相似度越来越高。因此，仅从包裹体已经很难确定祖母绿的产地。

用XRF对已知产地的几批祖母绿样品的微量元素进行分析，可以发现有些产地的Fe元素含量在相对比较固定的区间，且与其他产地有区别（图2-5-163）。

（2）红宝石主要产地的判定　红宝石一直是人们最喜爱的宝石之一，目前世界各地已发现的红宝石矿床和矿点超过400个。其中，世界上最大的红宝石产出地是非洲，主要分布于坦桑尼亚、莫桑比克、肯尼亚、马达加斯加等地。

亚洲红宝石主要集中于泰国、柬埔寨、缅甸、越南、阿富汗等地。其中，缅甸的抹谷矿区一直是优质红宝石的供应地，市场价值也一直攀升。因此，对红宝石产地进行鉴别是很重要的市场需求。图2-5-164为实验室对几批已知产地的红宝石样品进行的XRF元素分析，与祖母绿相似的数据收集，发现Fe-Cr比值也对红宝石产地有一定的指示意义。

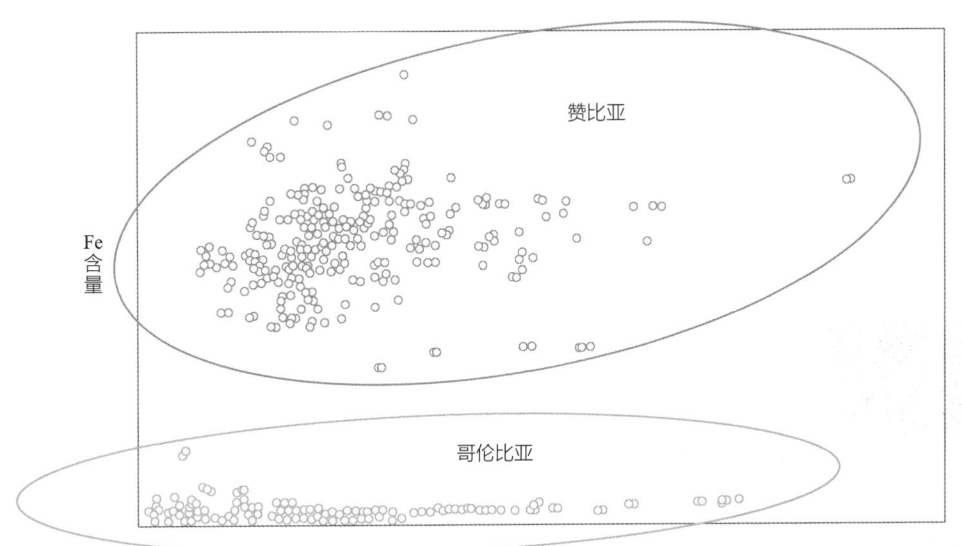

图2-5-163　哥伦比亚与赞比亚祖母绿的Fe-Cr元素投点图

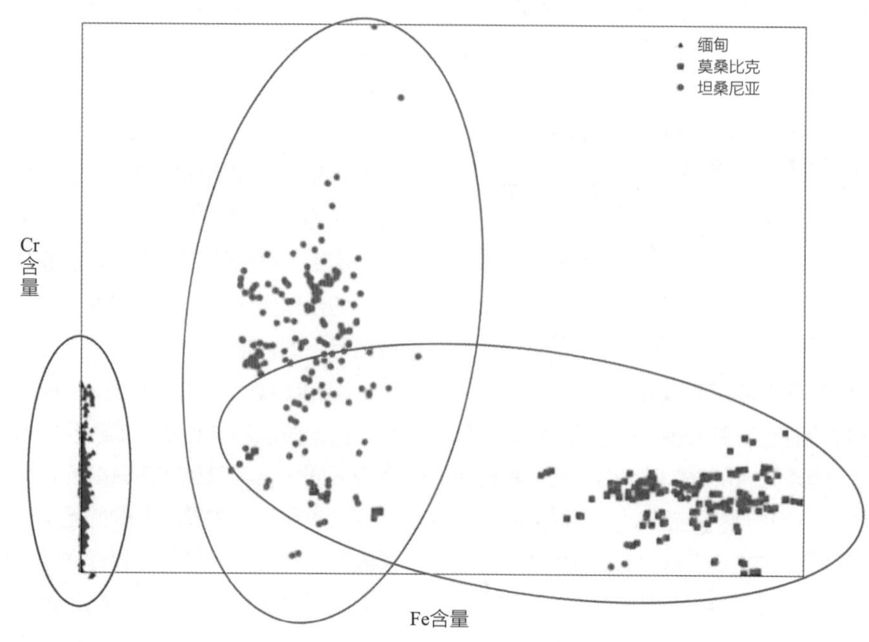

图2-5-164 不同产地红宝石的Fe-Cr元素含量投点图

三、紫外-可见分光光度计

（一）概述

吸收光谱是指连续光谱的光照射珠宝玉石材料时被选择吸收而产生的光谱。狭义的是指在可见光400～800nm范围内由于选择性吸收而产生的光谱，在光谱图上表现为黑带或黑线的现象。现在，紫外-可见分光光度计被广泛地用于珠宝玉石饰物的成分定性分析。不同种类的宝石、不同颜色的同一种宝石、同一颜色不同致色机理的宝石，其紫外可见吸收光谱都不同。一些经优化处理的宝石虽然颜色与其对应的天然宝石一样，但因致色机理或致色物质不同，吸收光谱有差异。因此，通过用紫外-可见分光光度计（图2-5-165）对不同宝石的吸收光谱进行比较和测试，并对测试结果进行分析对比，可为宝石鉴定提供新的手段和依据。

（二）基本原理

紫外-可见吸收光谱是在电磁辐射作用下，由宝石中原子、离子、分子的价电子和分子轨道上的电子在电子能级间的跃迁而产生的一种分子吸收光谱。紫外-可见吸收光谱分析是研究物质在紫外-可见光波下的分子吸收光谱的分析方法。

紫外-可见区可细分为：10～200nm远紫外光区；200～400nm近紫外光区；400～800nm可见光区（图2-5-166）。

具有不同晶体结构的各种彩色宝石，其内部所含有的致色杂质离子对不同波长的入射光具有不同程度的选择性吸收，由此构成测试基础。按所吸收光的波长区域

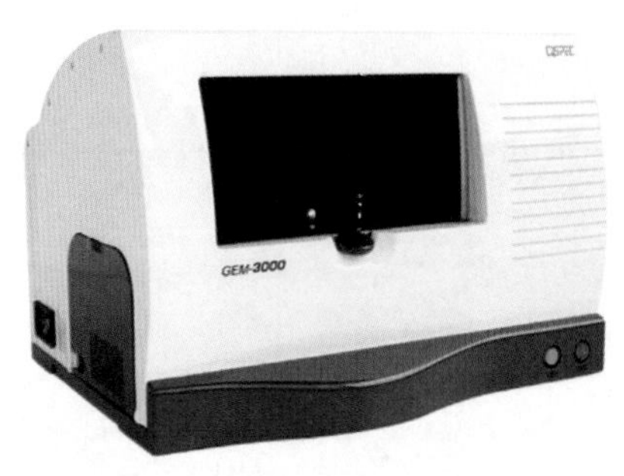

图2-5-165 紫外-可见分光光度计GEM-3000珠宝检测仪

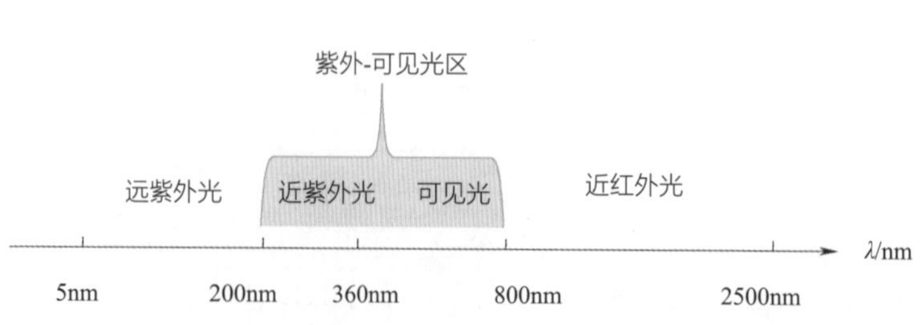

图2-5-166 紫外-可见光区

不同，分为紫外分光光度法，可见分光光度法，合成紫外-可见分光光度法。

在宝石晶体中，电子处在不同的状态下，并且分布在不同的能级组中。若晶体中一个杂质离子的基态能级与激发态能级之间的能量差恰好等于穿过晶体的单色光能量，晶体便吸收该波长的单色光，使位于基态的一个电子跃迁到激发态能级上，结果在晶体的吸收光谱中产生一个吸收带，便形成紫外可见吸收光谱。宝石测试中常见三种紫外可见吸收光谱类型：

1. *d*电子跃迁吸收光谱

过渡金属离子为*d*电子在不同*d*轨道能级间的跃迁，吸收紫外和可见光能量而形成紫外可见吸收光谱。这些吸收谱峰受配位场影响较大。*d*-*d*跃迁光谱有一个重要特点，即配位体场的强度对*d*轨道能级分裂的大小影响很大，从而决定了光谱峰的位置。如红宝石、祖母绿的紫外可见吸收光谱。

2. *f*电子跃迁吸收光谱

与过渡金属离子的吸收显著不同，镧系元素离子具有特征的吸收锐谱峰。这些锐谱峰的特征与线状光谱颇为相似。这是因为4*f*轨道属于较内层的轨道，由于外层轨道的屏蔽作用，4*f*轨道上的场电子所产生的*f*-*f*跃迁吸收光谱受外界影响相对较小。如蓝绿色磷灰石、人造钇铝榴石、稀土红玻璃等。

3. 电荷转移（迁移）吸收光谱

在光能激发下，分子中原定域在金属*M*轨道上的电荷转移到配位体*L*的轨道，或朝相反方向转移。这种导致宝石中的电荷发生重新分布，使电荷从宝石中的一部分转移至另一部分而产生的吸收光谱称为电荷转移光谱。电荷转移所需的能量比*d*-*d*跃迁所需的能量多，因而吸收谱带多发生在紫外区或可见光区，如山东蓝宝石。

（三）仪器类型和测试方法

1. 仪器类型

按仪器使用波长分类，可分为：真空紫外分光光度计（0.1～200nm）；可见分光光度计（350～700nm）；紫外-可见分光光度计（190～1100nm）；紫外-可见-红外分光光度计（190～2500nm）。

按仪器使用的光学系统分类，可分为：单光束分光光度计；双光束分光光度计；双波长分光光度计和动力学分光光度计。

以下仅介绍宝石测试中常用的双光束分光光度计。光源发出的光经单色器分光后，被反射镜分解为强度相等的两束光，一束通过参比池，一束通过样品池。光度计能自动比较两束光的强度，此比值即为试样的透射比，经对数变换将它转换成吸光度并作为波长的函数记录下来（图2-5-167）。自动记录，快速全波段扫描，可消除光源不稳定、检测器灵敏度变化等因素的影响，特别适合于结构分析。

2. 测试方法

用于宝石的测试方法可分为两类，即直接透射法和反射法。

（1）直接透射法　将宝石样品的光面或戒面（让光束从宝石戒面的腰部一侧穿过）直接置于样品台上，获取天然宝石或某些人工处理宝石的紫外可见吸收光谱。直接透射法虽属无损测试方法，但从中获得的有关珠宝玉石的相关信息十分有限，特别是在遇到不透明宝石或底部包镶的宝石饰品时，很难测出其吸收光谱。由此限制了紫外-可见吸收光谱的进一步应用。

（2）反射法　紫外-可见分光光度计的反射附件（如镜反射和积分球装置）有助于解决直接透射法在测试过程中所遇到的问题，由此可拓展紫外-可见吸收光

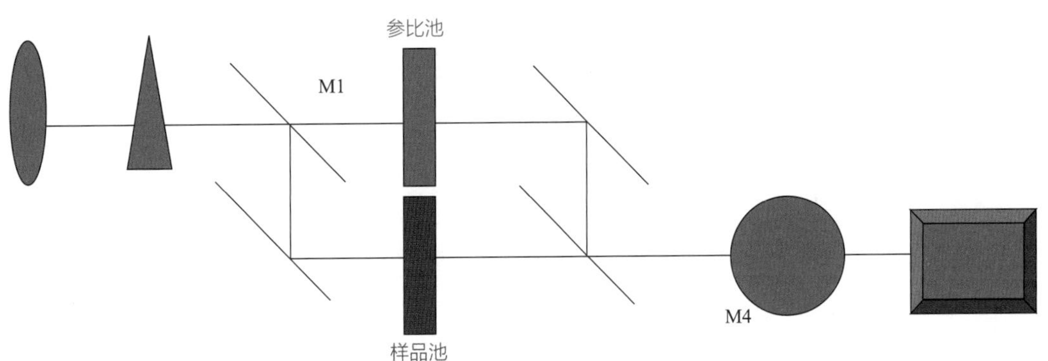

图2-5-167　双光束分光光度计原理图

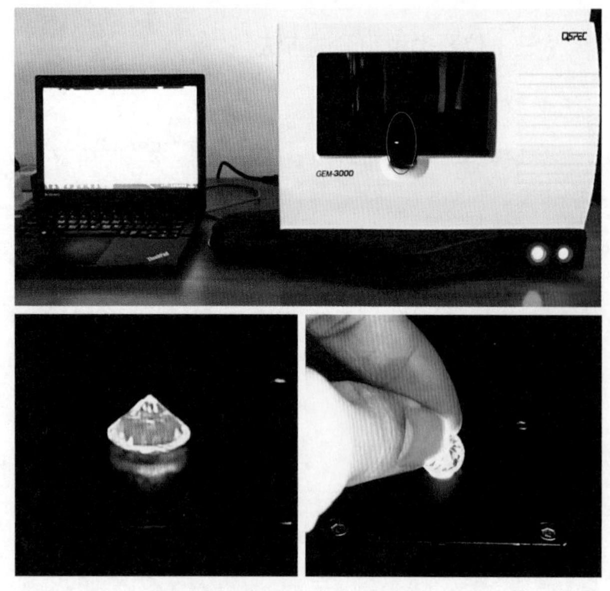

图2-5-168　用反射法测钻石的紫外-可见吸收光谱

谱的应用范围（图2-5-168）。

（四）宝石学中的应用

1. 检测人工优化处理宝石

利用直接透射法或反射法，能有效地区分天然钻石与人工辐照处理钻石。前者由杂质B原子致色，紫外-可见吸收光谱表征为：从540nm至长波方向，可见吸收光谱的吸收率递增；后者则出现GR_1心/741nm（辐射损伤心），并伴有N_2+N_3 /415nm（杂质N原子心）吸收光谱（图2-5-169）。

利用反射法，能有效地区分天然绿松石与人工染色处理绿松石，前者由Fe、Cu水合离子致色，在可见吸收光谱中显示宽缓的吸收谱带（Cu^{2+}：$^2E \rightarrow ^2T^2$；Fe^{3+}：$^6A^1 \rightarrow ^4E + ^4A$），后者则无或微弱（图2-5-170）。

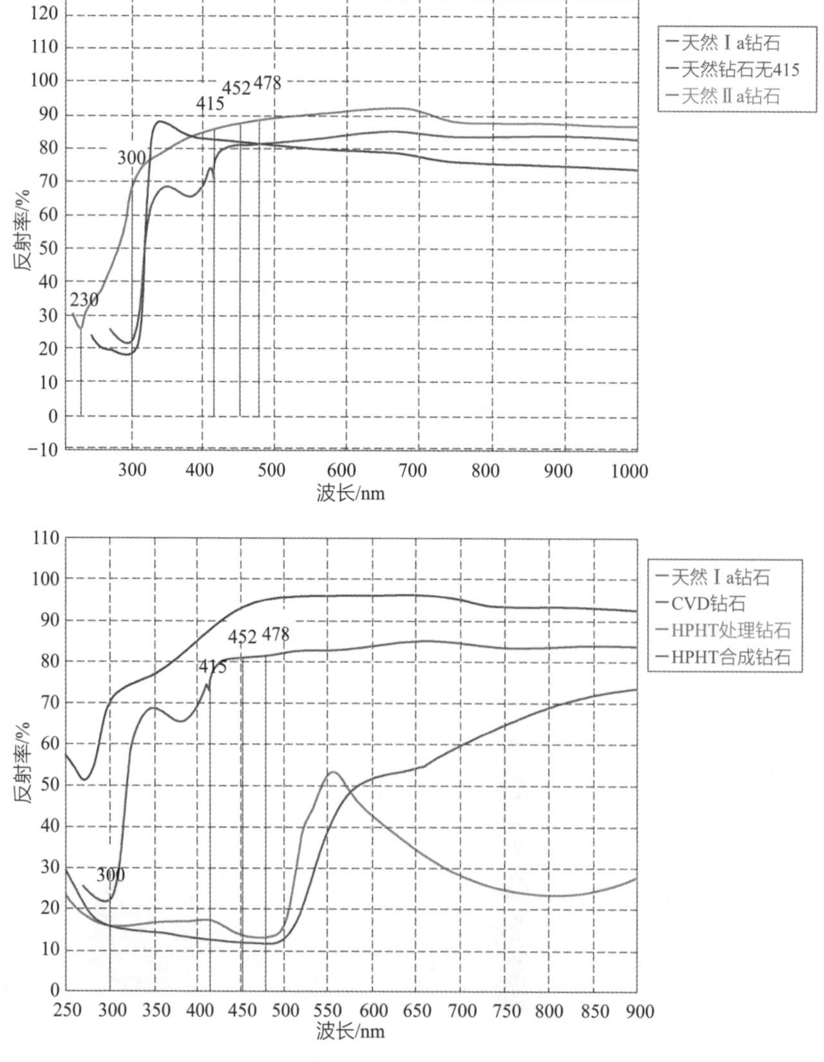

图2-5-169　天然钻石、合成钻石及辐照钻石紫外-可见吸收光谱

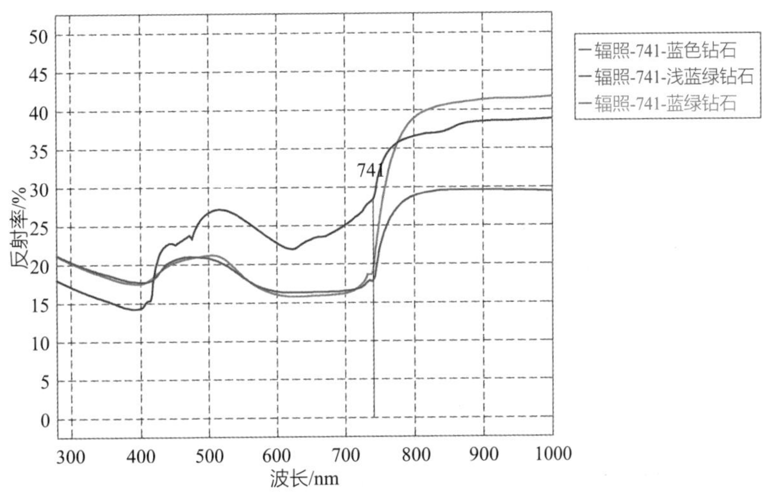

图2-5-169　天然钻石、合成钻石及辐照钻石紫外-可见吸收光谱（续）

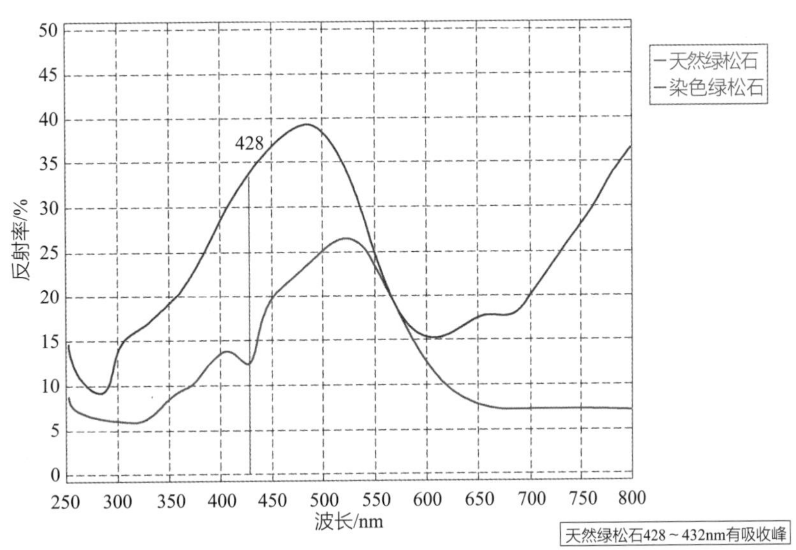

图2-5-170　天然绿松石及染色绿松石紫外-可见吸收光谱

镀膜翡翠、染色翡翠、天然绿色翡翠的吸收光谱如图2-5-171所示。天然绿色翡翠在690nm和437nm处有强的吸收线，在660，630nm有弱的吸收线；690，660，630nm吸收线是处在硬玉八面体配位场中Cr^{3+}的特征吸收线，437nm处是Fe的吸收线。染色翡翠在620，680nm处有宽的吸收带，无437nm吸收线；620，680nm吸收带可能是染料中Cr的吸收。镀膜翡翠仅以630nm为中心，有一强的宽吸收带，无其他特征吸收线。天然黄（金）色珍珠在紫外区至蓝区330～460nm处可见宽吸收带，这是黄色珍珠产生颜色的原因。染色黄（金）色珍珠在360nm附近和420nm附近有微吸收峰。若以淡黄色珍珠加色使其颜色变深，则在蓝区和紫区均有吸收带（图2-5-172）。

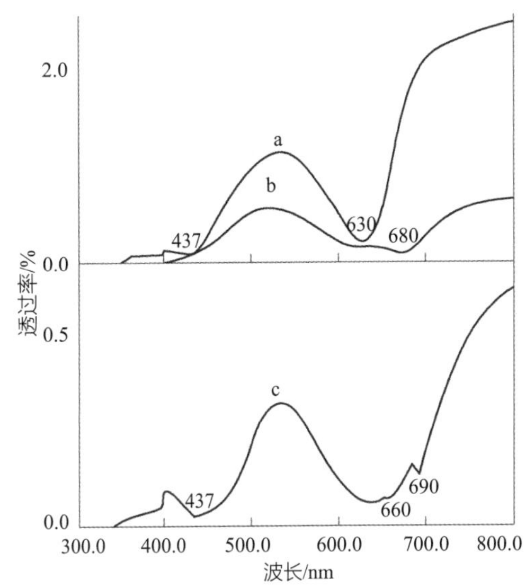

a—镀膜翡翠；b—染色翡翠；c—天然翡翠。

图2-5-171　翡翠的紫外-可见吸收光谱

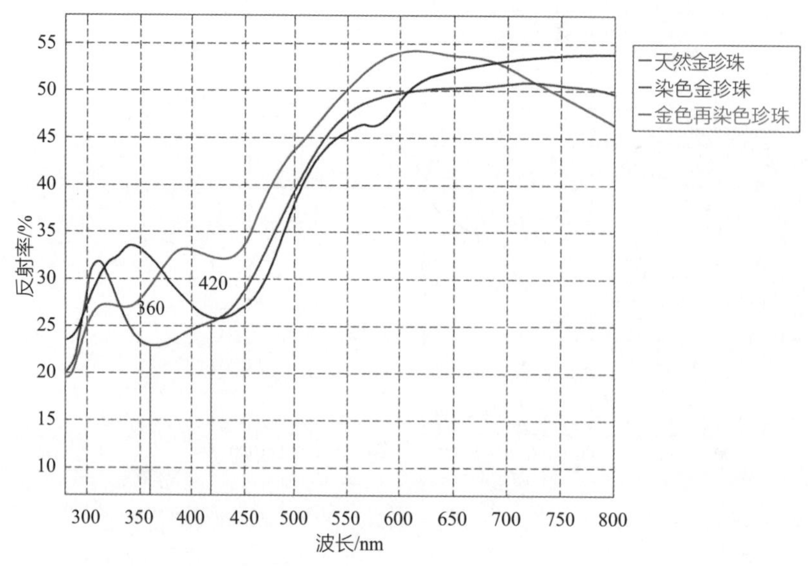

图2-5-172 金珍珠紫外-可见吸收光谱对比图

2. 区分天然与合成宝石

例如，天然翡翠、翡翠的仿制品和合成翡翠（图2-5-173），天然绿色翡翠在690nm和437nm处有强的吸收线，在660，630nm有弱的吸收线；690，660，630nm吸收线是处在硬玉八面体配位场中Cr^{3+}的特征吸收线，437nm是Fe的吸收线，合成翡翠及仿制品则缺少这些。

3. 探讨宝石呈色机理

天然黄色蓝宝石的主要致色离子是Fe^{3+}。无色或浅色蓝宝石含有Fe^{2+}。在高温下，气体中的氧通过扩散将Fe^{2+}氧化成Fe^{3+}。因Fe^{3+}浓度的不同，宝石可出现浅黄到中等的黄色，因而得到热处理黄色蓝宝石。含Fe^{2+}的无色或浅色蓝宝石经中子辐照后可产生黄色色心，因而宝石呈黄色。热处理黄色蓝宝石和辐照处理黄色蓝宝石的吸收光谱如图2-5-174所示，图中a为天然黄色蓝宝石的吸收光谱。从a、b和c三个光谱可知，天然黄色蓝宝石在375，387，450nm处有吸收窄带，且有紫外区吸收。三个吸收窄带是由Fe^{3+}的*d*电子跃迁产生的，紫外区吸收是由$O^{2-}\rightarrow Fe^{3+}$荷移产生的。热处理黄色蓝宝石吸收光谱中几乎看不见375，387，450nm吸收窄带，只

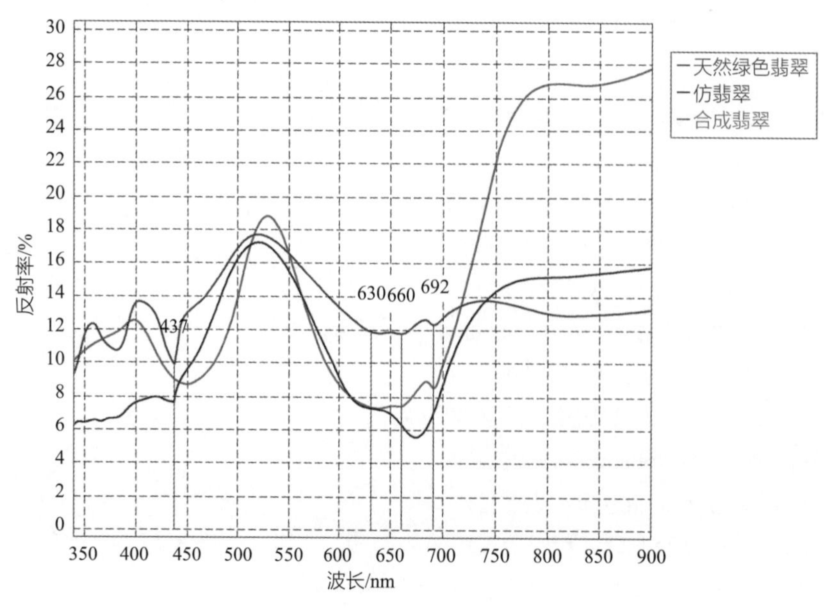

图2-5-173 翡翠、仿翡翠及合成翡翠的紫外-可见吸收光谱

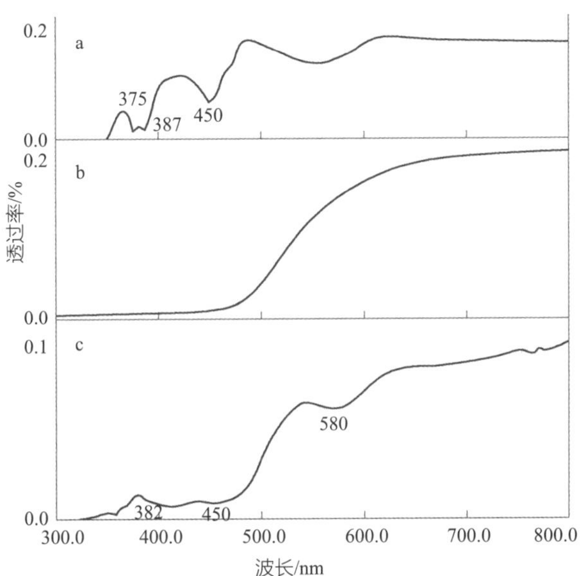

a—天然黄色蓝宝石的光谱图；b—热处理黄色蓝宝石的光谱图；c—辐照处理黄色蓝宝石的光谱图。

图2-5-174　黄色蓝宝石的紫外-可见吸收光谱

有由O^{2-}→Fe^{3+}荷移产生的紫外区吸收。辐照处理黄色蓝宝石的吸收光谱中387nm和450nm吸收谷弱，这是由于辐射处理黄色蓝宝石中Fe^{3+}晶体场带弱；辐照处理黄色蓝宝石还有分别以405，580nm为中心的吸收宽带。405nm吸收宽带可能是属空穴心，是色心电子在跃迁过程中电子与声子相互作用所致；580nm吸收宽带是Fe^{2+}-Ti^{4+}的电荷转移吸收所致。由此可见，三种黄色蓝宝石的吸收光谱不完全相同。

四、激光拉曼光谱仪

（一）概述

激光拉曼光谱技术是一种非破坏性的测试技术，基于少量的样品就可获取大量的信号。因此，该技术广泛应用在物质的形态检测中。激光拉曼光谱检测技术能够实现珠宝的无损和准确检测，是鉴定珠宝成分的重要方法。拉曼光谱可提供原子、离子的位置对称，短程和长程成键以及晶格振动性质方面的详细结构信息。另外，拉曼电子探针对体积很微小的物相可准确测定。因此，该技术可用于测定金刚石、祖母绿、蓝宝石、红宝石等宝石矿物及其内部的固、液、气相包裹体成分，是区别天然宝石、人造宝石、优化处理宝石和仿制品的有效手段（图2-5-175）。

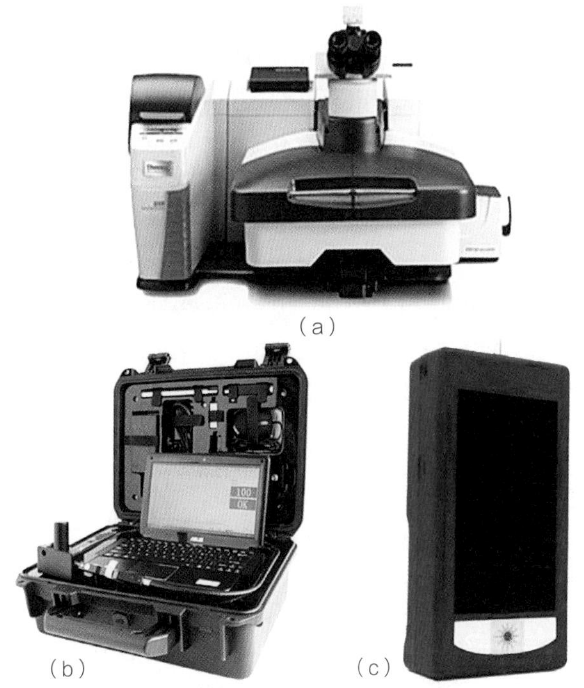

（a）DXR智能拉曼光谱仪　（b）SmartRaman便携式拉曼光谱仪
（c）MiniSpark-3000手持式快速拉曼分析仪

图2-5-175　各式拉曼光谱仪

（二）基本原理

电磁波同珠宝物质作用过程中会形成散射现象。散射光由弹性散射和非弹性散射构成，弹性散射的频率具有稳定性，是瑞利散射。非弹性散射的频率具有动态性，是拉曼散射。本节内容主要分析激光的拉曼散射原理。

波数为λ的单色辐射激光射入珠宝中，形成部分光的投射和散射现象。分析散射辐射中的频率，可获取同入射幅度关联的波数，产生新波数对。该种由频率以及波数波动而形成的辐射散射就是拉曼散射过程，最终产生的光谱可用于检测珠宝成分。在获取的散射光谱内激发线两端都存在谱线，低频部分的线频率是$v_0-\Delta v$（v_0表示激发线的频率，Δv表示该谱线同v_0的频差），也就是斯托克斯线。激发线高频部分的线频率是$v_0+\Delta v$，也就是反斯托克斯线。激发线处的散射谱线则是瑞利线。珠宝存在多个拉曼线，对入射到珠宝中的激光可看作是一个探针，从珠宝中出来的激光中存储着珠宝的不同信息。通过折射、发射以及吸收等光测量，能够获取珠宝的宏观信息。激光同珠宝形成非弹性散射过程中携带出的信息，是关于珠宝的详细信息。激光束由包含能量ω

和动量K的光子组成。珠宝中存在较多的元激发，其中常见的元激发是珠宝中原子的热振动，其通过声波和量声表达。此处，珠宝中存在磁振子，可形成元激发以及极化激元等现象，这些元激发都是有能量$h\Omega$、有动量的q准粒子，都能同光子发生碰撞，则有：

$$\omega_{散}=\omega_{入}\pm h\Omega$$

$$K_{散}=K_{入}\pm q$$

若事先设置入射光的频率$\omega_{入}$同描述光子动量的$K_{入}$，实验检测珠宝散射光的频率$\omega_{散}$和其动量$K_{散}$，则能够获取物质中同光相互作用的元激发能量$h\Omega$以及动量q。珠宝中的元激发的全部性质以及珠宝自身的性质能够据此导出，进行珠宝成分的检测。

（三）仪器类型和测试方法

拉曼光谱是物质分子受激发光照射后所产生的非弹性散射，与红外光谱互相补充，同属于分子振动光谱技术。区别是红外光谱技术与分子振动时偶极矩变化相关，而拉曼效应则是分子极化率改变的结果。分子振动的微小变化，比如空间构象等微小变化都可引起拉曼光谱发生变化，并且拉曼峰形更加尖锐，辨识性高。

天然珠宝玉石的主要成分基本为无机物，而所有无机材料都具有很强的中心对称振动模式。中心对称的分子结构都具有很强的拉曼活性。同时，无机物的特征峰基本出现在低波数范围，而拉曼光谱技术可轻松获取光谱指纹区至50cm^{-1}，且峰形尖锐，非常适合无机材料的定性分析。此外，拉曼光谱是一种非接触、无破坏的检测技术，样品制备简单或无须样品制备，检测分析过程简单、快速、准确。

拉曼光谱仪拥有针孔式聚焦技术，具有更高的空间分辨率，能清晰准确地分析包裹体样品，避免基底和背景干扰。同时，通过配备显微镜，利用反射、透射照明方式或明暗场观察方式，能清晰观察并定位样品内包裹体、细微缺陷与填充物等微观区域，最终实现包裹体拉曼光谱的扫描。因此，利用显微拉曼光谱仪可轻松鉴别珠宝玉石内包裹体；同时，可以利用拉曼光谱仪通过激光激发样品产生光致发光谱，从而实现鉴别天然钻石、人工合成钻石与辐照处理钻石。

（四）宝石学中的应用

1. 鉴别化学结构相似的无机矿物

无机矿物的拉曼峰相对较窄，而且同一物质由于空间构象不一样，其拉曼光谱图存在较大区别。图2-5-176是方解石与文石的拉曼光谱。可以看出，尽管二者成分都为$CaCO_3$，但由于空间构象不同，两者的拉曼光谱在200cm^{-1}附近有明显差异。珍珠与珊瑚里含有较多的文石与方解石成分，可以通过拉曼光谱技术实现鉴别。图2-5-177是金红石和锐钛两种不同构象的二氧化钛物质的拉曼光谱图，可以看出两者的拉曼谱图明显不同。

2. 珠宝玉石真假鉴别

拉曼光谱的唯一识别性可以用于对珠宝玉石的鉴定。图2-5-178是真品琥珀和待测样品的拉曼光谱图。通过比较可以看出，待测样品与真品琥珀拉曼光谱差异很大，可以推断此待检琥珀是赝品。

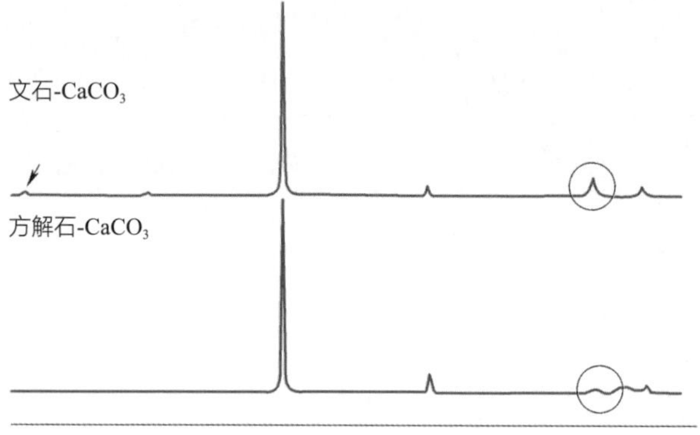

图2-5-176 方解石与文石的拉曼光谱

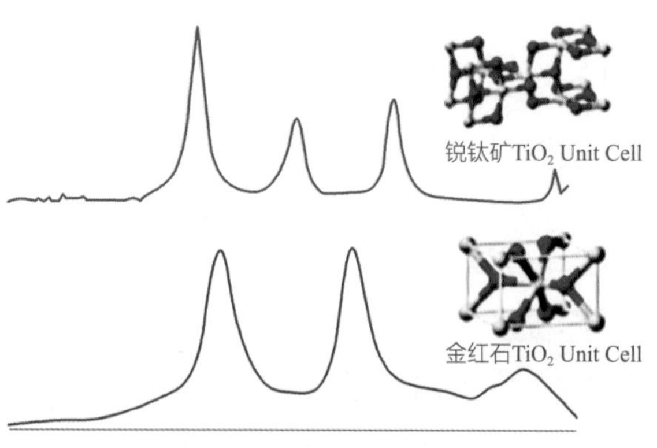

图2-5-177 锐钛矿和金红石的拉曼光谱

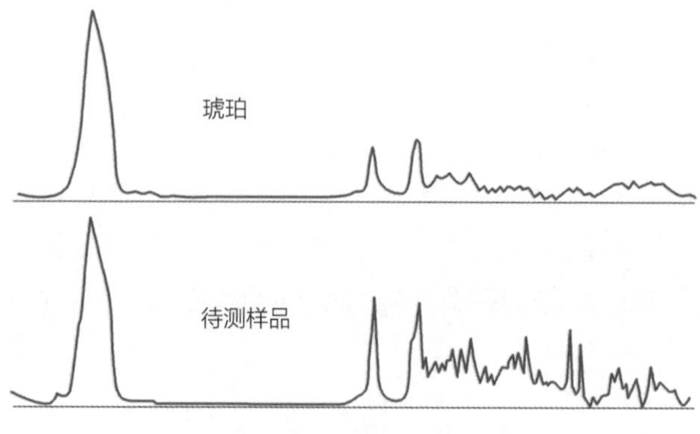

图2-5-178 琥珀和待测样品的拉曼光谱图

3. 未知珠宝玉石鉴别定性

不同珠宝玉石的成分存在差异，以下图谱为不同珠宝玉石的拉曼光谱，可以明显地看出不同珠宝玉石的拉曼光谱图差别很大。所以，根据拉曼光谱指纹识别的唯一性，可以实现对各种珠宝玉石的鉴别定性（图2-5-179至图2-5-182）。

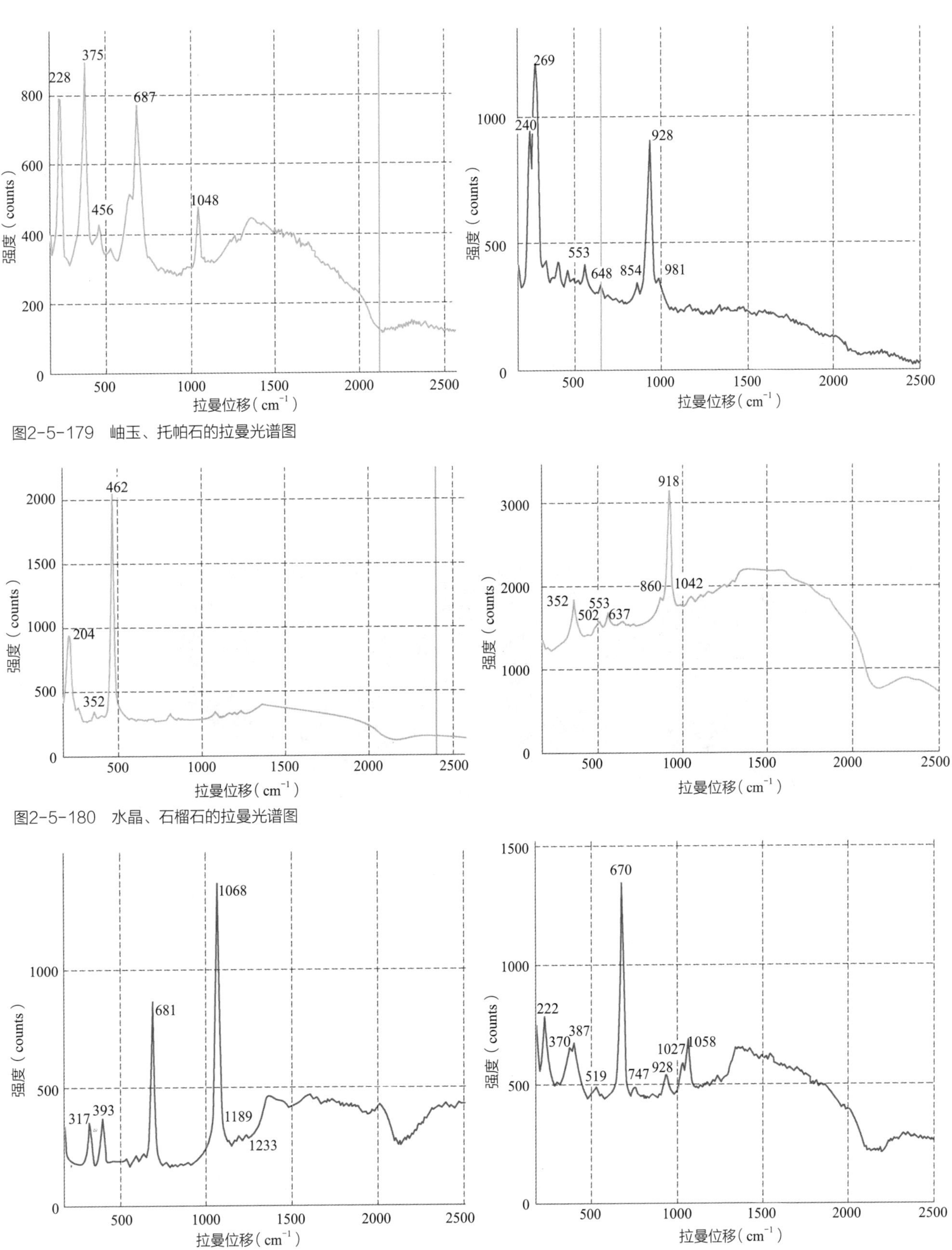

图2-5-179　岫玉、托帕石的拉曼光谱图

图2-5-180　水晶、石榴石的拉曼光谱图

图2-5-181　绿柱石、田玉的拉曼光谱图

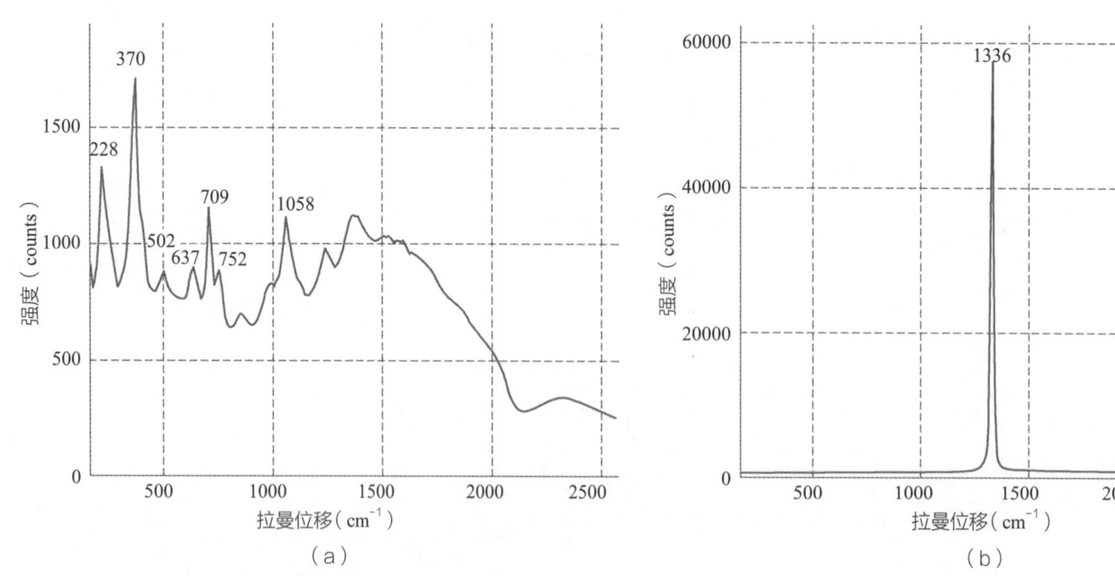

图2-5-182 碧玺、钻石的拉曼光谱图

4. 矿物宝石内包裹体分析

显微拉曼光谱技术具有高空间分辨率与共聚焦分析能力，并且可以实现无接触、无损坏检测样品。因此，非常适合对一些珍贵宝石样品内未知包裹体进行非破坏定性分析。其主要通过获取包裹体组分的拉曼光谱图实现包裹体杂质检测分析。图2-5-183是某人工合成CVD钻石图片，由于合成条件的影响，钻石内部会有一些包裹体存在。通过DXR显微拉曼光谱仪的显微系统可以清晰地观察到钻石表面以下几百微米的包裹体，如图2-5-184中CVD钻石内黑色颗粒包裹体的拉曼光谱，

图2-5-183 人工合成CVD钻石

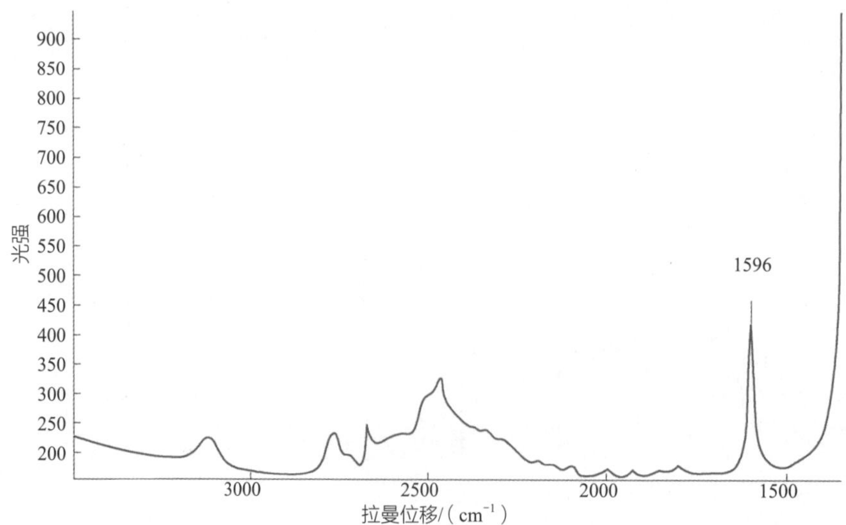

图2-5-184 CVD钻石内包裹体的拉曼光谱

该包裹体的拉曼光谱在1596cm^{-1}处有较强的拉曼峰，属于石墨材料的特征拉曼峰。所以，可以断定该包裹体主要成分为石墨。

图2-5-185是蓝宝石内包裹体的拉曼光谱，通过与蓝宝石基底拉曼谱图比较，发现该拉曼光谱包含两种组分，除了蓝宝石基底的成分，还含有金红石成分。因此，可以确定该蓝宝石内包裹体主要成分是金红石。

图2-5-186为天然钻石的微观区域内直径大约为250μm的包裹体（图2-5-187）的拉曼光谱图，此包裹体的主要成分是柯石英，是SiO_2经过高压形成的同素晶体。经过与柯石英参考拉曼谱图进行对比，由于包裹体内柯石英成分仍处于2.2GPa的高压，环境不同引起振动能有差异。所以，特征峰会产生少许位移现象（图2-5-188）。

5. 光致发光鉴别钻石

钻石、合成钻石和处理钻石拉曼光谱无法区分天然钻石、HPHT钻石、CVD钻石与辐射处理钻石。但是，不同种类钻石的光致发光中心不同，可以利用拉曼光谱仪通过激光激发样品产生光致发光光谱分析鉴别不同种类钻石。由于某些CVD钻石在生长过程中有硅材料的参与，所以合成出来的CVD钻石可能含有低浓度的硅。这些硅与钻石内空缺结合，形成Si—V光学中心，位于737nm附近。图2-5-189为CVD合成钻石分别在常温与低温下测量的光致发光光谱（532nm激发），从图中可以看出，位于737nm的峰是CVD钻石的Si—V光学中心。只要测得的钻石发光光谱中在737nm处出现光致发光光谱峰，即可断定是CVD钻石。

钻石经过放射性辐照处理后，产生新的色心，其颜色会发生改变。比如，无色透明的钻石可以通过辐照处理变成蓝绿色。几乎所有类型的钻石经过辐照处理后，都会产生GR1光学中心，其具有两个发光峰位，分别位于741nm与745nm附近。因此，可以通过激光光致发光研究判断钻石是否经过辐照处理。图2-5-190是某辐照处理钻石的光致发光光谱，出现明显的741nm与745nm的双峰，即GR1光学中心发光峰。

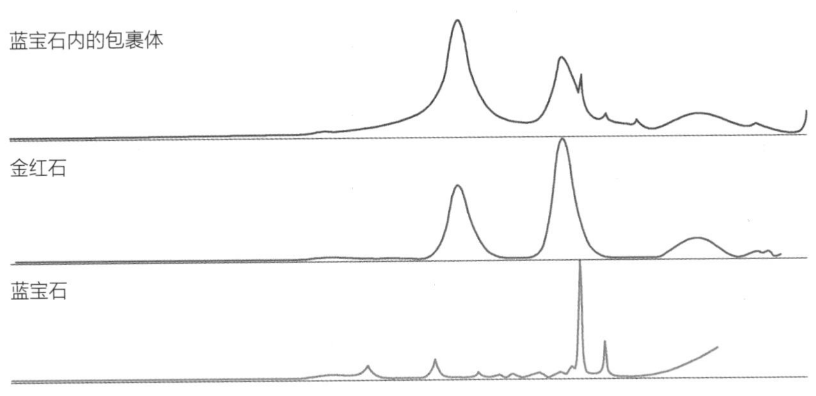

图2-5-185　蓝宝石内包裹体的拉曼光谱

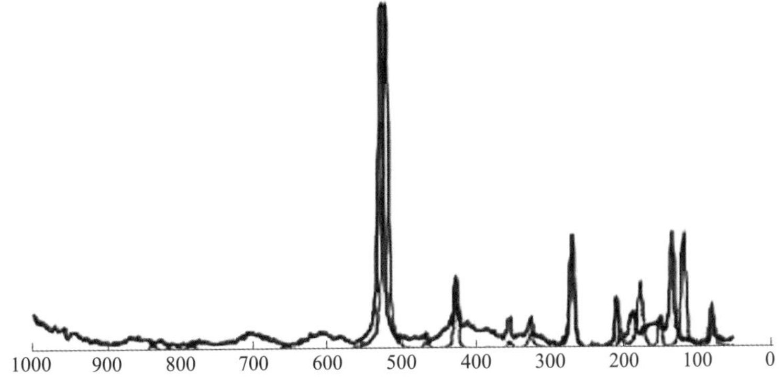

图2-5-186　天然钻石内包裹体的拉曼光谱

图2-5-187　天然钻石内包裹体

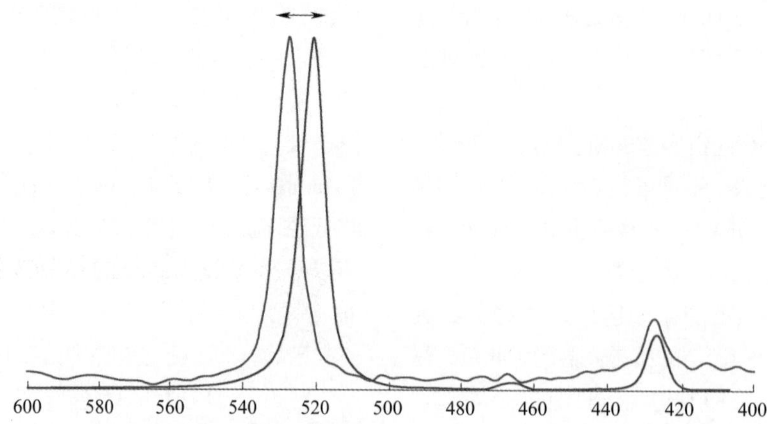

图2-5-188　天然钻石内包裹体的拉曼光谱位移

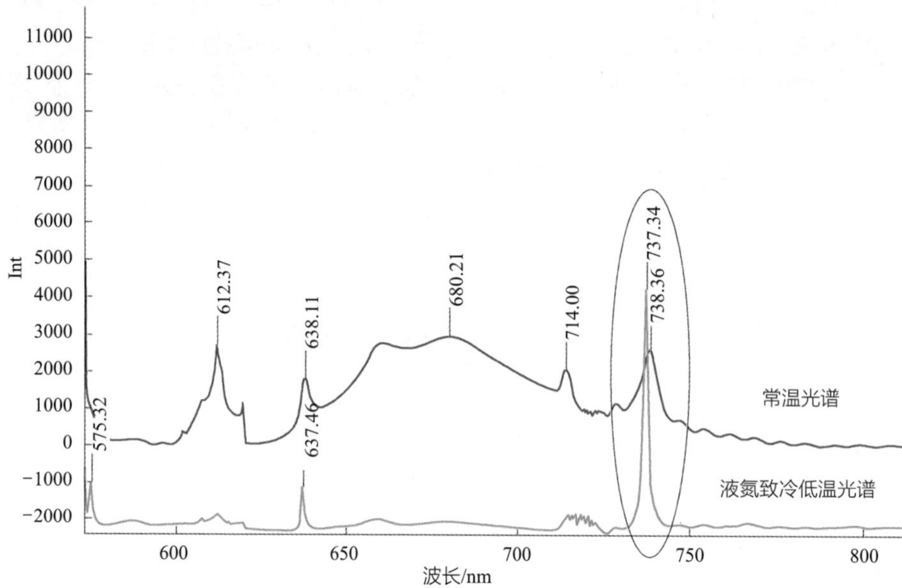

图2-5-189　CVD钻石常温与低温下的光致发光光谱

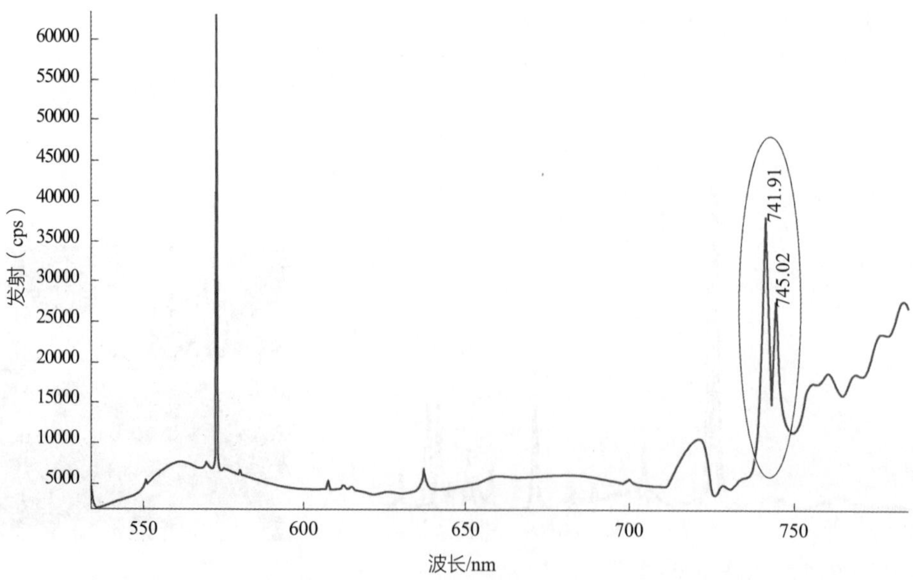

图2-5-190　辐照处理钻石的光致发光光谱

第六章
珠宝玉石中的包裹体

第一节 包裹体的概念

世界顶尖宝石学家、瑞士的E·古柏林博士认为:“宝石包裹体展示了形状、颜色和光的世界，它的鲜明生动和灵活变化给人以美的享受和心灵的愉悦。宝石包裹体的艺术性排列由于均衡而显得优雅，这是大自然创作才艺多样化的见证，是我们惊奇与愉悦的不绝源泉。大自然从来不会满足，它用艺术的魅力向我们展示世界的优雅和完美，展示无穷的创意与神奇。”图2-6-1展示的琥珀中，昆虫包裹体在给人带来美感的同时，又具有宝石学上的鉴定意义，同时还具有很强的科研价值。图中琥珀中的昆虫完美地展现了上亿年前的昆虫的完整形态，为研究当时的昆虫形态、生活环境提供了完美的化石标本。

宝石中的包裹体是在宝石生长的环境中形成的，可以反映宝石的成因，在宝石的鉴定中起着重要的作用，是区分天然与合成、优化处理宝石的重要特征。

矿物学中的包裹体指成岩成矿流体（含气液的流体或硅酸盐熔融体），是在矿物结晶生长的过程中，被包裹在矿物晶格缺陷或穴窝中的、至今尚在主矿物封存、并与主矿物有着相界限的那一部分物质。宝石学中的包裹体沿用了矿物学中的包裹体的概念，但是有所补充。

宝石学中的包裹体是指影响宝石矿物整体均一性的所有特征。即除了矿物学中的包裹体外，还包括宝石的结构特征和物理特性的差异，如由微小的杂质或者化学成分的变化引起的生长带、色带；与晶体的晶格缺陷有关的双晶、双晶面、双晶纹或线；属于晶体机械性的破裂的解理、裂隙和裂理，以及与内部结构有关的表面特征等。图2-6-2所示蓝宝石中的颜色分带，图2-6-3所示红宝石的菱面体方向裂理和图2-6-4所示蓝宝石的菱面体方向裂理均属于包裹体范畴。

图2-6-1 琥珀中的昆虫包裹体

图2-6-2 蓝宝石中的颜色分带

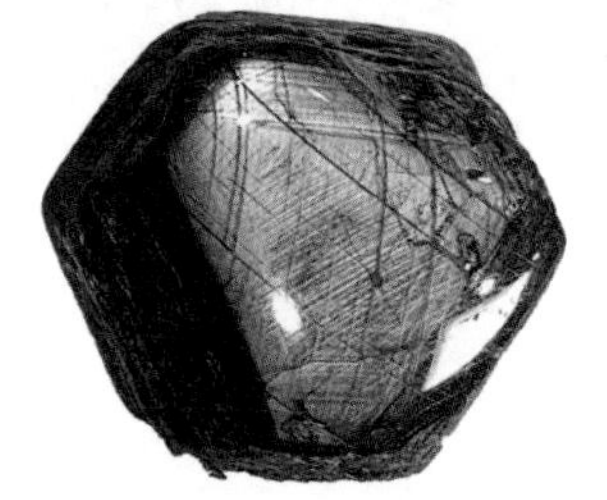

图2-6-3 红宝石的菱面体方向裂理

图2-6-4 蓝宝石的菱面体方向裂理

第二节 包裹体的分类

一、依据包裹体的相态分类

依据包裹体的相态特征，可将包裹体分为固相包裹体、液相包裹体、气相包裹体。

1. 固相包裹体

固相包裹体指宝石中的包裹体的存在形式为固体状态，也称晶体包裹体。如红宝石中的磷灰石晶体包裹体（图2-6-5），钻石中的石榴石，红宝石和水晶中的金红石（图2-6-6）等。

2. 液相包裹体

液相包裹体指以单相、两相的流体为主的包裹体，最常见的液体为水、溶解盐（石盐水、含碳酸的水），有机液体也偶有出现（图2-6-7为萤石中的石油液态包裹体）。例如，蓝宝石中的指纹状包裹体（图2-6-8）和红宝石中的指纹状包裹体（图2-6-9）、托帕石中的三相不混溶的液态包裹体（图2-6-10）等。

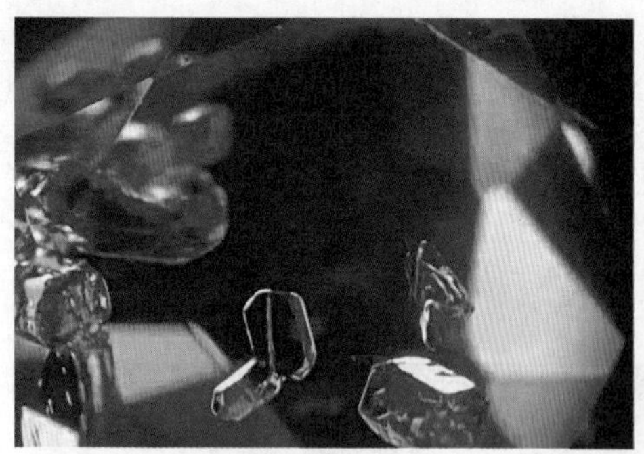
图2-6-5 红宝石中的磷灰石晶体

图2-6-6 水晶中的金红石包裹体

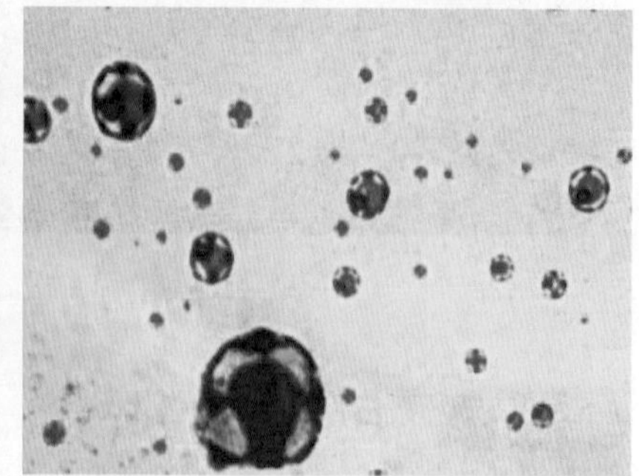
图2-6-7 萤石中的石油液态包裹体

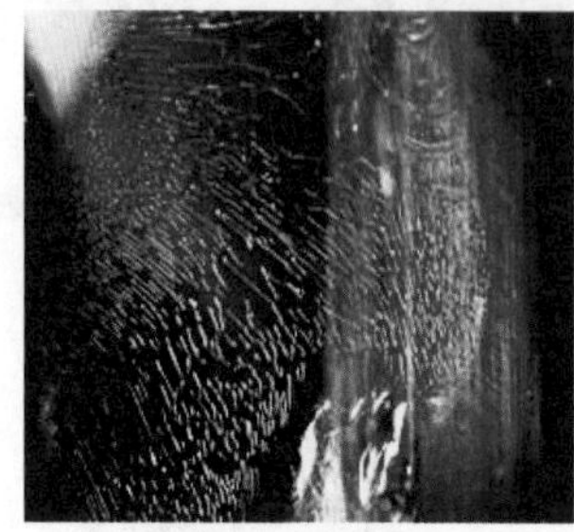
图2-6-8 蓝宝石中的指纹状包裹体

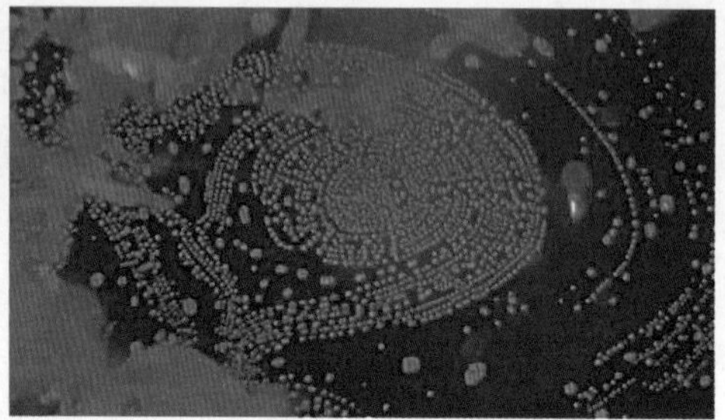
图2-6-9 红宝石中的指纹状包裹体

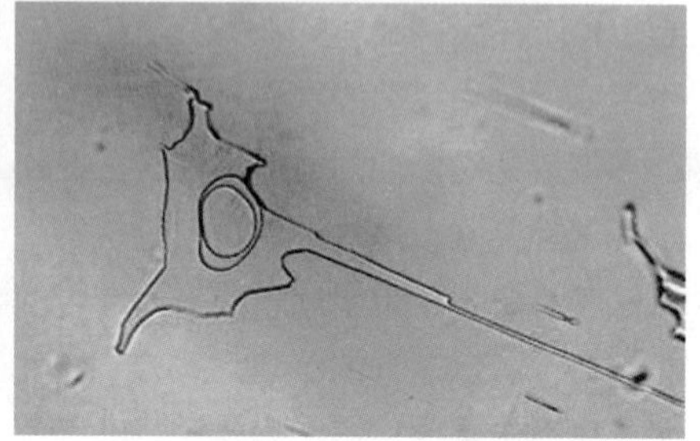
图2-6-10 托帕石中的三相不混溶的液态包裹体

3. 气相包裹体

气相包裹体指主要由气体组成的包裹体，如琥珀中的气泡（图2-6-11）、合成红蓝宝石和玻璃中的气泡（图2-6-12）等。

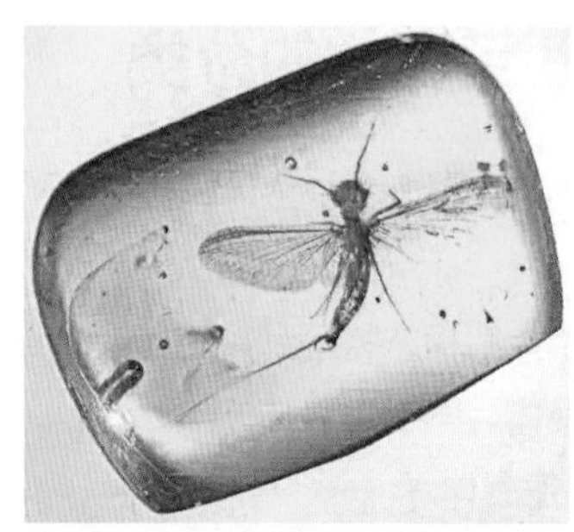
图2-6-11 琥珀中的气泡

图2-6-12 玻璃中的气泡

二、依据包裹体的相态数量分类

依据包裹体的相态数量，可将包裹体分为单相包裹体、两相包裹体和三相包裹体。

1. 单相包裹体

单相包裹体指以固相、液相或气相单一相态存在的包裹体，其多为单相的固态包裹体，在合成宝石中也常见单相的气态包裹体（即气泡）。

2. 两相包裹体

两相包裹体（图2-6-13、图2-6-14）可以是气-液（如指纹状包裹体多为气液两相包裹体）、液-液（如黄玉中的两相不混溶的液态包裹体）、液-固两相包裹体。

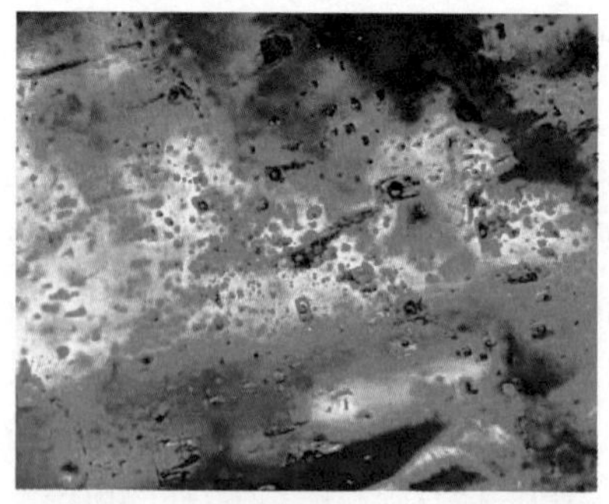
图2-6-13 祖母绿中的气-固两相包裹体

图2-6-14 萤石中的气-液两相包裹体

3. 三相包裹体

三相包裹体主要指同一包裹体内含有气-液-固三相或液-液-气三相包裹体，如祖母绿中常见的由石盐-气泡-水构成的三相包裹体（图2-6-15至图2-6-17）。

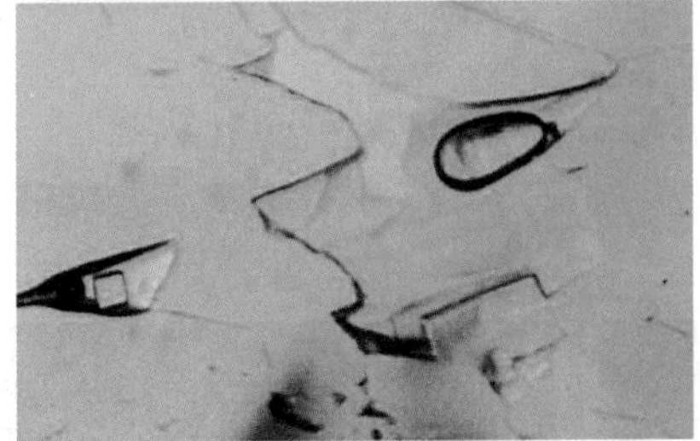

图2-6-15 祖母绿中的气-液-固三相包裹体

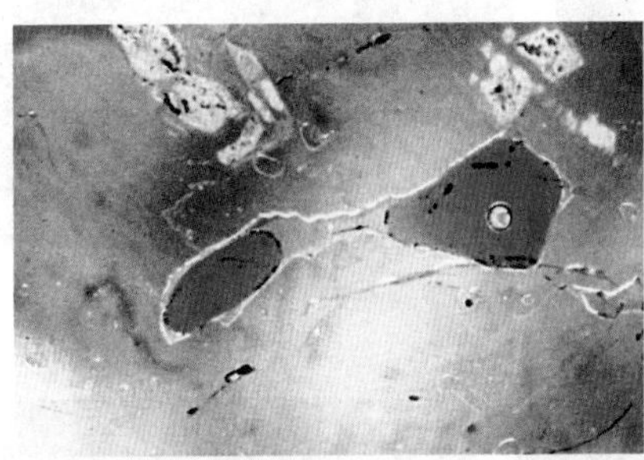

图2-6-16 萤石中的三相包裹体

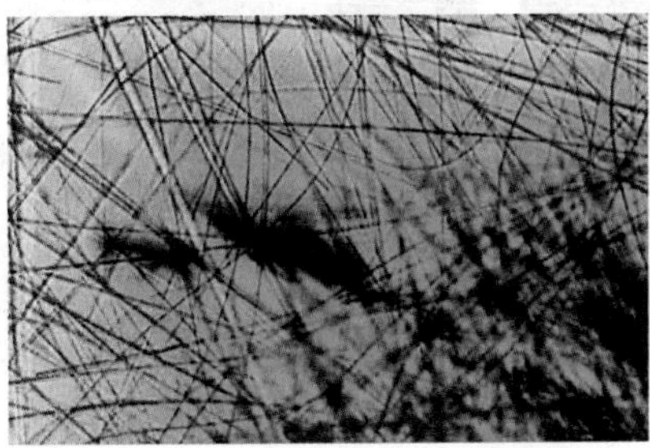

图2-6-17 祖母绿中透闪石纤维状包裹体

三、依据包裹体与宝石形成的相对时间顺序分类

依据包裹体与宝石形成的相对时间，可将包裹体分为原生包裹体、同生包裹体和次生包裹体。

1. 原生包裹体

原生包裹体在寄主宝石形成之前就已经存在，被包裹到后来形成的宝石晶体中。岩浆在结晶时，遵循一定的顺序，有些矿物会先结晶，有些矿物会后结晶，原生包裹体就是被后结晶的矿物包裹其中的，例如锆石、磷灰石一般都是先结晶的矿物，常被包裹于其他矿物内。

原生包裹体的形成主要与介质环境（如成矿溶液成分和浓度的变化）及晶体的快速生长有关。宝石中的原生包裹体都是固态的，它可以与寄主矿物同种，也可以不同种。原生包裹体通常是各种造岩矿物，如阳起石、透闪石、云母、磷灰石、钻石、铬铁矿、锆石、金红石、透辉石、橄榄石、石榴石等。存在原生包裹体的宝石如钻石包裹橄榄石、祖母绿包裹透闪石（图2-6-17）等。合成宝石一般不存在原生包裹体，但对于有种晶的一些合成方法，也可把合成宝石中的种晶视为一种原生包裹体。

原生包裹体能够反映宝石矿床母岩，是重要的产地特征。例如，斯里兰卡的蓝宝石中的白云母、缅甸抹谷蓝宝石中的方解石、桂榴石中磷灰石原生包裹体，都是反映母岩特征的原生包裹体。原生包裹体还能鉴别天然宝石和合成宝石。例如，合成水晶中可能含有种晶。

2. 同生包裹体

同生包裹体是指寄主晶体在生长过程中形成的包裹体，它们的形成主要与晶体的差异性生长、晶体的不规则生长结构、晶体的生长间断、溶液过饱和度的变化、外来杂质的出现、体系温度或压力的突然变化等因素有关。

同生包裹体可以是固态的，也可以是含有呈各种组合关系的固体、液体和气体，甚至空洞或裂隙等，还可以是导致分带性的化学组分变化所形成的色带、幻晶等。例如，海蓝宝石的管状包裹体（图2-6-18）、尖晶石的八面体负晶（图2-6-19）、水晶中的六方双锥状气液两相包裹体、刚玉中的六方生长色带、孔雀石环带构造等。

同生包裹体能够反映宝石矿床的成矿作用的特征，

图2-6-18 海蓝宝石的管状包裹体

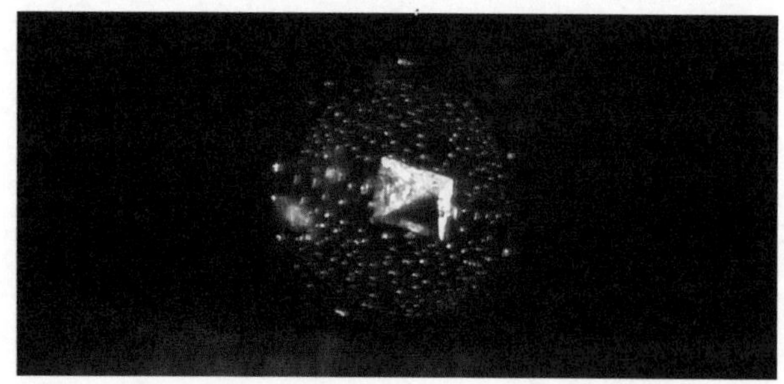

图2-6-19 尖晶石的八面体负晶

可以作为天然宝石的鉴定特征和宝石的产地特征，例如，哥伦比亚祖母绿含有典型的三相包裹体；也可以指示宝石天然或者人工成因，例如助溶剂法合成红宝石中的助溶剂（图2-6-20），水热法合成祖母绿中的铂金片（图2-6-21），以及玻璃中的气泡和流纹；还可以形成独特的宝石品种，例如发晶。

3. 次生包裹体

次生包裹体形成的时间晚于寄主矿物，可因固溶体出溶作用、应力释放、机械破裂、交代作用、充填作用等形成。在受周围环境的影响下，已形成的包裹体可能会继续出现变化，如因裂隙的愈合、子矿物的进一步出溶、宝石的变形等使包裹体的形态、大小、成分等发生不同程度的改变，这些改变后的包裹体就是次生包裹体。如锆石、磷灰石等宝石中因包含有放射性元素而出现的放射晕圈；橄榄石、尖晶石等宝石中的固态矿物包裹体与主晶的热膨胀系数不同，在后期地质热事件中因出现膨胀或收缩而产生的荷叶状、蜜蜂翅状、盘状裂隙；长石类宝石在后期的地质作用过程中因固溶体分离而出现的条带状结构；宝石中部分裂隙的愈合而形成的指纹状、云翳状、网状包裹体等。图2-6-22至图2-6-28为一些典型次生包裹体。

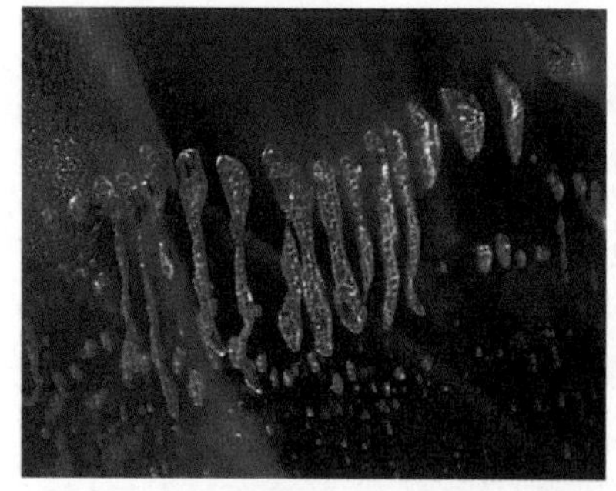

图2-6-20 助熔剂法合成红宝石中的助熔剂包裹体

图2-6-21 水热法合成祖母绿中的铂金片包裹体

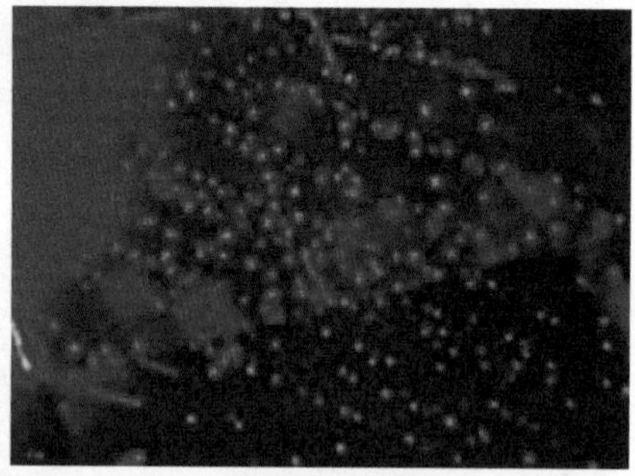

图2-6-22 热处理红宝石中的金红石呈点状排列

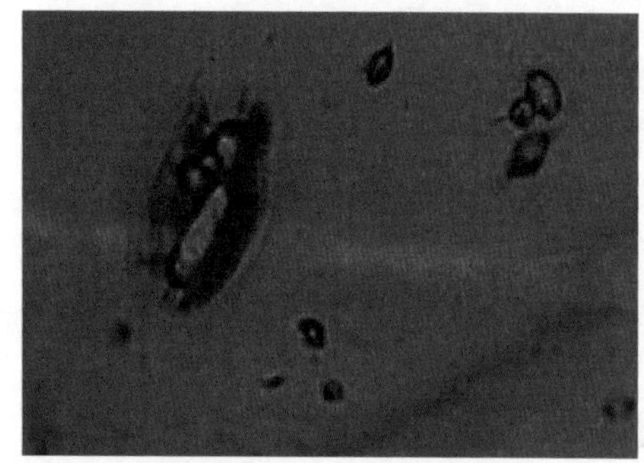

图2-6-23 石榴石中的“锆石晕”

图2-6-24 黄龙玉中的树枝状包裹体

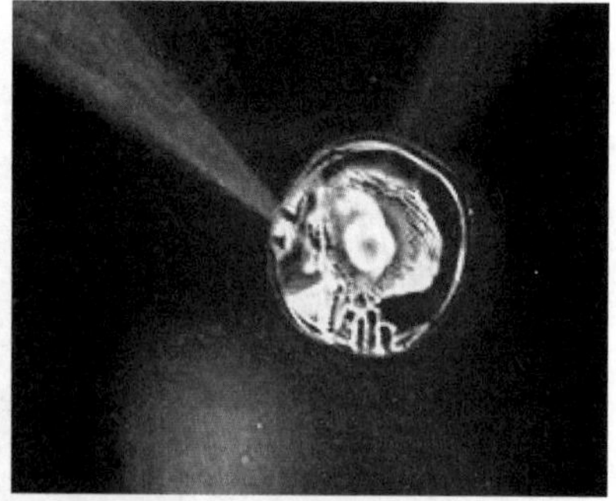

图2-6-25 蓝宝石热处理应力环

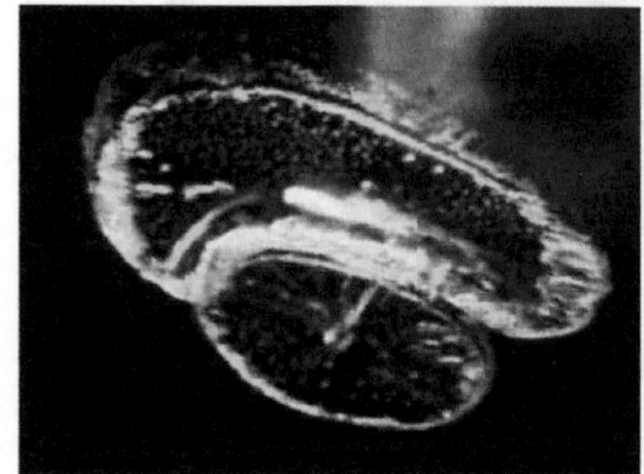

图2-6-26 橄榄石中的“荷叶状”包裹体

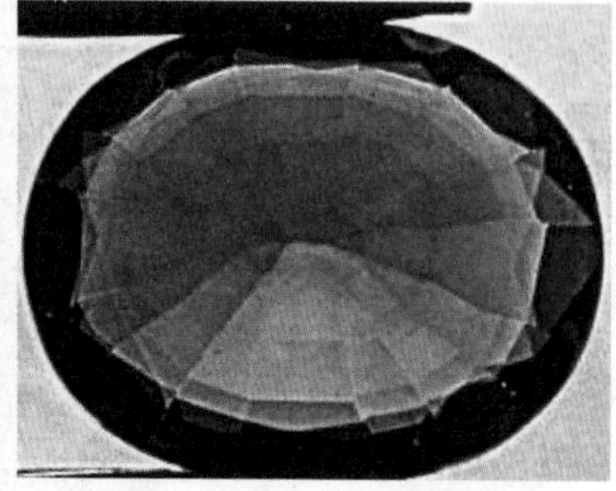

图2-6-27 扩散处理蓝宝石颜色沿刻面棱集中

图2-6-28 KM处理钻石中的“之”字形样式

某些次生包裹体是人为导致，经优化处理的宝石含有一些次生包裹体。如红蓝宝石的热处理往往会导致内部固态包裹体的体积发生变化，使之发生爆裂而在周围产生次生裂隙，也会使宝石中存在的Fe、Ti出熔，形成金红石针，也可使同生的针状金红石包裹体熔蚀，形成呈点状排列的金红石，这些都可以作为宝石热处理的鉴定特征。

另外，宝石的染色处理、充填处理也可视为次生的包裹体；扩散处理造成的颜色在刻面宝石的腰棱部位的颜色集中、激光打孔处理和KM处理钻石（一种新的激光处理钻石）。“KM”为“Kiduah Meyuhad”的缩写，其希伯来文的原意是“特殊的钻孔”。该法用于处理伴有内部裂隙的黑色包裹体。方法为使用一束或多束脉冲激光聚焦在包裹体上，激光产生的热导致内部裂隙形成，并随着激光焦点向钻石表面的移动，就形成了从包裹体到钻石表面的连续裂隙。这种裂隙呈羽毛状，而不产生管状孔洞。激光处理后，将钻石浸泡在强酸溶液中煮沸，达到溶解包裹体的目的。其鉴定特征是：

①诱发的连续裂隙常产生很多互相平行的小解理，并呈现出蜈蚣状的特征。

②裂隙中可能残留有黑点，所留下的痕迹和裂隙也可视为次生包裹体。

对宝石优化处理的方法不同，所出现的包裹体特征也不同。因此，正确判别次生包裹体是鉴别宝石是否经过优化或处理的重要证据，在宝石鉴定过程中显得尤为重要。

第三节　包裹体的研究意义

宝石包裹体的研究在宝石学中具有重要意义，归纳起来有如下几点。

1. 鉴定宝石品种

各种宝石之间各项物理常数有时是重叠的，这时宝石中的包裹体就具有重要意义。例如，紫色方柱石中常含有针状包裹体，以此可以同紫水晶相区分。

2. 区分人工优化处理宝石，并帮助确定优化处理方法

经过优化处理的宝石通常都会留下不同的包裹体，可以此为鉴定依据。例如，图2-6-29所示染色处理翡翠，颜色会在颗粒间隙或沿开放性裂隙富集。图2-6-30所示染色石英岩（商业上常称为“马来玉”）颜色沿石英颗粒及开放性裂隙分布。

3. 区分天然、合成宝石，并帮助确定合成方法

天然宝石与合成宝石在各自的生长环境中都留下了生长痕迹，通过这些痕迹可以有效地将它们区分开，并能够据此来确定宝石的合成方法。例如，焰熔法合成的红宝石中经常可以发现弯曲生长纹（图2-6-31），而六边形生长环带是天然蓝宝石的标志（图2-6-32），通过红宝石中三组平行排列的针状金红石包裹体可以认定其为天然红宝石，同时这也是星光红宝石中星光的产生原因（图2-6-33）。

图2-6-29　染色处理翡翠

图2-6-30　染色处理石英岩

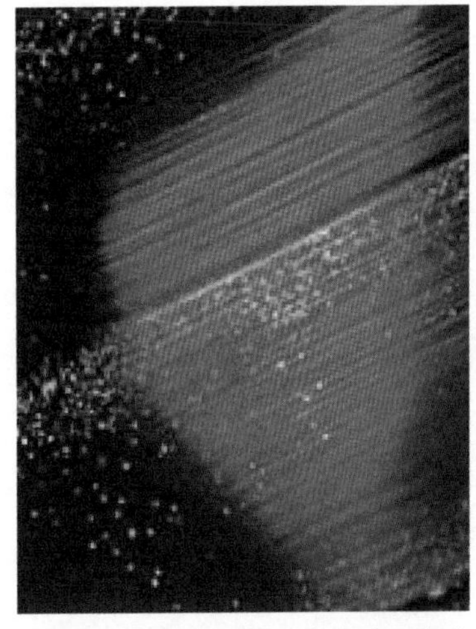

图2-6-31　焰熔法合成的红宝石弯曲生长纹

图2-6-32　天然蓝宝石六边形生长环带

图2-6-33　红宝石中三组平行排列金红石包裹体

4. 根据包裹体的大小及分布特征对宝石进行评估和分级

包裹体的多少，颜色的深浅，颗粒的大小，分布状况对宝石的质量起着很重要的作用。包裹体的特征可以帮助判定宝石质量的高低。例如，钻石的4C分级中就有一项为净度分级，即对钻石内部包裹体进行质量评价。

5. 根据包裹体的特点对宝石进行合理加工

根据包裹体在宝石中所处的位置、数量、大小和分布状态等特点来指导加工，确定加工款式，展示光学效应。宝石内部存在包裹体是宝石产生猫眼和星光的原因。为使宝石产生猫眼和星光，必须对宝石进行加工定向，以保证所加工出的宝石能产生最大的价值。

6. 了解天然宝石的生成条件，指导找矿和确定合成宝石实验条件

宝石中的包裹体是研究宝石形成条件最直接的证据，通过宝石中的包裹体，我们可以测定宝石形成时的温度、压力、氧逸度等数据。这些数据对于宝石的找矿、勘探、开采及进行人工合成具有重要意义。

7. 根据宝石的典型包裹体及包裹体组合确定宝石的产地

根据宝石中的典型包裹体来判断宝石的产地。但只有发现宝石中的确存在某些特殊的包裹体组合时，才可准确判断宝石的产地。如祖母绿中含有氟碳钙铈矿或含有立方体石盐的三相包裹体时，我们可以判断该祖母绿的产地是哥伦比亚（图2-6-34）。

图2-6-34 木佐祖母绿中的氟碳钙铈矿微晶包裹体

游标卡尺的使用与数据修约

游标卡尺（图2-7-1）是工业上常用的测量长度的仪器，可用来测量珠宝玉石及首饰的外观尺寸，游标卡尺作为一种被广泛使用的高精度测量工具，由主尺和附在主尺上能滑动的游标两部分构成。如果按游标的刻度值来分，游标卡尺又分0.1，0.05，0.02mm三种。游标与尺身之间有一弹簧片，利用弹簧片的弹力使游标与尺身靠紧。游标上部有一紧固螺钉，可将游标固定在尺身上的任意位置。游标卡尺的主尺和游标上有两副活动量爪，分别是内测量爪和外测量爪，内测量爪通常用来测量内径，外测量爪通常用来测量长度和外径。深度尺与游标尺连在一起，可以测槽和筒的深度。

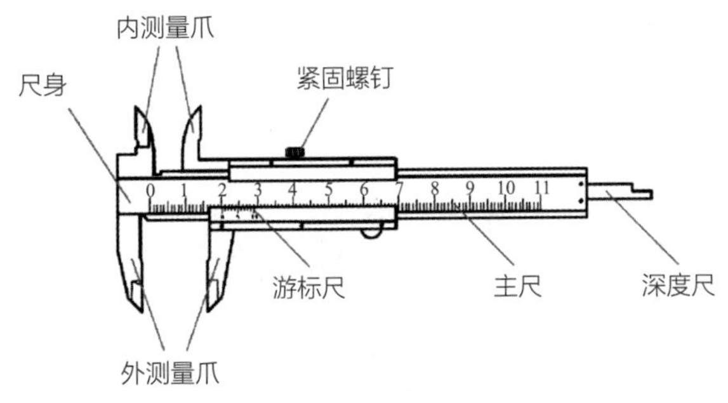

图2-7-1　游标卡尺结构示意图

一、游标卡尺的应用

游标卡尺作为一种常用量具，其可具体应用在以下四个方面：

（1）测量物件宽度；

（2）测量物件外径；

（3）测量物件内径；

（4）测量物件深度。

二、常见游标卡尺的精度

主尺一般以毫米为单位，而游标上则有10（0.1mm）、20（0.05mm）或50（0.02mm）个分格，根据分格的不同，游标卡尺可分为十分度游标卡尺（有9mm长度）、二十分度游标卡尺（有19mm长度）、五十分度游标卡尺（有49mm长度）三种（图2-7-2）。

1. 十分度游标卡尺（图2-7-3）

主尺的每小格间距是1mm，游标尺上的10格刻线刚好与主尺上的9mm刻线对齐，则游标尺每小格间距为9mm/10格=0.90mm/格。

因此主尺的每格间距与游标尺的每格间距相差1mm–0.90mm=0.10mm，即0.10mm就是该游标卡尺的分度。游标第n条刻度线与主尺的刻度线重合，就是$0.10 \times n$毫米。

2. 二十分度游标卡尺（图2-7-4）

主尺的每小格间距是1mm，游标尺上的20格刻线刚好与主尺上的19mm刻线对齐，则游标尺每小格间距为19mm/20格=0.95mm/格。

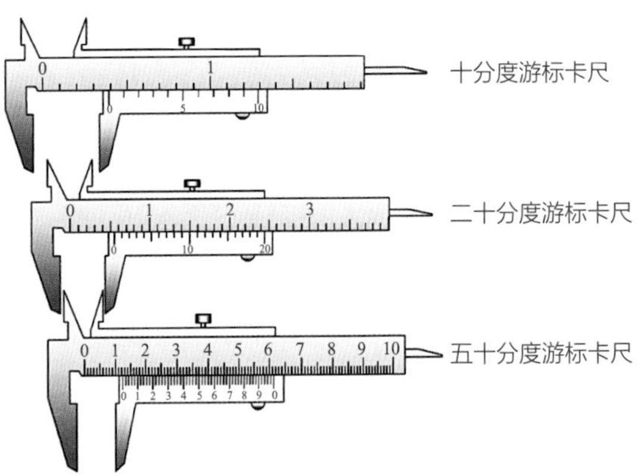

图2-7-2　游标卡尺的分类及精度

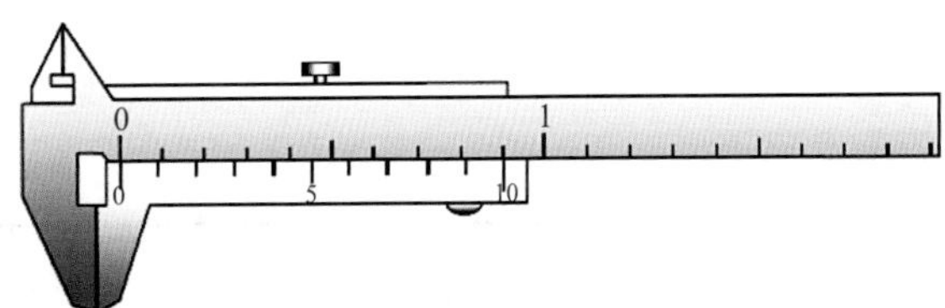

图2-7-3　十分度游标卡尺结构示意图

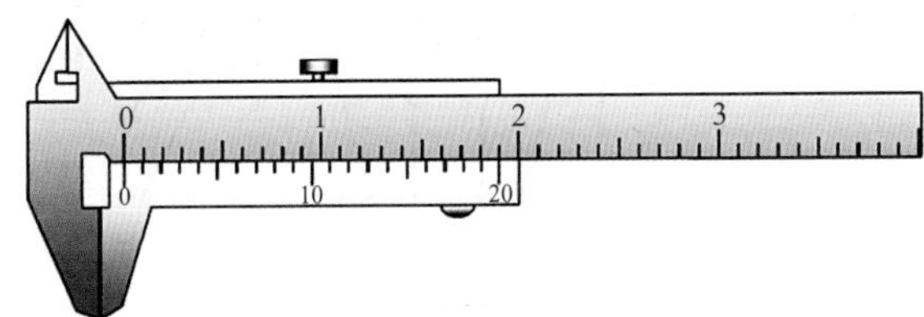

图2-7-4　二十分度游标卡尺结构示意图

因此主尺的每格间距与游标尺的每格间距相差1mm−0.95mm=0.05mm，即0.05mm就是该游标卡尺的分度值。游标第n条刻度线与主尺的刻度线重合，就是0.05×n毫米。

3. 五十分度游标卡尺（图2-7-5）

主尺的每小格间距是1mm，游标尺上的50格刻线刚好与主尺上的49mm刻线对齐，则游标尺每小格间距为49mm/50格=0.98mm/格。

因此主尺的每格间距与游标尺的每格间距相差1mm–0.98mm=0.02mm，即0.02mm就是该游标卡尺的分度值。游标第n条刻度线与主尺的刻度线重合，就是0.02×$n$mm。

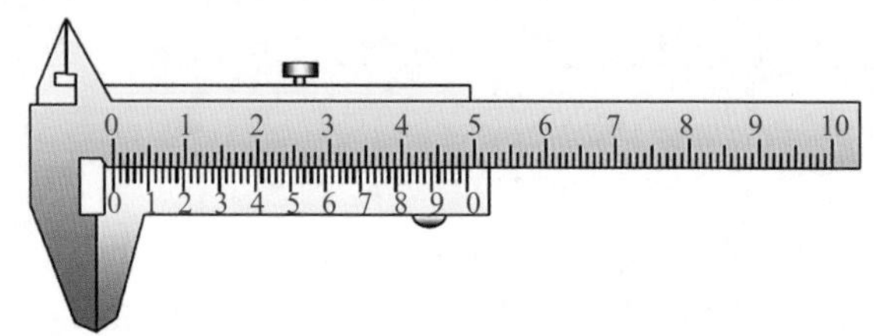

图2-7-5 五十分度游标卡尺结构示意图

三、游标卡尺的使用方法及注意事项

1. 握尺方法

用手握住主尺，四个手指抓紧，大拇指按在游标尺的右下侧半圆轮上，并用大拇指轻轻移动游标使活动量爪能卡紧被测物体，略旋紧固定螺钉，再进行读数。

2. 注意事项

（1）用量爪卡紧物体时，用力不能太大，否则会使测量不准确，并容易损坏卡尺。卡尺测量不宜在工件上随意滑动，防止量爪面磨损。

（2）卡尺使用完毕，擦干净后，将两尺零线对齐，检查零点误差是否有变化，再小心放入卡尺专用盒内，存放在干燥的地方。

四、游标卡尺的读数方法

游标卡尺读数：总长度=主尺整毫米数读数+游标尺刻度读数。

1. 方法一

读数时可分三步（图2-7-6）：

（1）先读整数　从游标尺的零刻度线对准的主尺位置，读出主尺毫米刻度值（取整毫米为整数X）。

（2）再读小数　找出游标尺的第几（n）刻线和主尺上某一刻线对齐，则游标读数为n×精度（精度由游标尺的分度决定）。

（3）得出被测尺寸　总测量长度=X+n×精度。

2. 方法二

读数方法见图2-7-7。

五、饰品尺寸测量的部位及测量方法

表2-7-1为部分饰品尺寸测量部位及测量方法。

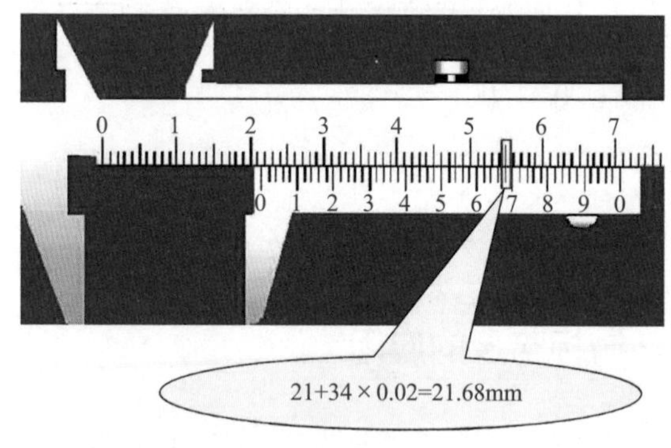

图2-7-6 游标卡尺的读数方法一

■ 刻度的读法

主标尺

游标尺

分度值：0.05mm

（1）主标尺读数	16mm
（2）表盘读数	0.15mm
读数值	16.15mm

注意：（2）0.15mm是读取的主尺刻度与游标刻度重合的位置。

图2-7-7 游标卡尺的读数方法二

表 2-7-1　饰品尺寸测量部位及测量方法

饰品种类	饰品图片	尺寸测量
手镯		测量手镯的内径 例：内径：8.454cm
素金戒指		测量戒指的内径 例：内径：1.358cm
镶有宝石的戒指		1. 测量戒指的内径 2. 测量宝石的尺寸：宝石的长×宽×厚 例：内径：1.286cm 宝石尺寸：0.322cm×0.314cm×0.220cm
耳钉		测量钉上装饰品的尺寸：装饰品的长×宽×厚 例：装饰品尺寸：0.682cm×0.288cm×0.170cm
耳线	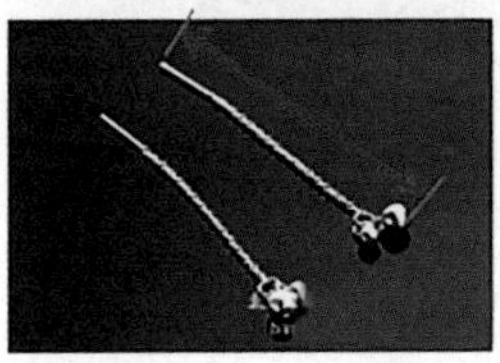	将耳线拉直测量总长度 例：耳线长度：10.584cm
耳坠	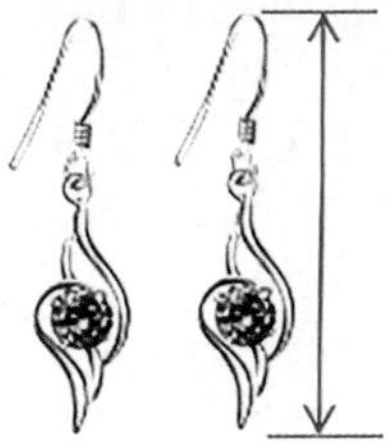	将耳坠拉直测量总长度 例：耳坠长度：6.382cm
吊坠	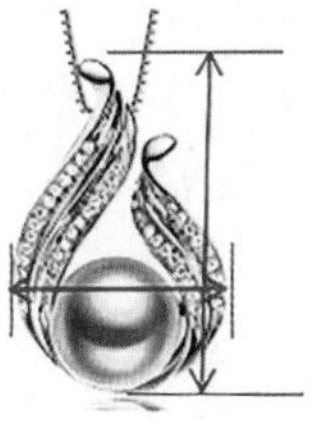	尺寸：吊坠的长×宽×厚 例：吊坠尺寸：3.874cm×3.052cm×0.358cm

第三篇 钻石学

钻石悠久的历史、神秘而美好的传说一直吸引着无数消费者，令人们向往。“钻石”英文名称Diamond，来源于希腊语“adamas”，意为不可战胜，代表坚硬无比的矿物或材料。约16世纪中期，钻石开始使用其英文名称并延续至今。

钻石是碳原子在高温和高压下形成的，是世界上最为坚硬的物质，是唯一的主要成分由单一元素（碳）组成的宝石。钻石具有优良的物理化学性能，能够展示异常美丽迷人的光学效果。在当今世界宝石贸易中，钻石的销售额最大，约占宝石总销售额的80%。目前，钻石已成为结婚的信物、四月生辰石、结婚六十周年（钻石婚）的贺品，深受人们的喜爱。

第一章
钻石的基本性质

一、矿物名称

钻石矿物名称为金刚石，英文名称Diamond，矿物学上属金刚石族。

二、化学成分和分类

（一）化学成分

钻石化学成分为C，质量分数可达99.95%，微量元素有N、B、H、Si、Ca、Mg、Mn、Ti、Cr、S、惰性气体、稀土元素等，达50多种，微量元素决定钻石的类型、颜色及物理性质。

（二）钻石分类

根据所含微量元素的种类、含量及微量元素的原子团类型特征，可把钻石分为两个大类（Ⅰ和Ⅱ型）、四个亚类（Ⅰa、Ⅰb；Ⅱa、Ⅱb），如表3-1-1所示。

表3-1-1　钻石分类及性质

钻石的类型		杂质元素及原子团类型	颜色特征	物理性质	存在状况
Ⅰ	Ⅰa	N原子集合态	无色—黄色	导热性低、机械强度大	98%的钻石为此类
	Ⅰb	N以单原子占据晶格C的位置	无色—黄色、棕色（合成钻石）	合成品机械强度较低	天然的很少、大多数为合成钻石
Ⅱ	Ⅱa	不含N或含极少量N（N<0.001%）	无色—棕色、粉红色（极稀少）	具有很好的导热性	自然界中极少量钻石
	Ⅱb	含少量的B、H、Be、Al等	蓝色（极稀少）	具导电性（半导体）	天然钻石稀少，少量合成钻石

1. Ⅰ型钻石

Ⅰ型钻石为晶格中含氮的钻石类型，根据氮原子在晶格中的分布状态可将Ⅰ型钻石分为Ⅰa型钻石和Ⅰb型钻石。

（1）Ⅰa型钻石　98%的钻石属于此类。含微量氮元素（0.1%～0.3%）。氮原子以聚合形态分布在金刚石结构中。Ⅰa型钻石呈无色到浅黄色，含量越多，钻石越黄。根据N原子取代C原子的数量可将Ⅰa型钻石分为ⅠaA型钻石和ⅠaB型钻石，以2个N原子取代钻石晶格中的C原子而存在，划分为ⅠaA型；以2个以上的N原子取代钻石晶格中的C原子存在，划分为ⅠaB型。

（2）Ⅰb型钻石　1%的钻石属于此类。氮原子以单原子的形式占据结构中碳的位置。Ⅰb型钻石呈黄色、黄绿色或褐色。Ⅰb型钻石天然产出极少，主要见于合成钻石中，Ⅰb型钻石可以向Ⅰa型钻石转化，天然钻石以Ⅰa为主。

2. Ⅱ型钻石

Ⅱ型钻石为晶格中不含氮的钻石类型。Ⅱ型钻石导热性好，自然界中少见，形态不规则。按不同的电学性质，又将Ⅱ型钻石分为Ⅱa型钻石和Ⅱb型钻石。

（1）Ⅱa型钻石　不含氮和其他微量元素，不导电，具有极强的导热性，是铜的5倍。

（2）Ⅱb型钻石　含硼，大部分呈蓝色，半导体，是天然金刚石中唯一能够导电的。导电性是区分天然蓝色钻石和辐照处理钻石的依据。褐色金刚石的导电是因为石墨。Ⅱb型金刚石比Ⅰa和Ⅱa型都稀少，主要产于南非Premier矿，在印度也有产出。许多著名的钻石都属于Ⅱ型钻石，如“库利南”“塞拉利昂之星”。1968年，在合成金刚石过程中加入硼，合成了Ⅱb型金刚石。

三、钻石的晶体结构和常见晶形

（一）晶体结构

钻石为等轴晶系，具立方面心格子构造（图3-1-1），C原子位于立方体角顶和面的中心及其中4个相间排列的小立方体的中心。金刚石由有规律重复排列的碳原子组成，以共价键紧密结合。金刚石晶体结构为立方面心格子，C—C键能大，C—C间距0.154nm。

碳有金刚石和石墨两种同质多相的变体（图3-1-2）。石墨具有典型的层状结构（图3-1-2右），每一层碳原子排成六方环状网，层间价键弱于层内的价键，从而导致石墨具有润滑性、导电、传热等性质。

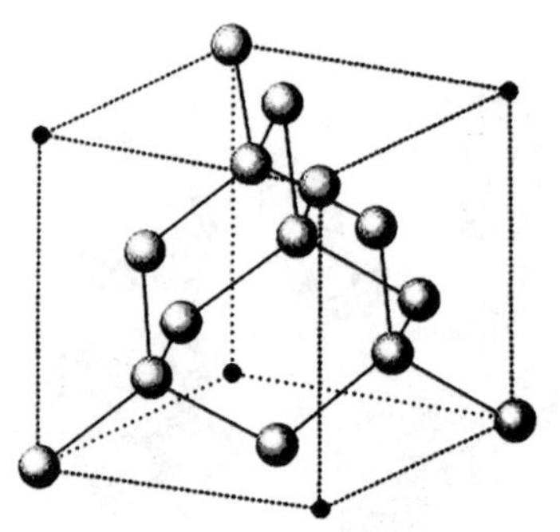

图3-1-1 钻石晶体结构图

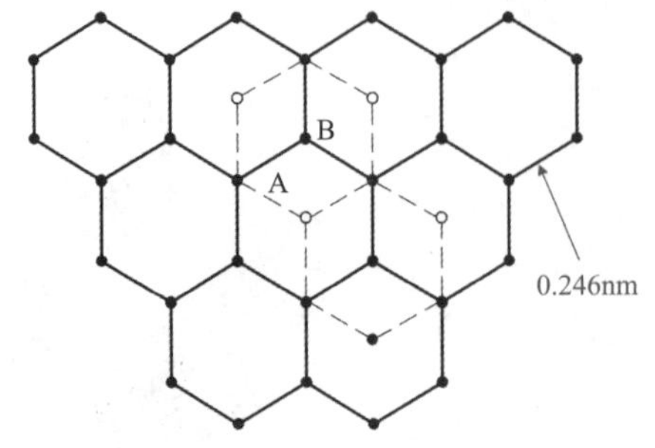

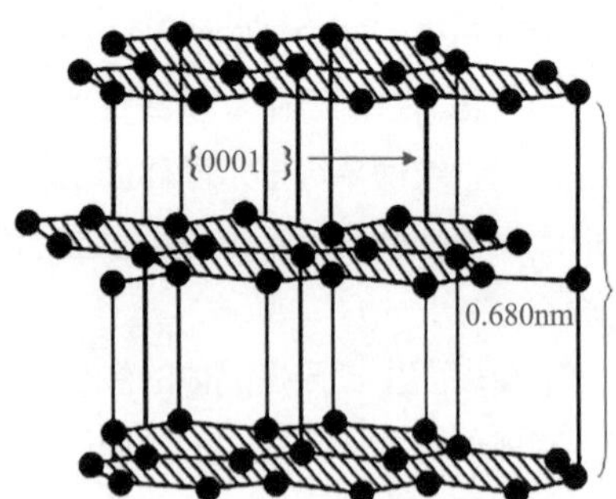

图3-1-2 钻石（左）和石墨（右）晶体结构图

（二）晶体形态

从图3-1-3可见，金刚石的基本单元是面心立方体。大量的小立方体有规律地排列在一起，组成一定的规则形态。钻石的理想形态有立方体、八面体、菱形十二面体。钻石常见聚形有立方体与八面体聚形、立方体与八面体和菱形十二面体聚形、八面体与菱形十二面体聚形（图3-1-4）。

自然界产出的钻石晶体通常为歪晶。由于溶蚀作用使晶面棱线弯曲，晶面上常留下蚀象，且不同单形晶面上的蚀象不同。八面体晶面上可见倒三角形凹坑（图3-1-5），立方体晶面上可见四边形凹坑（图3-1-6），菱形十二面体上可见线理或显微圆盘状花纹（图3-1-7）。

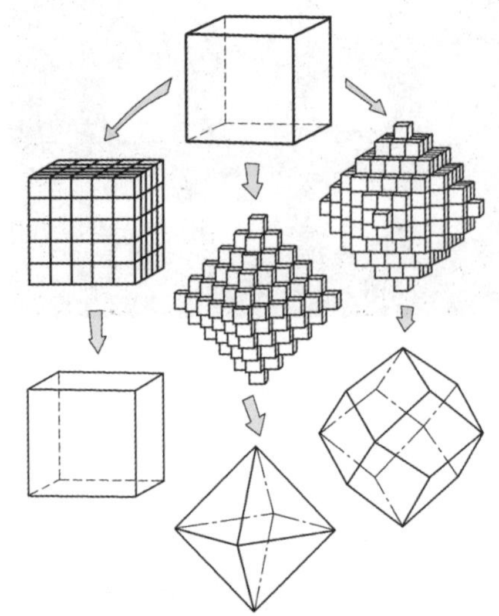

图3-1-3 钻石晶体结构

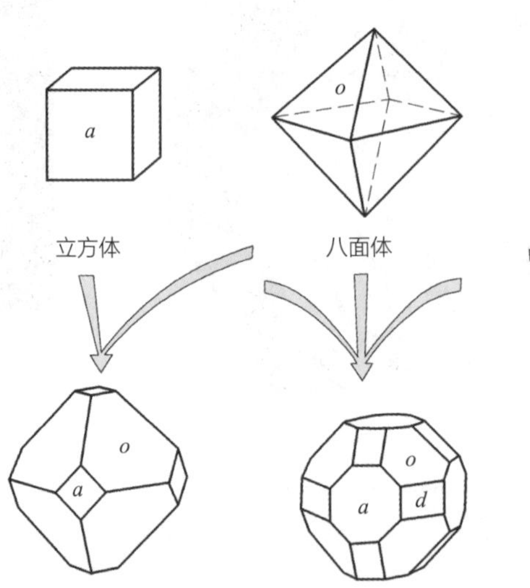

图3-1-4 钻石晶体常见聚形示意图

图3-1-5 八面体晶面上倒三角形凹坑

图3-1-6 立方体晶面上四边形凹坑

图3-1-7 菱形十二面体上线理花纹

金刚石表面或内部的生长过程中留下的痕迹表现出清楚的纹路。金刚石中大多数纹理平行于八面体方向。八面体上，纹理平行于八面体面上的三条边，表现为三角形图案。在原石上，纹理可以显示为许多三角形的生长阶（图3-1-8）。

钻石表面生长丘是晶体的生长过程中形成的，具有规则的外形而突出于晶面的几何形状（图3-1-9）。

图3-1-8 钻石的三角生长阶

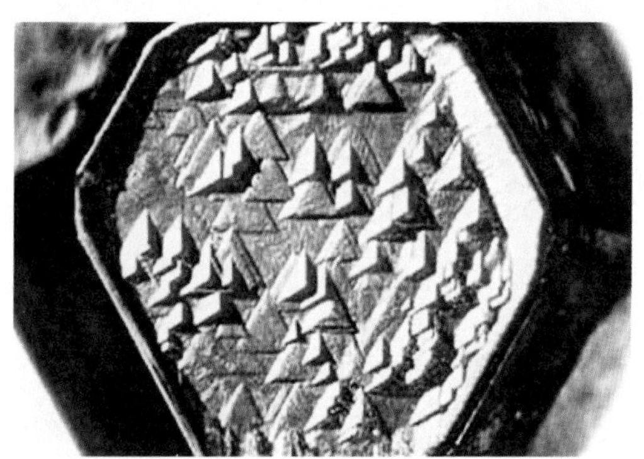
图3-1-9 钻石晶面的几何突出形状

图3-1-10 无色钻石

图3-1-11 彩色钻石

四、钻石的光学性质

（一）颜色

钻石颜色丰富，常为无色、黄、黑等，少量为绿、红、蓝等色。钻石的颜色可以分为两大类：无色钻石（图3-1-10）和彩色钻石（图3-1-11）。无色钻石严格说是近于无色的，通常带有浅黄、浅褐、浅灰色，是钻石首饰中最常见的颜色。

彩色钻石的颜色很丰富，有黄色、红色、粉红色、蓝色、绿色等。彩色钻石远比无色钻石稀少，虽然彩色钻石颜色大多不够鲜艳，但是价格很高。彩色钻石的颜色成因非常复杂，可以是微量杂质元素N、B和H引起的，也可以是晶缺陷导致的，或者是这两种因素的综合作用的结果。

（二）光泽及透明度

钻石为典型的金刚光泽，呈不透明—透明。

（三）光性特征

钻石为光性均质体，各向同性，在偏光镜下为全消光，但钻石常受构造作用影响发生晶格畸变，因而有些钻石在偏光镜下可显异常消光。

（四）折射率及色散

金刚石的折射率为2.417，是天然无色宝石中折射率最大的宝石；色散值为0.044。高折射率和高色散值导致钻石具有特殊的火彩（图3-1-12）。色散是钻石非常重要的光学性质，增加了钻石的内在美，让钻石显得华贵高雅。

图3-1-12 钻石的火彩

（五）多色性

无。

（六）发光性

钻石的紫外荧光由无至强（图3-1-13、图3-1-14），可呈现蓝色、黄色、橙黄色、粉色、黄绿色等，长波强于短波，有些可见磷光。荧光与晶格中的N元素有关。90%以上为蓝白色。蓝白色荧光会提高钻石的色级，过强会导致钻石透明度降低。钻石在X射线下发蓝白色荧光，在阴极射线下呈蓝色、绿色、黄色荧光。

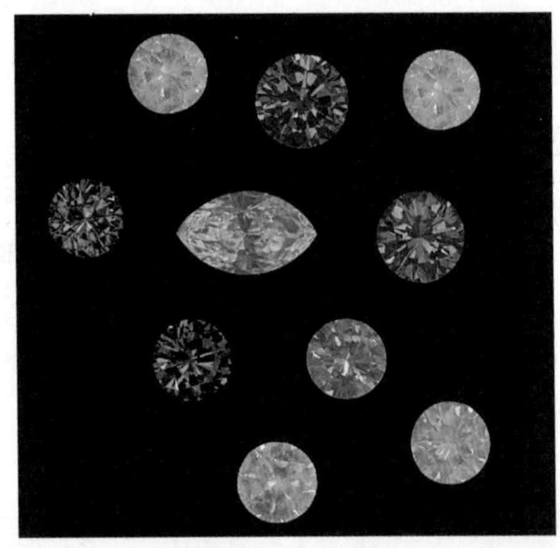
图3-1-13 钻石紫外荧光

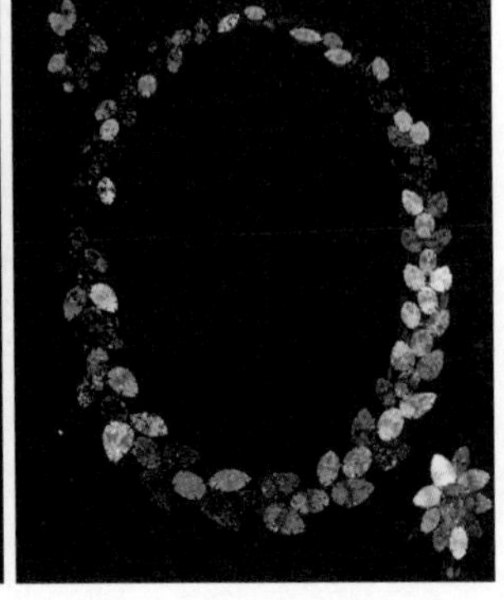
图3-1-14 钻石紫外荧光对比

（七）吸收光谱

不同颜色的钻石具有不同的吸收光谱。无色—黄色钻石在478，465，451，435，402，423，416，390nm处具有吸收线。蓝—绿色钻石在537，504，498nm处具有吸收线（图3-1-15）。

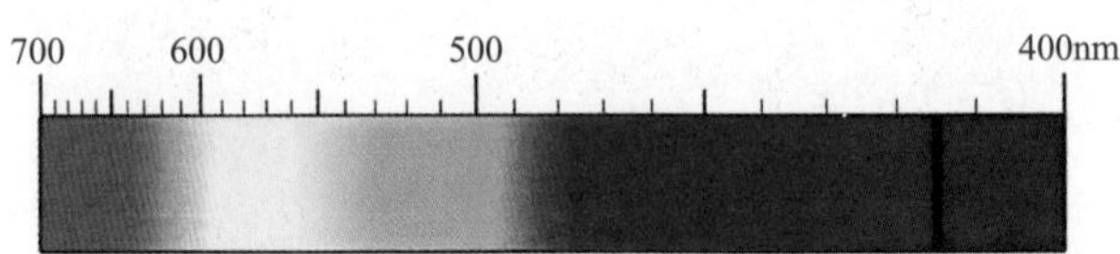

图3-1-15 钻石吸收光谱

（八）紫外可见光谱

绝大多数Ⅰa型钻石具有415nm吸收峰。

（九）红外光谱

钻石本征峰在1500～2680cm^{-1}，由C—C键振动所致的特征红外吸收谱带分别位于2030，2160，2350cm^{-1}等处，有助于区别钻石与钻石仿制品。根据钻石中氮和硼的存在形式及其对应的红外光谱特征，将钻石分为Ⅰa，Ⅰb，Ⅱa和Ⅱb型，Ⅰa型钻石可进一步细分为ⅠaA、ⅠaAB、ⅠaB型。ⅠaA型钻石具有1282cm^{-1}特征红外吸收光谱；ⅠaB型钻石具有1175cm^{-1}等特征红外吸收谱带；Ⅰb型钻石含有孤氮，具有1130cm^{-1}和1344cm^{-1}特征红外吸收谱带；Ⅱa型钻石不含氮或含有极少量的聚合氮，Ⅱb型钻石含硼，具有2801cm^{-1}等特征红外吸收谱带。

（十）拉曼光谱

钻石的拉曼特征峰为1332cm^{-1}，能有效区分不透明的黑色钻石及其仿制品（如黑色合成碳硅石等）。

五、钻石的力学性质

（一）解理及断口

钻石具有平行于{111}方向的中等到完全解理，表现为钻石腰部“V”形破口。解理方向也是劈开钻石的方向。钻石的断口为贝壳状断口。

（二）硬度

钻石摩氏硬度HM为10，是自然界中发现的最硬的物质，钻石硬度具方向性，即差异硬度。钻石不同晶面上硬度不同，同一晶面不同方向硬度也不同。其中八面体方向>菱形十二面体方向>立方体方向硬度，无色透明钻石硬度比彩色钻石硬度略高。正是这种差异，使得用钻石粉末抛磨钻石成为可能，具体做法就是把一颗钻石中较硬的方向用于磨另一颗钻石中较软的方向。只有钻石才能切磨钻石。

（三）密度

钻石平均密度为3.52g/cm³。其中无色钻石密度为3.521g/cm³；玫瑰色钻石密度为3.531g/cm³；绿色钻石密度为3.523g/cm³；橙色钻石密度为3.550g/cm³；天蓝色钻石密度为3.525g/cm³；黑色钻石密度为3.012～3.416g/cm³。

（四）脆性

钻石刻画挤压时坚固，撞击时易碎，类似于玻璃。

六、内外部显微特征

钻石内部具各种天然晶体内含物，常见的有金刚石、石墨、石榴子石、单斜辉石、斜方辉石、硫化物、橄榄石、蓝晶石、刚玉、红柱石、方解石、云母、长石、角闪石、钛铁矿、铬透辉石、绿泥石、锆石、透辉石等。此外，放大观察，还可见钻石的生长纹、解理等。在原石和成品上还常见与解理有关的三角座、V字形缺口、胡须等。

七、热学性质

（一）导热性

导热性是物质将热从一个区域传向另一个区域的能力。钻石是非常好的热导体，热导率为870～2010W/cm·K。钻石的热导率是所有已知物质中最高的，这也是钻石触感较凉的原因，钻石的导热性是铜的5倍，利用这一性质制成的热导仪成为钻石检测中最快捷有效的工具，这一性质也使钻石在电子工业中被用作散热片和测温热感应器件等的制作原料。

（二）热膨胀性

钻石热膨胀系数小，热膨胀性非常低。因此，温度的突然变化对钻石的影响极小。无裂隙或无包裹体的钻石，在真空加热至1800℃后快速冷却，不会给钻石带来任何损害。但在氧气中加热时，只需达到较低的温度（650℃），钻石即可缓慢燃烧变为CO_2，激光打孔和切磨便是利用这一原理。KM法钻石处理则是利用了包体膨胀系数和钻石膨胀系数差异。

（三）可燃性

钻石在空气中650℃下燃烧，呈浅蓝火焰，变成CO_2；4000℃下熔融；绝氧条件下加热到1800℃以上缓慢转变为石墨，激光打孔和切磨都是利用此原理。

八、电学性质

大多数钻石是良好的绝缘体，电阻率平均大于1014Ω·cm。Ⅱb型钻石具有小于104Ω·cm的电阻率，属于半导体。

九、亲油疏水性

钻石具有明显的亲和油脂而排斥水的性质，这一特性常被用于钻石鉴定和选矿。利用钻石的亲油疏水性特点，用油基墨笔在钻石面上可画线。仿钻不具备此特点，因此油基墨笔在仿钻表面会留下一条不连续的液滴。水滴分别滴到钻石和仿钻上，水滴会形成圆形水泡，仿钻上则形成扁平水泡（图3-1-16）。

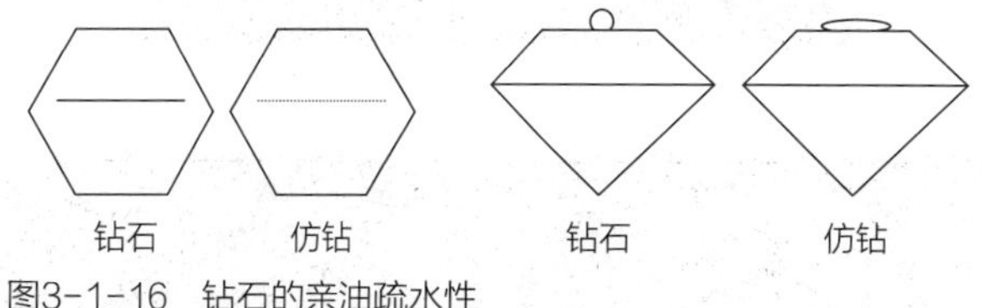

图3-1-16 钻石的亲油疏水性

十、化学稳定性

钻石具有极强的化学稳定性，在正常的情况下不与酸和碱发生反应。但热的氧化剂、硝酸钾却可以腐蚀钻石，在其表面形成蚀象。

一、钻石的主要鉴定特征

1. 晶面花纹

钻石的表面，特别是在腰棱位置残留的原始晶面上有纹理、蚀象、生长丘等特征。

2. 切磨质量

由于钻石硬度大，切磨好的钻石的面棱及多个刻面相交的顶点都非常尖锐，刻面也非常平整。钻石仿制品则相反，刻面抛光不精致，刻面棱、角圆滑。

3. 透视试验（图3-2-1）

将标准切工的圆刻面型样品台面朝下放在一张印有字迹或线条的白纸上，视线垂直白纸观察，钻石不会有字、线透过，而折射率低于钻石的仿制品可观察到断断续续的，不同外形的字、线（图3-2-2）。注意这种方法只能区分部分宝石，有些折射率较大、和钻石相近的也会产生此现象。

4. 解理裂隙

钻石有与解理有关的“须状腰”，“V”形缺口和“羽状纹”等，钻石仿制品没有这些特征。

5. 水滴实验

将宝石台面擦拭干净，滴一小滴水珠于台面之上，由于钻石的亲油疏水特性，台面上的水珠在钻石上将保持形状不变而在仿制品表面上的水珠则呈无规则形状，且容易散开（注：无色蓝宝石仿制品除外）。

6. 倾斜试验

将钻石和仿制品倾斜观察，钻石光线全部反射看不到后面的影像，而仿钻能看到钻石后面的影像。本试验仅适用于区分标准圆钻型切工且迷惑性较小的宝石。

7. 亭部闪光效果的观察

钻石的亭部闪光以橙色、蓝色、黄色为主，且仅局限在一两个刻面上。合成立方氧化锆亭部出现橘黄色闪光（图3-2-3），限定在亭部刻面的一半位置。其他钻石仿制品的整个亭部都会出现闪光效果（图3-2-4）。

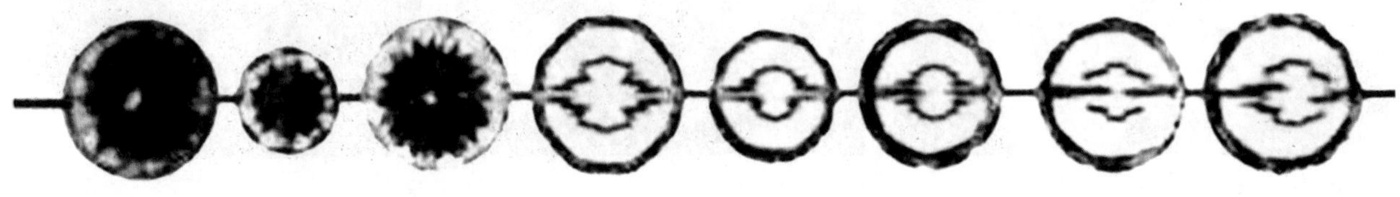

图3-2-1　钻石及仿制品的透视实验

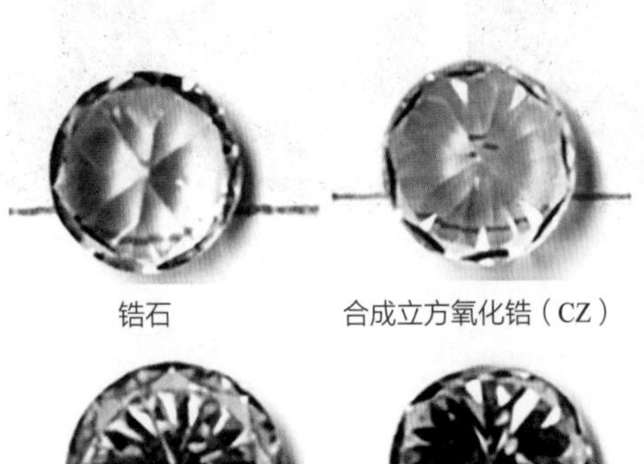

图3-2-2　钻石及主要相似品的线条实验

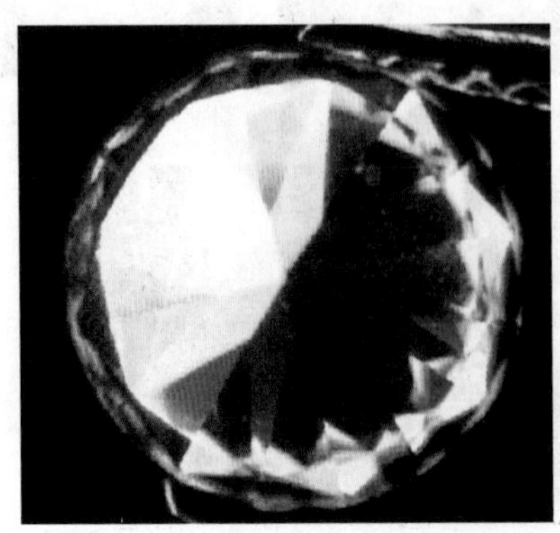

图3-2-3　合成立方氧化锆亭部闪光

图3-2-4　其他钻石仿制品亭部闪光

8. 哈气实验

将宝石放置于纸槽内，对宝石哈气使其表面产生一层薄雾，观察薄雾消失的情况。钻石由于有亲油疏水的特性及热导性高的特征，薄雾以极快的速度消失，而其他仿制品宝石表面薄雾消失速度相对缓慢。

二、钻石的仪器鉴定

1. 放大检查

（1）钻石内部包含有少量微细矿物，如石墨、尖晶石、镁铝榴石、透辉石、小钻石、橄榄石等（图3-2-5）。

（2）观察腰部特征　钻石多具有粗面腰（图3-2-6），类似于毛玻璃，而大多数仿制品均具有抛光的腰围，可以看到研磨线（图3-2-7）。

（3）由解理形成的鉴定特征　由于钻石具有的解理，加工后的钻石经常会出现孤立存在的扁平状裂隙、须状腰（图3-2-8）、“V”形缺口（图3-2-9）及天然晶面（图3-2-10）。

（4）切磨质量的观察（图3-2-11）　钻石由于其高硬度及加工精细程度，表现为面平棱直，没有弯曲现象（图3-2-12），即刻面平滑光亮，少见抛光痕迹。刻面棱笔直尖锐，基本为一条细线，少见破损（图3-2-13）。而仿制品宝石一般刻面不够平滑，可见抛光纹和凹坑，刻面棱圆滑（图3-2-14），容易出现破损（图3-2-15）。

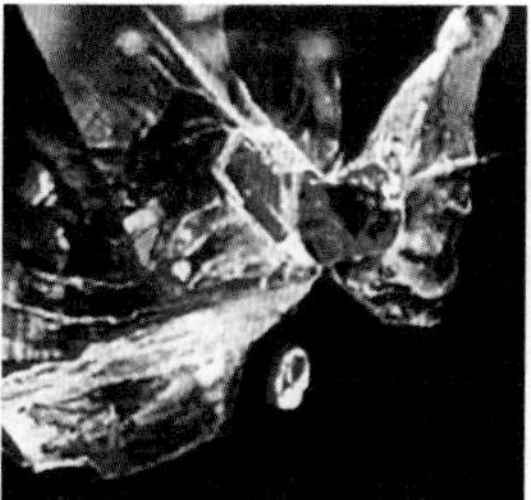

图3-2-5　钻石内部矿物包体

图3-2-6　钻石粗面腰

图3-2-7　仿钻石抛光腰围

图3-2-8　须状腰

图3-2-9　“V”形缺口

图3-2-10　天然晶面

图3-2-11　钻石切磨质量

图3-2-12　钻石刻面棱

图3-2-13　钻石刻面棱少见破损

图3-2-14　仿钻石刻面棱

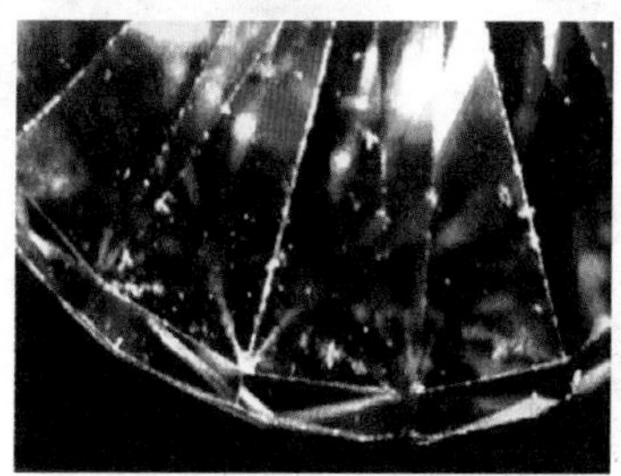

图3-2-15　仿钻石刻面棱破损严重

2. 密度的测量

钻石平均密度为3.52g/cm^3。绝大部分人造的钻石仿制品的密度均远远高于钻石，通过密度测量可以很容易地鉴定钻石及主要仿制品，有经验的检测人员甚至用手掂量就可以将它们区分开来。对镶嵌钻石根据腰棱直径查近似重量表，得出钻石的近似重量，见表3-2-1。

3. 分光镜及分光光度计

用分光镜或分光光度计检测钻石的光谱。

4. 发光性检查

紫外荧光的长波下部分钻石具有不同强度、不同颜色（蓝色或黄色）的荧光。

5. 钻石检测仪

使用专业的钻石检测仪器，比如热导仪等进行专业检测。

表3-2-1 钻石建议克拉重量表

平均直径（mm）	建议克拉重量（ct）	平均直径（mm）	建议克拉重量（ct）
2.9	0.09	4.9	0.44
3.0	0.10	5.0	0.47
3.1	0.11	5.1	0.49
3.2	0.12	5.2	0.52
3.3	0.13	5.3	0.55
3.4	0.15	5.4	0.59
3.5	0.16	5.5	0.62
3.6	0.17	5.6	0.65
3.7	0.19	5.7	0.69
3.8	0.20	5.8	0.73
3.9	0.22	5.9	0.76
4.0	0.24	6.0	0.80
4.1	0.26	6.1	0.84
4.2	0.28	6.2	0.89
4.3	0.30	6.3	0.93
4.4	0.32	6.4	0.98
4.5	0.34	6.5	1.00
4.6	0.36	6.6	1.07
4.7	0.39	6.7	1.12
4.8	0.41	6.8	1.17

续表

平均直径（mm）	建议克拉重量（ct）	平均直径（mm）	建议克拉重量（ct）
6.9	1.22	9.0	2.71
7.0	1.28	9.1	2.80
7.1	1.33	9.2	2.90
7.2	1.39	9.3	2.99
7.3	1.45	9.4	3.09
7.4	1.51	9.5	3.19
7.5	1.57	9.6	3.29
7.6	1.63	9.7	3.40
7.7	1.70	9.8	3.50
7.8	1.77	9.9	3.61
7.9	1.83	10.0	3.72
8.0	1.91	10.1	3.83
8.1	1.98	10.2	3.95
8.2	2.05	10.3	4.07
8.3	2.13	10.4	4.19
8.4	2.21	10.5	4.31
8.5	2.29	10.6	4.43
8.6	2.37	10.7	4.56
8.7	2.45	10.8	4.69
8.8	2.54	10.9	4.82
8.9	2.62	11.0	4.95

注：计算得出的平均直径，按照数字修约国家标准，修约至0.1mm，从表中查得钻石建议重量。

三、钻石与相似品的鉴定

钻石的仿制品很多，市场上常见的是合成立方氧化锆、合成碳硅石、合成无色蓝宝石、无色锆石、人造钇铝榴石、人造钆镓榴石、人造钛酸锶等。这些仿制品和钻石在物理性质上有很大的差异，可以通过外观特征、简单的仪器测试来识别。其中合成立方氧化锆和合成碳硅石是市场是最常见也是最多的钻石仿制品。

钻石与合成立方氧化锆（CZ）及合成碳硅石（Moissanite）主要鉴定特征见表3-2-2。

表 3-2-2 合成碳硅石、合成立方氧化锆与钻石的区分

材料	硬度	RI	DR	色散	比重	光性特征	亭部闪光
钻石	10	2.417	无	0.044	3.52	等轴晶系	橙到蓝
合成碳硅石	9.25	2.648 ~ 2.691	0.043	0.104	3.22	一轴晶系	橙到蓝
合成立方氧化锆	8.5	2.17	无	0.058	6.0	等轴晶系	橙

根据钻石与合成立方氧化锆（CZ）的导热性不同，可以使用钻石热导仪来区分钻石与合成立方氧化锆（CZ）。合成立方氧化锆（CZ）是最早用来仿钻石的人工宝石，其光学性质和钻石非常接近，很容易被误当成钻石。另外，合成立方氧化锆（CZ）放大检查可见未熔融的氧化锆粉末及气泡，长波紫外光下呈淡黄色、淡粉色荧光，具有均一性，而钻石荧光不均一。

合成碳硅石（Moissanite，商业名称“美神莱”），又称为合成碳化硅、莫桑石以及莫桑钻，是较新的钻石仿制品。其光学性质和钻石非常接近，很容易被误当成钻石。合成碳硅石由美国C3公司生产，近年大量在美国及亚太地区销售。其化学成分为SiC，宝石学名称为合成碳硅石，天然产出极少。合成的碳硅石颜色从近无色到浅黄、绿及灰色，大多带有较为明显的灰色或绿色色调。目前，市场上出现大量高色级的合成碳硅石，与钻石非常相近，被当成钻石进行销售。

根据钻石与合成碳硅石导电性不同，可以使用专业的莫桑笔来区分钻石与合成碳硅石。需要注意的是：在用钻石热导仪来鉴别仿制钻石时，因莫桑石导热性能较好，会被误鉴定为钻石，因此需要同时使用钻石热导仪和莫桑笔对钻石仿制品进行鉴定。合成碳硅石不具有透视效果，合成碳硅石为非均质体，并且双折射率比较大，达到0.043，从顶面观察亭部或从侧面观察对面的腰棱可见明显的刻面棱重影（图3-2-16）。另外，放大检查合成碳硅石可见白色的线状包体（图3-2-17）。

其他容易与钻石相混淆的宝石鉴定特征见表3-2-3。

图3-2-16 合成碳硅石刻面棱重影

图3-2-17 合成碳硅石白色线状包体

表 3-2-3 钻石及相似品的主要鉴定特征

	宝石名称	折射率	双折射率	比重	色散	硬度	其他特征	备注
	钻石	2.417	具异常双折射	3.52	0.044	10	金刚光泽，棱线锐利笔直	
人造或合成材料	合成碳化硅	2.67 ±0.02	0.043	3.20 ± 0.02	0.104	9.25	明显的小面棱重影；导热性很好	可先用热导仪和碳化硅测试仪区分
人造或合成材料	钛酸锶	2.409	无	5.13	0.190	5.5	极强的色散，硬度低，易损，含气泡	
人造或合成材料	立方氧化锆（CZ）	2.09 ~ 2.18	无	5.60 ~ 6.00	0.060	8 0 ~ 8.5	很强色散，气泡或熔剂状包体；在短波下发橙黄色光	
人造或合成材料	钆镓榴石（GGG）	1.970	无	7.00 ~ 7.09	0.045	6.5 ~ 7	比重很大，硬度低，偶见气泡	

续表

	宝石名称	折射率	双折射率	比重	色散	硬度	其他特征	备注
人造或合成材料	钇铝榴石（YAG）	1.833	无	4.50～4.60	0.028	8～8.5	色散弱，可见气泡	
	合成金红石	2.616～2.903	0.287	4.26	0.330	6.5	极强色散，双折射很明显，430nm截断，可见气泡	用放大镜透过台面可见重影
	合成尖晶石	1.728	具异常双折射	3.64	0.020	8	异形气泡；在短波下发蓝白色荧光	可用折射仪测试折射率
	玻璃	1.50～1.70	具异常双折射	2.30～4.50	0.031	5～6	气泡和旋涡纹；易磨损；有些发荧光	
天然宝石	无色蓝宝石	1.760～1.770	0.008～0.010	4.00	0.018	9	双折射不明显	
	水晶	1.54～1.55	0.009	2.65	0.013	7		
	锆石（高型）	1.925～1.984	0.059	4.68	0.039	7.5	双折射明显，磨损的小面棱，653.5nm吸收线	用放大镜透过台面可见重影
	黄玉	1.610～1.620	0.008～0.010	3.53	0.014	8	色散弱，双折射不明显	可用折射仪测试折射率
	绿柱石	1.57～1.58	0.007	2.7～2.9	0.014	7.5	气泡和旋涡纹；易磨损；有些发荧光	
	白钨矿	1.918～1.934	0.016	6.1	0.026	5	比重大，硬度低	
	拼合石	变化	变化	变化	变化	变化	上下的光泽和包裹体不同，接合面和扁平状气泡	可放入水中并从侧面观察成层构造

第三章
钻石的合成及鉴定

钻石极其珍贵，但组成钻石的碳元素在地壳中含量很多。因此，人们一直在试验合成钻石。1953年，人工合成钻石首次在瑞士ASEA公司试制获得成功。随后，在1954年，美国通用公司的合成钻石也获得成功。1970年，美国GE公司首次合成出宝石级钻石，但其颜色呈黄色。1988年，英国戴比尔斯公司人工合成了重达14ct浅黄色、大颗粒、透明的宝石级金刚石，呈八面体歪晶。合成条件是模仿自然界金刚石形成的条件，将石墨在40万大气压、1500℃以上的高温高压环境下转变为金刚石。目前，合成钻石已广泛应用于工业，而宝石级钻石因合成成本极高，一直没有得到大量的应用。近几年随着合成技术的发展，低成本的合成钻石技术得到了快速发展，市场上出现了大量合成钻石并进入宝石行业，开始商业应用。

截至目前，已知人工合成金刚石的方法有三种：

（1）静压法，包括静压触媒法、静压直接转变法、晶体触媒法；

（2）动力法，包括爆炸法、液中放电法、直接转变六方钻石法；

（3）在亚稳定区域内生长钻石的方法，包括气相法、液相外延生长法、气液固相外延生长法、常压高温合成法。

目前，合成宝石级钻石主要方法是静压法（属于高温超高压法，又称为HTHP法，可分为BELT法和BARS法）和化学气相沉淀法（CVD法）。

一、高温高压（HTHP）合成钻石及鉴定

宝石级合成钻石主要采用BARS压力机生产（图3-3-1），该方法成本低、机器体积小，但每次只能合成一颗钻石。BELT压带机体积大、成本高，一次可合成多颗钻石，多用于生产工业钻石。目前，首饰用合成钻石的主要生产国有俄罗斯、乌克兰、美国等。

HTHP合成钻石的主要物理、化学性质与天然钻石类似，其主要区别在于以下几点：

1. 颜色

大多数HTHP合成钻石以黄色、橘黄色、褐色为主（图3-3-2），属Ⅰ型钻石，价格很有竞争力，可以作为同种天然彩钻的替代品。而蓝色和近无色等颜色的合成钻石由于技术难度大，成本高而极难见到。部分HTHP合成钻石经“辐照+退火”处理可改成红色、蓝色。其中，蓝色者多见，大小不等。图3-3-3为10.08ct的HPHT合成蓝钻样品，颜色达到Fancy Deep Blue，净度为SI1。在长波紫外线下呈现强烈的橙红色荧光（图3-3-4），在短波紫外线下呈现黄色荧光（图3-3-5）。

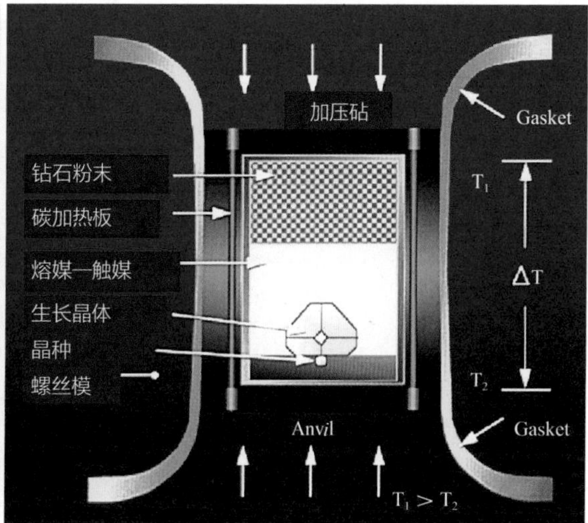

图3-3-1　BARS压力机合成钻石装置

图3-3-2　高压高温（HPHT）合成钻石

图3-3-3　HPHT合成蓝色钻石

图3-3-4　长波紫外光下呈橙红色荧光

图3-3-5　短波紫外光下呈黄色荧光

2. 晶形及晶面特征

合成钻石的晶形多为八面体{111}与立方体{100}的聚形，晶形完整（图3-3-6）。晶面上常出现不同于天然钻石表面特征的树枝状、蕨叶状、阶梯状等图案（图3-3-7），并常可见种晶。由于在合成钻石中形成多种生长区，不同生长区中所含氮和其他杂质含量不同，会导致折射率的轻微变化，在显微镜下可观察到生长纹理及不同生长区的颜色差异。

3. 内部显微特征

HTHP合成钻石内常见细小的铁或镍铁合金触媒金属包体（图3-3-8、图3-3-9）。这些包体呈长圆形、角状、棒状平行晶棱或沿内部生长区分界线定向排列，或呈十分细小的微粒状散布于整个晶体中。在反光条件下，这些金属包体可见金属光泽。因此，部分合成钻石可具有磁性，另可见不规则状的颜色分带、沙漏形色带等，窄细近无色的条带是合成钻石的诊断依据（图3-3-10）。净度以P、SI级为主，个别达VS级甚至VVS级。

4. 吸收光谱

无色—浅黄色天然钻石具415，452，465，478nm的吸收线，特别是415nm吸收线的存在是指示无色—浅黄色钻石为天然钻石的确切证据。合成钻石则缺失415nm吸收线。

5. 异常双折射

在正交偏光下观察，天然钻石常具弱到强的异常双折射，干涉色颜色多样，多种干涉色聚集形成镶嵌图案。而HTHP合成钻石异常双折射很弱，干涉色变化不明显。

图3-3-6　HTHP合成钻石晶体和成品

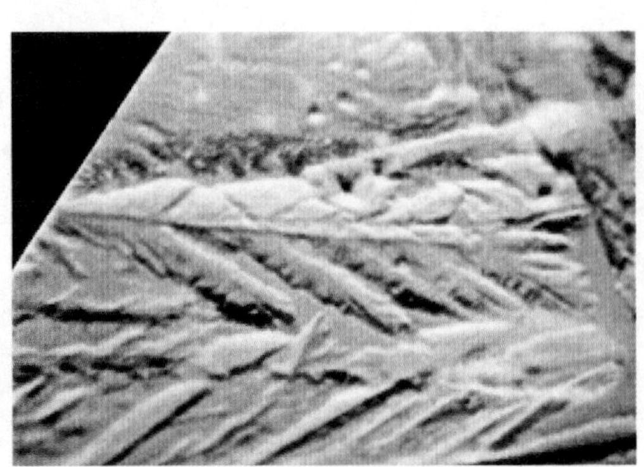
图3-3-7　HTHP合成钻石表面树枝状结构

图3-3-8　HTHP合成钻石的金属包体

图3-3-9 HTHP合成钻石中的金属包体及影像

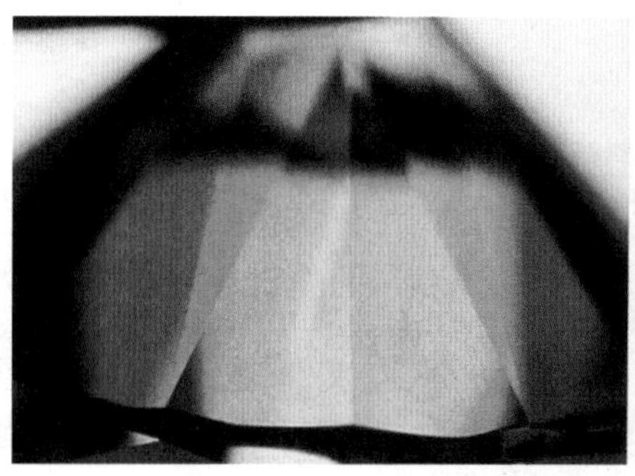
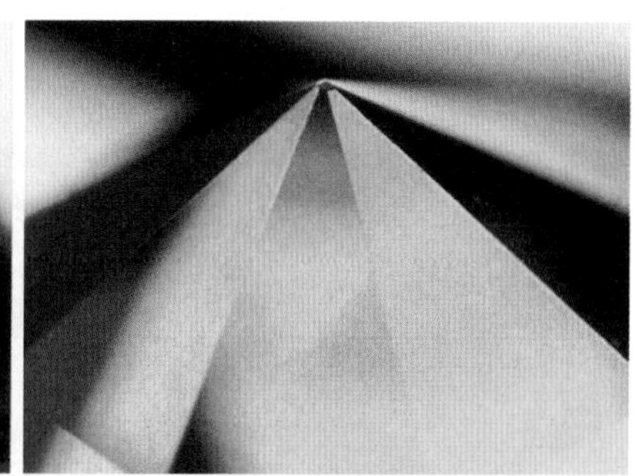
图3-3-10 HTHP合成钻石中的金属包体及影像

6. 紫外荧光特性

HTHP合成钻石在长波紫外线下荧光常呈惰性，而在短波紫外光下因受自身不同生长区的限制，其发光性具有明显的分带现象，为无至中的淡黄色、橙黄色、绿黄色。不均匀的荧光，局部可有磷光。

7. 阴极发光

HTHP合成钻石的不同生长区因所接受的杂质成分（如N）的含量不同，而导致在阴极发光下显示不同颜色和不同生长纹等特征。这些生长结构的差别导致天然钻石和合成钻石在阴极发光下具有截然不同的特征。

发光性：天然钻石通常显示相对均匀的蓝色—灰蓝色荧光，有些情况下可见小块黄色和蓝白发光区，但这些发光区形态极不规则，不受某个生长区控制，分布也无规律性。合成钻石不同的生长区发出不同颜色的光，且具有规则的几何图形，受生长区控制。八面体生长区发黄绿色光，分布于晶体四个角顶，对称分布，呈十字交叉状；立方体生长区发黄色光，位于晶体中心（即八面体区十字交叉点），呈正方形；菱形十二面体生长区位于相邻八面体与立方体生长区之间，呈蓝色的长方形。由于合成钻石以八面体和立方体晶面为主，所以在电子束轰击下的合成钻石通常显示占绝对优势的黄—黄绿色光（与天然钻石的蓝色调形成鲜明对比）。

生长纹：天然钻石的生长纹不发育，如果出现的话，通常表现为长方形或规则的环状（极少数情况下，生长纹非常复杂）。HTHP合成钻石生长纹发育，但生长纹的特征因生长区而异，八面体生长区通常是发育平直的生长纹，并可有褐红色针状包体伴生（仅在阴极发光下可见）；立方体生长区没有生长纹，但有时可见黑十字包体；四角三八面体生长区边部则发育平直生长纹。

二、化学气相沉积法（CVD）合成钻石及鉴定

CVD钻石合成技术出现于1952年，方法有微波等离子法、热丝法、火焰法、等离子喷射法等。在低压环境下可以在硅或金属基底上合成多晶CVD钻石材料（在工业上应用广泛），也可以在单晶钻石基底上合成单晶CVD钻石。

CVD合成钻石的鉴别可从结晶习性、内含物、异常双折射、色带等几个方面进行鉴别。

1. 结晶习性

CVD合成钻石呈板状，天然钻石常呈八面体晶形或菱形十二面体及其聚形，晶面有溶蚀现象。

2. 颜色

多为暗褐色和浅褐色，也可以生长近无色和蓝色的产品。

3. 放大检查

可见不规则深色包体和点状包体，可有平行的生长色带。

4. 正交偏光检查

CVD合成钻石有强烈的异常消光，不同方向上的消光也有所不同。

5. 长短波紫外线

CVD合成钻石通常有弱的橘黄色荧光。另外，还可根据红外光谱、X射线形貌图、Diamond Sure、Diamond Plus等仪器进行鉴别。天然钻石与合成钻石的区别见表3-3-1。

表 3-3-1 天然钻石与合成钻石的区别

鉴定特征	天然钻石	合成钻石
晶体形态	八面体，凸晶。菱形十二面体及其聚形，不规则形态	八面体和立方体聚形，晶形完美，晶面平直、晶棱锐利
吸收光谱	415nm特征吸收线，除此之外还有423，435，478nm吸收谱线	缺失415nm吸收线，有时出现470～700nm宽吸收带
异常双折射	带状、波状、斑块状、格子状异常消光	不显示或弱的异常消光
内含物	天然矿物包裹体，如钻石、石榴石、透辉石等	Fe-Ni合金包裹体，呈棒状、针状、片状等，部分可见沙漏状色带
色带	颜色均匀，难见色带，有时可见平行分布的斑块状色带	颜色不均匀，蓝色、黄色合成钻石显示四边形、八边形、柱状等色带和色区
发光性	LW无—强蓝白、黄等各色荧光。 SW不显示或弱的荧光	LW无荧光或黄—黄绿色荧光。 SW黄—黄绿色荧光，强于LW荧光
阴极发光	可以产生蓝白色荧光，且颜色和发光强度均匀一致	阴极发光图像具有X形状

第四章
钻石的优化处理

钻石的优化处理技术是提高钻石价值的重要手段，是宝石学研究的重要课题和前沿领域。钻石优化处理的方法主要有辐照与加热处理、激光打孔、充填处理、覆膜处理和高温高压处理。钻石优化处理的主要目的包括两个方面，一是改善钻石颜色，二是提高钻石净度。具体处理方法有以下几种。

一、颜色的优化处理

1. 传统的颜色优化处理方法

包括涂层或衬底，在钻石表面涂上一层带蓝色的物质，可以把钻石颜色提高1～2个级别。

2. 辐照改色

辐照改色（图3-4-1）可称为永久性改色法，利用辐照可以产生不同的颜色，从而改变钻石的颜色。高能量电子产生体色，一般没有放射性危险。高速中子用于形成黑色钻石体色，离子植入形成绿色到黑色的表面色。

这种改色方法只适用于有色且颜色不好的钻石。辐照改色的钻石其颜色仅限于表面，其色带分布位置及形状与琢形形状及辐照方向有关。靠近轰击源一侧的部分颜色明显加深，如从亭部轰击圆多面形钻石，透过台面可看到颜色呈伞状围绕亭部分布（图3-4-2）。

3. 高温高压处理

钻石在高温高压（图3-4-3）的条件下，经过退火作用修复褐黄色、棕黄色、褐色的Ⅱa型的钻石晶体缺陷，使钻石褪色，形成高色级的无色（图3-4-4）、粉红或蓝色钻石（图3-4-5），称为GE-POL钻石；使Ⅰa型钻石产生黄绿色、蓝绿色，形成彩色钻石，称为Nova钻石。其中GE-POL钻石是美国通用公司（GE）发明的一种新的颜色优化处理方法，使用该方法处理后的钻石色级都在D到G的范围内，具有雾状外观，带褐或灰色调。正交偏光下显示明显的应变消光效应。

GE-POL钻石目前较难鉴定，要通过红外光谱、拉曼光谱和阴极发光等区分。经过处理后的颜色大都在D到G的范围内，但具有雾状外观，带褐或灰色调而不是黄色调。GE钻石在高倍放大下可见内部纹理（图3-4-6），常见羽毛状裂隙（图3-4-7），并伴有反光。裂隙常出露到钻石表面、部分愈合的裂隙、解理以及形状异常的包体。通用公司曾承诺在这种钻石的腰棱上刻上“GE”字样以便区分（图3-4-8）。

Nova钻石是另外一种新的颜色优化处理的方法（图3-4-9），Nova钻石多有特征的黄绿色紫外荧光，较易识别。1999年，美国诺瓦公司（Nova Diamond）采用高温高压（HTHP）的方法将常见的Ⅰa型褐色钻石处理成鲜艳的黄色—绿色钻石（图3-4-10），该类型钻石又称为高温高压增强型或诺瓦（Nova）钻石。该类型钻石发生强的塑性变形，异常消光强烈，显示强黄绿色荧光并伴有白垩状荧光。实验室内通过大型仪器的谱学研究，可把Nova钻石和天然钻石区分开。这些钻石刻有Nova钻石的标识，并附有唯一的序号和证书。

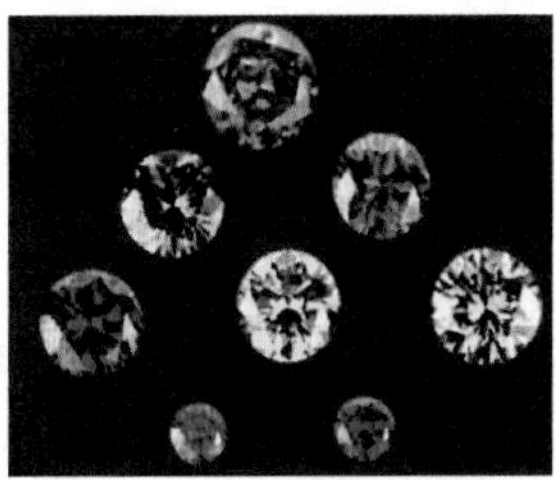

图3-4-1　辐照处理钻石的颜色

图3-4-2　辐照处理钻石颜色呈“伞状”效应

图3-4-3　高温高压处理钻石前后对比

图3-4-4 GE-POL钻石处理为无色前后对比图

图3-4-5 GE-POL钻石处理为粉红或蓝色

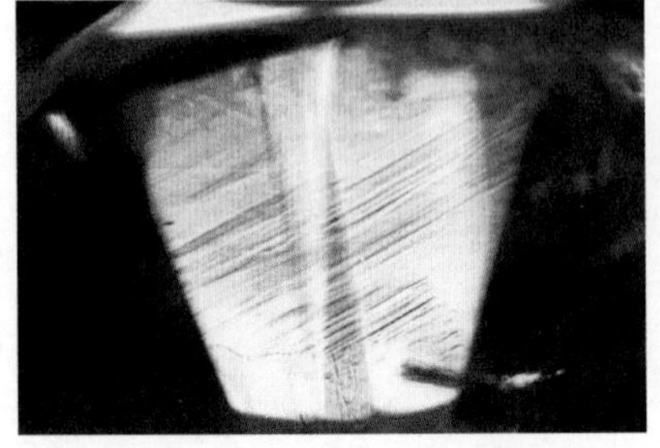

图3-4-6 GE钻石中棕色的内部纹理

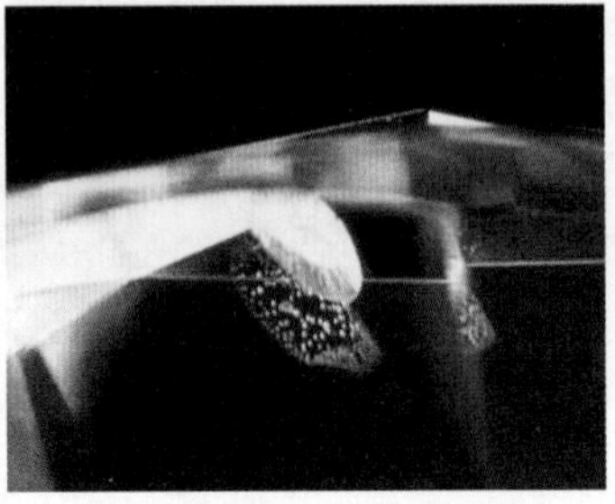

图3-4-7 GE钻石中的愈合裂隙

图3-4-8 GE-POL钻石腰棱上的标记

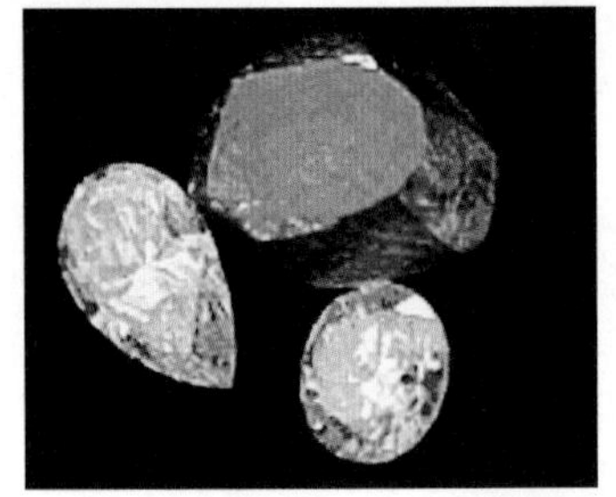

图3-4-9 Nova钻石处理前后对比

图3-4-10 Nova钻石

二、净度处理

1. 激光钻孔

钻石的激光钻孔（图3-4-11）是利用了钻石的可燃性，用激光技术在高温下对钻石进行激光打孔。然后，用化学药品去除内部的深色包裹体，以提高钻石的净度。图3-4-12为标准激光打孔技术，这种方法常用于处理一些低净度的钻石，但只能使低净度级别的钻石提高1～2个级别，绝不可能把SI 2级别的钻石变为无瑕级。

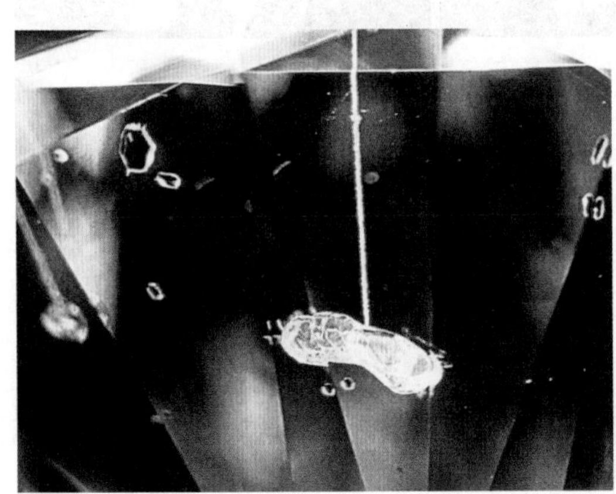

图3-4-11 激光钻孔处理钻石

图3-4-12 标准激光打孔技术

经过激光钻孔的钻石，其表面会留下一个圆形的孔眼，内部也常有直的激光孔洞（图3-4-13）。大多数激光钻孔的钻石，常会用玻璃或其他无色透明的物质充填激光孔洞，但是充填物的硬度不可能与钻石的相同，往往会形成难以观察的凹坑。但只要仔细观察钻石的表面，也能加以鉴别。

2. 新KM激光打孔法

KM处理方法于2000年引入到钻石处理中，东京Yoichi Horikawa中心宝石实验室首先发现了这种处理的钻石。KM处理用于处理伴有内部裂隙黑色包裹体、净度差的钻石。其使用一束或多束脉冲激光聚焦在包裹体上，产生的热会导致内部裂隙的产生而不是形成微小管状孔洞。这种裂隙可到达表面，但在表面上却看不到激光钻孔的痕迹（图3-4-14），可呈羽毛状，因和天然裂隙极为相似而难以区分。激光诱发到表面的连续裂隙非常微小，用10倍放大镜不易观察到，用200倍放大镜观察也很小。图3-4-15为KM激光打孔处理钻石前后对比图。图a为处理前，亭部可见钻石内部黑色包体；图b为KM处理后，黑色包裹体被漂白，激光处理形成的连续裂隙出现在包裹体左侧。

激光处理后再将钻石浸泡在强酸中煮沸，由于裂隙太小，必须施加一定的压力促使酸液渗入。新形成的裂隙有效地与黑色包裹体接触，从而使包裹体漂白或将包裹体消除，使原本净度等级低的钻石经过KM处理后达到提高净度等级的目的。图3-4-16中两颗KM处理钻石中，可见蜈蚣状包裹体出露到钻石表面，包裹体两侧伸出很多裂隙；在激光处理的连续裂隙中有未被完全处理掉的黑色残留物。图3-4-17所示在激光处理形成的连续裂隙中，零星分布有残留黑色内含物，这是KM钻石的典型特征。

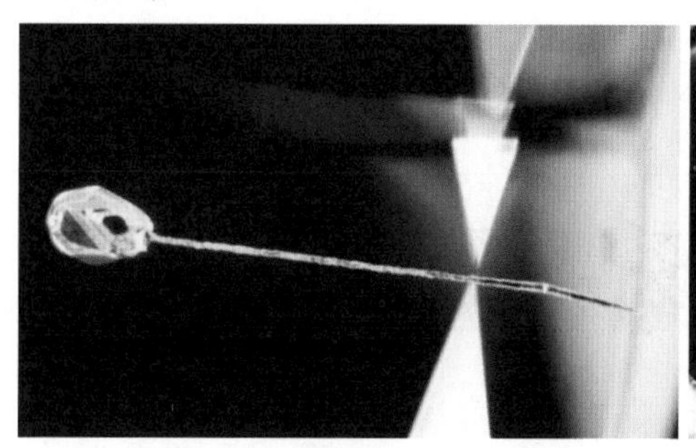
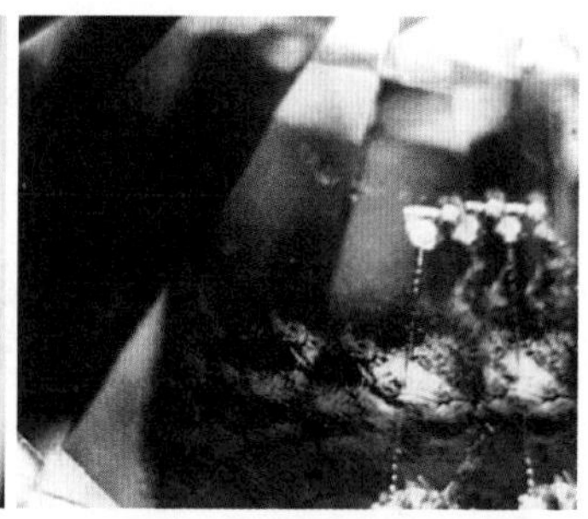

图3-4-13 激光钻孔处理钻石

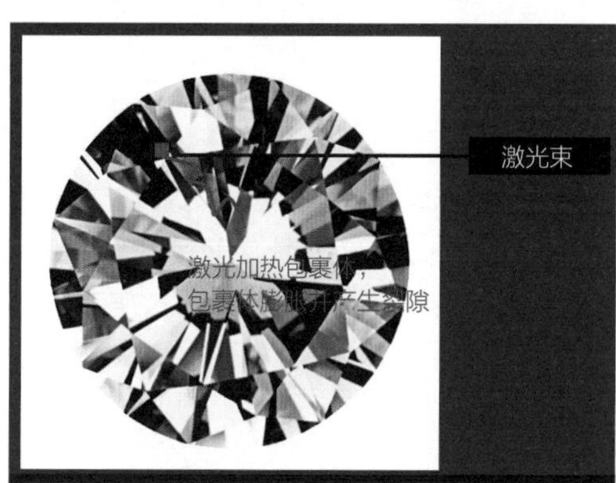

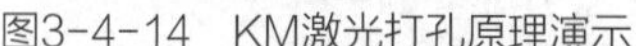

图3-4-14 KM激光打孔原理演示

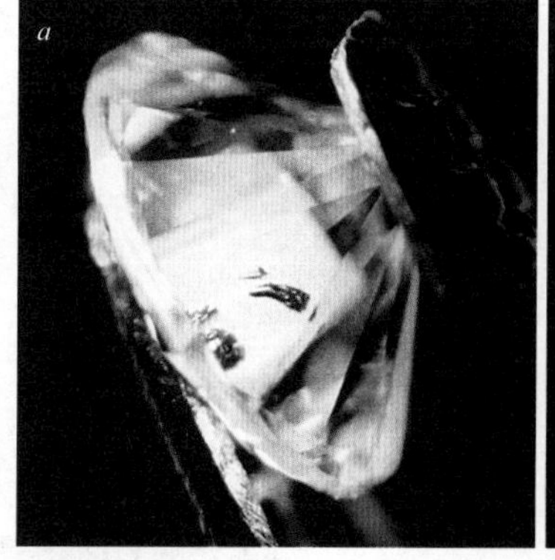

图3-4-15 KM激光打孔处理钻石前后对比

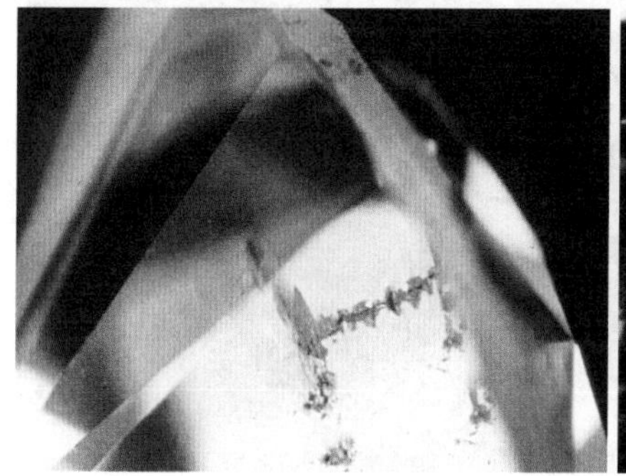
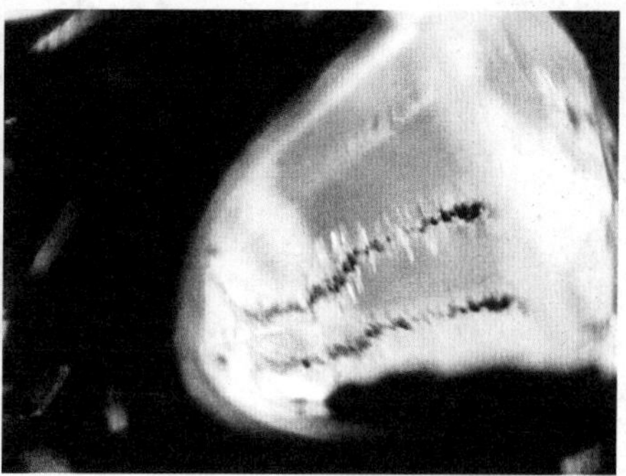

图3-4-16 KM激光打孔处理钻石

图3-4-17 KM激光打孔处理钻石特征

3. 裂隙充填

裂隙充填是在高温高压条件下，将一种折射率与钻石接近的透明物质（如玻璃），注入到钻石的裂隙、孔洞和钻石解理中，以掩盖钻石内部的缺陷，提高钻石的净度。从图3-4-18中可以看出，经过裂隙充填后钻石净度得到明显改善。

充填钻石最重要的一个鉴定特征是观察其闪光效应。闪光效应是指钻石在放大镜下观察时，沿裂隙面观察，可以见到各种颜色的光彩。闪光效应在不同的照明条件下显示不同的颜色：在暗域照明下常见橙黄色、紫红色、粉色（图3-4-19）；亮域照明下的颜色多为蓝色、蓝绿色、绿色和黄色（图3-4-20）。同一裂隙的不同部位可显示不同的颜色，充填裂隙的闪光颜色可随样品的转动而变化。

值得注意的是，一些未充填钻石的裂隙也可出现类似闪光效应的“薄膜干涉色”（图3-4-21）。这是由裂隙中的空气或水引起的。这种干涉色在暗域照明条件下，常为多种颜色组成的虹彩效应。充填钻石的其他鉴定特征还包括充填物在充填过程中的流动构造、捕获的指纹状的气泡，这些都是裂隙充填的很好的证据。

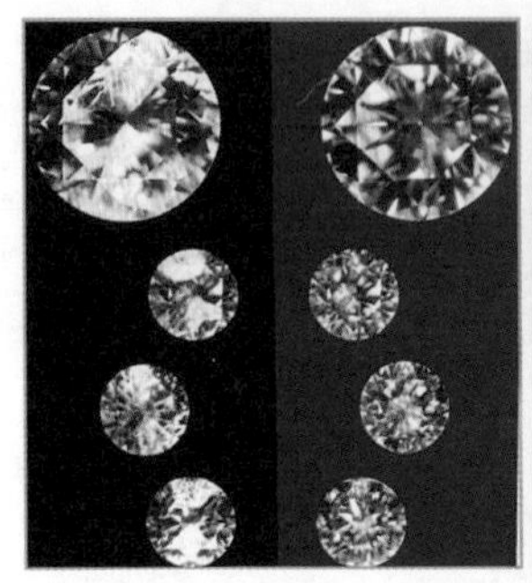

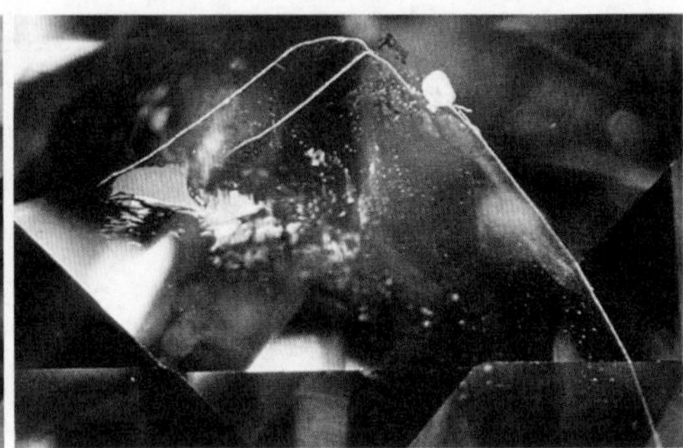

图3-4-18 裂隙充填钻石前后对比

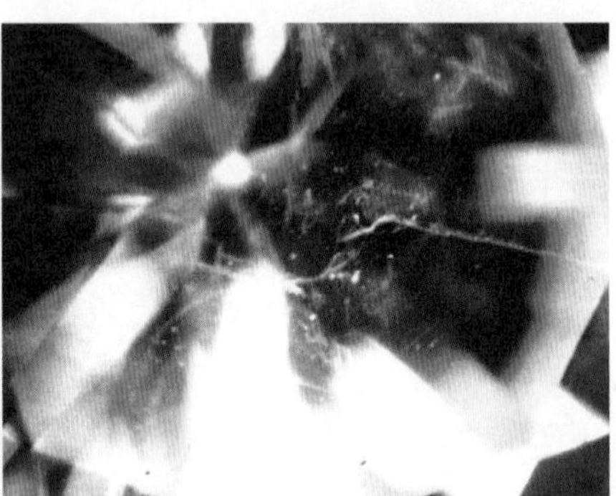

图3-4-19 暗域照明下充填钻石闪光效应

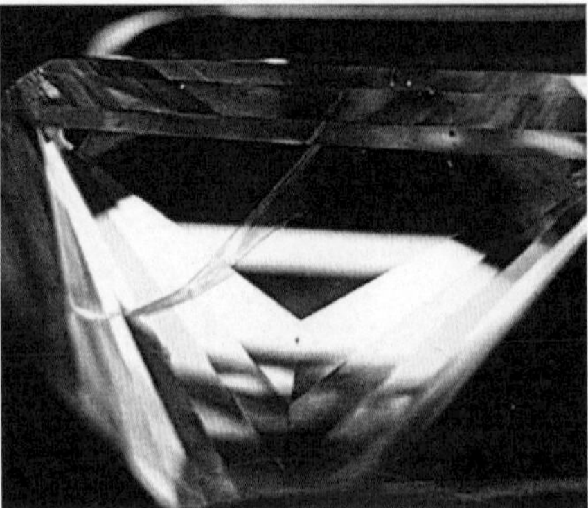

图3-4-20 亮域照明下充填钻石闪光效应

图3-4-21 未充填钻石的虹彩效应

三、钻石膜

钻石膜（简称DF），是指用化学气相沉淀法（简称CVD）生长的由碳原子组成的，具有钻石结构和物理性质、化学性质、光学性质的多晶体材料。钻石膜在宝石业中的应用主要有以下几个方面：

（1）提高钻石的重量，以提高其价值；

（2）提高宝石的耐磨性；

（3）提高仿造宝石的水平；

（4）改善宝石的色彩。

天然钻石为单晶体矿物，钻石膜为多晶体，仔细观察钻石膜表面，具有粒状结构，而天然钻石通常不存在粒状结构。此外，还可利用大型仪器进行检测。

四、拼合处理

钻石拼合处理常见以下三种情况：

（1）以合成无色蓝宝石作为冠部，黏合到钛酸锶的亭部上。用蓝宝石作冠部以保证硬度，用钛酸锶作为亭部以提高火彩。这种拼合石可用热导仪来鉴别。

（2）以钻石作为冠部，黏合到其他无色透明的材料上。冠部的钻石薄层以保证拼合石的光泽和硬度。这种拼合只测试冠部难以确定真假，必须测定亭部才能作出正确鉴别。

（3）两颗较小的钻石黏合起来形成较大的钻石。这种拼合用热导仪不能作出鉴定，而必须观察其结合缝、结合面以及因黏合胶产生的气泡等特征来判断。

第五章

钻石的 4C 分级

钻石的4C分级是指从钻石的颜色（color）、净度（clarity）、克拉重量（caratweight）、切工（cut）这四个方面，对钻石进行综合评价。这四个要素的英文均以C开头，所以简称4C分级。

本章重点介绍中国钻石4C分级体系。中华人民共和国国家标准钻石分级（GB/T 16554—2017《钻石分级》）由中华人民共和国国家质量监督检验检疫总局和中国国家标准化管理委员会于2017年10月14日发布，2018年5月1日实施。

GB/T 16554—2017国家标准钻石分级适用于无色至浅黄（褐、灰）色系列的未镶嵌及镶嵌抛光钻石，切工为标准圆钻型的未镶嵌及镶嵌抛光钻石；未经覆膜、裂隙充填等优化处理的未镶嵌及镶嵌抛光钻石；质量大于等于0.0400g（0.20ct）的未镶嵌抛光钻石、质量在0.0400g（含0.20ct）至0.2000g（含1.00ct）之间的镶嵌抛光钻石。质量小于0.0400g（0.20ct）的未镶嵌及镶嵌抛光钻石、质量大于0.2000g（1.00ct）的镶嵌抛光钻石可参照该标准执行。非无色至浅黄（褐、灰）色系列的未镶嵌及镶嵌抛光钻石，其净度分级可参照该标准执行；其圆钻型切工的切工分级可参照该标准执行。非标准圆钻型切工的未镶嵌及镶嵌抛光钻石，其颜色分级、净度分级及切工分级中的修饰度（抛光和对称）分级可参照该标准执行。

经覆膜、裂隙充填处理的钻石不能按照该标准进行分级。

一、GB/T 16554—2017《钻石分级》中的重要术语

（一）钻石

钻石（diamond）是由碳原子组成的等轴晶系天然矿物，摩氏硬度10，密度3.52（±0.01）g/cm^3，折射率2.417，色散0.044。

（二）钻石分级

从颜色（color）、净度（clarity）、切工（cut）及质量（carat）四个方面对钻石进行等级划分，简称4C分级。

（三）颜色分级

采用比色法，在规定的环境下对钻石颜色进行等级划分（color grading）。

1. 比色石

一套已标定颜色级别的标准圆钻型切工钻石样品，依次代表由高至低连续的颜色级别，其级别可以溯源至钻石颜色分级比色石国家标准样品。比色石的级别代表该颜色级别的下限。

2. 比色灯

色温在5500～7200K的荧光灯。

3. 比色板、比色纸

用作比色背景的无荧光、无明显定向反射作用的白色板或白色纸。

4. 荧光强度

钻石在长波紫外光照射下发出的可见光强弱程度。

5. 荧光强度对比样品

一套已标定荧光强度级别的标准圆钻型切工的钻石样品由3粒组成，依次代表强、中、弱三个级别的下限。

（四）净度分级

在10倍放大条件下，对钻石内部和外部的特征进行等级划分。

1. 钻石的内部特征

包含在或延伸至钻石内部的天然包裹体、生长痕迹和人为造成的特征（表3-5-1）。

表 3-5-1 常见钻石内部特征类型符号

编号	名称	英文名称	符号	说明
01	点状包裹体	pinpoint	•	钻石内部极小的天然包裹物
02	云状物	cloud		钻石中朦胧状、乳状、无清晰边界的天然包裹物
03	浅色包裹体	crystal inclusion		钻石内部的浅色或无色天然包裹物
04	深色包裹体	dark inclusion		钻石内部的深色或黑色天然包裹物
05	针状物	needle		钻石内部的针状包裹体
06	内部纹理	internal graining		钻石内部的天然生长痕迹
07	内凹原始晶面	extended natural		凹入钻石内部的天然结晶面
08	羽状纹	feather		钻石内部或延伸至内部的裂隙，形似羽毛状
09	须状腰	beard		腰上细小裂纹深入内部的部分
10	破口	chip		腰和底尖受到撞伤形成的浅开口
11	空洞	cavity		羽状纹裂开或矿物包体在抛磨过程中掉落，在钻石表面形成的开口
12	凹蚀管	etch channel		高温岩浆侵蚀钻石薄弱区域，留下的由表面向内延伸的管状痕迹，开口常呈四边形或三角形
13	晶结	knot		抛光后触及钻石表面的矿物包体
14	双晶网	twinning wisp		聚集在钻石双晶面上的大量包体，呈丝状、放射状分布
15	激光痕	laser mark		用激光束和化学品去除钻石内部深色包裹物时留下的痕迹。管状或漏斗状痕迹称为激光孔。可被高折射率玻璃充填

2. 钻石的外部特征

仅存在于钻石外表的天然生长痕迹和人为造成的特征（表3-5-2）。

表 3-5-2 常见的钻石外部特征类型符号

编号	名称	英文名称	符号	说明
01	原始晶面	natural		为保持最大质量而在钻石腰部或近腰部保留的天然结晶面
02	表面纹理	surface graining		钻石表面的天然生长痕迹
03	抛光纹	polish lines		抛光不当造成的细密线状痕迹，在同一刻面内相互平行
04	刮痕	scratch		表面很细的划伤痕迹
05	额外刻面	extra facet		规定之外的所有多余刻面
06	缺口	nick		腰或底尖上细小的撞伤
07	击痕	pit	X	表面受到外力撞击留下的痕迹
08	棱线磨损	abrasion		棱线上细小的损伤，呈磨毛状
09	烧痕	burn mark	B	抛光或镶嵌不当所致的糊状疤痕
10	黏杆烧痕	dop burn		钻石与机械黏杆相接触的部位，因高温灼伤造成“白雾”状的疤痕
11	“蜥蜴皮”效应	lizard skin		已抛光钻石表面上呈现透明的凹陷波浪纹理，其方向接近解理面的方向
12	人工印记	inscription		在钻石表面人工刻印留下的痕迹。在备注中注明印记的位置

（五）切工分级

通过测量和观察，从比率和修饰度两个方面对钻石加工工艺的完美性进行等级划分。

1. 标准圆钻型切工

由57个或58个刻面按一定规律组成的圆形切工（图3-5-1）。标准圆钻型切工各部分名称见图3-5-2、图3-5-3。

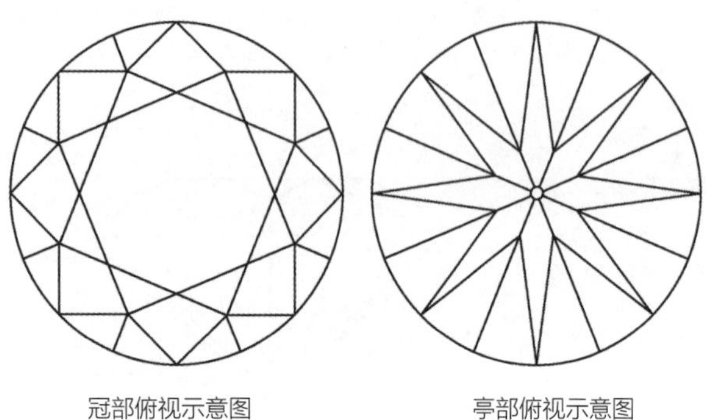

图3-5-1 标准圆钻型切工冠部、亭部俯视示意图

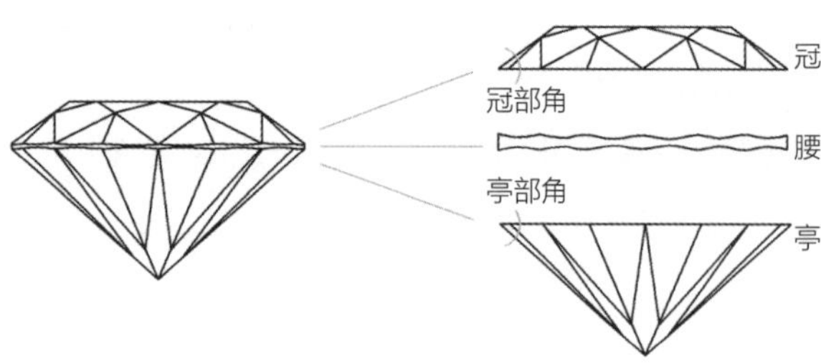

图3-5-2 标准圆钻型切工侧视示意图

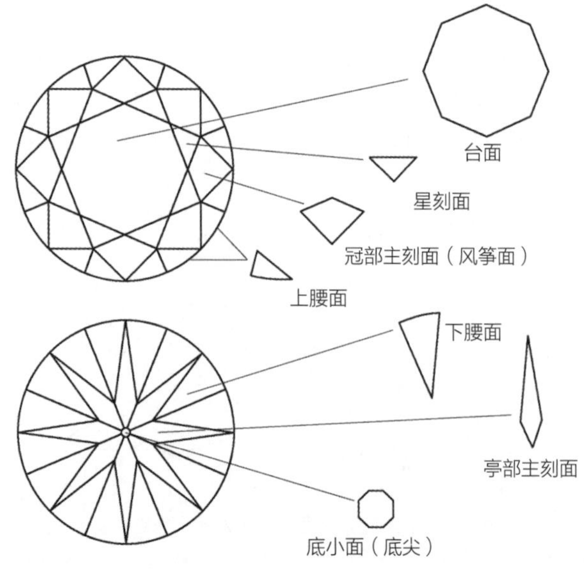

图3-5-3 标准圆钻型切工各刻面名称示意图

2. 直径

钻石腰部圆形水平面的直径。其中最大值称为最大直径，最小值称为最小直径，1/2（最大直径+最小直径）值称为平均直径。

3. 全深

钻石台面至底尖之间的垂直距离。

4. 腰

钻石中直径最大的圆周部分。

5. 冠部

腰以上部分，有33个刻面。

6. 亭部

腰以下部分，有24或25个刻面。

7. 台面

冠部八边形刻面。

8. 冠部主刻面

冠部四边形刻面。

9. 星刻面

冠部主刻面与台面之间的三角形刻面。

10. 上腰面

腰与冠部主刻面之间的似三角形刻面。

11. 亭部主刻面

亭部四边形刻面。

12. 下腰面

腰与亭部主刻面之间的似三角形刻面。

13. 底尖（或底小面）

亭部主刻面的交会处，呈点状或呈八边形小刻面。

14. 冠角α

冠部主刻面与腰部水平面的夹角。

15. 亭角β

亭部主刻面与腰部水平面的夹角。

16. 比率

各部分相对于平均直径的百分比。包括以下要素（图3-5-4）：

（1）台宽比 台面宽度相对于平均直径的百分比。

$$台宽比=\frac{台面宽度（ab）}{平均直径}\times 100\%$$

（2）冠高比 冠部高度相对于平均直径的百分比。

$$冠高比=\frac{冠部高度（h_c）}{平均直径}\times 100\%$$

（3）腰厚比 腰部厚度相对于平均直径的百分比。

$$腰厚比=\frac{腰部厚度（h_g）}{平均直径}\times 100\%$$

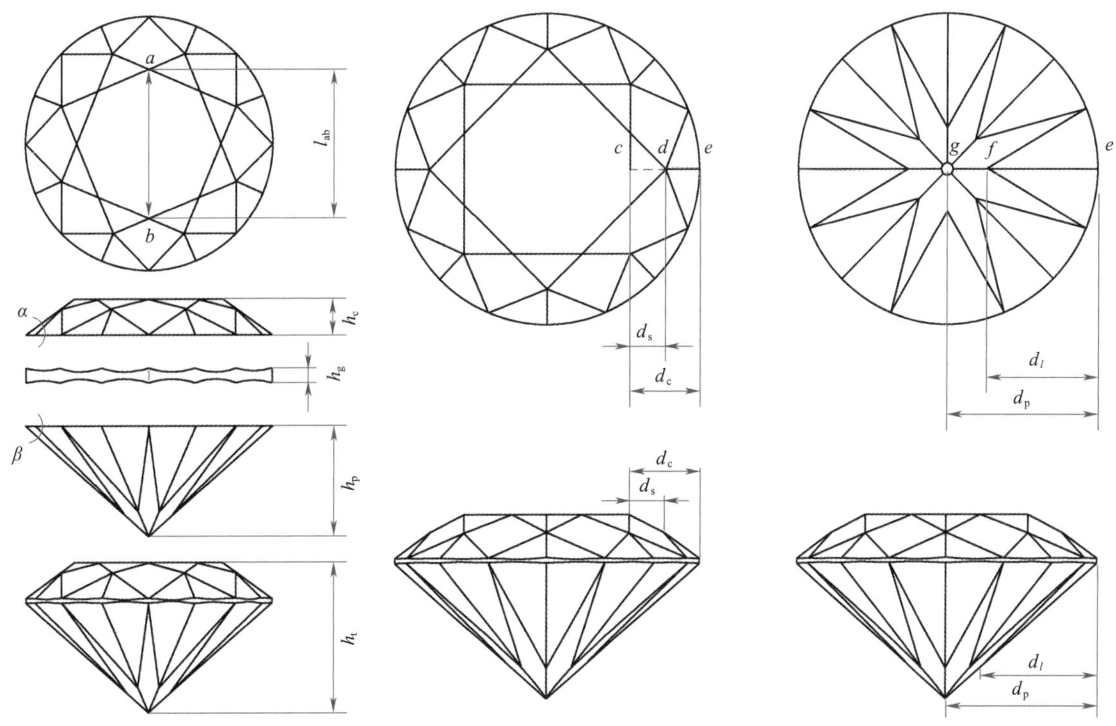

图3-5-4　标准圆钻型切工比率要素示意图

（4）亭深比　亭部深度相对于平均直径的百分比。

$$亭深比=\frac{亭部深度（h_p）}{平均直径}\times 100\%$$

（5）全深比　全深相对于平均直径的百分比。

$$全深比=\frac{全深（h_t）}{平均直径}\times 100\%$$

（6）底尖比　底尖直径相对于平均直径的百分比。

$$底尖比=\frac{底尖直径}{平均直径}\times 100\%$$

（7）星刻面长度比　星刻面顶点到台面边缘距离的水平投影，相对于台面边缘到腰边缘距离的水平投影百分比。

$$星刻面长度比=\frac{星刻面顶点到台面边缘距离的水平投影（d_s）}{台面边缘到腰边缘距离的水平投影（d_c）}\times 100\%$$

（8）下腰面长度比　相邻两个亭部主刻面的联结点，到腰边缘上最近点之间距离的水平投影，相对于底尖中心到腰边缘距离的水平投影的百分比。

$$下腰面长度比=\frac{相邻两个亭部主刻面的联结点到腰边缘上最近点之间距离的水平投影（d_l）}{底尖中心到腰边缘距离的水平投影（d_D）}\times 100\%$$

（9）建议克拉重量　标准圆钻型切工钻石的直径所对应的克拉重量。

（10）超重比例　实际克拉重量与建议克拉重量之差，相对于建议克拉重量的百分比。

$$超重比例=\frac{实际克拉重量-建议克拉重量}{建议克拉重量}\times 100\%$$

（11）刷磨　钻石上腰面联结点与下腰面联结点之间的腰厚，大于风筝面与亭部主刻面之间腰厚的现象。详见图3-5-5中B＞A。

（12）剔磨　钻石上腰面联结点与下腰面联结点之间的腰厚，小于风筝面与亭部主刻面之间腰厚的现象。详见图3-5-5中B＜A。

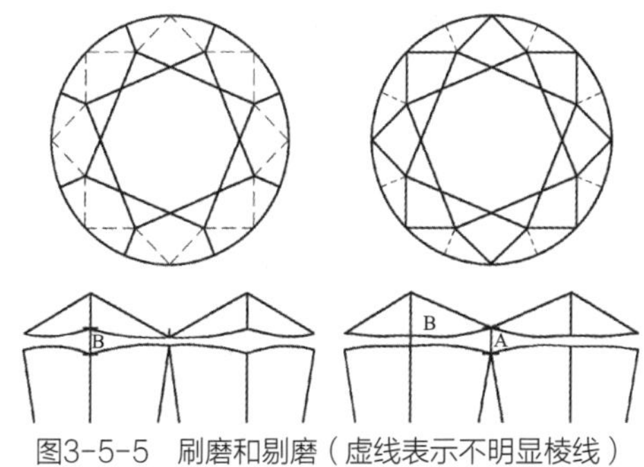

图3-5-5　刷磨和剔磨（虚线表示不明显棱线）

17. 修饰度

对抛磨工艺的评价，分为对称性和抛光两个方面的

评价。

（1）对称性　对钻石切磨形状，包括对称排列、刻面位置等精确程度的评价。

①腰围不圆　最大直径与最小直径之差相对于平均直径的百分比。

$$腰围不圆=\frac{最大直径-最小直径}{平均直径}\times 100\%$$

②台面偏心　台面中心与腰围轮廓中心在台面平面上的投影之间的距离，相对于平均直径的百分比。

$$台面偏心=\frac{台面中心与腰围轮廓中心在台面平面上的投影之间的距离}{平均直径}\times 100\%$$

③底尖偏心　底尖中心和腰围轮廓中心在台面平面上的投影之间的距离，相对于平均直径的百分比。

$$底尖偏心=\frac{底尖中心和腰围轮廓中心在台面平面上的投影之间的距离}{平均直径}\times 100\%$$

④台面/底尖偏离　台面中心和底面中心在台面平面上的投影之间的距离，相对于平均直径的百分比。

$$台面/底尖偏离=\frac{台面中心和底面中心在台面平面上的投影之间的距离}{平均直径}\times 100\%$$

⑤冠高不均　最大冠高与最小冠高之差相对于平均直径的百分比。

$$冠高不均=\frac{最大冠高-最小冠高}{平均直径}\times 100\%$$

⑥亭深不均　最大亭深与最小亭深之差相对于平均直径的百分比。

$$亭深不均=\frac{最大亭深-最小亭深}{平均直径}\times 100\%$$

⑦冠角不均　最大冠角与最小冠角之差，单位：度（°）。

⑧亭角不均　最大亭角与最小亭角之差，单位：度（°）。

⑨腰厚不均　最大腰部厚度与最小腰部厚度之差相对于平均直径的百分比。

$$腰厚不均=\frac{最大腰部厚度-最小腰部厚度}{平均直径}\times 100\%$$

⑩台宽不均　最大台面宽度与最小台面宽度之差相对于平均直径的百分比。

$$台宽不均=\frac{最大台面宽度-最小台面宽度}{平均直径}\times 100\%$$

（2）抛光　对钻石切磨抛光过程中产生的外部特征影响钻石抛光表面完美程度的评价。

二、钻石的颜色分级

（一）钻石的颜色分类

纯净无色透明的钻石非常稀有，在钻石生长过程中，由于氮氢元素的混入及其他因素的影响，使得钻石带有各种颜色。钻石颜色主要分为：

1. 无色—浅黄（褐、灰）系列（好望角系列，cape）

包括近无色到浅黄、浅褐、浅灰色（图3-5-6）。

图3-5-6　无色—浅黄系列钻石

2. 彩色系列

彩色钻石的魅力来自独特稀有的色彩，钻石的色彩稀有性与颜色的浓艳程度决定了彩色钻石的价值。彩色钻石的颜色越稀有，颜色等级越高，价值也就越高；颜色越浓、饱和度越高，价值也就越高。净度与切割、重量等评价钻石的因素不在首要考虑的因素之列。彩色系列（图3-5-7）包括黄色钻石、蓝色钻石、粉色钻石、褐色钻石、绿色钻石、黑色钻石和红色钻石。红色最为罕见，是彩钻中的极品，其价值也最高；蓝色与绿色系列次之；黑色钻石的价值最低。

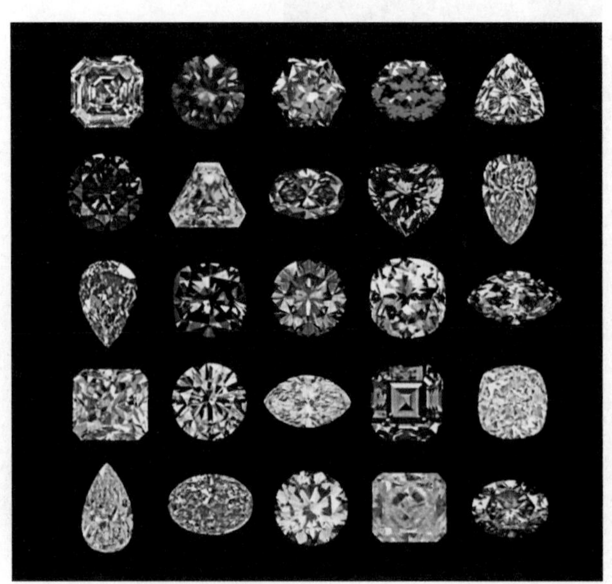

图3-5-7　彩色系列钻石

彩色黄、褐或黄绿色钻石必须具有较高的饱和度。浓艳的黄色钻石是黄色钻石中的极品（图3-5-8）。红色钻石按色调分为血钻和紫红色钻石。血钻色泽鲜红如血，艳丽无比，是彩色钻石中极为贵重和罕见的极品。目前发现最大的红色钻石仅有5.11克拉，名叫“穆萨耶夫”（the Moussaieff Red）（图3-5-9），由一名巴西农民于1960年发现。1987年4月，在美国纽约佳士得的一次珠宝拍卖会上，有一颗重0.95克拉的紫红色彩钻（图3-5-10）以88万美元落槌，加上其他费用，以近95万美元成交，创下了紫红色彩钻每克拉近百万美元的最高纪录。最著名、最具有传奇色彩的蓝色钻石是现存于美国史密森尼博物院的“希望（噩运之星）”（图3-5-11）。

图3-5-8 浓艳的黄色钻石

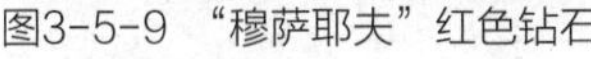

图3-5-9 “穆萨耶夫”红色钻石

图3-5-10 0.95克拉紫红色彩钻

图3-5-11 希望（噩运之星）蓝钻

（二）钻石的颜色成因

钻石的颜色由钻石对自然光的选择性吸收而形成：对光无吸收的钻石呈现白色；对光均匀部分吸收的钻石呈现灰色；对光全部吸收的钻石呈现黑色；对光选择性吸收的钻石呈现彩色。钻石的颜色与被选择吸收的颜色成互补的关系。

1. 由纯C形成的钻石

不含微量元素的钻石呈无色，为Ⅱa型钻石。著名的钻石“千禧之星”属于此类。“千禧之星”（图3-5-12）发现于刚果，重约203.4克拉。这颗纯色无瑕的钻石（D色，LC级）原重777克拉，由戴比尔斯公司的工匠花费了3年时间切割和打磨而成，价值超过2亿英镑。

2. 因钻石中含有微量元素N、B、H而使钻石致色

（1）钻石含N元素　吸收蓝、紫色光，呈现黄色。N元素为孤立体的钻石呈黄、褐（棕）色，属于Ⅰb型钻石；N元素为集合体的钻石呈黄色，属于Ⅰa型钻石，此类型钻石占总钻石产量的98%，著名的“奥本海默”钻石属于此类。“奥本海默”钻石（图3-5-13）原石重253.70ct，与“奥本海默”蓝钻曾经属同一主人奥本海默爵士（Sir Philip Oppenheimer）。

（2）钻石含B、H元素　吸收黄色光，呈现蓝色，属于Ⅱb型钻石。“希望（噩运之星）”蓝钻和“奥本海默”蓝钻属于此类。

3. 钻石内部晶体缺陷、变形产生颜色

高温高压造成钻石晶格变形，形成粉红色、褐色或紫红色。世界上最大的鲜彩粉红钻石“斯坦梅茨”（59.6克拉）属于此类。“斯坦梅茨”粉钻（图3-5-14）（The Steinmetz Pink），由戴比尔斯1999年发现于南非，原石重132.5克拉，切割后为59.6克拉，毫无瑕疵，更是罕见的Ⅱa型钻石。美国宝石研究院（GIA）对此钻石颜色评级是鲜彩级（Fancy Vivid Pink），是粉钻中的最高级别。“斯坦梅茨”粉钻是当时甚至到目前为止世界

图3-5-12 “千禧之星”钻石

图3-5-13 “奥本海默”钻石原石

图3-5-14　“斯坦梅茨”粉钻

上最大最好的粉色钻石。2017年4月4日，这颗粉钻被苏富比推上拍卖场，中国香港珠宝商周大福以7100万美元的价格将它拍下。现在，这颗粉钻已正式更名为“CTFPink”——“周大福”粉钻。

4．人工、天然的辐射钻石

应用高速粒子将碳原子轰击出晶格，产生空穴色心，而使钻石致色，可形成绿、黄褐、蓝等颜色。

5．矿物包裹体致色

大量深色包裹体可使钻石呈黑色，透明部分呈深灰色。

（三）钻石颜色分级的体系

1．颜色级别

（1）裸石颜色级别　国家标准GB/T 16554—2017《钻石分级》按钻石颜色变化划分为12个连续的颜色级别，由高到低，用英文字母D、E、F、G、H、I、J、K、L、M、N、<N代表不同的色级，亦可用数字表示，见表3-5-3。E～M级别钻石颜色，见图3-5-15。

表 3-5-3　钻石颜色级别对照表

钻石颜色级别		钻石颜色级别	
D	100	J	94
E	99	K	93
F	98	L	92
G	97	M	91
H	96	N	90
I	95	<N	<90

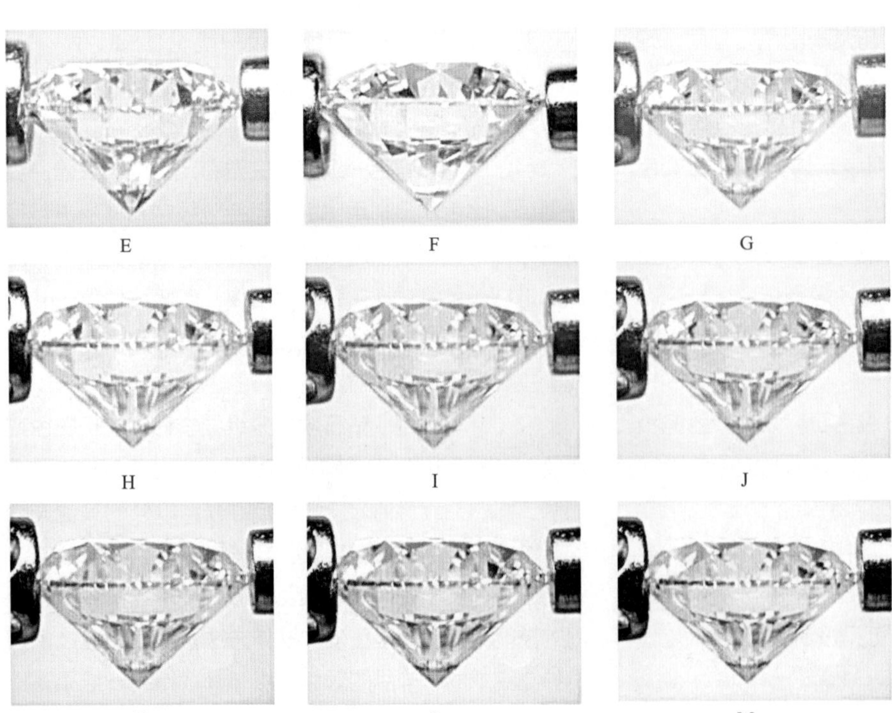

图3-5-15　E～M级别钻石

（2）镶嵌钻石的颜色等级　镶嵌钻石颜色采用比色法分级，分为7个等级，与未镶嵌钻石颜色级别的对应关系见表3-5-4。镶嵌钻石颜色分级应考虑金属托对钻石颜色的影响，注意加以修正。

表 3-5-4　镶嵌钻石颜色等级对照表

镶嵌钻石颜色等级	D～E		F～G		H	I～J		K～L		M～N		<N
对应的未镶嵌钻石颜色级别	D	E	F	G	H	I	J	K	L	M	N	<N

2. 颜色级别划分规则

中国的颜色级别划分采用欧洲体系，每一粒比色石都代表该色级的下限（图3-5-16）。而GIA每一粒比色石则代表该色级的上限（图3-5-17）。

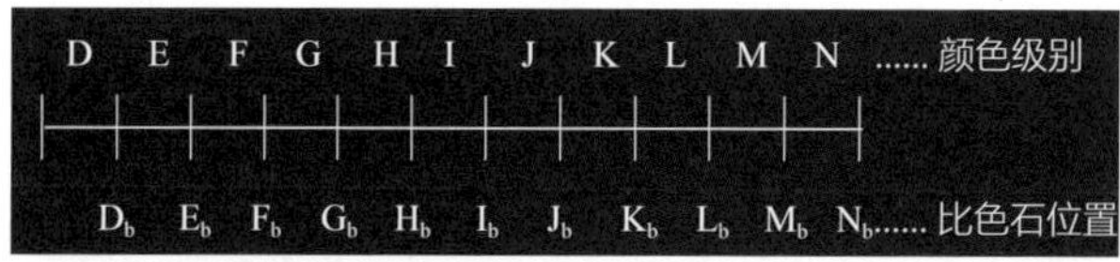

图3-5-16　中国的颜色级别划分体系

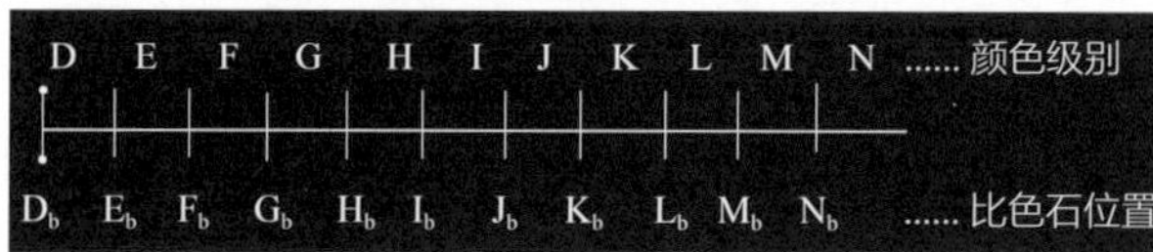

图3-5-17　GIA的颜色级别划分体系

（1）待分级钻石颜色饱和度与某一比色石相同，则该比色石的颜色级别为待分级钻石的颜色级别。

（2）待分级钻石颜色饱和度介于相邻两粒连续的比色石之间，则以其中较低级别表示待分级钻石颜色级别。

（3）待分级钻石颜色饱和度高于比色石的最高级别，仍用最高级别表示该钻石的颜色级别。

（4）待分级钻石颜色饱和度低于“N”比色石，则用“<N”表示。

（5）灰色调至褐色调的待分级钻石，以其颜色饱和度与比色石比较，参照（1）至（4）划分规则进行分级。

3. 钻石颜色分级特征

（1）D～E级　极白，又称作“特白”“极亮白”“净水色”。

D色：纯净无色，极透明，可见极淡的蓝色。

E色：纯净无色，极透明。

（2）F～G级　优白，又称作“亮白”。

F色：从任何角度观察均为无色透明。

G色：1克拉以下的钻石从冠部、亭部观察均为无色透明，但1克拉以上的钻石从亭部观察显示似有似无的黄（褐、灰）色调。

（3）H色　白，1克拉以下的钻石从冠部观察看不出任何颜色色调，从亭部观察，可见似有似无的黄（褐、灰）色调。

（4）I～J级　微黄（褐、灰）白，又称作“淡白”“商业白”。

I色：1克拉以下的钻石冠部观察无色，亭部观察呈微黄（褐、灰）色。

J色：1克拉以下的钻石冠部观察近无色，亭部观察呈微黄（褐、灰）色。

（5）K～L级　浅黄（褐、灰）白。

K色：冠部观察呈浅黄（褐、灰）白色，亭部观察呈很浅的黄（褐、灰）白色。

L色：冠部观察呈浅黄（褐、灰）色，亭部观察呈浅黄（褐、灰）色。

（6）M～N级　浅黄（褐、灰）色。

M色：冠部观察呈浅黄（褐、灰）色，亭部观察带有明显的浅黄（褐、灰）色。

N色：从任何角度观察钻石均带有明显的浅黄（褐、灰）色。

（7）<N级　黄（褐、灰）色。对这一类钻石，非专业人士都可看出明显的黄（褐、灰）色。

对于镶嵌钻石，颜色分级只需分D～E、F～G、H、I～J、K～L、M～N和<N，7个大级。

4. 钻石颜色分级条件

目前，钻石颜色分级方法主要有比色法和仪器测量法两种。比色法是利用比色石与待分级钻石样品进行目测的方法对钻石颜色进行等级划分。仪器测量法是利用仪器进行颜色测试，如钻石色度仪、电脑比色仪、分光光度计等。可排除目视比较法存在的主观因素。目前，我国主要采用比色法对钻石进行颜色分级。

（1）环境条件　钻石颜色分级要求在中性（白色或灰色）的环境下进行，并采用专业的钻石分级灯作为分级光源。同时，应避免除分级用标准光源以外的其他光线的照射，无阳光直射的实验室是理想的颜色分级环境。

（2）人员条件　从事颜色分级的技术人员应受过专门的技能培训，掌握正确的操作方法。由2～3名技术人员独立完成同一样品的颜色分级，并取得统一结果。

（3）常用工具

①钻石比色灯 钻石比色灯色温要求严格，国标中规定的比色灯色温应为5500～7200K。使用统一的比色灯可消除光源的不同对颜色分级造成的差异，以保证分级结果的一致性和可比性。

②比色板、比色槽 要求白色、无荧光、无明显定向反射作用的“V”形比色槽。材质可为塑料或纸质。它可充当容器，提供白色背景，同时还可排除其他光线的影响。

③10×放大镜 可用来观察样品和比色石的净度特征，防止将二者混淆。钻石颜色分级使用的放大镜颜色也最好是中性色。

④镊子 常使用中号至小号的钻石专用镊子。

⑤清洗工具 用于清洁样品，包括擦钻布、酒精等。

⑥天平或克拉秤。

⑦比色石 一套标定颜色级别的标准圆钻型切工钻石样品，依次代表由高到低不同的颜色等级，比色石的级别代表该颜色级别的下限。比色石要求必须具备下列条件：

a. 切工 标准圆钻型切工，比率级别在“好”以上，要求是粗面腰。

b. 重量 每粒重量应大于0.30ct，大小均匀，同一套比色石之间的重量差异不能大于0.10ct。

c. 颜色 必须进行严格的色级标定，不得带有黄色以外的其他杂色。

d. 净度 应在SI1级别以上，无带色的矿物包裹体及色带。

e. 荧光 紫外灯下无荧光反应。

f. 数量 我国的颜色标样共有11粒（D～N），另有3粒荧光比色石，依次代表强、中、弱三个级别的下限。

g. 注意 合成立方氧化锆（CZ）不能作比色石，因为合成立方氧化锆的色调、色散与钻石不同，而且颜色不稳定。

5. 钻石颜色分级的操作步骤

目前国际上最通用的颜色分级方法是比色法。比色法是利用比色石与待测级钻石样品目测比对的方法对钻石颜色进行等级划分。其步骤如下：

（1）清洗样品，包括比色石和待测钻石样品。

①擦钻布擦拭 适合于较干净的钻石样品。

②酒精浸泡擦拭 适合于较脏的钻石样品。

③强酸煮沸清洗 适合于很脏的钻石样品。

④超声波清洗 最好不用，可能会损伤钻石。

（2）称重待测钻石，观察内、外部瑕疵，并记下其特征，以便辨认。

（3）将标准比色石台面向下，按色级由高到低，从左到右依次排列放置在比色板或比色槽上，间距1～2cm（图3-5-18）。

（4）在标准光源下观察比色石，熟悉比色石的颜色差异。

（5）用镊子夹住待测钻石，台面向下从右至左依次置于各比色石之间观察对比。观察时，视线与腰部平行，观察腰部和底尖颜色集中的部位。也可与亭部刻面垂直，观察亭部中间透明区。两个钻石比色时应比较相同的部位（图3-5-19）。

（6）确定钻石的颜色级别。确定钻石颜色级别时，必须将待测钻石分别置于标准比色石的左右两侧进行比较。

①将待测钻石放在比色石左侧时，颜色较深，在右侧时颜色略浅，则待测钻石与比色石色级相同，其色级标定为该比色石的色级。

②将待测钻石放在比色石左侧时，颜色略深，而在右侧时，其颜色与比色石相同，则待测钻石的色级较比色石的色级低，其色级标定为该比色石的下一色级。

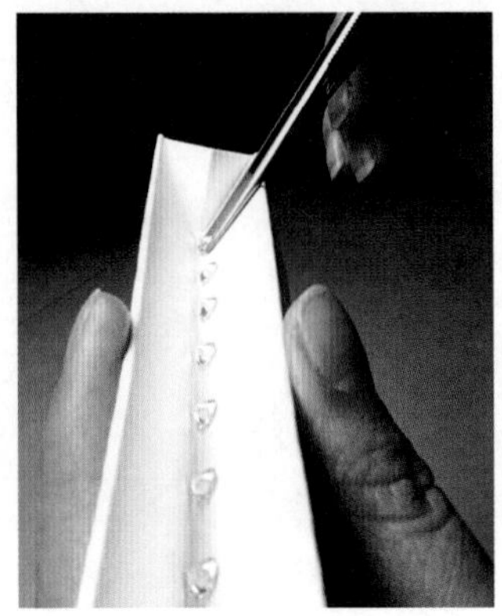

图3-5-18 比色石的摆放

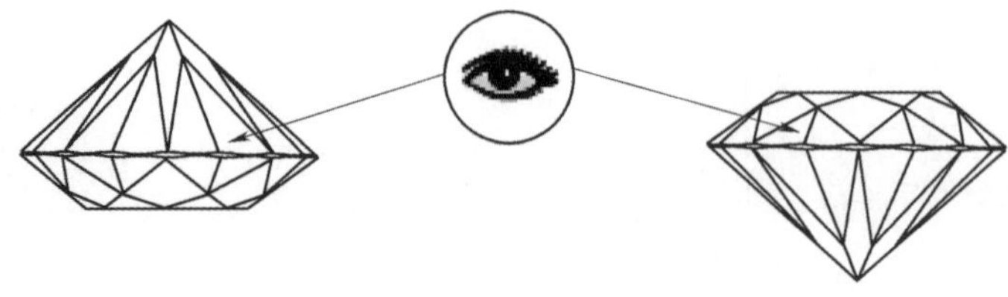

图3-5-19 颜色分级时观察方位

③将待测钻石放在比色石的左侧时颜色相同，放在右侧时稍浅，则待测钻石的色级较比色石的色级高，其色级标定为该比色石的色级。

（7）记录：将比色结果用规定的符号（字母或数字）记录下来，同时在颜色坐标上用符号“×”标出确切的颜色位置。

（8）比色完毕，应重新检查钻石的内外部特征。确认样品，以防待测钻石与标准比色石混淆。

6. 比色方法

（1）颜色集中部位（图3-5-20） 钻石颜色常常集中于腰棱和亭部靠近底尖的位置。

（2）观察方向

①视线与腰部平行（图3-5-21） 观察腰部和底尖颜色集中的部位。

②视线垂直亭部刻面（图3-5-22） 观察亭部中间透明区，该区颜色浅，有利于消除色调及火彩和反光的影响。

（3）比色部位 比较相同的部位，如腰部与腰部比较，底尖与底尖比较。

（4）灯光的运用 调整比色槽高度，光线越强，颜色差异越明显，如图3-5-23所示。

（5）放大镜的应用 颜色相近时，放大条件下更有利于颜色的对比。

（6）哈气的运用 消除钻石表面的反光。

（7）色差效应 当样品与比色石颜色非常接近时：

①钻石放在比色石左边时颜色较深，放在右边时颜色较浅，与比色石同色级（图3-5-24）。

②钻石放在比色石左边时颜色深，放在右边时颜色相同，颜色级别低于比色石（图3-5-25）。

③钻石放在比色石左边时颜色相同，放在右边时颜色浅，颜色级别高于比色石（图3-5-26）。

7. 钻石颜色分级的影响因素

（1）钻石的大小 同一色级的钻石，颗粒越大，感觉颜色越黄；颗粒越小，感觉颜色越白。所以，待测钻石与比色石大小差别很大时，应着重比对靠近亭尖的部位（图3-5-27）。

（2）钻石的颜色 带有灰、褐色调的钻石，定级时色级经常会偏低（图3-5-28）。这时，应比较它们颜色的饱和度和透明度，尽量避免色调的影响。采用透射光比色法，可使灰、褐色调变淡。

（3）钻石的琢型 除标准圆钻型外的其他花式切工的钻石，通常以斜角方向比色为准。花式切工形状不同，光线聚集的部位不同，颜色差别较大（图3-5-29）。比色时通常以斜角方向比色为准，或对比刻面分布与比色石最相似的地方。

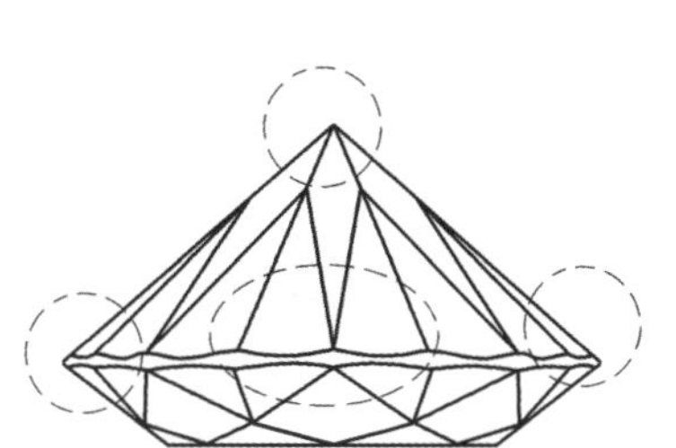

图3-5-20 钻石颜色集中部位

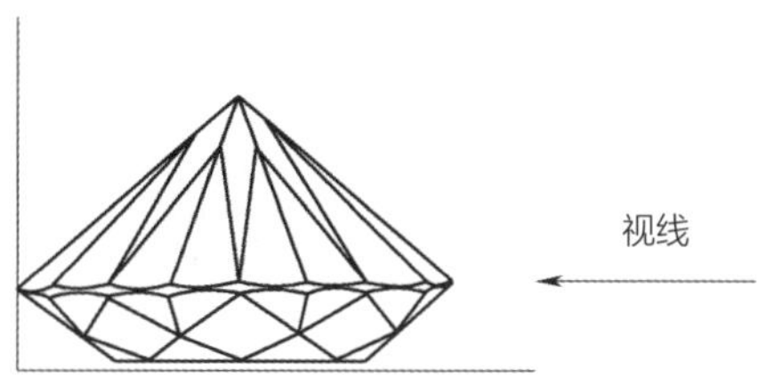

图3-5-21 视线与腰部平行

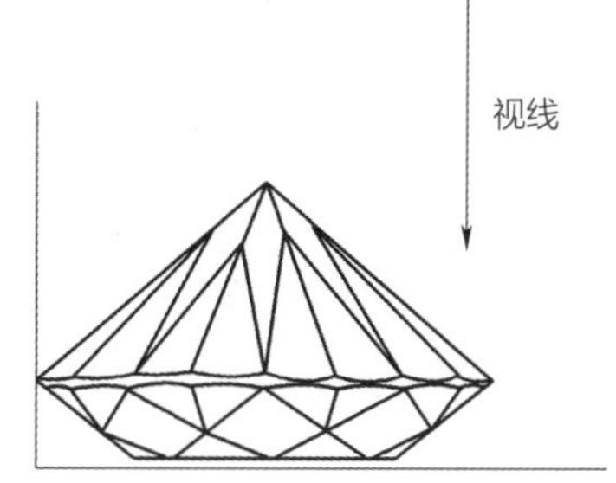

图3-5-22 视线垂直亭部刻面

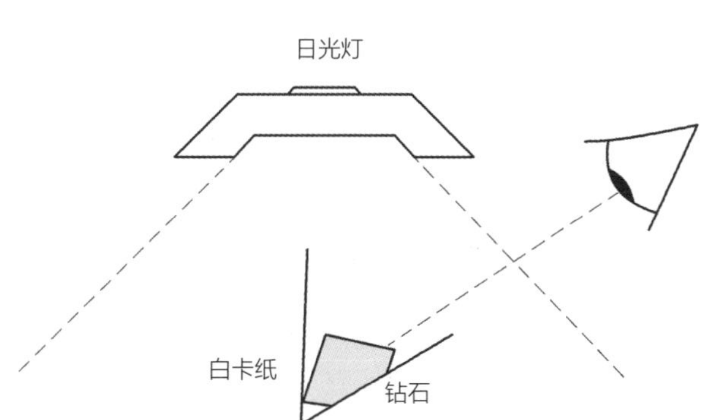

图3-5-23 灯光的运用

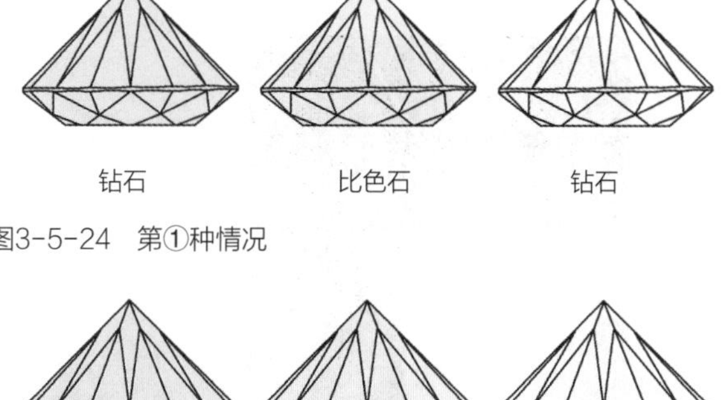

图3-5-24 第①种情况

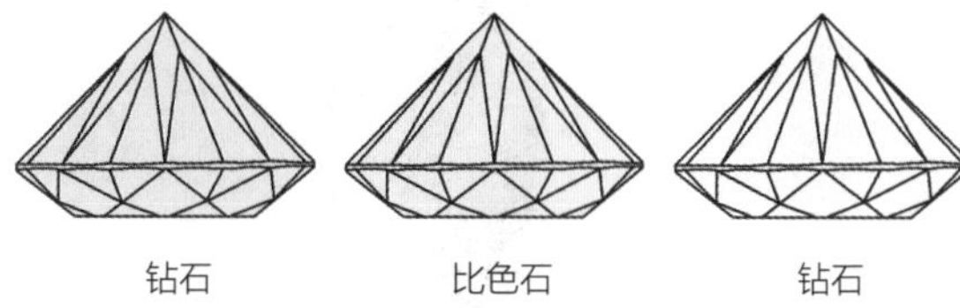

图3-5-25 第②种情况

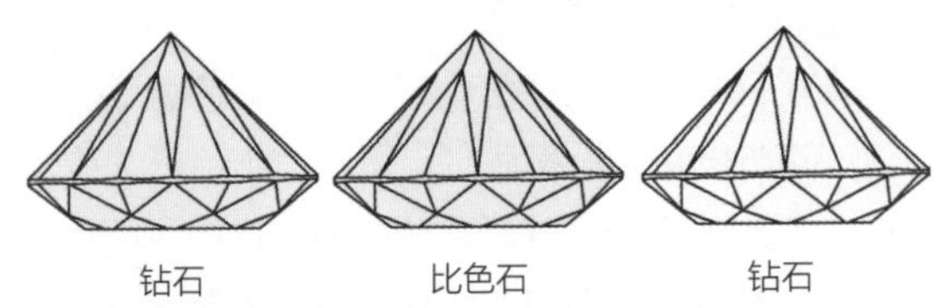

图3-5-26　第③种情况

图3-5-28　同色级不同颜色的钻石

（4）分级的时间　分级时间不宜过长，因为钻石颜色分级具有很强的主观性，长时间地从事单一的工作，会产生视觉疲劳，准确分级的能力也会下降。

（5）包裹体　VS以上的钻石或无色，包裹体不影响颜色分级。有较大的带色内含物，则要调整钻石的比色方向。

（6）色带或色域　色带或色域很浅，不影响比色则不予考虑；色带或色域很深，同一钻石出现两个色级则从台面进行比色。

（7）切工

①亭部过浅出现鱼眼效应，显得钻石色浅。

②亭部过深出现黑底效应，显得钻石色深。

③腰部过厚或出现严重的须腰，产生灰色调。

（8）荧光对钻石颜色的影响（图3-5-30）

①蓝色荧光与黄色体色叠加，钻石颜色变白。

②黄色荧光与黄色体色叠加，钻石颜色变黄。

因此，具有荧光的钻石在含有紫外线光源条件下比色，其真实色级将受到影响。

图3-5-30　荧光对钻石颜色的影响

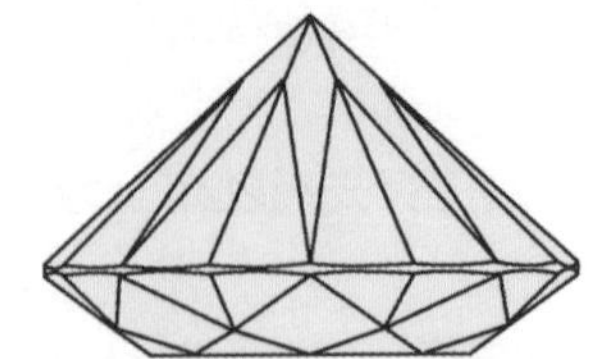
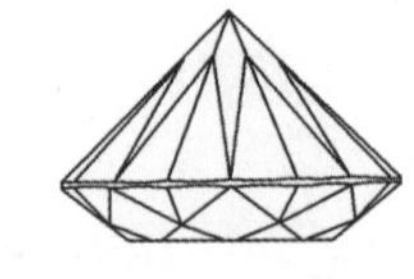

图3-5-27　同色级大小悬殊的钻石

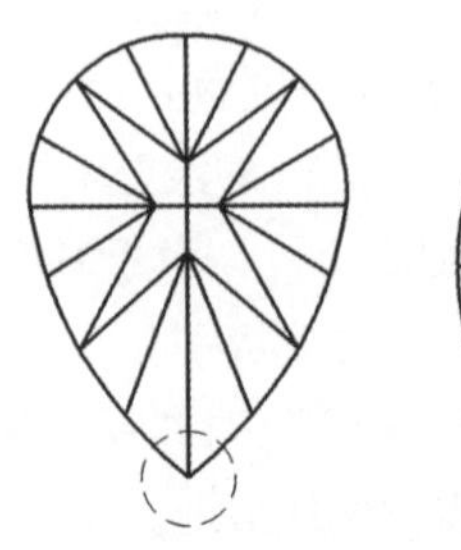
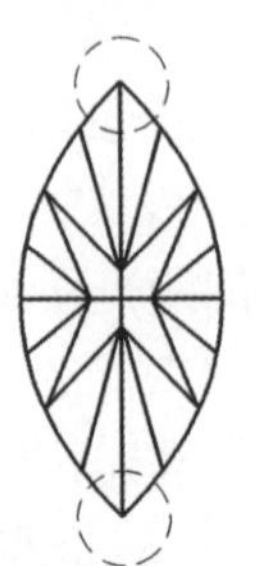
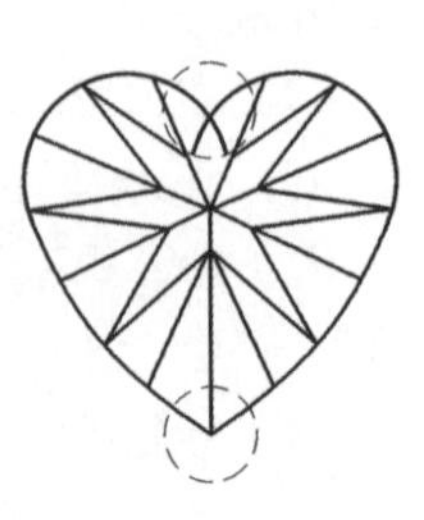

图3-5-29　花式切工钻石颜色集中部位

三、钻石荧光强度分级

1. 概述

全世界产出的钻石中，大约有50%的钻石在紫外线的照射下会产生荧光。钻石荧光的颜色主要为蓝白色，其次为黄白、黄、黄绿、橙黄等色。其中，90%以上的荧光呈蓝白色。蓝白色荧光与N_3中心有关。单个N原子置换了钻石中的C原子会产生橙黄色荧光。氮元素以其他形式存在于钻石内时称为B集合体，无荧光。荧光的强度对钻石的外观（体色）有一定的影响作用，甚至有时会影响到钻石的价值。具中等强度以上的蓝白色荧光会使无色透明的钻石看上去更白，如Jager钻石。Jager钻石在阳光下呈蓝白色，其真正的色级在 I 级。强蓝白色荧光也可与浅黄色钻石的黄体色互补，看上去接近无色，从而提高了钻石的色级。但如果钻石发黄色荧光，无论如何都会使钻石的色级降低。太强烈的荧光还会使钻石呈现朦胧油状，降低钻石的透明度，影响到钻石的净度，如Premier超蓝钻。

具蓝白色荧光的黄色钻石，一般情况下颜色会显得较白，具蓝白色荧光的钻石不会真正提高其色级。荧光过强，会影响钻石的透明度，降低钻石的净度。无荧光的钻石相对最硬，黄色荧光次之，发蓝白色荧光的钻石相对较软。荧光只是一种发光现象，与放射性无关，对人体无害。绝大部分钻石在X射线下发荧光，可用来选矿。

2. 荧光级别划分规则

钻石的荧光按其强度划分为“强”“中”“弱”“无”

四个等级。待测钻石的荧光强度可直接与荧光比色石对比来确定。

三粒荧光强度对比样品将荧光级别划分为“强”“中”“弱”“无”四级:

（1）待分级钻石的荧光强度与荧光强度比对样品中的某一粒相同，则该样品的荧光强度级别为待分级钻石的荧光强度级别。

（2）待分级钻石的荧光强度介于相邻的两粒比对样品之间，则以较低级别代表该钻石的荧光强度级别。

（3）待分级钻石的荧光强度高于比对样品中的“强”，仍用“强”代表该钻石的荧光强度级别。

（4）待分级钻石的荧光强度低于比对样品中的“弱”，则用“无”代表该钻石的荧光强度级别。

3. 荧光分级仪器

（1）紫外荧光灯 波长为365nm的长波紫外荧光灯，最好带有暗箱，可以避免杂光的影响。

（2）荧光强度对比样品（荧光比色石，如图3-5-31所示） 一套已标定荧光强度级别的标准圆钻型切工的钻石样品由3粒组成，依次代表“强”“中”“弱”三个级别的下限。荧光比色石要求：标准圆钻型切工，重量大于0.20克拉。

4. 荧光分级步骤

（1）清洗样品。

（2）记录荧光比色石及待分样品的净度及克拉质量。

（3）打开荧光灯的长波开关。

（4）将荧光比色石台面向下，由强到弱，由左到右依次排列在荧光灯下，间距2cm左右。

（5）将样品放入暗箱中由右到左依次对比。

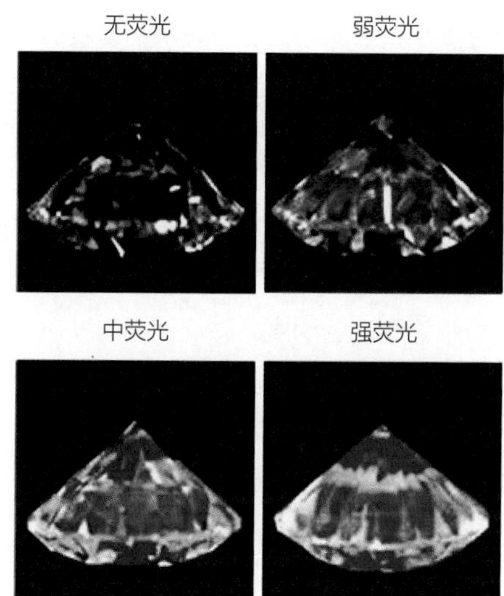

图3-5-31 荧光比色石

（6）记录荧光分级结果。

（7）检查样品，防止与荧光比色石混淆。

5. 荧光分级注意事项

（1）荧光分级通常与颜色分级同步进行。所用仪器准备好后，比对完颜色可直接将钻石放入荧光灯下进行荧光强度的对比。

（2）注意观察亭部，必要时可边观察边转动，防止钻石表面反光与荧光相混。

（3）荧光对眼睛有很大的伤害，切不可直视荧光灯。

（4）因为荧光强度的对比相对容易，所以比较荧光时将样品放在荧光比色石前方位置，不要放在荧光标样的旁边，以免在暗环境中将样品与荧光标样混淆。

（5）要经常检查长短波开关按钮，保证在长波下进行比色。因为不注意会按错按钮，钻石在长短波下的荧光强度不同，有可能得出错误结论。

（6）注意样品放置方向要与荧光比色石一致，因为台面向下和亭部向下的荧光强度可能差别很大。

（7）刚做完荧光分级的钻石不宜马上做颜色分级，因为有的钻石有可能带有磷光。

（8）荧光强度为“无”的钻石并不都是没有荧光，可能只是比荧光强度为“弱”的荧光比色石稍弱而已。

四、钻石净度分级

钻石的净度是指影响钻石整体均一性的所有特征。净度是决定钻石价值的另一个重要因素。钻石的净度分级是指在10倍放大镜下，对钻石内部和外部特征进行等级划分。为保证钻石净度分级的一致性，钻石的净度分级在各种钻石分级体系中都规定，需使用10倍放大镜或放大10倍观察。

（一）净度特征（瑕疵）分类

钻石和净度特征分为内部特征和外部特征。内部特征主要是在钻石形成过程中形成的；外部特征主要是在切磨过程中形成的和切磨后钻石在流通、佩戴、保存过程中造成的。

1. 钻石内部特征

包含在或延伸至钻石内部的天然包裹体、生长痕迹和人为造成的特征，是决定钻石净度级别的主要因素。主要形式为晶态包裹体、生长纹理和裂隙。

2. 钻石内部特征

（1）点状包体 钻石内部极小的天然包裹物（图3-5-32）。

（2）云状物　（图3-5-33）钻石中朦胧状、乳状、无清晰边界的天然包裹物。钻石中的云状物主要有三种表现形式：①微小的晶态包裹体；②微小的羽状纹；③晶体的缺陷或错位。

（3）浅色包裹体　钻石内部的浅色或无色天然包裹物（图3-5-34）。

（4）深色包裹体　钻石内部的深色或黑色天然包裹物（图3-5-35），如钻石、赤铁矿、石墨、带色橄榄石、铬透辉石、镁铝榴石等。

（5）针状物　钻石内部的针状包裹体（图3-5-36）。

（6）内部纹理　钻石内部的天然生长痕迹。包括：①双晶纹　表现为平直的线（图3-5-37）；②色带　平直纹理，颜色浓淡错落（图3-5-38）；③晶格错位　不规则纹理（图3-5-39），纹理内可能存在细小的裂隙、细小的固态包裹体、细小的针点状包裹体等，形成可见的不规则的纹理。

（7）内凹原始晶面　凹入钻石内部的天然结晶面（图3-5-40）。

（8）羽状纹　钻石内部或延伸至内部的裂隙，形似羽毛状（图3-5-41），可以封闭在钻石内部，也可出露。羽状纹有时呈平面状易见，有时呈线状不易观察。

（9）须状腰　腰上细小裂纹深入内部的部分（图3-5-42）。

（10）空洞　大而深的不规则破口（图3-5-43）。

图3-5-32　台面下点状包裹体

图3-5-33　台面下的云状物

图3-5-34　浅色包裹体

图3-5-35　深色包裹体

图3-5-36　针状物

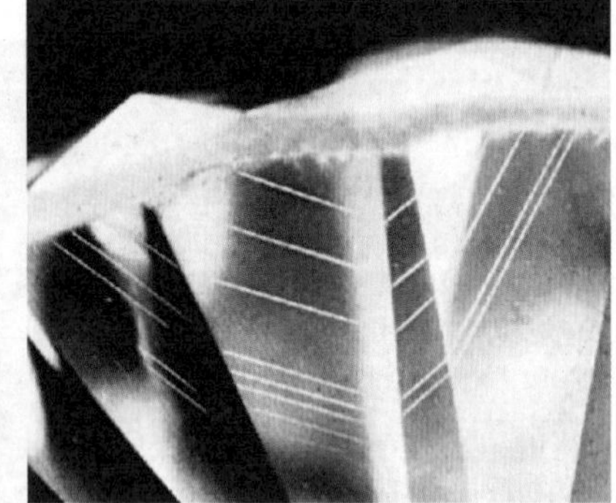
图3-5-37　双晶纹

图3-5-38　色带

图3-5-39　不规则纹理

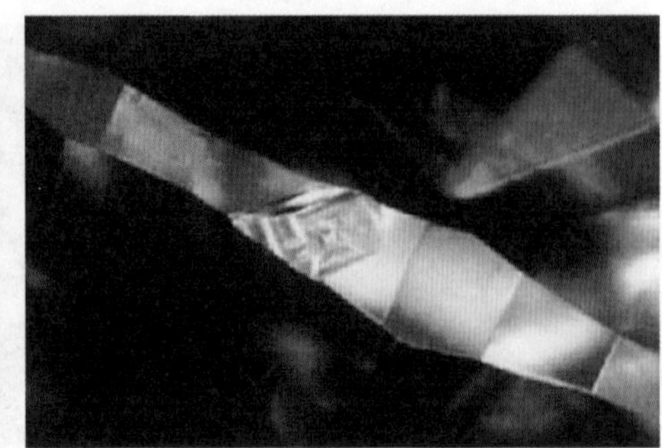
图3-5-40　内凹原始晶面

图3-5-41 羽状纹

图3-5-42 须状腰

图3-5-43 空洞

（11）激光痕 用激光束和化学品去除钻石内部深色包裹物时留下的痕迹（图3-5-44）。管状或漏斗状痕迹称为激光孔。激光痕和激光孔可被高折射率玻璃充填。

3. 仅存在于钻石外表的天然生长痕迹和人为造成的特征

（1）原始晶面 在加工过程中为保持最大质量而在钻石腰部或近腰部保留的天然结晶面（图3-5-45）。

（2）表面纹理 钻石表面的天然生长痕迹（图3-5-46），可能呈直线、折线或其他几何形状。

（3）抛光纹 抛光不当造成的细密线状痕迹（图3-5-47），在同一刻面内相互平行。

（4）刮痕 表面很细的划伤痕迹（图3-5-48），特点为一头粗一头细或两头细中间粗。

（5）烧痕 抛光不当所致的糊状疤痕（图3-5-49）。

（6）额外刻面 在规定之外的所有多余刻面（图3-5-50），表面光滑，边棱平直，多出现在腰部附近，也可以在钻石表面的其他部位出现。额外刻面与原始晶面的区别为额外刻面经过抛光，表面光滑，边棱平直。

（7）缺口 腰或底尖上出现细小的撞伤（图3-5-51）。

（8）击痕 钻石表面受到外力撞击留下的痕迹（图3-5-52），特点为放射状的裂纹。

（9）棱线磨损 棱线上细小的损伤，呈磨毛状（图3-5-53）。

（10）人工印记 在钻石表面，人工刻印留下的痕迹（图3-5-54），需在备注中注明印记的位置。

图3-5-44 激光痕

图3-5-45 原始晶面

图3-5-46 表面纹理

图3-5-47 抛光纹

图3-5-48 刮痕

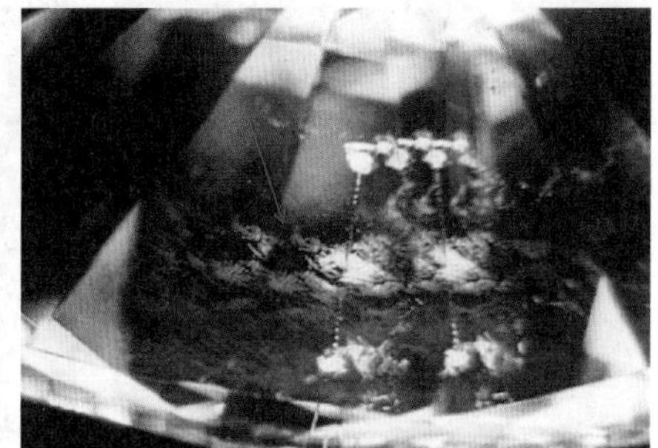
图3-5-49 烧痕

图3-5-50 额外刻面

图3-5-51 缺口

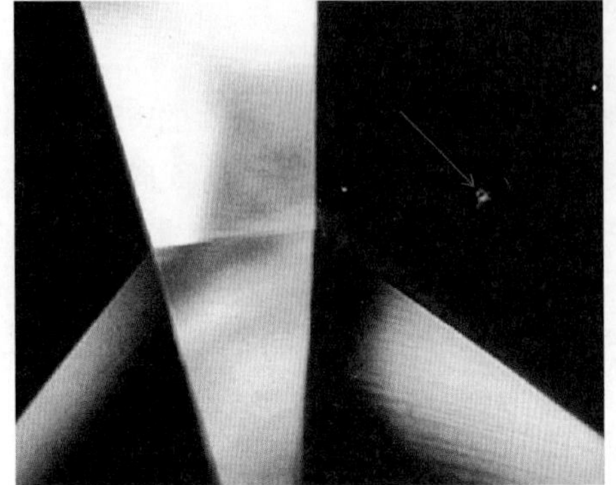

图3-5-52 击痕

图3-5-53 棱线磨损

图3-5-54 人工印记

（二）净度特征的观察

（1）钻石净度特征的正确观察姿势，如图3-5-55所示。

（2）照明方式 采用亮域照明（图3-5-56）和暗域照明（图3-5-57）方式对钻石进行全面观察。

（3）六点钟观察方式 六点钟方向附近的内部净度特征观察得较为清楚（图3-5-58）。

（4）镊子的几种夹持方法

①垂直冠部观察 如图3-5-59所示，能观察到大多数内部净度特征。

②垂直亭部观察 如图3-5-60所示，能观察到钻石亭部的外部净度特征，以及钻石的内部净度特征。

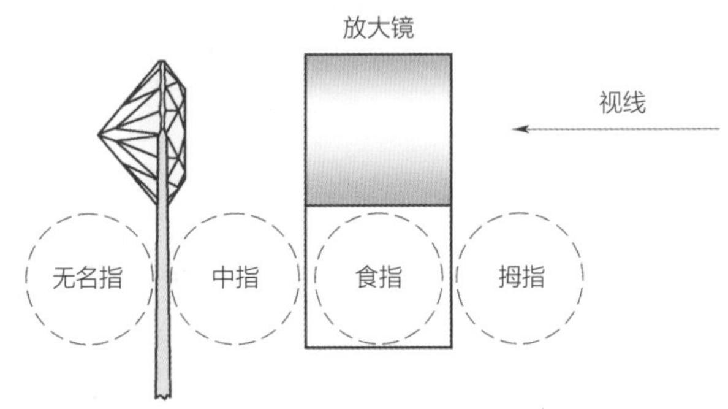

图3-5-55 钻石净度特征的正确观察姿势

③垂直腰部（图3-5-61）、倾斜台面（图3-5-62）观察 能观察到钻石腰部附近的净度特征。

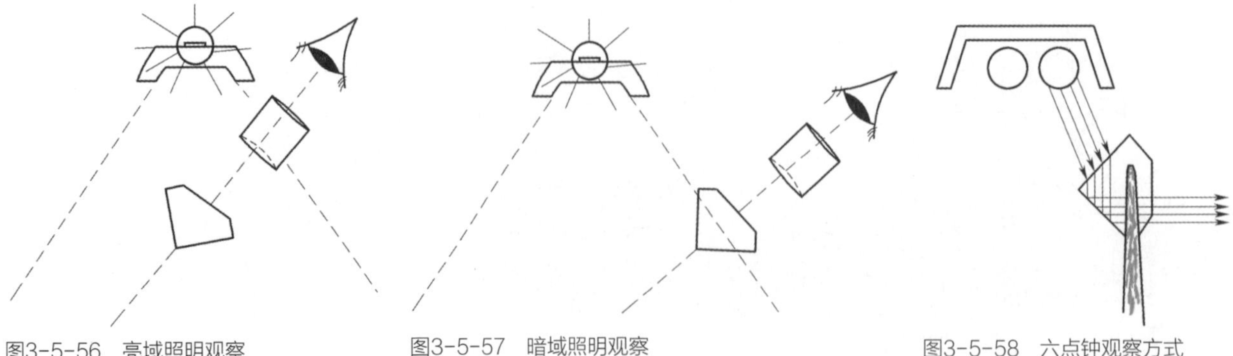

图3-5-56 亮域照明观察

图3-5-57 暗域照明观察

图3-5-58 六点钟观察方式

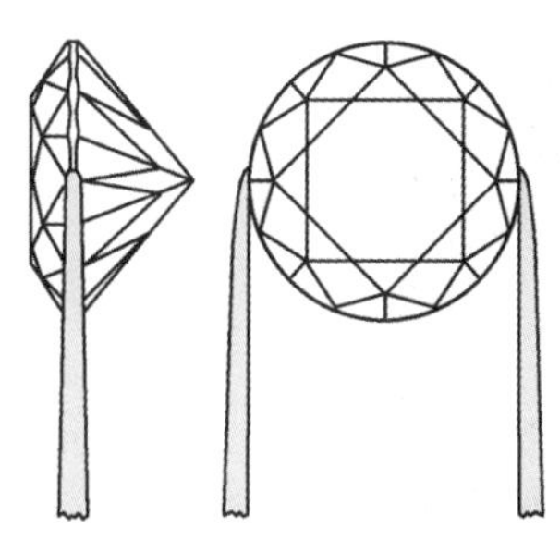

图3-5-59　冠部观察

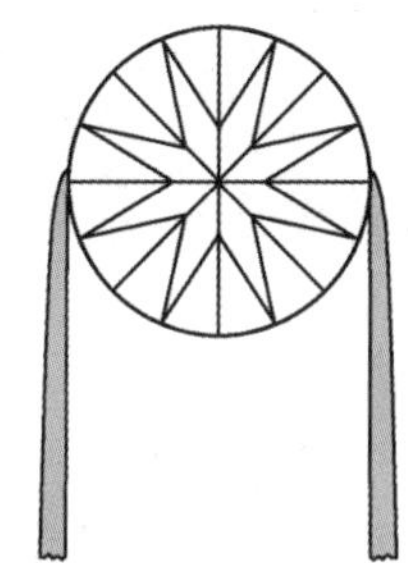

图3-5-60　亭部观察

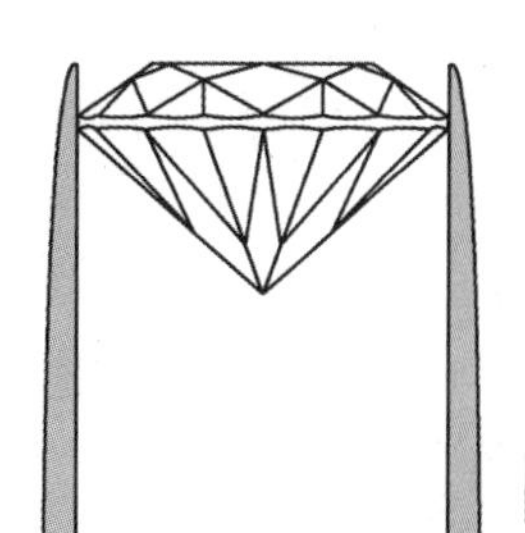

图3-5-61　腰部观察

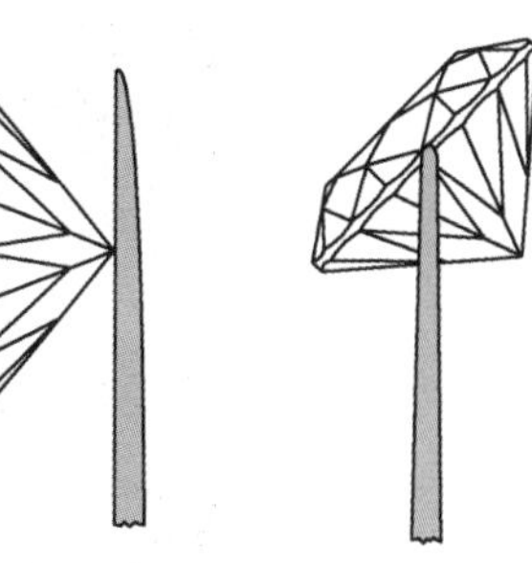

图3-5-62　倾斜观察

（三）钻石净度特征的表征方法

1. 净度特征描述符号

内部特征用红笔描绘，强调其对净度级别的影响的重要性。由内而外的特征用红+绿笔描绘，包括内凹原始晶面、空洞、激光孔。外部特征用绿笔描绘，区别于内部特征，比内部影响弱。

2. 净度素描图

将钻石的全部内外部净度特征使用规定的净度特征符号描绘在冠部（图3-5-63）和亭部（图3-5-64）的投影图上，称之为净度素描图。净度素描图是钻石净度级别确立的依据，同时也是证明钻石唯一性身份的依据。净度素描图可以避免钻石的混淆、调换，特别是在钻石颜色分级时可以避免与比色石混淆。另外，还可以确认钻石分级时的状态。

3. 净度特征在冠部、亭部（投影图）的表示方法

（1）净度素描图画图的要求（图3-5-65）

①将最主要的净度特征标示在六点钟位置，作为参照点。然后，将其他净度特征画在相应位置上。

②冠部与亭部镜像对称（图3-5-66）。

（2）冠部与亭部投影图上的绘制内容及描述

①冠部图上：

a.所有从冠部可观察到的内部特征；b.在冠部表面的外部特征；c.当底尖破损非常严重需用空洞表示时，要标注在亭部。

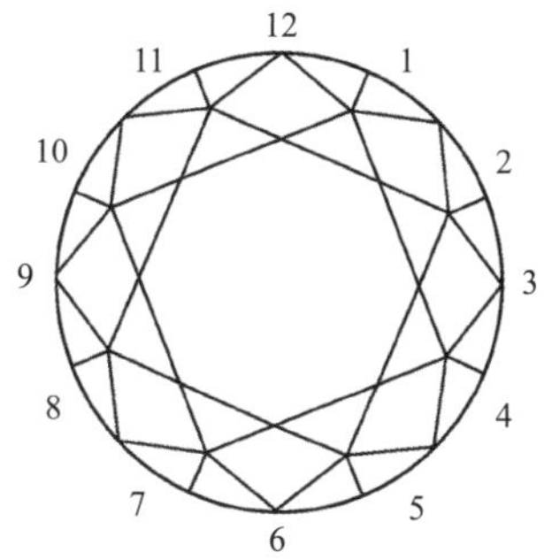

图3-5-63　冠部投影图

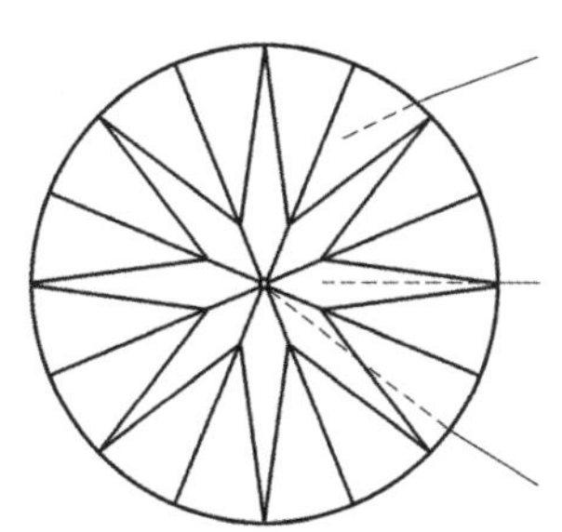

图3-5-64　亭部投影图

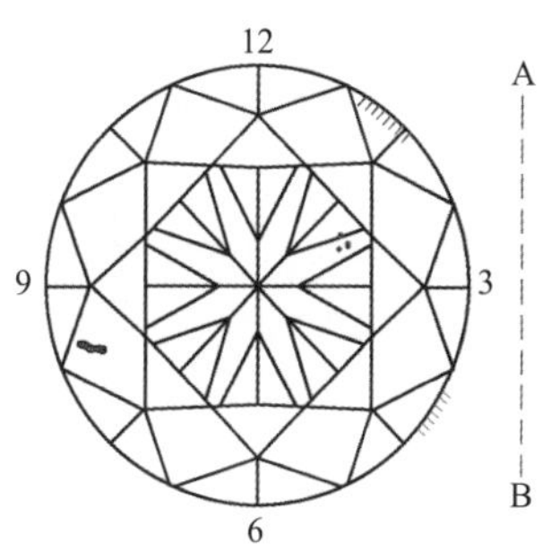

图3-5-65　净度素描图画图要求

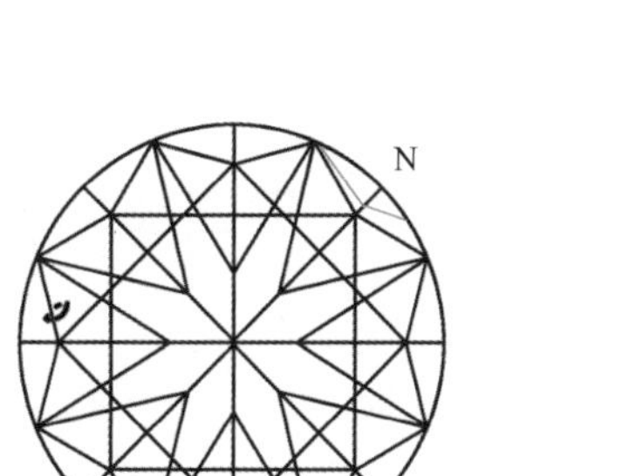

钻石净度特征的实际位置

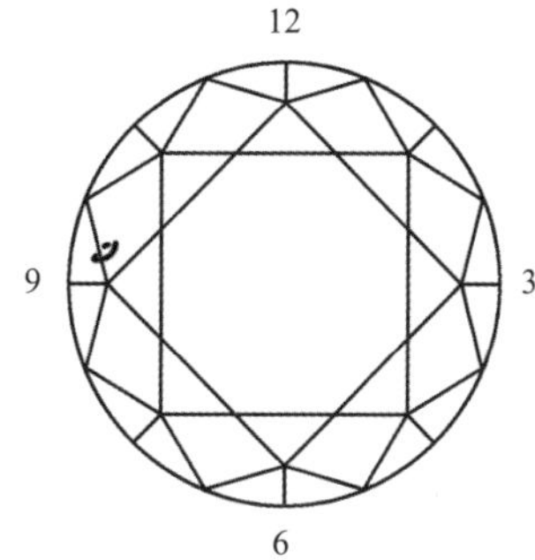

冠部素描图

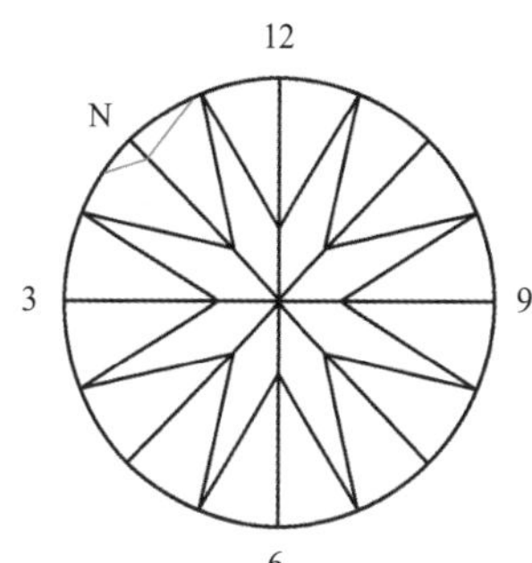

亭部素描图

图3-5-66　冠部与亭部镜像对称示意图

②亭部图上：

a.仅能在亭部观察到的内部特征；b.出露于亭部的羽裂、空洞；c.在亭部表面的外部特征；d.轻微的底尖破损视为缺口，作为外部特征标注于亭部。

③注意事项：

a.画图时，要将净度特征的形状、位置、相对大小准确画出；b.激光孔应优先标注；c.尽可能地标注影响对称性级别的外部特征。

④描述：

a.影像的多少；b.烧痕的面积大小；c.色带和抛光纹的多少、明显程度；d.云状物的明显程度；e.内含物对透明度亮度的影响；f.须状腰、激光打孔处理。

4. 绘制步骤

（1）系统观察，初步确认净度级别。

（2）绘制冠部图

①找出参照点，以最明显净度特征定为六点钟位置；②仔细观察冠部内外部特征，根据参照点，在其相对位置上绘制标出其他净度特征；③恢复六点钟位置；④将钻石分四个象限，每次主要观察六点钟所在的象限，看完后旋转90°，观察下一个象限（图3-5-67）。

（3）绘制亭部图

①翻转钻石，确认六点钟位置；②观察净度特征并绘出净度素描图，注意考虑与冠部左右对称性；③恢复到六点钟位置。

（4）腰部　观察腰部，确认六点钟位置，按一定的方向和角度找出并绘出净度特征素描图。

5. 钻石净度分级条件要求

在10倍放大条件下分级，采用比色灯照明，正确使用亮域和暗域照明。

6. 人员

从事净度分级的技术人员应受过专门的技能培训，掌握正确的操作方法。由2～3名技术人员独立完成同一样品的净度分级，并取得统一结果。

（四）中国钻石净度分级体系（GB/T 16554—2017）

1. 中国钻石分级体系

国家标准GB/T 16554—2017《钻石分级》中裸钻分为LC、VVS、VS、SI、P五个大级别，又细分为FL、IF、VVS_1、VVS_2、VS_1、VS_2、SI_1、SI_2、P_1、P_2、P_3十一个小级别。对于质量低于（不含）0.0940g（0.47ct）的钻石，净度级别可划分为五个大级别。

国家标准GB/T 16554—2017《钻石分级》中镶嵌钻石在10倍放大镜下，镶嵌钻石净度分为：LC、VVS、VS、SI、P五个等级。钻石净度分级描述所使用各刻面名称及分区如图3-5-68所示。

2. GB/T 16554—2017《钻石分级》净度级别的划分规则

（1）LC级　在10倍放大条件下，未见钻石具外部特征，细分为FL、IF。

①在10倍放大条件下，未见钻石具外部特征，定为FL级（图3-5-69）。下列外部特征情况仍属FL级：

a.额外刻面位于亭部，冠部不可见；b.原始晶面或人工印记位于腰围内，不影响腰部的对称，冠部不可见。图3-5-70中原始晶面位于腰围，不影响腰部的对称，冠部不可见，仍属FL级；图3-5-71中人工印记仅局限于腰围，不影响腰部的对称，冠部不可见，仍属FL级。

②在10倍放大条件下，未见钻石具内部特征，下列内部特征情况仍属IF级：

a.内部生长纹理无反光，无色透明，不影响透明度；b.可见极轻微外部特征，经轻微抛光后可去除。图3-5-72a钻石见内部纹理，无色无反光，仍属IF级；图3-5-72b钻石棱线轻微磨损，仍属IF级。

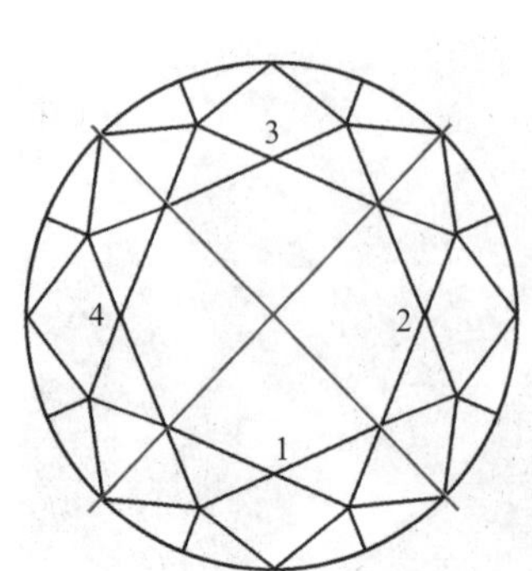

图3-5-67　四象限系统观察方法

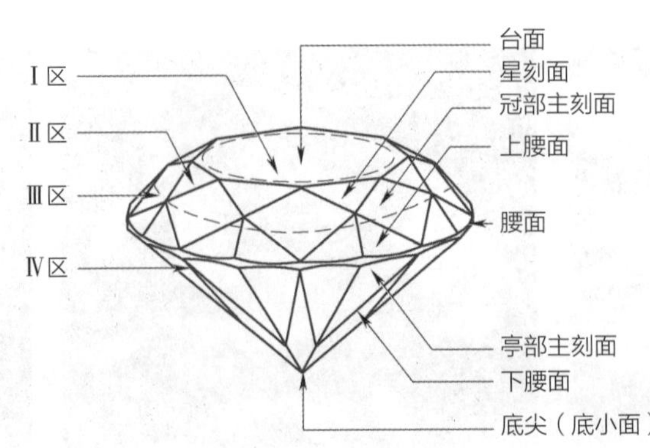

图3-5-68　钻石的各刻面名称及分区

图3-5-69　FL级钻石

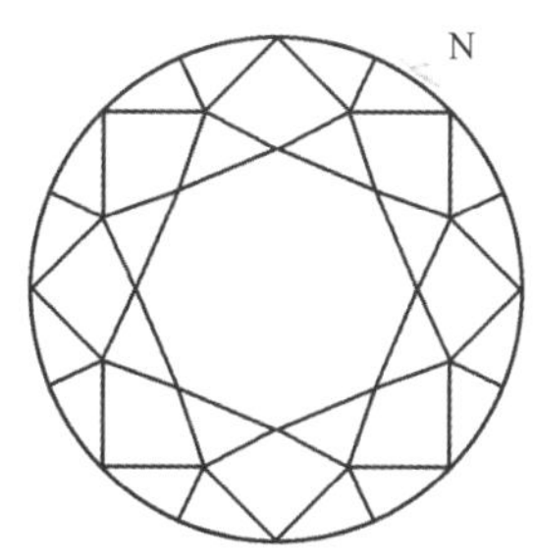

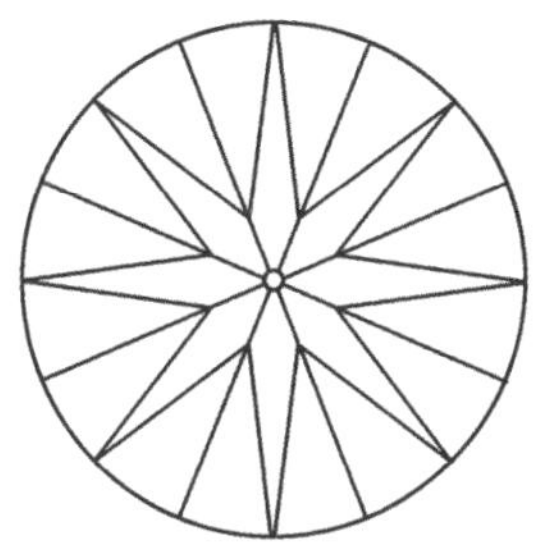

图3-5-70 FL级钻石素描图

图3-5-71 人工印记对钻石净度的影响

图3-5-72 IF级钻石

（2）VVS级　在10倍放大镜下，钻石具极微小的内、外部特征，细分为VVS_1、VVS_2：

①钻石具有极微小的内、外部特征，10倍放大镜下极难观察，定为VVS_1级。

②钻石具有极微小的内、外部特征，10倍放大镜下很难观察，定为VVS_2级。

VVS级：允许有较容易发现的外部特征，如额外刻面、原始晶面、小划痕或微小的缺口等。极少量的，可见度低的针点状物、发丝状小裂隙（位于亭部）、轻微的须状腰、少量的有反射的生长纹、微弱的云状物等。与IF级的区别是含少量微小的内含物，而IF只有不明显的外部特征。其包体特征为可见到微小的针点，会反射的双晶纹、须状腰、微小至细小的缺口等。

VVS_1级：Ⅰ区，一般不允许有内部特征；Ⅱ区、Ⅲ区，极少量的可见度低的针点状物或极淡的云状物；腰部区，极轻微的须状腰（图3-5-73、图3-5-74）。

VVS_2级：Ⅰ区，极少量的针点状物或极淡的云状物；Ⅱ区、Ⅲ区，少量的针点状物、淡的云状物；腰部区，轻微的须状腰（图3-5-75）。图3-5-76为VVS_2净度素描图。图3-5-77为VVS_2净度实物与素描图实例。

（3）VS级　在10倍放大镜下，钻石具细小的内、外部特征，细分为VS_1、VS_2：

①钻石具细小的内、外部特征，10倍放大镜下难以观察，定为VS_1级。

②钻石具细小的内、外部特征，10倍放大镜下比较容易观察，定为VS_2级。

VS级：钻石内具有细小的内含物，专业技术人员以10倍放大观察难以发现（VS_1）或比较容易发现（VS_2）。除原晶面及冠部可见的多余面外，其他轻微的外部特征对该级别的影响不大。VS级特征包体：台面下的针尖状包裹体群，微小但比针尖略大的包裹体（浅色包体），轻微云状物，冠部边缘微小的羽裂。

VS_1级：Ⅰ区，针点状包体或淡云状物、底尖轻微破损；Ⅱ区、Ⅲ区，轮廓不太清楚的细小浅色晶体包裹体；腰部区，不明显的须状腰或细小的缺口、内凹原晶面、较难观察的短丝状羽状纹。

VS_2级：Ⅰ区，细小的晶体包裹体、点群包体、明显的云状物、底尖破损；Ⅱ区、Ⅲ区，细小晶体包体、丝状羽状纹；腰部区，小缺口、平行腰棱的线状羽状纹或斜交腰棱的细小羽状纹。

图3-5-78为VS_1级与VS_2级包体特征对比图。

图3-5-79为VS_1级净度素描图。

图3-5-80为VS_2净度级别素描图。

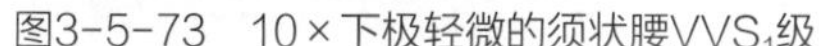

图3-5-73 10×下极轻微的须状腰VVS_1级

图3-5-74 棕色色带VVS_1级

图3-5-75 轻微的须状腰VVS_2级钻石

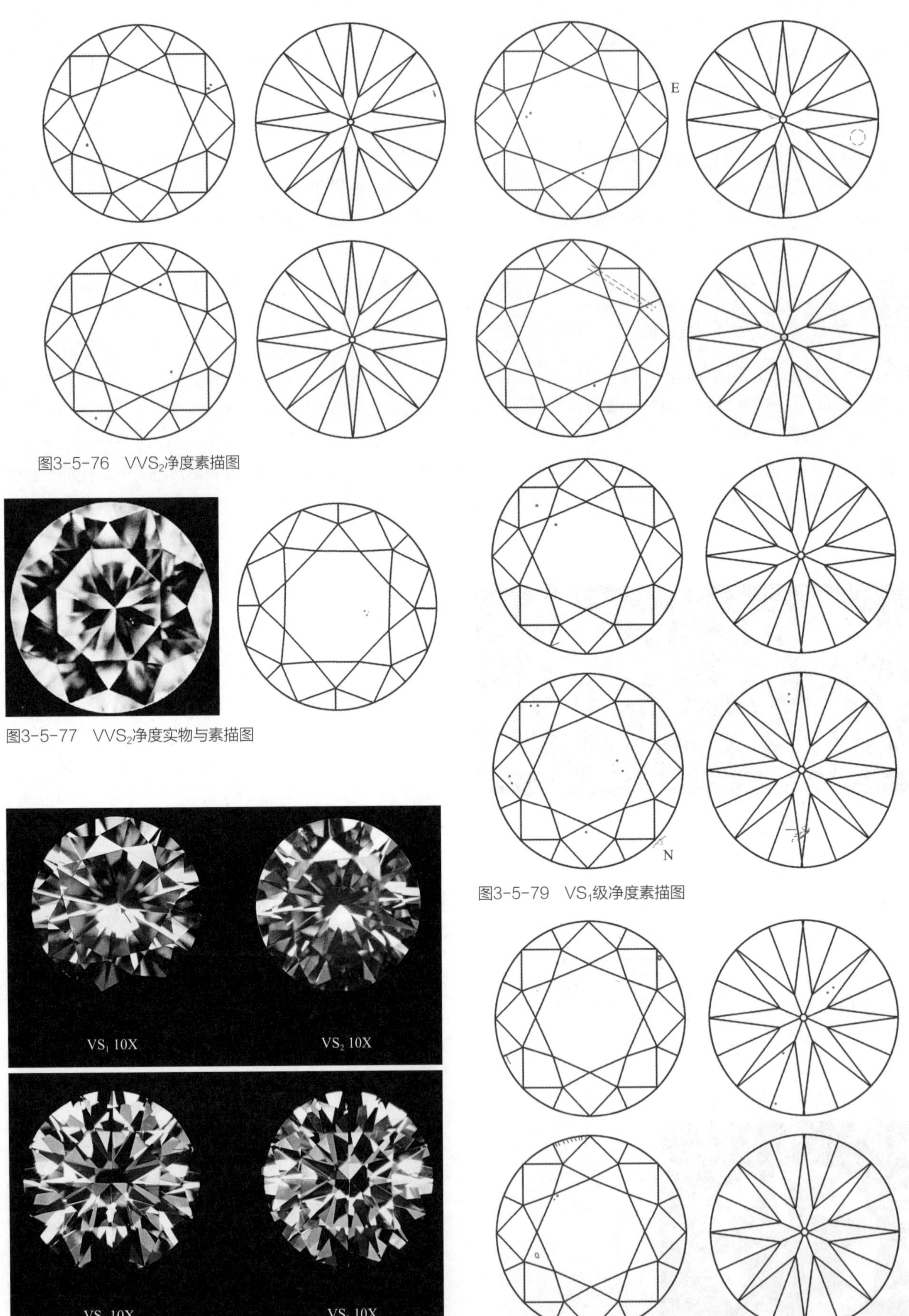

图3-5-76　VVS$_2$净度素描图

图3-5-77　VVS$_2$净度实物与素描图

图3-5-78　VS$_1$级与VS$_2$级包体特征对比图

图3-5-79　VS$_1$级净度素描图

图3-5-80　VS$_2$净度级别素描图

（4）SI级　在10倍放大镜下，钻石具明显的内、外部特征，细分为SI_1、SI_2：

①钻石具明显内、外部特征，10倍放大镜下容易观察，定为SI_1级。

②钻石具明显内、外部特征，10倍放大镜下很容易观察，定为SI_2级。

SI级：专业技术人员以10×放大观察容易（SI_1）和很容易（SI_2）发现钻石内具有明显的内含物。SI_1级的内含物肉眼从任何角度无论如何都看不见，SI_2级的内含物肉眼从亭部观察介于可见与不可见之间。

SI_1级：Ⅰ区，明显的浅色晶体包裹体、明显的云状物；Ⅱ区、Ⅲ区，明显的线状羽状纹；腰部区，缺口、小的面状羽状纹。图3-5-81为SI_1净度素描图及实际图。

SI_2级：Ⅰ区，明显内部特征（图3-5-82、图3-5-83）。SI级与P级划分依据：肉眼从冠部可见内含物为P级。

（5）P级　从冠部观察，肉眼可见钻石具内、外部特征，细分为P_1、P_2、P_3：

①钻石具明显的内、外部特征，肉眼可见，定为P_1。

②钻石具很明显的内、外部特征，肉眼易见，定为P_2。

③钻石具极明显的内、外部特征，肉眼极易见并可能影响钻石的坚固度，定为P_3。

P级：专业技术人员在10×放大镜下显而易见及肉眼可见的净度特征。它们对钻石的光学效应有一定影响。

P_1级（图3-5-84）：通常肉眼从冠部观察介于可见与不可见之间。典型的特征有：明显的深色包裹体、较大的裂纹、清楚的云状物等。

P_2级（图3-5-85）：肉眼从冠部容易看见大或多的内含物，它们对钻石的亮度有明显的影响，使钻石看上去暗淡、呆板，对钻石的耐久性也有影响。

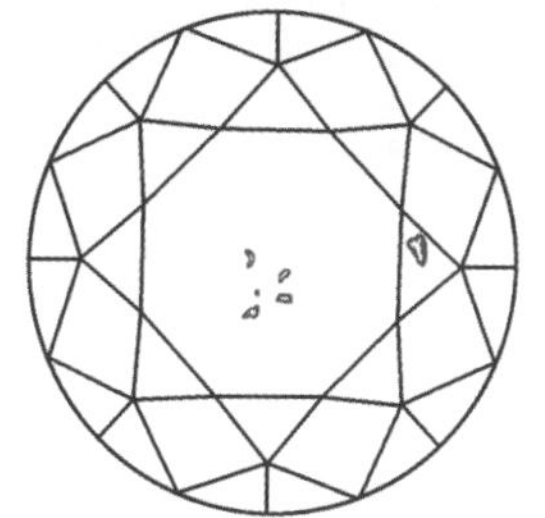

图3-5-81　SI_1净度素描图及实际图

图3-5-82　SI_2包体特征

图3-5-83　SI_2净度素描图

图3-5-84　P_1级内、外部特征

图3-5-85　P_2级内、外部特征

P_3级（图3-5-86）：肉眼很容易看见数目极多或个体极大的特征。它们不但影响了钻石的透明度和明亮度，还影响了钻石的耐久性。实际已和工业用金刚石相差无几。

3. 影响净度级别的因素

（1）内、外部特征的大小

①内部包体大小对净度的影响　一般情况下，钻石内含物≤5μm可以定为LC级，5～50μm可以定为VVS-SI级，＞50μm肉眼冠部可见定为P级。

②底尖破损程度对净度的影响　一般情况下，钻石底尖微损：＜5%为VVS_2级（图3-5-87），底尖破损：5%～15%为VS级（图3-5-88），底尖破缺：15%～25%应该标注为空洞，定为SI级。

③原始晶面对净度的影响　原始晶面对净度的影响见图3-5-89至图3-5-91。

（2）净度特征的数量　数量越多，导致级别越低。

（3）净度特征的位置　位置不同，可见性不一样，同样大小的内含物位于台面下更易见，但若在冠部边缘就不易发现。重要性：台面＞冠部刻面＞亭部＞腰部。

（4）净度特征的对比度　是指内含物的颜色、亮度相对于钻石的反差。同样大小、位置相同的两个内含物，颜色或亮度不同，可见性不一样，则导致净度级别不同。

（5）净度特征的类型　模糊的云状物要比深色的晶体包体对净度的影响小。

（6）净度特征影像的数量　影像多，可降一小级。

（7）对耐久性，亮度和火彩的影响（P级才考虑）如果钻石内部存在一个大的羽裂，对钻石寿命、亮度、透明度、火彩等造成影响，则考虑对净度级别影响更大一些。

4. 净度分级应该注意的事项

（1）在进行净度分级时应该充分清洗钻石，以免钻石表面的灰尘影响分级。

（2）分级时需要保持正确的观察姿势和观察方法，将双肘立于桌面上，镊子置于中指与无名指之间，双眼同时睁开。

（3）正确应用镊子夹持钻石

①镊子尖部在中线上，尽量消除镊子影像（图3-5-92）。如果镊子尖部超出中线，在镊子附近，钻石有大范围的镊子倒影，影响净度观察（图3-5-93）。

②观察腰部特征，尽量避免夹台面和底尖（图3-5-94）。镊子夹台面和底尖可能会损伤底尖，应采取斜夹腰部的方法，避免损伤底尖（图3-5-95）。

（4）在分级过程中，需要采用不同的照明方式（暗域照明、亮域照明和反射光）来观察钻石，以得到准确的结论。

（5）应对钻石进行全方位的系统观察，按台面—星刻面—风筝面—上腰小面，亭部主刻面—下腰小面—腰

图3-5-86　P_3级内、外部特征

图3-5-87　底尖微损：<5% VVS_2

图3-5-88　底尖破损：14% VS

图3-5-89　LC级

图3-5-90　VVS_1级

图3-5-91　VVS_2级

图3-5-92　正确夹持方法

图3-5-93　错误夹持方法

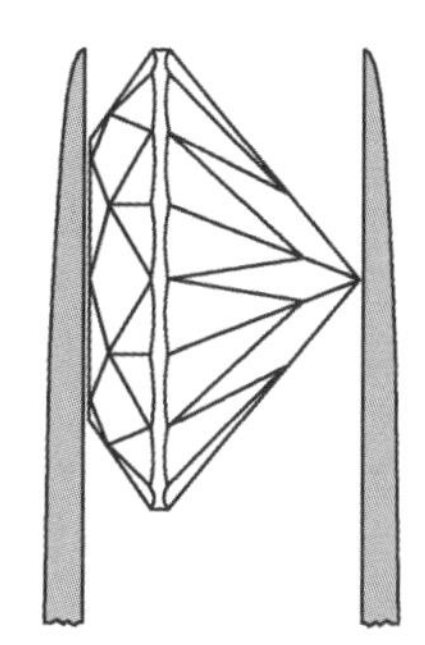

图3-5-94　错误夹持方法

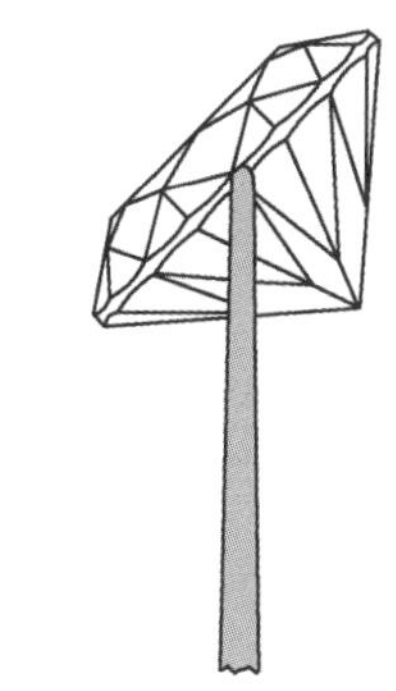

图3-5-95　正确夹持方法

部的顺序进行系统观察。

（6）分级时，时间不宜过长，过长会使眼睛疲劳，从而影响分级结果。

（7）正确的区分表面灰尘与内部较小的点状包体。初学者经常容易将表面灰尘误认为是钻石内部点状包体，所以，在分级时需要利用擦钻布或酒精清洁钻石表面。另外，利用表面反光，将光线聚焦于钻石表面，以及调整焦距等都有助于区分表面灰尘和内部点状包体。

（8）注意区分钻石内部点状包体和点状包体产生的影像。图3-5-96为钻石内部点状包体，图3-5-97为点状包体在钻石内部产生的影像。

（9）钻石“抛光纹、划痕、烧痕”，在对面更容易被观察到。

（10）裸钻净度应该定到小级，而镶钻净度只需要定到大级。

（11）注意区分深色包体与羽裂纹，羽裂纹呈面状，反光时为白色，不反光时为黑色，无三维感。深色包体有三维感，摆动钻石或转动角度观察时，颜色不改变。

（12）确定钻石净度等级，要从“大小、数量、位置、对比度”等四方面综合考虑，相对来说深色包体、羽裂纹、浓重的云状物对净度级别影响较大。

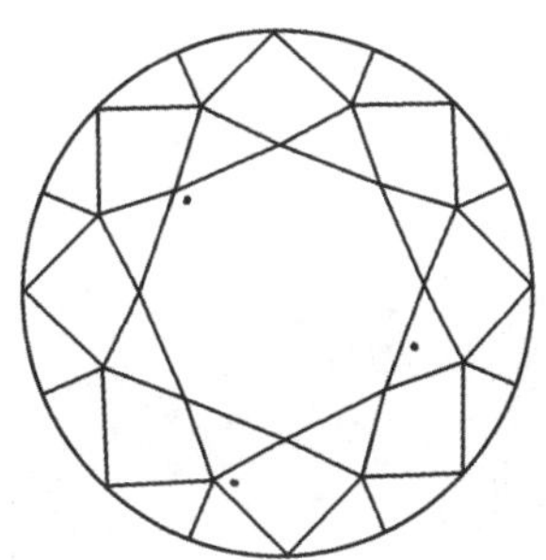

图3-5-96　点状包体

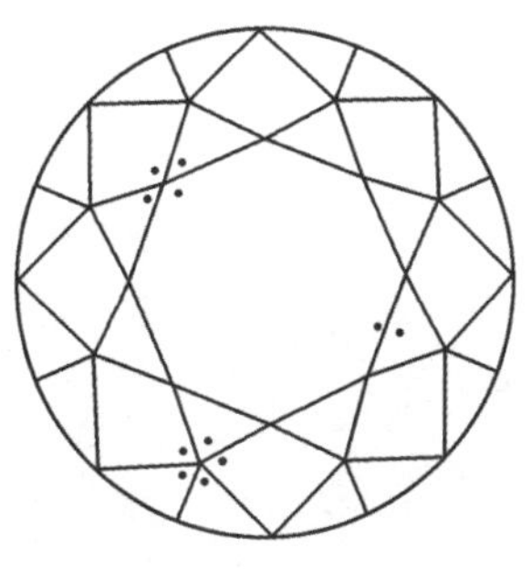

图3-5-97　点状包体产生的影像

五、钻石切工分级

钻石的切工分级指通过使用全自动切工测量仪以及各种微尺、卡尺，直接对钻石各测量项目进行测量。切工分级主要针对标准圆钻型的未镶嵌及镶嵌钻石，其他异形钻石在比率方面没有固定的标准，修饰度分级标准可参照圆钻型执行。切工分级与钻石的其他三个要素不同，切工的优劣直接影响到钻石的美观程度。

钻石的切工分级包括钻石比率分级、钻石修饰度分级两个方面。

（一）切工分级的测量项目和测量方法

1. 规格测量项目（表3-5-5）

表 3-5-5　规格测量项目　　单位：mm

规格测量项目	最大直径	最小直径	全深
精确至	0.01	0.01	0.01

2. 比率测量项目（表3-5-6）

表 3-5-6　比率测量项目

比率测量项目	台宽比	冠高比	腰厚比	亭深比	全深比	底尖比	星刻面长度比	下腰面长度比
保留至	1%	0.5%	0.5%	0.5%	0.1%	0.1%	5%	5%

3. 冠角测量

单位：度（°），保留至0.2。

4. 亭角测量

单位：度（°），保留至0.2。

5. 对称性测量项目

表 3-5-7 对称性测量项目

对称性测量项目	腰围不圆	台面偏心	底尖偏心	台面 / 底尖偏离	冠高不均	冠角不均	亭深不均	亭角不均	腰厚不均	台宽不均
保留至	1%	1%	1%	1%	1%	0.1°	1%	0.1°	1%	1%

6. 测量方法

仪器测量法：使用全自动切工测量仪以及各种微尺、卡尺直接对各测量项目进行测量。

（二）比率分级

比率级别分为极好（Excellent，简写为EX）、很好（Very Good，简写为VG）、好（Good，简写为G）、一般（Fair，简写为F）、差（Poor，简写为P）五个级别。

1. 目估法

目估的项目包括：台宽比、亭深比、腰厚比和腰围类型、星刻面长度比、下腰面长度比、冠角。

（1）台宽比的目估测量

①比例法 通过目测腰到台面边缘的距离（*CA*）和台面边缘至中心点距离（*AB*）的比例（图3-5-98），可以估算得出钻石台宽比。

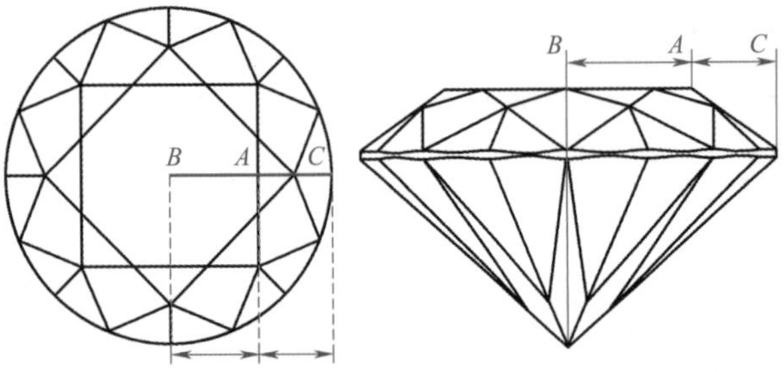

图3-5-98 目测台宽比示意图

如图3-5-99所示，当*CA*：*AB*=1：1时台宽比为54%；当*CA*：*AB*=1：1.25时台宽比为60%；当*CA*：*AB*=1：1.5时台宽比为65%；当*CA*：*AB*=1：1.75时台宽比为69%；当*CA*：*AB*=1：2时台宽比为72%。

使用比例法目估测量钻石台宽比时应注意：a.垂直钻石台面观察；b.聚焦于钻石上腰棱线；c.钻石台面偏心时，多估测几个方向，取平均值；d.钻石底尖偏心时，要调至台面中心，作为原始点；e.如计算得出的数值不是标准对应比值时，可采用内插法计算得出钻石台宽比，例如1：1.4时，钻石台宽比为63%～64%；f.允许误差为±2%。

②弧度法估测钻石台宽比（图3-5-100） 通过观察台面八个边和八个星小面构成的正方形边的外凸和内凹情况来估测钻石台宽比（图3-5-101）。使用弧度法估测钻石台宽比，要求星刻面的高与上腰小面的共棱线要近似相等。

两个上腰面的共棱与星刻面尖点到台面之间的垂直距离不相等，则采用弧度法估计出的台宽比将会有较大的误差，需要给予校正（图3-5-102）。

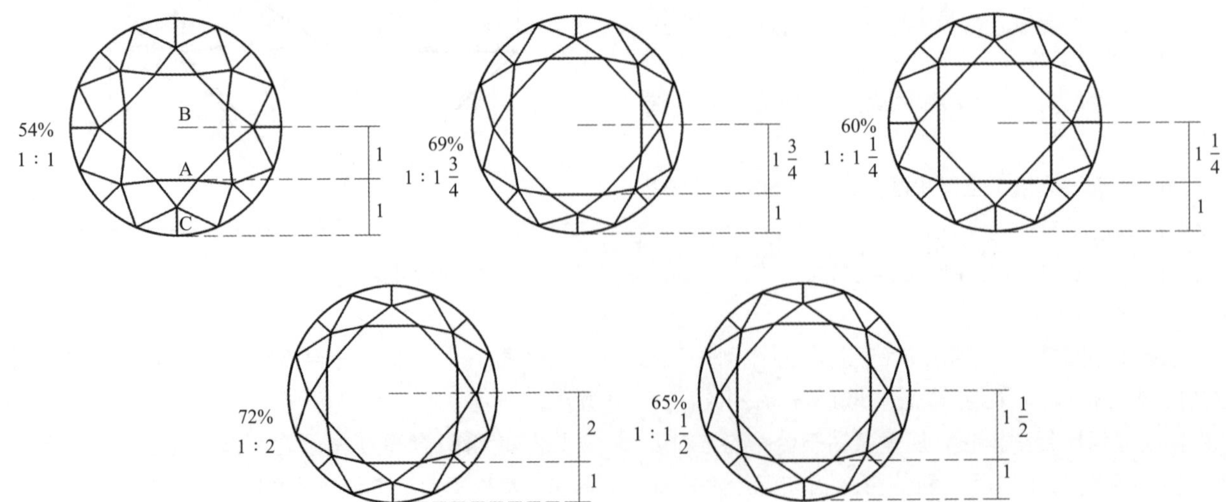

图3-5-99 不同比例对应的台宽比

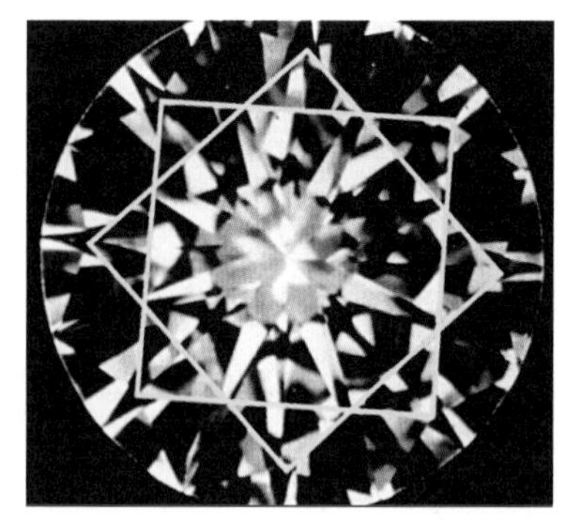

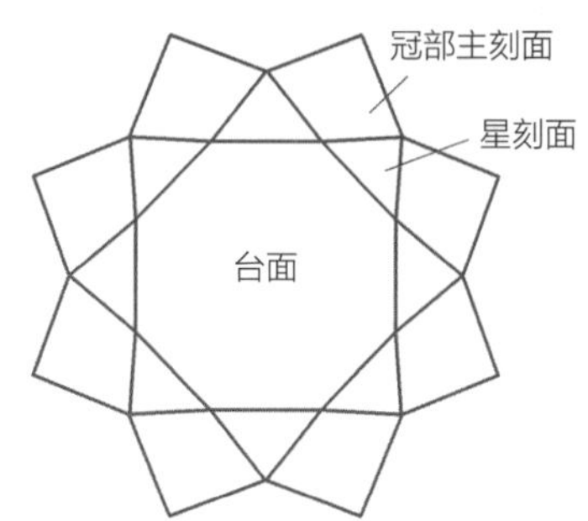

图3-5-100 弧度法

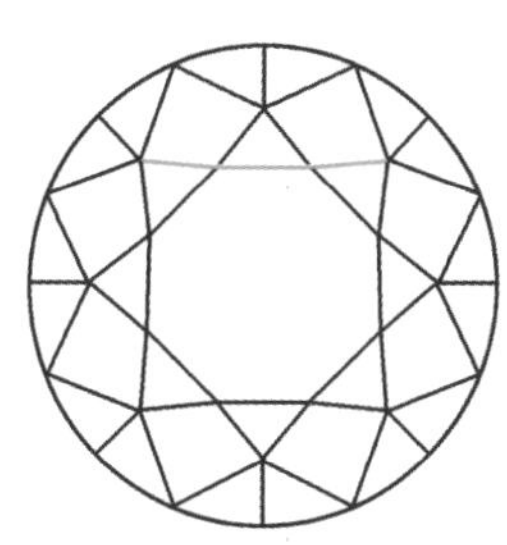

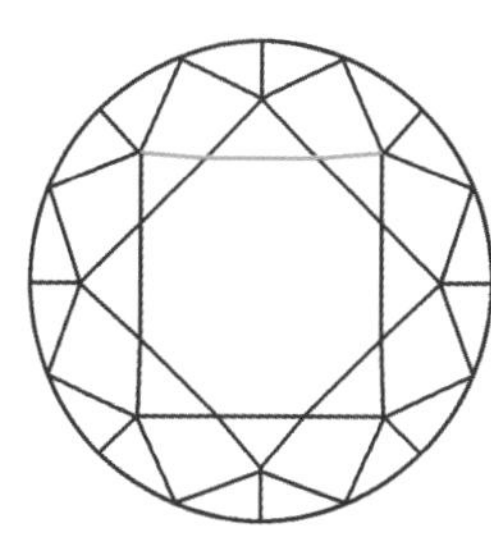

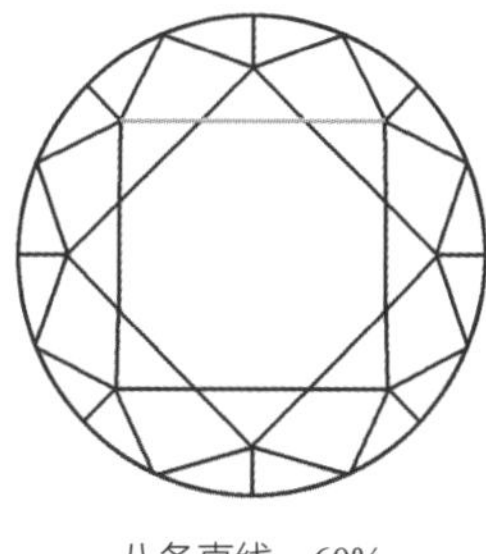

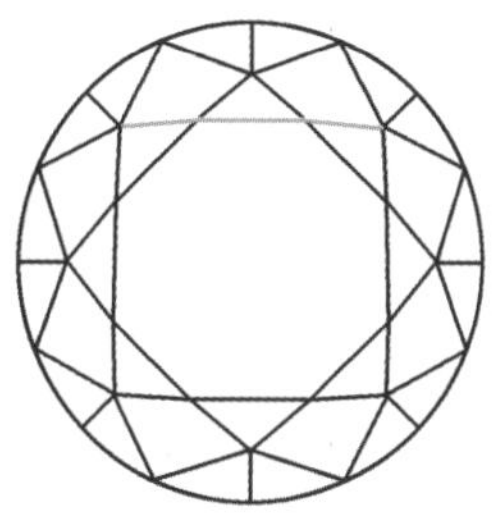

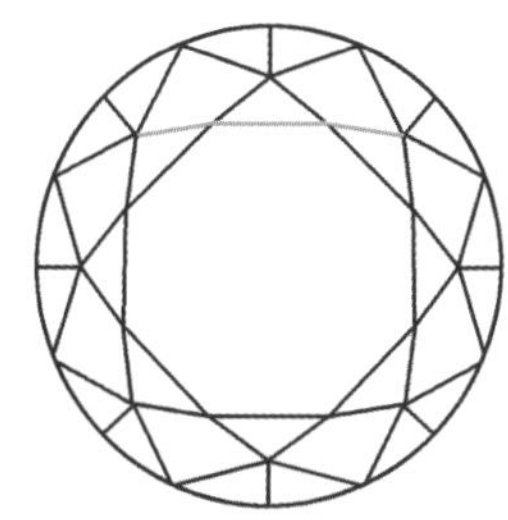

图3-5-101 弧度法估测钻石台宽比

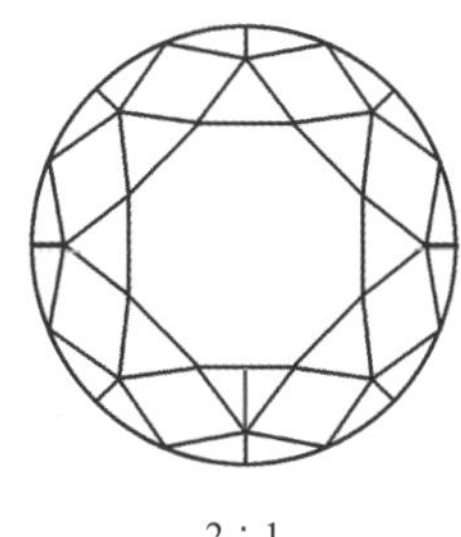

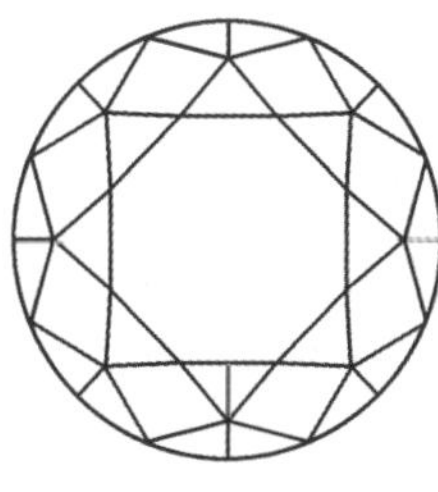

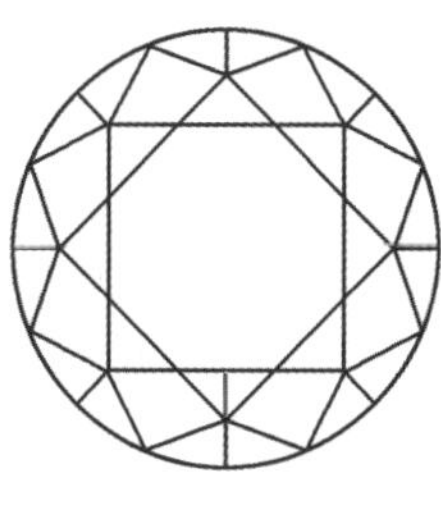

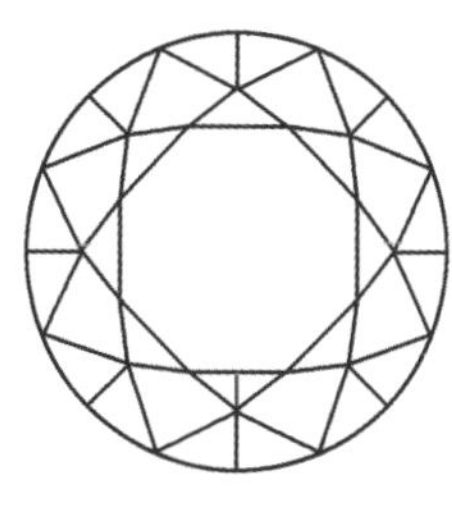

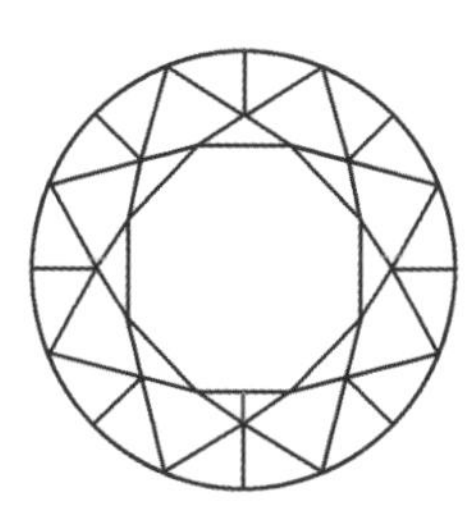

图3-5-102 弧度法的校正

如果星刻面高度：上腰小面高为2：1时，则对所估计的百分比加6%；

如果星刻面高度：上腰小面高为1.5：1时，则对所估计的百分比加3%；

如果星刻面高度：上腰小面高为1：1时，则不需要修正；

如果星刻面高度：上腰小面高为1：1.5时，则对所估计的百分比减3%；

如果星刻面高度：上腰小面高度为1：2时，则对所估计的百分比减6%；

如果星刻面高度与上腰小面的高度大小比例介于上述的比例之间，则可采用内插法，取1%～5%的数值。

（2）亭深比目估测量　从垂直钻石台面的方向观察，目估经亭部反射后台面的影像占实际台面的比例，要求误差小于1%。图3-5-103为钻石台面与亭部比例，图3-5-104为钻石台面经亭部反射后的影像示意图。

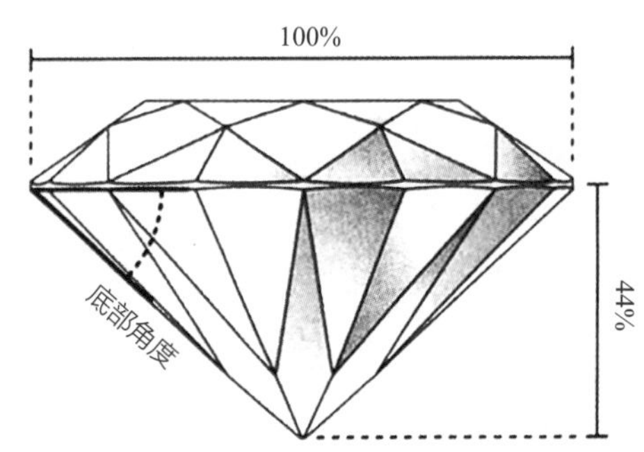

图3-5-103 钻石台面与亭部比例

当使用暗域照明方式，台面向上找到台面的反射影像，其轮廓通常由星刻面影像所形成的“领结”组成（图3-5-105）。判断台面反射影像大小与台面的关系

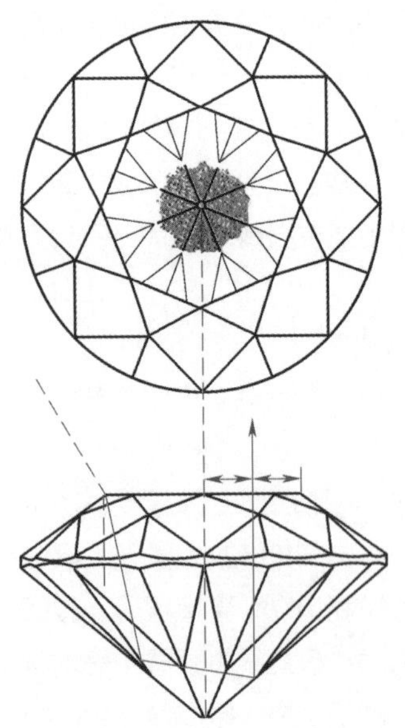

图3-5-104　钻石台面经亭部反射后的影像

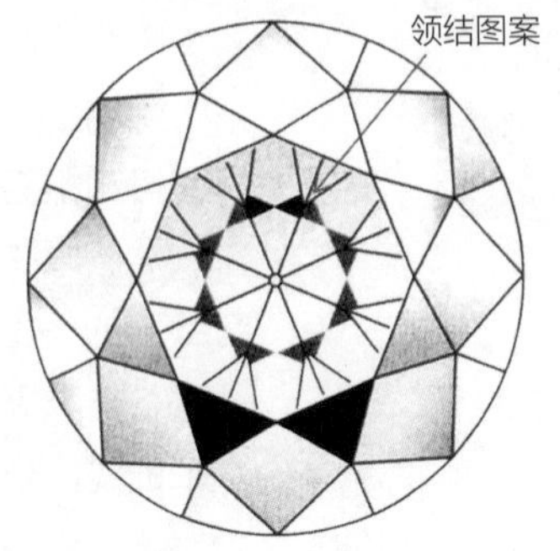

图3-5-105　台面的反射影像

图3-5-106　星刻面的反射影像

值，可以目估出钻石台宽比。星刻面的反射影像可以帮助找出台面影像，星刻面反射影像很少围成完美的台面影像（图3-5-106）。衔接不良的刻面让有些反射看起来倾斜，有的则可能看不到，即使只围绕出部分的轮廓，仍可找到台面反射影像。

深比的估测如图3-5-107所示：

当亭深比小于40%时，会出现“鱼眼效应”；

台面影像非常小，亭深比40%；

实际台面半径比台面影像半径为4：1，则其亭深比为41%~42%；

实际台面半径比台面影像半径为3：1，则其亭深比为43%；

实际台面半径比台面影像半径为2：1，则其亭深比为44.5%；

实际台面半径比台面影像半径为3：2，则其亭深比为45.5%；

实际台面半径比台面影像半径为5：4，则其亭深比为47%；

实际台面半径比台面影像半径为1：1，则其亭深比为49%；

而当亭深比超过49%时，出现“黑底效应”，亭深比大于50%，阴影扩展到星刻面。

目测亭深比时应注意：一定要从垂直台面的方向观察，否则会导致错误结论。

需要注意的是：当钻石具有较大的底尖时，亭深比要做适当调整（图3-5-108）。

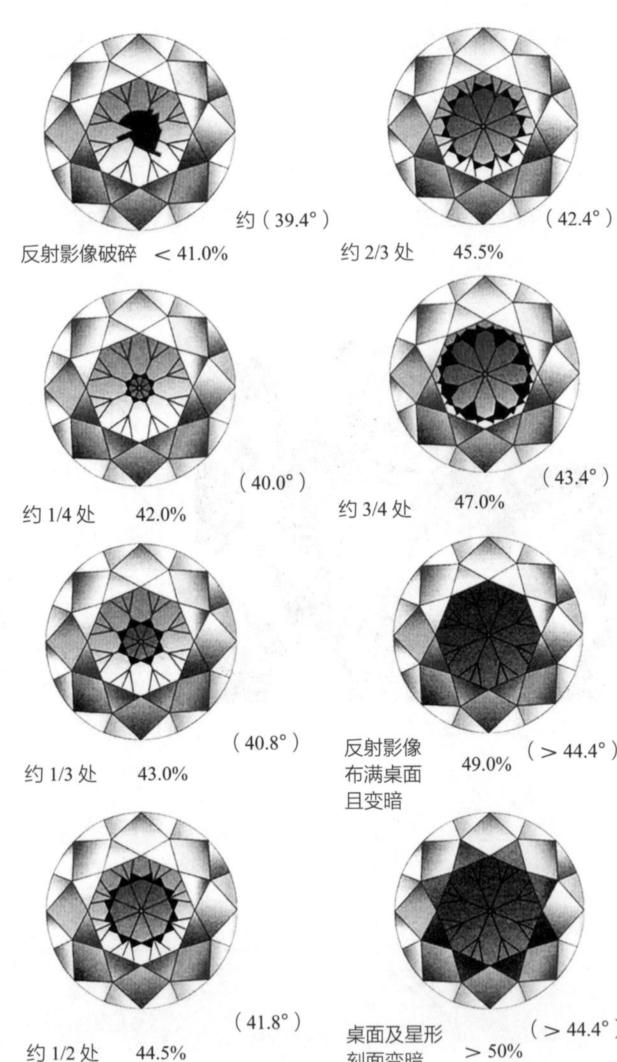

图3-5-107　亭深比的估测示意图

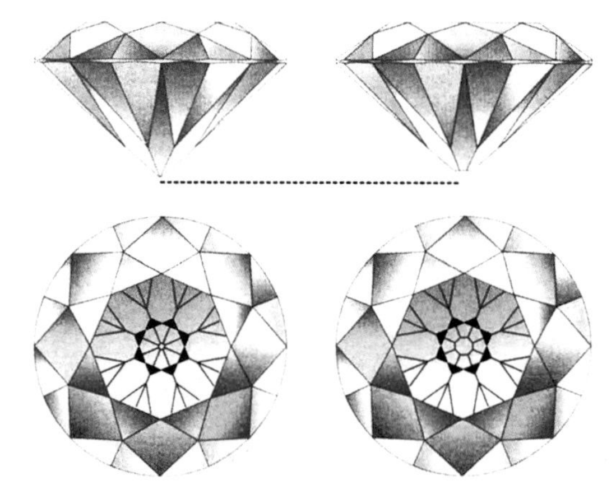

图3-5-108　底尖对亭深比的影响

（3）冠角的目估测量

①影像法（正视法）目估冠角（图3-5-109）　目估亭部主刻面在冠部影像A、B线段的比例。两个线段宽度差距越明显，冠角越大。

影像法（正视法）目估冠角法台宽比在小于55%或大于65%时不够准确。当台宽比为60%时，A、B线段的比例与冠角的关系（图3-5-110）如下：A：B =1：1时，冠角为25°；A：B =1：1.5时，冠角为30°；A：B =1：2时，冠角为34.5°；A：B =1：2.5时，冠角为38°。

②横断面目估法　冠角是风筝面和腰平面的夹角，在观察时应该注意，不要将上腰面或星刻面与腰平面的夹角看作是冠角（图3-5-111）。

在台宽比和亭角适当时，冠角在25°到35°范围内的钻石通常明亮且有火彩。很浅的冠角加上薄或极薄的腰围，就可能对钻石的耐久性产生影响。图3-5-112为冠角与切工级别的关系图。

（4）腰厚比的目估测量

①钻石腰围类型：钻石的腰围类型主要有刻面腰、抛光腰和粗面腰。

②腰厚的描述与目估　目估腰厚比主要观察腰围部分最窄的16处（图3-5-113）。在10倍放大镜下观察钻石腰部，腰厚极薄，腰部为锐利边缘；腰厚很薄，腰部为很细的线；腰厚薄，腰部为一条直线；腰厚中等，腰部为明确的线；腰厚稍厚，腰部明显；腰厚厚，腰部很明显；腰厚很厚，腰部不美观；腰厚极厚，腰部很不美观。

③腰厚对钻石的影响

a.腰厚适中　能使进入钻石的光线全部反射回钻石表面，增加钻石表面亮度（图3-5-114）。

b.过厚　影响钻石的颜色（发灰），光线漏出，降低亮度，笨重，易沾染油污，使钻石显小不易镶嵌（图3-5-115）。

c.过薄　钻石容易受到损伤。

图3-5-109　影像法（正视法）目估冠角法

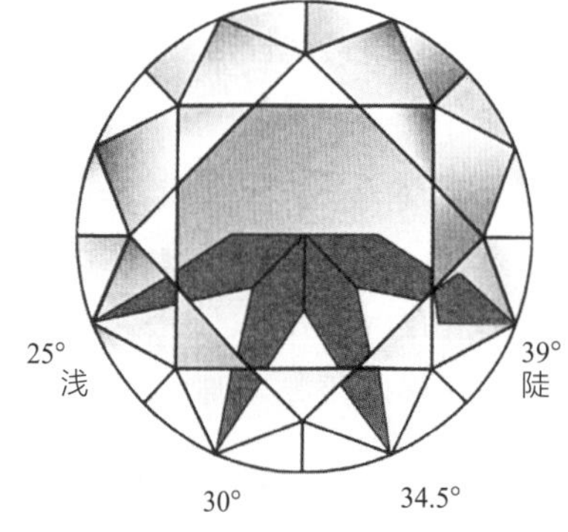

图3-5-110　A、B线段的比例与冠角关系图

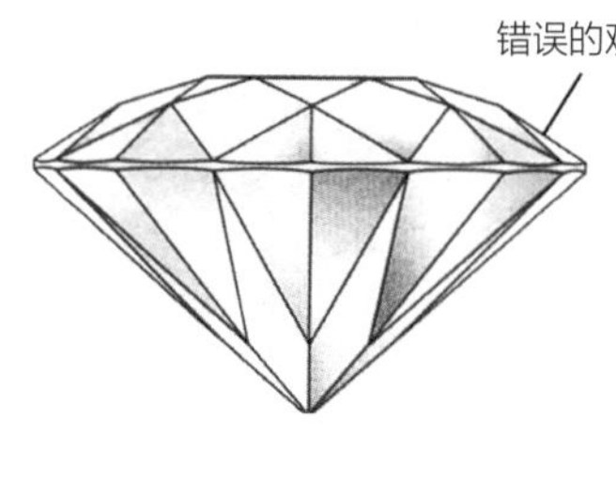

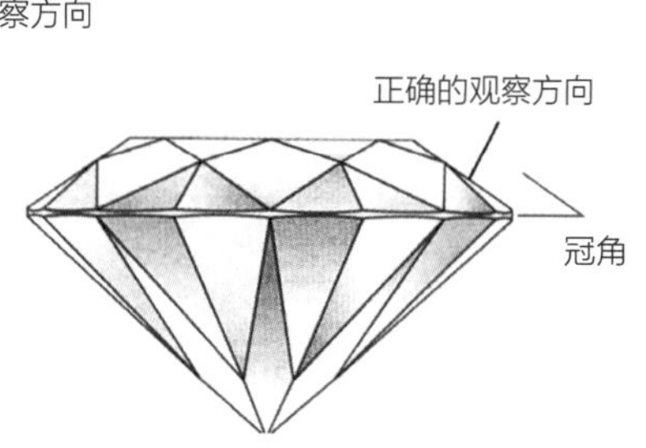

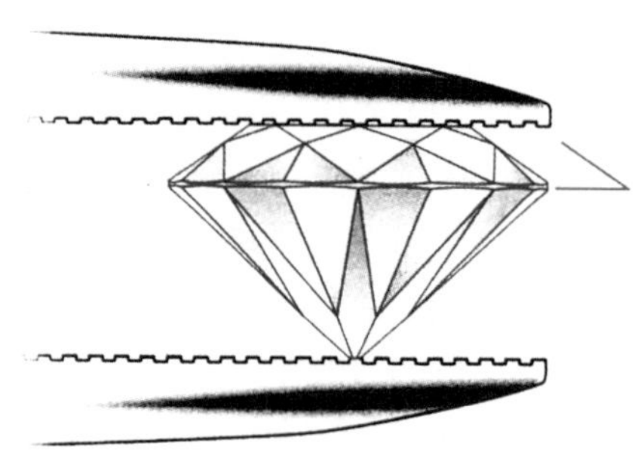

图3-5-111　冠角的观察方法

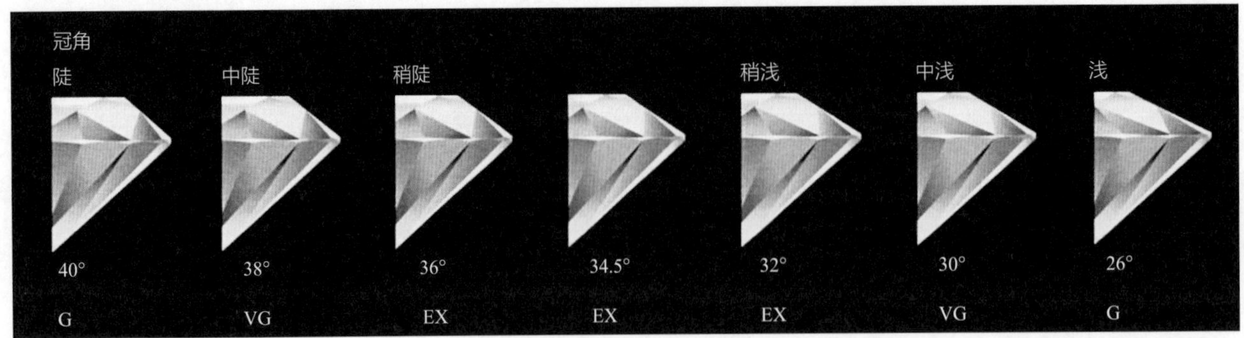

图3-5-112 冠角与切工级别的关系

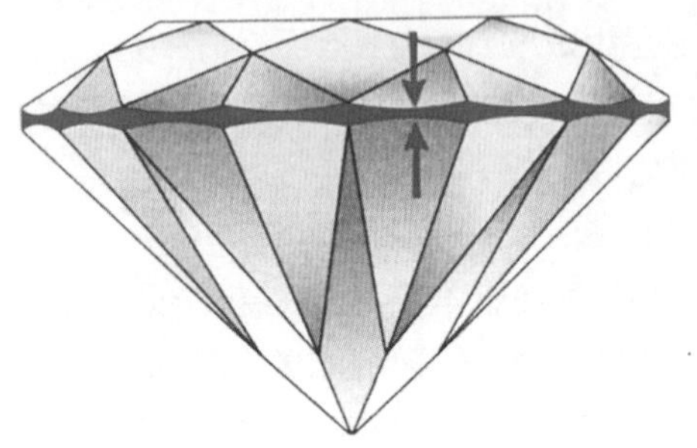

图3-5-113 目估腰厚比观察位置

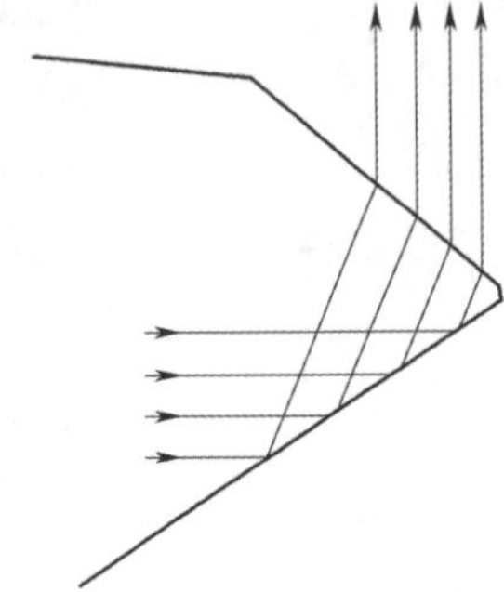

图3-5-114 腰厚适中

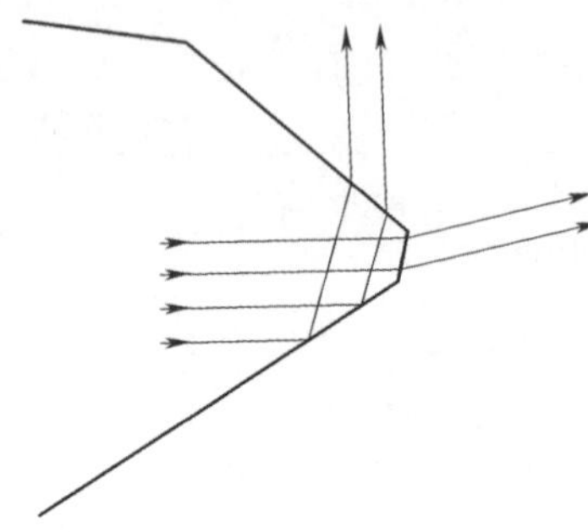

图3-5-115 腰过厚

④目估腰厚比需要注意的事项

a.同样的腰厚，钻石越大，腰厚比越小。

b.腰厚不均匀时，要在不同位置观察，取平均值。

c.腰厚比要求误差小于1%。

（5）底尖的目估测量 有些钻石在加工过程中，为了避免钻石底尖破损而把底尖加工成一个小面，称为底小面。底小面是位于亭部主刻面交接处的刻面，并非所有的钻石都有底小面，很多都只磨出一个尖端。

在10倍放大镜下观察钻石的底尖情况如图3-5-116所示。

无底尖：无底小面或是白色磨损；底尖很小：几乎无法辨别；底尖小：很难看到；底尖中等：清晰；底尖稍大：明显；底尖大：很明显；底尖很大：不美观；底尖极大：极不美观。另外，肉眼可见的很大底小面影响钻石的美观和亮度，从而影响对钻石切工分级。

需要注意：底小面是钻石中最小的一个刻面，与台面平行，对钻石的明亮度影响较小。大于1ct的钻石才磨底小面，1ct以下的钻石一般不磨底小面。底小面过大，正面入射的光线从底小面漏出钻石，台面下呈一小黑点。没有底小面的钻石有一个锐利的底尖，在流通、夹持、镶嵌时非常容易受损。台面下观察，底小面部位呈一小白点。底尖破损不影响底尖的大小，但无法列入FL级，通常在抛光等级中要考虑。

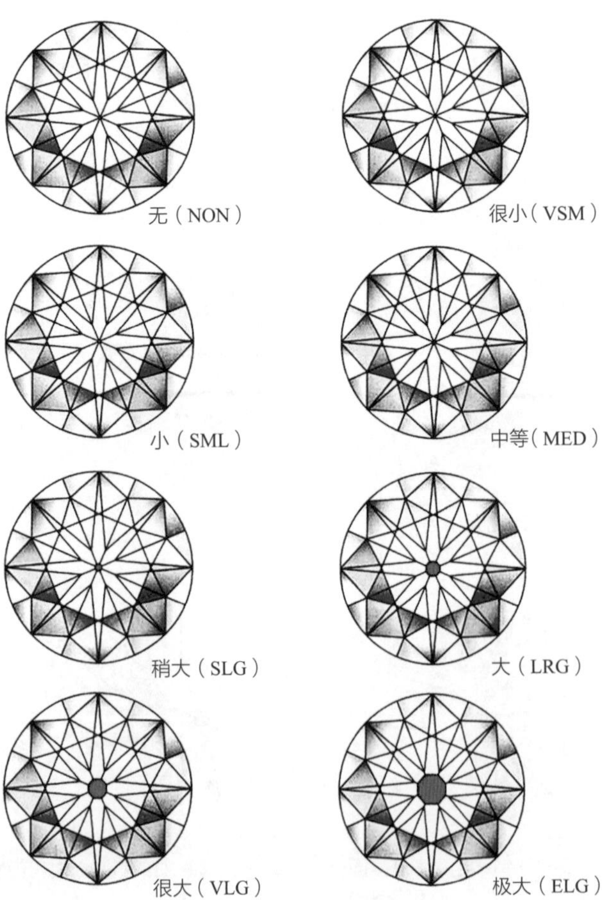

图3-5-116 10倍放大镜下观察钻石的底尖

（6）星刻面长度比的目估测量　星刻面长度比是星刻面高占台面边缘到腰围距离的百分比。星刻面长度比通常介于50%～55%，台面边缘到腰围的距离视为100%（图3-5-117）。

观察方法：在10倍放大镜下垂直台面观察。由一个星刻面开始，顺时针方向检查全部8个星刻面，估计每一个星刻面至腰围的距离；取平均值，并取至最近的5%。

星刻面高占台面边缘至腰围距离的比例与星刻面长度比见表3-5-8和图3-5-118。

表 3-5-8　星刻面高占台面边缘至腰围距离的比例与星刻面长度比

星刻面高占台面边缘至腰围距离的比例	1/3	1/2	2/3	3/4
星刻面长度比	35%	50%	65%	75%

（7）下腰面长度比的目估测量　目估下腰面长度占底尖到腰围距离的百分比（图3-5-119）。下腰面长度比通常介于70%～85%。

观察方法：在10倍放大镜下垂直台面观察。由一对下腰面开始，顺时针方向检查全部8对，估计每一个下腰面的数值；取平均值，并取至最近的5%。

下腰面长度占底尖至腰围距离的比例与下腰面长度比见表3-5-9和图3-5-120。

表 3-5-9　下腰面长度占底尖至腰围距离的比例与下腰面长度比

下腰面长度占底尖至腰围距离的比例	1/3	1/2	2/3	3/4
下腰面长度比	35%	50%	65%	75%

2. 影响比率级别的其他因素

（1）超重比例　根据待分级钻石的平均直径，查表3-2-1钻石建议克拉重量表，得出待分级钻石在相同平均直径、标准圆钻型切工的建议克拉重量。建议克拉重量为标准圆钻型切工钻石的直径所对应的克拉重量。通过计算得出超重比例，计算公式如下：

超重比例=（实际克拉重量-建议克拉重量）/建议克拉重量×100%

（2）刷磨和剔磨

① 刷磨　上腰面联结点与下腰面联结点之间的腰厚大于风筝面与亭部主刻面之间腰厚的现象（图3-5-121）。刷磨可出现在冠部或亭部，也可两处都有。严重刷磨的钻石从台面观察，风筝面与邻接的两个上腰刻面界线变模糊。严重刷磨可多保留约3%的原石重量，但是会造成钻石大区域同时闪光，改变外观或明暗模式的平衡。

② 剔磨　上腰面联结点与下腰面联结点之间的腰厚小于风筝面与亭部主刻面之间腰厚的现象（图3-5-122）。剔磨可以出现在冠部或亭部，也可两处都有。剔磨用来去除腰围上的天然面或表面特征。冠部中度剔磨的钻石

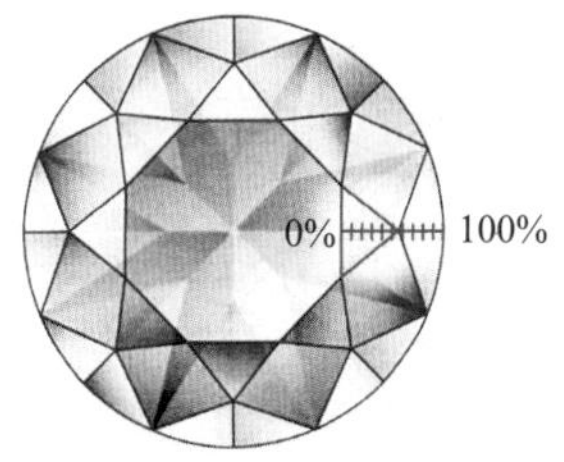

图3-5-117　台面边缘到腰围的距离视为100%

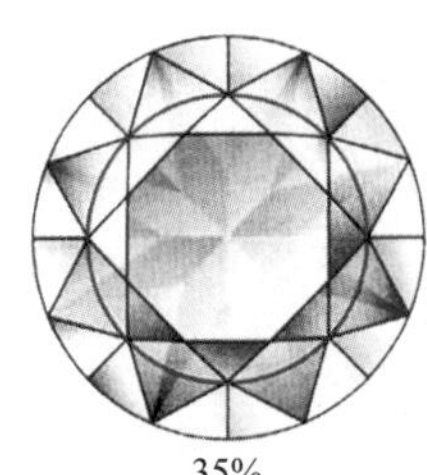

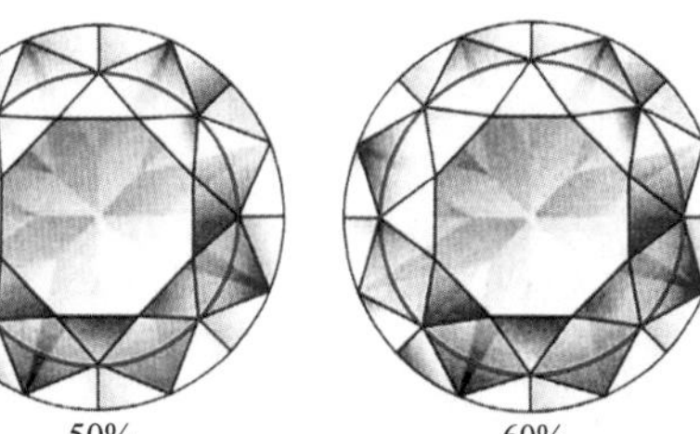

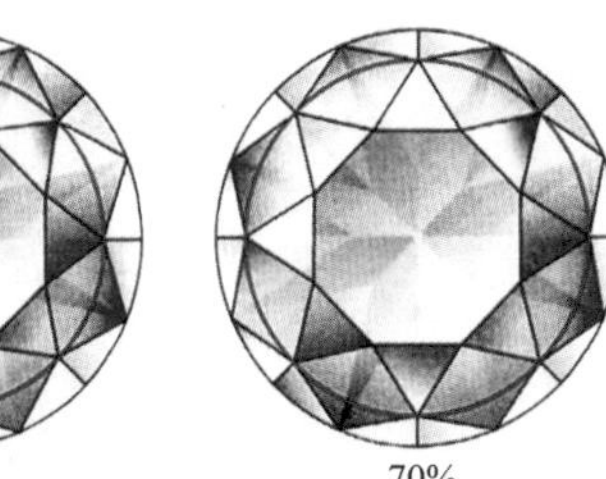

图3-5-118　星刻面长度比示意图

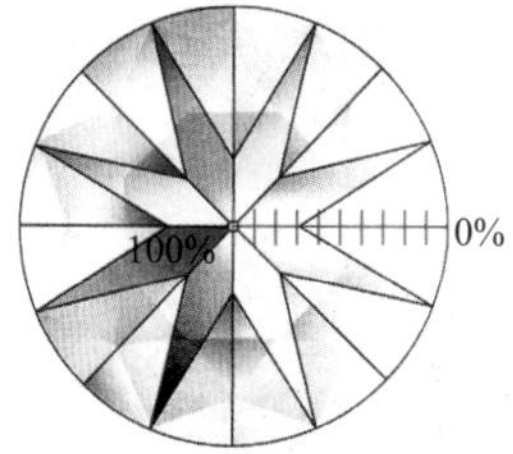

图3-5-119　目估下腰面长度占底尖到腰围距离的百分比

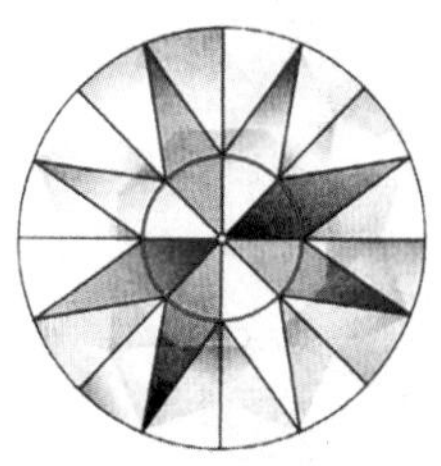

70%

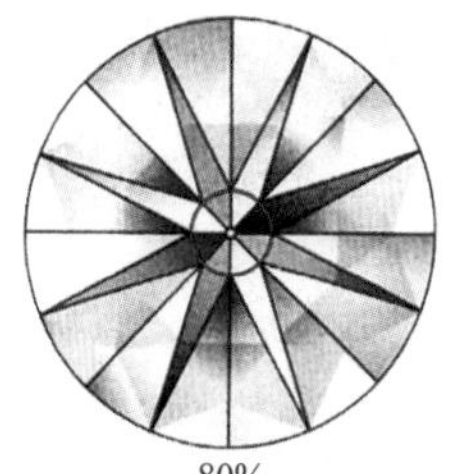

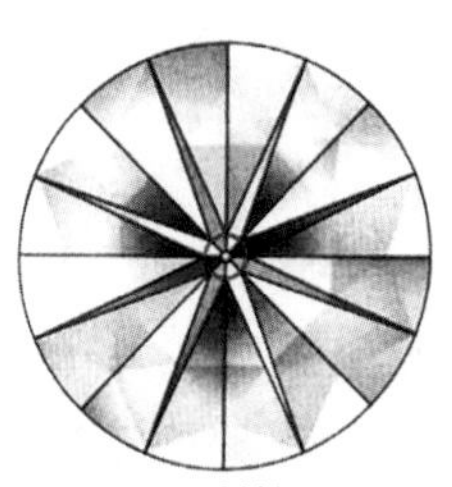

图3-5-120　下腰面长度比示意图

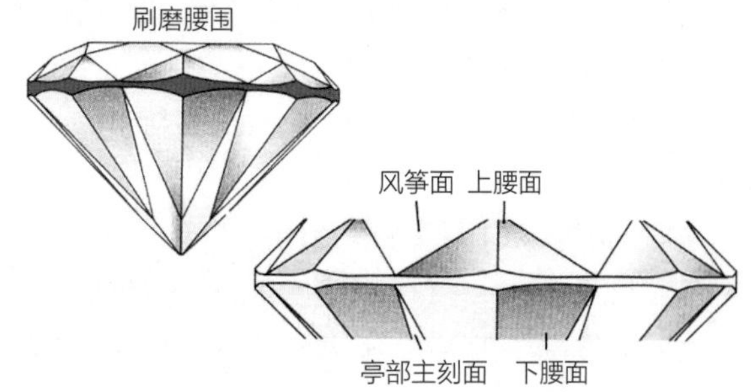

图3-5-121 刷磨示意图

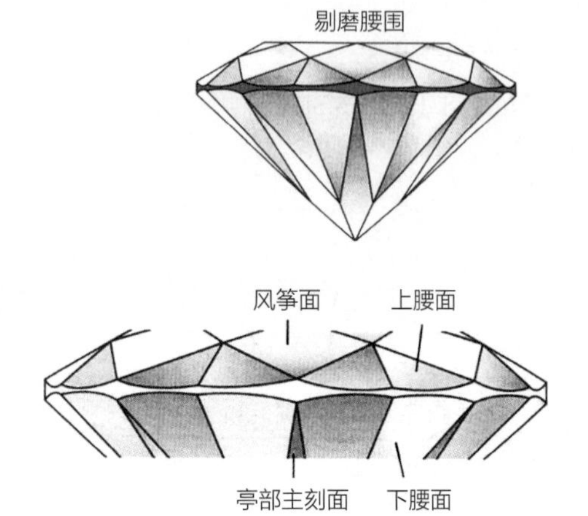

图3-5-122 剔磨示意图

上腰面可能变暗，腰围的变暗会使钻石感觉变小，严重剔磨还会使上腰面的共棱线变模糊。

③刷磨和剔磨的级别划分规则 根据刷磨和剔磨的严重程度可分为无、中等、明显、严重四个级别。不同程度和不同组合方式的刷磨和剔磨会影响比率级别，严重的刷磨和剔磨可使比率级别降低一级。

在10倍放大条件下，由侧面观察腰围最厚区域（图3-5-123、图3-5-124）：

无：钻石上腰面联结点与下腰面联结点之间的腰厚等于风筝面与亭部主刻面之间腰厚。

中等：钻石上腰面联结点与下腰面联结点之间的腰厚对比风筝面与亭部主刻面之间腰厚有较小偏差，钻石台面向上外观没有受到可注意的影响。

明显：钻石上腰面联结点与下腰面联结点之间的腰厚对比风筝面与亭部主刻面之间腰厚有明显偏差，钻石台面向上外观受到影响。

严重：钻石上腰面联结点与下腰面联结点之间的腰厚对比风筝面与亭部主刻面之间腰厚有显著偏差，钻石台面向上外观受到严重影响。

3. 比率级别的判定步骤

（1）依据国家标准GB/T 16554—2017《钻石分级》附录C中各台宽比条件下，冠角α、亭角β、冠高比、亭深比、腰厚比、底尖比、全深比、$\alpha+\beta$、星刻面长度比、下腰面长度比等项目确定各测量项目对应的级别。

（2）根据超重比例查表得到比率级别 根据待分级钻石的平均直径，查国家标准GB/T 16554—2017《钻石分级》附录D钻石建议克拉重量表（本书本章节表3-2-1），得出待分级钻石在相同平均直径、标准圆钻型切工的建议克拉重量。计算超重比例，根据超重比例，查表3-5-10得到比率级别。

表 3-5-10 钻石超重比例级别表

比率级别	极好（EX）	很好（VG）	好（G）	一般（F）
超重比例 /%	<9	9～16	17～25	>25

（3）钻石等级为严重的刷磨和剔磨要降低一级比率级别。

图3-5-123 刷磨级别

图3-5-124 剔磨级别

（三）修饰度分级

修饰度（finish）是指对钻石抛磨工艺的评价，是评价钻石切工的另一重要方面。包括对称性分级和抛光分级。以对称性分级和抛光分级中的较低级别为修饰度级别。

修饰度级别分为极好（Excellent，简写为EX）、很好（Very Good，简写为VG）、好（Good，简写为G）、一般（Fair，简写为F）、差（Poor，简写为P）五个级别。

1. 对称性分级

（1）对称性　对切磨形状，包括对称排列、刻面位置等精确程度的评价。

（2）可测量对称性要素级别的划分规则　依据表3-5-11查得各测量项目级别，由全部测量项目中最低级别表示。

表3-5-11　可测量对称性要素级别的划分规则

可测量对称性要素	极好（EX）	很好（VG）	好（G）	一般（F）	差（P）
腰围不圆/%	0~1.0	1.1~2.0	2.1~4.0	4.1~8.0	>8.0
台面偏心/%	0~0.6	0.7~1.2	1.3~3.2	3.3~6.4	>6.4
底尖偏心/%	0~0.6	0.7~1.2	1.3~3.2	3.3~6.4	>6.4
台面/底尖偏离/%	0~1.0	1.1~2.0	2.1~4.0	4.1~8.0	>8.0
冠高不均/%	0~1.2	1.3~2.4	2.5~4.8	4.9~9.6	>9.6
冠角不均/（°）	0~1.2	1.3~2.4	2.5~4.8	4.9~9.6	>9.6
亭深不均/%	0~1.2	1.3~2.4	2.5~4.8	4.9~9.6	>9.6
亭角不均/（°）	0~1.0	1.1~2.0	2.1~4.0	4.1~8.0	>8.0
腰厚不均/%	0~1.2	1.3~2.4	2.5~4.8	4.9~9.6	>9.6
台宽不均/%	0~1.2	1.3~2.4	2.5~4.8	4.9~9.6	>9.6

（3）影响对称性的要素特征

①腰围不圆（图3-5-125）　腰围轮廓看起来非正圆，也有可能出现扁平区。腰部出现大的内凹原始晶面形成“V”形破损，也会造成腰围不圆。

②台面偏心（图3-5-126）　台面不在冠部正中央，台面边缘到腰的距离不等。

③底尖偏心（图3-5-127）　底尖不在亭部的中央，观察亭部刻面所形成的十字交叉棱线，如果有弯曲或弯折即为底尖偏心。

④冠角不均（图3-5-128）　八个冠角测量数值有差异，通常与台面偏心有关。

⑤亭角不均（图3-5-129）　八个亭角测量数值有差异，通常与底尖偏心有关。

⑥台面和腰围不平行（图3-5-130）　台面与腰围平面不平行，台面发生倾斜。

⑦腰部厚度不均（图3-5-131）。

⑧波状腰（图3-5-132）　腰围平面呈波浪状。

⑨冠部与亭部刻面尖点不对齐（图3-5-133）　冠部与亭部刻面未对正，发生不同程度的扭曲。

⑩刻面尖点不尖（图3-5-134）　刻面出现开口或提前闭合。

⑪刻面缺失（图3-5-135）。

⑫刻面畸形（图3-5-136）。

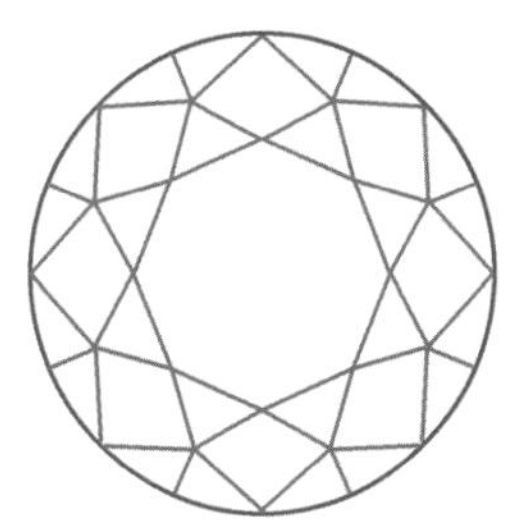
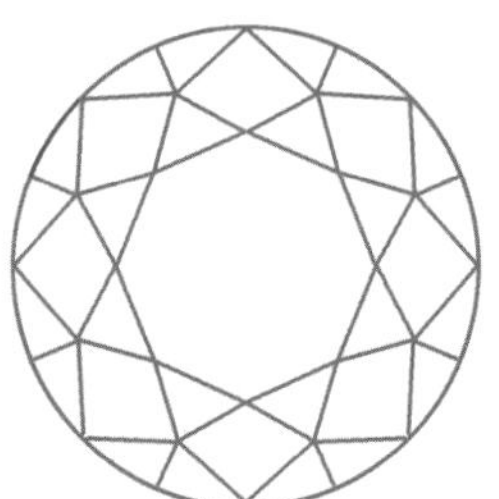

图3-5-125　腰围不圆

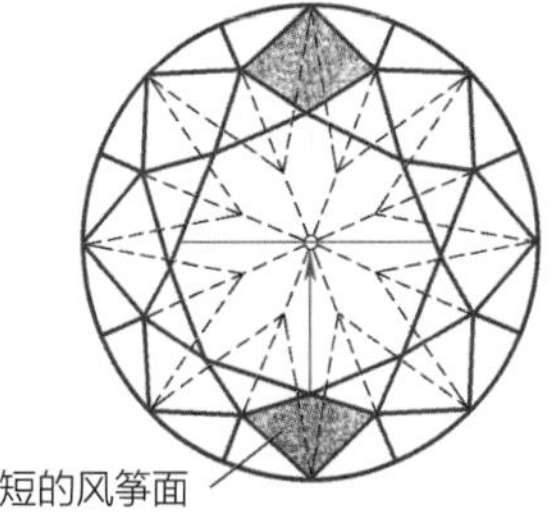

图3-5-126　台面偏心

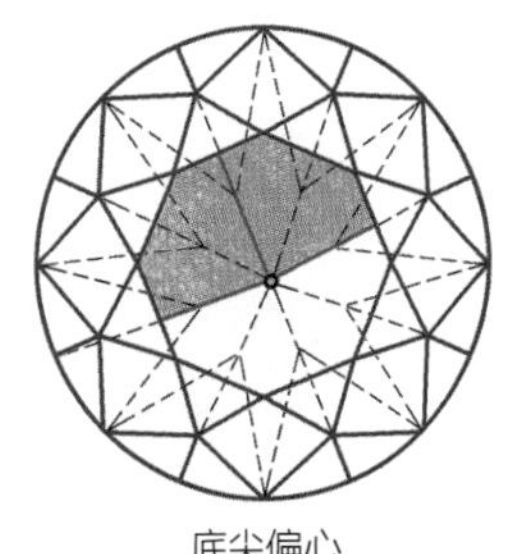

图3-5-127　底尖偏心

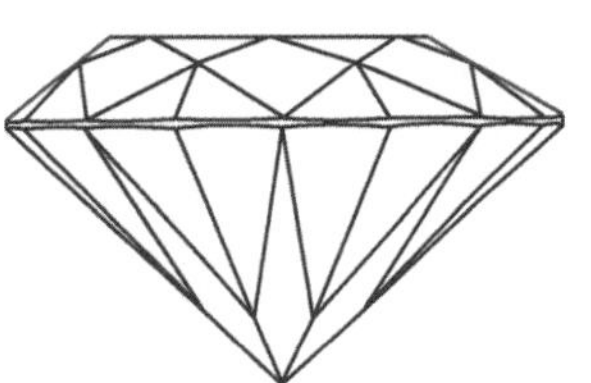

图3-5-128　冠角不均

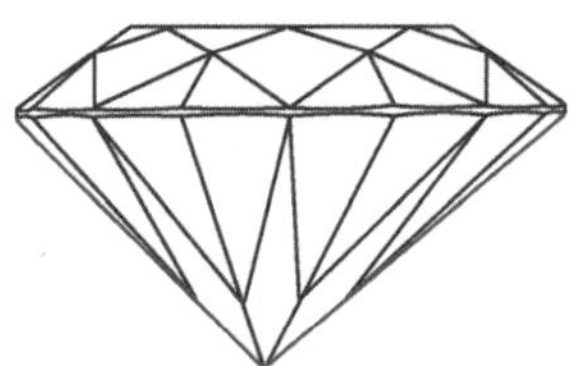

图3-5-129　亭角不均

⑬非正八边形台面（图3-5-137） 台面八边不等长，且与对边不平行，是由星刻面或风筝面畸形造成的。

⑭额外刻面（图3-5-138） 非该切磨样式必要的刻面，最常见于腰围附近。

（4）对称性级别划分规则 对称性级别分为极好（Excellent，简写为EX）、很好（Very Good，简写为VG）、好（Good，简写为G）、一般（Fair，简写为F）、差（Poor，简写为P）五个级别。

极好（EX） 10倍放大镜下观察，无或很难看到影响对称性的要素特征。轻微少量（1~2）个尖点不尖，尖点不齐，轻微的刻面畸形或额外刻面。

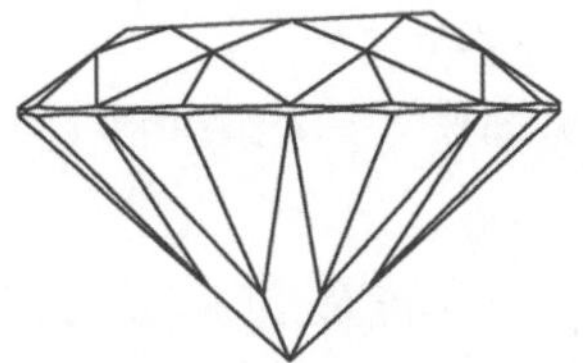

图3-5-130 台面和腰围不平行

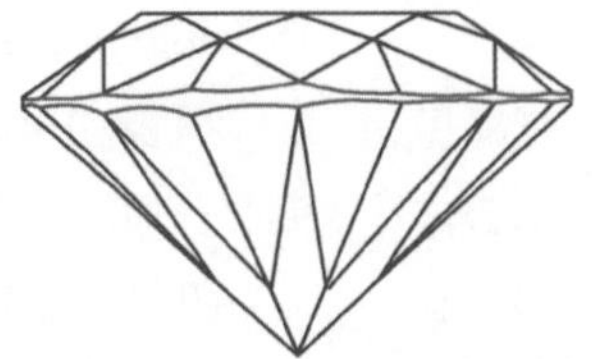

图3-5-131 腰部厚度不均

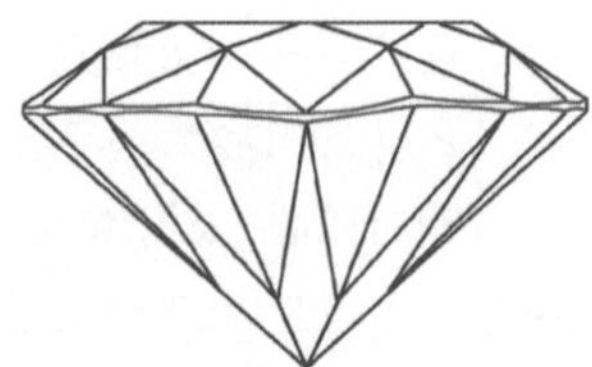

图3-5-132 波状腰

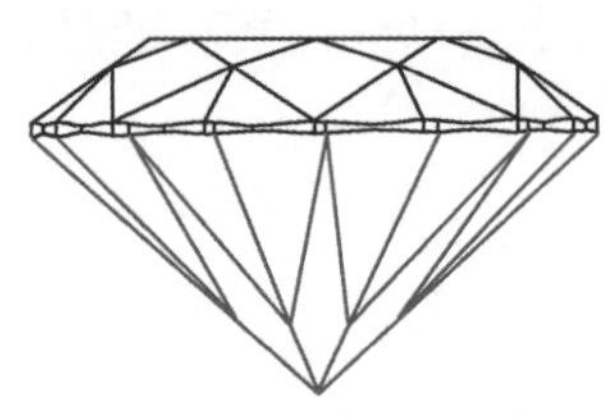

图3-5-133 冠部与亭部刻面尖点不对齐

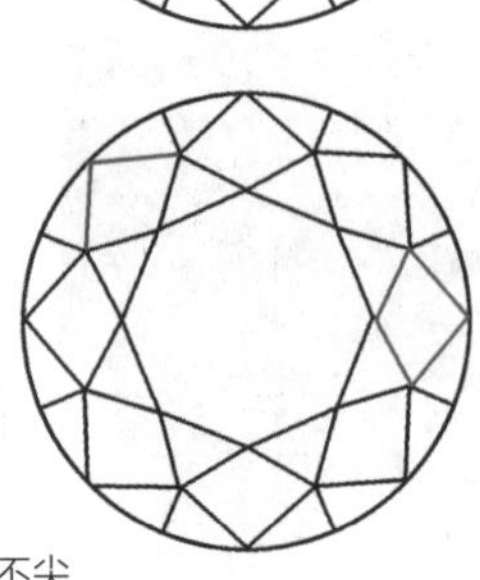

图3-5-134 刻面尖点不尖

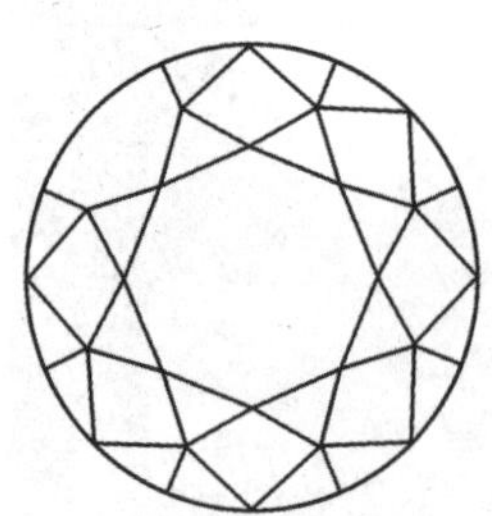

图3-5-135 刻面缺失

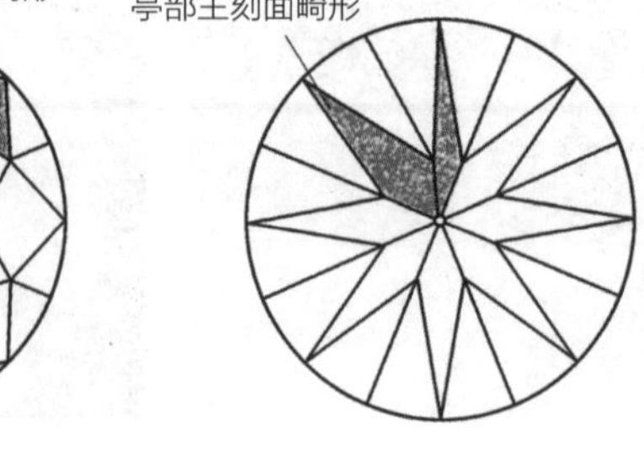

图3-5-136 刻面畸形

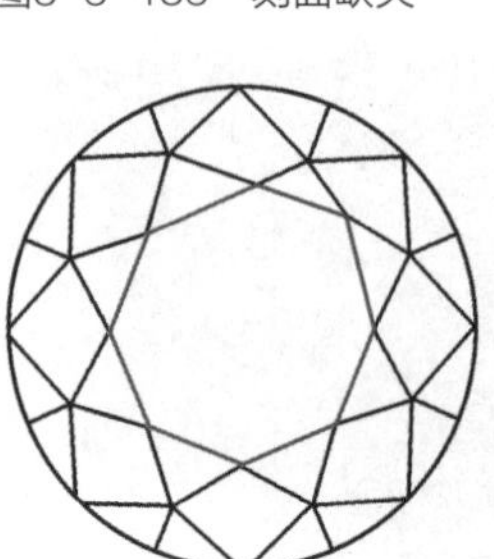

图3-5-137 非正八边形台面

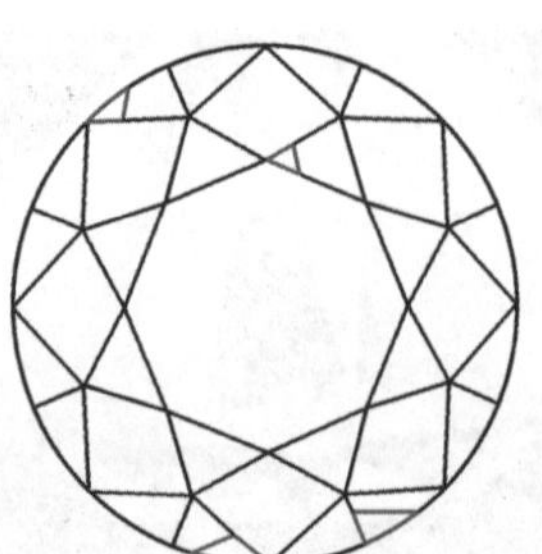

图3-5-138 额外刻面

很好（VG） 10倍放大镜下台面向上观察，有较少的影响对称性的要素特征。轻微的台面偏心或底尖偏心、较多（3~4）个尖点不尖，尖点不齐，轻微不圆、较明显的刻面畸形。

好（G） 10倍放大镜下台面向上观察，有明显的影响对称性的要素特征。肉眼观察，钻石整体外观可能受影响。较明显的台面偏心或底尖偏心、腰厚明显偏差、台面非正八边形、台面倾斜、波状腰。

一般（F） 10倍放大镜下台面向上观察，有易见的、大的影响对称性的要素特征。肉眼观察，钻石整体外观受到影响。有明显的比例偏差，如不圆、偏心、腰厚；大量尖点不尖、尖点不齐、刻面畸形或额外刻面、台面非正八边形。

差（P） 10倍放大镜下台面向上观察，有显著的、大的影响对称性的要素特征。肉眼观察，钻石整体外观受到明显的影响，严重的对称性偏差。

2. 抛光分级

（1）抛光 对切磨抛光过程中产生的外部特征影响抛光表面完美程度的评价。

（2）影响抛光级别的要素特征

①抛光纹（图3-5-139） 抛光过程中留下的细微线状痕迹，呈白色或透明状，痕迹可轻可重，在同一刻面内相互平行。

②划痕（图3-5-140）。

③烧痕（图3-5-141） 抛光过程中产生高温或少数由火枪等其他热源造成刻面上的白雾区域。

④缺口（图3-5-142） 刻面棱线上不明显的小凹痕，一般出现在腰围边缘或底尖处。

⑤棱线磨损（图3-5-143） 刻面棱线上有一系列的小缺口，使边缘看起来呈白雾状。

⑥击痕（图3-5-144）。

⑦粗糙腰围（图3-5-145）。

⑧“蜥蜴皮”效应（图3-5-146） 呈现透明凹陷结构的波浪状崎岖表面。

⑨粘杆烧痕（图3-5-147） 钻石与粘杆接触的部位因高温造成的表面烧痕。

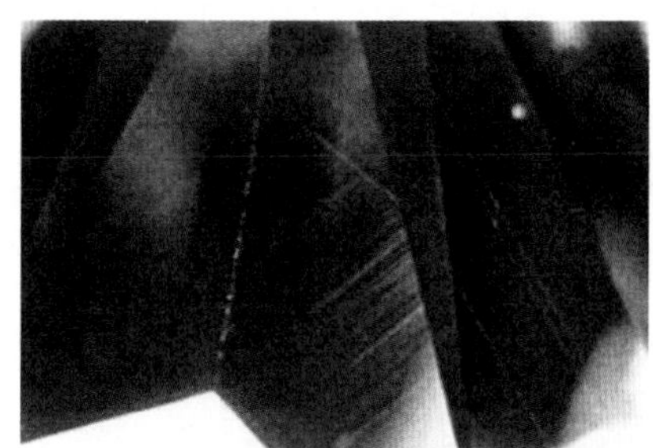
图3-5-139 表面抛光纹

图3-5-140 表面划痕

图3-5-141 表面烧痕

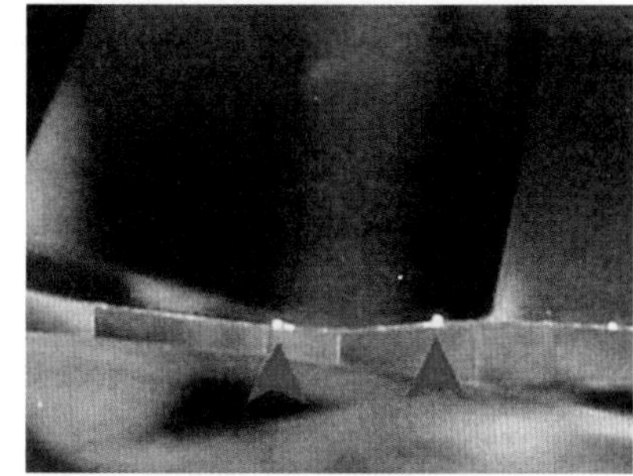
图3-5-142 缺口

图3-5-143 棱线磨损

图3-5-144 击痕

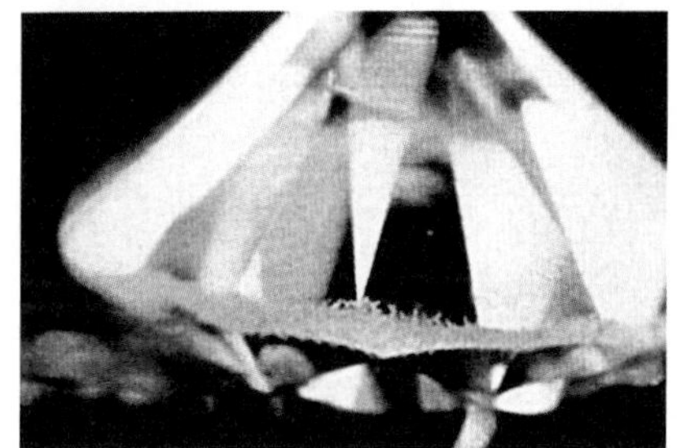
图3-5-145 粗糙腰围

图3-5-146 “蜥蜴皮”效应

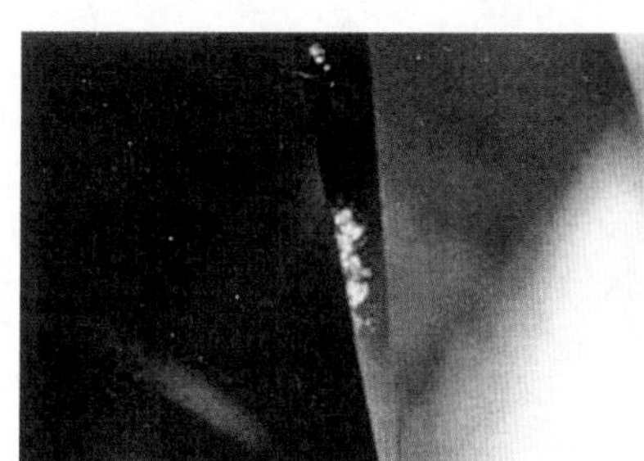
图3-5-147 粘杆烧痕

（3）抛光级别划分规则：

抛光级别分为：极好（Excellent，简写为EX）、很好（Very Good，简写为VG）、好（Good，简写为G）、一般（Fair，简写为F）、差（Poor，简写为P）五个级别。

极好（EX）：10倍放大镜下观察，无至很难看到影响抛光的要素特征。少量透明的抛光纹、少量小缺口、轻微刮痕。

很好（VG）：10倍放大镜下台面向上观察，有较少的影响抛光的要素特征。轻微烧痕、轻微须状腰、粗糙腰围，轻微刮伤、透明抛光纹、轻微棱线磨损。

好（G）：10倍放大镜下台面向上观察，有明显的影响抛光的要素特征。肉眼观察，钻石光泽可能受影响。棱线磨损、烧痕、白色抛光纹、须状腰、严重刮伤。

一般（F）：10倍放大镜下台面向上观察，有易见的影响抛光的要素特征。肉眼观察，钻石光泽受到影响。严重抛光纹或烧痕分布面积大。

差（P）：10倍放大镜下台面向上观察，有显著的影响抛光的要素特征。肉眼观察，钻石光泽受到明显的影响。严重抛光纹或烧痕分布于整颗钻石。

（四）切工级别的判定方法

切工级别分为极好（Excellent，简写为EX）、很好（Very Good，简写为VG）、好（Good，简写为G）、一般（Fair，简写为F）、差（Poor，简写为P）五个级别。切工级别根据比率级别、修饰度（对称性级别、抛光级别）进行综合评价。根据比率级别和修饰度级别，查表3-5-12得出切工级别。

表 3-5-12 切工级别划分规则

比率级别 \ 修饰度级别	极好(EX)	很好(VG)	好(G)	一般(F)	差(P)
极好（EX）	极好	极好	很好	好	差
很好（VG）	很好	很好	很好	好	差
好（G）	好	好	好	一般	差
一般（F）	一般	一般	一般	一般	差
差（P）	差	差	差	差	差

切工级别判定的基本步骤如下：

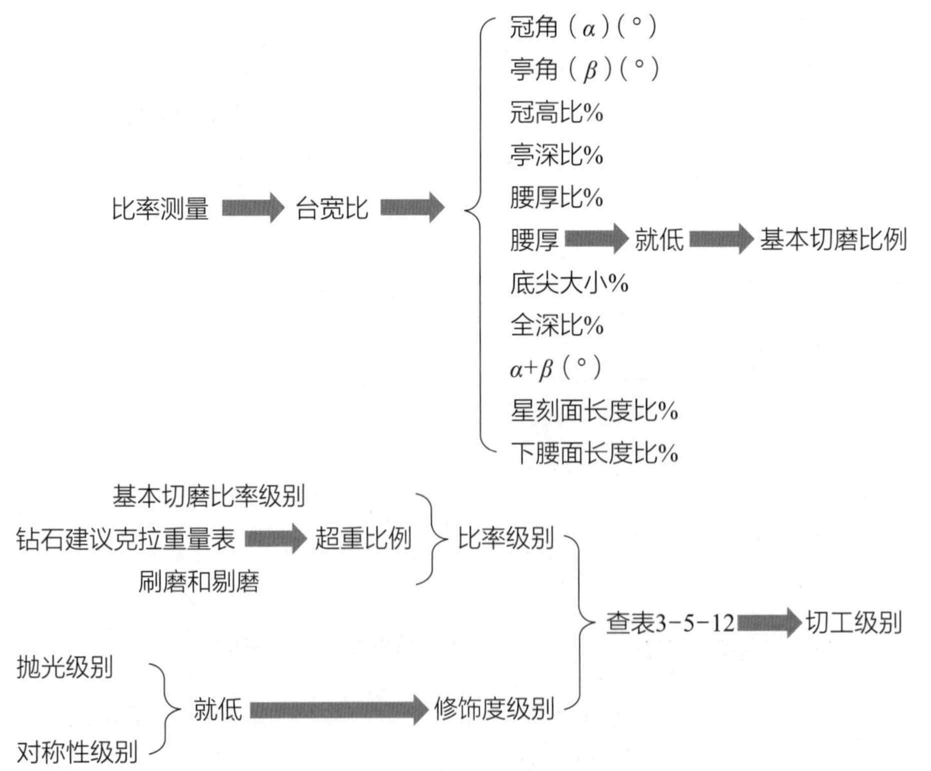

六、钻石质量分级

（一）钻石的质量单位

1. 克（g）

法定计量单位，要求精确到万分之一克。

2. 克拉（ct）

国际通用的宝石质量单位，成品钻石要求精确到小数点后两位，第三位小数逢九进一。克拉源于地中海杨槐树（Carab）的干果，每颗205mg。1914年，法国国家度量衡局长乔姆提出1ct为200mg。要求精确到0.01ct，小数点第三位八舍九入，即

0.998ct≈0.99ct，0.999ct≈1.00ct。

1ct=200mg =0.2g　1g=5ct

3. 分（pt）

用于小于1ct的钻石。

1ct=100pt

4. 格令（grain）

主要用于钻石批发中，常表示钻石的近似质量。

1格令=1/4克拉（0.25ct）=25pt

1格令表示质量范围0.23～0.26ct

2格令表示质量范围0.47～0.56ct

5. 每克拉多少粒

除未整颗出售的钻石，对于碎钻，通常不说重多少分，而是说每克拉有多少粒。

（二）钻石的质量分级

1. 钻坯质量分级（商业分级）

记名钻：≥50ct

超大钻：≥10.8ct

大钻：2.0～10.79ct

中钻：0.75～1.99ct（格令钻）

小钻：0.74ct～每克拉6粒

混合小钻：每克拉7粒～每克拉40粒

2. 抛光钻石质量分级（商业分级）

大钻：≥1ct

中钻：0.25～0.99ct

小钻：0.05～0.24ct

碎钻：≤0.04ct

3. 钻石的质量表示方法

在质量数值后的括号内注明相应的克拉重量。例如，0.2000g（1.00ct）。

钻石贸易中可用克拉重量表示，例如，0.2000g钻石的克拉重量表示为1.00ct。

4. 钻石重量的估算

各种切工抛光钻石质量的计算公式：

标准圆钻型钻石质量公式（计算公式中，质量单位D为克拉，长度单位为毫米）：

$$D=平均直径^2\times 全深\times\begin{cases}0.0061 & 极薄腰\\0.0062 & 薄腰\\0.0063 & 腰适中\\0.0064 & 厚腰\\0.0065 & 极厚腰\end{cases}$$

椭圆形钻石重量公式：D=平均直径^2×全深×0.0062

心形钻石重量公式：D=长×宽×全深×0.0059

三角形钻石重量公式：D=长×宽×全深×0.0057

长方形钻石重量公式：D=长×宽×全深×0.00915

梯形钻石重量公式：D=（上底+下底）/2×梯形高×全深×0.00915

祖母绿形钻石重量公式：

$$D=长\times宽\times全深\times\begin{cases}0.0080 & & 1:1\\0.0092 & 长宽比为 & 1.5:1\\0.0100 & & 2.0:1\\1.0106 & & 2.5:1\end{cases}$$

马眼形钻石重量公式：

$$D=长\times宽\times全深\times\begin{cases}0.00565 & & 1.5:1\\0.00580 & 长宽比为 & 2.0:1\\0.00585 & & 2.5:1\\0.00595 & & 3.0:1\end{cases}$$

梨形钻石重量公式：

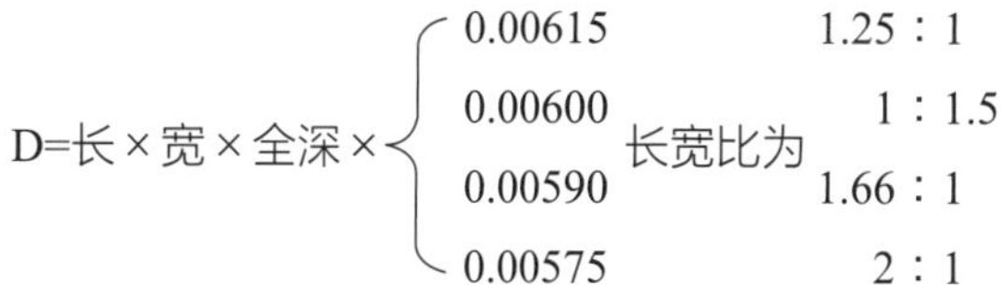

$$D=长\times宽\times全深\times\begin{cases}0.00615 & & 1.25:1\\0.00600 & 长宽比为 & 1:1.5\\0.00590 & & 1.66:1\\0.00575 & & 2:1\end{cases}$$

对于镶嵌钻石（标准圆钻型），如果钻石高度无法测量，只根据其腰围平均直径亦可估算出其近似质量。

$$质量=（平均直径/6.5）^3$$

七、镶嵌钻石的分级方法

（一）镶嵌钻石的颜色等级

采用比色法分级，分为7个等级，与未镶嵌钻石颜色级别的对应关系如表3-5-13所示。镶嵌钻石颜色分级应考虑金属托对钻石颜色的影响，注意加以修正。比如，白色金属托一般不会影响钻石颜色级别，而黄色和红色金属托会因托架颜色影响钻石本身的颜色，从而影响钻石颜色级别。此时，应尽可能地排除金属托架和周围各色宝石的影响。一般情况，黄金托会降低钻石的色级，周围以蓝颜色宝石衬托时，会提高钻石颜色级别，而其他色调的配石则会降低钻石的色级。在对镶嵌钻石颜色分级时，注意多用哈气法来消除反射光的影响。最好将比色钻石用戒指爪抓起来和待分级钻石进行比较，从而进行颜色分级。用10倍放大镜或宝石显微镜在比色灯下把已镶嵌钻石的台面靠向比色石台面，并比较两颗钻石的相同部位，能较准确地判别其颜色。

表 3-5-13 镶嵌钻石与未镶嵌钻石颜色级别的对应关系

镶嵌钻石的颜色等级	D~E		F~G		H	I~J		K~L		M~N		<N
对应的未镶嵌钻石的颜色等级	D	E	F	G	H	I	J	K	L	M	N	<N

（二）镶嵌钻石的净度级别

在10倍放大镜下，将镶嵌钻石净度分为LC、VVS、VS、SI、P五个等级。在对镶嵌钻石进行净度分级时应尽可能全面、全方位地对钻石的净度特征进行观察，只作大级别划分，不做小级别划分，对LC级及VVS级的确定要特别细致小心。

（三）镶嵌钻石的切工测量与描述

对满足切工测量的镶嵌钻石，采用10倍放大镜目测法，测量台宽比、亭深比等比率要素。对满足测量的镶嵌钻石，采用10倍放大镜目估法，对影响修饰度（包括对称性和抛光）的要素加以描述。切工测量采用10倍放大镜目估方法，比率只写范围级别，修饰度级别只描述对切工级别有重大影响的内容。

八、钻石分级证书

根据国家标准GB/T 16554—2017《钻石分级》中规定，在样品状态、测试条件允许时，钻石分级证书应该包含以下内容：

证书编号，检验结论，质量，颜色级别及荧光强度级别，净度级别，切工（形状/规格：最大直径×最小直径×全深；比率级别：全深比、台宽比、腰厚比、亭深比、底尖比；修饰度级别：对称性级别，抛光级别），检验依据，净度素描图（0.47ct以上），签章和日期，其他。

钻石分级证书中其他可选择内容如下：颜色坐标、净度坐标、切工比例截图、备注等。

九、钻石的产状和产地

钻石主要产出于金伯利岩和钾镁煌斑岩。目前，世界上共有27个国家和地区发现有钻石矿床，其中大部分位于非洲、前苏联等地区和澳大利亚、加拿大等国。

世界上最大的金伯利岩岩筒位于非洲的坦桑尼亚，最大的钻石砂矿位于纳米比亚。许多世界著名的大钻石都产自南非，如迄今为止发现的最大的重达3106ct的“库里南”钻石。

1979年，澳大利亚南部地区发现了含钻石的橄榄钾镁煌斑岩。现今，在澳大利亚已发现150多个钾镁煌斑岩岩体，澳大利亚也成为世界钻石产量最大的国家，但达到宝石级的钻石仅占5%。

印度是亚洲国家中最早发现钻石的国家，常以砂矿产出。

我国是世界上钻石资源较少的国家。我国的钻石矿主要分布在湖南沅江流域、贵州、山东蒙阴和辽宁，其中最大的原生矿在辽宁瓦房店，该矿储量大、质量好、宝石级钻石的产量高达50%以上。

第四篇 宝石学

第一章
红宝石、蓝宝石

红宝石和蓝宝石属刚玉类宝石，红宝石和蓝宝石分别是所有红色系列宝石和蓝色系列宝石中最名贵的宝石。红宝石是红色系列宝石中颜色最鲜艳的宝石，而蓝宝石则是所有蓝色系列宝石中颜色最鲜艳的宝石，其鲜艳浓郁的颜色非常迷人，令人神往，得到了人们的喜爱。

在西方的传统文化中，红宝石是结婚四十周年的纪念石，同时也是七月的生辰石。蓝宝石被定为九月的生辰石，结婚四十五周年则称为蓝宝石婚。被称为“命运之石”的星光蓝宝石的三束耀眼的星光带也被赋予忠诚、希望和博爱的美好象征。

一、红、蓝宝石的基本性质

（一）矿物名称

红、蓝宝石矿物名称为刚玉，在矿物学上属于刚玉族。

（二）化学成分

红、蓝宝石属刚玉族宝石，主要化学成分为铝的氧化物，化学式为Al_2O_3。通常有Ti、V、Fe、Mn、Cr、Ni等过渡族的金属元素，杂质元素可以以等价离子或异价离子形式代替晶格中的Al^{3+}，也可以以机械混入物形式存在于晶体中，它们使红、蓝宝石具有不同的颜色。

（三）结晶状态

红、蓝宝石为晶质体，三方晶系，常呈桶状、柱状、少数呈板状或叶片状。重要单形有六方柱、六方双锥、菱面体和平行双面，在晶面上常有横纹。图4-1-1为刚玉晶体结构示意图，图4-1-2为刚玉常见晶体形态，图4-1-3为刚玉晶体晶面横纹。

（四）光学性质

1. 颜色

刚玉族宝石的颜色多样，它几乎包括了可见光光谱中的红、橙、黄、绿、青、蓝、紫的所有颜色。

红、蓝宝石属于他色矿物，纯净时无色，当晶格中含有微量元素时可致色。红、蓝宝石的颜色与杂质元素的种类、含量和组合有关。其中Cr主要导致红色，而Fe、Ti的联合作用导致蓝色。红、蓝宝石颜色与致色元素对应关系见表4-1-1。

国际上通常将浓艳的深红色刚玉称为红宝石，其他颜色刚玉（包括除浓艳的血红色刚玉的其他红色刚玉）称为蓝宝石。蓝宝石的颜色包括白色、蓝色、黄色、绿色、黑色等。

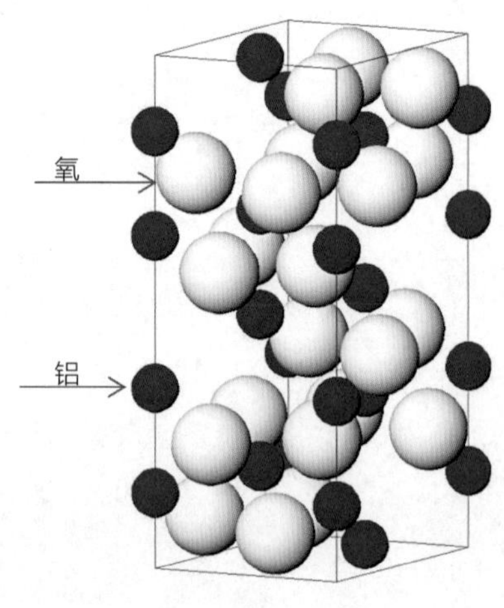

图4-1-1　刚玉晶体结构

图4-1-2　刚玉常见晶体形态

图4-1-3　刚玉晶体晶面横纹

表 4-1-1 红、蓝宝石颜色与致色元素关系表

着色剂	质量分数 *W*/%	颜色	着色剂	质量分数 *W*/%	颜色
Cr_2O_3	0.01 ~ 0.05	浅红	Cr_2O_3	0.01 ~ 0.05	金黄
Cr_2O_3	0.1 ~ 0.2	桃红	NiO	0.5	
Cr_2O_3	2 ~ 3	深红	Fe_2O_3	1.5	蓝
Cr_2O_3	0.2 ~ 0.5	橙红	TiO_2	0.5	
NiO	0.5		Co_2O_3	0.12	绿
TiO_2	0.5	紫	V_2O_5	0.3	
Fe_3O_4	1.5		NiO	—	
Cr_2O_3	0.1		V_2O_5	—	蓝紫（日光下）
NiO	0.5 ~ 1.0	黄			红紫（灯光下）

2. 光泽及透明度

红、蓝宝石通常为透明至不透明，抛光面具亮玻璃光泽至亚金刚光泽。

3. 光性特征

红、蓝宝石为非均质体，一轴晶，负光性。

4. 折射率和双折射率

折射率值为1.762 ~ 1.770（+0.009，–0.005），双折射率为0.008 ~ 0.010。

5. 多色性

除无色刚玉外，有色的刚玉宝石均具二色性，二色性的强弱和色彩变化均取决于自身颜色及颜色深浅程度。

红宝石的多色性为强，颜色紫红/橙红或者深红/浅红。图4-1-4为红宝石在二色镜下观察到的红宝石二色性。

蓝宝石的多色性为强（图4-1-5），各种颜色蓝宝石多色性如下：

蓝色：蓝/蓝绿　　绿色：绿/黄绿
黄色：黄/橙黄　　橙色：橙/橙红
粉色：粉/粉红　　紫色：紫/紫红

6. 荧光性

在紫外荧光灯下红宝石长波具弱至强，红、橙红荧光（图4-1-6）。短波具无至中，红、粉红、橙红荧光，少数强红荧光。

不同颜色蓝宝石紫外荧光如下：

蓝色：长波：无至强，橙红；短波：无至弱，橙红。

粉色：长波：强，橙红；短波：弱，橙红。

橙色：一般无，长波下可呈强，橙红。

黄色：长波：无至中，橙红、橙黄；短波：弱红至橙黄。

紫色、变色：长波：无至强，红；短波：无至弱，红。

无色：无至中，红至橙。

黑色、绿色：无。

热处理的某些蓝宝石有弱蓝或弱绿白色荧光。图4-1-7为蓝宝石在紫外荧光灯下的荧光反应。

不同产地红、蓝宝石荧光反应不同。不同产地的红、蓝宝石的荧光特征见表4-1-2。

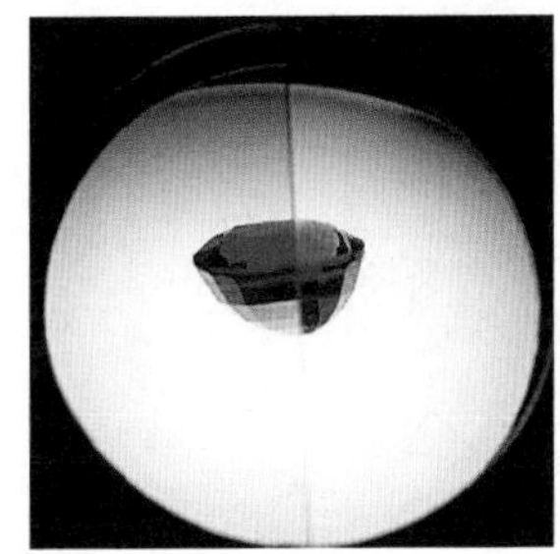
图4-1-4 红宝石的多色性

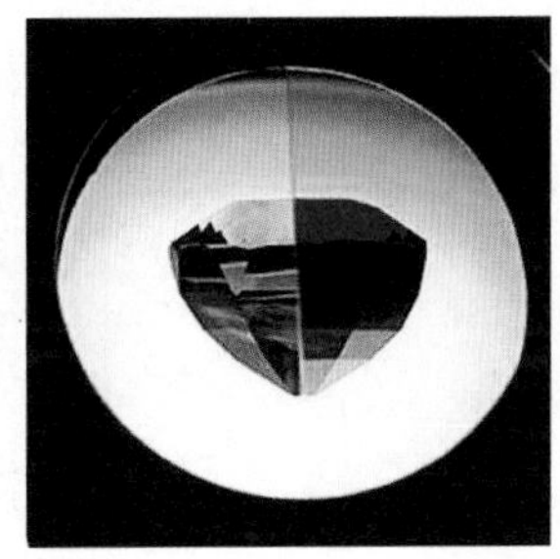
图4-1-5 蓝宝石的多色性

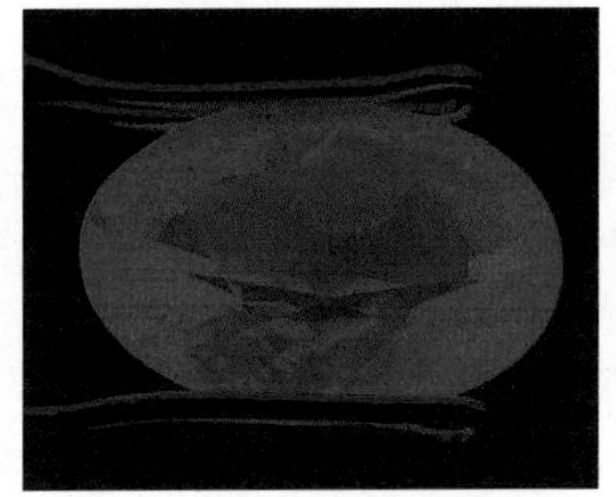
图4-1-6 红宝石紫外荧光反应

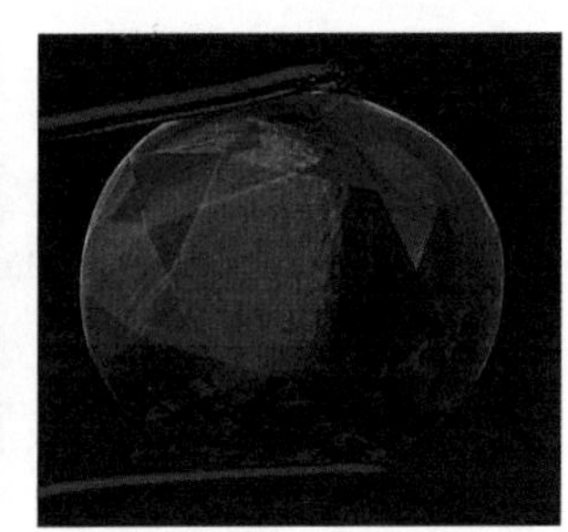
图4-1-7 蓝宝石紫外荧光反应

表 4-1-2 不同产地的红、蓝宝石的荧光特征表

不同产地的刚玉宝石	紫外荧光		X 荧光
	LW	SW	
缅甸红宝石	鲜艳深红色	中等红色	深红色
斯里兰卡红宝石	橘红色	中等橘红色	深红色
泰国红宝石	暗红色	无色至弱红色	弱暗红色
泰国蓝宝石	无	无	无
斯里兰卡蓝宝石	浅橙色	无一弱橙色	无一微弱红色
斯里兰卡黄色蓝宝石	浅黄一橙黄色	浅黄一浅橙黄色	弱橙黄色

7. 吸收光谱

红宝石吸收光谱（图4-1-8）：具有694，692，668，659nm吸收线，620～540nm的吸收带，476，475nm强吸收线，468nm的弱吸收线，紫区全吸收。

蓝宝石吸收光谱（图4-1-9）：可具450nm吸收带或450，460，470nm的吸收线。

变色蓝宝石吸收光谱（图4-1-10）：具470.5nm的吸收线，550～600nm强吸收线及685.5nm的吸收线。

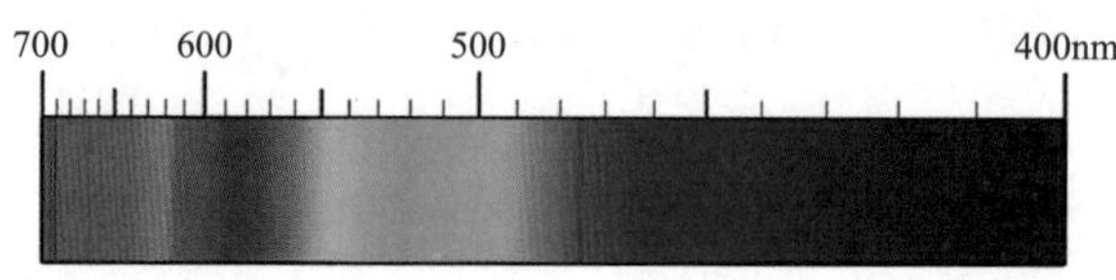

图4-1-8 红宝石吸收光谱

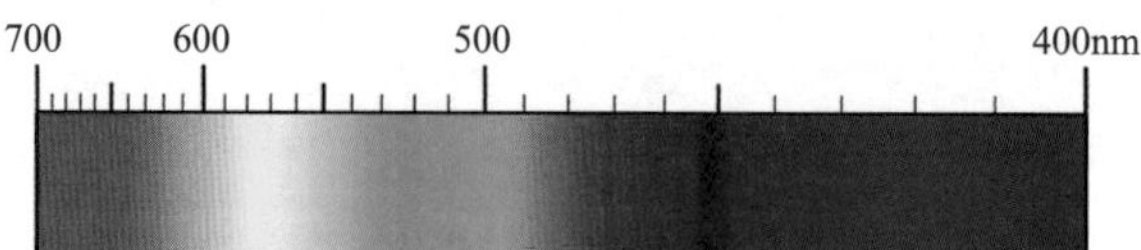

图4-1-9 蓝宝石吸收光谱

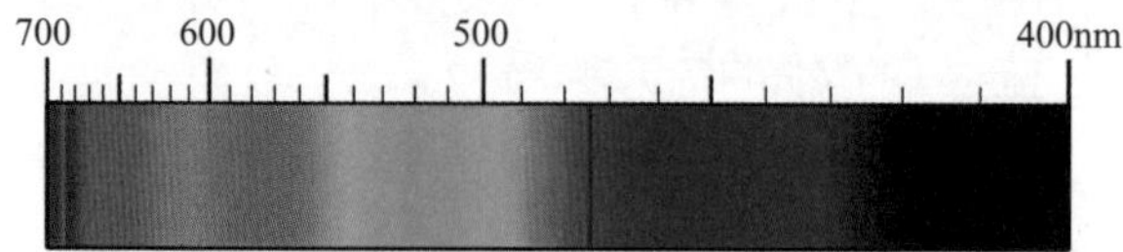

图4-1-10 变色蓝宝石吸收光谱

8. 紫外可见光谱

红宝石：694，692，668，659nm吸收峰，620～540nm的吸收带，476，475nm强吸收峰，468nm的弱吸收峰，紫光区吸收。

蓝宝石：蓝、绿、黄色：450nm吸收带或450，460，470nm的吸收峰。

粉、紫及变色蓝宝石具红宝石和蓝宝石的吸收谱带。

9. 红外吸收光谱

红、蓝宝石在中红外区具刚玉Al—O振动所致的特征红外吸收谱带。

（五）力学性质

1. 解理和裂理

红、蓝宝石解理不发育，但可发育平行底面和平行菱面体面的聚片双晶，并产生裂理（图4-1-11）。刚玉宝石发育菱面体{1011}（图4-1-12）、底面{0001}裂理（图4-1-13），有时可见柱面{1120}裂理。

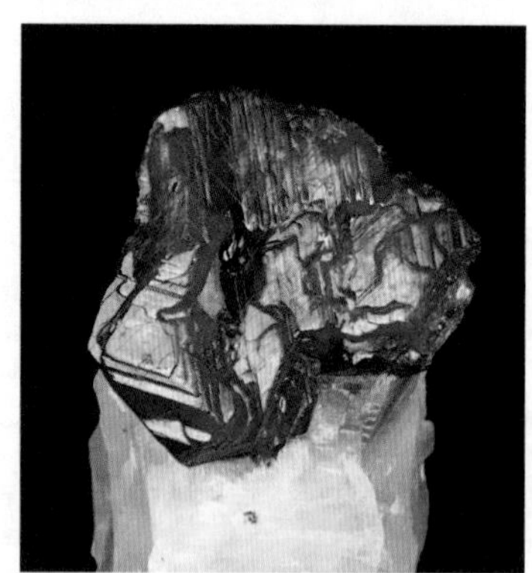
图4-1-11 红宝石裂理

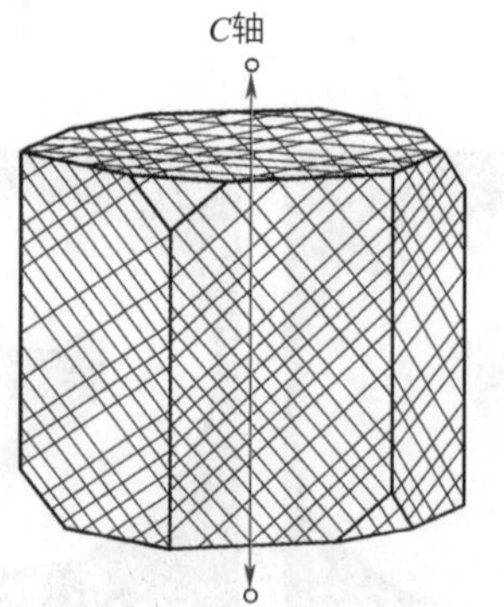

图4-1-12 刚玉菱面体裂理示意图

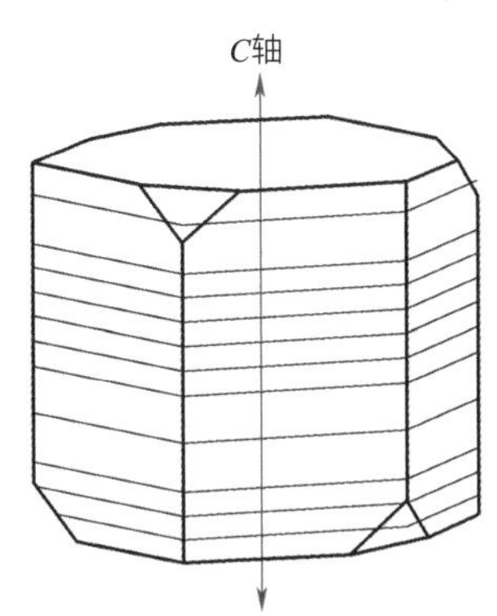

图4-1-13　刚玉底面裂理示意图

2. 硬度

红、蓝宝石的摩氏硬度为9，硬度略具方向性，平行光轴的硬度略大于垂直光轴的硬度。

3. 密度

红、蓝宝石的密度变化于4.00（±0.005g/cm^3）之间，杂质元素含量越高密度越大。一般情况下红宝石的密度略大于蓝宝石的密度，我国山东深蓝色宝石密度可达4.17g/cm^3。

（六）放大检查

红宝石：丝状物，针状包体，气液包体，指纹状包体，雾状包体，负晶，晶体包体，生长纹，生长色带，双晶纹。

蓝宝石：色带，指纹状包体，负晶，气-液两相包体，针状包体，雾状包体，丝状包体，固体矿物包体，双晶纹。

（七）特殊光学效应

红宝石可见星光效应，猫眼效应（稀少）。

蓝宝石可见变色效应，星光效应（可有六射星光，少见双星光）。

二、刚玉类宝石的品种及分类

（一）依据颜色的品种划分

1. 红宝石

在国家标准GB/T 16553—2017《珠宝玉石　鉴定》中，红宝石为红、橙红、紫红、褐红色的刚玉类宝石。

2. 蓝宝石

在国家标准GB/T 16553—2017《珠宝玉石　鉴定》中，蓝宝石为除去红色系列以外的所有颜色的刚玉宝石，包括蓝、蓝绿、绿、黄、橙、粉、紫、黑、灰、无色等多种颜色。

（二）依据特殊光学效应的品种划分

1. 星光红宝石和星光蓝宝石

红、蓝宝石可含丰富的金红石包体，不同方向的金红石在垂直*C*轴的平面内呈60°角相交，加工成弧面形宝石后显示六射星光，形成星光红宝石（图4-1-14）和星光蓝宝石（图4-1-15）。偶尔也有双星光现象，构成十二射星线图案（图4-1-16）。

2. 变色蓝宝石

少数蓝宝石具变色效应（图4-1-17），在日光下呈蓝色、灰蓝色，在灯光下呈暗红色、褐红色。变色效应一般不明显，颜色也不十分鲜艳。

3. 达碧兹红宝石和蓝宝石

达碧兹红宝石（图4-1-18）和达碧兹蓝宝石（图4-1-19）是红、蓝宝石中的一个特殊品种。达碧兹结构由独特的六边形和放射状旋臂色带以及微小云雾状包裹体构成。它与星光效应表现出来的图案最大的区别在于，星光效应的六射星线是在宝石表面并随光源移动，达碧兹的六边形结构是固定在宝石里面的。

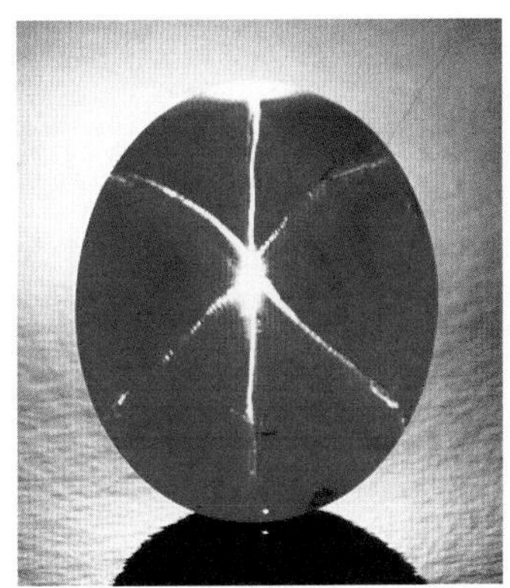
图4-1-14　星光红宝石

图4-1-15　星光蓝宝石

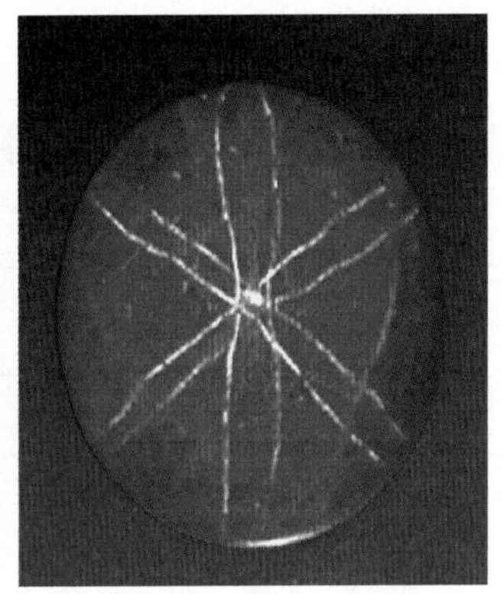
图4-1-16　十二射星红宝石

图4-1-17 变色蓝宝石

图4-1-18 达碧兹红宝石

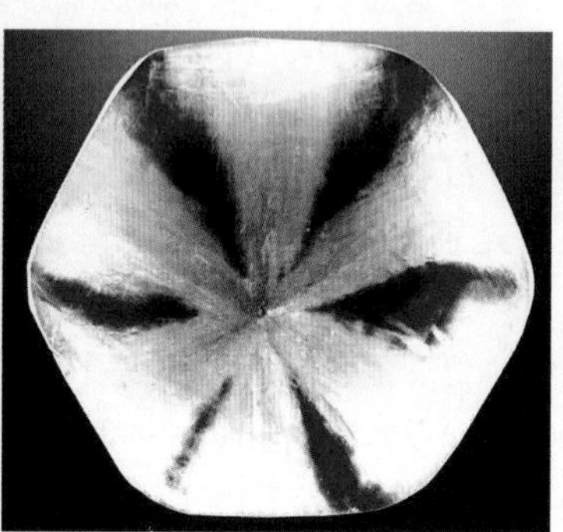

图4-1-19 达碧兹蓝宝石

三、红宝石与相似宝石的鉴别

1. 红色石榴石（铁铝榴石、镁铝榴石）

红色石榴石与红宝石主要区别在于：石榴石为均质体且无多色性，红宝石为非均质体且二色性明显，可通过光性和二色镜鉴别。

2. 红色尖晶石

红色尖晶石同样是均质体且无多色性，折射率与红宝石差距较大，尖晶石折射率为标准值1.718，明显低于红宝石。

3. 红色碧玺

红色碧玺折射率与红宝石差距较大且具有较高双折率，碧玺折射率1.624～1.644，双折率0.018～0.040。显微镜下具有碧玺特征的扁平状液体包体和不规则的管穴。

红宝石与主要相似宝石的鉴别特征见表4-1-3。

表 4-1-3 红宝石与主要相似宝石的鉴别特征

宝石名称	颜色	多色性	折射率	偏光性	密度 / (g/cm^3)	其他
红宝石	红—紫红	明显	1.762～1.770	四明四暗	4.00	特征金红石包体
铁铝榴石	褐红—暗红	无	1.760～1.820	全消光	4.05	三组异面的金红石针
镁铝榴石	浅红—红	无	1.714～1.742	全消光	3.78	金红石针
尖晶石	褐红、橙红	无	1.718	全消光	3.60	八面体负晶定向排列
电气石	粉红、褐红	明显	1.624～1.644	四明四暗	3.06	特征扁平液态包体及管状包体
红柱石	褐红—红	强	1.634～1.643	四明四暗	3.17	针状金红石包体
红玻璃	全红	无	不定	全消光	2.60	气泡、收缩纹

四、蓝宝石与相似宝石的鉴别

1. 堇青石

堇青石具有肉眼可见明显多色性，可从不同角度观察到蓝、紫色。

2. 蓝色尖晶石

蓝色尖晶石为均质体宝石，只能测到一个折射率值（1.718），明显低于蓝宝石。

3. 黝帘石（坦桑石）

坦桑石具有明显多色性，可从不同角度看到蓝色、紫红色和绿色。

蓝宝石与主要相似宝石的鉴别特征见表4-1-4。

表 4-1-4　蓝宝石与主要相似宝石的鉴别特征

宝石品种	颜色	多色性	折射率	密度 / (g/cm³)	其他
蓝宝石	蓝—蓝紫色	明显	1.762～1.770	4.00	平直色带
蓝锥矿	蓝—蓝紫色	强	1.757～1.804	3.68	强玻璃光泽、强荣耀、低硬度H=6.5
坦桑石	蓝紫色	强	1.691～1.700	3.35	玻璃光泽、低色散、低硬度H=6.5
堇青石	蓝色	强	1.542～1.551	2.61	低硬度H=7.5
蓝色尖晶石	蓝色	无	1.718	3.60	自形八面体负晶定向排列

五、红、蓝宝石的优化处理及鉴定方法

红、蓝宝石常见的优化处理方法包括：热处理、染色处理、扩散处理、拼合、覆膜、浸油和裂隙充填。

（一）热处理

1. 热处理方法的主要应用

（1）在氧化环境下，热处理可以消减红宝石中多余的蓝色和削弱深色蓝宝石的颜色，而在还原环境条件下热处理可以诱发或加深蓝宝石的颜色。

（2）热处理可以去除红、蓝宝石中的丝状包裹体或发育不完美的星光：加热后迅速冷却，使原以包裹体形式存在的金红石在高温下熔融，进入晶格与Al_2O_3形成固溶体，从而达到消除星光和丝状包裹体的目的。

（3）热处理产生星光：加热后缓慢冷却，使样品内以固溶体形式存在的钛分离形成金红石包裹体，从而产生星光。

（4）将浅黄色、黄绿色刚玉在氧化条件下，高温处理成橙黄色，甚至金黄色蓝宝石。

2. 热处理红、蓝宝石的鉴定

（1）热处理红、蓝宝石颜色可见不均匀现象，特征的格子状色块、不均匀的扩散晕。

（2）热处理红、蓝宝石内部可见一些低熔点包体发生部分熔解。

（3）热处理红、蓝宝石内部可见一些原生流体。包体高温下发生胀裂，流体浸入新胀裂裂隙中。

（4）热处理红、蓝宝石成品表面可见局部熔融，产生凹凸不平的麻坑。二次抛光后，出现双腰棱、多面腰棱现象。

（二）染色处理

对红、蓝宝石进行染色处理由来已久，早期染色刚玉颜色过于浓艳，用酒精或丙酮棉球擦拭棉球被染色。但随着染色技术的发展，近期染色刚玉表层涂蜡，使颜色封存于裂隙中，放大检查可见染料在裂隙中集中。

染色处理的红、蓝宝石在鉴定过程中，可以用酒精或丙酮棉球擦拭，如在棉球上留下红色（或蓝色）痕迹则为染色处理过的红、蓝宝石。另外，经过染色处理的红、蓝宝石常常表现出多色性异常。天然红、蓝宝石具有强的多色性，而染色处理的红、蓝宝石颜色浓艳却没有明显多色性。同时，染色处理的红、蓝宝石在紫外荧光灯下呈现出由染料引起的特殊荧光，在红外吸收光谱中出现因染料引起的染料吸收峰。

（三）表面扩散处理

1. 传统表面扩散处理红宝石

（1）颜色　早期产品多为石榴红色，带明显紫色、褐色色调；新产品呈深浅不同的红色，颜色分布不均匀，常呈斑块状。

（2）放大检查　颜色多集中于腰围、刻面棱线及开放裂隙中。

（3）荧光反应　SW下斑块状蓝白色磷光。

（4）二色性　模糊的二色性。

（5）折射率　具异常折射率。

2. 传统表面扩散处理蓝宝石

（1）Fe、Ti扩散处理蓝宝石　①Ⅰ型扩散处理：颜色层厚0.004～0.1mm；②Ⅱ型扩散处理：颜色层厚0.4mm。

（2）Co扩散处理蓝宝石　鲜艳的钴蓝色，表面可见颜色略浅的斑点，棱线颜色变浅。在浸油中观察可见：颜色在棱线处富集，具典型Co吸收光谱（图4-1-20）。

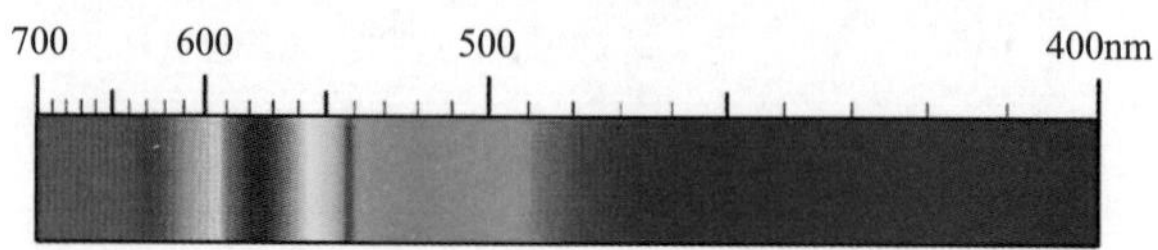

图4-1-20　Co扩散处理蓝宝石吸收光谱

3. 新型铍（Be）扩散处理红、蓝宝石

近几年，市场上出现了在高温（1800℃）条件下进行Be扩散热处理的红、蓝宝石。最早出现的是橙色至粉橙色蓝宝石，看起来很像天然的“padparadscha”蓝宝石。目前，Be扩散处理蓝宝石的颜色种类更加丰富，包含了所有刚玉宝石的颜色，蓝宝石、红宝石、黄色蓝宝石都出现了相应的扩散处理品种。Be扩散处理刚玉宝石的颜色和处理时间有关。

新型铍（Be）扩散处理红、蓝宝石主要鉴定特征如下：

（1）在高折射率浸油中观察宝石表面颜色层，如在二碘甲烷中观察Be扩散处理蓝宝石表面的颜色时，通常为无色。

（2）放大观察并结合反射光观察宝石表面的合成生长带以及愈合裂隙。

（3）高温下锆石包裹体的形态变化，水铝矿管道被合成物质替代。

（4）在黄色和红色刚玉宝石中出现在金红石晶体周围的蓝色晕圈。

（5）大型仪器检测：天然刚玉宝石表面Be摩尔分数一般为$1.5\sim5\times10^{-6}$，Be扩散处理刚玉表面Be摩尔分数通常为$10\sim35\times10^{-6}$。

（四）充填处理

使用胶和玻璃充填宝石表面的坑洞和内部的大型裂隙可以改善宝石的外观，并可增加宝石重量。

1. 传统充填处理红宝石的鉴别

最早的充填处理是使用注胶的方式来充填宝石表面坑洞和内部的大型裂隙。这种注胶处理的刚玉宝石裂隙处光泽不均一，胶的光泽低于刚玉主体白光泽。

玻璃充填刚玉宝石往往裂隙发育，裂隙中玻璃光泽明显低于刚玉主体光泽。大裂隙中充填玻璃凹陷，裂隙或空洞中留有气泡。图4-1-21为充填处理红宝石可见充填后形成的气泡。图4-1-22为充填处理红宝石表面特征，充填处理红宝石表面留下的充填裂隙。

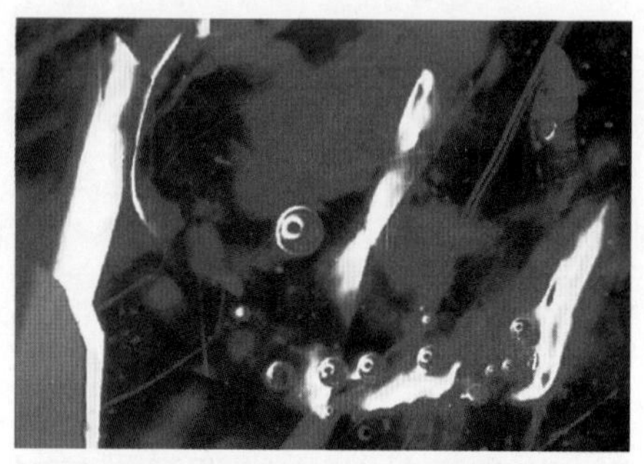

图4-1-21　充填处理红宝石中的气泡

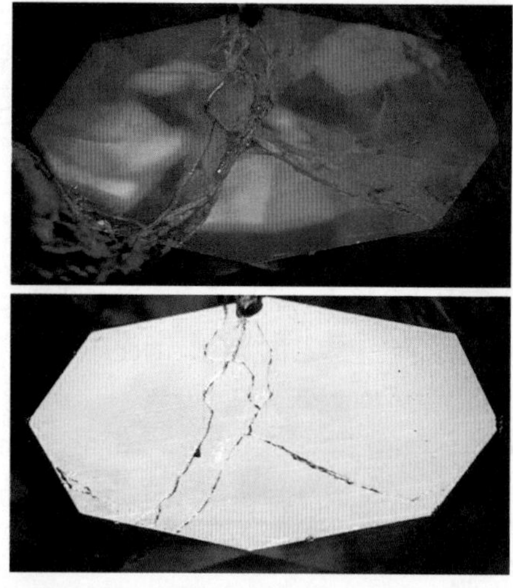

图4-1-22　充填处理红宝石表面特征

2. 新型铅玻璃充填处理红宝石

铅玻璃折射率比普通玻璃折射率高，更接近红、蓝宝石的折射率，甚至高于红、蓝宝石的折射率。这种充填处理的红、蓝宝石，充填物光泽明显高于刚玉主体，并存在大量扁平气泡和小空隙。充填裂隙可见度很低。充填空洞表面抛光较差。高能紫外辐射下，充填物具强蓝色荧光，而传统充填玻璃一般呈惰性或具弱的灰色荧光。

（五）红、蓝宝石拼合石

红、蓝宝石拼合石（图4-1-23）在市场上也较为常见，特别是使用合成蓝宝石做亭部，天然蓝宝石做冠部的蓝宝石，拼合石在市场经常出现。要鉴定经过拼合的红、蓝宝石，关键是找到拼合部位（拼合面）和两个拼合层面的颜色差异。图4-1-24中，蓝宝石拼合石上层为蓝宝石，下层为合成变色蓝宝石，从腰面观察可见明显颜色差异。图4-1-25中，蓝宝石拼合石从腰部清晰可见二层拼合石的拼合面。上部为天然绿色蓝宝石，底部为维尔纳叶法合成蓝宝石。

图4-1-23　蓝宝石拼合石

图4-1-24　蓝宝石拼合石（腰面可见明显颜色差异）

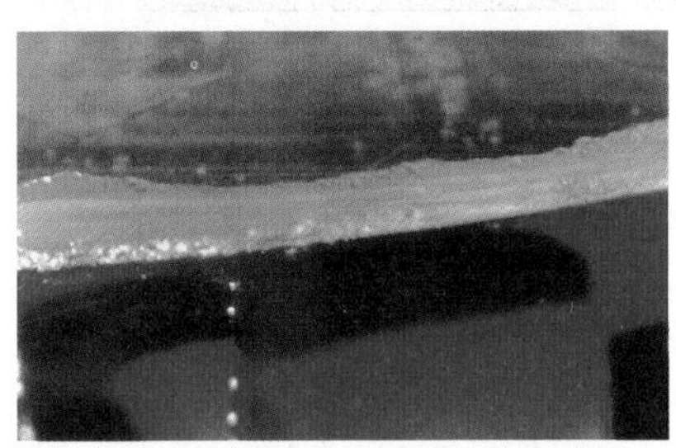

图4-1-25　蓝宝石拼合石（腰部可见拼合面）

六、合成红、蓝宝石及鉴定方法

目前合成红、蓝宝石的方法主要有焰熔法、助熔剂法和水热法。

（一）焰熔法合成红、蓝宝石及鉴别方法

焰熔法合成宝石晶体是在1908年由维尔纳叶发明的，故又称为维尔纳叶法。它是产量和规模最大、使用历史最悠久的一种方法，也是合成宝石的第一种商业生产方法。

1. 焰熔法合成红宝石与天然红宝石的鉴别

（1）原始晶形　红宝石为三方晶系（图4-1-26），而焰熔法合成红宝石的原始晶形为梨晶（图4-1-27），无裂理，无台阶状构造，具贝壳状断口。

（2）颜色　焰熔法合成红宝石颜色比较纯正，艳丽。

（3）多色性　台面观察可见较明显二色性。焰熔法合成红宝石加工过程中，台面常平行于*C*轴（图4-1-28）。因此，从台面观察二色性比天然红宝石要明显。

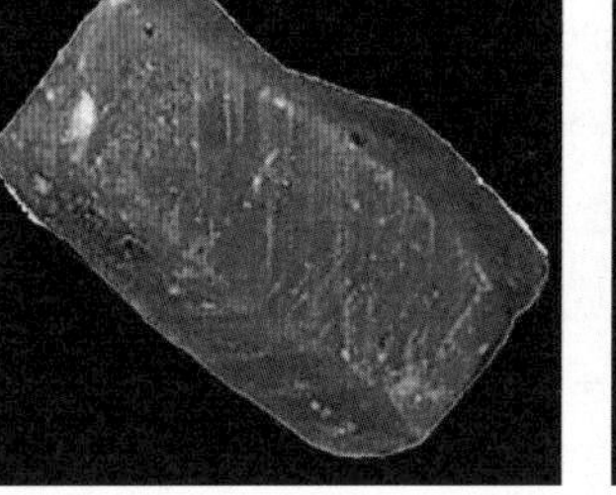

图4-1-26　红宝石晶形

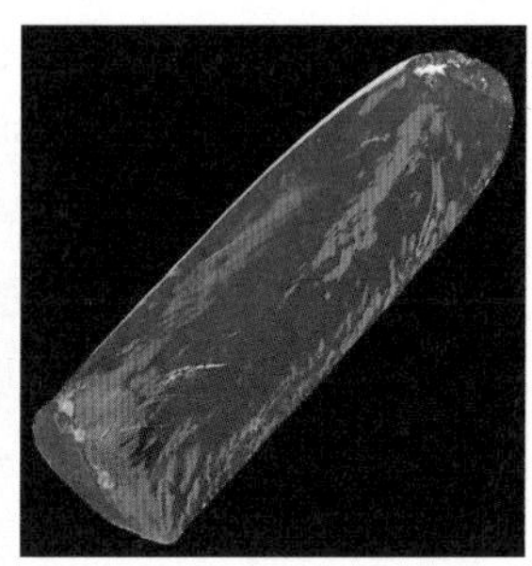

图4-1-27　合成红宝石晶形

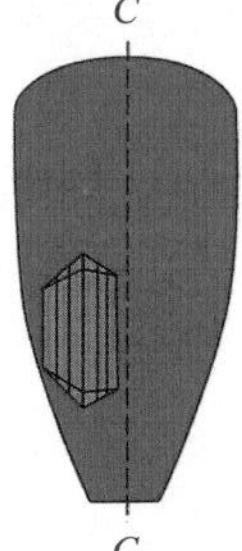

图4-1-28　梨晶切割方向示意图

（4）发光性　焰熔法合成红宝石在紫外荧光灯下呈现出强的红色荧光及磷光，强于天然红宝石。

（5）吸收光谱　焰熔法合成红宝石可观察到清晰的Cr吸收谱。

（6）生长纹　焰熔法合成红宝石放大可见十分细密的弧形生长纹（图4-1-29），类似唱片纹。生长纹可均匀发育，也可有末端尖灭现象。弧线之间具有微弱的颜色色调差异，当细小的气泡或残留的添加剂质点沿生长线聚集时，生长线的弯曲特征更明显。

（7）气泡　焰熔法合成红宝石可见气泡呈零星状、带状、云雾状弥散分布。气泡往往很小，在低倍镜下仅可见一些小点，高倍镜下方可看到气泡的同心圆构造。气泡一般为球状，少数变形成蝌蚪状异形气泡（图4-1-29）。

（8）裂纹　焰熔法合成红宝石可见高速抛光产生的典型雁行状裂纹。

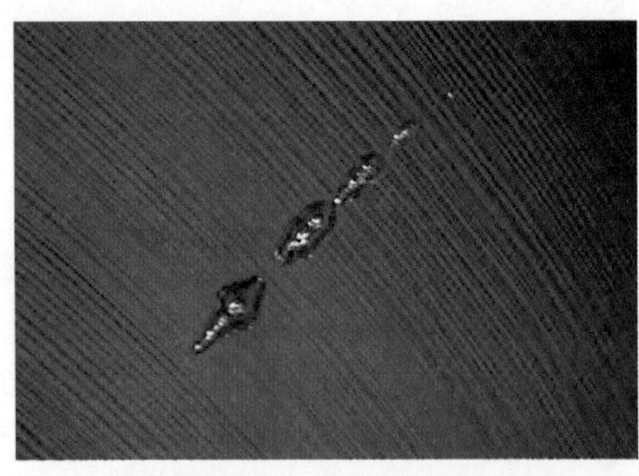

图4-1-29 焰熔法合成红宝石弧形生长纹和气泡

2. 焰熔法合成蓝宝石与天然蓝宝石的鉴别

（1）生长纹 焰熔法合成蓝宝石有较宽的弧形生长纹（图4-1-30）。

（2）气泡 焰熔法合成蓝宝石可见气泡呈零星状、带状、云雾状弥散分布。图4-1-31为焰熔法合成蓝宝石收缩形成的不规则气泡。

（3）发光性

无色样品：SW下淡蓝色荧光；

绿色样品：LW下橙色荧光；

蓝色样品：SW下淡蓝—白色/淡绿色荧光。

（4）吸收光谱 焰熔法合成蓝宝石缺失Fe吸收线，变色蓝宝石有清晰的V吸收线（474nm）。

（5）普拉托法 可用于鉴别缺失弧形生长线的焰熔法合成蓝宝石。将宝石浸泡在二碘甲烷中，在正交偏光下，沿宝石光轴方向进行观察，在20～30倍放大倍数下，焰熔法合成蓝宝石可显示两组呈60°角相交的直线。

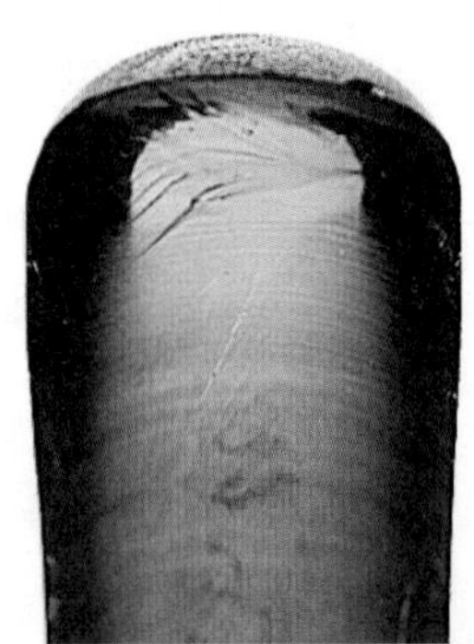

图4-1-30 焰熔法合成蓝宝石弧形生长纹

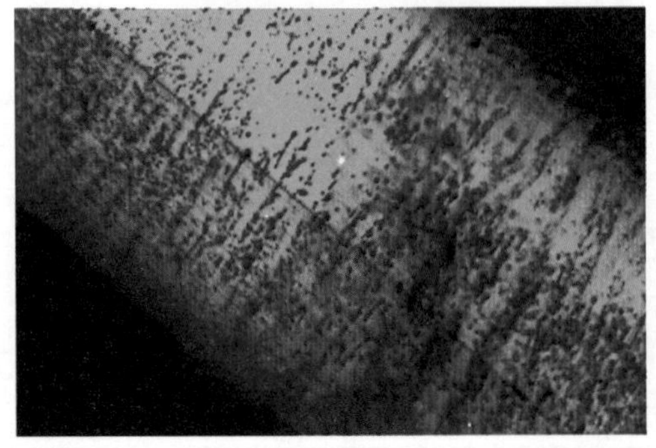

图4-1-31 焰熔法合成蓝宝石气泡

3. 焰熔法合成星光红、蓝宝石与天然星光红、蓝宝石的区别

（1）颜色 焰熔法合成星光红宝石颜色丰富，有粉红—红色，半透明；合成星光蓝宝石有乳蓝—蓝色，半透明。

（2）星线 合成星光红、蓝宝石的星线仅存于样品的表面，星线完整，清晰，线较细；而天然刚玉宝石中，星线产生于样品内部，可具备缺失，不完整，星线较粗等特点。

（3）其他特征 合成星光红、蓝宝石可见平行于底面的弧形生长纹（有时垂直底面）和沿弧形生长纹分布的气泡。

（二）助熔剂法合成红、蓝宝石的鉴别方法

助熔剂法又称高温熔体法，将原料成分在高温下熔解于低熔点助熔剂熔体中，形成饱和溶液。然后，通过缓慢地降温或在恒定温度下蒸发熔剂等方法，形成过饱和溶液而析出晶体。助熔剂法与自然界矿物晶体从岩浆中结晶的过程非常相似。

1. 助熔剂法合成红宝石的鉴定特征

（1）助熔剂法合成红宝石晶体特征 助熔剂法合成红宝石可生长出具完好几何外形的单晶体。主要呈板状、粒状，单晶中底面及菱面体面十分发育，缺失六方柱面、六方双锥面。可发育天然红宝石缺失的穿插双晶。

（2）助熔剂法合成红宝石内部特征

①助熔剂包体 助熔剂残余颜色在透射光下不透明，呈现灰黑色、棕褐色至黑色。在反射光下呈浅黄

色、橙黄色，具金属光泽。

助熔剂法合成红宝石的特殊结构："马赛克"结构。

②色带和色块 助熔剂法合成红宝石可以出现笔直的生长环带及不均匀色块。

③金属片 从铂坩埚中剥落的铂片在助熔剂法合成红宝石中，具有三角形、六边形或不规则多边形状。它们是不透明的，出现概率较低。

2. 助熔剂法合成蓝宝石的鉴定特征

助熔剂法合成蓝宝石中，常见与助熔剂法合成红宝石相似的助熔剂残余。

（三）水热法合成红、蓝宝石的鉴别方法

水热法合成红、蓝宝石属于液体中生长宝石的方法。它适合室温下溶解度低、高温高压下溶解度高的材料。

水热法合成红、蓝宝石晶体特征多为板状晶体。内部特征具明显的生长纹、金属包体和钉状包体。生长纹颜色深浅不一，形态可呈锯齿状、波纹状或交织成网状。金属包体呈分散状或局部聚集分布。这些金属片为一些合金，可具三角形、四边形等多边形的形态，透射光下不透明，反射光下具金属光泽。较大的钉状包体中心存在着深色的液态充填物，有时钉状包体变得十分细小，表现为一根根细针密集而定向排列。

七、世界主要刚玉类宝石产地

（一）世界主要红宝石产地

红宝石主要产于大理岩、伟晶岩、玄武岩还有冲积矿床。其产地在世界范围内均有分布，主要以缅甸、莫桑比克、泰国、印度、斯里兰卡、越南、坦桑尼亚为主。天然红宝石中固态和液态包体繁多，如水铝矿、磷灰石、金红石、黑云母等。不同产地的宝石特征不同，各地生长元素含量不同也会导致宝石颜色不同，这些都是鉴别红宝石产地的重要判断依据。

（二）世界主要蓝宝石产地

蓝宝石由于铁（Fe）和钛（Ti）等微量元素造成颜色上的变化，从而展现出多种色调，蓝宝石的形成主要是在岩浆热液冷凝于变质带中，由氧化铝在高温高压下缓慢结合而成，再由玄武岩岩浆沿大断裂快速带至地表。蓝宝石的产地主要以斯里兰卡、缅甸、马达加斯加、泰国、澳大利亚和印度的克什米尔为主，中国山东昌乐也是蓝宝石产地之一。

第二章

祖母绿和其他绿柱石族宝石

绿柱石族宝石是重要的宝石品种，其中祖母绿和海蓝宝石都是以单独的名称来命名的宝石品种，而祖母绿更是位列五大贵重宝石之一，其他种类的绿柱石也是中高档宝石中最重要的宝石品种。

第一节　祖母绿

祖母绿自古就是珍贵宝石，是世界上最古老的宝石之一，位列五大名贵宝石之列，被称为绿宝石之王。因其特有的绿色和独特的魅力以及神奇的传说深受西方人的青睐。祖母绿象征着仁慈、信心、善良、永恒、幸运和幸福，人们相信佩戴它会给人带来一生的平安。它是五月份的生辰石，也是结婚五十五周年的纪念石。祖母绿的名称来自希腊语“Smaragdos”，源于古法语“Esmeralda”，意指绿色的宝石。

一、祖母绿的基本性质

（一）矿物名称

祖母绿（Emerald）。

（二）化学成分

祖母绿化学分子式为$Be_3Al_2Si_6O_{18}$，含Cr、Fe、Ti、V等微量元素。

（三）结晶状态

祖母绿为晶质体，六方晶系（图4-2-1），其结构中

图4-2-1　祖母绿晶体

[Si_6O_{18}] 组成六方柱状空管，并与Be原子以四面体的形式结合，又与Al原子以八面体结合，六方柱状的空管内可含水分子和碱性离子。结晶习性为六方柱状晶体，柱面发育有平行于*C*轴的纵纹，大多数晶体能具有完美的形状。常见单形：六方柱、六方双锥、平行双面。

（四）光学性质

1. 颜色

祖母绿为铬致色，其颜色的特征为呈翠绿色（图4-2-2），可略带黄或蓝色色调，其颜色柔和而鲜亮，具丝绒质感，如嫩绿的草坪。由其他元素，如二价铁致色的绿柱石常呈浅绿色、浅黄绿色、暗绿色，不能称为祖母绿，只能叫绿色绿柱石。

图4-2-2　祖母绿的颜色

2. 光泽及透明度

祖母绿抛光面为玻璃光泽，断口表面为玻璃光泽至树脂光泽；透明到半透明。

3. 光性特征

祖母绿为非均质体，一轴晶，负光性。

4. 折射率和双折射率

折射率常为1.577～1.583，可低至1.565～1.570，高至1.590～1.599，祖母绿的折射率值随碱金属含量的增加而增大；双折射率为0.005～0.009。

5. 多色性

祖母绿的多色性为中等，颜色蓝绿/黄绿。

6. 荧光性

紫外荧光：在长波下呈无或弱绿色荧光，弱橙红至带紫的红色荧光；短波下无荧光，少数呈红色荧光。

X荧光：呈很弱至弱的红色荧光，可见到短时间与体色相近的磷光，所有的祖母绿在X射线下均呈透明。

7. 查尔斯滤色镜检查

绝大多数祖母绿在强光照射下，透过滤色镜观察，呈红或粉红色（图4-2-3、图4-2-4）。注意：印度、南非祖母绿因含Fe，在滤色镜下呈绿色。

8. 吸收光谱

祖母绿主要呈现Cr的吸收线。红区：683，680nm吸收线明显，662，646nm吸收线稍弱；橙黄区：630～580nm间有部分吸收；蓝区：478nm吸收线；紫区：全吸收（图4-2-5）。

图4-2-3 自然光下的祖母绿

图4-2-4 滤色镜下的祖母绿

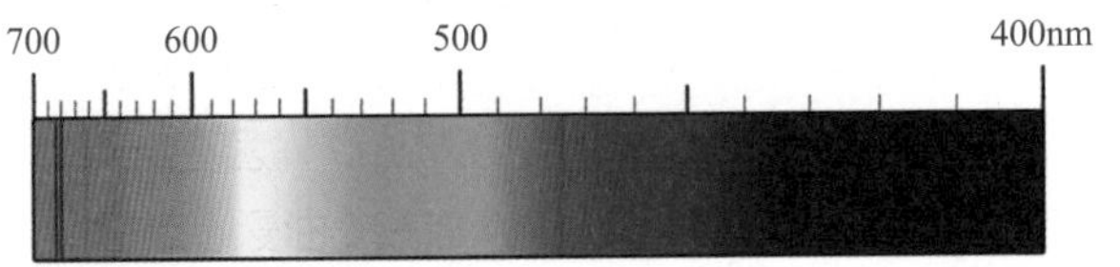

图4-2-5 祖母绿吸收光谱

9. 紫外可见光谱

红区683，680nm吸收线明显，662，646nm吸收线稍弱；橙黄区630～580nm间有部分吸收；蓝区478nm吸收线；紫区全吸收。

10. 红外吸收光谱

中红外区具绿柱石Si—O等基团振动所致的特征红外吸收谱带。经充填处理或净度优化的祖母绿在官能团的红外吸收谱带与天然祖母绿有差异。

（五）力学性质

1. 解理和断口

祖母绿平行{0001}方向具一组不完全解理；断口呈贝壳状至参差状。

2. 硬度

祖母绿的摩氏硬度为7.5～8。

3. 密度

祖母绿的密度为2.67～2.75g/cm^3，通常为2.71g/cm^3。其密度受碱金属含量的影响，碱金属含量越高，密度越大。

（六）放大检查

祖母绿内外部特征可分为三大类：矿物包体，负晶或孔洞中的两相或三相包体，愈合或部分愈合裂隙及色带、生长纹等。

（七）特殊光学效应

祖母绿可见猫眼效应，星光效应（稀少）。

二、祖母绿的品种

（一）祖母绿猫眼

祖母绿可因内部含有一组平行排列、密集分布的管状包体，而产生猫眼效应（图4-2-6），但不常见。

（二）星光祖母绿

星光祖母绿（图4-2-7）极为稀少，内部除平行*C*轴的管状包体外，还有两个方向的未知微粒，其一方向垂直*C*轴。

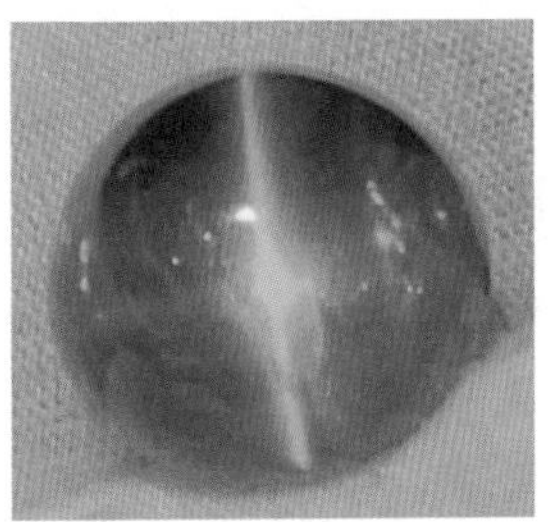

图4-2-6 祖母绿猫眼

图4-2-7 星光祖母绿

（三）达碧兹祖母绿（Trapiche）

达碧兹祖母绿（图4-2-8）是一种特殊类型的祖母绿，产于哥伦比亚姆佐地区和契沃尔地区，它具特殊的生长特

图4-2-8 达碧兹祖母绿

征。姆佐产出的达碧兹在绿色的祖母绿中间有暗色核和放射状的臂，是由碳质包体和钠长石组成，有时有方解石，罕见黄铁矿。契沃尔产出的达碧兹祖母绿中心为绿色六边形的核。有核的六边形棱柱向外伸出六条手臂，在臂之间的V形区中是钠长石和祖母绿的混合物。

三、祖母绿与相似宝石的鉴别

祖母绿与相似宝石的主要鉴定特征见表4-2-1。

表 4-2-1 祖母绿与相似宝石的主要鉴定特征

宝石名称	硬度 H_w	密度 /(g/cm^3)	光性特征	折射率	查尔斯滤色镜反应	其他特征
祖母绿	7.5	2.72	非均质体	1.577～1.583	红或绿	三相包体、两相包体，阳起石、方解石、赤铁矿，裂隙发育
铬透辉石	5.5～6	3.29	非均质体	1.675～1.701	绿	刻面棱重影，505nm吸收线普遍，气液包体、管状包体，但很少有三相、两相包体
铬钒钙铝榴石	7～7.5	3.61	均质体	1.740	红、粉红	光泽强，反火好，含黑色固态包体常见固体包体或负晶
翠榴石	6.5～7	3.84	均质体	1.888	绿	强色散，含马尾丝状石棉包裹体
电气石	7～7.5	3.06	非均质体	1.624～1.644	绿	双折射率高，刻面棱重影，强多色性，发育有线状分布的气液包体
磷灰石	5	3.18	非均质体	1.634～1.638	绿	油脂光泽，假二轴晶干涉图，可见580nm双吸收线
萤石	4	3.18	均质体	1.434	绿	四组解理发育而呈异常消光，色带发育，气液包体边界不清晰，强淡蓝色荧光
翡翠	6.5～7	3.33	非均质集合体	1.66	绿	纤维交织结构至粒状纤维结构，翠性
人造钇铝榴石	8.5	4.55	均质体	1.833	红	内部洁净，偶含气泡
玻璃	5	2.30～4.50	均质体	1.470～1.700	红	内部洁净，偶含气泡、铸模标志

四、合成祖母绿及其鉴别

（一）助熔剂法合成祖母绿

助熔剂法合成祖母绿主要有查塔姆（Chatham）合成祖母绿、吉尔森（Gilson）合成祖母绿、莱尼克斯（Lennix）合成祖母绿、俄罗斯（Novosibirsk）合成祖母绿。

助熔剂法合成祖母绿内部包体很像天然祖母绿，助熔剂残余常沿裂隙充填，呈云翳状或花边状，可沿晶体生长面呈近于平行的带状分布，还可见无色透明、形态完整的硅铍石晶体。

（二）水热法合成祖母绿

水热法合成祖母绿主要有俄罗斯合成祖母绿、林德（Linde）合成祖母绿、拜伦（Biron）合成祖母绿、莱切雷特纳（Lechleitner）合成祖母绿。

水热法合成祖母绿内部常有两相包体，由硅铍石晶体和空洞组成的钉状包体，可出现铂金属片，呈六边形或三角形，在反射光中具银白色外观；具有波状、锯齿状生长纹，有些可见种晶板。

另外，合成祖母绿的密度比天然祖母绿低，为2.65g/cm^3。在2.65g/cm^{3}的重液中，部分合成祖母绿缓慢下沉或悬浮，而天然祖母绿则是快速下沉。同时，合成祖母绿折射率稍低，常为1.563～1.560，双折射最低的仅有0.003。

不同类型合成祖母绿的特征见表4-2-2。

表 4-2-2　不同类型合成祖母绿的鉴定特征

合成方法	品种	折射率	双折射率	密度 /(g/cm³)	紫外荧光	内部特征
助熔剂法	查塔姆（美）	1.600 ~ 1.564	0.003	2.65 ~ 2.66	强红色	云翳状包体
	吉尔森 I 型（法）	1.559 ~ 1.569	0.005	2.65 ± 0.01	橙红色	羽状包体、长方形硅铍石晶体
	吉尔森 II 型（法）	1.562 ~ 1.567	0.003 ~ 0.005	2.65 ± 0.01	红色	羽状包体、长方形硅铍石晶体
	吉尔森N型（法）	1.571 ~ 1.579	0.006 ~ 0.008	2.68 ~ 2.69	无	纱状、树状固态熔剂包体，铂及硅铍石
	莱尼克斯（法）	1.555 ~ 1.566	0.004	2.65 ~ 2.66	红色	破碎熔融包体，二相或三相羽状包体
水热法	莱切雷特纳（澳）	1.559 ~ 1.605	0.003 ~ 0.010	2.65 ~ 2.73	红色	籽晶，交叉裂纹
	林德（美）	1.566 ~ 1.578	0.005 ~ 0.007	2.67 ~ 2.69	强红色	气体及羽状二相气液包体，平行钉状或针状包体，硅铍石
	精炼池法（澳）	1.570 ~ 1.575	0.005	2.694	弱—无	云翳状、窗纱状包体
	中国（桂林）	1.569 ~ 1.573	0.004	2.70 ± 0.02	弱	窗纱状，气液包体及残余熔体
	拜伦（澳）	1.569 ~ 1.573	0.004	2.65 ±	强红	指纹状、钉装、二相气液包体含合金碎片、硅铍石晶体白色彗星状、串珠状颗粒
	俄罗斯	1.572 ~ 1.584	0.005 ~ 0.007	2.66 ~ 2.73	弱红	无数细小的棕色微粒，呈云雾状

五、祖母绿的优化处理及其鉴别

（一）浸注处理

由于祖母绿多裂，对祖母绿进行浸注处理由来已久，方法多样，采用的材料也有很多种。

1. 浸无色油

祖母绿浸无色油后放大检查可见表面裂隙，油多呈无色至淡黄色，长波紫外光下可呈黄绿色或绿黄色荧光；热针接近可有油析出，油中可能有气泡，可能带有一些其他颜色，可浸入水中更易观察；转动宝石过程中某一角度可能有干涉色；受热后会出现发汗现象（油会渗出）；注意包装纸：可能有油渍；红外光谱测试出现油的吸收峰。在国家标准GB/T 16552—2017《珠宝玉石　名称》中定义为优化。

2. 浸有色油

祖母绿浸有色油后放大检查可见表面裂隙，油呈绿色；长波紫外光下呈黄绿色或绿黄色荧光；丙酮棉签轻拭有绿色油析出。除与无色油相同方法外，放大观察，可见不规则的颜色分布；油干涸后会留下绿色染剂，易见；红外光谱测试出现油的有机物吸收峰。在国家标准GB/T 16552—2017《珠宝玉石　名称》中定义为处理。

3. 充填处理

祖母绿若经过充蜡处理，用热针接触可见蜡析出，若充填物为树脂，放大检查可见充填物出露部分表面光泽与主体宝石有明显差异，可观察到气泡、流动构造，有时充填区呈雾状，充填处可见“闪光效应”和气泡。红外光谱测试在2800 ~ 3000cm^{-1}、3036cm^{-1}、3058cm^{-1}附近可有有机物吸收峰；发光图像分析（如紫外荧光观察仪等）可观察到明显的充填物分布。

（二）覆膜处理

用无色或浅绿色绿柱石为核心，在外层生长合成祖母绿薄膜，也称再生祖母绿。该法生长外层一般仅0.5mm厚，易产生呈交织网状的裂纹。放大检查经过覆膜处理的祖母绿可见表面光泽异常，局部可见薄膜脱落现象。浸液观察可见仅在外层有颜色，棱角处颜色较为集中。长波紫外光下外层荧光强。内外不一致的包裹体折射率异常，红外光谱和拉曼光谱测试可见薄膜层特征峰。

（三）染色处理

经染色处理的祖母绿放大检查可见颜色分布不均匀，颜色多在裂隙间或表面凹陷处富集，颜色沿裂隙分布，可呈蛛网状，无明显多色性，一般而言，绿色染料含铬，在660 ~ 630nm区间会有强吸收，紫外可见光谱可见异常。在国家标准GB/T 16552—2017《珠宝玉石　名称》中定义为处理。

（四）底衬处理

为加深祖母绿颜色，在祖母绿戒面底部衬上一层绿色的薄膜或绿色的锡箔，用闷镶的形式镶嵌。放大可见底部近表面有结合缝，可有气泡残留或脱落、起皱。分光镜、二色镜现象异常。

六、祖母绿的质量评价

（一）颜色

由翠绿色至深绿色。对颜色的评价主要看其颜色的色调，绿色的深浅程度，颜色分布的均匀程度，以不带杂色或稍带有黄或蓝色色调，中至深绿色为好。

（二）透明度及净度

质量好的祖母绿要求内部瑕疵小而少，肉眼基本不见。

（三）祖母绿的切工

质量好的祖母绿一般都采用祖母绿型切工，质量差或裂隙较多的祖母绿一般切磨成弧面型或做链珠。祖母绿切磨角度非常重要，台面方向与光轴垂直时，显示常光方向的黄绿色；台面平行于光轴时，则显示蓝绿色。平行光轴方向切磨有时强于垂直光轴方向的切磨，因为垂直光轴方向的常光总显示一种灰白色色调。

第二节 海蓝宝石

海蓝宝石的英文名称为Aquamarine，源于拉丁语Sea Water“海水”。传说，这种美丽的宝石产于海底，是海水之精华。

海蓝宝石一般指浅蓝色、绿蓝色至蓝绿色的绿柱石，其蓝绿色是由Fe^{2+}致色而成。一般情况下颜色较浅，市场上出现的深色海蓝宝石多是由黄色绿柱石热处理而成。

（一）矿物名称

海蓝宝石（Aquamarine）。

（二）化学成分

海蓝宝石为化学分子式$Be_3Al_2Si_6O_{18}$，含Fe、Mg、V、Cr、Ti、Li、Mn、K、Cs、Rb等微量元素。

（三）结晶状态

海蓝宝石为六方晶系（图4-2-9），晶体习性：六方柱状，偶见六方板状，常见晶面纵纹。

图4-2-9 海蓝宝石晶体

（四）光学性质

1. 颜色

海蓝宝石常见颜色：浅蓝色（图4-2-10）、蓝色（图4-2-11）至蓝绿色、绿蓝色（图4-2-12），其蓝绿色是由Fe^{2+}致色而成。

2. 光泽及透明度

海蓝宝石为玻璃光泽，断口表面为玻璃光泽至树脂光泽；透明到半透明。

3. 光性特征

海蓝宝石为非均质体，一轴晶，负光性。

4. 折射率和双折射率

海蓝宝石折射率为1.577～1.583（±0.017）。双折射率为0.005～0.009。

5. 多色性

海蓝宝石多色性弱至中，呈蓝和蓝绿色或不同色调的蓝色。

6. 荧光性

紫外荧光：通常弱。

图4-2-10 浅蓝色海蓝宝石

图4-2-11 蓝色海蓝宝石

图4-2-12 蓝绿色海蓝宝石

7. 吸收光谱

海蓝宝石通常无或呈现弱的铁吸收线。

8. 紫外可见光谱

537，456nm弱吸收峰，427nm强吸收峰，370nm吸收峰，依颜色变深而变强。

9. 红外吸收光谱

中红外区具绿柱石Si—O等基团振动所致的特征红外吸收谱带，经充填处理的海蓝宝石在官能团的红外吸收谱带与天然海蓝宝石有差异。

（五）力学性质

1. 解理和断口

海蓝宝石具一组不完全解理，断口呈贝壳状至参差状。

2. 硬度

海蓝宝石的摩氏硬度为7.5～8。

3. 密度

海蓝宝石的密度为2.67～2.75g/cm³，通常为2.71g/cm³。

（六）放大检查

液体包体，气、液两相包体，三相包体，平行管状包体。内部常含有液相、气液两相或气液固三相包体及平行于*Z*轴方向排列的管状包体，有时呈断断续续的“雨丝状”。

（七）特殊光学效应

海蓝宝石可见猫眼效应（图4-2-13），星光效应（稀少）。

图4-2-13 海蓝宝石猫眼

第三节 其他绿柱石族宝石

其他绿柱石类宝石物理化学性质与海蓝宝石基本相同，根据绿柱石的颜色不同，其他绿柱石包括绿色绿柱石、黄色绿柱石、粉色绿柱石（摩根石）、红色绿柱石和Maxixe蓝色绿柱石等。

（一）绿色绿柱石

绿色绿柱石（图4-2-14）是绿柱石族家族中的一个品种，为浅至中黄绿色、蓝绿色和绿色绿柱石，其致色元素为铁，无铬元素。因为绿色绿柱石可见光吸收光谱中无铬吸收谱线，所以色浅、饱和度低，或带有黄色调而不能成为祖母绿，和祖母绿的价值差距很大。

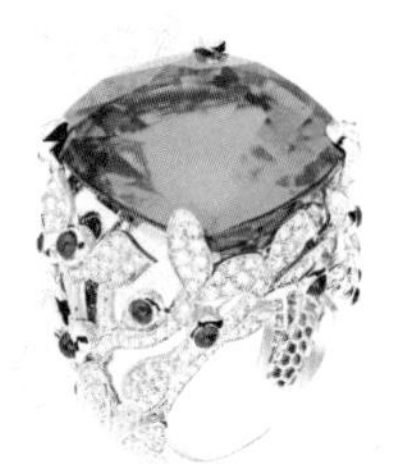

图4-2-14 绿色绿柱石

（二）黄色绿柱石（金绿柱石）

黄色绿柱石也称为金色绿柱石（图4-2-15），颜色有绿黄色、橙色、黄棕色、黄褐色、金黄色和淡柠檬黄色。其英文名称为Heliodor，源自希腊语的“太阳”，颜色为铁致色。其物理化学性质与海蓝宝石的差别不大，因含铁而无荧光，深黄色的绿柱石在蓝区有一模糊的吸收带。有些金黄色的绿柱石具猫眼效应。

图4-2-15 黄色绿柱石

（三）粉色绿柱石（摩根石）

粉色绿柱石也称为摩根石（图4-2-16），颜色有粉红色、浅橙红色到浅紫红色、玫瑰色、桃红色。英文名称为Morganite，是以美国著名的金融家、宝石爱好收藏家约翰·皮尔庞特·摩根（J.P.Morgan）的名字命名的。摩根石因含有锰元素得以呈现出明丽的粉红色，常有少量的稀有金属铯和铷替代，使其密度和折射率偏高。其密度可达2.80～2.90g/cm³，折射率No=1.560～1.578，Ne=1.572～1.592，双折射率为

图4-2-16 粉色绿柱石

0.008~0.009。有些粉色绿柱石具较低的密度，其折射率仅比海蓝宝石高出一点，某些近于无色，但富含铯的绿柱石也有较高的密度和折射率。摩根石的二色性很明显，为浅粉色和深些的蓝粉色，从不同的角度观察，可发现摩根石呈现出偏向浅粉红和深粉红带微蓝这两种精致微妙的色彩。摩根石无特征的可见光吸收光谱；紫外光下呈弱淡紫红色。X光下具强荧光，但不太亮，呈深红色。由于产量稀少且颜色娇艳可人，这种独特的洋红色宝石价值很高，优质者价格更在普通品质的祖母绿之上。

（四）红色绿柱石

红色绿柱石（图4-2-17），又名柏比氏石，英文名称Bixbite，呈深粉红、玫瑰红至红褐色，锰致色。红色绿柱石与摩根石的主要区别在于化学成分上的差异。红色绿柱石的碱金属含量很低，且不含水，而锰的含量则为0.08%，约为粉色绿柱石的20倍。折射率为1.580~1.600，密度为2.71~2.84g/cm^3。二色性较显著，为淡红和深蓝色。放大检查可见由气液包体所构成的愈合裂隙，较罕见，呈浅红及橙红色，有时几乎是红宝石红色或紫红色。主产地为美国犹他州托马斯山。

图4-2-17 红色绿柱石

（五）铯绿柱石

铯绿柱石又称玫瑰绿柱石，为玫瑰红色、粉红色，因含Cs_2O较高，被称为铯绿柱石。

（六）Maxixe蓝色绿柱石

Maxixe蓝色绿柱石最初是指无色到粉红色的绿柱石，经人工辐射处理以后转变而成的具有很吸引人的钴蓝或蓝宝石蓝色的绿柱石，由于在巴西的米纳斯吉拉斯州（Minas Gerais）Arassauahy南部产有这种深蓝色的绿柱石，故称之为Maxixe蓝色绿柱石，此宝石见光或遇热时会骤然褪色。该矿于1917年被发现，因褪色问题，不久就关闭了。直到1972年，这种绿柱石又一次出现在市场上，遂引起了世人的注意。据研究，其蓝色是因为色心致色，即晶体结构中的某种离子丢失，其空穴被电子占据而成的一种结构缺陷。占据空穴的电子可以自由移动，并吸收到宝石表面的某些光波。由于色心是由天然或人工放射性辐照所产生的，易受光和热的作用而被破坏。现在市场上出现的Maxixe蓝色绿柱石均为辐照产品。

表4-2-3 绿柱石的颜色与对应的致色元素

品种	体色	致色元素
祖母绿	翠绿色，略带黄或蓝色调	Cr
海蓝宝石	蓝绿色、浅蓝色、绿蓝色	Fe^{2+}
绿色绿柱石	浅至中黄绿色、蓝绿色、绿色	Fe
黄色绿柱石（金色绿柱石）	绿黄色、橙色、黄棕色、金黄色、淡柠檬黄色	Fe
粉色绿柱石（摩根石）	粉红色、浅橙红色、玫瑰红、桃红色	Mn
红色绿柱石	深粉红至暗的浅褐色	Mn
Maxixe蓝色绿柱石	深蓝色	色心致色，不稳定

第四节 绿柱石族宝石的优化处理及鉴别

绿柱石类宝石常见的优化处理有热处理、辐照处理和覆膜处理等。

（一）热处理

绿柱石中含有Fe^{2+}、Fe^{3+}，它们在绿柱石中有两种存在方式，其一是取代绿柱石中铝的位置，其二是存在于绿柱石结构的孔道中。第一种情况下，绿柱石将呈现黄色，并随三价铁含量增多，颜色从无色逐渐变成金黄色，这种情况在400～450℃下对绿柱石进行热处理，会改变其颜色，可以使浅色或无色绿柱石变为金黄色；第二种情况下，绿柱石呈现绿色和黄绿色，这种绿柱石可热处理成优质的海蓝宝石。此外，摩根石可经热处理来去除黄色色调；含铁和锰致色的橙黄色的绿柱石，可经热处理得到粉红色的绿柱石。

经热处理的绿柱石宝石不易鉴别，这种优化处理产生的颜色一般比较稳定，国家标准GB/T 16552—2017《珠宝玉石　名称》将热处理的绿柱石定义为优化。

（二）辐照处理

绿柱石经不同能量的射线辐照后，可以产生颜色的变化。常用的放射源有X射线、γ射线及高、低能电子等。辐照可使含少量Fe^{2+}的绿柱石的颜色产生变化：由无色变成黄色，蓝色变成绿色，粉红色变成橙黄色。对无色或绿色的绿柱石进行辐照处理后，可得到金黄色和蓝绿色的绿柱石，这些颜色对光是稳定的，其中的一个特殊类型称为Maxixe蓝色绿柱石。

Maxixe蓝色绿柱石：即经γ射线或短波紫外线照射后形成的深钴蓝色绿柱石。无色、暗蓝色、绿色、黄色、粉色的绿柱石在伽马射线的辐照下能变成钴蓝色，辐照时间的长短和绿柱石的类型决定了辐照后颜色的深度。伽马射线辐照处理的宝石无放射性，但其产生的钴蓝色不稳定，较温和的加热或光照就会使其褪色。

Maxixe蓝色绿柱石具有以下特征：其颜色呈钴蓝色，有别于海蓝宝石的天蓝色；其可见光的吸收光谱是695，655nm强吸收带，628，615，581，550nm弱吸收带（也有资料报道为688，624，587，560nm处的吸收带）。观察二色性时，Maxixe蓝色绿柱石的蓝色出现于*Ne*方向，*No*方向大多呈无色，而海蓝宝石二色性的深色是在*No*方向。另外，Maxixe蓝色绿柱石富含稀有金属Cs［*W*（Cs）=2.8%］和B［*W*（B）=0.39%］，密度为2.80g/cm^3、折射率为1.548～1.592，均高于一般的绿柱石。

（三）覆膜处理

将无色或浅淡颜色的绿柱石表面附着有色塑料涂层，以此来增加绿柱石的颜色。经过覆膜处理的绿柱石，放大检查有时可见部分薄膜脱落的现象。

第五节　合成绿柱石

合成绿柱石的方法有化学气相沉积法、助熔剂法和水热法三种，目前以水热法为主。澳大利亚拜伦公司利用水热法合成了摩根石，而俄罗斯Taims公司和莫斯科晶体研究所利用水热法合成出了红色、蓝色、紫色、黄色等不同颜色的绿柱石。这些绿柱石晶体的致色离子均为第四周期过渡金属元素Cr、Mn、Fe、Co、Cu、Ni、Ti等。

人工合成绿柱石在宝石学特征上因生长方法的不同和颜色品种的要求而各异。红色系列合成绿柱石以Co^{2+}、Mn^{2+}/Mn^{4+}、Ti^{3+}为主要致色离子；蓝色系列合成绿柱石以Fe^{2+}/Fe^{3+}、Cu^{2+}为主要致色离子；绿色合成绿柱石则以Cr^{3+}、V^{3+}为主要致色离子，这和天然绿柱石有明显的区别。

在宝石学特征上，水热法生长的红色合成绿柱石的双折射率在0.006～0.008之间，*Ne*为1.571～1.574，*No*为1.576～1.583，均比日本化学气相沉积法彩色绿柱石的高，后者的*Ne*为1.562～1.563，*No*为1.566～1.571，双折射率为0.003～0.005；而密度上后者略高于水热法产品。

此外，水热法合成绿柱石宝石有特征的飘纱状、钉状、针状等包体。这些特征和水热法合成祖母绿的特征一致，这也是区别于天然绿柱石最有效的鉴定特征。

另外，也有采用天然无色绿柱石作核心，在表面生长合成祖母绿薄膜的处理方法，又被称为再生祖母绿，其表面可观察到交织网状裂纹。在GB/T 16552—2017《珠宝玉石　名称》中将此类再生绿柱石归入合成宝石的范畴。

第三章
金绿宝石

金绿宝石，英文名称为Chrysoberyl，源于希腊语的Chrysos（金）和Beryuos（绿宝石），意思是“金色绿宝石”。金绿宝石因其独特的黄绿至金绿色外观而得名，在珠宝界也称“金绿玉”“金绿铍”。金绿宝石以其独特的特殊光学效应奠定了在宝石界的地位，位列五大名贵宝石之一。根据其特殊光学效应的有无，可分为金绿宝石、猫眼、变石和变石猫眼等品种。在宝石学界，只有金绿宝石猫眼可直接称为猫眼，只有金绿宝石变石可直接称为变石，具有猫眼的金绿宝石属于比较稀少的矿物，因而十分珍贵。而同时具有猫眼效应和变色效应的金绿宝石就更是稀有而名贵了。国际上把变石、月光石和珍珠一起定为“六月诞辰石”，象征健康、富贵和长寿，被誉为“健康之石”。

一、金绿宝石的基本性质

（一）矿物名称

金绿宝石（Chrysoberyl），矿物学中属于金绿宝石族。

（二）化学成分

化学分子式为$BeAl_2O_4$，由于含有微量的Fe、Cr、Ti等元素，导致金绿宝石常具有不同的颜色。

（三）晶系与结晶习性

金绿宝石属于斜方晶系，矿物晶体常呈扁平状、板状或短柱状，晶面常有平行条纹，晶体常形成假六方三连晶穿插双晶（图4-3-1至图4-3-3）。

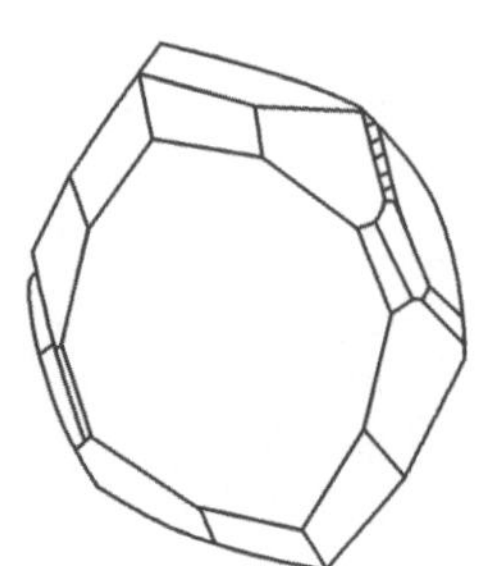

图4-3-1　单晶

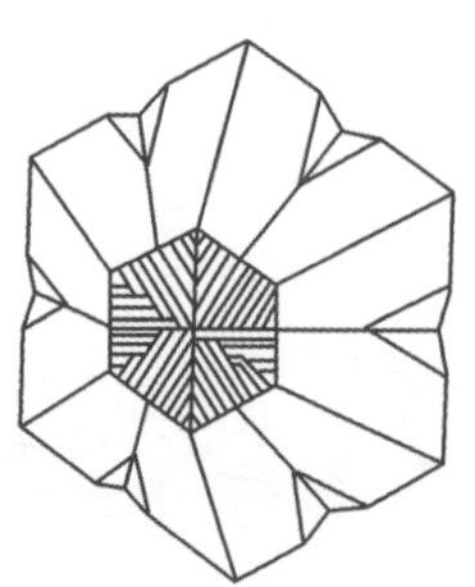

图4-3-2　轮式双晶

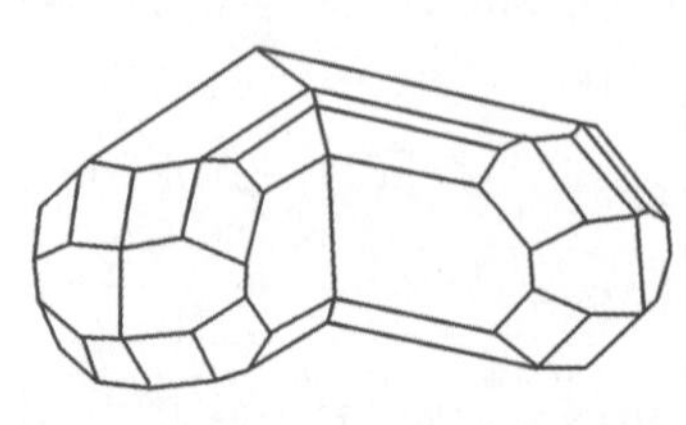

图4-3-3　膝状双晶

（四）光学性质

1. 颜色

金绿宝石的颜色（图4-3-4）常为浅至中等的黄色、黄绿色、黄褐色和灰绿色等，有的可具有罕见的浅蓝色和薄荷绿色。

2. 光泽和透明度

金绿宝石常为玻璃至亚金刚光泽；透明度常为透明至微透明，变石及普通金绿宝石透明度较好。

3. 光性特征

金绿宝石为非均质体，二轴晶，正光性B（+）。

4. 折射率和双折射率

金绿宝石折射率为1.746～1.755，双折射率为0.008～0.010。

5. 多色性

金绿宝石通常具有三色性，可以表现为弱—中等，

图4-3-4　各种颜色的金绿宝石

黄/绿/褐色。浅色金绿宝石和猫眼的多色性较弱，变石多色性很强。变石的多色性：强，绿色/橙黄色/紫红色。变石（缅甸抹谷）：强，紫红色/草绿色/蓝绿色。

6. 发光性

不同品种的金绿宝石在紫外荧光灯下表现也不同。普通金绿宝石：LW：通常为惰性；SW：无—黄绿色荧光。

猫眼：在紫外荧光灯下通常无荧光。

变石：LW：无—中，紫红色荧光。

变石猫眼：弱—中，红色荧光。

7. 吸收光谱

普通金绿宝石和猫眼由于含有微量的Fe元素，可在紫区产生444nm为中心的强吸收带（图4-3-5）。

变石则由于含有微量的Cr元素，而产生不同的吸收光谱，表现为680.5nm和678.5nm两条强吸收线，665nm、655nm和645nm三条弱吸收线，580～630nm的部分吸收，476.5nm、473nm及468nm的三条弱吸收线，紫区通常完全吸收（图4-3-6）。

图4-3-5 金绿宝石的吸收光谱

图4-3-6 变石的吸收光谱

8. 紫外可见光谱

金绿宝石在紫外可见光谱具445nm强吸收带。

9. 色散

金绿宝石色散值为0.015。

10. 红外光谱

金绿宝石在中红外区具Be—O和Al—O振动所致的特征红外吸收谱带。

（五）力学性质

1. 解理、裂理、断口

金绿宝石晶体具有不完全—中等解理，常出现贝壳状断口，变石和猫眼一般无解理。

2. 硬度

金绿宝石的摩氏硬度为8～8.5。

3. 密度

金绿宝石密度通常为3.73g/cm^3。

（六）内外部显微特征

金绿宝石主要含有指纹状包裹体、丝状包裹体；透明宝石可见阶梯状滑动面或双晶纹；猫眼内部主要含有大量平行排列丝状或管状金红石包体；变石内部主要含有指纹状包体及丝状物。

（七）特殊光学效应

金绿宝石中，可出现变色效应和猫眼效应，甚至可以在一颗宝石中同时出现两种效应。

二、金绿宝石的品种

根据特殊光学效应，可以将金绿宝石分为以下4个品种。

（一）普通金绿宝石

普通金绿宝石指没有任何特殊光学效应的金绿宝石（图4-3-7）。虽无特殊光学效应，但透明的金绿宝石也可以作为宝石利用。可以见到一些浅黄绿色或棕绿色透明金绿宝石晶莹美丽，也深受人们喜爱。

黄色和褐色金绿宝石会显现出各种类型的内部缺陷，最常见的是两相包体，平直的充液空管和长管包体。在黄色和褐色金绿宝石中，所见到的一种不常见的结构类型是阶梯状双晶面。固态包体包括云母、阳起石、针铁矿、石英和磷灰石，原生和次生两相或三相包体也常见。

图4-3-7 普通金绿宝石

（二）猫眼

猫眼指具有猫眼效应的金绿宝石（图4-3-8）。猫眼宝石之所以产生猫眼效应，主要在于金绿宝石矿物

图4-3-8 猫眼

内部存在大量细小、密集并平行排列的丝状金红石包体，丝状物的排列方向平行于金绿宝石矿物晶体C轴方向。

猫眼在聚光光源下，向光一侧呈蜜黄色，背光一侧呈乳白色；而在两束聚光灯照射下，随宝石转动，猫眼会出现张开、闭合的变化，闭合时，形成细细的一条光缝，像光线充足时猫的眼睛。猫眼可呈现多种颜色，按质地颜色好坏，依次为蜜黄、黄绿、褐绿、黄褐和褐色。最名贵的是绿黄或棕黄色（或叫蜜黄色，也就是猫眼睛的颜色）。值得注意的是，只有金绿宝石能称为猫眼石，其他具有猫眼效应的宝石需在猫眼前面加上宝石名称，例如透辉石猫眼、水晶猫眼或矽线石猫眼。猫眼在加工时，针状包体的方向平行于金绿宝石晶体的C轴方向，因此在加工定向时，戒面的长轴方向应垂直于金绿宝石晶体的C轴方向进行加工（图4-3-9）。

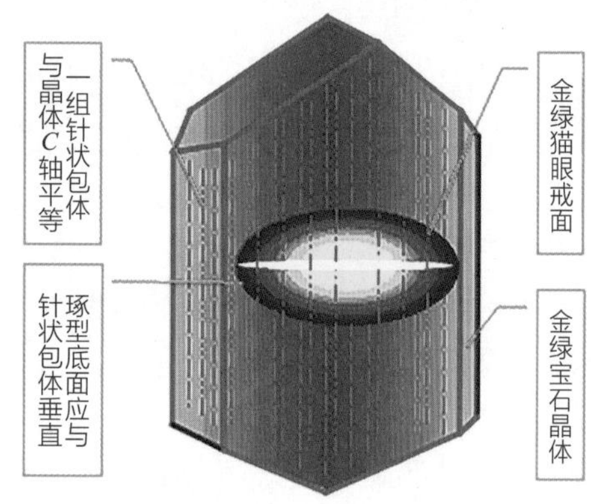

图4-3-9　猫眼的加工方向示意图

（三）变石

具有变色效应的金绿宝石称为变石（图4-3-10），也称亚历山大石。据称是在俄国沙皇亚历山大二世生日那天发现了变石，故得此名。最优质的变石在日光下呈祖母绿色，在灯光下呈红宝石色，但这样的不多。一般是在日光下呈淡黄绿或蓝绿色，在灯光下呈深红到紫红并带有褐色，且褐红色最常见。由于这种迷人的变色效应，变石被誉为“白昼里的祖母绿，黑夜里的红宝石”。

图4-3-10　变石

（四）变石猫眼

变石猫眼是指同时具有变色效应和猫眼效应两种特殊光学效应的金绿宝石，变石猫眼内部既要含有能产生变色效应的铬元素，又要含有大量丝状包体，才易产生猫眼效应。变石猫眼是最有价值的收藏品（图4-3-11）。一般变色效应较弱时，猫眼效果可能更好，通常采用弧面琢型。

图4-3-11　变石猫眼

（五）星光金绿宝石

有些金绿宝石具有四射星光，产生的原因之一是在金绿宝石中同时存在两组互相近于垂直排列的包体，其中一组为金红石包体，而另一组为细密的气液管状包体。

（六）钒金绿宝石

钒金绿宝石（Vanadium Chrysoberyl）（图4-3-12），属于金绿宝石家族的稀有品种，是由钒致色的薄荷色金绿宝石，其成因为V^{3+}取代金绿宝石晶格中的Al^{3+}。20世纪90年代中期，坦桑尼亚的通杜鲁出现了薄荷绿色的金绿宝石。钒金绿宝石主要产地有坦桑尼亚、斯里兰卡等国及马达加斯加的伊拉卡卡、缅甸抹谷等地区。

图4-3-12　钒金绿宝石

三、金绿宝石的主要鉴定特征

（一）金绿宝石与主要相似宝石的鉴定

金绿宝石与主要相似宝石的鉴定特征见表4-3-1。

表 4-3-1 金绿宝石与主要相似宝石的鉴定特征

宝石名称	光性	折射率	密度 / (g/cm^3)	其他特征
金绿宝石	二轴正	1.745 ~ 1.755	3.73	常见指纹状包体，丝状包体
蓝宝石	一轴负	1.76 ~ 1.77	3.95 ~ 4.00	六边形生长带，丝状包体可以三个方向呈120°交角出现
钙铝榴石	均质体	1.74 ±	3.57 ~ 3.65	包体常见较好的晶形，有锆石、磷灰石等
尖晶石	均质体	1.718	3.60	常出现八面体负晶及由八面体负晶组成的指纹状包体

（二）猫眼与其他具有猫眼效应宝石的鉴定

由于自然界中有很多宝石都具有猫眼效应，而金绿宝石本身又具有比较高的价值，所以很多时候会出现一些利用其他宝石材料或玻璃来冒充金绿宝石的情况。

1. 猫眼的主要识别特征

（1）猫眼石主要为黄—褐黄色系列的颜色以及黄绿色，极少见浅蓝色；

（2）猫眼效应特别明显，光带细窄，亮度高；

（3）当光线从侧面照射时，猫眼石本身颜色呈现双色现象，即向光面呈本体色，背光面呈乳白色；

（4）猫眼石内部的针状包体特别细而且密集度高。

2. 猫眼石与其他具有猫眼效应的宝石的区分

由于猫眼石在颜色、折射率值、双折射、吸收光谱、密度等方面与其他天然仿制品之间存在差异，所以根据这些性质可以将猫眼石与其他一些常见的具有猫眼效应的宝石进行区分，具体见表4-3-2。

表 4-3-2 猫眼石与相似宝石的鉴别特征

名称	折射率	双折射率	特征吸收光谱	密度 / (g/cm^3)	硬度	多色性	常见颜色
猫眼石	1.746 ~ 1.555	0.00 ~ 0.010	445nm强吸收带	3.73	8.5	弱—中等	黄—黄褐色
尖晶石	1.717	无	红区吸收线	3.60	8	无	红或蓝色
月光石	1.52 ~ 1.53	0.002 ~ 0.008	不特征	2.58	6 ~ 6.5	通常无	无色至白色
碧玺	1.64 ~ 1.66	0.018	不特征	3.06	7 ~ 8	明显—强	各种颜色
透辉石	1.67 ~ 1.70	0.024 ~ 0.030	505nm吸收线	3.29	2 ~ 6	弱—强	蓝绿至黄绿、褐色
矽线石	1.66 ~ 1.68	0.012 ~ 0.021	蓝紫区弱吸收线	3.25	6 ~ 7.5	强	白色至灰褐色
水晶	1.544 ~ 1.553	0.009	不特征	2.66	7	弱	黄色至褐色

3. 猫眼石与玻璃仿制品的区分

玻璃仿制品（图4-3-13）在猫眼效应表现上比较完美，其颜色和外观均比较接近猫眼石，而且成本比较低廉，因此成为一种比较常见的猫眼石仿制品材料。但通过对外观的仔细观察，再结合玻璃猫眼的特征，还是能比较容易地将其与猫眼石区分开。玻璃猫眼颜色一般比较鲜艳，眼线过分明亮；底部容易出现冷却后形成的收缩坑；由于密度较低（2.60g/cm^{3}左右），手掂无重感；由于硬度低（5.5），比较容易出现破损；从侧面观察可以发现由细密玻璃纤维压制形成的“蜂巢状”外观特征（图4-3-14）。

图4-3-13 各种颜色的玻璃猫眼

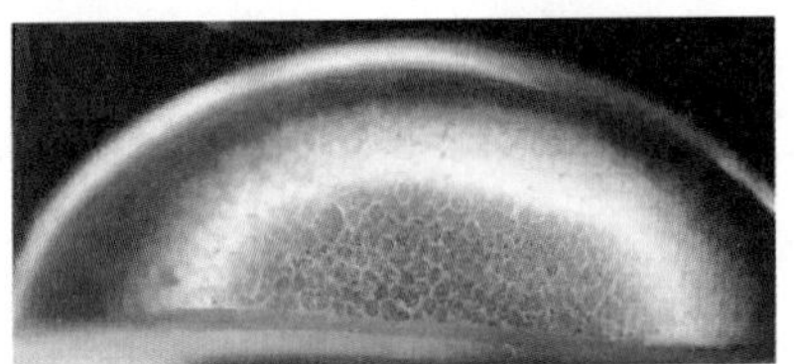

图4-3-14 玻璃猫眼特殊的“蜂巢状”外观特征

（三）变石与其他相似宝石及仿制品的区分

自然界中存在变色效应的宝石总体来说不多见，通常具有变色效应的宝石有蓝宝石、尖晶石、极少数的石榴石，以及人工合成的蓝宝石等。但这些宝石在变色效果上都与变石有一定的区别，一些人工合成品，如合成刚玉仿变石，还可以通过具有合成宝石的内含物鉴别特征（见表4-3-3）。

表4-3-3 变石与相似宝石的鉴别特征

鉴别特征	折射率	相对密度	摩氏硬度	光性、光轴图	变色效应	
					日光	烛光
变石	1.740～1.765	3.73	8.5	B（+），黑臂	绿、蓝绿	红、紫红
蓝宝石	1.76～1.78	4.00	9	U（-），黑十字	灰蓝紫	浅紫红、褐红
尖晶石	1.712～1.730	3.60	8	均质体	紫蓝	红紫
镁铝榴石	1.74～1.76	4.16	7.5	均质体	黄绿、蓝黄	黄红、紫红
锰铝榴石	1.79～1.814	4.16	7.5	均质体	黄绿、蓝黄	黄红、紫红
蓝晶石	1.740～1.765	3.56～3.69	5～7	B（-），黑臂	绿蓝	红紫
合成刚玉仿变石	1.76～1.78	4.00	9	U（-），黑十字	蓝紫	紫红

四、合成金绿宝石及其鉴别

合成金绿宝石的主要合成方法有：助熔剂法、晶体提拉法和区域熔炼法。合成变石由于具有和变石几乎相同的物理、化学、晶体光学性质，因此仅能从其内部包裹体特征的不同进行区分。合成金绿宝石的鉴别特征如下。

1. 紫外荧光

提拉法和助熔剂法合成变石通常发中等到强的红色荧光，提拉法合成猫眼石表面可见白垩状黄色荧光。

2. 折射率及双折射率

人工合成的金绿宝石在折射率和双折射率值上都比天然的略低。

助熔剂法合成：*RI*为1.742～1.751，*DR*为0.007～0.009；晶体提拉法合成：*RI*为1.740～1.749，*DR*为0.007～0.009。

3. 内含物

助熔剂合成：云雾状或面纱状助熔剂包体、定向排列的拉长熔滴、六边形或三角形金属片包体。

晶体提拉法合成：弧形生长纹理、密集排列或单个出现的气泡，一般为拉长形，也可见球形。

五、金绿宝石的质量评价

金绿宝石中品种较多，在质量评价时，要求不一。

1. 普通金绿宝石的质量评价

主要从颜色、净度、重量、切工等因素考虑，其中透明度较好的绿色金绿宝石价值最高。

2. 猫眼的质量评价

猫眼的最佳颜色是蜜黄色（棕黄色）和淡黄绿色；若绿色或棕色调深了，价值就会降低；较浅的黄色和绿色价值则更低；价值最低的是灰色。

猫眼线是评价猫眼的重要因素。最好的猫眼线是眼线清晰而狭窄，显活光且位于宝石中央。眼线为银白或金黄色较好，喜欢绿色和蓝白色眼线的人不多。眼线要能张大，闭合时要锐直。眼线与背景要对比鲜明，显得干净利落。

琢磨的匀称程度也是评价的重要因素。由于猫眼一般透明度差，一味地为保留重量而增加厚度往往会适得其反，并且也不利于镶嵌。对于透明度较好者，可以适当增加亭部厚度，以获得较好的猫眼效果，但这样的猫眼价格会比较低，因为透明度好就不易呈现出完美的猫眼效果。

3. 变石的质量评价

变石的价值主要取决于变色的美艳程度。祖母绿色—红宝石色的变色最好，但较为稀少。更多的是带有其他色调，其中带灰色调者为差，其次就是琢磨的工艺水平是否符合规范。变石大晶体少见，破裂较常见。漂亮的变石主要来自俄罗斯，但数量太少。斯里兰卡的变石一般破裂较少，颜色也比较美。

4. 变石猫眼的质量评价

变石猫眼非常稀少，价格昂贵，即使颜色一般，也比同质地的猫眼珍贵。

六、金绿宝石的产状、产地简介

金绿宝石主要产于花岗伟晶岩中，也在片麻岩、云母片岩中有所发现。规模成矿主要是伟晶岩脉型，主要产猫眼和普通金绿宝石，但绝大多数质量好的宝石级金绿宝石是来自砂矿。

金绿宝石的主要产地有：斯里兰卡、巴西、缅甸、津巴布韦等国家和前苏联的乌拉尔地区。最好的变石产于前苏联的乌拉尔地区。而斯里兰卡砂矿则产出黄绿色大颗粒变石及高质量的猫眼。除斯里兰卡外，目前最主要的金绿宝石产地是巴西。巴西发现了金绿宝石类宝石的各个品种，包括透明的黄色、褐色金绿宝石，很好的猫眼及高质量的变石。

由于变石需要具备铬（Cr）的来源，主要产于花岗岩附近的蚀变超基性岩中。变石的矿床类型为蚀变交代超基性岩型，主要产地为俄罗斯东乌拉尔。变石猫眼的唯一产地是斯里兰卡。

第四章

碧玺

碧玺与“辟邪”发音相近，因而碧玺有辟邪的寓意。碧玺在中国流行时，就是王公贵族的饰物。因而，碧玺又意味着权利与富贵。在西方，碧玺意味着幸运。

在中国，碧玺这个词最早出现于清代典籍《石雅》之中：“碧亚么之名，中国载籍，未详所自出。清会典图云：妃嫔顶用碧亚么。滇海虞衡志称：碧霞玺一曰碧霞玭，一曰碧洗；玉纪又做碧霞希。今世人但称碧亚，或作璧玺，玺灵石，然已无问其名之所由来者，惟为异域方言，则无疑耳。”而在之后的历史文献中也可找到“砒硒”“碧玺”“碧霞希”“碎邪金”等称呼。碧玺的矿物学名称为电气石。碧是指绿色，玺为皇帝的御印，是一代帝王的象征。由此可见碧玺在人们心目中的地位。

一、碧玺的基本性质

（一）矿物名称

宝石学名称为碧玺，矿物学名称电气石（Tourmaline），属于电气石族。

（二）化学成分

碧玺为环状硅酸盐矿物，是极为复杂的硼硅酸盐，以含B为特征。化学式如下：$(Na, K, Ca)(Al, Fe, Li, Mg, Mn)_3(Al, Cr, Fe, V)_6(BO_3)_3(Si_6O_{18})(OH, F)_4$。其化学成分基本由四个端点组分构成：镁电气石、黑电气石、锂电气石、钠锰电气石。

镁电气石（Dravite） $NaMg_3Al_6B_3(Si_6O_{27})(OH)_4$。

黑电气石（Schorl） $NaFe_3Al_6B_3(Si_6O_{27})(OH)_4$。

锂电气石（Elbaite） $Na(Li, Al)Al_6B_3(Si_6O_{27})(OH)_4$。

钠锰电气石（TsUaisit） $NaMn_3Al_6B_3(Si_6O_{27})(OH)_4$。

镁电气石与黑电气石之间以及黑电气石与锂电气石之间形成两个完全类质同象系列，镁电气石和锂电气石之间为不完全的类质同象。色泽鲜艳、清澈透明者可做宝石。

（三）晶系与结晶习性

三方晶系，晶体呈复三方柱状，图4-4-1为碧玺的晶体形态示意图，图4-4-2为碧玺晶体实物图，晶体两端晶面不同。柱面上纵纹发育（图4-4-3），横截面呈球面三角形（图4-4-4），集合体呈放射状、束状、棒状，也呈致密块状或隐晶质块体。

（四）光学性质

1. 颜色

碧玺颜色是所有宝石中颜色最为丰富的宝石品种之一。碧玺纯净时的颜色为无色透明。碧玺内部化学成分复杂，含有多种致色元素，因此碧玺的颜色十分丰富（图4-4-5），几乎可以出现各种颜色，甚至在一个晶体上可以同时出现两种或多种颜色。当碧玺内富含铁时，呈现深蓝、深绿、褐色或黑色；富含镁（Mg）时，呈现黄色或褐色；当富含锂（Li）和锰（Mn）时，呈现玫瑰红色，亦可呈淡蓝色；富含铬（Cr）时，呈深绿色。碧玺色带发育，色带可依Z轴为中心由里向外形成色环，也可垂直Z轴形成平行排列的色带。

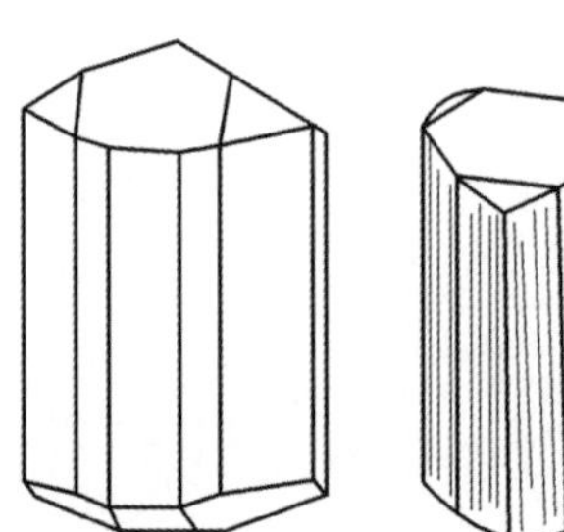
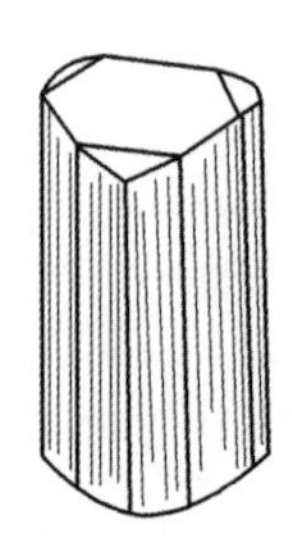
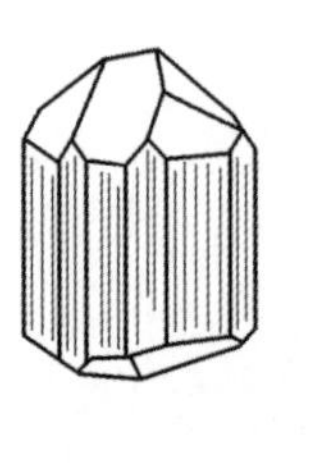
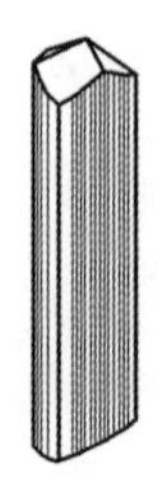
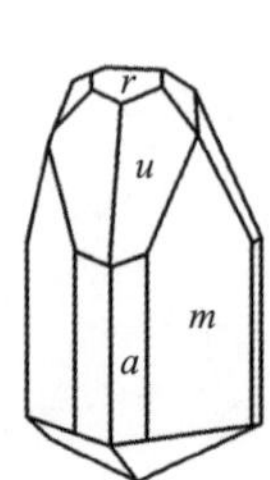

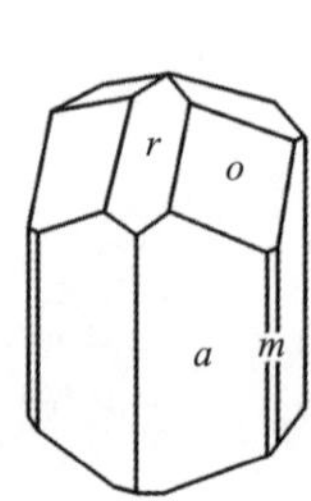

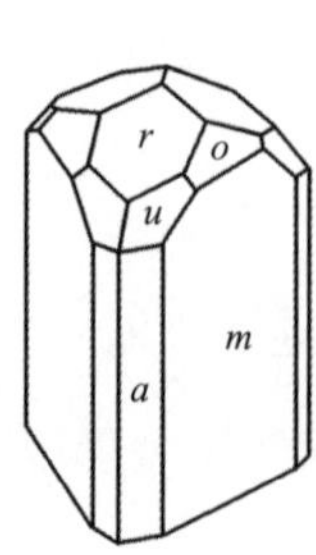

图4-4-1　碧玺的晶体形态示意图

图4-4-2 碧玺晶体

图4-4-3 平行柱面的纵纹

图4-4-4 横截面呈球面三角形

图4-4-5 颜色丰富的碧玺

2. 光泽和透明度

碧玺为玻璃光泽，透明至不透明。

3. 光性特征

碧玺的光性特征为一轴晶，负光性，U（-）。

4. 折射率和双折射率

碧玺的折射率随着其化学成分的变化而变化，折射率为1.624～1.644（+0.011，-0.009）。折射率随成分的变化而变化。当其成分中富含Fe、Mn时，折射率增大。黑色电气石的折射率可高达1.627～1.657，双折射率为0.018～0.040，通常为0.020，暗色可达0.040。

5. 多色性

碧玺的多色性中—强。多色性颜色随体色而变化，呈现深浅不同的体色。红色、粉色碧玺多色性为红/黄红；绿色碧玺多色性为蓝绿、黄绿/深棕绿；蓝色碧玺多色性为浅蓝/深蓝；黄绿色碧玺多色性为蓝绿、黄绿/棕绿。

6. 发光性

碧玺在紫外荧光灯下一般无荧光。红、粉红色碧玺可具有弱的红—紫色荧光。

7. 吸收光谱

蓝和绿色碧玺的吸收光谱（图4-4-6）：由红区到640nm几乎全部吸收，只在498nm有一强而窄的蓝绿色谱带。

图4-4-6 蓝绿色碧玺特征吸收光谱

红和粉红碧玺的吸收光谱（图4-4-7）：有一宽绿带，并在458nm和451nm处有蓝线。

图4-4-7 粉色碧玺特征吸收光谱

8. 紫外可见光谱

红、粉红碧玺：绿光区具宽吸收带，有时可见525nm窄吸收带，451，458nm吸收峰。

9. 红外光谱

中红外区具碧玺特征红外吸收谱带。

（五）力学性质

1. 解理、裂理、断口

碧玺无解理，具贝壳状断口。

2. 硬度

碧玺摩氏硬度为7~8。

3. 密度

碧玺的密度一般为3.06（+0.020，–0.60）g/cm^3，当含Fe、Mn时密度相应增加。

4. 韧性、脆性

碧玺韧性较好，但绿色碧玺在热处理后脆性会加大。

（六）电学性质

1. 压电性

碧玺宝石为无对称中心的矿物，当碧玺宝石沿特殊方向受力时，能够在垂直应力的两边表面产生数量相等符号相反的电荷，且荷电量与压力成正比。

2. 热电性

碧玺宝石在温度改变时，在Z轴两端产生相反的电荷，易吸附灰尘。因此，也被称为“吸灰石”。

（七）内外部显微特征

红、绿色碧玺常含不规则的线状和扁平的薄层空穴，其内常被气液体充填，形成气液包体，或单独出现或交织成松散的网状。尤其是绿色碧玺，可包含稠密的平行直条状纤维体或空细管，有时可具猫眼效应。

（八）特殊光学效应

碧玺可见猫眼效应，少见变色效应。

二、碧玺的品种

（一）按照碧玺颜色的不同分类

碧玺的成分复杂，颜色也复杂多变。目前国际珠宝界基本上按颜色对碧玺进行品种划分。

1. 红色碧玺（图4-4-8）

红色是碧玺中价值较高的品种，其中以紫红色和玫瑰红色最佳。但自然界以棕褐、褐红、深红色、粉红色等产出的较多，色调变化较大。

2. 绿色碧玺（图4-4-9）

包括浅绿到深绿、黄绿或棕绿。有的颜色可能灰暗或很深，只有透过光才看得出来。深绿色者因其很强的二色性，在光轴方向几乎不透明，但经热处理可改善。最好的是翠绿色。

3. 蓝色碧玺（图4-4-10）

纯蓝色碧玺非常稀有，常见深蓝色碧玺、绿蓝色碧玺。颜色饱和的品种比较珍贵，有时称“蓝碧玺”。偶见浅蓝到浅绿蓝色。

4. 黄色和橙色碧玺（图4-4-11）

纯黄色碧玺和橙色碧玺很难见到。不同深浅的黄棕或棕黄色者很受欢迎，像雪利黄玉和金色绿柱石。绿棕到棕绿、橙棕到棕橙和绿黄色者较差。矿物学家有时把棕色碧玺叫镁碧玺。

图4-4-8 红色碧玺

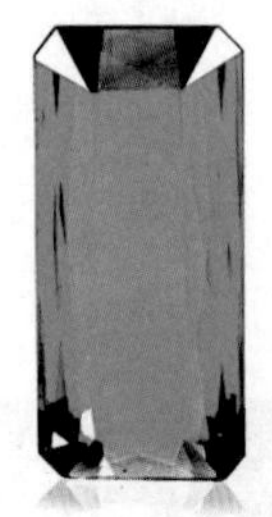
图4-4-9 绿色碧玺

图4-4-10 蓝色碧玺

图4-4-11 黄色碧玺

5. 无色碧玺和黑色碧玺

无色碧玺和黑色碧玺作为宝石的价值较低，几乎不用作宝石，多用于观赏石。黑色碧玺（图4-4-12）更多地用于工业原料。

6. 多色碧玺和西瓜碧玺

碧玺在一个晶体上常见两种或两种以上的颜色，若一个晶体上或一件成品上呈现两种颜色，称为双色碧玺（图4-4-13）。若出现三种颜色，称为三色碧玺或多色碧玺，若在一个晶体上或一件成品上呈现出内红外绿的颜色分布，又称为“西瓜碧玺”（图4-4-14）。

图4-4-12　黑色碧玺

图4-4-13　双色碧玺

图4-4-14　“西瓜碧玺”

7. 具有特殊光学效应的碧玺品种

碧玺的特殊光学效应主要有猫眼效应和变色效应。具猫眼效应的碧玺（图4-4-15）在绿色碧玺中较为常见。有些绿色碧玺有很多细缝或针状包裹体，切成弧面型，可见猫眼效应。

其他颜色的碧玺具有猫眼效应的较少，具变色效应的碧玺也比较少见。具变色效应的碧玺在阳光下呈黄绿到棕绿，灯光下呈橙红。

图4-4-15　具猫眼效应的碧玺

（二）碧玺的几种特殊商业品种

1. 帕拉伊巴碧玺

帕拉伊巴碧玺（图4-4-16）是指一种含铜的碧玺，颜色由铜致色，呈绿蓝至蓝色调，主要产地为莫桑比克及尼日利亚等国家和巴西帕拉伊巴州等地区。因主产及最早发现于巴西帕拉伊巴州而得名。帕拉伊巴碧玺因其产量异常稀少，色泽非常独特，闪烁通透，独具荧光效果等迷人特征被尊为碧玺之王。

帕拉伊巴碧玺颜色主要为绿色到蓝色的各种色调，绿色品种深至近祖母绿色。但更为稀有的是亮蓝色品种，其呈现明亮的土耳其蓝，色泽相当独特，令人心醉。最纯正的品种显示出非常独特的“霓虹蓝”色，是碧玺系列中最稀有、最珍贵的品种，非常罕见。

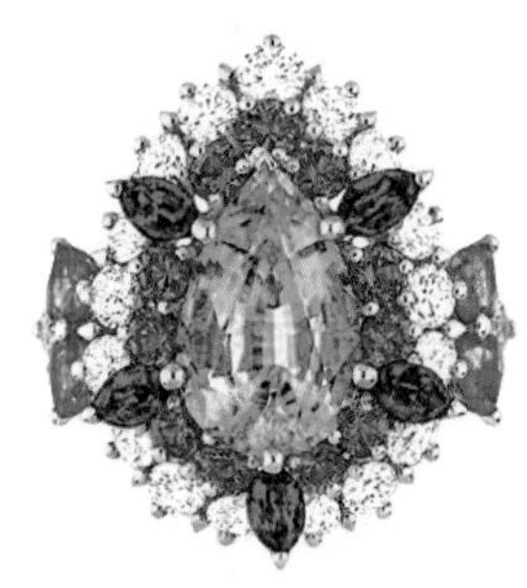

图4-4-16　帕拉伊巴碧玺

2. 卢比来

卢比来（Rubellite）碧玺（图4-4-17）为颜色深红和深粉红，有时带些微紫色调的碧玺。Rubellite，音译卢比来，直译的意思就是像红宝石一样的碧玺。之所以叫这个名字，就是来源于卢比来早期曾被频繁误认为是红宝石。卢比来碧玺无论是在自然光还是在人造灯光下都保持一致的颜色，且在人造光源下不呈现棕色调。卢比来碧玺的火彩和一般的粉色系碧玺不同，基本上都带有红色火彩，而粉色系碧玺一般都会带亮色火彩。卢比来碧玺并不具备能使之与其他碧玺区分开来成为一个单独的碧玺品种的独特的化学成分。严格来说，卢比来碧玺不是单独的一个碧玺品种。另外，卢比来碧玺和其他红色和粉红色碧玺从外观上来看是有一定区别的。所以，卢比来碧玺被定性地特指那些真正的“红宝石”色的高品质红碧玺。

大多数卢比来碧玺较其他红色和粉红色碧玺净度稍差一些。纯净度高的卢比来碧玺较少，纯净度越高价值也越高。卢比来碧玺由于颜色血红、鲜艳，产量较少，是碧玺品种中价值最高的品种之一。

图4-4-17 卢比来碧玺

3. 铬碧玺

铬碧玺（Chrome Tourmaline）（图4-4-18）是一种因含有少量的铬（Cr）和钒（V）元素致色而呈现接近祖母绿翠绿色的碧玺品种，其呈色机理主要与微量的铬（Cr）和钒（V）元素有关，这也是铬碧玺区别于其他绿色碧玺的重要特征。铬碧玺因其翠绿色接近祖母绿的绿色而著名。

铬碧玺与普通绿色的碧玺相比有几个明显的特点：铬碧玺火彩普遍比较高，在火彩中带有一份深色色调，让宝石整体更有韵味；绝大多数铬碧玺深绿色饱和度较高，而且个头较小，很难有大块头的铬碧玺，而一般的绿色碧玺颜色不管从哪个角度观察都显得发暗，不及铬碧玺呈现出来的绿色。另外，用查尔斯滤色镜可以很快区分两者，铬碧玺在查尔斯滤色镜下会变红。

图4-4-18 铬碧玺

三、碧玺的主要鉴定特征

碧玺颜色多，容易与相似颜色的宝石混淆。但可以有如下鉴定特征。

1. 透明度好

碧玺晶体一般透明度比较好，加工成成品后均非常透明。碧玺晶体中气液包裹体和裂隙较多，几乎每粒上都能找到这种缺陷，但呈分散状展布的这些气液包裹体不影响透明度。除有猫眼效应者外，透明度均较好。

2. 碧玺的二色性

碧玺具有非常明显的二色性。

3. 折射率和双折射率

根据碧玺的折射率（1.624~1.644）可与大多数相似宝石区别开来。另外，碧玺具有较大的双折射率（0.020），从台面下放大观察，可见底部棱线明显刻面棱重影。

碧玺与主要相似宝石的鉴别见表4-4-1。

表 4-4-1 碧玺与主要相似宝石的鉴别

品种	折射率	双折射率	相对密度	主要特征
红色碧玺	1.624~1.644	0.020±	3.06±	强多色性，重影
红色托帕石	1.63~1.64	0.008	3.53	比重大，双折率小
红色尖晶石	1.718	0	3.6	均质体，折射率高
红柱石	1.634~1.643	0.009~0.013	3.17	三色性
绿色碧玺	1.624~1.644	0.020±	3.06±	强多色性，重影
绿色蓝宝石	1.762~1.770	0.008	4.00	折射率高，比重大
铬透辉石	1.675~1.701	0.024~0.030	3.29	铬吸收，折射率高

四、碧玺的优化处理及其鉴别

碧玺优化处理的方法很多，主要有以下四种方法。

1. 热处理

热处理是珠宝工艺处理中应用较多的一种方法，它既经济又方便，在宝玉石优化处理中十分普及。通过热处理可以将那些颜色较深的碧玺（如深蓝色、深绿色暗紫色等）变浅，增加碧玺的透明度，提高宝石的档次。

热处理后碧玺颜色的变化范围取决于其本身化学成分中元素的种类和多少。含铁离子较多的深色碧玺经过热处理后变成浅绿、浅蓝、浅黄绿色；含锰多的碧玺热处理后则变为红色。

2. 辐照处理

色调浅淡、无色、混色的碧玺经过高能射线的照射，变成粉色、红色、紫红色、绿色等，从而增加碧玺的鲜艳程度，其关键在于辐照的剂量、能量和时间。对碧玺辐照应用的高能射线有多种，常用的为γ射线，处理后的碧玺不产生放射性，是一种经济安全的辐照源。近年来也有使用激光来改变碧玺颜色的，但用该方法改色的碧玺容易褪色。

3. 充填处理

碧玺颜色丰富、鲜艳。但由于内部包裹体丰富、裂隙发育，在加工过程中，为了避免原料的破裂、增加出品率，往往在切割之前对碧玺进行充填处理。现在的充填处理方法主要有充高铅玻璃和充胶。充填处理可以增加黏合度与透明度，提高成品的出成率。因此，为了降低成本，提高出品率，现在市场上几乎所有的碧玺珠子在加工之前都会经过充填处理（图4-4-19）。

通过显微镜放大观察充填处理的碧玺可见，充填碧玺内部大多具有黄色与白色絮状充填物以及裂隙中的闪光效应、流动构造等特征，表面可见网纹状的裂隙。对充填物较多的充胶处理的碧玺进行热针刺探实验时，可有少量液体溢出并伴有刺激性气味。

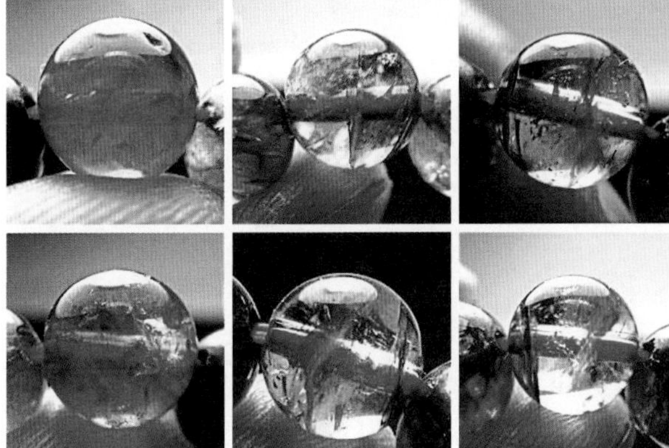

图4-4-19　充填处理的碧玺

4. 镀膜处理

镀膜处理（图4-4-20）是将无色或近无色的碧玺经过表面镀膜形成各种鲜艳的颜色的碧玺。碧玺经过镀膜处理后，表面光泽大大增强，可达到亚金属光泽。同时，折射率变化范围也增大，可以超过1.70。

图4-4-20　镀膜处理的碧玺

五、碧玺的质量评价

评价碧玺的质量可以从颜色、净度、切工、重量等几个方面进行。其中，颜色是最重要的评价因素。

1. 颜色

碧玺的颜色丰富，不论何种颜色都以颜色纯正者为好。一般认为最好、最珍贵的碧玺为红色碧玺（玫瑰红、紫红色）。绿色碧玺中以祖母绿色和带蓝的绿色为最好，带褐色和带黄色的绿色碧玺价值相对较低。蓝色碧玺十分稀有，一般表现为特征的蓝色，或者稍微带有一点绿色调。宝石级蓝色碧玺价值高于粉红色和绿色碧玺。

2. 净度

碧玺性质比较脆，容易产生裂隙。同时，内部含有大量包裹体和裂隙。包裹体的存在会影响碧玺的透明度、颜色和火彩，从而影响碧玺的质量。内部十分纯净的碧玺也比较难得，属于上品。碧玺一般要求内部干净，尽可能少裂隙，少包裹体，要求晶莹剔透，不要有明显雾感或不透明。晶莹无瑕、透明度高的碧玺质量越好、价值也越高。

3. 切工

净度高的碧玺通常被切磨成刻面型宝石。比例对称、切工规整、抛光良好的碧玺较好。此外，碧玺具有较强的二色性，切磨时要注意正确选择方位。色深者台面应平行于Z轴，色浅者则垂直于Z轴。

4. 重量

同等质量条件下，重量越大，价值越高。

六、碧玺的产状、产地简介

碧玺主要是气化-热液作用的产物。用作宝石的碧玺主要产于花岗伟晶岩矿床中，与石英、白云母、钠长石、水晶、托帕石、绿柱石等共生。其次是产于砂矿型矿床。

世界上出产碧玺的国家有巴西、美国、纳米比亚、马达加斯加、坦桑尼亚、肯尼亚、斯里兰卡、缅甸、俄罗斯和中国等。

世界上彩色碧玺有一半以上集中在巴西的米纳斯吉拉斯州的伟晶岩中，以盛产高质量的绿色、蓝色、红色碧玺而著名，并且有二色碧玺猫眼产出。此外，1988年在帕拉伊巴还发现了独特的绿蓝色碧玺，被称为“帕拉伊巴碧玺”。

中国的新疆维吾尔自治区、云南、内蒙古自治区、河南、广东、四川、西藏自治区等地也有碧玺产出，其中以新疆维吾尔自治区、云南所产的碧玺为最佳。新疆碧玺产于阿勒泰的花岗伟晶岩中，主要产绿色、红色、黄色、紫色和无色碧玺。云南的碧玺产自龙陵、元阳等地，主要产红色、绿色、多色和黑色碧玺。

第五章
尖晶石

尖晶石是一种历史悠久的宝石品种，它的名字来源有两种说法：一种说法是来自希腊单词“火花”，形容其红艳似火的色泽；另一种说法是来自拉丁语Spina、Spinells，即尖端、荆棘，因为它的结晶外形常为八面体结晶，有一个尖锐的角，故以此命名。

在我国清代皇族封爵和一品大官帽子上所用的红宝石顶子几乎全是用红色尖晶石制成的，尚未见过真正的红宝石制品。

一、尖晶石的基本性质

（一）矿物名称

宝石学名称和矿物学名称均为尖晶石（Spinel），在矿物学中属尖晶石族。

（二）化学成分

宝石级尖晶石主要是指镁铝尖晶石$MgAl_2O_4$，可含有Al、Cr、Fe、Zn、Mn等微量元素。这些微量元素可与Mg、Al发生完全或不完全类质同象替代。其中Mg^{2+}-Fe^{2+}、Mg^{2+}-Zn^{2+}、Al^{3+}-Cr^{3+}之间可发生完全类质同象替代。

（三）晶系与结晶习性

尖晶石族宝石为等轴晶系，尖晶石单晶（图4-5-1、图4-5-2）常呈八面体晶形，有时八面体与菱形十二面体和立方体成聚形。

（四）光学性质

1. 颜色

尖晶石颜色丰富（图4-5-3），可有红色、橙红色、粉红色、紫红、黄色、橙黄、褐色、蓝色、绿色、紫色、无色等。其中，无色的尖晶石较少见。

红色含Cr^{3+}，蓝色含Fe^{2+}、Zn^{2+}，绿色含少量Fe^{2+}，褐色含Cr^{3+}、Fe^{3+}、Fe^{2+}。

2. 光泽和透明度

尖晶石的光泽和透明度较好，可具玻璃光泽至亚金刚光泽；透明至不透明。

3. 光性特征

尖晶石为均质体。

4. 折射率和双折射率

尖晶石折射率为1.718（+0.017，−0.008），随着含

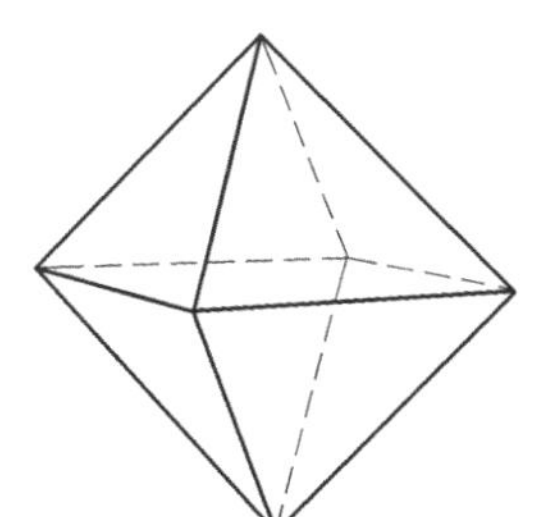
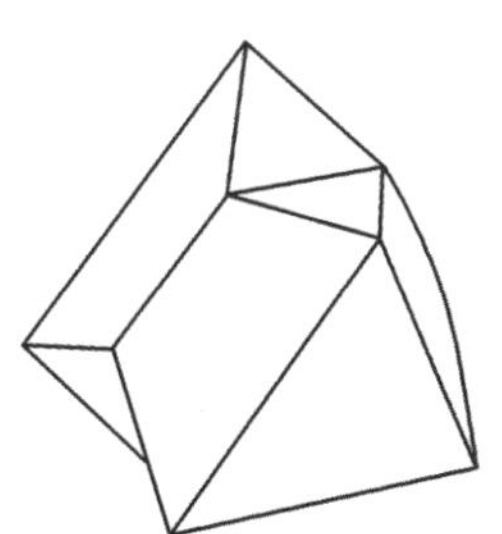
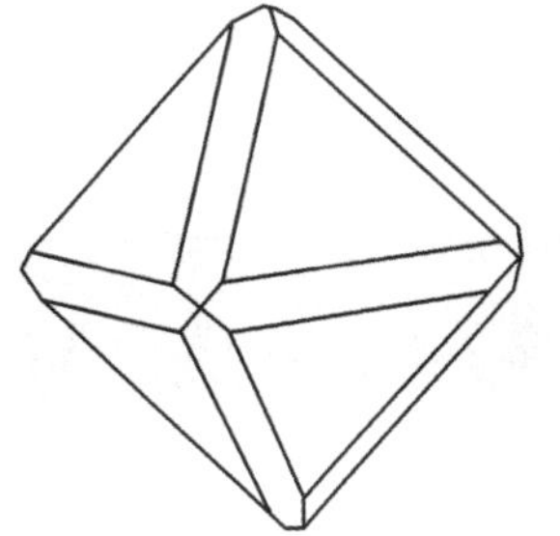

图4-5-1　尖晶石晶体形态

图4-5-2　尖晶石单晶体

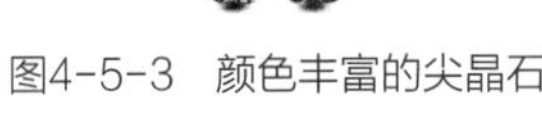

图4-5-3　颜色丰富的尖晶石

锌、铁、铬等元素的改变，折射率逐渐增大，最高可达2.00。其中锌尖晶石为1.805，铁尖晶石为1.835，铬尖晶石可高达2.00。无双折射率。

5. 多色性

无。

6. 发光性

尖晶石颜色丰富，其紫外荧光以体色为主，且短波下的荧光弱于长波下的荧光。

红色尖晶石：LW：弱—强，红色、橙色；SW：无—弱，红色、橙色。

黄色尖晶石：LW：弱—中，橙黄色；SW：无—弱，橙黄色。

蓝绿色尖晶石：LW、SW：无—弱，蓝绿色。

无色尖晶石：无荧光。

7. 吸收光谱

红色、粉色的尖晶石是由Cf（锎）元素致色的，其吸收光谱在黄绿区有595～490nm强吸收带；红区有685，684nm强吸收线及656nm弱吸收带（图4-5-4）。在荧光光谱中红色尖晶石红区的吸收线为亮荧光线，与红宝石的一组细线不同。尖晶石有10条以上亮荧光线，以686，675nm处的吸收线为最强。

蓝色、紫色尖晶石的致色元素为Pe或少量Co，其主要的吸收线在蓝区，有460nm强吸收带，430～435，480，550，565～575，590，625nm为弱或极弱的吸收线或带（图4-5-5）。460nm吸收带为合成蓝色尖晶石中所没有的（图4-5-6）。锌尖晶石的吸收光谱与蓝色尖晶石的吸收光谱相似，只是弱些。

8. 紫外可见光谱

红色：685，684nm强吸收峰，656nm弱吸收带，595～490nm强吸收带。

图4-5-4 红色尖晶石吸收光谱

图4-5-5 天然蓝色尖晶石吸收光谱

图4-5-6 合成蓝色尖晶石吸收光谱

蓝、紫色：460nm强吸收带，430～435，480，550，565～575，590，625nm吸收带。

9. 红外光谱

中红外区具Mg—O和Al—O振动所致的特征红外吸收谱带。

（五）力学性质

1. 解理、裂理、断口

尖晶石解理不完全，常见贝壳状断口，韧性好。

2. 硬度

尖晶石摩氏硬度为8。

3. 密度

尖晶石密度为3.60（+0.10，–0.03）g/cm^3，含锌高的品种密度可以达到4.00g/cm^3。

（六）内外部显微特征

尖晶石内部一般比较干净，部分可含较多的气液包体和固态矿物包体。

1. 固态包体

常见尖晶石八面体晶体包体，单独或成行排列。有时见八面体负晶，其内局部被方解石白云石填充。其次可见片状石墨、柱状磷灰石、石英、榍石针状包体等。

2. 液态包体

开口裂隙中常见液态包体，八面体晶体包体周围可有由张力裂隙形成的指纹状包体。斯里兰卡尖晶石内的锆石晶体外围有褐色斑点。

（七）特殊光学效应

尖晶石星光效应（四射星光、六射星光）稀少，具变色效应。

变色尖晶石在日光下呈蓝色，白炽灯下呈紫色。

二、尖晶石的品种

（一）按颜色分类

宝石学中主要依据颜色及特殊光学效应来划分尖晶石宝石的品种，同时也兼顾它的亚种。

1. 红色尖晶石（图4-5-7）

包括红色、紫色、粉色、橙色以及过渡色，有的像红宝石，有的像石榴石。其中，红色到亮紫红色的接近石榴石，红色到粉红色的接近红宝石。

2. 蓝色尖晶石（图4-5-8）

漂亮的尖晶石像蓝宝石一样受人青睐，但真正好的

图4-5-7　红色尖晶石

图4-5-8　蓝色尖晶石

蓝颜色很少。蓝色的尖晶石通常呈现灰色调的暗蓝色、紫蓝色、带绿色调的蓝色。颜色不纯正的蓝色尖晶石一般价值较低。

3. 无色尖晶石

真正无色的尖晶石很少，通常都会带有一些其他色调。

4. 黑色尖晶石（图4-5-9）

透明度差，目前市场上少见。

图4-5-9　黑色尖晶石

5. 其他颜色的尖晶石

黄色尖晶石、绿色的铬尖晶石及橙色尖晶石。巴西和斯里兰卡还可见一些深绿色的尖晶石。

6. 变色尖晶石

变色尖晶石非常稀少。日光下呈灰蓝色，白炽灯下呈红紫色。

7. 星光尖晶石

星光尖晶石少见，多为暗紫色、黑色和灰色，透明度较差。由于含平行排列的针状金红石、针状榍石包体，而呈四射或六射星光效应。

（二）尖晶石商业品种

1. 绝地武士（图4-5-10）

“绝地武士”这个词出现于2002年。GIA的宝石学家Vincent Pardieu痴迷于产出于缅甸、具有霓虹色调的尖晶石。因此，他赋予它们一个科幻的名字——“绝地武士尖晶石”（Jedi Spinel）。国际彩宝界并没有严格的“绝地武士”的标准。一般的粉色尖晶石不能称之为“绝地武士”。严格地说，“绝地武士”应该是pinkish red和reddishpink，并不是vivid pink，更准确的说法应该是红粉或粉红再加一点微微的橙色调，三种色的混合色调。其中，橙色调有助于提升宝石本身的明亮感，加上其拥有极高的铬元素含量，同尖晶石独具的均质体特征一起，让宝石晶体呈现出高度的霓虹感和荧光感。

相比其他颜色的尖晶石，“绝地武士”的个体较小，基本以小颗粒为主，很多缅甸商人在售的尖晶石原石只有沙粒大小。在市面上，超过1克拉的“绝地武士”十分少见，大部分都是切割后重0.5克拉左右的裸石。

2. 马亨盖尖晶石（图4-5-11）

马亨盖尖晶石产自坦桑尼亚，是一种带有霓虹观感的粉色尖晶石。优质的Mahenge尖晶石呈艳粉色，色饱和度高并略带丝绒感。20世纪80年代，在坦桑尼亚莫罗戈罗省（Morogoro）的马通博（Matombo）和马亨盖（Mahenge）附近发现该尖晶石。

马亨盖尖晶石颜色呈由粉色到红色，它聚集了红色、紫色、粉红色、粉橙色、橙粉色、橙红色、红橙色色调，更有珍贵的霓虹效应和顶级的电光色。

3. 抹谷红（图4-5-12）

缅甸抹谷鸽血红尖晶石和抹谷鸽血红红宝石颜色比较像，比“绝地武士”暗一点；缅甸火焰红尖晶石是正红色调带点橙，明亮的橙色使它像火焰一样，看起来比其他红宝石还要亮。这两种尖晶石的价格可以参照马亨盖霓虹粉尖晶石。

4. 钴尖晶石（图4-5-13）

钴尖晶石（Cobalt Spinel），是由钴（Co）致色的

图4-5-10　绝地武士

图4-5-11　马亨盖尖晶石

图4-5-12　抹谷红

图4-5-13　钴尖晶石

尖晶石。钴元素的存在决定了尖晶石中的蓝色浓度——通常为蓝色或是一些带有灰色调或暗黑色调的蓝色，并且最终决定着其外观的美丽程度。通常来说，总是泛着灰色的蓝色尖晶石是铁致色的，另一种色泽浓到发黑的蓝色尖晶石则是锌尖晶石，而只有钴尖晶石能表现出漂亮浓郁的蓝色。钴尖晶石之所以如此昂贵，除了拥有漂亮的颜色外，最重要的原因还是稀少。

三、尖晶石的主要鉴定特征

尖晶石属于中档宝石，而且价格相对便宜，可以用来冒充其他贵重宝石，尤其是红、蓝宝石。与红宝石区分时可利用其均质性、比重、折射率、无二色性。与石榴石可利用折射率、比重、紫外荧光来区分。另外，石榴石常具异常消光。蓝色者主要与蓝宝石类似，可通过光性特征、比重、折光率、无二色性等加以区分。此外，有的蓝宝石还有色带，可借助折射率、比重以及硬度与玻璃区分。如果玻璃达到尖晶石的折射率，其比重就比尖晶石大许多，其硬度也低，摩氏硬度为5左右。另外，玻璃常具边界清楚的球形气泡和旋涡纹。

尖晶石与主要相似宝石的鉴别见表4-5-1。

表 4-5-1 尖晶石与主要相似宝石的鉴别

宝石名称	光性	折射率	密度 / (g/cm^3)	其他特征
尖晶石	均质体	1.718	3.60	八面体负晶内含物
刚玉宝石	一轴负	1.76 ~ 1.77	4.00	平直的生长带、双晶纹、指纹状包体
镁铝榴石	均质体	1.740	3.78	针状包体、不规则和浑圆状晶体包体，吸收光谱
绿柱石	一轴负	1.575 ~ 1.583	2.60 ~ 2.90	平行排列的管状包体
锆石	一轴正	1.78 ~ 2.04	3.90 ~ 4.7	双折射率高，可见后刻面棱重影，吸收光谱特征

四、合成尖晶石及其鉴别

合成尖晶石是在1908年，由帕里斯在使用焰熔法合成蓝宝石的过程中偶然得到的产品，其采用Co_2O_3做致色剂，用MgO做熔剂。在20世纪80年代，俄罗斯助熔剂法合成尖晶石进入市场。随着合成尖晶石的产量不断增加，天然红色、蓝色尖晶石的价格不断攀升。

合成尖晶石不仅用来做其他宝石的仿制品，也用来冒充天然尖晶石。

1. 焰熔法合成尖晶石

可以合成出红、粉、黄绿、绿、蓝、无色等尖晶石。

（1）折射率 常为1.728，略高于天然尖晶石。

（2）密度 一般为3.60 ~ 3.67g/cm^3，比天然尖晶石略高。

（3）光性特征 均质体，常出现斑纹状异常消光（天然没有）。焰熔法合成尖晶石过程中，过多的氧化铝（比理论值高2.5倍）使其晶格多发生扭曲，产生异常的消光现象。偏光镜下合成尖晶石消光不均匀，常呈栅格状或斑纹状异常消光，这是天然尖晶石所没有的。

（4）紫外荧光 焰熔法合成尖晶石在长、短波紫外线下均有荧光，而且在短波下常呈白垩状荧光，天然尖晶石中没有这种现象。一般不同颜色的合成尖晶石在紫外线下，特别是短波紫外线下呈现不同荧光，如浅粉色尖晶石呈绿白色，红色尖晶石呈红色，浅蓝尖晶石呈橙红色（长波下呈红色），浅蓝绿尖晶石呈强黄色，黄绿色尖晶石呈绿白色，无色尖晶石呈蓝白色荧光。蓝色尖晶石（含Co）：长波下呈红色荧光，短波下呈蓝白色荧光。

（5）吸收光谱 蓝色（含Co）：橙区（635nm），黄区（580nm），绿区（540nm）吸收带。缺失天然的458nm吸收线。

（6）内部特征

①气泡 可呈串珠状或异形气泡，也常见平行排列的长软管状气态包体。

②弧形生长纹 与维尔纳叶法生产合成红宝石中紧密排列的弧形生长纹不同，红色合成尖晶石中的弧形生长纹呈宽的弯曲色带。蓝色合成尖晶石也曾见到这种现象，其他颜色很少见。

③氧化铝固体包体 可能有氧化铝的未熔残余物。

④色斑 在正交偏光下观察可见染色剂斑点。

⑤在仿月光石的合成尖晶石底部有一种镜面反射效

果，是由过多的氧化铝未熔粉末所形成的无数细针状包体造成的，有时甚至可以产生星光效应。

2. 助熔剂法合成尖晶石

助熔剂法合成尖晶石于20世纪80年代进入市场，常见红色和蓝色，其次有浅褐黄色、粉色和绿色等。

（1）内部特征　助熔剂法合成尖晶石常见棕橙色至黑色助熔剂残余，单独或呈指纹状分布，铂金片。

（2）吸收光谱　合成红色尖晶石与缅甸天然红色尖晶石的吸收光谱相近；合成蓝色尖晶石（Co致色）在500～650nm有强吸收，无低于500nm的铁吸收带。

（3）荧光性　合成红色尖晶石：长波下，强紫红色至浅橙红色。短波下，中—强，浅橙红色。合成蓝色尖晶石（Co致色）：长波下，弱—中，红至紫红，白垩状；短波下，荧光强于长波。

五、尖晶石的质量评价

尖晶石的质量评价主要是从颜色、透明度、净度及切工等方面进行的。

（1）颜色　一般红色尖晶石比蓝色贵重，无色和其他颜色尖晶石价值低。在红色尖晶石当中，以深红色最佳，其次是紫红、橙红、浅红。颜色要纯正，若有偏色，如蓝中带灰，价值就会降低。同时，色度要饱和，颜色浅淡的价值低。尖晶石一般颜色均匀。

（2）透明度　质量好的尖晶石应内外尽可能少瑕疵、裂隙和包裹体，这些都会影响透明度，妨碍美观，进而影响其价值。

（3）净度　内部瑕疵越少，越干净，价值越高。

（4）切工　加工要符合规范，抛光精细。

六、尖晶石的产状、产地简介

尖晶石常产于片岩、蛇纹岩及相关岩石中，由于原生岩石中宝石级尖晶石的含量较低，一般以开采砂矿为主。尖晶石的产出需要富铝的环境，温度较高，约500℃，不需要特殊的高压。这和刚玉的形成条件类似。因而，世界上的尖晶石大多与红、蓝宝石相伴产出并开采。

尖晶石的主要产地有斯里兰卡、肯尼亚、尼日利亚、坦桑尼亚、巴基斯坦、越南、美国和阿富汗等国家和缅甸抹谷等地区。

（1）缅甸　产出最优质的尖晶石，砂矿。

（2）斯里兰卡　主要产蓝、紫色尖晶石，镁铁尖晶石最早就是在这里发现。此外，还有一些红、粉红、暗绿、棕绿色品种，砂矿。

（3）柬埔寨和泰国　柬埔寨西部和泰国的拜林产几种不同色调的尖晶石，冲积砂矿。

（4）阿富汗巴达克山　位于帕米尔地区，曾在9世纪开采出红尖晶石。

（5）其他地区　前苏联西南帕米尔、非洲尼日利亚等地和印度、澳大利亚、马达加斯加等地，其中尼日利亚产深蓝色尖晶石。

第六章

石榴石族宝石

石榴石，也叫石榴子石。作为一个矿物族的总称，英文名称为Garnet，源自拉丁语Granatum，意思是“粒状、像种子一样”。据英文音译，国内少数人也称之为“加内石”。中文名字石榴石形象地刻画了这个矿物的外观特征——从形状到颜色都像石榴中的“籽”。相传，石榴树来自安息国，史称“安息榴”，简称“息榴”，并转音为“石榴”。在我国珠宝界，石榴石的工艺名为“紫牙乌”。“牙乌（雅姑）”源自阿拉伯语Yakut（宝石），又因石榴石常呈紫红色，故名“紫牙乌”。

石榴石作为一月诞生石，象征着忠实、友爱和贞洁，被认为是最适合女人佩戴的女人石，同时也被认为是信仰、坚贞和纯朴的象征。

一、石榴石的基本性质

（一）矿物名称

石榴石（Garnet），在矿物学中属于石榴石族。

（二）化学成分

石榴石是一种常见的矿物族，成分具有较复杂的变化。石榴石属岛状硅酸盐矿物，由于这一族矿物存在着广泛的类质同象替代，每一种石榴石的化学成分亦有较大变化。其化学通式写作$A_3B_2(SiO_4)_3$。A和B位置都可以出现几种主要离子，其中A表示二价阳离子，以Mg^{2+}、Fe^{2+}、Mn^{2+}、Ca^{2+}等离子为主；B代表三价阳离子，多为Al^{3+}、Cr^{3+}，Fe^{3+}、Ti^{3+}、V^{3+}及Zr^{3+}等。而且每个位置上的离子可以形成类质同象互相替代。矿物学中，根据进入晶格的阳离子的半径大小不同，将这种类质同象替代分为两大系列。这也将石榴石分成两个系列：

（1）铝榴石系列　镁铝榴石、铁铝榴石、锰铝榴石；A位置为半径较小的Mg^{2+}、Fe^{2+}、Mn^{2+}等二价阳离子，这些离子之间进行类质同象替代所构成的系列称为铝质系列，B位置为Al。

（2）钙榴石系列　钙铝榴石、钙铁榴石、钙铬榴石；A位置以大半径的二价阳离子Ca^{2+}为主，B位置为Al^{3+}、Cr^{3+}，Fe^{3+}等三价阳离子，这些离子之间进行类质同象替代所构成的系列称为钙质系列。

两个系列的石榴石之间也发生一定的类质同象作用，例如，铁钙铝榴石就是含有少量铁铝榴石成分的钙铝榴石。一些石榴石的晶格还附加有OH^-，形成含水的亚种，如水钙铝榴石等。

石榴石族宝石种属分类见表4-6-1。

表4-6-1　石榴石族宝石种属分类

名称		分子式	英文名称
铝榴石系列	镁铝榴石	$Mg_3Al_2(SiO_4)_3$	Pyrope
	铁铝榴石	$Fe_3Al_2(SiO_4)_3$	Almandine
	锰铝榴石	$Mn_3Al_2(SiO_4)_3$	Spessartite
钙榴石系列	钙铝榴石	$Ca_3Al_2(SiO_4)_3$	Grossularite
	钙铁榴石	$Ca_3Fe_2(SiO_4)_3$	Andradite
	钙铬榴石	$Ca_3Cr_2(SiO_4)_3$	Uvarovite

（三）晶系与结晶习性

石榴石族宝石为等轴晶系（均质体），其理想形态为菱形十二面体、五角三八面体或两者聚形（图4-6-1）。石榴石晶面上有平行四边形长对角线的聚形纹。图4-6-2为石榴石实际晶形。石榴石通常晶体形态完好。

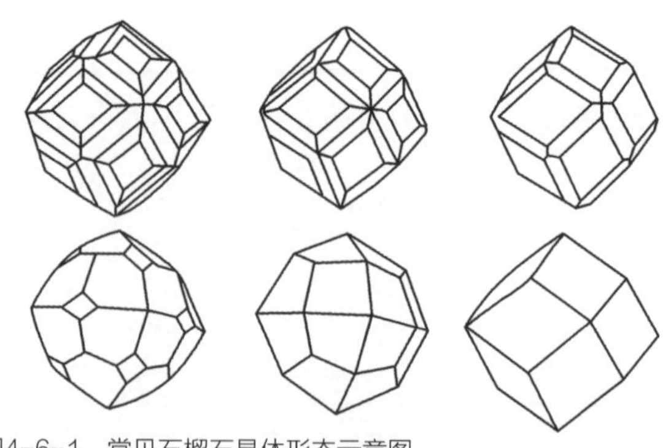

图4-6-1　常见石榴石晶体形态示意图

图4-6-2　石榴石实际晶形

（四）光学性质

1. 颜色

石榴石有多种颜色，常见的有红色、紫红色、橙黄色、翠绿色和黄绿色等，可以大致分为以下几类：

红色系列：包括红色、粉红、紫红及橙红等；

黄色系列：包括黄、橘黄、蜜黄及褐黄等；

绿色系列：包括翠绿、橄榄绿及黄绿等。

图4-6-3　颜色丰富的石榴石

2. 光泽和透明度

石榴石为玻璃光泽至亚金刚光泽，断面可见油脂光泽至玻璃光泽；透明度为透明至不透明。

3. 光性特征

石榴石为光性均质体。正常情况下，在正交偏光下表现为全消光现象。由于石榴石内部晶格的变动、类质同象造成成分不均一以及内反射的影响等原因，导致石榴石常出现异常消光现象。

4. 折射率和双折射率

石榴石是均质体矿物，无双折射率，其折射率随成分变化略有不同，一般在1.73～1.94。

5. 多色性

无。

6. 发光性

石榴石在紫外荧光灯下显惰性。

7. 吸收光谱

不同品种的石榴石由于所含的致色元素不同，所呈现的特征吸收光谱也不同。

8. 紫外可见光谱

镁铝榴石：564nm宽吸收带，505nm吸收峰，含铁者可有440，445nm吸收峰，优质镁铝榴石可有铬吸收（红区）。

铁铝榴石：504，520，573nm强吸收带，423，460，610nm、680～690nm弱吸收带。

锰铝榴石：410，420，430nm吸收峰，460，480，520nm吸收带，有时可有504，573nm吸收峰。

钙铝榴石：铁致色的贵榴石（hessonite）可有407，430nm吸收带。

钙铁榴石、翠榴石：440nm吸收带，也可有618，634，685，690nm吸收峰。

黑榴石：505nm强吸收带，576，527nm弱吸收带。

钙铬榴石：未知。

9. 红外光谱

中红外区具石榴石特征红外吸收谱带。

（五）力学性质

1. 解理、裂理、断口

石榴石解理通常不发育，断口参差状。

2. 硬度

不同品种石榴石摩氏硬度略有不同，一般为7～8。

3. 密度

石榴石的相对密度为3.50～4.30。

（六）特殊光学效应

石榴石中可出现变色效应、星光效应及猫眼效应。

二、石榴石的品种

1. 镁铝榴石

镁铝榴石（Pyrope，图4-6-4）化学式为$Mg_3Al_2(SiO_4)_3$，由Cr致色，颜色为鲜红色—玫瑰红，透明度为透明—半透明，密度3.62～3.80g/cm^3，折射率为1.73～1.75，可以出现六射星光或四射星光效应。大颗粒的镁铝榴石较少，一般不超过1～2克拉。

镁铝榴石吸收光谱（图4-6-5）：具505，527，575nm三条明显的吸收带，被称为“铁窗”。含铬的镁铝榴石，在红区有特征的铬吸收，685，687nm吸收线

图4-6-4　镁铝榴石

图4-6-5　镁铝榴石吸收光谱

及670，650nm吸收带。

镁铝榴石内部较纯净，内含物较少，常见浑圆状的磷灰石，细小的片状钛铁矿和其他针状内含物，有时可见由石英组成的圆形雪花状小晶体。镁铝榴石的特征：包体有针状矿物及其他形状的结晶矿物包体。镁铝榴石中很少见到裂隙。

2. 铁铝榴石

铁铝榴石（Almandite，图4-6-6）是自然界中最常见的石榴石种属，又被称作"贵榴石、紫牙乌"。其化学式为$Fe_3Al_2(SiO_4)_3$，颗粒较大，颜色较深，一般呈暗红、褐红色到深紫红色。折射率为1.76～1.81，相对密度为4.05。

铁铝榴石具有典型的铁的特征吸收光谱（图4-6-7），即在黄绿区有576，527，505nm三条强吸收窄带，被称为"铁铝窗"。

铁铝榴石有一个独特的变种，含有相当多的似针状包体，切割成腰圆形戒面时，可显星光效应。星光的形式可以有四射星光，也可以有六射甚至十二射星光。

3. 锰铝榴石

锰铝榴石（Spessartite，图4-6-8）化学式为$Mn_3Al_2(SiO_4)_3$，颜色从红到橙红，红到棕红，玫瑰红、浅玫瑰红均有，其中以橙红、橙黄为美，橙红色锰铝石榴石是红色系石榴石中最佳品种。有些颜色与桂榴石类似，但锰铝榴石一般比桂榴石带有更强的橘黄及红色调。宝石级锰铝榴石常常接近橘黄色，相当罕见。折射率为1.79～1.81，密度为4.12～4.20g/cm^3。

锰铝榴石吸收光谱（图4-6-9）：432，424，412nm三条强吸收带和495，485，462nm三条弱的吸收带。

锰铝榴石英文名因其产地Spessartbavaria而得名。锰铝榴石过去被人们称为桔榴石，近年来，宝石市场上的锰铝榴石又被称为芬达石。取这个名字是因为品质优秀的锰铝榴石的颜色可以和橘子味芬达汽水相接近。

图4-6-8 锰铝榴石

图4-6-9 锰铝榴石吸收光谱

锰铝榴石的包体可以是多种多样的，波浪状、浑圆状、不规则状晶体或液态包体。由于内部有平行排列的针状包体，在锰铝榴石中可出现猫眼效应。

4. 钙铝榴石

钙铝榴石（Grossularite）化学式为$Ca_3Al_2(SiO_4)_3$，颜色变化多样，主要有绿色、黄绿色、黄色、白色等。当钙铝榴石中的Ca^{2+}被Fe^{2+}取代时，即$(Ca, Fe)_3Al_2(SiO_4)_3$，表现为酒黄色、褐黄色，称为铁钙铝榴石，也称为桂榴石（图4-6-10）。当含有Cr、V时，表现为绿色，称为铬钒钙铝榴石，商业上称为"沙弗莱"（图4-6-11）。钙铝榴石密度为3.57～3.73g/cm^3，折射率为1.73～1.76，通常不具有特征吸收光谱。钙铝榴石颜色变化比其他石榴石要丰富。钙铝榴石中最漂亮的是翠绿色的铬钒钙铝榴石（"沙弗莱"），产自坦桑尼亚和肯尼亚国家公园之间，优质钙铝榴石近于翠榴石。钙铝榴石之所以有这么好的绿色，可能与它含钒及铬有关。

图4-6-6 铁铝榴石

图4-6-7 铁铝榴石特征吸收光谱

图4-6-10 铁钙铝榴石（桂榴石）

图4-6-11　铬钒钙铝榴石（“沙弗莱”）

5. 钙铁榴石

钙铁榴石（Andradite）化学式为$Ca_3Fe_2(SiO_4)_3$。密度为3.81～3.87g/cm³，折射率为1.855～1.895。宝石级钙铁榴石常见颜色有：黄色、绿色、褐色和黑色。微量元素Ti和Cr使得钙铁榴石产生了不同的颜色：含Ti则呈黑色，含Cr则呈鲜艳绿色。含Cr的绿色钙铁榴石称为翠榴石（图4-6-12），是石榴石中最有价值的品种之一。

钙铁榴石中最重要的宝石品种是翠榴石（Demantoid）。其色泽非常好，绿中微显黄，近于祖母绿。翠榴石英文来自德文demant，意为金刚石。之所以这么称呼，是因为它有较高的色散和光泽。优质的翠榴石质地清澈，色泽鲜明，原因是其结构中有微量的Cr代替了Fe。它具有特征的“马尾状包体”，滤色镜下呈粉红色。翠榴石具有高于钻石的色散0.057，但火彩常被其艳丽的体色掩盖。由于含致色元素Cr，而具典型的Cr吸收光谱。红光区有一双线（701，693nm吸收线），橙黄区伴有两条横糊带，紫区强吸收形成443nm截止边。在查尔斯滤色镜下，翠榴石表现为红色。翠榴石可具有变色效应，表现为日光下呈绿黄色，白炽灯下呈橙红色。

俄罗斯乌拉尔山产的翠榴石可含有典型的“马尾丝状”（纤维状石棉）包裹体（图4-6-13），具有特征的鉴定意义。纳米比亚产的翠榴石无此特征，但具有较为明显的生长纹和碎裂状的黑色包裹体。翠榴石中“马尾丝状”定向排列时可产生猫眼效应，形成翠榴石猫眼（图4-6-14）。

图4-6-12　钙铁榴石（翠榴石）

6. 水钙铝榴石

水钙铝榴石（Hydrogrossular）的主要化学成分为$Ca_3Al_2(SiO_4)_{3-x}(OH)_{4x}$，其中$OH^-$的加入使其主要成分略有变化，$OH^-$进入晶格越多，硅氧四面体就越少。此外，还有少量的$Mg^{2+}$、$Fe^{2+}$取代$Ca^{2+}$，少量的$Cr^{3+}$取代$Al^{3+}$。

水钙铝榴石常呈多晶集合体，半透明到不透明，也称南非玉。常见浅绿色、褐黄色，绿色由Cr致色，也有粉红色。放大观察可见细小的黑色磁铁矿或铬铁矿包体，呈点状、块状和不规则状，色斑不均匀地分布，白色部分为无色的钙铝榴石。水钙铝榴石折射率1.70～1.73，密度为3.12～3.55g/cm³，由于含水，其折射率和比重比钙铝榴石略低。

中国的青海翠、乌兰翠就以水钙铝榴石为主要组分。缅甸的水钙铝榴石主要产于缅甸的葡萄地区，在中国被译为“不倒翁”，主要有褐黄色、褐红色（图4-6-15）和绿色（图4-6-16），黄色水钙铝榴石在中缅边境地区又被称为“凉水”，经常被误认为翡翠，在翡翠行业被称为翡翠的四大杀手之一。绿色水钙铝榴石的绿色部分

图4-6-13　翠榴石中马尾丝状包体

图4-6-14　翠榴石猫眼

图4-6-15　褐红色水钙铝榴石

图4-6-16 绿色水钙铝榴石

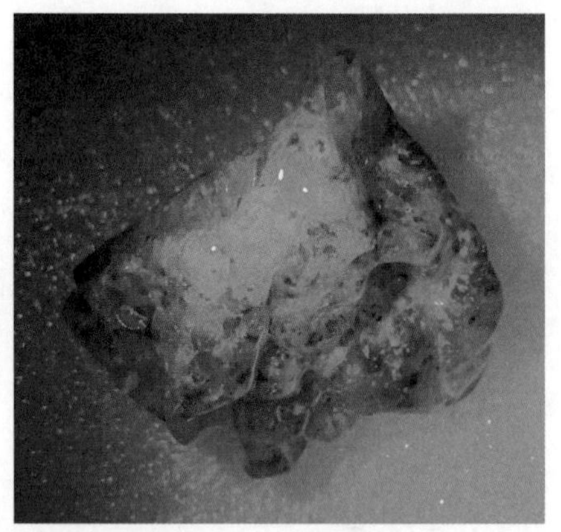

图4-6-17 绿色水钙铝榴石绿色部分在查尔斯滤色镜下变红

在查尔斯滤色镜下变红（图4-6-17）。

石榴石族由铝质系列和钙质系列矿物组成，其间有类质同象产生的过渡型矿物亚种，常见的主要有桂榴石、铬钒钙铝榴石、翠榴石、红榴石及水钙铝榴石。

桂榴石：为褐黄色的钙铝榴石，特征同钙铝榴石。

铬钒钙铝榴石：为绿色含铬、钒钙铝榴石，折射率为1.73～1.75。

红榴石：为铁铝榴石与镁铝榴石之间的过渡品种$(Mg, Fe)_2Al_2(SiO_4)_3$，折射率为1.760（+0.010，-0.020），密度为3.84（±0.10）g/cm^3，吸收光谱基本与铁铝榴石相同。

翠榴石：为钙铁榴石含铬的变种，折射率1.89，密度3.81～3.87g/cm^3，红区有701nm铬吸收谱线。

三、石榴石的主要鉴定特征

可以通过测定折射率值、相对密度值、吸收光谱特征和内含物特征来鉴定石榴石的品种。石榴石族宝石主要鉴定特征见表4-6-2。

表4-6-2 石榴石族宝石鉴定特征

品种	铝榴石系列			钙榴石系列		
	镁铝榴石	铁铝榴石	锰铝榴石	钙铝榴石	钙铁榴石	钙铬榴石
化学式	$Mg_3Al_2(SiO_4)_3$	$Fe_3Al_2(SiO_4)_3$	$Mn_3Al_2(SiO_4)_3$	$Ca_3Al_2(SiO_4)_3$	$Ca_3Fe_2(SiO_4)_3$	$Ca_3Cr_2(SiO_4)_3$
折射率	1.714～1.742，常为1.740	1.790（±）	1.810（+0.004，-0.020）	1.740（+0.020，-0.010）	1.888（+0.007，-0.033）	1.850（±0.030）
硬度	7～8	7～8	7～8	7～8	7～8	7～8
比重	3.78（+0.09，-0.16）	4.05（+0.25，-0.03）	4.15（+0.05，-0.03）	3.61（+0.12，-0.04）	3.84（±0.03）	3.75（±0.03）
颜色	中至深，橙红、红色	橙红至红、紫红至红紫色，色调较暗	橙至橙红色	浅至深绿、浅至深黄、橙红色，少见无色	黄、绿、褐黑色	绿色
色散	中等，0.022	中等，0.024	中等，0.027	中等，0.028	高，0.057	—
吸收光谱	564nm宽吸收带，505nm吸收峰，含铁者可有440，445nm吸收峰，优质镁铝榴石可有铬吸收（红区）	504，520，573nm强吸收带，423，460，610，680，690nm弱吸收带	410，420，430nm吸收峰，460，480，520nm吸收带，有时可有504，573nm吸收峰	铁致色的贵榴石可有407，430nm吸收带	440nm吸收带，618，634，685，690nm吸收峰	具铬吸收谱

续表

品种	铝榴石系列			钙榴石系列		
	镁铝榴石	铁铝榴石	锰铝榴石	钙铝榴石	钙铁榴石	钙铬榴石
包裹体	针状晶体含量较少	典型针状金红石晶体，同一平面内相交70°、100°，其他晶体及应力裂纹	不规则，碎裂纹、液滴及羽状体	大量圆形包体及糖浆状效应，黑色磁铁矿，视亚种不同而变化	马尾丝状石棉包体	宝石晶体小而罕见

四、石榴石的优化处理及其鉴别

目前，对石榴石进行优化处理的相对较少，一般采用热处理和扩散处理两种方法。目的一是改善石榴石的颜色，由浅黄色变为橘黄色、绿色；二是提高其透明度。对镁铝榴石、铁铝-锰铝榴石、钙铝榴石、翠榴石进行热处理后，镁铝榴石、铁铝-锰铝榴石表面光泽发生改变：由玻璃至亚金刚光泽变为金属光泽。钙铝榴石颜色发生改变，由浅黄色变为橘黄色。翠榴石的颜色和透明度得到改善，马尾状包体出现轻微溶蚀。对浅黄色的钙铝榴石进行扩散处理后，其颜色发生改变：Fe和Cr扩散产生橘黄色；Co扩散出现绿色。扩散处理后的颜色仅存在于石榴石表面，如果重新切磨或抛光，扩散的颜色将被破坏。

五、石榴石的拼合及其鉴别

以石榴石为材料的拼合石是拼合宝石中最常见的一种。石榴石拼合石通常是二层石，顶层为石榴石，底层为玻璃。石榴石拼合通常用来模仿各种天然宝石。

拼合石榴石的鉴别方法是观察“红圈效应”（图4-6-18）。检查时，需将拼合石亭尖向上，置于白色背景上，用点光源照射，可见沿腰围内红色圈痕。此外，用高倍放大镜或显微镜沿拼合石亭部仔细观察，可见一个闭合的拼合线。同时，拼合的胶质层内可见气泡，拼合上下两层颜色、折射率、包体特征通常不一致。

图4-6-18 拼合石榴石的“红圈效应”

六、石榴石的质量评价

石榴石宝石品种中，翠榴石和“沙弗莱”因其艳丽的颜色、稀少的产量可跻身高档宝石之列，而其他品种的石榴石均属于中低档宝石。评价时以颜色、透明度、净度、重量和切工等方面为依据。颜色纯正艳丽，内部透明洁净，无瑕疵裂纹，切工精良，并且有一定的重量者价值较高。

（1）颜色　颜色要纯正、艳丽。品种不同，颜色不同，价值也大不相同。如罕见的翠榴石、铬钒钙铝榴石等绿色品种，如果透明无裂，质优者可与优质祖母绿价值相当；红色镁铝榴石、橙黄色的锰铝榴石、桂榴石也价值不菲；而褐红、暗红色的铁铝榴石价值较低。

（2）透明度　质优者要透明洁净。半透明或色深者常加工为凹弧形以增加透明度。对不透明至半透明品种要检查内部包裹体排列情况，看是否可加工为弧面型而呈现出星光效应。

（3）净度　要无裂纹、瑕疵，尤其是暗红色铁铝榴石。晶体完整者要注意内部是否有分带结构或夹有黑色不透明团块状包裹体。如越南产出的完好的石榴石晶体仅表皮至薄层透明可以利用，内部黑心为其他杂质矿物。目前国内优质石榴石多为不规则粒状。

（4）重量　原料块度越大越好，形状以浑圆状为佳，这样可提高加工成品率。对于翠榴石、绿色钙铝榴石等高档品种，其价格随重量增加而成倍增长，一般0.5ct以上就很有价值。而其他品种的成品价格随重量改变变化不大，主要视制作首饰时所需的款式和大小要求而定。但少数罕见的巨大的晶体或成品也可视为珍品。

（5）切工　款式新颖，比例得当，抛光良好。不同品种材料要设计为不同的款式。高色散的翠榴石可加工成标准圆钻型，以充分体现其火彩；色浅者可加工为双弧形以增强体色；色深者可加工为凹弧形以减淡颜色，增加透明度；具有多组特殊方向排列的针状包裹体加工为弧面形以显示星光效应。

七、石榴石的产状、产地简介

石榴石可产在许多类型的岩浆岩及变质岩中，宝石级石榴石矿也有原生矿及砂矿两大类型，不同石榴石品种成因产状不同。

1. 镁铝榴石

宝石级镁铝榴石多产于基性-超基性的岩浆岩中，为金伯利岩伴生矿或地幔岩包体的矿物组成之一。镁铝榴石产地广泛，主要产出国有中国、印度、斯里兰卡、南非、津巴布韦、巴西、澳大利亚、美国、捷克、俄罗斯等。中国的镁铝榴石主要产于云南、江苏、新疆维吾尔自治区、辽宁和吉林等省（自治区）。其中，云南及江苏产出的镁铝榴石质量高，很受市场欢迎。

2. 铁铝榴石

宝石级铁铝榴石产于区域变质岩内的片岩中，晶体发育粗大，内含包裹体较多，质量较差。少数铁铝榴石产于花岗岩及火山岩中。

铁铝榴石主要产于斯里兰卡、缅甸、印度、越南、巴西、马达加斯加、美国和中国等。我国铁铝榴石产于吉林、河北、内蒙古自治区和四川等省（自治区）。

3. 锰铝榴石

锰铝榴石主要产于伟晶岩、花岗岩及锰矿床的围岩，特别是钠长石化伟晶岩中。产出国有斯里兰卡、缅甸、巴西、马达加斯加和美国等。美国加利福尼亚州和马达加斯加的钠锂伟晶岩脉中产优质锰铝榴石。

4. 钙铝榴石

钙铝榴石几乎都产于酸性火成岩与石灰岩接触处交代形成的矽卡岩中，常产在外接触带。

绿色品种的钙铝榴石的致色元素铬离子来源于附近的超镁铁质岩的变质流体中。我国新疆阿勒泰地区曾发现一种产于伟晶岩中浅绿色的钙铝榴石。

桂榴石主要产于斯里兰卡，少数来自巴西和加拿大。其他品种主要产于肯尼亚、坦桑尼亚、巴基斯坦、南非、新西兰、中国和美国等。

5. 钙铁榴石

优质品种翠榴石主要产于超基性岩的自变质岩——蛇纹石岩中，宝石存在于该类岩石内的石棉脉中。黑榴石产于碱性火成岩——霞石正长岩中。目前，世界上大部分翠榴石产于俄罗斯的乌拉尔山脉。另外，在中国的新疆维吾尔自治区、西藏自治区等地区也有钙铁榴石产出。

6. 钙铬榴石

钙铬榴石产出很少，主要产于俄罗斯乌拉尔地区，法国、挪威也有产出。

7. 水钙铝榴石

水钙铝榴石是钙铝榴石的交代产物，主要产于接触变质岩中。绿色及红色水钙铝榴石的主要产地有南非、加拿大、美国、缅甸等国家及中国青海地区。缅甸和我国也是无色水钙铝榴石的重要产地。

石英是自然界中最常见、最主要的造岩矿物，也是应用数量和范围最大的一类宝石。在自然界，石英常呈单晶或集合体产出，可呈显晶质、隐晶质等多种结晶形态。其中，单晶石英在珠宝界统称水晶（Rock Crystal）。水晶是透明度高，晶形完好的石英晶体。水晶属于石英庞大“家族”中显晶质一类。日本、瑞士、瑞典和乌拉圭则把水晶当作国石。

一、水晶的基本性质

（一）矿物名称

水晶的矿物名称为石英（Quartz），在矿物学上属于石英族。

（二）化学成分

化学成分为二氧化硅，化学式为SiO_2，纯净的水晶呈无色透明的晶体，可含有微量的铁、锰、镁、铝、钛等元素，杂质元素的加入使得水晶呈现出不同的颜色。

（三）晶系与结晶习性

水晶属三方晶系（图4-7-1），晶形为柱状。主要单形有六方柱、菱面体、三方双锥等，外观上呈现假六方双锥状。柱面常发育有横纹（图4-7-2）和多边形蚀象。集合体常为晶簇。水晶的结晶习性受温度和溶液饱和度影响，随着温度的升高，晶形从长柱状趋向短柱状，最后到假六方双锥状。水晶中常见的双晶（图4-7-3）有道芬双晶、巴西双晶、日本双晶等。道芬双晶和巴西双晶在外形上与单晶极为相似，晶体花纹均不连续，但仔细看它们的双晶结合线有差别。道芬双晶的双晶接合面呈不规则港湾状，柱面横纹不连续，缝合线弯曲。巴西双晶由左形晶和右形晶组成，柱面横纹不连续，缝合线呈平、折、直线状。日本双晶常见两个扁平状水晶晶体以三方双锥晶面接合，其晶轴夹角为84°33′。

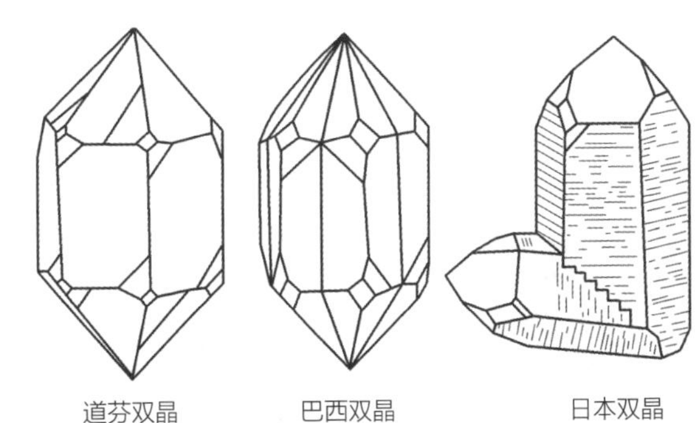

图4-7-3　水晶中常见双晶

（四）光学性质

1. 颜色

纯净的水晶多为无色透明，当含有致色元素时呈现紫、黄、粉红、褐、灰、黑等颜色。

2. 光泽和透明度

水晶透明度很好，抛光表面呈玻璃光泽，断口为油脂光泽。

3. 光性特征

水晶为一轴晶正光性，U（+）。正交偏光下，可观察到特征的中空黑十字干涉图，珠宝学上又称牛眼干涉图（图4-7-4、图4-7-5），或者扭曲黑十字干涉图

图4-7-1　水晶晶体

图4-7-2　水晶晶面横纹

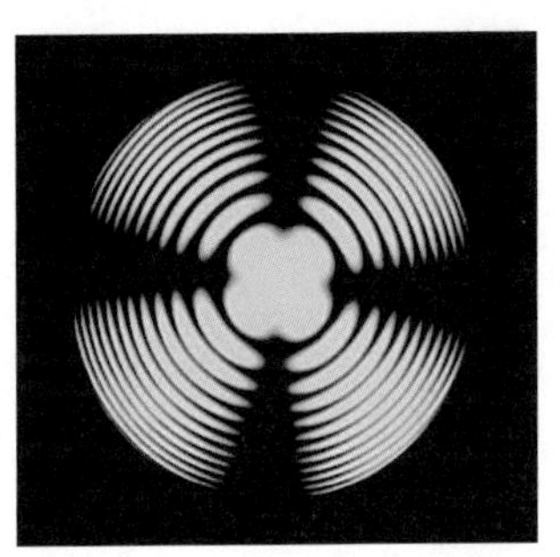

图4-7-4　水晶的牛眼干涉图

（图4-7-6）。

4. 折射率和双折射率

水晶折射率稳定，为1.544～1.553，双折射率0.009。

5. 多色性

多色性弱，随颜色而呈现深浅变化。

6. 发光性

紫外荧光下显惰性。

7. 吸收光谱

无特征吸收光谱。

8. 特殊光学效应

水晶可具有猫眼效应（图4-7-7）和星光效应（六射）（图4-7-8）。

9. 紫外可见光谱

不特征。

10. 红外光谱

中红外区具水晶特征红外吸收谱带。

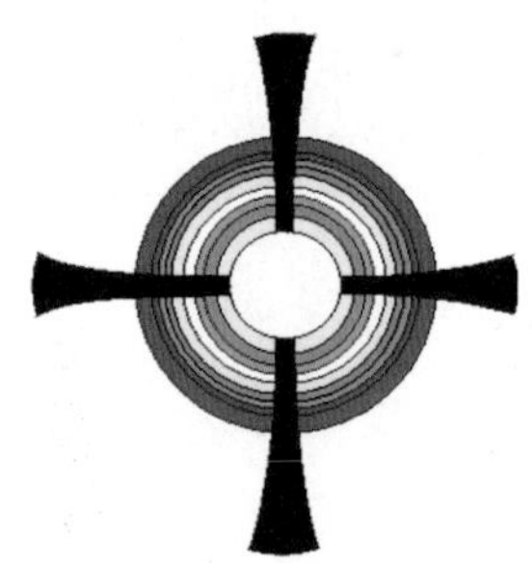

图4-7-5 中空黑十字干涉图

图4-7-6 扭曲黑十字干涉图

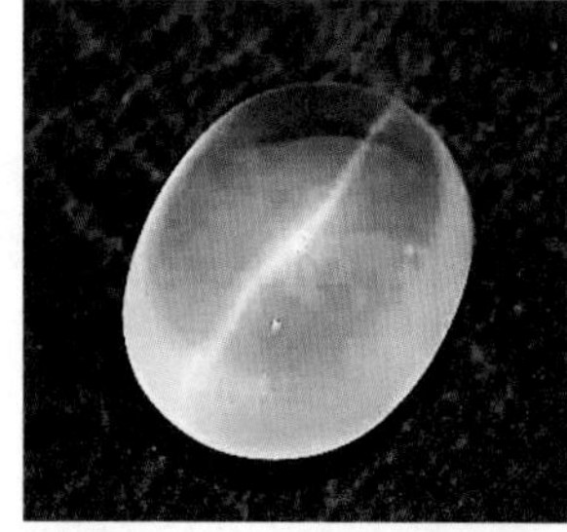

图4-7-7 石英（水晶）猫眼

图4-7-8 石英（水晶）六射星光

（五）力学性质

1. 解理、裂理、断口

无解理，具有典型的贝壳状断口。

2. 硬度

摩氏硬度为7。

3. 密度

水晶的密度稳定，为2.66（+0.03，–0.02）g/cm^3。

（六）内外部显微特征

放大观察可见色带，二相或三相包体，针状金红石、电气石等矿物包体，负晶及其他固体矿物包体。

（七）其他

水晶具有压电性。

二、水晶的品种

依据水晶的颜色、包裹体特征及特殊光学效应，可划分成不同的宝石品种。按照颜色，可以划分为白水晶、紫晶、黄晶、烟晶、芙蓉石等；依据特殊的光学效应，又可将其划分为星光水晶、石英猫眼；依据包体特征，还可将其划分为发晶、水胆水晶等。

1. 白水晶

白水晶为无色透明的二氧化硅晶体，内部包裹体非常丰富，可含有细小的负晶，分散或密集分布，呈雾状、絮状、渣状，常存在气液两相包体以及固态包体。由于内部可含有各类有色矿物包体，在水晶内会形成天然图案，在市场上较为多见。

2. 紫水晶

紫水晶简称紫晶（图4-7-9），二月生辰石，象征诚实与和平。因含有铁、锰离子，受到辐照后产生空穴色心，从而形成蓝紫色、红紫色、深紫色和浅紫色等多种颜色的紫水晶。紫水晶颜色不太稳定，在加热或阳光曝晒下紫晶中的色心会遭到破坏，发生褪色。

紫水晶具有弱至中的二色性，表现为两种深浅不同的体色。紫水晶颜色分布不均匀，放大观察可见紫水晶内部常分布有色带（图4-7-10）、色块、球状不透明的深褐色包体。水晶中所出现的一些包体原则上都可出现在紫晶中。此外，紫晶还可有一些较为特征的内部现

图4-7-9 紫水晶

象，例如“虎纹”或称“斑马纹”。“虎纹”是紫晶沿菱面体的双晶或沿菱面体发生的部分间距愈合产生的，表现为颜色明暗、深浅差异。在正交偏光下，斑纹表现出一种波浪的干涉色。

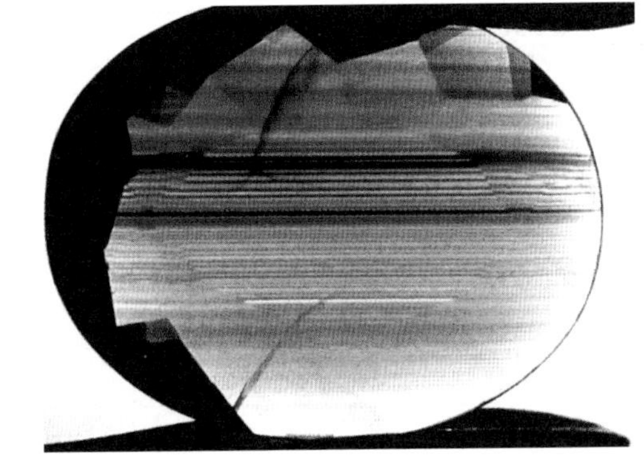

图4-7-10　紫水晶内部色带

3. 黄水晶

黄水晶简称黄晶（图4-7-11），美国和日本等国家将其作为十一月生辰石，因含有微量的Fe形成了淡黄色至深黄色的水晶。自然界中天然黄水晶产出较少，目前多用紫晶热处理或者人工合成得到。黄水晶二色性很弱，呈不同色调的黄色或橙色。

4. 烟晶

烟晶是一种烟色至棕褐色的水晶，也称“茶晶”。因含微量杂质元素或受放射性物质辐照，致使水晶呈现烟黄色、茶色、黑色而得名（图4-7-12）。烟晶在加热后颜色会褪去变为无色水晶，其内部含有丰富的气液包体。

图4-7-11　黄水晶

图4-7-12　茶晶

5. 芙蓉石（蔷薇水晶）

芙蓉石（图4-7-13）为一种淡红色、粉红色、玫瑰红色的块状石英，商业上也称为粉晶。因含有微量的Mn和Ti而致色，在加热和长时间日晒下会褪色。芙蓉石的自形单晶体少见，通常为块状，透明度较低。个别芙蓉石内部含有细小的金红石针包体，可显现透射星光（图4-7-14）。

图4-7-13　芙蓉石饰品

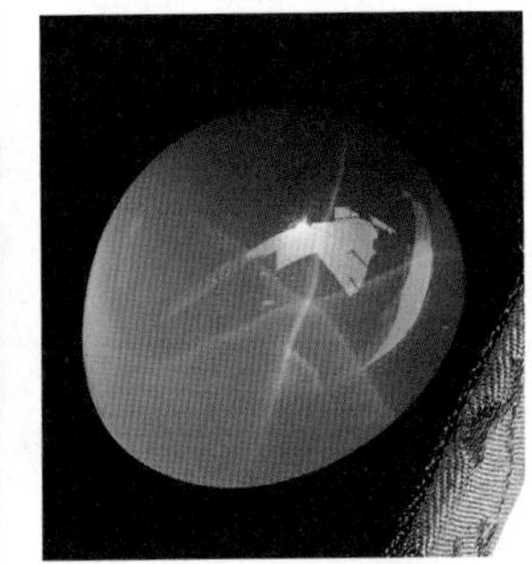

图4-7-14　芙蓉石星光

6. 双色水晶

双色水晶是因水晶内双晶导致的紫色和黄色共存一体的现象。双色水晶中紫色、黄色分别占据晶块的一部分，两种颜色的交接处有着清楚的界限。市场上把这种水晶称为“紫黄晶”（图4-7-15）。

7. 绿水晶

绿水晶（图4-7-16）是一种因含Fe^{2+}而呈绿—黄绿色的水晶，十分稀少，市场上几乎不可见其天然品。市场上见到的绿水晶通常为紫水晶热处理成黄水晶过程中的过渡产物。

图4-7-15　双色水晶（紫黄晶）

图4-7-16　绿水晶

8. 水晶猫眼

水晶猫眼是指含有大量纤维状石棉包体和金红石包体，经琢磨后产生猫眼效应的水晶（图4-7-17）。

9. 发晶

水晶内部含有肉眼清晰可见的针状矿物包体，根据包体颜色的不同可以形成不同的发晶（图4-7-18）。含金红石针状包体的水晶商业上也称为钛发晶（钛晶）。

10. 水胆水晶

内部含有肉眼可见的大型液态包体的透明水晶通常被称作水胆水晶（图4-7-19）。

图4-7-17　水晶中金红石包体产生的猫眼

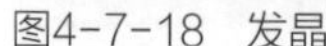

图4-7-18 发晶

图4-7-19 水胆水晶

图4-7-20 绿幽灵水晶

图4-7-21 红兔毛水晶

11. 绿幽灵水晶

绿幽灵水晶（图4-7-20）是水晶的一种商业品种，是指在生长过程中包含了绿泥石矿物质的水晶。在白水晶里，浮现出聚宝盆、水草、旋涡、金字塔、满天星、千层等异象，也被称为异象水晶，多层重叠的千层绿幽灵更被称为幻影水晶。绿幽灵因象征着财富而备受大家的追捧，也是当下最受欢迎的高档水晶之一。

12. 红兔毛水晶

红兔毛水晶（图4-7-21）是水晶的一种商业品种，别名“维纳斯水晶”，它因内部含有形似兔毛的丝状、纤维状赤铁矿而得名，是水晶中昂贵的品种，产量较稀少。

三、水晶的主要鉴定特征

水晶的主要鉴定特征如下：

（1）折射率　1.544～1.553；

（2）双折射率　0.009；

（3）断口　贝壳状；

（4）正交偏光下　牛眼干涉图、扭曲黑十字干涉图；

（5）密度　2.65g/cm³。

水晶与相似宝石的鉴定特征见表4-7-1。

表 4-7-1　水晶与相似宝石的鉴定特征

宝石名称	光性	折射率	密度 / （g/cm³）	其他特征
水晶	一轴正	1.544～1.553	2.65	—
方柱石	一轴负	1.550～1.564	2.60～2.74	两组完全解理，特征干涉图
堇青石	二轴负	1.542～1.551	2.61	强三色性，紫色中带有明显的蓝色调
黄玉	二轴正	1.619～1.627	3.52	特征包体

四、合成水晶及其鉴别

从1908年世界上第一颗合成水晶诞生至今，合成水晶（图4-7-22）已经广泛运用于珠宝产业中。目前，市场上几乎所有的合成水晶都是采用水热法合成。合成水晶是在种晶（图4-7-22）的基底上生长起来的晶体，主要品种是合成紫晶、黄晶，另有少量绿色、蓝色及黄、绿两色的双色水晶。

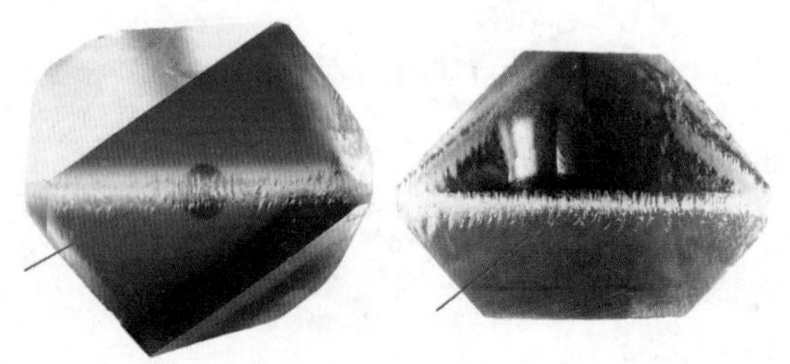

图4-7-22　合成水晶及中间的种晶

合成水晶可从以下几方面进行鉴别：

1. 颜色

合成水晶是在人工提供的相对稳定的条件下形成的晶体。因此，其批量样品表现出过多的统一性。无色合成水晶可有统一的高透明度，而彩色合成水晶则表现出均匀、统一的颜色。有时，受着色剂浓度的影响，颜色可有过深、过浅现象，而且颜色呆板、发假。如合成紫晶可有均匀的深紫色，同时带有蓝色色调；而天然紫晶一般都有颜色深浅不均的现象，而且颜色柔美、真实。

2. 放大观察

合成水晶中可见种晶板，有时在平行种晶板方向可见一组色带。合成水晶内部常可见“面包渣”状固态包体，这种“面包渣”状包体可能来自于熔原料，也可能来自锥辉石或石英的微晶核组成的固态包体群。而天然水晶可有品种繁多的固态、液状及气液等包体。需要注意的是，天然水晶中出现的细小的“絮状”“渣状”以及愈合裂隙内的气液指纹状包体容易与合成水晶的“面包渣”状包体相混淆。

天然水晶中的指纹状包体常沿裂隙充填，分布于晶体的某一局部，不同方向的裂隙产生不同方向排列的指纹状包体。而桌面灰尘状包体则贯穿于整个晶体，几层桌面灰尘状包体大致定向排列。在高倍显微镜下天然水晶的“面包渣”多为细小的气液两相包体，而合成水晶的“面包渣”则为均一细小的雏晶（图4-7-23）。

3. 色带

合成彩色水晶（主要是紫晶、黄晶）中亦可出现色带，但仅出现一组色带，且色带平行于种晶板。晶体生长的主要方向平行于种晶板。因此，合成紫晶仅有平行于菱面体方向的色带，以及与色带平行的密集的生长纹。在合成黄晶中可看到垂直于晶体光轴的平行色带和密集的晶体生长纹。在具体鉴定中可利用正交偏光与干涉球，先找到光轴方向，再确认色带的方向。

4. 红外吸收光谱

天然无色水晶以3595cm^{-1}和3484cm^{-1}为特征吸收（图4-7-24），而合成水晶缺失3595cm^{-1}和3484cm^{-1}吸收，并以3585cm^{-1}或5200cm^{-1}为特征吸收。

天然紫晶与合成紫晶具有相似的红外光谱，但是合成紫晶具有明显的3545cm^{-1}谱带，而天然紫晶中这一谱带的强度则明显减弱（图4-7-25）。

天然烟晶与合成烟晶相比，合成烟晶的红外光谱缺失3595cm^{-1}和3484cm^{-1}吸收（图4-7-26）。

天然黄晶与合成黄晶红外光谱大致相同，而热处理黄晶以相对较弱的5200cm^{-1}谱带与天然黄晶和合成黄晶相区别（图4-7-27）。

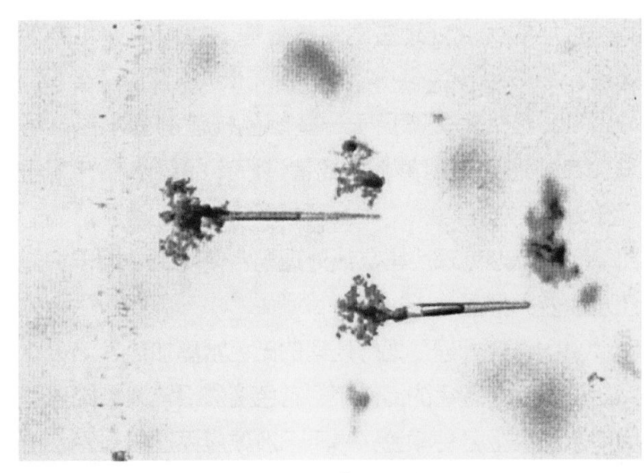

图4-7-23　合成水晶的“面包渣”状包体

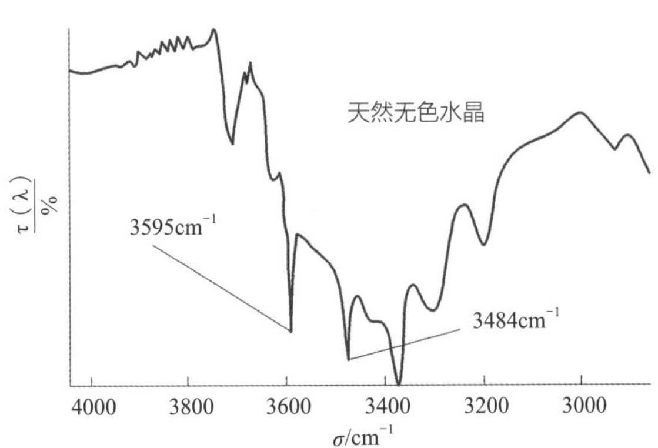

图4-7-24　天然无色水晶

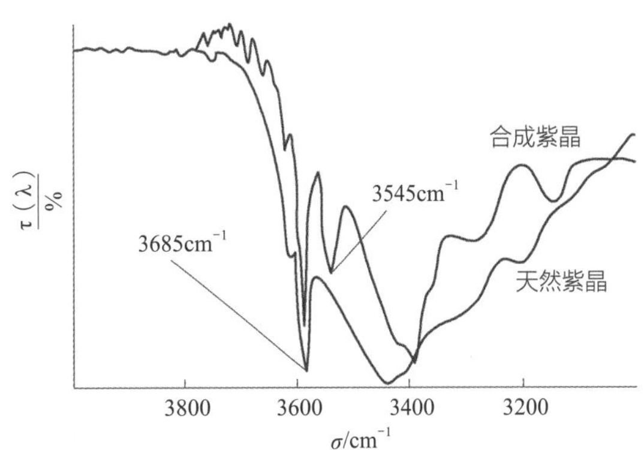

图4-7-25　天然紫晶与合成紫晶

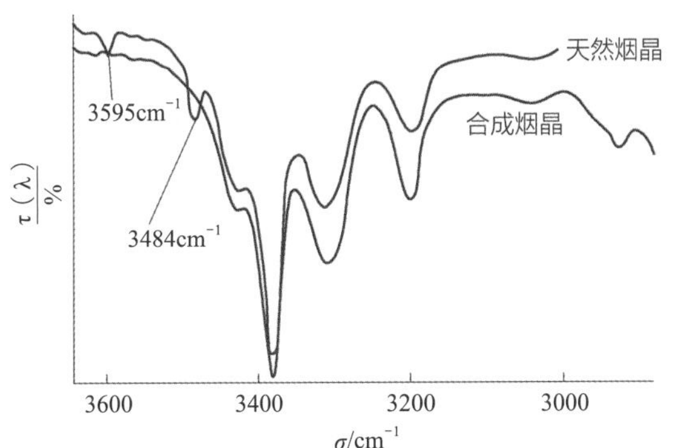

图4-7-26　天然烟晶与合成烟晶

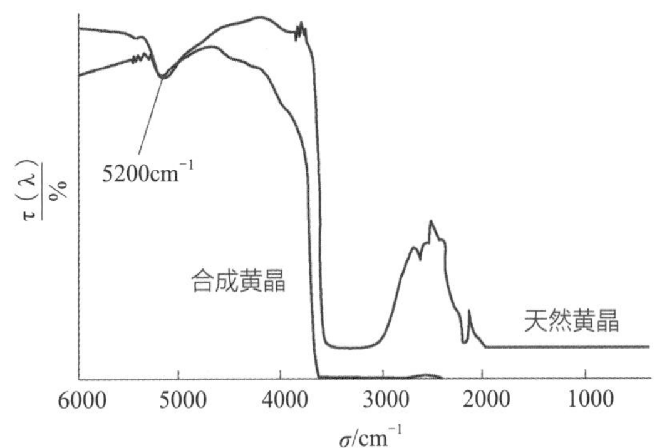

图4-7-27　天然黄晶与合成黄晶

需要注意的是：市场上存在一些在某些合成水晶的种晶板两侧出现的“麦苗”样生长空管中染色，用来仿发晶的情况。天然发晶与合成水晶仿发晶在鉴定上相对简单，天然发晶内部的针状包体是具有特定几何形态的晶体，其截面也有相对固定的形状；合成水晶仿发晶的内部“发丝”则是一头大一头小，横截面为不规则状的空管，由于抛光过程中抛光粉进入空管或经人工染色处理，其颜色分布往往不均匀。

五、水晶的优化处理及其鉴别

水晶的优化处理主要有热处理、辐照处理和染色处理。

（1）热处理　常用于一些颜色较差的紫水晶，经过加热处理后得到黄水晶或者过渡产品绿水晶，属于优化。

（2）辐照处理　常与热处理配合使用。多用于将无色水晶变为烟晶。

（3）染色处理　把待处理的无色水晶加热、淬火，然后浸于配好颜色的溶液中。有色溶液沿淬火裂隙浸入而使水晶染上各种颜色，由于干涉效应而产生晕彩，放大观察可见明显的炸裂纹，颜色全部集中在裂隙中。

六、水晶的质量评价

通常可以从颜色、透明度、净度和重量几个方面来评价水晶的质量。

（1）颜色　正、浓、均。

（2）透明度　越透明越好。

（3）净度　一般来讲越纯净越好，但在特殊情况下，杂质形成的特殊光学效应和组成的美妙图案则更为珍贵。

（4）重量　在同等条件下，重量越大价值越高。

另外，水晶包裹体的种类、颜色、分布状态、开关、大小等均是评价水晶质量和影响水晶价值的重要因素，例如，钛发晶、绿幽灵、红兔毛、水胆水晶等商业品种是水晶种类中最有价值的水晶。

七、水晶的产状、产地简介

水晶产地遍布世界各地，其中最著名的有巴西、南非、日本、马达加斯加等国家和阿尔卑斯山脉等地区。我国新疆维吾尔自治区、山西、广西、广东、江苏和海南等省（自治区）均有大量水晶产出。其中，我国东海地区已成为世界性水晶加工的集散地，有数千家工厂从事水晶加工。

第八章
坦桑石

坦桑石（Tanzanite）矿物名称黝帘石，是一种含钙、铝的硅酸盐，是为了纪念坦桑尼亚共和国成立而被命名的，国外也称为丹泉石。坦桑石被发现的年代比较晚，1967年才在非洲的坦桑尼亚北部城市阿鲁沙附近、世界著名旅游点乞力马扎罗山脚下被发现，这也是目前世界上发现的唯一宝石级坦桑石产地。

一、坦桑石的基本性质

（一）矿物名称

坦桑石矿物名称为黝帘石（Zoisite），是以首先在奥地利阿尔卑斯山发现该矿物的矿物学家S.Zois的名字来命名的。在矿物学中，属绿帘石族。

（二）化学成分

坦桑石化学分子式$Ca_2Al_3(SiO_4)_3(OH)$，可含有V、Cr、Mn等微量元素。

（三）晶系及结晶习性

坦桑石晶体为斜方晶系（图4-8-1），晶体常沿Y轴延长，呈柱状或板柱状，有平行柱状条纹，横断面近于六边形，也呈柱状晶粒的集合体。

图4-8-1　坦桑石晶体形态及纵纹

（四）光学性质

1. 颜色

坦桑石常见带褐色调的绿蓝色，还有灰、褐、黄、绿和浅粉色等。经热处理后，去掉褐绿至灰黄色，呈蓝色（图4-8-2）、蓝紫色（图4-8-3）。

2. 透明度及光泽

宝石级坦桑石一般透明度很高，为透明；光泽为玻璃光泽。

3. 光性特征

坦桑石光性为二轴晶，正光性。

4. 折射率及双折射率

坦桑石折射率为1.691～1.700（±0.005）；双折射率为0.008～0.013；色散为0.021。

5. 多色性

坦桑石具很强的三色性（图4-8-4），绿色的多色性表现为蓝色、紫红色、绿黄色；褐色的多色性为绿色、紫色和浅蓝色；而黄绿色的多色性为暗蓝色、黄绿色和紫色。

6. 发光性

坦桑石在长、短波紫外光下均显惰性，一般无荧光反应。

7. 吸收光谱特征

蓝色坦桑石在595nm有一吸收带，528nm有一弱吸收带（图4-8-5）。黄色坦桑石在455nm处有一吸收线（图4-8-6）。

图4-8-2　纯正蓝色的坦桑石

图4-8-3　蓝紫色的坦桑石

图4-8-4　蓝色坦桑石的多色性

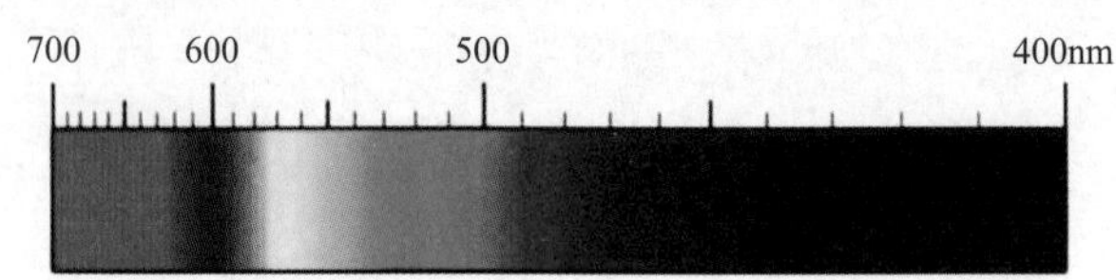

图4-8-5 蓝色坦桑石吸收光谱特征

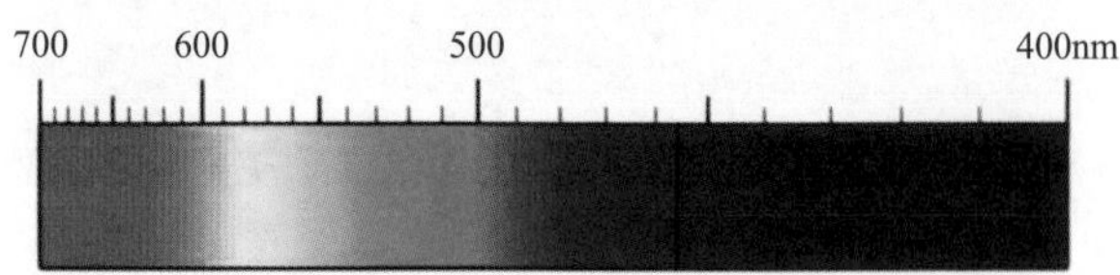

图4-8-6 黄色坦桑石吸收光谱特征

8. 紫外可见光谱

蓝色：595，528nm吸收峰。

黄色：455nm吸收峰。

9. 红外吸收光谱

坦桑石在中红外区具黝帘石特征红外吸收光谱。

（五）力学性质

1. 解理

坦桑石具一组解理完全，贝壳状到参差状断口。

2. 硬度

坦桑石摩氏硬度为6～7。

3. 密度

坦桑石密度为3.35（+0.10，−0.25）g/cm^3。

（六）显微特征

具气液包体、生长纹，可见阳起石、石墨和十字石等矿物包体。

（七）特殊光学效应

可见猫眼效应，坦桑石猫眼稀少，在史密桑尼博物馆有一颗稀有的坦桑石猫眼重达18.2ct。

二、坦桑石的优化处理

（一）热优化处理

由于天然坦桑石颜色较杂，故对其进行人工处理。一般将其加热，使钒的化合价由三价变为四价，产生紫、蓝色，其颜色稳定，不可检测。绿色的宝石级坦桑石一般不经热处理可直接使用。

市场上大多数坦桑石都经过加热优化处理，许多消费者很容易被“加热优化”这几个字误导，觉得处理过肯定是假冒伪劣的产品。然而，在国际市场上和我国的国家标准中对坦桑石的加热优化处理定义为“优化”，这是一种能够被普遍接受的坦桑石处理方法，经加热处理的坦桑石在国标视为天然坦桑石。浴火重生的坦桑石，不仅不会因为加热而降低价值，反而更能显出自己独特的光彩。

（二）坦桑石的覆膜处理

近几年，在珠宝市场上出现了经覆膜处理的坦桑石，从表面看上去很难发现有问题，因为肉眼看不到涂层。经过检测，其多色性、折射率、比重均为正常，基本属性都和无处理的坦桑石一样。

覆膜处理的坦桑石宝石表面刻面棱处有白色痕迹（图4-8-7）灰层，是擦不掉的，还有橙色和彩虹交叉线。放大检查刻面棱处，可观察到磨损痕迹（图4-8-8）附着在表面的涂层（图4-8-9）。

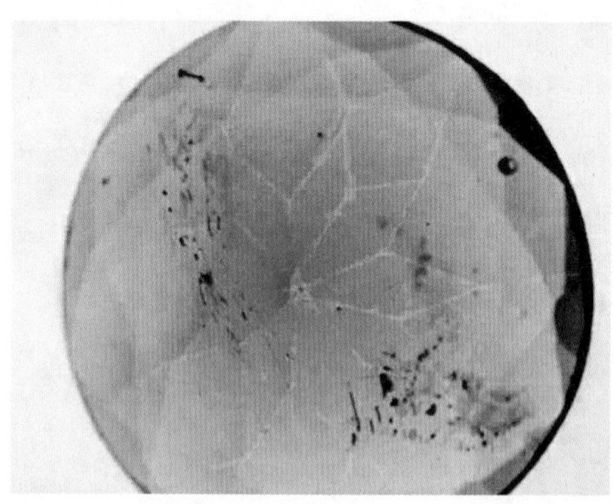

图4-8-7 覆膜处理坦桑石面棱处白色痕迹刻

图4-8-8 覆膜处理坦桑石刻面棱处的磨损痕迹

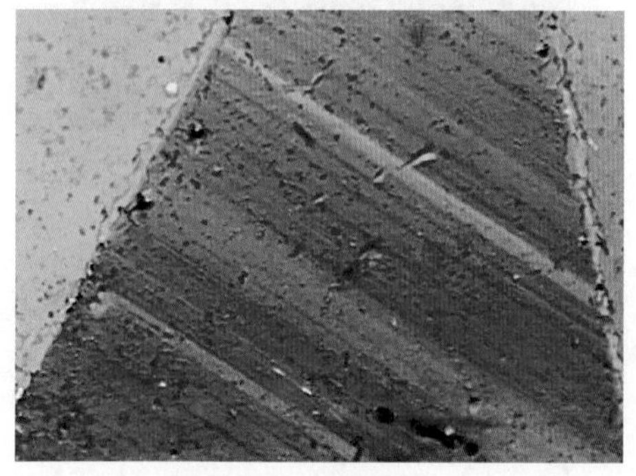

图4-8-9 覆膜处理坦桑石表面涂层

三、坦桑石的质量评价

坦桑石的质量评价可以参照钻石的“4C”标准从颜色、净度、切工和重量四个方面进行评价。

（一）颜色

颜色是影响坦桑石质量和价值最重要的因素，影响坦桑石颜色质量的因素主要有颜色色调、颜色饱和度以及色彩的亮丽度。纯正的蓝色（矢车菊蓝）是坦桑石最好的颜色色调。饱和度越高，坦桑石颜色级别也越高。同时，色彩越亮丽，坦桑石颜色越好。商业上通常用超5A（图4-8-10）、5A（图4-8-11）色级来描述最好的坦桑石颜色。图4-8-12为一粒颜色稍差的坦桑石。

（二）净度

大多数质量好的坦桑石内部洁净度较好，影响坦桑石净度的因素主要是内部包裹体及裂纹。

（三）切工

切割良好的坦桑石能够体现出其最美的火彩和颜色。影响坦桑石切工的因素主要有切割方向、切割比例、抛光精细程度等。由于坦桑石具有很强的三色性，正确的切割方向能够体现出坦桑石最美的颜色，而正确的切割比例则能体现坦桑石最美的火彩。

（四）重量

重量也是体现坦桑石价值的一个重要因素。一般而言，重量越大价值也会越高。由于坦桑石晶体结晶颗粒较大，市场上经常可见高净度、大克拉的坦桑石。

四、坦桑石的产状、产地简介

黝帘石沉积层寄生于莫桑比克（莱夫特谷地）变质岩、大理石和片岩中，为区域变质和热液蚀变作用产物。黝帘石沉积层穿过米尔兰尼低丘陵一带，该丘陵由靠近乞力马扎罗山的桑亚平原升起。沉积层与地面呈41°的角，沉积层或水平线周期性地发生褶皱，由此创造了黝帘石袋形沉积层。

1967年，在非洲坦桑尼亚阿鲁沙地区的乞力马扎罗山脚下发现可以开采宝石级坦桑石，但采矿面积还不足20平方千米，这也是宝石级别坦桑石唯一的产地。其每年的产量不到钻石的1/1000。据地质学家估计，到2020年后，坦桑石将开采殆尽。但是，人们的需求量却越来越大，80%的坦桑石销往美国，其次是欧洲地区及中国大陆市场。物以稀为贵，坦桑石的价格逐渐攀升。

图4-8-10　超5A色级坦桑石

图4-8-11　5A色级坦桑石

图4-8-12　颜色稍差的坦桑石

第九章

长石族宝石

长石是含钙、钠和钾的铝硅酸盐类矿物，是地壳中分布最广的矿物族。长石是地壳岩石主要的造岩矿物，大约占地壳重量的50%，占地壳体积的60%，是组成地壳岩石的一种最重要的造岩矿物。

长石是一个重要的宝石家族，品种繁多，如钠长石、钙长石、钡长石、钡冰长石、微斜长石、正长石和透长石等。它们都具有玻璃光泽，颜色多种多样。有无色、白色、黄色、粉红色、绿色、灰色和黑色等。有些透明，有些半透明。凡是颜色漂亮、透明度高的均可用作宝石，部分品种还有特殊的光学效应，如月光石、日光石和拉长石等。宝石级长石种类主要有月光石、天河石、日光石和拉长石。

一、长石的基本性质

（一）矿物名称

长石（Feldspar），在矿物学中属于长石族。

矿物学中将长石族分为钾长石、斜长石、钡长石三个亚族，与宝石学相关的主要是钾长石和斜长石。

（二）化学成分

长石矿物从成分上来看，主要为Na、Ca、K和Ba的铝硅酸盐。长石的一般化学式为$XAlSi_3O_8$，其中X为Na、Ca、K、Ba以及少量的Li、Rb、Cs、Sr等。钾长石化学式为$KAlSi_3O_8$；斜长石化学式为从$NaAlSi_3O_8$（钠长石）到$CaAl_2Si_2O_8$（钙长石）。宝石级的长石主要包括由钾长石（Or）、钠长石（Ab）、钙长石（An）三种端员成分组成的混溶矿物（图4-9-1）。其中钾长石和钠长石在高温条件下形成完全类质同象，构成钾长石系列。钠长石和钙长石也能形成完全类质同象，构成斜长石系列。但钾长石和钙长石几乎不能混溶（图4-9-1）。

钾长石系列分为正长石、透长石、微斜长石和歪长石。

斜长石系列分为钠长石、奥长石、中长石、拉长石、培长石和钙长石。

（三）晶系与结晶习性

正长石、透长石为单斜晶系，其他长石为三斜晶系。长石（图4-9-2至图4-9-4）常常发育为板状、棱柱状，双晶发育普遍。斜长石发育聚片双晶，钾长石发育卡氏双晶（图4-9-5）和格子双晶（图4-9-6）。

（四）光学性质

1. 颜色

长石主要呈无色至浅黄色、绿色、橙色和褐色等，有些拉长石为黑色。长石的颜色与其中所含有的微量元

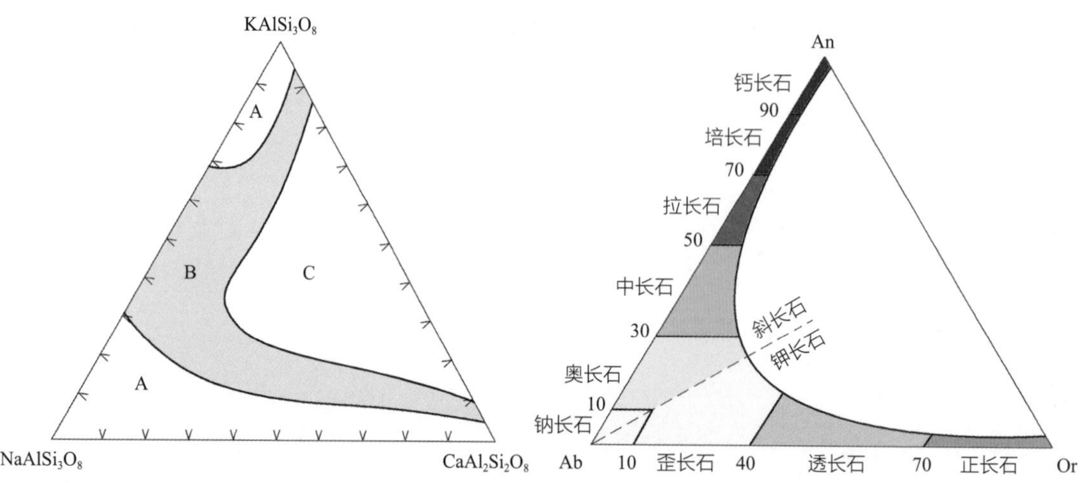

图4-9-1 钾长石—钠长石—钙长石的混溶性相图

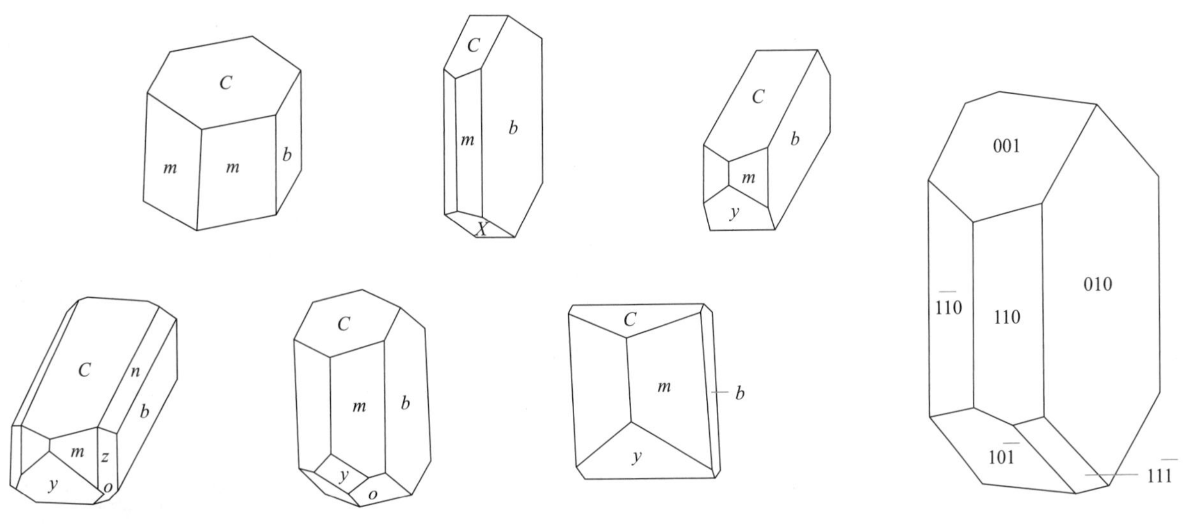

图4-9-2　正长石的晶体形态

图4-9-3　钠长石的晶体形态

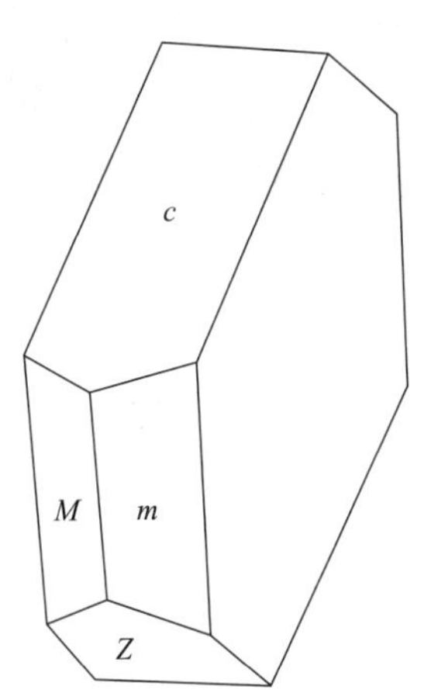

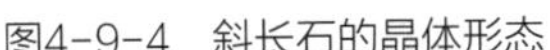

图4-9-4　斜长石的晶体形态

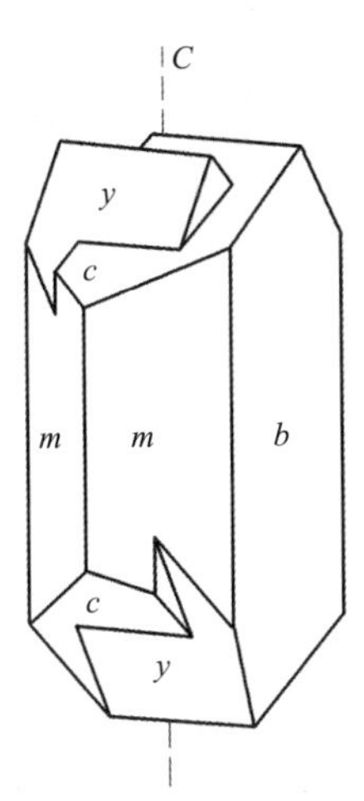

图4-9-5　卡氏双晶示意图

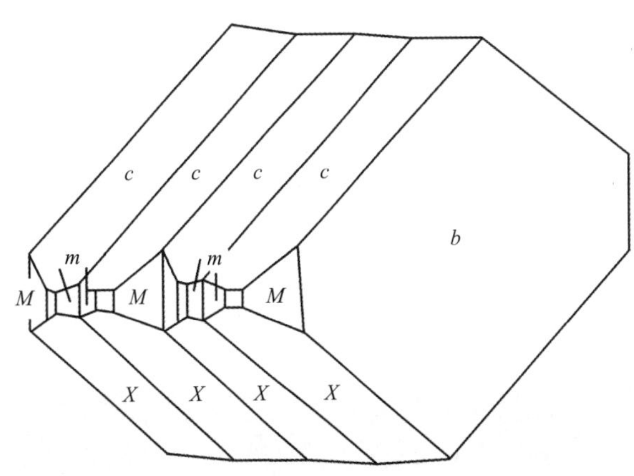

图4-9-6　格子双晶示意图

素、矿物包体及特殊光学效应有关。

2. 光泽和透明度

透明至不透明；抛光面呈玻璃光泽；断口呈玻璃致珍珠光泽或油脂光泽。

3. 光性

非均质体，二轴晶，正光性或负光性。钾长石一般为负光性，斜长石中的钠长石和拉长石为正光性，其他为正光性，也可以是负光性，见表4-9-1。

4. 折射率和双折射率

（1）钾长石折射率为1.518～1.533，双折射率为0.002～0.007；

（2）斜长石折射率为1.529～1.588，双折射率为0.007～0.013；

（3）钠长石折射率为1.522～1.536，双折射率为0.007～0.011。

表 4-9-1　长石族分类及基本性质

长石族	分类	晶系	光性	双晶类型	宝石品种
钾长石	正长石	单斜	二轴（-）	卡氏双晶 格子双晶	月光石
	透长石	单斜	二轴（-）		
	微斜长石	三斜	二轴（-）		天河石
斜长石	钠长石	三斜	二轴（+）	聚片双晶	日光石
	奥长石	三斜	二轴（±）		
	中长石	三斜	二轴（±）		
	拉长石	三斜	二轴（+）		拉长石
	培长石	三斜	二轴（±）		
	钙长石	三斜	二轴（±）		

5. 多色性

多色性一般不明显，黄色及其他颜色的斜长石可显示多色性。

6. 发光性

紫外荧光灯下呈无至弱的白色、紫色、红色、黄色、粉红色、黄绿色和橙红色等颜色的荧光。

月光石：长波下无或很弱，短波下粉色；

天河石：长波下弱黄绿色；

日光石：长、短波下无或出现杂色；

黄色正长石：长、短波下无或红、橘红色；

拉长石：无。

7. 吸收光谱

不特征。黄色正长石具420，448nm宽吸收带，其他无。

8. 特殊光学效应

可具有月光效应（图4-9-7）、晕彩效应（图4-9-8）、猫眼效应（图4-9-9）、砂金效应（图4-9-10）、星光效应。

9. 紫外可见光谱

通常不特征。

10. 红外光谱

中红外区具长石特征红外吸收谱带。

图4-9-7 月光石月光效应

图4-9-8 拉长石晕彩效应

图4-9-9 日光石猫眼效应

图4-9-10 日光石砂金效应

（五）力学性质

1. 解理、裂理、断口

长石具有两组夹角近90°的完全解理，有时还可见不完全的第三组解理。长石断口多为不平坦状、阶梯状。

2. 硬度

摩氏硬度为6～6.5。

3. 密度

正长石和微斜长石：2.52～2.57g/cm^3，一般为2.56g/cm^3。

钠长石：2.60～2.63g/cm^3，一般为2.61g/cm^3。

奥长石：2.63～2.67g/cm^3，一般为2.64g/cm^3。

培长石：2.71～2.75g/cm^3，一般为2.73g/cm^3。

不同类型长石宝石的密度、折射率和双折射率见表4-9-2。

表4-9-2 不同类型长石宝石的密度、折射率和双折射率

长石族	分类	密度/（g/cm^3）	一般密度值	折射率	点测法	双折率
钾长石	正长石	2.55～2.57	2.56	1.518～1.526	1.52～1.53	0.006～0.007
	透长石	2.57～2.58	2.56	1.516～1.526	1.52	0.005～0.007
	微斜长石	2.55～2.57	2.56	1.522～1.530	1.53	0.007
斜长石	钠长石	2.60～2.63	2.61	1.525～1.536	1.53～1.54	0.009～0.010
	奥长石	2.63～2.67	2.64	1.539～1.549	—	—

续表

长石族	分类	密度 / (g/cm^3)	一般密度值	折射率	点测法	双折率
斜长石	中长石	—	2.68	1.550 ~ 1.557	—	—
	拉长石	2.65 ~ 2.75	2.70	1.559 ~ 1.568	1.55 ~ 1.56	0.007 ~ 0.010
	钙长石	2.74 ~ 2.76	2.75	1.572 ~ 1.588	1.57 ~ 1.58	0.012 ~ 0.013

（六）内外部显微特征

放大检查时，在长石中可见到少量固态包体、聚片双晶、解理包体、双晶纹、气液包体和针状包体。

月光石解理发育，可见两组解理近于垂直相交排列构成的“蜈蚣”状包体，指纹状包体，针状包体。

天河石常见网格状色斑。

拉长石常见双晶纹，可见针状或板状磁铁矿包体。

日光石常见具有红色或金色的金属矿物板状包体。

二、长石的品种

长石族在矿物学上常分为：钾长石、斜长石、钡长石三个亚族，与宝石学相关的主要是前两类。长石中重要的宝石品种有正长石中的月光石，微斜长石的绿色变种天河石，斜长石中的日光石、拉长石等。

（一）钾长石类宝石品种及其鉴定特征

钾长石包括正长石、透长石、冰长石、微斜长石和歪长石等。除微斜长石、歪长石属三斜晶系外，其余均为单斜晶系。颜色有肉红、浅红、玫瑰红、灰白、白、黄、绿、淡褐色以及无色。

钾长石类宝石共同的鉴定特征有：折射率、密度稍低于斜长石，分别为1.52 ~ 1.53（点测），2.57g/cm^3。

1. 月光石

月光石（Moon Stone）又称月长石、月亮石，是长石类宝石中最有价值的一种。在美国，印第安人视月光石为“神圣的石头”，是结婚十三周年的纪念宝石。月光石也是六月生辰石，象征着健康、富贵和长寿。

月光石是正长石（$KAlSi_3O_8$）和钠长石（$NaAlSi_3O_8$）两种成分层状交互的宝石矿物。通常呈无色至白色，还有红棕色、绿色、暗褐色，常见蓝色、无色或黄色等晕彩，具有特征的月光效应。透明或半透明，优质者往往呈半透明状，具有淡蓝色的晕色，如同朦胧的月光，是长石类宝石的珍品。

（1）矿物学性质　属于正长石系列，主要成分为$KAlSi_3O_8$，单斜晶系。

（2）月光效应（晕彩）　在月光石中，由于正长石中出溶有钠长石，钠长石在正长石晶体内定向分布，两种长石的层状隐晶平行相互交生，折射率稍有差异，对可见光发生散射，当有解理面存在时，可伴有干涉或衍射，长石对光的综合作用使长石表面产生一种蓝色的浮光。当白色的光照到宝石上，会相互映射而表现出浅蓝色、浅黄白色的干涉色晕彩，仿佛朦胧月光。

（3）月光石的宝石学性质

折射率：1.518 ~ 1.526；

双折率：0.002 ~ 0.008；

密度：2.52 ~ 2.61g/cm^3；

荧光：在长波紫外光下呈弱蓝色的荧光，短波下呈弱橙红色的荧光；

内含物：有似“蜈蚣状”包体，还有空洞或负晶。

（4）特殊光学效应　月光石可具猫眼效应或星光效应，但很少见。

（5）月光石分类　根据月光石的颜色和特殊光学效应，可以将月光石分为白色月光石、蓝色月光石、橙色月光石及月光石猫眼、月光石星光等。

（6）月光石的内部包体特征　月光石常见“蜈蚣状”包体（图4-9-11），由两组近于直角的解理构成，斯里兰卡的月光石样品中见“蜈蚣状”包体，而缅甸有些月光石内则含有针状包体（图4-9-12），这些针状包体有可能形成猫眼效应。

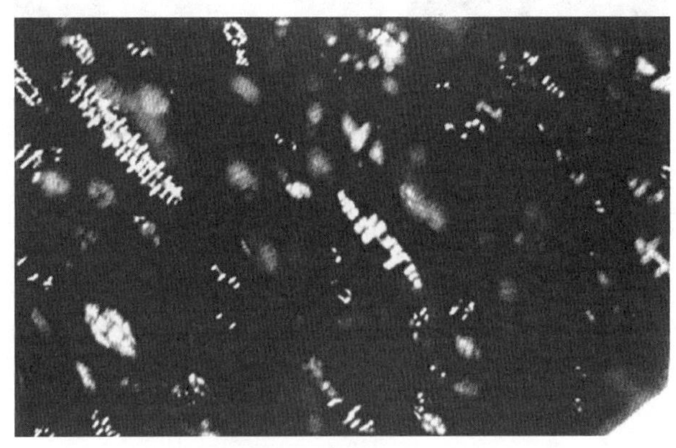

图4-9-11　月光石“蜈蚣状”包体

图4-9-12 月光石针状矿物包体

2. 天河石

天河石（图4-9-13、图4-9-14），又称“亚马逊石”，即英文Amazonite的音译。呈蓝色和蓝绿色，半透明至微透明，是微斜长石中呈绿色至蓝绿色的变种，其颜色是铷致色。天河石常因含有斜长石的聚片双晶或穿插双晶而呈绿色和白色格子状、条纹状或斑纹状，并可见解理面闪光，可做戒面或雕刻品。宝石级的天河石十分稀少和罕见。颜色为纯正的蓝色、翠绿色，质地明亮，透明度好，解理少的为优质品。

（1）矿物学性质　属钾微斜长石，其化学成分主要为$KAlSi_3O_8$，常含有数量不等的$NaAlSi_3O_8$、Rb_2O和Cs_2O，并因此形成蓝绿色。

（2）宝石学特征　蓝绿色，透明至半透明，常因含钾长石的出溶体而形成白色条纹。

天河石晶体多呈板块状，晶面具玻璃光泽；摩氏硬度为6；折射率1.522～1.530，双折率0.008；密度为2.56g/cm³；长波紫外荧光呈黄绿色，短波无反应。

图4-9-13 天河石晶体　图4-9-14 天河石饰品

（二）斜长石类宝石品种及其鉴定特征

斜长石是钠长石和钙长石的类质同象混合物。根据两个端员组分的百分含量，依次将斜长石分为钠长石、奥长石、中长石、拉长石、培长石和钙长石六个品种，其中奥长石和拉长石是最重要的宝石级品种。斜长石矿物属三斜晶系，单晶体常为板状或短柱状，常发育有聚片双晶，有两组斜交的完全解理，在底面解理面上可见重复的双晶纹，透明至半透明，一般为白色或者带灰、浅红、浅绿、浅黄色。

1. 日光石

日光石（Sun stone），因晶体中含有赤铁矿、针铁矿和云母等矿物包裹体，对光反射时出现金黄色耀眼的闪光（即日光效应，又称为砂金效应）（图4-9-15），故称为日光石，又名“太阳石”“金星长石”。

在日光石的品质评价中，透明度是极其重要的，宝石越透明，价值就越高。其中，黄色到橘黄色、半透明、深色包裹体、反光效果好的日光石为上乘佳品。

日光石为奥长石，单斜晶系，红褐色，半透明，具有砂金效应。折射率：1.537～1.547；密度：2.64g/cm³；一般无紫外荧光。日光石可见十字星光特殊光学效应（图4-9-16）。

图4-9-15 日光石及砂金效应

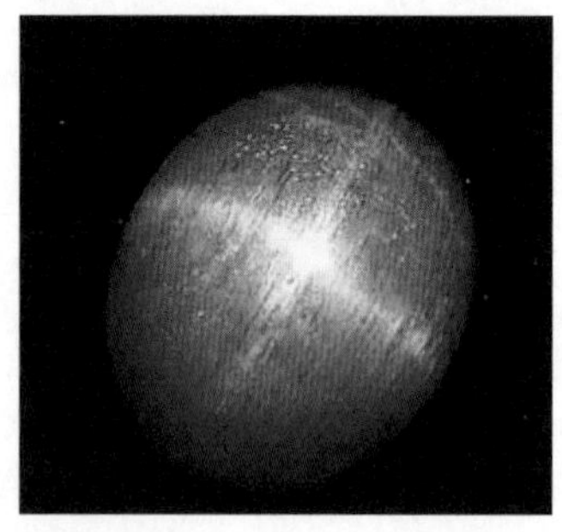

图4-9-16 日光石十字星光

2. 拉长石

拉长石（图4-9-17）达到宝石级者为半透明。转动拉长石，从不同的方位观察可见到艳丽的色彩。具变彩效应的拉长石亦称为“光谱石”。以蓝色、黄绿色和红色为上品。

（1）矿物学性质　化学成分为（Ca，Na）[Al（Al，Si）Si_2O_8]，三斜晶系，其晶体形态常呈板状或者板柱

图4-9-17　拉长石

状，具有两组完全解理。

（2）宝石学特征　一般为白色或者灰色，具有玻璃光泽，宝石级拉长石为半透明状，在解理面上沿一定方向有时可以见到蓝色、绿色以及橙色、黄色、金黄色、紫色和红色晕彩。这是由于拉长石聚片双晶薄层之间的光相互干涉形成的。成分不同的长石在折射率上略有差异，造成光的干涉，形成晕彩和变彩。

折射率：1.559～1.568，双折射率：0.009；

密度：2.62～2.75g/cm^3；

摩氏硬度：6～6.5；

吸收光谱：无特征的吸收谱线。

在美国俄勒冈州发现的拉长石新品种——拉长石日光石，颜色呈浅黄色、浅粉色、中橙色、深红色，少量呈绿色。透明或半透明，无或很少有多色性，具砂金效应，为一种高钙斜长石，因内部含有片状金属矿物，反射光下产生砂金效应。

芬兰的一种拉长石具鲜艳的晕彩，被称作“光谱石”（spectrolite）。拉长石偶然也见到透明黄色晶体，无晕彩，被收藏者作为珍品切割收藏。它和柠檬色黄水晶相似，但要闪亮得多，同时有解理。

三、长石的主要鉴定特征

部分长石族宝石的主要鉴定特征如表4-9-3所示。

表 4-9-3　长石族宝石的主要鉴定特征

鉴别特征	月光石	日光石	拉长石	天河石
肉眼	蓝色晕彩或白色乳光	砂金效应	晕彩	绿色—蓝绿色，颜色分布不均匀，呈格子状
内部	两组相交的初始解理，“蜈蚣状”包体	大量定向排列的金属矿物薄片	细微片状或针状赤铁矿包体	—
折射率	1.52±	1.53±	1.55±	1.52±

四、长石与相似宝石的鉴别

（一）与月光石相似的宝石

与月光石相似的宝石有无色水晶、浅黄色水晶、无色绿柱石、玉髓、合成尖晶石、玻璃和塑料等。

1. 月光石与水晶的鉴别

详见水晶有关章节，在此略。

2. 月光石与无色绿柱石的鉴别

（1）绿柱石的折射率、密度略高于月光石。

（2）绿柱石常含有平行排列的管状包体、气液包体，而月光石具有典型的“蜈蚣状”包体。

3. 月光石与玉髓的鉴别

（1）月光石为单晶非均质体宝石，在正交偏光下转动具四明四暗的消光现象，而玉髓为隐晶质集合体，在正交偏光下全亮。

（2）月光石的月光效应显示一种蓝白色浮光，而玉髓则仅能显示一种乳白色的辉光。

4. 月光石与仿月光石的合成尖晶石的鉴别

仿月光石的合成尖晶石是将无色的合成尖晶石热处理后产生近似的月光效应，但其折射率较高，为1.725左右，密度大，为3.47g/cm^{3}左右，这两个数据均高于月光石。另外，月光石在紫外光下长波可呈无或很弱的荧光，短波具弱的粉红色荧光，在滤色镜下无反应。而合成尖晶石在短波紫外光下具较强的荧光反应，并且在滤色镜下呈现红色。

5. 月光石与玻璃，塑料的鉴别

仿月光石的玻璃和塑料有时与月光石很像，折射率可以相近或相同，内部也可以造出月光石那样朦胧的效果，甚至密度也可以相近或相同。但是玻璃和塑料为非晶质体，在偏光镜下呈全黑或微亮，具异常消光的玻璃

常呈一条阴影左右移动。月光石为非均质体，在偏光镜下呈明暗变化，具二轴晶的干涉图。玻璃和塑料在紫外光下常具中至强、白垩状荧光，且短波强于长波，而月光石的荧光无或弱。玻璃和塑料的内部可发现有气泡、气泡群或搅动构造，这是月光石中所没有的。另外用热针检测塑料，会发出刺鼻的臭味。其他长石与玻璃和塑料的区别也同样如此。

（二）与日光石相似的宝石

由于日光石的特殊光学效应，天然的宝石品种中与日光石相似的不多，主要为具砂金效应的玻璃与东陵石。

1. 玻璃

仿砂金石的玻璃用褐色的玻璃和小铜片人工烧制而成，亦称“砂金石”或“金星石”（图4-9-18）。这种玻璃一般不透明，内部含有大量小铜片，砂金效应好于日光石。另外，放大观察后，可发现其内部所含的包体（小铜片）形状、大小一致，不同于日光石。

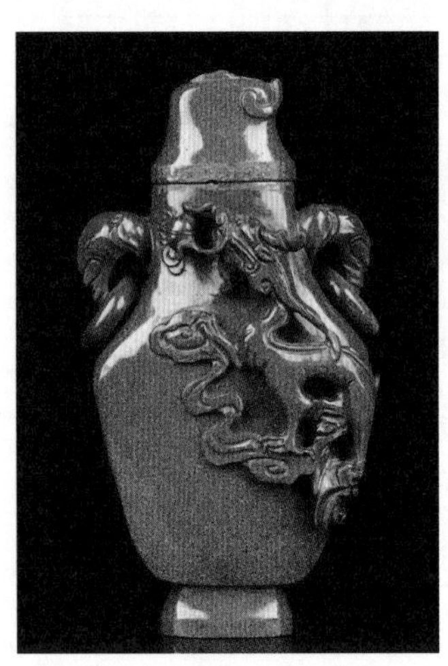

图4-9-18 仿砂金石的玻璃

2. 东陵石

东陵石内部含有铬云母片，而日光石内部含有片状金属氧化物赤铁矿、针铁矿；日光石呈现金黄色至橙黄色的闪光，少量呈绿色，而东陵石只是绿色的片状闪光。东陵石的折射率、密度比日光石的稍高，折射率点测为1.54，密度为2.65g/cm^3。

（三）与晕彩拉长石相似的宝石品种

与晕彩拉长石相似的宝石有变彩较强的欧泊，特别是一些黑欧泊，二者的鉴别在于：

（1）拉长石的密度和折射率比欧泊的高，欧泊的密度只有2.15g/cm^3，折射率为1.45左右。

（2）镜下放大检查：欧泊内部含彩色斑块，不同斑块具有不同颜色，界线较清晰，而且随着样品的转动，每块彩色斑块的颜色会随之发生变化，即具变彩效应。而拉长石的内部具片状或针状磁铁矿物包体，没有明显的斑块界线，而且样品转动时整体颜色依光谱的色彩变化。

（四）与天河石相似的宝石品种

与天河石相似的宝石品种主要有玉髓、绿柱石、绿松石、翡翠、染色大理岩、硅孔雀石、合成尖晶石、玻璃和塑料等。

1. 与玉髓的鉴别

除在折射率和密度方面的差异之外，还有：

（1）绿色玉髓的颜色是均匀的，而天河石颜色不均匀。这是由于钠长石在钾长石中呈脉状、蠕虫状出溶，会形成一些白色斑块。

（2）天河石内可见到两组平直的解理，而玉髓中则无上述现象。

2. 与劣质绿柱石的鉴别

天河石与劣质绿柱石的鉴别主要根据以下几点：

（1）绿柱石的折射率（1.577～1.583），密度（2.67～2.90g/cm^3）均高于天河石。

（2）绿柱石内常有气液包体，而天河石则缺乏此类包体。

（3）绿柱石常见一组不完全解理，而天河石常见两组近于垂直的解理。

3. 与翡翠的鉴别

绿蓝色至蓝色的翡翠有时容易与质地较好的天河石混淆。二者的鉴别在于：

（1）翡翠的折射率为1.66左右（点测），密度为3.25～3.40g/cm^3，均高于天河石。

（2）翡翠为集合体，肉眼观察可见细小的硬玉矿物解理，呈不规则的细微反光，内部为纤维交织结构；而天河石是规则的、近于垂直的两组解理，常见网格状色斑。

（3）绿色至蓝绿色的翡翠常具690，660，630nm吸收线和437nm铁吸收线；而天河石则无特征吸收谱线。

五、长石的质量评价

长石的质量评价主要从长石的特殊光学效应及其颜色、透明度，净度和重量几个方面来考虑。长石的特殊光学效应决定了长石的品种，同时对长石的价值评价起着重要作用。

1. 月光石

高质量的月光石有漂游似波浪状蓝光，是长石类宝石中最珍贵的。质量最好的为半透明的（可以更好地显示出月光晕彩），较差的是半浑浊的。白色月光石比带蓝光的价值低。月光石晕彩的方向、形状也是一个评价因素，晕彩延长方向要与宝石延长方向一致。此外，在净度方面，优质的月光石应该不显任何内部或外部的裂口或解理。同等情况下，质量越大越好。

2. 日光石

透明度对日光石价值影响较大。具有深色包体的日光石越透明，反光越好；砂金效应越明显，价值也相应地越高。从颜色来看，日光石金黄—橘黄色最好。

3. 拉长石

拉长石较好的是带有蓝色及绿色晕彩。若有蓝、黄、粉、黄、红等色斑变彩组成光谱色，像彩虹一样，价值相应更高。

4. 天河石

天河石上品应透明度高、少解理、纯正的蓝色或绿色、设计、琢磨精美。蓝中带绿价格就稍低。透明的长石品种一般商业价值不高，但具收藏价值，要求晶莹透明，洁净无瑕。

六、长石的产状、产地简介

长石几乎是所有岩浆岩和变质岩的重要成分，作为宝石来应用的是其中很少的部分。月光石主要产于低温热液脉型矿床中，产出国家主要有斯里兰卡、缅甸、印度、澳大利亚、马达加斯加、坦桑尼亚、美国、巴西和瑞士。缅甸的月光石质量好，印度产猫眼月光石和星光月光石。

优质日光石产于加拿大等国家，美国新泽西州和犹他州、俄罗斯贝加尔湖地区、印度南部等地区。最好的日光石产于挪威南部的Tvedestrand和Hitero。优质拉长石产于俄罗斯和马达加斯加等国家和美国俄勒冈州克来县沃伦谷、得克萨斯州阿尔平附近。加拿大的拉布拉多（Labrador）就以富产宝玉石级的拉长石大晶体而闻名，“Labradorite”（拉长石）一名亦由此而来。最漂亮的晕彩拉长石发现于芬兰。

天河石产于伟晶岩中，主要产出国有印度、巴西、美国、马达加斯加、津巴布韦、澳大利亚、俄罗斯及坦桑尼亚。

我国也产质地极好的天河石，以新疆阿勒泰的花岗伟晶岩型天河石矿最著名。此外，在云南西北部贡山县至泸水县之间也发现了宝石级矿床。

第十章

托帕石

托帕石在中国被称为黄玉，英文名称Topaz。托帕石就是英文名称Topaz的中文译音，它是一种色彩迷人的中档宝石，深受人们喜爱，被当作十一月的生辰石，象征着友情、希望和幸福，寄托着人们渴望长期友好相处的愿望，同时被定为结婚十六周年纪念宝石。欧洲人传说金黄色的黄玉能把美貌和智慧带给佩戴的人，所以父母总会给子女买上几件黄玉饰品，表达父母的“希望”。因此，黄玉也被称为“希望之石”。

一、托帕石的基本性质

（一）矿物名称

托帕石的矿物名称为黄玉，属于黄玉族。

（二）化学成分

托帕石为含水的铝硅酸盐矿物，化学成分为$Al_2SiO_4(F, OH)_2$，其中，F^-与OH^-的比值随着其生成条件的不同而变化。这种比值的变化可以影响到其物理性质。此外，托帕石还含有一些微量的Li、Be、Ga、Ti、Nb、Ta、Cs、Fe、Co、Mg、Mn等元素。

（三）晶系与结晶习性

托帕石属斜方晶系。晶体形态多呈斜方柱状（图4-10-1、图4-10-2），柱面常具纵纹。集合体形态为柱状、粒状和块状。采自砂矿中的托帕石多被磨蚀成椭圆形。

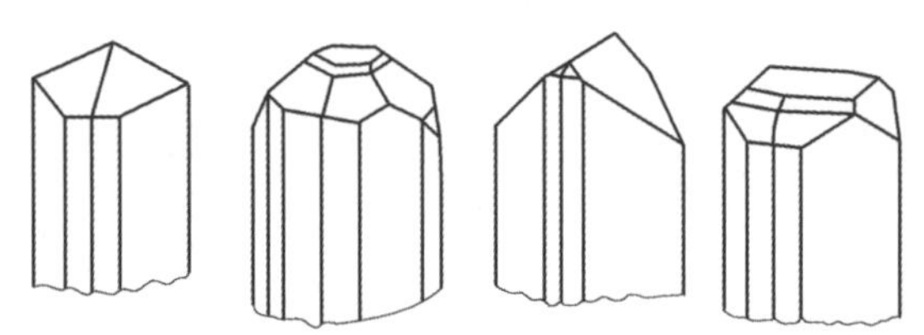

图4-10-1　托帕石晶体形态示意图

图4-10-2　托帕石晶体

（四）光学性质

（1）颜色　相当长的一段时间里，人们普遍认为托帕石全是黄色的（图4-10-3），国内和港台珠宝界甚至长期将托帕石称为“黄玉”或者“黄晶”。实际上，纯正的黄玉是无色的（图4-10-4）。常见的黄玉为葡萄酒色（图4-10-5）或淡黄色，但也可以出现蓝色（图4-10-6）、浅绿色、橙黄色、粉红色、棕色、棕黄色（图4-10-7）和棕红色，甚至是十分罕见的红色（图4-10-8）。在同一块托帕石上也可能出现两种颜色，如亮粉红色和橘黄色组成的“双色黄玉”。

图4-10-3　黄色托帕石

图4-10-4　无色托帕石

图4-10-5　葡萄酒色托帕石

图4-10-6　蓝色托帕石

图4-10-7　棕黄色托帕石

图4-10-8　红色托帕石

（2）光泽和透明度　透明，玻璃光泽。

（3）光性　二轴晶，正光性。

（4）折射率和双折射率　无色、褐色及蓝色托帕石的折射率：1.609～1.617；红色、橙色和黄色及粉红色托帕石的折射率：1.629～1.637。双折射率变化范围为0.008～0.010，其大小也与OH^-和F^-含量变化有关。

（5）多色性　多色性为弱—中。不同品种托帕石的多色性一般表现为深浅不同的体色。

例如，蓝色托帕石表现为无色/浅蓝色；黄色托帕石表现为棕黄/橙黄等。

（6）发光性　蓝色、无色托帕石在长、短波下显弱黄色或绿色荧光；橙黄色和粉红色托帕石会表现出较强荧光。

（7）吸收光谱　无特征吸收光谱。

（8）色散　0.014。

（9）特殊光学效应　当托帕石内部具有平行排列、由气液两相充填的管状包体时，经过适当的打磨，即可产生猫眼效应。

（10）紫外可见光谱　不特征。

（11）红外光谱　中红外区具托帕石特征红外吸收谱带。

（五）力学性质

（1）解理、裂理、断口　具有一组平行于{001}方向（底面）的完全解理；端口呈贝壳状、平坦状。因托帕石的底面完全解理，加工时应使主要刻面与解理面的夹角大于5°。

（2）硬度　托帕石的摩氏硬度为8。

（3）密度　密度为3.53（±0.04）g/cm^3。

（4）韧性、脆性　托帕石的韧性较差。

（六）内外部显微特征

通常托帕石内部较干净，一般具有少量气液两相包体，也有不混溶的液相包体，还可见三相或多相包体以及云母、钠长石和电气石等固态包体。巴西产的黄色、粉红色托帕石中通常有管状伸长的两相不混溶液态包体；蓝色、无色者中液态包体呈水滴形、圆形星散分布，偶可见红色、黑色赤铁矿包体。

（七）其他

托帕石在高温下会完全失去或改变颜色；具有热电性，摩擦可带电。

二、托帕石的品种

根据颜色，可以将托帕石划分为以下几种。

1. 黄色托帕石

包括黄至黄棕色、浓黄色，商业上也称雪莉黄玉，这是因其色泽像雪莉酒（西班牙等地产的一种浅黄或深褐色葡萄酒）而得名。突出特点是具有天鹅绒般柔软的质地和柔和的光泽。棕黄色、浅橘黄色到金黄色托帕石也归于此类。金黄色托帕石常被称为“巴西黄玉”。酒黄色、金黄色托帕石均属黄托帕石中最优品种。

2. 蓝色托帕石

包括蓝、天蓝、浅蓝色的托帕石，且以浅蓝色为常见。一般颗粒较小，偶见大粒者，主要产自巴西。洛杉矶一位珠宝商有一颗质地好，长达7.62cm，重3000多克拉的蓝色托帕石，堪称稀世珍宝。此外，市场上常见辐照改色的蓝托帕石。

3. 红色托帕石

红色托帕石包括红、粉红、棕红、褐红色、浅红色、浅紫红色和紫红色的托帕石。天然红色托帕石很少，市场上所见的多为黄色托帕石经化学药品处理（人工着色）或辐射热处理的产品，天然深色调的粉红色托帕石是十分珍贵的品种。

4. 无色托帕石

也称白色托帕石。因其无色、晶莹，外观上颇似钻石，但色散、亮度均不及钻石，故价值不高。现在也用来改色为蓝色托帕石。

5. 其他色彩黄玉

除上述品种以外，尚有浅紫色、绿色、黄绿色黄玉等，但都很少见。

托帕石以其柔和的光泽受人喜欢，但各种色彩均普遍偏淡。所以，偶见个别色彩深些的就十分珍贵，被视为珍贵宝石的一种。

三、托帕石的主要鉴定特征

（1）折射率　无色、蓝色：1.61～1.62，双折射率：0.010；黄色、粉红：1.63～1.64，双折射率：0.008。

（2）解理　底面一组完全解理。

（3）密度　3.53（±0.04）g/cm^3。

托帕石与相似宝石主要鉴定特征见表4-10-1。

表 4-10-1　托帕石与相似宝石主要鉴定特征

宝石名称	光性	折射率	双折射率	密度 / (g/cm^3)	其他特征
托帕石	二轴晶正	1.619 ~ 1.627	0.008 ~ 0.010	3.53	特征的两种互不混溶的液态包体
海蓝宝石	一轴晶负	1.566 ~ 1.594	0.005 ~ 0.009	2.6 ~ 2.9	管状包体，颜色中常带有绿色调
碧玺	一轴晶负	1.624 ~ 1.644	0.018 ~ 0.040	3.03 ~ 3.25	较强的双折射，可见后刻面棱重影
赛黄晶	二轴晶	1.630 ~ 1.636	0.006	3.00	密度小
红柱石	二轴晶负	1.634 ~ 1.643	0.007 ~ 0.013	3.17	多色性明显
磷灰石	一轴晶负	1.634 ~ 1.638	0.002 ~ 0.008	3.18	蓝色磷灰石的多色性为深黄—蓝色
水晶	一轴晶正	1.544 ~ 1.553	0.009	2.66	气液包体、三相包体、生长纹、色带

四、托帕石的优化处理及其鉴别

托帕石的分布较广，产量较多，属于中低档宝石，目前市场上尚未见合成品。但由于托帕石大多色淡，人工处理使其加深颜色、提高档次、增加效益已十分常见。

托帕石的处理主要是用辐照和加热配合进行。先辐照产生色心，然后经热处理去掉颜色不好和不稳定的色心（如褐色），固化颜色好且稳定性较好的色心（如蓝色）。市场上有些蓝色托帕石便是由无色天然托帕石先经辐射使之呈褐色，然后再加热处理而呈蓝色的。巴西粉红色和红色托帕石也是该地产的黄色和橙色托帕石经热处理的产物。

辐照有Co-60源、电子辐射和反应堆等几种设备。Co-60源辐照后的颜色仍浅，应用前景不大。电子辐射设备费用昂贵，使用受限制。目前，主要是用反应堆改色，可得到深蓝色黄玉，且效率高。缺点是残留放射性较多，需放置到其放射性衰减到安全剂量方可上市。

商业上常根据改色处理蓝色托帕石颜色色调的不同，将改色处理蓝色托帕石的颜色分为：天空蓝、瑞士蓝、伦敦蓝（图4-10-9）。

目前，市场上还出现了一种扩散处理托帕石和镀膜处理托帕石。扩散处理托帕石整体视觉颜色呈蓝绿色色调。其特征为内部无色，蓝绿色调仅限于表层（厚度<5μm），表面不均匀地聚集有褐黄绿色斑点。镀膜处理托帕石可呈各种颜色，有所有其他镀膜宝石的特征。

五、托帕石的质量评价

黄玉的评价主要是从颜色、净度、重量和加工等方面考虑。

天空蓝

瑞士蓝

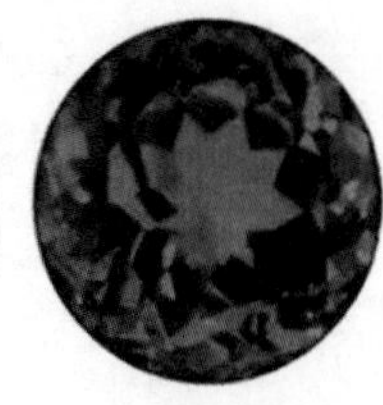
伦敦蓝

天空蓝

瑞士蓝

伦敦蓝

图4-10-9　改色蓝色托帕石颜色分类

（1）颜色　要求颜色要浓艳、纯正、均匀、稳定、明亮。

黄玉一般色淡，因此，凡色浓而正的价值就高。天然产出的酒黄色、天蓝色及紫红色品种深受人们喜爱。以巴西产的特级黄玉（金黄色、棕黄色，被称为“帝王黄玉”）最为名贵，且价格昂贵。天蓝色黄玉像海蓝宝石，但价格仅为海蓝宝石的1/5左右，故销路甚好。红色、粉红色、浅绿色稍差，最次的为淡蓝色、无色，属低档产物。

（2）净度　瑕疵（包体、裂隙等）尽量少。因黄玉发育完全解理，10倍放大镜下常见解理纹。

（3）质量　2 ~ 15ct的大粒黄玉并不罕见。优质品质量应大于0.7ct或粒径不小于8mm。同等情况下，质量越大，价值越高。

（4）加工　加工要精美，造型要新颖。

六、托帕石的产状、产地简介

宝石级黄玉主要产于花岗伟晶岩中，其次为云英岩、高温气成热液脉及酸性火山岩的气孔中。因此，黄玉的形成需要较高的温度，一般300℃以上，压力没有特殊要求。此外，砂矿也是宝石级黄玉的一个重要来源。

世界上大部分黄玉来自巴西米纳斯吉拉斯州花岗伟晶岩中。该矿主要产黄、橙黄、酒黄、橙褐色黄玉，也有少量粉红、蓝、灰绿色黄玉。此外，斯里兰卡（主要为蓝、绿、无色）、缅甸（多橘黄、黄色）、俄罗斯、美国（蓝、黄色）、英国、爱尔兰、马达加斯加、澳大利亚、纳米比亚、日本、印度、挪威、尼日利亚、墨西哥、德国等国家也有黄玉产出。我国广东、广西壮族自治区、内蒙古自治区、新疆维吾尔自治区、河北及江西等地也出产相当数量的黄玉。除少量黄、黄棕、淡蓝色外，以无色者居多。

第十一章
橄榄石

橄榄石是埃及的国石，是一种古老的宝石品种。大约3500年前，在古埃及领土圣·约翰岛发现了这种赏心悦目的黄绿色宝石。因其柔和的橄榄绿色得名橄榄石，其英文名称为Peridot或者Olivine，历史上曾有“太阳宝石”“黄昏祖母绿”等称谓。古时候，人们认为佩戴用黄金镶制的橄榄石护身符能消除恐惧、驱逐邪恶。

一、橄榄石的基本性质

（一）矿物名称

橄榄石（Peridot），在矿物学中属橄榄石族。

（二）化学成分

橄榄石的化学成分为（Mg，Fe）$_2$SiO$_4$，可含微量元素Mn、Ni、Ca、A1、Ti等，其中镁与铁可以完全类质同象替换。在矿物学中橄榄石族分为三个亚族：镍橄榄石Ni_2SiO_4、橄榄石（Mg，Fe）$_2$SiO$_4$、锰橄榄石Mn_2SiO_4。宝石学中所指的橄榄石即橄榄石亚族（Mg，Fe）$_2$SiO$_4$，主要是镁铁类质同象系列。按其中铁含量高低可分成六个亚种：镁橄榄石、贵橄榄石、透橄榄石、镁铁橄榄石、铁镁橄榄石和铁橄榄石。其中，作为宝石的橄榄石只有镁橄榄石（含铁橄榄石0～10%）和贵橄榄石（10%～30%），作为宝石种可统称为橄榄石。橄榄石矿物亚种划分见表4-11-1。

表 4-11-1　橄榄石矿物亚种划分

名称 / 成分	镁橄榄石	贵橄榄石	透橄榄石	镁铁橄榄石	铁镁橄榄石	铁橄榄石
W（Mg_2SiO_4）/%	100～90	90～70	70～50	50～30	30～10	10～0
W（Fe_2SiO_4）/%	0～10	10～30	30～50	50～70	70～90	90～100

（三）晶系与结晶习性

橄榄石属斜方晶系，完好晶体形态常呈短柱状（图4-11-1），主要单形有斜方柱、平行双面、斜方双锥（图4-11-2）。完好晶形少见，大多数呈不规则粒状。

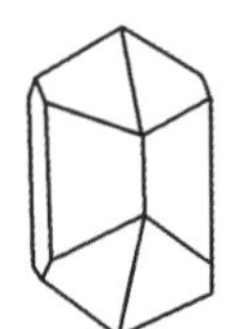
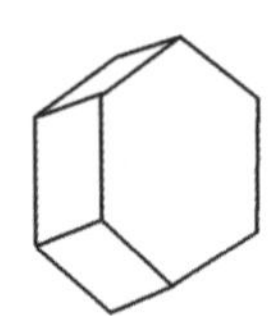
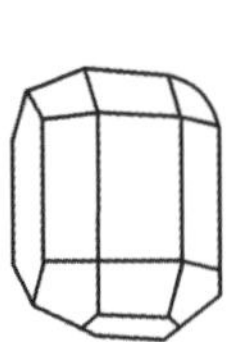
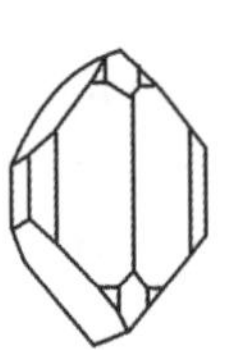

图4-11-1　橄榄石晶体形态示意图

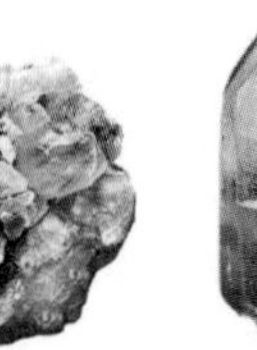

图4-11-2　橄榄石晶体

（四）光学性质

1. 颜色

橄榄石是一种自色宝石矿物，其颜色由自身所含的铁等成分所致，含铁量越高，颜色越深。颜色多为中到深的橄榄绿色、黄绿色、绿黄色（偏黄色的绿色）或祖母绿色（图4-11-3），颜色稳定。

2. 透明度和光泽

橄榄石透明度较好，常为透明至半透明。部分因内部包体或裂隙密集导致透明度降低。光泽为玻璃光泽。

图4-11-3　橄榄绿色

3. 光性特征

橄榄石为二轴晶，光性可正可负：当铁橄榄石分子含量少时为二轴晶正光性；当铁橄榄石分子大于12%时变为负光性。

4. 折射率和双折射率

折射率为1.654～1.690（±0.020），双折射率在0.035～0.038，通常为0.036。橄榄石的双折射率较大，通过台面可以非常清楚地看到对面棱线的重影（图4-11-4）。

图4-11-4 橄榄石刻面棱重影

5. 多色性

虽然橄榄石颜色较为艳丽，但其多色性总体来说较弱。对于颜色较深的品种，通过二色镜可以见到微弱的三色性，呈黄绿色—弱黄绿色—绿色；而浅色品种几乎不能观察到多色性；褐色品种可显示褐—淡褐—深褐多色性。

6. 发光性

由于内部含铁，橄榄石在长、短波紫外光下显惰性。

7. 吸收光谱

橄榄石表现为特征的铁谱（图4-11-5），即在蓝区和蓝绿区453，477，493nm处有三个等距离的强吸收带，可视作橄榄石的有效鉴定依据。

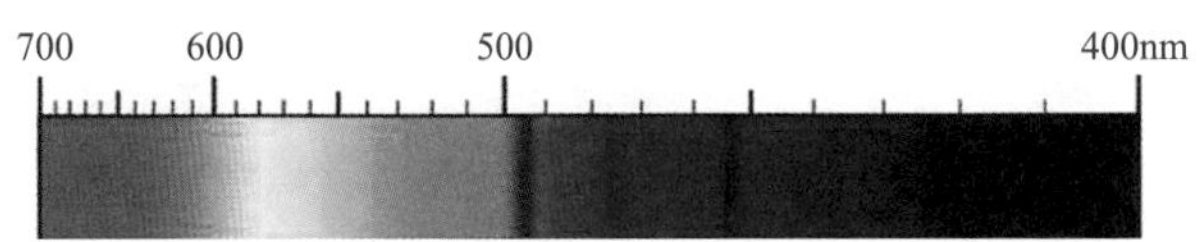

图4-11-5 橄榄石特征吸收光谱

8. 紫外可见光谱

453，477，497nm强吸收带。

9. 红外光谱

中红外区具橄榄石特征红外吸收谱带。

（五）力学性质

1. 解理

具有中等至不完全解理，脆性较大，韧性较差，极易出现裂纹。

2. 硬度

摩氏硬度为6.5～7，随含铁量的增加而略有增大。

3. 密度

密度为3.34（+0.14，-0.07）g/cm^3，其大小随含铁量增加而相应增大。

（六）内外部显微特征

橄榄石内部包体较丰富，常见有深色矿物包体、负晶、气液包体、云雾状包体等。橄榄石中常见矿物包体，这些固体包体周围常伴有盘状应力纹，或者是气液包体，形成被称为“睡莲叶”状包体（图4-11-6）的橄榄石内部典型特征。橄榄石中常见大量负晶存在，负晶周围往往形成圆盘状解理和气液包体，同样也称为“睡莲叶”状包体。

图4-11-6 典型“睡莲叶”状包体

二、橄榄石的主要鉴定特征

相对于其他绿色宝石，橄榄石比较容易鉴定。其有以下几种鉴定特征：

（1）独特的橄榄绿色；

（2）与橄榄石鲜艳的颜色相比，它的多色性微弱，借助于二色镜仅能勉强区分；

（3）橄榄石的折射率为1.65～1.690，比较容易测得；双折射率为0.035～0.038。因此，使用放大镜很容易观察到清晰的刻面棱重影；

（4）典型的铁吸收谱，在蓝区和蓝绿区有三个等距离的铁吸收带；

（5）显微镜下可以看到特征的“睡莲叶”状包裹体。

三、橄榄石与相似宝石的鉴别

与橄榄石相似的宝石有绿色的碧玺、锆石、硼铝镁

表 4-11-2 橄榄石与主要相似宝石鉴定特征

	橄榄石	绿碧玺	绿锆石	透辉石	硼铝镁石	金绿宝石	钙铝榴石
颜色	黄绿色	绿色、暗绿色	绿色、暗绿色	绿色、暗绿色	褐色、黄褐色	黄色、蜜黄色	淡黄
折射率	1.65～1.69	1.62～1.65	1.93～1.99	1.67～1.70	1.67～1.71	1.74～1.75	1.74～1.75
双折射	0.036	0.018	0.059	0.025	0.038	0.009	—
光性	B（+）	U（-）	U（+）	B（+）	B（-）	B（+）	均质体
典型光谱	453，473，493nm三条吸收窄带	无典型吸收光谱	653.5nm处吸收线，多时可同时具有1～40条吸收线	由Cr致色时红区有吸收线	452，463，475，493nm处有四条吸收窄带	444nm处有强吸收窄带	无典型吸收
放大观察	“睡莲叶”状包体、刻面棱双影	较干净或者含气液包体	双影线明显，刻面棱破损严重	硬度低，表面磨损严重，晶体包体双影	晶体包体、双影明显	晶体包体，针管状包体	晶体、气液包体
多色性	弱	明显，二色性	弱	明显，三色性	明显，三色性	弱至明显	无
相对密度	3.32～1.37	3.01～3.11	4.68	3.30	3.48	3.72	3.6～3.7

石、透辉石、钙铝榴石和金绿宝石等。橄榄石与主要相似宝石鉴定特征见表4-11-2。

四、橄榄石的质量评价

橄榄石分布较广，产出也较多。宝石级橄榄石的质量评价涉及四个方面：

1. 颜色

橄榄石的颜色要求纯正，以中—深绿色为佳品，色泽均匀，有一种温和丝绒的感觉为好；越纯的绿色价值越高。

2. 净度

橄榄石中往往含有较多的黑色固体包体和气液包体，这些包体都直接影响橄榄石的质量。因此，没有任何包体和裂隙者为佳；含有无色或浅绿色、透明固体包体的质量较次；而含有黑色、不透明固体包体和大量裂隙的橄榄石则几乎无法利用。

3. 重量

大颗粒的橄榄石并不多见。半成品橄榄石多在3ct以下，3～10ct的橄榄石少见因而价格较高，超过10ct的橄榄石则属罕见。据记载，产自红海的一粒橄榄石重达310ct，缅甸产的一粒绿色刻面橄榄石重达289ct，最漂亮的一粒绿黄色橄榄石重达192.75ct。

4. 切工

切工良好的橄榄石可以很好地体现出柔和的橄榄绿色，通常采用祖母绿型和抛光面型。

五、橄榄石的产状、产地简介

世界上出产宝石级橄榄石的国家有埃及、缅甸、印度、美国、巴西、墨西哥、哥伦比亚、阿根廷、智利、巴拉圭、挪威、俄罗斯以及中国。其中，世界著名的优质橄榄石产地有：埃及圣约翰岛、意大利维苏威火山、挪威斯纳鲁姆、德国艾费尔地区、美国亚利桑那州和新墨西哥州等。中国河北张家口也有宝石级的橄榄石。

橄榄石是组成上地幔的主要矿物，也是陨石的主要矿物成分。它作为主要造岩矿物常见于基性和超基性火成岩中。镁橄榄石还可产于镁矽卡岩中。橄榄石受热液作用会蚀变成蛇纹石。

第十二章 锆石

锆石，亦称“锆英石”，英文名称为Zircon。锆石为矿物名称，透明者作为宝石，称锆石宝石。锆石是地球上形成最古老的矿物之一，已测定出的最老的锆石形成于43亿年以前。

锆石很久以前就以其高折射率、高硬度、高比重、高熔点以及晶莹透明等特征被广泛用作宝石及首饰。无色透明的锆石晶体，其光泽、色散值可以与金刚石媲美。因此，常常被当作钻石的替代品。作为12月的生辰石，光芒四射的锆石象征着成功与繁荣。

一、锆石的基本性质

（一）矿物名称

锆石在矿物学上属锆石族。

（二）化学成分

锆石化学式$ZrSiO_4$，含Mn、Ca、Fe、Mg、Al及微量放射性元素U、Th等。U、Th等放射性元素的存在可使锆石的结晶程度有不同程度的降低，从而分成高型、中型和低型锆石。

（三）晶系与结晶习性

锆石为四方晶系，常见四方柱状晶体，四方柱与四方双锥聚形（图4-12-1、图4-12-2）。宝石级锆石一般常见于水蚀卵石中。

（四）光学性质

1. 颜色

锆石颜色丰富（图4-12-3），常见无色、绿、黄、红、褐、蓝、紫等。其中高型锆石有无色、红色、褐色、黄色、绿色、紫色等，部分经过热处理后可以呈现出无色、蓝色和金黄色；低型锆石多呈现为绿色、黄绿色以及褐黄色。

2. 光泽和透明度

锆石抛光面为玻璃—金刚光泽，断口为油脂光泽。透明度为透明—半透明。

3. 光性

中、高型锆石为一轴晶，正光性。低型锆石由于含放射性元素较多，常导致晶格破坏，使晶体接近于非晶态。

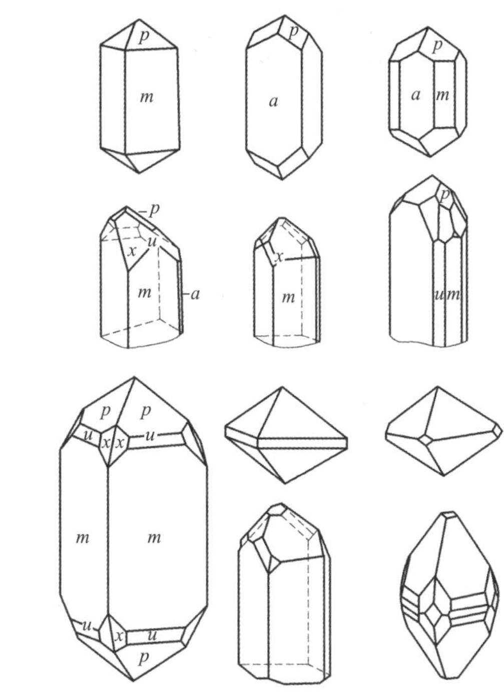

图4-12-1　锆石晶体形态示意图

图4-12-2　锆石晶体

图4-12-3　锆石颜色

4. 折射率和双折射率

高型锆石：折射率：1.925～1.984（±0.040）；双折射率：最高可达0.059，后刻面棱明显（图4-12-4）。

图4-12-4 锆石的刻面棱双影

中型锆石：折射率：1.875～1.905（±0.030）。

低型锆石：折射率：1.810～1.815（±0.030）；双折射率：接近0。

5. 多色性

锆石的双折射率虽然很大，但其多色性表现一般不明显，热处理产生的蓝色锆石除外。蓝色的锆石多色性最强，其他颜色多色性较弱。

蓝色锆石：强，蓝/无色；绿色锆石：弱，绿色/黄绿色；红色锆石：弱，红紫色/褐红色；橙色和棕色：弱至中，紫褐色至褐黄色。

6. 发光性

紫外荧光：无至强，不同颜色的锆石变化大，荧光颜色与体色相近。部分无色锆石可以发黄色荧光。蓝色锆石可有无至中等浅蓝色荧光；橙至褐色锆石可有弱至中等强度的紫棕至棕黄色荧光；红色锆石为中等紫红到紫褐色荧光。

7. 吸收光谱

锆石具有特征的U、Th等放射性元素导致的谱线，在可见光吸收谱中可具有2～40条吸收线，即在各个色区几乎均有平行排列的吸收线，也称“手风琴式吸收光谱”（图4-12-5），即有460，485，510，565，590，610，620，653，660，687nm等10余条黑色清晰的吸收线。高型锆石在红区653，660nm两处的吸收线为锆石的特征吸收，可作为锆石的标志。低型在红区及紫区吸收模糊或不存在。蓝色、无色锆石可只有653.5nm吸收线。

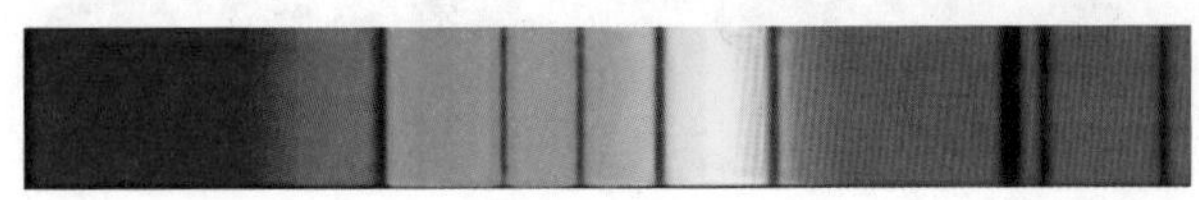
图4-12-5 锆石的特征吸收光谱

8. 特殊光学效应

可具猫眼效应、星光效应，罕见。

9. 紫外可见光谱

可见2～40个吸收峰，特征吸收为653.5nm吸收峰。

10. 红外光谱

中红外区具锆石特征红外吸收谱带。

（五）力学性质

1. 解理、裂理、断口

无解理，贝壳状断口，韧性差到中等，脆性大，棱角常可见磨蚀破损，即“纸蚀效应”（如图4-12-6）。

图4-12-6 锆石的“纸蚀效应”

2. 硬度

摩氏硬度为6～7.5，高型至中型锆石为7～7.5，低型锆石可低至6。

3. 密度

密度通常为3.90～4.73g/cm^3，大多数锆石4.00g/cm^{3}左右。从高型至低型逐渐变小，其中高型为4.60～4.80g/cm^3，一般接近4.7g/cm^3；中间型4.10～4.60g/cm^3；低型3.90～4.10g/cm^3。

（六）内外部显微特征

高型锆石包体较少，较干净，可见液态包体，常具愈合裂隙及矿物包体，如磁铁矿、磷灰石、黄铁矿等。中低型锆石常具平直的色带，有时可见两个方向的色带，常常显示很强的聚片双晶或环带。在某些角度光照下，可以显出（奶白的）混浊不清的现象，也见骨架状、棱角状包体及少量絮状包体。蓝色和无色锆石可见小的白色像棉花样的包体。锆石中还可见平行的生长管道，切磨成弧面型可呈现猫眼效应。

二、锆石的品种

锆石的商业品种划分不像其他宝石那样多以颜色或产地为依据。

（一）按锆石结晶程度分类

锆石通常含一些放射性元素，这些放射性元素会直接影响锆石的结晶程度。因此，锆石分为高型、低型和中间型。

1. 高型锆石

高型锆石是锆石中最重要的宝石品种，常呈四方柱状晶形，颜色多呈深黄色、褐色、深红褐色，经热处理变成无色、蓝色或金黄色的锆石。主要产于柬埔寨、泰国等地。这类锆石含放射性元素少，保持了其原有的物理化学特征，晶形也较完好。它们是岩浆结晶早期的产物。

2. 低型锆石

低型锆石经一段时间的高温加热，重新获得高型锆石的特征。宝石级的低型锆石只产于斯里兰卡，内部有大量云雾状包体，常见颜色有绿色、灰黄色、褐色等。

低型锆石多呈绿或暗绿色。含放射性元素较多，常导致晶格破坏，使晶体非晶化。它们形成于岩浆演化的晚期的气成热液矽卡岩中。晶体常呈浑圆状，没有任何晶面。

3. 中间型锆石

介于高型锆石和低型锆石之间的即为中间型锆石，其性质也介于上述二者之间。仅出产于斯里兰卡，常呈黄绿色、褐绿色，深浅不一，主要呈现黄色和褐色色调。中间型锆石在加热至1450℃时，可向高型锆石转化，但处理后的中间型锆石常呈混浊、不透明状，不太美观，市场上很少出现。大部分作为宝石的是高型锆石，多为蓝色和无色。低型和中间型锆石因含放射性元素较多（当然尚未超过人体承受的限度）而非晶化，使之光泽、透明度降低，不利于宝石的应用。但是斯里兰卡也产宝石级的中间型锆石和低型锆石。

（二）按颜色分类

按照颜色，也可以将锆石划分出多个品种：无色（高型锆石，主产于泰国、越南和斯里兰卡）、蓝色（多是经热处理而成，主要原料来源于柬埔寨与越南的交界处）、金黄色（属于热处理产生的颜色）、褐红色锆石、红色（以纯正的红色为佳，主要产于斯里兰卡、泰国、柬埔寨、法国等国家，中国海南文昌也有产出）、褐黄色、绿色（常为结晶程度较低的锆石）。

三、锆石的主要鉴定特征

锆石以光泽明亮、色散强、双折射率大、性脆、棱线残缺为特征。

（1）光泽和色散　锆石光泽油亮，将琢磨好的锆石台面向下放在一张白纸上，可以看到台面内侧反射的光线十分油亮。若缓慢转动宝石，从不同的小刻面上可以看到变化着的火彩。

（2）双折射率　锆石双折射率大，用10倍放大镜对准宝石内部底棱的棱线转动宝石，可见棱线分离的重影。

（3）透明度　锆石透明但不清晰，这是因为锆石底刻面棱线具重影。

（4）硬度和脆性　锆石棱线不尖锐，有圆滑感，锆石因脆性大，棱线易被损坏，有时可见棱线残缺的现象。

（5）密度　锆石密度在常见宝石品种中比较高，手掂明显重感。

（6）吸收谱线　特征的“手风琴式吸收光谱”，是锆石鉴定的重要特征。

四、锆石与相似宝石的鉴别

锆石颜色丰富多彩，而且颜色深浅程度变化较大。因此，锆石可与任何颜色、透明度的宝石相混。最易于相混的宝石有钻石、尖晶石、金绿宝石、蓝宝石、红宝石、石榴子石、托帕石等。鉴定最简便的方法是：

（1）偏光镜　可将均质体宝石的钻石、尖晶石、石榴石等区分开来。锆石在偏光镜下呈四明四暗的消光现象，而均质体宝石为全消光或斑状消光。

（2）测量折射率、密度、光谱、观察刻面边棱重影以及包裹体等，易将锆石与其他相似宝石区分来。

五、锆石的优化处理及其鉴别

自然界产出的锆石矿物大多数都是深褐色、红褐色或者褐绿色，透明度也较差，不能直接用作宝石。然而，由于近年来宝石改色改性技术的发展，锆石晶体经过人工处理后可以改成无色、海蓝色、金黄色等晶莹剔透的晶体，从而作为宝石加以利用。

常见的锆石的优化处理方式有热处理和辐照处理。

1. 热处理

通过加热来消除锆石中辐射导致的晶格中原子的无序状态，恢复其原有的晶体结构，从而改善其透明度和颜色。目前，宝石界对于锆石热处理的范围仅限于轻微变晶的高型锆石。

（1）改变颜色

①还原条件下可产生天蓝色或无色锆石；

②氧化条件下可产生金黄色和无色锆石，有些样品可产生红色。

（2）改变锆石类型　加热至1450℃，低中型锆石都能提高密度（$4.7g/cm^3$），具有较高的折射率和清楚的吸收线，同时还可以提高透明度和明亮程度，低中型锆石变成无色透明晶体。比如，斯里兰卡的锆石多为绿色低型的，经过热处理后，颜色明显变淡，成为高型的锆石宝石。我国海南省产的红色、棕色锆石，经过热处理可以变成无色的。通常，经过热处理的锆石表面或棱角处常容易发生碎裂和小破坑。持续长时间的热处理可引起硅和锆重结晶，热处理引起的重结晶可产生纤维状微晶，形成猫眼效应。

2. 辐照处理

锆石的辐照处理和热处理结果是相反的逆变化过程，几乎所有经过热处理得到的高型锆石改善品，经过辐照处理（X射线、γ射线、高能电子等）都可能恢复热处理前的颜色，甚至更深。即使是天然产出的锆石，在辐照下也会发生变色。但是辐照改色的锆石往往颜色不稳定，在光照或者加热时很快会恢复原状。一般来说，锆石改善品的放射剂量都是安全的。

六、锆石的质量评价

评价锆石一般从颜色、净度、切工和重量四个方面进行。

1. 颜色

锆石最流行的颜色是无色和蓝色，其中蓝色价值高。优质的锆石在颜色上要求纯正、均匀、色调亮丽。除无色和蓝色外，纯正明亮的绿色、黄绿色、黄色等锆石由于折射率高，比橄榄石、金绿宝石、黄水晶等更具有光泽。颜色评价中，应注意热处理产生的颜色的稳定性。有些锆石在热处理后的短时间内有较强的色散和光泽，但不久就会恢复到原来的状态。

2. 净度

由于无瑕疵的锆石供应量较大，所以对锆石内部净度的要求也高。无色和蓝色锆石评价要求为肉眼观察样品无瑕疵。特别要注意观察样品刻面棱线有无磨损，有磨损的锆石因为要重新抛光，价值要下降很多。

3. 切工

在评价锆石质量时，切工质量较为重要。一般而言，锆石的切工应重点考虑切磨的比例、方向和抛光程度。锆石之美主要基于锆石具有高折射率、高色散和较强的光泽等，但为了充分体现锆石的美，必须按照锆石的质量进行精心的设计，严格按照比例切磨，并进行精心的抛光，否则就会严重地影响其质量。

由于锆石（特别是蓝色锆石）具有明显的多色性，切磨方向对锆石色调影响较大，因此，切磨时应使台面垂直于*C*轴，才能获得最佳的效果。我国红色低型锆石也是二色性较强的宝石，从某一方向上看是红色，而从另一方向看，又是淡色或接近无色，所以加工时必须按一定方向研磨，让红色出现在磨型正面；另外，由于锆石具有较大的双折率，因而较容易出现后刻面棱重影现象。为获得最佳的亮度，切割时也最好使台面垂直于*C*轴。

4. 重量

市场上供应的蓝色和无色锆石，常见从几分到数克拉，超过10ct的不多见，特别是颜色好的大颗粒不多见。

七、锆石的产状、产地简介

宝石级锆石多产于变质岩、玄武岩中，但是真正有开采价值的为砂矿。

锆石的著名产地有斯里兰卡、泰国、老挝、柬埔寨、法国、挪威、英国、坦桑尼亚等国家和缅甸抹谷等地区。我国福建、海南、新疆维吾尔自治区、辽宁、黑龙江、江苏、山东等地也有产出。法国艾克斯派利产出红色锆石；挪威产出晶形完好的褐色晶体；俄罗斯乌拉尔山脉发现晶形好、光泽强的锆石；坦桑尼亚爱马利产出近于无色卵石形锆石。

缅甸的锆石是作为开采红宝石的副产品回收的，属于中间型和低型。高型锆石主要产于柬埔寨和泰国，而中间型和低型锆石多产于斯里兰卡。最重要的产地是越南与泰国交界的区域，这里是唯一产出适于热处理形成蓝色、金黄色和无色锆石的原料产地。

云南出产的锆石一般需经加热改色处理。我国海南岛及福建明溪的碱性玄武岩也有无色、白色和红色锆石产出。

第十三章 磷灰石

磷灰石是一种非常常见的矿物，还是一组磷酸盐矿物质，包含羟磷灰石、氟磷灰石和氯磷灰石。它们的比例会随着晶体结构中氢氧化物、氟离子或氯离子的浓度而变化。能达到宝石级别的磷灰石并不多见。磷灰石具有受热后发出磷光的特性（古代民间称之为“灵光”或“灵火”），传说人们佩戴它便可以使自己的心扉与神灵相通，因而受到人们的喜爱。

一、磷灰石的基本性质

（一）矿物名称

磷灰石（Apatite），在矿物学中属于磷灰石族。

（二）化学成分

磷灰石是钙的磷酸盐，化学式为$Ca_5(PO_4)_3(F, OH, Cl)$。其中Ca^{2+}常被Sr^{2+}、Mn^{2+}离子取代，$(PO_4)^{3-}$阴离子团常被$(SO_4)^{2-}$、$(SiO_4)^{4-}$、$(VO_4)^{2-}$等络阴离子团取代，附加的阴离子数量和种类亦常常有所变化，根据附加离子可以分为氟磷灰石、氯磷灰石、羟磷灰石和碳磷灰石，作为宝石的磷灰石常为氟磷灰石。磷灰石还常含有微量的Ce、U、Th等稀土元素，可以产生磷光现象。

（三）晶系及结晶习性

磷灰石属六方晶系（图4-13-1）。主要单形有六方柱、六方双锥及平行双面。晶体常呈六方柱状、板状，一些晶体还可见发育完好的六方双锥（图4-13-2），集合体呈粒状、紧密块状。

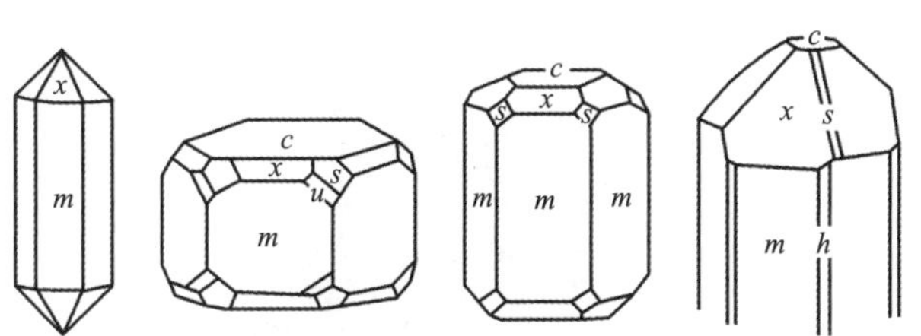

图4-13-1　磷灰石晶体形态示意图

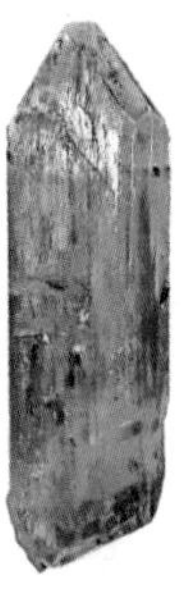

图4-13-2　磷灰石晶体

（四）光学性质

1. 颜色

常见的颜色有黄至浅黄色、蓝色、浅绿色、绿色、黄绿色、紫色、紫红色、粉红色、无色等。无杂质者为无色透明。磷灰石的颜色多样性与其所含的稀土元素的种类及含量密切相关。

磷灰石最受欢迎的颜色则是明亮的霓虹般的蓝绿色，产自马达加斯加，酷似昂贵的帕拉伊巴蓝碧玺，商业上常称为“帕拉伊巴蓝”磷灰石（图4-13-3）。它虽仍比其他颜色的磷灰石价格贵上一些，但是价格比帕拉伊巴碧玺要便宜许多。多数磷灰石净度较差，容易出现雾状内含物等肉眼可见特征，但在一些特殊情况下，切割成素面的磷灰石会出现猫眼效应。

图4-13-3 “帕拉伊巴蓝”磷灰石

2. 光泽及透明度

磷灰石具玻璃光泽，断口油脂光泽。各种颜色的磷灰石通常为透明，一些具有猫眼效应的磷灰石可呈半透明。

3. 光性特征

非均质体，一轴晶，负光性。

4. 折射率与双折射率

磷灰石的折射率为1.634～1.638（+0.012，-0.006），双折射率为0.002～0.008，多为0.003，折射仪上易出现假一轴晶现象。磷灰石的折射率常因成分的变化而有一定变化范围。磷灰石的双折射率同样也随成分变化而变化，其中氯磷灰石最低，小于或等于0.001，氟磷灰石为0.004，羟磷灰石为0.007，碳磷灰石为0.008，碳氟磷灰石最高可达0.013。

5. 多色性

蓝色的磷灰石多色性强，为蓝—黄色至无色；其他颜色的磷灰石多色性弱至极弱。

6. 发光性

磷灰石的紫外荧光的颜色因体色不同而不同，有的品种加热后可出现磷光。

黄色磷灰石：在长波和短波紫外光下呈紫粉红色荧光，其中长波的荧光较短波强。

蓝色磷灰石：在长、短波紫外光下发蓝色—浅蓝色荧光。

紫色磷灰石：长波下发绿黄色荧光，短波下发淡紫红色荧光。

绿色磷灰石：长、短波下发带绿色色调的深黄色荧光，长波荧光强于短波。

不同品种磷灰石多色性见表4-13-1。

表4-13-1 不同品种磷灰石多色性

颜色	长波	短波
黄色磷灰石	紫粉红色，较强	同长波，较弱
蓝色磷灰石	蓝色	浅蓝色
紫色磷灰石	绿黄色	淡紫红色
绿色磷灰石	绿黄色，较强	同长波，较弱

7. 吸收光谱

黄色、无色及具猫眼效应的磷灰石有特征的580nm双线（图4-13-4）；蓝色和绿色的磷灰石显示稀土元素的混合吸收谱，主要为512，491，464nm处的吸收带。

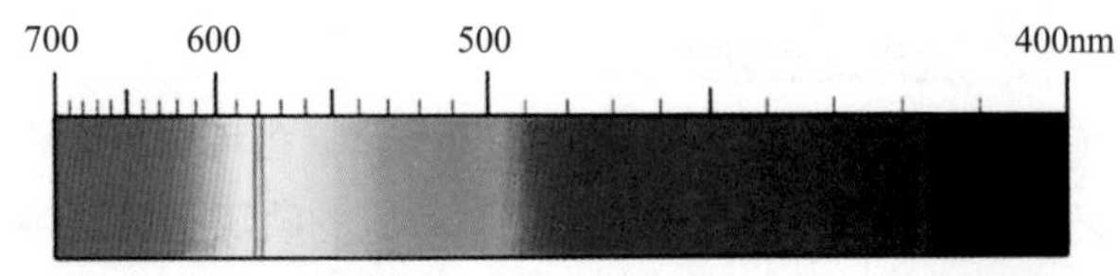

图4-13-4 磷灰石吸收光谱

8. 紫外可见光谱

黄色、无色及猫眼效应磷灰石有580nm吸收峰。

9. 红外光谱

中红外区具磷灰石特征红外吸收谱带。

（五）力学性质

1. 解理

磷灰石解理不发育，{0001}、{1010}不完全解理，断口不平坦，也可见贝壳状断口，性脆。

2. 硬度

磷灰石的摩氏硬度为5～5.5，为摩氏硬度计硬度为5的标准矿物。一些厚板状的磷灰石晶体硬度偏低，可为3～4。

3. 密度

磷灰石的密度在3.18（±0.05）g/cm^3，宝石级磷灰石常见的实测值为3.18g/cm^3，磷灰石的密度值的变化与其成分上的类质同象替代有关，特别是稀土元素的类质同象替代对磷灰石的密度影响尤为明显。此外，大量矿物包体的存在也可使密度值升高，如坦桑尼亚的磷灰石猫眼，密度值达3.35g/cm^3。

（六）内外部显微特征

磷灰石在变质岩、沉积岩、岩浆岩中均有产出。内部包体的类型常见结晶矿物包体、气液包体、负晶、管状包体以及生长结构等。磷灰石中的常见矿物包体有方解石、赤铁矿、电气石等。其中，墨西哥产的黄绿色磷灰石中常见包体有深绿色电气石的针状包体；巴西产的深蓝色磷灰石中还常包裹圆形的气泡群，这种气泡群被认为是岩浆的残余物；美国缅因州产的紫色磷灰石还常见纤维状的生长管道；坦桑尼亚的黄绿色磷灰石还常见有密集的定向裂隙，这种裂隙还可导致猫眼效应。

（七）特殊光学效应

因磷灰石内常具有纤维状生长管状包体或密集定向的裂隙产生的猫眼效应（图4-13-5）。

图4-13-5 磷灰石猫眼

二、磷灰石与相似宝石的鉴别

1. 磷灰石的主要鉴定特征

（1）摩氏硬度低，加工成刻面型宝石后易磨损；

（2）颜色丰富但不鲜艳；

（3）双折射率低，常为0.003；

（4）具有典型稀土谱。

2. 与相似宝石的鉴别

（1）碧玺　碧玺的折射率为1.624～1.644，双折射率为0.018～0.040，而磷灰石的双折射率为0.002～0.008，多为0.003，据此可很快将二者区分开。

（2）绿柱石　绿柱石折射率为1.577～1.583，密度为2.72g/cm^3，均低于磷灰石，可与之区分。

（3）托帕石　托帕石密度为3.53g/cm^{3}左右，高于磷灰石，托帕石没有特征吸收光谱，双折射率为0.008～0.010，略高于磷灰石。

（4）赛黄晶　按照各自密度的差异可将磷灰石与赛黄晶区别开。磷灰石在密度为3.06g/cm^{3}的重液中下沉，赛黄晶浮起。也可根据磷灰石特征的580nm双吸收线与赛黄晶区分。

（5）仿磷灰石猫眼玻璃（图4-13-6）　仿磷灰石猫眼玻璃外观与缅甸产的天然磷灰石猫眼极为相似，这种仿磷灰石猫眼玻璃除折射率、密度等物化性质和磷灰石不同外，在垂直猫眼线的侧面放大观察可见明显的玻璃纤维呈平行定向排列。

图4-13-6　仿磷灰石猫眼玻璃

三、磷灰石的质量评价

宝石级磷灰石要求颜色均匀、纯正、鲜艳、透明度好，无裂纹或其他缺陷，粒径大为佳。某些晶体具有猫眼效应也可以提高其价值。

四、磷灰石的产状、产地简介

磷灰石是多成因矿物，在岩浆岩、伟晶岩、变质岩、沉积岩等多种岩石类型中均可产出。宝石级磷灰石主要产出于伟晶岩以及各种岩浆岩中，在变质岩以及沉积岩中也有少量宝石级磷灰石产出。

磷灰石的产地主要有缅甸、斯里兰卡、印度、美国、墨西哥、巴西、加拿大、挪威、坦桑尼亚、马达加斯加、中国等。中国的磷灰石主要产于内蒙古自治区、河北、河南、甘肃、新疆维吾尔自治区、云南、江西、福建等地。

第十四章
堇青石

堇青石（Cordierite或Iolite，Dichroite）来自希腊文中的Violet，寓意其呈紫罗兰色。堇青石的英文名称为Cordierite，是为了纪念法国地质学家P. L. A. Coedier而命名。宝石级的堇青石英文名为Iolite或Dichroite。Iolite系源于希腊语，为“紫罗兰”的意思，象征宝石级堇青石的颜色特征；Dichroite来自希腊文“双色”，指宝石具有很强的多色性。由于堇青石有着蓝宝石一样的蓝色，也有人称之为“水蓝宝石”（Water Sapphire）。

一、堇青石的基本性质

（一）矿物名称

堇青石（Iolite），在矿物学上属于绿柱石族。

（二）化学成分

化学成分为$Mg_2Al_4Si_5O_{18}$，含有Na、K、Ca、Fe、Mn等元素及H_2O。其中的Mg容易被Fe完全类质同象替代。堇青石中含有一定量的特殊类型的结构水，存在于堇青石的平行于Z轴的结构通道之中。

（三）晶系与结晶习性

堇青石属于斜方晶系（图4-14-1），晶体呈短柱状（图4-14-2），具有假六方柱外形。堇青石在高温时为六方晶系，常见双晶。原石常呈不规则状。

（四）光学性质

1. 颜色

宝石级堇青石颜色为蓝色（图4-14-3）、蓝紫色（图4-14-4）至紫蓝色（图4-14-5），一般呈无色、微黄白色、褐色等。

2. 光泽和透明度

堇青石为玻璃光泽，透明至半透明。

3. 光性特征

二轴晶，光性可正可负，但宝石级堇青石多为负光性。

4. 折射率和双折射率

折射率：1.542～1.551（+0.045，−0.011），双折射率为0.008～0.012。当堇青石含较多Fe时，折射率较高；含较多Mg时，折射率较低。

5. 多色性

堇青石的多色性很强，肉眼可见（图4-14-6）。紫色堇青石：浅紫，深紫，黄褐；蓝色堇青石：无色至黄色，蓝灰，深紫。

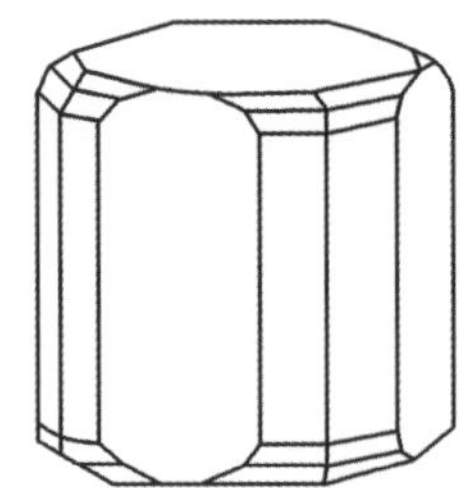

图4-14-1　堇青石晶形示意图

图4-14-2　堇青石晶体

图4-14-3　蓝色堇青石

图4-14-4　蓝紫色堇青石

图4-14-5　紫蓝色堇青石

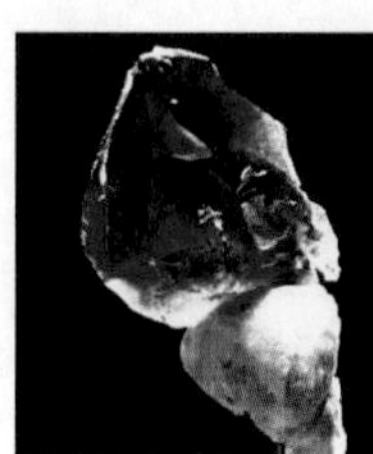

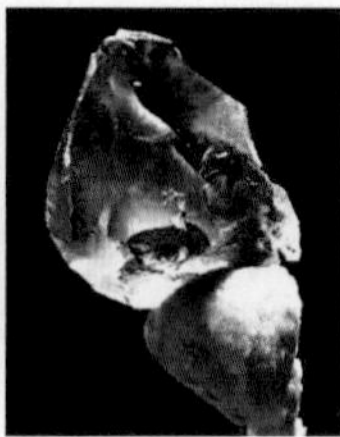

图4-14-6　堇青石的多色性

6. 发光性

无。

7. 吸收光谱

堇青石的吸收光谱因其结晶方向不同而略有变化。堇青石的吸收光谱为Fe的吸收谱，在426nm和645nm处有弱的吸收带。

8. 紫外可见光谱

426，645nm弱吸收带。

9. 红外光谱

中红外区具堇青石特征红外吸收谱带。

（五）力学性质

1. 解理

堇青石具有一组{010}完全解理。

2. 硬度

摩氏硬度为7～7.5。

3. 密度

堇青石的密度为2.61（±0.05）g/cm^3，密度值随Fe的含量增多而逐渐变大。

（六）内外部显微特征

常见的矿物包裹体有赤铁矿或针铁矿、磷灰石、锆石及气液包体等。其中斯里兰卡产的一种堇青石包裹体主要为红色板状、针状赤铁矿和针铁矿，并呈定向排列。当该种包裹体大量出现时可使堇青石呈现红色，这种堇青石又被称为“血滴堇青石”（Bloodshot）。

（七）特殊光学效应

堇青石由于内部包体的分布可以出现罕见的星光效应、猫眼效应和砂金效应。堇青石产生砂金效应时，出现偏橙色或偏红色片状物，被称为血射堇青石。

二、堇青石的主要鉴定特征

堇青石的鉴别依据为：

（1）堇青石颜色蓝色—蓝紫色。

（2）折射率：1.542～1.551（+0.045，−0.011），密度为2.61（±0.05）g/cm^3。而蓝宝石的折射率为1.762～1.770，密度为4.00g/cm^{3}左右，均高于堇青石。坦桑石折射率为1.691～1.700，密度为3.35g/cm^3，均高于堇青石。

（3）双折射率：0.008～0.012。

（4）三色性：强，肉眼可见。

三、堇青石的产状、产地简介

堇青石为变质成因矿物，主要产于片麻岩或含铝量较高的片岩中，在部分花岗岩或火山岩中也可以发现，并常与石榴石、红柱石、刚玉、石英、尖晶石、硅线石等共生。宝石级堇青石主要存在于富镁的蚀变岩中。

宝石级堇青石的产地：斯里兰卡（血射堇青石）、马达加斯加、美国、加拿大、英国、挪威、德国、芬兰以及坦桑尼亚、纳米比亚等国家和格陵兰岛地区。

第十五章 蓝晶石

蓝晶石英文名称为Kyanite，源于希腊语kyanos，指蓝晶石最普遍的颜色。蓝晶石属于岛状结构硅酸盐矿物，晶体呈扁平的板条状，常呈柱状晶形，可见双晶，晶面上有平行条纹，有时呈放射状集合体。颜色有蓝色、带蓝的白色、青色、亮灰白等，属于高铝矿物。它是一种耐火度高、高温体积膨胀大的天然耐火原料矿物。因其硬度具有明显的异向性，即差异硬度，故又被称为“二硬石”。

一、蓝晶石的基本性质

（一）矿物名称

蓝晶石（Kyanite）。

（二）化学成分

化学成分为Al_2SiO_5；可含有Cr、Fe、Ca、Mg、Ti等元素。化学组成：Al_2O_3 63.1%，SiO_2 36.9%。天然产出的蓝晶石往往接近于理想成分。

（三）晶系与结晶习性

蓝晶石呈晶质体，晶系为三斜晶系。晶体习性：常呈柱状晶形（图4-15-1），可见双晶，晶面上见平行条纹（图4-15-2），常呈放射状集合体。

（四）光学性质

1. 颜色

宝石级蓝晶石颜色为浅至深蓝（图4-15-3）、绿蓝（图4-15-4）、蓝紫（图4-15-5）、绿、黄绿、黄、灰、褐、无色等。

2. 光泽和透明度

蓝晶石为玻璃光泽，断口可具玻璃光泽至珍珠光泽。

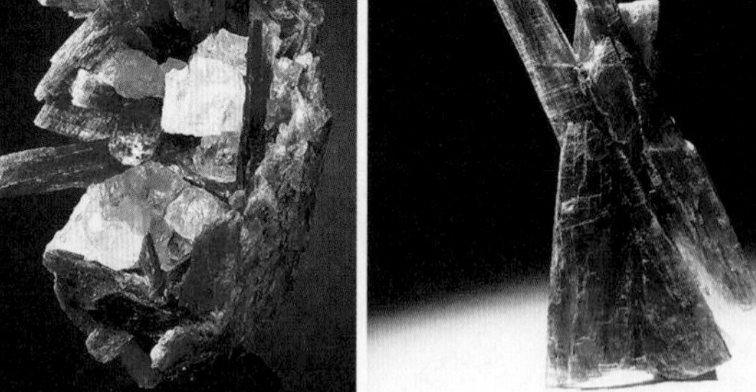

图4-15-1 蓝晶石晶体

图4-15-2 蓝晶石晶面横纹

图4-15-3 深蓝色蓝晶石

图4-15-4 绿蓝色蓝晶石

图4-15-5 蓝紫色蓝晶石

3. 光性特征

蓝晶石为非均质体，二轴晶，负光性。

4. 折射率和双折射率

蓝晶石折射率：1.716 ~ 1.731（±0.004）。双折射率：0.012 ~ 0.017。

5. 多色性

蓝色蓝晶石多色性为中等，多色性颜色为无色，深蓝和紫蓝。

6. 发光性

长波紫外线下具弱红色荧光，短波紫外线下表现为荧光惰性。

7. 吸收光谱

吸收光谱：435，445nm吸收带。

8. 紫外可见光谱

435，445nm吸收带。

9. 红外光谱

中红外区具蓝晶石特征红外吸收谱带。

（五）力学性质

1. 解理及断口

蓝晶石见{100}解理完全，{010}解理中等到完全；参差状断口，断口具玻璃光泽至珍珠光泽。

2. 硬度

蓝晶石具差异硬度，摩氏硬度随晶体的方向不同而变化：平行C轴方向为4 ~ 5；垂直C轴方向为6 ~ 7。

3. 密度

3.68（+0.01，−0.12）g/cm^3。

（六）内外部显微特征

固体矿物包体、解理、色带。

（七）特殊光学效应

蓝晶石可见猫眼效应。

二、蓝晶石的主要鉴定特征

蓝晶石的折射率为1.716 ~ 1.731（±0.004）。双折射率：0.012 ~ 0.017，具中等多色性、{100}解理完全，{010}解理中等到完全、差异硬度，密度为3.68（+0.01，−0.12）g/cm^3。据此可以与蓝宝石、堇青石等相似蓝色宝石区别。

三、蓝晶石的产状、产地简介

蓝晶石主要产于区域变质结晶片岩中，其变质相由绿片岩相到角闪岩相。主要产地有缅甸，加拿大，爱尔兰，法国，意大利，瑞士，印度，巴西，朝鲜，澳大利亚，肯尼亚，中国等国家和美国加利福尼亚州、艾奥瓦州、佐治亚州、前苏联等地区。

中国自20世纪40年代开始对蓝晶石矿产调查以来，特别是70年代末到80年代初，做了大量的普查勘探工作，发现蓝晶石矿20余处，分布在十几个省区。主要矿床分布：江苏沭阳的韩山、河南隐山、河北邢台、内蒙古自治区点布斯庙、新疆维吾尔自治区布拉盖、山西繁峙、安徽岳西和霍山、辽宁大荒沟、四川汶川、云南热水塘、吉林磐石、陕西洋县傥河口等。

第十六章

辉石族宝石

辉石（Pyroxene，Augite）是一种常见的硅酸盐造岩矿物，是地壳中重要的造岩矿物，广泛存在于火成岩和变质岩中，由硅氧分子链组成主要构架。辉石主要分布在基性-超基性岩浆岩和变质岩中，辉石晶体多为短柱状，柱面夹角接近90°，集合体常呈粒状或放射状。

辉石是化学通式为XY（Z_2O_6）的一族单链状结构硅酸盐矿物的总称。其中X组阳离子为：Na^+、Ca^{2+}、Mn^{2+}、Fe^{2+}、Mg^{2+}、Li^+等；Y组阳离子为：Mn^{2+}、Fe^{2+}、Mg^{2+}、Fe^{3+}、Cr^-、Al^{3+}、Ti等，其中Cr、Ti一般为Cr^{3+}、Ti^{4+}形式，但在还原条件下呈Cr^{2+}、Ti^{3+}形式；Z组离子主要为Si^{4+}，次要为Al^{3+}，少数情况下有Fe^{3+}、Cr^{3+}、Ti^{4+}等。从成分与结构的关系来说，辉石中X组阳离子的种类会对晶体结构产生显著的影响。当X为Fe、Mg等小半径阳离子时，一般为斜方晶系；当X为Na、Ca、Li等大半径阳离子时，往往为单斜晶系。据此，可将辉石族矿物划分为单斜辉石亚族和斜方辉石亚族。单斜辉石亚族主要有透辉石、钙铁辉石、普通辉石、霓辉石、霓石、硬玉、锂辉石等；斜方辉石亚族主要有顽火辉石、古铜辉石、紫苏辉石、铁紫苏辉石、尤莱辉石、斜方铁辉石等。

辉石颜色取决于成分中过渡元素含量的多寡，从白色、灰色或浅绿色到绿黑、褐黑以至黑色，随含铁量的增高而变深。达到宝石级的辉石主要有透辉石、顽火辉石、普通辉石、锂辉石。另外，翡翠中的硬玉、钠铬辉石、绿辉石也属于辉石族矿物，是以集合体形式出现的辉石组成的玉石品种。

一、透辉石

透辉石是自然界中较为常见的一种矿物，但能达到宝石级者较少。

（一）透辉石的基本性质

1. 矿物名称

透辉石（Diopside）。

2. 化学成分

透辉石的化学式为$CaMgSi_2O_6$，可含有Cr、Fe、V、Mn等元素，其中Mg和Fe可成完全类质替代。当Mg被Fe完全替代时为钙铁辉石，含有Cr时为绿色，称为铬透辉石。

3. 晶系与结晶习性

单斜晶系，晶体发育完好时呈柱状（图4-16-1）、粗短柱状，也有晶体碎块、水蚀卵石。

4. 光学性质

（1）颜色　透辉石常见蓝绿色至黄绿色、蓝色、褐色、黑色、紫色、无色至白色，随Fe含量增多，颜色加深。铬透辉石呈鲜艳绿色（图4-16-2）。

（2）光泽和透明度　透辉石为透明至半透明，玻璃光泽。

（3）光性　透辉石为二轴晶，正光性。

（4）折射率和双折射率　折射率为1.675～1.701（+0.029，-0.010），点测为1.68左右，折射率值随Fe含量增加而变大。双折射率为0.024～0.030。色散为0.013。

（5）多色性　透辉石多色性为弱—强，颜色越深，三色性越明显。铬透辉石为浅绿/深绿色。

（6）发光性　SW紫外光下发出蓝或乳白色和橙黄色荧光；LW紫外光下有时发出浅紫色光。

图4-16-1　透辉石晶体

图4-16-2　铬透辉石

（7）吸收光谱　透辉石具有505nm吸收线（图4-16-3），铬透辉石显Cr谱，在红区690nm处有双线，此外，670，655，635nm处可有弱吸收线，蓝绿区508，505nm处有吸收线，490nm处有吸收带（图4-16-4）。

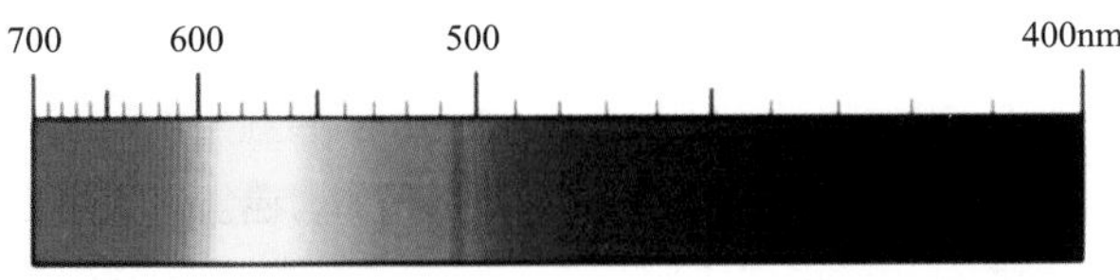

图4-16-3　透辉石吸收光谱

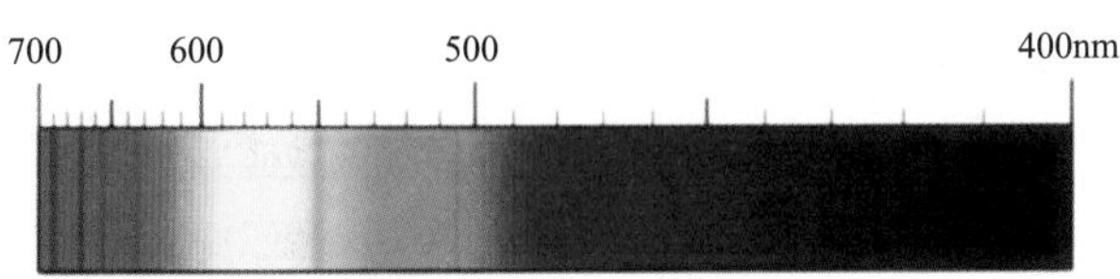

图4-16-4　铬透辉石吸收光谱

5. 力学性质

（1）解理、裂理、断口　透辉石具有两组柱面完全解理，近直交；贝壳状—参差状断口。

（2）硬度　透辉石摩氏硬度为5。

（3）密度　透辉石密度为3.29（+0.11，−0.07）g/cm^3。随Fe含量增多，密度值增大。

（4）韧性、脆性　透辉石性脆。

6. 内外部显微特征

透辉石猫眼和星光透辉石中，可见定向排列管状、片状磁铁矿包体，也可见刻面棱双影。

7. 特殊光学效应

透辉石可见猫眼效应和四射星光效应，十字星光十字不正交。

8. 紫外可见光谱

透辉石：505nm吸收峰。

铬透辉石：635，655，670nm吸收峰，690nm处双吸收峰。

9. 红外光谱

中红外区具透辉石特征红外吸收谱带。

（二）透辉石的品种

（1）铬透辉石　为鲜艳的绿色，颜色由铬所致；

（2）星光透辉石　黑色，为四射不对称星光；

（3）透辉石猫眼　具猫眼效应的透辉石；

（4）青透辉石　晶体细小，颜色为深紫色、蓝色，极少见。

（三）透辉石的主要鉴定特征

铬透辉石易与其他绿色透明宝石相混，但通过光谱、光性、折射率以及密度较容易与其他宝石区分。星光透辉石特征的不正交的四射星光非常容易与其他星光宝石区分。

（1）颜色：绿色、黄褐色、黑色。

（2）折射率：1.675～1.701；双折射率：0.024～0.030；二轴（+）。

（3）密度：3.29（+0.11，−0.07）g/cm^3。

（4）多色性：弱至强，颜色越深，多色性越明显。

（5）内含物：放大观察可见重影，星光透辉石可见黑色的拉长状磁铁矿。

（6）吸收光谱：铬透辉石显示铬谱。

（四）透辉石的产状、产地简介

透辉石产于富含钙的变质岩中，铬透辉石产于南非金伯利岩的钻石矿地区及前苏联等地区和芬兰等国家。星光透辉石和透辉石猫眼主要产地有美国、芬兰、马达加斯加及缅甸。

二、顽火辉石

顽火辉石（Enstatite），名字来源于希腊语enstates，意为对抗，因熔点高而得名。顽火辉石是斜方辉石族中的一个亚种。斜方辉石族是一个复杂的铁镁硅酸盐固溶体系列。由于铁的成分增多，矿物晶体颜色变深，大多数作为很好的收藏品。含铁量低的顽火辉石颜色较浅，可以作为宝石使用。

（一）顽火辉石的基本性质

1. 矿物名称

顽火辉石（Enstatite），在矿物学上属斜方辉石族。

2. 化学成分

顽火辉石化学式为$(Mg,Fe)_2Si_2O_6$，可含有Ca、Al等元素，Fe与Mg替代率可达1：1，Fe的质量分数低于5%时为顽火辉石，5%～13%为古铜辉石，高于13%为紫苏辉石。

3. 晶系与结晶习性

顽火辉石为斜方晶系，柱状晶形，完整晶形者少见（图4-16-5）。

4. 光学性质

（1）颜色　顽火辉石为特征的暗红褐色到褐绿或黄

绿色、黄褐色（图4-16-6），偶见灰或无色品种。

（2）光泽和透明度　顽火辉石为透明—半透明，玻璃光泽，解理面上可见珍珠光泽。

（3）光性　顽火辉石为二轴晶，正光性。

（4）折射率和双折射率　顽火辉石的折射率为1.663～1.673（±0.010），成分中Fe含量越高，折射率值越大；双折射率为0.008～0.011。

（5）多色性　顽火辉石多色性为弱—中，多色性颜色为褐黄、黄至绿、黄绿色。

（6）发光性　顽火辉石在紫外光下荧光惰性。

（7）吸收光谱　顽火辉石吸收光谱（图4-16-7、图4-16-8）在505nm处有一强吸收线，550nm处有一较弱吸收线。

（8）紫外可见光谱　顽火辉石：505，550nm吸收峰。

（9）红外光谱　中红外区具顽火辉石特征红外吸收谱带。

图4-16-5　顽火辉石晶体

图4-16-6　顽火辉石的颜色

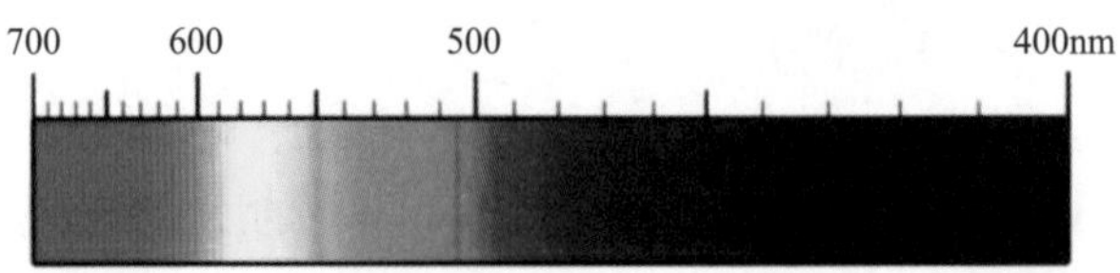

图4-16-7　褐色顽火辉石吸收光谱

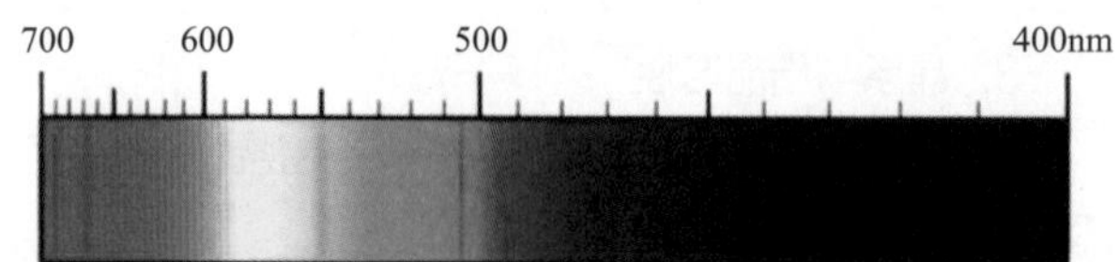

图4-16-8　黄绿色顽火辉石吸收光谱

5. 力学性质

（1）解理、裂理、断口　顽火辉石具两组柱面解理完全，平行底面方向常有裂理。具参差状断口。

（2）硬度　顽火辉石摩氏硬度为5～6。

（3）密度　顽火辉石密度为3.25（+0.15，−0.02）g/cm^3。

（4）韧性、脆性　顽火辉石性脆。

6. 内外部显微特征

顽火辉石可见气液包体及矿物包体，若含有大量定向包体时，可形成猫眼。由于硬度低，表面耐磨程度差，破口处可见阶梯状断口。

7. 特殊光学效应

顽火辉石可见四射星光效应和猫眼效应。

（二）顽火辉石的主要鉴定特征

顽火辉石易与金绿宝石、碧玺、橄榄石、透辉石等相混，可以通过下列特征区分：

（1）特征吸收光谱；

（2）折射率：1.663～1.673（±0.010）；双折射率：0.010；

（3）多色性：褐色品种强于绿色品种；

（4）摩氏硬度：低，表面常磨蚀，具阶梯状断口。

（三）顽火辉石的产状、产地简介

顽火辉石主要产于基性和超基性岩及层状侵入岩、火成岩、变质岩等岩石中。宝石级顽火辉石大多以卵石的形式出现，产于缅甸抹谷、坦桑尼亚和斯里兰卡。顽火辉石猫眼主要产地为缅甸和南非等地。

三、普通辉石

普通辉石是火成岩中最常见的暗色矿物之一，世界各地都有产出，其晶体可用于磨制黑宝石。主要产于镁铁质和超镁铁质岩石中，与橄榄石、基性斜长石等矿物共生，如辉长岩、辉绿岩和橄榄岩；在某些中性岩及酸性岩中也时有产出。普通辉石也产于中高级变质的岩石中，紫苏花岗岩中的单斜辉石大多是普通辉石。普通辉石是最常见的辉石矿物，英文名称为Augite，它是一种含钙、镁、铁、钛和铝的硅酸盐。其晶体粗大，出现在很多岩石中，甚至在月球的一些岩石和陨石中也是常见的成分。

（一）普通辉石的基本性质

1. 矿物名称

普通辉石（Augite）在矿物学上属辉石族。

2. 化学成分

普通辉石化学式为（Ca，Mg，Fe）$_2$（Si，Al）$_2$O$_6$，次要成分有Ti、Na、Cr、Ni、Mn等。在普通辉石中Al替代Si数量稍大，多数超过5%。

3. 晶系与结晶习性

普通辉石为单斜晶系，短柱状。可见板状晶形，集合体呈粒状。常见依{001}和{100}所成的简单接触双晶和聚片双晶（图4-16-9）。

图4-16-9　普通辉石晶体

4. 光学性质

（1）颜色　普通辉石常见灰褐色、褐色、紫褐色、绿色、灰绿色、墨绿色、黑色、棕褐色或带绿及带褐的黑色。

（2）光泽和透明度　普通辉石为不透明，玻璃光泽，解理面上可见珍珠光泽。

（3）光性　普通辉石为二轴晶，正光性。

（4）折射率和双折射率　普通辉石的折射率为1.670～1.772；双折射率：0.018～0.033。

（5）多色性　普通辉石多色性为弱—强，三色性。浅绿、浅褐、绿黄色。

（6）发光性　普通辉石在紫外光下荧光惰性。

（7）吸收光谱　普通辉石吸收光谱不特征。

5. 力学性质

（1）解理、裂理、断口　普通辉石具两组柱面完全解理。

（2）硬度　普通辉石摩氏硬度为5.5～6。

（3）密度　普通辉石密度为3.23～3.52g/cm^3。

（4）韧性、脆性　普通辉石性脆。

6. 内外部显微特征

普通辉石可见气液包体及矿物包体，若含有大量定向包体时，可形成猫眼。

7. 特殊光学效应

普通辉石可见四射星光效应和猫眼效应。

8. 紫外可见光谱

普通辉石：不特征。

9. 红外光谱

中红外区具普通辉石特征红外吸收谱带。

（二）普通辉石的主要鉴定特征

普通辉石易与柱晶石、红柱石、蓝宝石、碧玺等相混，通过折射率及双折射率、密度、解理等鉴定特征与其他相似宝石区分。

（三）普通辉石的产状、产地简介

常见于各种基性侵入岩、喷出岩及其凝灰岩中，在变质岩和接触交代岩中也常见到。普通辉石常被蚀变为角闪石、绿帘石、绿泥石等矿物。世界上宝石级普通辉石分布较广，如纳米比亚、德国、俄罗斯、美国、日本等国家，中国河南、辽宁、黑龙江等地也有宝石级普通辉石发现。中国河北张家口孔家庄大麻坪汉诺坝玄武岩中，普通辉石与橄榄石、斜长石共生。

四、锂辉石

锂辉石英文名称Spodumene，源自希腊文，原本是烧成灰烬的含义，锂辉石主要用途最早是提炼锂（Li）元素，直到发现淡紫色的紫锂辉石，锂辉石才成为宝石矿物的种类之一。颜色有紫、红、黄、绿等多种颜色。由透明无色至（粉）紫色的，称为“紫锂辉石Kunzite”、绿色称为“绿锂辉石Hiddenite”，其他颜色没有单独的命名，一律称为锂辉石。

（一）锂辉石的基本性质

1. 矿物名称

锂辉石（Spodumene），在矿物学上属辉石族。

2. 化学成分

锂辉石的化学式为LiAlSi$_2$O$_6$；可含有Fe、Mn、Ti、Ga、Cr、V、Co、Ni、Cu、Sn等元素。

3. 晶系及结晶习性

锂辉石为单斜晶系（图4-16-10），晶体常沿Z轴呈

图4-16-10　锂辉石晶体

短柱状，平行Z轴有条纹（图4-16-11）。

4. 光学性质

（1）颜色　锂辉石有多种颜色（图4-16-12），粉红色至蓝紫红色、紫红色、褐红色、绿色、黄色、无色、蓝色，通常色调较浅。宝石级锂辉石有两个重要变种，含Cr者呈翠绿色，称翠绿锂辉石（Hiddenite），其中带蓝色调的翠绿锂辉石为锂辉石中的精品，极为稀有；含Mn者呈紫色，呈现梦幻紫粉色迷人色彩，称紫锂辉石（Kunzite）（图4-16-13）。这种色彩为锂辉石特有。

（2）透明度及光泽　锂辉石一般透明，玻璃光泽。

（3）光性　锂辉石为二轴晶，正光性。

（4）折射率及双折射率　锂辉石折射率为1.660～1.676（±0.005）；双折射率为0.014～0.016；色散为0.017。

（5）多色性　锂辉石色深者较明显，粉红色—蓝紫红色者具有中等至强的三色性，分别为浅紫红、粉红、近无色；翠绿锂辉石具有中等强度的三色性，分别为深绿、蓝绿、淡黄绿色。

图4-16-11　锂辉石晶面纵纹

图4-16-12　锂辉石的颜色

图4-16-13　紫锂辉石

（6）发光性　锂辉石在长波紫外光下，粉红色—蓝紫红色锂辉石呈中—强粉红色至橙色荧光；短波紫外光下，荧光相对较弱，粉红色—橙色。

（7）吸收光谱　Fe致色的黄绿色锂辉石有433，438nm吸收线（图4-16-14），翠绿锂辉石在686，669，646nm处有Cr线，620nm附近有一宽吸收带（图4-16-15）。

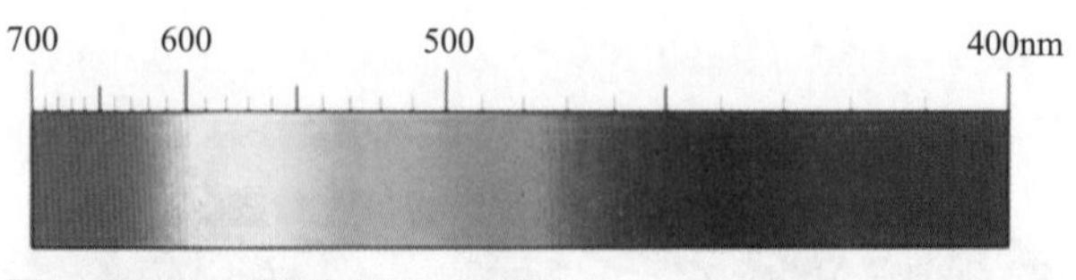

图4-16-14　黄绿色锂辉石吸收光谱

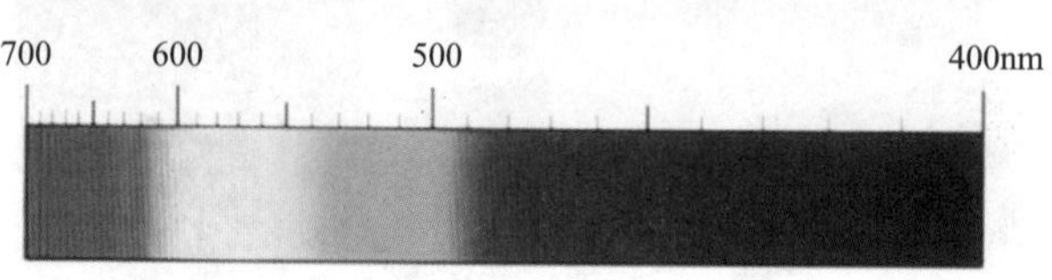

图4-16-15　绿色锂辉石吸收光谱

（8）紫外可见光谱

锂辉石：通常不具特征峰。

黄绿色锂辉石：433，438nm吸收峰。

绿色锂辉石：646，669，686nm吸收峰，620nm附近宽吸收带。

（9）红外光谱　中红外区具锂辉石特征红外吸收谱带。

5. 力学性质

（1）解理　锂辉石具两组柱面完全解理，近直交；具参差状断口。

（2）硬度　锂辉石摩氏硬度为6.5～7。

（3）密度　锂辉石密度为3.18（±0.03）g/cm^3。

6. 内部外显微特征

锂辉石内部常见气液包体及解理造成的管状包体，也可见固态包体。

7. 特殊光学效应

锂辉石可呈现出星光效应和猫眼效应。

（二）锂辉石与相似宝石的鉴别

紫锂辉石具有特征的浅粉到蓝紫色，其他颜色的锂辉石外观上与石英、绿柱石、黄玉等较为相似，但根据折射率和密度值可将其区分开。锂辉石与硅铍石和蓝柱石有相近的折射率，但锂辉石为二轴晶，而硅铍石为一轴晶。与蓝柱石则可通过双折射率和密度区分开。

（三）锂辉石的优化处理

无色或近于无色的锂辉石经辐照可转变为粉色，紫色锂辉石经辐射后可变为暗绿色，稍加热或见光会褪色；某些锂辉石经中子辐射后变为亮黄色。辐照产生的橙色、黄色、黄绿色锂辉石残留放射性，颜色稳定，不易检测。

（四）锂辉石的产状、产地简介

锂辉石是一种少见的天然宝石，它的收藏价值比较高，只见于富锂的花岗伟晶岩中，与其他含锂矿物共生。晶体往往很大，如新疆阿勒泰产出的晶体，重达36.2吨。主要产地有巴西米纳斯吉拉斯州、美国北卡罗来纳州和加利福尼亚州等地区和马达加斯加、缅甸、巴西、中国、阿富汗、芬兰、加拿大、巴基斯坦等国家。其中，巴西是黄、黄绿色锂辉石和紫锂辉石的主要产地。

辉石族宝石的鉴定特征见表4-16-1。

表 4-16-1　辉石族宝石鉴定特征

宝石品种 / 宝石性质	单斜辉石亚族				斜方辉石亚族
	透辉石	普通辉石	锂辉石	硬玉	顽火辉石
英文名称	Diopside	Augite	Spodumene	Jadeite，Feicui	Enstatite
化学成分	$CaMgSi_2O_6$	$(Ca, Mg, Fe)_2(Si, Al)_2O_6$	$LiAlSi_2O_6$	$NaAlSi_2O_6$	$(Mg, Fe)_2Si_2O_6$
晶系	单斜晶系	单斜晶系	单斜晶系	晶质集合体，常呈纤维状、粒状或局部为柱状的集合体	斜方晶系
常见颜色	常见蓝绿色至黄绿色、褐色、黑色、紫色、无色至白色	灰褐、褐、紫褐、绿黑色	粉红色至蓝紫红色、绿色、黄色、无色、蓝色，通常色调较浅	白色、各种色调的绿色、黄、红橙、褐、灰、黑、浅紫红、紫、蓝等	红褐色、褐绿色、黄绿色、无色（稀少）
光泽	玻璃光泽	玻璃光泽	玻璃光泽	玻璃光泽至油脂光泽	玻璃光泽
解理	两组完全解理	两组完全解理	两组完全解理	两组完全解理，集合体可见微小的解理面闪光，称为“翠性”	两组完全解理
摩氏硬度	5～6	5～6	6.5～7	6.5～7	5～6
密度/（g/cm^3）	3.29（+0.11，-0.07）	3.23～3.52	3.18（±0.03）	3.34（+0.06，-0.09）	3.25（+0.15，-0.02）
光性特征	非均质体，二轴晶，正光性	非均质体，二轴晶，正光性	非均质体，二轴晶，正光性	非均质集合体	非均质体，二轴晶，正光性
多色性	弱至强，三色性；浅至深绿色	弱至强，三色性；浅绿，浅褐，绿黄色	弱至强，三色性；粉红色至蓝紫红色：中等至强，粉红色至浅紫红色；无色、绿色：中等，蓝绿和黄绿	集合体不可测	弱至强，三色性；褐黄，黄；绿，黄绿
折射率	1.675～1.701（+0.029，-0.010），点测法1.68左右	1.670～1.772	1.660～1.676（±0.005）	1.666～1.680（±0.008），点测法常为1.66	1.663～1.673（±0.010）
双折射率	0.024～0.030	0.018～0.033	0.014～0.016	集合体不可测	0.008～0.011

续表

宝石品种 / 宝石性质	单斜辉石亚族				斜方辉石亚族
	透辉石	普通辉石	锂辉石	硬玉	顽火辉石
紫外荧光	绿色透辉石：长波：绿色；短波：无	通常无	粉红色至蓝紫红色：长波：中至强，粉红色至橙色；短波：弱至中，粉红色至橙。黄绿色：长波：弱橙黄色；短波：极弱，橙黄色。绿色：无	无至弱，白、绿、黄	通常无
吸收光谱	505nm吸收线；铬透辉石：635，655，670nm吸收线，690nm双吸收线	不特征	不特征	437nm吸收线；铬致色的绿色翡翠具630，660，690nm吸收线	505，550nm吸收线
放大检查	气液包体，纤维状包体，矿物包体，解理	气液包体，纤维状包体，矿物包体，解理	气液包体，纤维状包体，矿物包体，解理	星点、针状、片状闪光（翠性），纤维交织结构至粒状纤维结构，固体包体	气液包体，纤维状包体，矿物包体，解理
特殊光学效应	星光效应（四射星光），猫眼效应	星光效应（四射星光），猫眼效应	星光效应（四射星光），猫眼效应	猫眼效应（罕见）	星光效应（四射星光），猫眼效应

第十七章 矽线石

矽线石也称为夕线石，矽是硅的旧称，所以又叫硅线石，英文名为Sillimanite，为纪念美国化学家B. 希利曼（Benjamin Silliman）而得名。它是一种褐色、浅绿色、浅蓝色或白色的玻璃状硅酸盐矿物。矽线石的晶体为柱状或针状，这些晶体聚合在一起常呈纤维状或放射状，具有丝绢光泽或玻璃光泽。矽线石加热后可变成莫来石，被用作高级耐火材料。

矽线石与红柱石、蓝晶石是成分相同（Al_2SiO_5），但晶形及其他物理性质不同的同质多象变体。单晶体可磨制成刻面宝石，国内市场上多为矽线石猫眼。

一、矽线石的基本性质

（一）矿物名称

矽线石（Sillimanite），在矿物学属矽线石族。

（二）化学成分

矽线石化学式为Al_2SiO_5，常含有少量的Pe、Ti、Ca、Mg等微量元素。

（三）晶系及结晶习性

矽线石为斜方晶系，晶体呈平行Z轴延长的柱状或纤维状，两端无晶面，断面呈近正方形的菱形或长方形，柱面上具有条纹。集合体呈放射状或纤维状。

（四）光学性质

1. 颜色

矽线石常见颜色为白色至灰色、黑色（图4-17-1）、褐色（图4-17-2）、褐红色（图4-17-3）、绿色，偶尔见紫蓝色至灰蓝色。

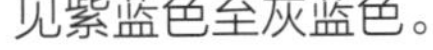

2. 光泽及透明度

矽线石具玻璃光泽，有的品种具丝绢光泽，半透明至透明。

3. 光性

矽线石为二轴晶正光性，纤维状集合体在正交偏光下呈集合体特征。

4. 折射率与双折射率

折射率为1.659～1.680（+0.004，-0.006）；双折射率为0.015～0.021。点测折射率1.66，可低至1.64。

5. 多色性

蓝色矽线石：强，无色、浅黄色和蓝色。

6. 荧光

紫外线下蓝色矽线石可有弱红色荧光，其他颜色品种表现为荧光惰性。

7. 吸收光谱特征

可见光光谱中可有410，441，462nm弱吸收线。

8. 紫外可见光谱

410，441，462nm弱吸收带。

9. 红外光谱

中红外区具矽线石特征红外吸收谱带。

（五）力学性质

1. 解理

矽线石可见一组完全解理。

2. 硬度

矽线石摩氏硬度为6～7.5。

3. 密度

矽线石密度为3.25（+0.02，-0.11）g/cm^3，半透明

图4-17-1　黑色矽线石

图4-17-2　褐色矽线石

图4-17-3　褐红色矽线石

宝石可低至3.20g/cm^3。

（六）显微特征

可见金红石、尖晶石、黑云母等包体。矽线石猫眼可见一组平行排列的纤维状包体，斯里兰卡的矽线石猫眼由纤维状紫苏辉石及部分金红石针状物的排列所造成。矽线石也可呈纤维状集合体显示猫眼效应。

二、矽线石与相似宝石的鉴别

（一）矽线石与相似宝石的鉴别

灰褐色矽线石与烟晶外观相似，可通过其高折射率、密度相区分。矽线石纤维状包体通常明显，是其鉴定特征。与葡萄石易混淆，可通过折射率和密度相区分。

（二）矽线石猫眼与相似宝石的鉴别

矽线石猫眼常见，通常为灰绿、褐色、灰白，半透明至不透明，罕见透明，放大观察可见纤维状结构或纤维状包体，眼线扩散，不灵活。点测折射率1.66。偏光镜下可显四明四暗或集合偏光。

1. 电气石猫眼

电气石猫眼通常为蓝、绿、粉红色，透明度高于矽线石猫眼，肉眼可见粗管状包体。点测折射率1.64。偏光镜下常显四明四暗。

2. 磷灰石猫眼

磷灰石猫眼通常为黄绿色、褐绿色，放大可见细管状内含物，眼线明显，灵活。点测折射率1.63或1.64。可见特征光谱580nm双线。偏光镜下常显四明四暗。

3. 阳起石猫眼

阳起石猫眼通常为绿色、黄绿色，放大不可见形成眼线内含物，眼线扩散，不灵活，在光照下展现出的是一种“乳白蜜黄”状的颜色（又称“奶蜜”现象）。点测折射率1.62或1.63。可见特征光谱505nm吸收线。偏光镜下常显集合偏光。

三、矽线石的产状、产地简介

矽线石是典型的变质矿物，分布很广泛。常见于火成岩（尤其是花岗岩）与富含铝质岩石的接触带及片岩、片麻岩发育的地区。在风化过程中，矽线石非常稳定，所以常见于冲积砂矿、残积层和破基层中。宝石级石料仅见于缅甸和斯里兰卡的砾石层中，美国爱达荷州产纤维块状矽线石。

第十八章
方柱石

方柱石英文名称Scapolite，源于希腊文的“scapos”和“lithos”二词，前者意为“杆”，后者意为“石头”。其名源于它的水晶的形状像杆子。方柱石也被称为“文列石”。它是一种比较常见的矿物，常见于矽卡岩或气成热液岩石中，一般呈灰色、灰黄色、灰绿色、浅黄绿色等，偶见玫瑰紫色、淡紫色、粉紫色、海蓝色等。宝石级方柱石出产于缅甸的蒙哥斯通特科特，发现于1913年。方柱石要求颜色鲜艳，半透明—透明，晶体颗粒大，能加工成3mm×4mm以上的裸石。因此，宝石级方柱石稀少、罕见。

一、方柱石的基本性质

（一）矿物名称

方柱石（Scapolite），在矿物学中属于方柱石族。

（二）化学成分

方柱石的化学式为（Na，Ca）$_4$[Al（Al，Si）Si_2O_8]$_3$（Cl，F，OH，CO_3，SO_4）。其中，根据其阳离子可分为钠柱石和钙柱石两个完全类质同象的固溶体系列，其中间成分即为方柱石。随着方柱石中Ca离子的类质同象替代，其折射率、双折率和密度均增大。

（三）晶系与结晶习性

方柱石为四方晶系，呈柱状。晶形常为四方柱和四方双锥的聚形（图4-18-1），晶面有特征的纵纹（图4-18-2）。

图4-18-1　方柱石的晶体

图4-18-2　方柱石晶面纵纹

（四）光学性质

1. 颜色

方柱石的颜色有紫红色、紫色、黄色、粉红色（图4-18-3）、橙色（图4-18-4）、绿色、蓝色、无色至白色（图4-18-5）等。

图4-18-3　粉红色方柱石

图4-18-4　橙色方柱石

图4-18-5　无色至白色方柱石

2. 光泽和透明度

方柱石为玻璃光泽，透明—半透明。

3. 光性特征

方柱石为非均质体，一轴晶，负光性。

4. 折射率和双折射率

方柱石折射率为1.550~1.564（+0.015，-0.014）；双折率为0.004~0.037。

5. 多色性

方柱石多色性不明显。其中，粉红、紫红、紫色方柱石：中至强，蓝和蓝紫红；黄色方柱石：弱至中，不同黄的色调。

6. 发光性

方柱石无色和黄色可有无至强，粉红、橙色或黄色。

7. 吸收光谱

方柱石无特征吸收光谱，粉红色：663nm和652nm吸收线。

8. 特殊光学效应

方柱石可见猫眼效应（图4-18-3）。

9. 紫外可见光谱

粉红色：663，652nm吸收峰。

10. 红外光谱

中红外区具方柱石特征红外吸收谱带。

（五）力学性质

1. 解理、裂理、断口

方柱石具有两组柱面解理，一组中等、一组不完全，断口不平坦。

2. 硬度

方柱石摩氏硬度为6～6.5。

3. 密度

方柱石密度为2.60～2.74g/cm^3。

（六）内外部显微特征

方柱石内部常见平行于Z轴的管状及针状包体，这也是区分紫色方柱石与紫晶的鉴定特征之一，也有固体包体、生长纹、气液两相包体、负晶等。

二、方柱石的主要鉴定特征

方柱石易于与紫晶相混，但其折射率较低，并且双折率也低于紫晶。紫晶为一轴晶正光性，而方柱石则为一轴晶负光性。放大观察，方柱石具有紫晶没有的解理以及针状及管状包体。

紫色方柱石与紫晶和堇青石折射率、双折射率及颜色上的鉴别见表4-18-1。

方柱石（无色/黄色）易于绿柱石和水晶相混，区别方法见表4-18-2。

表4-18-1 紫色方柱石与紫晶和堇青石折射率、双折射率及颜色上的鉴别

品种 性质	紫色方柱石	紫晶	堇青石
颜色	浅紫、紫色	紫色、紫红色	紫蓝色、蓝色
折射率	1.550～1.564（+0.015，-0.014）	1.544～1.553	1.542～1.551（+0.045，-0.011）
双折射率	0.004～0.009	0.009	0.008～0.012
光性	一轴晶负光性	一轴晶正光性	二轴晶，负光性
二色镜	二色性明显 浅紫至深紫色	二色性明显 紫色至蓝紫色	三色性显著 紫蓝色/蓝色/浅黄色
放大观察	典型的针管状包体为方柱石的有效识别特征	折边生长色带，带状的红色包体，气液两相包体	晶体包体，常见锆石晕，也可含赤铁矿包体，多时呈红色，构成血射堇青石
相对密度	2.50±	2.65	2.57

表4-18-2 方柱石（无色/黄色）与绿柱石和水晶的鉴别

品种 性质	方柱石	绿柱石	水晶
折射率	1.550～1.564（+0.015，-0.014）	1.577～1.583（±0.017）	1.544～1.553
双折率	0.009～0.026（少数0.037）	0.004～0.009	0.009
光性	一轴（-）	一轴（-）	一轴（+）
偏光仪	黑十字干涉图	黑十字干涉图	“牛眼”干涉图
相对密度	2.5～2.74浅色偏高 2.65重液中下沉	2.70～2.90 2.65重液中下沉	2.65在2.65重液中悬浮
显微镜下	可见针管状包体	可见不连续状针管状包体，构成“雨状”包体	气液包体，晶体包体负晶

三、方柱石的优化处理及其鉴别

主要优化处理方式是辐照处理，由无色或黄色方柱石辐照成紫色，辐照后颜色不稳定，遇光褪色。

四、方柱石的产状、产地简介

方柱石为气成作用产物，火山岩的气孔中可见到晶簇状方柱石。

方柱石产于富钙的区域变质岩中，几乎所有的变质相带里都有方柱石的产出。在矽卡岩中，也经常有方柱石的产出，一般产于高级变质带中。方柱石大多产于变质岩中，也有产于伟晶岩中的。产于区域变质岩中者质量较差，最好者产于火山岩与灰岩的接触变质带。方柱石经热液蚀变，可变为绿帘石、钠长石、沸石、云母等。此外，在风化过程中可变为高岭石。产地有缅甸、马达加斯加、巴西、印度、坦桑尼亚、中国和莫桑比克。猫眼品种主要产于缅甸和中国。

世界著名的产地有马达加斯加和意大利罗马附近的CapodeBove等地。目前，优质紫色方柱石的产地为巴基斯坦。

第十九章
萤石

萤石（Fluorite）又称氟石，是自然界中较常见的一种矿物，可以与其他多种矿物共生。萤石因在紫外线、阴极射线照射下可发出荧光而得名，又因有各色透明晶体，而被称为软水晶、七彩宝石。致密的块状萤石色艳纹美，是玉雕的好材料。萤石雕刻在欧洲悠久闻名，特别是英国，产出了世界上最好的萤石。其中，德比郡出产的黄紫色条纹相间的萤石极其出名，名曰“蓝色约翰”。英国有古老的专门加工萤石的工场，雕刻的贵重花瓶供应王室贵族，欧洲许多大博物馆都珍藏有这种精致的萤石工艺品。在中国，7000年前的浙江余姚河姆渡人就已开始选用萤石做装饰品了。

色泽鲜明的萤石可以作为宝玉石材料。因为萤石的解理发育、硬度小，所以很少用于磨制戒面，主要用来制作珠粒、球体和雕件。颜色鲜艳、晶形好的萤石晶体或萤石晶簇可作为矿物晶体观赏石。具有明显磷光效应的萤石常被人们作为“夜明珠”收藏。

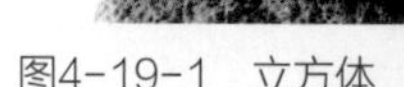

图4-19-1　立方体

图4-19-2　八面体

图4-19-3　菱形十二面体

一、萤石的基本性质

（一）矿物名称

萤石（Fluorite），在矿物学中属于萤石族。

（二）化学成分

萤石的化学式为CaF_2，萤石理论上含Ca 51.33%，含F 48.67%。萤石中也含有稀土元素。稀土元素可以以类质同象形式代替Ca，也可以吸附形式赋存在萤石的裂隙中，或作为独立的矿物以固体包裹体形式存在于萤石中。

（三）晶系与结晶习性

萤石为等轴晶系。单晶常呈立方体（图4-19-1），其次为八面体（图4-19-2），少数有菱形十二面体（图4-19-3），有时有四六面体和六八面体等。萤石晶体形态具有典型特征，它随着介质的pH和离子浓度的变化而变化。在碱性溶液中结晶形成立方体，中性溶液中形成菱形十二面体，而在酸性介质中形成八面体。立方体晶面上常出现与棱平行的网格状条纹。萤石常依{111}形成穿插双晶。集合体为晶粒状、块状、球粒状，偶尔见土状块体。

（四）光学性质

1. 颜色

萤石的颜色非常丰富，除红色和黑色少见外，几乎可以看到其他的任何颜色，且常有多种颜色共存于一块萤石之上。当加热时，萤石可以完全褪色，但不同颜色的萤石褪色温度各有不同。萤石的色带发育，尤其是紫色。

2. 光泽和透明度

萤石为弱玻璃光泽；透明至半透明。

3. 光性特征

萤石为均质体，各向同性。

4. 折射率

萤石折射率为1.434（±0.001）。

5. 发光性

在紫外光照射下萤石可有紫或紫红色荧光，阴极射线下萤石可有紫或紫红色光；某些萤石有热发光性，即在酒精灯上加热，或太阳光下曝晒可发出磷光。另外，紫色萤石具有摩擦发光的特性。

6. 吸收光谱

不特征，变化大，一般具强吸收，可显稀土谱。

7. 特殊光学效应

萤石可具有变色效应（图4-19-4）。

图4-19-4　萤石的变色效应

8. 紫外可见光谱

不特征。

9. 红外光谱

中红外区具萤石特征红外吸收谱带。

（五）力学性质

1. 解理、断口

萤石有平行{111}四组八面体完全解理，立方体的单晶也常由于完全且易裂的解理而呈现解理八面体形态。解理面常出现三角形的解理纹。阶梯状断口。

2. 硬度

摩氏硬度为4。

3. 密度

3.18（+0.07，−0.18）g/cm^3。

（六）内外部显微特征

放大检查时，可见萤石的色带（图4-19-5），固相、两相包体或三相包体。可见解理呈三角形发育。集合体呈粒状结构。

图4-19-5　萤石的色带

二、萤石的种类

萤石按工艺用途分为宝石级和玉石级两种。宝石级萤石要求透明、无杂色、颜色鲜艳。玉石级萤石集合体则要求是颗粒细、致密、块度较大。萤石按常见颜色分为绿色、紫色、蓝色、黄色、红色及无色萤石等。

三、萤石的主要鉴定特征

（1）颜色丰富，但以浅色调为主，常伴有色带。

（2）均质体，单折射，折射率为1.434。

（3）解理发育，阶梯状断口。

（4）紫外光下发荧光，有时可见磷光。

（5）硬度低，表面耐磨程度差。

（6）弱玻璃光泽。

四、萤石的优化处理及其鉴别

1. 热处理

常将黑色、深蓝色的萤石热处理成蓝色，经热处理的萤石其颜色在300℃以下的环境中是稳定的，热处理的萤石不易检测。

2. 充填塑料或树脂

在萤石中充填塑料或树脂，其主要目的是愈合表面裂隙，使其在加工或佩戴时不至碎裂。经充填处理的萤石的鉴定主要有以下几个方面：

（1）放大检查　裂隙处可见塑料或树脂。

（2）热针试验　热针测试可熔树脂和塑料并伴有辛辣气味。

（3）紫外荧光　紫外荧光观察，充填的塑料和树脂可有特征荧光。

3. 辐照处理

无色的萤石通过辐照可产生紫色。辐照处理的萤石很不稳定，遇光就会很快褪色，因此这种处理方法不具实用价值。

4. 优化处理的萤石“夜明珠”

目前，通过优化处理使萤石产生磷光效应的方法主要有：充填磷光粉、涂层、辐照。

（1）充填磷光粉　磷光粉又称夜光粉，是一种人工合成的超细夜光材料，由铝酸锶、二氧化硼和稀土元素等按一定比例配制而成。将本身不能发光的天然普通萤石放到磷光粉和胶的混合液中浸泡并加热，使磷光粉沿着解理和裂隙渗入萤石中，然后进行抛光。经磷光粉充填的萤石，鉴定时可见其解理和裂隙发光性强，其他地方无发光性或发光性较弱。

（2）涂层　在萤石表面涂上绿色或透明的含有磷光粉的胶。其特点是能在白天较暗的条件下发出很强的绿光或者白光，具体的发光颜色由磷光粉决定。鉴定特征如下：从明亮处转移到暗处可见发光，或在灯光的照射下就会发光；表面具蜡状光泽，用手摸感觉发涩，用针扎在珠子表面感觉发软。

（3）辐照　将原来没有磷光效应的萤石通过放射线辐射而使其产生磷光效应。通常可用γ射线对萤石进行辐照处理产生磷光效应，因为γ射线的能量小，所以该萤石“夜明珠”没有放射性。经γ射线辐照的萤石发光时通体均匀，磷光可以保持3个月左右。这种辐射处理的萤石用目前的珠宝鉴定仪器尚不能明确地鉴别出来。

五、萤石的质量评价

宝石级萤石要求透明、无杂色、颜色鲜艳。玉石级萤石集合体要求颗粒细、致密、块度较大。萤石观赏石要求晶形完整、透明，颜色鲜艳，或晶簇造型好。萤石“夜明珠”品质评价最重要的因素有：磷光辉度（亮度）、颜色及发光持续时间的长短。另外，还要求萤石颜色纯净单一、透明或半透明、矿物晶体或块体完整、瑕疵少、有一定的耐久性。

六、萤石的产状、产地简介

萤石是一种多成因的矿物，主要有热液型、沉积型以及次生成因。

世界宝石级萤石主要分布于美国、哥伦比亚、加拿大、英国、纳米比亚以及奥地利、瑞士、意大利、德国、捷克、斯洛伐克、澳大利亚、南非等国家和前苏联地区。例如，美国的伊利诺伊州、肯塔基州等地就产紫、紫罗兰、蓝、黄、褐等色及无色透明萤石，新罕布什尔州和纽约州产鲜绿色萤石；哥伦比亚产绿色等色萤石；加拿大安大略产无色透明萤石晶体；英国康沃尔郡产白、蓝、紫罗兰、淡红褐等色萤石；纳米比亚产祖母绿色萤石。中国各个省区几乎都找到了萤石资源，其中宝石级萤石主要分布于浙江、安徽、江西、福建、河南、湖北、湖南、广西壮族自治区、四川、贵州、青海、新疆维吾尔自治区等地。

第二十章 锡石

锡石英文名称Cassiterite，锡石含锡78.6%，是最常见的锡矿物，也是锡的最主要的矿石矿物。由于它硬度高，比重大，抗化学风化力强，故常富集成砂矿，称为砂锡。

一、锡石的基本性质

（一）矿物名称

锡石（Cassiterite）。

（二）化学成分

锡石化学式为SnO_2，可含有Fe、Nb、Ta等元素。

（三）晶系与结晶习性

锡石为晶质体，四方晶系。常呈四方双锥（图4-20-1）、四方柱（图4-20-2）以及由四方双锥和四方柱所组成的聚形（图4-20-3），柱面上有细的纵纹，常见膝状双晶。锡石的形态随形成温度、结晶速度、所含杂质的不同而异。伟晶岩中产出的锡石呈双锥状；气化高温热液矿床中产出的锡石呈双锥柱状；锡石硫化物矿床中产出的锡石往往呈长柱状或针状，集合体常呈不规则粒状，也有致密块状。

图4-20-1　四方双锥

图4-20-2　四方柱

图4-20-3　四方双锥、四方柱聚形

（四）光学性质

1. 颜色

锡石常见颜色：暗褐色至黑色、黄褐色（图4-20-4）、黄色（图4-20-5）、无色。富含Nb和Ta者，为沥青黑色。

图4-20-4　黄褐色锡石

图4-20-5　黄色锡石

2. 光泽和透明度

锡石为金刚光泽至亚金刚光泽。

3. 光性特征

锡石为非均质体，一轴晶，正光性。

4. 折射率和双折射率

锡石折射率为1.997～2.093（+0.009，-0.006）。双折射率为0.096～0.098。

5. 发光性

无。

6. 色散

锡石色散值为0.071，色散非常强，具有非常强烈的火彩。

7. 吸收光谱

不特征。

8. 紫外可见光谱

不特征。

9. 红外光谱

中红外区具Sn—O振动所致的特征红外吸收谱带。

（五）力学性质

1. 解理、断口

锡石具两组不完全解理。

2. 硬度

锡石摩氏硬度为6～7。

3. 密度

锡石密度为6.95（±0.08）g/cm^3。

（六）内外部显微特征

放大检查时，有气液包体、矿物包体、生长纹、色带、强双折射现象。切割成刻面型时，见明显刻面棱重影。

二、锡石的主要鉴定特征

锡石主要颜色为黄—黄褐色，非常高的密度，手掂有明显压手的感觉，有较高的折射率：1.997～2.093（+0.009，−0.006）；有很高的双折射率：0.096～0.098。有明显的刻面棱重影以及非常强烈的火彩，可与其他相似宝石区别。

三、锡石的产状、产地简介

锡石主要产自花岗岩类侵入体内部或近岩体围岩的热液脉中，在伟晶岩和花岗岩本身中也常有分布。锡石大部分采自砂矿。中国、马来西亚、印度尼西亚、玻利维亚、泰国等是锡石的主要出产国，此外，前苏联地区也出产锡石。中国的产地主要分布于云南、广西壮族自治区及南岭一带，其中以广西南丹大厂规模最大，云南个旧的宝石级锡石质量好，产量较高。云南个旧锡矿开采历史悠久，有中国“锡都”之称。

第二十一章
红柱石

红柱石和蓝晶石、矽线石为同质多象变体。英文名称（Andalusite）取自矿物的首次发现地——西班牙的安达卢西亚（Andalusia）。但直到在斯里兰卡和巴西发现宝石级红柱石后，人们才第一次将红柱石归入宝石类别中。红柱石是一种硅酸盐矿物，有粉红色、玫瑰红色、红褐色或灰白色，具有玻璃样的光泽。

一、红柱石的基本性质

（一）矿物名称

红柱石（Andalusite），在矿物学中属于红柱石族。

（二）化学成分

红柱石的化学式为Al_2SiO_5，是一种岛状铝硅酸盐。可含有V、Mn、Ti、Fe等元素，其中Al^{3+}常被Fe^{3+}、Mn^{2+}替代，红柱石在生长过程中常常还会捕获一些细小的石墨以及黏土矿物。这些矿物在红柱石内部定向排列，在横断面上形成黑十字，纵断面上呈与晶体延长方向一致的黑色条纹，这样的红柱石被称为空晶石。空晶石是单晶体宝石。

（三）晶系与结晶习性

红柱石为斜方晶系，柱状晶体，晶面有密集纵纹，晶体横断面几乎为正方形（图4-21-1）。集合体多呈放射状或粒状。对于呈放射状的红柱石，人们常称作“菊花石”，意为它们像开放的菊花花瓣一样。

图4-21-1 红柱石晶体

（四）光学性质

1. 颜色

红柱石颜色（图4-21-2）多呈红褐色、褐绿色、黄褐色，也有绿色、黄绿色、褐色、粉色、紫色等，紫色少见。

图4-21-2 红柱石的颜色

2. 光泽和透明度

红柱石为玻璃光泽，透明至半透明。

3. 光性特征

红柱石为非均质体，二轴晶，负光性。

4. 折射率和双折射率

红柱石折射率为1.634～1.643（±0.005）；双折射率为0.007～0.013，含锰者可高达0.029。

5. 多色性

红柱石为肉眼可见强三色性，通常为褐黄绿/褐橙/褐红色。

6. 发光性

长波无荧光，短波无至中等荧光，绿至黄绿色。

7. 吸收光谱

绿色、淡红褐色的红柱石显铁的吸收谱，由Mn致色的深绿色红柱石可在黄绿区以及蓝绿区有吸收带。

8. 特殊光学效应

可有猫眼效应。

9. 紫外可见光谱

绿色、淡红色、褐红色红柱石具436，445nm（较弱）吸收峰。

10. 红外光谱

中红外区具红柱石特征红外吸收谱带。

（五）力学性质

1. 解理、裂理、断口

{110}中等解理，参差状断口。

2. 硬度

红柱石摩氏硬度为7～7.5。

3. 密度

红柱石密度为3.13～3.60g/cm^3，常为3.17g/cm^3。

4. 韧性、脆性

红柱石性脆。

（六）内外部显微特征

红柱石包体主要为磷灰石、金红石、白云母、石墨及各种黏土矿物、气液包体、色带、解理、双晶纹等生长结构。空晶石中的包体为呈十字的黑色碳质及黏土矿物包体。

二、红柱石的品种

（1）普通红柱石　指透明至半透明的各色红柱石，具有玻璃光泽，有的具有猫眼效应。

（2）红柱石猫眼　具有猫眼效应的红柱石。

（3）空晶石　红柱石的一个变种，为一种不透明矿物，在白色、灰色、微红色或浅褐色底色的中心横截面上有十字形的暗色条带（图4-21-3）。

（4）菊花石　红柱石菊花石（图4-21-4），存在于红柱石岩中，岩石基底为黑色，密集分布着灰白色的放射状红柱石集合体，成菊花状，每个花瓣则是一个红柱石晶体。其主要矿物成分则为红柱石。

图4-21-3　空晶石

图4-21-4　菊花石

三、红柱石的主要鉴定特征

红柱石主要通过其多色性、颜色、折射率以及相对密度来将其与相似的宝石加以区分。

（1）颜色　褐红色、灰绿色；

（2）折射率　1.634～1.643（±0.005）；

（3）双折射率　0.007～0.013；

（4）多色性　强，褐红色/灰绿色。

四、红柱石的优化处理

一些绿色红柱石加热产生粉色，稳定，不可测。

五、红柱石的产状、产地简介

红柱石是一种硅酸盐矿物，为典型的中低级热变质作用成因的矿物，常见于接触变质带的泥质岩中，主要形成于温度和压力都较低的条件下。与矽线石、堇青石、石榴石等矿物共生于板岩、片岩或片麻岩中。

红柱石的主要产地有东非地区和巴西、美国、西班牙、斯里兰卡、缅甸等国家。比利时有Fe致色的蓝色红柱石产出。我国的红柱石储量也比较丰富，但多为非宝石级产物，北京西山盛产红柱石，产于北京西山红山口的菊花石基底是黑色炭质板岩，花瓣由放射状灰白色红柱石矿物组成。而最大的红柱石矿床在新疆维吾尔自治区。

第二十二章
赛黄晶

赛黄晶的英文名称Danburite，来自发现地美国康涅狄格州的丹伯里（Danbury）。它是一种钙硼硅酸盐宝石，有着令人目瞪口呆的美丽金黄色，因其晶形、硬度等性质与托帕石（又名黄晶、黄玉）类似，而托帕石又被称为“黄晶”，得名“赛黄晶”。

一、赛黄晶的基本性质

（一）矿物名称

赛黄晶（Danburite）。

（二）化学成分

赛黄晶化学成分为钙硼硅酸盐，化学式为$CaB_2(SiO_4)_2$。

（三）晶系与结晶习性

赛黄晶为晶质体，斜方晶系（图4-22-1）。常呈短柱状，也可呈块状或粒状集合体。顶端楔形，晶面具纵纹，可形成晶簇，集合体呈块状或粒状。

图4-22-1　赛黄晶晶体形态

（四）光学性质

1. 颜色

赛黄晶常见颜色（图4-22-2）：黄色、褐色、褐黄色、褐红色、无色，偶见红色、粉红色、浅蓝色。

图4-22-2　赛黄晶的颜色

2. 光泽和透明度

赛黄晶为玻璃光泽至油脂光泽，透明至半透明。

3. 光性特征

赛黄晶为非均质体，二轴晶，正或负光性。

4. 折射率和双折射率

赛黄晶折射率为1.630～1.636（±0.003）；双折射率为0.006。

5. 多色性

赛黄晶多色性为弱，因颜色而异。

6. 发光性

长波：无至强，浅蓝至蓝绿；短波下荧光常弱于长波。

7. 吸收光谱

某些可见580nm双吸收线。

8. 特殊光学效应

可有猫眼效应。

9. 紫外可见光谱

某些可见580nm双吸收峰。

10. 红外光谱

中红外区具赛黄晶特征红外吸收谱带。

（五）力学性质

（1）解理、裂理、断口　赛黄晶具一组极不完全解理，参差状断口到贝壳状断口。

（2）硬度　赛黄晶硬度为7。

（3）密度　赛黄晶密度为3.00（±0.03）g/cm^3。

（4）韧性、脆性　赛黄晶性脆。

（六）内外部显微特征

赛黄晶放大可见气液包体、矿物包体、生长纹。

二、赛黄晶的主要鉴定特征

赛黄晶主要通过其颜色、折射率以及密度和与其相似的宝石加以区分。

（1）颜色　黄色、褐色、褐黄色、无色，偶见红色、粉红色、浅蓝色；

（2）折射率　1.630～1.636（±0.003）；

（3）双折射率　0.006；

（4）密度　3.00（±0.03）g/cm^3。

三、赛黄晶的产状、产地简介

赛黄晶产自变质灰岩和低温热液中，在白云石中与微斜长石和正长石共生，冲积砂矿是赛黄晶的重要来源地。宝石级赛黄晶来自马达加斯加；黄色、黄绿色、无色晶体产自缅甸抹谷地区；墨西哥有无色、粉红色、浅紫色晶体产出；日本有无色晶体产出；坦桑尼亚有猫眼产出；俄罗斯有橘色的赛黄晶产出。

第二十三章
榍石

榍石英文名称Sphene，由希腊语翻译而来，寓意矿物呈楔形。榍石的主要成分是钙钛硅酸盐，属于一种钛矿物，所以根据矿物性质又可称为Titanite。榍石属于硅酸盐矿物的一种，被归类在单斜晶系，并且多以单晶体出现，形状比较特别，呈扁平的楔形。榍石属于极稀少的宝石品种，榍石的色散高过钻石，达到0.051，火彩强烈、色影独特、多色性强，具有很强的霓虹感。

一、榍石的基本性质

（一）矿物名称

榍石（Sphene）。

（二）化学成分

榍石化学成分为钙钛硅酸盐，化学式为$CaTiSiO_5$。

（三）晶系与结晶习性

榍石为晶质体，单斜晶系，呈扁平信封状晶体（图4-23-1），横截面呈楔形。

图4-23-1　榍石晶体

（四）光学性质

1. 颜色

榍石颜色为黄色（图4-23-2）、黄绿色、褐色、黄褐色（图4-23-3）、绿色（图4-23-4）、橙色、无色等，少见红色。

图4-23-2　黄色榍石

图4-23-3　黄褐色榍石

图4-23-4　绿色榍石

2. 光泽和透明度

榍石光泽为金刚光泽。

3. 光性特征

榍石为非均质体，二轴晶，正光性。

4. 折射率和双折射率

榍石折射率为1.900～2.034（±0.020）；双折射率为0.100～0.135。

5. 多色性

榍石多色性为黄绿至褐色：中至强，浅黄绿，褐橙和褐黄。

6. 发光性

紫外线下荧光惰性。

7. 紫外可见光谱

有时见580nm处双吸收峰。

8. 红外光谱

中红外区具榍石特征红外吸收谱带。

（五）力学性质

1. 解理、裂理、断口

榍石具两组中等解理，贝壳状断口。

2. 硬度

榍石硬度为5～5.5。

3. 密度

榍石密度：3.52（±0.02）g/cm^3

4. 韧性

榍石性脆。

（六）内外部显微特征

榍石放大检查可见气液包体，指纹状包体，矿物包体，双晶纹，强双折射现象。

（七）特殊性质

榍石色散达到0.051，具有强烈的火彩（图4-23-5）。

图4-23-5 榍石强烈的火彩

二、榍石的主要鉴定特征

榍石具有高折射率（1.900~2.034），极高的双折射率（0.100~0.135），极高的色散（0.051），极强的火彩，可以与相似宝石区别开来。

三、榍石的产状、产地简介

榍石主要产于白钛矿中，属于一种次要矿物，在碱性伟晶岩中也有大晶体产出，也可在结晶片岩、片麻岩、硅卡岩和砂矿中找到。榍石的名字是根据它的晶体的形状命名的。因为含有矿物质钛，所以人们有时候也根据其矿物质性质称之为“钛石”。

榍石的主要产地有澳大利亚、加拿大、马达加斯加、美国等地，最著名的榍石产地是俄罗斯的科拉半岛。榍石不仅可以用作宝石饰品，在工业生产中也可以提炼出钛。

第二十四章
符山石

符山石，又称维苏威石，英文名称Vesuvianite，来源于意大利维苏威火山，在中国叫符山石也是因产地得名。符山石的另一个英文名字叫Idocrase。符山石可以呈单晶体产出，呈单晶体时为黄色、绿色、灰色或褐色等颜色的玻璃样晶体。符山石呈绿色是因为含有铍、铬；呈褐或粉红是因为含有钛和锰；呈蓝色是因为含有铜。其也可以呈集合体产出，集合体符山石称为符山石玉，最早发现于美国加利福尼亚州，因此也称为加州玉（Californite），市场上非常罕见。缅甸出产的符山石玉与翡翠伴生，外观和翡翠、水钙铝榴石极为相似。

一、符山石的基本性质

（一）矿物名称

符山石（Vesuvianite，Idocrase）。

（二）化学成分

符山石化学成分相当复杂，可将化学成分简化为 $Ca_{10}Mg_2Al_4(SiO_4)_5(Si_2O_7)_2(OH)_4$，只是符山石当中，部分$Ca^{2+}$常被$Na^+$、$K^+$、$Mn^{2+}$、$Ce^{3+}$等离子取代，$Mg^{2+}$、$Fe^{2+}$离子则可被$Al^{3+}$、$Fe^{3+}$、$Cr^{3+}$、$Ti^{4+}$、$Zn^{2+}$、$Mn^{2+}$等离子置换，有时矿物中还含有$Be^{2+}$、$Cu^{2+}$等离子。其中，含铍的符山石称为铍符山石，含铜的称为青符山石（Cyprine），而含铬的则称作铬符山石。

（三）晶系与结晶习性

符山石为晶质体，四方晶系（图4-24-1），晶体常呈平行Z轴的柱状晶形。结晶习性：柱状，致密块状至粒状或柱状集合体（图4-24-2）。

（四）光学性质

1. 颜色

符山石颜色为黄绿色（图4-24-3）、黄色（图4-24-4）、棕黄色、浅蓝色至蓝绿色（图4-24-5）、紫红色（图4-24-6）、灰色、白色等，常见斑点状色斑（图4-24-7）。

2. 光泽和透明度

符山石为玻璃光泽，半透明至透明。

图4-24-1　符山石晶体

图4-24-2　符山石集合体

图4-24-3　黄绿色符山石

图4-24-4　黄色符山石

图4-24-5　蓝绿色符山石

图4-24-6　紫红色符山石

图4-24-7　符山石斑点状色斑

3. 光性特征

非均质体，一轴晶，正光性或负光性；或呈非均质集合体。

4. 折射率和双折射率

符山石折射率：1.713～1.718（+0.003，-0.013），点测常为1.71。双折射率：0.001～0.012，集合体不可测。

5. 多色性

符山石多色性：无至弱，因颜色而异；集合体不可测。

6. 发光性

符山石紫外线下荧光惰性。

7. 吸收光谱

464nm吸收线，弱吸收线528.5nm。

8. 紫外可见光谱

464nm吸收峰，528.5nm弱吸收峰。

9. 红外光谱

中红外区具符山石特征红外吸收谱带。

（五）力学性质

1. 解理、裂理、断口

符山石解理不完全，集合体通常不见。具贝壳状到参差状断口。

2. 硬度

符山石摩氏硬度：6～7。

3. 密度

符山石密度3.40（+0.10，-0.15）g/cm^3。

（六）内外部显微特征

放大检查：气液包体、矿物包体；集合体呈粒状或柱状结构。

二、符山石与相似玉石的鉴定

符山石容易与翡翠、水钙铝榴石等混淆。

1. 符山石与翡翠

符山石的折射率明显大于翡翠，点测法符山石折射率为1.71，而翡翠一般为1.66。放大检查符山石的颗粒界限很难看清，看不到翡翠特有的粒状纤维交织结构，不显翠性。在分光镜下符山石可以清楚见到465nm吸收带，而翡翠是在437nm处可见到吸收带。另外，符山石与翡翠的红外光谱区别很大，谱带的数目、形状和吸收带的波数特征都有明显的差别。尤其是翡翠（硬玉）的化学成分中没有羟基，因其在高频区3400～3800cm^{-1}没有吸收谱带出现，而由于符山石含有羟基，在这个范围内有强的吸收谱带。这是鉴别符山石与翡翠的关键。

2. 符山石与水钙铝榴石

符山石的折射率、比重、颜色等都与水钙铝榴石接近，用常规方法难于区分，需要借助红外等大型仪器加以区分。

三、符山石的产状、产地简介

符山石最早发现于意大利的维苏威火山。主要产地为意大利、肯尼亚、美国、加拿大、阿富汗等国家，在我国河北省涉县符山发现过符山石巨晶。美国加利福尼亚州所产绿色、黄绿色致密块状的符山石质地细腻，称为加州玉（图4-24-8）。缅甸出产的符山石玉（图4-24-9）与翡翠伴生，主要以褐黄色和棕黄色为主。我国河北邯郸有巨大晶体产出，新疆维吾尔自治区的玛纳斯地区也出产符山石玉。

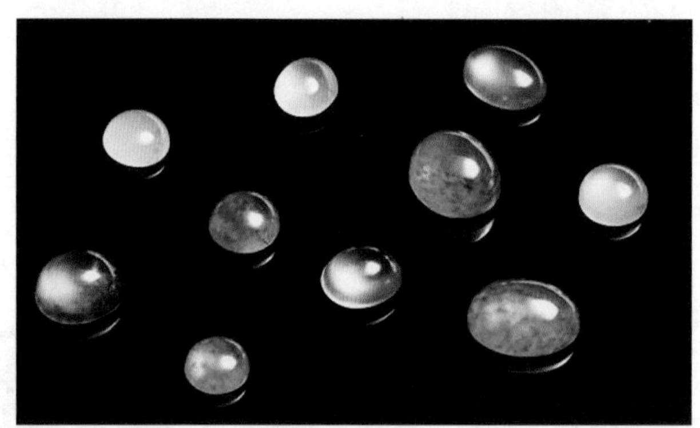

图4-24-8 美国加州玉

图4-24-9 缅甸符山石玉

绿帘石英文名称Epidote，来自希腊文“epidosis”，是“增加”的意思，这是因为绿帘石晶体有向一方延长的外形。绿帘石由于结构和外形与电气石很像，直到20世纪初期才被鉴定出是另外一种矿物。绿帘石与电气石明显不同的一点就是它的颜色范围很小，常见的是黄绿色，像开心果的颜色。

一、绿帘石的基本性质

（一）矿物名称

绿帘石（Epidote）。

（二）化学成分

绿帘石化学式为$Ca_2(Al, Fe)_3(Si_2O_7)(SiO_4)O(OH)$。成分中三价铁可被铝完全代替，成为斜黝帘石，形成绿帘石-斜黝帘石完全类质同象系列；斜黝帘石的正交（斜方）晶系同质多象变体称为黝帘石；含锰高的绿帘石称红帘石。

（三）晶系与结晶习性

绿帘石为晶质体（图4-25-1），晶系为单斜晶系。结晶习性常呈柱状或柱状集合体，常发育晶面纵纹（图4-25-2），与碧玺晶面纵纹类似。有时呈纤维状、放射状（图4-25-3）、块状或粒状集合体。

（四）光学性质

1. 颜色

绿帘石通常有浅至深绿色、黄绿色（图4-25-4）、棕褐色（图4-25-5）、黄褐色（图4-25-6）、黄色、黑色、绿黑色等颜色。

图4-25-1　绿帘石晶体形态

图4-25-2　晶面纵纹

图4-25-3　放射状集合体

图4-25-4　黄绿色绿帘石

图4-25-5　棕褐色绿帘石

图4-25-6　黄褐色绿帘石

2. 光泽和透明度

绿帘石为玻璃光泽至油脂光泽。

3. 光性特征

绿帘石光性特征为非均质体，一轴晶，负光性。

4. 折射率和双折射率

绿帘石折射率为1.729～1.768（+0.012，-0.035）。

5. 多色性

绿帘石多色性具很强的三色性，颜色为绿、褐和黄。

6. 发光性

绿帘石通常无荧光。

7. 吸收光谱

绿帘石可见光光谱：445nm强吸收带，有时具475nm弱吸收峰，但不特征。

8. 紫外可见光谱

紫外可见光谱：445nm强吸收带，有时具475nm弱吸收峰。

9. 红外光谱

绿帘石在中红外区具绿帘石特征红外吸收谱带。

（五）力学性质

1. 解理、裂理、断口

绿帘石具一组完全解理；参差状到贝壳状断口。

2. 硬度

绿帘石摩氏硬度：6～7。

3. 密度

绿帘石密度为3.40（+0.10，-0.15）g/cm^3。

（六）内外部显微特征

绿帘石放大检查可见气液包体、矿物包体、生长纹，可见双折射现象。

（七）特殊性质

绿帘石遇热盐酸能部分溶解；遇氢氟酸能快速溶解。

二、绿帘石的主要鉴定特征

绿帘石具备特征的晶体形态、折射率（1.729～1.768），有很强的三色性，颜色为绿、褐和黄。密度为3.40（+0.10，-0.15）g/cm^3，中红外区具绿帘石特征红外吸收谱带，可与其他相似宝石相区分。

三、绿帘石的产状、产地简介

绿帘石的形成与热液作用有关。绿帘石广泛分布于变质岩、矽卡岩和受热液作用的各种火成岩中，也可从热液中直接结晶。同时，变质成因也是主要成因之一，多出产于变质岩，尤其是绿片岩。而在接触交代成因的矽卡岩中，绿帘石往往由早期矽卡岩矿物如石榴子石、符山石等转变而成。另外，绿帘石也可以是围岩蚀变的产物。

绿帘石主要产地有墨西哥、瑞士、奥地利、巴基斯坦等国家和美国阿拉斯加州威尔士亲王岛萨尔泽、爱达荷州亚当区、科罗拉多州查菲区的卡鲁麦特铁矿和帕克区的绿帘石山、法国布贺多桑思、中国云南、河北等。

河北的符山矿曾开采出大量的绿帘石，最大晶体长达4厘米，大多呈短柱状，只有部分较扁平，接近厚板状。品质好的绿帘石主产自奥地利、斯里兰卡、秘鲁等国和美国阿拉斯加州等地。

第二十六章

塔菲石

塔菲石，又称铍镁晶石，英文名称Taaffeite，来源于发现者爱德华·查尔斯·理查德·塔菲伯爵（Edward Taaffe）。1945年，爱尔兰都柏林的宝石学家Edward Taaffe伯爵在当作尖晶石买来的一颗1.41ct浅紫色宝石中发现微弱的双影现象。由于当时人们对宝石品种的认知有限，未能给出准确结论。直到1951年，这颗宝石被送至伦敦某宝石实验室，B.W安德森等人使用化学方式结合X射线仪器对其成分与结构进行了更为详尽的鉴定，测出宝石中含有铍、镁和铝，才确认它与以往的任何宝石都不相同，被鉴定为一种新的宝石品种。

塔菲石是一种极为稀有的矿物，主要发现于斯里兰卡的砂矿中、坦桑尼亚的南部和马达加斯加，被称为珠宝界的“大熊猫”。塔菲石在全世界的产量都非常少，据了解，直到20世纪80年代，世界上为人们所知的塔菲石数量也仅仅在20颗左右，直到现在发现数量也只有几百粒。世界上发现最大的塔菲石只有10多克拉重，塔菲石的稀有程度让宝石商人根本无法拿来作商业市场化。

一、塔菲石的基本性质

（一）矿物名称

塔菲石（Taaffeite）。

（二）化学成分

塔菲石化学式为$MgBeAl_4O_8$，可含Ca、Fe、Mn、Cr等元素。

（三）晶系与结晶习性

塔菲石结晶状态为晶质体，晶系为六方晶系。结晶习性具六方双锥，六方桶状晶形（图4-26-1）。

（四）光学性质

1. 颜色

塔菲石颜色也非常丰富（图4-26-2），紫红色、红色、蓝色、粉色、粉红色、棕绿色、紫色、蓝紫色、黑色、无色、绿色以及深褐色等。

2. 光泽和透明度

塔菲石为玻璃光泽，透明。

3. 光性特征

塔菲石为非均质体，一轴晶，负光性。

4. 折射率和双折射率

塔菲石折射率：1.719～1.723（±0.002）；双折射

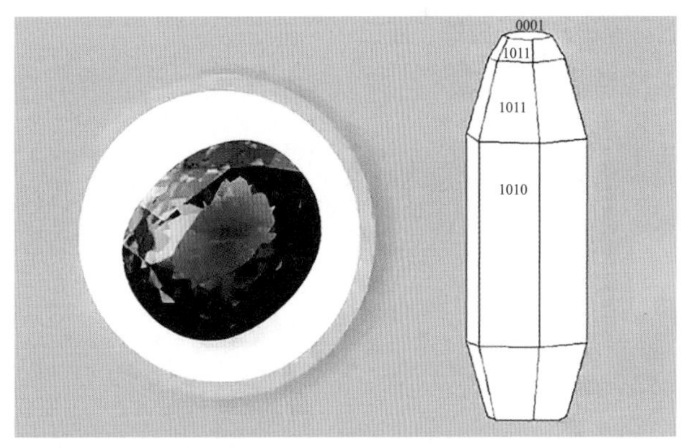

图4-26-1　塔菲石晶体

图4-26-2　各种颜色的塔菲石

率：0.004～0.005。

5. 多色性

塔菲石多色性因颜色而异，随颜色发生变化。

6. 发光性

塔菲石荧光无至弱，绿色荧光（图4-26-3）。

图4-26-3 塔菲石的紫外荧光

7. 吸收光谱

塔菲石可见光吸收光谱不特征，可有458nm弱吸收带。

8. 紫外可见光谱

塔菲石紫外可见光谱不特征，可有458nm弱吸收带。

9. 红外光谱

中红外区具塔菲石特征红外吸收谱带。

（五）力学性质

1. 解理、裂理、断口

塔菲石无解理。

2. 硬度

塔菲石摩氏硬度为8～9。

3. 密度

塔菲石密度为3.61（±0.01）g/cm^3。

（六）内外部显微特征

塔菲石放大检查可见气液包体、矿物包体。斯里兰卡的塔菲石内部有时会出现六方柱形的气液两相包体。

二、塔菲石的主要鉴定特征

塔菲石容易与尖晶石混淆。塔菲石最早就是被当成尖晶石来交易从而被发现的。塔菲石与尖晶石折射率基本相同，无法用折射率来区分。但是，塔菲石是一轴晶，非均质体，而尖晶石为均质体。在偏光镜下，尖晶石为全暗，而塔菲石为四明四暗。

三、塔菲石的产状、产地简介

塔菲石是一种非常稀少的宝石，主要产自变质石灰岩和矽卡岩中，在全世界范围内的产量都很少，能达到宝石级的就更是罕见了。据悉，在斯里兰卡、美国、芬兰、澳大利亚、坦桑尼亚和马达加斯加等国家都曾产出过塔菲石的宝石级晶体。1956年，在中国湖南的临武、安化、柿竹园也曾发现塔菲石族矿物。中国湖南香花岭发现了香花石，同时有塔菲石与之共生，但所产塔菲石纯度差，达不到宝石级别。

第二十七章
磷铝锂石

磷铝锂石英文名称Amblygonite，是一种重要的提炼锂金属的矿产。它是锂、钠和铝的磷酸盐矿物，产于富含锂和磷酸盐的花岗伟晶岩中，常呈很大的白色半透明块体，质量好的可以作为宝石使用。

一、磷铝锂石的基本性质

（一）矿物名称

磷铝锂石（Amblygonite）。

（二）化学成分

磷铝锂石化学式为（Li，Na）Al（PO_4）（F，OH）。

（三）晶系与结晶习性

磷铝锂石为晶质体。晶系为三斜晶系（图4-27-1）。结晶习性常呈短柱状、常见聚片双晶；常呈致密块状集合体。

（四）光学性质

1. 颜色

磷铝锂石颜色（图4-27-2）：无色至浅黄色、绿黄色、浅粉色、绿色、蓝色、褐色等。

2. 光泽和透明度

磷铝锂石为玻璃光泽，半透明至透明。

3. 光性特征

磷铝锂石光性特征为非均质体，二轴晶，正或负光性。

4. 折射率和双折射率

磷铝锂石折射率为1.612～1.636（-0.034）。双折射率为0.020～0.027，集合体不可测。

5. 多色性

磷铝锂石多色性为无至弱，多色性颜色因磷铝锂石颜色而异；集合体不可测。

6. 发光性

磷铝锂石在长波下为非常弱的绿色；长、短波下见浅蓝色磷光。

7. 吸收光谱

磷铝锂石吸收光谱不特征。

8. 紫外可见光谱

磷铝锂石紫外可见光谱不特征。

9. 红外光谱

磷铝锂石中红外区具磷铝锂石特征红外吸收谱带。

（五）力学性质

1. 解理、裂理、断口

磷铝锂石具两组完全解理；集合体通常不见。

2. 硬度

磷铝锂石摩氏硬度：5～6。

3. 密度

磷铝锂石密度为3.02（±0.04）g/cm^3。

（六）内外部显微特征

磷铝锂石放大检查可见气液包体、矿物包体、生长纹，可见双折射现象，平行解理方向的云状物；集合体呈粒状结构或致密块状构造。

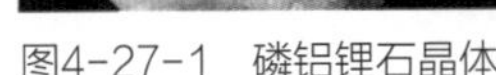
图4-27-1　磷铝锂石晶体

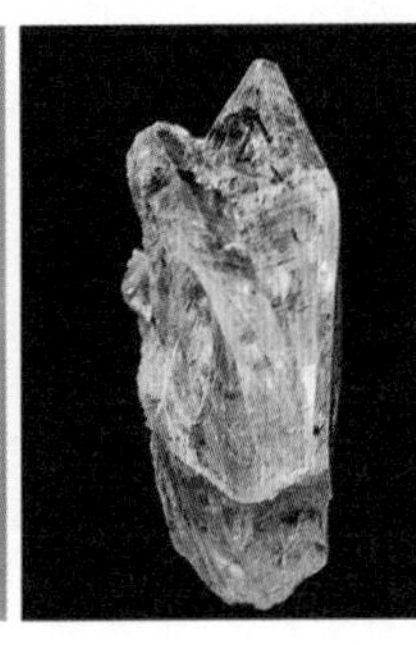

图4-27-2　磷铝锂石的颜色

二、磷铝锂石的产状、产地简介

磷铝锂石产自富含锂和磷酸盐的花岗伟晶岩中，常呈很大的白色半透明块体。现已在南非、辛巴威以及缅甸等国家和美国南达科他州的基斯通（Keystone）开采。采自美国缅因州希布伦（Hebron）和缅甸质地明净的原石曾被琢成宝石。羟磷锂铝石是一种与磷铝锂石相似的矿物，含有羟基多于氟。自然界里，在羟磷锂铝石与磷铝锂石之间有连续的固溶体系列。

第二十八章

斧石

斧石英文名称Axinite，主要是接触变质作用和交代作用的产物，可琢磨成很美丽的刻面宝石，但容易破损，因此多用于收藏。

一、斧石的基本性质

（一）矿物名称

斧石（Axinite）。

（二）化学成分

斧石化学式为$Ca_4(Mn，Fe，Mg)_2Al_4B_2(Si_2O_7)_2O_2(OH)_2$。

（三）晶系与结晶习性

斧石结晶状态为晶质体。晶系为三斜晶系（图4-28-1）。结晶习性为板状晶体。

（四）光学性质

1. 颜色

斧石颜色（图4-28-2）：褐色、紫褐色、紫色、褐黄色、蓝色等。

2. 光泽和透明度

斧石为玻璃光泽；透明—半透明。

3. 光性特征

斧石光性特征为非均质体，二轴晶，负光性。

4. 折射率和双折射率

斧石折射率：1.678～1.688（±0.005）。双折射率：0.010～0.012。

5. 多色性

斧石多色性强，紫至粉，浅黄，红褐。

6. 发光性

斧石通常无发光性，黄色斧石在短波下具红色荧光。

7. 吸收光谱

斧石可见412，466，492，512nm吸收线。

8. 紫外可见光谱

可见412，466，492，512nm吸收峰。

9. 红外光谱

中红外区具斧石特征红外吸收谱带。

（五）力学性质

1. 解理、裂理、断口

斧石具一组中等解理。贝壳状或阶梯状断口，断口呈玻璃光泽。

2. 硬度

斧石摩氏硬度：6～7。

3. 密度

斧石密度：3.29（+0.07，−0.03）g/cm^3。

（六）内外部显微特征

放大检查：气液包体、矿物包体、生长纹、色带。

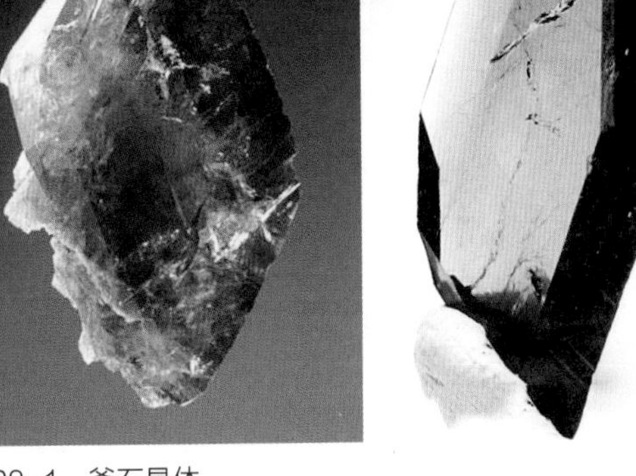

图4-28-1　斧石晶体

图4-28-2　斧石的颜色

二、斧石的产状、产地简介

斧石主要是接触变质作用和交代作用的产物，常与方解石、石英、葡萄石、黝帘石、阳起石、钙铁辉石、钙铁榴石和其他矿物等伴生。优质斧石主要产于法国阿尔卑斯山和澳大利亚的塔斯马尼亚州。俄罗斯乌拉尔山脉Puiva山和乌拉尔山的斧石以晶体大、光泽好、晶体清澈透明而享誉世界。

第二十九章 重晶石

重晶石英文名称Barite，属硫酸盐矿物，系以硫酸钡（$BaSO_4$）为主要成分的非金属矿产品，纯重晶石显白色、有光泽，由于杂质及混入物的影响也常呈灰色、浅红色、浅黄色等，结晶情况相当好的重晶石还可呈透明晶体。钡可被锶完全类质同象代替，形成天青石；被铅部分替代，形成北投石（因产自中国台湾北投温泉而得名）。

一、重晶石的基本性质

（一）矿物名称

重晶石（Barite）。

（二）化学成分

重晶石化学式为（Ba，Sr）SO_4，Ba含量大于Sr含量。

（三）晶系与结晶习性

重晶石为晶质体。晶系为斜方晶系（图4-29-1），结晶习性为斜方双锥晶类、板状晶体，有时可呈柱状、粒状、纤维状集合体。

（四）光学性质

1. 颜色

重晶石颜色（图4-29-2）：白色至无色、红色、黄色、绿色、蓝色、浅蓝色、褐色等。富含Sr的常呈浅蓝色。

2. 光泽和透明度

重晶石为玻璃光泽至树脂光泽，解理面珍珠光泽，透明至半透明。

3. 光性特征

重晶石光性特征：非均质体，二轴晶，正光性。

图4-29-1　重晶石晶体

图4-29-2　重晶石的颜色

4. 折射率和双折射率

重晶石折射率：1.636～1.648（+0.001，-0.002）。双折射率：0.012。

5. 多色性

重晶石多色性：无至弱，因颜色而异。

6. 发光性

重晶石偶见荧光和磷光，弱蓝或浅绿。

7. 紫外可见光谱

紫外可见光谱：不特征。

8. 红外光谱

中红外区具重晶石特征红外吸收谱带。

（五）力学性质

1. 解理、裂理、断口

重晶石具两组完全解理。

2. 硬度

重晶石摩氏硬度：3～4。

3. 密度

重晶石密度：4.50（+0.10，-0.20）g/cm^3。

（六）内外部显微特征

放大检查：透明重晶石常见气液两相包体、矿物包体、生长纹。

二、重晶石的产状、产地简介

重晶石是钡的最常见矿物，它的成分为硫酸钡。产于低温热液矿脉中，如石英-重晶石脉，萤石-重晶石脉等，常与方铅矿、闪锌矿、黄铜矿、辰砂等共生。我国湖南、广西壮族自治区、青海、江西所产的重晶石矿床多是巨大的热液单矿物矿脉。重晶石也可产于沉积岩中，呈结核状出现，多存在于沉积锰矿床和浅海的泥质、砂质沉积岩中。重晶石在风化残余矿床的残积黏土覆盖层内，常呈结状、块状。

加拿大的不列颠哥伦比亚省和新斯科舍省是重晶石的重要产地，其他产地有美国、英国、法国等国家。

第三十章 蓝锥矿

蓝锥矿又称为硅酸钡钛矿，发现于1906年。1907年，美国地质学家乔治·劳德伯克（G. D. Louderback）以发现地美国加利福尼亚州圣贝尼托县的地名（San Benito County）而命名蓝锥矿为Benitoite，蓝锥矿为其中文译名。蓝锥矿发现于内圣贝尼托河旁，在发现时一度被认为是蓝宝石。

虽然陆续在其他地方发现蓝锥矿，但是至今只有加利福尼亚州产有质量最好且可以作为宝石的矿物晶体，且产量十分稀少。因此，在1985年，蓝锥矿成为加利福尼亚州的州石。

蓝锥矿刻面宝石具有鲜明的外观，但宝石一般很小，干净无瑕的刻面裸石极少有重于1ct的，多用于收藏。

一、蓝锥矿的基本性质

（一）矿物名称

蓝锥矿（Benitoite）。

（二）化学成分

蓝锥矿化学成分为钡钛硅酸盐，化学式为$BaTiSi_3O_9$。

（三）晶系与结晶习性

蓝锥矿为晶质体。晶系为六方晶系。结晶习性：晶体多呈板状或柱状晶体（图4-30-1）。

（四）光学性质

1. 颜色

蓝锥矿颜色（图4-30-2）为蓝色、紫蓝色，常见具环带的浅蓝、无色、白色等色，少见粉色。

2. 光泽和透明度

蓝锥矿为玻璃光泽至亚金刚光泽。透明—半透明。

3. 光性特征

蓝锥矿为非均质体，一轴晶，正光性。

4. 折射率和双折射率

蓝锥矿折射率：1.757～1.804。双折射率：0.047。

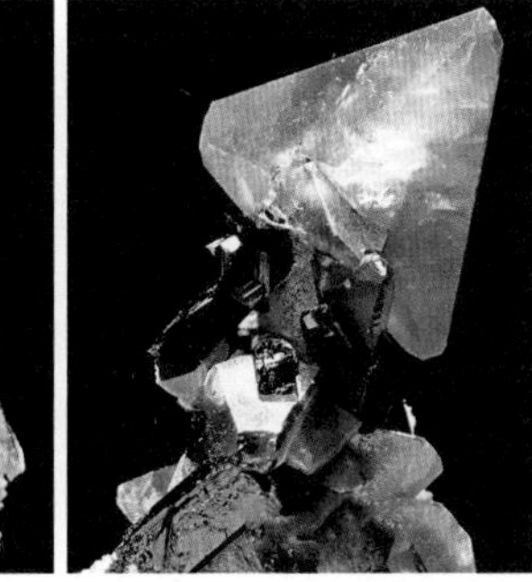

图4-30-1　蓝锥矿晶体

图4-30-2　蓝锥矿颜色

5. 多色性

蓝锥矿多色性因颜色而异。蓝色：强，蓝，无色；紫色：紫红，紫。

6. 发光性

蓝锥矿的发光性：长波：无；短波：强，蓝白。

7. 紫外可见光谱

不特征。

8. 红外光谱

中红外区具蓝锥矿特征红外吸收谱带。

9. 特殊性质

色散强（0.044）。

（五）力学性质

1. 解理、裂理、断口

蓝锥矿具一组不完全解理。贝壳状断口。

2. 硬度

蓝锥矿摩氏硬度：6～7。

3. 密度

蓝锥矿密度：3.68（+0.01，−0.07）g/cm^3。

（六）内外部显微特征

蓝锥矿放大检查可见气液包体、矿物包体、生长纹、色带，双折射现象明显。

二、蓝锥矿的产状、产地简介

蓝锥矿常常和一些不常见的矿物（不包含母岩中的主要造岩矿物）共生。常见的共生矿有：钠沸石、柱星叶石、硅钠钡钛石、蛇纹石和钠长石。

蓝锥矿的产地有美国的加利福尼亚州圣贝尼托县和阿肯色州，日本的新潟县、糸鱼川市青海和东京都奥多摩町。圣贝尼托县所产的蓝锥矿常常会在蓝闪石片岩里的钠沸石脉之中；日本出产的蓝锥矿则会在贯穿蛇纹岩的镁钠闪石-石英-金云母-钠长石的岩脉中。目前，全球唯一宝石级蓝锥矿晶体仅产于美国加利福尼亚州圣本尼托县，产量十分稀少。

第三十一章
硅铍石

硅铍石英文名称为Phenakite，源于希腊语phenax，意为“欺骗、骗子”，因为这种矿物在野外非常容易与水晶混淆。硅铍石在外观、晶形等方面与水晶极为相似，所以它还有一个名字叫作“似晶石”，意思也非常直白，即与水晶很相似。它和水晶一样属于三方晶系，常见晶形有菱面体或菱面体与柱面聚合而成的短柱状，或呈细粒状集合体。无色最常见，此外也有黄色、浅红色与褐色者。7~8的硬度与水晶也非常接近。

一、硅铍石的基本性质

（一）矿物名称

硅铍石，又名似晶石（Phenakite）。

（二）化学成分

硅铍石化学式为Be_2SiO_4，可含Mg、Ca、Al、Na等元素。

（三）晶系与结晶习性

硅铍石为晶质体。晶系：三方晶系（图4-31-1）。结晶习性：菱面体或菱面体与柱面聚合而成的短柱状，或呈细粒状集合体。

（四）光学性质

1. 颜色

硅铍石颜色（图4-31-2）：无色、黄色、浅红色、褐色等。

2. 光泽和透明度

硅铍石光泽：玻璃光泽，透明。

3. 光性特征

硅铍石光性特征：非均质体，一轴晶，正光性。

4. 折射率和双折射率

硅铍石折射率：1.654~1.670（+0.026，-0.004）。双折射率：0.016。

图4-31-1　硅铍石晶体

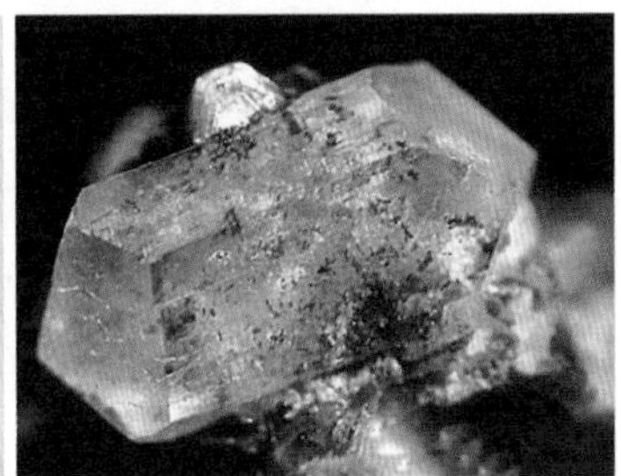

图4-31-2　硅铍石颜色

5. 多色性

硅铍石多色性：弱至中，因颜色而异。

6. 发光性

紫外线下无至弱荧光，粉、浅蓝或绿。

7. 吸收光谱

硅铍石吸收光谱未见特征吸收谱。

8. 紫外可见光谱

硅铍石紫外可见光谱不特征。

9. 红外光谱

中红外区具硅铍石特征红外吸收谱带。

（五）力学性质

1. 解理、裂理、断口

硅铍石具一组中等解理，一组不完全解理。贝壳状断口。

2. 硬度

硅铍石摩氏硬度：7～8。

3. 密度

硅铍石密度：2.95（±0.05）g/cm^3。

（六）内外部显微特征

硅铍石放大检查可见气液包体、矿物包体，常见片状云母或针硫铋铅矿。

二、硅铍石的产状、产地简介

硅铍石产在伟晶岩、花岗岩和云母片岩中。品质最好的硅铍石分布在巴西等国家和俄罗斯的乌拉尔、美国的科罗拉多州等地区。其他出产国还有意大利、斯里兰卡、津巴布韦、缅甸、挪威、法国、墨西哥、巴西、捷克、坦桑尼亚和纳米比亚。

第三十二章 蓝柱石

蓝柱石英文名称为Euclase。蓝柱石首次出现在公众视野是在1792年，它在俄罗斯乌拉尔山脉南部的奥伦堡州被发现。根据它完全解理、十分脆弱的特性，法国矿物学家阿尤伊（Rene Just Hauy）为其定名。蓝柱石以其美丽外观而闻名，但也因其蓝色色彩和与海蓝宝石相近的硬度，一直被人们误以为是海蓝宝石。

一、蓝柱石的基本性质

（一）矿物名称

蓝柱石（Euclase）。

（二）化学成分

蓝柱石化学式为$BeAlSiO_4(OH)$，可含Fe、Cr等元素。

（三）晶系与结晶习性

蓝柱石为晶质体，晶系为单斜晶系（图4-32-1）。结晶习性：短柱状、长棱柱状，晶体表面或解理面上有平行的条纹。

（四）光学性质

1. 颜色

蓝柱石颜色（图4-32-2）：通常为无色、浅黄色、黄色、带黄色调的蓝绿色、蓝色、绿色、绿蓝色等，通常为浅色。

2. 光泽和透明度

蓝柱石为玻璃光泽，透明—半透明。

3. 光性特征

蓝柱石为非均质体，二轴晶，负光性。

图4-32-1　蓝柱石晶体

图4-32-2　蓝柱石颜色

4. 折射率和双折射率

蓝柱石折射率：1.652～1.671（+0.006，-0.002）。双折射率：0.019～0.020。

5. 多色性

蓝柱石多色性因颜色而异。蓝色：蓝灰，浅蓝；绿色：灰绿、绿。

6. 发光性

紫外线下荧光惰性或具微弱荧光。

7. 吸收光谱

可具468，455nm吸收线带，绿区、红区有吸收。

8. 紫外可见光谱

468，455nm吸收带，绿区、红区有吸收。

9. 红外光谱

中红外区具蓝柱石特征红外吸收谱带。

（五）力学性质

1. 解理、裂理、断口

蓝柱石具一组完全解理。

2. 硬度

蓝柱石摩氏硬度：7～8。

3. 密度

蓝柱石密度：3.08（+0.04，-0.08）g/cm^3。

（六）内外部显微特征

蓝柱石放大检查可见气液包体、矿物包体、生长纹、色带，可见双折射现象。

二、蓝柱石的产状、产地简介

蓝柱石是伟晶岩中绿柱石矿物分解的产物，伴生矿物有云母、石英、托帕石、绿柱石、金、钠长石。主要产地有巴西的米纳斯吉拉斯州、前苏联的乌拉尔山区等地区和坦桑尼亚、缅甸和哥伦比亚等国家。

第三十三章 柱晶石

柱晶石又称碱柱晶石，英文名称为Kornerupine。它在1884年就被正式命名，但直到1912年才发现宝石级别的柱晶石。柱晶石有强烈的多色性，从不同方向观看时，会呈现绿色或红棕色。为了展示最美丽的色彩，柱晶石常被琢成与晶体长度平行的盘形刻面。

柱晶石最初是在格陵兰岛的Fiskernaes地区被发现。为了纪念它的发现者——丹麦的地质学家Nikolaus Kornerup，柱晶石就有了自己的名字“Kornerupine”。

一、柱晶石的基本性质

（一）矿物名称

柱晶石（Kornerupine）。

（二）化学成分

柱晶石化学式为$Mg_3Al_6(Si, Al, B)_5O_{21}(OH)$。

（三）晶系与结晶习性

柱晶石为晶质体。晶系：斜方晶系。结晶习性：柱状晶体（图4-33-1）。

图4-33-1 柱晶石晶体

（四）光学性质

1. 颜色

柱晶石颜色（图4-33-2）：黄绿至褐绿、蓝绿、绿、黄、褐等，少见无色。

图4-33-2 柱晶石颜色

2. 光泽和透明度

柱晶石为玻璃光泽。半透明—透明。

3. 光性特征

柱晶石为非均质体，二轴晶，负光性，可显一轴晶干涉图假象。

4. 折射率和双折射率

柱晶石折射率：1.667～1.680（±0.003）。双折射率：0.012～0.017。

5. 多色性

褐绿色柱晶石多色性：强，绿、黄和红褐。

6. 发光性

柱晶石紫外荧光无至强，黄色。

7. 特殊光学效应

柱晶石可具猫眼效应，星光效应（极稀少）。

8. 紫外可见光谱

柱晶石可具503nm吸收带。

9. 红外光谱

中红外区具柱晶石特征红外吸收谱带。

（五）力学性质

1. 解理、裂理、断口

柱晶石具两组完全解理。

2. 硬度

柱晶石摩氏硬度：6～7。

3. 密度

柱晶石密度：3.30（+0.05，-0.03）g/cm^3。

（六）内外部显微特征

柱晶石放大检查可见气液包体、矿物包体、生长纹、针状包体。

二、柱晶石的产状、产地简介

柱晶石矿物首次发现于格陵兰岛，但无宝石级别。宝石级别柱晶石产于加拿大魁北克省（暗绿至淡黄色大晶体）、缅甸抹谷（淡绿、褐色晶体，产于砂矿中）、等地区和马达加斯加（暗绿色晶体）、斯里兰卡（黄褐至淡红色晶体，产于砂矿卵石层中）、肯尼亚（美丽的亮绿色晶体）、坦桑尼亚（因含铬而呈绿色的品种）等国家。

第三十四章
天蓝石

天蓝石英文名称为Lazulite。其英文名与青金石一样，均是来自波斯语中的“蓝色（lazhward）”，之后以德语的“Lazurstein”定名。天蓝石是磷酸盐矿物，而青金石则属于硅酸盐矿物。自古以来，天蓝石就被误认为与青金石一样，不过，在1795年，德国化学家克拉普罗特（M. H. Klaroth）将奥地利发现的标本分析之后，认定这是新种矿物。至于Klaroth本人，则是因为发现铀（U）、锆（Zr）与铈（Ce）而家喻户晓。

一、天蓝石的基本性质

（一）矿物名称

天蓝石（Lazulite）。

（二）化学成分

天蓝石化学式为$MgAl_2(PO_4)_2(OH)_2$。

（三）晶系与结晶习性

天蓝石为晶质体。晶系：单斜晶系（图4-34-1）。结晶习性：柱状和锥状，集合体呈粒状、致密块状。

（四）光学性质

1. 颜色

天蓝石颜色（图4-34-2）：深蓝色、蓝绿色、紫蓝色、蓝白色、天蓝色等。

2. 光泽和透明度

天蓝石为玻璃光泽，半透明至不透明。

图4-34-1　天蓝石晶体

图4-34-2　天蓝石颜色

3. 光性特征

天蓝石为非均质体，二轴晶，负光性；或呈非均质集合体。

4. 折射率和双折射率

天蓝石折射率为1.612～1.643；双折射率为0.031。

5. 多色性

天蓝石多色性：强，暗紫蓝、浅蓝和无色；集合体不可测。

6. 发光性

无。

7. 紫外可见光谱

不特征。

8. 红外光谱

中红外区具天蓝石特征红外吸收谱带。

（五）力学性质

1. 解理、裂理、断口

天蓝石具{110}中等至不完全解理，{101}不完全解理，集合体通常不可见。

2. 硬度

天蓝石摩氏硬度：5～6。

3. 密度

天蓝石密度：3.09（+0.08，-0.01）g/cm^3。

（六）内外部显微特征

天蓝石放大检查可见气液包体、矿物包体，可见双折射现象；集合体呈粒状结构、致密块状构造。

二、天蓝石的产状、产地简介

天蓝石形成于曾经发生过接触变质岩作用的石英矿脉或磷酸盐的伟晶岩中，剖面会形成四角形的双锥状结晶，品质优良的晶体非常稀少。青金石与蓝铜矿（Azurite）的结晶通常都会形成相同的蓝色，而天蓝石的结晶却会形成白色斑点，这也是其特征之一。这个结晶体含有铁分，会出现充满特征的蓝色，可惜的是色泽明亮的蓝色石体通常都会被误看成是蓝方石。

天蓝石主要产地有奥地利、美国、印度、加拿大、巴西、玻利维亚、安哥拉、马达加斯加、瑞典、澳大利亚等国家和北加罗林群岛等地区。质量好的产于印度、巴西等国家和美国阿拉斯加州等地区。

第三十五章 天青石

天青石英文名称为Celestite。主要用于制造碳酸锶以及生产电视机显像管玻璃等。其颜色有蓝、绿、黄绿、橙色、浅蓝灰色等，有时也为无色透明。

一、天青石的基本性质

（一）矿物名称

天青石（Celestite）。

（二）化学成分

天青石化学式为（Sr，Ba）SO_4，其中Sr含量大于Ba含量，可含Pb、Ca、Fe等元素。

（三）晶系与结晶习性

天青石为晶质体。晶系：斜方晶系（图4-35-1）。结晶习性：常呈板状，有时可呈柱状、粒状、纤维状集合体，可呈钟乳状、结核状集合体。

（四）光学性质

1. 颜色

天青石颜色（图4-35-2）：浅蓝、无色、黄、橙、绿等。

2. 光泽和透明度

天青石有玻璃光泽，解理面呈珍珠光泽。透明。

3. 光性特征

天青石为非均质体，二轴晶，正光性。

4. 折射率和双折射率

天青石折射率：1.619～1.637。双折射率：0.018。

5. 多色性

天青石多色性：弱，因颜色而异。

6. 发光性

通常无，有时可显弱荧光。

7. 紫外可见光谱

不特征。

图4-35-1　天蓝石晶体

图4-35-2　天蓝石颜色

8. 红外光谱

中红外区具天青石特征红外吸收谱带。

（五）力学性质

1. 解理、裂理、断口

天青石具两组完全解理。

2. 硬度

天青石摩氏硬度：3～4。

3. 密度

天青石密度：3.87～4.30g/cm³。

（六）内外部显微特征

天青石放大检查可见气液包体、矿物包体、生长纹。

二、天青石的产状、产地简介

天青石主要产于沉积岩中，特别是白云岩及白云质石灰岩，也见于热液矿脉中。宝石级的晶体产于北美洲的伊利湖，另外在加拿大、纳米比亚、墨西哥、英国、法国、意大利等也有发现。

第三十六章
鱼眼石

鱼眼石英文名称为Apophyllite，是一种含结晶水的钾钙硅酸盐矿物，因其解理面上散射出的光线呈珍珠光泽，酷似鱼眼的反射色，故称“鱼眼石”。板状结晶或柱状结晶、有着漂亮颜色和一定厚度的鱼眼石被人称为宝石，是制作各种首饰的珍贵原料。以前，世界上只有印度出产鱼眼石，且具有商业价值的不多，达到宝石级的就更少。

我国是在20世纪末在湖北省黄石市冯家山硅铜矿首次发现的鱼眼石。矿石呈板状透明晶体，形态多样，色阶丰富。目前，已采集到一批淡黄色板状鱼眼石晶体标本，其中伴生有沸石、水晶等多种共生矿物，极具收藏价值。该矿的鱼眼石产于与铜矿伴生的硅灰石的晶洞中，形态多样，有浅黄色的板状透明晶体，也有雪粒状的集合体；颜色有浅白、浅绿、粉绿、浅黄等；伴生沸石、水晶、黄铁矿等矿物。其浅黄色的板状晶体达到了宝石级别。令人遗憾的是，冯家山的鱼眼石产量十分稀少，一两年才能产出一批，每批不超过两三千克。由于外国和外地收藏家大量收购，品相好的鱼眼石往往刚出矿井便会被人买走。因此在当地，许多矿物收藏者对鱼眼石也是只闻其名，未见其形。冯家山鱼眼石在我国鱼眼石中可算得上珍稀矿物。

鱼眼石是一种不太常见的矿物，因其美丽的外表、艳丽的颜色以及产量和产地的稀少，是矿物收藏的一个重要品种。鱼眼石根据其含氟和羟基的多少可以分为氟鱼眼石和羟鱼眼石两个亚种，其中氟鱼眼石较多。

一、鱼眼石的基本性质

（一）矿物名称

鱼眼石（Apophyllite）。

（二）化学成分

鱼眼石化学式为$KCa_4Si_8O_2O(F,OH)\cdot 8H_2O$。

（三）晶系与结晶习性

鱼眼石为晶质体。晶系：四方晶系（图4-36-1）。结晶习性：晶体呈柱状、双锥状、等轴状或板状、假立方晶体、晶簇、板状、粒状、叶片状集合体。

（四）光学性质

1. 颜色

鱼眼石颜色（图4-36-2）：无色、白色，含杂质的

图4-36-1　天蓝石晶体

图4-36-2　天蓝石颜色

呈玫瑰红、粉红、绿色、浅绿色、黄色、浅黄绿色、蓝色等。

2. 光泽和透明度

鱼眼石为玻璃光泽至珍珠光泽，解理面上呈珍珠光泽。透明至半透明。

3. 光性特征

鱼眼石为非均质体，一轴晶，负光性。

4. 折射率和双折射率

鱼眼石折射率：1.535～1.537。双折射率：0.002。

5. 多色性

鱼眼石多色性颜色随体色而异。

6. 发光性

鱼眼石发光性：长波：无；短波：无至弱，淡黄色。

7. 紫外可见光谱

不特征。

8. 红外光谱

中红外区具鱼眼石特征红外吸收谱带。

（五）力学性质

1. 解理、裂理、断口

鱼眼石具一组完全解理。

2. 硬度

鱼眼石摩氏硬度：4～5。

3. 密度

鱼眼石密度：2.40（±0.10）g/cm^3。

（六）内外部显微特征

鱼眼石放大检查可见气液包体、矿物包体、生长纹。

二、鱼眼石的产状、产地简介

鱼眼石是一种产在火山岩、矿脉和花岗伟晶岩等类型晶洞中的矿物，常见于基性喷出岩的杏仁体里。常与水晶、方解石、葡萄石和沸石族的矿物伴生，鱼眼石还一度被认为是沸石族矿物的一种。世界上最著名的鱼眼石产地是印度浦那，那里产大晶体的无色透明鱼眼石，还出产漂亮的透绿色鱼眼石。

印度鱼眼石以其颜色艳丽，品质优良著称，为世界收藏家所喜好。据报道，印度出产的鱼眼石晶体中最大的有20cm的单晶。其他出产地还有墨西哥瓜纳华托州、美国缅因州、北美洲的芬迪湾区域和巴西、日本、冰岛、瑞典、挪威、丹麦、意大利、德国、加拿大、芬兰、捷克、斯洛伐克等国家。鱼眼石在我国也有出产，产地有青海、江苏、辽宁和湖北。

第三十七章 磷铝钠石

磷铝钠石，英文名称为Brazilianite。因其最先在巴西发现，所以又称巴西石。巴西石在1944年才被发现，由于它的颜色主要为黄色、黄绿色，最初被当成金绿宝石切割成刻面而流向市场。后来发现其晶形和硬度与金绿宝石不同，才得知磷铝钠石是一种新的矿物。

一、磷铝钠石的基本性质

（一）矿物名称

磷铝钠石（Brazilianite）。

（二）化学成分

磷铝钠石化学式为$NaAl_3(PO_4)_2(OH)_4$。

（三）晶系与结晶习性

磷铝钠石为晶质体。晶系：单斜晶系（图4-37-1）。结晶习性：粒状或短柱状晶体。

（四）光学性质

1. 颜色

磷铝钠石颜色（图4-37-2）：黄绿色至绿黄、浅蓝等，少见无色。

2. 光泽和透明度

磷铝钠石为玻璃光泽，透明至半透明。

3. 光性特征

磷铝钠石为非均质体，二轴晶，正光性。

4. 折射率和双折射率

磷铝钠石折射率：1.602～1.621（±0.003）。双折射率：0.019～0.021。

5. 多色性

磷铝钠石多色性：弱，黄绿，绿。

6. 发光性

无。

图4-37-1　磷铝钠石晶体

图4-37-2　磷铝钠石颜色

7. 紫外可见光谱

不特征。

8. 红外光谱

中红外区具磷铝钠石特征红外吸收谱带。

（五）力学性质

1. 解理、裂理、断口

磷铝钠石具一组中等解理。

2. 硬度

磷铝钠石摩氏硬度：5～6。

3. 密度

磷铝钠石密度：2.97（±0.03）g/cm^3。

（六）内外部显微特征

磷铝钠石放大检查可见气液包体，矿物包体，生长纹，可见双折射现象。

二、磷铝钠石的产状、产地简介

磷铝钠石产自富含磷酸盐矿物的伟晶岩脉的晶洞中，为热液矿物。其主要产地为巴西，巴西力诺普里斯的磷铝钠石有12cm×8cm的大晶体。

第三十八章
透视石

透视石，又称翠铜矿、绿铜矿，英文名称为Dioptase，源自希腊语“dia”（though，透过）+“optomai”（sight，视野）。透视石是一种含水的铜硅酸盐，常产出于铜矿床近地表部位，并与孔雀石、方解石、彩钼铅矿和异极矿等共生。透视石主要分布在非洲某些地区，在中国是非常稀少的矿物。

一、透视石的基本性质

（一）矿物名称

透视石（Dioptase）。

（二）化学成分

透视石化学式为$Cu_6Si_6O_{18}\cdot 6H_2O$。

（三）晶系与结晶习性

透视石为晶质体。晶系：三方晶系（图4-38-1）。结晶习性：短柱状或块状。

（四）光学性质

1. 颜色

透视石颜色（图4-38-2）：蓝色、蓝绿色、绿色等。

2. 光泽和透明度

透视石呈玻璃光泽。透明至半透明。

3. 光性特征

透视石为非均质体，一轴晶，正光性。

4. 折射率和双折射率

透视石折射率：1.655～1.708（±0.012）。双折射率：0.051～0.053。

5. 多色性

透视石多色性弱，多色性颜色因体色而异。

6. 发光性

紫外线下荧光惰性。

7. 紫外可见光谱

550nm宽吸收带。

图4-38-1　透视石晶体

图4-38-2　透视石颜色

8. 红外光谱

中红外区具透视石特征红外吸收谱带。

（五）力学性质

1. 解理、裂理、断口

透视石具三组完全解理。参差到贝壳状断口。

2. 硬度

透视石摩氏硬度：5。

3. 密度

透视石密度：3.30（±0.05）g/cm^3。

（六）内外部显微特征

透视石放大检查可见气液包体、矿物包体、生长纹，双折射现象明显，可见明显双刻面棱现象。

二、透视石的产状、产地简介

透视石产于铜矿氧化带，与孔雀石、方解石等矿物共生。主要产地有刚果、刚果（金）及纳米比亚等地。

第三十九章
硼铝镁石

硼铝镁石英文名称为Sinhalite，又被称为褐色锡兰石。硼铝镁石长期以来一直被当成褐色橄榄石，1952年经X射线分析，证实为一矿物新种，故更名为硼铝镁石。

一、硼铝镁石的基本性质

（一）矿物名称

硼铝镁石（Sinhalite）。

（二）化学成分

硼铝镁石化学式为$MgAlBO_4$，可含Fe等元素。

（三）晶系与结晶习性

硼铝镁石为晶质体。晶系：斜方晶系（图4-39-1）。结晶习性：柱状晶体。

图4-39-1　硼铝镁石晶体

（四）光学性质

1. 颜色

硼铝镁石颜色（图4-39-2）：绿黄色、黄色至褐黄色、褐色等，少见浅粉色。

2. 光泽和透明度

硼铝镁石为玻璃光泽。透明至半透明。

3. 光性特征

硼铝镁石为非均质体，二轴晶，负光性。

图4-39-2　硼铝镁石颜色

4. 折射率和双折射率

硼铝镁石折射率：1.668～1.707（+0.005，-0.003）。双折射率：0.036～0.039。

5. 多色性

硼铝镁石多色性：中等，颜色浅褐、暗褐。

6. 发光性

硼铝镁石紫外荧光惰性。

7. 吸收光谱

硼铝镁石在蓝和蓝绿区有4条吸收带：493，475，463，452nm，具有鉴别意义，据此可与橄榄石区分。

8. 紫外可见光谱

硼铝镁石具493，475，463，452nm吸收峰。

9. 红外光谱

中红外区具硼铝镁石特征红外吸收谱带。

（五）力学性质

1. 解理、裂理、断口

硼铝镁石具不完全解理；贝壳状断口。

2. 硬度

硼铝镁石摩氏硬度：6～7。

3. 密度

硼铝镁石密度：3.48（±0.02）g/cm^3。

（六）内外部显微特征

硼铝镁石放大检查可见气液包体、矿物包体、生长纹，双折射现象明显，可见明显刻面棱重影现象。

二、硼铝镁石的产状、产地简介

硼铝镁石产于石灰岩与花岗岩侵入体接触带，多呈水蚀卵石出现于砂矿层中。宝石级原料主要来自斯里兰卡和坦桑尼亚。美国纽约州沃伦县接触变质石灰岩内原生矿床仅发现有小晶体。中国吉林集安二道阳岔硼矿上采矿场有产出。

第四十章 方解石

方解石英文名称为Calcite，是一种碳酸钙矿物，也是一种分布很广的矿物。方解石的晶体形状多种多样，它们的集合体可以是一簇簇的晶体，也可以是粒状、块状、纤维状、钟乳状、土状等。敲击方解石可以得到很多方形碎块，故名方解石。方解石单晶在自然界常出现良好的晶形，无色透明的方解石也称为“冰洲石”，是一种重要的光学材料。

方解石隐晶质集合体称为“石灰岩”，是烧制石灰和制造水泥的原料，也可用于制作冶金工业上的熔剂。方解石显晶质集合体则称为“大理岩”，在建筑和装饰材料中早已广泛使用，俗称“汉白玉”，市场上也被称为“阿富汗玉”，是最常用的玉雕原料之一。

图4-40-1 方解石晶体

一、方解石的基本性质

（一）矿物名称

方解石（Calcite），在矿物学上属方解石族。

（二）化学成分

方解石的化学式为$CaCO_3$，常含Mg、Fe和Mn，有时含Sr、Zn、Co、Ba等元素。大理岩的化学成分随不同的矿物组成而有所变化。

图4-40-2 方解石颜色

（三）晶系与结晶习性

方解石为三方晶系（图4-40-1），晶形多变，常见晶形有柱状、板状和各种状态的菱面体等，聚形种类达600种以上。常见单形有六方柱、菱面体、平行双面及复三方偏三角面体。方解石依{012}形成聚片双晶，非常普遍；依{0001}形成接触双晶。晶质集合体常呈晶簇出现。

图4-40-3 冰洲石重影

（四）光学性质

1. 颜色

方解石颜色（图4-40-2）：有各种颜色，常见无色、白、浅黄等色。无色透明者称为冰洲石，冰洲石能使透过它的物体呈现双重影像。因此，冰洲石是重要的光学材料。方解石的色彩因其中含有的杂质不同而变化，如含铁锰时为浅黄、浅红、褐黑等。但一般多为白色或无色。

2. 光泽和透明度

方解石为玻璃光泽，透明至不透明。

3. 光性特征

方解石为非均质体，一轴晶，负光性；大理岩为非均质集合体。

4. 折射率和双折射率

方解石折射率：1.486 ~ 1.658。双折射率：0.172。

5. 多色性

方解石多色性为无至弱。集合体无多色性。

6. 发光性

方解石的发光性因颜色或成因而异。

7. 吸收光谱

不特征。

8. 紫外可见光谱

不特征。

9. 红外光谱

中红外区具碳酸根离子振动所致的特征红外吸收谱带。

10. 特殊光学效应

方解石可具猫眼效应。

（五）力学性质

1. 解理、裂理、断口

方解石具三组菱面体解理完全。

2. 硬度

方解石摩氏硬度：3。

3. 密度

方解石密度：2.70（±0.05）g/cm^3。

（六）内外部显微特征

方解石放大检查可见气液包体、矿物包体、生长纹，强双折射现象，解理。

二、方解石的优化处理及其鉴别

染色处理：放大检查可见颜色分布不均匀，多在裂隙间或表面凹陷处富集；经丙酮或无水乙酸等溶剂擦拭可掉色。

充填：放大检查可见充填部分表面光泽与主体宝石有差异，充填处可见气泡；红外光谱测试可见充填物特征红外吸收谱带；发光图像分析（如紫外荧光观察仪等）可观察充填物分布状态。

辐照处理：可产生蓝色、黄色和浅黄色。某些颜色经加热或长时间曝光后会褪色，不易检测。

三、方解石的产状、产地简介

方解石在自然界分布极广，在浅海或湖泊中常常沉积形成广大的石灰岩层。地下水可溶蚀石灰岩，也可以重新形成方解石，如石钟乳、石笋、石灰华等。在土壤中活动的地下水在潜水面附近，常形成沿一定水平面分布的方解石结核，地质工作者习惯称为钙质结核。在热液活动中常形成含矿或不含矿的方解石脉。在晶洞中，常有良好晶体。在岩浆作用形成的碳酸盐中，方解石常占80%左右。方解石还作为碎屑沉积岩的胶结物、基性岩浆岩蚀变后的矿物等参加到各种岩石中去。由于地下水活动，各种岩石的裂隙中也经常充填有方解石脉。由沉积作用形成的石灰岩，在区域变质或接触变质作用中，其中的方解石常常再结晶形成晶粒比较粗大的方解石集合体——大理岩。

方解石的产地主要有美国、墨西哥，其次有英国、法国、德国、冰岛、意大利、巴基斯坦、罗马尼亚、俄罗斯、中国等。

大理岩在世界各地几乎都有产出。我国云南大理所产的条带状大理石闻名于世，其间的条带有黑色、绿色和不同的形状，构成了一幅幅形象逼真的山水画，成为上等装饰材料。北京房山产出的“汉白玉”颜色纯白，是故宫、颐和园、北海等过去的皇家园林常用的建筑和装饰材料。

有一种大理石质地细腻，透明度较高，市场上俗称“阿富汗玉”。白色的品种经常用来仿白玉。

第四十一章 蓝方石

蓝方石英文名称为Hauyne。这个名字是用来纪念法国晶体学家勒内·茹斯特·阿羽依（Rene Just Hauy）的。蓝方石是方钠石族矿物中的一个稀有宝石品种，主要成分是含硫酸根的钠、钙、铝硅酸盐矿物，是一种非常稀有的宝石，多与其他矿物共生，少有单个晶体产出。蓝方石虽然如此美丽，却很少在宝石市场中出现，首先因为高质量的宝石级蓝方石非常稀少，难以寻觅其芳踪，其晶体甚至都以克拉来计价，如此稀有程度已无法满足市场需求；其次，其颗粒通常很小。据报道，艳蓝色的透明宝石级蓝方石单晶只出现于德国埃菲尔地区，其颗粒通常很小，刻面成品达到0.1ct者已不多见，能达到1.0ct可用罕见形容。

一、蓝方石的基本性质

（一）矿物名称

蓝方石（Hauyne），在矿物学属于方钠石族。

（二）化学成分

蓝方石化学式为$Na_6Ca_2(AlSiO_4)_6(SO_4)_2$。

（三）晶系与结晶习性

蓝方石为晶质体。晶系：等轴晶系（图4-41-1）。结晶习性：菱形十二面体或八面体，常呈圆粒状。

（四）光学性质

1. 颜色

蓝方石颜色（图4-41-2）：天蓝、蓝或绿蓝色、白、灰等。

2. 光泽和透明度

蓝方石呈玻璃光泽，透明。

3. 光性特征

蓝方石为均质体。

4. 折射率和双折射率

蓝方石折射率：1.496～1.505。

5. 多色性

蓝方石多色性：无。

6. 发光性

蓝方石发光性：长波：不同程度的橙红色荧光，荧光强度随颜色的加深而减弱；短波：弱橙红色荧光至惰性。

图4-41-1 蓝方石晶体

图4-41-2 蓝方石颜色

7．紫外可见光谱

蓝色蓝方石：600nm附近吸收带。

8．红外光谱

中红外区具蓝方石特征红外吸收谱带。

（五）力学性质

1．解理、裂理、断口

蓝方石具{110}中等解理。

2．硬度

蓝方石摩氏硬度：5.5～6。

3．密度

蓝方石密度：2.42～2.50g/cm^3。

（六）内外部显微特征

蓝方石放大检查可见气液包体、矿物包体、生长纹、负晶、愈合裂隙。

二、蓝方石的产状、产地简介

蓝方石主要形成于碱性火山岩中。德国、法国、意大利、摩洛哥、西班牙、美国和加拿大等地均有产出，但艳蓝色的透明宝石级蓝方石单晶体至今只出现于德国埃菲尔山的Laacher See地区。

第四十二章

闪锌矿

闪锌矿英文名称Sphalerite，以其光泽闪闪发亮，而成分以锌为主而得名。闪锌矿一词来自希腊语，指不可信任（Treacherous）。这是因为它经常和方铅矿一起共生，也很像方铅矿，但不产铅，容易令人受骗。古代德国的矿工称它为Zinc，又叫它Blende；Blende指盲目（Blind）或欺骗（Deceiving）。

一、闪锌矿的基本性质

（一）矿物名称

闪锌矿（Sphalerite）。

（二）化学成分

闪锌矿化学式为ZnS，常见铁、锰、镉、镓、铟、锗、汞等类质同象混入物及含铜、锡、锑、铋等矿物的机械混入物。锌常被铁所替代。

（三）晶系与结晶习性

闪锌矿为晶质体，其晶系为等轴晶系（图4-42-1）。结晶习性：晶体形态呈四面体或立方体、菱形十二面体等单形组成聚形，胶体成因的闪锌矿常呈粒状、葡萄状、同心圆状集合体形态。常见双晶类型为接触双晶和聚片双晶。

（四）光学性质

1. 颜色

闪锌矿颜色（图4-42-2）为无色到浅黄、棕褐至黑色等，随其他成分中含铁量的增多而变深。不透明的闪锌矿呈现黑色，棕褐色；透明到半透明的闪锌矿呈现黄色、黄绿色、绿色、蓝绿色、橙红色、黄褐色等色。

2. 光泽和透明度

闪锌矿为金刚光泽至半金属光泽，随含铁量的增加而增强。随含铁量的增多，闪锌矿透明度相应地由透明、半透明至不透明。

3. 光性特征

均质体。

4. 折射率和双折射率

闪锌矿折射率通常为2.369，随含铁量增多而增

图4-42-1　闪锌矿晶体

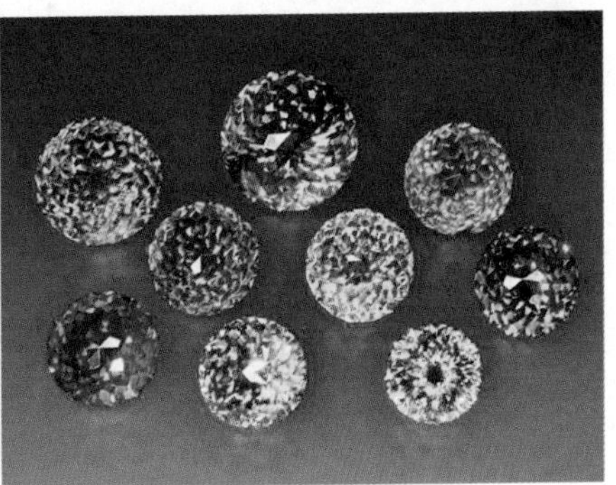

图4-42-2　闪锌矿颜色

大。无双折射率。

5. 多色性

闪锌矿多色性：三色性中一强，黄色至褐色，榍石浅黄色，褐橙色和褐黄色。

6. 发光性

紫外线下荧光惰性，有时呈橘红色荧光。

7. 吸收光谱

闪锌矿具651，667，690nm吸收线。

8. 紫外可见光谱

闪锌矿具651，667，690nm吸收峰。

9. 红外光谱

远红外区具闪锌矿特征红外吸收谱带。

10. 特殊光学效应

闪锌矿可见猫眼效应。

11. 特殊性质

闪锌矿色散很强（0.156）。

（五）力学性质

1. 解理、裂理、断口

闪锌矿具{110}完全解理。

2. 硬度

闪锌矿摩氏硬度：3.5～4。

3. 密度

闪锌矿密度：3.9～4.1g/cm^3，随铁含量的增加而降低。

（六）内外部显微特征

闪锌矿放大检查可见气液包体、矿物包体、双晶纹、色带。

二、闪锌矿的产状、产地简介

闪锌矿主要产于接触矽卡岩型矿床和中低温热液成因矿床中，是分布最广的锌矿物；经过地球数年的风雨变化，大自然的风化、石化、雨水的冲洗，最后才在地下变化而成。

闪锌矿主要产地：西班牙、墨西哥、美国、日本、加拿大、纳米比亚、英国、法国、瑞典、阿富汗、德国、罗马尼亚、前南斯拉夫、澳大利亚、中国。

第五篇 玉石学

第一章
翡翠

翡翠自发现并融入到华夏玉文化近万年的历史长河中仅有几百年，却以其独特的品质、产地唯一性（市场上主要翡翠均产自缅甸）的资源优势、神话般的传奇故事、巨大的商业价值，以及消费的多样性等优势成为中国玉器市场上最重要的玉石品种。翡翠自明清从缅甸传入中国后便以其美丽丰富的颜色、晶莹润泽的质地、极好的耐磨性能、较高的硬度和很好的韧性等优良特质引领了玉石消费时尚，受到越来越多人的喜爱，成为当之无愧的“玉石之王”。人们把这种神秘莫测、含蓄庄重、纯洁柔和的玉石之王，看作运气和幸福的象征。作为集合体的翡翠也是所有珠宝玉石中最为复杂、最具神秘性和挑战性的一种玉石。

第一节 翡翠概论

一、翡翠的历史和现状

中国是一个具有五千年悠久历史的文明古国，有着源远流长的文化传统，其中玉文化更是伴随着中华民族的成长，融合进了中华文明的血液中，成为中华传统文化中的重要组成部分。翡翠文化隶属于玉文化，是玉石文化发展的一个更高的层次，而今中国人爱翡翠、收藏翡翠、佩戴翡翠，这是受玉文化影响熏陶的结果，也是玉文化在中国文化中的一个独特的表现形式，还是华人文化在全世界独特的一个表现。现在的人们身上佩戴一块翡翠，或者家中收藏一块翡翠，已经不是什么鲜见的现象，那么翡翠在什么时候被中国人发现，开始被中国人使用呢?这是一个争论颇多的话题，各界有着不同看法。

英国历史学家李约瑟（Joseph Need nam）在其《中国科学技术史》中认为：“在十八世纪之前，中国人不知道硬玉（翡翠）这种东西，以后，硬玉（翡翠）才从缅甸产地经云南输入中国。”近年来，许多翡翠研究者对这一问题进行了积极的探索，张竹邦在其《翡翠探秘》一文中认为：“勐拱的玉石开采到元代臻于兴盛时代。”马罗刚、蔡汉伦在《中国宝石》的“翡翠溯源”一文中认为：“翡翠发现并进入贸易领域的时间上限不可能在元朝，更不可能提前。……明末已不是翡翠刚被发现的时期，……发现翡翠的年代在五百年以上的说法是可靠的。”牛秉钺先生在其《翡翠史话》一书中认为：“周朝时有翡翠，汉朝时也有翡翠。……但是直到明朝末年还是罕见的宝物，……翡翠制品在中国盛行，应该是清朝时期的事了。”

对于翡翠是怎样发现的，现在主要有两种说法：

第一种说法：在13世纪（公元1201年至公元1300年）时云南的马帮在从缅甸运商品回云南的途中，由于马背两边重量不平衡，马帮行路困难。当马帮经过现勐拱雾露河河边时，无意间从河滩上捡了一块砾石用来平衡他的马驮的担子，回家后将它丢弃在马厩里。这块砾石经长时间磨蚀，露出了美丽的绿色，后经鉴定为翡翠。这个说法最早出自英国人珀琅在《缅甸玉石贸易》中，该文中说：“勐拱所产玉石，实为十三世纪中叶云南驮夫发现。”

第二种说法：据《缅甸史》记载：公元1215年（南宋宁宗嘉定八年，大理段智祥天开十一年），在“滇省藩篱”封赠的土司地——孟拱，第一任土司珊龙帕在距今孟拱不远的南拱河上游过河时，无意中在河滩上发现了一块形如鼓状的蓝玉，惊喜之余认为是个好兆头，随即在附近修筑城池，取名孟拱，意思是鼓城。孟拱曾经是重要的翡翠集市，位于翡翠产区的东边，南距曼德勒492千米，东距密支那27千米。珊龙帕后来被尊称为“翡翠之父”。

不管哪种说法，都没有经过严格的考证，所以翡翠究竟是怎么发现的，现在还没有一个公认的说法。

据腾冲出土文物的考证：在腾冲墓葬出土的元代以前的文物中都没有发现翡翠，翡翠传入中国的年代应该是在明末清初，到清朝中晚期才在市场上大量出现，因其美丽和丰富多彩的颜色及质地迅速得到人们的喜爱，直至最后分享了新疆和田玉在中国的地位，成为在中国玉石市场的主要品种之一。

二、翡翠名称的由来、定义和命名

（一）翡翠名称的由来

对于翡翠一词的由来，人们有很多种不同的看法和见解。

一种看法是：翡翠来源于中国一种鸟类的名字，这种鸟名叫翡翠鸟，其毛色十分艳丽，通常有蓝、绿、红、棕等颜色，一般雄鸟为红色，谓之“翡”；雌鸟为绿色，谓之“翠”。翡翠鸟是一种很美丽的宠物，其羽毛非常漂亮，古代妇女常用其做首饰。在汉代许慎著的《说文解字》中注：“翡，赤羽雀也，出郁林，从羽，非声”“翠，青羽雀也，出郁林，从羽，卒声”。较早记录的还有《楚辞》，屈原（一说宋玉）写的《招魂》中有“翡翠珠被，烂齐光些”的句子。此外，还有《史记·司马相如传》《后汉书·哀牢传》等著名文献中提到过翡翠鸟的名字。在《后汉书·西南夷传》中有记载：“哀牢山土地沃美，出铜、铁、铅、锡、金、银、琥珀、水晶、孔雀、翡翠……”翡翠被发现时人们不知道怎样来称呼这种玉石，而当地的玉石颜色也有红（紫）和绿色，与翡翠鸟的颜色相似，故用鸟羽的名称来称呼具有鲜艳色彩的玉石，即“翡翠”。

现在大多数的专家学者认为：翡翠出现在中国的历史并不长，至今也就是300多年，始于明代，兴盛于清代。在此之前中国人谈到玉时，指的是中国的新疆和田玉、河南独山玉、辽宁的岫岩玉、湖北的绿松石，并不包含翡翠这种玉石。在清朝中叶，缅甸玉石开始大量输入中国，当时为了将其与和田翠玉（即软玉）区别，称之为“非翠”。由于“非翠”的颜色比和田翠玉更鲜艳，颜色又多样，逐渐讹传为“翡翠”。

（二）翡翠的定义和命名

在19世纪中叶，法国的矿物学家德穆尔（Damour）发现中国的玉由两类不同的矿物组成，一类为闪石类，是传统的新疆产的和田玉，并称之为Nephrite；另一类是辉石类的钠铝硅酸盐，即从缅甸流入中国的翡翠，称之为Jadeite。后来日本学者则根据两者硬度的差别，分别翻译成软玉和硬玉。德穆尔从物质组成的角度，对翡翠作了科学的解释：翡翠即硬玉（Jadeite），是一种具有辉石类晶体结构特征的钠铝硅酸盐矿物。硬玉是一种在较为特殊的地质条件下形成的矿物，除了缅甸外，在世界的其他地方也被陆续发现。如日本和美洲大陆中部地区也产出有硬玉，并且也被用作玉石，其历史甚至比缅甸的翡翠更加悠久，但是，大多数地方产出的硬玉并没有作为玉石来用于装饰及佩戴。所以，翡翠即硬玉的解释显然不够全面。

20世纪90年代以来，我国宝石学有很大的发展，许多学者都认识到了传统意义上的翡翠与硬玉存在差别，对翡翠的定义进行了修订，定义为达到了宝石级的硬玉集合体。随着对翡翠研究的不断深入，大量的研究资料表明，传统的翡翠不完全是由硬玉矿物组成的玉石，其中有一部分经研究证明为绿辉石和钠铬辉石。从而把翡翠定义为达到宝石级的，主要由矿物硬玉（Jadeite）或含硬玉分子（$NaAlSi_2O_6$）较高的其他钠质、钠钙质辉石类矿物（绿辉石、铬硬玉等）构成的集合体。

在国标GB/T 16553—2017《珠宝玉石 鉴定》中翡翠被定义为主要由硬玉或由硬玉及其他钠质、钠钙质辉石（如钠铬辉石，绿辉石）组成，可含少量角闪石、长石、铬铁矿等矿物的非均质集合体。

第二节 翡翠的矿物学特征

为了准确把握翡翠的定义和命名以及对翡翠进行全面的学习，从而对翡翠进行准确的鉴定，必须对翡翠的矿物学特征进行必要的了解和研究。

一、翡翠的矿物组成

翡翠是一种以硬玉矿物为主、由多矿物组成的矿物非均质集合体。其主要矿物硬玉在矿物学上属辉石族钠铝硅酸盐，化学分子式为$NaAlSi_2O_6$，翡翠除了硬玉矿物外，还含有钠铬辉石、绿辉石、碱性角闪石类矿物、钠长石、铬铁矿、赤铁矿、褐铁矿和沸石等多种矿物质。从岩石学角度来看，翡翠是一种岩石，它是由硬玉、绿辉石及钠铬辉石为主要矿物成分的辉石族矿物组成的矿物集合体，是一种硬玉岩、绿辉石岩或钠铬辉石岩。在商业中，翡翠是指具有工艺价值和商业价值，达到宝石级硬玉岩、绿辉石岩和钠铬辉石岩的总称。

组成翡翠的矿物成分硬玉、钠铬辉石和绿辉石各自能形成独立的硬玉岩（翡翠）、钠铬辉石岩（干青）和绿辉石岩（墨翠），又能形成连续的固溶体。按照矿物学命名原则，矿物含量80%以上可以用该矿物直接命名，如含硬玉80%以上的岩石直接命名为硬玉岩。其他矿物含量达到20%～50%应参与命名。如含钠铬辉石30%的硬玉岩命名为钠铬辉石质硬玉岩。

（一）翡翠的矿物学特征

1. 硬玉

法国矿物学家德穆尔（Damour）于1846年、1863年分别对和田玉及翡翠进行了化验分析，第一次从现代矿物学的角度指出了和田玉与翡翠在化学成分、矿物成分和物理性质上的区别。日本学者根据和田玉与翡翠硬度的不同进行了分类，称和田玉为软玉（Nephrite），指出和田玉的矿物成分属角闪石族矿物，主要组成矿物为透闪石和阳起石；称翡翠为硬玉（Jadeite），在矿物学上属于辉石族矿物。

硬玉的化学式为$NaAlSi_2O_6$，可有少量的类质同象替代（Ca^{2+}、Mg^{2+}、Fe^{2+}、Fe^{3+}、Cr^{3+}替代Al^{3+}）。硬玉中若Cr^{3+}替代了Al^{3+}，会产生绿色；Cr^{3+}替代量变化幅度较大，从万分之几到百分之几，直至形成钠铬辉石。硬玉的完整晶体非常少见，以硬玉矿物为主的翡翠（图5-1-1）也就是传统意义上的翡翠。市场中绝大多数翡翠均为硬玉矿物组成。硬玉为非均质集合体；无多色性；硬玉的折射率为1.666～1.680（±0.008），点测法常为1.66；密度为3.25～3.40g/cm³；摩氏硬度为6.5～7；硬玉具有平行于{110}的两组完全解理，并且可有平行于{001}和{100}的简单双晶和聚片双晶。解理面和双晶面的星点状、片状、针状闪光在翡翠行业称为“翠性”（图5-1-2），俗称“苍蝇翅”或“沙星”，是鉴别翡翠的重要标志，但是“翠性”并不是在所有的翡翠表面都能见到，如老种玻璃地的翡翠就很难观察到“翠性”，同时“翠性”也不是翡翠所独有的现象。比如，由大理石组成的大理岩玉，因大理石矿物也具有极完全解理，所以也会产生所谓的“翠性”。

2. 钠铬辉石

钠铬辉石的化学式为$NaCrSi_2O_6$，英文名称为Ureyite。钠铬辉石最早是在月球矿物和陨石中发现的一种矿物，所以钠铬辉石最早被认为是一种宇宙矿物。后来，才又发现于缅甸的翡翠岩中。钠铬辉石属于单斜晶系辉石族矿物，钠铬辉石在自然界极为罕见，与硬玉构成完全类质同象系列。在晶格中，铬替代铝形成完全类质同象。钠铬辉石的平均折射率为1.72；硬度为5.5；相对密度为3.50，紫外光下无荧光。由钠铬辉石组成的翡翠在行业上称为“干青”（图5-1-3）。因“干青”中含铬元素，而翡翠中基本都含有铁元素，所以在“干青”中会形成铬铁矿包体，铬铁矿经过氧化作用后会形成褐铁矿包体。

3. 绿辉石

绿辉石化学式为（Ca，Na）（Mg^{2+}，Fe^{2+}，Fe^{3+}，Cr，Al）Si_2O_6，英文名称为Omphacite，属于单斜晶系辉石族矿物，绿辉石是透辉石-硬玉系列中间组分，是透辉石的一个变种。完整晶体非常少见，常呈柱状和柱粒状集合体。绿色、暗绿色，有时呈蓝绿、浅绿甚至灰白色。绿辉石是翡翠中重要组成矿物和共生矿物，常以不同比例与硬玉形成含绿辉石硬玉岩型翡翠，我们常见的飘蓝花翡翠（图5-1-4）中蓝花部分就为绿辉石矿物或含硬玉绿辉石岩型翡翠。绿辉石矿物可形成纯的绿辉石岩，在商业上称之为“墨翠”（图5-1-5），墨翠也是传统意义上翡翠中的一种。绿辉石平均折射率

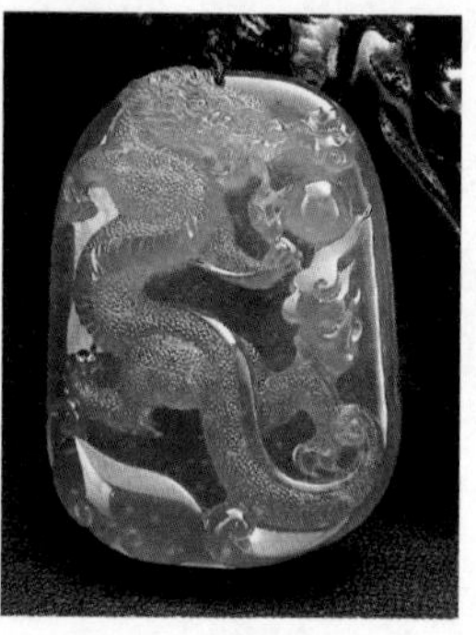

图5-1-1　硬玉矿物组成的翡翠

图5-1-2　翡翠的翠性

图5-1-3　“干青”

图5-1-4　飘蓝花翡翠

图5-1-5　“墨翠”

1.67～1.70，摩氏硬度5～6，相对密度3.29～3.37。

钠铬辉石岩（干青）和绿辉石岩（墨翠）是传统意义上的两种翡翠，自翡翠发现和作为饰品使用以来，在商业上和传统上一直把钠铬辉石岩（干青）和绿辉石岩（墨翠）这两种玉石作为翡翠来交易。所以这两种矿物组成的干青和墨翠目前是市场公认的翡翠品种。

（二）在市场上常见的两种与翡翠有关的玉石品种

在商业交易中和市场上经常会听说和见到一种叫"铁龙生"和一种叫"磨西西翡翠"的饰品。

1.“铁龙生”

“铁龙生”（图5-1-6）又称“天龙生”，产于缅甸的龙肯矿区，1994年由当地村民在龙肯首次发现，龙肯产出的“铁龙生”品质稍差，产量大，现在每年依然有大量的矿石被开采出来。“铁龙生”的另一重要产地就是缅甸帕敢。出产的“铁龙生”带皮，色艳，水长。缺陷为出产矿石很小，矿体不大。产量稀少，比较珍贵。“铁龙生”翡翠的特点为翠色很艳，可制作成满绿饰品。缅语中英文译音“htelongsein”，中文根据英文读音译为“铁龙生”，意为满绿色。

其实，所谓的“铁龙生”仍是翡翠，目前商业上和专业上都把“铁龙生”作为翡翠来交易，它属于翡翠中的一个品种。“铁龙生”的主要特征为：一般颜色为深绿色，底色不分；透明度一般为半透明至透明；折射率为1.66；相对密度为3.0左右；硬度为6.5左右。“铁龙生”颜色浓艳，内部常常带有黑色的丝脉状包裹体。黑色的丝脉状包裹体是“天龙生”主要的鉴定特征。

2.钠铬辉石钠长石玉（“磨西西翡翠”）

钠铬辉石钠长石玉（图5-1-7）是钠长石和钠铬辉石组成的共生物。其中钠长石含量大于50%，同时含有较多的钠铬辉石和含铬碱性角闪石微晶。在市场上俗称为“磨西西翡翠”，也有人称之为“沫之渍”。钠铬辉石钠长石玉由瑞典宝石学家Gublin教授在1965年最先报道，根据其产于缅甸矿区北部磨西西而得名“磨西西翡翠”（Mao-Sit-Sit）和Jadealbit。钠长石和钠铬辉石本来都是翡翠的共生矿物，如果没有硬玉的介入，二者共生在一起形成的玉石在业内称为“磨西西翡翠”。“磨西西翡翠”在市场上不作为翡翠来交易，专业鉴定上也不认为“磨西西翡翠”是翡翠。

“磨西西翡翠”一般由深绿色而透明度差的钠铬辉石和浅色而透明度高的钠长石交织排列组成，并伴随黑色斑块状的角闪石微晶，两者界线比较明显。其折射率一般为1.53左右，测到的折射率为钠长石的折射率。相对密度为2.60，硬度为6～6.5。

二、翡翠的共生矿物

翡翠的共生矿物主要有角闪石类矿物、钠长石、透辉石、霓石、霓辉石、沸石铬铁矿、磁铁矿、褐铁矿和赤铁矿等，这些共生矿物的存在和含量直接影响到翡翠的物理、化学性质以及对翡翠定义和名称。其中角闪石、钠长石以及褐铁矿和赤铁矿从在翡翠中的分布、数量和对翡翠的影响方面来讲都比较大，在学习翡翠的过程中都需要特别注意。

1.角闪石类矿物

角闪石类矿物是翡翠常见的共生矿物，并能形成独立的单矿物岩石即黑色的软玉，与硬玉共生时常常会和绿辉石（飘蓝花和墨翠）混淆。角闪石类矿物的含量和分布直接影响了翡翠饰品的物理、化学性质，同时也影响了对该饰品的定义和命名。图5-1-8为一件角闪石类矿物和硬玉矿物共生的手镯。其主要组成矿物为黑色的角闪石类矿物，折射率为1.62，次要矿物为浅色的硬玉矿物，折射率为1.66。这只手镯就不能鉴定为翡翠，也就不能命名为翡翠。

图5-1-6　“铁龙生”

图5-1-7　“磨西西翡翠”

图5-1-8　角闪石和硬玉矿物共生手镯

角闪石类矿物在翡翠毛料中比较常见，常在翡翠毛料中形成大块的角闪石黑斑（图5-1-9）。黑色角闪石常常和翡翠中的绿色相伴出现，因黑色角闪石中含有Cr、Fe等重金属元素，可以为翡翠绿色的形成提供致色剂，形成色源，所以毛料行业中有句行话“绿随黑走”。黑色角闪石对翡翠的绿色既有危害性又具有引导性。

2. 钠长石

钠长石是翡翠常见的共生矿物，从矿床的角度来看，钠长石是翡翠的围岩，所以钠长石常和硬玉矿物共生在一起，图5-1-10为钠长石和硬玉共生的毛料，图5-1-11为钠长石和硬玉共生的成品。浅色透明度好的部分为钠长石矿物，绿色透明度差的部分为硬玉矿物。钠长石能形成独立的单矿物岩石，即在珠宝交易中被称为“水沫子”的钠长石玉（图5-1-12）。在与硬玉共生时，钠长石矿物通常比硬玉透明，钠长石晶体和硬玉晶体有比较明显的边界，形成类似岩石学上的斑晶结构。

3. 褐铁矿和赤铁矿

严格来说，褐铁矿和赤铁矿不是翡翠的共生矿物，而是翡翠形成之后，由于各种地质作用的影响进入翡翠内部形成的次生矿物，同时也是翡翠中“翡色”形成的原因。一般“黄翡”（图5-1-13）是因褐铁矿在翡翠内部分布形成的，而“红翡”（图5-1-14）是因赤铁矿在翡翠内部分布形成的。

第三节 翡翠的物理化学性质

一、化学成分

翡翠的主要组成矿物是硬玉，硬玉的化学式为$NaAlSi_2O_6$。翡翠中可含有少量Ca、Mg、Fe、Cr、Mn、Ti、S、Cl等元素，其中Cr、Fe、Mn等元素对翡翠的颜色和透明度具有重要意义，因为翡翠的颜色主要决定于这些元素的种类和含量。同时这些元素的存在、种类和含量对翡翠的透明度也有一定的影响。例如，Cr元素是产生绿色翡翠的重要元素，但其含量增多时会影响到翡翠的透明度。

二、晶系及结晶习性

翡翠的主要组成矿物硬玉为单斜晶系，通常呈晶质粒状、纤维状、毛毡状集合体。

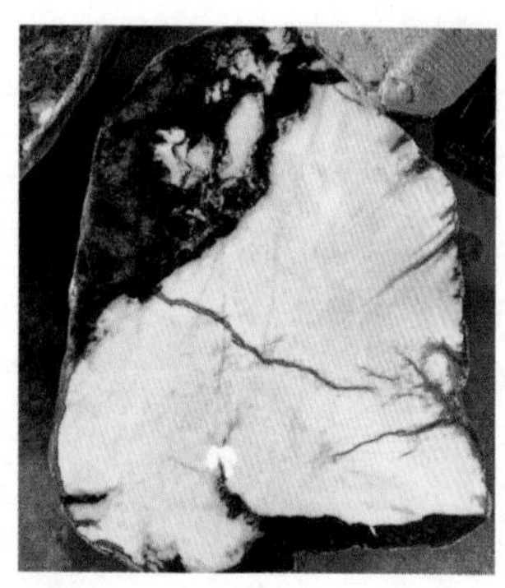

图5-1-9 翡翠毛料中的角闪石黑斑

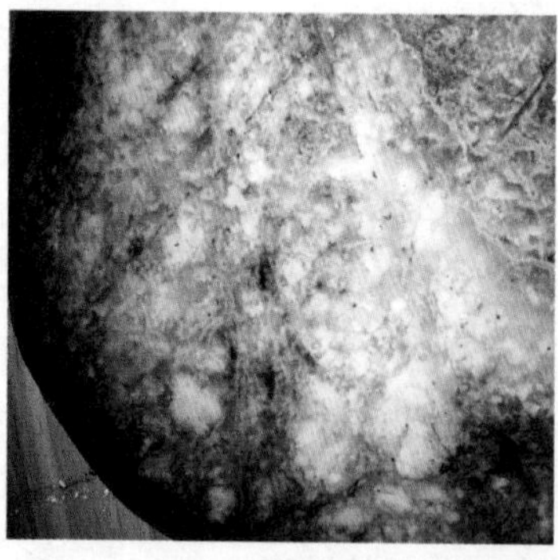

图5-1-10 钠长石和硬玉共生的毛料

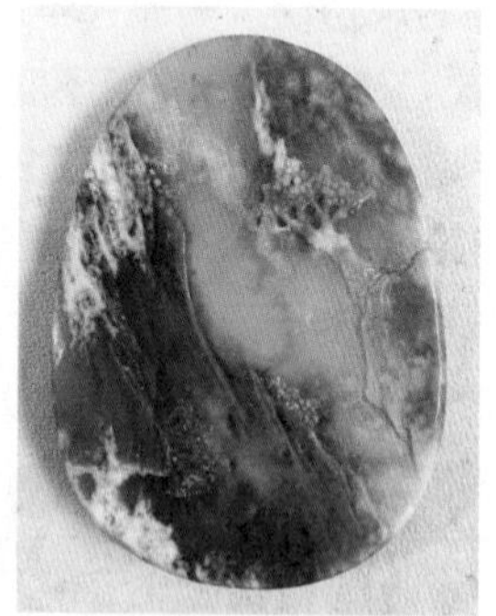

图5-1-11 钠长石和硬玉共生的成品

图5-1-12 “水沫子”

图5-1-13 “黄翡”

图5-1-14 “红翡”

三、结构

翡翠的结构是指组成翡翠的硬玉矿物的颗粒大小、形态及其之间的相互关系。翡翠的结构主要由粒状、纤维状的硬玉矿物及少量其他矿物近乎定向排列交织在一起而成，通常称之为纤维交织结构至粒状纤维结构。翡翠的结构对于研究翡翠的意义重大，翡翠的结构决定了翡翠的质地、透明度和光泽。在大多数情况下，翡翠的鉴定也必须借助于对翡翠结构特征的研究。翡翠的结构主要有以下几种：

（一）粒状纤维交织结构

通常主要由硬玉矿物组成，颗粒较粗，边界平直，没有遭受明显的动力变质和蚀变作用。这种翡翠的透明度较差。

（二）纤维交织结构

由于剪切变形作用的影响，较大颗粒破碎成细小颗粒，形成核幔结构；当剪切变形作用足够强烈时，则发展成糜棱-超糜棱结构，矿物颗粒通常高度亚颗粒化，并普遍发生晶界活动，产生波状消光和动态重结晶等现象。这种翡翠矿物颗粒极细，因此透明度高，致密而细腻。高档翡翠多属于此。

（三）交代结构

长柱状和纤维状的角闪石、阳起石、透闪石等常可交代翡翠的硬玉矿物而形成纤维粒状变晶结构，交代强烈的变成纤维状变晶结构，交代作用常降低翡翠的品质。

四、翡翠的光学性质

（一）翡翠的颜色

翡翠的颜色是多种多样的，在很大程度上决定了翡翠的价值。翡翠常见的颜色有：白色、无色、各种不同色调的绿色、红色、黄色、紫色、黑色、灰色、蓝色、蓝绿色等。

1. 按照成因不同分类

翡翠的颜色按照成因不同可分为原生色和次生色。

（1）原生色　翡翠的原生色指组成翡翠的原生矿物所含微量元素产生的颜色。翡翠的颜色中除“翡色（红、黄色）”之外的其他颜色都是原生色，主要有绿色、紫色、灰色、黑色、蓝色、蓝绿色等。

（2）次生色　翡翠的次生色指翡翠在地表或近地表经受表生地质作用，使翡翠的组成矿物分解或半分解，并在各种大小的裂隙、矿物晶粒之间的微裂隙中充填了氧化物、胶质物质、黏土矿物等而形成的颜色。翡翠中的次生色主要有褐黄色、褐红色。

2. 按照色系不同分类

翡翠的颜色按照色系的不同可分为六大色系。

（1）绿色系列翡翠（图5-1-15）翡翠中的绿色是翡翠的主流颜色，翡翠以绿色而名贵，也是决定翡翠价值的最重要因素。“翡翠”一词之中的“翠”就是指绿色，翡翠的绿色由浅至深分为：浅绿、绿、翠绿和深绿色。翡翠的绿色主要由微量的Cr元素类质同象替代引起，含量越高，颜色越深。但随着Cr元素的增加，翡翠的透明度会变差。高档绿色翡翠中Cr元素只能在一个很小的范围波动，所以高档绿色翡翠非常稀少，非常难得。

图5-1-15　绿色翡翠

（2）紫色系列翡翠（图5-1-16）紫色翡翠在行内也称春色翡翠，按其深浅变化可有浅紫、粉紫、紫、蓝紫，甚至近乎于蓝色。紫色翡翠有时也称紫翠，一般认为翡翠呈紫色是因为其中含微量的Mn，但也有专家学者认为紫色翡翠是二价铁和三价铁的电子跃迁致色。紫色翡翠的颜色成因目前在学术界还没有一个统一的认识，还有待进一步的研究。

图5-1-16　紫色翡翠

（3）蓝绿色系列翡翠（图5-1-17） 蓝绿色是翡翠中比较常见的颜色，蓝绿色系列翡翠主要由绿色翡翠到蓝色翡翠之间的一系列过渡色组合而成。从色调上看主要有蓝色、蓝绿色、浅蓝绿色。市场上常见的“油青翡翠”就属于此类颜色的翡翠。

（4）浅色系列翡翠（图5-1-18） 一般成分相对单一，主要由纯的$NaAlSi_2O_6$组成，并且矿物颗粒细腻，结构紧密，矿物颗粒光性趋于一致，透明度好。浅色系列翡翠主要有近无色、白色、非常浅的浅蓝绿色。

（5）黑色系列翡翠 在市场上主要有两种常见的黑色翡翠，一种在普通光源下为黑色，强光源照射则呈深墨绿色的翡翠，主要由于过量的Cr、Fe等元素造成，这些元素通过类质同象替代硬玉中的Na和Al而形成绿辉石，市场上常见的墨翠就属此种黑色翡翠（图5-1-19）。另一种是由于含有大量的角闪石等暗色矿物而整体看起来呈深灰至灰黑色的翡翠（图5-1-20）。

（6）翡色系列翡翠 主要有黄色翡翠和红色翡翠，黄色和红色是次生颜色，商业中称之为“翡”。当白色、紫色或绿色翡翠形成后，由于受风化作用，形成赤铁矿或褐铁矿沿翡翠颗粒之间的缝隙或解理慢慢渗入而成。一般黄色翡翠（图5-1-21）多为褐铁矿所致，红色翡翠（图5-1-22）为赤铁矿所致。

（7）多种颜色组合翡翠 大多数翡翠饰品都有各种颜色组合而成，在民间和商业上常用“黄加绿”“春带彩”“福禄寿喜”“五福临门”等来形容翡翠的各种不同颜色的组合。

①“黄加绿”（图5-1-23） 又称“红翡绿翠”，是多色翡翠中最常见的一种颜色组合。翡翠一词的含义就来源于“红为翡、绿为翠”，所以翡红与翠绿的同时出现无疑是最名正言顺的翡翠了。优质的红翡绿翠更是具有相当收藏价值的翡翠品种。

②“春带彩”（图5-1-24） 顾名思义，“春带彩”是指紫春与绿翠分布于同一块翡翠饰品上。紫春与绿翠本来就是翡翠中价值比较高的两种，两种颜色同时出现在同一块翡翠饰品上无疑会大大提升翡翠的价值。但美中不足的是，因春色翡翠一般质地都较粗，且春色和绿色两种颜色搭配很难同时鲜艳明快，优质的“春带彩”的翡翠非常稀少，所以质量非常好的“春带彩”具有较高的收藏价值。

③“福禄寿喜”（图5-1-25） 在民间“福禄寿喜”本来就有用四种颜色来表示的传统，“福”用红色来代表，有“福运、福气、幸福”等寓意；“禄”用绿色来代表，有“财富和功名利禄”的寓意；“寿”用黄色来代表，有“平安、长寿”的寓意，寿是“福禄喜”的基础，人们只有长寿安康，才谈得上其他追求；“喜”用紫色来代表，“喜”在中国吉祥文化中意义最为广泛。

图5-1-17 蓝绿色翡翠

图5-1-18 浅色翡翠

图5-1-19 墨翠

图5-1-20 黑色翡翠

图5-1-21 黄色翡翠

图5-1-22 红色翡翠

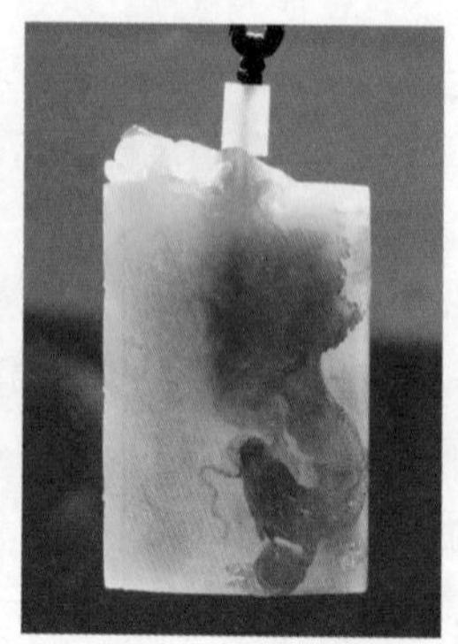
图5-1-23 “黄加绿”

图5-1-24 “春带彩”

人人都希望出门见喜，希望好的事情、好运气能时时伴其左右，喜事越多越好。喜也代表了一种心态，渴望生活幸福美满，男女欢喜，子孙满堂，家庭融洽。“福禄寿喜”在翡翠行业是四色翡翠的代名词，其颜色组合为“红、黄、绿、紫”或“红、绿、紫、白”出现在同一件翡翠上，业内就称为“福禄寿喜”翡翠，是多色翡翠品种中颜色最丰富的一种。可是在一件翡翠中同时见到四种颜色的组合非常少见，所以又把三种颜色组合的翡翠称为“福禄寿”翡翠，如“红、绿、紫”“红、黄、绿”和“黄、绿、紫”等颜色组合同时出现在一件翡翠上。一般来说，多种颜色组合在一起形成的翡翠饰品非常稀少，这类翡翠往往具有非常高的收藏价值。

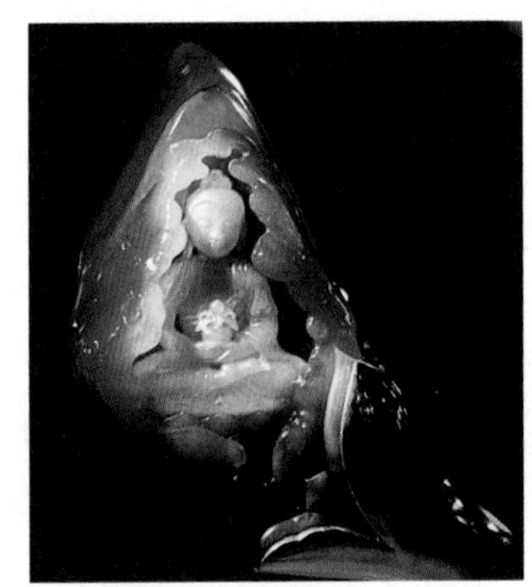

图5-1-25 “福禄寿喜”

（二）透明度及光泽

翡翠的透明度称“水”或“水头”，决定于组成翡翠矿物的颗粒大小、排列方式等。翡翠一般为半透明至不透明，极少为透明。透明度越高，水越足，价值越高。翡翠一般为玻璃光泽、亚玻璃光泽，也有些翡翠显油脂光泽，某种程度上也取决于组成翡翠矿物的颗粒大小、排列方式以及翡翠的抛光程度等，另外还取决于Cr元素的含量，据袁心强著《应用翡翠宝石学》一书中介绍，当Cr_2O_3的含量低于1%时，硬玉是透明的绿色，并且在岩矿薄片中呈无色状，组成翠绿色的优质翡翠的硬玉。其Cr_2O_3的含量多在0.4%～0.7%。但是当硬玉中Cr_2O_3含量高于1%时，虽然翡翠还是翠绿色，但其透明度就会受到很大的影响。例如，市场上常见的“干青”就是由于大量的Cr元素替代Al元素而使翡翠中的Cr元素含量很高，翡翠变得很绿但很干，没有透明度。另外，翡翠的透明度与结构和光泽之间还存在一定的关系，一般来说，翡翠组成成分越单一，矿物颗粒越细，结构越紧密，则透明度越好，光泽越强；组成成分越复杂，颗粒越粗，结构越松散，则透明度、光泽越差。另外，翡翠中含有过量的Fe、Cr等微量元素时，透明度变差，甚至变得不透明。

（三）折射率

翡翠的折射率为1.666～1.680，点测法为1.65～1.67，一般为1.66。但Fe、Cr等微量元素的存在会使翡翠的折射率高于1.66。“墨翠”和“干青”的折射率也高于1.66。

（四）光性特征

翡翠主要由单斜晶系的硬玉矿物组成，硬玉为单斜晶系，二轴晶，正光性。翡翠为非均质集合体。

（五）吸收光谱

绿色翡翠主要由铬致色，因而显典型的铬光谱，表现为在红区（690，660，630nm）具吸收线。所有的翡翠因为含铁，因而在437nm处有一诊断性吸收线。绿色翡翠的吸收光谱图见图5-1-26。

图5-1-26 绿色翡翠的吸收光谱

（六）发光性

翡翠的发光性主要是指翡翠在紫外荧光灯下是否发光的特性。绝大多数天然翡翠在紫外荧光灯下无荧光，少数绿色翡翠在紫外荧光灯下有弱的绿色荧光。白色翡翠中若有长石，经高岭石化后在紫外荧光灯下可显弱的蓝色荧光。另外一些种粗、色浅的翡翠在紫外荧光灯下可能会有弱的蓝白色荧光。

五、力学性质

（一）解理

翡翠的主要矿物硬玉具两组完全解理，并且可有简单双晶和聚片双晶，解理面和双晶面的星点状、片状、针状闪光在翡翠行业中称之为“翠性”，在云南也被称为“苍蝇翅膀”或“沙星”。翡翠的“翠性”是鉴定翡翠与相似玉石的重要特征。通过观察翡翠的“翠性”可以据此与其他相似玉石和仿冒品区别开来。

需要注意的是：翡翠的“翠性”不是在所有翡翠中

都能见到，一般在翡翠毛料的刀截面上容易看到，成品不容易观察，种细的翡翠不容易观察，种粗的翡翠容易看到。

（二）硬度

翡翠的硬度为6.5～7.0，并且具有差异硬度性质，由于差异硬度使得翡翠具有“微波纹”效应，又称为橘皮效应。

颗粒较粗的抛光良好的翡翠表面常出现“微波纹”。这是由于长柱状、束状略具定向分布的硬玉颗粒间硬度差异造成的，在翡翠抛光过程中硬度稍高的方向会抛得慢一些而稍稍凸起，硬度稍低的方向会抛得慢一些而稍稍凹陷，形成了一个个连续、平滑起伏的凸起与凹陷。这种现象类似于橘皮，看似凹凸不平，有一个个凸起与凹陷，但又是光滑的，因此称为“橘皮效应”，是翡翠内部结构的外在反映。图5-1-27为“橘皮效应”放大图。

需要注意的是：在酸洗注胶翡翠（B货翡翠）也能观察到“橘皮效应”。

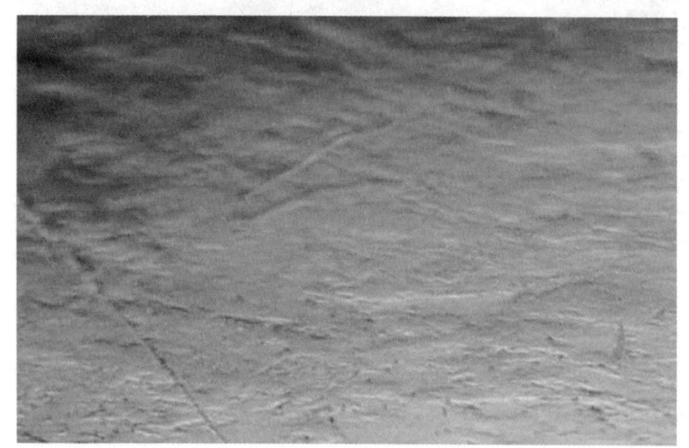

图5-1-27 “橘皮效应”

（三）密度

翡翠密度为3.30～3.36g/cm^3，随Cr、Fe等含量多少而有所变化。另外翡翠的密度会因其他共生矿物的存在以及含量的多少而在一个较大的范围内变化。由于翡翠的矿物组成除硬玉矿物还有其他矿物，所以硬玉矿物和其他矿物的比例就直接影响到翡翠的比重值，在实际工作中检验人员在使用比重鉴定翡翠时应充分考虑到这个影响因素。

第四节 翡翠优化处理及鉴定方法

一、翡翠的优化处理方法

翡翠的优化处理方法伴随着翡翠进入中国以来，已经经历了近百年的历史，改革开放后随着珠宝产业以及经济和科学技术飞速的发展，翡翠的优化处理方法也得到了很大的发展，发展出了很多可以以假乱真的优化处理方法。各种所谓的“B货”“C货”大量充斥市场，使很多消费者甚至是从事珠宝行业的商家受到很大损失，所以翡翠的优化处理方法及其鉴定就显得尤为重要，特别是翡翠“B货”“C货”的鉴定一直以来都是珠宝鉴定领域的重点和难点。

目前在市场上常见的翡翠的优化处理方法主要有：浸蜡处理、热处理、覆膜处理、轻微漂白处理、酸洗注胶处理（也称漂白、充填处理）、染色处理、酸洗+注胶处理+染色处理。

在市场上为区分天然翡翠和优化处理翡翠常用“A货”“B货”“C货”“B+C货”等俗称来表示。所谓的“A货”（图5-1-28）是指只经过物理加工，未经化学处理的纯天然翡翠饰品。“B货”（图5-1-29）是指经过漂白、充填处理的翡翠，也称为酸洗注胶处理的翡翠。“B货”翡翠最先出现在20世纪70年代末80年代初的中国香港市场，行业上称之为“冲凉货”或“洗澡货”，后来称为“B货”，这种处理方法可以看作是传统加工工艺中的“过酸梅汤”和川蜡的发展。用强酸代替杨梅，用树脂代替川蜡。“C货”是指经过染色的翡翠。“B+C货”（图5-1-30）是指经过漂白、充填和染色的翡翠。

（一）翡翠的浸蜡处理

浸蜡处理是翡翠加工过程中的常见工艺，在翡翠加工过程中最后一道工艺就是给加工好的翡翠成品进行浸蜡处理，行话也称“打蜡”。对翡翠成品进行浸蜡处理的目的主要是掩盖翡翠表面及加工过程中留下的微小裂纹，从而增加翡翠表面的光泽度和透明度。轻微的浸蜡处理不影响翡翠的内部结构，属于“优化”范畴。种粗的翡翠经过浸蜡处理后光泽增强的效果比较明显，但是种粗的翡翠在浸蜡的过程中特别是用煮蜡的工艺进行处理时会使蜡的液体过多地浸入到翡翠内部，从而破坏翡翠原有的内部结构，属于处理范畴，在鉴定时可能会被鉴定为“处理”翡翠，即俗称的“B货”。

浸蜡处理方法一般是将翡翠成品放入蜡的液体中，

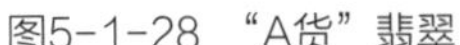
图5-1-28 "A货"翡翠

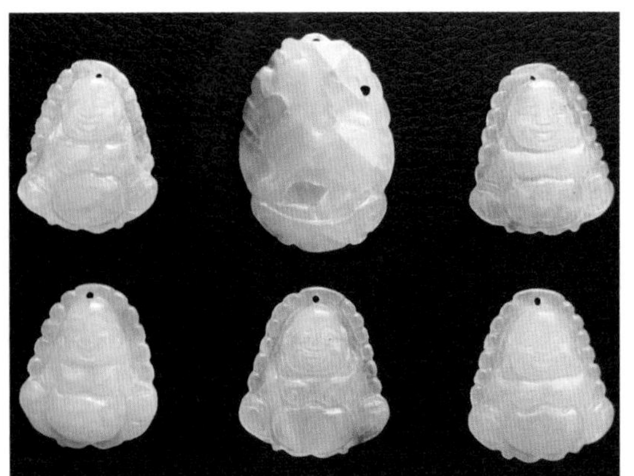
图5-1-29 "B货"翡翠

图5-1-30 "B+C货"翡翠

稍稍加温、浸泡，使蜡的液体沿裂隙和微小缝隙渗入，经抛光后增加翡翠成品的光泽和透明度，掩盖翡翠表面的微小缝隙。

对翡翠成品进行浸蜡处理只是暂时掩盖了较为明显的裂纹，增加了光的折射和反射能力，同时使翡翠光泽和透明度有所提高。但随着时间变化，蜡会发生老化或遇到高温熔化，从而降低翡翠饰品的光泽和透明度，所以浸蜡处理翡翠耐久性较差。

（二）翡翠的热处理

热处理（图5-1-31）是通过加热促使翡翠内部的二价铁离子发生氧化作用转化为三价铁离子的处理方法。通过对翡翠进行加热，使黄色、棕色、褐色的由二价铁离子组成的褐铁矿转变成鲜艳红色的由三价铁离子组成的赤铁矿。

一般的翡翠热处理的程序是：选料（黄色、棕色、褐色）→清洗→加热→冷却。首先将待热处理的翡翠清洗干净后放入加热炉中加热，加热温度不能太高，升温速度要缓慢，并将待处理的翡翠悬空吊在加热炉中。精确控制升温速度，当翡翠颜色转变为猪肝色时，开始缓慢降温，冷却之后翡翠就呈现红色。为获得较鲜艳的红色，可进一步将翡翠浸在漂白水中，氯化数小时，增加翡翠的艳丽程度。

热处理的红色和黄色翡翠与天然红色和黄色翡翠的形成原理基本相同，所以其与天然红色和黄色翡翠具有基本相同的耐久性。所不同的是加热过程加速了褐铁矿失水的过程，使其在炉中转变成了赤铁矿。从外观而言，天然红色翡翠稍微透明一些，而加热的红色翡翠则有干的感觉。经热处理的翡翠其基本性质与天然翡翠基本相同，常规方法不易鉴别。

在国家标准中翡翠的热处理定义为"优化"。

（三）翡翠的覆膜处理

覆膜处理（图5-1-32）主要用来改变翡翠的颜色，一般用绿色高挥发性的高分子材料，用刷子将指甲油状的物质均匀地涂抹在翡翠的表面，绿色高分子材料挥发

图5-1-31　翡翠热处理

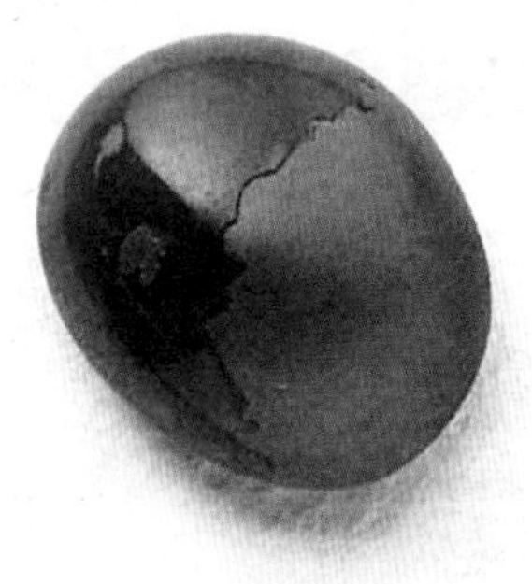
图5-1-32　覆膜处理翡翠

凝固形成附着在翡翠表面的绿色薄膜。从而使翡翠看起来整体呈绿色。这种覆膜处理的翡翠主要用于对翡翠戒面的处理。由于薄膜层的硬度很低，与翡翠之间的黏合力又很弱，非常容易脱落，耐久性很差，在国家标准中翡翠的覆膜处理定义为“处理”，一般不适合用来佩戴和使用，所以这种处理的目的就是蒙骗珠宝消费者。

（四）翡翠的轻微漂白处理

轻微漂白处理也是珠宝优化处理的常用方法，能够去除珠宝表面的一些杂质，改善珠宝的表面特征。针对翡翠的轻微漂白处理主要是去除翡翠表面Fe、Mn等杂质造成的黑、灰、褐、黄色，使翡翠表面变得干净。这种对翡翠进行轻微漂白处理的方法，没有外来物质的进入，对翡翠内部结构也没有产生很大影响，在行业中一般认为是一种优化方法。在传统的玉器加工中也将这种用化学方法对翡翠轻微漂白处理的方法称为“过酸梅汤”，行业中也称为给翡翠“洗澡”。现在市场上很多翡翠在销售前都会做轻微的漂白处理以增添美观性。这种方法处理的翡翠没有破坏内部结构也没有外来物质进入，不会影响其耐久性。在国家标准中翡翠的轻微漂白处理定义为“优化”。

（五）翡翠的漂白、充填处理

1. 漂白、充填处理概述

漂白、充填处理（图5-1-33）业内也称为翡翠的酸洗、注胶处理，是对翡翠进行漂白、酸洗后再充填注胶的处理方法，处理后的翡翠在行业内也称为“B货”。传统的翡翠制造工艺中对已切磨成型的翡翠制品过酸炖蜡，其目的是改善其表面特征，并未破坏翡翠的内部结构。而翡翠漂白、充填处理主要是去除翡翠中影响颜色和透明度的杂质，充填和掩盖翡翠中的裂隙以及酸洗后留下的缝隙，严重地破坏了翡翠原有的内部结构。在国家标准中将用这种方法处理的翡翠定义为“处理”。

2. 漂白、充填处理翡翠的加工工艺

漂白、充填处理翡翠的加工工艺在业界一直都处于保密状态，制作漂白、充填处理翡翠的加工厂的加工工艺都是对外保密的，所以在业界漂白、充填处理翡翠的加工工艺一直保持着神秘色彩。一般情况，漂白、充填处理翡翠的加工工艺主要有以下几个步骤：

（1）选料　进行漂白、充填处理的翡翠一般选择中低档、中粗粒结构和裂隙多的翡翠。如豆种、花青种，狗屎地（猫豆种）、马牙种、白地青、紫罗兰等原料，而纤维状细粒结构和裂隙很少的翡翠一般不适合做“B货”处理。对于进行处理的手镯原料，需用耐酸耐碱的不锈钢丝捆扎固定，其目的是防止镯料在处理过程中相互碰撞，特别是处理后手镯料结构松化，易造成破碎。

（2）翡翠原料粗加工　粗加工一般是将准备进行漂白、充填处理的翡翠原料根据加工要求切片的步骤，在酸洗前先将翡翠原料切片是为了在酸洗、漂白处理过程中将翡翠原料处理得更彻底。

（3）漂白（酸洗）工艺　漂白（酸洗）工艺是将粗加工后的翡翠原料放入浓硫酸、浓硝酸和氢氟酸混合液中加热。温度范围在90～100℃，如果温度大于100℃，酸液沸腾，极易挥发，短时间内酸液即失去作

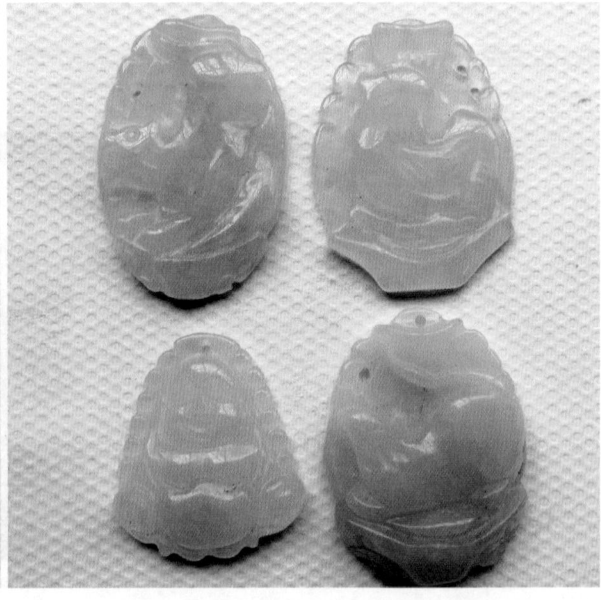

图5-1-33　漂白、充填处理翡翠

用。而在90℃左右温度下既可以加快反应速度，发挥酸液与翡翠中亚铁离子和铁离子的作用去除黄色和脏底，又可以减少挥发，延长酸液的使用期限。反应一段时间以后，从酸液中取出翡翠原料放入清水中，提高温度，沸腾后取出，重新换上清水，再加热至沸腾。如此重复3～4次，目的是清洗掉渗入翡翠中的酸液，由于翡翠晶粒之间或裂隙中的着色物质被酸溶解带走，从而使翡翠底色发白、发干、不透明，这时翡翠内部结构已受到酸液的强烈破坏，酸洗后的翡翠原有的内部特征已经和处理前翡翠的内部特征不一样了。

（4）弱碱中和处理工艺　弱碱中和处理工艺是将经漂白（酸洗）工艺处理后的翡翠原料用清水洗涤后放入弱碱溶液中加热至90℃左右，中和翡翠原料内部的残留酸液，同时在强碱的作用下，翡翠内部的裂隙加速扩大，从而进一步松化了翡翠结构，上述酸处理和碱处理的过程重复进行多次，可根据原料颗粒度的大小或结构的致密程度进行调整，一般为期十天不等。由于翡翠的矿物结构组成不尽相同，酸处理时，翡翠样品酸蚀速度和处理效率有很大的不同。有些翡翠甚至在酸处理后也不适合充填。一般来说，杂质越多，酸蚀速度越快，所需处理时间越短。同时，翡翠结构的松化和被破坏程度与原来翡翠的结构致密程度有关，也与强酸强碱的浓度和处理时间的长短有关。如果原来晶粒较细而致密的翡翠原料浸泡的时间越短，其结构受到破坏程度就越轻；如果原来的结构较粗而松散，加上处理的时间又较长，其结构受到的破坏就较强。处理过程中由于酸碱溶液在反应温度下易挥发，换液次数多，酸碱溶液浓度高，成本就提高了。但处理时间可相应缩短；反之换液次数少，成本相应降低。酸碱溶液因挥发而浓度降低导致处理时间延长。因此，为了达到净化松化翡翠原料的目的，必须根据待处理原料选择经济合理的酸碱浓度、换液次数、处理温度及处理时间。

经过反复酸碱处理后的翡翠结构非常疏松，轻触即有颗粒脱落，因此钢丝捆扎有效地减少了镯料的破碎率。

（5）清洗、烘干　经过酸碱溶液处理的翡翠用清水清洗干净后再放入烘箱中烘干就可以进行充填（注胶）处理了。

（6）充填（注胶）　经酸碱溶液处理的翡翠内部结构疏松，翡翠颗粒之间的缝隙被酸碱溶液腐蚀后扩大，充填树脂是为了胶结已成为松散状的翡翠颗粒，提高其强度，同时增强处理后的翡翠的透明度。将待充填（注胶）处理的翡翠放入高压釜中。密封后抽真空，然后将环氧树脂和固化剂二乙醇胺以一定比例混合，加热降低其黏度，然后加入高压釜中。此时继续保持抽真空状态一段时间，然后关闭真空泵，恢复常压，再在高压釜内加入一定压力。其目的是使树脂完全进入翡翠松化的结构中。取出翡翠原料，加热至其表面固化即完成充填（注胶）处理过程。处理后的材料可进行抛磨成型、雕刻等后期工序。

（7）打磨、抛光　经过漂白、充填处理的翡翠原料就可以根据实际需要经雕刻、打磨、抛光等工艺后加工成各种不同的“B货”翡翠饰品了。

翡翠在漂白、充填处理后其外部特征和内部结构都发生了很大变化，其内部结构受到破坏，翡翠原有物化性质和光学性质都会发生一定变化，且充填物多为有机充填物，这些有机充填物经过一段时间后会发生老化现象，所以随着时间推移，翡翠的光泽、颜色、“水头”等均会发生变化，影响了翡翠的耐久性。在国家标准中翡翠的漂白、充填处理定义为“处理”。

（六）翡翠的染色处理

珠宝玉石的染色（图5-1-34）是最原始、最易制作的一种珠宝玉石优化处理方法。对珠宝玉石进行染色处理的历史悠久。翡翠的价值主要取决于颜色，颜色越鲜艳、越浓艳价值就越高。但大多数的翡翠原料都是白色或浅色的。对无色或浅色翡翠进行染色可以使其颜色变成绿色、红色或紫色等各种颜色。对翡翠的染色伴随着翡翠的发现和使用而产生，随着科学技术的发展染色技术也越来越成熟。

图5-1-34　染色处理翡翠

一般来说，染色处理是把这些原来无色或浅色的翡翠，通过人为方法使颜料浸入翡翠内部，使无色或浅色翡翠的颜色变成绿色、红色或紫色，用以仿冒高品质的翡翠。染色的翡翠在业内也称为“C货”。

对翡翠进行染色基本都是使用化学染料或矿物染料，民间谣传的激光染色在翡翠的染色处理中是不存在的，其染色的步骤主要有以下几步：

（1）选料和处理　用于染色的翡翠一般要挑选有一定缝隙，颗粒为中、粗粒结构的翡翠作为染色原料。用稀酸轻微酸洗，除去表面的油污和杂质，并轻微扩大翡翠颗粒之间的缝隙以利于染料进入翡翠内部，然后放入烤箱式炉子中加热烘干。烘干后把翡翠浸泡到准备好的染料溶液中，加热烧煮以加快染料溶液浸入翡翠的速度。

（2）用于染色的染料种类很多，要挑选不易褪色，颜色与天然翡翠相似，又容易浸入翡翠内部的染料。

（3）翡翠在染料溶液中一般要浸泡一周至数周，浸泡的时间视翡翠的大小和质地而定。经烘干使染料沉淀在翡翠孔隙中，最后再进行炖蜡保护，使之不易再被水溶解。

经过染色处理的翡翠耐久性差。因为着色剂没有进入晶格，而是存在于颗粒之间的缝隙中。而用于染色的染料多为有机染料和矿物染料，当染色翡翠受到光线的长期照射、酸碱溶液的侵蚀、受热，甚至空气的氧化作用时，这些染料就会褪色，原本具有鲜艳颜色的翡翠就会发生褪色，甚至变为无色。在国家标准中翡翠的染色处理定义为“处理”。

（七）翡翠的漂白充填、染色处理

目前市场上大多数染色翡翠均是在漂白、充填过程中直接在有机胶中放入染料一起充填到翡翠内部，从而达到染色的目的。漂白充填、染色处理的翡翠在行业内俗称“B+C货”（图5-1-35），翡翠经过酸洗后形成多孔的白渣状；对已经呈疏松状的翡翠上色，可以用浸泡到染料溶液中的方法，可用毛笔涂色的办法，可以在所需要的地方涂色，可以在手镯上涂成色带，可以涂上多种不同的颜色，还可以在浅绿的翡翠上加色使之更为明显，然后进行充胶固化。

图5-1-35　“B+C货”

目前在文玩、古董市场上经常能见到用漂白、充填、染色处理后的翡翠再经过做旧处理用于假冒古董翡翠（图5-1-36）。这类假货在文玩、古董市场具有很大欺骗性。

最近几年，为迎合人们对荧光翡翠的喜爱，市场上出现了一种漂白、充填荧光粉的“处理”翡翠（图5-1-37），其在充填过程中将荧光粉充填到翡翠内部，用来假冒起荧光玻璃种翡翠，具有很大的欺骗性。

图5-1-36　做旧处理“B+C货”

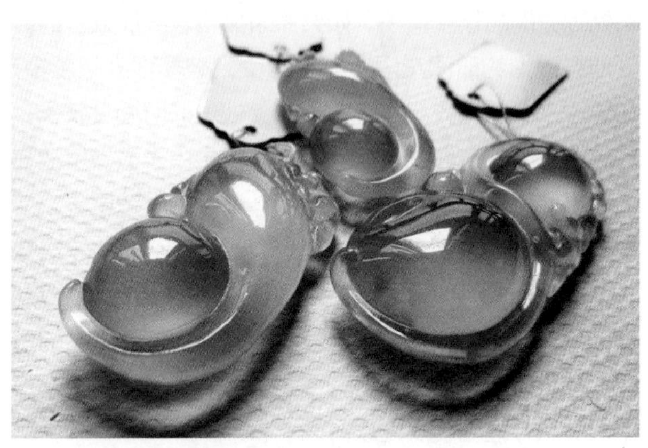

图5-1-37　充填荧光粉“B货”

二、优化处理翡翠的鉴定

（一）浸蜡处理翡翠的鉴定

浸蜡处理是翡翠加工中的常见工序，轻微的浸蜡处理不影响翡翠的光泽和结构，属于优化，不需要对其进行专门的鉴定。但严重浸蜡处理会使蜡的液体浸入到翡翠内部，而且会有过多的蜡残留在翡翠内部，可能被鉴定为“处理”翡翠。目前通过对翡翠的红外吸收光谱进行研究，可以对翡翠内部蜡的含量进行定性分析，从而鉴定翡翠的浸蜡处理属于“优化”翡翠还是“处理”翡翠。

（二）热处理翡翠的鉴定

热处理的红色翡翠与天然红色翡翠的形成原理基本相同，所以其与天然红色翡翠具有同样的耐久性。所不同的是加热处理过程加速了褐铁矿失水的过程，使其在炉中转变成了赤铁矿。从外观而言，天然红色翡翠稍微透明一些，而加热的红色翡翠则有干的感觉。经热处理的翡翠的基本性质与天然翡翠基本相同，常规方法不易鉴别。因国家标准中对翡翠的热处理定义为“优化”，所以无须对翡翠的热处理进行专门的鉴定。

（三）覆膜处理翡翠的鉴定

覆膜处理一般主要用于对翡翠戒面的处理，因为整体覆膜，所以颜色非常均匀，因表面覆着有机膜，所以表面光泽相对较弱，多为树脂光泽。放大观察局部可见气泡并在边缘部位有薄膜脱落的现象。另外因表面的有机膜硬度很低且膜和翡翠之间黏合力很弱，所以放大观察在表面可见到划痕和塑性变形纹。用针触覆膜处理翡翠感觉表面较软，手感较涩。覆膜处理翡翠折射率偏低，点测法为1.56左右（薄膜的折射率）。覆膜处理翡翠的红外吸收光谱在2900～3000cm^{-1}处有较强的吸收。

（四）漂白、充填处理翡翠（B货）的鉴定

漂白、充填处理翡翠的鉴定是珠宝鉴定中比较困难的一个鉴定项目，甚至对于专业人员都是一个难题，漂白、充填处理翡翠可从以下几个方面对其进行鉴定。

1．漂白、充填处理翡翠的结构

漂白、充填处理翡翠内部结构受到强酸的腐蚀和破坏，内部结构变得疏松，注胶之后，由于有外来胶质物进入翡翠内部，翡翠原有的内部特征及光学性质发生了改变，翡翠矿物的颗粒边界变得模糊，通过透射光肉眼或放大镜观察可看到矿物颗粒之间的界线变得模糊不清，同时内部结构也变得模糊；并且由于大量的有机胶进入翡翠内部，“B货”翡翠的底整体泛白。而“A货”翡翠内部结构清晰并且底泛青。由于酸洗后翡翠内部杂质被酸腐蚀，充胶后“B货”翡翠内部一般比较干净。另外漂白、充填处理翡翠由于整体充胶，其内部的种、水趋于一致，变化很小；而天然翡翠在一件饰品上会表现出种、水方面的差异。

仔细比较图5-1-38和图5-1-39可以看出：图5-1-38为一件“B货”翡翠，其整体结构模糊，无颗粒感，基底整体泛白（惨白色），同时种和水基本一致，无明显变化；而图5-1-39为一件“A货”翡翠，其内部结构清晰，矿物颗粒清晰可见，基底整体泛青色调，整个挂件不同部位种、水变化明显。

2．漂白、充填处理翡翠的光泽

漂白、充填处理翡翠一般呈蜡状光泽（图5-1-40），翡翠经强酸碱浸泡处理后，结构变得疏松，表面出现大量溶蚀凹坑，对光线产生漫反射，注入有机充填物后，有机充填物的光泽本来就很低且抛光差，所以“B货”翡翠光泽一般较弱，常有蜡状光泽、树脂光泽或者是玻璃光泽与树脂光泽、蜡状光泽混合。

3．漂白、充填处理翡翠的颜色

漂白、充填处理翡翠由于充填有机胶质物，随着时间推移，有机胶质物与空气中的物质发生反应，使得有机胶质物不断老化，漂白、充填处理翡翠在光泽不断变弱的同时，颜色也会变暗变黄（图5-1-41）。

由于漂白、充填处理翡翠内部结构被破坏，内在原有的光学性质也发生了改变，虽然这漂白、充填处理翡翠的绿色（或者其他颜色）仍为原生色，但经过酸洗、充填后“B货”翡翠的颜色分布没有层次感，有颜色的

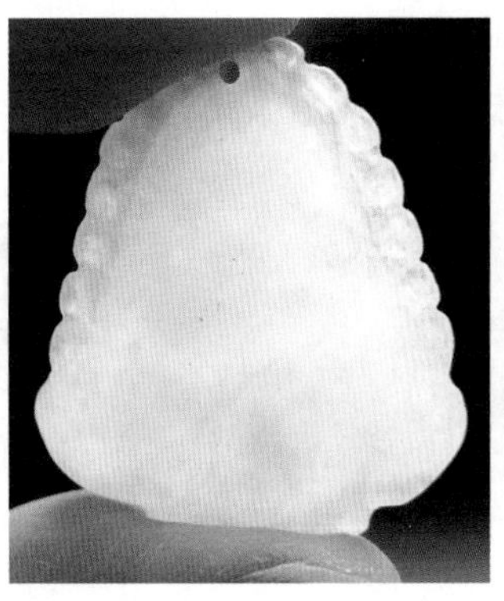

图5-1-38　“B货”翡翠内部结构

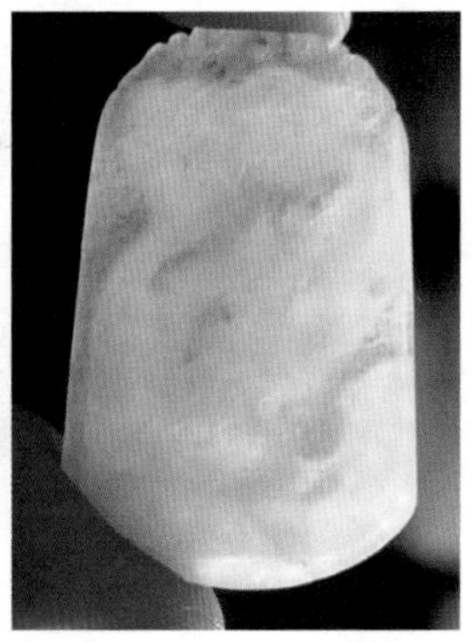

图5-1-39　“A货”翡翠内部结构

图5-1-40　“B货”翡翠的蜡状光泽

颗粒和无颜色的颗粒边界变得模糊不清（图5-1-42），同时经过有机胶质物充填后翡翠基底变白，颜色分布较浮，看起来不自然。而天然翡翠的颜色边界清晰，有色根（图5-1-43）。

4. 漂白、充填处理翡翠的表面特征

（1）酸蚀网纹结构（图5-1-44） 漂白、充填处理翡翠的表面特征最典型的就是酸蚀网纹结构，在鉴定“B货”翡翠时具有一定的鉴定意义。由于漂白、充填处理翡翠颗粒间的缝隙在酸洗过程中被腐蚀并扩大，充胶后胶的光泽与翡翠的光泽不一样，翡翠表面从而呈现出明暗相间的网纹状的结构。

（2）漂白、充填处理翡翠的充胶裂隙 漂白、充填处理翡翠由于充填有机胶，翡翠表面较大的裂隙被胶充填，而胶与翡翠光泽不同，在反射光下通过显微镜可见到裂隙中有有机胶充填，光泽明显偏暗（图5-1-45），在表面上有非常清楚的开放裂隙，延伸到内部的部分却不明显。

（3）漂白、充填处理翡翠的充胶凹坑 由于翡翠中含易受酸碱侵蚀的矿物成分，如铬铁矿、云母、钠长石等，漂白、充填处理过程中这些矿物易被酸溶蚀形成较大的空洞，空洞中填充了大量的树脂胶，在抛光过程中形成了凹坑（图5-1-46）。

5. 漂白、充填处理翡翠发光特性

漂白、充填处理翡翠发光特性是指漂白、充填处理翡翠在紫外荧光灯下是否发光的现象。目前市场上常见的“B货”翡翠充填物为环氧树脂，环氧树脂在紫外荧光灯下会发荧光，所以大多数漂白、充填处理翡翠在紫外荧光灯下会发出蓝白色或者绿色荧光，图5-1-47为“B货”翡翠紫外荧光灯下发出蓝白色荧光的对比照片。但是值得注意的是，在市场上也有少部分“B货”翡翠在紫外荧光灯下无荧光反应。虽然大多数天然翡翠在紫外荧光灯下无荧光反应，但也有少数天然翡翠特别是白色、浅色（图5-1-48）和种粗的翡翠在紫外荧光灯下会有荧光反应。所以应用紫外荧光灯对“B货”翡翠进行鉴定时所观察到的荧光反应现象只起到一个重要的提示作用，要判断是否为“B货”翡翠需结合其他鉴定方法进行最终确认。

在观察翡翠的发光特性时还需注意，观察前应清洁翡翠，使表面保持干净，特别是翡翠凹陷部位经常会有杂质富集而在紫外荧光灯下发出荧光，影响观察。另外，有些天然翡翠的裂隙部位在紫外荧光灯下有时也会出现荧光反应。

同时还需要注意部分经过染色处理的“B+C货”翡翠，由于染料会抑制荧光的发生，这部分“B+C货”翡翠，在紫外荧光灯下无荧光反应。图5-1-49中“B+C货”翡翠戒面在紫外荧光灯下无荧光反应，而“B货”翡翠出现明显的荧光反应，发出绿色强荧光。

图5-1-41 “B货”翡翠变暗变黄

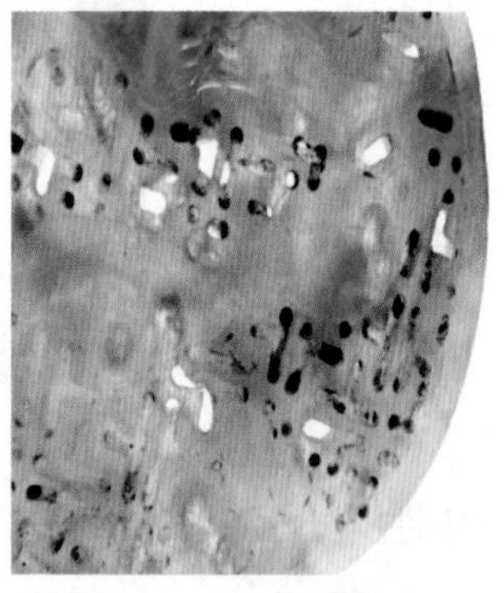

图5-1-42 “B货”颜色边界模糊

图5-1-43 “A货”颜色边界清晰

图5-1-44 “B货”翡翠表面酸蚀网纹结构

图5-1-45 “B货”翡翠充胶裂隙

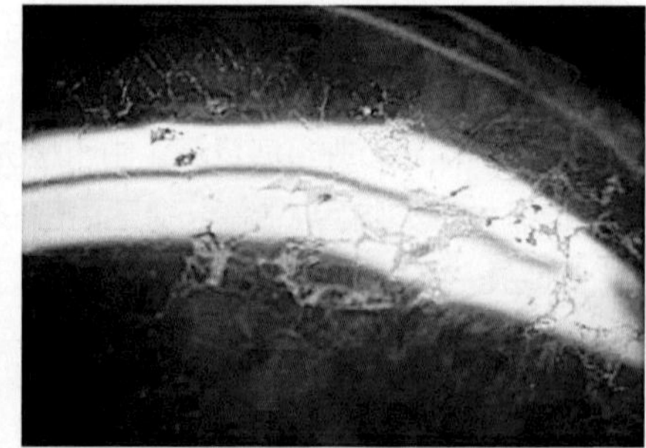

图5-1-46 “B货”翡翠充胶凹坑

图5-1-47　“B货”翡翠紫外荧光灯下发光特性

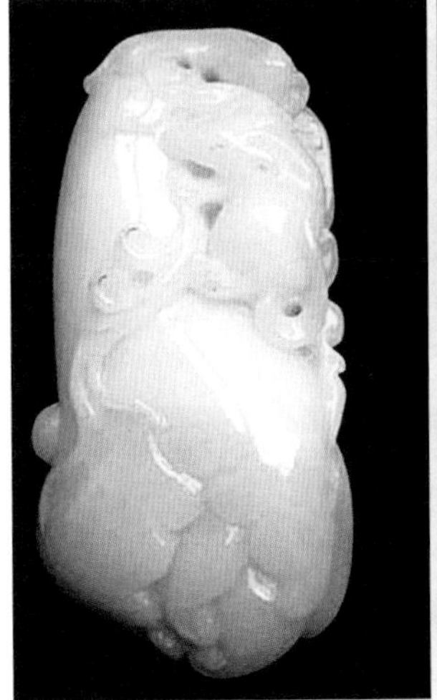
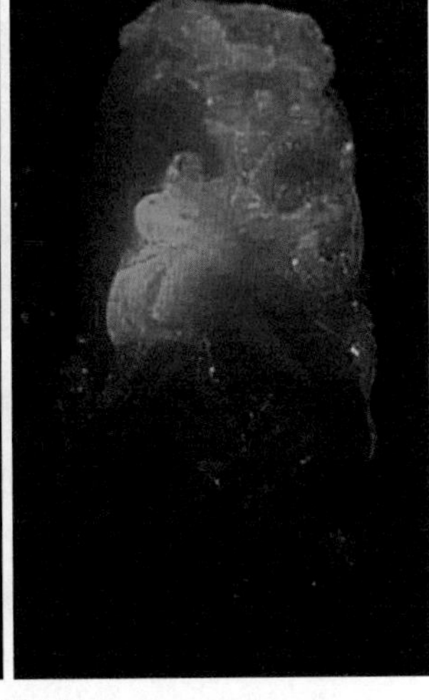
图5-1-48　浅色天然翡翠的荧光反应

6. 敲击声音测试

经过漂白、充填的翡翠，其内部结构被破坏，矿物颗粒间被有机胶充填。所以声音在翡翠内部的传播受到影响，因此轻轻敲击后发出沉闷的声音，与天然翡翠清脆之声有明显的区别，但应注意此方法主要适于翡翠手镯的鉴别，而且敲击声音测试只能作为一个判断依据，不具有决定性的鉴定意义。而现代漂白、充填处理技术越来越先进，使得部分漂白、充填翡翠手镯声音也很清脆，同时部分天然翡翠手镯由于种差也会出现声音沉闷的现象。

7. 比重测试

漂白、充填处理翡翠由于有胶质物的充填，所以相对密度一般小于天然翡翠，在比重3.33的二碘甲烷重液中上浮（图5-1-50）。而天然翡翠一般会悬浮（图5-1-51）。应注意部分天然翡翠由于含较多的其他矿物成分，比如含较多的钠长石，也会在比重3.33的二碘甲烷重液中上浮。

8. 漂白、充填处理翡翠的红外吸收光谱

目前应用红外吸收光谱对翡翠进行鉴定是鉴定实验室通用的做法，红外吸收光谱对天然翡翠和“B货”翡翠的鉴定具有决定性的鉴定性意义。应用红外吸收光谱反射法和透射法能够准确地鉴定翡翠与其他相似玉石，

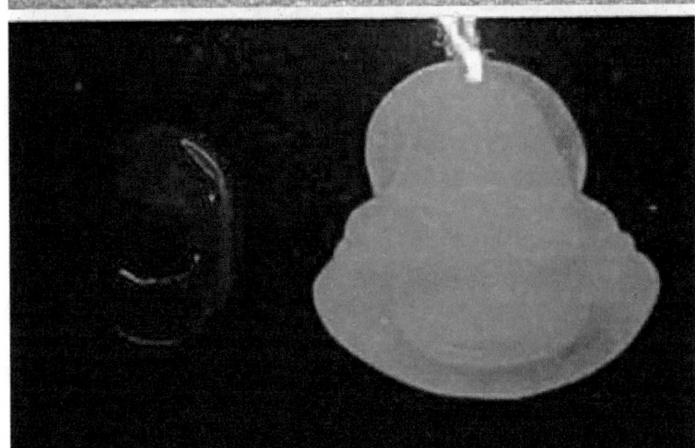
图5-1-49　“B货”和“B+C货”荧光反应

图5-1-50　“B货”翡翠在二碘甲烷重液中上浮

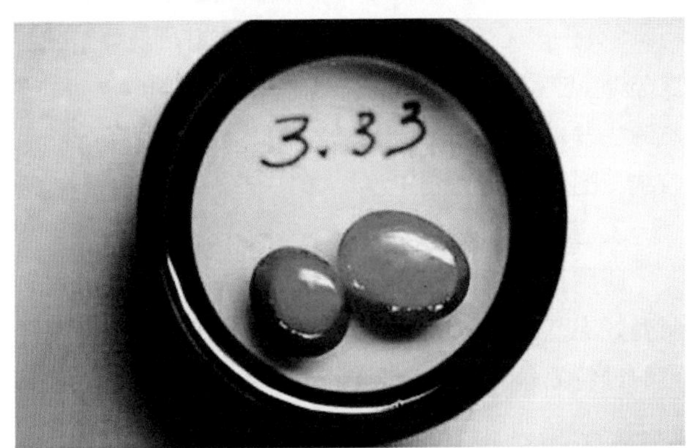

图5-1-51　天然翡翠二碘甲烷重液中上浮

同时能够准确鉴定经过漂白、充填处理过的翡翠。

图5-1-52为“B货”翡翠和天然翡翠红外吸收光谱对比图，红色曲线为“B货”翡翠红外吸收图谱，蓝色曲线为天然翡翠红外吸收图谱。图谱中可看到“B货”翡翠在3050nm^{-1}附近有烯基吸收峰，即胶的吸收峰，而天然翡翠在此无吸收峰。在“B货”翡翠充填较多的胶质物时还会出现由2430，2485，2540，2590nm^{-1}的4个吸收峰组成的像手指形状的吸收峰。另外在红色曲线中看到的2800～3000nm^{-1}的多个吸收峰为过多的蜡浸入翡翠内部形成的蜡的吸收峰。在天然翡翠中如浸入过多的蜡也会在这个区域出现吸收峰。

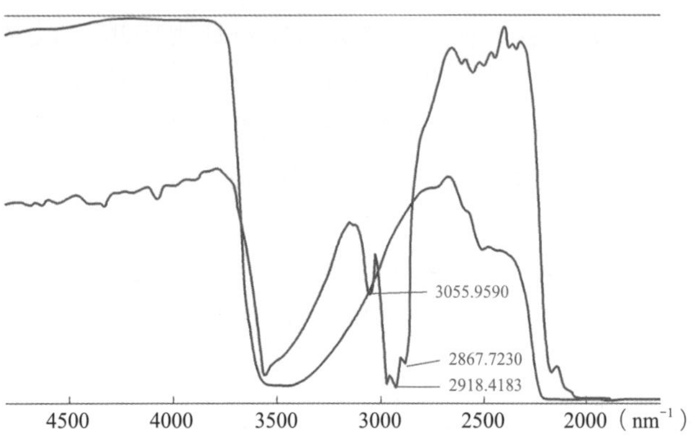

图5-1-52 “B货”翡翠和天然翡翠红外吸收光谱对比图

（五）染色处理翡翠（C货）的鉴定

1. 放大检查

利用放大镜或显微镜观察翡翠内部颜色分布状况，从而对翡翠是否经过染色进行鉴定。

由于染色翡翠染料只能沿翡翠颗粒边缘或裂隙进入翡翠，染料不可能进入翡翠晶体颗粒内部，所以放大后可观察到染料沿着翡翠颗粒边缘或裂隙呈丝网状分布，在裂隙较大的位置可见染料富集的现象（图5-1-53）。

2. 染色处理翡翠的分光光谱特征

市场上染绿色的翡翠大多是使用铬盐染料对翡翠进行染色，所以在分光镜下对染绿色翡翠进行观察，在红区650nm位置呈现一条宽的吸收带（图5-1-54），而天然绿色翡翠在红区呈现出630，660，690nm三条细的吸收线（图5-1-55）。

3. 查尔斯滤色镜检查

应用查尔斯滤色镜对染绿色翡翠进行鉴定曾经是非常有效的鉴定方法，之前染绿色翡翠用查尔斯滤色镜观察时绿色部分会在查尔斯滤色镜下变红（图5-1-56），而天然绿色翡翠绿色部分在查尔斯滤色镜下不会变色（图5-1-57），仍显绿色。但随着染色技术的发展和所使用染料的不同，应用查尔斯滤色镜对染绿色翡翠进行鉴定变得非常复杂，目前染色所使用的染料主要有有机染料和无机染料，一般情况下使用无机染料染绿色的翡翠在查尔斯滤色镜下绿色部分会变成红色，使用有机染料染绿色的翡翠在查尔斯滤色镜下不会变色，仍显绿色。但如果观察到绿色翡翠在查尔斯滤色镜下绿色部分变成红色，那么可以确定是染色翡翠。

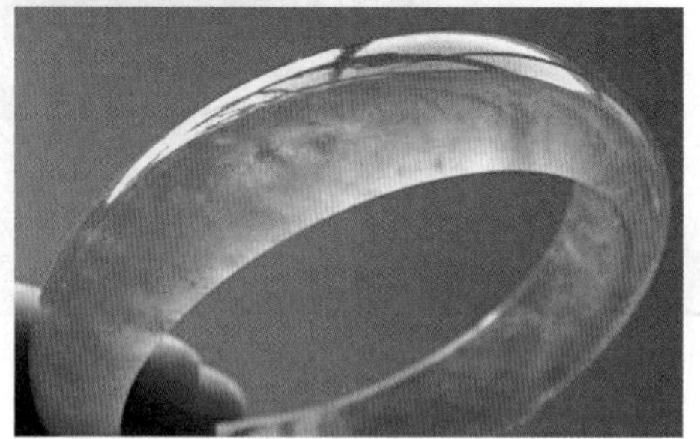
图5-1-53 颜色呈丝网状分布及裂隙处染料富集现象

图5-1-54 染绿色翡翠的吸收光谱

图5-1-55 天然绿色翡翠的吸收光谱

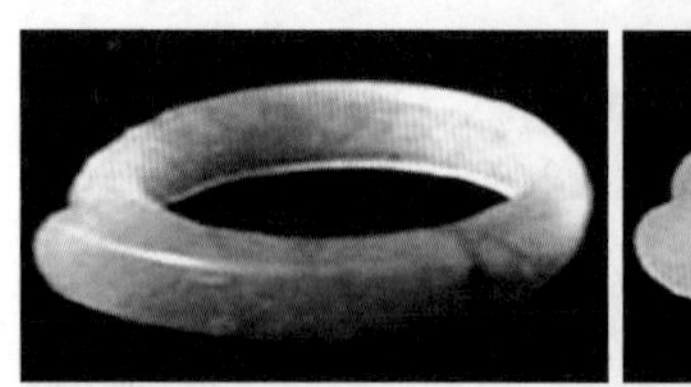
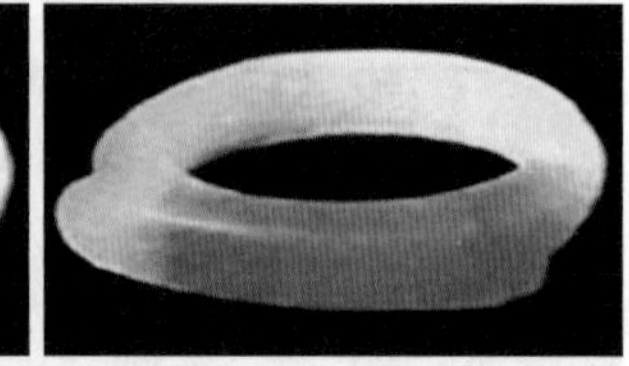
图5-1-56 染绿色翡翠绿色部分在查尔斯滤色镜下变红

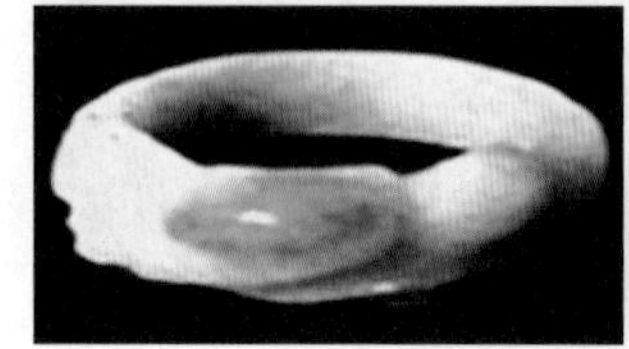
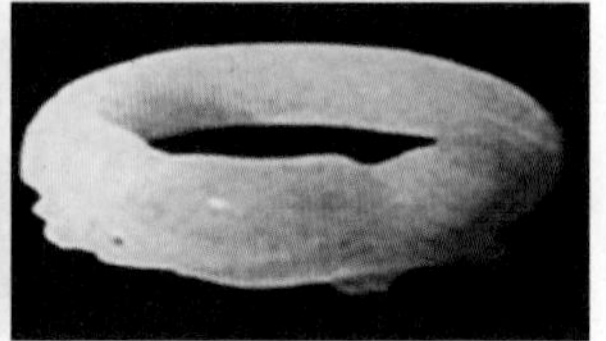
图5-1-57 天然绿色翡翠绿色部分在查尔斯滤色镜下不变色

4. 紫外荧光灯检查

将部分染色翡翠在紫外荧光灯下检查，可观察到染色部分发黄绿色（染绿色翡翠）或橙红色（染红色翡翠）荧光。但应注意，在紫外荧光灯下检查时没有观察到荧光不能就此确定其为天然翡翠。

现在市场上还出现了大量经过漂白、充填、染色处理的翡翠，再经过做旧处理用于假冒古董翡翠。在鉴定时需要注意不要被做旧假象影响判断。

另外市场上还有一种炝色处理，是先将翡翠加热，使翡翠颗粒之间产生微裂隙，然后迅速放入有色的染料或颜料溶液中。这种方法可以减少浸泡时间，但颜色沿裂隙分布会更加明显。

（六）漂白、充填、染色处理翡翠（“B+C货”）的鉴定

漂白、充填、染色处理翡翠的鉴定可以参考上面所述漂白、充填处理翡翠和染色处理翡翠的鉴定方法综合进行鉴定。

第五节 翡翠饰品质量等级评价

随着鉴定技术的飞速发展，特别是随着各种大型鉴定仪器运用于翡翠鉴定，使得对翡翠与相似玉石的鉴定和处理翡翠的鉴定从专业领域来说已经没有什么问题，而翡翠的质量评价、价值评估甚至对价格的判断一直是翡翠行业的难题，也是制约翡翠行业健康发展的一个瓶颈。

影响翡翠质量的因素非常多且复杂，所以对翡翠质量的评价在操作层面来说非常困难，目前难以形成一个公认的评价体系。经过十多年的研究，结合传统翡翠行业以及翡翠商贸对翡翠质量要素的描述，经过科学分析，把所有影响翡翠质量的因素归纳、总结、提炼后，最终形成从质地（种）、透明度（水）、颜色（色）、工艺（工）、净度（瑕）及综合评估六个方面对翡翠饰品质量进行评价的体系。这种评价体系在目前来说是比较客观的，即翡翠质量评价六要素。

一、质地（种）

翡翠的质地（种）是指翡翠矿物颗粒的大小、颗粒均匀程度以及颗粒之间的关系，行业中也称为“种”“地”。翡翠在几百年的交易过程中形成了一些描述翡翠“种”的俗语，这些商业上对翡翠“种”的俗语非常复杂，有些俗语有“种”的含义，比如“豆种”，有些有“水”的含义，比如“玻璃种”，有些有“色”的含义，比如“油青种”。所以应用商业上的一些对翡翠“种”的描述来对翡翠质地进行评价就非常复杂，而且不能客观、真实地对翡翠的质地进行评价，很难得出一个正确的结论。所以我们对翡翠“种”的评价主要从翡翠矿物颗粒的大小、粗细，颗粒的均匀程度以及这些矿物颗粒的排列方式等方面进行，从而刨除“水”和“色”等其他因素在评价翡翠“种”时对评价客观性的影响。“水”和“色”作为影响翡翠的质量评价的单独要素进行评价。

根据组成翡翠矿物颗粒的大小、排列方式，可以将翡翠“种”分为极细、非常细、细和粗四个等级，为了方便理解用部分商业俗称来说明，比如玻璃种、冰种、糯种、豆种。详细分类见图5-1-58。

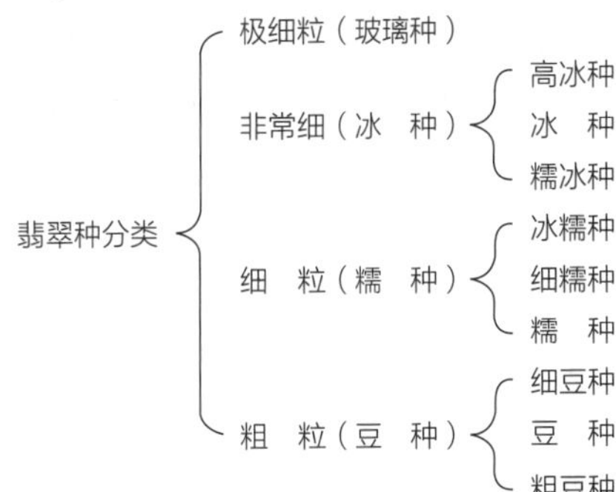

图5-1-58　翡翠种的详细分类

（一）极细粒

极细粒（玻璃种，图5-1-59）组成翡翠的矿物颗粒非常细腻，结构非常紧密，肉眼很难观察到矿物颗粒。10倍放大镜下不见晶粒大小及复合的原生裂隙及次生矿物充填的裂隙等。多为纤维状结构，很难观察到“翠性”。

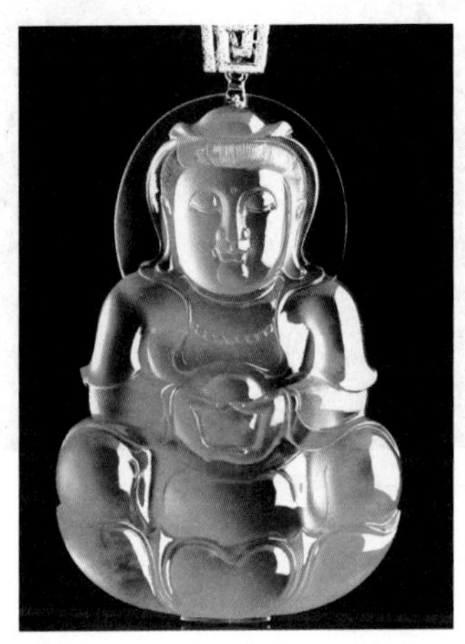

图5-1-59　极细粒（玻璃种）

（二）非常细

非常细（冰种，图5-1-60）组成翡翠的矿物颗粒很细腻，结构紧密，肉眼很难观察到矿物颗粒，10倍放大镜下可见极少细小复合原生裂隙和晶粒粒度，不见次生矿物充填裂隙。呈纤维状结构、粒状结构，偶见“翠性”。

由于冰种所覆盖的范围比较大，所以根据组成翡翠的矿物颗粒的大小不同，又可将“冰种”细分成“高冰种”“冰种”和“糯冰种”。

图5-1-60 非常细（冰种）

（三）细粒

细粒（糯种）组成翡翠的矿物颗粒细腻，结构较紧密，肉眼较难观察到矿物颗粒，10倍放大镜下偶见细小裂隙、复合原生裂隙及次生矿物充填裂隙，呈细粒状结构，偶见“翠性”。

根据组成翡翠的矿物颗粒的大小不同，又可将“糯种”细分成“冰糯种”（图5-1-61）“细糯种”和“糯种”。

图5-1-61 细粒（糯种）

（四）粗粒

粗粒（豆种，图5-1-62）组成翡翠的矿物颗粒较粗，结构不够致密，粒度大小不均匀。10倍放大镜下局部见细小裂隙、复合原生裂隙及次生矿物充填裂隙，呈柱粒状结构，可见“翠性”。

根据组成翡翠的矿物颗粒的大小不同，又可将“豆种”细分成“细豆种”“豆种”和“粗豆种”。

图5-1-62 粗粒（豆种）

二、透明度（水）

（一）翡翠透明度概述

透明度（水）是指翡翠饰品对光的透过能力，行业中也称“水”和“水头”。根据翡翠饰品对光的透过能力不同可以将翡翠的透明度分为：透明、亚透明、半透明、微透明和不透明五个级别。

对翡翠透明度进行评价时需要注意：一般情况下，种好透明度也会好，同样透明度好种一般也会好，但有时翡翠会出现种好但透明度不好的现象，比如我们常说的瓷底翡翠。一般翡翠颗粒较细种好，但透明度比较差，而有些透明度好的翡翠也会出现种较差的情况，比如我们常会见到一些透明度好的翡翠，对其进行透光观察可见到明显的矿物颗粒，且颗粒较粗。

影响翡翠透明度的因素主要有：

（1）翡翠本身的矿物组成的复杂程度，颗粒大小以及矿物晶体的排列方式。矿物组成得越复杂，翡翠透明度会越差，颗粒越粗透明度越差。

（2）翡翠本身的颜色　翡翠本身的颜色越深，透明度会越差。

（3）翡翠饰品的厚度　翡翠饰品的厚度越厚，透明度会越差。

（4）翡翠内容的瑕疵的种类、颜色以及含量多少。

（二）翡翠透明度分类

1. 透明度非常好（透明）（图5-1-63）

绝大多数光线可透过样品，样品内部特征清晰，可见样品底部放置的印刷文字，字体较清晰。

2. 透明度很好（亚透明）（图5-1-64）

多数光线可透过样品，样品内部特征较清晰，可见样品底部放置的印刷文字，字体较清晰。

3. 透明度好（半透明）（图5-1-65）

部分光线可透过样品，样品内部特征较清楚，可见样品底部放置的印刷文字，字体不可辨。

4. 透明度一般（微透明）（图5-1-66）

少量光线可透过样品，样品内部特征模糊不可辨。

5. 透明度差（不透明）（图5-1-67）

微量或无光线可以透过样品，样品内部特征不可见。

图5-1-63　透明度非常好（透明）

图5-1-64　透明度很好（亚透明）

图5-1-65　透明度好（半透明）

图5-1-66　透明度一般（微透明）

图5-1-67　透明度差（不透明）

三、颜色（色）

翡翠的颜色是指翡翠颜色的种类，颜色的色调、饱和度和明亮度。翡翠的颜色在很大程度上决定了翡翠的价值，不管翡翠的颜色种类如何，总体来说，翡翠的颜色评价主要从色调、饱和度、明亮度及色彩均匀度四个方面进行。下面以绿色系为主来说明翡翠颜色的评价，绿色翡翠对颜色的总体评价原则为：“浓、阳、正、匀”。

（一）色调

翡翠的色调是指翡翠色彩的总体倾向，是我们在观察翡翠颜色时感觉到总的色彩效果。翡翠绿色从色调来说，主要有偏黄色调的绿色（图5-1-68），比如行业上经常说的黄阳绿、苹果绿就属于此类，偏蓝色调的绿色（图5-1-69），比如行业上所说的帝王绿、祖母绿就属于此类。但对于评价翡翠的绿色来说，要求颜色纯正，不能太偏黄也不能太偏蓝。至于究竟是偏黄色调的绿色好还是偏蓝色调的绿色好，则仁者见仁，智者见智。一般不要色偏太多，都是很好的绿色。

（二）饱和度

翡翠颜色的饱和度是指翡翠颜色鲜艳、浓淡程度。饱和度越高翡翠颜色的质量越好。图5-1-70为饱和度极高的翡翠饰品，图5-1-71为饱和度稍差（与图5-1-70翡翠相比）的翡翠饰品。

图5-1-68　偏黄色调的绿色

图5-1-69　偏蓝色调的绿色

图5-1-70 饱和度极高的翡翠

图5-1-71 饱和度稍差的翡翠

（三）明亮度

翡翠的明亮度是指翡翠颜色的明亮程度。明亮度越高，翡翠颜色的靓丽度越好，颜色就越漂亮。一般情况，翡翠颜色的明亮度受灰度影响，翡翠颜色发灰则明亮度会变差。图5-1-72为明亮度高的翡翠饰品，图5-1-73为明亮度稍差（与图5-1-72翡翠相比）的翡翠饰品。

（四）色彩均匀度

色彩均匀度是指颜色在翡翠饰品上分布的均匀程度。图5-1-74为颜色均匀的翡翠饰品。图5-1-75为颜色均匀度稍差（与图5-1-74翡翠相比）的翡翠饰品。

四、工艺（工）

翡翠饰品的工艺是指翡翠饰品的款式设计、造型、雕工精细度、抛光程度等。翡翠的加工工艺是翡翠饰品评价要素中唯一能够人为控制的要素，俗话说“玉不琢，不成器”，可见翡翠的加工工艺是翡翠饰品评价中非常重要的一个要素。翡翠饰品的美很大程度上取决于翡翠的加工工艺。图5-1-76为工艺质量较高的翡翠。

五、净度（瑕）

翡翠的净度指翡翠饰品内部和外部的瑕疵含量多

图5-1-72 明亮度高的翡翠

图5-1-73 明亮度稍差的翡翠

图5-1-74 颜色均匀的翡翠

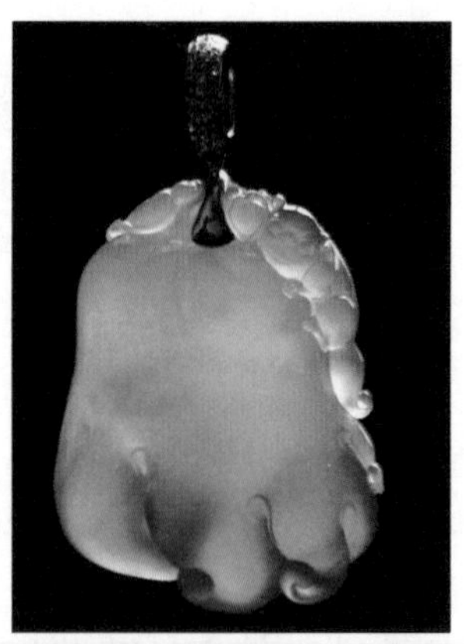
图5-1-75 颜色均匀度稍差的翡翠

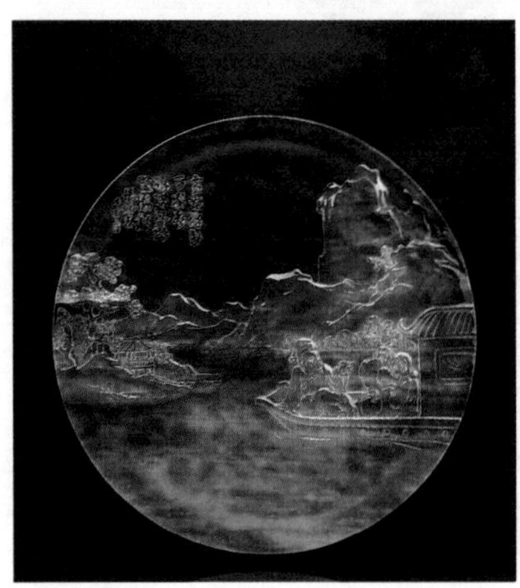

图5-1-76 工艺质量较高的翡翠

少、种类及分布状态。影响翡翠净度的要素主要有：翡翠内外部的石纹、裂纹，内外部包裹体的种类、大小、颜色、含量、位置以及分布状态。

（一）翡翠的石纹、裂纹对翡翠饰品质量评价的影响

翡翠的石纹是指翡翠在形成过程中和形成后由于地质作用产生的裂纹，在漫长的地质年代又由于各种地质作用慢慢愈合形成的愈合裂隙。一般来说，石纹只会影响到翡翠饰品的美观，而不会影响到翡翠的耐久性。在评价翡翠饰品质量时需要考虑石纹的大小、位置以及对整件翡翠的饰品美观度的影响程度来综合评价。

翡翠的裂纹是指翡翠在形成过程中和形成后由于地质作用产生的未愈合的裂纹。裂纹不仅会影响翡翠的美观，有些裂纹还会影响翡翠的耐久性。裂纹对翡翠饰品质量的影响相对于其他瑕疵来说影响较大。在评价翡翠饰品质量时需要考虑裂纹的大小、位置以及对整件翡翠的饰品美观度和耐久性的影响程度来综合评价。

（二）翡翠的内外部包裹体对翡翠饰品质量评价的影响

翡翠的内外部包裹体对翡翠饰品质量评价的影响主要从包裹体种类、大小、颜色的深浅、含量的多少、所处的位置以及分布状态对整件翡翠饰品影响的程度这几个方面来综合评价。

六、综合评价

翡翠饰品质量的综合评价是指从翡翠饰品的颜色、透明度、净度、质地、工艺等方面结合其历史文化内涵、制作者、体积大小、稀有性、创新性等因素对翡翠饰品进行综合评价。

翡翠饰品质量的综合评价是综合翡翠饰品的所有影响质量的因素，结合翡翠的自然属性和人文属性从而对翡翠饰品的质量进行综合评价的过程，所以也是翡翠饰品评价过程中最重要的一个环节。

第二章
软玉（和田玉）

中国是世界上最早开发和利用软玉资源的国家，考古学家发现最早的玉器文化是距今将近8000年的辽宁新石器时代查海文化，其次是距今6000年发源于内蒙古赤峰的红山文化和距今5000年发源于长江流域的新石器时代崧泽文化和良渚文化。尤其是良渚文化，以大量精美的玉器为特色。到了夏、商、周三代，玉器更成为神圣之物，用于祭拜祖先、天地、神灵，也是朝廷的礼器。重视礼仪的古人把玉比作道德的象征，用玉温润坚美的特征比喻“仁、义、礼、智、信”的品德。玉的开发和利用不仅对各个时期的经济艺术的发展有着重要作用，也是中华民族灿烂文化的重要组成部分。中国古代的真玉只有软玉一种，这种情况一直延续到明清之间缅甸翡翠规模性输入中国为止。由于软玉主要产于新疆和田，而和田（昆仑山北麓）也是软玉的集散地，故软玉又称为“新疆玉”或“和田玉”。软玉以其细腻的质地、温润的光泽深受人们的喜爱，优质的白玉为高档玉雕材料。玉河源头的平均海拔高度在4500米的雪线之上，山上积雪常年不化，高寒缺氧。每到找玉的夏秋时节，昼夜温差在50℃左右，由于交通工具和装备的落后，采玉者往往是凭着两条腿和一把镐锄就开始了他们漫长而艰苦的采玉生涯。古人曾经说过：取玉之险，越三江五湖至昆仑山，千人去而百人返。这是一点儿都不夸张的。因为采玉的季节也是昆仑山的山洪暴发季节，洪水非常大，伴有泥石流，对于采玉和运玉都是相当艰难的。中国古代玉料之所以珍贵，其中一个重要原因就是采玉的过程非常艰险。

第一节 软玉（和田玉）的基本性质

一、矿物组成

软玉主要是由角闪石族中的透闪石-阳起石类质同象系列的矿物所组成，是一种钙、镁、铁硅酸盐。软玉的主要矿物为透闪石，次要矿物有阳起石及透辉石、滑石、蛇纹石、绿泥石、绿帘石、斜黝帘石、镁橄榄石、粗晶状透闪石、白云石、石英、磁铁矿、黄铁矿、镁铁尖晶石、磷灰石、石榴石、金云母、铬尖晶石等。

二、化学组成

软玉为透闪石-低铁阳起石类质同象系列矿物组成，透闪石$Ca_2Mg_5(Si_4O_{11})_2(OH)_2$-阳起石$Ca_2Fe_5(Si_4O_{11})_2(OH)_2$，化学通式为$Ca_2(Mg, Fe)_5Si_8O_{22}(OH)_2$。在多数情况下软玉是这两种端员组分的中间产物。镁占到镁与二价铁总量的90%以上叫作透闪石；镁占到镁与二价铁总量的50%～90%叫作阳起石；镁占到镁与二价铁总量的50%以下叫作铁阳起石。我国新疆维吾尔自治区、巴西等地的白色软玉化学成分和透闪石理论值近似，中国新疆维吾尔自治区玛纳斯、加拿大和俄罗斯等地的软玉则相对富铁，属低铁阳起石。中国辽宁岫岩等地的黄白玉及黄玉等则介于上述两者之间，属端员透闪石。

三、结晶状态

软玉的主要组成矿物为透闪石和阳起石，都属单斜晶系。这两种矿物的常见晶形为长柱状、纤维状、叶片状，软玉是这些晶质纤维状矿物的集合体。

四、结构

软玉的矿物颗粒细小，结构致密均匀，所以软玉质地细腻、润泽且具有高的韧性。软玉的典型结构为纤维交织结构（毛毡状交织结构），块状构造。质地致密、细腻。软玉韧性好，其原因是细小纤维的相互交织使颗粒之间的结合能加强，产生了非常好的韧性，不易碎裂，特别是经过风化、搬运作用形成的卵石，这种特性尤为突出。依据软玉矿物颗粒的大小、形态和结合方式可分为毛毡状交织结构、显微叶片变晶结构、显微变晶结构、显微纤维状隐晶质结构、纤维放射状或帚状结构。

五、光学性质

（一）颜色

软玉的颜色有白、灰白、青白、黄、黄绿、绿、青绿、深绿、墨绿、黑等。成分中Fe对Mg的类质同象替代导致了软玉颜色的变化。Fe是造成软玉颜色多样的主要元素。如果Fe替代的量很少，软玉呈白色；软玉随铁含量增加，尤其是Fe^{2+}（FeO）含量增加而颜色逐渐加深。Fe^{2+}导致软玉呈绿—蓝绿色，即青白玉、青玉、碧玉；Fe^{3+}导致软玉呈黄—红—褐红，即黄玉、糖玉。碳是软玉致色的元素之一，当透闪石含较多的细微石墨时，软玉呈黑色，则成为墨玉，含碳量多少不同会导致黑色深浅分布不均。

（二）光泽和透明度

软玉可呈油脂光泽、蜡状光泽或玻璃光泽，质量好的软玉常为油脂光泽；绝大多数为半透明至不透明，以微透明为多，极少数为亚透明。

（三）光性特征

软玉是多矿物集合体，在正交偏光下为全亮，光性特征为非均质集合体。

（四）折射率

软玉的折射率为1.606～1.632（+0.009，−0.006），点测法：1.60～1.61。软玉为集合体，双折射率不可测。

（五）紫外荧光

紫外线下软玉为荧光惰性。

（六）吸收光谱

软玉极少见吸收线，可在498nm和460nm有两条模糊的吸收带，在509nm有一条吸收线。某些软玉在689nm有双吸收线，优质碧玉在红区有模糊的吸收线。

（七）特殊光学效应

软玉可见猫眼，有时又称为阳起石猫眼。是一种由平行排列的纤维状阳起石或阳起石和透闪石的固溶体组成的集合体，具有较好的猫眼效应。中国台湾花莲和四川龙溪等地的软玉经切磨抛光后显猫眼效应。

（八）红外光谱

红外区指纹区具Si—O等基团振动所致的特征红外收谱带，官能团具OH^-振动所致的特征红外吸收谱带。

六、力学性质

（一）密度

软玉密度为2.95（+0.15，−0.05）g/cm^3。

（二）硬度

软玉摩氏硬度为6.0～6.5。不同品种硬度略有差异，同一产地青玉的硬度大于白玉。

（三）韧度

软玉的韧度极高，仅次于黑金刚石，是常见宝玉石品种中韧度最高的宝石。

（四）解理、断口

组成软玉的透闪石具有两组完全解理，集合体通常不可见。断口为参差状（图5-2-1）。

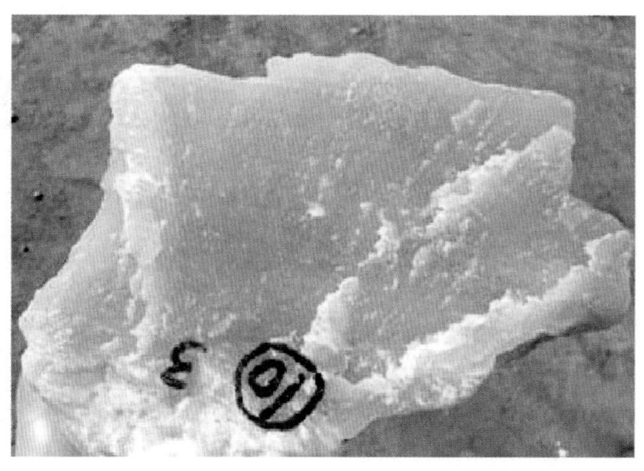

图5-2-1 和田玉断口

七、内外部显微特征

软玉放大检查为纤维交织结构（毛毡状结构），可见矿物包体、黑色固体包体。常含有金属矿物包体，如磁铁矿等。

第二节 软玉（和田玉）的品种分类

一、按产出环境分类

（一）原生矿

原生矿床开采所得，呈块状，不规则状，棱角分明，无磨圆及皮壳。俗称“山料”（图5-2-2）。

（二）次生矿

1. 山流水

从原生矿床自然剥离的残坡积或冰川堆碛的软玉，一般距原生矿较近，次棱角状，磨圆度差，通常有薄的皮壳，块度较大，俗称“山流水”（图5-2-3）。

2. 籽料

从原生矿床自然剥离，经过风化搬运至河流中的软玉，一般距原生矿较远，呈浑圆状、卵石状，磨圆度好，块度大小悬殊，外表可有厚薄不一的皮壳。俗称“仔玉”“仔料”或“子料”（图5-2-4）。皮壳分无色及有色，皮壳颜色多种，以红褐色居多，细分为秋梨皮、虎皮、枣皮等。

3. 戈壁料

从原生矿床自然剥离，经过风化搬运至戈壁滩上的软玉，一般距原生矿较远，呈次棱角状，磨圆度较差，块度较小，表面有风蚀痕迹，无皮壳，俗称“戈壁料”（图5-2-5）。

二、按颜色分类

（一）白玉

颜色为白色（图5-2-6），可略泛灰、黄、青等杂色，颜色柔和均匀，有时可带少量糖色或黑色（图5-2-7）。白玉中品质最好的称为羊脂玉，颜色呈羊脂白色、柔和均匀，有时可带少量糖色。质地致密细腻，光洁坚韧，基本无绺裂、杂质及其他缺陷。

（二）青玉

颜色有青至深青、灰青、青黄等色，颜色柔和均匀，有时可带少量糖色或黑色（图5-2-8）。青玉产量最大，常有大料出现。

（三）青白玉

青白玉的颜色以白色为基础色，介于白玉与青玉之间，颜色柔和均匀，有时可带少量糖色或黑色（图5-2-9）。

图5-2-2 和田玉山料

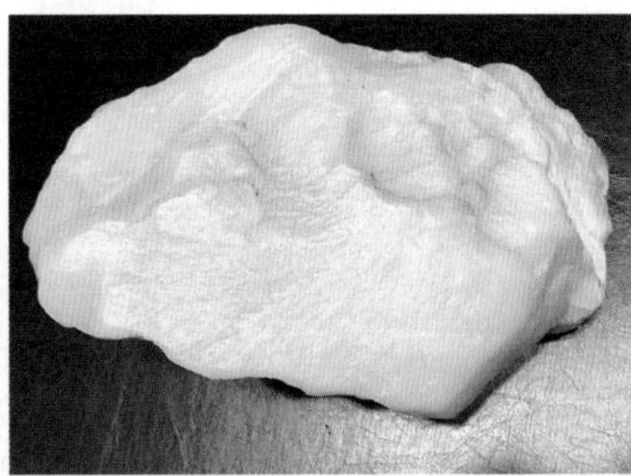
图5-2-3 和田玉山流水

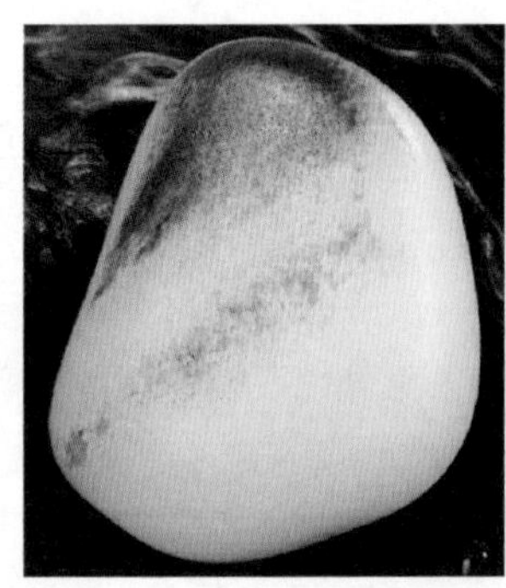
图5-2-4 和田玉籽料

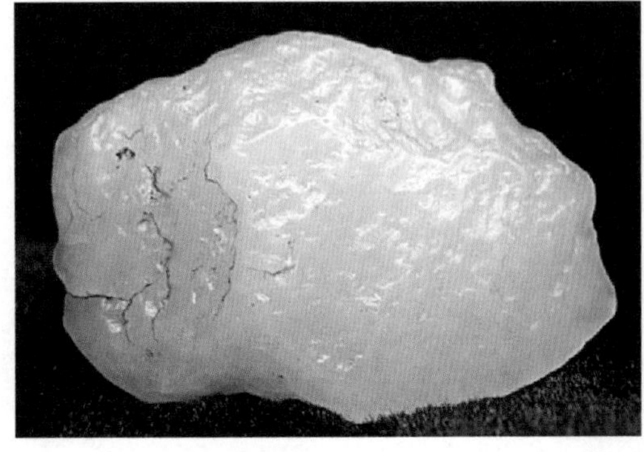
图5-2-5 和田玉戈壁料

图5-2-6 白玉

图5-2-7 带糖色的白玉

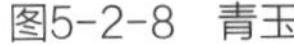
图5-2-8　青玉

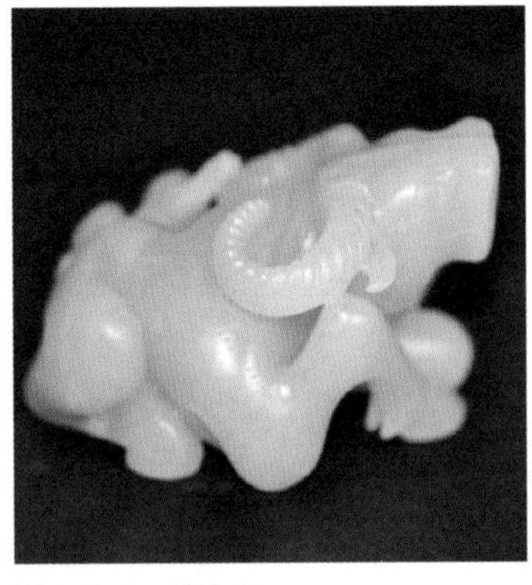
图5-2-9　青白玉

（四）墨玉

颜色以黑色为主（占60%以上），多呈叶片状、条带状聚集，可夹杂少量白或灰白色（占40%以下），颜色多不均匀（图5-2-10）。墨玉的墨色是玉中含有细微石墨鳞片所致。墨色多呈云雾状、条带状分布，也有墨色中带有黄铁矿细粒，呈星点状分布，俗称“金星墨玉”（图5-2-11）。

（五）青花玉

基础色为白色、青白色、青色，夹杂黑色（占20%～60%），黑色多呈点状、叶片状、条带状、云朵状聚集，不均匀（图5-2-12）。

（六）碧玉

颜色以绿色为基础色，常见有绿、灰绿、黄绿、暗绿、墨绿等颜色，颜色较柔和均匀，碧玉中常含有黑色点状矿物。是软玉的重要品种（图5-2-13）。

（七）黄玉

颜色淡黄至深黄，可微泛绿色，颜色柔和均匀。黄玉十分稀少，价值甚至不低于羊脂玉，主要产于我国新疆维吾尔自治区的若羌县（图5-2-14）。

（八）糖玉

颜色有黄色、褐黄色、红色、褐红色、黑绿色等。一般情况下，如果糖色占到整件样品80%以上时，可直接称之为糖玉（图5-2-15）。如果糖色占到整件样品30%～80%时，可称之为糖羊脂玉、糖白玉（图5-2-16）、糖青白玉、糖青玉等。糖色部分占到整件样品30%以下时，名称中不予体现（图5-2-17）。

软玉中常有糖色分布，糖色属于次生色，当原生矿暴露于地表或近地表时，由于铁的氧化浸染而呈类似于红糖的颜色，俗称“糖色”。糖色可薄可厚，也可沿裂

图5-2-10　墨玉

图5-2-11　金星墨玉

图5-2-12　青花玉

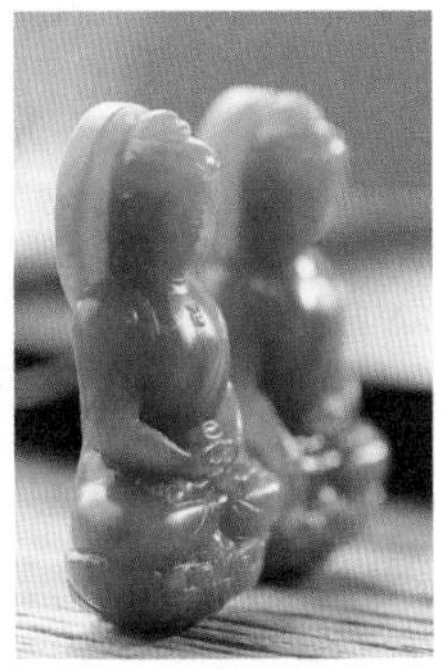
图5-2-13　碧玉

图5-2-14　黄玉

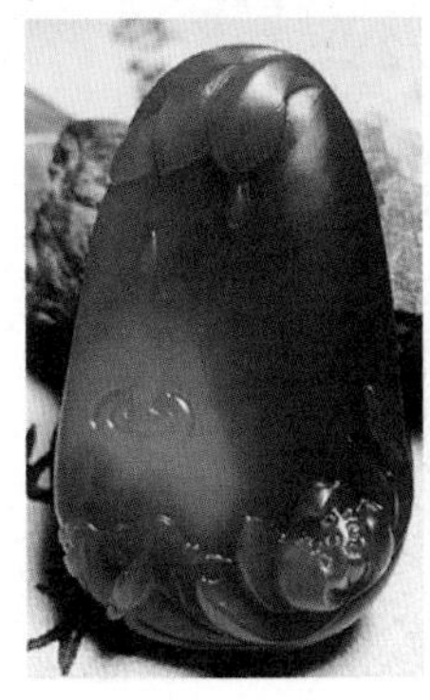
图5-2-15　糖玉

图5-2-16　糖白玉

图5-2-17　糖色占比小于30%

隙分布（图5-2-18）。

图5-2-18 糖色的分布

第三节 软玉（和田玉）与相似玉石的鉴别

软玉（和田玉）与相似玉石的鉴别见表5-2-1。

表 5-2-1 软玉（和田玉）与相似玉石的鉴别

名称	矿物组成	放大检查	折射率	光性	密度 / （g/cm^3）
软玉	透闪石为主	纤维交织结构	1.62（点测）	非均质集合体	2.95
石英岩	石英为主	粒状结构	1.54（点测）	非均质集合体	2.65
岫玉	蛇纹石为主	纤维交织结构	1.56（点测）	非均质集合体	2.57
玉髓	石英为主	隐晶质结构	1.54（点测）	非均质集合体	2.65
大理石	方解石为主	粒状结构	1.486～1.658	非均质集合体	2.70
玻璃	—	贝壳状断口、气泡	1.50（点测）	均质体	2.50

一、白色石英岩

白色石英岩商业名称有京白玉、白东陵、卡瓦石等，是一种显微粒状结构的石英岩。其色泽干白，涂油或蜡后极像白玉。主要区别有：

（1）石英岩呈玻璃光泽，没有白玉的光泽油润（图5-2-19）。

（2）石英岩的相对密度小于软玉，手掂重有“飘”感。

（3）石英岩的颜色“干白”，而白玉大多带有其他色调。

（4）软玉具纤维交织结构，十分细腻，其断口为参差状（图5-2-20），而石英岩具粒状变晶结构，其断口为粒状（图5-2-21）。

（5）一般情况下软玉的透明度低于石英岩。

（6）石英岩的折射率为1.54左右，而软玉的折射率为1.61左右。

图5-2-19 石英岩

图5-2-20 软玉参差状断口

图5-2-21 石英岩粒状断口

二、白色大理岩玉

白色大理岩玉在商业上常被称为阿富汗玉，是一种细粒状结构的大理石。这种材料的颜色与几种白玉、青白玉的颜色相似，浸蜡或油后光泽更接近一些软玉品种。主要的区别为：

（1）白色大理岩玉的摩氏硬度在3左右，刻画玻璃有明显的打滑的感觉，用小刀很容易在上面划出痕迹。

（2）白色大理岩玉大多可见到大致平行的纹理结构（图5-2-22）。

（3）软玉断口为参差状，而阿富汗玉为粒状断口（图5-2-23）。

（4）白色大理岩玉的化学成分主要是碳酸钙，遇酸起泡。

三、岫玉

岫玉是以蛇纹石矿物为主的玉石，常有与软玉相似的颜色。岫玉还多呈蜡状光泽，也接近软玉的光泽。主要区别为：

（1）岫玉的摩氏硬度低，一般为3～3.5。

（2）岫玉的韧性只是软玉的四分之一，断口比较平坦。

（3）岫玉的透明度一般都高于软玉，内部常含有棉絮状花斑、黑色矿物等包裹体（图5-2-24）。

（4）其他宝石学特征与软玉不同。

四、玻璃、料器

玻璃、料器的鉴定特征有：玻璃内部有气泡（图5-2-25）和流动构造纹，断口呈贝壳状（图5-2-26），有模铸痕迹等。

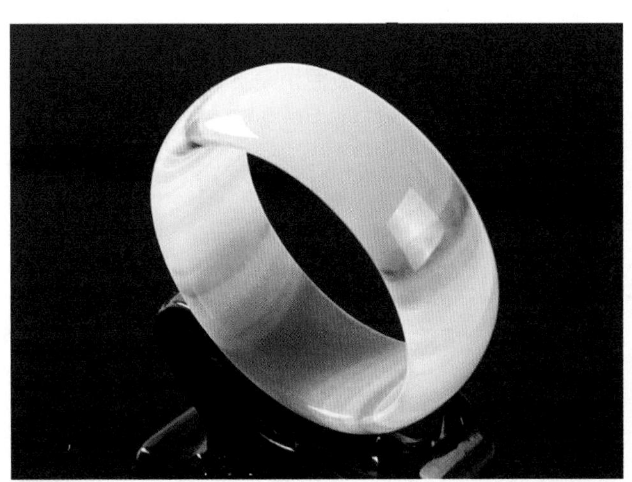

图5-2-22　大理岩的纹理

图5-2-23　大理岩玉的粒状断口

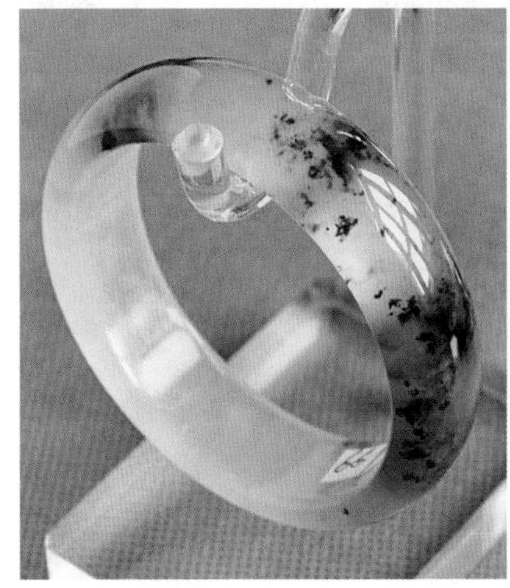

图5-2-24　岫玉

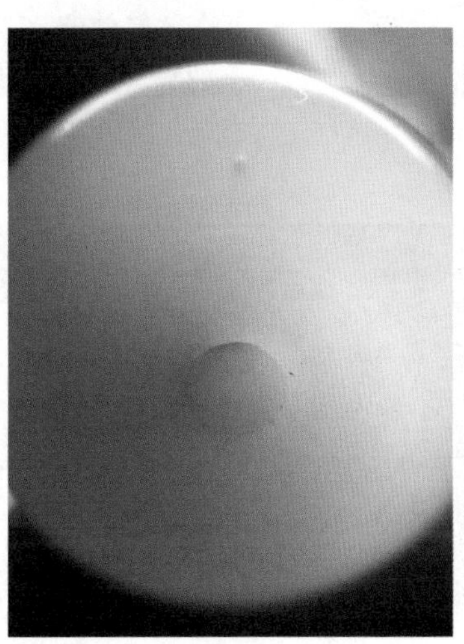

图5-2-25　玻璃中的气泡

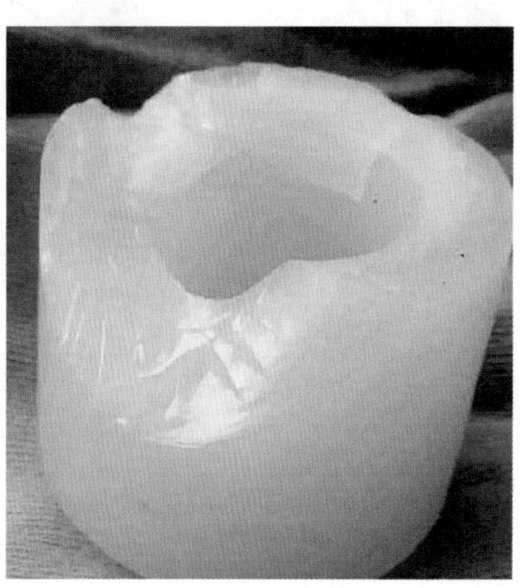

图5-2-26　玻璃中的贝壳状断口

第四节 软玉（和田玉）的优化处理

一、充填处理

近年来，市场上出现了一种被称为“蘑菇玉”的软玉，又有人称其为灌浆软玉，颜色白而均匀，脂性很强，非常像和田软玉中的高档白玉。研究发现这是一种经过充填处理的软玉。未处理的软玉在紫外灯下为惰性，而这种充填处理的软玉在紫外长波下显示中等强度的白色荧光。个别较大的样品局部中等荧光，部分荧光惰性。短波下的荧光稍弱（图5-2-27）。

二、浸蜡

以石蜡或液态蜡充填软玉成品表面，从而掩盖裂隙、改善光泽。浸蜡后，软玉有蜡状光泽，包装上可见污染物，热针可熔，红外可见蜡的有机峰（图5-2-28）。

三、染色

对软玉整体或部分进行染色，以达到掩盖玉石瑕疵或仿籽料的目的。可通过裂隙中染料聚集以及颜色特征进行鉴定（图5-2-29）。

四、磨圆仿籽料

人工将山料滚圆，用以仿籽料，俗称“磨光籽”。磨圆较差者反射光下隐约可见棱面；磨圆较好者表面光滑，无籽料的“汗毛孔”（图5-2-30）。

五、“做旧”处理

做旧处理多是为了仿古玉。多以染色的形式仿古玉的“沁色”，做旧处理方式比较多，可从颜色、所仿朝代的加工工艺及纹饰等特征方面进行鉴定，属文物范畴（图5-2-31）。

六、拼合处理

市场上一般在品质好的青海料、俄罗斯料做成的成品上贴上一块籽料的外皮以冒充籽料。主要鉴定特征是拼合处可见拼合缝隙，皮色和肉质反差较大，紫外灯下可见拼合缝隙处黏胶呈蓝白色荧光（图5-2-32）。

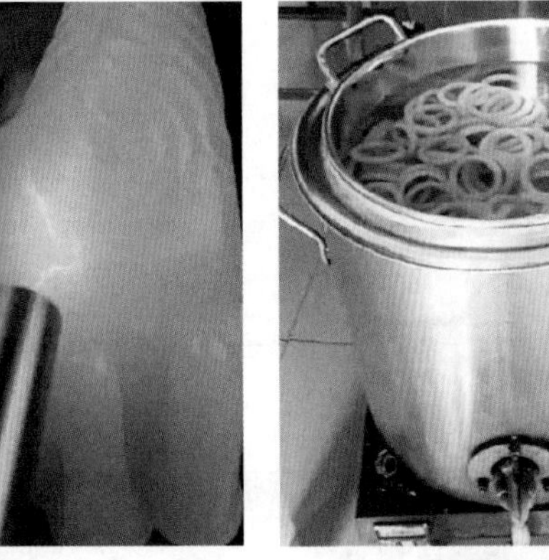

图5-2-27 充填和田玉的荧光

图5-2-28 和田玉浸蜡

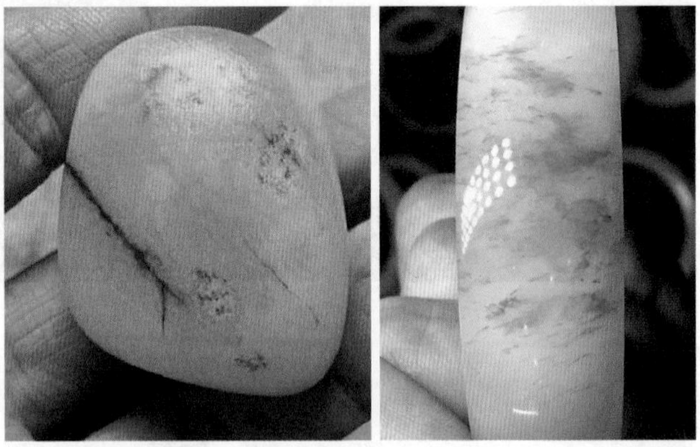

图5-2-29 染色和田玉

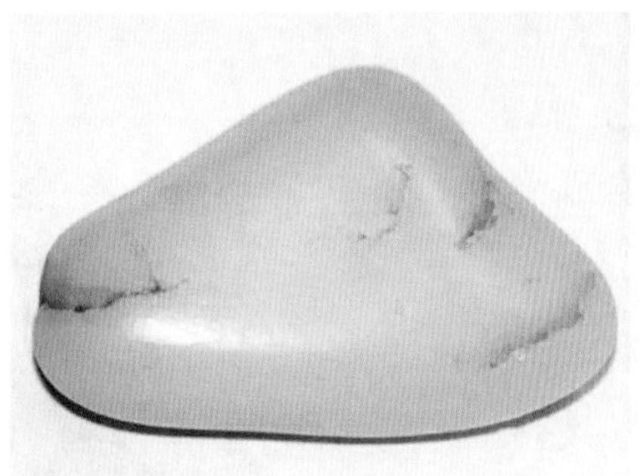

图5-2-30 和田玉“磨光籽”，无汗毛孔

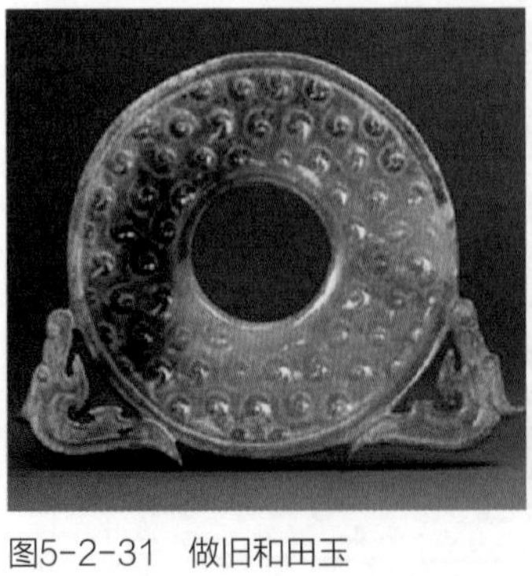

图5-2-31 做旧和田玉

图5-2-32 拼合和田玉

七、洗色处理

软玉的糖色是次生色，通过人工的手段，在一定的温度、压力及化学溶剂下，可以将其糖色洗掉，以增加白度和美观的程度。但洗过的和田玉通常结构较松散，“脂份”变差（图5-2-33）。

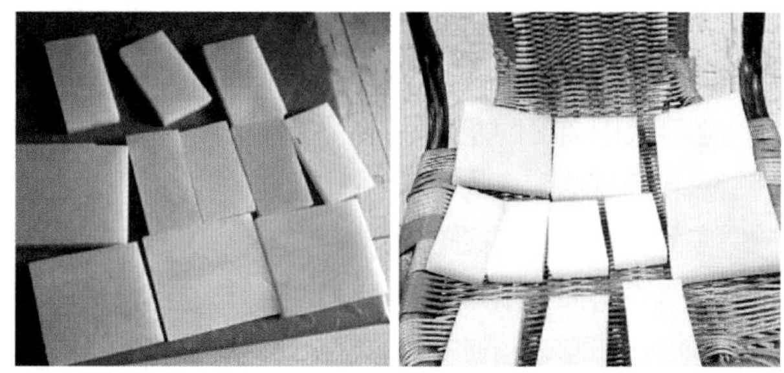

图5-2-33 洗色和田玉

第五节 软玉（和田玉）的质量评价

一、颜色

软玉颜色评价包括颜色的色调、均匀程度、是否有俏色或杂色。古玉对玉色的要求是“白如截脂”“黄如蒸栗”“青如苔藓”“绿如翠羽”“黑如纯漆”。以羊脂白玉最为珍贵。

二、质地

软玉的质地要求致密、细腻、坚韧、光洁、油润无暇、少有绺裂。

三、光泽

软玉以油脂光泽最好，其次为油脂至玻璃光泽。

四、块度

软玉块度越大越好，要求完整、无裂。同样的颜色、质地和块度的软玉，带皮的籽料价值较高，其次为山料和山流水。

五、净度

软玉要求瑕疵越少越好，瑕疵包括石花、玉茎、石钉、黑点和绺裂等。

第六节 软玉（和田玉）的产地及产状

世界软玉矿床的地理分布主要分为两大带：北部的东西走向带在北纬30°至60°之间，包括西欧、东亚、北美。著名的产出国家有波兰、意大利、中国、俄罗斯、加拿大、美国等。南带亦为东西走向，位于南纬15°至45°之间，包括新西兰和澳大利亚以及东南非的几个国家。现在世界已知软玉的原生矿床多达120余处，分布于20多个国家和地区。

一、中国

中国的软玉资源相比世界其他地区丰富，分布也相对广泛，由于开采历史悠久，历朝历届的开采也不乏新矿的发现。中国已知的矿床有20余处，分布于16个省、自治区。其中以新疆维吾尔自治区的和田玉资源最为丰富，产玉质量好，开发利用早（表5-2-2）。

表 5-2-2 中国软玉矿床的空间分布

空间分布（省、自治区）	矿点、矿床、矿带	具体描述
新疆维吾尔自治区	昆仑山–阿尔金山矿带	位于新疆南部，包括塔什库尔干、叶城、皮山、和田、策勒
	—	于田、且末、若羌等。矿带长约1100km
	天山	位于新疆北部，主要为玛纳斯矿带
青海省	东昆仑山矿带	位于青海中西部，集中于格尔木地区
	祁连山带	位于青海北部
	茫崖	位于青海西部
	都兰	位于青海中东部
甘肃省	临洮马衔山	位于甘肃东部
	安西马鬃山	位于甘肃西部
陕西省	秦岭凤县	位于陕西南部

续表

空间分布（省、自治区）	矿点、矿床、矿带	具体描述
西藏自治区	藏南地区	包括日喀则、那曲、昂仁、拉孜、萨嘎等
四川省	川西地区	汶川县、石棉县
贵州省	罗甸县	位于贵州南部
广西壮族自治区	大化	位于广西中部
福建省	南平地区	位于福建北部
江西省	兴国	位于江西南部
	弋阳	位于江西东北部
江苏省	溧阳	位于江苏南部，主要为小梅岭地区
河南省	栾川	位于河南西部
辽宁省	岫岩与海城一带	位于辽宁南部，包括细玉沟、瓦子沟、桑皮峪等地
吉林省	磐石	位于吉林中部
黑龙江省	铁力	位于黑龙江中部
台湾省	花莲	位于台湾东部

软玉分布广泛，主要有两种地质产状，一种产于变质带内的镁质大理岩中；另一种产于蛇纹岩化超基性岩中。

（一）新疆维吾尔自治区

新疆维吾尔自治区被誉为中国软玉之乡而驰名全球，新疆软玉有和田玉和天山碧玉两个著名品种，其中尤以和田玉最为著名。和田玉，又名昆山玉，以温润光洁、坚韧密实、素雅纯朴为特征。和田玉主要矿物成分是透闪石，含有微量透辉石、蛇纹石、绿泥石和黝帘石等。和田玉矿体产于中酸性侵入体（花岗岩、闪长岩、正长细晶岩等）与前寒武纪变质岩系含镁碳酸盐岩石的接触带及其附近，沿层面、构造破碎带、接触带分布。矿体以呈团块状、囊状和条带状为特征，是接触蚀变交代作用的产物。天山碧玉以玉色黝碧著称，一般为绿色，质地细腻，主要矿物是透闪石（80%~95%），粒度0.01~0.03mm，伴有少量透辉石、叶绿泥石、钙铝榴石和铬尖晶石。碧玉主要产于中基性岩捕虏体与超基性岩体的接触带上以及附近的透闪石化蛇纹岩中。

1. 塔什库尔干-叶城地区

主要产出青白玉、青玉及少量的白玉。目前已知原生矿床有大同、密尔岱、库浪那古等处。大同软玉矿床在元代时曾被大量开采，并设有碾玉作坊，已基本采尽。密尔岱是清代最重要的玉矿，以产大玉著名，清代贡玉也多来自此处，最著名的是现收藏于故宫博物院的“大禹治水图”青白玉山子（图5-2-34）。近年来，塔什库尔干产出的青玉品质较好，其结构细腻，油性好，常用作器皿件，市场上俗称“塔青”或“黑青”（图5-2-35）。

2. 皮山-和田地区

古代产玉最著名的地区，产出以籽料为主。产玉之河以玉龙喀什河和喀拉喀什河最为驰名。古时，玉龙喀什河称为白玉河，以产白玉籽料著名；喀拉喀什河称为墨玉河，以产墨玉和青玉籽料著名。已知原生矿床有皮山县赛图拉、铁日克和和田县阿格居改、奥米沙等处。赛图拉和铁日克地段位于喀拉喀什河上游区域，玉矿产地多，资源量大，多为青玉。阿格居改在玉龙喀什河支流的黑山附近，以产白玉、墨玉出名（图5-2-36）。

3. 策勒-于田地区

河流中也产玉，但以原生矿著名。其分布于策勒县

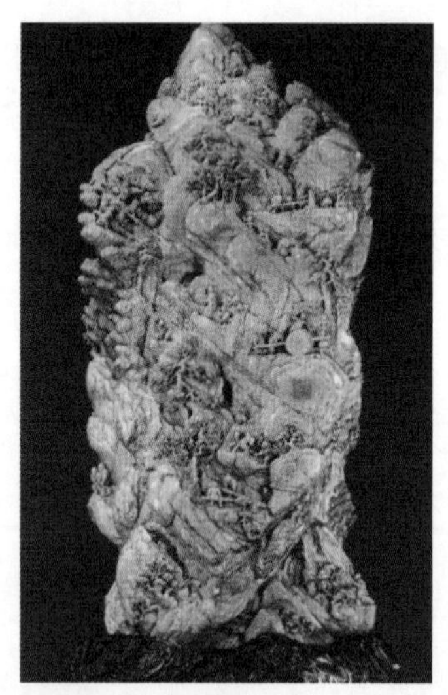

图5-2-34 大禹治水图山子

图5-2-35 黑青

哈奴约提和于田县阿拉玛斯、依格浪古等地段。于田县阿拉玛斯玉矿是从清代开始一直到现代开采的重要矿床，以产白玉著名于世，是近百年来出产白玉山料的主要矿山。九五于田料是1995年5月某一天，上山放羊的小童捡了一块巴掌大的雪白和田玉，后来市场开始流通。九五于田山料确实不负盛名，它已经是玉石界公认的百年难遇的山料极品，其最大的特点就是白度上佳，结构细腻，目视无明显结构，断口较平滑，油润度高。虽然是山料，但与籽料相比并不逊色，可称得上羊脂级别，是近三十年来很少见的玉料。它在当时并不特别被重视，到了现在已是一料难求了（图5-2-37）。

4. 且末地区

这是阿尔金山产玉的主要地区。除河流中产玉外，原生矿床分布于且末县的东南，在长约110km范围内已知5处产地，于海拔3500m以上的高山上，有塔什萨依、尤努斯萨依、塔它里克苏、布拉克萨依、哈达里克奇台等玉矿。塔它里克苏玉矿是目前新疆出产软玉原生矿的主要矿山，矿化带规模大，有多条矿脉和矿体，主要产青白玉和青玉，并有白玉和糖白玉。塔什萨依玉矿矿化带长十几千米，有矿体多个，是又一个重要产地（图5-2-38）。

5. 若羌地区

分布于若羌县城的西南和南部，从瓦石峡到库如克萨依一带。该地区最著名的矿山是且末县的塔它里克苏，主要产青白玉。库如克萨依玉矿古人已有开采，20世纪90年代重新开采，是目前产玉的重要矿山之一。若羌是目前新疆黄玉的唯一产地（见图5-2-39）。

6. 新疆玛纳斯碧玉

分布于天山北坡，以玛纳斯河产出最著名，故被称为玛纳斯碧玉。原生矿床属于透闪石玉矿床中的超镁铁岩型，与新西兰、俄罗斯、加拿大的碧玉矿为同一类型。次生矿产于河流中（图5-2-40）。

（二）青海省

青海软玉产于青海省格尔木市西南、青藏公路沿线100余公里处的高丘陵地区，至今已开采的矿点大约有3处。当地海拔虽高但相对高度差异不大，交通较为便利。该地产出的玉料以矿采山料为主，少量山流水（戈壁）料，未见籽料。产出地段属昆仑山脉东缘入青海省部分，西距新疆若羌境约300余公里，与且末、若羌等地产出的和田玉在地质构造背景上有着密切的联系。青海软玉按其颜色特征分为白玉、青白玉、青玉等品种。商业品种与和田玉基本相同，颜色特征则更为丰富，例如青海软玉中的翠青色（图5-2-41）、烟灰（图5-2-42）—灰紫色（图5-2-43）、“春带彩”三色（图5-2-44）品种在传统和田玉品种中都是罕见或未见的。大部分青海软玉透明度较高，抛光为玻璃光泽，油性差，“脂份”差，内部常见水线、白色粒状棉絮状包体

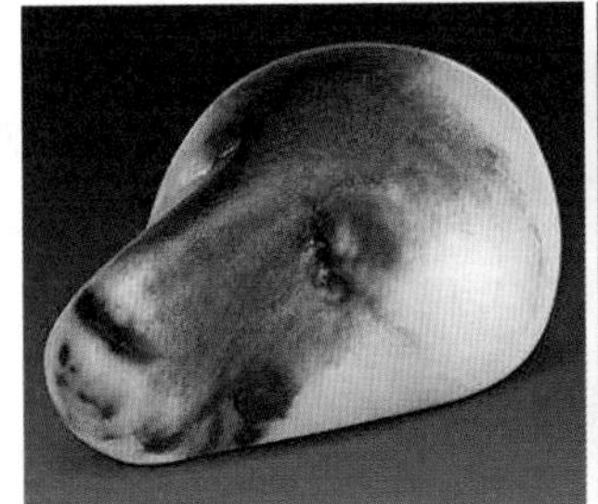

图5-2-36 皮山-和田地区和田玉

图5-2-37 策勒-于田地区和田玉

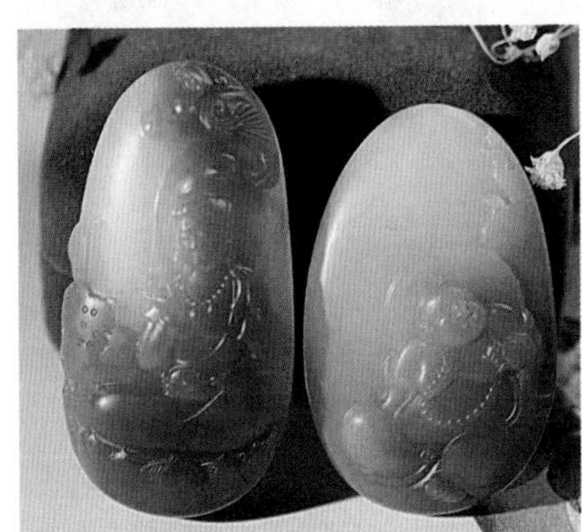

图5-2-38 且末地区和田玉

图5-2-39 若羌地区和田玉

图5-2-40 玛纳斯碧玉

图5-2-41 翠青色青海软玉

图5-2-42 烟灰色青海软玉

图5-2-43 灰紫色青海软玉

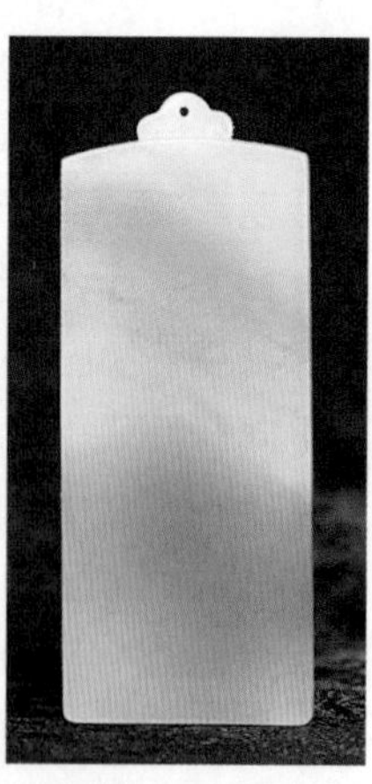
图5-2-44 “春带彩”青海软玉

（图5-2-45）。市场上的“野牛沟”料品质较好，但产量较少（图5-2-46）。

（三）辽宁省

岫岩软玉主要分布于辽宁省岫岩县细玉沟沟头的山顶上。在细玉沟东侧的白沙河河谷底部及两岸的一级阶地泥砂砾石中有河磨玉产出；而在靠近原生矿的山麓或沟谷两侧的坡积物和洪积物中还有山流水玉产出。岫岩软玉主要由微晶透闪石组成，含少量的方解石、磷灰石、绿帘石、蛇纹石、绿泥石、滑石、石墨、黄铁矿、磁铁矿、褐铁矿等杂质矿物。岫岩软玉有黄绿色、黄白色、绿色、黑色和白色几个基本颜色类型，其中黄绿色在新疆软玉中基本上没有，而新疆维吾尔自治区的青玉在岫岩软玉中也没有。从原生矿采掘出来的透闪石玉料当地俗称“老玉”（图5-2-47）。产于细玉沟外白沙河中及其流域的泥沙中的透闪石玉料当地俗称“河磨玉”，也叫“石包玉”（图5-2-48）。析木河磨玉产自于辽宁省海城市海城河流域，市场称“析木绿”，该品种玉质好、结构细腻、油性好，细腻晶莹，绿意盎然，肤如凝脂，市场价较高（图5-2-49）。

（四）台湾省

台湾软玉分布于台湾省花莲县丰田地区的软玉成矿带内，主要矿物成分为透闪石（含铁阳起石分子成分），同时含少量蛇纹石、钙铝榴石、铬尖晶石、黄铜矿等杂质矿物。颜色以黄绿色为主，纤维变晶交织结构，块状构造。台湾软玉一般分为普通软玉、猫眼玉和腊光玉三种，其中猫眼玉又有密黄、淡绿、黑色和黑绿等品种。普通软玉最多，猫眼玉和腊光玉较少，并以猫眼产出（图5-2-50）。

（五）贵州省

罗甸玉产自贵州省罗甸县，主要以山料产出，常见品种颜色为白色、灰白色、青色、青白色、糖色、花色等，常见贵州罗店和田玉的白度一般较好，但缺少油脂光泽（脂份差），油润度远逊于新疆和田玉，外观显得

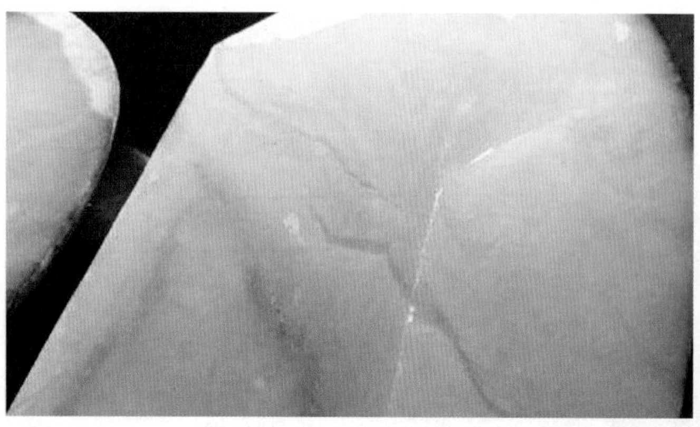
图5-2-45 白色粒状棉絮状包体、水线

图5-2-46 “野牛沟”软玉

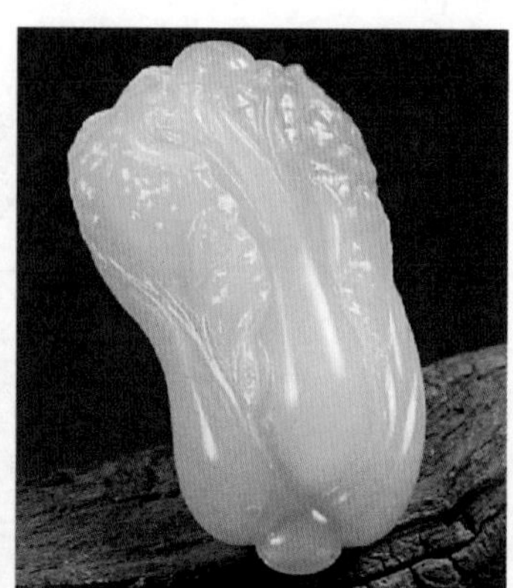
图5-2-47 岫岩“老玉”

图5-2-48 岫岩“石包玉”

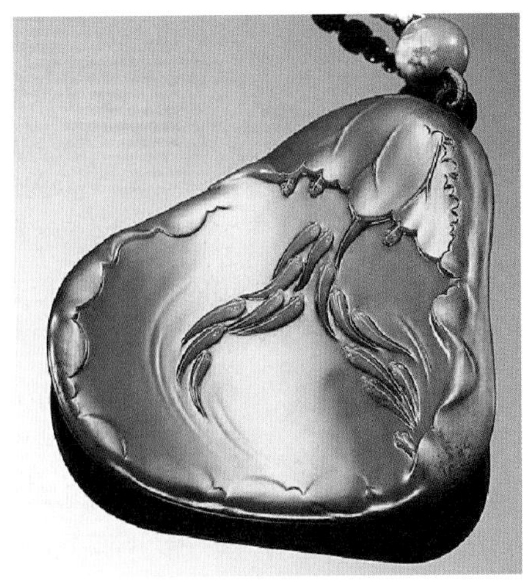
图5-2-49 岫岩“析木绿”

图5-2-50 台湾碧玉猫眼

比较干，缺乏温润的感觉，透明度很低并有明显的瓷感（图5-2-51）。

（六）江苏省

产于江苏溧阳县小梅岭村东南部横贯宜溧地区的茅山支脉上，矿体是镁质碳酸盐与酸性侵入体接触，发生接触交代变质形成的。呈白至灰白色、青白色、青色，质地细腻，结构致密，透明度半透明至不透明，硬度为5.5~6，比重为2.98（图5-2-52）。

（七）四川省

四川软玉主要为山料，成因为花岗岩和大理岩交代型矿床。常见颜色为淡绿或黄绿色，主要品种有碧玉、黄玉、软玉猫眼，分布在汶川县龙溪乡，当地称为龙溪玉（图5-2-53）。

（八）广西壮族自治区

广西壮族自治区大化瑶族自治县岩滩镇透闪石矿区出产的主要有白玉、青玉、青白玉、黄玉和墨玉等。青玉黑青料分山料和黄皮泥料，黑青料因石性重，打光透光性差，微透至不透明，边缘微透明，呈深绿色。主要组成矿物为阳起石，含量95%以上（图5-2-54）。

（九）甘肃省

目前发现的甘肃透闪石玉矿主要分布在马鬃山和马衔山，因此民间又将甘肃透闪石玉称为“二马料”，该

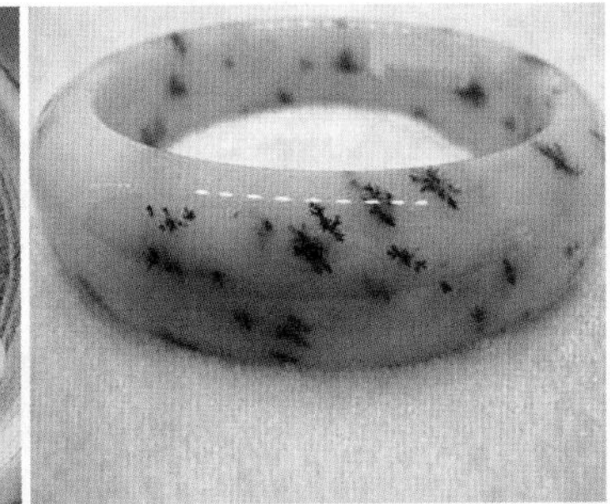
图5-2-51 贵州和田玉

图5-2-52 江苏和田玉

图5-2-53 四川和田玉

图5-2-54 广西和田玉

地区软玉矿物成分主要为阳起石和透闪石，颜色绿—黄绿色，摩氏硬度6~7，常见山料和山流水料，块度不大，毛毡交织结构，油脂性强，半透明至不透明，主要颜色有浅绿、墨绿、青黄、黄、灰白、白、青花等，质量最佳者为韭黄、鸡油黄、白色（图5-2-55）。

（十）河北省

河北和田玉产出于太行山脉的唐河流域，主产地位于河北省保定市的唐县、顺平县等流域，其中唐县花塔、河暖、周家堡，顺平县神南、神北一带产出量最大。其原岩出露于太行山脉的白石山。主要成分是透闪石化大理岩和透闪石硅质岩，摩氏硬度5~7，比重2.8，透闪石含量30%~90%（图5-2-56）。

二、俄罗斯

目前国内市场上的俄罗斯软玉大多来自于俄罗斯布里亚特自治共和国首府乌兰乌德所属的达克西姆和巴格达林地区，邻近贝加尔湖，故有学者将产于该地区的软玉称为贝加尔湖地区软玉。俄罗斯贝加尔湖地区软玉的矿物组成主要为不同形态的透闪石和少量的次要矿物。次要矿物一般在5%左右，主要有阳起石、石英、白云石、磷灰石、帘石类矿物、磁铁矿和黏土矿物等。根据透闪石颗粒的形态，大体分为两类：纤维-显微纤维透闪石和片晶透闪石。前者占大多数，含量一般在65%左右；后者占30%左右，多呈片柱状变斑晶出现，粒度较新疆软玉稍粗，并且存在着一定比例的过渡结构、中粗粒变斑晶结构及碎裂结构，从而影响了该地区软玉的品质。俄罗斯软玉的品种主要为白玉、青白玉、糖玉、碧玉等（图5-2-57）。俄罗斯软玉的糖皮大多是山料的裂隙或矿体边缘受到铁质浸染所致。俄罗斯产出的碧玉以7号矿为代表，产出的碧玉玉质结构细腻、颜色均匀纯正，是市场上碧玉品质较高的品种（图5-2-58）。该地区软玉主要是以山料产出，部分也有籽料产出，俄罗斯籽料较新疆籽料有很大的不同，主要鉴定特征是俄罗斯籽料皮色较鲜艳、皮质厚且松软（图5-2-59）。

图5-2-55 甘肃和田玉

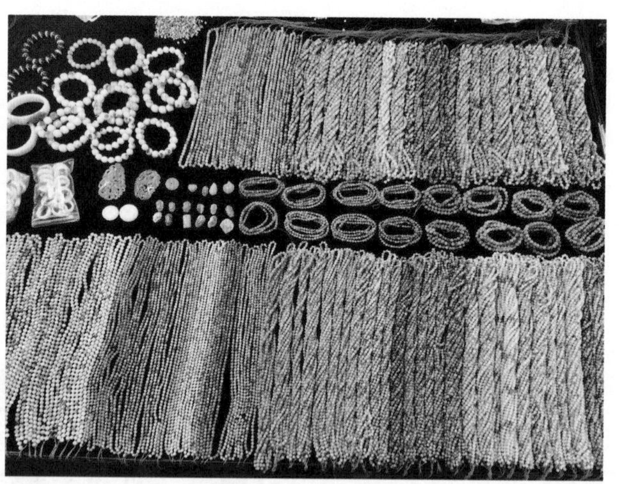

图5-2-56 河北和田玉

图5-2-57 俄罗斯糖料

图5-2-58 俄罗斯碧玉

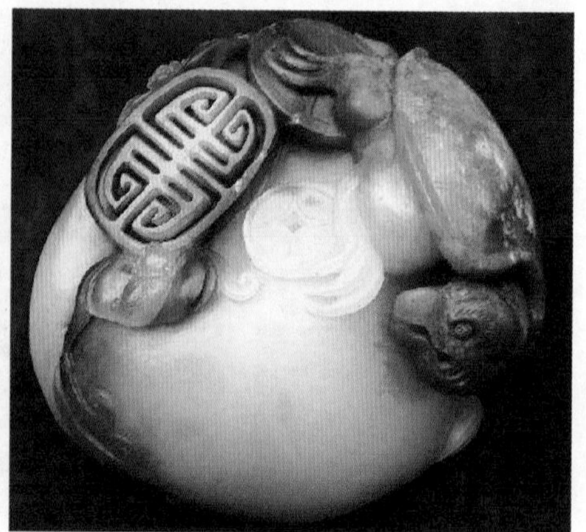

图5-2-59 俄罗斯籽料

三、韩国

位于春川地区，矿区出露前寒武纪白云大理岩和角闪石片岩，由晚三叠纪中酸性花岗岩的侵入而形成。矿体呈透镜状，厚度可达1m。韩料白玉多带黄绿色至灰色色调，通常白中泛黄，或是偏青且显暗灰，透明度不高。密度、质地略松，颗粒感强，雕刻时易崩口，抛光后主要呈现蜡状光泽，稍显干涩。硬度约为5.5，比和田料稍微低一点（图5-2-60）。

四、巴基斯坦

巴基斯坦碧玉颜色鲜艳不均匀，透明高，大部分裂纹和黑点较多、结构较粗、油性差，黑点大且分布不均匀、不规则（图5-2-61）。市场价值较低。颜色鲜艳的苹果绿市场价格较高（图5-2-62）。

五、加拿大

加拿大碧玉产地主要在加拿大温哥华以北的高山上，但该地区产出的碧玉颜色偏灰、偏黄，颜色不均匀，内部常见黑色点状矿物包体和白色棉絮状包体（图5-2-63）。

六、新西兰

新西兰玉主要产于新西兰南岛。毛利语中的南岛，称为“绿石水域”，受到南岛塔胡部落的推崇。目前可知的高品质新西兰玉石矿，都在塔胡部落的领地内。毛利人获得的玉料主要是从河、湖、海边寻拾来，大小不一，小者如卵石，相当于籽料，大者重达数吨，犹如山流水玉。为了便于运输，大型巨玉一般要在现场切割成小块。新西兰博物馆还收藏了很多剖开的原石（图5-2-64）。

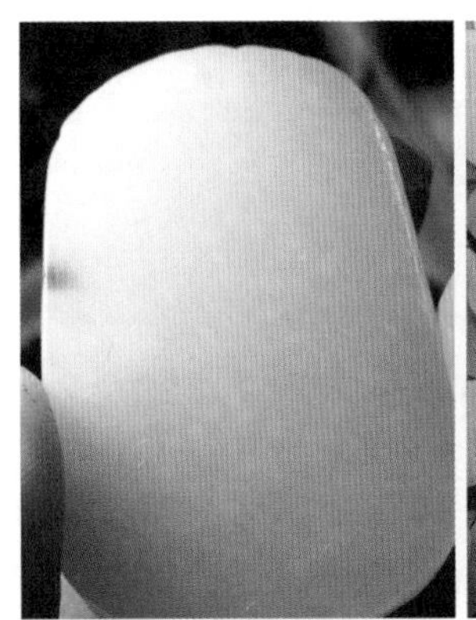

图5-2-60　韩国和田玉

图5-2-61　巴基斯坦碧玉

图5-2-62　巴基斯坦苹果绿碧玉

图5-2-63　加拿大碧玉

图5-2-64　新西兰和田玉

第三章

蛇纹石玉

蛇纹石玉分布非常广泛，在全世界各个地区都有产出，且因产地不同而有着不同的商业名称，如岫玉、泰山玉、信宜玉、鲍文玉等，其中辽宁省岫岩县是蛇纹石玉最著名的产地，也是在历史上开采和应用最早的产地。蛇纹石玉是中国最古老的传统玉石品种之一，在新石器时代，我国的先民们就已经开始使用蛇纹石玉了。蛇纹石玉在中国玉文化历史上扮演了重要的角色，从红山文化时期到良渚文化时期发掘的玉器中，均出土了大量的用蛇纹石玉制成的玉器。汉代的金缕玉衣、银缕玉衣以至后来使用的玉棺都是以蛇纹石玉为主要材料制成的，因此蛇纹石玉有中国四大名玉的美称。蛇纹石玉也是我国目前玉雕工艺品使用最广的玉种之一。

一、蛇纹石玉的基本性质

（一）矿物组成

蛇纹石玉是一种以微细纤维状、叶片状和胶状蛇纹石为主的矿物集合体，主要矿物为蛇纹石，除此之外，还可含白云石、菱镁矿、绿泥石、透闪石、滑石、透辉石、铬铁矿等。次要矿物的含量变化较大，少数情况下次要矿物甚至会超过50%，成为主要矿物。

（二）化学成分

蛇纹石是层状含水镁硅酸盐矿物，化学式为$(Mg,Fe,Ni)_3Si_2O_5(OH)_4$。其中Mg可被Mn、Al、Ni等置换，有时Cu、Cr可能会混入，从而形成相应的成分变种。

蛇纹石玉则会受矿物组合的影响。

（三）结晶状态

蛇纹石玉为晶质集合体，主要组成矿物蛇纹石属单斜晶系，常呈细粒叶片状或纤维状。蛇纹石玉为集合体，呈致密块状。

（四）结构

蛇纹石为单斜晶系，蛇纹石玉主要为纤维交织结构，其中的矿物相互穿插、交叉和镶嵌。这种结构发育得越好，矿物质粒度越细，玉石越均一。

蛇纹石玉的构造主要为致密块状，质地较差者呈脉状穿插构造、片状构造、碎裂构造。

（五）光学性质

1. 颜色

蛇纹石玉的颜色非常丰富（图5-3-1），常见颜色有墨绿色、碧绿色、暗绿色、绿色、浅绿色、黄绿色、灰绿色、浅黄绿色、黄色、褐黄绿色、褐红色、暗红色、黄白色、灰白色、黑色等10余种，其中暗绿色—黄绿色是其常见的颜色，也有色浅近无色的品种。颜色的

图5-3-1　不同颜色的岫玉

深浅与铁含量的多少有关，含铁多时一般色深，反之则色浅，另外还有多种颜色组合形成的蛇纹石玉，行业内俗称花玉。黑色蛇纹石玉的黑色是因为内部含有大量的黑色泥状包体及表面金属包体，强光透过可见呈现很深的墨绿色。不同产地的蛇纹石玉，其颜色色系有细微的差异。例如，岫岩县产的岫玉以黄绿色为主；广东产的信宜玉以深暗绿色为主；甘肃祁连山的酒泉玉，大多为含黑色斑点或斑块的暗绿色。市场上比较受欢迎的是碧绿—鲜阳黄绿色的品种。

2. 光泽和透明度

蜡状光泽至玻璃光泽，半透明至不透明。

3. 光性特征

非均质集合体。

4. 折射率

折射率为1.560～1.570（+0.004，−0.070），点测法常为1.56～1.57。

5. 紫外荧光

长波：无至弱绿；短波：无。

6. 多色性

集合体不可测。

7. 吸收光谱

无典型吸收光谱。

8. 红外光谱

中红外区具蛇纹石特征红外吸收谱带。

9. 特殊光学效应

美国加利福尼亚州和马里兰州的某些蛇纹石玉具有猫眼效应，分别被称为“加利福尼亚猫眼石”和“萨特尔猫眼石”，但比较罕见。

（六）力学性质

1. 断口

参差状。

2. 硬度

根据矿物成分不同，摩氏硬度在2.5～6变化。纯蛇纹石玉的硬度较低，在3～3.5，而当其中透闪石等混入物含量增高时，硬度增大。

3. 密度

2.57（+0.23，−0.13）g/cm^3。

（七）内外部显微特征

少量黑色矿物、灰白色透明的矿物晶体，灰绿色绿泥石鳞片聚集成的丝状、细带状和由颜色的不均匀而引起的白色、褐色条带或团块。叶片状、纤维状交织结构。

二、蛇纹石玉的种类

蛇纹石玉产地多，资源丰富，由于产地不同，颜色和质地特点也有所不同，商业上常见以下品种。

1. 岫玉

产地为辽宁岫岩县。颜色多为带黄的浅绿色，还有各种色调的绿色、白色、花斑色等。半透明，在玉器成品上可见分布不均匀的纤维蛇纹石丝絮及不透明的白色云朵状斑点，硬度为3.5～6。

2. 南方玉

产地为广东信宜县泗流，也称信宜玉。呈黄绿色、绿色，不透明。浓艳的黄色、绿色斑块组成美丽的花纹，适合雕刻大型摆件。

3. 祁连玉

产地为甘肃祁连山，又称酒泉玉，墨绿色、黑色条带状，半透明至微透明。

4. 泰山玉

产地为山东泰山，发现较晚，颜色偏深，多为墨绿色。

5. 台湾玉

产地为中国台湾省。草绿、暗绿色，常有黑色斑点和条纹，半透明，硬度5.5，密度3.07g/cm^3，玉质较好。

6. 新西兰的“鲍文玉”和美国宾州的“威廉玉”

国外较著名的产地有新西兰的“鲍文玉”和美国宾州的“威廉玉”。前者较纯净，质地细腻，半透明，淡黄绿—淡灰绿色；后者含斑点状铬铁矿，深绿色，半透明。

三、蛇纹石玉的主要鉴定特征

结构呈隐晶致密块状体，质地细腻，具滑感；蜡状光泽；常在黄绿色基底中存在着黑色矿物包体以及白色棉絮状物。

四、蛇纹石玉的优化处理及其鉴别

蛇纹石玉的优化处理主要有染色、充填与“做旧”处理。

（一）染色

染色蛇纹石玉是通过加热淬火处理，产生裂隙，然后浸泡于染料中进行染色。颜色沿淬裂纹呈网状分布，放大检查可见颜色分布不均匀，颜色多在裂隙、粒隙间或表面凹陷处富集，裂隙大的地方颜色较深，裂隙小的地方颜色较浅，铬盐染绿色者可具650nm宽吸收带。在长、短波紫外光下染料可引起特殊荧光，经丙酮或无水乙醇等溶剂擦拭可掉色。

（二）充填

蛇纹石玉的充填处理主要是将蜡或者其他充填物充填于裂隙或缺口中，以改变样品的外观，放大检查可见充填部分表面光泽与主体玉石有差异，充填处可见气泡，红外光谱测试可见充填物特征红外吸收谱带，发光图像分析（如紫外荧光观察仪等）可观察充填物分布状态。若充填物为蜡，可见充填的地方具有明显的蜡状光泽，用热针试验可以发现裂隙处有“出汗”现象，即蜡可从裂隙中渗出来，同时可以嗅到蜡的气味。

（三）仿古处理

采用化学染料浸泡、浸入油后烤焦、强酸腐蚀等各方法，使玉器表面呈现出类似古玉器的沁色和腐蚀凹坑，这就是仿古处理。一般仿古处理的步骤如下：

（1）梅杏水泡或者用酸液浸泡：腐蚀其表面，模仿风化作用。

（2）涂抹猪血、地黄、红土、炭黑等并加热，使之渗入内部。

（3）打蜡。

五、蛇纹石玉的质量评价

影响蛇纹石玉质量的主要因素包括颜色、透明度、质地、净度、大小和工艺。

1. 颜色

绿色系的蛇纹石玉较为受欢迎。一般情况下，蛇纹石玉的颜色比较均匀。

2. 透明度

一般来说，透明度高的蛇纹石玉具有更高的价值，而近于不透明、蜡状光泽比较弱、结构较为粗糙的，则质量较差。

3. 质地

质地越均匀越好，如果含有较多云朵状的白斑或黑色的矿物包裹体，从而导致颜色分布不均匀或形成条带，其质量就会下降。

4. 净度

蛇纹石玉中影响净度的主要原因有裂纹、棉和矿物包裹体，其中以裂纹和黑色包裹体的影响最为明显。

5. 大小

蛇纹石玉因为产量较大，所以要求其越大块价格越高。

6. 工艺

蛇纹石玉本身的价值相对较低，产品以摆件为主，因此蛇纹石玉的工艺是影响岫玉成品质量较重要的一项因素。

六、蛇纹石玉的产状、产地简介

世界上出产蛇纹石玉的国家有朝鲜、阿富汗、印度、新西兰、美国、波兰、瑞典、奥地利、英国、意大利、埃及、纳米比亚、安哥拉和中国等，前苏联地区也有蛇纹石玉出产。中国的蛇纹石玉分布较广，现知甘肃、青海、新疆维吾尔自治区、陕西、四川、云南、西藏自治区、广西壮族自治区、广东、湖北、河南、江西、安徽、浙江、福建、台湾、江苏、山东、山西、辽宁、吉林等省（自治区）均不同程度地拥有蛇纹石玉资源或已发现其矿化。其中有的省份（如辽宁、甘肃等）蛇纹石玉年产量在全国居于前列。

我国蛇纹石玉的形成与地壳中超基性岩和镁质碳酸盐岩石遭受热液蚀变和交代作用的蛇纹石关系密切，按其成因和产出状况大体可分为三类：

（1）超基性岩中的蛇纹石玉矿床：此类矿床主要有青海的乐都玉和乌兰玉矿床、新疆的蛇绿玉矿床、四川的会理玉矿床、广西的陆川玉矿床、江西的弋阳玉矿床、山东的日照玉矿床、甘肃的鸳鸯玉矿床等。特点是分布广，在蛇纹石玉资源中占有重要地位。

（2）镁质碳酸盐岩中的蛇纹石玉矿床：此类矿床主要有辽宁的岫岩玉矿床、吉林的安绿石矿床、广东的南方玉矿床、青海的祁连玉矿床、山东的莱阳玉矿床等。特点是分布广，在蛇纹石玉资源中占首位。

（3）接触交代型蛇纹石玉矿床：该类矿床主要有安徽的天长玉矿床和新疆的昆仑玉矿床。在蛇纹石玉资源中占次要地位。

独山玉是中国四大名玉之一，有南阳翡翠之称，是一种重要的玉雕材料，因产于河南南阳的独山，也称为“南阳玉”“河南玉”或“独玉”。独山玉产于我国河南省南阳市北约10km的独山，独山是伏牛山脉向东的绵延低山，古称预山、序山。

自6000多年前新石器时代开始，独山玉的开采历经商、西周、春秋战国、秦、汉、晋、隋、唐、宋、元至明、清等各个历史时期。殷墟出土的有刃玉石器中的7件玉器，质料也全是独山玉。当前独山玉玉器产品销往国内外，现已成为我国与世界各国文化交流、合作和发展友谊的重要物质基础之一，也是河南经济繁荣不可缺少的产业。

一、独山玉的基本性质

（一）矿物组成

独山玉是一种黝帘石斜长岩，其组成矿物较多，主要矿物是斜长石（20%~90%）和黝帘石（5%~70%），其次为翠绿色铬云母（5%~15%）、浅绿色透辉石（1%~5%）、黄绿色角闪石、黑云母，还有少量榍石、金红石、绿帘石、阳起石、白色沸石、葡萄石、绿色电气石、褐铁矿、绢云母等。不同种类矿物成分含量相差很大，而这些不同的矿物组合影响了独山玉的颜色及透明度。

（二）化学成分

钙长石化学式为$CaAl_2Si_2O_8$，黝帘石化学式为$Ca_2Al_3(SiO_4)_3(OH)$。独山玉的化学组成变化较大，随其组成矿物含量的变化而变化。

（三）结晶状态

多晶质集合体，常呈细粒致密块状。

（四）结构

常具有粒状结构、碎裂结构、残斑结构、熔蚀交代结构、似斑状结构，偶见针状变晶结构和糜棱结构。

（五）光学性质

1. 颜色

独山玉（图5-4-1）以色多而珍贵，以色多而闻名，以色多而魅力无穷。独山玉有30余种色调，主色有白、绿、紫、黄、青、红几种基本颜色，以及数十种混合色和过渡色。其绿如翠羽、白如凝脂、赤如丹霞、蓝如晴空，五彩缤纷，万象纷呈。独山玉的颜色变化取决于矿物组成，颜色中含有的矿物质和各种颜料离子使独山玉的颜色复杂多变。

图5-4-1　独山玉摆件

2. 光泽和透明度

独山玉为玻璃光泽至油脂光泽，微透明至半透明。

3. 光性特征

独山玉为非均质集合体。

4. 折射率

独山玉的折射率受组成矿物影响，在宝石实验室用点测法测到的折射率值为1.56~1.70。其中1.56为长石集合体的折射率，而1.70为黝帘石集合体的折射率。

5. 紫外荧光

在紫外灯下，独山玉表现为荧光惰性。有的品种可有微弱的蓝白、褐黄、褐红色荧光。

6. 多色性

集合体不可测。

7. 吸收光谱

未见特征吸收谱。

8. 红外光谱

中红外区具独山玉特征红外吸收谱带。

（六）力学性质

1. 解理、裂理、断口

无解理，粒状断口。

2. 硬度

摩氏硬度为2～2.5。

3. 密度

密度为2.73～3.18g/cm³，随矿物组成不同而变化，一般为2.90g/cm³。

（七）其他

查尔斯滤色镜下，绿色部分呈暗红或橙红色。

（八）内外部显微特征

独山玉放大检查为纤维粒状结构或变晶结构，可见蓝色、蓝绿色或褐色色斑。

二、独山玉的种类

根据颜色可以分成以下品种：绿独山玉，红独山玉，白独山玉，紫独山玉，黄独山玉，黑独山玉，青独山玉，杂色独山玉等（图5-4-2）。

1. 绿独山玉

绿独山玉颜色主要为艳绿色、黄绿色或灰绿色，并常夹杂有白色的条纹。按颜色不同可再分为天蓝色、油绿色、豆绿色、麦青色等。这些品种中除翠绿色外，以天蓝色为最佳。绿独山玉是独山玉中最重要的品种，有的因具有上佳的绿色而酷似翡翠，而享有“南阳翡翠”之称。绿独山玉以斜长石为主，含量常达80%以上，另含5%～10%的铬云母以及少量的黝帘石、绿帘石、透辉石等。

2. 红独山玉

红独山玉一般呈粉红色或芙蓉色，故有“芙蓉玉”之名。红独山玉罕见独立存在，多与白独玉呈渐变过渡关系，或与其他色共存且常深浅不一。红独山玉的红色一般认为可能来自金红石或部分含锰的黝帘石。

3. 白独山玉

白独山玉颜色常呈白、乳白和灰白色。白独玉也可再分为若干种，如色较洁白、透明度较好的透水白种，色白但近于不透明的细白种，色白但不透明的干白种，以及色灰白至铁青色的乌白种等。其中以透水白为最佳。白独玉是独山玉中的重要品种，以斜长石为主，含量可高达90%，另含黝帘石10%～15%以及少量的透辉石、绿帘石等。

4. 紫独山玉

紫独山玉呈浅紫、紫罗兰、绛紫到所谓红亮紫色，并常与暗绿色和褐黄绿色相伴，或渐变过渡为白色。以在矿物组成上含有一定量（1%～5%）的黑云母为特征。一般认为紫色可能来自黑云母。

5. 黄独山玉

黄独山玉常具有不同深浅的黄色、黄绿色、褐黄色或灰褐至暗褐色，其中常杂有白色或褐色的团块，团块与周围的颜色呈过渡关系。在矿物组成上，斜长石一般占70%左右，另含黝帘石和绿帘石25%～30%，以及少

图5-4-2 各种颜色独山玉

量的阳起石和榍石。其黄色可能主要来自绿帘石，根据颜色的差异又可分为“黄玉种”和“褐玉种”。

6. 黑独山玉

黑独山玉（墨绿色），质地致密坚韧，矿物组分粒度差异较大，粒径0.01～0.6mm，白—黑色，块状构造，隐晶质-变斑晶结构，玻璃光泽、不透明，折射率为1.57，摩氏硬度6～6.5，相对密度2.92g/cm^3。黑独山玉的粉末样为墨绿色，块状样品则近似黑色，阳起石中的铁离子是其主要的致色元素。黑独山玉的主要矿物组成为阳起石（26%～100%）、斜长石（0～60%）、黑云母（0～32%），次要矿物为磷灰石、碳酸盐矿物、黄铁矿、黄铜矿等。

7. 青独山玉

青独山玉一般呈青色、灰青色、蓝青色，可以具有较大的块度，常呈块状或条带状产出，通常透明度很差，不透明或微透明，是独山玉中较为常见的品种，也是品质相对最差的品种。矿物组成与其他独山玉有着明显的差异，斜长石一般仅含20%左右，另含70%左右的普通辉石类矿物及5%的透辉石，黝帘石的含量通常不超过1%。

8. 杂色独山玉

杂色独山玉也称五花玉，是独山玉中最为常见的品种，因独山玉成分非常复杂，其颜色常表现为多种不同颜色的组合，或呈条纹状、斑块状、斑点状互相掺杂、交集在一起。这种独山玉矿物组成最为复杂且不均一，其中主要矿物斜长石含量多在40%～50%，黝帘石也常在40%左右，另外常含绿到蓝绿色的铬云母5%～10%，黄绿色的含绿帘石和透辉石5%～10%，粉红色的含锰黝帘石或金红石1%～5%，紫褐色的含黑云母1%～3%。此外，还可能含黑色的角闪石、白色的沸石等。根据颜色和花纹的不同，人们又将其细分为“菜花玉”“间彩玉”“斑玉”“黑花玉”等。

三、独山玉的主要鉴定特征

独山玉折射率变化范围较大，主要通过其特有的外观特征、颜色组合与其他相似玉石进行鉴别。

（1）颜色　一块玉石上色彩丰富、浓淡不一、分布不均；颜色多呈条带状、片状或不规则团块；绿色色调偏暗，并带有蓝色调；独山玉的矿物组成主要是长石类矿物，因此玉石上常伴有褐红、棕红、肉红色色斑，常呈浸染状分布。

（2）结构　粒状结构，并且常呈等粒状结构。

（3）折射率　变化比较大，且少数样品因抛光不好，很难测到折射率准确值。

（4）查尔斯滤色镜　变为红色。

四、独山玉的优化处理

由于粉色独山玉较为少见，价值也较高，市场上偶尔能见到染粉色的独山玉雕件，主要鉴定特征在于颜色沿裂隙分布，颜色较为浓郁（图5-4-3）。

图5-4-3　染粉色独山玉

五、独山玉的质量评价

独山玉的品质评价依据颜色、透明度、质地、净度、块度及雕工进行。

1. 颜色

独山玉色彩丰富，以翠绿色为最佳。此外，粉红色的芙蓉玉和透水白也是优质品种，至于其他颜色的品种，价值都一般较低，尤其是灰绿色的青玉，是独山玉中最低档的品种。杂色玉则要视俏色利用得是否巧妙来判断价值。

2. 透明度

透明度越高越好。

3. 质地

优质的独山玉应以颗粒为0.05～0.01mm为佳。这种质地的玉石致密细腻，抛光效果也好；反之，颗粒较粗，并夹杂有颗粒较大斑晶者，其质地便显粗疏，品质降低。

4. 净度

独山玉矿物组成复杂多变，这不仅使它有多种颜色互相夹杂，也使透明度在同一块玉石中有不尽相同的变化。这些夹杂的颜色有时候会以脏色、脏点的形式出现，成为玉中有碍观感的瑕疵。而透明度的变化则会表现为石花。此外还有白筋，以及一些后期在近地表环境下形成的褐铁矿和来自外界的污染物等，都是影响净度的因素。

5. 块度

独山玉除高档的翠绿色品种和色深的芙蓉玉被用于制作戒面和小的挂件等饰品外，多用于制作玉雕器件，所以在评价时，主要在意整体的块度大小。

6. 雕工

工艺水平也是选择独山玉的一个很重要的因素。因为独山玉的颜色多样，最适合做成摆件，尤其是杂色独玉，所以在选购杂色独玉时，一定要注意其整体的设计、意境的表现、俏色的运用以及玉雕技术。

六、独山玉的产状、产地简介

独山玉矿体呈脉状、透镜状及不规则状，产出于蚀变辉石岩体中。围岩蚀变作用有透闪石—阳起石化，钠黝帘石化，蛇化和绿泥石化，一般矿脉长1~10m，宽0.1~1m，个别宽5m。独山玉是我国特有的玉种，仅产于我国河南南阳独山。

第五章 绿松石

1927年，我国地质界老前辈章鸿钊先生在其名著作《石雅》中解释说："此（指绿松石）形似松球，色近松绿，故以为名"，是说绿松石因其天然产出常为结核状、球状，色如松树之绿，因而被称为"绿松石"，也可简称为"松石"。绿松石是我国传统四大名玉之一，自新石器时代以后，历代文物中均有绿松石制品，是有着悠久历史和丰富资源的传统玉石。古人称其为"碧甸子""青琅玕"等。

一、绿松石的基本性质

（一）矿物组成

绿松石（Turquoise）主要组成矿物是绿松石，另外常与埃洛石、高岭石、石英、云母、褐铁矿、磷铝石等共生，共生矿物的存在会直接影响绿松石的质量。

（二）化学成分

绿松石化学式为$CuAl_6(PO_4)_4(OH)_8 \cdot 5H_2O$，是一种含水的铜铝磷酸盐，Fe、Zn等杂质元素可替代部分Al。绿松石的结构与Cu^{2+}决定了它的基本颜色为天蓝色，杂质元素、水的含量都对其颜色有影响。绿松石长久置于自然条件下，易风化失水脱色而成白色，置于火上烧烤时，爆裂且变为白色。

（三）结晶状态

绿松石属三斜晶系，晶体极少见。绝大多数为隐晶质-非晶质集合体，常呈致密块状、结核状、板状、豆状、瘤状、葡萄状、姜状或皮壳状集合体。

（四）结构

绿松石为隐晶质，电子显微镜下（放大3000～5000倍），才能见到1～5μm的针状、细鳞状集合体。

（五）光学性质

1. 颜色

绿松石具有独特的天蓝色，常见颜色为浅至中等的蓝色（蔚蓝、蓝，色泽鲜艳）、绿蓝色至绿色（深蓝绿、绿、浅绿以至黄绿，深蓝绿者仍然美丽）及其他杂色（黄色、土黄色、月白色、灰白色），常见黑、黄褐、白色网纹或杂质。品质差的可能出现灰绿、棕黄、土黄、灰白等颜色。

2. 光泽和透明度

蜡状光泽至玻璃光泽，一些浅灰白的绿松石具土状光泽。

3. 光性特征

非均质集合体。

4. 折射率

绿松石集合体的折射率在1.61～1.65，点测法常为1.61～1.62，但一般情况下仅能在1.61处见到一些阴影边缘。在绿松石折射率的检测中应避免绿松石与折射率液长久接触，以防止绿松石被测部分变色。

5. 紫外荧光

在长波紫外线下，绿松石一般无荧光或荧光很弱，可以呈现一种黄绿色弱荧光。而短波紫外线下绿松石无荧光。

6. 多色性

集合体不可测。

7. 吸收光谱

绿松石可有Fe谱，在蓝区420nm处有一条不清晰的吸收带，432nm处有一条可见的吸收带，有时于460nm处有模糊的吸收带。

8. 红外光谱

中红外区具磷酸根离子振动所致的特征红外吸收谱带，官能团区具OH^-振动所致的特征红外吸收谱带。丙烯酸类树脂充填的绿松石具$1731cm^{-1}$（附近）、$2850cm^{-1}$、$2923cm^{-1}$（附近）的一组特征红外吸收谱带，环氧树脂充填的绿松石具$1510cm^{-1}$、$1609cm^{-1}$、$2872cm^{-1}$和$2930cm^{-1}$的一组特征红外吸收谱带。

（六）力学性质

1. 解理、裂理、断口

绿松石多为块状集合体、结核状集合体，无解理。质地好的绿松石可呈现贝壳状断口，质地不好则出现不平坦断口。

2. 硬度

绿松石的摩氏硬度为3～6，其硬度与品质有一定的关系，高质量的绿松石硬度较高，而灰白色、灰黄色绿松石的硬度较低，高品质的瓷松常为5.5～6；硬松为4.5～5.5；面松或泡松为3～4。

3. 密度

绿松石的密度为2.76（+0.14，-0.36）g/cm^3。高品质的绿松石密度应在2.8～2.9g/cm^3。多孔绿松石的密度有时可降到2.40g/cm^3。

（七）其他

（1）绿松石不耐热，在高温下绿松石会失水、爆裂，变成一些褐色的碎块；在阳光的照射下也会发生干裂和褪色。

（2）绿松石在酒精、芳香油、肥皂水和其他一些有机溶剂作用下，可发生褪色，变成棕绿色。

（3）在盐酸中绿松石可溶解，但速度很慢。

（4）绿松石孔隙发育，所以鉴定过程中，绿松石不宜与有色的溶液接触，以防有色溶液将其污染。

（八）内外部显微特征

绿松石放大检查为隐晶质结构，常含暗色或白、黄褐色网脉状、斑点状杂质。经常有褐色、黑色的纹理或色斑，俗称“铁线”（图5-5-1），它们是由褐铁矿和炭质等杂质聚集而成。在蓝色、绿色的基底上还常见一些细小的、不规则的白色纹理和斑块，它们是由高岭石、石英、方解石等白色矿物聚集而成，另外可见微小蓝色圆形斑点，是沉积而成。

图5-5-1 绿松石的铁线

二、绿松石的种类

（一）根据颜色分类

根据颜色可将绿松石分为天蓝色绿松石、深蓝色绿松石、浅蓝色绿松石、蓝绿色绿松石、绿色绿松石、黄绿色绿松石。

（二）根据其硬度、质地及所含杂质分类

1. 瓷松

是质地最硬的绿松石，硬度为5.5～6。因打出的断口近似贝壳状，抛光后的光泽质感均很似瓷器，故得名。通常为纯正的天蓝色，是绿松石中品质最高的品种。

2. 硬松

颜色从蓝绿到豆绿色，硬度在4.5～5.5，断口平坦，或有丝状麻茬，质地较细，次于瓷松。是一种中等质量的松石。

3. 面松

硬度在4.5以下，质地松软，断口参差粒状，用小刀可刻画。

4. 泡松

硬度比面松还小，呈淡蓝色到月白色。因为这种绿松石软而疏松，只有较大块才有使用价值，为质量最次的松石。但在绿松石原料日益缺乏的今天，常采用注塑、注蜡以及染色等人工处理方法改善其质量及外观，因而也可“废物利用”。

5. 铁线松

有黑色褐铁矿细脉呈网状分布，使蓝色或绿色绿松石呈现有黑色龟背纹、网纹或脉状纹的绿松石品种被称为铁线松，在国外则称“蓝缟松石”。其上的褐铁矿细脉被称为“铁线”。铁线纤细，黏结牢固，质坚硬，和松石形成一体，使松石上有如墨线勾画的自然图案，美观而独具一格。具美丽蜘蛛网纹的绿松石也可成为佳品。但若网纹为黏土质细脉组成，则称为泥线绿松石。泥线松石胶结不牢固，质地较软，基本上没有使用价值。

三、绿松石的主要鉴定特征

绿松石以其独特的天蓝色，并常伴有白色细纹、斑点、褐黑色网脉（铁线）或暗色矿物杂质为主要鉴别特征。再加上其蜡状光泽、较低的硬度等特点，易于与其他宝石相区别。

四、绿松石与相似玉石的鉴别

（一）硅孔雀石

硅孔雀石是一种含水的铜铝硅酸盐，又名凤凰石，常为隐晶质集合体，呈钟乳状、皮壳状、土状，绿色、浅绿色，蜡状光泽、土状光泽、玻璃光泽。与绿松石的区别在于：具有鲜艳的绿色、蓝绿色，表面亚透明；折射率、密度、硬度都相对较低：折射率电测1.50，密度2.0～2.4g/cm^3，硬度2～4。

（二）菱镁矿

菱镁矿是一种化学式为$MgCO_3$，晶体属三方晶系的白色或浅黄白色碳酸盐矿物，染色处理后外形与普通绿松石相近，因此市场上称为“白松石”。菱镁矿常染蓝色、充胶来冒充绿松石，常用黑色沥青等物质充填孔隙以仿绿松石的铁线，菱镁矿自身也有铁线。其主要区别在于：查尔斯滤色镜下样品可能呈褐色；密度高，为3.0～3.12g/cm^3，折射率较低，一般点测约1.60；具明显的染色特征。

（三）染色石英岩

染色石英岩也偶尔被用来仿绿松石，染色石英岩折射率为1.53左右，密度为2.60（±0.1）g/cm^3。放大检查：颗粒缝隙中颜料集中，破损处可见贝壳状断口。

五、合成绿松石及其鉴别

吉尔森合成绿松石于1972年出现在市场上，吉尔森法合成绿松石采用了制陶瓷的工艺染色，是用其他材质生产的一种工艺品，而不是真正意义的人工合成品。市面上有两个品种，一种为较均匀、较纯净的材料，另一种加入了杂质成分，外表类似于含围岩、含基质的绿松石材料。吉尔森合成绿松石主要从以下几个方面来鉴别：

（1）颜色　吉尔森“合成”绿松石颜色单一、均匀，而天然绿松石颜色常不均匀。

（2）成分　吉尔森“合成”绿松石成分均一，而天然绿松石杂质较多，如高岭石、埃洛石等黏土矿物，它们常集结成细小的斑块和细脉充填于绿松石间，还可见石英微粒集结的团块、褐铁矿细脉斑块和不均匀的褐铁矿浸染等。

（3）结构构造　吉尔森法“合成”绿松石采用了制陶瓷的工艺过程。吉尔森“合成”绿松石结构单一，放大50倍时，可见到这种“合成”绿松石浅灰色基质中大量均匀分布的蓝色球形微粒，称“麦片粥现象”（cream-of-wheat）。

（4）铁线检验法　由于天然绿松石的组成很复杂，检查其铁线就成为一个重要的指标，如果是天然绿松石，观察表面铁线，比较有立体的感觉，由于是自然产生，铁线有粗有细，且分布的情形也有疏密不同，具有天然的真实美感；合成绿松石的铁线摸起来较平滑，没有立体感，铁线粗细相差无几，且看起来的感觉较不自然。此外，人造铁线纹理的线条比较均匀，分布在表面，一般不会有内凹，天然铁线绿松石的铁线线条不均匀，一般内凹。

六、再造绿松石及其鉴别

再造绿松石是将天然的绿松石粉或者边角料、各种铜盐或者其他金属盐类的蓝色粉末材料在一定的温度和压力下胶结而成的材料。这种再造的绿松石，在加工之前要在粉末中加入各种蓝色染剂，这样制作出来的成品在颜色上更加逼真。碎料压制的再造绿松石，部分原材料会经过染色处理。微粒（粉末）压制的再造绿松石从矿物组成和检测数据上看，比石粉压制的仿绿松石更为接近天然绿松石，也更具有迷惑性，很容易将它与天然绿松石混淆。可以通过以下几方面进行鉴定：

1. 结构

再造绿松石外观像瓷器，具有典型的粒状结构。放大检查时，可以看到清晰的颗粒界限及基质中的深蓝色染料颗粒。有“麦片粥”效果。某些具有褐铁矿脉斑块或不均匀浸染，这种斑块和浸染与整体在一个平面上，形态生硬。

2. 密度

再造绿松石因黏合剂的量不同而具有不同的密度。一般为2.75，2.58，2.06g/cm^3。

3. 红外光谱

再造绿松石的红外吸收光谱具有典型的1725cm^{-1}的吸收峰。

七、绿松石的优化处理及其鉴别

颜色不够好看、质地比较松散的绿松石，一般需要进行人工优化处理，以改变其颜色和外观。人工优化处理方法主要有以下几种。

1. 染色处理

利用绿松石的多孔性，可以向绿松石中注入各种染料或颜料，以达到改善或增加绿松石颜色的目的。常用的蓝色染料是苯胺类染料，性质不太稳定，用一滴氨水滴在已染色的绿松石的表面就可使绿松石褪色，恢复原来的绿色或白色。其他染色剂的颜色不自然或是颜色不稳定。因此，现在染色绿松石越来越少，取而代之的是注入处理的绿松石。染色处理的绿松石放大检查可见表面颜色分布过于均匀，而在裂隙、粒隙间或表面凹陷处富集；染色深度过浅，有可能会露出浅色的核；部分染色绿松石可以用氨水使其褪色。

2. 充填处理

充填处理的作用是加深绿松石的颜色，掩盖裂隙和孔隙，增强结构的稳定性。最早的绿松石充填剂是石蜡和油。但是这种绿松石很容易发生褪色，尤其是受到阳光照射或受热时，褪色更快。现在多以无色或有色的树脂材料作为注入剂，目前市场上大部分的绿松石都经过了充填处理。充填处理绿松石的鉴别：

（1）充填处理绿松石放大检查可见充填部分表面光泽与主体玉石有明显差异，充填处可见气泡。

（2）注油或蜡　用热针接近绿松石不重要部位的表面（不要接触），在放大镜下观察，可以看到“出汗”现象。

（3）注塑　用热针的针尖接触绿松石不显眼的部位一下，有塑料燃烧时的特殊气味。

（4）注玻璃料（硅胶）　显微镜下，有时玻璃具有气泡和收缩纹。

（5）红外光谱测试可见充填物特征红外吸收光谱。

（6）发光图像分析（如紫外荧光观察仪等）可观察到充填物的分布状态。

3. 扎克里处理

扎克里（Zachery）处理可以美化绿松石色泽，减少孔隙。处理后的宝石显示出一种似“知更鸟蛋”的蓝色，十分美观。目前的测试条件发现两种绿松石只有K元素含量不同。K元素在天然绿松石中的分布是不均匀的，且含量低，但在美国绿松石中含量高而且均匀分布。

八、绿松石的质量评价

1. 颜色

优质的绿松石是呈天蓝—蔚蓝色的绿松石，淡黄色或带绿色色调的绿松石通常价格较低。在评估绿松石颜色时，其颜色分布的均匀程度、颜色明亮的程度及纯色部分的厚度都是需要考虑的因素。颜色亮丽均匀、天蓝—蔚蓝色的绿松石最受市场喜欢。

2. 质地

主要是指绿松石颗粒粗细、粒度的均匀性、结构的致密程度。凡是优质的绿松石一般结构都比较致密，其质地呈现出近于玻璃光泽和半透明的感觉，可以直接加工、雕刻。质地疏松和孔隙度较大或结构不均匀含较多其他宝石基质和“铁线”的绿松石硬度一般也低，通常需浸胶后才能进行加工，其价值大大降低。

3. 铁线的多少及分布

一般绿松石上都分布有褐黑色的风化产物——“铁线”，这种“铁线”的不规则分布常常是影响绿松石工艺性能的一个重要因素。铁线越多和越粗，分布越不规则，绿松石的质量就越低。除戒面外，市场上天然绿松石没有或很少铁线的饰件极少。但如果铁线能够形成优美或特殊图案，价值反而会有提升。

4. 杂质

白脑、白筋等瑕疵的多少、分布形态对绿松石质量也会产生较大影响。白脑指在天蓝或蓝绿底色上存在的白色和月白色的星点或斑点，这是由石英、方解石等矿物造成的。白筋指具有细脉白脑的绿松石。

5. 块度大小

绿松石的大小也直接影响绿松石的质量。

6. 工艺

工艺水平也是决定其质量的重要要素之一，有时甚至是很重要的要素，这一方面的特征主要体现在高档绿松石的艺术品上。不同类型档次的工艺设计，其质量可能相去甚远。

九、绿松石的产状、产地简介

绿松石一般认为是地表地质作用的产物，属于淋积成因类型，常与褐铁矿、高岭石、蛋白石、玉髓等共生。

世界上出产绿松石的主要国家有伊朗、美国、埃及、俄罗斯、中国等。中国的绿松石主要集中于鄂、豫、陕交界处。以湖北西北的郧县、竹山县的绿松石矿最为著名，其次为陕西的白河、安康，另外在中国的新疆维吾尔自治区、安徽也有产出。

欧泊

欧泊（Opal）是一种非晶质体宝石，又称蛋白石、闪山云等，主要出产于澳大利亚。欧泊于1993年被澳大利亚定为国石。高质量的欧泊被誉为宝石的“调色板”，欧泊的美是独一无二的，它具有扑朔迷离与绚丽多姿的色彩，拥有火焰般闪烁的外表，因此自古以来就备受人们喜爱。欧泊被定为十月的生辰石，象征着平安与吉祥，快乐与希望。

一、欧泊的基本性质

（一）矿物组成

欧泊的矿物组成为蛋白石，含有少量的石英、黄铁矿等次要矿物。

（二）化学成分

欧泊的化学成分为$SiO_2 \cdot nH_2O$，其中水以吸附水的形式存在，含水量不定，在4%～9%，最高可达到20%。

（三）结晶状态

欧泊为非晶质体。欧泊由相同大小的二氧化硅球粒紧密堆积而成，球粒具有圈层构造，球粒的直径大小介于150～350nm，即具有纳米结构，这种特殊结构在光的干涉、衍射作用下产生颜色，且颜色随着光源或观察角度的变化而变化，从而使欧泊产生变彩。欧泊一般没有固定的外形，呈块状、葡萄状、钟乳状或皮壳状。

（四）光学性质

1. 颜色

欧泊可出现各种体色（图5-6-1）。白色变彩欧泊，可称为白欧泊；黑、深灰、蓝、绿、棕或其他深色体色的欧泊，可称为黑欧泊；橙色、橙红色、红色欧泊，可称为火欧泊。

图5-6-1　各种颜色的欧泊

2. 光泽和透明度

玻璃至树脂光泽，透明至不透明。

3. 光性特征

欧泊为光性均质体，透明欧泊和火欧泊常见异常双折射。

4. 折射率

1.450（+0.020，-0.080），通常为1.42～1.43，火欧泊可低达1.37。

5. 紫外荧光

黑色或白色体色的欧泊可具中等强度的白色、浅蓝色、浅绿色和黄色荧光，并可有磷光。火欧泊可有中等强度的绿褐色荧光，可有磷光。

6. 吸收光谱

绿色欧泊有660，470nm吸收峰，其他不特征。

7. 红外光谱

中红外区具蛋白石特征红外吸收谱带。

8. 特殊光学效应

欧泊具有典型的变彩效应，在光源下转动可看到五颜六色的色斑。除此之外，某些欧泊还具有猫眼效应。

（五）力学性质

1. 解理、断口

欧泊无解理，具贝壳状断口。

2. 硬度

5～6。

3. 密度

2.15（+0.01，−0.09）g/cm^3。

（六）内外部显微特征

欧泊内有时可有二相和三相的气液包体，可含有石英、萤石、石墨、黄铁矿等诸多的矿物包体。色斑呈不规则片状，边界平坦且较模糊，表面呈丝绢状外观。

二、欧泊的原石特征

风化壳型欧泊常与围岩一起产出，由于宝石层较薄，通常与围岩难以分开。

三、欧泊的种类

欧泊有许多品种，商贸中也有许多名称，常见的是按照底色进行划分。

欧泊因其底色的不同，主要分为黑欧泊、白欧泊和火欧泊、晶质欧泊、砾石欧泊五种。

1. 黑欧泊

一种底色为蓝色、褐色、灰黑色或黑色的欧泊。由于底色较深，各种颜色的反光就显得格外瑰丽妩媚。黑欧泊的产量稀少，它是欧泊中最名贵的品种。澳大利亚被称为黑欧泊的故乡。

2. 白欧泊

白欧泊泛指白色（无色）或浅色体色、透明至微透明有变彩或有特殊的闪光效应的贵蛋白石。它的基本颜色有蛋白色、透明色、浅灰色，这是欧泊中最多、最常见的一种，约占欧泊总量的80%。

3. 火欧泊

火欧泊泛指橙黄、橙红至红色体色，透明至半透明，没有变彩效应的贵蛋白石。火欧泊有的浑浊，有的透明，比重甚至低于玻璃，但较硬。它是一种带有火焰般体色的欧泊，即具有红或黄色调，是由红色或黄色氧化铁或氢氧化铁颗粒的微细分散造成的。顶级的火欧泊色泽艳丽如同燃烧的火焰，并具有极高的透明度。

4. 晶质欧泊

具有变彩效应的无色透明至半透明的欧泊。

5. 砾石欧泊

砾石欧泊（图5-6-2）是由能呈现色彩的欧泊附着在无法分开的铁矿石上形成的，主要出产在澳大利亚昆士兰州。这种欧泊只能与铁矿石连在一起被切割，很薄的彩色欧泊包裹在铁矿石表面，深色铁矿石的映衬使欧泊的颜色看起来十分美丽。砾石欧泊有着不同的形状和尺寸。

图5-6-2 砾石欧泊

四、欧泊与相似品的鉴别

欧泊主要易与塑料、玻璃仿制品以及拉长石和火玛瑙混淆。

1. 塑料

塑料仿制品缺少天然欧泊的典型结构，并可能存在气泡，在正交偏光下可见异常消光，有时在气泡周围还可出现应变痕迹。塑料的折射率较高，一般在1.46～1.70，而天然欧泊为1.45。塑料的密度为1.05～1.55g/cm^3，比欧泊的密度（2.15g/cm^3±）低得多。小心地用针探查，针尖会扎入塑料仿制品中，塑料的硬度为2.5，而欧泊为5～6。

2. 玻璃

“斯洛卡姆石”是20世纪70年代美国研制并投放于市场的一种欧泊的玻璃仿制品，其玻璃体内有不同颜色的玻璃薄片或金属片，似天然欧泊的变彩效应。但在显微镜下仔细观察发现，这些彩片具有固定不变的界限，边缘相对整齐，而缺少天然欧泊的结构特征。其折射率为1.47～1.70，密度为2.30～4.50g/cm^3。放大观察可见其内部有气泡、旋涡纹和一些破裂或褶皱的箔片。

3. 拉长石和火玛瑙

拉长石的变彩与欧泊在外观上有所区别，并且结构和包体均与欧泊不同，通过折射率以及密度等测试容易区分二者。而火玛瑙也可通过常规测试与欧泊区分。

五、合成欧泊及其鉴别

合成欧泊于1974年由吉尔森公司利用沉淀法合成并

投入市场，合成方法大致包括氧化硅小球形成、沉淀、压实和黏结三个过程。合成欧泊与天然欧泊从成分到外观都非常相似，但经过仔细鉴定还是可以将它们分开的。

1. 结构

（1）柱状色斑　合成欧泊具有柱状生长方向，在某一特定区内，变彩的颜色是一致的，如果在垂直方向上观察，可显示柱状变彩，具有三维形态；而天然欧泊为二维色斑。

（2）镶嵌状结构　合成欧泊的色斑结构特殊呈柱状排列，具有三维形态。正对着合成欧泊的柱体看过去，柱体界线分明，边缘呈锯齿状，被紧密排列的交叉线所分割，从而产生一种镶嵌状结构。每个镶嵌块内可有蛇皮（或称为蜥蜴皮）状、蜂窝状或阶梯状的结构。

2. 紫外荧光

大多数天然欧泊有持续的磷光，而合成品均没有磷光。合成欧泊在长波紫外线照射下比天然欧泊更透明。

3. 红外光谱

合成欧泊在4000cm^{-1}以下有天然欧泊没有的特征峰，并且水峰与天然欧泊水峰也不相同。

六、欧泊的优化处理及其鉴别

1. 拼合处理

这是欧泊最常见的处理方式，这是由于欧泊常呈细脉及薄片状产出，所以在首饰加工时，常以二层或三层拼合的方式对欧泊进行处理。二层石是以质量较好的薄层欧泊为上层，底层为质量较差的欧泊、玛瑙、石英等其他材料，中间用黑色胶黏结，同时作为黑色背景。三层石是以玻璃或透明石英为顶层，中间是欧泊薄层，底层是其他材料，以黑色胶黏结，有时以有彩虹珍珠层的贝壳作为底层，以增加光彩。除此之外，还有一些用碎片拼合而成的欧泊。拼合欧泊非常容易鉴别，从侧面即可看到拼接痕迹。

2. 染黑处理

黑欧泊价值较高，故经常对白欧泊进行染黑处理以提高其价值。常用方法有糖酸处理和烟处理。糖酸处理使用糖先对欧泊进行浸泡，然后浸于浓硫酸中，使糖炭化变黑。这种欧泊色斑呈破碎小块，仅限于表面，结构为粒状，可见微小碳质斑点在裂隙中分布。烟处理则是把欧泊用纸包好后加热至冒烟为止，产生黑色背景。但这种黑色仅局限于表面，用针触碰可有黑色物质剥落。

3. 充填处理

通常有注塑和注油两种充填处理方式在欧泊中注入塑料或油以达到掩盖裂隙的作用，通过放大观察，热针触探可以对其进行鉴别。注塑的欧泊在红外鉴定中有有机质的特征峰。

七、欧泊的质量评价

评估欧泊的价值时应重点考虑下列因素：

（1）体色　体色以黑色或深色为佳，这样可以有较大的反差，衬托出艳丽的变彩。

（2）变彩　整个欧泊应变彩均匀，没有无色的死角，且变彩中颜色应齐全，即出现整个可见光光谱中的所有颜色（红、橙、黄、绿、蓝等）。色斑分布均匀，色斑越大越好。片状、丝状、点状搭配适宜。

（3）质地　具有一定的透明度，质地致密、坚硬，无裂纹及其他缺陷。

八、欧泊的产状、产地简介

欧泊是在表生环境下由硅酸盐矿物风化后产生的二氧化硅胶体溶液凝聚而成的，也可由热水中的二氧化硅沉淀而成。其主要的矿床类型有风化壳型和热液型。

澳大利亚是世界上最重要的欧泊产出国，主要产区在新南威尔士州、南澳大利亚州和昆士兰州，其中新南威尔士州所产的优质黑欧泊最为著名。墨西哥以其产出的火欧泊和晶质欧泊闻名，主要产出于硅质火山熔岩溶洞中。巴西北部的皮奥伊州是除澳大利亚外最重要的欧泊产地之一。美国主要产区在内华达州。其他的产地还有洪都拉斯、马达加斯加、新西兰、委内瑞拉等。

第七章
石英质玉石

石英质玉是指天然产出的、达到工艺要求的、以石英为主的显晶质-隐晶质矿物集合体，可含有少量赤铁矿、针铁矿、云母、高岭石、蛋白石、有机质等，是最为常见的一类玉石品种，种类繁多，分布广泛。石英质玉石纯净时无色，当含有不同的杂质元素如铁、镍等，或混入不同的有色矿物时，可呈现不同的颜色。石英质玉石由于结晶程度和所含杂质的影响，其物理性质也会发生一定的变化。

第一节　石英质玉的基本性质

（一）矿物组成

石英质玉石的组成矿物主要是隐晶质-显晶质石英，另可有少量云母类矿物、绿泥石、褐铁矿、赤铁矿、针铁矿、黏土矿物等。

（二）化学成分

石英质玉石的化学组成主要是SiO_2，成分中常含有微量氧化铁、有机质等混入物，从而使宝石产生各种颜色。

（三）晶系与结晶习性

石英质玉石的主要组成矿物石英属三方晶系，集合体多为团块状、皮壳状、钟乳状。

（四）结构

粒状结构、纤维状结构、隐晶质结构。块状、团块状、条带状、皮壳状、钟乳状构造。

（五）光学性质

1. 颜色

石英质玉石颜色变化多样。纯净时为无色，当含有不同的微量元素或混入其他有色矿物时，可呈现不同的颜色。

2. 光泽和透明度

石英质玉石抛光平面可呈玻璃光泽、油脂光泽或丝绢光泽，断口一般呈油脂光泽。微透明至透明。

3. 光性

非均质集合体。

4. 折射率

石英质玉石点测法折射率大致在1.53～1.55。

5. 吸收光谱

石英质玉石无典型吸收光谱，仅个别因致色元素可产生特征的吸收光谱。

6. 特殊光学效应

东陵石具有砂金效应，木变石具有猫眼效应。

（六）力学性质

1. 断口

参差状、锯齿状、贝壳状断口。

2. 硬度

摩氏硬度为6.5～7。

3. 密度

由于结晶程度和所含杂质的影响，石英质玉石密度会有一定的变化，一般在2.55～2.71g/cm^3。

（七）内外部显微特征

不同的石英质玉石品种，显微特征均有所不同。

第二节　石英质玉的分类

根据结构、构造和杂质矿物特点以及GB/T 34098—2017《石英质玉　分类与定名》中的相关规定，可将石英质玉划分为显晶质石英质玉石、隐晶质石英质玉石和具有二氧化硅交代假象的石英质玉三类，再根据不同特点细分品种（表5-7-1）。

表 5-7-1　石英质玉的分类

类别	品种
显晶质石英质玉	石英岩玉
隐晶质石英质玉	玉髓、玛瑙、碧石
具有二氧化硅交代假象的石英质玉	木变石、硅化木、硅化珊瑚

注：具有二氧化硅交代假象的隐晶质-显晶质石英质玉统称为“硅化玉”，包括“木变石”“硅化木”“规划珊瑚”等品种。

由于石英质玉分布非常广泛，近些年在各地发现了很多石英质玉，并且使用一些带有地名或者地域色彩的定名方式，GB/T 34098—2017《石英质玉　分类与定名》中为了规范石英质玉的定名，引入了石英质玉商贸名称的概念。石英质玉商贸名称是指除石英质玉基本名称外，珠宝玉石流通领域中被广泛使用和普遍认可的石英质玉的其他名称，如地方标准等涉及的石英质玉别称（表5-7-2）。

表 5-7-2　石英质玉基本名称与石英质玉商贸名称对照表

<table>
<tr><th colspan="3">基本名称</th><th>商贸名称</th></tr>
<tr><td rowspan="7">石英质玉</td><td colspan="2">石英岩玉</td><td>东陵石</td></tr>
<tr><td colspan="2">玉髓</td><td rowspan="3">黄龙玉、南红、密玉、阿拉善玉、通天玉、台山玉、大别山玉、贺州玉、鸡血玉、金丝玉、南红玛瑙等</td></tr>
<tr><td colspan="2">玛瑙</td></tr>
<tr><td colspan="2">碧石</td></tr>
<tr><td rowspan="3">硅化玉</td><td>木变石</td><td>虎睛石、鹰睛石</td></tr>
<tr><td>硅化木</td><td>树化玉</td></tr>
<tr><td>硅化珊瑚</td><td>—</td></tr>
</table>

注：石英质玉商贸名称包括但不限于以上所列商贸名称。

第三节　显晶质石英质玉石

显晶质石英质玉石又称为石英岩玉，是指可以用来做玉料的变质石英岩。按照GB/T 34098—2017《石英质玉　分类与定名》中规定，显晶质指在10倍放大条件下可辨认出单个矿物晶体颗粒，绝大多数矿物颗粒粒径大于20μm。显晶质石英质玉石指透明至不透明、质地致密的显晶质石英集合体，通常石英颗粒大小为0.02～2mm，可含少量赤铁矿、针铁矿、云母、高岭石等。粒状结构。常见颜色为黄色、红色、白色、绿色、黑色等，抛光面常呈玻璃光泽，断面常呈油脂光泽、蜡状光泽。具有砂金效应的显晶质石英质玉石可称为“东陵石”。显晶质石英质玉石常因含有杂质有色矿物而呈色。市场上经常出现的品种有东陵石、密玉、贵翠、京白玉、水沫玉（产于缅甸的一种石英岩玉）和米白玉等。

一、显晶质石英质玉石（石英岩玉）的基本性质

（一）矿物组成

石英岩玉矿物组成石英岩，英文名称为Quartzite（Aventurinequartzite）。主要矿物为石英，可含有少量赤铁矿、针铁矿、云母等黏土矿物。

（二）化学成分

石英岩玉化学成分：石英：SiO_2，可含Fe、Al、Mg、Ca、Na、K、Mn、Ni、Cr等元素。

（三）结晶状态

石英岩玉结晶状态：晶质集合体，粒状结构。

（四）光学性质

1. 颜色

石英岩玉常见颜色：各种颜色，常见绿色、灰色、黄色、褐色、橙红色、白色、蓝色等。东陵石为具砂金效应的石英岩，含铬云母等呈绿色；含蓝线石呈蓝色；含锂云母呈紫色。

2. 光泽和透明度

玻璃光泽至油脂光泽。透明至半透明，大多数透明度较高。

3. 光性特征

非均质集合体。

4. 折射率

折射率1.544～1.553，点测法常为1.54。

5. 紫外荧光

紫外荧光一般无；含铬云母石英岩：无至弱，灰绿或红。

6. 吸收光谱

吸收光谱不特征，含铬云母的石英岩：可具682，649nm吸收带。

7. 红外光谱

中红外区具石英特征红外吸收谱带。

8. 特殊光学效应

可具砂金效应。

9. 特殊性质

含铬云母石英岩玉在查尔斯滤色镜下呈红色。

（五）力学性质

1. 解理

无解理。

2. 硬度

摩氏硬度6～7。

3. 密度

2.64～2.71g/cm^3，含赤铁矿等包体较多时可达2.95g/cm^3。

（六）内外部显微特征

放大检查可见粒状结构，可含云母或其他矿物包体。

二、显晶质石英质玉（石英岩玉）的种类

（一）东陵石

东陵石（图5-7-1）英文名称为Aventurine，是一种具砂金效应的石英岩，颜色因所含杂质矿物不同而不同。含铬云母者呈现绿色，称为绿色东陵石（我国新疆产的绿色东陵石里含有纤维状阳起石）；含蓝线石者呈蓝色，称为蓝色东陵石；含锂云母者呈紫色，称为紫色东陵石。国内市场上最常见的是绿色东陵石，放大镜下可以明显看到粗大的铬云母片，大致定向排列，滤色镜下略呈褐红色。

图5-7-1 东陵石

（二）密玉

密玉（图5-7-2）又称“河南玉”，因产于河南新密县而得名，为一种比较致密的石英岩。密玉质地紧硬，细腻，色泽鲜艳、均匀，极少杂质，具有天然色彩。密玉分为红、白、青、黑、绿五种颜色，其中绿色翠透，最为珍贵，1958年被国家轻工业部命名为“河南翠”。绿色密玉大多因含有绿色绢云母而呈色，红色者可能与所含的微量金红石和电气石有关，黑色者与所含的碳物质及微量铁锰高价氧化物有关。密玉与东陵石相比，石英颗粒较小，结构较细。云母片稀疏，色浅，无明显的砂金效应。

（三）贵翠

贵翠产于贵州省晴隆县大厂一带，是一种含有绿色高岭石的细粒石英岩，被称为“贵州玉”“彩玉”，质地较细，贵翠颜色丰富，由浅蓝向深蓝过渡，优质贵翠颜色为海水蓝，以质地细腻、呈深蓝色为上品，贵翠汇集白色、浅红、杏色、铁红等多种颜色，但颜色不像东陵石和密玉那样鲜艳，高岭石的鳞片不太明显，分布也不均匀，所以多呈颜色分布不均匀的带状色调的淡绿色，用肉眼粗略观察很像劣质的翡翠。

（四）京白玉

京白玉是一种质地细腻、油脂光泽的白色石英岩（图5-7-3）。由于最早在北京西部郊区开采，所以取名京白玉。实际上这种玉料在全国许多地方均有产出。京

图5-7-2 密玉成品

图5-7-3 白色石英岩玉（京白玉）

白玉呈白色，颜色均一，无杂质，一般为纯白色，且有一定润度，有时带有微蓝、微绿或灰色色调，无杂质。石英颗粒细小，粒径一般小于0.2mm。质地细腻，微透明。质量好者，抛光后洁白如羊脂玉，但不如羊脂玉滋润，且性脆没有羊脂玉的韧性。不透明或微透明。

（五）水沫玉（产于缅甸的一种石英岩玉）

目前在中缅边境珠宝市场上销售的“水沫子”是由两种不同的矿物组成的，一种是由钠长石组成的钠长石玉，也就是被许多专家学者认为的真正是“水沫子”的玉石，但市场上一种由石英组成的与翡翠共生的显晶质石英岩玉也被作为“水沫子”在销售（图5-7-4），部分商家为区分钠长石玉，将石英岩玉称为“水沫玉”。其最大的特征是与钠长石玉一样内部含有白色棉状包裹体，像水中翻起的泡沫。其与钠长石玉的区别可从折射率等物理参数以及透明度等方面加以区别鉴定，一般来说石英岩玉更透明一些，呈粒状结构；而钠长石玉透明度稍差一些，结构为纤维状到粒状结构。

图5-7-4　石英岩玉（水沫玉）

三、显晶质石英质玉（石英岩玉）的优化处理

（一）染色处理

石英岩玉可染成各种颜色，放大检查可见颜色分布不均匀，多在裂隙间、矿物颗粒间或表面凹陷处富集（图5-7-5），长、短波紫外光下，染料可引起特殊荧光，紫外可见光谱可见异常（铬盐染绿者，紫外可见光谱可见650nm吸收带），经丙酮或无水乙醇等溶剂擦拭可褪色。染成满绿色的石英岩玉在商业上又被称为“马来玉”。

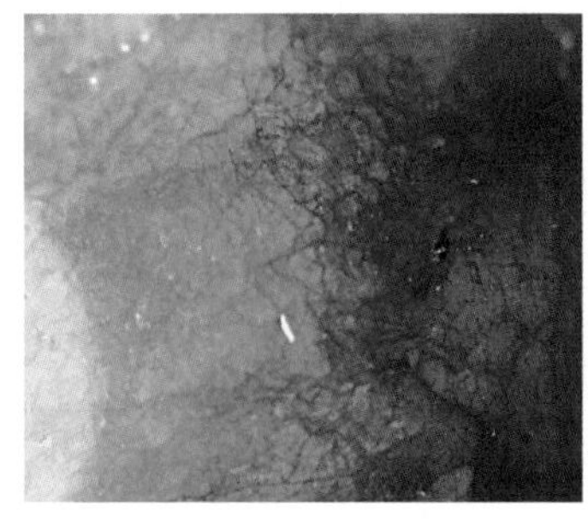
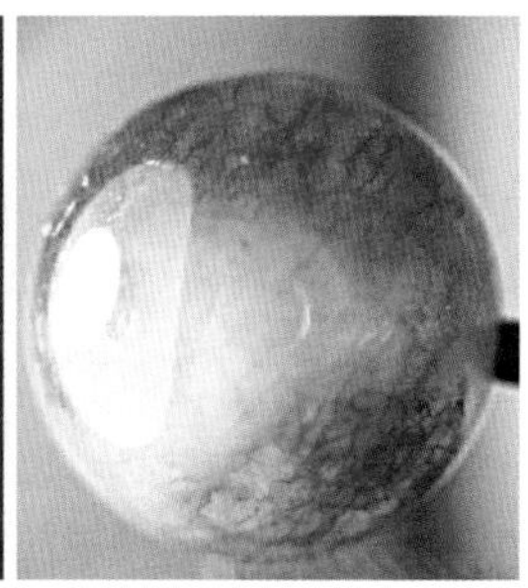

图5-7-5　染色石英岩放大观察

（二）漂白、充填处理

石英岩玉的漂白、充填处理采用与翡翠漂白、充填处理相同的方法进行处理，所以鉴定方法与翡翠漂白、充填处理的鉴定方法基本相同，放大检查可见表面呈橘皮或沟渠状结构以及有明显的酸蚀网纹结构，抛光面见显微细裂纹，内部结构松散，抛光面呈树脂或蜡状光泽，密度、折射率较天然样品偏低，长、短波紫外荧光灯下呈无或蓝绿、黄绿色荧光，红外光谱测试可见充填物特征红外吸收谱带，发光图像分析（如紫外荧光观察仪等）可观察充填物分布状态。

第四节　隐晶质石英质玉石

按照GB/T 34098—2017《石英质玉　分类与定名》中的规定，隐晶质是指在10倍放大条件下无法辨认出单个矿物晶体颗粒，绝大多数矿物颗粒粒径小于20μm。根据结构构造特点和杂质矿物含量，隐晶质石英质玉石可分为玉髓、玛瑙和碧石三个品种。

一、隐晶质石英质玉石（石英岩玉）的基本性质

（一）矿物组成

主要矿物为石英，可含有少量赤铁矿、针铁矿、云母等黏土矿物。

（二）化学成分

化学成分为石英：SiO_2，可含Fe、Al、Mg、Ca、Na、K、Mn、Ni、Cr等元素。

（三）结晶状态

隐晶质集合体呈致密块状，也可呈球粒状、放射状或微细纤维状集合体。

（四）光学性质

1. 颜色

可出现各种颜色。

2. 光泽和透明度

呈玻璃至油脂光泽，透明至不透明。

3. 光性特征

非均质集合体。

4. 折射率

折射率1.535～1.539，点测法常为1.53～1.54。

5. 紫外荧光

紫外荧光一般无；有时可显弱至强的黄绿色荧光。

6. 吸收光谱

吸收光谱不特征。

7. 红外光谱

中红外区具石英特征红外吸收谱带。

8. 特殊光学效应

晕彩效应，猫眼效应。

（五）力学性质

1. 解理

无解理。

2. 硬度

摩氏硬度5～7。

3. 密度

2.50～2.77g/cm^3。

（六）内外部显微特征

放大检查：隐晶质结构，纤维状结构，外部可见贝壳状断口，玛瑙具条带、环带或同心层状构造，带间以及晶洞中有时可见细粒石英晶体。碧石因含较多杂质矿物而呈微透明至不透明，粒状结构。

二、隐晶质石英质玉石（石英岩玉）的种类

（一）玉髓

显微隐晶质石英集合体，多呈块状产出。单体呈纤维状，杂乱或略定向排列，粒间微孔内充填水分和气体。可含Fe^{3+}、Al、Ca、Ti、Mn、V等微量元素或其他矿物的细小颗粒。根据颜色和所含其他矿物，玉髓又可细分为以下品种：

（1）红玉髓　橙红—褐红色，由微量Fe^{3+}致色。

（2）黄玉髓　黄色、褐黄色、褐红色。

（3）白玉髓　灰白色，较纯。

（4）绿玉髓　不同颜色的绿色，多由Fe、Cr、Ni等杂质元素致色，也可由细小的绿泥石和阳起石等绿色矿物均匀分布而呈绿色。市场上的“澳玉”即为含Ni的绿玉髓。

（5）蓝玉髓　灰蓝色，由所含蓝色矿物产生颜色。中国台湾产的蓝玉髓为一种含Cu的蓝玉髓，蓝色或蓝绿色，颜色均匀，高质量的台湾蓝玉髓与高质量的天蓝色绿松石颜色相近。

（6）其他商业品种　目前市场上出现了较多的玉髓商业品种，其中产自非洲马达加斯加的海洋玉髓以其独特的纹路及色彩成为隐晶质石英质玉石中的一朵艳丽的奇葩。海洋玉髓具有优质玉髓和玛瑙的属性，天然形成的形状不一，其材质、造型、色彩及花纹不同寻常，能够满足人们的猎奇或审美习性，可供观赏收藏把玩。其拥有极品羊脂玉般的质地，石质细腻、光滑、圆润、通透。里面的图案更是让人啧啧称奇，人物、花鸟、山水，甚至连四季风光都能找到，每一块都独一无二。

（二）玛瑙

具条带状构造的隐晶质石英质玉石。按照颜色、条带、杂质或包体等特点可细分出许多品种。

1. 按颜色分类

（1）白玛瑙　灰白色，大部分需烧红或染色后使用。

（2）红玛瑙　浅褐红色，Fe^{3+}致色。市场上出现的红玛瑙多是由热处理或人工染色而成的。

（3）绿玛瑙　淡灰绿色，由所含绿泥石致色。天然产物少见。市场上出现的绿玛瑙多是由人工染色而成的。

（4）蓝玛瑙　巴西产，蓝白相间条纹界限十分清楚。少见。

（5）紫玛瑙　以葡萄紫色为佳。少见。

2. 按条带或条纹分类

（1）缟玛瑙　也称条带玛瑙，一种颜色相对简单、条带相对平直的玛瑙，常见的缟玛瑙可有黑白相间条带，或红、白相间条带。

（2）缠丝玛瑙　当缟玛瑙的条带变得十分细窄而呈条纹状时，称为缠丝玛瑙（图5-7-6）。较名贵的一种缠丝玛瑙是由缠丝状红、白或黑相间的条纹组成。

3. 按杂质或包体分类

（1）苔纹玛瑙　或称水草玛瑙（图5-7-7），为一种具苔藓状、树枝状图形的含杂质玛瑙。在半透明至透明，无色或乳白色的玛瑙中，含有不透明的铁锰氧化物

图5-7-6　缠丝玛瑙

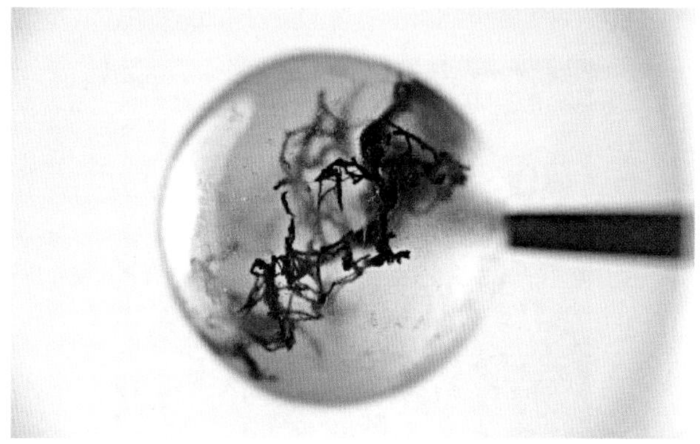
图5-7-7　苔纹玛瑙

和绿泥石等杂质，其杂质组成形态似苔藓、水草、柏枝状的图案，颜色以绿色居多，也有褐色、褐红色、黄色、黑色等单颜色或不同颜色的混杂色等，构成各种美丽的图案。

（2）火玛瑙　其结构呈层状，层与层之间含有薄层的液体或片状矿物等包裹体，当光线照射时，可产生薄膜干涉效应，会闪出火红色或五颜六色的晕彩。火玛瑙（图5-7-8）色调温暖、活泼、热情，据说可以防止感冒、风寒及冻伤。可惜的是火玛瑙与其他玛瑙不同，通常是附在岩石的表层，因此要找到一块稍大一点的火玛瑙是极其困难的事，价格自然不菲，玛瑙是玉髓类矿物的一种，有半透明或不透明的，经常是混有蛋白石和隐晶质石英的纹带状块体，硬度7~7.5，色彩有多个层次，颜色有红褐色、橙色、蓝色、绿色。产地有美国、捷克、印度、冰岛、摩洛哥、巴西。

（3）水胆玛瑙　封闭的玛瑙晶洞中包裹有天然液体（一般是水），称为水胆玛瑙。当液体被玛瑙四壁（通常由微粒石英组成的不透明薄壳）遮挡时，整个玛瑙在摇动时虽有响声，但并无工艺价值；当液体位于透明至半透明空腔中时，这种玛瑙才有较大的工艺价值。

（4）闪光玛瑙　由于光的照射，使玛瑙条纹产生相互干扰，出现明暗变化，抛光后更易发现。当入射光线照射角度变化时，其暗色影纹也发生变化，十分美观而有趣。此品种比较稀少。

4. 其他商业品种

除上述分类外，产于南京的雨花石和西藏的天珠，其主要成分也是隐晶质的二氧化硅。

（1）雨花石　分为广义雨花石和狭义雨花石两大类。广义雨花石是指各种卵状砾石，它既包括千姿百态的玛瑙石，也包括各种色彩的燧石、硅质岩、石英岩、脉石岩、硅化灰岩、火山岩及蛋白石、水晶、紫水晶等。狭义的雨花石是指产于南京雨花台砾石层中的玛瑙。由于雨花石具有纹带状的显著特征，故古时称之为“文石”或“纹石”。雨花石具有红、黄、蓝、绿、褐、灰、紫、白、黑等多种色调，且花纹变化万千，被誉为观赏石中“天下第一美石”。

（2）天珠　是西藏宗教的一种信物。其主要矿物成分为玉髓。市场常见的天珠多数经过优化处理（图5-7-9）。另外也有树脂、玻璃等材料制作的仿制品。

（3）战国红玛瑙　开采于辽宁北票和河北宣化等地，在宝石学上被定义为红缟玛瑙的一种。其与战国时期出土文物的一些玛瑙饰物同料，被称为战国红。战国红玛瑙以红黄缟为主，偶有黑缟、白缟等，以颜色艳丽，通透，三维动丝为上品（图5-7-10）。因战国红产量较少，大料较为难得，故制品最多的是珠子、吊坠，

图5-7-8　火玛瑙

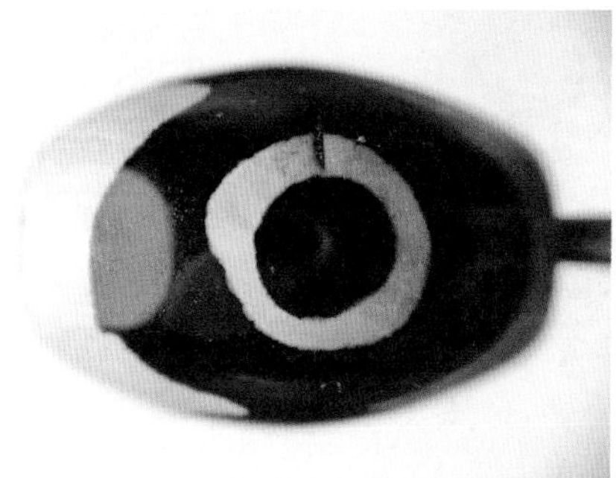
图5-7-9　天珠

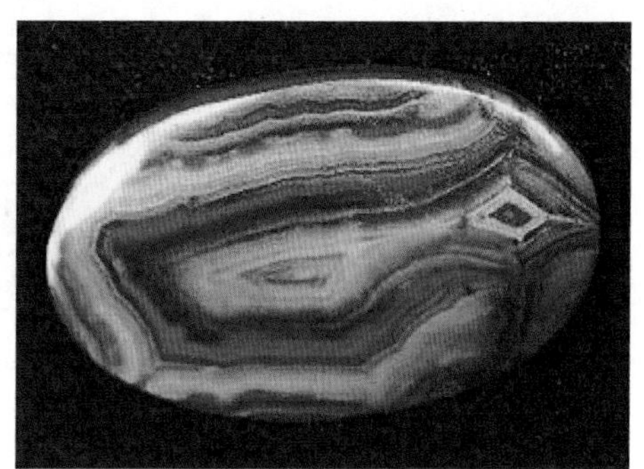
图5-7-10　战国红玛瑙

偶有把件、雕件等，价值不菲。珠子的形状有橄榄形、瓜棱形、扁圆形。

（4）南红玛瑙　主要产自我国的云南保山、四川凉山，产量不大，个头较小，一般用于制作珠子、手把件等（图5-7-11）。

（5）盐源玛瑙（图5-7-12）　产自四川凉山盐源，质地细腻，色泽丰富。

（6）紫绿玛瑙（图5-7-13）　产自陕西商洛，绿色与梅紫色同时出现，是较好的俏雕原料。

图5-7-11　四川南红原料、成品

图5-7-12　盐源玛瑙

图5-7-13　紫绿玛瑙

（三）碧石

碧石（图5-7-14）指成分中含有黏土矿物和氧化铁等矿物杂质的玉髓，又被称为肝石，其杂质含量常达15%以上。因质地不纯，通常表现为不透明或微透明，且光泽也稍暗于普通玉髓。碧石的颜色很丰富，有红碧石、绿碧石、白碧石、黄碧石等。除有单色品种外，也常见杂色品种。当碧石中有两种以上颜色，组成各种条带状或风景图画状花纹时，则被统称为“图画碧石”，这种碧石多直接被用作观赏石。

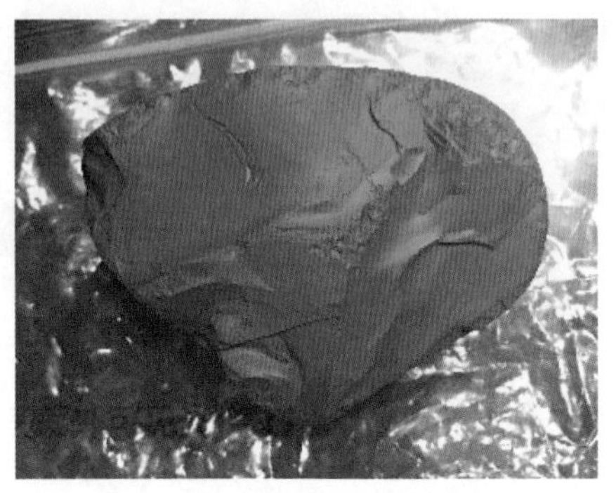

图5-7-14　碧石原石

三、隐晶质石英质玉（石英岩玉）的优化处理

（一）热处理

热处理常用于玉髓和玛瑙，可以用来改善玉髓和玛瑙的颜色，浅褐红色玛瑙在空气中直接加热可产生均匀、鲜艳的红色，这是因为玛瑙中含有少量褐铁矿。在高温氧化条件下，褐铁矿中的Fe^{2+}转换为Fe^{3+}且水分被消除，褐铁矿转换为赤铁矿，从而使玛瑙变成较鲜艳的红色。热处理对于玉髓和玛瑙不易检测，在性质上与天然的无明显区别，颜色也比较稳定，是一种优化方法。

（二）染色处理

目前市场上的绝大部分玉髓和玛瑙制品是经过染料染色或者糖水处理的。经染色处理的玉髓和玛瑙表现为极鲜艳的红色、绿色和蓝色等，和天然颜色区别明显。另外放大检查可见颜色分布不均匀，多在裂隙、粒间或表面凹陷处富集，颜色从外到内会由深变浅。玉髓和玛瑙的染色属于优化，定名时无须特别说明。

（三）充填处理

经充填处理的玉髓和玛瑙放大检查可见充填部分与

主体玉石有明显差异，充填处可见气泡。长、短波紫外光下，充填部分荧光多与主体玉石有差异。红外光谱测试可见充填物特征红外吸收谱带，发光图像分析（如紫外荧光观察仪等）可观察充填物分布状态。

（四）水胆玛瑙的注水处理

当水胆玛瑙有较多裂隙或在加工过程中产生裂缝时，水胆中的水便会缓慢溢出，直至干涸，整个水胆玛瑙失去其工艺价值。处理的办法是将水胆玛瑙浸于水中，利用毛细作用，使水回填，或采用注入法使水回填，最后再用胶等将细小的缝堵住。其鉴定方法是检查在水胆壁上有无人工处理的痕迹。在可疑处用针尖轻轻刻画，若发现有胶质或蜡质充填的孔洞或裂隙，则可能经过注水处理。

第五节　具有二氧化硅交代假象的石英质玉（硅化玉）

具有二氧化硅交代假象的石英质玉、隐晶质石英质玉、显晶质石英质玉统称为“硅化玉”（Silicified Jade），主要包括“木变石”“硅化木”“硅化珊瑚”。GB/T 34098—2017《石英质玉　分类与定名》对硅化玉的概念和种类进行了重新定义，将硅化木和硅化珊瑚纳入硅化玉的范畴（原标准中属于有机宝石范畴）。

一、硅化玉的基本性质

（一）矿物组成

主要矿物为石英，可含有少量蛋白石。木变石可含有少量石棉、针铁矿、褐铁矿、赤铁矿等矿物。硅化木可含有少量有机质等，硅化珊瑚可含有少量方解石等矿物。

（二）化学成分

化学成分为石英：SiO_2，可含少量蛋白石 $SiO_2 \cdot nH_2O$。可含Fe、Al、Mg、Ca、Na、K、Mn、Ni等元素。硅化木中的有机质为C、H化合物。

（三）结晶状态

晶质集合体。

（四）光学性质

1. 颜色

浅黄至黄、棕黄、棕红、灰白、灰黑等颜色。木变石：黄、棕黄、棕红、深蓝、灰蓝、绿蓝等色。硅化木：浅黄至黄、棕黄、棕红、灰白、灰黑等色。硅化珊瑚：黄白、灰白、黄褐、橙红等色。

2. 光泽和透明度

玻璃光泽，断口呈油脂或蜡状光泽，木变石也可呈丝绢光泽。半透明至不透明。

3. 光性特征

非均质集合体

4. 折射率

1.544～1.553，点测法常为1.53～1.54。

5. 紫外荧光

无。

6. 吸收光谱

吸收光谱不特征。

7. 红外光谱

中红外区具石英特征红外吸收谱带。

（五）力学性质

1. 解理

无解理。

2. 硬度

摩氏硬度5～7。

3. 密度

2.48～2.85g/cm^3。

（六）内外部显微特征

放大检查：隐晶质结构，粒状结构。木变石可呈纤维状结构。硅化木可呈纤维状结构，可见木纹、树皮、节瘤、蛀洞等。硅化珊瑚可见珊瑚的同心放射状构造。

（七）特殊光学效应

可见猫眼效应。

二、硅化玉的种类

（一）木变石

木变石也称为硅化石棉，其原矿物为蓝色的钠闪石石棉，后期被二氧化硅所交代，但仍保留其纤维状晶形外观，呈纤维状结构。高倍显微镜下观察，“纤维”细如发丝，定向排列，交代的二氧化硅已具脱玻化现象，呈非常细小的石英颗粒。由于置换程度的不同，木变石的物理性质略有差异。SiO_2置换程度较高者，硬度接近于7，密度相对较低，一般来讲密度变化于2.64～2.71g/cm^3。微透明至不透明。丝绢状光泽。根据颜色可将木变石分为虎睛石、鹰睛石等品种。

（1）虎睛石（图5-7-15）为棕黄、棕至红棕色、黄褐色、褐色的木变石。黄褐色、褐色则是所含铁的氧化物——褐铁矿所致。虎睛石成品表面可具丝绢光泽，当组成的纤维较细、排列较整齐时，弧面型宝石的表面可出现猫眼效应。虎睛石的猫眼效应一般眼线较宽，左右摆动，一般很少见到像金绿宝石猫眼那样的眼线开合现象。

（2）鹰睛石（图5-7-16）为灰蓝色、暗灰蓝色、蓝绿色的木变石。蓝色是残余的蓝色钠闪石石棉的颜色。也可具有猫眼效应。

（3）斑马虎睛石为黄褐色、蓝色呈斑块状间杂分布的木变石。需要注意的是市场上有大量经过染色的木变石（图5-7-17）销售。

图5-7-15　虎睛石

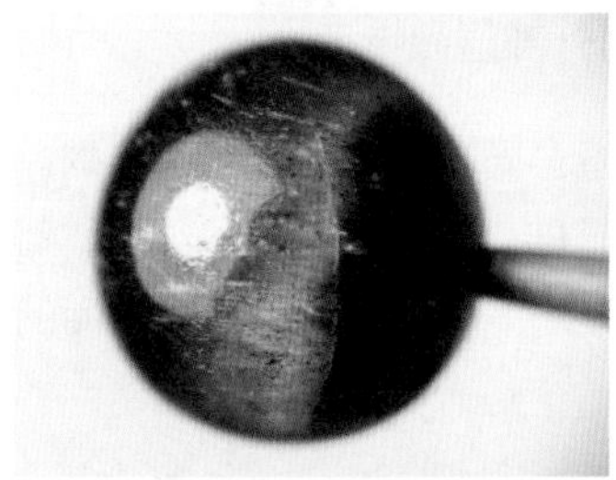

图5-7-16　鹰睛石

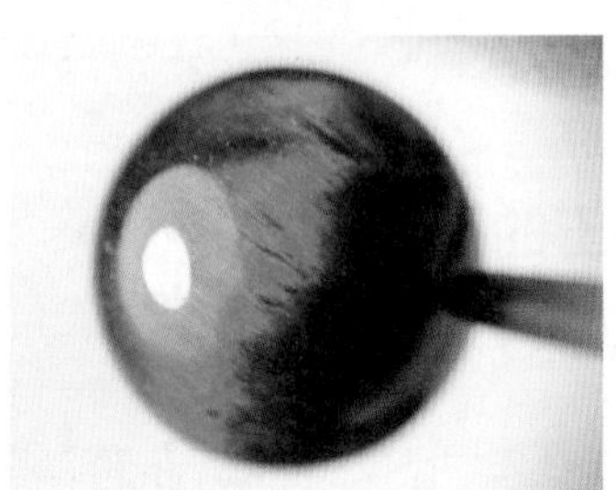

图5-7-17　染色木变石

（二）硅化木

硅化木（图5-7-18）又称“树化玉”“木化石”，是大自然奉献给人类的远古瑰宝。硅化木具有极高的审美价值。

1. 硅化木的基本性质

（1）化学成分　硅化木由无机成分和有机质两部分组成。无机成分：SiO_2、$SiO_2 \cdot nH_2O$；有机质：C、H化合物。

（2）结晶状态　隐晶质或（及）微显晶质矿物集合体，局部可见粒状结构，常呈纤维状集合体。

（3）结构　木质纤维状结构，木纹。

（4）光学性质

①颜色　硅化木的颜色多种多样，由于它在形成过程中受到不同的有色矿物和致色元素的侵蚀，呈现白、乳白、灰白、灰、浅黄、黄、黄褐、棕、绿、蓝绿、蓝、红、红褐、黑褐、黑等颜色。由于其替换矿物和致色元素侵入的程度不同，所以其表皮和里层的颜色也不尽相同。

②光泽　抛光面可具玻璃光泽。

图5-7-18　硅化木

③光性　非均质集合体或均质集合体。

④折射率　1.53或1.54（点测）。

⑤紫外荧光　一般无。

（5）力学性质

①硬度　摩氏硬度为6.5～7。

②密度　2.58～2.68g/cm^3。

（6）内外部显微特征　硅化木具有玻璃光泽，木质纤维结构，可见木纹、蛀虫、树皮、节瘤、蛀洞、年轮等，硅化木具玉石的质地（经过玉化作用），但是保留了木质纤维状结构、纹理、年轮，甚至某些硅化木上还有硅化后的虫子。

2. 硅化木的产状、产地简介

（1）国内

①新疆奇台县（将军戈壁）。产自侏罗纪的地层中，以碧玉色和灰红色硅化木为主，可见原地竖立保存的硅化木树桩林，极为奇特。

②辽宁义县。产自白垩纪的地层中，以棕黄色、灰色、灰黄色的普通硅化木为主，可见有呈弯曲分叉状保存的树形。

③四川自贡。产自白垩纪的地层中，以灰黄色和浅棕黄色的普通硅化木为主。

④江西上饶、抚州、乐平。产自白垩纪的地层中，以浅棕黄色的普通硅化木为主。

⑤浙江新昌、永康、嵊州等地。产自白垩纪火山岩地层中，多呈棕黄、棕褐色及棕红色硅化木。

⑥海南岛中北部。产自白垩纪和第三纪的地层中，以灰黄色、灰黑色、浅棕灰色的致密硅化木为主。

⑦云南元谋。产自第四纪更新世纪晚期，以硅胶化较弱多孔隙的棕黄色硅化木为特色。此外，在其他省区还有一些小规模的零星产地。

（2）国外　缅甸曼德勒，美国黄石公园、亚利桑那州，阿根廷圣克鲁斯省等地和印度尼西亚等国家均产出硅化木，多数以普通硅化、碧玉化和局部玉髓化为特色。此外，还有南非、蒙古、马来西亚、菲律宾等。其中以缅甸所产的硅化木质地最好，能够达到半透明的优质“玉化”程度，是所有产地中的佼佼者。

（三）硅化珊瑚

硅化珊瑚又名珊瑚玉和菊花玉（图5-7-19），是经历数亿年的地壳运动、地热煎熬、高温高压才能形成的化石玉，是珊瑚白化后形成珊瑚礁，受碳钙渗入，再经过几亿年不断的地壳变动、地热煎烤、长时间高温高压作用后形成的化石，古生物本身的形貌和纹理大都被完整地保留下来，有些受矿物质替代作用呈玉髓化现象，其主要成分是二氧化硅。外观花纹鲜亮明显，像菊花，所以人们称之为菊花玉。它会因为珊瑚的大小、种类的不同而产生不同的天然花纹图案，而玉化矿物的成分不同，其颜色也多姿多彩，其中花型花瓣清晰、排列紧密，仿佛一片菊花海洋的菊花化石令人爱不释手，是不可多得的收藏级珍品。珊瑚玉的产地有很多，其中印度尼西亚产出的品质最好，也最具代表性。不过由于过度开采，如今的储量已经非常有限。

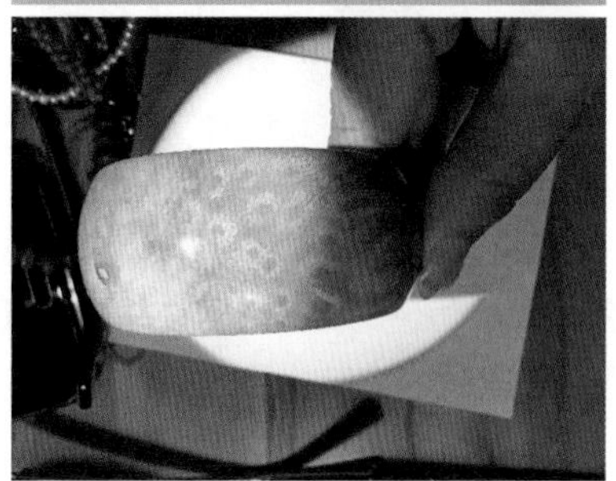

图5-7-19　硅化珊瑚

第六节　石英质玉的质量评价

石英质玉主要从工艺质量、颜色及纹理、透明度、特殊效应、裂纹及杂质以及大小几个方面进行质量评价。

一、工艺质量

石英质玉产量大，价格较低，因此工艺质量对价值的影响比较大。

二、颜色及纹理

颜色及纹理是影响石英质玉的内在质量要素中最重要的因素之一。石英质玉的颜色多种多样，其纹理也千变万化，只要是颜色鲜艳而饱和度适中纯净的颜色都是有价值的颜色，只要是有特殊的表现力，可被“俏色”

使用的，就是高质量的纹理。若是颜色分布杂乱、不均匀而又无特征的纹理，则价值低。

三、透明度

透明度是影响石英质玉质量的另一个重要因素。透明度高，则质量好。而透明度低、矿物颗粒明显、结构粗大的，质量就低。

四、特殊效应

具有特殊美学价值的石英质玉往往有较高的价值认同，例如猫眼（如木变石）、星光效应（如芙蓉石）以及风景碧玉、水胆玛瑙等。

五、裂纹及杂质

裂纹、杂质影响石英质玉的净度。

六、大小

大小是评价石英质玉时相对次要的因素，但在同等质量下，块度越大，价值越高。

第七节 石英质玉的产状、产地简介

石英质玉石的产地多、产状各异。玉髓（玛瑙）矿床包括原生矿和次生矿两类。原生矿主要产于基性、中性岩中和火山侵入体，凝灰岩的气孔、裂隙中，由富含二氧化硅的胶体溶液充填冷凝而成。次生矿床由原生矿床风化淋滤、搬运而成。如南京的雨花石、内蒙古的“玛瑙湖”。我国已有20多个省市发现玉髓（玛瑙）矿床。石英岩主要产于由区域变质作用和热液接触变质作用形成的石英岩中。而河南的密玉则产于变质石英岩的裂隙中，属于后期热液交代型矿床。木变石主要产于变质的石棉矿床中，如河南的内乡—淅川一带、贵州的罗甸等地。石英质玉石矿的产地很多，几乎世界各地都有产出。

第八章

钠长石玉

钠长石玉（图5-8-1），英文名称为Albite Jade。常与硬玉伴生，早期被当成冰种翡翠进入市场，因内部有白色絮状包体，像翻涌的泡沫，因此取名“水沫子”。钠长石与翡翠共生，最初钠长石玉是作为翡翠开采时的副产品一起开采出来的，当时因价值不高而不被重视。由于翡翠价格的上涨，和翡翠非常相似的钠长石玉渐渐进入人们的视线。钠长石玉有着翡翠的质感，外观上和高冰种的翡翠、飘蓝花的翡翠很相似，因此受到人们的青睐。

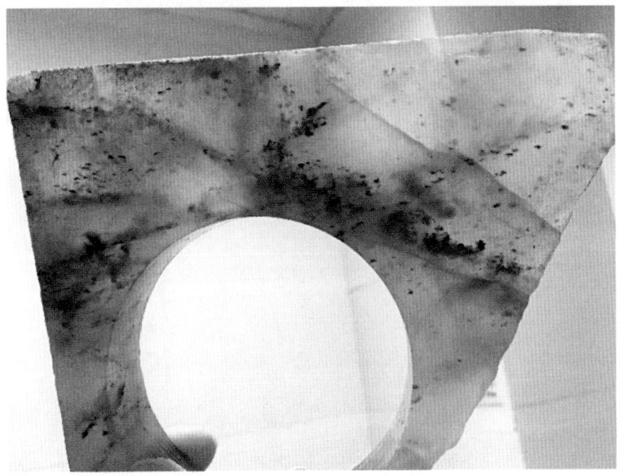

图5-8-1　钠长石玉

一、钠长石玉的基本性质

（一）矿物组成

钠长石玉主要矿物组成是钠长石，次要矿物有硬玉、绿辉石、绿帘石、阳起石和绿泥石等。

（二）化学成分

钠长石玉的化学成分为$NaAlSi_3O_8$。

（三）晶系及结晶习性

钠长石玉属三斜晶系，单晶呈板状或板柱状。

（四）结构构造

钠长石玉为纤维状或粒状变晶结构钠，块状构造。

（五）光学性质

1. 颜色

钠长石玉外表形态常见颜色有灰白、灰绿白、灰绿、白色、无色等。常见和翡翠相似的飘蓝花和绿花钠长石玉。

2. 光泽及透明度

油脂光泽至玻璃光泽，半透明至透明。

3. 光性

二轴晶，非均质集合体。

4. 折射率

1.52～1.54，点测法常为1.52～1.53。

5. 多色性

无。

6. 发光性

紫外荧光：无。

7. 吸收光谱

未见特征吸收谱。

（六）力学性质

1. 解理

两组完全解理。

2. 硬度

摩氏硬度为6。

3. 密度

2.60～2.63g/cm^3。

（七）放大检查

可见纤维或粒状结构，在透明或半透明的底色中常含白色斑点和蓝绿色斑块。白色斑点为辉石类矿物，透明度较差；蓝绿色斑块为闪石类矿物以及绿泥石等。

（八）特殊光学效应

未见。

二、钠长石玉的鉴定特征以及与相似玉石的鉴别

钠长石玉与同种颜色、透明度的翡翠相似，但钠长石玉的折射率、密度、硬度均明显低于翡翠，光泽较翡翠弱。另外，“水沫子”手镯敲击后声音沉闷，而翡翠通常声音清脆。石英质玉石的折射率、密度与钠长石玉相近（稍高），但石英质玉无解理，硬度明显高于钠长石玉。

三、钠长石玉的质量评价

钠长石玉原料的质量评价主要从颜色、净度、重量、质地结构等几个方面进行。好的钠长石玉要求颜色纯正、艳丽，质地细腻，透明度高，块度大。

钠长石玉中白色斑点或暗色、杂色团块的存在使其价值降低。

四、钠长石玉的产状、产地简介

宝石级钠长石玉多与翡翠矿床共生，作为翡翠矿床的围岩产出。钠长石玉目前的主要产地在缅甸。

查罗石

查罗石（图5-9-1）英文名称为Charoite，又名紫硅碱钙石，1978年发现于前苏联的雪利河流域。具有优雅纯正的紫色或紫蓝色，间或有白色、灰白色、褐棕色螺旋条纹状，长纤状互相缠绕，似龙云飞舞，故在商业上又称为“紫龙晶”。

图5-9-1　查罗石成品

一、查罗石的基本性质

（一）矿物组成

主要组成矿物为紫硅碱钙石，可含有霓辉石、长石、硅钛钙钾石等。

（二）化学成分

紫硅碱钙石化学成分为（K，Na）$_5$（Ca，Ba，Sr）$_8$（Si_6O_{15}）$2Si_4O_9$（OH，F）·$11H_2O$。

（三）结晶状态

查罗石单晶属单斜晶系，晶质集合体，块状、纤维状集合体。

（四）结构

查罗石的结构为纤维状结构，可见紫色的纤维状结构常有些白色斑点、块状分布于其中。

（五）光学性质

1. 颜色

查罗石的颜色为浅紫至紫、紫蓝色，可含有黑色、灰色、白色或褐棕色色斑。

2. 光泽和透明度

查罗石的光泽为玻璃光泽至蜡状光泽，半透明至微透明。

3. 光性特征

查罗石为非均质集合体。

4. 折射率

查罗石的折射率为1.550～1.559（±0.002），随成分不同而变化。

5. 紫外荧光

长波：无至弱，斑块状红色荧光；短波：无荧光。

6. 吸收光谱

不特征。

7. 红外光谱

中红外区具紫硅碱钙石特征红外吸收谱带。

（六）力学性质

1. 解理、裂理、断口

查罗石晶体具三组解理，集合体通常不见。

2. 硬度

摩氏硬度为5～6。

3. 密度

2.68（+0.10，−0.14）g/cm^3，因成分不同有变化。

（七）内外部显微特征

查罗石放大检查可见纤维状结构，矿物包体，常含色斑。

二、查罗石的主要鉴定特征

查罗石以其特有的颜色、结构和光泽为主要鉴定特征，一般不容易与其他宝石混淆。与苏纪石的差异主要在一些物理参数方面，另外苏纪石结构更为细腻，看不出明显的纹理，颜色呈团块状分布。有时则会呈现颗粒质感。而查罗石呈现的是不规则的交织结构，明显的纤维状结构，可见紫色的纤维状结构常有些白色斑点、块状分布于其中。

三、查罗石的优化处理及其鉴别

查罗石的主要优化处理方法有染色处理和充填处理。染色处理的查罗石通过放大检查可见染料沿裂隙分布，也可用丙酮擦拭掉色。充填处理的查罗石放大检查可见充填部分表面光泽与主体玉石有差异，充填处可见气泡。在长、短波紫外光下充填部分荧光与主体玉石有差异。红外光谱测试可见充填物特征红外吸收谱带。发光图像分析（如紫外荧光观察仪等）可观察充填物分布状态。

四、查罗石的质量评价

查罗石的质量评价主要从颜色、净度、重量、质地结构的影响这几方面进行。如果其中有大的白色块状或团块状的色斑出现的话，会使其价值降低。

五、查罗石的产状、产地简介

查罗石是由含强碱性的霞石正长岩入侵到石灰岩中，由于特殊的压力、地热和化学物理等条件转变而形成的。查罗石主要产于俄罗斯西伯利亚北贝加尔查罗河附近。

第十章
青金石

青金石（图5-10-1）英文名称为Lapis lazuli，源于拉丁语，是一种古老的玉石，是开采和使用历史比较久远的一种玉石品种，在中国古代称为璆琳、金精、瑾瑜、青黛等。佛教称为吠努离或璧琉璃，是古代东西方文化交流的见证之一。中国古代通常用青金石作为上天威严崇高的象征。青金石被智利和阿富汗列为国石，也被阿拉伯国家视为瑰宝。世界上以阿富汗巴达赫尚产的青金石最为著名。由于青金石具有很庄重的深蓝色，除了制作珠宝首饰之外，还用于雕佛像、达摩、瓶、炉、动物等，此外还是重要的画色和染料。著名的敦煌莫高窟、敦煌西千佛洞，自北朝到清代壁画、彩塑上都用青金石作颜料。青金石与绿松石、锆石同为十二月的生辰石。

图5-10-1　青金石成品

一、青金石的基本性质

（一）矿物组成

青金石是由青金石、黄铁矿和方解石矿物等组成的岩石，因而完全单一颜色的青金石并不多见。有些分类里将单一的深紫蓝色的青金石矿物组成的集合体称为青金石（矿物），而西方珠宝界又称此为“波斯青金石”，把含有少量黄铁矿与方解石脉的称为青金岩。

（二）化学成分

青金石的化学成分的化学式为$(NaCa)_8(AlSiO_4)_6(SO_4,Cl,S)_2$。

（三）结晶状态

青金石为等轴晶系，晶形为菱形十二面体，为晶质集合体，通常呈粒状、致密块状集合体。

（四）结构

青金石实际上是一种岩石，其结构的致密程度取决于其矿物组成及其颗粒大小和矿物的结合形式。一般情况下，青金岩中青金石是呈粒状的，其中的“金”则呈分散颗粒状或细脉（带）状，方解石呈颗粒状或脉状分布。

（五）光学性质

1. 颜色

独特的蓝色，可呈中至深绿蓝、紫蓝色，靛蓝色、天蓝色、浅蓝色和蓝紫色，纯深蓝色为最佳。常有铜黄色黄铁矿、白色方解石、墨绿色透辉石、普通辉石的色斑。

2. 光泽和透明度

抛光面呈玻璃光泽至蜡状光泽，半透明至不透明。

3. 光性特征

均质集合体。

4. 折射率

点测1.50左右，有时因含方解石，可达1.67。

5. 紫外荧光

长波紫外线下共生的方解石可发粉红色荧光；短波紫外线下呈弱至中等的绿色或黄绿色荧光。

6. 吸收光谱

无典型吸收光谱。

7. 红外光谱

中红外区具青金石特征红外吸收谱带。

（六）力学性质

1. 解理、断口

集合体无解理，不平坦断口。

2. 硬度

摩氏硬度为5～6。

3. 密度

2.75（±0.25）g/cm^3，取决于黄铁矿的含量。

（七）内外部显微特征

粒状结构，常含黄色黄铁矿斑点、白色方解石团块。

（八）特殊性质

查尔斯滤色镜下呈赭红色；共生方解石与酸强烈反应，起泡，故不可将它放入电镀槽、超声波清洗器和珠宝清洗液中。

二、青金石的种类

根据矿物成分、色泽、质地等工艺美术要求，可将青金石分为以下四个品种。

1. 青金石

青金石又称为“波斯青金石”，其中青金石矿物含量大于99%。无黄铁矿，即“青金不带金”。其他杂质极少，质地纯净，呈浓艳、均匀的深蓝色，是优质上品。

2. 青金岩

青金岩的青金石含量为90%～95%或更多一些，含稀疏星点状黄铁矿（即所谓“有青必带金”）和少量其他杂质，但无白斑。质地较纯，颜色为均匀的深蓝、天蓝、藏蓝色，是青金石中的上品。

3. 金克浪

金克浪是指含大量黄铁矿的致密块体青金石，这种玉石抛光后像金龟子的外壳一样金光闪闪。由于大量黄铁矿的存在，这种玉石的密度可达4.00g/cm^{3}以上。

4. 催生石

催生石指不含或含很少量的黄铁矿而混杂较多方解石的青金石品种，其中以方解石为主的称为“雪花催生石”，淡蓝色的称为“智利催生石”。古代传说这类青金石能帮助妇女催生孩子，因而得名。

三、青金石的主要鉴定特征

青金石以特有的颜色和矿物组合为主要鉴别特征。蓝色的青金岩和白色方解石构成不规则的色斑状。黄色的黄铁矿颗粒分布于其中。深蓝色的致密块状青金岩在查尔斯滤色镜下呈红色。

四、青金石的优化处理

（1）充填处理　青金石经放大检查可见充填部分表面光泽与主体玉石有差异，充填处可见气泡；红外光谱测试可见充填物特征红外吸收谱带；发光图像分析（如紫外荧光观察仪等）可观察充填物分布状态；若充填物为蜡，热针接触可有蜡析出。

（2）染色处理　青金石的染色处理常用于改善青金石的颜色，经过颜色处理的青金石通过放大检查可见颜色分布不均匀，多在裂隙、粒隙间或表面凹陷处富集，经丙酮或无水乙醇等溶剂擦拭可见掉色现象，紫外可见光谱与天然样品有差异。

（3）浸蜡、浸无色油　青金石通过浸蜡、浸无色油可以明显改善其外观，放大检查可见局部蜡质脱落，热针测试可见蜡和无色油析出。

五、青金石的质量评价

青金石的质量评价可以依据颜色、质地、裂纹、体积（块度）等进行。上述任一方面存在缺陷都会严重影响到青金石成品的价值。最珍贵的青金石应为紫蓝色，且颜色均匀，完全没有方解石和黄铁矿包体，并有较好的光泽。

六、青金石的产状、产地简介

所有青金石矿床均属接触交代的矽卡岩型矿床。阿富汗东北部地区是世界著名的优质青金石产地，出产的青金石颜色呈略带紫的蓝色，少有黄铁矿和方解石脉，是比较难得的高品质青金石。前苏联贝加尔湖地区的青金石以不同色调的蓝色出现，通常含有黄铁矿，质量较好。智利安第斯山脉的青金石一般含有较多的白色方解石并常带有绿色色调，价格较便宜。其他产地有缅甸，美国加利福尼亚州等。

方钠石

方钠石（图5-11-1）英文名称为Sodalite，是似长石类矿物，是含氯化物的钠铝硅酸盐。方钠石因颜色与青金石相似，商业上也被称为“加拿大青金石”或“蓝纹石”。

图5-11-1　方钠石原石

一、方钠石的基本性质

（一）矿物名称

主要矿物为方钠石（Sodalite），共生矿物有钙霞石、黑榴石、方解石等。

（二）化学成分

化学式为$Na_8(AlSiO_4)6Cl_2$，其中Na可被K和Ca少量替代，一般不超过1%。

（三）晶系及结晶习性

方钠石晶体为等轴晶系，但晶体少见，通常呈块状、结核状集合体。

（四）结构构造

粗晶质结构，块状、结核状构造。

（五）光学性质

1. 颜色

蓝色（深蓝至紫蓝），少见灰色、绿色、黄色、白色或粉红色。常含白色（也可为黄色或粉红色）条纹或色斑。

2. 光泽及透明度

玻璃光泽，断口呈油脂光泽，解理面上可具珍珠光泽。集合体多为半透明至微透明。

3. 光性

均质集合体。

4. 折射率

折射率为1.483（±0.004），一般点测1.48。

5. 多色性

无。

6. 发光性

长波紫外光下为无至弱的橙红色斑块状荧光。

加拿大安大略产方钠石，短波紫外线下具明亮的浅粉色荧光，长波紫外线下见明亮的黄至橙色荧光。白色的方钠石长时间暴露于短波紫外光下可变成“莓红色”，但在日光中又能很快褪色。

7. 吸收光谱

无特征吸收光谱。

（六）力学性质

1. 解理、断口

具{110}方向的菱形十二面体中等解理，集合体不易见。不平坦断口。

2. 硬度

摩氏硬度为5~6。

3. 密度

方钠石的密度一般为2.25（+0.15，-0.10）g/cm^3。

（七）放大检查

方钠石内常含白色脉，也可含少量黄铁矿，外观与青金石极为相似。

（八）特殊光学效应

无。

（九）其他

方钠石在滤色镜下呈红褐色，受热可熔化成玻璃，遇盐酸可分解。

二、方钠石的主要鉴定特征

方钠石的颜色与矿物组合是其主要鉴别特征。蓝色的方钠石、白色方解石成斑块状、脉状交杂，很少有黄铁矿存在。结构较粗、密度与青金石相比偏低，滤色镜下为红褐色。

三、方钠石的产状、产地简介

方钠石一般产于富钠贫硅的碱性岩（如霞石正长岩、霞石正长伟晶岩）中。常与霞石、钙霞石、长石等伴生。美国缅因州和加拿大安大略产出优质蓝色方钠石，此外俄罗斯的乌拉尔山、意大利的维苏威火山等地区和挪威、德国、玻利维亚等国家均有方钠石产出。此外，在西南非洲发现了一种鲜蓝色几乎透明的方钠石。

第十二章

孔雀石

孔雀石（图5-12-1）英文名称为Malachite，是一种古老的玉料。源于希腊语Mallache，意思是“绿色”。中国古代称孔雀石为“绿青”“石绿”或“青琅玕”。孔雀石由于颜色及花纹酷似孔雀羽毛上斑点的绿色而获得如此美丽的名字。

图5-12-1　孔雀石

一、孔雀石的基本性质

（一）矿物组成

孔雀石在矿物学中属孔雀石族，是一种单矿物岩，主要组成矿物为孔雀石。

（二）化学成分

孔雀石化学成分为$Cu_2CO_3(OH)_2$，为含水铜碳酸盐，其中Cu可被Zn以类质同象形式代替，最高可替代12%。孔雀石属碳酸盐类矿物，遇盐酸起泡，这是鉴别孔雀石的一个重要依据。孔雀石含铜量高，是重要的铜矿石，古代就以孔雀石炼铜。现在，孔雀石也是寻找黄铜矿的重要指示性矿物。

（三）结晶状态

孔雀石为单斜晶系。晶体少见，多为集合体产出，单晶通常沿*C*轴呈柱状、针状或纤维状。主要单形有平行双面、斜方柱。容易形成燕尾双晶。集合体呈晶簇状、肾状、葡萄状、皮壳状、充填脉状、粉末状、土状等。在肾状集合体内部具有同心层状或放射纤维状特征，由深浅不同的绿色至白色组成的环带。

（四）结构

隐晶质集合体，结构细腻。

（五）光学性质

1. 颜色

一般为绿色，但色调变化比较大。有浅绿、艳绿、孔雀绿、深绿和墨绿，以孔雀绿为佳。

2. 光泽和透明度

玻璃光泽，纤维状者呈丝绢光泽；以不透明者居多。

3. 光性特征

二轴晶，负光性。非均质集合体。

4. 折射率

折射率为1.655～1.909；双折射率为0.254，集合体不可测。

5. 紫外荧光

紫外线下荧光惰性。

6. 吸收光谱

不特征。

7. 红外光谱

中红外区具孔雀石特征红外吸收谱带。

8. 特殊光学效应

具有平行排列的纤维状结构的孔雀石，垂直纤维琢磨成弧面型宝石，可呈现猫眼效应。

（六）力学性质

1. 解理、裂理、断口

集合体通常不见解理，集合体具参差状断口。

2. 硬度

摩氏硬度较小，为3.5～4.0，易磨损。

3. 密度

3.95（+0.15，−0.70）g/cm^3。

4. 韧性、脆性

韧性较好。

（七）内外部显微特征

孔雀石具有条带、环带或同心层状构造，放射纤维状构造，这也是孔雀石最典型的鉴定特征。

（八）特殊性质

孔雀石具有可溶性，遇盐酸起泡，并且易溶解。

二、孔雀石的主要鉴定特征

1. 颜色

特征的孔雀绿色，典型的条带、同心环带构造。

2. 光泽

丝绢光泽。

3. 稳定性

遇盐酸起泡。

4. 其他

美丽的花纹，硬度小于小刀。

三、孔雀石的品种

（1）晶体孔雀石　透明至半透明，非常罕见。

（2）块状孔雀石　具多种形态的致密块状。

（3）青孔雀石　和蓝铜矿紧密结合，绿色和蓝色同时存在。

（4）孔雀石猫眼　具备平行排列的纤维状结构，琢磨成凸圆面宝石，可有猫眼效应。

（5）孔雀石观赏石　原生态的艺术品。

四、合成孔雀石及其鉴别

合成孔雀石于1982年由俄罗斯试制而成。它是由众多的致密的小球状团块组成。合成孔雀石大小不等，可有0.5千克至几千克。合成孔雀石颜色外观与天然孔雀石相似，具有较好的纹带结构，棕色、暗绿色或暗蓝色至黑色，所组成的花纹具有带状、波纹状、近似同心环状。合成孔雀石的化学成分及部分物理性质（如硬度、相对密度、光泽、透明度、折射率以及在大型仪器检测等方面）与天然孔雀石相似。

五、孔雀石的优化处理及其鉴别

孔雀石的优化处理方式有浸蜡和注塑两种，目的是掩盖裂隙，放大可见外来物质充填，光泽也与天然孔雀石有差别。

六、孔雀石的质量评价

判断孔雀石品质的依据主要就是颜色和纹理。纹理越细腻，颜色越鲜艳，品质越上乘。

（1）颜色　要求鲜艳，以孔雀绿色为最佳，且花纹要清晰、美观。

（2）质地　要求结构致密，质地细腻，无孔洞，且硬度和密度要偏大。

（3）块度　要求越大越好。依据颜色、花纹、质地等条件，孔雀石原石可划分出A、B两个等级。A级颜色较深，呈翠绿、墨绿及天蓝色，可见条带和同心环带花纹，结构致密，质地细腻，硬度、密度较大；B级颜色偏淡，呈翠绿色，常见有粉白和翠绿相间构成的环带和条带花纹，其中粉白色质地较软，呈凹沟，整体的硬度较软，且有变化。

七、孔雀石的产状、产地简介

孔雀石矿床常赋存于原生铜矿床或含铜丰度较高的中基性岩（玄武岩、英安岩、闪长岩等）上部氧化带中。常与其他含铜矿物（蓝铜矿、辉铜矿、赤铜矿、自然铜等）共生。历史上优质孔雀石主要来源于前苏联的乌拉尔，而现代优质孔雀石却主要产自非洲，如赞比亚、津巴布韦、纳米比亚和刚果（金）等。此外，还有中国、美国、澳大利亚、法国、智利、英国和罗马尼亚等国。中国孔雀石主要产于广东、湖北、江西、内蒙古自治区、甘肃、西藏自治区和云南等地，其中广东阳春和湖北大冶铜绿山的孔雀石最有名。

第十三章
碳酸盐类玉石

碳酸盐类玉石产量大、产地多，是最常见的玉石品种之一。常见的品种有：大理岩玉（方解石）、白云石、菱锌矿、菱锰矿、菱镁矿等。

第一节 大理岩玉（方解石）

大理岩是一种由碳酸盐岩经区域变质作用或接触变质作用形成的变质岩，由于我国云南大理盛产这种岩石而得名。由大理岩组成的玉石品种称为大理岩玉（图5-13-1），是应用最早、使用最多的一种玉石材料和建筑材料，我国古代称之为汉白玉，在商业上又被称为“阿富汗玉”。

图5-13-1 大理岩玉成品

一、大理岩玉的基本性质

（一）矿物组成

大理岩玉的主要矿物为方解石，可有白云石、菱镁矿、蛇纹石、绿泥石等矿物。

（二）化学成分

方解石的化学成分为$CaCO_3$，常含Mg、Fe和Mn等元素。

（三）结晶状态

方解石为三方晶系，晶形多变，常呈柱状、板状和各种形态的菱面体等，集合体为晶质集合体，常呈粒状、纤维状集合体。

（四）结构

以集合体方式产出，呈致密块状、粒状等。

（五）光学性质

1. 颜色

具各种颜色，常见白色、无色、浅黄色、黄色、绿色、黄绿色、黑色及各种花纹颜色。无色透明的方解石称为冰洲石。

2. 光泽和透明度

玻璃光泽至油脂光泽，透明至不透明。

3. 光性特征

方解石为一轴晶，负光性；大理岩为非均质集合体。

4. 折射率

折射率1.486~1.658。

5. 紫外荧光

因颜色或成因而异。

6. 吸收光谱

不特征。

7. 红外光谱

中红外区具碳酸根离子振动导致的特征红外吸收谱带。

8. 特殊光学效应

方解石可见猫眼效应。

（六）力学性质

1. 解理、裂理、断口

方解石具三组菱面体完全解理。集合体通常不可见。

2. 硬度

摩氏硬度为3。

3. 密度

2.70（±0.05）g/cm^3。

（七）内外部显微特征

方解石具强双折射现象，三组完全解理；大理岩为粒状或纤维状结构，条带或层状构造（图5-13-2）。因组成大理岩的方解石具三组菱面体完全解理而在集合体上表现为类似翡翠的“翠性”。和翡翠的“翠性”相比，大理岩玉的“翠性”更明显而且解理面更大。

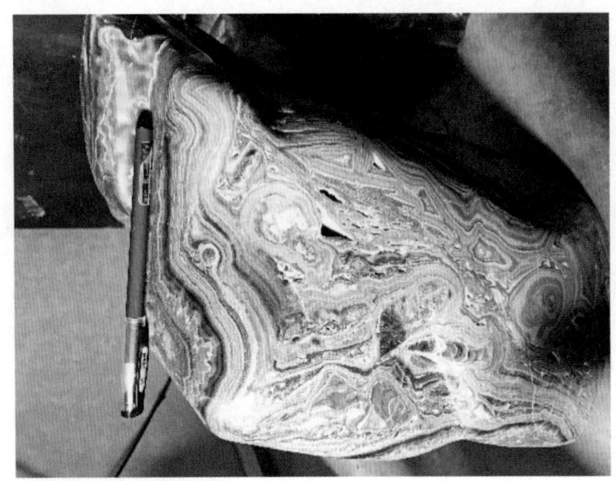

图5-13-2 大理岩玉的条带状构造

（八）其他

大理岩玉遇盐酸起泡。

二、大理岩玉的品种

按不同用途，大理岩玉可分为建筑装饰材料和玉石雕刻原料，作为玉石原料的大理岩玉由于分布较广，在不同的产地形成很多品种：

（1）蓝田玉 玉石为颜色呈绿色、黑色、墨绿色条带的蛇纹石化大理岩，因产于陕西省蓝田县而命名。

（2）点苍玉 玉石因产于云南大理点苍山而得名，玉石以含各种颜色和美丽花纹为特征。

（3）曲阳玉 玉石因产于河南曲阳地区而得名。玉石以呈灰色、青灰色、雪苍白色、肉红色、桃花红等颜色为特征。

（4）曲纹玉 玉石产于贵州省。玉石抛光后在奶油黄的底色上呈现出深红色铁质纹和粗粒方解石组成的弯曲花纹，从而构成其识别特征。

（5）紫纹玉 玉石产于湖北省大冶，因含铁质成分呈现深浅不同的紫色花纹，因而按颜色特征命名。

（6）莱阳玉 玉石因产于山东省莱阳地区而得名。玉石以含均匀分布的橄榄绿色蛇纹石构成其特征。

（7）满天星玉 玉石产于陕西省潼关，因在蛋白色基底上出现黑色蛇纹石斑点，被称为满天星玉。

（8）桃红玉 玉石产于河北省，以抛光后像微斜长石的桃红色而被命名。

三、大理岩玉的主要鉴定特征

大理岩玉硬度低，遇盐酸会起泡，三组解理发育，集合体上表现为类似翡翠的“翠性”。一般雕件因硬度低，做工较粗糙。

四、大理岩玉的优化处理及其鉴别

大理岩玉主要的优化处理方法有染色、充填处理、辐照和覆膜。主要鉴别特征和其他宝石的鉴别方式相同。染色处理的大理岩玉缝隙中有染料存在，颜色易脱落。充填处理的大理岩玉，热针试验可有胶或塑料反应，乙醚擦洗可有溶解物出现。

五、大理岩玉的质量评价

玉石级的人理岩玉质量要求：玉石结晶颗粒细小、致密、无杂质、块度大、颜色鲜艳。

六、大理岩玉的产状、产地简介

大理岩分布广泛，由碳酸盐岩经区域变质作用或接触变质作用形成。大理岩玉的产地主要有美国、墨西哥、英国、法国、德国、冰岛、意大利、巴基斯坦、罗马尼亚、俄罗斯等国家和中国的云南、山东、北京房山等地。中国云南大理所产的条带状大理石闻名于世，其间的条带颜色和形状构成了一幅幅的山水画，因而成为上等的装饰材料。

第二节 蓝田玉

蓝田玉（图5-13-3）是一种蛇纹石化大理岩，因产于陕西省西安市的蓝田山而得名。蓝田县位于西安市东南，县城距西安40公里。战国时期，秦置蓝田县。蓝田玉是中国开发利用时间最早的玉种之一，早在万年以前的石器时代，蓝田玉就被先民们开采利用，春秋秦汉时，蓝田玉雕开始在贵族阶层和上层社会流行，唐时达

图5-13-3　蓝田玉

到鼎盛。我国对蓝田玉的发现、认识和开发利用具有悠久的历史，赋予了蓝田玉深厚的文化内涵。远在5000多年前的新石器时代，人们就开始使用蓝田玉磨制各种玉器，如玉璧、玉戈等。这从蓝田县郗张河出土的新石器时代文物即可证明。进入文明时代以后，蓝田玉逐步被广泛开发利用，并且名声不断扩大，在浩瀚的典籍里对蓝田玉记载和赞美甚多，如李吉甫的《元和郡县图志》载有“按《周礼》，‘玉之美者曰球，其次为蓝’。盖以县出美玉，故曰蓝田。蓝田山一名玉山，一名覆车山，在县东二十八里”。班固的《西都赋》载有“蓝田美玉”。《汉书·地理志》载有“蓝田山出美玉”。李商隐在《锦瑟》诗里有“沧海明月珠有泪，蓝田日暖玉生烟”之名句。

一、蓝田玉的基本性质

（一）矿物组成

蓝田玉是一种蛇纹石化大理岩，主要矿物成分是方解石和蛇纹石。随蛇纹石化的程度由低到高，方解石的含量也逐渐减少，局部变为蛇纹石玉。

（二）化学成分

蓝田玉的化学成分随其组成矿物的变化而变化。

（三）结晶状态

蓝田玉为晶质集合体。常呈致密块状集合体。

（四）结构

蓝田玉为不等粒状变晶结构至纤维变晶结构，块状构造。

（五）光学性质

1. 颜色

蓝田玉常见白色、黄色、米黄色、苹果绿色等。其中大理岩通常为白色，蛇纹石通常呈绿色，形成白色大理岩与绿色蛇纹石玉相间分布的颜色形态。

2. 光泽和透明度

微透明至半透明。

3. 光性特征

非均质集合体。

4. 折射率

1.50～1.60。

（六）力学性质

1. 解理

三组完全解理。

2. 硬度

摩氏硬度为3～4。

3. 密度

2.6～2.9g/cm^3。

（七）内外部显微特征

蓝田玉为不等粒状变晶结构至纤维状变晶结构，块状构造。

（八）其他

遇盐酸起泡。

二、蓝田玉的种类

蓝田玉可分为白色蓝田玉、浅米黄色蓝田玉、苹果绿色蓝田玉等。

三、蓝田玉的主要鉴定特征

容易与蓝田玉混淆的玉石是蛇纹石玉，区别在于蛇纹石玉遇盐酸不起泡，而蓝田玉遇盐酸起泡。

四、蓝田玉的产状、产地简介

蓝田玉主要产于陕西省西安市东南的古城蓝田。矿床位于蓝田县玉川镇红门寺村一带，含矿岩层为太古代黑云母片岩、角闪片麻岩等。玉石为细粒大理岩，主要由方解石组成。2004年2月3日，国家质检总局批准对“蓝田玉”实施地理标志产品保护。

第三节 白云石

白云石英文名称为Dolomite，是沉积岩中广泛分布的矿物之一。白云石很少以单矿物出现，极少成为宝石，而是多以集合体形式出现，称为白云岩。

一、白云石的基本性质

（一）矿物名称

白云石（Dolomite），在矿物学上属方解石族。

（二）化学成分

白云石化学式为$CaMg(CO_3)_2$，成分中的Mg可被Fe、Mn、Co、Zn替代。其中Fe能与Mg完全替代，形成完全类质同象系列。

（三）晶系及结晶习性

三方晶系，晶体呈菱面体状，晶面常弯曲成马鞍形。常见单形有菱面体、六方柱及平行双面。常依{0001}、{1010}、{1120}及{0221}形成双晶。集合体常呈粒状、致密块状，有时呈多孔状、肾状。

（四）光学性质

1. 颜色

无色、白带黄色或褐色色调。

2. 光泽及透明度

玻璃光泽至珍珠光泽，多为半透明。

3. 光性

一轴晶，负光性，常为非均质集合体。

4. 折射率

折射率1.505～1.743，双折射率0.179～0.184，集合体不可测。

5. 多色性

无至弱，集合体无多色性。

6. 发光性

紫外线下白云石可有橙、蓝、绿、绿白等多种颜色荧光。

7. 吸收光谱

不特征，随所含杂质而变。

（五）力学性质

1. 解理

三组菱面体解理完全。

2. 硬度

摩氏硬度为3～4。

3. 密度

2.86～3.20g/cm^3。

（六）放大检查

可见三组完全解理。

（七）其他

遇盐酸缓慢溶解。

二、白云石的产状、产地简介

以白云石为主要矿物的白云岩可用作雕刻原料，在世界各地广泛产出。中国新疆哈密产出的黄色白云岩颜色呈浅黄至深黄，质地细腻，蜡状光泽，色泽柔和滋润，微透明至半透明，又称为“蜜蜡黄玉”。中国四川丹巴产出的白云石为含铬云母的白云岩，翠绿色，致密块状，质地细腻，可含少量阳起石、透闪石、绿泥石、黄铁矿，俗称“西川玉”。

第四节 菱锌矿

菱锌矿（Smithsonite）是最常见的氧化锌矿物，它通常有两种类型，即含铁的和不含铁的。呈土质形态和泉华形态，很少有致密的隐晶形态。铁菱锌矿中的铁发生氧化时，会逐渐分解成菱锌矿和褐铁矿的混合物，矿物呈细粒共生，在此种情况下菱锌矿被褐铁矿污染。在氧化带的边缘或在内部溶解的锌会吸附各种分散性较高的物质，如黏土、铁矿石等，从而形成含锌的黏土或高岭土。不含铁的菱锌矿属三方晶系，菱面体结构，较脆，易于磨矿，且破裂表面具有强亲水性。

一、菱锌矿的基本性质

（一）矿物名称

菱锌矿（Smithsonite），在矿物学上属方解石族。

（二）化学成分

菱锌矿的化学式$ZnCO_3$，类质同象混入物有Fe、Mn、Mg、Ca、Co、Pb、Cd、In等。

（三）晶系及结晶习性

三方晶系，晶体少见，呈菱面体及复三方偏三角面体和六方柱的聚形。由于菱锌矿是氧化带中的偏胶体矿物，故多为肾状、葡萄状、钟乳状、皮壳状和土状集合体。

（四）光学性质

1. 颜色

绿、蓝、黄、黄绿、淡蓝、棕、粉、白至无色。

2. 光泽及透明度

玻璃光泽至亚玻璃光泽，半透明。

3. 光性

一轴晶，负光性，常为非均质集合体。

4. 折射率

折射率1.621～1.849，双折射率0.225～0.228，集合体不可测。

5. 多色性

集合体无多色性。

6. 发光性

紫外灯下无至强荧光，并可有各种荧光颜色。

7. 吸收光谱

无特征吸收谱。

（五）力学性质

1. 解理

三组菱面体解理完全，集合体通常不可见。

2. 硬度

摩氏硬度为4～5。

3. 密度

4.30（+0.15）g/cm^3。

（六）放大检查

单晶具三组完全解理，集合体常呈放射状结构。

（七）其他

遇盐酸起泡。

二、菱锌矿的产状、产地简介

菱锌矿产于铅锌矿床氧化带，常与异极矿、白铅矿、褐铁矿等伴生。主要产于我国广西融县泗汀厂，广泛分布。可用作雕刻原料。

第五节　菱锰矿

菱锰矿（Rhodochrosite）是碳酸盐矿物，它常含有铁、钙、锌等元素，并且这些元素往往会取代锰。因此，纯菱锰矿很少见。菱锰矿也是生产铁锰合金的锰的来源。它们通常为粒状、块状或肾状，红色，氧化后表面呈褐黑色。具有玻璃光泽。晶粒大、透明色美者可作宝石。颗粒细小、半透明的集合体则可作玉雕材料。

一、菱锰矿的基本性质

（一）矿物名称

菱锰矿（Rhodochrosite），在矿物学中属方解石族（图5-13-4）。

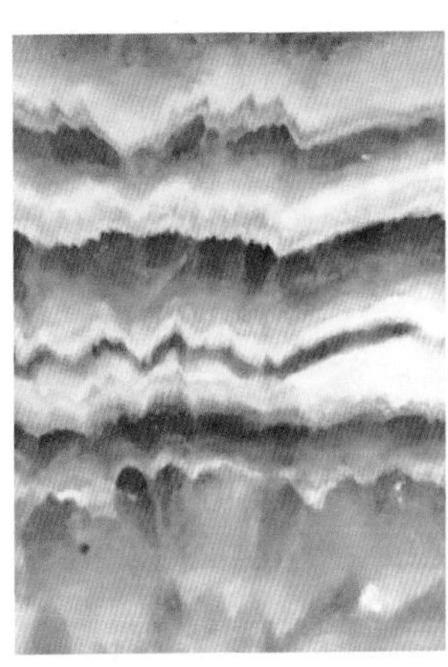

图5-13-4　菱锰矿

（二）化学成分

菱锰矿化学式为$MnCO_3$，常含有Fe、Ca、Zn、Mg和少量Co、Cd等元素。

（三）晶系及结晶习性

三方晶系，晶体呈菱面体状，晶面弯曲，多出现于热液脉空隙中，但不常见。主要单形为菱面体、六方柱和平行双面。热液成因多呈显晶质，粒状或柱状集合体；沉积成因多呈隐晶质，为块状、鲕状、肾状、土状等集合体。常见菱锰矿与白云石连生。

（四）光学性质

1. 颜色

粉红色，通常在粉红底色上有白色、灰色、褐色或黄色条带，也有红色与粉色相间的条带。透明晶体可呈深红色。菱锰矿含有致色离子Mn^{2+}，属典型的自色矿物，常呈红色或粉红色。随含Ca量增加，色变浅；当有Fe代替Mn时，变为黄色或褐色；氧化后表面变褐黑色。

2. 光泽及透明度

玻璃光泽至亚玻璃光泽，透明至半透明。

3. 光性

一轴晶，负光性，常见非均质集合体。

4. 折射率

折射率1.597～1.817（±0.003），点测法常测值为1.60；双折射率0.220，集合体不可测。

5. 多色性

透明晶体为中等至强，橙黄、红色，集合体无多色性。

6. 发光性

长波紫外线下，无至中等粉色；短波紫外线下，无至弱红色。

7. 吸收光谱

具410，450，540nm弱吸收带。

（五）力学性质

1. 解理

三组菱面体解理完全，集合体通常不可见。

2. 硬度

摩氏硬度为3～5。

3. 密度

3.60（+0.10，−0.15）g/cm^3。

（六）放大检查

条带状、层纹状构造。

（七）特殊光学效应

猫眼效应和星光效应罕见。

（八）其他

遇酸起泡。

二、菱锰矿的品种

菱锰矿颗粒大、透明、颜色鲜艳者可做宝石。颗粒细小、半透明的集合体通常作为玉雕原料，俗称“红纹石”（图5-13-5）。

图5-13-5 刻面型红纹石

三、菱锰矿与相似玉石的鉴别

1. 蔷薇辉石

与菱锰矿颜色极为相似的一种玉石是蔷薇辉石，后者为辉石族矿物，二者的区别见表5-13-1。

表5-13-1 菱锰矿与蔷薇辉石的区别

名称	硬度	折射率	解理	遇酸	结构	特征
菱锰矿	3～5	1.60	三组	反应	隐晶质-粒状结构，纹层状或花边状构造	颜色呈条带状分布，硬度小
蔷薇辉石	5.5～6.5	1.73或1.54	二组	不反应	粒状机构，块状构造	无条纹，有特征的半透明至不透明的粉红、红、褐红、紫红色外观，表面有黑色斑点或纹理

2. 与玻璃仿制品的鉴别

菱锰矿的仿制品主要是一种粉红色的玻璃，玻璃仿制品可通过解理、密度、双折射、光性等方面与菱锰矿加以区别。

四、菱锰矿的质量评价

宝石级菱锰矿数量很少，它要求有较高的透明度及鲜艳的颜色。而玉石菱锰矿则要求有较大的块度、裂纹少、颜色鲜艳。

五、菱锰矿的产状、产地简介

菱锰矿主要产于阿根廷、澳大利亚、德国、罗马尼亚、西班牙、美国、南非等国家。中国辽宁瓦房店、赣南、北京密云等地也有出产。

第十四章
葡萄石

葡萄石（图5-14-1）英文名称Prehnite，又称“绿碧榴”，是一种硅酸盐矿物。葡萄石多呈绿色，石面上有一颗颗凸起的色块，状如葡萄，故得名葡萄石。

图5-14-1　葡萄石

一、葡萄石的基本性质

（一）矿物组成

葡萄石（Prehnite）。

（二）化学成分

葡萄石化学式为$Ca_2Al(AlSi_3O_{10})(OH)_2$，可含Fe、Mg、Mn、Na、K等元素。

（三）结晶状态

葡萄石晶系为斜方晶系。单晶体少见，常呈晶质集合体产出，通常呈板状、片状、葡萄状、肾状、放射状或块状集合体。

（四）光学性质

1. 颜色

葡萄石颜色常呈白色、浅黄色、黄色、肉红色、绿色、黄绿色、无色。

2. 光泽和透明度

葡萄石为玻璃光泽，半透明至透明。

3. 光性特征

葡萄石常为非均质集合体，单晶体为二轴晶，正光性。

4. 折射率

葡萄石折射率为1.616～1.649（+0.016，-0.031），点测法常为1.63；双折射率为0.020～0.035，集合体不可测。

5. 多色性

集合体不可测。

6. 紫外荧光

紫外线下荧光惰性。

7. 吸收光谱

438nm弱吸收带。

8. 红外光谱

中红外区具葡萄石特征红外吸收谱带。

9. 特殊光学效应

葡萄石可见猫眼效应（罕见）。

（五）力学性质

1. 解理及断口

单晶体可具一组完全至中等解理，集合体中不显示解理；参差状断口。

2. 摩氏硬度

6～6.5。

3. 密度

2.80～2.95g/cm^3。

（六）内外部显微特征

葡萄石放大检查可见矿物包体，常可观察到内部呈纤维状结构、放射状构造。

二、葡萄石的品种

商业上一般按颜色对葡萄石的品种进行分类，根据颜色不同，可将葡萄石分为蓝色葡萄石、绿色葡萄石、黄色葡萄石和无色葡萄石等。

三、葡萄石的产状、产地简介

葡萄石是经热液蚀变后形成的一种次生矿物，主要产在玄武岩和其他基性喷出岩的气孔和裂隙中，常与沸石类矿物、硅硼钙石（Datolite）、方解石和针钠钙石（Pectolite）等矿物共生，呈板状、脉状产出。此外，部分火成岩发生变化时，其内的钙斜长石也可转变形成葡萄石。主要产地有加拿大、法国、瑞士、南非、德国、意大利、俄罗斯等国和美国的新泽西州等地。

第十五章
水钙铝榴石

水钙铝榴石因产地为缅甸的葡萄地区（音不倒翁）而被称为“不倒翁”，也称为“凉水”。水钙铝榴石属于石榴石族含水的亚种，是一种含水的钙铝榴石多晶质集合体，其颜色、光泽与翡翠相似，市场上绿色（图5-15-1）和黄色（图5-15-2）水钙铝榴石有时会被当作翡翠销售，或者会与翡翠掺在一起销售，从外观来看，无论是其成品还是毛料都极容易与翡翠混淆。水钙铝榴石也称“南非玉”或“德兰瓦翡翠”，在商业上称“青海翠”。

图5-15-1　绿色水钙铝榴石

图5-15-2　黄色水钙铝榴石

一、宝石的基本性质

（一）矿物组成

水钙铝榴石，可与符山石共生。

（二）化学成分

水钙铝榴石化学式为$Ca_3Al_2(SiO_4)_{3-x}(OH)_{4x}$，其中（OH）可替代部分（$SiO_4$）。

（三）结晶状态

晶质体或晶质集合体，晶系为等轴晶系，结晶习性菱形十二面体，常呈粒状、致密块状集合体。

（四）光学性质

1. 颜色

绿至蓝绿色、粉、白、无色等。

2. 光泽和透明度

抛光面：玻璃光泽；断口：油脂光泽至玻璃光泽。透明至不透明。

3. 光性特征

均质体，常为均质集合体。

4. 折射率

1.720（+0.010，-0.050），点测1.72。

5. 紫外荧光

无。

6. 吸收光谱

暗绿色：460nm以下全吸收；其他颜色：463nm附近吸收（因含符山石）。

7. 红外光谱

中红外区具石榴石特征红外吸收谱带，官能团区具OH^-振动所致的特征红外吸收谱带。

8. 特殊光学效应

绿色水钙铝榴石的绿色部分在查尔斯滤色镜下呈粉红至红色。

（五）力学性质

1. 解理、断口

无解理。

2. 硬度

摩氏硬度7。

3. 密度

3.47（+0.08，-0.32）g/cm^3。

（六）内外部显微特征

放大检查可见矿物黑色点状包体、矿物包体，集合体呈粒状结构。

二、水钙铝榴石的种类

（一）黄色水钙铝榴石

黄色水钙铝榴石颜色从淡黄色到褐黄色都有，颜色基本均匀一致。多为半透明，玻璃光泽，质地细腻，细粒隐晶质结构，肉眼及显微镜下观察均无颗粒感，与翡翠中的黄翡相比，黄翡中的黄色属于次生色，沿颗粒间隙或解理分布，多为褐铁矿所致。翡翠的质地是变化的，可以是细腻的，也可以是粗糙的，黄色水钙铝榴石结构比翡翠细腻，无“翠性”，颜色比较均匀。

（二）绿色水钙铝榴石

绿色水钙铝榴石颜色从浅绿色到翠色再到暗绿色都有，多为半透明至微透明，玻璃光泽，结构有两种，一种是整体都表现为细粒的隐晶质结构，另一种是不规则方形的点状绿色色斑分布在白色或透明的基质上。水钙铝榴石在查尔斯滤色镜下绿色部分会变红，在461nm处有吸收线。而天然的绿色翡翠在滤色镜下不会变红，绿色部分在红区会有630，660，690nm吸收线，绿色越浓，吸收线越清晰。水钙铝榴石的“点状绿”与翡翠的“色根”也有明显差异，翡翠的绿色往往呈丝片状、丝线状、浸染状分布，“点状绿”是水钙铝榴石非常重要的鉴定特征。

三、水钙铝榴石的产状、产地简介

水钙铝榴石主要产于缅甸、南非等国家和中国青海等地。产于缅甸的水钙铝榴石称为“不倒翁”“凉水”，产于南非者称非洲玉（African Jade）或德兰士瓦玉（Transvaal Jade），产于青海的以白色水钙铝榴石为主，与透辉石共生，被称为青海翠（Qinghai Jade）。

第十六章 蔷薇辉石

蔷薇辉石（图5-16-1），英文名称Rhodonite源自希腊语，指玫瑰（Rose），因其呈粉红色如桃花，在国内也被称为桃花石、桃花玉或粉翠。在中国台湾，蔷薇辉石又被称为玫瑰石。

图5-16-1 蔷薇辉石原石

一、蔷薇辉石的基本性质

（一）矿物组成

蔷薇辉石（Rhodonite），石英及脉状、点状黑色氧化锰。

（二）化学组成

蔷薇辉石化学式为（Mn，Pe，Mg，Ca）SiO_3，石英化学式为SiO_2。

（三）晶系及结晶习性

三斜晶系，单晶体少见，多呈厚板状，常为致密块状集合体。

（四）结构构造

粒状结构，块状构造。

（五）光学性质

1. 颜色

常见浅红色、粉红色、紫红色、褐红色，常有黑色斑点和细脉间杂于上述颜色间，有时杂有绿色或黄色色斑。

2. 光泽及透明度

玻璃光泽，透明者罕见，集合体多不透明或微透明。

3. 光性

二轴晶，光性可正可负。晶质集合体。

4. 折射率

折射率1.733～1.747（+0.010，-0.013），集合体点测法折射率常为1.73，因常含石英可低至1.54；双折射率不可测。

5. 多色性

多色性弱至中等，单晶可显示橙红或棕红的多色性，而集合体无多色性。

6. 发光性

紫外线下表现为荧光惰性。

7. 吸收光谱

545nm吸收宽带，503nm吸收线。

（六）力学性质

1. 解理

蔷薇辉石具两组完全解理，集合体通常不可见。

2. 硬度

摩氏硬度为5.5～6.5。

3. 密度

3.50（+0.26，-0.20）g/cm^3，随石英含量增加而降低。

（七）放大检查

粒状结构，可见黑色脉状或点状氧化锰。

（八）特殊光学效应

未见。

二、与蔷薇辉石相似玉石的鉴别

与蔷薇辉石颜色相似的玉石是菱锰矿，具体鉴定特征可见前文。

三、蔷薇辉石的优化处理及其鉴别

蔷薇辉石常用的优化处理方法是染色，放大检查可见染料沿粒隙分布。

四、蔷薇辉石的产状、产地简介

沉积锰矿层受区域变质作用或菱锰矿受接触交代作用均可形成蔷薇辉石。在热液交代成因的锰矿床中也能生成。偶尔在伟晶岩中也有产出。世界著名的蔷薇辉石产地有美国马萨诸塞州普莱恩菲尔德（Plainifield）、瑞典的朗格班（Langban）、俄罗斯乌拉尔山脉的斯维尔德洛夫斯克州（Sverdlovsk）、澳大利亚新南威尔士州的布罗肯希尔（Broken Hill）。北京昌平地区出产较优质的蔷薇辉石，常用来制作工艺晶。此外陕西商县、江苏苏州及青海、四川也有产出。

第十七章
天然玻璃

天然玻璃，英文名称为Natural Glass（Tektites，Volcanic Glass），指在自然条件下形成的“玻璃”。天然玻璃成因多种多样，一种是岩浆喷出型的黑曜岩（图5-17-1）、玄武岩玻璃，另一种是陨石型的玻璃陨石。

图5-17-1　晕彩黑曜岩

一、天然玻璃的基本性质

（一）矿物组成

玻璃陨石，火山玻璃（黑曜岩，玄武玻璃）。

（二）化学成分

天然玻璃化学式为SiO_2，可含多种杂质。

（三）结晶状态

非晶质体。

（四）光学性质

1. 颜色

玻璃陨石为中至深的黄色、灰绿色；火山玻璃为黑色（常带白色斑纹）、褐色至褐黄色、橙色、红色、绿色、蓝色、紫红色少见；黑曜岩常具白色斑块，有时呈菊花状。

2. 光泽和透明度

天然玻璃为玻璃光泽，透明至不透明。

3. 光性特征

天然玻璃为均质体，常见异常消光。

4. 折射率

1.490（+0.020，-0.010），双折射率无。

5. 紫外荧光

通常无紫外荧光。

6. 吸收光谱

天然玻璃无特征吸收光谱。

7. 红外光谱

中红外区具天然玻璃特征红外吸收谱带。

8. 特殊光学效应

天然玻璃可见猫眼效应（稀少）。可见晕彩及虹彩效应。

（五）力学性质

1. 解理及断口

无解理，贝壳状断口。

2. 硬度

摩氏硬度为5～6。

3. 密度

玻璃陨石为2.36（±0.04）g/cm³；火山玻璃为2.40（±0.10）g/cm³。

（六）内外部显微特征

天然玻璃放大检查可见圆形和拉长气泡，流动构造，外部可见贝壳状断口，黑曜岩中常见晶体包体、似针状包体。

二、天然玻璃的种类

天然玻璃的成因多种多样，在宝石学中主要有黑曜岩、玄武岩玻璃和玻璃陨石三种。

（一）黑曜岩

黑曜岩是酸性火山熔岩快速冷凝的产物。黑曜岩的主要化学成分是SiO_2，含量在60%～75%，此外还含有Al_2O_3、FeO、Fe_3O_4及Na_2O、K_2O等。主要由玻璃质组成，另有少量石英、长石等矿物的斑晶和微晶。黑曜岩可呈黑色、褐色、灰色、黄色、红色等。颜色可不均匀，常带有白色或其他杂色的斑块和条带，据此就有条带状黑曜岩、缟状黑曜岩、雪花状黑曜岩等名称。

（二）玄武岩玻璃

玄武岩玻璃在成分上与黑曜岩有所不同，SiO_2的含量比较低，在40%～50%，而MgO、FeO和Fe_3O_4、Na_2O、K_2O等的质量分数要比黑曜岩高一些，属基性火山岩。玄武岩玻璃中还常含有长石、辉石等矿物。玄武岩玻璃多为带绿色色调的黄褐色、灰蓝色。

（三）玻璃陨石

玻璃陨石是陨石成因的天然玻璃。玻璃陨石又有很多名称，如“莫尔道玻璃”“雷公墨”等。玻璃陨石外观类似于微黄—绿色橄榄岩，于1787年首先发现于捷克斯洛伐克的莫尔道河，并因此而得名，称为“莫尔道玻璃”。玻璃陨石的物质组成与黑曜岩类似，颜色通常是透明的绿色、绿棕色或者棕色。内部还常见圆形或拉长状气泡及塑性流变构造等。玻璃陨石原石通常呈扁平状或浑圆状，大小好似人的拳头，其外表总是皱纹满布且伤痕累累，是高温熔蚀造成的。

三、天然玻璃的产状、产地简介

天然产出的黑曜岩大小不等，从小球状到规模达数百米的岩席状。这种岩石是岩浆在地表低压条件下遇到湖泊或其他水体而迅速冷凝形成的。黑曜岩在地球上分布广泛，比较著名的产地有美国、墨西哥、新西兰、冰岛、希腊、匈牙利、意大利等。玄武岩玻璃是玄武岩浆喷发时快速冷凝形成的。与黑曜岩类似，也是一种以天然玻璃为主的火山岩。著名的产地有澳大利亚的昆士兰州。一些人认为玻璃陨石是石英质陨石在坠入大气层燃烧后快速冷却形成的；另有一种观点认为，玻璃陨石是地外物体撞击地球，使地表岩石熔融冷却后形成的。玻璃陨石的产地除捷克、斯洛伐克外，尚有利比亚、美国、澳大利亚等国和中国的海南岛等地。

第十八章
苏纪石

苏纪石（图5-18-1）英文名称为Sugilite，俗称舒俱来石，也被誉为“千禧之石”，是二月的生辰幸运石。苏纪石在1944年被日本一位石油勘探家Mr.KenichiSugi发现，因此以他的名字来命名，但直到1973年，由于部分韦瑟尔斯锰矿的崩塌，达到宝石级的苏纪石才在南非发现并开始进入市场。

图5-18-1　苏纪石

一、苏纪石的基本性质

（一）矿物组成

苏纪石主要矿物为硅铁锂钠石，可含石英、针钠钙石、霓石、碱性角闪石、赤铁矿等。

（二）化学成分

化学式为$KNa_2Li_2Fe_2Al(Si_{12}O_{30})\cdot H_2O$。

（三）结晶状态

晶质集合体，常呈致密块状集合体，单晶为六方晶系。晶体习性：单晶罕见，常为半自形粒状集合体。

（四）光学性质

1. 颜色

红紫色，蓝紫色，蓝色，少见粉红色。

2. 光泽和透明度

苏纪石光泽为蜡状光泽至玻璃光泽。半透明至不透明。

3. 光性特征

苏纪石光性特征为非均质集合体。

4. 折射率

1.61（点测法）。

5. 紫外荧光

无至中，短波下蓝色。

6. 吸收光谱

550nm处有强吸收带，411，419，437，445nm有锰和铁吸收线。

7. 红外光谱

中红外区具硅铁锂钠石特征红外吸收谱带。

（五）力学性质

1. 解理、断口

苏纪石无解理；不平坦状断口。

2. 硬度

摩氏硬度为5.5～6.5。

3. 密度

2.74（+0.05）g/cm^3。

（六）内外部显微特征

苏纪石放大检查可见粒状结构，矿物包体。

二、苏纪石的主要鉴定特征

放大检查可见紫色、黑色都是呈现不规则类似块状、分散的色块，与查罗石的颜色分布状态不同，查罗石的颜色分布状态为纤维状、条纹状分布。苏纪石多为半透明和不透明的。透明的有紫色，蓝色，粉色。不透明的有紫色，蓝色，粉色，棕色，绿色，黑色等。苏纪石呈玻璃到树脂光泽（蜡状光泽），宝石中常点缀着黑色、褐色和蓝色线状的含锰包裹体。

三、苏纪石优化处理及其鉴别

（一）染色处理

染色处理的苏纪石可见颜色分布不均匀，多在裂隙、粒间或表面凹陷处富集。长、短波紫外荧光灯下染料可引起特殊荧光。丙酮或无水乙醇等溶剂擦拭可掉色。

（二）充填处理

充填处理的苏纪石可见充填部分表面光泽与主体玉石有差异，充填处可见气泡。长、短波紫外荧光灯下充填部分荧光与主体玉石有差异。红外光谱测试可见充填物特征红外吸收谱带。发光图像分析（如紫外荧光观察仪等）可观察充填物的分布状态。

四、苏纪石的质量评价

主要从颜色和质地两方面综合评价苏纪石的品质。颜色上应以纯正的皇家紫为最佳，也就是深紫色。另外常见的还有蓝紫色、茄紫色等性价比高的品种。白色、褐色等杂色应越少越好。需要特别说明的是，只有紫色才是苏纪石成分，白色或过浅的颜色非苏纪石成分或只含有少量苏纪石成分。

五、苏纪石的产状、产地简介

苏纪石主要产于霓石正长岩的小岩珠中，主要成分是氧化硅，并内含钾、钠、铁、锂等多种金属元素。苏纪石被首次发现于日本濑户内海的岩城岛（Iwagi Island）。南非北开普省的韦瑟尔斯矿场（Wessels Mine）是苏纪石最重要的出产地之一。此外，在加拿大魁北克的Mont Saint-Hilaire、意大利托斯卡纳及利古里亚、澳大利亚新南威尔士以及印度中央邦也陆续有发现苏纪石的报告。其他产地还有中国和美国。尽管苏纪石的发现历史很短，但是据报道称苏纪石资源已近枯竭。尚未发现其他具规模的苏纪石矿。

第六篇 有机宝石学

第一章
珍珠

珍珠被誉为“宝石皇后”，是一种古老的有机宝石，因为独特的光泽、丰富的颜色而深受人们喜爱。国际上将珍珠列为六月生辰的幸运石，结婚十三周年和三十周年的纪念石，象征着健康、纯洁、富有和幸福。

从古至今，珍珠就被认为是珠宝中的珍品，根据地质学和考古学的研究证明，珍珠在地球上已经存在了2亿余年，当还处于懵懂时期的人们第一次在海岸、河流看见珍珠时，它就以纯天然的美态打动了人们，成为贵族们炫耀、品鉴的珍宝。中国是世界上利用珍珠最早的国家之一，早在4000多年前的《海史·后记》中，就有“禹帝定南海鱼草、珠玑大贝”为贡品的记载。“珠宝玉石”中“珠”即专指珍珠。据《海史·后记》描述，禹定下的各地贡品中就有“东海鱼须鱼目，南海鱼革玑珠大贝”，说明中国采珠历史早在夏禹时代就已开始。而儒家典籍《尚书·禹贡》中有“淮夷嫔珠”的句子，即河蚌能产珠的记载，也就是说在公元前2000多年前，淮水、夷水等地就已经发现了淡水珍珠，并将珍珠定为呈奉给贵族的贡品了。《格致镜原·装台记》中记载了周文王用珍珠装饰发髻的史实。因此，一般认为我国珍珠饰用始于东周，自秦汉以后珍珠饰用日渐普遍。珍珠已成为朝廷达官贵人的奢侈品，皇帝已开始接受献珠，东汉桂阳太守文砻向汉顺帝“献珠求媚”，西汉的皇族诸侯也广泛使用珍珠，珍珠成为尊贵的象征。《诗经》《山海经》《尔雅》《周易》中也都记载了有关珍珠的内容。直至今天，珍珠依然是世界上最流行的珠宝之一。

第一节 珍珠的基本性质

一、化学成分

珍珠主要由无机质和有机质两部分组成。其中无机质占91%～97%，主要成分为$CaCO_3$，由文石、少量方解石组成，另外含有少量磷酸钙、碳酸镁，还含有其他10多种微量元素，如K、Na、Mn、Mg、Zn、Cu、Ni、Co、P等。海水珍珠含较多的Sr、S、Na、Mg等微量元素，Mn相对较少。而淡水珍珠中Mn等微量元素相对富集，Sr、S、Na、Mg等相对较少，这些微量元素的存在影响珍珠的颜色。

有机质占2.5%～7%，主要为壳角蛋白质，含甘氨酸等17种氨基酸，主要元素为C、H、O、N。不同颜色珍珠的氨基酸含量略有差异。

水占0.5%～2%。

二、结晶状态

珍珠中的无机成分为文石和方解石，其中文石为斜方晶系，方解石为三方晶系。有机成分为非晶质体。

三、结构

珍珠具有同心环状结构（图6-1-1）。

珍珠主要是由大量的碳酸钙和少量的有机质组成。优质的珍珠，其碳酸钙主要是由斜方晶系的文石晶体组成，有机质是由壳角蛋白（角质）组成。一颗珍珠有无数的珍珠层，每层珍珠层是由六边形的文石晶粒呈板状排列而成，晶粒的*C*轴呈放射状排列，晶粒和每层珍珠层之间都由壳蛋白质黏结起来。珍珠的这种组织结构也各有不同，大致可分成珍珠层（文石晶层）、棱柱层（方解石结晶层）、有机质层（无定形基质层）等（图6-1-2）。

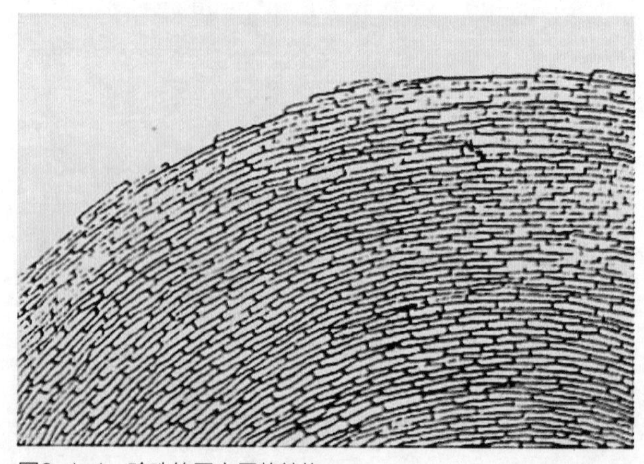

图6-1-1　珍珠的同心层状结构

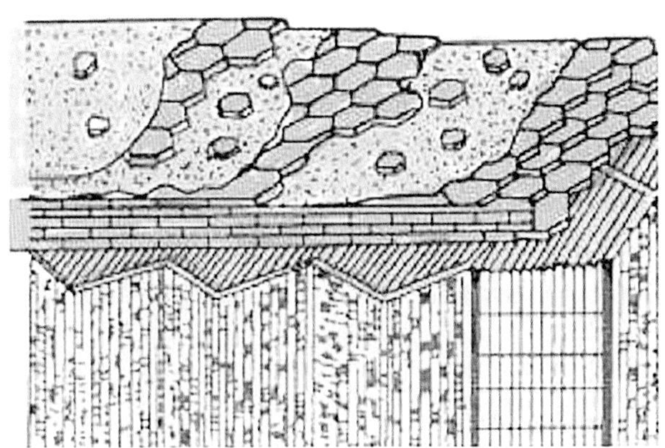

图6-1-2　珍珠的内部结构

四、光学性质

1. 颜色

珍珠的颜色包括体色、伴色两个部分。

体色是指珍珠自身固有的颜色，它是由珍珠所含的色素及微量金属元素所决定的。例如珍珠质含铜常呈金黄色，含银则是奶黄色，而质地纯净的珍珠呈洁白色。一般珍珠体色有白、红、黄、蓝、青、紫、灰、褐、黑等颜色。

伴色是由珍珠表面与内部对光的反射、干涉等综合作用形成的，其叠加在珍珠本色之上。伴色一般有玫瑰色、蓝色、绿色与五彩缤纷的晕色（图6-1-3）。

珍珠的颜色非常复杂，无统一的分类标准，一般可分为五个色系：

（1）白色系　有纯白、银白、奶白、瓷白等色；

（2）红色系　有粉红色、玫瑰色等色；

（3）黄色系　有浅黄、金黄、米黄等色；

（4）深色系　有黑、蓝黑、灰黑、古铜、蓝褐、紫褐等色；

（5）杂色系　指一颗珍珠有二个以上的色系。

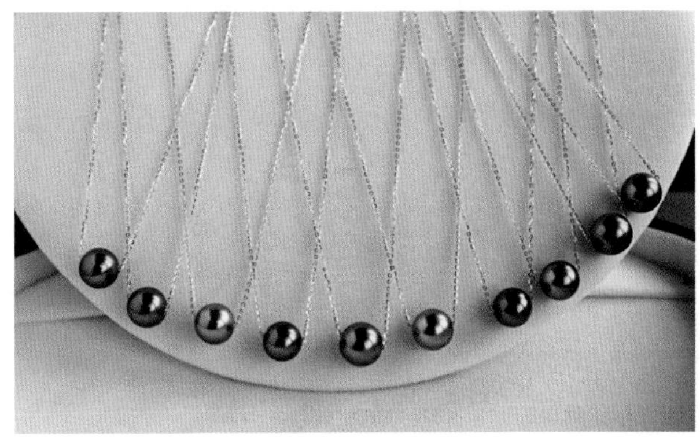

图6-1-3　黑珍珠的不同伴色

2. 光泽和透明度

珍珠表面呈现独特的珍珠光泽。光泽的强弱和好坏主要取决于珍珠层的厚度、珍珠层的排列方式、透明度及表面形貌等。俗话说“珠光宝气”，说明珍珠的魅力主要体现在其光泽上。珍珠光泽是三种因素作用的结果：珍珠表面对光的反射与散射、珍珠内各层面及珠核面对入射光的反射、珍珠外表面反射光与内层反射光的干涉及珍珠各薄层之间光的干涉。珍珠为半透明至不透明，大多不透明。

3. 光性特征

非均质集合体。

4. 折射率

折射率为1.530～1.685，多为1.53～1.56，双折射率不可测。

5. 发光性

紫外荧光：黑色珍珠在长波紫外线下呈现弱至中等的红色、橙红色荧光。其他珍珠呈现无至强的浅色、黄色、绿色、粉红色荧光，不典型。

X射线荧光：除澳大利亚产的银白珠有弱荧光外，其他天然海水珍珠均无荧光。养殖珠有由弱到强的黄色荧光。

6. 紫外可见光谱

有色天然海水珍珠具特征吸收峰。

7. 红外光谱

中红外区具文石中碳酸根离子振动所致的特征红外吸收谱带。

五、力学性质

1. 硬度

摩氏硬度低，天然珍珠为2.5～4.5，养殖珍珠为2.5～4。

2. 密度

珍珠的密度一般在2.60～2.85g/cm^3，不同种类、不同产地珍珠的密度会略有差异。天然海水珍珠的密度为2.61～2.85g/cm^3，天然淡水珍珠密度为2.66～2.78g/cm^3，很少超过2.74g/cm^3。海水养殖珍珠的密度为2.72～2.78g/cm^3。养殖珍珠的珠核多用淡水蚌壳磨制而成，因此其密度比天然珍珠大。

六、内外部显微特征

放大检查可见珍珠表面放射同心层状结构，表面生长纹理。显微镜下可见到由小的板状物叠置而成的“等高线状”纹理，也称“叠瓦状”构造（图6-1-4）。

有核养殖珍珠的珠核可呈平行层状结构。

附壳珍珠一面具表面生长纹理，另外一面具层状结构。珍珠表面经常会出现生长瑕疵，如丘疹、尾巴、腰线、凹陷、斑点、划痕等。

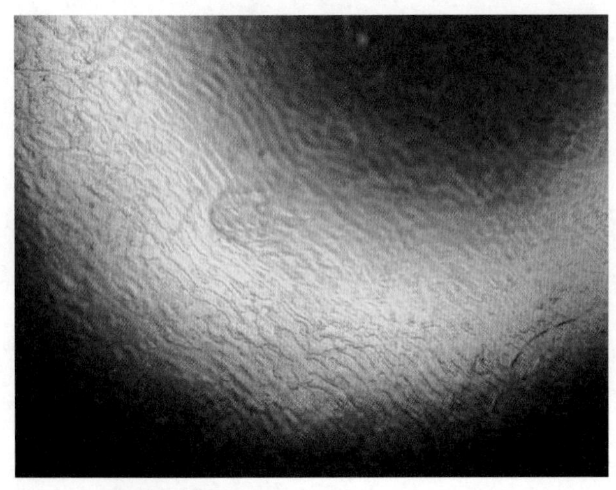

图6-1-4　珍珠的等高线纹理

七、其他性质

（1）热性质　珍珠不耐热，过度受热会脱水、变色、碎裂、颜色变为褐色。

（2）化学稳定性　珍珠不耐酸、碱，遇酸会起泡，即使是汗液、香水、洗涤剂等弱酸或弱碱性物质也可以缓慢侵蚀珍珠。

（3）辐射　抗辐射性差，长时间受强光或高能光线照射会使珍珠颜色变暗、发涩。但是正确的辐照方法可以使珍珠改色，是一种优化处理方法。

第二节　珍珠的种类

珍珠可按成因、产地、生成环境、颜色、形态、大小和母贝类型特征进行分类。

一、按成因分类

根据成因，珍珠可以分为天然珍珠和人工养殖珍珠两大类。

（一）天然珍珠

天然珍珠是在自然环境下野生的蚌、贝类体内没有经过人工干预，自然形成的珍珠。天然珍珠可形成于海水、湖水、河流等适合生长的各类环境中。这类珍珠十分稀少，价格昂贵。若为海水中贝类在天然环境中产出的珍珠，称为天然海水珍珠。若为淡水中蚌类自然产出的珍珠，称为天然淡水珍珠。

（二）养殖珍珠

养殖珍珠是在自然环境中，在人工培养的珠蚌中人为地插入珠核或异物，再经过培养逐渐形成的珍珠。在目前的珍珠市场上，大部分都是人工养殖的珍珠。人工养殖珍珠按珠核和异物的特征又可进一步分为有核养珠、无核养珠、再生珍珠、附壳珍珠几种类型。

1. 无核养珠

将取自活珠母蚌的外套膜小切片插入三角帆蚌或其他珠母蚌的结缔组织内，就像天然珠母贝、蚌类中的异物进入一样，以生成与天然珍珠基本相同的无核珍珠。

2. 有核养珠

将制作好的珠核植入贝、蚌体内，令其受刺激而分泌珍珠质，将珠核逐层包裹起来而形成的珍珠。

3. 再生珍珠

再生珍珠是指采收珍珠时，在珍珠囊上刺一伤口，轻压出珍珠，再把育珠蚌入放回水中，待其伤口愈合后，珍珠囊上皮细胞继续分泌珍珠质而形成的珍珠。

4. 附壳珍珠

附壳珍珠是由一颗插入核养殖的半球形珍珠和珠母贝壳组合而成。珠核一般用滑石、蜡和塑料制成。

二、按产地分类

（一）南洋珠

南洋珠一般指在南海一带（包括缅甸、菲律宾和澳大利亚等地）生产的珍珠，珍珠的特点是粒径大，形圆，珠层厚，颜色白，具有强的珍珠光泽，是珍珠中的名贵产品。

（二）日本珠

日本珠是日本的海水养珠，目前在韩国、中国和斯里兰卡也有生产。珍珠的特点是形圆，色白，常见的大小为2～10mm。

（三）大溪地珠

大溪地珠主要产于赤道附近波利尼西亚群岛的大溪地，珍珠颜色为天然黑色，带有绿色伴色，光泽极好，有金属光泽的感觉，此品种较为名贵。

（四）琵琶珠

琵琶珠是日本琵琶湖中产的淡水养珠，珍珠的特点为椭圆形，表面光滑，为淡水养珠的优质产品，可惜现在琵琶湖水已被污染，养殖珍珠已基本停止。

（五）南珠或合浦珍珠

南珠是我国广西合浦所产的海水珍珠。在东汉顺帝年间，合浦已有采珠的记载；明代弘治年间是合浦历史上产珠的鼎盛时期，因当时统治者大量采集，资源严重破坏，在嘉靖八年产生历史上“珠迹不见”的恶果。直到解放以后，1965年起培养第一代合浦珠贝。广西合浦从1985年开始大规模人工养殖，目前我国海水养珠已扩展到广西、广东、海南一带，产量逐年增加，养殖的环境和技术也不断改善和提高。

（六）北珠

北珠是我国历史上的明珠，主要产地在我国北方的牡丹江、黑龙江、鸭绿江、乌苏里江等地，是淡水珍珠。早在2000多年前的汉朝就有历史记载，北珠质量比其他淡水湖珍珠更优，直到明末以后，由于采捕无度，致使资源根绝。在清朝，当时皇室中的皇冠、龙袍等都是用北珠来装饰，那时他们也把北珠称为“东珠”。

三、按产出环境分类

（一）海水珍珠

海水珍珠是指海水贝类产出的珍珠，按其成因可进一步分成天然海水珍珠和人工养殖海水珍珠两大类。海水珍珠质量一般比淡水珍珠高。

（二）淡水珍珠

淡水珍珠是指淡水蚌类产出的珍珠，一般产于各类湖泊、江河和溪流中。中国大陆是淡水珍珠的主要生产地，占国际淡水珍珠产量的85%，其次是日本和美国等地。

四、其他分类

（一）按颜色分类

珍珠按所呈现的颜色可分为白色珍珠、黑色珍珠、粉色珍珠、金色珍珠、紫色珍珠、黄色珍珠、杂色珍珠等。

（二）按形态分类

按照珍珠的形状可分为圆珠、椭圆珠、扁形珠、异形珠等。

（三）按大小分类

按照珍珠的大小可分为：

（1）厘珠　直径小于5.0mm的珍珠。
（2）小珠　直径为5.0～5.5mm的珍珠。
（3）中珠　直径为5.5～7.0mm的珍珠。
（4）大珠　直径为7.0～7.5mm的珍珠。
（5）特大珠　直径为7.5～8.0mm的珍珠。
（6）超特大珠　直径大于8mm的珍珠。

第三节 珍珠的优化处理及其鉴别

一、漂白处理

珍珠漂白处理可以去除珍珠层表层的杂质，以改善颜色和外观，不易检测。

二、染色处理

珍珠可以通过染料染成多种颜色，一般较为均匀，但在有病灶、裂纹的地方聚集的颜色较深，出现局部颜色分布不均匀的现象。不同染料所染的颜色不同，对钻过孔的染色珍珠，其钻孔旁、表面裂隙、瑕疵处有颜色浓集的现象和细小的颜色斑块；同时，肉眼可见珠粒间的串绳被染色过的痕迹。用棉花球蘸上2%的稀硝酸溶液在染色黑珍珠表面轻轻擦洗时，棉球上会留下黑色污迹，而擦洗黑珍珠没有这种现象。其他鲜艳颜色的染色珍珠，其颜色分布特征与染色黑珍珠相同，珍珠表面或整串项链的颜色色调和浓淡一致。

三、辐照处理

珍珠经辐照处理后可变成黑、绿黑、蓝黑、灰等颜色，淡水珍珠辐照后色彩丰富，好似大溪地黑珍珠，改色效果较好。而海水有核珍珠辐照后基本上为银灰色。市场上出现的辐照改色珍珠多为淡水珍珠。经辐照处理的珍珠主要鉴定特征如下：

（1）放大检查可见珍珠质层有辐照晕斑，表面颜色分布均匀，但从切面上看，淡水无核珠内部颜色较深，表面颜色较浅。而海水有核珠的珠核明显为黑色或褐黑色，外面的珍珠层几乎无色透明。这是因为淡水珍珠含锰较高，高能辐照下碳酸锰氧化成氧化锰，使颜色加深。海水珍珠含锰很少，但内部珠核通常采用淡水蚌壳。所以，内核变黑，而珍珠层颜色不变。

（2）辐照过程中产生的热量使珍珠层膨胀，加上珍珠中水分的散失，导致珍珠层生龟裂。透过透明的珍珠层可以观察到内部的龟裂纹。此外，放大检查还常常见到干涉晕圈。

（3）在长波紫外光下，辐照改色的淡水无核珍珠显示弱到中等的黄绿色荧光；辐照改色的海水有核珠显示很弱的蓝白色荧光或显示惰性。

（4）拉曼光谱多具有强荧光背景。

第四节 珍珠与仿制品的鉴别

当前市场上主要的仿制品种有塑料仿珍珠、充蜡玻璃仿珍珠、实心玻璃仿珍珠、珠核涂料仿珍珠、覆膜珍珠。

一、塑料仿珍珠

由塑料制成的珠子，外面涂有“珍珠精液（从鱼鳞中提取）”，看起来很漂亮，其特点是手感很轻，光泽与珍珠差距较大。

二、玻璃仿珍珠

同样在玻璃上涂上“珍珠精液”从而模仿珍珠的外观，这类仿制品在古老的首饰品中常出现。手摸有温感，用针刻不动且表皮成片脱落，珠核呈玻璃光泽，可找到旋涡纹和气泡。

另有一种特殊的玻璃仿珍珠也称马约里卡珠（Majorca）主要由西班牙的马约里卡（Majorica）SA公司生产，工序精细，可以假乱真，享誉各国。马约里卡珠是由乳白色的玻璃制成核，然后在表面涂上一种特殊的用鱼鳞制成的闪光薄膜。优质的仿制珠要涂上30多层，每层需在不同的时间涂上，这样可产生光的干涉和衍射，使表面形成灿烂的色彩，在珠核覆膜过程中，要进行几道浸液烘干、清洗和抛光的工序，最后一步是使用一种特殊的化学浸液，使表面硬化，以免产品受损。这种仿制珠外形与海水养殖珠极相似，常被镶嵌于现代款式的K金首饰上，产品畅销全球。

三、贝壳仿珍珠

用贝壳磨成珠子，然后在珠子表面涂上珍珠颜料，制成贝壳珠。珍珠的仿制品放大检查后观察不到珍珠表面特有的放射同心层状结构和表面生长纹理。

第五节 珍珠的形成机理

珍珠是当外来异物进入蚌类软体内部时，引起蚌抵抗外来侵入机制反应的结果。当外来的砂砾、珠核或外套膜块进入这些软体动物的外套膜时，受这些外来物质的侵入、刺激，蚌类激发防御机制，外套膜便会分泌出黏液（也就是碳酸钙和有机质构成的珍珠质），将它们一层一层地包裹起来，即形成一层层呈叠瓦状的同心珍珠层，一般每一层代表一个生长季节，经过一段时间的生长就形成了珍珠。图6-1-5为珍珠的形成机理示意图。

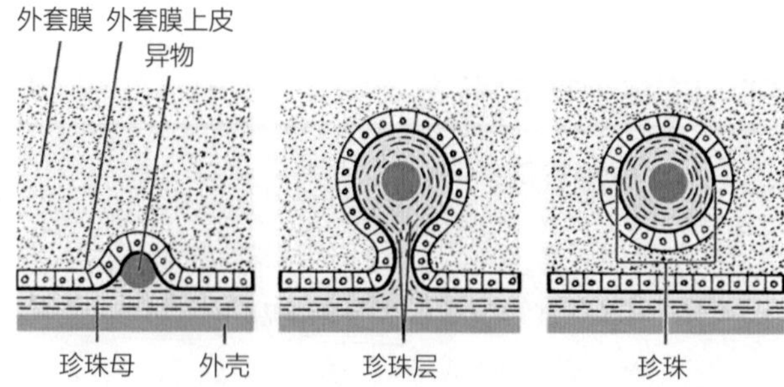

图6-1-5 珍珠的形成机理

第六节 珍珠的养殖

在理解珍珠的形成机理之后，即可给珍珠母贝人工刺激，从而使其生长出珍珠。珍珠养殖是指人们根据珍珠贝能分泌珍珠质形成珍珠的生理机能，在珍珠贝的体内植入细胞小片或者是珠核加细胞小片，经过一定时间养殖培育出珍珠的过程。

一、珍珠的养殖过程

（一）选择合适的珠母贝

目前可以养殖珍珠的软体动物约有30多种，其中海产的珍珠贝类有马氏珠母贝、白蝶珠母贝、黑蝶珠母贝、企鹅珠母贝、解氏珠母贝等；淡水产的蚌类有三角帆蚌、褶纹冠蚌、珠母珍珠蚌、背瘤丽蚌、池蝶蚌等。海水养殖珍珠贝类主要有马氏贝、大珠母贝、黑蝶贝、白蝶贝等。淡水养殖珍珠贝类主要有三角帆蚌、池蝶蚌、背瘤丽蚌等。

（二）人工育苗母贝

早期主要使用潜水员所采集的天然珠贝，现在主要为人工饲养。养殖软体动物的水域环境必须阴暗、干净、温度适宜、无杂物、无有害生物，因此我国淡水珍珠养殖主要集中在长江中下游湖泊较多的地区。

（三）人工植核

经过两三年的养殖后，将健康的成年贝作为母贝，实施植核手术，将核置入母贝，这个过程又称为种核，这是人工养珠的关键步骤（图6-1-6）。

植核时，一般使用贝壳的外套膜小片，此时生长的是无核珍珠；也可插入珠核与外套膜小片，珠核一般由贝壳制成，具有良好的磨圆度，直径5～7mm，决定着养殖珍珠的大小。使用手术工具快速完成植核工作后放入笼中让其休养。

在一个淡水蚌体内，一般插大核8～10粒，小核可达20粒，而海水蚌体内一般只插1～2粒。插核的数量与核粒大小，与蚌的体质、插核季节关系极大。淡水蚌植核的最好季节是在春末夏初，因为夏秋季正是河蚌一年分泌珍珠质的旺季。

图6-1-6　珍珠人工植核

（四）养殖与收获

已被植入种核的珠母贝需要放入悬在笼子上的特殊筏子里，筏子则锚固在加防的环境变化小的平静水域中。母贝养殖8个月至1年即可收获，为获得较好的质量，淡水珠的养殖周期通常为2～4年，而海水珠的养殖周期为1～2年。收获的季节一般选择在10月下旬至12月下旬，这时的珍珠光泽较好，因为在冬季或低温条件下，珍珠贝分泌珍珠质速度缓慢，珍珠质表层比较细致、光滑，光泽较好，是采收珍珠的最好时间。收获后的珍珠需要及时处理，从而保证珍珠的质量。

二、天然珍珠和养殖珍珠的区别

天然珍珠一般无核，而养殖珍珠中的海水养殖珍珠一般有核，淡水养殖珍珠一般无核，少部分有核。

（一）肉眼及放大观察

天然珍珠因为无核，因此形状一般不规则，直径也较小；而养殖珍珠一般圆度更好，直径比天然珍珠大。

天然珍珠质地细腻，结构均一，珍珠层厚，多呈凝重的半透明状，光泽感强。养殖珍珠的珍珠层薄，透明度较好，光泽不如天然珍珠好。

（二）强光照明法

天然珍珠看不到珠核与核层条件，无条纹效应；有核养珠可以看到珠核、核条带，大多数呈现条纹效应。观察时彻底洗净珍珠穿绳的孔洞，然后用强光照射，并用放大镜仔细观察孔内，养殖珠在内核与外包薄层之间可以看出明显的分界线。由于分界线常为一条黑色印迹，故容易看出；而天然珠极细的生长线一直均匀地排列到中心，仅仅在接近中心处颜色较黄或较褐。在强烈光线的照射下，慢慢转动珠子，养殖珠转到合适角度时，会看到珍珠母球核心反射的闪光，一般360°闪烁两次。

（三）X射线衍射法

天然珍珠劳埃图中出现假六方对称图案斑点；有核养殖珍珠出现模糊的假四方对称图案的斑点，仅一个方向出现假六方对称斑点。

（四）X射线照相法

天然珍珠显示为一完整由外向中心的同心圆线；无核养殖珍珠也显示为一系列同心线条，但在中心部位出现一个不规则的中空部分。有核养殖珍珠，则在同心圆结构的核的部位出现围绕核部的一条强的线。这些现象与珍珠的结构有关。

（五）X射线荧光法

天然珍珠在X射线下大多数不发荧光（除澳大利亚产的银光珠有弱黄色荧光）；有核养殖珍珠在X射线下多数发强的荧光和磷光（蓝紫色、浅绿色等）。

（六）密度差鉴别法

一般养珠因有珠核，比重较大，天然珍珠较轻，约为2.70g/cm^3。

第七节 珍珠的质量评价

珍珠的质量评价主要从颜色、大小、形状、光泽、光洁度等方面进行。

一、颜色

珍珠的颜色包括体色、伴色和晕彩色几个方面，几种颜色配搭越好，珍珠的价值越高。根据珍珠分级国家标准，珍珠的颜色分级应在灰色或者白色背景下，避开明亮彩色物体，采用北向日光或者色温5500～7200K日光灯，距离被检样品20～25cm，肉眼距离被检样品15～20cm，滚动珍珠，找出主要颜色即为体色；从珍珠表面反射的光中，寻找珍珠的伴色与晕彩。

二、大小

珍珠的大小是指单粒珍珠的尺寸。珍珠的大小与价值存在着密切的关系，是影响价值最重要的因素之一。一般来讲，珍珠越大，价值越高。中国旧有“七分珠，八分宝”的说法，就是说达到八分重（按大小计算约为直径9mm的圆形珠）的珍珠就是“宝”了。

影响珍珠大小的因素有很多，其中母贝的大小是直接影响因素之一，一般而言，母贝越大，产出的珍珠也越大，但珍珠长成之前，母贝的死亡概率也会加大，因此珍珠越大越稀有，价值也越高。

在表示珍珠大小时，正圆、圆形、近圆形珍珠用最小直径表示，其他形状用最大和最小尺寸表示，单位为毫米（mm）。

三、形状

珍珠的形状是指珍珠的外部形态。由于珍珠的形成受众多因素的影响，其形状以球形为主，如圆形、椭圆形、水滴形等，此外还有不规则的异形珍珠。一般而言，珍珠按长短径之差可划分为圆形、椭圆、扁圆、异形（商业上称为巴洛克珍珠）四种，以正圆珍珠价值最高，但异形珍珠如果经巧妙地设计和应用，也会达到意想不到的美学效果，具备极高的艺术价值。

四、光泽

珍珠端庄内敛的美很大程度上归结于其特殊的珍珠光泽。珍珠的光泽是指珍珠表面反射光的强度及映像的清晰程度。光泽的强弱与珍珠层厚度有关。质量高的珍珠光泽明亮、锐利、均匀，表面像镜面，映像清晰。若光泽弱、不锐利、不均匀，映像不清，则珍珠的价值也会受到较大影响。

一般将珍珠的光泽分为极强、强、中、弱四个等级。

五、光洁度

珍珠的光洁度指的是瑕疵的大小、颜色、位置及多少决定的光滑、洁净的总成度。珍珠常见的瑕疵有腰线、隆起（丘疹、尾巴）、凹陷（平头）、皱纹（沟纹）、破损、缺口、斑点（黑点）、针夹、划痕、剥落痕、裂纹及珍珠疤等。瑕疵的多少明显影响着珍珠的质量。总之，瑕疵越少，珍珠的价值越高。

珍珠瑕疵的观察一般以肉眼观察为主，无须使用放大设备。

六、匹配性

珍珠的设计空间较大，因此珍珠首饰有较多的类型。对于单颗珍珠制作的首饰，质量评价从以上五个方面进行分级即可，如果有多颗珍珠制作的首饰，则除以上五个方面之外，还应考虑多颗珍珠的协调匹配性。匹配性分为很好、好、一般三个等级。

第八节　珍珠的保养

珍珠的成分是含有机质的碳酸钙，化学稳定性差，可溶于酸、碱中，日常生活中不适宜接触香水、油、盐、酒精、发乳、醋和脏物，更不能接触香蕉水等有机溶剂；夏天人体流汗多，也不宜戴珍珠项链，不用时要用高级中性肥皂或洗洁精轻轻洗涤清洁，然后晾干，不可在太阳下曝晒或烘烤；收藏时需要防止硬物刮伤，最好单独存放。佩戴久了的白色珍珠会泛黄，使光泽变差，可用1%～1.5%双氧水漂白，要注意不可漂过了头，否则会失去光泽。

第二章

琥珀

琥珀英文名称为Amber，被人们称为穿越时空的精灵，深受人们的喜爱。在欧洲，琥珀如同中国的玉一样，一直以来都被视为吉祥物，是其文化的一部分，而在中国，它也与金、银、珍珠、珊瑚、砗磲、琉璃并列为佛教七宝，象征快乐与长寿。在中国古代，琥珀曾被称作“虎魄”“兽魄”“育沛”“顿牟”“江珠”“遗玉”等，谓“虎死精魄入地化为石”，或认为琥珀是老虎流下的眼泪，认为琥珀有趋吉避凶、镇宅安神的功能。

第一节 琥珀的基本性质

一、化学成分

琥珀是碳氢化合物，含有琥珀酸、琥珀脂醇和琥珀油，化学分子式为$C_{10}H_{16}O$，琥珀除含有C、H、O外，还含有微量元素Al、Mg、Ca、Si、Cu、Fe、Mn等。

二、结晶状态

琥珀属于非晶质体，形态多样，一般多呈饼状、肾状、瘤状、拉长的水滴状和其他不规则形状。

三、光学性质

（一）颜色

琥珀的主色范围可以从白色、黄色、棕色一直变化到红色，还有绿色、蓝色、灰色甚至黑色，同时还包括一些介于这些颜色之间的色调。

（二）光泽和透明度

树脂光泽，透明至不透明。

（三）光性特征

均质体，但常见异常消光。

（四）折射率

琥珀折射率点测1.54。

（五）紫外荧光

长波紫外线下具弱到强的荧光，呈蓝、蓝白、紫蓝、浅蓝白色、浅黄色、浅绿色、黄绿至橙黄色荧光。短波下荧光不明显。

（六）吸收光谱

不特征。

（七）紫外可见光谱

不特征。

（八）红外吸收光谱

中红外区具有机物中官能团（基团）振动所致的特征红外吸收谱带。

四、力学性质

（一）断口

贝壳状断口，韧性差，受撞击易碎。

（二）硬度

摩氏硬度为2～2.5，用小刀可轻易刻画，甚至指甲可以刻画。

（三）密度

琥珀是已知宝石中最轻的品种，其密度为1.08（+0.02，−0.08）g/cm^3，在饱和的盐水中可以悬浮，可以用此法来辐照鉴别琥珀。

五、内外部显微特征

琥珀中的包裹体较为常见，并且许多包裹体用肉眼即可观察到。包裹体有昆虫、植物、气泡和条纹以及矿物包体等。

（一）动物包裹体

琥珀在形成过程中常包裹了一些昆虫（图6-2-1），在行业中称为虫珀。虫珀给我们带来了几千万年前昆虫的远古信息，也是很好的研究标本。由于虫珀的形成机理，虫珀中的昆虫会有挣脱的痕迹，很少能见到完整的昆虫。

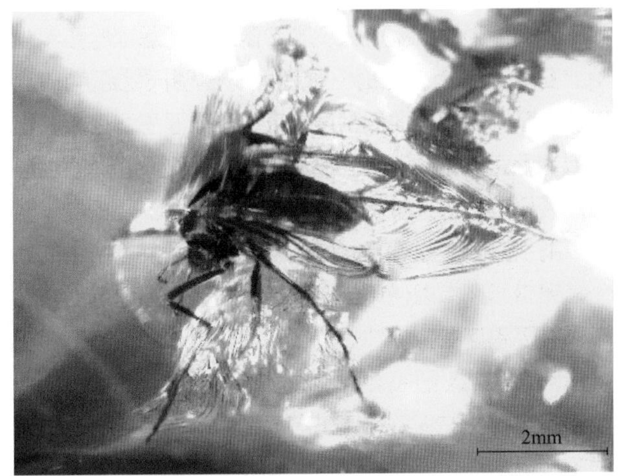

图6-2-1　虫珀中的昆虫

（二）植物包裹体

琥珀在形成过程中常包裹一些植物的根茎和树叶，在行业中称为植物珀。同样，琥珀中的植物也为我们带来了几千万年前远古时期植物的信息，具有非常高的科研价值。

（三）气泡

琥珀中常见气泡，气泡一般异形比较多。

（四）旋涡纹

多分布于昆虫与植物周围。蜜蜡中常见同心纹，在行业中常称为“玛瑙纹”和“回形纹”，这也是鉴定蜜蜡的重要依据。

（五）其他包裹体

在琥珀中还可看到其他包裹体，如小碎片、棕红色渣点、微细条形物、气液两相包裹体、裂隙内的蜂窝状微粒集合体、棕红色裂面（自然老化形成）以及含蜜蜡成分的云雾状包裹体。琥珀中也会含有一些矿物包体，常见的矿物包体有方解石、石英、长石、黄铁矿等，如缅甸琥珀中的根珀就是因为含有矿物方解石而形成的（图6-2-2）。

图6-2-2　缅甸琥珀中的方解石脉

六、特殊性质

（1）导电性　琥珀是电的绝缘体，与绒布用力摩擦会产生静电并能吸附小碎纸片。

（2）导热性　琥珀的导热性差，有温感，加热到150℃会软化，250℃会熔化，并产生松香味。

（3）溶解性　琥珀易溶于硫酸和热硝酸中，部分溶解于酒精、汽油、乙醇和松节油中。

（4）其他性质　热针接触琥珀可熔化，有芳香味。

第二节　琥珀的分类

目前一般采用商业上的分类方法，主要根据琥珀的成因产状、颜色及透明度来分类。

一、根据琥珀的成因产状分类

根据琥珀的成因产状可以将琥珀分为矿珀和海珀。

（一）矿珀

矿珀是指沉积后赋存于地层中而形成的琥珀，根据其产出状态又分为原生矿珀和次生矿珀。矿珀的产量较大，是目前琥珀市场上交易的主要品种，中国辽宁抚顺及缅甸所产的琥珀就是属于矿珀。

1. 原生矿珀

原生矿珀是指琥珀形成后没有经过搬运剥蚀而停留在原地的琥珀，类似于翡翠的原生矿。

2. 次生矿珀

次生矿珀是指琥珀形成后，经过河流、冰川搬运剥蚀等地质作用，最终形成的琥珀，其特点是具备一定的磨圆度。

（二）海珀

琥珀形成后又经过海水浸蚀，从矿层中剥离到海水中，因其密度小于海水，随着海水漂流到浅海区，在三角洲及河漫滩等地沉积下来，最终形成的琥珀称为海珀。长期漂流在海中的琥珀甚至附着大量的海洋动物。海珀主要产于波罗的海沿岸国家。

二、根据琥珀透明度和颜色分类

根据琥珀的透明度的差异，业内习惯性地将琥珀分为琥珀、蜜蜡和半珀半蜜。其中透明度好的称为琥珀，不透明至微透明的称为蜜蜡，部分透明部分不透明的称为半珀半蜜。根据琥珀颜色的不同，可将琥珀分为金珀、血珀、棕珀、蓝珀、绿珀。根据蜜蜡颜色的不同，可将蜜蜡分为黄蜜至黄橙蜜、金包蜜、白蜜（白蜡）、白花蜜及老蜜蜡。半珀半蜜又包括金绞蜜、溶洞蜜等。

（一）琥珀分类

1. 金珀

金珀是一种金黄色、明黄色的透明琥珀，主要有金黄色、亮黄色及褐黄色等色。

2. 血珀

血珀是指红色系列透明的琥珀，优质者要求色红如血。

3. 棕珀

棕珀是指棕色系列透明的琥珀，根据颜色色调的不同又可分为棕珀、棕红珀、棕黄珀、金棕珀、棕褐珀等。

4. 蓝珀

蓝珀是指透射观察体色为黄、棕黄、黄绿、棕红等色，在含紫外线反射光黑色背景下呈现出不同色调独特蓝色、蓝绿色荧光的琥珀。蓝珀的体色并不是蓝色，而是一种荧光色。蓝珀的主要产地有多米尼加、墨西哥、缅甸，其中多米尼加的蓝珀品质最好。

5. 绿珀

绿珀是指浅绿色到绿色透明的琥珀，包括体色为黄、棕黄、黄绿、棕红等色，在含紫外线反射光黑色背景下呈现出不同色调绿色荧光的琥珀。

（二）蜜蜡分类

1. 黄蜜至黄橙蜜

一种黄色至黄橙色，颜色呈蜜状，透明度呈半透明至不透明，质感似蜡状的蜜蜡。

2. 金包蜜

金包蜜是指中间为微透明至不透明，向两边延伸逐渐过渡为透明的蜜蜡。

3. 白蜜（白蜡）

白蜜（白蜡）是指一种白色不透明质地细腻的蜜蜡。白蜜（白蜡）一般密度较低，可漂浮于水上。颜色接近骨骼色泽的也称为“骨珀”，接近象牙色泽的也称为“象牙珀”。

4. 老蜜蜡

老蜜蜡是指因使用年代久远，经过长期盘玩后自然氧化颜色变深的蜜蜡。

5. 金绞蜜

金绞蜜是一种黄色蜜蜡与黄色透明琥珀交织在一起的蜜蜡。

三、根据琥珀内含包体的种类分类

根据琥珀内含包体的种类可将琥珀分为虫珀、植物珀、水胆珀、花珀及矿物珀。

四、根据琥珀的产地分类

根据琥珀的产地可以将琥珀分为缅甸琥珀、波罗的海琥珀、多米尼加琥珀、墨西哥琥珀等。

第三节 琥珀的主要鉴定特征

1. 密度

琥珀密度很小，是所有珠宝玉石中密度最小的，手感很轻，能在饱和盐水中悬浮。

2. 可切性

琥珀不可切，用小刀在样品不显眼部位切割时，不能被切割，会产生小缺口。

3. 内含物特征

琥珀具有特殊的内含物，如各种动物和植物内含物，以及矿物包体等，这些内含物的形态、颜色等具有特征性的标志，与相似品有明显差异。

4. 手感

琥珀手感有温感。

5. 光泽

琥珀具典型的树脂光泽。

6. 光性特征

琥珀光性特征为均质体，在偏光镜下常见异常消光。

7. 紫外荧光

大多数琥珀在紫外荧光灯下可见强的各色荧光。

第四节 琥珀的优化处理及其鉴别

一、热处理

将内部呈云雾状的琥珀放入植物油中，用适当的温度进行加热，或只在琥珀的表面进行加热。可附加压处理，加深琥珀表面颜色，或使琥珀内部产生片状炸裂纹（通常称为“睡莲叶”或“太阳光芒”）或使琥珀变透明。鉴定方法：热处理琥珀一般与未处理琥珀没有太大的区别，只是更加“清澈”和“花”更多了，内部几乎没有气泡存在。

二、染色处理

将脱水并有不同程度裂纹的琥珀放入染剂中进行染色。目的是仿琥珀老化的特征或是得到其他颜色的琥珀。鉴定方法：放大检查可见颜色分布不均匀，多在裂隙间或表面凹陷处富集，透光可见裂隙中的颜色浓集。长、短波紫外光下，染料可引起特殊荧光。经丙酮或无水乙醇等溶剂擦拭可掉色。

三、覆膜处理

琥珀的覆膜处理有覆无色膜和覆有色膜，覆无色膜可以增强琥珀表面光泽和耐磨性，起到保护琥珀的作用，在国家标准中属于优化范畴，可不作说明。覆有色膜可以改善琥珀的颜色，在国家标准中属于处理范畴，需要备注处理。覆膜处理的琥珀放大检查可见表面光泽异常，覆有色膜者颜色分布不均匀，多在裂隙间或表面凹陷处富集；表面凹陷处可能能见到气泡；局部可见薄膜脱落现象；有色膜层与主体琥珀之间无颜色过渡；用针挑拨或丙酮浸泡后，薄膜有时会成片脱落，折射率可见异常；红外光谱和拉曼光谱测试可见膜层特征峰。

四、辐照处理

琥珀经辐照处理可变为橙红等颜色，不易检测。

五、再造琥珀

再造琥珀是将琥珀碎块或者碎屑在适当的温度、压力下发生软化，并再次熔融成一块较大的琥珀，也被俗称为再造琥珀、二代琥珀、再生琥珀。目的是形成较大块的琥珀，便于制作琥珀饰品。早期再造琥珀的内部浑浊，透明度差，具立体网状的“血丝”状构造，其中红褐色的边界纹路呈闭合状，线条生硬多带棱角（即原颗粒边界）。随着再造技术水平的提高，近期再造琥珀多在无氧环境下热压成型，所以成品的“血丝”变浅，多呈断续的闭合状态，高质量的再造琥珀几乎观察不到“血丝”，仅能见模糊的颗粒边界，鉴定难度大大增加。再造琥珀主要有以下鉴定方法。

（一）未熔融颗粒

再造琥珀在压制过程中内部颗粒可能还未被完全熔融，放大观察可以发现在琥珀内部存在未熔解固体琥珀颗粒或者可以看到颗粒局部的轮廓。另外再造琥珀表面可见未熔颗粒界限。

（二）血丝

再造琥珀中有一种产物，通过肉眼可以观察到再造琥珀中存在一些红色的血丝状物质，其形态类似于交错的毛细血管，呈丝状、云雾状或格子状分布在琥珀内部。这是由于琥珀长期暴露在空气中，随着时间的推移，其表层被氧化，形成了一层薄薄的红色氧化膜，越靠近表面受到的氧化作用就越明显，颜色就越红，而琥珀内部仍保留其原有的颜色。琥珀在压制过程中，颗粒表层氧化层分子没有扩散均匀，就会看到颜色较深的血丝状颗粒表层痕迹。

（三）气泡特征

天然琥珀本身就存在气泡，再造琥珀的气泡更加丰富，除了琥珀本身包含的气泡外，颗粒与颗粒、粉末之间以及搅动过程都会形成新的气泡。再造琥珀气泡分布密集且细小，常分布于颗粒的结合处和边界附近。

（四）消光特征

琥珀是有机质非晶质宝石，在正交偏光镜下应为全消光，因局部结晶而发亮，所以表现为异常消光。再造琥珀是由多块琥珀受热凝结在一起的，在正交偏光镜下有时可表现出斑块状彩色条纹。

（五）发光现象

再造琥珀在紫外荧光灯下，有时会把压制原料琥珀颗粒的边缘和轮廓显现出来，可以清晰地看到单个个体的结合和颗粒的形状，但并不是所有再造琥珀中都可以看到。

第五节 琥珀与相似品的鉴别

与琥珀相似的相似品主要有柯巴树脂、松香、人工树脂、塑料等。

一、柯巴树脂

柯巴树脂与琥珀非常相似，它是一种未经石化的天然树脂，其成分和外观与琥珀十分相近，所不同的是形成的年代不同，石化的程度不同。一般来说，琥珀的形成超过2000万年，缅甸琥珀的形成更是达到1.4亿年，石化比较彻底，而柯巴树脂的形成一般约100万年，柯巴树脂是所有琥珀相似品中最像琥珀的相似品，在行业内被称为琥珀“第一大杀手”。特别是近年出现的经过热压处理的柯巴树脂与琥珀极为相似，很难鉴定。琥珀与柯巴树脂的主要区别如下：将1滴乙醚滴于表面，并用手指搓，可迅速出现黏性斑点。柯巴树脂对酒精更敏感，表面滴酒精后变得发黏或不透明，另外在冰醋酸中有类似酒精的溶解反应。在短波紫外光下，柯巴树脂发白色荧光，比天然琥珀明亮。柯巴树脂的红外光谱与琥珀有较大的差异。

二、松香

松香是一种完全没有经过石化且无固定外形的人工树脂。一般呈淡黄色至棕红色，硬度比琥珀小，性脆，用手可搓成粉末，熔点比琥珀低，一般加热到80℃就会软化，110℃左右开始熔化。松香的黏性甚佳，尤其是压敏性、快黏性、低温黏性很好，但内聚力较差。因未经石化过程，其成分与琥珀有较大差异。表面有许多油滴状气泡，导热性差，短波紫外光下呈强的黄绿色荧光。燃烧时呈芳香味。

三、人工树脂

市场上常用来仿琥珀的人工树脂主要有酚醛树脂、氨基塑料、聚苯乙烯、硝化纤维塑料（旧称赛璐珞）、酪朊塑料、环氧树脂等，也就是人们常说的塑料（图6-2-3）。这些人工树脂在成分、密度、折射率等物化性质方面与琥珀差异很大，很容易与琥珀区别开来。除聚苯乙烯的密度与琥珀相近，在饱和盐水中上浮外，其他的人工树脂均比琥珀重，均在饱和盐水中下沉。人工树脂具有可切性，用小刀可以将人工树脂成片切下，而琥珀无此性质。用热针测试人工树脂会发出刺鼻的异味。在实验室中，用红外吸收光谱仪可以很容易地将琥珀与人工树脂区别开来。

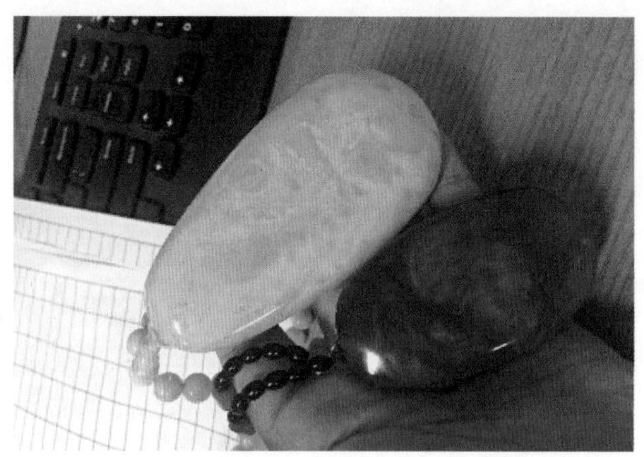

图6-2-3 塑料仿蜜蜡

第六节 琥珀的质量评价

琥珀可从颜色、重量、透明度、净度及包裹体等方面综合进行质量评价。

（一）颜色

琥珀的颜色种类比较丰富，对于透明度好的琥珀，看到的颜色为透射光下的颜色，对于透明度差的琥珀，特别是蜜蜡，看到的颜色是反射光下的颜色，一般要求琥珀的颜色纯正，颜色明度高、饱和度高的琥珀质量也高。

（二）重量

琥珀的重量越大越好。目前市场上交易琥珀大多以克为计量单位进行交易，重量越大的琥珀克价越高。

（三）透明度

对不同的品种有不同的透明度要求，如对蜜蜡进行评价时，并不要求其透明，而透明琥珀则要求越透明越好。

（四）净度

一般情况下要求净度越高越好，但对于一些特殊品种的琥珀净度不是评价因素，比如虫珀、植物珀等。

第七节 琥珀的产状、产地简介

琥珀的产地有很多，最著名产地有波罗的海和缅甸。波罗的海琥珀主要产于波兰、德国、丹麦、俄罗斯等国家，俄罗斯的加里宁格勒有世界上最大的琥珀矿。受波罗的海的地质状态和气候的影响，波罗的海琥珀颜色明艳，色调丰富，主要为黄色系，透明度好，质地细腻，盛产蜜蜡。加勒比海沿岸国家都有琥珀产出，另外罗马尼亚、美国、加拿大、印度、越南、新西兰等国家也有琥珀产出，不过产量少，品级高的也很少。我国也有产出琥珀，主要集中在辽宁抚顺，抚顺是我国的主要琥珀产地，且有大量优质虫珀产出，该地琥珀产于煤层之中，多与煤共生，常见煤质内含物，颜色主要为金色到棕黄色；河南西峡地区也有少部分产出。缅甸琥珀近年来在市场上占有很大的份额，并在云南省腾冲县形成了目前全球最大的琥珀交易市场。缅甸琥珀是目前所有琥珀形成年代最久的琥珀，所以颜色往往偏深，主要为棕黄和棕红色，伴有乳黄和棕黄交杂的颜色。

第八节 琥珀的保养

（1）琥珀为有机宝石，要注意其易与其他日常使用的有机物发生相似相溶现象，不要与酒精、汽油、煤油和含有酒精的指甲油、香水、发胶、杀虫剂等有机溶剂接触。喷香水或发胶时要将琥珀首饰取下来。

（2）琥珀不耐高温。琥珀在150℃即软化，250～300℃熔融。不可长时间置于阳光下或是暖炉边，如果空气过于干燥易产生裂纹。要尽量避免强烈波动的温差。

（3）琥珀硬度低。性脆，怕摔砸和磕碰，应该单独存放，不要与钻石、其他尖锐的或是硬度高的首饰直接接触。最好用柔软的绵纸或者绒布包裹起来存放在软盒中。

（4）琥珀与硬物摩擦会使其表面出现毛糙，产生细痕，所以不要用毛刷或牙刷等硬物清洗琥珀。当琥珀染上灰尘和汗水后，可将它放入加有中性清洁剂的温水中浸泡，用手搓干冲净，再用鹿皮巾擦拭干净，最后滴上少量的橄榄油或是茶油轻拭琥珀表面，稍后将多余油渍擦掉，即可恢复光泽。

第三章
珊瑚

珊瑚（图6-3-1）是地球上最古老的海洋生物之一，将近5亿年前就在地球上出现了。珊瑚虫是一种腔肠动物，珊瑚虫在白色幼虫阶段便自动固定在先辈珊瑚的石灰质遗骨堆上，个头很小，往往只有几毫米，体态玲珑，色泽美丽，十分娇气，只能生活在全年水温保持在22～28℃的水域，且水质必须洁净、透明度高，阳光照射充足，退潮时不能长时间暴露在水面之上，只有满足这些苛刻条件，珊瑚虫才能繁茂生长。珊瑚不仅外形像树枝，颜色鲜艳美丽，可以作装饰品，并且还有一定的药用价值，是二级保护物种。

许多国家把珊瑚视作圣物寓意吉祥。在罗马，人们把珊瑚做成的饰品挂在小孩脖子上，以保护他们免受危险；在意大利，则流行用珊瑚做成辟邪的护身符；法国罗浮宫亦珍藏许多珊瑚珍品；在我国，珊瑚更是身份与地位的象征。珊瑚在汉代名为“绛火树”，取其形如树，色如火；明代又以“琅玕”称之；清朝二品官员上朝穿戴的帽顶及朝珠系由贵重红珊瑚制成；西藏的喇嘛高僧多持红珊瑚制成的念珠。珊瑚在东方佛典中亦被列为七宝之一，是珠宝玉石品种中比较少有的东西方文化都有共识的宝石。信奉佛教的人相信红色的珊瑚是如来的化身。人们将许多美好的祝愿寄予珊瑚，希望能得到神灵的庇护。

图6-3-1　红珊瑚摆件

一、珊瑚的基本性质

（一）化学成分

珊瑚分为钙质型和角质型珊瑚两种。

钙质型珊瑚主要由无机成分、有机成分和水组成，各种成分的大致比例为：$CaCO_3$ 92%～95%；$MgCO_3$ 2%～3%；有机质1.5%～4%；水0.55%。除此之外，还可能含有Fe_2O_3、$CaSO_4$以及微量组分Sr、Pb、Si、Mn等。

角质型珊瑚几乎全部由有机质组成，角质型珊瑚主要有黑珊瑚和金珊瑚。

（二）结晶状态

钙质型珊瑚：无机成分为隐晶质集合体，主要由隐晶质方解石、文石组成。有机成分为非晶质体。

角质型珊瑚为非晶质体。

珊瑚集合体形态奇特，多呈树枝状、星状、蜂窝状等。

（三）光学性质

1. 颜色

钙质型珊瑚常见颜色有浅粉红至深红、橙红（粉）、白及黄等色；角质型珊瑚常见颜色有黑、金黄、黄褐色。

2. 光泽和透明度

珊瑚为蜡状光泽，抛光面呈玻璃光泽。微透明至不透明。

3. 光性特征

集合体。

4. 折射率

钙质型珊瑚的折射率为1.486～1.658，点测法约1.65。

角质型珊瑚的折射率为1.56。

5. 紫外荧光

钙质型珊瑚：无或弱荧光；

角质型珊瑚：黑珊瑚无荧光。

6. 吸收光谱

不特征。

7. 紫外荧光光谱

粉至红色钙质珊瑚具特征吸收峰。

8. 红外光谱

钙质型珊瑚在中红外区具碳酸根离子振动所致的特征红外吸收谱带；角质型珊瑚在中红外区具蛋白质等有机物中官能团（基团）振动所致的特征红外吸收谱带。

（四）力学性质

1. 解理、断口

珊瑚无解理。参差状至裂片状断口。角质型珊瑚由层状有机质组成，外力作用下会呈片状剥落，剥落的片状物质在强光下呈褐色，半透明。

2. 硬度

钙质型珊瑚的摩氏硬度为3～4.5，角质型珊瑚为2～3。

3. 密度

钙质型珊瑚通常为$2.65g/cm^3$，角质型珊瑚平均为$1.35g/cm^3$。

（五）内外部显微特征

1. 钙质型珊瑚

钙质型珊瑚在纵截面上表现为颜色和透明度稍有变化的平行波状条纹，在横截面上呈放射状、同心圆状结构，表面有小孔。

2. 角质型珊瑚

角质型珊瑚具有层状结构，年轮状构造，是珊瑚的角质分泌物沿着中轴以同心圆的形式不断向外生长形成的。珊瑚原料表面长有刺，加工后表面刺的部位呈斑点或丘疹状。

（六）其他性质

1. 可溶性

钙质型珊瑚易被酸溶蚀，在不显眼的地方滴一小滴稀盐酸，产生大量气泡。角质型珊瑚遇酸不起泡。

2. 热效应

珊瑚在珠宝工匠用的喷灯或吹管的火焰中会变黑。角质型珊瑚加热后散发出蛋白质烧焦的臭味。

二、珊瑚的种类

根据珊瑚所含成分差异可以将珊瑚分为钙质型珊瑚和角质型珊瑚两个大类。

（一）钙质型珊瑚

钙质型珊瑚主要由无机成分、有机成分和水组成，无机成分主要由碳酸钙组成，含少量碳酸镁，有机成分含量较少，占1.5%～4%，另外还含有少量水分。根据颜色不同，可将钙质型珊瑚分为红珊瑚、白珊瑚和蓝珊瑚。

1. 红珊瑚

红珊瑚是指粉红至红色的珊瑚，根据红珊瑚的颜色色调、饱和度等因素，商业上又习惯性地将红珊瑚分为Aka（阿卡）红珊瑚、沙丁红珊瑚和MoMo（莫莫）红珊瑚。

（1）Aka（阿卡）红珊瑚　Aka（阿卡）红珊瑚全名叫赤珊瑚，Aka是日本“赤”的读音，血赤读音是Chiaka，引入中国后把顶级的红珊瑚称为赤血，商业上称为阿卡Aka、牛血红珊瑚、Red Coral、赤色珊瑚。阿卡红珊瑚的株体以独枝居多，少许呈扇状成长，其中白芯大部分会偏向背面，甚至接近背面的表层。白芯也具有玻璃质感，有微微透明的特征。

阿卡珊瑚的优点是颜色红，深红色如同“牛血红”，质地通润（透光性好），光泽好。缺点是白芯、有压力纹和其他瑕疵。阿卡红珊瑚著名产地有阿尔及利亚、突尼斯、意大利等国和西班牙沿海、中国台湾基隆和澎湖列岛、法国的比斯开湾等地。日本海域以及中国台湾海域是阿卡红珊瑚是最主要的产地。

阿卡红珊瑚最大特征是有白芯，白芯是原枝中心有如象牙般的白色部分，是阿卡红珊瑚区别于其他种类珊瑚的重要特征之一，较大的阿卡珊瑚在加工过程中可以将白芯避开而在成品中没有白芯。

（2）沙丁红珊瑚　沙丁颜色类似阿卡，常见橘色、橘红、朱红、正红、深红，沙丁极少能达到阿卡最深的颜色，也就是红得完全发黑的。沙丁的主要产地是欧洲地中海意大利撒丁岛附近的海域，因为产地为意大利，经营者大多为意大利人，所以也有将沙丁称为“意大利珊瑚”。

沙丁的珊瑚树呈现出较为立体的生长形态，形态有点像真正的树；沙丁珊瑚枝树尖也比较光滑，没有阿卡珊瑚那种从树尖开始贯通的白芯。沙丁颜色以浓郁均匀的大红色为主，品级优的沙丁红珊瑚颜色甚至能与阿卡相媲美，沙丁红珊瑚中也会出现“牛血红”这样的极品颜色。

（3）MoMo（莫莫）红珊瑚　MoMo（莫莫）是日语“モモイロサンゴ”（桃珊瑚）的译音，原意为桃子

或桃子色，泛指为桃色的珊瑚。MoMo是红珊瑚家属里面庞大而复杂的一个分类，一般来说除了阿卡和沙丁，都可以归为MoMo家族。莫莫红珊瑚颜色非常丰富，从浅红到红色中间的过渡色系都有，一部分偏黄，一部分偏橘色。常见白色、浅粉、粉色、橘粉、桃粉、橘红、桃红、朱红、正红等色。

2. 白珊瑚

白珊瑚是指主要色调为白色的珊瑚，有着瓷器质感的白珊瑚也是非常珍贵少见，主要分布在中国南海（最珍贵，已濒临绝迹）、菲律宾海、澎湖海和琉群岛海区。颜色分白、灰白、乳白、瓷白。随着颜色从灰白、乳白到瓷白，价格会不断提高。白珊瑚主要用于盆景工艺或染色原料。

3. 蓝珊瑚

蓝珊瑚为浅蓝、蓝色的珊瑚，是较为稀少的品种。主要分布在大西洋地中海海域、印度洋至太平洋地区，喀麦隆沿海。蓝珊瑚除了红白珊瑚常见的同心圆构造以外，还有其特征的点状花纹。随着全球气候的变化以及水质污染，全球的珊瑚礁不断地退化消失。蓝珊瑚也变得越来越稀少。

（二）角质型珊瑚

角质型珊瑚几乎全部由有机质组成，角质型珊瑚常见品种主要有黑珊瑚和金珊瑚。

1. 黑珊瑚

灰黑至黑色珊瑚，几乎全由角质组成。

2. 金珊瑚

金黄色、黄褐色角质型珊瑚，表面有丝绢光泽（图6-3-2）。

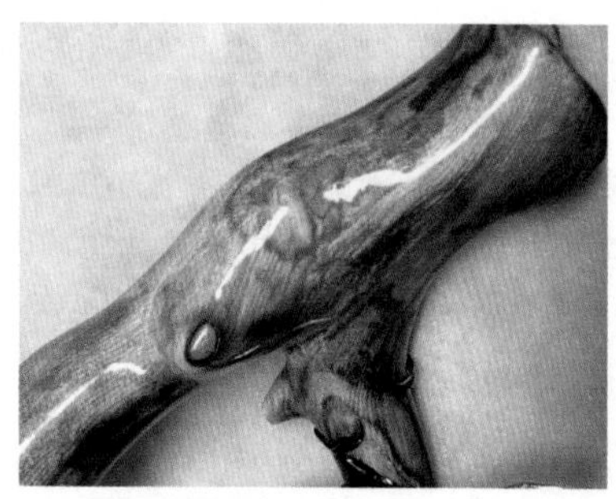

图6-3-2 金珊瑚

三、珊瑚的优化处理及其鉴别

（一）漂白

珊瑚通常要用双氧水漂白去除表层杂质，以改善颜色和外观，还可将深色漂白成浅色。如黑色珊瑚可漂白成金色，红色可漂白成粉红色。

（二）染色处理

将白色珊瑚浸泡在红色或其他颜色的有机染料中染成相应的颜色。经染色处理的珊瑚放大检查可见颜色分布不均匀，多在裂隙、粒隙间或表面凹陷处富集。长、短波紫外光下，染料可引起特殊荧光，经丙酮或无水乙醇等溶剂擦拭可掉色。拉曼光谱和紫外可见光谱测试显示粉红至红色钙质珊瑚与染色珊瑚有差异。染色珊瑚长时间佩戴容易褪色。

（三）充填处理

用树脂等物质充填多孔质的珊瑚。充填处理的珊瑚放大检查可见充填部分表面光泽与主体珊瑚有差异，充填处可见气泡。长、短波紫外光下，充填部分荧光多与主体珊瑚有差异。红外光谱测试可见充填物特征红外吸收谱带。发光图像分析（如紫外荧光观察仪等）可观察充填物分布状态。充填后的珊瑚密度变低。

（四）覆膜处理

覆膜常用于角质珊瑚以及质地疏松或颜色较差的珊瑚进行表面处理，常见的材料是黑珊瑚。放大检查可见覆膜珊瑚表面光泽较强，丘疹状突起平缓，局部可见薄膜脱落现象。折射率可见异常，红外光谱和拉曼光谱测试可见膜层特征峰。

四、珊瑚与相似品的鉴别

（一）与天然相似品的鉴别

与珊瑚相似的天然相似品有染色骨制品、染色大理岩、染色贝壳等，可通过观察结构、酸性试验、密度等来鉴别。

（二）与仿制品的鉴别

珊瑚的仿制品主要有吉尔森珊瑚、红玻璃、塑料和木材，可通过外观观察结构、密度等来鉴别。红珊瑚与主要相似品的鉴定特征见表6-3-1。

五、珊瑚的形成

珊瑚是珊瑚虫分泌的产物。珊瑚属于腔肠动物门，其外形多种多样，有单体，有群体。在有性繁殖时产生

表 6-3-1 红珊瑚与主要相似品的鉴定特征

名称	颜色	透明度	光泽	折射率	密度 / (g/cm^3)	摩氏硬度	断口	其他
红珊瑚	血红色、红色、粉红色等	不透明至半透明	油脂光泽	1.48 ~ 1.65	2.70	3 ~ 4	平坦	平行条纹、同心圆层，颜色不匀，有凹坑虫穴，遇酸起泡
吉尔森珊瑚	红色，颜色变化较大	不透明	蜡状光泽	1.48 ~ 1.65	2.44	3.5 ~ 4	平坦	颜色均匀，微细粒结构，遇酸起泡
染色骨制品	红色	不透明	蜡状光泽	1.54	1.70 ~ 1.95	2.5	参差状	颜色表里不一，片状，有骨髓、鬃眼等特征，遇酸不反应
染色大理石	红色	不透明	弱玻璃光泽	1.48 ~ 1.65	2.70	3	不平坦	粒状结构，遇酸起泡
红色塑料	红色	透明至不透明	蜡状光泽	1.49 ~ 1.67	1.4	<3	平坦	热针有辛辣味，铸模痕明显，有气泡，遇酸不反应
红色玻璃	红色	透明至不透明	玻璃光泽	1.64	3.69	5.5	贝壳状	气泡，遇酸不反应
染色珊瑚	红色	不透明	蜡状光泽	1.48 ~ 1.65	2.7	3 ~ 4	平坦状	丙酮可擦拭，遇酸起泡
海螺珍珠	粉红色	不透明	蜡状光泽	1.48 ~ 1.65	2.85	3.5	参差状	火焰纹，遇酸起泡

的幼虫可以在海水中自由游泳，到成年期，便固定在海底岩石上或早期的骨骼上；无性繁殖以出芽生殖的方式，一代一代的珊瑚虫生活在一起形成群体。珊瑚虫在生长过程中分泌钙质的骨骼，每个个体又以共同的骨骼相连，呈树枝状、扇状或块状等不同形态。绝大多数的珊瑚生活在热带或亚热带的浅海中，可形成珊瑚礁，这类珊瑚骨骼疏松，不能用于宝石材料。而能作宝石的红珊瑚生活在较深（100 ~ 300m）的海床上，呈群体产出，但不形成生物礁，它的骨骼致密坚硬。

六、珊瑚的质量评价

珊瑚成品一般可据颜色、重量、质地、工艺四个方面进行评价。颜色越纯正、越鲜艳，其价值越高。对于红色珊瑚，质量排列顺序为鲜红色、红色、暗红、玫瑰红、淡玫瑰红、橙红。白珊瑚则以纯白最佳。黑珊瑚与金珊瑚也都非常名贵。除看颜色外，珊瑚抛光后的光泽是否明亮、粒度大小也是估价的因素。粒大、光泽强、结构致密者价格就高。不同质量的珊瑚价格相差较大。

七、珊瑚的产地简介

珊瑚主要产于太平洋西海岸的日本、中国台湾、琉球、南沙群岛；地中海的意大利、阿尔及利亚、突尼斯、西班牙、法国等国家以及美国夏威夷北部中途岛附近的海区。

八、珊瑚的保养

（1）钙质型珊瑚易受酸腐蚀，佩戴时避免与酸性溶液接触。

（2）珊瑚硬度小，应避免刻画。

（3）珊瑚应远离高温。

第四章

象牙

2017年，我国全面禁止商业目的的象牙加工和销售，旨在进一步打击象牙等野生动植物非法贸易。2018年1月1日起，任何象牙制品的交易都是违法的。

象牙是指大象外露的两根弯曲的长牙，是一种珍贵的有机宝石，它具有纯白洁净、温润柔和的美感，质地细腻，硬度适中，非常适合工艺制作及雕刻，牙纹美观，洁白光润，牙地醇厚，雕刻或制作出的成品给人以高贵、成熟、稳重之感，数千年来深受人们的喜爱。

象牙作为饰品由来已久，清代时中国的牙雕艺术品的加工工艺已经达到了最高的水平。

一、象牙的基本性质

（一）化学成分

象牙主要由磷酸盐和有机质组成，有机质主要是胶质蛋白和弹性蛋白。

（二）结构

象牙的形状呈弯曲的圆锥形，整只象牙有三分之一的地方为空心，称之为管口，另外三分之二的地方为实心，是牙质最好的部位，也是用于制作和雕刻象牙制品的最好原料。在细腻光润的牙体上，有许多天然的纹理。从纵剖面上看，可看到如同树木年轮似的浅淡的纹线；在横切的断面上，可以看到从牙心向四周扩展的交叉纹线，即由两组呈十字交叉状的纹理线以大于115°或小于65°相交组成的菱形图案。这些纹线如同菱形的网状，越向外纹线越粗，这一特点被称为勒兹纹，也称“旋转引擎纹”（图6-4-1）。格纹的大小是有一定变化规律的，从牙根到牙尖，菱形格由大到小。勒兹纹的形成源自象牙的外层是珐琅质，内层为硬蛋白质和磷酸钙，里面有很多从牙髓向外辐射的硬蛋白质组成的细管，这些细管组成了交叉的纹理。

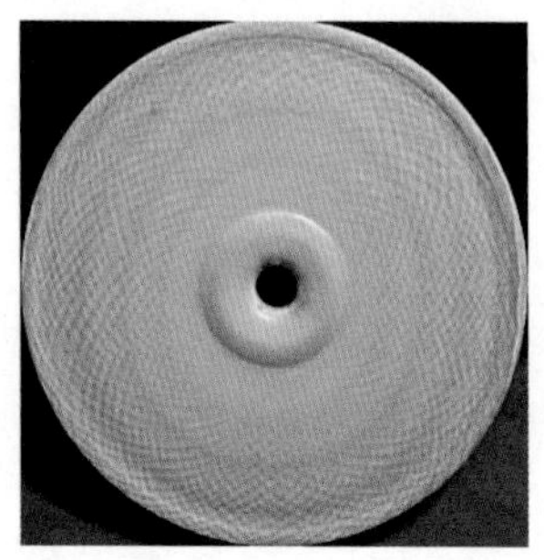

图6-4-1　象牙的“勒兹纹”

（三）结晶状态

无机成分为隐晶质集合体，有机成分为非晶质体。

（四）光学性质

1. 颜色

象牙新鲜时呈白色、奶白色、瓷白色、淡玫瑰白色，偶见浅金黄色、白色、淡黄色、黄色、浅褐黄色。

2. 光泽和透明度

具有美丽柔和的油脂光泽或蜡状光泽，呈不透明至透明，多呈微透明至半透明。

3. 折射率

点测法通常为1.54。

4. 紫外荧光

在长波紫外线下发弱至强的蓝白色或紫蓝色荧光。

5. 紫外可见光谱

无特征。

6. 红外光谱

中红外区具碳酸根离子和蛋白质等有机物中官能团（基团）振动所致的特征红外吸收峰。

（五）力学性质

1. 断口

断口呈裂片状、参差状。

2. 硬度

摩氏硬度为2～3。

3. 密度

通常为1.85g/cm^3。

（六）内外部显微特征

具有天然纹理，从纵抛面上看，可看到如同树木年轮的浅淡的纹线；在横切的断面上，具有勒兹纹，这是鉴定象牙的诊断性依据。

（七）其他

（1）可溶性　硝酸和磷酸能使象牙软化分解。

（2）热效应　遇热收缩。

二、象牙的种类

象牙有广义和狭义两种含义。狭义的象牙专指大象的长牙，有非洲象牙和亚洲象牙之分；而广义的象牙是指包括象牙在内的某些哺乳动物的牙齿，如河马、海象、一角鲸、疣猪和鲸等动物的牙。狭义象牙品种作如下划分。

（一）非洲象牙

非洲公象、母象的长牙和小牙，较长，普通的每根重约30公斤，大的有80公斤左右。非洲象牙多呈纯白色、淡黄色，质地和结构较细，即分层结构中的纹理线较细，光泽好，硬度高，但在气温悬殊变化的情况下易产生裂纹。

（二）亚洲象牙

亚洲的母象不生牙，在斯里兰卡的公象也不生牙。亚洲各地所产象牙的结构较非洲象牙粗，分层结构中的纹理线较粗，颜色比较白（其中以淡玫瑰白色最为珍贵），但过段时间后会逐渐老化，色泽泛黄，光泽亦差，其牙质的硬度低于非洲象牙。

三、象牙的主要鉴定特征

（1）象牙特征的勒兹纹是区别其他相似品的主要鉴定依据，目前相似品中没有与之完全相同的勒兹纹，但需要注意猛犸牙也有勒兹纹，其勒兹纹的交角小于90°，而象牙的勒兹纹的交角一般大于115°。

（2）油脂光泽或蜡状光泽。

四、象牙与相似品的鉴别

1. 象牙与其他动物牙齿的鉴别

见表6-4-1。

2. 象牙与其他仿制品的区别

（1）骨制品　致密型骨制品与象牙在外观、折射率、比重等方面都很相似，但其结构有所不同。动物骨骼具空心管状构造，在横截面上这些细管表现为圆形或椭圆形，在纵切面上表现为线条状。

（2）植物象牙　是一种用棕榈果实（俗称象牙果）制成的仿象牙工艺品。其结构与象牙不同，密度也比象牙低，有两种类型。

杜姆棕榈坚果是生长在巴西、秘鲁等国及南美洲大部分温暖地区森林中的矮棕榈树的种子，鸡蛋般大小，呈蛋白色或白色，表面粗糙。其硬度、折射率和荧光特征与象牙相近，但它们的结构不同。杜姆棕榈坚果的横切面上呈蜂巢状结构，纵切面上则为平行粗直线，线条中还具有细胞结构。在硫酸中浸泡，象牙不会褪色，而

表 6-4-1　象牙与其他动物牙齿的鉴别

名称	摩氏硬度	密度 /（g/cm^3）	折射率	结构特征	产地
象牙	2～3	1.85	1.54	横截面旋转引擎纹，交角110°，纵截面平行波状线	亚洲、非洲
海象牙	2～3	1.95	1.56	横截面大理岩状或瘤状外观，结构粗糙，纹理呈波状起伏，但波幅较低，分枝明显	北冰洋一带
河马牙	2～3	1.90	1.54	横截面有密集排列的波状细同心线，结构致密，细腻	中非
一角鲸牙	2～3	1.95	1.56	横截面有略带棱角的同心环，结构粗糙，波状纹理比象牙有更多的分枝	北冰洋
抹香鲸牙	2～3	1.95	1.56	截面一致，有牙质厚外层和规则年轮状环	南极洲、北冰洋
野猪牙	2～3	1.95	1.56	横截面几乎为三角形，部分中空	非洲
猛犸象牙	2～3	1.80	1.54	勒兹纹，交角小于90°	俄罗斯北部及西伯利亚

坚果表面则呈现玫瑰色调，很容易染色。坚果的密度为1.40～1.43g/cm^3，比象牙的（1.70～1.85g/cm^3）低。坚果的韧性比象牙好，可用刀片切削，易于加工。

埃及棕榈坚果，产于埃及和中非地区，它不如杜姆坚果稳定，起初较坚硬，随时间的推移可能分解。其外观与象牙相似，质地稍软。埃及棕榈坚果的横切面呈密集分布的繁星状结构，纵切面呈断续的波纹线或蠕虫状。密度比象牙低，为1.36～1.40g/cm^3。

（3）塑料　为了模仿象牙纵切面的条纹而把塑料压成薄片，但这种条纹比象牙规则得多，而且不能产生“旋转引擎”花纹。

五、象牙的优化处理及其鉴别

（一）漂白

通过利用漂白液等具有氧化性的试剂与存在于象牙间隙里的有机质作用，使蛋白质中的着色物质发生反应生成简单的有机物溶解出来，或破坏其着色物的结构，使其颜色褪去或发生改变达到优化的效果。通过漂白可以将变黄或是本身带有黄色调的象牙去除黄色，达到提高象牙档次和价值的目的。这种处理后的象牙比较稳定，不易检测，并为公众所接受。

（二）浸蜡

增强其光泽以改善外观。可见表面蜡感，不易检测。

（三）充填处理

常以象牙粉末混合树脂或单纯树脂充填裂隙，放大检查可见充填部分表面光泽与主体象牙有差异，充填处可见气泡。长、短波紫外光下，充填部分荧光多与主体象牙有差异。红外光谱测试可见充填物特征红外吸收谱带。

（四）染色处理

象牙经染色处理可以产生古象牙的外观。放大检查可见颜色不均匀，沿结构纹集中或见色斑，多在裂隙间或生长缺陷处富集。长、短波紫外光下，染料可引起特殊荧光。经丙酮或无水乙醇等溶剂擦拭可掉色。

六、象牙的质量评价

通过颜色、质地、质量、透明度四个方面可以对象牙进行质量评价。总而言之，材质硕大、质地细腻坚韧、色泽乳白的牙雕为最佳，年代越久远、工艺越精湛、题材越好的牙雕越贵重。

七、象牙的产地简介

象牙主要产于非洲的坦桑尼亚、塞内加尔、加蓬、埃塞俄比亚等国，亚洲的泰国、缅甸、和斯里兰卡等国。

八、象牙的保养

（1）牙雕平时可置于软囊盒中，存放环境应尽可能保持恒温。

（2）存放牙雕时，周围环境的相对湿度应维持在55%～60%。简单的做法是在其附近常置一杯清水。不可以放在有风的地方。

（3）不宜日晒或灯光直射，以免灯光产生的高温使象牙破裂、弯曲等。

（4）象牙的贴身饰品，洗澡时须摘下。象牙一旦在热水中时间过长，会开裂并变色。

（5）牙雕物表面沾上的灰尘、污物容易使牙角老化变质，应经常拂拭（可用毛刷除尘）保持清洁。不能拂去的污迹可用牙膏清洗，但不能浸泡，并应尽快擦干。

第五章
龟甲（玳瑁）

龟甲英文名称为Tortoise Shell，为龟科动物的背甲及腹甲。龟甲包括陆龟和海龟的背甲和腹甲，通常珠宝行业所用龟甲指的是玳瑁龟的龟甲，称为玳瑁。玳瑁（图6-5-1）是一种珍稀海龟的名称，为国家二级保护动物。玳瑁体型较大，背甲曲线长度65~85cm，体重45~75kg。背甲棕红色，有光泽，有浅黄色云斑；腹甲黄色，有褐斑。头及四肢背面的盾片均为黑色，盾缘色淡。玳瑁鳞甲质地晶莹剔透，花纹清晰美丽，色泽柔和明亮，用它做成的工艺饰品光彩夺目，高贵典雅。

在东方人眼中，玳瑁自古以来就是吉祥长寿、辟邪纳福的象征，深得历代皇室贵族、富豪人家乃至广大民众的喜爱。玳瑁有“海金”之誉，自古以来就被视为祥瑞、幸福之物，代表高贵与神圣之风度，并可避邪及镇宅，是历代宫廷权贵们的饰物。《孔雀东南飞》的乐府中，就留下了“足下蹑丝履，头上玳瑁光”的脍炙人口之名句。

玳瑁的药用在《本草纲目》中就有记载，药用玳瑁多取其背部的甲片。

图6-5-1 玳瑁龟（图片来自网络）

一、玳瑁的基本性质

（一）化学成分

玳瑁主要由角质和骨质等有机质组成，主要元素C、H、O、N。

（二）结晶状态

非晶质体。

（三）光学性质

1. 颜色

玳瑁底色为黄褐色，上有暗褐色和黑色斑纹（图6-5-2）。随着玳瑁龟的年龄增加，玳瑁鳞甲逐渐加厚，里面的斑纹会层层增多，就会让色泽加深。

图6-5-2 玳瑁成品色斑分布

2. 光泽和透明度

油脂至蜡状光泽。微透明至半透明。

3. 光性特征

均质体。

4. 折射率

点测法通常为1.55。

5. 紫外荧光

紫外光下较透明的黄色基底常发蓝白色荧光，而黑色、褐黑色斑块无荧光。

6. 紫外可见光谱

不特征。

7. 红外光谱

中红外区具蛋白质等有机物中官能团（基团）振动所致的特征红外吸收谱带。

（四）力学性质

1. 断口

不平坦断口。

2. 硬度

摩氏硬度为2~3。

3. 密度

1.29（+0.06，−0.03）g/cm^3。

（五）内外部显微特征

黑色、褐色斑纹由无数大小不一的圆点聚集而成，为球状颗粒组成的斑纹结构，形成边界参差不齐的不规则状。点愈密，色愈深，斑纹清晰、美丽而通透，具有浓淡晕染的变化。

（六）其他

（1）酸腐　易与硝酸反应，被硝酸溶化，不与盐酸反应。

（2）热学特征　高温时颜色会变暗，热水中可变软。热针触探会有烧焦头发的味道，为蛋白质燃烧的气味。

二、玳瑁的主要鉴定特征

（1）色斑由色素圆点聚集而成：将玳瑁在强光或电筒光下投射，可见通透的美丽花纹，透明的血丝状色斑深入甲片内部，放大呈无数圆点状，如糜子小点聚集一起，形成边界参差不齐的不规则状。仿制品的血丝在表面呈片状，斑纹呆板或呈团块状。

（2）密度为1.29g/cm^3，比塑料大。

（3）火烧或热针触探会有烧焦头发的味道。仿制品则为异味，电木发石酸气味；硝化纤维塑料（旧称赛璐珞）呈樟脑气味；酪素塑胶则呈醋味。

三、玳瑁与仿制品的鉴别

1. 与塑料的区别

（1）显微特征　龟甲的色斑是由许多球状颗粒组成的，而塑料的颜色是呈条带状的，色带间有明显的界线，且有起泡和铸模的痕迹。

（2）龟甲的折射率一般大于塑料，而密度小于塑料。

（3）热针探测　龟甲具头发烧焦的味道，而塑料具辛辣味。

2. 与牛角的区别

用牛角冒充的假玳瑁，其色泽远不如玳瑁光亮，且没有红黑透明黄夹杂的玳瑁斑，在使用过程中容易出现层层的裂痕。

3. 与压制玳瑁的区别

压制玳瑁是由龟甲碎片或粉末在一定温度压力下黏合而成的，因而缺少流畅的斑纹，且其颜色因加热会变得较深。

四、玳瑁的质量评价

玳瑁主要从透明度、厚度、颜色斑纹、玳瑁龟的龟龄等进行质量评价，以透明度高、厚度大、颜色好且斑纹清晰协调、龟龄长为佳。另外也可从工艺方面考虑其价值。

五、玳瑁产地简介

玳瑁主要栖息在热带和亚热带，主要产地有印度洋、太平洋和加勒比海。中国海南省也产优质的玳瑁。

六、玳瑁的保养

（1）避免碰撞硬物，以免刮花断裂。

（2）避免接触酸、碱性液体。

（3）避免用热水浸泡，否则会变软变形。

第六章
贝壳（砗磲）

贝壳是生活在水边软体动物所具有的保护身体柔软部分的钙质硬壳，主要用于制作贝雕、拼贴画、镶嵌刀柄等。人类对贝壳的应用由来已久，远古时代还曾作为钱币使用，北京周口店山顶洞人就开始用打孔的贝壳制成装饰品，这应该是人类最早的饰品。一个世纪以前，深海珠贝仍然是欧洲贵族奢侈华丽的标志饰物。

一、贝壳的基本性质

（一）化学成分

贝壳含有无机成分、有机成分两种化学成分。无机成分：$CaCO_3$，约占90%，以文石或者方解石形式存在。有机成分约占10%，主要为C、H化合物、壳角蛋白。另外还有少量微量元素、水等。

（二）结晶状态

无机成分：斜方晶系（文石），三方晶系（方解石），呈放射状集合体。

有机成分：非晶质。

（三）光学性质

1. 颜色

可呈各种颜色，一般为白、灰、棕、黄、粉等色。

2. 光泽和透明度

具有美丽柔和的油脂光泽或珍珠光泽，呈不透明至半透明。

3. 折射率

折射率通常为1.530～1.685，点测通常1.53～1.68。

4. 紫外荧光

因贝壳种类而异。

5. 紫外可见光谱

不特征。

6. 红外光谱

中红外区具文石中碳酸根离子振动所致的特征红外吸收谱带。

（四）力学性质

1. 断口

断口呈裂片状、参差状。

2. 硬度

摩氏硬度为3～4。

3. 密度

2.86（+0.03，−0.16）g/cm^3。

（五）内外部显微特征

层状结构，表面叠复层结构，局部可见火焰状纹理。

（六）其他

可具晕彩效应，珍珠光泽，遇盐酸起泡。

二、贝壳的优化处理

（一）覆膜处理

表面覆涂珍珠液等材料，可仿珍珠。放大检查可见覆膜贝壳表面光滑无砂，光泽异常，局部可见薄膜脱落现象，内部呈层状结构。折射率可见异常，红外光谱和拉曼光谱测试可见膜层特征峰。

（二）染色处理

可染成各种颜色，放大检查可见颜色分布不均匀，多在裂隙、粒隙间或表面凹陷处富集。长、短波紫外光下，染料可引起特殊荧光。经丙酮或无水乙醇等溶剂擦拭可掉色。拉曼光谱测试部分有色贝壳与染色贝壳有差异。

三、贝壳的质量评价

优质的贝壳要求颜色丰富或洁白无瑕，珍珠光泽强，有强的伴色或晕彩，无裂纹或其他瑕疵，块度（厚度）大，形状好。

四、贝壳的产地简介

贝壳生活在水域中，如大海、湖泊及大的河流之中，世界上水域发育的国家均有产出。

五、贝壳中的重要品种——砗磲

（一）砗磲简介

砗磲是海洋中最大的双壳贝类（图6-6-1），分布于印度洋和西太平洋，中国的台湾、海南、西沙群岛及其他南海岛屿也有这类动物分布。白皙如玉，亦是佛教圣物。砗磲一名始于汉代，因外壳表面有一道道呈放射状的沟槽，其状如古代车辙，故称“车渠”。后人因其坚硬如石，在“车渠”旁加“石”字。砗磲、珍珠、珊瑚、琥珀在西方被誉为四大有机宝石，在东方佛典《金刚经》中与金、银、琉璃、玛瑙、珊瑚、珍珠一起被尊为佛教七宝。

图6-6-1 砗磲贝

（二）砗磲分类

市场上一般将砗磲分为石化砗磲、玉化砗磲、金丝砗磲、血砗磲、黄色砗磲等商业品种。

第七章

煤精

煤精英文名称Jet，又称为煤玉、黑宝石、黑琥珀、炭化木、黑碳石、雕刻漆煤等，是褐煤的一种变种，比煤轻，通常为致密块体，细腻、坚韧、不透明。古人称之为石墨精、石涅精。在宝石学上，它是一种黑色有机宝石。

煤精质地细密、坚韧，黝黑发亮，没有纹路。它贵在色黑、质细、韧性好，抛光后漆黑闪亮。既有腐质煤的硬度，又有腐泥煤的柔软。它有利于雕琢和创艺，所以煤精成为中国历代雕刻家创作工艺品的最佳特种原料之一。自古以来，煤精就被用来制作项链、手链、手镯、佛珠、护身符等饰物。据考古资料，早在7000多年前，中国就已有用煤精制作的工艺品，如发现于沈阳市新乐文化遗址中的煤精工艺品。煤精饰品在西方相当流行。在维多利亚女王时代，维多利亚女王的偏爱使煤精珠宝在19世纪下半叶风靡一时。在欧洲，煤精饰品至今仍然是常用的珠宝饰品之一。它的黑色有庄重、肃穆之意，历史上人们常在服丧期间佩戴煤精饰品，以表对亡者的哀悼之情。

独孤信多面体煤精组印（图6-7-1）是陕西历史博物馆镇馆之宝，是一件西魏文物。这枚印章由煤精刻制而成，其主人是西魏八柱国之一、鲜卑族上层人物独孤信，原名独孤如愿。印章高4.5cm，宽4.35cm，1981年陕西省旬阳县出土。该印由煤精制成，球体八棱二十六面，其中正方形印面十八个，三角形印面八个。有十四个正方形印面镌刻印文四十七字，分别为“臣信上疏”“臣信上章”“臣信上表”“臣信启事”“大司马印”“大都督印”“刺史之印”“柱国之印”“独孤信白书”“信白笺”“信启事”“耶敕”“令”“密”等。印文为楷书阴文，书法遒劲挺拔，有浓厚的魏书意趣。印文的内容可分为三大类：公文用印，如“大都督印”“大司马印”“柱国之印”“令”“密”等；上书用印，如“臣信上疏”“臣信上章”等；书简用印，如“独孤信白书”“信启事”等。

图6-7-1　独孤信多面体煤精印章

一、煤精的基本性质

（一）宝石名称

煤精。

（二）化学成分

以C为主，含有一些H、O。

（三）结构、形态

非晶质，常见集合体为致密块状，无固定形态。

（四）光学性质

1. 颜色

煤精呈黑色、褐黑色。

2. 光泽

煤精为沥青光泽、蜡状光泽，树脂光泽至玻璃光泽。

3. 透明度

不透明。

4. 光性特征

均质体。

5. 折射率

点测法通常为1.66（±0.02）。

6. 紫外荧光

无。

7. 紫外可见光谱

不特征。

8. 红外吸收光谱

中红外区具有机物中官能团（基团）振动所致的特征红外吸收谱带。

9. 条痕颜色

褐色。

（五）力学性质

1. 断口

平坦或贝壳状断口。

2. 硬度

摩氏硬度为2～4。

3. 密度

1.32（±0.02）g/cm^3。

（六）内外部显微特征

煤精外部可见贝壳状断口，条带状构造，集合体呈致密块状。其中，有时可见树木枝杈和细枝痕迹。在高倍显微镜下，某些煤精可以看出部分颗粒带有清晰的木质细胞结构，甚至可辨认出树木年轮线。

（七）其他

1. 电学性质

用力摩擦可带电。

2. 热效应

煤精具可燃性，呈煤烟状火焰，并释放出难闻的气味。其燃烧值比普通煤更高。用热针尖接触时发出燃烧煤炭的气味。具有热塑性，加热到100～200℃时质地变软，并可弯曲。

3. 可溶性

酸可使其表面光泽变暗。

二、煤精的主要鉴定特征

（1）比重小　煤精比重小，手感很轻。

（2）特殊光泽　煤精一般油黑闪亮，具有沥青光泽、树脂光泽。

（3）条痕色　将煤精瓷板上划，会留下深巧克力色的条痕。如果是其他仿品，则只会留下黑色或者白色的条痕。

（4）热针实验　热针触探有煤烟味。

（5）摩擦起电　强烈摩擦后，会带有静电。

（6）不污手　无烟煤与褐煤外观上与煤精很相似，但它们容易污手。

三、煤精的质量评价

煤精质量可从颜色、光泽、质量、瑕疵、块度等方面综合评价。颜色越黑质量越高，光泽越明亮越好，质地越致密越好，块度越大越好。

四、煤精的产地简介

世界优质的煤精主要产于英国的约克郡惠特比附近沿岸地区，法国的朗格多克以及西班牙的阿拉贡、加利西亚、阿斯图里亚斯，美国科罗拉多州、犹他州，德国符腾堡，加拿大斯科舍省皮克图县等地区和意大利，捷克和斯洛伐克，俄罗斯，泰国等国家。中国的煤精产出地以辽宁抚顺为主，其次为鄂尔多斯盆地。山西浑源、大同和山东兖州、枣庄等地的煤矿中出产属于烛煤的煤精。

第七篇 贵金属首饰与检测

第一章
常见贵金属性质及特点

第一节 黄金

一、物理性质

（1）化学符号Au，原子序数79。

（2）熔点1064.43℃，沸点2808℃，密度19.32g/cm^3（20℃），掺入银、铜等杂质其熔点会降低，这一现象被利用在金的化验和首饰的制造中。如用火试金法分析金含量时，掺入纯银降低熔点；金首饰的制作中，使用纯度为90%～95%的金作为焊料，以降低其熔点。

（3）韧性好，延展性好，良好的导热和导电性，具有金黄色的金属光泽。金可锻压成极薄的金箔，也可拉成极细的金丝，如公元前2世纪西汉中期的金缕玉衣，其金丝直径为0.14mm。含有不同杂质的金颜色变化会很大，同样也会因为杂质的掺入而变脆，影响最大的是铅的掺入。

二、化学性质

（1）化学性质稳定，通常条件下不易与其他物质发生化学反应生成化合物，除溶于王水（HCl与HNO_3混合，体积比为3：1）外，不溶于其他任何酸（如硝酸、盐酸或硫酸）。

（2）在空气中不被氧化，也不变色，具有极佳的抗变色性和抗化学腐蚀能力。

（3）金能溶于汞中，形成金汞齐，这是一种液态合金。因此，金首饰被汞玷污后表面会有白色斑点，由于汞的沸点低，经过加热，汞会很快挥发掉。

第二节 白银

一、物理性质

（1）化学符号Ag，原子序数47，熔点960.8℃，沸点2212℃，密度10.5g/cm^3（20℃）。

（2）有良好的导热、导电性，良好的延展性。

（3）银对可见光谱有很高的反射性，其反射率可达93%以上，因此最接近纯白色。

（4）银是面心立方晶格，塑性良好，延展性仅次于金，但如其中含有少量砷As、锑Sb、铋Bi时，易脆。

二、化学性质

（1）化学性质比较稳定，常温下不易被氧化，但化学稳定性较黄金差。

（2）银与含硫物质接触或暴露在含有二氧化硫、硫化氢的气体中会与硫发生反应，生成黑色的硫化银（Ag_2S），会严重影响它作为贵金属的价值。

（3）银能与砷化合成黑色的砷化银，古代利用这种性质来检验食物中是否有砒霜（砷化银）。

（4）银在常温下与卤族元素缓慢发生反应。银的卤化物（AgBr、AgI）都有感光性能，是照相技术中的感光材料。

（5）银不能与稀盐酸、稀硫酸反应，却能与硝酸迅速反应生成硝酸银（$AgNO_3$）。硝酸银是重要的化学试剂，它是无色晶体，性质稳定，且溶于水。硝酸银与盐酸发生反应生成氯化银沉淀。

$AgNO_3+HCl \rightarrow AgCl\downarrow +HNO_3$，用于鉴别$Ag^+$，也可鉴别$Cl^-$。

$AgNO_3+KCNS \rightarrow AgCNS\downarrow +KNO_3$，化学滴定法测银。

第三节 铂族元素

在矿物分类中，铂族元素矿物属自然铂亚族，包括铱、锇、钯和铂的自然元素矿物。它们彼此之间广泛存在类质同象置换现象，从而形成一系列类质同象混合晶体。同时，其成分中常有Fe、Cu、Ni、Ag等类质同象混入物，当它们的含量较高时，便构成相应的亚种。铂族元素矿物均为等轴晶系，单晶体极少见，偶尔呈立方体或八面体的细小晶粒产出。一般呈不规则粒状、葡萄状、树枝状或块状形态。颜色和条痕为银白色至钢灰色，金属光泽，不透明，无解理，锯齿状断口，具延展性，为电和热的长导体。由铂族元素矿物熔炼的金属有铂金、钯金、铑金、铱金等。铂族元素性质见表7-1-1。

表 7-1-1　铂族元素性质

名称	钌	铑	钯	锇	铱	铂
符号	Ru	Rh	Pd	Os	Ir	Pt
原子序数	44	45	46	76	77	78
相对原子质量	101.1	102.9	106.4	190.2	192.2	195.1
密度 /（g/cm^3）	12.30	12.42	12.03	22.7	22.05	21.45
熔点 /℃	2427	1966	1550	2727	2454	1769
沸点 /℃	3727	3727	3127	4230	4130	3827
颜色	银白色	银白色	银白色	蓝灰色	银白色	银白色

一、铂金

由自然铂、粗铂矿等矿物熔炼而成。色泽银白，金属光泽，硬度4～4.5，密度为21.45g/cm^3，熔点高，为1773℃。富延展性，可拉成很细的铂丝，轧成极薄的铂箔。化学性质极稳定，不溶于强酸强碱，不易氧化。

二、钯金

主要由自然钯熔炼而成。银白色，外观与铂金相似，金属光泽。硬度4～4.5。密度12.16g/cm^3。熔点为1555℃，化学性质较稳定。

三、铑金

主要由自然铑提炼而成，是一种稀少的贵金属。颜色为银白色，金属光泽，不透明。硬度4～4.5，密度12.5g/cm^3。熔点高，为1955℃，化学性质稳定。由于铑金耐腐蚀，且光泽好，主要用于电业，将其电镀在金属表面，镀层色泽坚固，不易磨损。

四、铱金

主要由自然铱或铱矿提炼而成。颜色为银白色，具强金属光泽，硬度7，密度22.40g/cm^3，性脆，但在高温下可压成箔片或拉成细丝，熔点高，达2454℃。化学性质非常稳定，不溶于水。

第二章

常见贵金属首饰论述

由于贵金属稀少、名贵，性能稳定，不易腐蚀，又有光彩夺目的金属光泽，且柔软又韧性强，易加工成各种形状，从而用来制作装饰品。

第一节 黄金首饰

黄金除了其美丽的金色以外，它的许多物理、化学性质使其身价百倍，自古以来就被认作是富贵的象征，当作货币和用于打造饰物。用于制造首饰的黄金，根据金含量的不同，通常可分为金合金（K金）首饰、足金和千足金等。

一、金合金首饰

由于纯金柔软且容易变形，不宜制作造型精细的饰品及镶嵌宝石，珠宝商为了解决这一困难，混合了一些其他金属，令黄金硬度增加，并可以呈现出不同的颜色，这样制成的金饰称为K金。K源自“Karat”，是度量金纯度的指标。通常以24K代表纯金。就目前的科技水平而言，还无法提炼出纯度达100%的纯金材料。因此，标示金制品中纯金含量的金位标准中将纯金称为24K金，但它是理论上含金量为100%的金，实际上并不存在。所以国家标准中，商家标示黄金饰品的含金量一律不得使用“24K金”的不规范标准方法。既然称纯金为24K，即理论上的含金量为100%，则1K即代表金制品含纯金占1/24，约4.16%。当黄金含量不低于750‰时，可标识为18K或G18K、G750、Au750、金18K、金750。18K金首饰性质稳定。表7-2-1为合金首饰的含量和所对应的K值表。

为了迎合消费者的需求，商家还研制生产出各种颜色的“彩金”。彩金就是在黄金中配以各种其他金属如铝、银、镉、钯等，使首饰呈现出紫红、粉红、蓝、绿、灰等颜色。彩金就是K金。如我们通常所见的18K白金，人们往往会认为是铂金的一种，其实18K白金为含金75%、含银10%、含锌10%、含镍5%的白色黄金。

红色K金：金银铜可配制成红色和浅红色K金，金和铝配制成亮红色的K金；

绿色K金：在金银铜合金中加入少量镉；

蓝色K金：金和铁的合金在表面上加入钴；

白色K金：金铜合金加入镍或钯；

黑色K金：金中加入高浓度铁。

表 7-2-1 合金首饰的含量和所对应的 K 值表

K金	8K	9K	10K	12K	14K	18K	20K	21K	22K	24K
含金量	333‰	375‰	417‰	500‰	583‰	750‰	833‰	875‰	916‰	1000‰

二、足金首饰

首饰的黄金含量不低于990‰，可标识为足金或G990、Au990、金990。

三、千足金首饰

首饰的黄金含量不低于999‰，可标识为千足金或G999、Au999、金999。

此外市面上（特别在国外）还可见到一些9K（金含量不低于375‰）、14K（金含量不低于585‰）和22K（金含量不低于916‰）之类的金首饰。

第二节 银首饰

自古以来，银就被广泛运用在人们的生活中，它不仅可以制成首饰佩戴，也可以作为货币广泛使用。在现代，银主要用作配饰，例如手镯、戒指等。

在银首饰中，根据银的含量不同，可以分为足银、

925银等，银是一种不稳定的金属，暴露在空气中会变黄，遇到含硫的化学品（如发剂，肥皂等）会变黑。

一、925银

925银和传统上的纯银不同，是为了加强银饰的硬度，加入约7.5%的铜后得到的，所以925银的银本色会呈现米白银色而不是传统银的银白色。有人也称为纹银，其中银的含量不得低于925‰，其他750‰可以是铜或抗氧化元素，可标识为S925或Ag925、银925。

二、足银

足银要求银的含量不得低于990‰，可标识为S990或Ag990、银990。偶尔也能见到800银（银含量不得低于800‰）。

第三节 铂族金属首饰

常见铂族金属首饰主要有铂金和钯金首饰。

一、铂金首饰

铂（Platium），也称白金。化学性质比黄金更稳定，被用来制作高档首饰。常见首饰产品有“Pt900”“Pt950”和“Pt990”，代表该首饰中铂金的含量分别为90%和95%。铂金几乎没有杂质，纯度极高，因此不会褪色或变色，保持永久的光泽和颜色。铂金的密度和重量令它比其他金属首饰更耐久。铂金上的划痕只是金属移位，不会减少它的体积。

（1）Pt900，要求铂的含量不得低于900‰，可标识为Pt900或铂900。

（2）Pt950，要求铂的含量不得低于950‰，可标识为Pt950或铂950。

（3）Pt990，要求铂的含量不得低于990‰，可标识为Pt990或铂990、足铂（足白金）。偶尔也能见到Pt850（铂的含量不得低于850‰），Pt750（铂的含量不得低于750‰）。

二、钯金首饰

钯金（Palladium）最近几年才单独作为首饰，是贵金属首饰家族中又一个新成员。目前市面上流行的钯首饰主要有Pd950和Pd990。其首饰主要用于镶嵌，常态下在空气中不会氧化和失去光泽，是一种异常珍惜的贵金属资源。钯金制成的首饰不仅具有铂金般自然天成的迷人光彩，而且经得住岁月的磨砺，历久如新。钯金纯度极高，闪耀着洁白的光芒。钯金的纯度还十分适合肌肤，不会造成皮肤过敏。

（1）Pd950，要求钯的含量不得低于950‰，可标识为Pd950或钯950。

（2）Pd990，要求钯的含量不得低于990‰，可标识为Pd990或钯990。

第四节 其他贵金属覆盖层首饰

一、包金

用机械或其他方法将金箔牢固地包裹在金属制品基体的表面得到金覆盖层，叫包金（Gold filled）。包金的含金量不得低于14K（585‰），重量不低于材料总重的1/20，其厚度不小于0.5μm（一般为0.5～1μm），常用KF表示，如14KF、18KF，表示包金层含金量为14K金或18K金。

二、镀金

利用电镀方法或化学镀方法在金属制品的表面上镀上一层金覆盖层，叫镀金（Gold plated）。同理有镀银、镀铑等。镀金的含金量不得低于14K（585‰），其厚度不小于0.5μm（一般为0.5～1μm），镀金覆盖层厚度在0.05～0.5μm之间的叫薄层镀金。镀金可以标识为KP或者GP，如18KP或18GP，表示镀金层含量为18K金。

三、锻压金

属于包金饰品的一种，是在高温高压条件下，利用滚压、锻压将合金金箔锻压到其他金属表面上制成的饰品，叫锻压金饰品。金箔的成色要求大于10K，其中锻压的K金总量不得低于成品的5%，其标识为“GF”或“KGF”，锻压金表面硬度强，耐磨度高，不易失去黄金质感。

四、鎏金

古代将金溶于水银中，抹刷到器物表面，晾干后用炭火烘烤，使水银蒸发掉，再用玛瑙轧光表面，称为“鎏金”。

第三章

贵金属首饰的检验

第一节 贵金属首饰的质量检验

贵金属首饰的质量检验包括以下几个方面：标识、外观质量、首饰重量、首饰中贵金属含量。

一、标识

（1）首饰印记　产地、厂家代号（或商标）、材料、含量。

（2）销售饰品的标签　饰品名称、厂家（或代号）及地址、含量、重量、价格等。

（3）销售饰品的票据　饰品名称、含量、重量、数量、价格。

（4）零部件不可与主体独立分拆时，不允许采用非贵金属材料，可采用降低纯度的办法。应该在零部件上同时打印含量的永久性标志，无法打印的应予说明。

（5）零部件可以与主体独立分拆时，允许采用非贵金属材料制作，但应在成品减去零部件的重量。

二、外观质量

（1）一般的基本要求　整体造型、图案纹样、表面等。

（2）常规饰品的要求　指环、耳饰、项坠、链条、镯、别针、摆件等。

三、首饰重量

（1）贵金属首饰是按重量和加工计算价格的，饰品的重量是重要指标之一。

（2）按照标准规定，饰品重量的计量单位是克（g）。

（3）金饰品每件的允差为±0.01g。

（4）银饰品每件的允差为+0.04～-0.05g。

（5）欧洲及中国香港地区对金饰品的计量单位有所不同，其重量换算关系如下：

1香港两（TAEL）=37.429g

1两=10钱　　1钱=10分　　1分=10厘

1磅=12盎司

1磅（TROY：金银宝石衡量制）=0.373kg

1盎司（TROY：金银宝石衡量制）=31.103g

（6）一般的衡量制中：

1磅=16盎司

1磅（pound）=453.6g

1盎司（ounce）=1英两=28.349g

四、首饰中贵金属含量

（1）首饰中的贵金属含量是其质量的重要指标。

（2）贵金属含量的分析方法根据原理不同可分为化学分析方法和仪器分析方法。

（3）以物质的化学反应为基础的分析方法是化学分析方法，按其操作的不同有重量分析方法和容量分析方法（也叫滴定分析法）。

（4）仪器分析方法是以物质的物理性质和物理化学性质为基础的分析方法，有光学分析法、电化学法、放射分析法等。

第二节 贵金属首饰的检验方法

一、原始方法

原始的检验方法是根据贵金属的一些性质，利用人们的感官来进行检验。多数只能识别真伪，而不知道含量多少。

（1）火烧法测金　将首饰烧红后冷却，如仍为黄色则是金，若是黑色则为假货。这是利用金的稳定不易氧化的原理。

（2）硬度法测金　由于金的硬度小，人们常将黄金用牙齿咬一下，能留下痕迹的为金，否则为假。也有用玻璃或小刀试硬度的。还有的将黄金抛于硬地上，听声音沉闷的是真，声音清脆的为假。也有人用此方法鉴定银元：银元落地后，声音尖脆、长韵，弹跳高的是真，假银元是锡铅锑合金，声音低哑、沉闷，易碎裂。

二、试金石法

要求鉴定人员有丰富的经验，眼睛的辨色能力强，能用目力辨别出黄金因不同含量而呈现的颜色变化。

试金石：是鉴定金银真假和成色的一种工具，是含碳质的石英、蛋白石的混合物（或辉绿岩），经切磨而成此石，色黑致密而坚硬，磨上金、银道痕后能反映出金、银的本来颜色，便于利用金银对牌鉴定金、或银成色。

金对牌：鉴定黄金成色的一种工具，即据以对比鉴定黄金的成色，用不同成色标准黄金铸成扁平条状物，上面打有其本身含金成色的印记。一般是以数十至上百支组成一副，由于是利用试金石与被鉴定的量金和实物所磨划的金道痕迹的产品互相核对，据以确定量金成色，故称金对牌。

银对牌（图7-3-1）：是鉴定白银成色的工具，即据以对比鉴定白银的成色，用不同成色标准的白银铸成的扁平条状物，上面打有其本身所含白银的印记，一般数十个组成一副。由于利用试金石与被鉴定的白银饰物所磨划的银道痕迹的颜色相核对，据以确定白银成色，故称为对牌，也就是已确定成色的银牌。

测试步骤：

（1）将待测首饰在试金石磨一道2～3mm宽的条痕，将与其颜色相同的金对牌在此金道附近也磨一条痕，比较二者颜色。以平看颜色主体为主，斜看浮光为辅的目视比较，直到对金牌或对金棒的条痕与被测试样的条痕颜色基本一致时为止。由此即可确定试样成色的百分数或K数。

（2）试金石与化学反应相结合的检验金成色的方法。在试金石的金道上滴加王水，视其溶解速度：若迅速溶解，则金成色低；若溶解缓慢，则金成色高。另一种方法是滴加硝酸，以其溶解的快慢判定金中银含量的多少，滴加盐酸可判定含铜量的多少。

图7-3-1 银对牌

试金石法目前在我国黄金收购、生产和销售等一些部门被专业人员所采用，但由于运用肉眼比色，精度较低，加之黄金首饰成分越来越复杂，而金对牌或金对棒数量有限，以及镀金、包金及仿真首饰越来越多，而试金石法只能刻画表面颜色，因此只能作定性分析。

三、密度法

（一）原理

用天平称出首饰的重量，再求出首饰的体积，计算首饰的密度。

$$DT=m/(m-m')DW$$

式中 DT——温度为T℃时首饰的密度，g/cm^3；

m——温度为T℃时首饰在空气中的质量，g；

m'——温度为T℃时首饰在水中的质量（如用吊具称量首饰在纯水中的质量，计算式要减去吊具质量），g；

DW——温度为T℃时纯水的密度，g/cm^3。

（二）注意事项

（1）此公式没有考虑空气密度的影响，也可用其他物质（如四氯化碳）作介质测量。

（2）测量首饰在水中的重量时，首饰上不得有气泡，也不可碰到杯子的壁或底，否则得到的体积值误差很大。

（3）空心的首饰或形状复杂、不易排出气泡、水不可能完全浸润的首饰不能用此方法。

（4）测得首饰的密度值并不等于得到了首饰的成色值，还要靠其他手段或方法得知其杂质的相对含量比值，才可计算出其贵金属的含量。

$$C(\%)=DP(DS-D')/DS(DP-D')$$

式中 C——贵金属含量，%；

DP——纯贵金属密度值，g/cm^3；

DS——检测出的贵金属首饰密度值，g/cm^3；

D'——其他杂质的等效密度值，g/cm^3。

（5）贵金属含量越低误差越大，但它可定性地鉴别饰品是否包金或是纯金。

（6）密度法可作为一些表层分析的辅助手段。

四、滴定法

滴定法是化学分析中重要的分析方法，也称容量分析法。先将样品制成溶液，然后与已知浓度的溶液（标准溶液、操作溶液、滴定剂）进行化学反应。标准溶液自滴定管逐滴加到被测溶液中，当加入标准溶液的用量与被测组分含量相当时，即达到化学计量点，也称理论终点。从标准溶液的体积和它的浓度与被测物质的化学计量关系中计算出被测物质在样品中的含量。

注意：绝大多数的化学试剂是无色的，滴定达到终点时从外观上看不出颜色变化，因此需要添加指示剂，凭借指示剂的颜色变化来确定滴定终点。

五、重量分析法

重量分析法是常量分析中的准确度和精度都较高的方法，是一种绝对分析方法。其原理是将被测物质选择性地转换成一种不被溶剂溶解的沉淀，称量沉淀，根据沉淀质量与被测量物质之间的化学计量关系，计算出被测物质的含量。

六、原子吸收光谱分析法

原子吸收光谱分析是根据气相状态下待测元素的基态原子蒸气能对光源辐射出具有一定波长的待测元素的特征谱线进行共振吸收的一种按理进行定量分析的方法，通过这一现象来检测辐射特征谱线减弱（被吸收）的程度，从而测定试样中待测元素的浓度（含量）。

七、火试金法

火试金法是通过熔融、焙烧测定矿物和金属制品中贵金属组分含量的方法。火试金法是我国测定首饰中金含量的标准方法，同时也是国际上测定金含量的标准分析方法。该法适用于粗知样品所含各种成分及金含量在99.95%～37.50%的各种金和K金首饰中含金量的测定，此方法的允许误差是小于0.03%。

八、X射线荧光光谱分析法

以足够高能量的X射线（γ射线）光子轰击样品，从样品原子中激发出能反映不同元素特征的独立的特征X射线，检测特征X射线的波长（能量）及其强度，从而对样品进行定性和定量分析。由于大多是用X射线来激发样品，样品发射的特征X射线是二次X射线，故称为X荧光。X射线荧光光谱分析法作为一种无损快速检测方法，检测元素范围广，分析时间短，因而被国内大多数检测机构采用。

九、电子探针显微分析法

电子探针显微分析法是一种非破坏样品的化学元素的定性定量分析方法。以经过电子透镜聚焦的直径为0.1～1μm的电子束作为激发源，此电子束在加速电压的作用下轰击到样品上，其能量使元素原子电子能级产生跃迁，从而发射出元素的特征X射线。利用检测系统，检测出这些特征X射线的能量（波长）和强度，以定性定量地分析出样品中所激发的元素含量。

上述介绍的每种检测方法都有优点和局限性，需要综合使用以得到精确含量。

（1）佩戴贵金属首饰，特别是佩戴细小的款式、新颖的手链和项链时更要引起注意，例如在穿、脱衣帽、衣服或整理头发时，可能会挂断首饰或使首饰变形。

（2）入睡前，尽量取下首饰，以免首饰变形或折断，造成不必要的损失。

（3）黄色贵金属首饰不要与白色贵金属饰品存放于同一首饰盒中，如黄金首饰不要与铂首饰、钯首饰、银首饰存放在一起，因为它们会相互摩擦，造成颜色上的混染。

（4）足金、足铂、足银首饰不要与低含量的饰品置于同一首饰盒中，以免造成含量上的相互混染。

（5）首饰戴久了表面往往失去光泽或显得很粗，这时可以到有关商场首饰柜、黄金珠宝专卖店或有信誉的首饰加工店去抛光、清洁或电镀，也可自己用绒布、鹿皮等干擦，或用酒精、洗涤剂、清水擦洗或湿擦。

（6）避免接触醋、果汁、漂白剂、涂改液等物质，以及含铅、汞等元素的化学品。

（7）最好在化妆完毕后再佩戴首饰饰品，这样可以避免香水、化妆品、喷发剂等物质对饰品造成的损害。

第八篇 珠宝玉石优化处理

在天然宝石稀少、开采有困难的前提下，人们一直都在探索对天然宝石的改造途径。宝石的优化处理工艺历史悠久，据考证，早在公元前，古罗马和古希腊人就采用热处理工艺对玉髓进行了改色处理；公元前2000年，印度曾出现较多的热处理红玛瑙和红玉髓。15世纪中后期，由于化学业、染料业的发展和冶金技术的提高，宝石的染色、充填、热处理技术达到了较高的水平，处理之后的宝石颜色鲜艳、轻易不会褪色。19世纪末之后，X射线、γ射线相继被应用到宝石的辐照处理上，用于改善宝石的颜色。随着当今技术的发展，高温高压、铍扩散、离子注入等工艺也被相继引入到宝石优化处理上。

宝石优化处理可以改善高档天然宝石稀少甚至接近枯竭的现状，缓解人们对天然宝石的供需矛盾，但也应看到其价值之间的差距，甚至需要防止市场欺诈行为。因此，对优化处理宝石的鉴定也是一个重要的问题。

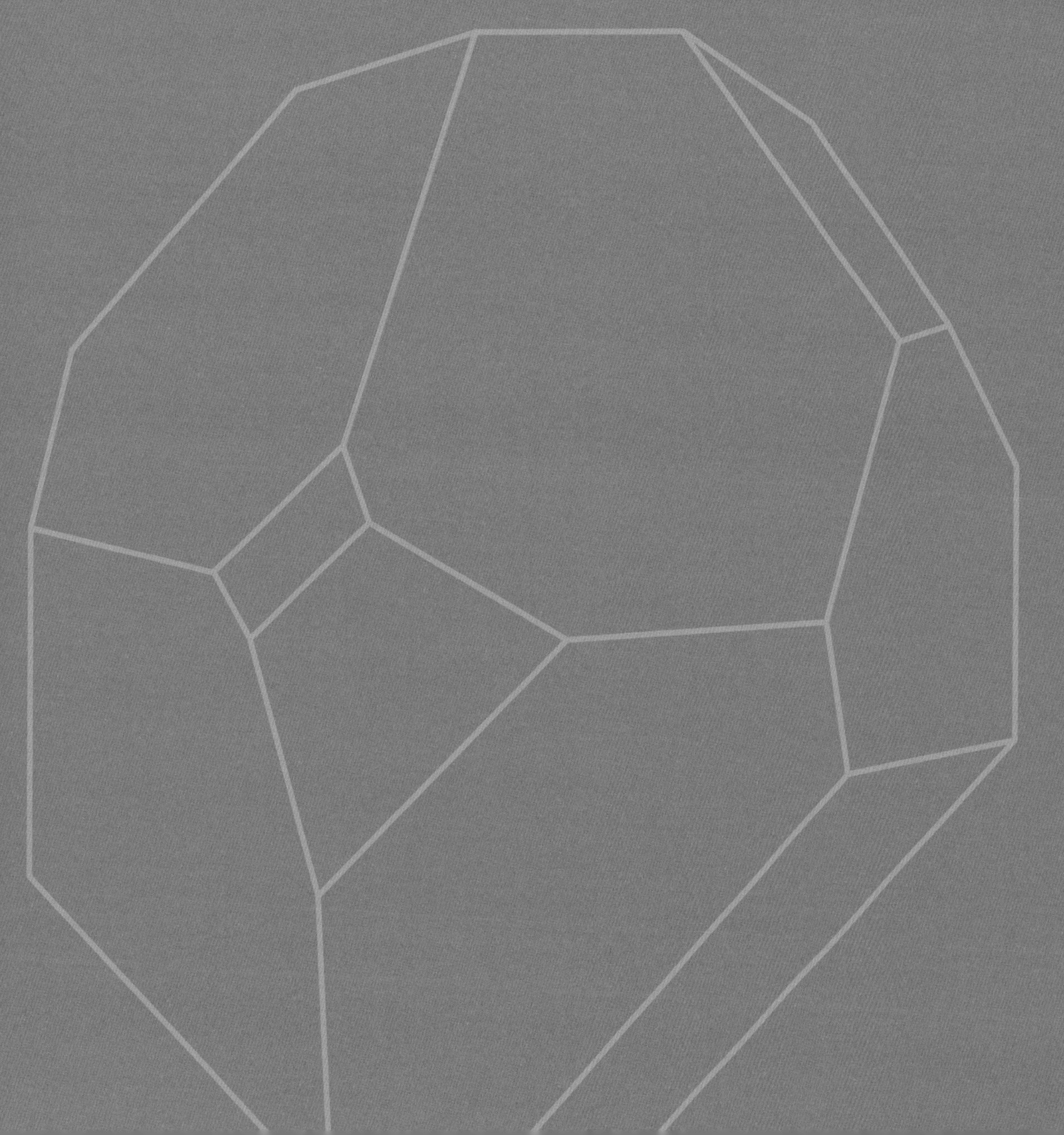

第一章

优化处理的概念及常见宝石的优化处理方法

一、优化处理的概念

优化处理（Enhancement）定义为除切磨和抛光以外，用于改善珠宝玉石的外观（颜色、净度或特殊光学效应）、耐久性或可用性的所有方法。优化处理可进一步划分为优化（Enhancing）和处理（Treating）两类。

优化是指“传统的、被人们广泛接受的使珠宝玉石潜在的美显示出来的各种改善方法”，如热处理红宝石、浸无色油祖母绿及玉髓、玛瑙的染色处理等。

处理是指“非传统的、尚不被人们接受的各种改善方法”，如染色处理翡翠、辐照处理蓝钻石、表面扩散处理蓝宝石、玻璃充填处理红宝石等。属于处理的宝石在市场出售和出鉴定证书时，必须特别标识，如红宝石（处理）、红宝石（玻璃充填处理）。

二、优化处理宝石的工艺要求与特点

（一）美观

一些质量不够好的天然宝石经人工优化处理后，其潜在的美（主要为颜色和光学效应）得以充分展示。如灰白色玛瑙经过染色后，可以呈现鲜艳的红、绿等多种色调；产自斯里兰卡的一种半透明、乳白色刚玉（Geudacorundum），经还原条件下高温热处理后，可以转变为透明、着色稳定且漂亮的蓝宝石；黄色不透明的锆石经氧化条件下加热处理后，可以转变成无色透明的锆石，且展现出较强的色散，可以作为钻石的代用品；人工合成含钛蓝宝石晶体经二次加热和恒温处理后，其内可出现一种Ti—Al化合物，呈微细针、丝状包体，沿三组方向析出并定向排列，在其弧面形戒面表面呈现清晰的六射星光效应。

（二）耐久

耐久指宝石的稳定性，即质量不够好的天然宝石经人工优化处理后，在随后的加工、销售及佩戴过程中，宝石的颜色、结构及某些光学性质不会发生明显的变化。如热处理红宝石的颜色相对稳定，并不随佩戴时间的推移而发生明显的改变。迄今，对优化处理宝石耐久性的判定尚无统一的标准。

（三）无害

无害指天然宝石经人工优化处理后，其饰品对人体应不产生任何伤害。特别是一些经辐照和染色处理的宝石尤其需要注意。例如，明显带有放射性残余的辐照处理宝石饰品若在其半衰期内出售，会对人体造成不同程度的伤害，如致皮肤癌、人体造血障碍等。

三、常见宝石的优化处理方法

由于科学技术的不断进步和发展，宝石的优化处理方法也在不断地进步和更新。具体宝石优化处理方法可参见相应的国家标准。

第二章
宝石的常见优化处理的方法及特征

宝石的优化处理方法甚多，目前主要的优化处理方法有：

（1）热处理；

（2）扩散处理（表面或体扩散）；

（3）高温高压处理；

（4）辐照处理（含热固色或退火处理）；

（5）裂隙充填、熔合充填处理（油、蜡、人工树脂、玻璃等）；

（6）激光处理（含化学处理）；

（7）染色处理（含热固色处理）；

（8）涂覆、镀膜处理；

一、热处理

将宝石放置在可以调节气氛和温度的加热设备（电阻箱、马弗炉、石墨管炉、烧结炉等）中，添加不同的化合物或涂填物、选择不同的温度范围、气氛条件（氧化、还原、中性）、加热速率（快速升温、冷却，慢速升温、冷却）及恒温时间对宝石进行热处理，使宝石的颜色、透明度、净度、光学效应等外观特征得到明显改善。热处理后，宝石的颜色相对稳定，是一种将宝石的潜在美展示出来并为人们广泛接受的常见优化方法。热处理方法的主要机理如下：

1. 改变过渡致色杂质离子的价态

选择氧化气氛条件，在高温条件下对浅蓝灰色、浅黄色及浅粉红色蓝宝石进行热处理，通过$Fe^{2+}→Fe^{3+}+e$价态的转化（$O^{2-}→Fe^{3+}$电荷迁移），使之转变为橙黄色和橙红色；同理，选择还原气氛条件，在高温条件下对绿蓝色绿柱石进行热处理，通过$Fe^{3+}+e→Fe^{2+}$价态的转化，使之转变为蓝色海蓝宝石。在还原气氛条件下，对斯里兰卡乳白色刚玉（存在Fe^{3+}、Ti^{4+}）进行高温热处理（1600～1900℃），有助于实现$Fe^{3+}+e→Fe^{2+}$价态的转化，并导致$Fe^{2+}+Ti^{4+}→Fe^{3+}+Ti^{3+}$间的电荷迁移，而转变成漂亮的蓝宝石。

2. 消除不稳定的色心

如无色托帕石经γ射线辐照处理后，易诱生黄色不稳定色心和蓝色稳定色心（组合成褐色/棕褐色），经低温加热退火处理后，有助于消除黄色不稳定色心，稳固蓝色色心，并转变为蓝色托帕石。同理，无色托帕石经带电粒子（电子加速器）辐照处理后，变为蓝绿色（为棕、黄、蓝色心叠加所致），经中温加热退火处理后，能消除棕、黄色不稳定色心，转变为稳定的蓝色（图8-2-1）。

3. 脱水作用

某些由褐铁矿（$Fe_2O_3 \cdot nH_2O$）或氢氧化铁杂质致色的宝石，如黄色玉髓、褐黄色翡翠、黄色木变石（图8-2-2）等经热处理后，其内的褐铁矿易发生脱水而转变成赤铁矿（Fe_2O_3），原本黄色调则变为红色、褐红色。

图8-2-1　辐照处理后的蓝色托帕石

图8-2-2　黄色木变石经热处理后变成红色

4. 蜕晶质结构的逆转

一些含铀、钍等放射性元素的原生晶质矿物，在放射性元素的蜕变作用下，其晶体结构会遭受不同程度的破坏，进而向非晶质转变，这一作用过程称为蜕晶化作用。高温热处理作用有助于褐色—褐红色低型锆石（蜕晶化）向晶质逆转化，并变为无色透明的高型锆石。若在还原环境下加热处理，还可得到浅蓝色—蓝色锆石。

5. 净化或老化

对一些有机宝石如象牙、琥珀等进行热处理，会使其中的有机质发生氧化，使外观颜色变深，达到“仿古”或“做旧”的效果。内部含大量微小气泡的不透明琥珀，经热处理后（真空或热油介质条件），可“净化”为透明琥珀。一些琥珀通过加热后，内部可诱发盘状张性裂隙（俗称“太阳光芒”）（图8-2-3）。

图8-2-3 花珀

6. 消除色带、诱生淬火裂隙

焰熔法合成红蓝宝石内部通常含有特征的弯曲生长纹，依据弯曲生长纹可与天然红宝石区分开。高温热处理/淬火处理可消除或减弱弯曲生长纹，若淬火裂隙再经熔合处理后，内部常诱发指纹状包体，有时与热处理红宝石不易区分。

7. 消除丝状物和暗色核心或褐斑

高温热处理可去除红、蓝宝石的丝光（多为金红石包体或固溶体所致，经加热至1600～1800℃，快速冷却），改善其透明度和颜色，氧化气氛条件下，加热至1200～1400℃，有助于消除红宝石中的暗色核心或褐斑，并有效地改善其颜色。

二、表面与体扩散处理

表面与体扩散处理多应用于红、蓝宝石中，一般用以改善颜色和产生颜色或星光效应。其处理方法大致为，在磨成刻面的宝石坯料表面覆以氧化铝和致色剂（如铁、钛、铬、镍氧化物），在超高温条件下（1800～2000℃）进行加热处理，促使致色元素从表面扩散进入宝石内，而产生一个很薄的颜色层。通常，覆以铁、钛致色剂可形成蓝色薄层；覆以铬致色剂可形成红色薄层；覆以镍、铬致色剂可形成橙黄色薄层。由于高温造成的表面熔融，宝石须经再次抛光。

还有一类据称是铍扩散处理的橙红—橙黄色蓝宝石在市场上也有不少。与表面扩散处理方法不同在于，铍扩散处理（也称体扩散）在热处理过程中添加了铍化合物，处理后的渗色层厚度较大，甚至整体着色。严格说来，外来的Be^{2+}不属致色离子，它不直接参与橙红色蓝宝石呈色，而是起到一种类似活化剂或拓展空位的作用。

要产生星光效应，则需选择某一温度段进行恒温，使TiO与Al_2O_3结合形成Ti—Al化合物，并以微针丝状的形式析出。

三、高温高压处理

高温高压处理一般用于钻石的优化处理。实验室高温高压条件下得到的人工合成钻石大多数为褐色、褐黄色、棕色，人为调控合成钻石所处的温度、压力及介质条件有助于改善或改变钻石中的晶格缺陷，提高其色级或改变其颜色。但是前提是在金刚石晶体原本存在的晶格缺陷基础上，通过高温高压处理并进一步加剧其塑性变形强度，促进晶体内晶格缺陷的增殖，从而达到改色（褐黄色转变为黄绿色、金黄色，少见粉红色及蓝色）的目的。

四、辐照处理

（一）基本原理

利用辐照源的带电粒子（加速电子、质子）、中子或γ射线辐照宝石，通过带电粒子、中子或γ射线与宝石中离子、原子或电子的相互作用，最终在宝石中形成电子–空穴心或离子缺陷心。辐照的本质是提供激活电子、格位离子或原子发生位移的能量，从而在被辐照的宝石中诱生辐照损伤心，进而产生颜色或改变颜色。

（二）辐照源的类型

辐照源常见的有几种：α辐射、β辐射、γ辐射、中子等。

（三）常见色心类型

色心泛指宝石中能选择性吸收可见光能量并产生颜色的晶格缺陷。属典型的结构呈色类型。色心的种类十分复杂，但最常见的为电子心（F心）、空穴心（V心）及杂质离子心。

（四）常见辐射损伤心类型

辐照处理宝石产生色心的过程较为复杂，往往是多种色心的组合。辐照处理宝石产生的色心主要有两种类型。

1. 电荷缺陷色心

电荷缺陷色心指宝石晶格点阵上的原子或离子仅在带电性质上发生变化而形成的色心，而该晶格位上的原子或离子既不增加也不减少。一般来说，当宝石晶体受到辐射时，辐射粒子与晶格位上原子或离子的外层电子发生相互作用，把辐射能量传给电子，电子在吸收一定能量后，就会克服原子或离子的束缚而逃逸出去，从而形成了电荷缺陷色心（空穴心和电子心）。

2. 离子缺陷色心

宝石中离子缺陷是指正常晶格位的离子在位置上发生了变化，形成了正负离子空位、空位聚集、填隙离子等缺陷。由此类缺陷所形成的色心称为离子缺陷色心。辐照可以产生离子缺陷色心。例如，在辐照Ⅰa型褐黄色钻石的过程中，辐射粒子进入钻石与晶体中的碳原子发生弹性碰撞，在碰撞过程中，彼此间发生能量转移，从而使碰撞粒子的运动状态发生显著的变化，将钻石中的碳原子从其初始位置激离，从而产生GR1色心，形成蓝绿色钻石。钻石晶格位上原子或离子的电离或激发和中子与钻石晶体中原子核的相互作用，可导致钻石晶格位上离子的迁移，钻石晶格位上出现正、负离子空位或空位聚集和滑移线系。事实上，钻石经辐照后产生的往往是复合色心。Ⅰa型淡粉红色钻石（塑性形变，橙红色荧光）经辐照处理后，可使颜色的饱和度得到加强，并变成红色或紫红色；某些透明度低的Ⅰa灰色钻石（富H型）经中子辐照处理后，可变成漂亮的深蓝色。

（五）辐照宝石的色心转型

热处理是辐照作用的逆行为，它能使辐照作用产生的色心释放出来，从而破坏辐照产生的色心。例如，对辐照处理蓝绿色钻石进行高温退火处理，随温度的升高，钻石的颜色变化序列如下：蓝绿色—绿黄色—金黄色—浅黄色—原本色（色心漂白）。这种颜色变化序列可以停止于任何一点，得到任一种颜色。

辐照处理蓝托帕石进一步加热（560～580℃），色心漂白至无色托帕石。若采用快中子去处理无色托帕石，可直接诱生稳定的蓝色色心，并形成蓝色托帕石。

五、裂隙充填、熔合充填处理

（一）裂隙、孔洞充填处理

采用各种充填材料（有色油、无色油、人造树脂、蜡、玻璃等），在一定的条件下（如真空、加压、加热等），对宝石中开放的裂隙、孔洞和玉石中的孔隙、晶粒间隙直接进行充填处理，主要目的是掩盖裂隙或强化结构。

1. 热充填处理

采用钠铝硅酸盐或铝硅酸盐玻璃等材料，在高温（1400～1600℃）条件下，对天然红宝石原料或戒面的开放裂隙或孔洞进行直接充填处理，用于填补裂隙、提高净度、增强耐久性。这类充填处理红宝石露出红宝石裂隙表面的次生玻璃体光泽相对较弱（玻璃光泽），与红宝石基体（强玻璃光泽）相比，两者之间的光泽差异较为明显，在表面反射光的照明下，放大观察可以识别（图8-2-4）。

图8-2-4　玻璃充填红宝石表面的光泽差异

现在国内外珠宝市场上出现一种以高铅玻璃材料为充填物的充填处理红宝石。这类高铅玻璃材料特点是：黏度和软化温度偏低，具良好的流动性、较强的浸润能力。经中温加热条件下（600～680℃）充填处理后，可使红宝石中的裂隙或孔洞得以较好的填补和愈合，并能有效地改善红宝石的净度和透明度。

与传统的高温充填处理的红宝石表现特征不同，这类充填处理的红宝石内部通常存在少量晶形发育完好的针状金红石、磷灰石等结晶矿物包体。由于高铅玻璃体折射率值（1.75）接近红宝石，玻璃充填物表面光泽与红宝石十分接近。即便在宝石显微镜下，玻璃充填物与红宝石裂隙面之间的接触界线有时也不易观察。因而，这类充填处理的红宝石无论在外观特征还是在内部特征上都易与未处理的天然红宝石相混。镜下观察，多数样品沿原裂隙处出现特征的蓝色闪光效应（注意少部分样品无此现象），沿原裂隙处呈面状分布的气泡群和空隙，局部残存次生玻璃体。利用X射线光谱仪可快速检测其内含高浓度的Pb元素。

2. 真空、加压充填处理

在真空、加压的条件下（有时可伴随温度变化），将玻璃、树脂等材料注入宝石的缝隙或裂隙中，从而改善其外观，如透明度、净度等，少数情况下也可改善其耐久性。

如对一些净度低（P级）且开放裂隙发育的钻石，多以低温高铅玻璃为充填材料，在真空和中低温条件下直接进行充填处理，使裂隙得到较好的掩盖，净度得到一定的改善（净度可能提高一到二级别）。这种裂隙充填处理的耐久性较差，一般性的加热、酸或超声波清洗时均可将其破坏。

为改善祖母绿的耐久性，近年来，人们普遍采用人造树脂（Opticonresin），在真空、加压、低温加热条件下对裂隙发育的祖母绿进行充填处理，充填处理后祖母绿的耐久性得到显著提高。

（二）熔合充填处理

基于缅甸MongHsu红宝石中裂理、微裂隙十分发育，在热处理过程中普遍填入诸如硼酸钠（硼砂）及多聚磷酸盐等具弱助熔性的化学涂填物。高温条件下，填入的硼酸钠、多聚磷酸盐类涂填物呈流体状沿红宝石原裂隙处渗入并沿原裂隙面两侧发生局部熔合，形成一种多成分混合的次生熔融体。随温度的下降，这种混合熔融体发生分离重结晶，其中一部分重结晶为再生红宝石，但更多的往往来不及重结晶，而是形成明亮透明的次生玻璃体，最终使红宝石裂隙得到了程度不同的修复、填补和愈合。沿红宝石原裂隙面呈面状分布的次生玻璃体，其外观特征与助熔剂法合成红宝石中所含的助熔剂羽状体、熔滴极为相似，有时两者不易区分。

六、激光处理

内含深色包体的钻石通过激光打孔处理可以减少深色包体带来的视觉影响，使之易于销售。在处理过程中，用激光束钻一个直径小于0.02mm的细小孔道洞直达深色包裹体处，激光束可以烧蚀包体，或用氢氟酸腐蚀并除去包体，激光孔道可用铅玻璃或人造树脂充填。激光处理方法较稳定，一般不会影响钻石的色级。

七、染色处理

染色是一项较为古老的优化处理技术，主要选用一些颜色鲜艳且不易褪色的无机和有机染料，在低温加热条件下对某些无色单晶宝石（需经淬火处理）和多晶质宝石、隐晶质宝石进行浸染处理，使之呈现与原来不一致的颜色。

染色处理的耐久性在较大程度上取决于所选用的染色剂和染色处理方法（温度、时间、压力、浓度、pH、固色剂等）及待染色宝玉石的性质。一般而言，使用天然有机染色剂则稳定性较差，经过一段时间往往易褪色或变色，而使用诸如苯胺类等人造有机染料或加入金属盐则相对较稳定。一些化学性质相对稳定的无机染色剂，如铬盐、硫氰化钾、铁盐、镍盐、钴盐、铜盐等常被用于宝玉石的染色处理中。

玉髓和玛瑙属一种常见的隐晶-微晶质玉石，各种染色处理方法均适用，且具良好的耐久性。如市场上常见的红色、绿色玛瑙。

翡翠是多晶集合体，主要由硬玉矿物集合体组成，粒间孔隙及微裂隙发育。采用有机染料（如某种苯胺染料）和无机染料（铬酸盐、硝酸亚铁盐、锰盐）的饱和溶液浸泡白色翡翠，可染成绿色、黄色、褐红色及紫色（图8-2-5）。

在珍珠的改色处理中，用单一的硝酸银加稀释氨水溶液浸泡杂色珍珠，经光照还原后染成灰黑色、浅灰色的处理方法被广泛采用。近年来，在原有硝酸银溶液加稀释氨水溶液的基础上，添加少量的苯胺染料或试剂，可将劣色珠染成灰蓝色、孔雀绿色、古铜色、蓝绿色。采用各色苯胺染料、有机染料及某些无机盐类，可将劣色珠染成金黄色、粉红色及紫红色（图8-2-6）。

染色处理方法目前已广泛应用于其他各种宝石材料，包括珊瑚（白色染粉红、红色）、绿松石（浅蓝色染蓝色）、石英岩（白色染绿色仿翡翠）、刚玉（灰白色染红色或蓝色）、青金石（不均匀浅蓝色染均匀蓝色）、羟硅硼钙石和菱镁矿（灰白染蓝色仿绿松石）等。

图8-2-5 染色翡翠

图8-2-6 染色珍珠

八、涂覆、镀膜处理

涂覆、镀膜属一种表面处理方法，其主要特点是采用一些无色或有色人造树脂材料均匀地附着在宝石戒面的表面，以期改变或改善宝石的视觉颜色及表面光洁度，或掩盖宝石的表面缺陷（坑、裂、擦痕等），具有一定的欺骗性。

（一）涂覆处理

把一些类似涂料和一些有色人造树脂材料均匀地涂在宝石表面，以增强宝石表面的光洁度或改变颜色。如浅色绿柱石和祖母绿戒面的亭部常被涂上一层绿色人造树脂膜，以改善其外观色，使其更像优质祖母绿；一些光泽较差的珍珠表面常被覆上一层二甲基硅氧烷膜，可明显改善其表面视觉光洁度；灰白色翡翠表面覆上一层绿色人造树脂薄膜，以仿高档绿色翡翠。

（二）镀膜处理

采用沉淀、溅射、喷镀技术，以期改变或改善宝石的视觉颜色或增强表面光洁度。如色级偏低的微黄色钻石戒面的亭部被覆上一层类似照相机镜头表面的蓝色薄膜，通过增加其补色，以抵消黄色调；在宝石表面喷镀金属膜，可产生虹彩效应，市场上出现的一些虹彩托帕石、晕彩石英、晕彩贝珠多为这类处理方法所致。

第九篇

珠宝玉石加工工艺

第一章

珠宝玉石加工概述

中国有句古话："玉不琢，不成器"。古人将育人喻为琢玉，道出了宝石加工的难度。一块精美的宝石，只有经过匠心独运的构思设计，再通过宝石切磨师的精雕细琢，才能成为一件完美的工艺品。将材料加工成成品的过程称为宝石加工，其工艺及其运用的研究称为宝石加工工艺学。

第一节 宝石加工设备及工艺材料

一、锯割

（一）锯机

1. 泥沙锯

早期宝石加工的切割工具，使用历史悠久，也是现今解决大料切割问题既经济又安全的方法。

2. 大料切割机

一般切割直径较大（10～15cm或以上）的宝石材料，分为开石机和切片机。开石机一般用来切割直径在15cm以上的材料，切片机主要用来解决直径在10～15cm之间材料的切片问题。

3. 宝石切割机

一些宝石级材料，由于其块度较大（主要指中低档及人造宝石材料），或者内部有包裹体、裂隙等缺陷，或者形状不规则需要修整，而其他方法又不能解决时，需要用宝石切割机将其分割开。

4. 多刀切割机

多刀切割机是近年来出现的一种新型设备，主要用来解决圆珠宝石的切粒问题，如果用单刀切割珠胚，不仅效率低，而且精度不高，多刀切割机很好地解决了这一问题。

（二）锯片

1. 热铸锯片

将钻石粉与黄铜或其他金属材料的粉末相混合，将这种混合物压入一个特制的薄环内，经加热使粉末熔合，铸造成一圆环。然后，将此环焊接到一直径与环内径相同的金属圆片（刀基）上，这样就制成了一个热铸锯片。此种锯片特点是厚度大，一般在1mm以上，只适合于切割大块低档的宝石材料。

2. 滚压-电镀锯片

相比之下，滚压-电镀锯片在宝石加工业中的使用最为广泛，因为其价格低，规格全，刀口薄，切割时对宝石材料的损失最小。此种锯片的铣口方向有两种，一种与锯片外缘切线方向垂直，使用时无方向限制；另一种与切线方向斜交，使用时有规定的方向，即锯片旋转方向不能与铣槽方向一致，否则锯片将容易损坏。

二、琢磨

琢磨是宝石加工中一道重要工序，一块材料被加工成一件造型完美的首饰或工艺品，使其具备成品的形状，造型优劣的关键就在于琢磨的质量。

（一）琢磨机理

琢磨给我们的概念是硬质的磨具能磨削软质的工件，磨具与工件之间的硬度差越大，琢磨的速度越快。

宝石的琢磨主要有两种方式：以松散的颗粒磨料琢磨和以固着的磨料琢磨，现代加工以后者为主。松散颗粒磨料的琢磨，是通过将磨料（如碳化硅）加水制成悬浮液附着在某些工具（如铸铁平磨盘）上，对宝石进行琢磨。分布于磨盘与宝石之间的磨料颗粒，借助于琢磨时施加在宝石上的压力和磨盘本身的旋转，以及机械震动对宝石形成的冲击，使带尖锐棱角的磨料颗粒刺入宝石，对宝石表面进行破坏和磨削，首先在宝石表面形成裂纹层。随着磨料颗粒的继续滚动和对宝石的冲击，宝石表面的破坏层被除去，形成高低不平的凹凸层。裂纹层和凹凸层的大小取决于施加于宝石的压力、磨料的粒度、磨盘的种类、磨料与宝石之间硬度差异以及震动和冲击的幅度。一般来说，它们之间成正比关系，很显然，破坏层的深度越大，磨削速度越快。

不论以何种方式琢磨宝石，都要加入冷却液，冷却液不仅起冷却作用，也对琢磨效率起提高作用。冷却液渗入破坏层的裂纹中，在摩擦热的作用下发生膨胀，尤其是琢磨某些硅酸盐类宝石时，还可能与水发生水解产生硅酸薄膜，其体积膨胀使裂纹进一步加大并使碎屑挤出的速度加快。

（二）磨料

磨料是宝石加工中的重要辅料，它是一种具有一定硬度和韧性的粒状或粉末状物质，主要用于制作磨具和琢磨宝石。

1. 磨料的特性

（1）硬度高。这是磨料最基本的特征，也是对其最基本的要求，一般来说，磨料的硬度不应低于被加工的宝石材料的硬度，两者的硬度相差越大，磨削的效率越高。金刚石在自然界矿物中硬度是最大的，其粉末是最好的磨料。

（2）韧性好。不会因研磨压力而轻易地发生破碎。

（3）有适当的自锐性。即在研磨压力的作用下，即使发生了破碎，磨料的颗粒仍保持有尖锐的棱角。

（4）熔点高。不会因研磨过程中产生的热量熔化或变软。

（5）化学稳定性好。不会在加工中因发热或其他因素而发生化学变化，更不会与宝石发生破坏性化学反应。

对于同种磨料来说，有粒度的粗细之分，这粗细是经过筛分出来的，即每种粒度的磨料有其大致的粒度范围，通常以筛孔数来表示。筛孔数大致与国内的“号”数或“目”数相当。所谓筛孔数是指某种磨料的粉末能通过每平方厘米有多少筛孔的筛子而不能通过下一级筛子。如100#的磨料是指这种磨料能通过每平方厘米有100个筛孔的筛子而不能通过每平方厘米有120个筛孔的筛子。磨料的粒度号越大，粒度越细。表9-1-1为磨料的粒度号及粒度尺寸对应表。

表9-1-1 磨料的粒度号及粒度尺寸对应表（单位：μm）

粒度号	粒度尺寸	粒度号	粒度尺寸	粒度号	粒度尺寸
12#	2000~1600	80#	200~160	W14#	14~7
14#	1600~1250	100#	160~125	W10#	10~5
16#	1250~1000	120#	125~100	W7#	7~3.5
20#	1000~800	150#	100~80	W5#	5~2.5
24#	800~630	180#	80~63	W3.5#	3.5~1.5
30#	630~500	240#	63~50	W2.5#	25~1.0
36#	500~400	280#	50~40	W1.5#	1.5~0.5
46#	400~315	W40#	40~28	W1#	<1
60#	315~250	W28#	28~20	W0.5#	<0.5
70#	250~200	W20#	20~14		

2. 磨料的种类

（1）碳化硅（SiC） 又称“人造金刚砂”，是人工合成磨料中最早出现的一个品种，在电炉中熔炼无烟煤和石英砂而产生。摩氏硬度稍高于9，具有导电、耐高温、不受酸腐蚀等特点，常以松散的粉末使用或用来制作各种规格的砂轮、砂条、砂布等，可以用来琢磨除金刚石以外的所有宝石，更细者还可用于抛光。由于其用途广泛，价格低廉，很快在宝石加工业中得到普遍使用。

（2）碳化硼（B_4C） 也是一种电炉产品，是由氧化硼和沥青的混合物在2800℃的高温、还原条件下发生反应而成。在碳化物人造磨料中，它的硬度最高，仅次于金刚石，用它作磨料琢磨黄玉，就像用金刚石琢磨刚玉一样容易，碳化硼呈灰黑色，韧性比碳化硅好，但因价格比碳化硅高得多而很少被采用。

（3）天然及人造金刚石粉 用天然金刚石粉作磨料已有很长的历史，它是自然界中最硬的矿物，不论琢磨何种宝石都可以用它作磨料。工业级的金刚石，如不透明或瑕疵发育的金刚石通常经碾压成粉末用作磨料，天然金刚石发育有八面体方向的完全解理，磨料容易沿解理方向破裂，但有一种黑色隐晶质金刚石具有较大的韧性和硬度，适合于制作磨料。金刚石粉广泛地用于制作各种钻粉磨具，微粉则用于中高档宝石的抛光。

（三）磨具

磨具是用特殊的结合剂将硬质磨料固结在一起而制成的琢磨工具。由于磨具的外形、硬度、磨料粒度及结合剂种类不同，可以分为很多种。常用于宝石加工中的磨具的磨料通常只有碳化硅及金刚石粉两种。

1. 碳化硅磨具

又称人造金刚砂磨具，硬度高、价格低、种类全，在宝石加工业中得到广泛应用，最常用的是碳化硅砂轮。碳化硅砂轮有绿碳和黑碳两类，粒度从36#～320#，结合剂类型不同，性能亦不同。磨料固结强度有软硬之分，见表9-1-2。

表 9-1-2 不同类型结合剂及性能

结合剂类型	性能
陶瓷结合剂	具有良好的耐水性、耐热性和化学稳定性，强度高，磨削效率高。但脆性大，剧烈震动下可能发生破裂，磨削高硬度宝石效率高
树脂结合剂	强度高，有一定弹性，韧性好，耐热性和化学稳定性比陶瓷结合剂较差。自锐性好，适用于快速磨削
橡胶结合剂	强度高，更富有弹性，自锐性好，但耐热性和化学稳定性差，很少用于宝石加工业

2. 金刚石磨具

金刚石磨具是指用金刚石粉末制作的磨具，又称钻粉磨具，是目前宝石加工行业使用得最普遍的一种，其类型、规格已成系列，概括有砂轮、磨盘及各种特殊用途的异形磨具。

（1）金刚石砂轮　也称钻粉砂轮，是用电镀或其他方法将钻石粉固着在金属基轮的外缘而制成的一种磨具。同碳化硅砂轮相比，钻粉砂轮具有切磨效率高、磨损小、强度高、加工精度高等优点，但其价格远比碳化硅砂轮贵，所以目前尚未得到普遍使用。

（2）金刚石磨盘　也称钻粉磨盘，是目前刻面型宝石加工中使用得最普遍的一种磨具，在这种磨具未出现之前，刻面型宝石的切磨是在铸铁盘上掷以松散的磨料来完成的，这种切磨方法不仅工作环境差，劳动强度大，而且效率相对也是比较低的，钻粉磨盘克服了这些不足，在宝石加工业中迅速得以普及，它不仅切磨效率高，而且平面度好，切磨出的刻面外观规整，是切磨刻面型宝石的理想工具。

三、抛光

（一）抛光机理

抛光工艺主要是除去被加工的宝石前道加工工序留在表面的痕迹，以获得光滑明净的光学表面，同时精确地修正宝石的几何形状，使其造型更加完美，更加符合设计的要求。

在20世纪初，英国物理学家乔治·托马斯·贝尔拜对抛光过程中发生的现象进行研究，其研究结果显示：抛光过程非常复杂，被抛光表面微米数量级的范围内产生热塑性变形和流动，甚至是热软化以致熔融，产生一种非结晶面层，称为Beilby层。该面层就像一层清漆涂在宝石表面的微痕上。

（二）抛光剂

抛光剂是抛光过程中的主要辅料，将抛光剂与某些液体（如水、缝纫机油等）以一定比例相混合，使之附着在抛光工具上与工件发生摩擦，如果操作方法得当，即可使工件抛光而显示出耀眼的光泽。

下面介绍几种常见的抛光剂：

（1）钻石粉，也称金刚石粉。纯净者为白色，一般为灰白色。由于具有很高的硬度，无论何种宝石均可用它做抛光剂，且抛光效果好，效率也高，但由于其价格昂贵，一般只用来抛光摩氏硬度在7以上的宝石。

（2）氧化铝，也称铝氧粉。不溶于水，广泛地用于除钻石以外的各种宝石的抛光，尤其是与皮革或木制抛光工具配合抛光硬度较低的宝石，具有极好的抛光效果。

（3）氧化铈。颜色为粉红带微黄色，易溶于浓硫酸或浓硝酸，不溶于稀酸或水，可用于抛光中硬度高的脆性宝石，如水晶、橄榄石等，尤其是用来抛光除虎睛石以外的石英类宝石。

（4）氧化铬，俗称绿晶、绿泥、铬黄等。深绿色，不溶于水，易污染工具、手指、衣物等，不易洗净。其颗粒通常粗细不匀，抛光时易留下擦痕，多用于凸面型宝石、圆珠宝石等易剥蚀性宝石的抛光，尤其适用于与皮革配合抛光翡翠。由于易污染，不适合于抛光那些有裂纹、凹穴和疏松多孔的宝石。

（5）氧化铁，俗称铁丹。深棕红色，性质稳定，不溶于水，但溶于盐酸。粉末细腻，可用于多种宝石的抛光，但由于它易污染，且抛光效果与其他性质相似且污染小的抛光剂比并无优势，故很少使用。

（6）二氧化硅，俗称硅藻土。经适当分选后品质极均匀、细腻，颜色为灰白色或微带黄色，微溶于温度较高的强碱溶液，易溶于氢氟酸或氢氧化铵的热水溶液，广泛用于玛瑙或其他中低硬度宝石的抛光，特别是它与锡或铝合金抛光工具相配合抛光蓝宝石效果很好，但效率不如钻石粉那样高。

（三）抛光工具

抛光工艺是使抛光剂附着在某些抛光工具上使之与宝石发生摩擦而实现抛光目的，普通的抛光工具分两类：

1. 软质抛光工具

用于抛光具弧面、球面及其他异形表面的工件，这些工件的抛光均是用软质材料制作的抛光盘或抛光轮，行业之中称为软盘，软盘抛光对提高抛光效率是十分有用的。但是，软盘抛光出的弧型表面会引起光学性质的变化，会使光线从宝石表面反射的光量明显减少，从而大大降低了宝石的亮度，这对刻面型宝石来说是不允许的，所以，软盘抛光仅适用于凸面、球面及其他不规则表面的抛光。

软质抛光工具的材料主要有毛毡（上等羊毛压制而成的实心毛毡）、皮革（适用于具剥蚀性的材料，如翡翠、青金岩、虎睛石等，经济但速度较慢，干抛效果最好）、毛呢（以编织的厚而密的毛呢最好，缺点是使用寿命短）。

2. 硬质抛光工具

指用金属、合金材料制作的抛光工具，宝石加工行业中主要是指硬质抛光盘，即硬盘。硬盘是刻面型宝石抛光中必不可少的工具，具有导热性好、弹性差、韧性好、易修理、使用寿命长等特点，它抛出的表面近乎理想平面，用于刻面型宝石抛光时，各组小面形状规整，外观漂亮，使刻面对光线的反射能力明显增强，是理想的抛光工具。

制作硬盘的材料很多，有金属材料如紫铜，而更多的是采用合金材料，以锡铅合金盘最为常见，还有铝合金盘和锌合金盘等。锡铅合金盘中，各种金属的配比不同，其硬度也不同，一般来说，硬度越低，抛光速度越快。但抛光效果的好坏还是要看与抛光剂的配合情况。

3. 中硬质抛光工具

中硬质抛光工具的特点介于软、硬质抛光工具之间，它兼收两者的优点，既可用于抛光刻面型宝石，也可用于抛光弧面或其他任意形状的表面，且抛光效率高、效果好，其作用在宝石加工行业中得到广泛认可，所以，近年来被大量地使用。

用来制作中硬质抛光工作的材料包括沥青、木头、塑料等，可以根据用途不同做成各种形状，做成平面形者经修整后可用于刻面型宝石的抛光，做成同心圆状凹面者可用于凸面型宝石的抛光，还可以根据特殊的用途而随意制作。

第二节　宝石设计的原则、要求和方法

宝石设计是宝石加工前期的一个必不可少的工作环节，通过设计工作，了解宝石性质，选择适当款式，确定最佳的加工方法，以使料尽其用。宝石美丽、耐久、稀少三个特性中，耐久和稀少不以人的意志为转移，而美丽特性则稍有不同，尤其是内在美，需要正确的加工方法和精湛的加工工艺去体现它的美丽。例如，要去掉宝石成矿过程中影响宝石美丽的消极因素，比如混在宝石内部的杂质；避开人们在开采宝石时造成的一些无意的损坏，如宝石内部产生的大小不等的裂隙等因素。根据不同宝石的不同特征，选择适当的款式，将宝石潜在的美充分发挥出来，更重要的是通过设计，了解宝石的特征，选择适当的款式，让内在美和外在美有机地结合，达到发挥宝石自身的优势，消除或掩盖其缺陷的目的，以最大限度地体现宝石的价值。

下面从以下几个方面说明宝石设计的原则、要求以及方法。

一、保重

宝石设计师在设计款式时，都会非常慎重地考虑这个问题，这是因为，不仅较大颗粒的宝石不容易得到，更重要的是大颗粒的宝石单位重量的价格比同等重量的小颗粒宝石要高出许多，并且不是成简单的线性关系。

保持宝石最大的重量在款式设计中包括两层含义：一是设计师在得到一粒宝石材料后需设法使其加工成的若干粒成品中，有一粒保持有最大重量；二是设法使这粒宝石原料所切磨的成品重量总和最大。这两者之间的关系极为复杂，常常不能兼顾，最终采取哪种方案，要根据材料的具体特征和市场行情，进行精确地计算与分析，才能得出最能体现宝石价值的设计方案。

当然，在考虑保重的同时，还要考虑其他因素。例如，所选择的款式是否能够发挥宝石自身的优势，是否能体现出宝石的光学效应等。最终还是要以能否真正体现出宝石价值为主要因素考虑。

二、琢型

拿到宝石原料后，首先，观察宝石透明度，一般来说透明宝石选用刻面型，不透明宝石多选用弧面型；确定琢型后，如果是刻面型，则根据全反射原理，选择合适的冠角和亭角，以使宝石的亮度、火彩更完美呈现；如果是弧面型，观察宝石是否有特殊光学效应，如变彩效应或猫眼/星光效应，注意弧形高度的选取。

三、颜色

颜色是宝石固有的特性，具有美丽颜色的宝石会备受人们的喜爱，但是，造物主常常不尽如人意，使有些宝石的颜色存在明显不足，下面我们就从可能遇到的几种情况说明设计的方法。

1. 具有多色性的宝石的设计

对多色性较明显的宝石，在加工设计时，应重点考虑宝石台面的取向，使其具有最佳的颜色。如蓝宝石，一般从平行晶轴方向上观察时，颜色为蓝色；从垂直光轴的方向上观察时，除蓝色外，还常显示出一定的黄绿色色调。因此，设计时通常把琢型的台面选在与光轴垂直的方向上，这样设计，宝石台面可获得较柔和的蓝色。又如绿色电气石，一般从垂直光轴的方向上观察时，颜色为鲜明的绿色和蓝绿色；从平行光轴的方向上观察时，则显示深棕绿色或深橄榄绿色。因此，设计

时通常把琢型的台面选在与晶体的光轴平行的方向上（图9-1-1）。这样设计便可获得理想的效果。

2. 材料本身颜色不均匀的宝石设计（图9-1-2）

当颜色呈条带或环带状分布于宝石材料中时（经常在紫晶、蓝宝石等材料中见到），可以使色带的延伸方向与台面平行，如果可能，应尽量使颜色较鲜艳的色带正好放在腰棱部位，这样透过台面观察宝石，色带将不是很明显。这也不能一概而论，某些独特的颜色分带会起到自然美的效果，如西瓜碧玺。

当颜色呈现浓淡逐渐过渡或呈色区时，应使颜色变化的方向与台面垂直，并将颜色鲜艳的部位放在亭部的位置，因为这一部位对宝石的整体颜色影响较大，从顶部射入的光线大部分是从这一部位经全内反射而又从顶部穿透出去，观察者从顶部观察经这种处理的宝石时，将看不到颜色不均匀的现象，而且颜色将十分艳丽。

当材料均匀的颜色背景上出现色点，并且色点的颜色十分鲜艳时，应该将它放在亭部近尖底的位置。这样，色点在多个小面全内反射的作用下，将在宝石内产生许多个映像，在顶部观察时，不仅看不到色点，而且可能会改善宝石的整体颜色。

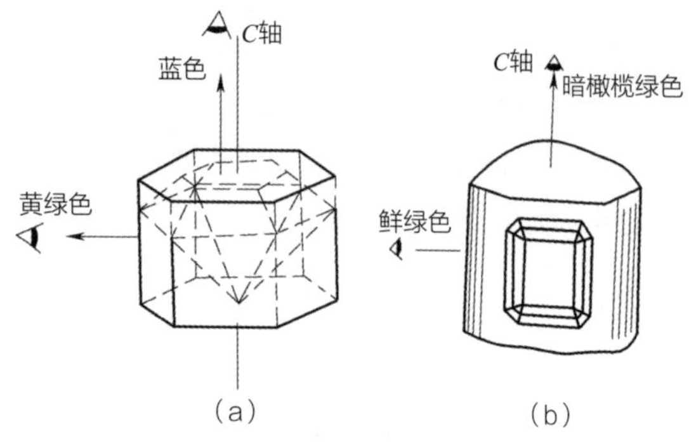

图9-1-1 蓝宝石台面的定位（a）和绿色电气石台面的定位（b）

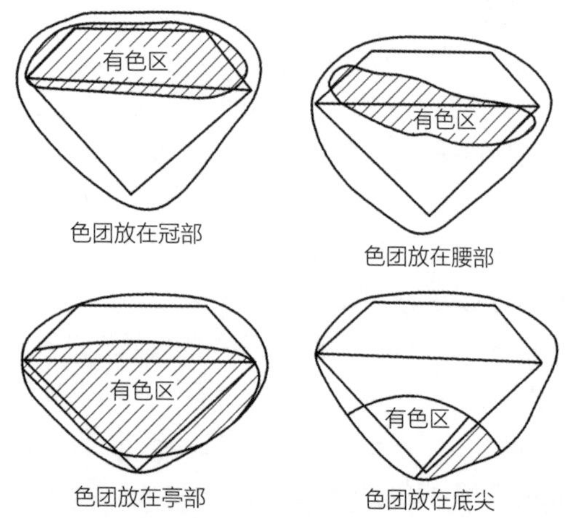

图9-1-2 色团和色斑处理方法示意图

四、解理

解理按其发育的程度可分为极完全解理、完全解理、中等解理、不完全解理、极不完全解理。大体上，发育有极完全解理的材料不能用作宝石首饰，后三者对宝石切磨的影响不大，所以宝石加工中应该考虑的主要是发育有完全解理的宝石，其解理方向决不能与任何一个小面平行，否则，与解理面平行的这个小面将不能被抛光。典型的例子是黄玉。当然，对于多色性明显的宝石，解理的方向性不是唯一考虑的因素，必须在最好的颜色方向与容易产生解理的方向之间做出一种折中（图9-1-3）。

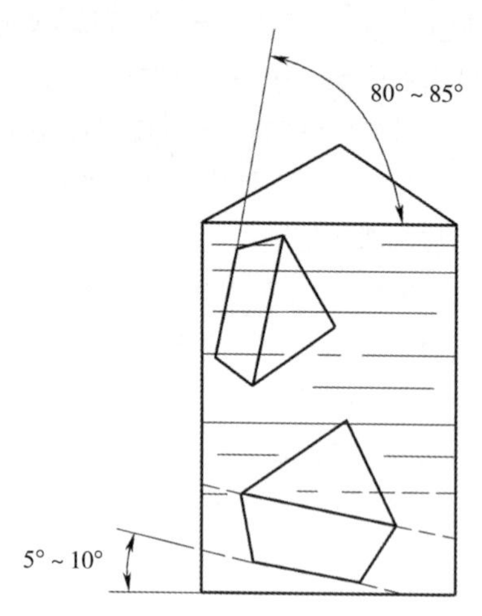

图9-1-3 发育解理宝石的台面定位示意图

五、瑕疵

宝石中的瑕疵指存在于宝石内部的包裹体和裂纹。

包裹体是宝石在结晶过程中所掺杂进的杂质，对于较明显的包裹体，无法同时除去时，要尽可能保留小的，除去大的，保留颜色与宝石相近的，去除颜色差异明显的，并且应该将这些不明显的包裹体放在不易察觉的位置，如刻面型宝石的腰部边缘或冠部小面的下部，决不能将它们放在亭部近尖底的位置。这与处理色点的道理是相同的。

对于宝石中裂隙处理相对比较简单，即凡是有裂纹的材料，必须将裂纹去掉，决不能让它保存在宝石内部，如果宝石内部有裂纹存在，将影响光线在宝石中的运动，不仅严重影响宝石外观，而且会影响宝石稳固性，即切磨和抛光过程中产生的热量或其内部的应力随时可能使宝石破裂。

第三节　宝石设计加工人员应具备的素质

一、通晓宝石学知识

宝石设计不是凭空想象的，而是建立在宝石的物理性质、光学性质及外形特征等基础之上的。宝石学知识是宝石设计加工的理论依据，所以，所谓宝石加工人员应对宝石学知识有全面的了解，掌握各种宝石的基本性质，并能熟练操作各种宝石鉴定仪器。

二、应具备丰富的宝石加工的实际操作技能

首先，掌握各类宝石的性质和加工性能；其次，熟练掌握各种加工设备的结构、操作规程和技术方法；再次，掌握不同种类宝石的工艺流程、操作规程和技术方法；再次，能准确无误地理解宝石设计方案，并准确地通过工艺操作来实现设计意图；最后，能对产品的质量和价格作出较准确的估价。

三、良好的视力和辨色能力

这是最基本的要求，从事彩色宝石的设计加工时，有些颜色的变化是很微妙的，尤其是对于一些多色性不是很明显的宝石，没有良好的视力和辨色能力是不能胜任这一工作的。

四、具有强烈的使命感和责任心

自然界中储存的宝石尤其是高档宝石毕竟有限，如果得不到很好的利用，本身就是一种损失。宝石设计加工从业者的工作就是为社会创造财富，强调使命感和责任心是十分必要的。

第二章
刻面型宝石

所谓刻面型宝石指的是其轮廓由若干组刻面组成的多面体宝石。刻面型宝石是目前透明宝石普遍采用的加工形式。它具有如下特点：

（1）用料考究。只有透明无瑕的材料才能用于加工刻面型宝石。

（2）加工难度大。需要精湛的加工技术和丰富的宝石学知识作指导。

（3）用途广泛。可广泛用于头饰、垂饰、手饰、服饰等。

（4）款式变化多样。

（5）外观奇丽无比。

第一节 刻面型宝石的光学性质

一、亮度

亮度是指光线从宝石的下部刻面反射而导致的明亮程度，图9-2-1将有助于我们理解这个概念。

如果我们已经知道了某种宝石的临界角，按照一定的角度琢磨成刻面型宝石，这一特定角度能使从宝石顶部入射的光线经底部小面的一系列反射，再从顶部穿透出。因为刻面型宝石的切磨角度是按照临界角的要求来进行设计的，所以，大部分光线在宝石内部作全内反射后又从顶部射出，这样就增加了宝石的明亮程度，这种效应叫作亮度。

一粒切磨得好的钻石之所以具有很强的亮度，就是因为采用了合适的切磨角度，使进入钻石的大部分光线经全内反射到观察者的眼中。如果小面的角度切磨得不对，则进入宝石内部的光线因入射角小于临界角不能发生全内反射，这样，光线将从底部穿透出去，这种现象叫作漏光。切磨角度太大或太小即亭部太深或太浅都会出现漏光，如图9-2-2所示。

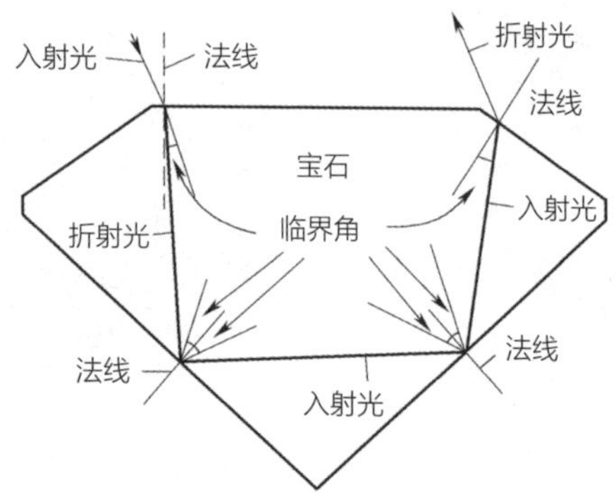

图9-2-1 光线在宝石中的全内反射

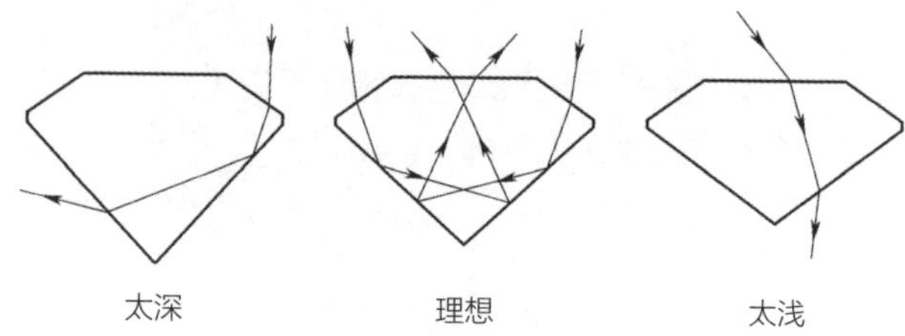

图9-2-2 宝石的切磨角度对全内反射的影响

临界角的大小与宝石的折射能力有关，宝石对光的折射能力用折射率（*RI*）表示，宝石的折射率越大，光线在其中的传播速度越慢，折曲也越大，反之也成立。宝石的临界角与折射率的关系可用下式表示：

$$\sin t=\frac{1}{RI}$$

式中，t表示临界角；RI表示折射率。

由上式可以看出，宝石的折射率越大，则临界角越小，反之也成立。这就说明，不同的宝石，如果折射率不同，临界角就不一样，切磨时就不能采用相同的角度，否则将出现漏光现象。

宝石的亮度与折射率有关，金刚石是一种高折射的宝石，所以，它具有很高的亮度。而某些低折射率的宝石即便经过切磨也不能显示最大亮度，这是因为它们需要一个非常陡的底部才能产生全内反射，制成首饰时需要镶嵌一个很深的底座，这样的宝石饰品是不受欢迎的。

宝石的抛光工艺对其亮度的影响很大，如果宝石表面抛光得粗糙不平，那么，不规则的表面将在各个方向上出现临界角，很多光线以小于临界角的角度投射到宝石的内表面而泄漏出去，即使一些光线能产生全内反射，光线从宝石的顶部穿出时也因粗糙的顶面而产生漫反射效应。所以，临界角也是宝石进行良好抛光的理论依据。

二、火彩

火彩也称色散，是指白光通过透明物质的倾斜平面时分解成单色光并由此形成的光谱色的现象，如图9-2-3所示。

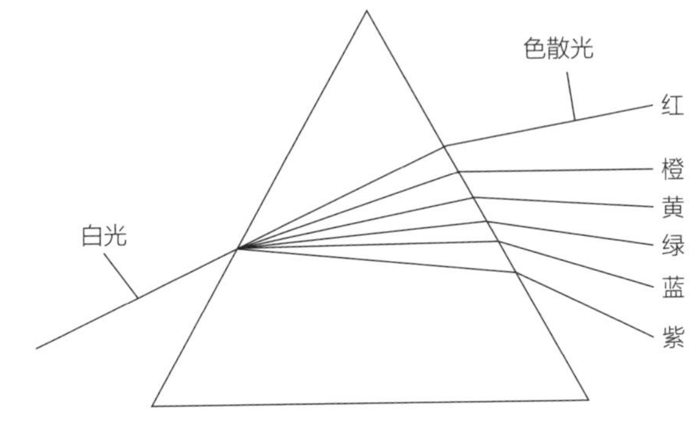

图9-2-3　光通过倾斜平面出现色散

白光是由红、橙、黄、绿、蓝、紫等单色光混合而成的，每种单色光都有自己特定的波长，虽然不论波长如何，它们都在空气中以相同的速度传播，但当它们自空气进入宝石后，不同波长的光就以不同速度传播了，波长越短的光，在宝石中的传播速度降低得也越多。因此，紫光和蓝光在宝石中的传播速度比红光慢，它们的折曲也比红光大。

由此看来，色散的产生必须具备两个条件：一是宝石必须具有足够的色散值；二是光线在运动中必须遇到倾斜平面。以合适角度切磨的高色散值的刻面型宝石正是具备了这两个条件，才具有五颜六色的外观。

火彩仅仅是少数宝石的重要特征，因为多数宝石的色散并不明显。对于折射率低于1.81的宝石来说，火彩在宝石加工中并不十分重要，这些宝石应注重发挥其亮度的优势。另一方面，有些折射率高于1.81的有色宝石虽然能产生强烈的火彩，但常常被其体色所覆盖。

在宝石设计中，亮度和火彩是矛盾的，要想获得最大限度的火彩，必须使穿出顶部的光线最大限度地分解为单色光，这势必会损失亮度。因此，在宝石加工的实践中，所谓采用合适的切磨角度，实际上是寻找一个使火彩和亮度达到平衡的折中方案，使宝石既能显示强烈的火彩，又能显示出强的亮度。

三、闪烁

闪烁可以这样定义：当移动宝石、光源或者观察者的眼睛时，所见到的宝石闪闪发光的现象。

与亮度和火彩不同，观察宝石的闪烁效应需要运动，闪烁的程度与刻面的数量有关，宝石的刻面越多，闪烁就越好。但如果刻面抛光质量不高或者切磨角度不正确，也不能充分展示出闪烁的美丽。所以，闪烁是在发挥宝石的火彩、亮度的基础上使宝石更加美丽的一种效应。

第二节　刻面型宝石的款式及发展历程

一、尖琢型

最早的抛磨形态仅限于将八面体的八个晶面磨光滑，磨削量很少，故又称为结晶体琢型，如图9-2-4所示。

二、桌型琢型

出现于15世纪中期至末期，一直沿用到17世纪。该琢型是在尖琢型基础上简单地磨掉八面体的一个角顶而成，如图9-2-5所示。

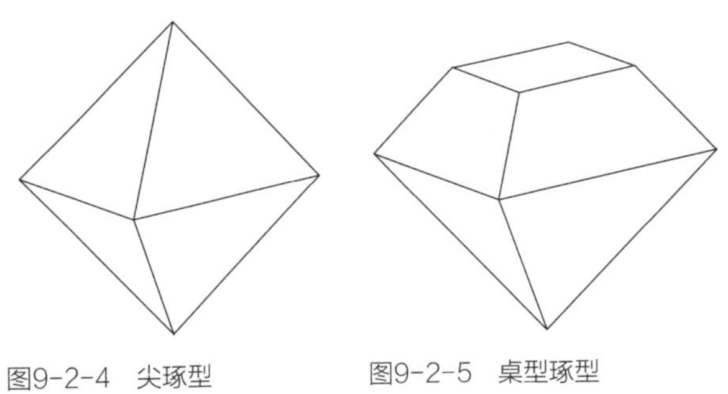

图9-2-4　尖琢型　　图9-2-5　桌型琢型

三、玫瑰型

玫瑰型是刻面型宝石中出现的最早的一种款式，它起源于16世纪，兴盛于18世纪，曾被广泛地运用于一系列宝石加工中，包括大颗粒钻石、锆石及镁铝榴石的切磨中。

玫瑰型具有切磨简单、用料经济的特点，其基本形状是底部为一平面，上面是对称排列的若干组小面，顶部终止于一个顶点，如荷兰型（图9-2-6）、安特卫普型等。此外还有双玫瑰型，它是玫瑰型的变型，其底部与顶部对称。

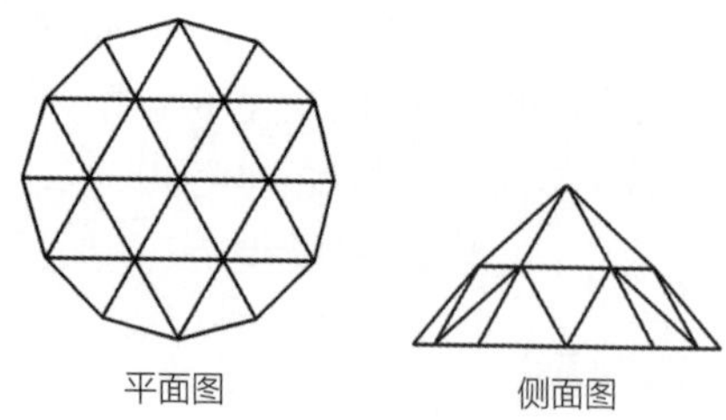

图9-2-6　典型的荷兰玫瑰型款式

四、单多面形琢型

这是近代圆钻式琢型的雏形，初现于17世纪中叶。其特点是一个台面加八个冠部刻面和八个亭部刻面，有时也可有一个底面，所以又称为单翻或八面切。至今仍有许多小钻采用这种琢型，如图9-2-7所示。

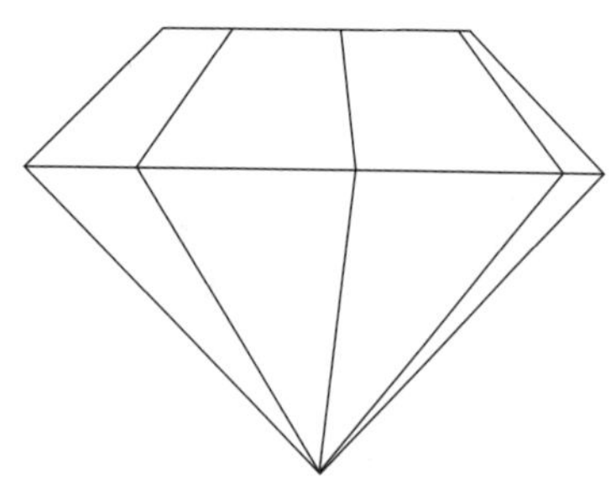

图9-2-7　单多面形琢型

五、双多面形琢型

双多面形琢型是由单多面形琢型逐渐发展而来，又称为双翻。其外形似垫子，总共有34个小面，其中16个在冠部，16个在亭部，再加1个台面和1个底面。许多人认为这是马扎林主教倡导的结果，故又称之为马扎林琢型。

六、三重多面形琢型

随着巴西钻石的发现，钻石业迈上了一个新的台阶，同时随着欧洲工业革命的兴起，科学技术也有了一个极大的提高，钻石的加工业得到了极大的发展。很多文献都将该琢型的出现归功于威尼斯的钻石抛磨工匠帕鲁兹，他把小面数增加到58个，但形态仍是不规则的。如老矿琢型、古典欧洲琢型等逐渐接近现代明亮式琢型。

七、圆多面型

圆多面型是目前刻面型宝石加工中运用得最多的一种款式，因为其设计是建立在全内反射基础上的，按照正确的比例和角度将宝石切磨成圆多面型款式，可以获得最大限度的亮度，也可以获得火彩，所以，它被广泛地运用于切磨钻石及其他多数有色和无色宝石。

标准圆多面型又称标准明亮型或圆钻型，它是钻石中最令人喜爱的加工款式，它充分利用了钻石的高色散，并且可以产生较强的亮度。该款式如图9-2-8所示，其外形为圆形，共有57～58个小面（若有底部小面则为58个面，以防底尖损坏，但其存在会引起底部漏光），以腰棱为界将其分为两部分，上部称为冠部，下部称为亭部。其中冠部33个小面（台面1个，冠部主小面8个，星小面8个，上腰棱小面16个），亭部24个面（亭部主小面8个，下腰棱小面16个），如图9-1-11所示。

圆多面型的切磨有严格的比率，比率（也称之为比例）是指以平均直径为100%，其他各部分相对它的百分比。

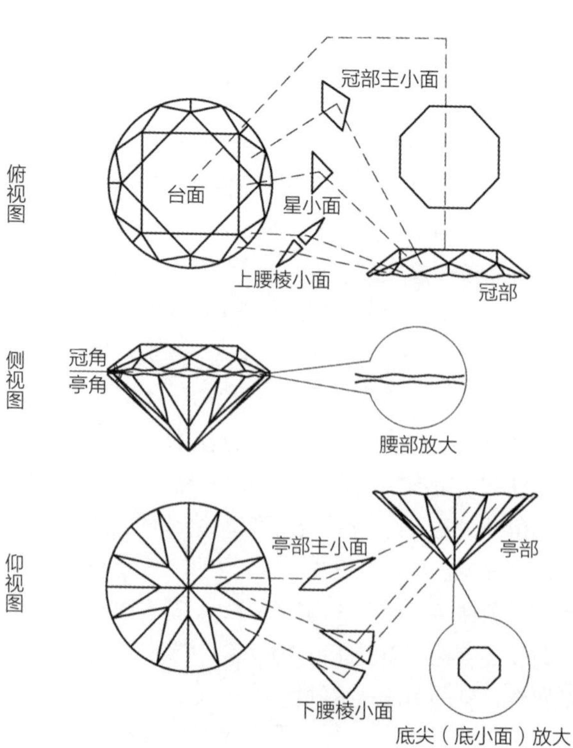

图9-2-8　标准圆多面型及各部位名称

直径是指钻石腰部水平面的直径，其中最大值称为最大直径，最小值称为最小直径，二者的算术平均值称为平均直径。

除了上述这些线段的比例外，在钻石的切割当中，有两个角度很重要，尽管这些角度与上述那些线段比例有直接关系，但是在钻石切工分级中人们还是习惯于将它们单独列出以示其重要性：它们是冠角和亭角，冠角，冠部主刻面与腰围所在的水平面之间的夹角；亭角，亭部主刻面与腰围所在的水平面之间的夹角。

下面通过图9-2-9了解各部分的名称，通过表9-2-1了解各部分的比率。

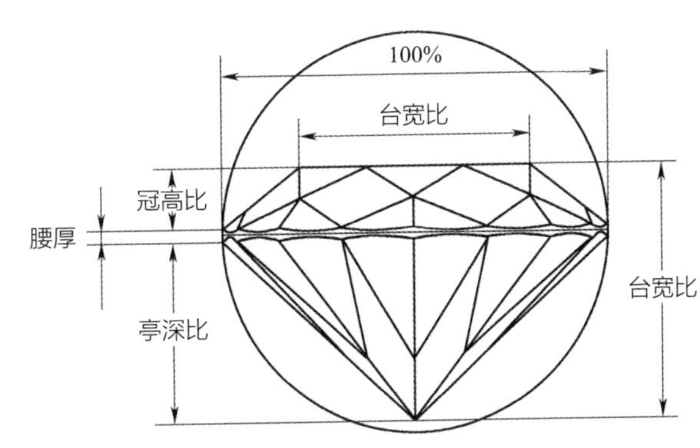

图9-2-9 标准圆多面型的设计

表 9-2-1 各部分比率分级表

项目	一般	好	很好	好	一般
台宽比	≤50.0	51.0 ~ 52.0	53.0 ~ 66.0	67.0 ~ 70.0	≥71.0
冠高比	≤8.5	9.0 ~ 10.5	11.0 ~ 16.0	16.5 ~ 18.0	≥18.5
腰厚比	0 ~ 0.5（极薄）	1.0 ~ 1.5（薄）	2.0 ~ 4.5（适中）	5.0 ~ 7.5（厚）	≥8.0（极厚）
亭深比	≤39.5	40.0 ~ 41.0	41.5 ~ 45.0	45.5 ~ 46.5	≥47.0
底尖比			≤2.0（小）	2.0 ~ 4.0（中）	4.0（大）
全深比	≤52.5	53.0 ~ 55.5	56.0 ~ 63.5	64.0 ~ 66.5	≥67.0
冠角	≤26.5°	27.0° ~ 30.5°	31.0° ~ 37.5°	38.0° ~ 40.5°	≥41.0°

八、其他圆多面型款式

圆多面型款式很多，包括圆形及其他多种外形，如橄榄形、梨形、椭圆形、心形等。对于较大或较小的宝石而言，其款式是在标准圆多面型款式的基础上增加或减少一些小面，外形的变化则是“保重”的需要。总之这些款式的设计不是任意的，它取决于宝石自身的性质及其他特征。

九、阶梯型

阶梯型也称为桌型、方形等，也是一种常见的款式，它几乎适合所有透明宝石，尤其适用于其美丽依赖于颜色的有色宝石。这种款式被广泛地运用于祖母绿的切磨中，以至行业中将其称为祖母绿型。其基本形状是一个去掉角的方形外形，方形台面被若干层梯形小面所环绕，底部终止于一个斧形尖底，各部位的名称如图9-2-10所示。

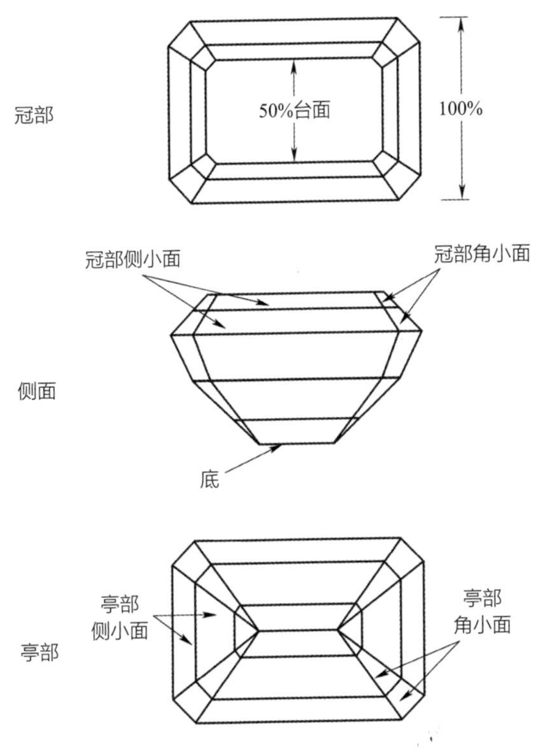

图9-2-10 阶梯型及各部位的名称

切磨成阶梯型款式的宝石主要是为了显示其美丽的

颜色，对于优化全内反射并不十分注意，因此，其切磨比例一般由宝石颜色的深浅及原石的形状自行决定。

阶梯的数目（即切磨的层数）由宝石的大小决定，在基本型的基础上，较大的宝石可增加层数，较小的宝石则可减少层数，阶梯型款式的外形也有很大的变化，包括长方形、正方形、细长形、风筝形、菱形、三角形、六边形等，层数的变化及多种外形构成了阶梯型的多种款式。

十、交叉型

交叉型也称为剪刀型，是阶梯型的改进型，如图9-2-11所示，在这种款式中，三角形小面代替了阶梯型款式中的阶梯状梯形小面，同阶梯型款式相比，这种改进不仅给了宝石一定程度的亮度，也改进了宝石的颜色。但是，它也造成了在亭部尖底部位光的损失，并在宝石的中央产生一个死点。

这种改进的可取之处在于，在阶梯型款式中，各层小面切磨得稍不平行，便很容易被看出，而代之以三角形小面，这种不准确性便不易被察觉。

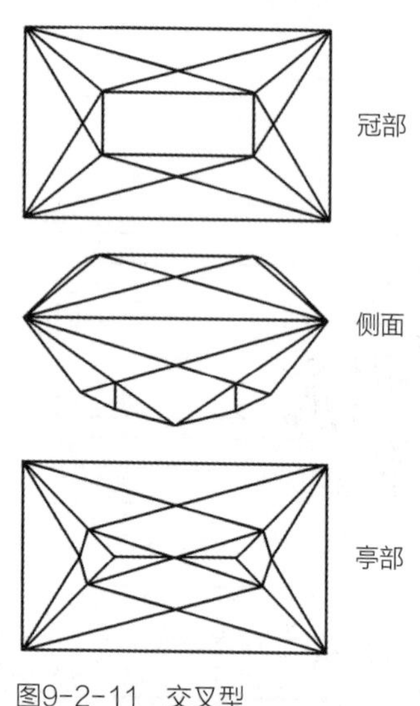

图9-2-11 交叉型

十一、混合型

混合型是将同一粒宝石的不同部位切磨成不同的款式。常见的混合型切磨通常具有一个圆多面型的冠部和一个阶梯型的亭部，如图9-2-12所示。混合型在斯里兰卡等一些国家通常被使用，为了保持宝石的重量，阶梯状亭部一般切磨得比较深，这就使得宝石的一些光学效应不能充分地展示出来，而且镶嵌也困难。

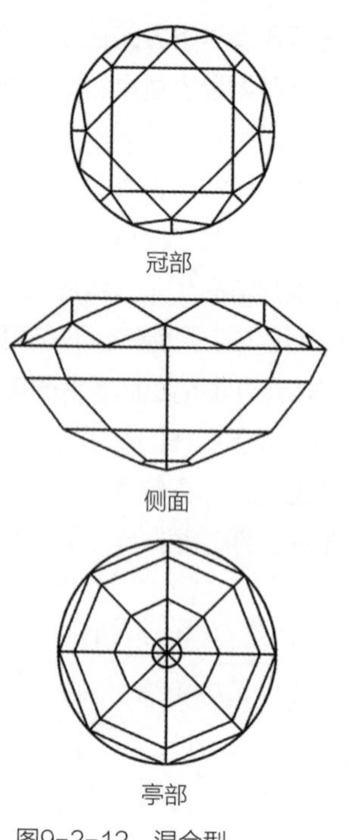

图9-2-12 混合型

第三节 刻面型宝石的加工工艺

宝石设计师完成设计以后，下一步就是将材料交给宝石切磨师进行切磨了。作为宝石切磨师，除了应有精湛的切磨技术外，还应准确地理解设计师的设计意图。

宝石切磨师将材料切磨成成品，一般要经过开料→冲坯→黏胶→造型→切磨→抛光→清洗等几道工序。下面我们就来一一介绍这些工序。

一、开料

开料是用一定的手段将宝石材料分割开，保留其有用部分，去掉无用部分——瑕疵发育的部分。这里特别要指出的是，开料仅限于大块的中低档的宝石及瑕疵发育的宝石，对于色优质好的大块中高档宝石，除非修整形状，否则是不会进行分割的，因为宝石的个头越大，单位重量的价格越高。

开料的方法有劈裂和锯割两种。

1. 劈裂

运用劈裂的方法开料时，首先要搞清楚宝石的解理性质，如解理方向、解理发育级别等，然后才能实施加工。如果没有搞清楚其性质而盲目劈裂，很可能使宝石产生新的解理，甚至劈成碎块。

劈裂的方法很简单，在解理或裂纹方向上开一小口，然后将一刀片放在开口处，用小锤轻轻一击，宝石即裂成两半，其中的关键是要干脆果断，掌握好用力的尺度。其优势是效率高、成本低，不损失原材料，但只适合于解理发育及多裂纹的宝石。

2. 锯割

最常用的宝石分割方法。同劈裂的方法相比，锯割可能有刀口的损失，但从效果来讲，锯割比劈裂更有效，且形状规则。对于一般宝石，大量采用的开料方法是锯割。

二、冲坯

不论采用何种手段分割出的坯料，尽管其多余的棱角可能在切割机上被修整过，其外形与设计的款式形状可能仍相距甚远，需要经过整形使之接近设计款式的外形，我们将这一工序称为冲坯。

冲坯一般在冲坯机上进行，高档宝石的冲坯最好在钻粉砂轮上完成，因为其稳定性好，冲出的坯料形状规整。

三、粘胶

这一工序是利用特制的胶合剂将宝石坯料粘接在一个金属杆上，以便进一步加工。

粘胶用的黏合剂要求粘接力强，热软化点高，有一定的韧性。国内使用红火漆作为黏合剂，虽然也能起到黏结作用，但脱落的几率很高，对这个问题可作进一步研究。小面型宝石粘胶的精度要求比较严格，既要求同心（即粘杆与宝石的轴线在同一条直线上），又要求宝石顶部与杆垂直。人们专门设计了一种“粘接架”满足这一要求。

四、造型

在冲坯工序中，宝石的大形已经出来了，但其形状仍不规整，尺寸规格仍有较大余量，需要进一步地加工，使其外形和规格更加吻合于设计的款式，这一过程称为造型。造型的方法有三种：一种是凭经验手持粘杆直接在钻粉磨盘上圈出需要的外形；一种是在八角手或机械手上造型；还有一种就是使用自动围形机造型。

五、切磨

切磨工序是小面型宝石加工的最重要的工序之一，切磨后的宝石已经具有了成品的形状，即形状、尺寸、比例及小面的数量都应符合设计的要求。切磨分粗磨和细磨两个阶段，即需要使用两种规格的磨具。

六、抛光

抛光是刻面型宝石加工的最后一道工序，也是整个过程中最重要、最关键的技术环节。一方面，要通过抛光精确地修整宝石的几何形状，使之更加符合设计的要求；另一方面，只有通过良好的抛光，才能使宝石的内在美（如火彩、亮度、闪烁）和外在美（如颜色、光泽）充分地体现出来。

第四节 刻面型宝石的工艺评价

一、刻面型宝石工艺评价的内容

1. 切磨角度和比例

刻面型宝石的切磨角度和比例是按照光的全内反射原理而设计的，不同宝石由于光学性质不同，应采用不同的角度和比例进行加工。这样才能确保进入宝石内部的大部分光线通过亭部小面的全内反射又从冠部透射出，宝石才能产生亮度、火彩等光学效应。

2. 外观

一粒宝石，其外观美丽与否包括以下几个方面：

①外形，即宝石的加工款式，常见的有圆钻型、祖母绿型、椭圆型、心型、梨型、橄榄型等。而冲积砂矿中发现的彩色宝石大都没有固定的外形，加工时，为了避免材料的损失，提高出成率，常常加工成花样款式，这些款式需符合人们的视觉，如果一味地追求保重而将宝石加工得不成比例，也不会是一件受欢迎的饰品。②同组小面的均匀与对称，纯粹是加工技术问题，即圈形时是将坯料做成规矩的形状，还是为了保重视材料的形状而随意加工（来自缅甸、泰国、斯里兰卡的小粒红蓝宝石常有这种情况）。③看是否有多余小面。刻面型宝石的各组小面都是均匀对称分布的，如果出现多余的小面，可能是在切磨或抛光过程中，角度或圆周分度调整失误而造成的。④看底尖是否居中。刻面型宝石讲究对称，亭部尖底应该居中，不规矩的切磨常使尖底倾向

一边。⑤看冠部与亭部小面位置对应情况。冠部主小面与亭部主小面及上腰棱小面与下腰棱下面的位置应该对应，如果有偏差同样影响宝石的外观，尤其是在阶梯型款式中影响最为明显。

3. 抛光

抛光工艺的优劣是刻面型宝石工艺评价最重要的内容，也是体现宝石美丽的重要因素。抛光工艺好的宝石，其刻面如同镜面，不仅对光的反射能力强，而且会提高光在宝石中的全内反射能力，也就是使宝石具有很好的亮度或火彩。

良好的抛光应体现出宝石应有的光泽，并使表面无砂孔、划痕、火痕等。

二、刻面型宝石工艺评价的标准

在我国，检验刻面型宝石的切磨质量尚无统一的标准，一般只有凭经验将其分为合格品和次品。按照刻面型宝石加工完成的情况，可以根据工艺评价的各项内容要求，制定一个工艺等级标准：

优等：外形规整，小面对称性好，无多余小面，无畸形，边棱线交于一点，切磨角度和比例正确，抛光无砂孔，无划痕或只具个别极轻微的划痕，抛出了宝石应有的光泽。

良等：外形规整，小面基本对称，无多余小面，无畸形，边棱线大多交会于一点，切磨角度和比例基本正确，基本无漏光现象，抛光仅有少量极小划痕，对宝石的光泽无影响。

中等：外形无明显不整，小面基本对称，无多余小面，肉眼可见边棱线不交于一点但不明显，切磨角度和比例稍有偏差，有较明显的漏光现象，小面抛光不完全，但对宝石整体光泽影响不大。

差等：外形稍有不整，小面出现不均匀，不对称现象或有多余小面，肉眼明显可见边棱线不交于一点，切磨角度和比例有偏差，有较明显的漏光现象，小面抛光不完全，有砂孔和划痕，对宝石的光泽有一定影响。

劣等：外形明显不整，小面分布不均匀，不对称，多数边棱线不交于一点，有明显的漏光现象，小面抛光不完全，有明显的砂孔和划痕，对宝石的光泽有严重的影响。

弧面型宝石

广义来讲，表面突起的、截面呈流线型的所有宝石都可归为弧面型宝石的范畴，也就是除刻面型宝石及雕刻工艺品之外的所有宝石。

弧面型款式通常适用于下列情况：

（1）当透明宝石含有过多的杂质，因而刻面型不能发挥其优势时，如红宝石、蓝宝石、祖母绿等。

（2）所有不透明和半透明的宝石，如玉石、玛瑙、绿松石和孔雀石等。

（3）具有特殊光学效应的宝石，如猫眼宝石、星光红宝石和蓝宝石、欧泊和拉长石等。

第一节 弧面型宝石的款式

弧面型宝石的款式有许多，归纳起来大致可按截面形态和腰形分类。

一、按截面形态分类

1. 单凸面琢型

其特点是一端为凸面，一端为平面。适用于宝石戒面。

2. 双凸面琢型

其特点是两端都为凸面，但上凸面比下凸面高，适用于有特殊光学效应的宝石戒面，如猫眼宝石、星光宝石、月光石等。

3. 扁豆琢型

其特点为两端都为凸面，上下凸面的弧度一样高。欧泊多采用这种琢型。

4. 空心凸面琢型

其特点为在单凸面琢型的基础上，从底部向上挖一个凹面，适用于颜色深、透明度差的宝石。这样可改善颜色、增加透明度。翡翠多用这种琢型。

5. 凹面琢型

其特点为在单凸面琢型的基础上，从顶部向下挖一个凹面。这样可在凹面中再镶一颗较贵重的宝石。如在黑色玉髓上镶一颗钻石等，如图9-3-1所示。

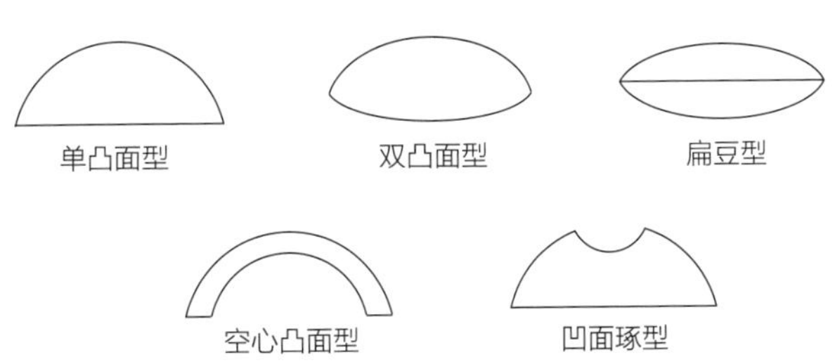

图9-3-1　弧面型宝石的截面形状

二、根据腰形分类

有圆形、椭圆形、橄榄型、心形、矩形、方形、八角形、垫形、垂体形和随意形。如图9-3-2所示。

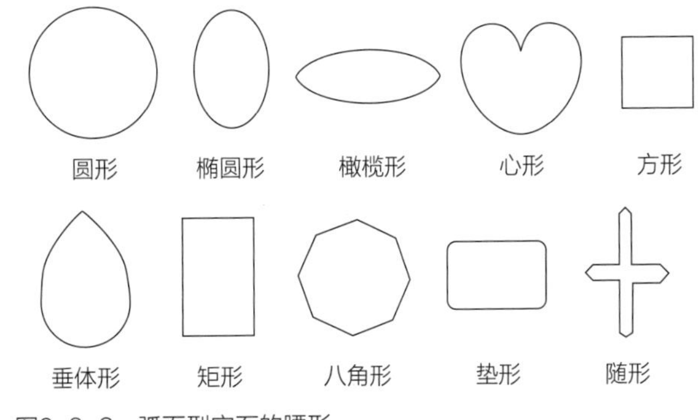

图9-3-2　弧面型宝石的腰形

第二节 弧面型宝石的特殊光学效应

对于具特殊光学效应的原石还需要进行如下定位。

1. 猫眼效应

任何原石若包体为平行排列的纤维状，均可磨制成猫眼效应的宝石，猫眼效应只有用凸面型才能显示。一般用单凸面琢型，腰为圆形、椭圆形。其定位比较简单，根据猫眼效应产生的原理，使琢型的底面平行于纤维包体，如果宝石轮廓为椭圆形，则纤维方向垂直于宝石长轴方向。为了使猫眼效应显得更细更活，可以适当地加大凸面型的厚度，使凸面曲率增大，以便反射光集中于一个窄带内，形成清晰明亮、活灵活现的猫眼光带。

2. 星光效应

这是由显微针状、管状包体沿2个或3个方向分布而产生的反射。一般包体沿2个方向排列的可形成4道星光，如星光辉石；包体沿3个方向排列的可形成6道星光，如星光蓝宝石。它的定位方法是让底面平行于3个方向包体的排列面，即垂直于Z轴，如图9-3-3所示。

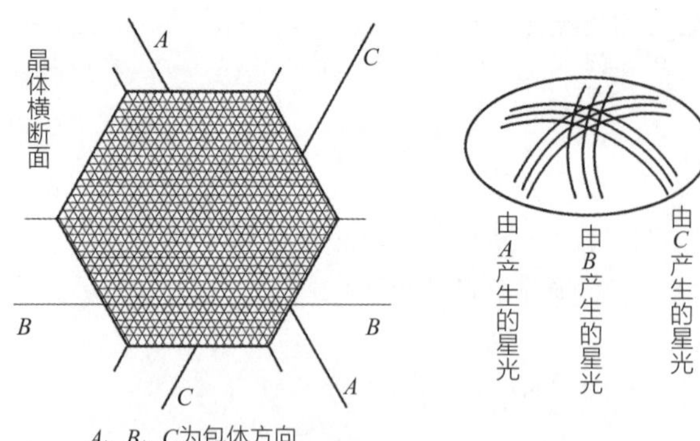

图9-3-3 星光效应的形成机理

3. 月光石月光效应、拉长石晕彩效应、砂金效应

月光石的月光效应是由于聚片双晶或不同折光率长石的层状结构而产生光的反射及漫反射的现象；拉长石的晕彩效应是由聚片双晶面反射光线而产生的干涉；砂金效应是由微细的片状包体成层分布而产生的反射光。这三种具特殊光学效应的包裹体虽然在形成原理上稍有不同，但它们属于层状结构，因此定位时，应将琢型的底面平行于层状结构。

4. 欧泊的变彩效应

变彩效应是指光线从薄膜或从欧泊所特有的结构中反射出，经过干涉或衍射作用而产生的颜色或一系列颜色。

欧泊内部由有规律叠加的三维球体群组成，这些球体十分微小，球体与球体之间的间隙也十分微小，大致与光的单个波长相当，当光线通过二氧化硅球体彼此间的空隙时，就会发生干涉或衍射作用。

欧泊通常以小片的夹层形式产出，并且，欧泊在近于一个平面上时变彩效应最好，这两个因素决定了欧泊通常被加工成低凸面型款式。

第三节 弧面型宝石的加工工艺

弧面型宝石的加工工艺较为简单，分为八个工序：

1. 画线

为了下料准确方便和料尽其用，要对片料进行画线。画线是用画笔在片料上画出弧面型宝石的腰形。在画线的工序里包含着设计的过程。例如，在一块有美丽花纹的玛瑙原料上，画线前，如果发现上面有很多细小的微裂纹，则原料就无法利用。如发现有包体、瑕疵或质软的小点，应及时圈出，以免画在弧面型宝石的轮廓内。

以上是对低档宝石的大块料进行的工序，如遇到高档宝石的原料或块体较小时，可直接从下道工序着手。

2. 下料

下料的方法就是用锯割。即用修边锯沿所画轮廓线锯割，要留出若干毫米的余量，一般为2~4mm。因为有些玉石性脆，切割时易产生裂纹，若锯线太近，裂纹有可能深入轮廓线内。

3. 圈形

下料过程完毕后，得到的是一个大致形似设计要求的毛坯，要得到腰形较好的毛坯需经过圈形工序。圈形就是用砂轮圈出毛坯的腰形。

4. 上杆

圈形后的毛坯在预形成弧面型前要上杆。上杆是指用胶把毛坯和粘杆粘接在一起。对于经验丰富的宝石工匠可直接手持毛坯进行预形，但对于初学者来说，需要上杆。因为这样既可以避免伤手，又可以固定宝石。

5. 预形

预形就是用砂轮磨削出造型。通过预形，毛坯基本获得设计中的弧面形状。预形时所用的工具是轮磨机。

6. 细磨

细磨的作用是再次提高毛坯的光滑度。就其本质而言与预形中的细砂轮作用是相同的，只是所用设备不同，因此其磨光精度不同。

7. 抛光

抛光工序是最见成效的一道工序，抛光以后宝石可尽展它的光彩。俗话说“十宝九抛”，可见抛光的作用之大。

8. 后期处理

宝石坯料在抛光后，通常要进行后期处理。具体操作步骤如下：

（1）拆胶处理　把宝石和粘杆用酒精灯加热，使胶熔化，拧下宝石。

（2）清洗处理　把还带有少量胶的宝石和粘杆分别放入酒精中，待胶溶解后，把宝石和粘杆取出，用清水洗净。

（3）清洗、上蜡处理　底面处理后的宝石清洗、晾干后，要上蜡，从而填补微裂纹，增加宝石光洁度。

至此，弧面型宝石的加工完毕。

第四节　球形宝石加工的工艺流程

球形宝石包括圆球和圆珠，古往今来，它一直是人们喜爱的工艺品和装饰品。球形宝石有取材广泛、用料经济、做工简单、价格适中、款式多样、用途广泛等特点，因此球形宝石一直长盛不衰，有着巨大的市场潜力。

同其他类型的宝石一样，将一块材料加工成形状规整、外观漂亮的球形宝石，也要经过如下几道工序：出坯→预形→粗磨→细磨→抛光。

不论是圆球还是圆珠，都要经过上述工序才能将材料加工成球形宝石，有些工序之间还包括若干道子工序。而圆球和圆珠加工的不同之处在于：圆球体积较大且单个直径不同，一般情况下只能逐个地加工，而圆珠体积较小，适合于批量的机械化生产。

第四章

首饰镶嵌工艺

首饰镶嵌工艺是镶嵌首饰制作工艺中一道重要环节，镶嵌工艺的好坏直接影响到首饰成品的质量。下面就简单对首饰镶嵌工艺的类型特征进行讲述。

一、齿镶

工艺上是用金属齿嵌紧宝石的方法。按工艺特征可分为爪镶和直齿镶。

1. 爪镶

爪镶是传统的齿镶镶嵌方法。工艺上是将金属齿向宝石方向弯下来“抓紧”宝石。主要用于弧面型、方形、梯形、随意形宝石和玉石的镶嵌。镶嵌时用纤细的四爪或六爪托起主石，让大量光线从各方面进入，使宝石看起来更大更闪烁，而且爪镶适用于不同大小的宝石，即使硕大的主石也能稳当固定。爪镶有三个爪、四个爪、六个爪等，爪口有三角形、方形、心形、圆形、椭圆形、长方形、箭头形、梯形、双三角形、水滴形、半圆形等多种爪口。如图9-4-1所示。

2. 直齿镶

直齿镶是现代齿镶的镶嵌类型，金属齿在镶嵌宝石时，并不向宝石方向弯下，而是在镶齿内车出一个凹槽卡位，将宝石卡住。主要用于圆钻型、椭圆形等刻面型宝石的镶嵌。如图9-4-2所示。

另外，近些年又出现了一种名为“微镶”的方法，是在显微镜下用特殊工具对小钻进行镶嵌的一种方法，分为钉镶微镶、虎爪微镶、企片加爪等。优点是见石不见金，让钻石的火彩达到最大程度的发挥。

齿镶是一种突出宝石镶嵌的方法，能充分地裸露宝石，让光线较多地透入宝石，增加宝石的火彩，较适合于透明宝石的镶嵌，如钻石、红宝石、蓝宝石、碧玺、海蓝宝石、祖母绿等。单一齿镶款式的首饰一般小巧玲珑，秀雅典致，活泼而富有朝气，比较适合年轻女性佩戴。

二、包镶

包镶是用金属沿宝石周围包围嵌紧的镶嵌方法，可分为有边包镶和无边包镶两类。有边包镶是在宝石周围有一金属边包裹，工艺上称为“石碗”，是常见的宝石包镶（图9-4-3）；无边包镶是在宝石周围包裹的金属无一环状边，主要用于小颗粒宝石或副石的镶嵌（图9-4-4）。另外，根据金属边包裹宝石的范围大小，又可分为全包镶、半包镶（图9-4-5）和齿包镶，其中齿包镶为马眼形宝石的镶嵌方法，只包裹住宝石的顶角，又称“包角镶”（图9-4-6）。

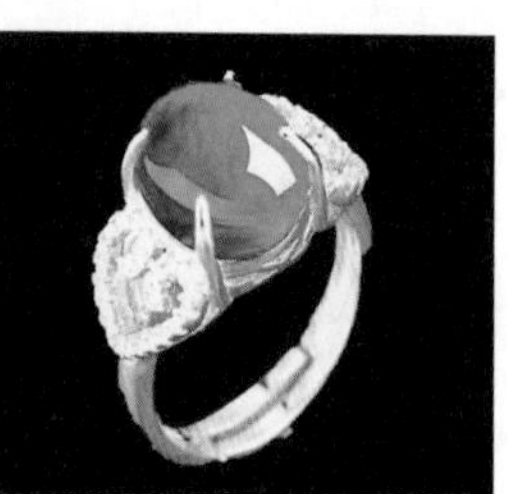

图9-4-1　爪镶

图9-4-2　直齿镶

图9-4-3　包镶

图9-4-4　无边包镶

图9-4-5　半包镶

图9-4-6　齿包镶（包角镶）

包镶镶嵌宝石比较牢靠，适合于颗粒较大、价格昂贵、色彩鲜艳的珠宝玉石镶嵌，如大颗粒的钻石、弧面型或马鞍形的翡翠等玉石戒面；但由于有金属边的包裹，透入宝石的光线相对要少，而且所看到的宝石面积也较原石有所减少，因此不利于较透明、欲突出火彩以及颗粒较小的宝石镶嵌。

包镶款式的首饰比较厚实，重量大，体现了富贵、大方、稳重、端庄的特征，适合于男士或中老年女士佩戴。

三、群镶

群镶为小颗粒宝石（副石）的镶嵌方法，群镶根据镶嵌工艺的不同又可分为槽镶、起钉镶、齿钉镶和光圈镶等。

1. 槽镶

利用金属卡槽状卡住宝石腰棱两端的镶嵌方法。可根据款式利用圆形、方形、长方形、梯形等碎钻进行群镶。槽镶在装饰上比较突出线条，给人以高贵、华丽之感（图9-4-7）。

2. 起钉镶

起钉镶又称硬镶（图9-4-8），是在首饰金属面上凭手工雕出一些小钉来镶住宝石的一种方法。根据雕出的金属钉的图案可分为三角钉、四方钉、梅花钉、五角钉等。起钉镶随意性很强，镶嵌师可创造性地在首饰上发挥制作，镶嵌图案装饰性强，但工艺主要由手工雕琢完成，工艺难度大，技术要求高。

图9-4-7　槽镶

图9-4-8　起钉镶

3. 齿钉镶

齿钉镶是介于齿镶和起钉镶之间的一种镶嵌方法，主要利用已有的金属小齿在根部镶住宝石，以齿代钉，效果与起钉镶相同。齿钉镶克服了起钉镶手工起钉较小、不够饱满、工艺技术要求较高的缺陷，但镶石位和大小都已固定，无起钉镶那样随意、灵活（图10-4-9）。

图9-4-9　组合镶

4. 光圈镶

光圈镶又称抹镶、桶镶，工艺上类似于包镶，宝石深陷入环形金属石碗内，边部由金属包裹嵌紧，宝石的外围有一下陷的金属环边，光照下犹如一个光环，故名光圈镶。光圈镶又可分为光镶嵌和齿光圈镶，齿光圈镶则是在金属环边上，用手工雕出几个金属小齿来镶住宝石。光圈镶由于金属光环的存在，在视觉上让人感觉宝石增大了许多，而且圆形光环也有一定的装饰性。

群镶多是配合齿镶和包镶进行的，一般利用齿镶或包镶镶嵌主石，加以群镶镶嵌副石（碎钻）相衬，犹如众星捧月，更加显示出首饰华丽高贵、富丽堂皇之气派。现代的镶宝首饰中基本都配有群镶，尤其是一些高档、贵重的镶宝首饰中，群镶已成为必不可少的一部分。

四、组合镶

组合镶是指在同一宝石的镶嵌上汇集了不同的镶嵌工艺。可以是在主石镶嵌中既有齿镶，同时也有包镶，如心形、水滴形宝石的镶嵌中，利用齿包镶镶嵌顶角，后侧用齿镶镶嵌；也可以在群镶中出现齿钉镶加槽镶等组合（图9-4-9）。组合镶可不拘于传统镶嵌格式，镶嵌形式变化多端，给人以新颖、独特之感。

五、插镶

主要用于珍珠的镶嵌，工艺上在一个碟形的金属石碗中间，垂直伸出一金属插针，将金属插入钻有小孔的珍珠中，从而镶住珍珠。插镶对珍珠无任何遮挡，突出显示了珍珠的特征，尤其加以群镶碎钻相衬，更显“珠光宝气”之势。如图9-4-10所示。

现代首饰的镶嵌工艺往往变化多样，如运用于梯方钻的无边包镶，以蜡替代金属镶嵌的蜡镶工艺等，但万变不离其宗，基本工艺仍然不变。而正由于镶嵌工艺的不断推陈出新、才使得珠宝首饰市场更加具有生机和活力。

图9-4-10 插镶

参考文献

[1] 汤俊. 珠宝玉石图文通鉴 [M]. 昆明：云南科技出版社，2020.
[2] 汤俊. 宝石学基础 [M]. 昆明：云南科技出版社，2012.
[3] 汤俊. 宝玉石鉴定与检测技术 [M]. 昆明：云南科技出版社，2012.
[4] 邓昆，汤俊. 翡翠概论 [M]. 昆明：云南科技出版社，2012.
[5] 邓昆，汤俊. 珠宝玉石职业培训教程 [M]. 昆明：云南科技出版社，2011.
[6] 邓昆，汤俊. 翡翠饰品质量等级评价标样图册 [M]. 昆明：云南美术出版社，2015.
[7] 张蓓莉. 系统宝石学 [M]. 北京：地质出版社，2006.
[8] 英国宝石协会. 宝石钻石学证书教材 [M]. 武汉：中国地质大学出版社，1997.
[9] 周佩玲，雷威，汤云晖. 珠宝玉石学 [M]. 桂林：广西师范大学出版社，1999.
[10] 李兆聪. 宝石鉴定法 [M]. 3版. 北京：地质出版社，1994.
[11] 张蓓莉. 珠宝首饰评估 [M]. 北京：地质出版社，2001.
[12] 李娅莉，薛秦芳. 宝石学基础教程 [M]. 北京：地质出版社，2002.
[13] 袁心强. 翡翠宝石学 [M]. 武汉：中国地质大学出版社，2004.
[14] 李娅莉，薛秦芳，李立平，等. 宝石学教程 [M]. 武汉：中国地质大学出版社，2006.
[15] 李德惠. 晶体光学 [M]. 3版. 北京：地质出版社，2004.
[16] 丘志力. 宝石中的包裹体：宝石鉴定的关键 [M]. 北京：冶金工业出版社，1995.
[17] 郭守国. 宝玉石学教程 [M]. 北京：科学出版社，1998.
[18] 朱静昌. 珠宝首饰检测基础 [M]. 北京：中国标准出版社，1999.
[19] 何雪梅，沈才卿，吴国忠. 宝石的人工合成与鉴定：修订版 [M]. 北京：航空工业出版社，1998.
[20] 何雪梅，沈才卿. 宝石人工合成技术 [M]. 北京：化学工业出版社，2005.
[21] 潘兆橹，王濮，翁玲宝. 系统矿物学：上册 [M]. 北京：地质出版社，1982.
[22] 潘兆橹，王濮，翁玲宝. 系统矿物学：中册 [M]. 北京：地质出版社，1984.
[23] 潘兆橹，王濮，翁玲宝. 系统矿物学：下册 [M]. 北京：地质出版社，1987.
[24] 美国珠宝学院. GIA宝石实验室鉴定手册 [M]. 地矿部宝石公司宝石研究所译. 武汉：中国地质大学出版社，1996.
[25] 杨如增. 首饰贵金属材料及工艺学 [M]. 上海：同济大学出版社，2002.
[26] 廖宗廷. 珠宝鉴赏 [M]. 武汉：中国地质大学出版社，2003.
[27] 廖宗廷. 中国玉石学概论 [M]. 武汉：中国地质大学出版社.2005.
[28] 何雪梅，沈才卿. 宝石人工合成技术 [M]. 北京：化学工业出版社，2005.
[29] Wuyi Wang, Kenneth Scarratt. Identification of "chocolate pearls" treated of Ballerina Pearl Co [J]. Gem & Gemology, 2006, 42 (4): 222-235.
[30] Xue Shu Wen, Zu Xiao Tao. Effects of high-dose Ge ion implantation and post-implantation annealing on ZnO thin films [J]. Chinese Physics, 2007, 16 (4): 1119-1124.

[31] C.Marques, M.M.Cruz, R.C. da Silva, et al. Optical changes induced by high fluence implantation of Co ions on sapphire[J]. Surface and Coatings Technology, 2002(158): 54-58.
[32] Paul J. Grote, Pratueng Jintasakul. Recent advances in the study of Mesozoic-Cenozoic petrified wood from Thailand[J]. Progress in Natural Science: Communication of State Key Laboratories of China, 2006, 16(5): 501-506.
[33] Kuczumow, Sadowski, Wajnberg and Jurek. Structural investigations of a series of petrified woods of different origin [J]. Spectrochimica Acta. Part B: Atomic Spectroscopy, 2001, 56(4): 339-350.